電力系統分析 修訂版

Power System Analysis

John J. Grainger

William D. Stevenson, Jr.

Gary W. Chang

著

朱守勇

譯

張文恭

審訂

國家圖書館出版品預行編目資料

電力系統分析 / John J. Grainger, William D. Stevenson, Jr., Gary W. Chang
　　著；朱守勇譯. -- 初版. -- 臺北市：麥格羅希爾, 2018.01
　　面；　公分. -- (電子/電機叢書；EE038)
　　譯自：Power system analysis, 1/e
　　ISBN 978-986-341-372-1(平裝)

　　1.電力系統　2.電力配送

　　448.3　　　　　　　　　　　　　　　　　　　　106021523

電子／電機叢書　EE038

電力系統分析 修訂版

作　　　者	John J. Grainger, William D. Stevenson, Jr., Gary W. Chang
譯　　　者	朱守勇
審　訂　者	張文恭
教科書編輯	陳俊傑
特　約　編　輯	張文惠
企　劃　編　輯	陳佩狄
業　務　行　銷	李本鈞　陳佩狄
業　務　副　理	黃永傑
出　版　者	美商麥格羅希爾國際股份有限公司台灣分公司
地　　　址	台北市 10044 中正區博愛路 53 號 7 樓
讀　者　服　務	E-mail: tw_edu_service@mheducation.com TEL: (02) 2383-6000　　FAX: (02) 2388-8822
法　律　顧　問	惇安法律事務所盧偉銘律師、蔡嘉政律師
總經銷(台灣)	臺灣東華書局股份有限公司
地　　　址	10045 台北市重慶南路一段 147 號 3 樓 TEL: (02) 2311-4027　　FAX: (02) 2311-6615 郵撥帳號：00064813
網　　　址	http://www.tunghua.com.tw
門　　　市	10045 台北市重慶南路一段 147 號 1 樓　TEL: (02) 2371-9320
出　版　日　期	2018 年 1 月（初版一刷）

Traditional Chinese Adaptation Copyright © 2018 by McGraw-Hill International Enterprises, LLC., Taiwan Branch
This is translated from Asia adaptation edition of the title: Power System Analysis © 2016 by McGraw-Hill Education. All rights reserved.
Original US edition copyright © 1994 by McGraw-Hill Education. (ISBN: 978-0-07-061293-8) All rights reserved.

ISBN：978-986-341-372-1

※著作權所有，侵害必究。如有缺頁破損、裝訂錯誤，請寄回退換

尊重智慧財產權！

本著作受銷售地著作權法令暨國際著作權公約之保護，如有非法重製行為，將依法追究一切相關法律責任。

審訂序

　　由 John J. Grainger、William D. Stevenson, Jr. 及本人合著，McGraw-Hill Education 出版的《電力系統分析》(*Power System Analysis*) 一書，在台灣出版中文版本。本書由淺入深，從電力系統發展的歷史簡介出發，藉著基本觀念的交流電路逐步深入各個電力系統分析的主題，以協助讀者了解當代電力系統的實務。書中的例題與習題舉出許多電力系統分析常見的問題，並佐以 MATLAB 程式解題，俾使讀者在學習過程中能將電力系統的基本觀念落實到應用面。

　　譯者朱守勇先生為國立中正大學電機工程博士，專長為電力系統分析，其任職台灣電力公司近三十年，實務經驗豐富，中英文造詣極佳。此次邀請朱守勇博士將此書翻譯為中文版本，就是期望能協助大專學生進入及學習電力學科。本書適合作為電機系所老師授課之用，亦可作為修習電力系統學科之讀者的參考用書。

　　本書中譯本已切實掌握原文之精髓，因為內容廣泛，審訂難免有疏漏與錯誤。期望讀者能不吝指正，使本書能適時改善，以進一步提升學習效果。

張文恭

中華民國 106 年 11 月

譯序

電力是現代人日常生活中不可或缺的能源，同時也是一個國家經濟發展的命脈。電力系統運轉的基本原則，是以經濟可靠的方式連續地供應高品質的電力給用戶。因此，如何在各種負載狀況下確保系統安全運轉，並提高供電品質，一直是從事電力工作者持續不斷研究的課題。

本書共計 13 章，其內容涵蓋電力系統主要的研究議題。茲概要敘述如下：第 1 章概略說明電力發展的歷史回顧，以及現代電力系統的主要元件與運轉控制，並介紹電力事業的解除管制及近年來最熱門的智慧電網。第 2 章針對單相及三相交流電路的基本理論做回顧式的說明。第 3 章說明變壓器及同步電機的穩態運轉特性。第 4 章針對輸電線路的相關參數計算加以闡述。第 5 章說明不同線路長度的等效模型。第 6 章介紹電力潮流及短路分析所使用的匯流排導納矩陣及阻抗矩陣之建構方式。第 7 章推導常見的電力潮流分析方法。第 8 至 10 章介紹故障分析及對稱成分。第 11 章針對電力系統的保護原理及各種電力系統元件的保護裝置加以介紹。第 12 章探討單一發電廠及不同發電廠之間的發電機組之經濟調度，並考量線路損失存在的情況。第 13 章對於發電機遭遇不同程度擾動時的狀況加以探討，並介紹暫態數值分析方法。另外，本書提供大量的 MATLAB 程式，並利用 MATLAB 的 GUIDE (Graphical User Interface Development Environment) 將相關程式予以整合。

譯者歷經一年時間，利用工作之餘完成本書翻譯，期盼此譯本能有效協助有志從事電力工作的讀者。本書的翻譯過程中，承蒙國立中正大學張文恭教授撥冗指導與審訂，以及建國科技大學金原傑教授提點翻譯技巧，特此致謝。此外，對於家人，首先要感謝內人在此書翻譯期間，一肩挑起家務，並在閒暇時協助打字工作。還要感謝我的兩個兒子：宏文及建榮，利用課餘時間幫忙打字及繪製圖表。本人雖從事電力工作二十幾年，唯恐學有未逮，翻譯不妥之處尚祈電力先進不吝指正。

朱守勇

中華民國 106 年 11 月

目次

Chapter 1　一般背景　1

1.1　電力發展的歷史回顧　1
1.2　現代電力系統的發展　3
1.3　電能產生與需求　6
1.4　輸電、配電及變電站　7
1.5　負載研究　9
1.6　故障計算　9
1.7　系統保護　10
1.8　經濟調度　11
1.9　穩定度研究　11
1.10　電力系統的運轉與控制　12
1.11　電力公司解除管制及結構調整　13
1.12　智慧電網　15
1.13　總結　17

Chapter 2　基本概念　19

2.1　序論　19
2.2　單相交流電路　20
　　　複數功率　25
　　　功率三角形　25
　　　電力潮流方向　28
2.3　三相交流電路　31
　　　平衡三相電路的功率　40

2.4 　標么值　42
　　　變更標么量的基準　46

2.5 　單線圖　47

2.6 　阻抗及電抗圖　49

2.7 　總結　50

問題複習　51

問題　52

Chapter 3　變壓器及同步機　55

3.1 　理想變壓器　55

3.2 　單相變壓器的等效電路　63

3.3 　自耦變壓器　68

3.4 　單相變壓器電路的標么阻抗　69

3.5 　三相變壓器　73

3.6 　三線圈變壓器　78

3.7 　三相變壓器：相位移及等效電路　81

3.8 　分接頭及調整變壓器　88

3.9 　同步電機的描述　93

3.10 　同步電機的運轉原理　96

3.11 　同步機的等效電路　100

3.12 　有效及無效功率控制　108

3.13 　同步機的運轉限制　113

3.14 　總結　120

問題複習　121

問題　123

Chapter 4　輸電線路參數　129

4.1　導體的電阻　130

4.2　輸電線路的串聯阻抗　135

4.3　輸電線路的換位　148

4.4　輸電線路的並聯導納　152

4.5　三相輸電線路大地對電容的效應　164

4.6　總結　171

問題複習　172

問題　173

Chapter 5　輸電線路模型　177

5.1　短程輸電線路　178

5.2　中程輸電線路　182

5.3　長程輸電線路　184

5.4　長程輸電線路的等效電路　194

5.5　流經輸電線路的電力潮流　197

5.6　輸電線路的無效功率補償　200

5.7　直流輸電　203

5.8　總結　204

問題複習　205

問題　206

Chapter 6　網路計算　209

6.1　節點分析及導納矩陣　210

　　節點方程式　215

6.2　以克農消去法消除節點　219

6.3 匯流排阻抗矩陣 225

6.4 戴維寧定理與匯流排阻抗矩陣 227

6.5 現有 Z_{bus} 的修正 232

6.6 直接求解匯流排阻抗矩陣 240

6.7 藉由三角分解從 Y_{bus} 計算 Z_{bus} 元素 244

6.8 功率不變轉換 249

6.9 總結 254

問題複習 255

問題 256

Chapter 7 負載潮流研究 259

7.1 高斯賽得疊代法 260

7.2 牛頓拉弗森法 265

7.3 負載潮流問題 271

7.4 高斯賽得電力潮流法 277

7.5 牛頓拉弗森電力潮流法 286

7.6 快速解耦電力潮流法 305

7.7 總結 312

問題複習 313

問題 314

Chapter 8 對稱故障 319

8.1 RL 串聯電路中的暫態 320

8.2 在故障情況下有載發電機的內部電壓 322

8.3 利用匯流排阻抗矩陣 Z_{bus} 計算故障 329

8.4 利用 Z_{bus} 等效電路計算故障 334

8.5 斷路器的選擇 340

8.6　總結　348

問題複習　349

問題　350

Chapter 9　對稱成分與相序網路　353

9.1　對稱成分的基本原則　354

9.2　對稱星形 (Y) 及三角 (Δ) 電路　358

9.3　以對稱成分表示電功率　364

9.4　Y 及 Δ 阻抗之相序電路　366

9.5　對稱輸電線的相序電路　371

9.6　同步電機之相序電路　376

9.7　Y–Δ 變壓器的相序電路　383

9.8　非對稱串聯阻抗　392

9.9　相序網路　393

9.10　總結　398

問題複習　399

問題　401

Chapter 10　非對稱故障　403

10.1　電力系統的非對稱故障　403

10.2　單線接地故障　414

10.3　線間故障　420

10.4　雙線接地故障　424

10.5　示範問題　430

10.6　導體斷開故障　441

　　　一條開路導體　446

　　　兩條開路導線　447

10.7　總結　450

問題複習　454

問題　455

Chapter 11　電力系統保護　459

11.1　保護系統之特性　460

11.2　保護區　462

11.3　轉換器　464

　　比流器　464

　　比壓器　465

11.4　電驛之邏輯設計　466

11.5　一次後衛保護　472

11.6　輸電線之保護　473

　　二次輸電線的保護　473

　　高壓輸電線保護　478

　　以控制電驛來保護線路　483

11.7　電力變壓器之保護　484

11.8　保護電驛的進展　487

11.9　總結　488

問題複習　488

問題　489

Chapter 12　經濟調度與自動發電控制　491

12.1　電廠內各機組間負載的分配　492

12.2　考慮機組發電限制的電廠內機組間負載分配　500

12.3　電廠間負載的分配　507

12.4　輸電損失方程式　520

12.5　自動發電控制　529

12.6　總結　539

問題複習　540

問題　541

Chapter 13　電力系統穩定度　545

13.1　穩定度問題　545

13.2　轉子動力學及搖擺方程式　547

13.3　進一步研討擺動方程式　551

13.4　功率—角度方程式　555

13.5　同步功率係數　562

13.6　穩定度的等面積法則　565

13.7　等面積法則的進一步應用　571

13.8　多電機穩定度研究：傳統表示法　573

13.9　搖擺曲線之逐步解答　580

　　　改良式尤拉法　586

　　　四階朗吉—庫塔法　588

13.10　以計算機程式做暫態穩定度之研究　590

13.11　影響暫態穩定度的因素　592

13.12　總結　594

問題複習　595

問題　596

附錄　599

名詞索引　605

Chapter 1

一般背景

　　電力系統被視為人類歷史中最複雜的基礎公共建設。針對住宅、商業及工業用戶能源需求保持一定水準的發展，是一個國家的生活水準能持續改善之基本要素。確保高品質及可靠並保護環境的電能供應是極其重要的。為了完成這個目標，需要有經過良好訓練的工程師去發展、提供進步的科學技術，及解決電力工業所面臨的問題。

　　電力系統主要是能量的轉換與傳輸，且不論在何處都能使用。現代電力系統由數種重要設備組成：發電廠、變電站、傳輸網路、配電網路及負載。電力經由使用不同能源的發電機來產生，變壓器則改變其輸入及輸出端的電壓與電流準位。藉由變壓器及輸電線路，電能被轉換並分配給使用者或其他經由電力互聯的電力系統。配電系統將所有變電站的個別負載予以連接，而變電站提供電壓變換及開關切換的功能。

　　本書涵蓋現代電力系統分析所需的方法，內容首先回顧電力系統的發展，再依序介紹輸電網路、系統運轉及控制。

1.1　電力發展的歷史回顧

　　以科學方法研究電力與磁力始於英格蘭的威廉・吉爾伯特 (William Gilbert)，他於 1600 年出版《論磁石》(De Maganete) 一書，書中闡述他多年來的研究及實驗，並在描述電力的過程中創造出電子 (electron) 一詞。1663 年，德國奧托・馮・格里克 (Otto von Guericke) 建構出第一台利用摩擦旋轉硫磺球的發電機。1729 年，英格蘭的史蒂芬・格雷 (Stephen

Gray) 提出電力傳導的理論。1733 年，法國查爾斯・篤費 (Charles Francois du Fay) 揭示電來自兩種形式，也就是今日我們所說的正電及負電。1745 年，荷蘭物理學家彼得・馬森布羅克 (Pieter van Musschenbroek) 發明了儲存及釋放電荷的裝置，也就是最早的電容器，而當時稱之為萊頓瓶（蓄電器）。1752 年，班傑明・富蘭克林 (Benjamin Franklin) 發現電與雷實為相同，並發明了避雷針，是電的首次實際應用。1785 年，法國夏爾・庫侖 (Charles-Augustin de Coulomb) 發表電與磁作用的定律，並提出成功用在表面電分布實驗研究的儀器，他的研究在電量單位上極為重要，故電量單位以他的名字命名為庫侖 (coulomb)。

在庫侖之後，英格蘭的亨利・卡文迪什 (Henry Cavendish)、義大利的路易吉・伽伐尼 (Luigi Galvani) 及亞歷山卓・伏打 (Alessandro Volta) 在電力的實際利用上有極大的貢獻。卡文迪什於 1747 年發表了不同物質的導電度測量結果，而伽伐尼在 1786 年闡述神經脈衝的電基礎。1800 年，伏打除了建造電池外，並首先發現產生電力的實際方法。電池提供可靠且穩定的電流，讓許多研究人員可以發現更多的電磁現象。為了紀念伏打的貢獻，乃將電壓單位稱為伏特 (volt)。

1820 年，丹麥的漢斯・厄斯特 (Hans Christian Oersted) 觀察到當電流流經羅盤附近時會讓羅盤轉動，並可將導線加熱。同年，安德烈－馬里・安培 (André-Marie Ampère) 證明了兩條帶電長直並聯導線間的作用力，此作用力與兩者間距離成反比，並與流經每一導線的電流強度成正比。電流的單位安培 (ampere, amp) 也是以他的名字命名。1827 年，德國的蓋歐格・歐姆 (Georg Simon Ohm) 發表他於電化學實驗中獲得之電壓、電流及電阻間的基本關係，也就是現今眾所皆知的歐姆定律。1831 年英格蘭的麥克・法拉第 (Michael Faraday) 經由一系列的實驗發現電磁感應，他的實驗結果引領出現代馬達、發電機及變壓器等裝置。1832 年，法拉第證明由磁感應出的電、電瓶所產生的電以及靜電全部都一樣。大約在同一時間，美國科學家約瑟・亨利 (Joseph Henry) 獨自發現電磁自感，此一發現有助於馬達的發明。電感的標準單位——亨利 (henry) 也是以他的名字命名。由於法拉第的激勵，蘇格蘭的詹姆斯・克拉克・馬克斯威爾 (James Clerk Maxwell) 在 1864 年闡述了電與磁間的微妙關聯，也就是現今的馬克斯威爾方程式 (Maxwell's equations)。該方程式涵蓋光的速度，由此又可延伸出光是一種電磁現象，以及電的移動接近光速。圖 1.1 說明了認識電力科學基礎的里程碑。

1.2　現代電力系統的發展

1878 年，湯瑪斯・愛迪生 (Thomas Edison) 發明了白熾燈。1882 年，低壓直流發電站設置於曼哈頓的珍珠街 (Pearl Street)，並提供電力給 225 戶人家的 5000 盞燈使用，電氣化使人類生活邁入一個新的時代。1881 至 1884 年，法國的 Lucien Gaulard 及英國的 John Dixon Gibbs 說明了變壓器允許電壓改變的好處。同一時間，喬治・西屋 (George Westinghouse) 關注著歐洲交流電（即 AC）傳輸的發展。很快地，當西屋在 1885 年獲得 Gaulard-Gibbs 專利，交流系統便開始在美國發展。西屋早期的伙伴威廉・史丹利 (William Stanley) 在麻州 Great Barrington 的實驗室中改良並測試變壓器。在 1885 至 1886 年的冬季，史丹利裝設第一組實驗性的交流配電系

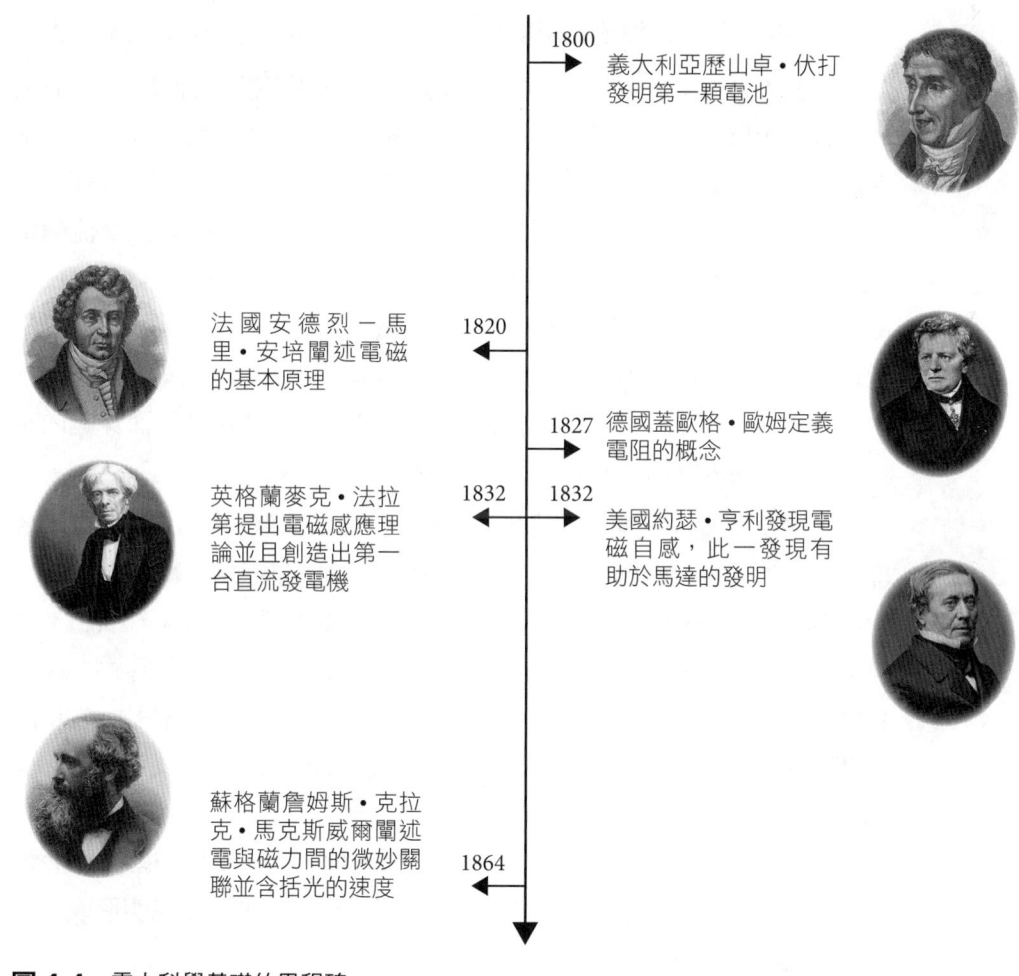

圖 1.1　電力科學基礎的里程碑

統，並在該城市提供 150 盞燈泡使用。1890 年，美國第一組交流輸電線路開始運轉，將水力電廠產生的電能自奧勒崗州威廉米特 (Willamette) 瀑布傳送至 13 英里遠的波特蘭 (Portland)。1896 年，交流系統在與直流系統的爭奪中勝出，西屋與尼可拉·特斯拉 (Nikola Tesla) 建造了首座水力電廠，將交流電自尼加拉瀑布經由 26 英里傳送至紐約的水牛城。

首座輸電線路為單相，電能只提供照明使用。即使第一台馬達為單相，但在 1888 年 5 月 16 日，尼可拉·特斯拉發表一篇兩相感應及同步馬達的論文。1893 年，芝加哥的哥倫比亞展覽會上展示了兩相交流電系統，當時多相馬達的優點已十分明顯。自此之後，電能的傳輸都藉由交流電，特別是三相交流電逐漸取代了直流系統。1894 年 1 月，美國建造了五座多相發電廠，其中一座為兩相，其他為三相。美國的電能傳輸幾乎完全藉由交流電。交流系統很快被接受的理由之一是變壓器，變壓器讓電能傳輸的電壓高於發電機或公用事業的電壓，並可能獲得較大的傳輸能力。

在直流輸電系統中，交流發電機經由變壓器及電力整流器 (converter) 供給直流線路。電子換流器 (inverter) 於線路末端將直流轉換成交流，使變壓器可以降壓。藉由每一條線路末端的整流及換流，電力可以在任一方向間轉換。經濟研究顯示，針對長距離線路，直流架空輸電比交流輸電還要經濟。直流輸電的另一個優點是可以將不同步的系統（例如 50 Hz 與 60 Hz 的網路）予以連接。在歐洲，其輸電線路比美國還要長，直流輸電線路在數個地方以地下或架空方式運轉。在加州，大量水力電廠的電力經由 500 kV 交流線路沿著海岸從太平洋西北傳送到加州南部，而穿越內華達州至更遠的內陸則由 800 kV 直流傳輸。

美國交流輸電初期，其運轉電壓增加極為快速。在 1890 年時，威廉米特至波特蘭的線路運轉電壓為 3300 V，1907 年線路電壓為 100 kV，1913 年上升至 150 kV，1923 年為 220 kV，1926 年為 244 kV，1963 年起自胡佛水壩 (Hoover Dam) 至洛杉磯 (Los Angeles) 的線路電壓為 287 kV。1953 年第一條 345 kV 線路建造完成，而第一條 500 kV 線路於 1965 年開始運轉，四年之後也就是 1969 年，第一條 765 kV 線路正式運轉。1000 kV 以上高壓的廣泛研究自 1970 年代開始，然而因為成本過高，全世界只有少數幾條線路進入商業運轉。1990 年代開始，美國及許多國家隨著電力市場自由化，引領電力輸電事業與配電事業分家。圖 1.2 說明形成現代電力工業的里程碑。

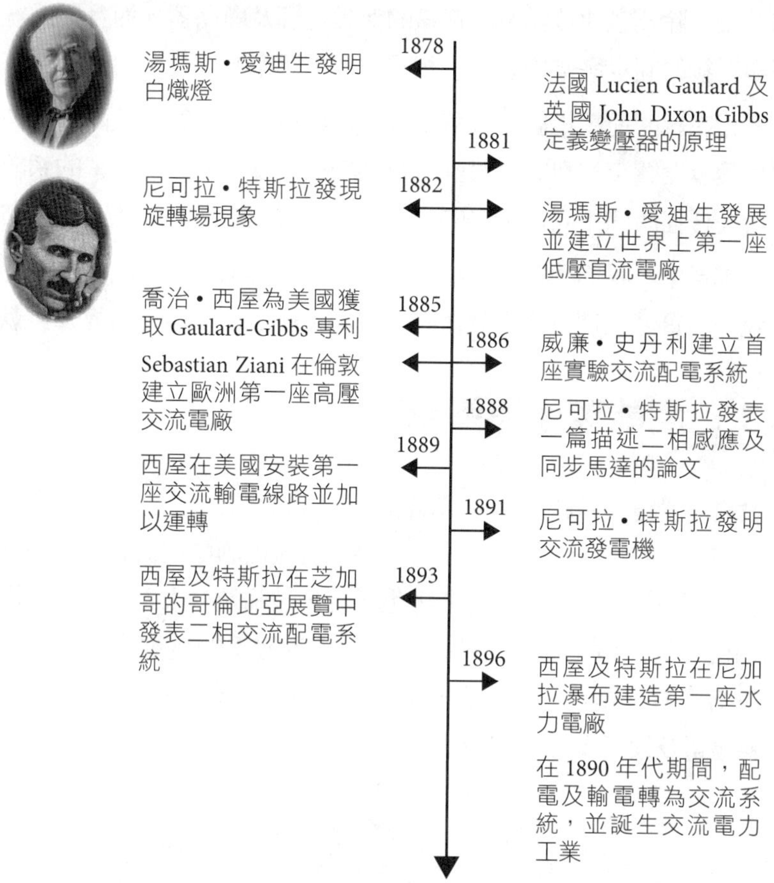

圖 1.2 現代電力工業的形成

1878	湯瑪斯·愛迪生發明白熾燈
1881	法國 Lucien Gaulard 及英國 John Dixon Gibbs 定義變壓器的原理
1882	尼可拉·特斯拉發現旋轉場現象
1882	湯瑪斯·愛迪生發展並建立世界上第一座低壓直流電廠
1885	喬治·西屋為美國獲取 Gaulard-Gibbs 專利
1886	威廉·史丹利建立首座實驗交流配電系統
	Sebastian Ziani 在倫敦建立歐洲第一座高壓交流電廠
1888	尼可拉·特斯拉發表一篇描述二相感應及同步馬達的論文
1889	西屋在美國安裝第一座交流輸電線路並加以運轉
1891	尼可拉·特斯拉發明交流發電機
1893	西屋及特斯拉在芝加哥的哥倫比亞展覽中發表二相交流配電系統
1896	西屋及特斯拉在尼加拉瀑布建造第一座水力電廠
	在 1890 年代期間，配電及輸電轉為交流系統，並誕生交流電力工業

直到 1917 年，美國的電力系統通常都是個別運轉，這是因為系統以獨立方式啟動，此情形逐漸涵蓋至整個國家。後因大區域的電力及可靠度的需求，出現了鄰近系統互聯的建議。電網互聯可獲得經濟上的利益，這是因為針對低負載或不需考慮負載突然變動與增加的情況下，只需少數發電機運轉，並且只需少數發電機便可在尖峰負載提供備載容量。系統應付此種負載增加的需求稱之為熱備載容量。針對額外電力，某電力公用事業會請求鄰近其他電力公用事業提供，如此將可能減少發電機的數量。電網互聯提供公用事業採取最經濟可用的電源。此外，公用事業發現，在某一時段與其使用自己的電力，還不如向其他電源提供者購電，因為後者比較便宜。電網互聯使得不同公用事業的系統間互相交換電力成為常態。

電網互聯帶來許多新的問題是可預期的，而大部分的問題均已令人滿意地解決了。互聯增加電流的流動量，而當一系統發生短路時，所裝設的斷路器必須有能力中斷此電流。在一系統上由短路所產生的擾動會散布至

互聯系統,除非在連接點裝設適當的保護電驛及斷路器。而互聯系統及所有互聯系統的同步發電機必須有相同的標稱頻率。

電力系統的運轉規劃、改善及擴增需經過負載研究、故障計算、系統雷擊保護及開關突波與短路設計以及系統穩定度研究。有效率的系統運轉取決於在任何時間不同電廠之間及同一電廠機組之間的總發電量分布。

在本章中,我們簡略地討論能量產生及其傳輸與分配之後,將思考這些問題的性質。我們也將看到電腦在電力系統規劃及運轉的偉大貢獻。

1.3　電能產生與需求

發電廠於電力系統中產生電能以符合負載的需求,並且維持電網電壓及頻率在一定的大小。基於所使用燃料,發電廠的發電機有數種不同的型式。使用化石及核能燃料,為非再生系統,被歸類為火力電廠,由汽輪機或渦輪機帶動發電機產生電能。以其他資源發電的發電廠歸類為再生能源,包括水力、風力、太陽能、生物能及地熱。圖 1.3 及 1.4 分別說明化石燃料發電及複循環發電結構。

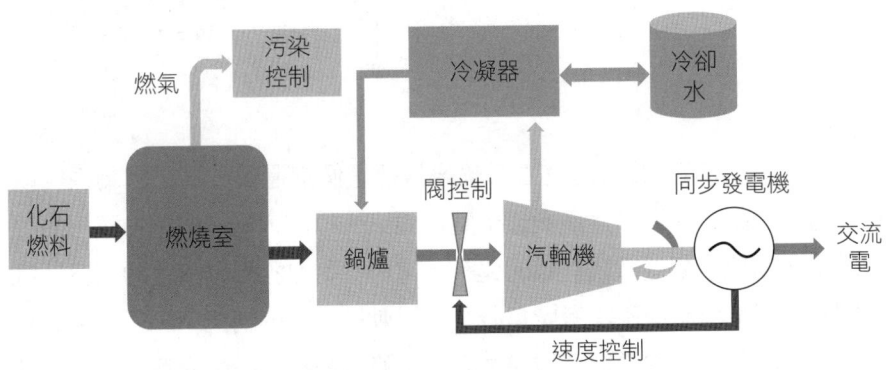

圖 1.3　化石燃料發電機典型結構

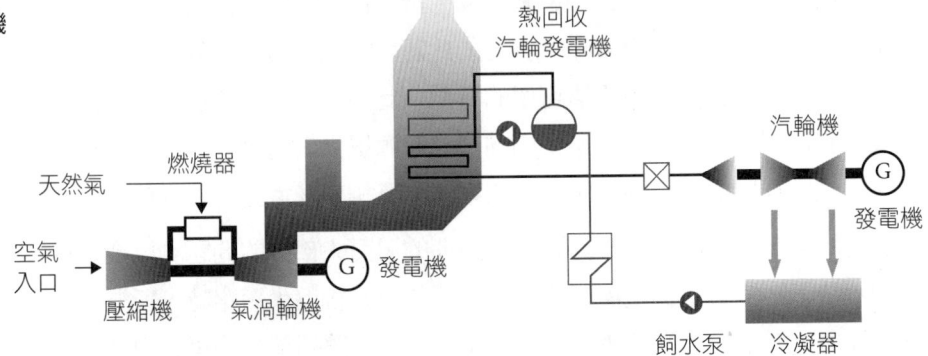

圖 1.4　複循環發電機典型結構

電力耗費了世界能源需求的大部分，電力需求持續快速成長，消耗更多的化石燃料。過去數十年，發電所使用的主要燃料有很大的變化。統計顯示，煤的使用量雖仍屬最大宗，惟在 1970 年代至 1990 年代，來自於核電及天然氣電廠的電力快速成長。而自 1970 年代中期石油危機發生後，石油在發電上的使用已然減少。

高化石燃料價格及以二氧化碳為主的氣體排放對環境的衝擊，提高了發展取代化石燃料之能源技術的興趣，特別是再生能源。再生能源如風力及太陽能成為成長最快速的發電來源，而天然氣排行第二。雖然燃煤發電在近期內仍可能是電力的最大來源，但由於抑制氣體排放成長的世界趨勢，及生產頁岩氣技術的進步可能降低天然氣的開採成本，這個情況可能會改變。在 2010 年之前，來自於核能電廠的電力是受歡迎的選項，但是在福島意外之後，許多國家顯然已重新檢視其核能政策。然而，基於對環保及穩定能源的考量，使用核電廠發電仍有存在的理由。

雖然再生能源促進環境保護，然而大多數的再生能源技術，短期之內在經濟上仍無法與化石燃料競爭，除非電價提高或有政府獎勵。風力及太陽能發電為間斷性的，只在有可用來源之時才能發電。風場及太陽能發電廠的運轉成本一般比傳統火力發電廠還低；然而，若加上建造成本，則再生能源發電廠的總成本是比較高的。並且，因為風力及太陽能發電的間斷特性，操作員不易控制，而且並非隨時都有，因此較不可靠。具成本效益的能量儲存技術及分散的風力和太陽能發電位置，將能彌補間斷性的問題。

1.4 輸電、配電及變電站

現代大型同步發電機的端電壓通常不超過 30 kV，以汽輪機驅動的發電機最高額定可達 2000 MVA。在北美、中美及亞洲某些國家，一般的發電機輸出頻率不是 50 Hz 就是 60 Hz。就大多數的國家來說，低電壓的標稱值為 1 kV 或更低，中壓的範圍則在 1 至 69 kV，電壓高於 69 kV 以上被視為輸電系統，而低於 69 kV 則為配電系統。通常發電機輸出電壓會被升壓至輸電階層，範圍在 115 至 765 KV，甚至更高。115、138、161 及 230 kV 為標準高壓，超高壓 (extra-high voltage, EHV) 為 345、500 及 765 kV。目前實際運轉上已有 1000 kV 輸電線路連接至 1200 MVA 升壓變壓器二次側的報告。在研究上，線路電壓已可達 1100 至 1500 kV 的特高壓 (ultra

電力系統分析

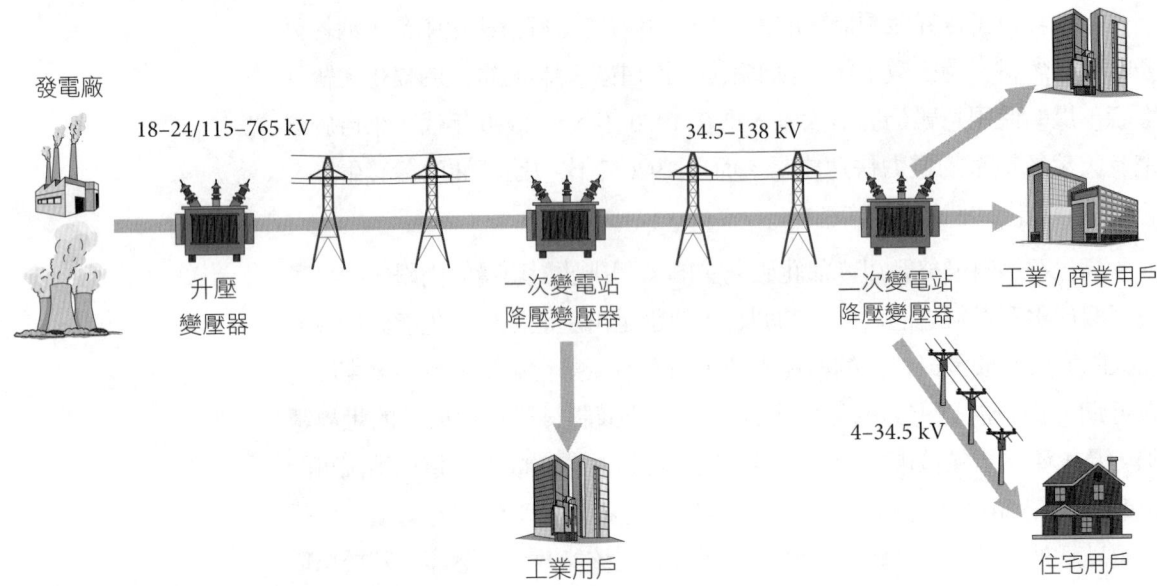

圖 1.5 具不同電壓層級的現代電力系統概觀

high voltage, UHV)。輸電線路電壓高的優點為提高輸電容量至百萬伏安 (MVA)。

然而自 1990 年代開始，經由直流傳送電力的高壓直流 (high voltage direct current, HVDC) 輸電系統已很普遍。HVDC 輸電的主要部分是在傳送端將交流轉為直流，而在接收端則將直流轉回交流，在輸電線路兩端都藉由轉換站執行轉換的工作。最近的技術已經將直流輸電的電壓提升至 ±800 kV，而發電廠可遠離負載中心。架空線路距離超過 600 至 800 公里（或海底電纜超過 50 公里），或是不同頻率的電網相互聯接時，HVDC 已證明比高壓交流 (high voltage alternating current, HVAC) 更為經濟。研究顯示，大容量電力傳送或離岸風力發電的電力傳送採用直流傳輸的情況正在增加中。

人口集中區域的輸電網路或因空間限制及施工困難，無法採用架空線路者，已採用地下電纜。導體埋設於地底需敷設絕緣材料。近來固體絕緣電纜的發展為 500 kV 電壓等級，使用交連聚乙烯絕緣，最近甚至已出現 800 kV 交流電纜的等級。

在大容量電力變電站的輸電階層電壓，第一次降壓範圍在 34.5 至 138 kV，端賴輸電線路電壓而定，某些工業用戶電壓在此範圍內。下一段降壓則在配電變電站，變電站輸出電壓範圍從 4 到 34.5 kV，而一般介於 11 及 15 kV，此又稱為一次配電系統。當線對線電壓為 12,470 V 時，

意味線對地或中性點電壓為 7200 V，此電壓一般表示成 12,470Y/7200 V。4160Y/2400 V 是一種較少使用且較低的一次電壓系統。大多數的工業負載均由一次系統饋電，此系統同時也提供給配電變壓器，變壓器二次側電壓乃經由單相三線電路供給住宅用電。例如，兩線間電壓為 240 V，則每一線與第三條線又稱為地線之間的電壓為 120 V。其他的二次電路為三相四線系統，額定為 208Y/120 V 或 480Y/277 V。圖 1.5 說明具不同電壓階層的現代電力系統概觀。

1.5 負載研究

負載研究可用來決定電網在目前或可預期條件下正常運轉時，位於不同點的電壓、電流、功率及功因或無效功率。負載研究對於規劃系統的未來發展非常重要，因為系統正常運轉取決於所安裝之新的負載、新的發電站及新的傳輸線。

目前，數位計算機可以提供複雜系統的電力潮流求解。例如，在分散式電腦工作站中所執行的電腦程式可處理數萬條匯流排及線路的系統，此種大小系統可執行即時負載流運算。

在此要說明的是，系統規劃人員需要了解電力系統在未來 10 至 20 年的運轉。在做規劃時，電力公司必須了解與電廠位置有關的問題及傳送電力至未來負載中心最佳的線路安排。在第 7 章將會看到負載流研究如何在電腦上執行。

1.6 故障計算

電路故障係指會使正常電流受不良干擾的任何破壞。大部分 115 kV 與更高電壓的輸電線路故障源自於雷擊所造成的絕緣閃絡。介於導體與支撐電塔接地間的高電壓造成離子化，為雷擊所感應的電荷提供一個通往地面的路徑。一旦對地的離子化路徑建立後，對地低電阻的結果允許電流自導體流向地面，並經由變壓器或發電機的地對中性點，進而流向整個電路。而線對線故障並不常見，這不包含線對地故障。

開啟斷路器將線路故障部分自系統中予以隔離，進而中斷離子化路徑上的電流流通，產生去電離作用。去電離作用大約 20 個週期的時間之後，斷路器通常可再投入，並不會再次產生電弧。輸電線路的運轉經驗顯

示，大多數的故障之後，超高速復閉斷路器可成功地再投入。少數無法成功再投入的情況，大多數為永久故障，其中不論斷路器開啟與再投入的時間間隔為多久都不會成功。這些永久故障有幾種不同的原因——線路接地、因為冰害造成的絕緣礙子破裂、鐵塔的永久損壞及避雷器故障。

依據經驗，70% 至 80% 的輸電線路故障為單相對地故障，產生的原因為單線對電塔與地閃絡造成。大約 5% 的故障來自於三相，稱之為三相故障。其餘輸電線路的故障為線對線的故障，但不包含對地及兩線對地故障。上述故障形式除了三相故障之外，均為非對稱故障，且在相間產生不平衡。

故障發生之後流經電力系統各部分的電流，與斷路器開啟故障兩側線路之前的幾個週期電流不同。如果斷路器動作而故障並未從系統中隔離，則前述兩種電流與穩態情形下的電流全然不同。

選擇適當的斷路器需考量兩個因素：故障發生之後立即流經的電流及斷路器的啟斷電流。故障計算的目的，在於決定系統不同位置發生不同形式故障時的電流。從故障計算所獲得的資料，也可作為控制斷路器的保護電驛設定之用。

對稱成分分析是一項極有用的工具，我們將在稍後研究。此方法幾乎可以讓非對稱故障計算如同執行三相故障一樣的簡單。再次，會發現到計算機對於故障計算助益極大，之後我們會用電腦程式來檢驗這些基本運算。

1.7 系統保護

電力系統包含了各種元件，例如發電機、變壓器、匯流排、輸電線及馬達，以及其他設備及負載。故障對於這些電力系統元件可能極具破壞力。大量相關設備發展的研究及保護結構的設計，都是為避免輸電線路及設備可能造成的損壞，並避免故障發生時停止發電。

通常電力系統發生故障的時間都極為短暫，在此時間內斷路器可開啟，並在極短週期之後自動地再投入，使系統恢復正常運轉。如果發生永久故障，系統故障區域必須隔離，以維持及確保系統其他區域能正常運轉。當偵測到故障時，保護電驛會動作斷路器。在電驛的應用上，保護區域需具體指定各種電驛負責的系統範圍。某一電驛可作為鄰近區域其他電

驛的後衛保護，或在故障發生區域的鄰近保護電驛失效時提供支援。在後面的章節中我們會討論保護電驛基本型式的特性，先看看一些例子或電驛應用及協調。

1.8　經濟調度

每家電力公司都有其獨占地理區域，因此傳統電力工業似乎缺乏競爭。但只要能吸引新的工業進入各區域，競爭便可能出現。便宜的電費是一個決定設廠位置的因數，與穩定的經濟狀況期間之費率比較，當成本快速增加且電力費用不確定時，上述因素便不是那麼重要了。然而，電力公司面臨負責檢討電費標準之公用事業委員會的壓力，必須能在生產成本上升時，仍可達成最大經濟效益並獲取合理利潤。

為了克服這項困難，電力工業需依賴經濟調度。而經濟調度是指系統於使用不同燃料之間的各發電廠分配所有負載，以達成最大經濟運轉。我們將看到系統中所有電廠由電腦持續控制，當負載發生變化時，發電量會依最大經濟運轉來分配。

1.9　穩定度研究

於交流發電機或同步馬達中流動的電流端賴於所產生（或內部）的電壓大小、內部電壓的相角與系統中其他電機的內部電壓相角關係，以及網路與負載的特性。例如，兩部並聯運轉，且無外部電路相連接的交流發電機，如果內部電壓大小相等且同相時，此電路沒有任何電流流動。如果兩者內部電壓大小相等但相位不同，兩台發電機的電壓差不為零，因此會有電流流動，而此電流是由電壓差及電路阻抗決定。在此情況下，一台發電機會提供功率給另一台，而後者為一台電動機而非發電機。

內部電壓的相角視發電機轉子相對位置而定。如果電力系統中的發電機無法保持同步，則內部電壓的相角將會不斷地改變，使發電機無法正常運轉。只要不同電機的速度相對於參考相量的速度保持固定，則同步電機內部電壓的相角保持定值。當任一台發電機或系統的負載整個改變時，發電機或是整個系統的電流會跟著改變。

如果電流的變化並未造成電機內部電壓大小的變化，則內部電壓的相角必定會改變。然而，瞬間速度的變化會造成各電機電壓相角的調整，這

是因為電機轉子的相對位置決定相角大小。當電機已調整至新的相角時，或是造成速度瞬間變化的一些擾動消失後，電機必定會再次回到同步速度。如果有任何一台電機沒有和系統其他電機保持同步，將造成極大的循環電流；在設計良好的系統中，電驛及斷路器的保護運作會將此電機自系統移除。穩定度的問題就是保持系統中的發電機與馬達同步運轉的問題。

穩定度的研究依據是否包括穩態或暫態情況來分類。一台交流發電機傳送功率的能力與同步電動機所能承擔的負載都有界定的限制。企圖增加發電機機械輸入或是電動機的機械負載，進而超出電機功率的限制，或是功率逐漸變化到達電機的限制值，將會造成不穩定的情形，稱之為穩定度限制 (stability limit)。系統中的負載突然增加、發生故障、發電機磁場激磁消失及開關動作所形成的擾動，即使擾動逐漸變化但不超過穩定度限制，都可能會造成失步。電力限制值稱為暫態穩定度限制或穩態穩定度限制，係依據系統中的狀況是突然或是逐漸達到不穩定點而定。

很幸運地，專家們已經發現不論是在穩態或暫態情況下，改善穩定度及預測穩定運轉限制的方法。本書中我們將只研究兩部發電機系統的穩定度問題，較多部發電機的研究簡單，但是許多針對改善穩定度的方法，都會在這兩部電機系統分析中看到。要預測複雜及多電機系統穩定度限制則會使用電腦。

1.10 電力系統的運轉與控制

現代電力系統的運轉與控制由資訊及通訊系統執行，如眾所皆知的資料擷取與監督控制／能源管理系統 (SCADA/EMS)。此系統再與其他系統整合並支援分析及決策。能源管理系統為一種電腦軟體設備組件系統，可讓電力網路操作員用來監視、控制發電及輸電系統，並將其成效最佳化。最佳化組件經常與高階應用有關，尤其與電力網路收集組件及發電控制及排程功能有關。圖 1.6 說明典型的能源管理系統架構與電力公司控制中心的主要功能。

前面所提的資訊及通訊系統的監視及控制功能為資料擷取與監督控制 (SCADA)。SCADA 處理通訊協定並使用能源管理系統來控制電力系統，SCADA 可以從一個有人員的控制站或控制中心令無人的控制站執行運轉，經由 SCADA 給予明確的運轉指示。SCADA 系統也提供遠端操作人員足夠的資訊去決定特定的設備或程序的狀態，並讓此設備或程序執

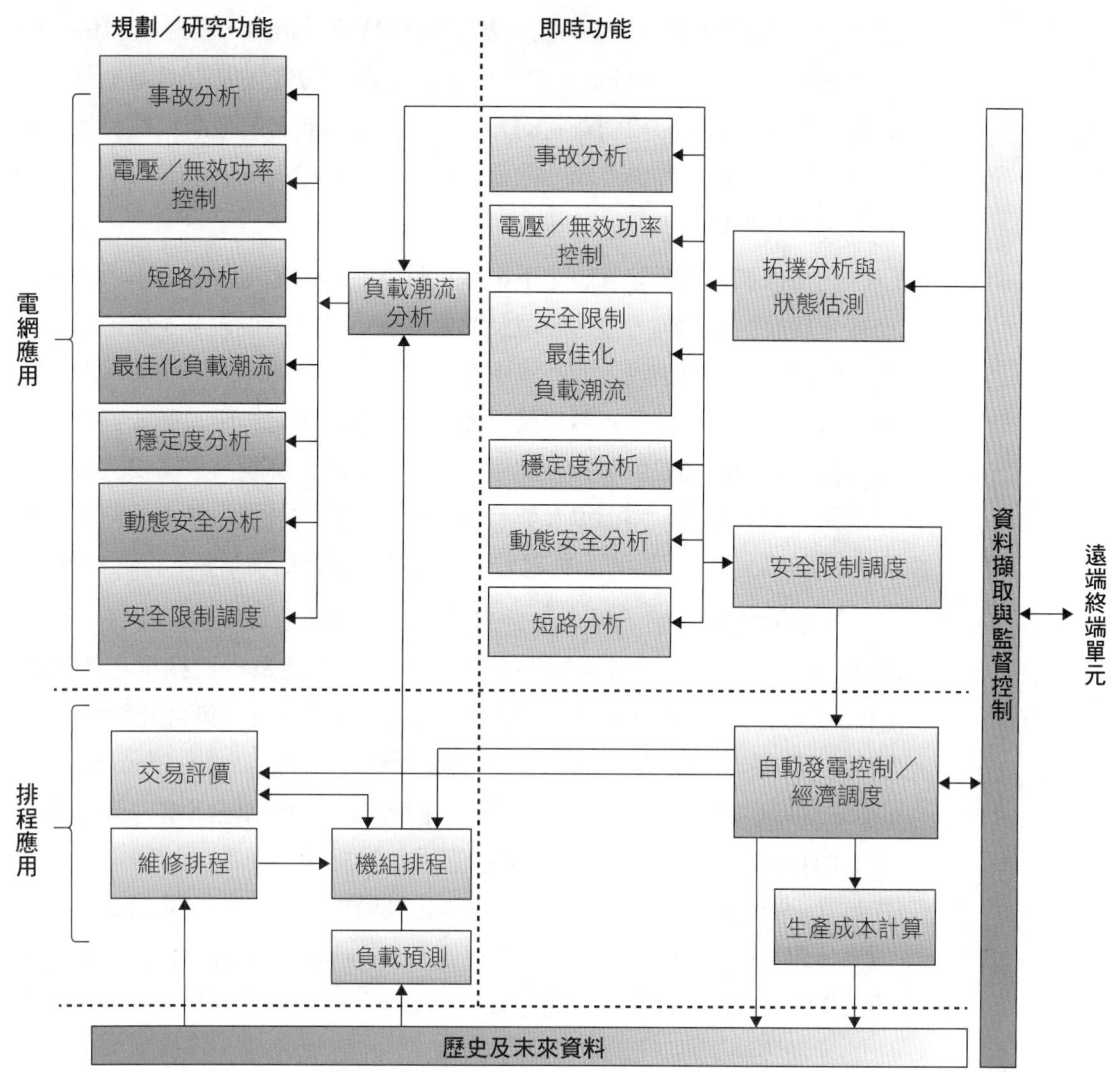

圖 1.6 能源管理系統 (EMS) 的典型功能區塊

行動作。資料擷取係指收集類似電流及電壓訊號，或是自遠端終端單元 (remote terminal unit, RTU) 開啟及投入斷路器。電力網路的監督是由調度員及維護工程師經由擷取所得資料來執行，而控制則為送出指令訊號至設備並令其動作。

1.11 電力公司解除管制及結構調整

自 1990 年代開始，英國、美國及世界上許多的國家落實電力自由化，形成電力輸電事業與配電事業分離，許多電力公司放棄發電事

電力系統分析

業，電力工業因而自典型的獨占結構轉變為競爭結構。獨立電力供應商 (independent power producer, IPP) 的成長及競爭的躉售電力市場，導致透過獨占結構提供電力給消費者的方式已無法達到該有的經濟規模及效率。提供用戶可選擇電力供應商的機會能激勵電力市場，降低電力成本並促進電力生產及服務。

在結構調整及解除管制之下，垂直整合發電、輸電及配電事項已經合法或是功能性地鬆綁，躉售發電及電力零售市場也出現競爭。躉售電力市場由數個發電公司組成，並於集中電力池販售他們的電力，或與電力購買者簽訂雙向契約。此外，零售競爭允許消費者選擇電力販售商或製造商，並直接從躉售市場提供電力。然而，輸電及配電仍屬獨占且需要調整。為了達到有效的競爭，將市場參與者一視同仁且開放其進入輸電網路的調整乃有其必要。圖 1.7 說明北美電力工業解除管制及結構調整的商業結構。

在解除管制之前，電力池是由電力公用事業會員所構成，旨在平衡涵蓋電力事業會員的較大網路負載需求。電力池為一種機構，控制及調度不同電力事業公司之間的電力交換及共用事業，包含能源管理系統及資料擷取與監督控制系統。區域性輸電組織 (regional transmission organization, RTO) 負責協調該區域，並負起協助跨州區域電力傳輸的責任。RTO 協調、控制及監視高電壓的電力輸電網，而歐洲的輸電系統操作員 (transmission system operator, TSO) 也具備類似功能，如同 RTO 可跨越國界。獨立系統操作員 (independent system operator, ISO) 由從事與 RTO 相同工作的聯邦能量調整委員會直接或建議下組成，但是通常局限於一個特定的地理控制區域。圖 1.8 說明了美國國內的電力市場，十個主要的獨立系統操作員 (ISO) 或區域傳輸組織 (RTO)，其服務區域以不同顏色作區分。

圖 1.7 電力公用事業解除管制及結構調整

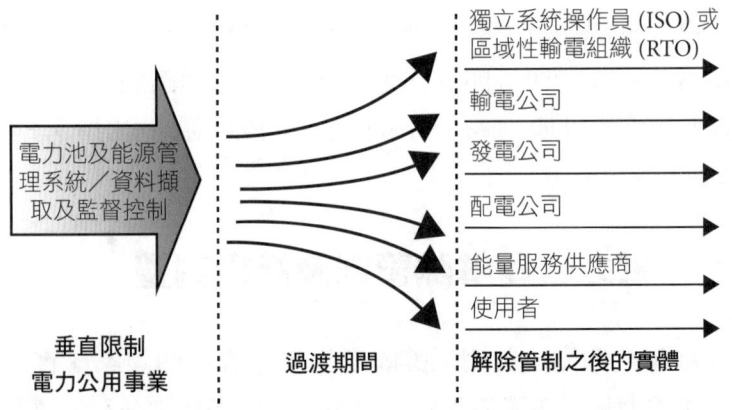

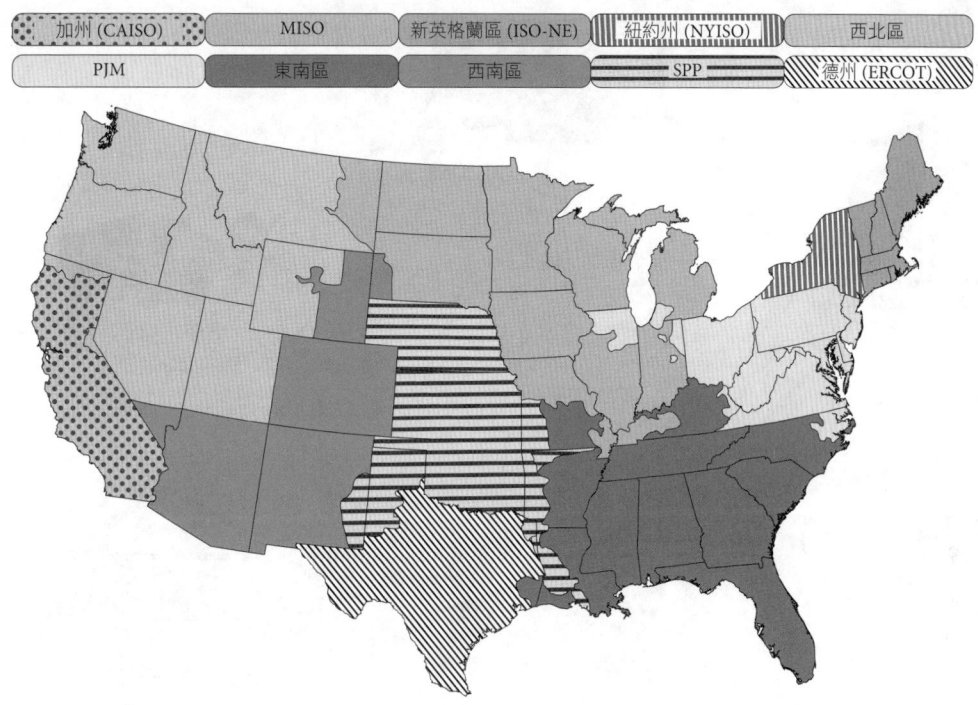

圖 1.8 美國電力市場
（資料來源：FERC 2015）

1.12 智慧電網

　　人們經由電腦遙控與自動化技術，將電力公用事業之輸電及配電系統帶入二十一世紀，此為智慧電網 (smart grid) 技術。先進的現代通訊及資訊技術 (information and communication technology, ICT) 將傳統的電力網路變成智慧電網的基石。智慧電網的出現與分散式能源 (distributed energy resource, DER)、能源效率改善及可靠電力的提供有極大關聯。經由通訊及資料技術的有效整合，在電力系統中所收集的資料對於智慧電網極為有用。通訊整合、偵測及測量技術、先進的元件、進步的控制方法及介面改進與決策支援等五項技術驅動智慧電網的發展。

　　發電、輸電、配電及測量技術的良好協調可確保能源被有效使用及能源供給的可靠性。例如，上述要素之智慧管理及整合的最佳化使用需求，經由電力公用事業與分散式能源間的即時及雙向通訊，將分散式能源含括至電力網路中。將分散式能源含括至電力網路中可以減輕電網壅塞、符合

電力系統分析

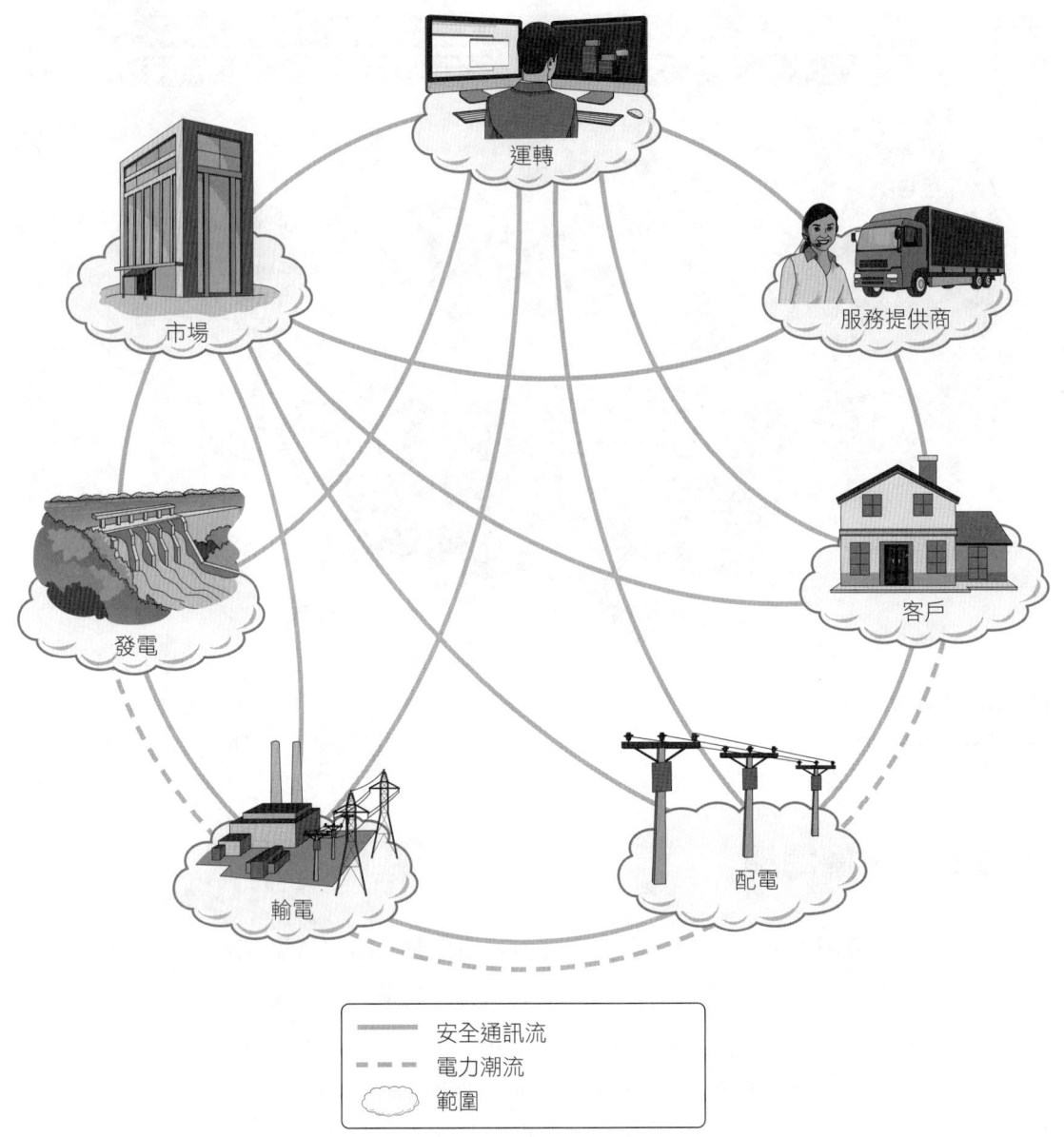

圖 1.9 智慧電網範疇

（資料來源：國家標準技術研究所 NIST 智慧電網架構 1.0）

地區負載需求及提供優質的電力。有了智慧電網的部署，其優點更勝於傳統電網，包括：從電力擾動中回復正常、讓消費者主動參與、對於外在影響更具彈性、提供高品質電力、將電網性能最佳化、調和發電量及開創新的服務與電力市場。

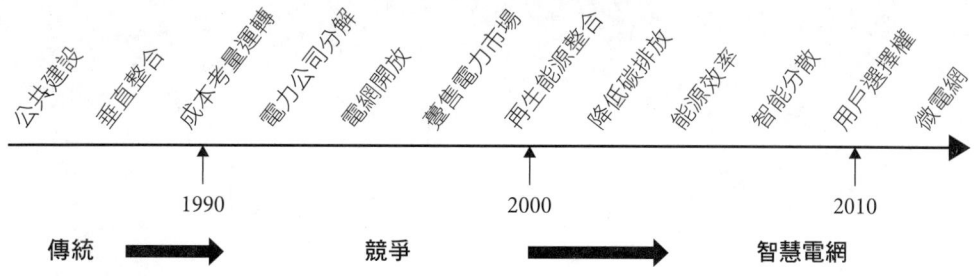

圖 1.10 傳統電力系統至智慧電網的發展

為不同需求提供高品質電力為智慧電網的主要特色之一。在現今數位化節能的時代，提供可靠的電力對於支撐電力事業的發展扮演極其重要的角色。隨著對於優質電力需求的增加，智慧電網提供不同等級的電力給顧客。在這種需求之下，電網必須使用更多且適切的智能。變電站自動化可以藉由監視大區域及設置動態線路額定測量，提供系統故障自我回復的能力。同時，傳統保護裝置也可以用數位電驛及智慧電子裝置 (intelligent electronic device, IED) 來取代，並經由 SCADA 系統來控制。偵測、控制與通訊機構及不同電力系統元件之間的操作程序應用，成為設置智慧電網不可或缺的部分。新技術與新功能使得智慧電網相較於傳統電網更具競爭力。圖 1.9 說明智慧電網的範疇，而圖 1.10 則顯示典型電力系統逐步進化成為智慧電網的時間表。

1.13 總結

本章針對電力系統的發展進行簡要回顧，說明現代電力系統的運轉規劃、改善及擴展的重要研究，並介紹最近電力工業的發展。

在此需特別強調，了解負載研究、故障分析、穩定度研究及經濟調度理論的方法極為重要，因為這些研究會影響系統設計與運轉的可靠性，及控制設備的選擇。當系統逐步成形時，電力工程師會面對更多為保持系統可靠及經濟運轉而帶來的挑戰。

Chapter 2 基本概念

電力系統工程師必須對於穩態交流電路非常熟悉,特別是三相電路,而其所關注的是系統運轉的正常與不正常情形。本章的目的是回顧這些電路的基本概念,並且介紹電壓、電流、阻抗及功率的標么表示。

2.1 序論

穩態下的電力系統匯流排之電壓波形,可以被視為定頻率的純正弦。本書在闡述大部分的理論時,正弦電壓及電流會以相量來表示,而且以大寫的 V 與 I 來表示這些相量(如果有需要會使用適當的下標)。我們使用垂直線框住 V 及 I 來表示相量的大小(即 $|V|$ 與 $|I|$),處理複數大小時,例如阻抗 Z 及導納 Y,也使用這兩條垂直線。發生電壓,也就是電動勢 (EMF) 的表示是以字母 E,而非經常用在電壓的 V,這主要是強調電動勢,而不是兩點間的電位。

除了以大寫字母作為電氣量的相量表示外,小寫的斜體字 v、i 與 p 分別表示電壓、電流及功率的瞬時值。瞬時電壓及瞬時電流可被表示為時間的函數,例如

$$v(t) = v = 100\sqrt{2}\cos(\omega t + 30°)$$

及

$$i(t) = i = 5\sqrt{2}\cos\omega t$$

其最大值分別為 $V_{max} = 141.4\,\text{V}$ 及 $I_{max} = 7.07\,\text{A}$。

V 及 I 有下標 max 時代表最大值 (maximum)，因此不需要垂直線。均方根值 (RMS) 的大小 (magnitude) 等於最大值除以 $\sqrt{2}$，因此上述電壓及電流的 RMS 表示式為

$$|V| = 100 \text{ V} \quad 及 \quad |I| = 5 \text{ A}$$

這些數值一般是從電壓表及電流表讀取。RMS 又稱為有效值 (effective value)。平均功率是由大小為 $|I|$ 的電流在電阻上所消耗的功率 $|I|^2 R$，交流電壓的有效值為該電壓傳送功率至電阻性負載有效性的量測值。交流電流的有效值等於同大小直流電流流經一電阻，並傳送與交流電流相同的平均功率給此電阻。

我們採用尤拉等式 (Euler's identity) $e^{j\theta} = \cos\theta + j\sin\theta$ 將這些量表示成相量，可得

$$\cos\theta = \text{Re}\{e^{j\theta}\} = \text{Re}\{\cos\theta + j\sin\theta\} \tag{2.1}$$

其中 Re 表示實數部分 (real part)，可寫成

$$v = \text{Re}\{\sqrt{2}\, 100\, e^{j(\omega t + 30°)}\} = \text{Re}\{100\, e^{j30°} \sqrt{2}\, e^{j\omega t}\}$$
$$i = \text{Re}\{\sqrt{2}\, 5\, e^{j(\omega t + 0°)}\} = \text{Re}\{5\, e^{j0°} \sqrt{2}\, e^{j\omega t}\}$$

如果電流為參考相量，可得

$$I = 5\, e^{j0°} = 5\angle 0° = 5 + j0 \text{ A}$$

而電壓超前參考相量 30° 為

$$V = 100\, e^{j30°} = 100\angle 30° = 86.6 + j50 \text{ V}$$

當然，我們可能不會選擇電壓或電流瞬時值 v 與 i 為參考相量，在此情形下它們的相量表示都包含角度。

在電路圖中，為了方便經常會使用帶正、負號形式的極座標，此正、負號是用來說明電壓端點假設為正或負。圖上的箭頭為假設正電流的方向。在三相電路的單相等效中，單下標表示已足夠。當處理所有三相系統時，雙下標符號通常更為簡單。

2.2　單相交流電路

雖然能量傳輸的基本理論是以電磁場交互作用來描述能量的行進，然

而電力系統工程師更關切以電壓及電流所表示的能量對時間之變化率，定義為功率 (power)。功率的單位為瓦特 (watt)，任何瞬間被負載所吸收的功率為跨接在負載兩側以伏特表示的瞬時壓降，與流經負載以安培表示的瞬時電流之乘積。在圖 2.1 中，如果負載兩端被指定為 a 及 n，且電壓及電流若表示成

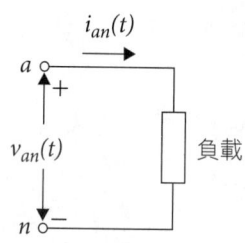

圖 2.1 單相交流電源供電給負載

$$v_{an} = V_{\max} \cos \omega t \quad 及 \quad i_{an} = I_{\max} \cos(\omega t - \theta)$$

則瞬時功率為

$$p = v_{an} i_{an} = V_{\max} I_{\max} \cos \omega t \cos(\omega t - \theta) \tag{2.2}$$

上述方程式中的角度 θ，在電流落後 (lag) 電壓時為正值，而在電流超前 (lead) 電壓時則為負值。功率 p 的值為正時，表示能量被 a 與 n 之間的系統所吸收 (absorb)。當 v_{an} 與 i_{an} 同為正時，瞬時功率顯然為正；當 v_{an} 與 i_{an} 符號相反時，瞬時功率變成負的。圖 2.2 說明了此點。

當電流流向為電壓降方向時可得正功率，其值為 $v_{an}i_{an}$，此值是給負載能量的傳送率。相反地，當電流的流向為電壓升方向時為負功率，其值為 $v_{an}i_{an}$，此值表示負載傳送能量至負載所連結的系統。如果 v_{an} 與 i_{an} 同相，如同純電阻負載，則瞬時功率不會為負值。如果電壓與電流相位差 90°，像理想電路元件純電感或純電容，則瞬時功率在正半週與負半週相等，平均功率為零。利用三角等式，(2.2) 式可簡化為

$$p = \frac{V_{\max} I_{\max}}{2} \cos \theta (1 + \cos 2\omega t) + \frac{V_{\max} I_{\max}}{2} \sin \theta \sin 2\omega t \tag{2.3}$$

此處 $v_{\max}i_{\max}/2$ 可用電壓與電流的均方根值取代，即 $|V_{an}||I_{an}|$ 或 $|V||I|$。在

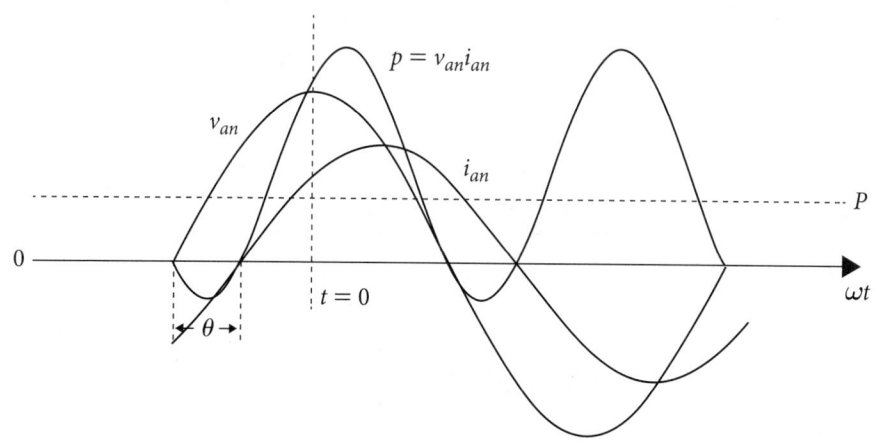

圖 2.2 電流、電壓及功率對時間的圖形

圖 2.1 中，如果電壓提供給電阻性負載，則 (2.3) 式只剩右邊第一個餘弦項。

另一種觀察瞬時功率的方式會考慮電流與 v_{an} 同相的成分及與 v_{an} 差 90° 的成分。圖 2.3(a) 為一並聯電路，圖 2.3(b) 為其相量圖。

i_{an} 與 v_{an} 同相的成分為 i_R，從圖 2.3(b) 可得 $|I_R| = |I_{an}|\cos\theta$。如果 i_{an} 的最大值為 I_{max}，則 i_R 的最大值 $I_R = I_{max}\cos\theta$，瞬時電流 i_R 必定與 v_{an} 同相。當 $v_{an} = V_{max}\cos\omega t$，

$$i_R = I_{max}\cos\theta\cos\omega t = I_R\cos\omega t \tag{2.4}$$

同樣地，i_{an} 落後 v_{an} 90° 的成分為 i_X，最大值為 $I_X = I_{max}\sin\theta$。因為 i_X 必定落後 v_{an} 90°，

$$i_X = I_{max}\sin\theta\sin\omega t = I_X\sin\omega t \tag{2.5}$$

則

$$v_{an}i_R = V_{max}I_{max}\cos\theta\cos^2\omega t$$
$$= \frac{V_{max}I_{max}}{2}\cos\theta(1+\cos 2\omega t) \tag{2.6}$$

此為 (2.3) 式的第一項，也是電阻的瞬時功率。圖 2.4 為 $v_{an}i_R$ 對時間 t 的圖形。

圖 2.3 (a) 並聯 RL 電路；(b) 相對應的相量圖

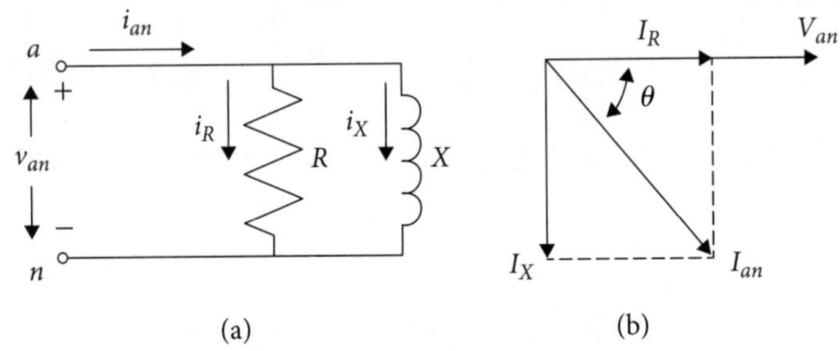

圖 2.4 電壓、與電壓同相電流及功率對時間圖

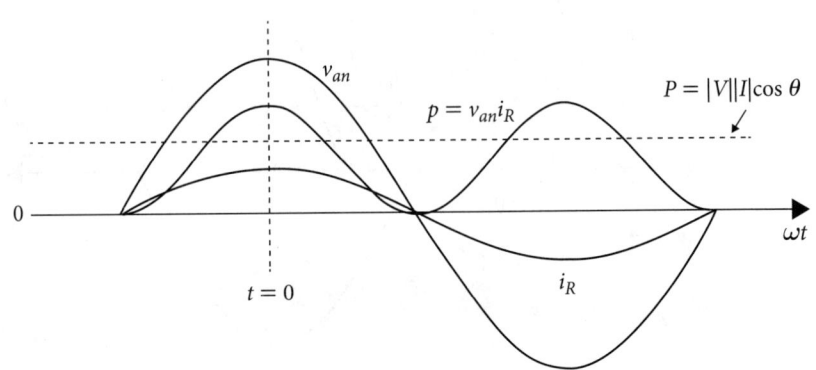

第 2 章 基本概念

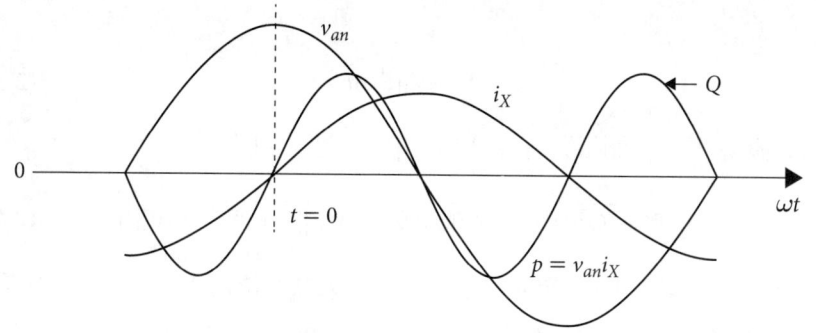

圖 2.5 電壓、落後電壓 90° 的電流及功率對時間圖

同樣地，

$$v_{an} i_X = V_{max} I_{max} \sin\theta \sin\omega t \cos\omega t$$

$$= \frac{V_{max} I_{max}}{2} \sin\theta \sin 2\omega t \tag{2.7}$$

此為 (2.3) 式的第二項，也是電感的瞬時功率。圖 2.5 為 v_{an}、i_X 及此兩項乘積對時間 t 的圖形。

(2.3) 式中含有 $\cos\theta$ 項通常為正值，其平均值為

$$P = \frac{V_{max} I_{max}}{2} \cos\theta \tag{2.8}$$

或以電壓及電流的均方根值來表示

$$P = |V||I|\cos\theta \tag{2.9}$$

P 為代表功率的量。平均功率 (average power) P 也稱為有效功率 (real power) 或實功率。瞬時功率及平均功率的基本單位為瓦特，但瓦特對於電力系統來說太小，因此功率 P 通常以仟瓦 (kW) 或百萬瓦 (MV) 來表示。

電壓與電流相角差 θ 的餘弦稱為功因（power factor，功率因數），電感性電路為落後功因 (lagging power factor)，而電容性電路為超前功因 (leading power factor)。換句話說，落後功因與超前功因分別表示電流落後或超前外加電壓。

(2.3) 式的第二項包含正弦項，此項正、負交替且平均值為零。瞬時功率 p 的該項成分稱為瞬時無效功率 (instantaneous reactive power)，且表示為流向負載或自負載流出的能量潮流。此功率的最大值定為 Q，稱為無效功率 (reactive power)、虛功率或無效伏安 (reactive voltampere)，此描述對於電力系統運轉是十分有效。無效功率為

$$Q = \frac{V_{max} I_{max}}{2} \sin\theta \tag{2.10}$$

或

$$Q = |V||I|\sin\theta \quad (2.11)$$

P 與 Q 平方和開根號等於 $|V|$ 與 $|I|$ 的乘積，因此

$$\sqrt{P^2 + Q^2} = \sqrt{(|V||I|\cos\theta)^2 + (|V||I|\sin\theta)^2} = |V||I| \quad (2.12)$$

當然，P 與 Q 有相同的單位，但通常將 Q 的單位訂為乏（伏安的虛部 VAR），實際上 Q 的單位為仟乏 (kVAR) 或百萬乏 (MVAR)。

一簡單串聯電路，Z 等於 $R + jX (j = \sqrt{-1})$，以 $|Z| |I|$ 取代 (2.9) 式及 (2.11) 式中的 $|V|$，可得

$$P = |I|^2 |Z| \cos\theta \quad (2.13)$$

及

$$Q = |I|^2 |Z| \sin\theta \quad (2.14)$$

因 $R = |Z|\cos\theta$ 及 $X = |Z|\sin\theta$，則可得

$$P = |I|^2 R \quad \text{及} \quad Q = |I|^2 X \quad (2.15)$$

因為 $Q/P = \tan\theta$，(2.9) 式及 (2.11) 式提供另一種計算功因的方法，則功因為

$$\cos\theta = \cos\left(\tan^{-1}\frac{Q}{P}\right)$$

或是從 (2.9) 式及 (2.12) 式可得

$$\cos\theta = \frac{P}{\sqrt{P^2 + Q^2}} \quad (2.16)$$

在具有相同電壓的電容性電路中，如果瞬時功率以 (2.3) 式表示，因為 θ 變成負值，使得 $\sin\theta$ 及 Q 為負值。在電容與電感並聯電路中，RL 電路的瞬時無效功率與 RC 電路的瞬時無效功率相位差 180°，而淨無效功率為 RL 電路的 Q 與 RC 電路的 Q 的差值。正值為電感性負載所吸收的 Q，負值為電容性負載所吸收的 Q。

電力系統工程師通常將電容器視為提供正無效功率的電源，而不是需要負無效功率的負載。電容器吸收負 (negative) 的無效功率，降低由系統提供無效功率給並聯的電感性負載。換句話說，電容器提供 (supply) 電感性負載所需的無效功率。此舉與將電容器視為傳送落後電流，而不是吸收超前電流的考量相同，如圖 2.6 所示。

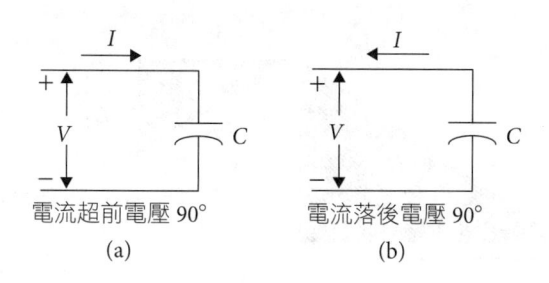

圖 2.6 電容器被視為 (a) 吸收超前電流的被動性電路元件與 (b) 一台提供落後電流的發電機

電流超前電壓 90°
(a)

電流落後電壓 90°
(b)

一個可調電容器與一個電感性負載並聯時，電容器超前電流可調整成剛好等於落後電壓 90° 的電感性負載電流大小，此結果是電流與電壓同相。電感性電路仍需要正的無效功率，但此電路淨無效功率為零。這就是為什麼電力系統工程師將電容器視為提供無效功率給電感性負載。當不使用正 (positive)、負 (negative) 字眼時，一般假設為正無效功率。

複數功率

如果已知電壓及電流的相量表示式，則用複數形式來計算有效功率與無效功率最為方便。若一電路中某一負載或某部分的跨接電壓及流入的電流分別表示成 $V=|V|\angle\alpha$ 及 $I=|I|\angle\beta$，則以極座標型式的電壓與電流共軛值乘積為

$$VI^* = |V|e^{j\alpha} \times |I|e^{-j\beta} = |V||I|e^{j(\alpha-\beta)} = |V||I|\angle\alpha-\beta \qquad (2.17)$$

此量稱為複數功率 (complex power)，通常以 S 來表示。以直角座標型式

$$S = VI^* = |V||I|\cos(\alpha-\beta) + j|V||I|\sin(\alpha-\beta) \qquad (2.18)$$

因為 $\alpha - \beta$ 為電壓與電流之間的相角，即先前方程式中的 θ，則

$$S = P + jQ \qquad (2.19)$$

當電壓與電流之間的相角 $\alpha - \beta$ 為正數，也就是 $\alpha > \beta$，即電流落後電壓時，無效功率 Q 必為正數。相反地，當 $\beta > \alpha$，即電流超前電壓時，無效功率 Q 必為負數。這符合先前指定電感性電路的無效功率為正號及電容性電路的無效功率為負號的選擇。為了得到無效功率適當的正負號，計算複數功率 S 必須採用 VI^*，而不是符號相反的 V^*I。

功率三角形

針對數個相互並聯的負載，(2.19) 式建議一種可求得全部 P、Q 及相角（因為 $\cos\theta$ 等於 $P/|S|$）的圖形法。電感性負載的功率三角形 (power triangle) 可畫成圖 2.7。

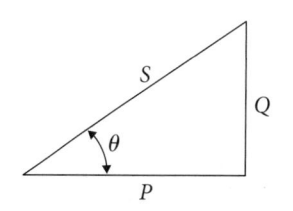

圖 2.7 針對電感性負載的功率三角形

圖 2.8 針對組合型負載的功率三角形，注意到 Q_2 為負數

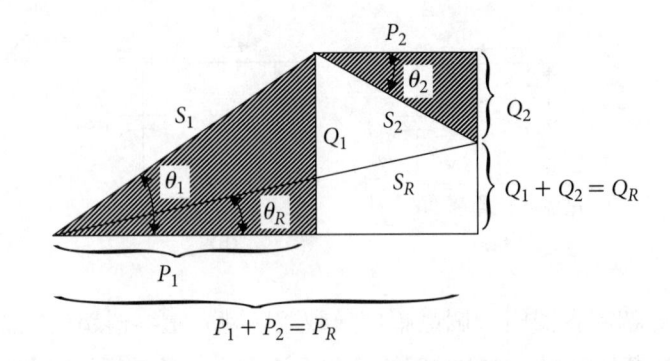

針對數個並聯負載，總有效功率等於個別負載平均功率的和，以圖形分析有效功率時應沿著水平軸畫。而電感性負載 Q 的無效功率因為為正數，所以自水平軸垂直往上畫。而電容性負載具有負的無效功率，則無效功率垂直往下畫。圖 2.8 說明針對具有相角 θ_1 落後功因負載 P_1、Q_1、S_1 的功率三角及負的角度 θ_2 的電容性負載 P_2、Q_2、S_2 的功率三角組合。

這兩個並聯負載在功率三角形為 $P_1 + P_2$ 為一邊，$Q_1 + Q_2$ 為另一邊，而斜邊為 S_R。一般來說，$|S_R|$ 不等於 $|S_1|+|S_2|$。供給此並聯負載的電壓與電流相角差為 θ_R。

例題 2.1

一個 50 kW 落後功因為 0.8 的電感性負載，供給電壓為 220 V、60 Hz。試求將整體功因改善至落後 0.95 時所需的並聯電容器大小。

解：傳送至電感性負載的有效功率為 50 kW，功因為 0.8。因此，由電感性負載所吸收的無效功率 Q_1 為

$$0.8 = \frac{50}{\sqrt{50^2 + Q_1^2}}$$

$$Q_1 = 37.5 \text{ kVAR}$$

在並聯電容器連接至電感性負載後，功因改善至 0.95 且所吸收的無效功率減少。因此

$$0.95 = \frac{50}{\sqrt{50^2 + Q_R^2}}$$

$$Q_R = 16.434 \text{ kVAR}$$

電容器所吸收的無效功率為

$$Q_2 = Q_R - Q_1 = -21.066 \text{ kVAR}$$

因為 Q_2 為負值，隱含著電容器提供 21.066 kVAR 的無效功率。如此可求得電容值為

$$|Q_2| = \frac{V^2}{|X_C|} = \frac{220^2}{\dfrac{1}{2\pi \times 60 \times C}}$$

及

$$C = \frac{21066}{2\pi \times 60 \times 220^2} = 1.1545 \text{ mF}.$$

圖 2.9 說明電感性負載及並聯電容器組合的功率三角形。

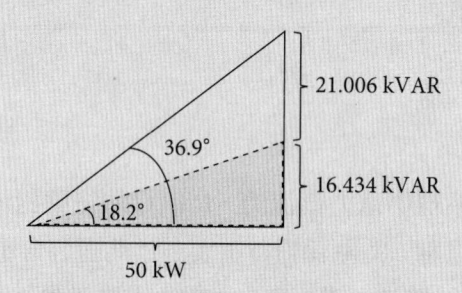

圖 2.9 例題 2.1 的功率三角形

電容器提供無效功率之前，電源傳送的複數功率為 $S = 50 + j37.5 = 62.5 \angle \cos^{-1} 0.8 = 62.5 \angle 36.9°$ KVA 給負載且負載電流為 62,500/220 = 284.1 A。在電容器連接之後，電源傳送的複數功率為 $S_2 = 50 + j16.434 = 52.63 \angle \cos^{-1} 0.95 = 52.63 \angle 18.2°$ KVA，而負載電流變成 55,260/220 = 251.2 A。因此，降低負載電流同時也會降低電源與負載之間的線路損失。針對電感性負載採用並聯電容器來補償無效功率是非常實際的。

例題 2.1 的 MATLAB 程式 (ex2_1.m)

```
% Matlab M-file for Example 2.1: ex2_1.m
% Clean previous value
clc
clear all
% Initial values
% According to the problem: P=50kW, Pf=0.8 lagging, V=220V
P=50000;        PF=0.8;      V=220;
% System frequency=60, improve the PF to 0.95
PFnew=0.95;    f=60;
% Solution
% The PF angle of initial system
theta=acosd(PF);
Q1=P*tand(theta);
% The PF angle of new system
theta_new=acosd(PFnew);
Q=P*tand(theta_new);
disp(['The PF angle of new system is 0.95'])
disp([' Q=P*tand(0.95)=',num2str(Q/1000),' kVAR'])
% The reactive power absorbed the capacitor
Q2=Q-Q1;
```

```
disp(['The reactive power absorbed the capacitor is Q2=Q-Q1'])
% The capacitance (in Farad) required to improve the PF to 0.95.
C=abs(Q2)/(2*pi*(V^2)*f)*1000;
disp(['The capacitance (in Farad) required to improve the PF to
0.95.'])
disp([' C=|Q2|/(2*pi*(V^2)*f)*1000=',num2str(C),' mF'])
disp(['The size of the required parallel capacitor is ',
num2str(C),' mF'])
```

電力潮流方向

當考量電力系統中電力潮流時，P 和 Q 的符號對於 P、Q 和匯流排電壓 V 或發電機電壓 E 的關係極為重要。這問題包含電力潮流的方向，也就是，當電壓與電流被指定後，功率是被產生 (generate) 或被吸收 (absorb)。

自電路中傳送或吸收功率的問題在直流系統中比較明顯。考量圖 2.10(a) 中的電流及電壓，圖中直流電流 I 流經一電池。

如果電壓表 V_m 及電流表 A_m 的刻度分別為 $E = 100$ V 及 $I = 10$ A，則電池會以 $EI = 1000$ W 的速率充電（吸收能量）。另一方面，如果電流表接線反轉而電流箭頭仍維持不變，則 $I = -10$ A 且 $EI = -1000$ W，如此電池為放電（傳送能量）。將相同的考量應用到交流電路上。

針對圖 2.10(b) 的交流系統，框線代表一個理想電壓源 E（固定大小、固定頻率及零阻抗）且已標示極性，通常在正的瞬時電壓之半週期期間端電點為正。同樣地，在電流正半週時箭頭指示電流 I 的方向為進入框線內。圖 2.10(b) 的瓦特表 (wattmeter) 具有一個電流線圈及一個電壓線圈，此二者分別對應至圖 2.10(a) 中的電流表 A_m 及電壓表 V_m。測量有效功率時，線圈必須正確連接才可獲得正的讀值。依定義，框線內所吸收的功率為

圖 2.10 (a) 安培表與電壓表測量電池的直流電流 I 及電壓 E 與 (b) 瓦特表測量理想交流電壓源 E 所吸收的有效功率

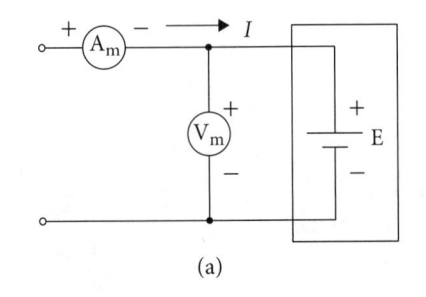

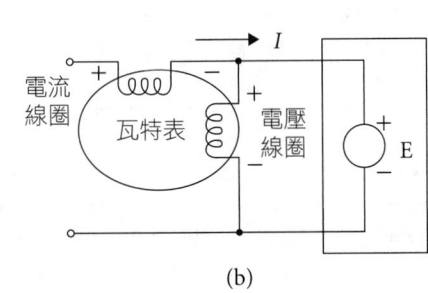

第 2 章 基本概念

表 2.1 P 及 Q 潮流方向，$S = VI^* = P + jQ$

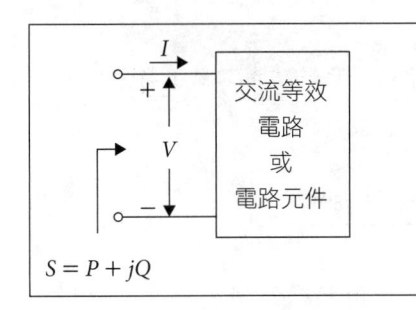

$S = P + jQ$ 交流等效電路或電路元件	如果 $P > 0$，電路吸收有效功率 如果 $P < 0$，電路提供有效功率 如果 $Q > 0$，電路吸收無效功率 （電流落後電壓） 如果 $Q < 0$，電路提供無效功率 （電流超前電壓）

$$S = VI^* = P + jQ = |V||I|\cos\theta + j|V||I|\sin\theta \quad (2.20)$$

其中 θ 為電流落後電壓的相角。因此，如果圖 2.10(b) 中的瓦特表讀值為正，則 $P = |V||I|\cos\theta$ 為正，則電壓源 E 吸收有效功率。如果瓦特表反向偏轉，則 $P = |V||I|\cos\theta$ 為負，此時將電流線圈或電壓線圈反接，不可兩者同時反接，則瓦特表讀值會為正，代表電壓源 E 提供正功率。我們也可以說負功率為電壓源 E 吸收功率。如果將瓦特表以乏表取代，同樣考量無效功率符號，則可以得知電壓源是吸收或供給無效功率。

一般來說，由電路中進入框線的電流及表 2.1 電壓極性，可決定 P 及 Q 由交流電路吸收或提供。$S = VI^*$ 的實部及虛部數值決定框線電路吸收或提供 P 及 Q。當電流落後電壓的角度 θ 介於 0° 與 90°，可得 $P = |V||I|\cos\theta$ 及 $Q = |V||I|\sin\theta$ 都為正數，表示瓦特及乏被電感性電路吸收。當電流領先電壓的角度介於 0° 與 90°，P 仍然為正，但是 θ 及 $Q = |V||I|\sin\theta$ 均為負數，表示由框線內的電容性電路吸收負乏或提供正乏。

例題 2.2

兩個理想電壓源，電源 1 及電源 2 相互連接，如圖 2.11 所示。

如果 $E_1 = 100\angle 0°$ V，$E_2 = 100\angle 30°$ V 且 $Z = 0 + j5$ Ω，試求 (a) 每個電源為

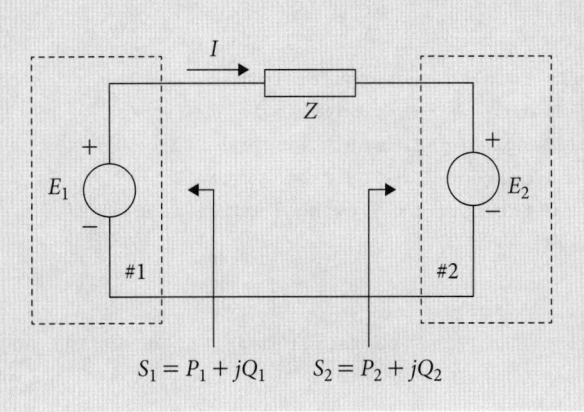

圖 2.11 兩個理想電壓源經由阻抗 Z 連接

產生或消耗有效功率；(b) 每個電源為接收或提供無效功率且數值為多少；(c) 阻抗吸收的有效功率及無效功率。

解：

$$I = \frac{E_1 - E_2}{Z} = \frac{100 + j0 - (86.6 + j50)}{j5}$$

$$= \frac{13.4 - j50}{j5} = -10 - j2.68 = 10.35\angle 195° \, A$$

進入 1 的電流為 $-I$，而進入 2 的電流為 I，所以

$$S_1 = E_1(-I)^* = P_1 + jQ_1 = 100\,(10 + j2.68)^* = 1000 - j268 \, VA$$

$$S_2 = E_2 I^* = P_2 + jQ_2 = (86.6 + j50)(-10 + j2.68) = -1000 - j268 \, VA$$

串聯阻抗所吸收的無效功率為

$$|I|^2 X = 10.35^2 \times 5 = 536 \, VAR$$

因為電源 1 的電流方向與極性被視為發電機。然而，P_1 為正且 Q_1 為負，此電源消耗 1000 W 能量並提供 268 VAR 的無效功率，此電源實際上為馬達。電源 2 看似馬達，但因具有負的 P_2 及負的 Q_2，因此，此電源產生 1000 W 有效功率及提供 268 VAR 無效功率，實際為發電機。

注意到所提供的無效功率為 268 + 268 等於 536 VAR，此為 5 歐姆電感電抗所需要的量。由於阻抗為純電感性，因此並未消耗 P，且電源 2 所產生的有效功率全部傳送給電源 1。

例題 2.2 的 MATLAB 程式 (ex2_2.m)

```
% Matlab M-file for Example 2.2: ex2_2.m
clc
clear all
% Initial value
% According to Fig. 2.11, two ideal voltage sources are
E1=100;      E1angle=0;
E2=100;      E2angle=30;
Z=complex(0,5);
% Solution
% Convert polar form to rectangular form
E1cp=E1*cosd(E1angle)+j*E1*sind(E1angle);
E2cp=E2*cosd(E2angle)+j*E2*sind(E2angle);
% Calculate the current flowing from E1 to E2
disp('Calculate the current flowing from E1 to E2')
I=(E1cp-E2cp)/Z;
I_mag=abs(I);
I_ang=angle(I)/180*pi;
disp([' I=(E1cp-E2cp)/Z=',num2str(I_mag),'∠',num2str(I_ang),' A'])
```

```
% Calculate the apparent power delivered by two sources
% S=VI*
S1=E1cp*conj(-I);
S2=E2cp*conj(I);
disp('Calculate the apparent power delivered by two sources')
disp([' S1=E1cp*conj(-I)=',num2str(S1),' VA'])
disp([' S2=E2cp*conj(I)=',num2str(S2),' VA'])
% Calculate the reactive power absorbed by the series impedance
disp('Calculate the reactive power absorbed by the series impedance')
Qa=abs(S1+S2);
disp([' Qa=|S1+S2|=',num2str(Qa),' var'])
disp(['The reactive power absorbed in the series impedance is ',num2str(Qa),' var']);
```

2.3　三相交流電路

　　三相發電機提供電力至電力系統。理想上，發電機提供電力給平衡三相負載，平衡三相負載意指在所有三相系統中負載的阻抗相同。照明負載及小型馬達當然屬於單相負載，但在配電系統中將其設計為三相平衡。圖 2.12 顯示一個 Y 接發電機，其中性點標示為 o，供電給中性點標示為 n 的平衡 Y 接負載。

　　在討論這個電路時，假設發電機及負載端之間連接的阻抗與 o 及 n 間直接連接的阻抗均忽略不計。

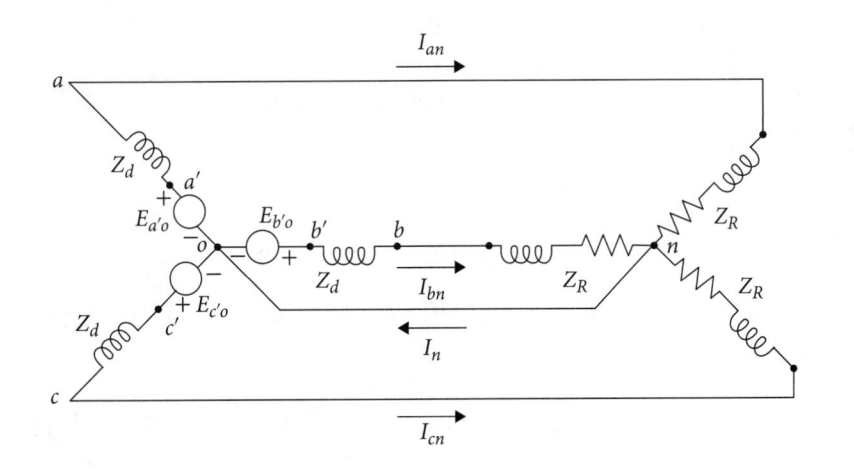

圖 2.12　Y 接發電機連接至平衡 Y 接負載的電路圖

三相發電機的等效電路是由三相中每一相的電動勢所組成,如圖中標示為圓圈者。每一個電動勢與電阻及電感性電抗組成的阻抗 Z_d 相串聯。點 a'、b' 及 c' 為虛擬,因為所產生的電動勢無法與每相的阻抗分開。負載端點為點 a、b 及 c。發電機中的電動勢 $E_{a'o}$、$E_{b'o}$ 及 $E_{c'o}$ 其大小相等而相角彼此相差120°。如果相序為 abc(正相序),意思為 $E_{a'o}$ 超前 $E_{b'o}$ 120°,$E_{b'o}$ 超前 $E_{c'o}$ 120°。圖 2.13 顯示這些相序為 abc 的電動勢。

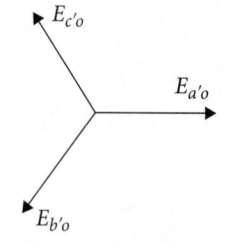

圖 2.13 圖 2.12 所顯示的電路電動勢的相量圖

在發電機的所有端點(即此例各負載),端點至中性點電壓為

$$V_{ao} = E_{a'o} - I_{an}Z_d = I_{an}Z_R$$
$$V_{bo} = E_{b'o} - I_{bn}Z_d = I_{bn}Z_R \qquad (2.21)$$
$$V_{co} = E_{c'o} - I_{cn}Z_d = I_{cn}Z_R$$

因為 o 及 n 為相同電位,V_{ao}、V_{bo} 及 V_{co} 分別等於 V_{an}、V_{bn} 及 V_{cn},而線路電流(也是 Y 接的相電流):

$$I_{an} = \frac{E_{a'o}}{Z_d + Z_R} = \frac{V_{an}}{Z_R}$$
$$I_{bn} = \frac{E_{b'o}}{Z_d + Z_R} = \frac{V_{bn}}{Z_R} \qquad (2.22)$$
$$I_{cn} = \frac{E_{c'o}}{Z_d + Z_R} = \frac{V_{cn}}{Z_R}$$

因為 $E_{a'o}$、$E_{b'o}$ 及 $E_{c'o}$ 大小相等而相角彼此相差120°,且由這些電動勢看到的阻抗也相同,每一相的電流大小相等、相角相差120°,端電壓 V_{an}、V_{bn} 及 V_{cn} 也必然相同。在此情形下,電壓及電流為平衡 (balance)。以 V_{an} 為參考,令每一個端電壓大小為 V_{max},則三相瞬時端電壓及線電流變成

$$v_{an} = V_{max} \cos \omega t$$
$$v_{bn} = V_{max} \cos(\omega t - 120°) \qquad (2.23)$$
$$v_{cn} = V_{max} \cos(\omega t - 240°)$$

及

$$i_{an} = I_{max} \cos(\omega t - \theta)$$
$$i_{bn} = I_{max} \cos(\omega t - 120° - \theta) \qquad (2.24)$$
$$i_{cn} = I_{max} \cos(\omega t - 240° - \theta)$$

此處 $I_{max} = V_{max}/|Z_R|$ 且 θ 為 Z_R 的相角。(2.23) 式及 (2.24) 式的相量分別為 (2.25) 式及 (2.26) 式

$$V_{an} = V_{max}\angle 0° \qquad V_{bn} = V_{max}\angle -120° \qquad V_{cn} = V_{max}\angle -240° \qquad (2.25)$$

$$I_{an} = I_{max}\angle-\theta \qquad I_{bn} = I_{max}\angle-120°-\theta \qquad I_{cn} = I_{max}\angle-240°-\theta \qquad (2.26)$$

利用三角等式，傳送至三相負載的總功率為

$$\begin{aligned} p_{3\phi} &= p_a + p_b + p_c = v_{an}i_{an} + v_{bn}i_{bn} + v_{cn}i_{cn} \\ &= V_{max}I_{max}[\cos\omega t\cos(\omega t-\theta) + \cos(\omega t-120°)\cos(\omega t-120°-\theta) \\ &\quad + \cos(\omega t-240°)\cos(\omega t-240°-\theta)] \\ &= \frac{3}{2}V_{max}I_{max}\cos\theta \\ &= 3|V||I|\cos\theta \end{aligned} \qquad (2.27)$$

(2.27) 式顯示傳送至負載的瞬時功率在三相平衡系統中為定值。就電力傳輸而言，三相系統優於單相系統。由於在單相系統中傳送至負載的瞬時功率為脈動，因此單相馬達比三相馬達震動更大。三相系統的其他優點還包括：就輸電線路而言三相系統需要較少的導線，以及在相同額定的情形下發電機或馬達的容量較小。稍後會討論三相系統更多的內容。

圖 2.14(a) 顯示一個平衡系統的三相電流，在圖 2.14(b) 中這三個電流形成一個封閉的三角形，且很明顯它們的總和為零。

因此在圖 2.12 中介於發電機與負載中性點的電流 I_n 必為零。於是，n 與 o 兩點間的連接線不論具有任何阻抗，或甚至斷路，n 與 o 兩點都將維持相同的電位。如果負載並非平衡，則電流的總合不會為零，則 n 與 o 兩點間會有一電流流通。如果是不平衡的情形，則 n 與 o 不會有相同電位，除非兩點以零阻抗連接。

因為在平衡的三相系統中，電壓與電流都有 120° 的相位移，如果有一種簡化的方法來顯示 120° 相量的旋轉會很方便。兩個複數乘積的結果為兩個大小的乘積及角度和。如果一個複數以一個相量及大小為 1、角度為 θ 的複數乘積來表示，意指該相量等於原相量位移了 θ 角。單位大小及角度為 θ 的複數為一種運算子 (operator)，將相量轉動 θ 角。我們已熟悉

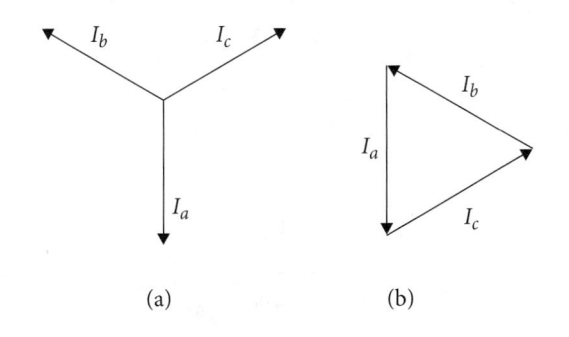

圖 2.14 平衡三相負載電流相量圖：(a) 自一個共通點所繪製的相量；(b) 形成一個封閉三角形的相量

運算子 j，其產生 90° 的旋轉，而運算子 -1 產生 180° 的旋轉。經由兩次運算子 j 的操作，形成 90° + 90° 的旋轉。如此可得一個結論：$j \times j$ 旋轉 180°，且 j^2 等於 -1。運算子 j 的其他冪次可用類似分析獲得。

字母 α 一般用於指定反時針方向旋轉 120° 的運算子，此運算子之大小為 1，角度為 120° 的複數，且定義成

$$\alpha = 1\angle 120° = 1e^{j2\pi/3} = -0.5 + j0.866$$

如果 α 成功地操作兩次，則相量旋轉 240°；若 α 成功地操作三次，則旋轉 360°。因此

$$\alpha^2 = 1\angle 240° = 1e^{j4\pi/3} = -0.5 - j0.866$$
$$\alpha^3 = 1\angle 360° = 1e^{j2\pi} = 1\angle 0° = 1$$

很明顯地 $1 + \alpha + \alpha^2 = 0$。圖 2.15 顯示 α 不同的冪次及函數。

圖 2.12 線對線電壓為 V_{ab}、V_{bc} 及 V_{ca}，循著點 a 經 n 至 b 的路徑可得

$$V_{ab} = V_{an} + V_{nb} = V_{an} - V_{bn} \tag{2.28}$$

雖然圖 2.12 中 $E_{a'o}$ 及 V_{an} 並非同相，在定義電壓時採用 V_{an} 作為參考值，而不使用 $E_{a'o}$。圖 2.16 顯示電壓對中性點及如何求得 V_{ab} 的相量圖，並於兩個虛線圓上以反時針箭頭表示 abc 相序。

圖 2.15 運算子 α 的各種冪次及函數相量圖

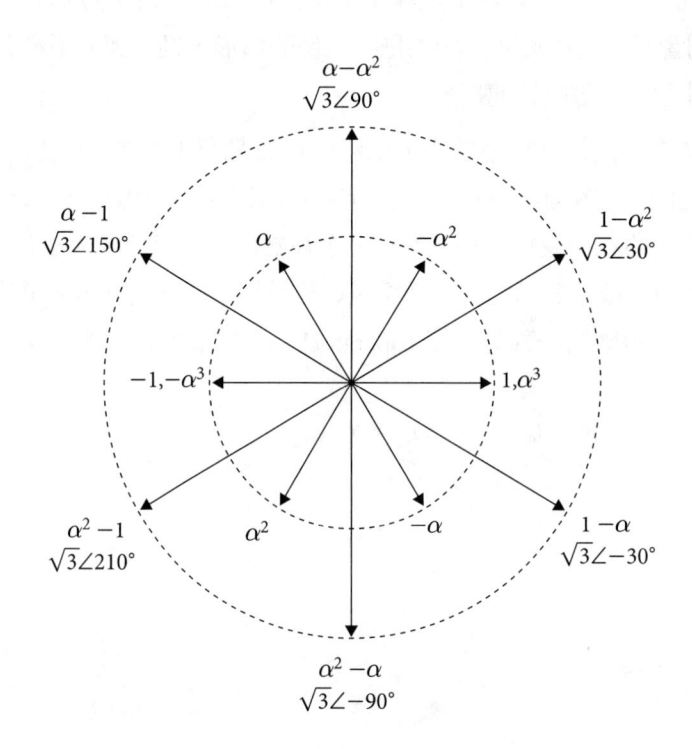

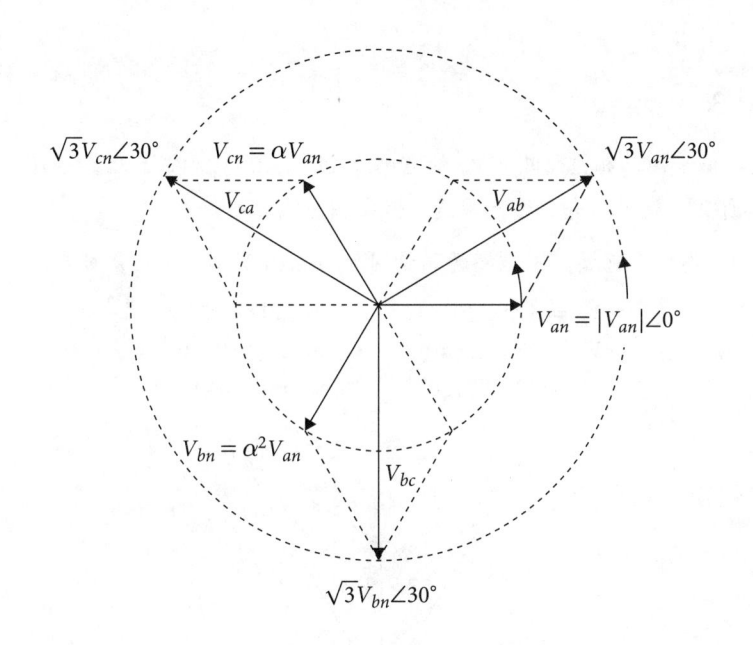

圖 2.16 平衡三相電路中線對線電壓與線對中性點電壓關係的相量圖

利用運算子 α 可得 $V_{bn} = \alpha^2 V_{an}$，且

$$V_{ab} = V_{an} - \alpha^2 V_{an} = V_{an}(1 - \alpha^2) \tag{2.29}$$

回顧圖 2.15，可看出 $1 - \alpha^2 = \sqrt{3}\angle 30°$，意思是

$$V_{ab} = \sqrt{3}\ V_{an}\ e^{j30°} = \sqrt{3}\ V_{an}\angle 30° \tag{2.30}$$

所以，V_{ab} 超前 V_{an} 30° 且大小為後者 $\sqrt{3}$ 倍。其他的線對線電壓也可用類似的方法獲得。圖 2.17 顯示所有線對線電壓與線對中性點的關係。平衡三相電路線對線電壓大小通常為線對中性點大小的 $\sqrt{3}$ 倍。

　　圖 2.17 為另一種線電壓及線對中性點電壓的呈現方式，線電壓畫成以 V_{an} 為參考的封閉三角形。三角形的頂點均被標示，以致於每一個相量的起始與結束都在頂點上，頂點編號相對於電壓相量的下標順序，而線對中性點電壓相量朝向三角形的中心。一旦接受相量圖之後，會發現這是求解各種電壓最簡單的方法。

　　當三角形以 n 為中心反時針旋轉，其順序依序為三角形頂點 a、b 及 c，此相序為 abc。當討論變壓器及使用對稱成分分析電力系統不平衡故障時，相序的重要性即凸顯出來，電流與其相關相電壓的相量圖便可畫出。

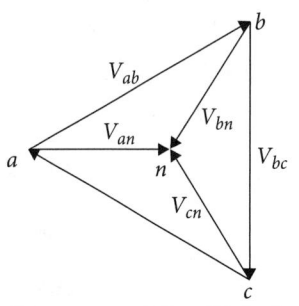

圖 2.17 以另一種方式繪製圖 2.16 的相量

例題 2.3

在一個平衡三相電路中，V_{ab} 的電壓為 173.2∠0° V。在一個 $Z_L = 10∠20°$ Ω 的 Y 接負載，試求所有電壓及電流。假設相序為 abc。

解： 以 V_{ab} 為參考電壓，則電壓的相量圖如圖 2.18 所示，由已知可求得

$$V_{ab} = 173.2∠0° \text{ V} \qquad V_{an} = 100∠-30° \text{ V}$$
$$V_{bc} = 173.2∠240° \text{ V} \qquad V_{bn} = 100∠210° \text{ V}$$
$$V_{ca} = 173.2∠120° \text{ V} \qquad V_{cn} = 100∠90° \text{ V}$$

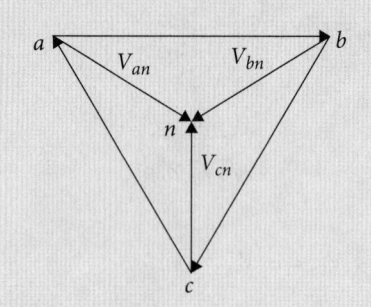

圖 2.18 例題 2.3 的電壓相量圖

每一個電流落後跨接負載阻抗的電壓 20°，且每一個電流大小為 10 安培。圖 2.19 為電流的相量圖。

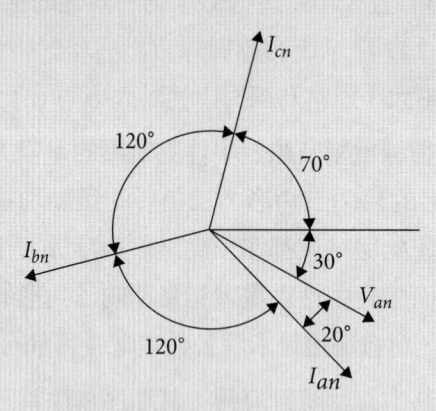

$$I_{an} = 10∠-50° \text{ A} \quad I_{bn} = 10∠190° \text{ A} \quad I_{cn} = 10∠70° \text{ A}$$

圖 2.19 例題 2.3 的電流相量圖

平衡負載經常接成三角接線，如圖 2.20 所示。當相序為 abc 時，線電流如 I_a 的大小等於 a 相電流 I_{ab} 的 $\sqrt{3}$ 倍及 I_a 落後 I_{ab} 30°，此部分留待讀者利用運算子 $α$ 特性自行證明。圖 2.21 顯示當選擇 I_{ab} 為參考時，電流之

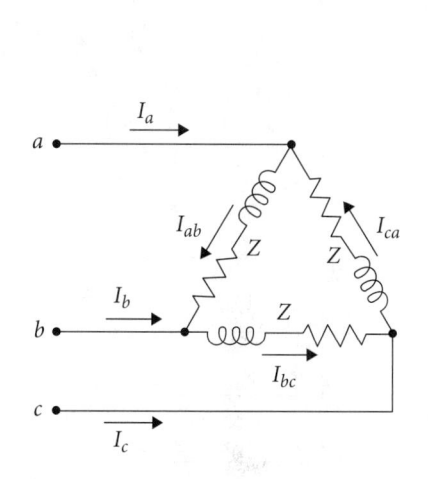

圖 2.20 三相負載的 Δ 接線電路圖

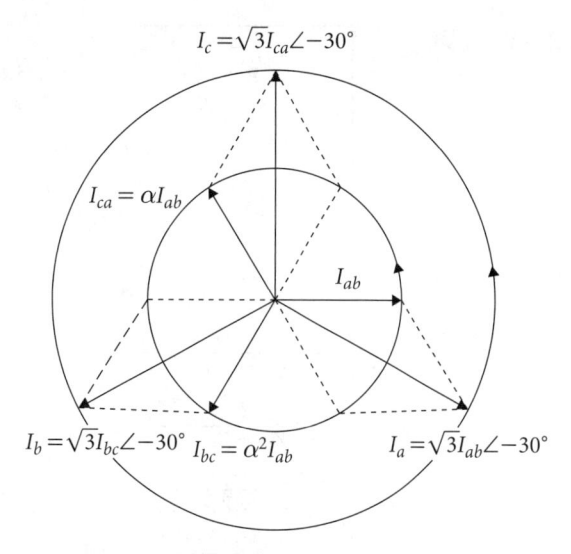

圖 2.21 在平衡三相負載 Δ 接線中線電流與相電流關係的相量圖

間的關係。

當求解圖 2.12 平衡三相電路時，並不需要從完整的三相電路著手。為了求解此電路，先假設一條零阻抗的中性線，且電流為三相電流和，在平衡情況下電流為零。利用克希荷夫電壓定律 (kirchhoff's voltage law) 針對包括一相及中性線的封閉路徑來求解此電路，如圖 2.22 所示。

此電路為圖 2.12 的單相 (single-phase) 或每相等效 (per-phase equivalent)。求解過程可擴展至整個三相電路，而另兩相電流大小與所計算的電流大小相等，相角相差 120° 及 240°。平衡負載（從指定的線電壓、總功率及功因）是 Δ 接或 Y 接並不重要，因為 Δ 接可以用等效 Y 接來取代，如表 2.2 所示。從該表可清楚根據 Δ 阻抗 Z_Δ 來表示 Y 阻抗 Z_Y 的通式，如 (2.31) 式所示。

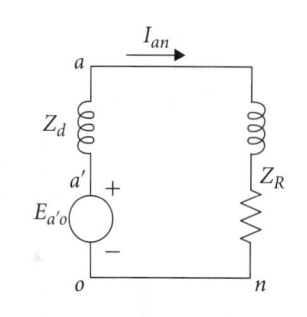

圖 2.22 圖 2.12 電路的其中一相

$$Z_Y = \frac{Z_\Delta \text{ 相鄰兩邊的乘積}}{Z_\Delta \text{ 總和}} \qquad (2.31)$$

所以，當 Δ 的阻抗均相同時（也就是平衡的 Z_Δ），則等效 Y 的每一相阻抗 Z_Y 為 Δ 每相阻抗的三分之一。同樣地，從表 2.2 可得 Z_Y 阻抗轉成 Z_Δ 阻抗的通式為

$$Z_\Delta = \frac{Z_Y \text{ 兩兩乘積的總和}}{Z_Y \text{ 相對應邊}} \qquad (2.32)$$

類似的敘述可應用導納的轉換。

表 2.2 Y–Δ 與 Δ–Y 轉換

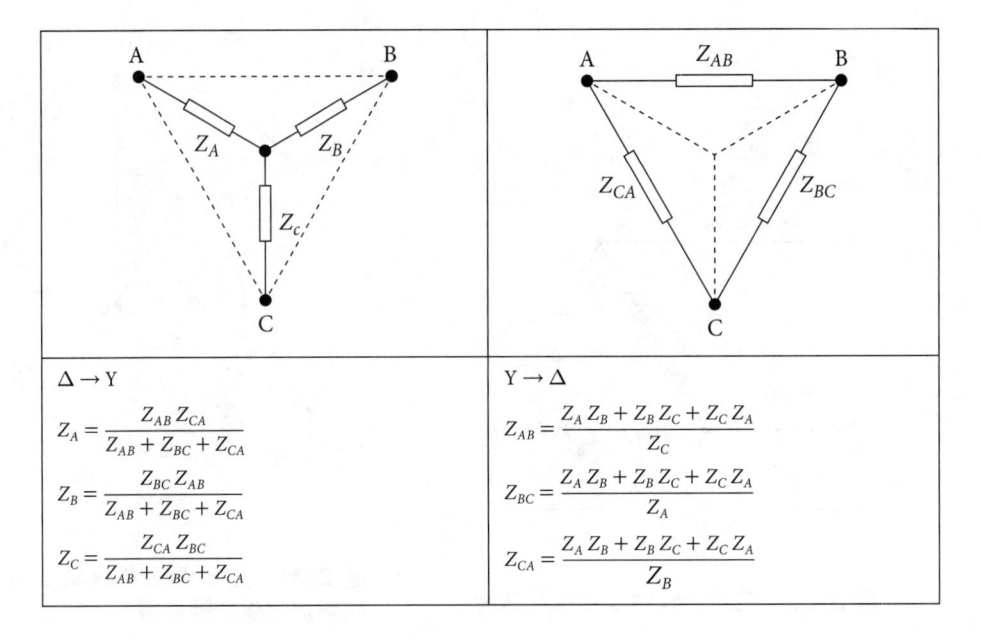

Δ → Y	Y → Δ
$Z_A = \dfrac{Z_{AB} Z_{CA}}{Z_{AB} + Z_{BC} + Z_{CA}}$	$Z_{AB} = \dfrac{Z_A Z_B + Z_B Z_C + Z_C Z_A}{Z_C}$
$Z_B = \dfrac{Z_{BC} Z_{AB}}{Z_{AB} + Z_{BC} + Z_{CA}}$	$Z_{BC} = \dfrac{Z_A Z_B + Z_B Z_C + Z_C Z_A}{Z_A}$
$Z_C = \dfrac{Z_{CA} Z_{BC}}{Z_{AB} + Z_{BC} + Z_{CA}}$	$Z_{CA} = \dfrac{Z_A Z_B + Z_B Z_C + Z_C Z_A}{Z_B}$

例題 2.4

如圖 2.23 所示，由三個相同阻抗 $20\angle 30°\ \Omega$ 所組成 Y 接負載，其線電壓為 4.4 kV。三條線路將負載連接至變電站的匯流排，每一條線路的阻抗為 $Z_L = 1.4\angle 75°\Omega$。試求變電站匯流排的線電壓。

解： 負載側電壓至中性點大小為 $4400/\sqrt{3} = 2540$ V。

如果選擇跨接於負載的電壓 V_{an} 為參考，則

$$V_{an} = 2540\angle 0°\ \text{V} \qquad \text{及} \qquad I_{an} = \dfrac{2540\angle 0°}{20\angle 30°} = 127.0\angle -30\ \text{A}$$

而變電站線對中性點電壓為

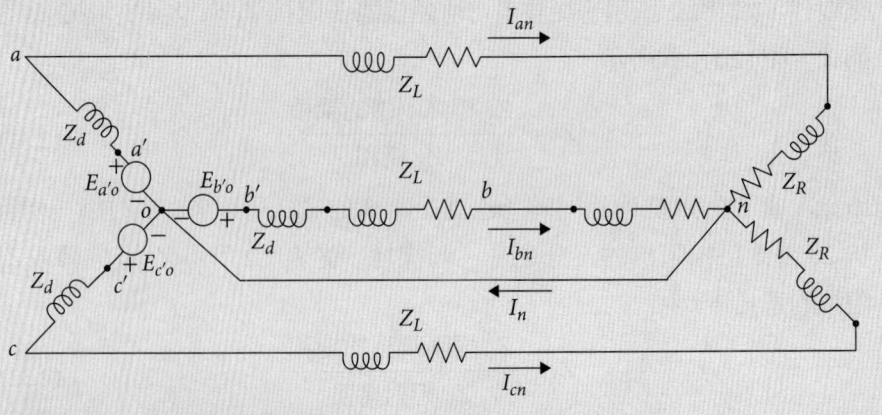

圖 2.23 Y 接發電機連接至平衡的 Y 接負載

$$V_{an} + I_{an} Z_L = 2540\angle 0° + 127\angle -30° \times 1.4\angle 75°$$
$$= 2540\angle 0° + 177.8\angle 45°$$
$$= 2666 + j125.7 = 2668.9\angle 2.70° \text{ V}$$

變電站匯流排電壓大小為

$$\sqrt{3} \times 2.67 = 4.62 \text{ kV}$$

圖 2.24 顯示每一相的等效電路及數值。

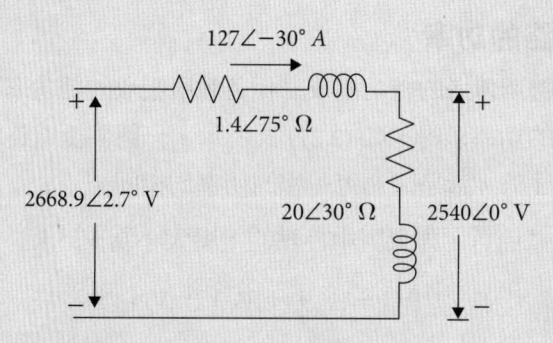

圖 2.24 例題 2.24 的每相等效電路

例題 2.4 的 MATLAB 程式 (ex2_4.m)

```
% Matlab M-file for Example 2.4: ex2_4.m
clc
clear all
% Initial value
Zline=20;
Zlineangle=30;
Zlinecp=Zline*cosd(Zlineangle)+j*Zline*sind(Zlineangle);
Zl=1.4;
Zlangle=75;
Zlcp=Zl*cosd(Zlangle)+j*Zl*sind(Zlangle);
Vline=4400;
% Solution
disp('If Van, the voltage across the load, is chosen as reference')
Van=Vline/sqrt(3);
Van_mag=abs(Van);
Van_ang=angle(Van)*180/pi;
disp([' Van=',num2str(Van_mag),'∠',num2str(Van_ang),' V'])
Ian=Van/Zlinecp;
Ian_mag=abs(Ian);
Ian_ang=angle(Ian)*180/pi;
disp([' Ian=',num2str(Ian_mag),'∠',num2str(Ian_ang),' V'])
Vn=Van+Ian*Zlcp;
Vn_mag=abs(Vn);
Vn_ang=angle(Vn)*180/pi;
disp([' Vn=Van+Ian*Zlcp=',num2str(Vn_mag),'∠',num2str(Vn_ang),' V'])
```

```
disp(['The magnitude of line-to-neutral voltage at the substation
bus is ',num2str(abs(Vn/1000)),' kV']);
Vs_ll=sqrt(3)*abs(Vn);
disp(['The line-to-neutral voltage at the substation is
',num2str(abs(Vs_ll/1000)),' kV'])
```

平衡三相電路的功率

三相發電機所傳送的總功率或三相負載所吸收的總功率可以簡單地加總三相中各相的功率求得，如 (2.27) 式所示。一個平衡電路的總功率等於任一相功率的 3 倍，這是因為每一相的功率均相同。

就 Y 接負載而言，如果對中性點的電壓大小為 V_p，則

$$|V_p| = |V_{an}| = |V_{bn}| = |V_{cn}| \tag{2.33}$$

就 Y 接負載而言，如果相電流的大小為 I_p，則

$$|I_p| = |I_{an}| = |I_{bn}| = |I_{cn}| \tag{2.34}$$

三相總功率為

$$P = 3|V_p||I_p|\cos\theta_p \tag{2.35}$$

此處，θ_p 為相電流 (phase current) I_p 落後相電壓 (phase voltage) V_p 的角度，也就是每一相阻抗的角度。如果 $|V_L|$ 與 $|I_L|$ 分別為線電壓 V_L 與線電流 I_L 的大小，

$$|V_p| = \frac{|V_L|}{\sqrt{3}} \quad 及 \quad |I_p| = |I_L| \tag{2.36}$$

將上式代入 (2.35) 式可得

$$P = \sqrt{3}|V_L||I_L|\cos\theta_p \tag{2.37}$$

總無效功率為

$$Q = 3|V_p||I_p|\sin\theta_p \tag{2.38}$$

或

$$Q = \sqrt{3}|V_L||I_L|\sin\theta_p \tag{2.39}$$

而負載的視在功率伏安為

$$|S| = \sqrt{P^2 + Q^2} = \sqrt{3}|V_L||I_L| \tag{2.40}$$

通常線電壓、線電流及功因 $\cos\theta_p$ 為已知，因此 (2.37) 式、(2.39) 式及 (2.40) 式可用於平衡三相網路計算 P、Q 及 $|S|$。當談論三相系統時，若沒有特別說明，均假設為平衡的狀況；而有關電壓 (voltage)、電流 (current) 及功率 (power)，若無特別指定，一般為線電壓 (line-to-line voltage)、線電流 (line current) 及三相總功率 (total three-phase power)。

如果負載接成 Δ，則跨接於每一個阻抗的電壓為線電壓，而流經每一個阻抗的電流大小為線電流大小除以 $\sqrt{3}$，或

$$|V_p| = |V_L| \quad 及 \quad |I_p| = \frac{|I_L|}{\sqrt{3}} \tag{2.41}$$

三相總功率為

$$P = 3|V_p||I_p|\cos\theta_p \tag{2.42}$$

將此方程式中的 $|V_p|$ 及 $|I_p|$ 以 (2.41) 式取代

$$P = \sqrt{3}|V_L||I_L|\cos\theta_p \tag{2.43}$$

上式與 (2.37) 式一致。不論負載是 Δ 接或是 Y 接，(2.39) 式與 (2.40) 式均可適用。

例題 2.5

試求三相 440 V，運轉於滿載，效率 90%，且功因為 0.8 的 15 hp 馬達所汲取的電流。並求解自線路所汲取的 P 及 Q。(hp 為馬力，1 hp = 746 瓦)

解：於 90% 的效率下，馬達輸出功率為

$$15 \times 746 = 11190 \text{ W}$$

因此，

$$0.9 = \frac{P_{out}}{P_{in}} = \frac{11190}{\sqrt{3} \times 440 \times |I_L| \times 0.8} \quad 及 \quad |I_L| = 20.39 \text{ A}$$

$$I_L = |I_L|\angle -\cos^{-1}(0.8) = 20.39\angle -36.87° \text{ A}$$

則，

$$P = \sqrt{3}|V_L||I_L|\cos\theta = \sqrt{3} \times 440 \times 20.39 \times 0.8 = 12{,}431.4 \text{ W}$$

$$Q = \sqrt{3}|V_L||I_L|\sin\theta = \sqrt{3} \times 440 \times 20.39 \times \sin(36.87°) = 9323.6 \text{ VAR}$$

2.4 標么值

電力輸電線路運轉電壓大多以仟伏 (kV) 為單位。因為傳送大量功率，仟瓦或百萬瓦與仟伏安或百萬伏安為常使用的單位。然而，這些量，如同安培與歐姆，經常以指定的基準 (base) 或參考值 (reference value) 的百分比或標么來表示。例如，如果選擇 120 kV 為基準電壓，則 108、120 及 126 kV 分別變成 0.90、1.00 及 1.05 標么，或是 90%、100% 及 105%。任何量的標么值 (per unit value) 定義為該量與其基準之比值，並表示成小數。百分比為標么乘以 100。

百分比及標么兩種計算方式較實際使用的安培、歐姆及伏特來得簡單，且能提供更多的資訊。而標么法又優於百分比法，因為以標么表示兩個量的乘積仍為標么，但是以百分比表示的兩個量的乘積必須除以 100 才能表示成百分比。

電壓、電流、仟伏安及阻抗關係密切，當選擇任兩個為基準值時，則可決定其餘兩個的基準值。如果指定電流及電壓為基準值，便可求出基準阻抗及基準仟伏安。基準阻抗為一阻抗，跨接此阻抗的壓降等於基準電壓，而流經此阻抗的電流等於電流的基準值。單相系統中的基準仟伏安為以仟伏為單位的基準電壓與以安培為單位的基準電流的乘積。通常，基準百萬伏安及以仟伏為單位的基準電壓被指定為基準。就單相系統或三相系統而言，所謂的電流是指線電流，電壓為線至中性點的電壓，而仟伏安則為每相的仟伏安，下列各公式關係到不同的量：

$$\text{基準電流，A} = \frac{\text{基準 kVA}_{1\phi}}{\text{基準電壓，kV}_{LN}} \tag{2.44}$$

$$\text{基準阻抗，}\Omega = \frac{\text{基準電壓，V}_{LN}}{\text{基準電流，A}} \tag{2.45}$$

$$\text{基準阻抗，}\Omega = \frac{(\text{基準電壓，kV}_{LN})^2 \times 1000}{\text{基準 kVA}_{1\phi}} \tag{2.46}$$

$$\text{基準阻抗，}\Omega = \frac{(\text{基準電壓，kV}_{LN})^2}{\text{MVA}_{1\phi}} \tag{2.47}$$

$$\text{基準功率，kW}_{1\phi} = \text{基準 kVA}_{1\phi} \tag{2.48}$$

$$\text{基準功率，MW}_{1\phi} = \text{基準 MVA}_{1\phi} \tag{2.49}$$

$$\text{元件的標么阻抗} = \frac{\text{實際阻抗，}\Omega}{\text{基準阻抗，}\Omega} \tag{2.50}$$

上述方程式應用在三相電路時，下標為 1φ 表示「單相」，而 LN 為「線對中性點」。當這些方程式用在單相電路時，kV_{LN} 為跨接於單相線路的電壓，或是線路一端接地的線對地電壓。

因為平衡三相電路是以單線與一個中性點回流來求解，在阻抗圖中的基準量為每相的仟伏安及線對中性點的仟伏特。所給的資料通常為三相仟伏安或百萬伏安及線電壓仟伏。因為習慣上指定線電壓及總仟伏安或百萬伏安，對於線電壓的標么值與相電壓的標么值之間的關係會產生困擾。

雖然線電壓可以被指定為基準值，但是在單相電路求解時仍需要對中性點電壓，而對中性點電壓的基準為線對線基準電壓除以 $\sqrt{3}$。因為此數值也是平衡三相系統中線電壓與相電壓之間的比值，在平衡系統中以線對中性點電壓為基準的線對中性點電壓之標么值，等於同一點以線對線電壓為基準的線對線電壓之標么值。相同地，三相仟伏安為單相仟伏安的 3 倍，而三相仟伏安基準為單相仟伏安基準的 3 倍。因此，以三相仟伏安為基準的三相仟伏安之標么值，等於以單相仟伏安為基準的單相仟伏安之標么值。

以一個例子說明上述關聯，例如：

$$\text{基準 } kVA_{3\phi} = 30{,}000 \text{ kVA}$$

且

$$\text{基準 } kV_{LL} = 120 \text{ kV}$$

此處的下標 $_{3\phi}$ 及 $_{LL}$ 分別表示三相及線對線，

$$\text{基準 } kVA_{1\phi} = \frac{30{,}000}{3} = 10{,}000 \text{ kVA}$$

及

$$\text{基準 } kV_{LN} = \frac{120}{\sqrt{3}} = 69.2 \text{ kV}$$

針對實際的平衡三相線電壓為 108 kV，相電壓為 $108/\sqrt{3} = 62.3$ kV 且

$$\text{標么電壓} = \frac{108}{120} = \frac{62.3}{69.2} = 0.90$$

每相功率為 6,000 kW，三相總功率為 18,000 kW，且

$$\text{標么電壓} = \frac{18{,}000}{30{,}000} = \frac{6{,}000}{10{,}000} = 0.6$$

當然，經由上述的討論，百萬瓦及百萬伏安可以取代仟瓦及仟伏安。除非有其他的指定，否則三相系統中的基準電壓為線電壓，而基準仟伏安或基

準百萬伏安為總三相基準。

基準阻抗及基準電流可以直接從基準仟伏及基準仟伏安計算獲得。如果我們把基準仟伏安及基準仟伏分別解釋成三相總基準伏安及線間基準電壓，則

$$\text{基準電流，A} = \frac{\text{基準 kVA}_{3\phi}}{\sqrt{3} \times \text{基準電壓，kV}_{LL}} \tag{2.51}$$

以及從 (2.46) 式可得

$$\text{基準阻抗} = \frac{(\text{基準電壓，kV}_{LL}/\sqrt{3})^2 \times 1000}{\text{基準 kVA}_{3\phi}/3} \tag{2.52}$$

$$\text{基準阻抗} = \frac{(\text{基準電壓，kV}_{LL})^2 \times 1000}{\text{基準 kVA}_{3\phi}} \tag{2.53}$$

$$\text{基準阻抗} = \frac{(\text{基準電壓，kV}_{LL})^2}{\text{基準 MVA}_{3\phi}} \tag{2.54}$$

除了下標以外，(2.46) 式及 (2.47) 式分別與 (2.53) 式及 (2.54) 式相同。在表示這些關係上使用下標，這是為了強調區分三相與單相之間的差異。如果使用這些方程式而未標記下標，則必須

- 線間仟伏與三相仟伏安或百萬仟伏安一起使用，且
- 線對中性點仟伏與單相仟伏安或百萬仟伏安一起使用。

(2.44) 式為求解單相系統或三相系統基準電流，其基準為單相總仟伏安及對中性點仟伏。(2.51) 式為求解三相系統基準電流，基準值為三相總仟伏安及線對線仟伏。

例題 2.6

利用標么值求解例題 2.4，以 4.4 kV 及 127 A 為基準值，因此，電壓及電流大小為 1.0 標么。此處基準值之所以採用電流而非仟伏安，是因為此問題並未提及仟伏安。

解：基準阻抗為

$$\frac{4400/\sqrt{3}}{127} = 20.0 \ \Omega$$

因此，負載阻抗的大小也是 1.0 標么，線路阻抗為

$$Z = \frac{1.4\angle 75°}{20} = 0.07\angle 75° \text{ 標么}$$

$$V_{an} = 1.0\angle 0° + 1.0\angle -30° \times 0.07\angle 75°$$
$$= 1.0\angle 0° + 0.07\angle 45°$$
$$= 1.0495 + j0.0495 = 1.051\angle 2.70° \text{ 標么}$$

$$V_{LN} = 1.051 \times \frac{4400}{\sqrt{3}} = 2670 \text{ V}, \quad \text{或} \quad 2.67 \text{ kV}$$

$$V_{LL} = 1.051 \times 4.4 = 4.62 \text{ kV}$$

例題 2.6 的 MATALB 程式 (ex2_6.m)

```
% Matlab M-file for Example 2.6: ex2_6.m
% Clean previous value
clc
clear all
% Initial the data from ex2.6
Vbase=4400;
Ibase=127;
% Initial the data get from ex2.3
Vline=4400;
ZL=1.4;        ZL_angle=75;
Zline=20;      Zline_angle=30;
% Convert polar form to rectangular form
ZL_cp=ZL*cosd(ZL_angle)+j*ZL*sind(ZL_angle);
Zline_cp=Zline*cosd(Zline_angle)+j*Zline*sind(Zline_angle);
% Calculate voltage and current in phase
Van=Vline/sqrt(3);
Ian=Van/Zline_cp;
% Solution
% Turning the value into pu form
Zbase=(4400/sqrt(3))/127;
disp([' Zbase=(4400/sqrt(3))/127=',num2str(Zbase),' Ω'])
disp(['Base impedance is ',num2str(Zbase),' Ω'])
Z=ZL_cp/Zbase;
Z_mag=abs(Z);
Z_ang=angle(Z)*180/pi;
disp([' Z=ZL_cp/Zbase=',num2str(Z_mag),'∠',num2str(Z_ang),' per unit'])
disp(['The line impedance is ',num2str(Z_mag),'∠',num2str(Z_ang),' per unit'])
Ian_pu=Ian/Ibase;
% Calculate voltage in phase a and turn it into line-line voltage
Van=complex(1,0)+Ian_pu*Z;
Van_mag=abs(Van);
Van_ang=angle(Van)*180/pi;
disp([' Van=1+Ian*Z=',num2str(Van_mag),'∠',num2str(Van_ang),' per unit'])
```

```
disp(['The line-to-neutral voltage at the substation Van is ',num-
2str(Van_mag),' per unit with angle of ',num2str(Van_ang),' deg.'])
VLN=abs(Van)*Vbase/sqrt(3);
disp([' VLN=|Van/sqrt(3)|=',num2str(VLN),' V'])
disp(['The magnitude of line-to-neutral voltage at the substation
bus is ',num2str(VLN),' V']);
VLL=abs(Van)*Vbase;
disp([' VLL=|Van|=',num2str(VLL),' V'])
disp(['The magnitude of line-to-line voltage at the substation bus
is ',num2str(abs(VLL)),' V']);
```

當求解更複雜的問題，尤其是涵蓋變壓器時，利用標么值計算的好處會更加明顯。當已知標么值卻沒指定基準，以該元件的額定 (rating) 百萬伏安及仟伏為基準可求得阻抗值及其他元件參數。

變更標么量的基準

有時系統某一元件的標么阻抗所採用的基準值，與該元件所在的系統所選擇的基準值不同。因為計算時，系統中任何部分的所有阻抗都必須以相同阻抗基準來表示，因此需要有一種方法將標么阻抗從一個基準轉換至另一個基準。針對任何電路元件將 (2.46) 式或 (2.53) 式的基準阻抗表示取代 (2.50) 的基準阻抗，則

$$標么阻抗 = \frac{(實際阻抗, \Omega) \times (基準 kVA)}{(基準電壓, kV)^2 \times 1000} \tag{2.55}$$

此方程式顯示標么阻抗與基準仟伏安成正比，與基準電壓平方成反比。因此，可以利用下列方程式將一個已知基準的標么阻抗轉換成另一個新基準的標么阻抗：

$$標么 Z_{new} = 標么 Z_{given} \left(\frac{基準\ kV_{given}}{基準\ kV_{new}}\right)^2 \left(\frac{基準\ kVA_{new}}{基準\ kVA_{given}}\right) \tag{2.56}$$

讀者可以注意到，將變壓器一側的阻抗歐姆值變換至另一側時，不需做任何轉換。此方程式的應用在於將任何元件於已知的特別基準之標么阻抗值，轉換至新基準的標么阻抗。

若不直接採用 (2.56) 式，也可以先將已知基準的標么值轉換成歐姆值，再將此歐姆值除以新的基準阻抗來完成轉換工作。

例題 2.7

已知以發電機銘牌額定 18 kV、500 MVA 為基準的電抗 X''，其值為 0.25 標么。試求新的基準 20 kV，100 MVA 的標么阻抗。

解： 由 (2.56) 式可得

$$X'' = 0.25 \left(\frac{18}{20}\right)^2 \left(\frac{100}{500}\right) = 0.0405 \text{ 標么}$$

或藉由轉換已知值為歐姆，再除以新的基準阻抗

$$X'' = \frac{0.25(18^2/500)}{20^2/100} = 0.0405 \text{ 標么}$$

一設備的電阻及電抗百分比或標么值通常可以從製造商處獲得，而阻抗基準可由該設備的額定仟伏安及仟伏推導。附錄表 A.1 及 A.2 列出一些變壓器及發電機電抗的代表值。第 3 章研究變壓器時會再進一步討論標么值。

2.5 單線圖

我們將在第 3 章至第 5 章討論變壓器、同步電機及傳輸線路的電路模型。而目前，我們只著眼於如何將這些元件集合繪製成一個完整的系統模型。

由於一個平衡三相系統通常是以三條線路中的一條與中性線組成單相或單一相來求解，因此當繪製電路圖時，很少會呈現兩相以上的圖形。電路圖經常會藉由省略完整電路及中性線，僅以元件的標準符號而不是等效電路來表示。電路參數並不會繪製在圖中，而傳輸線路則以兩端點間的單線來表示。這種簡化後的電力系統圖稱之為單相或單線圖 (single-line or one-line diagram)。單線圖是藉由單線及標準符號來表示傳輸線及電力系統相關設備的連接。

單線圖的目的是以簡潔的形式提供系統的重要資訊。系統中不同設備的重要性，會隨著問題的考量而有所變化，而圖上所包含資訊量的多寡，因電路圖的目的而不同。例如，在做負載研究時，斷路器及電驛的位置相對不重要。如果電路圖的主要功能是提供負載研究的資訊，斷路器及電驛便不會顯示出來。另一方面，當故障發生時，在暫態情形下要決定系統的

穩定度，則需視保護電驛及斷路器隔離系統故障部分的動作速度而定。因此，在這種情形下有關斷路器的資訊就顯得極為重要。有時候，單線圖的資訊還包括比流器及比壓器，此作為電驛及系統的連結或是計器的安裝。單線圖上的資訊必須依據手邊的問題及依據公司實務上的需求而變化。

美國國家標準協會(ANSI)及電機電子工程師協會(Institute of Electrical and Electronics Engineers, IEEE)曾針對電路單線圖發表一組標準符號[1]。並非所有作者都一致地遵照這些符號，特別是變壓器的表示。圖2.25顯示一些通用的符號。

電機或旋轉電樞的基本符號為一個圓，但是許多修改過的基本符號可以用來表示平常慣用的旋轉電機。對不常使用單線圖的人來說，使用基本符號及資訊來顯示特別的電機會更清楚。

當發生非對稱接地故障時，為了計算故障電流，了解系統接地位置十分重要。圖2.25顯示三相Y接且中性點直接接地的標準符號。如果在Y的中性點與接地之間插入一個電阻或電抗，限制故障時的電流，則針對接地Y接的標準符號需加入適當的符號來表示這個電阻或電抗。大部分輸電系統中的變壓器，其中性點為直接接地。發電機的中性點則經由高電阻或有時候經由電抗線圈接地。

圖2.26為一個簡單的電力系統單線圖，其中兩台發電機接至一匯流排，一台經由電抗器接地而另一台經由電阻器接地，再經由一個升壓變壓

圖 2.25 設備符號

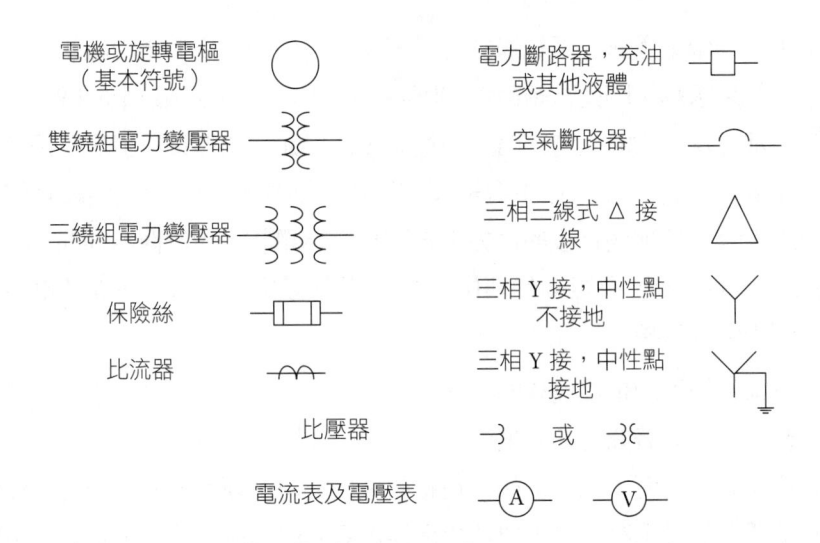

電機或旋轉電樞（基本符號）	電力斷路器，充油或其他液體
雙繞組電力變壓器	空氣斷路器
三繞組電力變壓器	三相三線式 △ 接線
保險絲	三相 Y 接，中性點不接地
比流器	三相 Y 接，中性點接地
比壓器	
電流表及電壓表	

---

[1] 請參閱 Graphic Symbols for Electrical and Electronics Diagrams, IEEE Std 315–1975 (Reaffirmed 1993)。

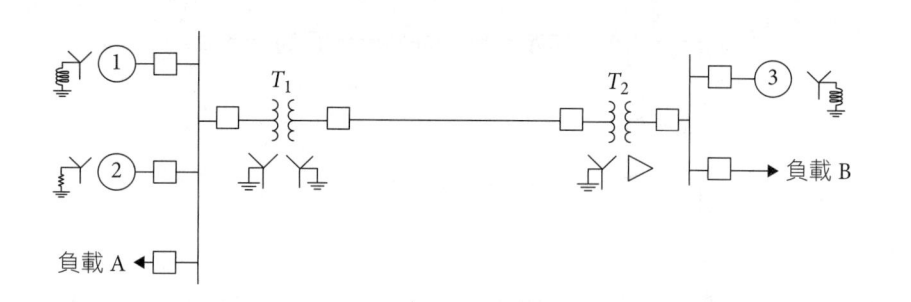

圖 2.26 簡單的電力系統單線圖

器與輸電線路連接。另一台發電機,藉由電抗器接地,並接至一匯流排,且經一變壓器反向接至輸電線路。每一個匯流排連接一負載。在單線圖上,有關負載、發電機及變壓器的額定及電路中各個元件的電抗值資訊均已標示。

2.6 阻抗及電抗圖

為了計算系統在有負載情況下或發生故障時的性能,單線圖常被用來畫出系統的單相或單一相等效圖。圖 2.27 為圖 2.26 各種不同元件等效電路(尚未完成)的組合,如此形成系統的單一相阻抗圖 (per-phase impedance diagram)。

如果是做負載研究,則落後功因負載 A 及 B 會以電阻與電抗的串聯型式呈現。因為在平衡情況下,發電機中性點與系統中性點同電位,阻抗圖並不包括單線圖中介於發電機中性點與接地之間的限流阻抗。因為變壓器的磁化電流遠小於滿載電流,所以會將變壓器等效電路中的並聯導納予以忽略。

在做故障計算時,電阻常被省略,即使是電腦程式也是如此。當然,

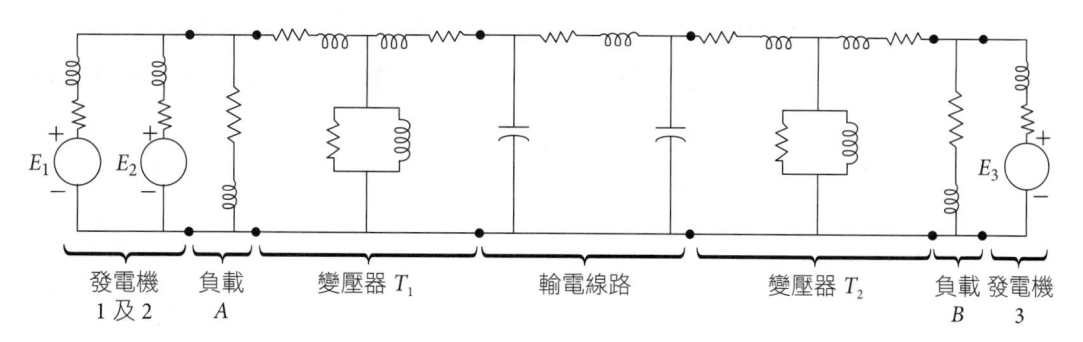

圖 2.27 相對應於圖 2.26 單線圖的每相阻抗圖

圖 2.28 改寫圖 2.27 的單相電抗圖，忽略所有負載、電阻及並聯導納

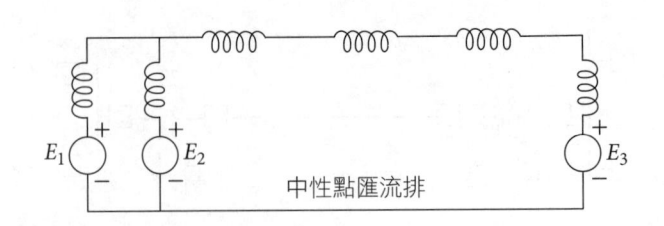

忽略電阻會造成一些誤差，但結果仍讓人滿意，這是因為系統中電感性電抗遠大於電阻。電阻與電感性電抗並不能直接加總起來，且如果電阻非常小的話，阻抗與電感性電抗不會差太多。負載不包括旋轉電機時，在故障期間對於總電流的影響非常小，通常會將其忽略。然而，同步馬達負載在執行故障計算時通常會列入考慮，因為它們所產生的電動勢對於短路電流將有所貢獻。如果電路圖用來求解故障發生後的立即電流，則電路圖應該將感應馬達列入考量，可用產生的電動勢與一個電感性電抗串聯來表示。在計算故障發生後數個週期的電流時，感應馬達可予以忽略，因為在感應馬達短路之後，其所貢獻的電流會很快消失。如果決定藉由忽略所有靜態負載——所有電阻、每一個變壓器的並聯導納及輸電線路的電容——來簡化故障電流計算，則阻抗圖會簡化成圖 2.28 的單一相電抗圖。

這種簡化的應用只針對第 8 章所討論的故障計算，並不包括第 7 章負載潮流研究的主題。如果有計算機可使用，則這種簡化是沒必要的。

此處所討論的每相阻抗及電抗圖，有時又稱為每相正相序圖 (per-phase positive-sequence diagram)，因為它們顯示對稱三相系統其中一相的平衡電流阻抗。這個含意在第 9 章中會清楚說明。

2.7 總結

本章回顧單相及平衡三相電路的基本原理，以及解釋本書中所使用的一些符號。另外也介紹標么值計算及單相電路，並描述與其相關的阻抗圖。

問題複習

2.1 節

2.1 電流 $i = 5\sqrt{2} \cos \omega t$ 的均方根值（或 RMS 值）為 5。（對或錯）

2.2 有關均方根值的大小，除以下列哪一項可得最大值？
(A) $\sqrt{2}$ (B) $\sqrt{3}$ (C) $1/\sqrt{2}$ (D) $1/\sqrt{3}$

2.3 寫出 $V = 110\angle 60°$ 直角座標型式。

2.2 節

2.4 如果圖 2.1 中的 v_{an} 與 i_{an} 同相，則負載的瞬時功率絕不會是負數。（對或錯）

2.5 如果某一負載的跨接電壓及流入電流分別為 $V = |V|\angle \alpha$ 及 $I = |I|\angle \beta$，當電流落後電壓時，無效功率 Q 會是正值。（對或錯）

2.6 如果電路中負載電流落後跨接電壓，則負載為
(A) 電感性   (B) 電容性   (C) 電阻性

2.7 (2.18) 式中，當 $\alpha > \beta$ 時，則電流 ____ 電壓，且無效功率 Q 為 ____。請於下列選擇一個正確答案。
(A) 落後，正數   (B) 超前，負數   (C) 超前，正數   (D) 落後，負數

2.8 電壓與電流之間的相角 θ 的 ____，稱為功因。

2.9 一個電容性電路可以說是具有一個 ____ 功因。

2.3 節

2.10 在正相序電力網路，平衡三相 Y 接中，線電壓的大小等於線對中性點電壓大小的 $\sqrt{3}$ 倍，且相角超前 30°。（對或錯）

2.11 平衡三相電路中，發電機所傳送的總瞬時功率為定值。（對或錯）

2.12 在 Y 接電路中，線電流 ____ 相電流。
(A) 等於   (B) 小於   (C) 大於

2.13 當相序為 abc 時，Δ 接電路之線電流 ____ 線對中性點電流 ____ 度。
(A) 落後，60   (B) 超前，60   (C) 超前，30   (D) 落後，30

2.14 當相序為 abc 時，Y 接電路之線電壓 ____ 線對中性點電壓 ____ 度。
(A) 落後，60   (B) 超前，60   (C) 超前，30   (D) 落後，30

2.4 節

2.15 從一個已知基準的標么阻抗變成一個新基準的標么阻抗，可利用下列哪一個方程式？

(A) 標么 $Z_{new} = $ 標么 $Z_{given} \left(\dfrac{\text{基準 kV}_{new}}{\text{基準 kV}_{given}} \right)^2 \left(\dfrac{\text{基準 kVA}_{given}}{\text{基準 kVA}_{new}} \right)$

(B) 標么 $Z_{new} = $ 標么 $Z_{given} \left(\dfrac{\text{基準 kV}_{given}}{\text{基準 kV}_{new}} \right)^2 \left(\dfrac{\text{基準 kVA}_{new}}{\text{基準 kVA}_{given}} \right)$

(C) 標么 $Z_{new} = $ 標么 $Z_{given} \left(\dfrac{\text{基準 kV}_{given}}{\text{基準 kV}_{new}} \right)^2 \left(\dfrac{\text{基準 kVA}_{given}}{\text{基準 kVA}_{new}} \right)$

2.16 如果選擇 150 kV 為基準電壓，求 108 kV 的標么值為何？

2.5 節

2.17 單線圖的目的為何？

2.6 節

2.18 如果單線圖是用於決定故障發生後的瞬間電流，則阻抗圖及電抗圖需將感應馬達考慮在內，並以其所產生的電動勢串聯一個電感性電抗來表示。（對或錯）

2.19 使用阻抗圖及電抗圖的目的為何？

問題

2.1 如果 $v = 141.4 \sin(\omega t + 30°)$V 且 $i = 11.31 \cos(\omega t - 30°)$A，試求每一個 (a) 最大值，(b) 均方根值，及 (c) 如果電壓為參考，以極座標及直角座標作為相量表示。此電路為電感性或電容性？

2.2 如果問題 2.1 由一個純電阻及一個純電抗元件組成，試求 R 及 X。(a) 如果元件串聯，(b) 如果元件並聯。

2.3 在單相電路以節點 o 為參考，$V_a = 120\angle 45°$ V 與 $V_b = 100\angle -15°$ V，試求極座標型式的 V_{ba}。

2.4 一個單相 240 V 交流電壓應用至一個串聯電路，阻抗為 $10\angle 60°$ Ω。試求 R、X、P、Q 及電路的功因。撰寫 MATLAB 程式，證明你的解答。

2.5 如果一個電容器與問題 2.4 電路並聯連接，且此電容器提供 1250 乏，試求 240 V 電源提供的 P 及 Q，並求結合後的功因。

2.6 單相電感性負載汲取 10 MW 落後功因為 0.6，試繪出功率三角形並求解將負載功因提升至 0.85 的並聯電容器所提供的無效功率。

2.7 一台單相感應馬達每日大部分的時間皆運轉在輕載情形下，並從電源汲取 10 A 電流。某一設備可提升馬達的效率。於實示範時，此設備與卸載的馬達並聯，從電源汲取的電流降至 8 A。當兩台設備並聯放置時，電流降至 6 A。什麼樣的簡單設備會造成電流下降？試討論此設備的優點。馬達效率的提升是因為此設備的關係嗎？（感應馬達汲取落後電流）

2.8 例題 2.2 的電機 1 與電機 2 之間的阻抗為 $Z = -j5$ Ω，試求 (a) 每一台電機是產生或消耗功率，(b) 每一台電機吸收或提供正的無效功率及其大小，(c) 阻抗所吸收的有效功率及無效功率大小。

2.9 如果 $Z = 5$ Ω，重做問題 2.8。

2.10 一個電壓源 $E_{an} = -120\angle 210°$ V，而流經電源的電流為 $I_{na} = 10\angle 60°$ A。試求電源的有效功率及無效功率，並說明電源為傳送或接收功率。撰寫一個 MATLAB 程式來證明你的答案。

2.11 如果 $E_1 = 100\angle 0°$ V 且 $E_2 = 120\angle 30°$ V，求解例題 2.2。與例題 2.2 的結果比較，並針對此電路中 E_2 大小變化的效果做一些結論。

2.12 以極座標型式求解下列式子：

(a) $\alpha - 1$ (b) $1 - \alpha^2 + \alpha$ (c) $\alpha^2 + \alpha + j$ (d) $j\alpha + \alpha^2$

2.13 三個 $10\angle -15°$ Ω 相同的阻抗接成 Y，並連接至平衡三相，其相電壓為 208 V。相序為 abc 且以 V_{ca} 為參考，以極座標相量型式表示所有線電壓、相電壓及電流。

2.14 於平衡三相系統中，Y 接阻抗為 $10\angle 30°$ Ω。如果 $V_{bc} = 416\angle 90°$ V，試以極座標型式表示 I_{cn}。

2.15 三相電源端點標示為 a、b 及 c，任兩端點之間電壓為 115 V。一個 100 Ω 的電阻與一個 100 Ω 電容器在電源頻率下於 a 與 b 兩端間相串聯，且電阻連接至 a，元件的連接點標示為 n。如果相序分別為 abc 及 acb，試繪出 c 與 n 之間的電壓表讀值。

2.16 例題 2.5 馬達與匯流排連接之每一線阻抗為 $0.3 + j1.0\ \Omega$，當馬達側電源為 440 V，試求匯流排線電壓。

2.17 每相 15 Ω 純電阻所組成的平衡 Δ 負載與每相阻抗 $8 + j6$ 所組成的平衡 Y 接負載相互並聯，由各線路相同阻抗值 $2 + j5$ 的三條線路將組合負載連接至 110 V 三相電源。試求自電源汲取的電流及組合負載處的線電壓。

2.18 功因為落後 0.707 的三相負載自線電壓 440 V 汲取 250 kW 功率，與此負載並聯的是三相電容器組，其汲取 60 kVA 功率。試求總電流及組合的功因。

2.19 功因為落後 0.707 的三相馬達自 220 V 電源汲取 20 kVA 功率，試求將組合功因提升至 0.9 落後的電容器額定仟伏安，並求電容器加入前、後的線路電流。撰寫一個 MATLAB 程式驗證你的解答。

2.20 煤礦用的「牽引機」在露天開採時消耗 0.92 MVA，功因為落後 0.8。將煤剷離煤坑時，產生（傳送電力至系統）超前功因 0.5，功率 0.10 MVA。在挖掘結束期間，電流大小改變會使固態電路的保護電驛跳脫。因此，期望能將電流大小改變至最小。考慮在機器端設置電容器，並求為了消除穩態電流大小，電容修正的量（仟乏）為多少？此機器是由三相 36.5kV 供電。令 Q 為跨接機器端電容器的總三相百萬乏，寫出針對挖掘及發電運轉時機器汲取線電流大小之表示式。

2.21 一台發電機（以一個電動勢串聯電感性電抗來表示）額定為 500 MVA，22 kV。其 Y 接繞組電抗為 1.1 標么，試求繞組電抗的歐姆值。撰寫一個 MATLAB 程式驗證你的答案。

2.22 問題 2.21 的發電機在一個以 100 MVA 及 20 kV 為基準的電路中，以問題 2.21 中的標么值為起始，試求在指定的基準值發電機繞組的電抗標么值。

2.23 繪製馬達（一個電動勢與一個標記為 Z_m 的電感型電抗）的單相等效電路，其連接電壓如問題 2.16 和例題 2.5 所描述。於圖上顯示以 20 kVA，440 V 為基準的線路阻抗及馬達端電壓標么值。使用標么值，求供電電壓標么值，並將供電電壓標么值轉換成伏特。撰寫一個 MATLAB 程式證明你的答案。

Chapter 3

變壓器及同步機

　　變壓器為電力系統發電機及傳輸線間，以及不同電壓線路間的連結。輸電線之額定電壓一般運作的範圍可達 765 kV。發電機範圍通常為 18 至 30 kV，有些會稍微高一點，而變壓器則將電壓降至配電階層。我們所關注的是同步發電機，但對於同步馬達也會有些許的說明。我們感興趣的是在大型互聯電力系統間同步機的應用及運轉。

　　本章首先探討變壓器的模型與標么值計算的優點。我們同時也考量用來控制有效及無效電力潮流的電壓大小及相位移的變壓器。適用於穩態及暫態不同繞組的磁通鏈一般方程式推導也將予以討論。對於多相同步機，其繞組構成一群電感性耦合電路，某些繞組與其他繞組間的旋轉關係，會產生可變互感。發電機內的重要互動關係可透過簡化的等效電路推論出來，進而了解發電機在未來電力系統研究的角色。

3.1 理想變壓器

　　圖 3.1 為超高壓變電站三相三繞組降壓自耦變壓器，其額定為 500 MVA，345/161 kV。變壓器由兩個或多個線圈組成，並有相同的磁通交鏈。在電力變壓器中，所有的線圈都置於一個鐵心上，以便限制磁通，使得與一個線圈交鏈的所有磁通幾乎與其他線圈交鏈。一個繞組可以由數個線圈以串聯或並聯的型式連接而成，構成繞組的線圈可與其他一個繞組或多個繞組的線圈相互堆疊在鐵心上。

電力系統分析

圖 3.1 三相三繞組 500 MVA，345 kV/161 kV 降壓自耦變壓器
（承蒙台灣電力公司提供）

　　圖 3.2 顯示兩個繞組如何設置於鐵心上，以形成所謂的殼式 (shell) 單相變壓器。一個繞組中有數百至數千匝線圈。我們以假設鐵心中的磁通作正弦變化及理想變壓器開始進行分析。理想變壓器 (ideal transformer) 係指 (1) 鐵心的導磁係數 μ 無限大，(2) 所有磁通限制於鐵心因而兩繞組的所有線圈匝均交鏈，及 (3) 鐵損與繞組之電阻為零。所以，由磁通改變所感應的電壓 e_1 及 e_2 分別會與端電壓 v_1 及 v_2 相等。

　　從圖 3.2 中的繞組關係可以看出，當正、負極性符號如圖所示時，由磁通改變所感應的瞬時電壓 e_1 及 e_2 為同相。因此，由法拉第定律，

$$v_1 = e_1 = N_1 \frac{d\phi}{dt} \tag{3.1}$$

圖 3.2 雙繞組變壓器

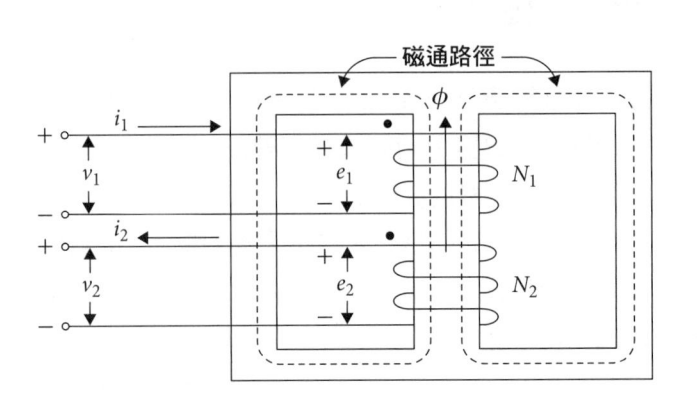

及

$$v_2 = e_2 = N_2 \frac{d\phi}{dt} \tag{3.2}$$

此處的 ϕ 為磁通的瞬時值且 N_1 及 N_2 為繞組 1 及繞組 2 的匝數,如圖 3.2 所示。根據右手定則 (right-hand rule),線圈 1 的磁通 ϕ 為正方向。所謂右手定則是以右手抓取線圈,手指依電流方向捲曲,大拇指所指的方向為磁通方向。由於我們假設磁通為正弦變化,將 (3.1) 式除以 (3.2) 式之後,再將電壓轉換成極座標,可得

$$\frac{V_1}{V_2} = \frac{E_1}{E_2} = \frac{N_1}{N_2} \tag{3.3}$$

通常,我們並不清楚變壓器線圈的繞線方向,但有一個方法可以得知,那就是在每一個繞組的末端標示一個黑點。因此,在同一時間所有繞組的打點端均為正,也就是所有繞組自打點端往未做記號端的電壓降均為同相。圖 3.2 顯示之雙繞組變壓器的黑點,便是依照上述方式予以標示。我們也注意到可藉由設置黑點獲得相同的結果,亦即每一繞組的電流自打點端流向非打點端,並在磁路中產生相同方向的磁動勢 (magnetic motive force, MMF)。然而,磁動勢平衡必須滿足一次側與二次側的安培定律 (Ampère's circuital law),如 (3.4) 式所示。圖 3.3 為變壓器的電路圖,其提供有關變壓器的資訊與圖 3.2 相同。

$$N_1 i_1 = N_2 i_2 \tag{3.4}$$

將電流轉換成相量型式,可得

$$N_1 I_1 - N_2 I_2 = 0 \tag{3.5}$$

$$\frac{I_1}{I_2} = \frac{N_2}{N_1} \tag{3.6}$$

因此,I_1 與 I_2 為同相。可以發現到,如果選擇電流自一繞組打點端流入,從另一繞組的打點端流出,則電流為正且 I_1 與 I_2 為同相。如果其中一個電流方向選擇相反,則此二電流反向 180°。

從 (3.6) 式可得

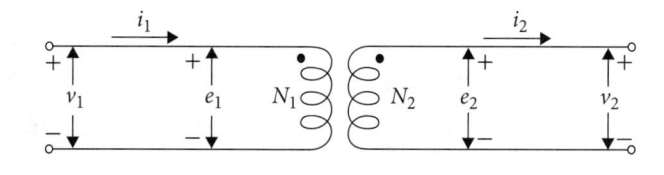

圖 3.3 雙繞組變壓器電路圖

$$I_1 = \frac{N_2}{N_1} I_2 \tag{3.7}$$

理想變壓器的 I_2 如果為零，I_1 必為零。

繞組跨接阻抗或其他負載與其連接，則稱此繞組為二次繞組 (secondary winding)，而任何連接到此繞組的電路元件都稱為在變壓器的二次側上。同樣地，朝向能量來源的繞組稱為在一次側的一次繞組 (primary winding)。在電力系統中，能量經常可經由變壓器朝任一方向流動，所以變壓器一次側與二次側的命名已失去其意義。然而，只要不產生混淆，我們仍使用這些名稱。

如果一個阻抗 Z_2 跨接於圖 3.2 或圖 3.3 的繞組 2，

$$Z_2 = \frac{V_2}{I_2} \tag{3.8}$$

利用 (3.3) 式與 (3.6) 式所得的值取代 V_2 及 I_2，可得

$$Z_2 = \frac{(N_2/N_1)V_1}{(N_1/N_2)I_1} \tag{3.9}$$

則經由一次側繞組所量測的阻抗為

$$Z_2' = \frac{V_1}{I_1} = \left(\frac{N_1}{N_2}\right)^2 Z_2 \tag{3.10}$$

因此，連接至二次側的阻抗會被「引介」到一次側（或由一次側看入），也就是說變壓器二次側阻抗乘以一次側與二次側電壓比的平方。

我們也要注意到 $V_1 I_1^*$ 等於 $V_2 I_2^*$，如下列方程式所示，其中再次用到 (3.3) 式及 (3.6) 式：

$$V_1 I_1^* = \frac{N_1}{N_2} V_2 \times \frac{N_2}{N_1} I_2^* = V_2 I_2^* \tag{3.11}$$

所以，

$$S_1 = S_2 \tag{3.12}$$

意思是輸入到一次側繞組的複功率等於從二次側繞組輸出的複功率，因為我們考慮的是理想變壓器。

例題 3.1

如果圖 3.3 的電路中 $N_1 = 2000$ 及 $N_2 = 500$，如果 $V_1 = 1200\angle 0°$ V 及 $I_1 = 5\angle -30°$ A，且一阻抗 Z_2 跨接於繞組 2。試求 V_2、I_2、Z_2 及 Z_2'，其中 Z_2' 的值

定義為 Z_2 參考至變壓器的一次側。

解：

$$V_2 = \frac{N_2}{N_1}V_1 = \frac{500}{2000}(1200\angle 0°) = 300\angle 0° \text{ V}$$

$$I_2 = \frac{N_1}{N_2}I_1 = \frac{2000}{500}(5\angle -30°) = 20\angle -30° \text{ A}$$

$$Z_2 = \frac{V_2}{I_2} = \frac{300\angle 0°}{20\angle -30°} = 15\angle 30° \text{ }\Omega$$

$$Z_2' = Z_2\left(\frac{N_1}{N_2}\right)^2 = (15\angle 30°)\left(\frac{2000}{500}\right)^2 = 240\angle 30° \text{ }\Omega$$

或

$$Z_2' = \frac{V_1}{I_1} = \frac{1200\angle 0°}{5\angle -30°} = 240\angle 30° \text{ }\Omega$$

理想變壓器為研究實際變壓器的第一步，而實際變壓器為 (1) 導磁係數並非無限大，因此電感為有限；(2) 並非鏈結至任一繞組的磁通也會鏈結到其他繞組；(3) 繞組有電阻存在；(4) 由於磁通的方向會週期性地變化，因此在鐵心內會造成損失。

考慮圖 3.4 中代表鐵心式變壓器繞組的二線圈，此時我們暫時仍舊忽略鐵心損失，但是現在要考慮實際變壓器的其他三個物理特性。

圖 3.4 中，當兩個電流不是正就是負時，與 i_1 相同，電流 i_2 的方向選擇產生磁通（根據右手定則）。此一選擇於下列方程式中會產生正的係數。稍後，我們會回到圖 3.2 中 i_2 所選擇的方向。電流 i_1 單獨動作產生磁通 ϕ_{11}，包括一個鏈結二個線圈的互磁通 ϕ_{21}，及一個僅與線圈 1 鏈結的漏磁通成分 ϕ_{1l}，如圖 3.4(b) 所示。由電流 i_1 單獨動作在線圈 1 的漏磁通為

$$\lambda_{11} = N_1\phi_{11} = L_{11}i_1 \tag{3.13}$$

其中 N_1 為線圈 1 的匝數，而 L_{11} 為線圈 1 的自感。在 i_1 單獨動作的相同情形下，線圈 2 的磁通鏈為

$$\lambda_{21} = N_2\phi_{21} = L_{21}i_1 \tag{3.14}$$

其中 N_2 為線圈 2 的匝數，而 L_{21} 為線圈間的互感。

類似的定義應用於 i_2 單獨動作。此時產生的磁通 ϕ_{22} 也有兩個成

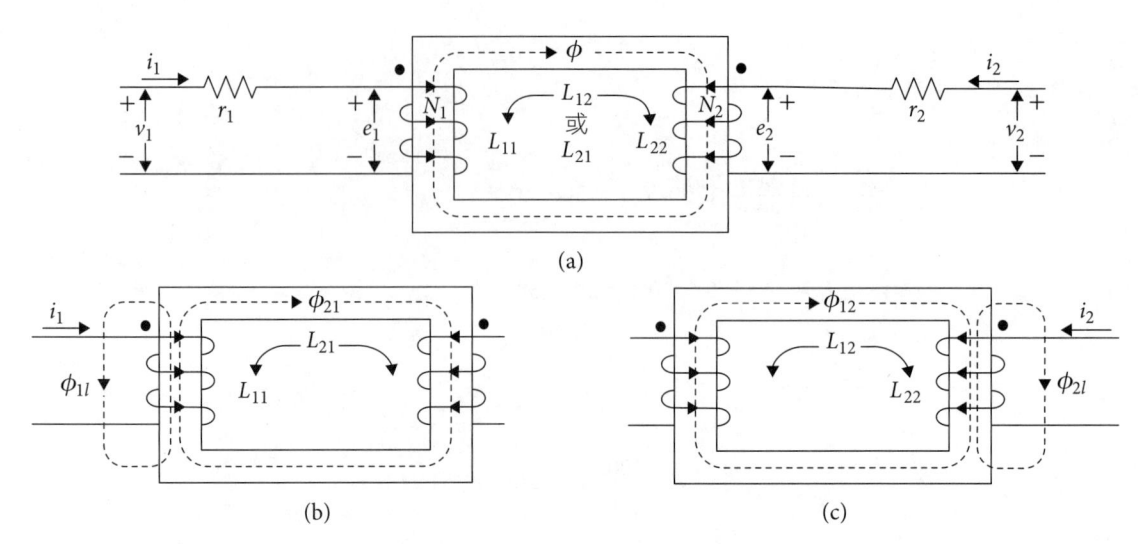

圖 3.4 互耦線圈，具有：(a) 由電流 i_1 及 i_2 所造成的互磁通；(b) 由 i_1 單獨所形成的漏磁通 ϕ_{1l} 及互磁通 ϕ_{21}；(c) 由 i_2 單獨所形成的漏磁通 ϕ_{2l} 及互磁通 ϕ_{12}

分——只和線圈 2 鏈結的漏磁通 ϕ_{2l} 及與兩個線圈鏈結的互磁通 ϕ_{12}，如圖 3.4(c) 所示。由 i_2 單獨動作在線圈 2 的漏磁通為

$$\lambda_{22} = N_2 \phi_{22} = L_{22} i_2 \tag{3.15}$$

其中 L_{22} 為線圈 2 的自感，且由 i_2 單獨動作在線圈 1 的漏磁通為

$$\lambda_{12} = N_1 \phi_{12} = L_{12} i_2 \tag{3.16}$$

當兩個電流一起動作時，磁通鏈為加總

$$\begin{aligned}\lambda_1 &= \lambda_{11} + \lambda_{12} = L_{11} i_1 + L_{12} i_2 \\ \lambda_2 &= \lambda_{21} + \lambda_{22} = L_{21} i_1 + L_{22} i_2\end{aligned} \tag{3.17}$$

L_{12} 與 L_{21} 的下標順序並不重要，此乃因為互感為線圈的單一互補特性，因此 $L_{12} = L_{21}$。電流的方向及線圈的纏繞方向決定互感的符號，圖 3.4 中的互感為正數，是因為 i_1 與 i_2 所產生的磁化現象相同。

當磁通鏈隨時間改變，在流通電流的方向上，跨線圈的壓降為

$$v_1 = r_1 i_1 + \frac{d\lambda_1}{dt} = r_1 i_1 + L_{11} \frac{di_1}{dt} + L_{12} \frac{di_2}{dt} \tag{3.18}$$

$$v_2 = r_2 i_2 + \frac{d\lambda_2}{dt} = r_2 i_2 + L_{21} \frac{di_1}{dt} + L_{22} \frac{di_2}{dt} \tag{3.19}$$

(3.18) 式及 (3.19) 式的正號，通常與線圈被視為負載，自電源吸收功率有關。例如圖 3.4 中，如果 v_2 與 i_2 兩者同時為正數，則線圈 2 會吸收瞬時

功率。如果現在跨接於線圈 2 的壓降反相，則 $v'_2 = -v_2$，可得

$$v'_2 = -v_2 = -r_2 i_2 - \frac{d\lambda_2}{dt} = -r_2 i_2 - L_{21}\frac{di_1}{dt} - L_{22}\frac{di_2}{dt} \quad (3.20)$$

v'_2 與 i_2 的瞬時值為正數時，表示線圈 2 提供功率。因此，(3.20) 式的符號為負時，線圈作用如同發電機特性，並傳送功率（及能量隨時間推移）給外部負載。

於穩態時，交流電壓及電流加於線圈，(3.18) 式及 (3.19) 式假設相量型式為

$$V_1 = \underbrace{(r_1 + j\omega L_{11})}_{z_{11}} I_1 + \underbrace{(j\omega L_{12})}_{z_{12}} I_2 \quad (3.21)$$

$$V_2 = \underbrace{(j\omega L_{21})}_{z_{21}} I_1 + \underbrace{(r_2 + j\omega L_{22})}_{z_{22}} I_2 \quad (3.22)$$

此處利用小寫的 z_{ij} 將線圈阻抗與節點阻抗 Z_{ij} 做區別。(3.21) 式與 (3.22) 式表示成向量矩陣型式時，變成

$$\begin{bmatrix} V_1 \\ V_2 \end{bmatrix} = \begin{bmatrix} z_{11} & z_{12} \\ z_{21} & z_{22} \end{bmatrix} \begin{bmatrix} I_1 \\ I_2 \end{bmatrix} \quad (3.23)$$

要注意到，V 為跨接於線圈端點的壓降，而 I 為線圈內的循環電流。係數矩陣的反矩陣為導納矩陣，表示成

$$\begin{bmatrix} y_{11} & y_{12} \\ y_{21} & y_{22} \end{bmatrix} = \begin{bmatrix} z_{11} & z_{12} \\ z_{21} & z_{22} \end{bmatrix}^{-1} = \frac{1}{(z_{11}z_{22} - z_{12}^2)} \begin{bmatrix} z_{22} & -z_{12} \\ -z_{21} & z_{11} \end{bmatrix} \quad (3.24)$$

(3.23) 式乘以 (3.24) 式的導納矩陣，可得

$$\begin{bmatrix} I_1 \\ I_2 \end{bmatrix} = \begin{bmatrix} y_{11} & y_{12} \\ y_{21} & y_{22} \end{bmatrix} \begin{bmatrix} V_1 \\ V_2 \end{bmatrix} \quad (3.25)$$

當然，具有相同下標的 y 及 z 參數，並不是簡單的倒數關係。如果線圈 2 的端點被開路，則 (3.23) 式中 $I_2 = 0$，表示線圈 1 的開路 (open-circuit) 輸入阻抗為

$$\left.\frac{V_1}{I_1}\right|_{I_2=0} = z_{11} \quad (3.26)$$

如果線圈 2 的端點被短路，則 $V_2 = 0$，且 (3.25) 式表示線圈 1 的短路 (short-circuit) 輸入阻抗為

$$\left.\frac{V_1}{I_1}\right|_{V_2=0} = y_{11}^{-1} = z_{11} - \frac{z_{12}^2}{z_{22}} \quad (3.27)$$

將 (3.21) 式與 (3.22) 式定義的 z_{ij} 表示代入 (3.27) 式，則讀者可以發現線圈 1 的視在電抗 (apparent reactance) 會因為線圈 2 的存在而降低。

圖 3.5 顯示互耦線圈的重要等效電路。在線圈 2 側的電流顯示為 I_2/a，而端電壓為 aV_2，其中 a 為正的常數。而線圈 1 側的 V_1 及 I_1 與之前相同。沿著圖 3.5 電流 I_1 及 I_2/a 的路徑列出克希荷夫電壓方程式，讀者可以發現到 (3.21) 式與 (3.22) 式確實合理。如果令 $a = N_1/N_2$，則圖 3.5 括弧中的電感為線圈的洩漏電感 (leakage inductance) L_{1l} 與 L_{2l}。(3.13) 式至 (3.16) 式改寫成下列方程式：

$$L_{1l} = L_{11} - aL_{21} = \frac{N_1 \phi_{11}}{i_1} - \frac{N_1}{N_2}\frac{N_2 \phi_{21}}{i_1} = \frac{N_1}{i_1} \underbrace{(\phi_{11} - \phi_{21})}_{\phi_{1l}} \quad (3.28)$$

$$L_{2l} = L_{22} - L_{12}/a = \frac{N_2 \phi_{22}}{i_2} - \frac{N_2}{N_1}\frac{N_1 \phi_{12}}{i_2} = \frac{N_2}{i_2} \underbrace{(\phi_{22} - \phi_{12})}_{\phi_{2l}} \quad (3.29)$$

其中 ϕ_{1l} 與 ϕ_{2l} 為線圈的洩漏磁通。同樣地，當 $a = N_1/N_2$，並聯電感 aL_{21} 為與 I_1 所產生鏈結線圈的互磁通 ϕ_{21} 有關的磁化電感 (magnetizing inductance)，因為

$$aL_{21} = \frac{N_1}{N_2}\frac{N_2 \phi_{21}}{i_1} = \frac{N_1}{i_1}\phi_{21} \quad (3.30)$$

定義出串聯漏磁電抗 (leakage reactance) $x_1 = \omega L_{1l}$ 與 $x_2 = \omega L_{2l}$，及並聯磁化電納 (magnetizing susceptance) $B_m = (\omega a L_{21})^{-1}$，會引導出圖 3.6 的等效電路，此電路係基於 3.2 節所描述之實際變壓器的等效電路。

圖 3.5 針對圖 3.4 的交流等效電路，再定義二次側電流與電壓，且 $a = N_1/N_2$

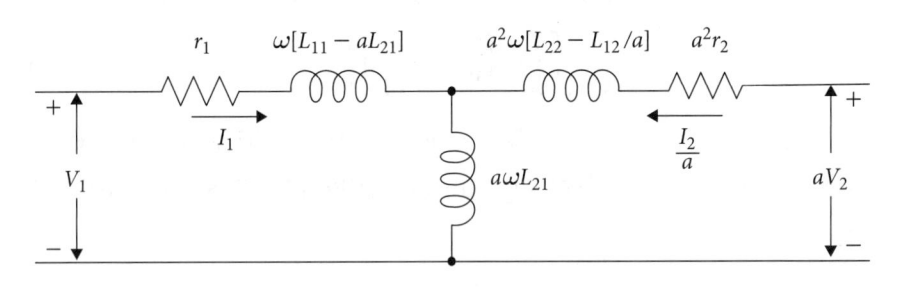

圖 3.6 圖 3.5 的等效電路，包含再次命名的電感參數

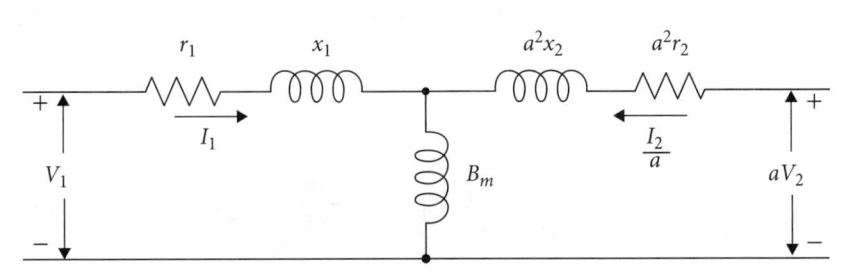

3.2 單相變壓器的等效電路

圖 3.6 的等效電路頗近似於實際變壓器的物理特性，只是有三個缺點：(1) 並未反映出變壓器的任何電流及電壓，(2) 並未提供一次側與二次側的電氣絕緣，及 (3) 並未將鐵心損納入考量。

當一個正弦電壓施加到實際變壓器的一次側繞組，其同一個鐵心上的二次側繞組為開路，則會有一個稱為激磁電流 (exciting current) 的小電流 I_E 流動。此電流的主要成分稱為磁化電流 (magnetizing current)，相對應於圖 3.6 流經磁化電納 B_m 的電流。磁化電流於鐵心內產生磁通。而代表鐵心內損失的 I_E 的更小成分超前磁化電流 90°，且並未顯示在圖 3.6 中。首先，鐵心損的發生是因為鐵心內的磁通方向週期性地改變，需要能量消耗並轉成熱，此稱之為磁滯損 (hysteresis loss)。第二種損失是因為鐵心內磁通改變感應出的循環電流，而這些電流在鐵心內產生 $|I|^2R$ 的損失，稱為渦流損 (eddy-current loss)。使用某些高等級的合金鋼作為鐵心可以減少磁滯損，可利用疊片鋼建構鐵心來降低渦流損。當二次側開路時，變壓器的一次側電路，會因為鐵心而成為非常高的電感電路。在等效電路中，I_E 會以一個電導 G_c 被考慮進去，且與磁化電納 B_m 並聯，如圖 3.7 所示。

一個設計良好的變壓器，其鐵心內最大磁通密度是發生在變壓器的 B-H 或飽和 (saturation) 曲線的膝部。所以，磁通密度對於磁場強度的關係並非線性。當外加電壓為正弦時，如果為了感應出正弦電壓 e_1 及 e_2，需要產正弦變化的磁通，則磁化電流不會是正弦。而激磁電流 I_E 會具有高達 40％的三次諧波，且較高次諧波的量會較少。因為 I_E 與額定電流比很小，為了方便可將其視為正弦，如此在等效電路中使用 G_c 與 B_m 是可被接受的。

從一次到二次的電壓與電流轉換及電氣絕緣，可以在圖 3.6 中加入一

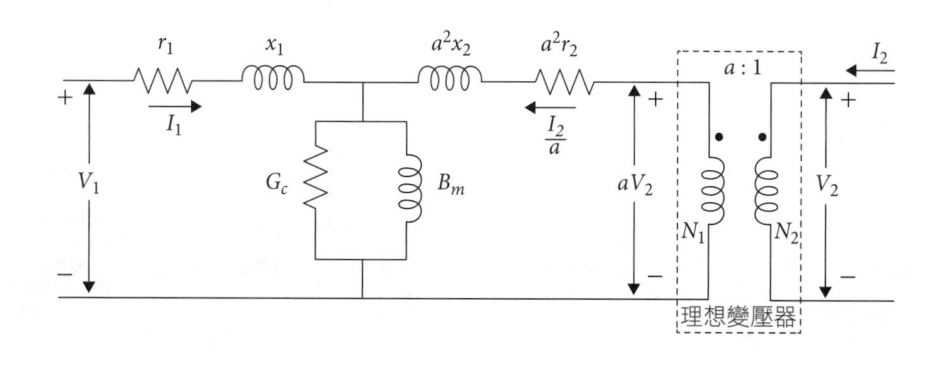

圖 3.7 一單相變壓器的等效電路，具有理想變壓器的匝數比 $a = N_1/N_2$

個匝數比為 $a = N_1/N_2$ 的理想變壓器來獲得，如圖 3.7 所示。而理想變壓器的位置並非固定。例如，它可以被移至串聯元件 a^2r_2 及 a^2x_2 的左側，而變成二次繞組的繞組電阻 r_2 及漏磁電抗 x_2。這與 3.1 節理想變壓器的規則一致，也就是無論何時，當一個分支阻抗從一個理想變壓器的一已知側被引介到相反側，其阻抗值會乘以相反側匝數與已知側匝數比的平方。如果所有的量不是以變壓器的高壓為參考，就是以低壓側為參考，則在等效電路中可以將理想變壓器予以忽略。例如，在圖 3.6 中，我們說所有的電壓、電流及阻抗都以變壓器的一次側為參考。當針對多繞組變壓器發展等效時，如果沒有理想變壓器，則我們必須很小心地避免產生非必要的短路。

我們經常忽略激磁電流，這是因為它比一般的負載電流還小很多。為了進一步簡化電路，令

$$R_1 = r_1 + a^2 r_2 \qquad X_1 = x_1 + a^2 x_2 \tag{3.31}$$

則可獲得圖 3.8 的等效電路。連接至二次側端的電路中所有阻抗及電壓，必須參考至一次側。

電壓調整率 (voltage regulation) 定義為輸入電壓保持固定時，在滿載與無載間，變壓器負載端電壓大小的差值，為滿載電壓的百分比。以方程式表示

$$\text{百分比調整率} = \frac{|V_{2,NL}| - |V_{2,FL}|}{|V_{2,FL}|} \times 100 \tag{3.32}$$

在 V_1 為常數下，$|V_{2,NL}|$ 為 V_2 在無載時的負載電壓大小，而 $|V_{2,FL}|$ 則為滿載時 V_2 的大小。

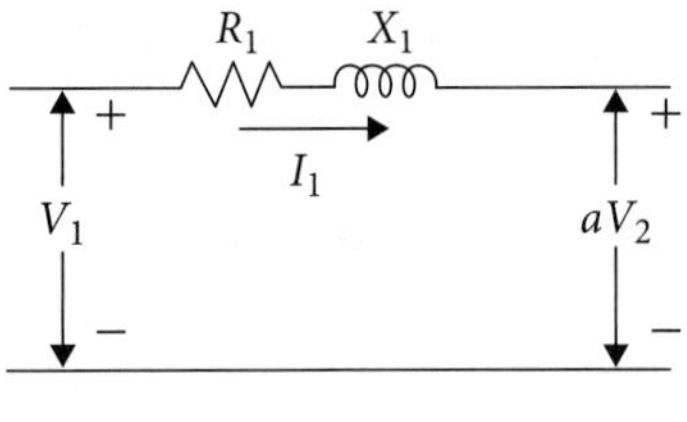

圖 3.8 將磁化電流忽略的等效電路

例題 3.2

一個單相變壓器，一次繞組的匝數為 2000，而二次的匝數為 500。繞組電阻為 $r_1 = 2.0\ \Omega$ 且 $r_2 = 0.125\ \Omega$，漏磁電抗為 $x_1 = 8.0\ \Omega$ 且 $x_2 = 0.5\ \Omega$。電阻性負載 Z_2 為 12 Ω。如果在一次側繞組的端點上外加電壓為 1200 V，試求 V_2 及電壓調整率，忽略磁化電流。

解：

$$a = \frac{N_1}{N_2} = \frac{2000}{500} = 4$$

$$R_1 = 2 + 0.125(4)^2 = 4.0 \ \Omega$$

$$X_1 = 8 + 0.5(4)^2 = 16 \ \Omega$$

$$Z_2' = 12 \times (4)^2 = 192 \ \Omega$$

等效電路顯示於圖 3.9 中，可以經由計算

$$I_1 = \frac{1200\angle 0°}{192 + 4 + j16} = 6.10\angle -4.67° \ \text{A}$$

$$aV_2 = 6.10\angle -4.67° \times 192 = 1171.6\angle -4.67° \ \text{V}$$

$$V_2 = \frac{1171.6\angle -4.67°}{4} = 292.9\angle -4.67° \ \text{V}$$

因為 $V_{2,\text{NL}} = V_1/a$，

$$電壓調整率 = \frac{1200/4 - 292.9}{292.9} = 0.0242 \ 或 \ 2.42\%$$

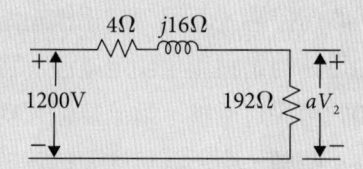

圖 3.9 例題 3.2 的電路

例題 3.2 的 MATLAB 程式 (ex3_2.m)

```
% Matlab M-file for Example 3.2: ex3_2.m
% Clean previous value
clc
clear all
% Initial values
% Turns ratio
N1=2000;
N2=500;
% Winding resistance
r1=2;
r2=0.125;
% Leakage reactance
x1=8;
x2=0.5;
% Resistive load
Z2=12;
% Voltage at the terminal of primary side
```

```
V1=1200;
% Solution
a=N1/N2;
R1=r1+r2*(a)^2;
X1=x1+x2*(a)^2;
Z2new=Z2*(a)^2;
I1=V1/(R1+j*X1+Z2new);
aV2=I1*Z2new;
V2=aV2/a;
V2_mag=abs(V2);
V2_ang=angle(V2)*180/pi;    % Rad => Degree
disp([' V2_FL=aV2/a=',num2str(V2_mag),'¡ç',num2str(V2_ang),' V']);
V2_NL=V1/a;
V2_FL=V2;
voltage_regulation=(abs(V2_NL) −abs(V2_FL))/abs(V2_FL);
disp([' V.R.=(|V2_NL|−|V2_FL|)/|V2_FL|=',num2str
(voltage_regulation)]);
disp(['Voltage regulation=',num2str(voltage_regulation*100),' %',]);
```

兩繞組變壓器的參數 R 及 X 由短路試驗 (short-circuit test) 來決定，其中阻抗是量測一繞組的跨接端，而另一繞組被短路。通常，低壓側會被短路，而高壓端會施加足夠的電壓產生額定電流。這是因為提供高壓側電源的電流額定較小。如此可決定電壓、電流及輸入功率。因為只需要較小的電壓，激磁電流極為不明顯，而所計算的阻抗等於 $R + jX$。

例題 3.3

一個單相變壓器，額定為 15 MVA，11.5/69 kV。如果 11.5 kV 的繞組（定為繞組 2）被短路，5.5 kV 的電壓施加於繞組 1，可得額定電流。輸入功率為 105.8 kW。試求參考至高壓側的 R_1 及 X_1，以歐姆表示。

解： 針對 69 kV 繞組的額定電流，其大小為

$$\frac{|S_1|}{|V_1|} = |I_1| = \frac{15,000}{69} = 217.4 \text{ A}$$

則

$$|I_1|^2 R_1 = (217.4)^2 R_1 = 105,800$$

$$R_1 = 2.24 \text{ } \Omega$$

$$|Z_1| = \frac{5500}{217.4} = 25.30 \text{ } \Omega$$

$$X_1 = \sqrt{|Z_1|^2 - R_1^2} = \sqrt{(25.30)^2 - (2.24)^2} = 25.20 \text{ } \Omega$$

上面的例子說明了一點，那就是在變壓器的等效電路內，繞組電阻是可以被忽略不計的。R 通常會小於 1%。雖然就大多數的電力系統計算而言，激磁電流可以被省略（如例題 3.2），等效電路中的 $G_c - jB_m$ 可以藉由開路試驗 (open-circuit test) 求得：於低電壓端施加額定電壓，然後測量輸入功率及電流。這是因為提供至低壓側的電源，其電壓額定較小的緣故。而所測量到的阻抗包括繞組的電阻及漏磁電抗，但這些數值與 $1/(G_c - jB_m)$ 相比顯得微不足道。

例題 3.4

針對例題 3.3 的變壓器，開路試驗電壓為 11.5 kV，輸入功率為 66.7 kW，電流為 30.4 A。試求參考至高壓繞組 1 的 G_c 與 B_m 之值。於額定電壓下，變壓器負載為 12 MW，且落後功因 0.8，試問其效率為何？

解：匝數比為 $a = N_1/N_2 = 6$，於低壓側執行測量。將並聯導納 $Y = G_c - jB_m$ 自高壓側 1 轉換至低壓側 2，高壓側的 G_c 需乘以 a^2 才會是低壓側的等效值，且並聯導納 Y 需除以 a^2 才會從 1 側轉換至 2 側。開路試驗的情形如下

$$|V_2|^2 \, a^2 G_c = (11.5 \times 10^3)^2 \times 36 \times G_c = 66.7 \times 10^3 \text{ W}$$

$$G_c = 14.0 \times 10^{-6} \text{ S}$$

$$|Y| = \frac{|I_2|}{|V_2|} \times \frac{1}{a^2} = \frac{30.4}{11,500} \times \frac{1}{36} = 73.4 \times 10^{-6} \text{ S}$$

$$B_m = \sqrt{|Y|^2 - G_c^2} = 10^{-6}\sqrt{73.4^2 - 14.0^2} = 72.05 \times 10^{-6} \text{ S}$$

在額定條件下，總損失相當於短路試驗與開路試驗損失的總和，且因為效率為輸出對輸入的仟瓦比，可得

$$\text{效率} = \frac{12,000}{12,000 + (105.8 + 66.7)} \times 100 = 98.6\%$$

此例題說明了 G_c 比 B_m 要小很多，且可以被省略。而 B_m 也是很小，因此 I_E 經常被徹底忽略。

例題 3.4 的 MATLAB 程式 (ex3_4.m)

```
% Matlab M-file for Example 3.4: ex3_4.m
% Clean previous value
clc
clear all
% Initial value
```

```
% Turns ratio
a=6;
V2=11.5*10^3;
I2=30.4;
% Power input(Open circuit/Short circuit)
Psh=105.8*10^3;
Pop=66.7*10^3;
% Load
P=12*10^6;
% Solution
Gc=Pop/(abs(V2)^2*a^2);
disp(['  |V2|^2 *a^2* Gc = 66.7*10^3W,thus Gc= ',num2str(Gc),' S'])
Y=abs(I2)/abs(V2)*(1/a^2);
disp(['  |Y|=|I2|/|V2|*(1/a^2)=',num2str(Y),' S'])
Bm=(Y^2-Gc^2)^(1/2);
disp(['  Bm= (  |Y|^2 — Gc^2 )^1/2=',num2str(Bm),' S'])
efficiency=P/(P+Psh+Pop)*100;
disp(['  Efficiency is ',num2str(efficiency),'%'])
```

3.3 自耦變壓器

自耦變壓器與普通變壓器的不同之處，在於自耦變壓器的繞組除了互磁通耦合外，也為電氣性連結。我們藉由電氣連結一台理想變壓器的繞組來檢驗自耦變壓器。圖 3.10(a) 為理想變壓器的概略圖，而圖 3.10(b) 顯示繞組如何經電氣連結而構成一台自耦變壓器。雖然它們可能彼此反接，此處繞阻接線顯示其電壓相加性。自耦變壓器的缺點是喪失電氣絕緣，但下列例子說明其可以增加功率額定。

圖 3.10 一台理想變壓器的概略圖，連接成 (a) 一般的情形；(b) 自耦變壓器

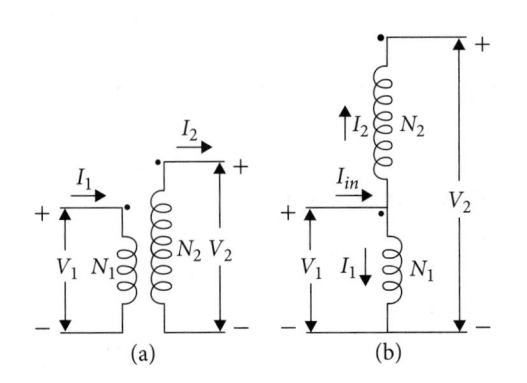

例題 3.5

一台 90 MVA 單相變壓器，其額定為 80/120 kV，將其連結成一台自耦變壓器，如圖 3.10(b) 所示。額定電壓 $|V_1| = 80$ kV 施加於變壓器的低壓繞組。將變壓器視為理想情形，且負載電流為各繞組的額定電流，大小為 $|I_1|$ 及 $|I_2|$。試求自耦變壓器的 $|V_2|$ 及仟伏安額定。

解：

$$|I_1| = \frac{90,000}{80} = 1125 \text{ A}$$

$$|I_2| = \frac{90,000}{120} = 750 \text{ A}$$

$$|V_2| = 80 + 120 = 200 \text{ kV}$$

I_1 及 I_2 方向的選擇和打黑點端有關，並顯示這兩個電流為同相。所以，輸入電流為

$$|I_{in}| = 1125 + 750 = 1875 \text{ A}$$

輸入的仟伏安為

$$|I_{in}| \times |V_1| = 1875 \times 80 = 150,000 \text{ kVA}$$

輸出的仟伏安為

$$|I_2| \times |V_2| = 750 \times 200 = 150,000 \text{ kVA}$$

仟伏安額定從 90,000 kVA 增加至 150,000 kVA，而輸出電壓從 120 kV 上升至 200 kV，這說明了自耦變壓器的好處。就相同成本來說，自耦變壓器提供較高的額定，且因為損失與相同變壓器作一般連接時一樣，其效率較高。

3.4 單相變壓器電路的標么阻抗

變壓器的電阻與漏磁電抗之歐姆值，與變壓器的高壓或低壓側量測有關。如果以標么值表示，基準仟伏安為變壓器的仟伏安額定，而如果電阻與漏磁電抗的歐姆值是參考至變壓器的低壓側，則基準電壓為低壓繞組的電壓額定。同樣的，如果歐姆值是參考至變壓器的高壓側，則基準電壓為高壓繞組的電壓額定。不論其歐姆值的求解是參考變壓器的高壓或低壓側，變壓器的標么阻抗均相同。如下面例題所顯示。

例題 3.6

一台單相變壓器，其額定為 110/440 V，2.5 kVA。從低壓側測量漏磁電抗為 0.06 Ω。試求漏磁電抗的標么值。

解： 由 (2.46) 式可得

$$\text{低壓側基準阻抗} = \frac{0.110^2 \times 1000}{2.5} = 4.84 \, \Omega$$

標么值為

$$X = \frac{0.06}{4.84} = 0.0124 \text{ 標么}$$

如果漏磁電抗是從高壓側量測而得，其值應為

$$X = 0.06 \left(\frac{440}{110}\right)^2 = 0.96 \, \Omega$$

$$\text{高壓側基準阻抗} = \frac{0.440^2 \times 1000}{2.5} = 77.44 \, \Omega$$

標么型式為

$$X = \frac{0.96}{77.5} = 0.0124 \text{ 標么}$$

以標么值計算的一項好處在於，電路經由變壓器彼此連接，只要適當選擇不同基準值即可。在單相系統中，為了利用此一優點，經由變壓器連接的電路，其電壓基準必須與變壓器繞組的匝數比有相同的比值。在這樣的電壓基準與相同的仟伏安基準的選擇下，不論阻抗的標么值是以變壓器的自身側基準來表示，或是參考至變壓器的另一側，而以另一側的基準值來表示，它必定相同。

因此，當磁化電流被忽略時，變壓器可以由阻抗 $(R + jX)$ 的標么型式來完整表示。當標么系統使用時，不需要標么電壓的轉換，且當忽略磁化電流時，變壓器兩側的電流標么值也會相同。

例題 3.7

一個單相電力系統分成三個部分，分別標示為 A、B 及 C，且經由變壓器相互連結，如圖 3.11 所示。變壓器的額定為

    A-B 10,000 kVA, 13.8/138 kV, 漏磁電抗 10%

    B-C 10,000 kVA, 138/69 kV, 漏磁電抗 8%

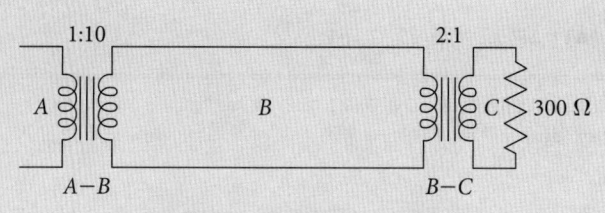

圖 3.11 例題 3.7 的電路

如果電路 B 的基準選為 10,000 kVA，138 kV，試求在電路 C 的 300 Ω 電阻性負載參考至電路 C、B 及 A 的標么阻抗為何？試畫出阻抗圖，其中忽略磁化電流、變壓器電阻及線路阻抗。

解：

電路 A 的基準電壓：　$0.1 \times 138 = 13.8$ kV

電路 C 的基準電壓：　$0.5 \times 138 = 69$ kV

電路 C 的基準阻抗：　$\dfrac{69^2 \times 1000}{10,000} = 476$ Ω

電路 C 負載的標么阻抗：　$\dfrac{300}{476} = 0.63$ 標么

因為系統不同部分的基準選擇係取決於變壓器的匝數比，又因為基準仟伏安在系統的所有部分均相同，所以負載的標么阻抗參考至系統的任何部分均會相同。這可以從下列證明：

電路 B 的基準阻抗：$\dfrac{138^2 \times 1000}{10,000} = 1904$ Ω

負載參考至電路 B 的阻抗：$300 \times 2^2 = 1200$ Ω

負載參考至電路 B 的標么阻抗：$\dfrac{1200}{1904} = 0.63$ 標么

電路 A 的基準阻抗：$\dfrac{13.8^2 \times 1000}{10,000} = 19.04$ Ω

負載參考至電路 A 的標么阻抗：$\dfrac{12}{19.04} = 0.63$ 標么

由於仟伏與仟伏安的基準值選擇符合變壓器的額定，變壓器的電抗標么值分別為 0.08 及 0.1。圖 3.12 為阻抗圖，圖上標示阻抗的標么值。

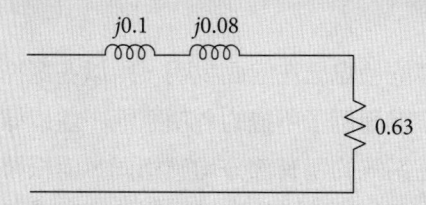

圖 3.12 例題 3.7 的阻抗圖，阻抗以標么值標示

例題 3.7 的 MATLAB 程式 (ex3_7.m)

```
% Matlab M-file for Example 3.7: ex3_7.m
% Clean previous value
clc
clear all
% Turns ratio
a1=0.1;   a2=0.5;   Vb_A=a1*138;
disp([' Vb_A=(turn ratio A)*138=',num2str(Vb_A),' Ω'])
disp(['Base voltage for circuit A : ',num2str(Vb_A),' V'])
Vb_C=a2*138;
disp([' Vb_C=(turn ratio C)*138=',num2str(Vb_C),' Ω'])
disp(['Base voltage for circuit C : ',num2str(Vb_C),' V'])
Zb_C=69^2*1000/10000;
disp([' Zb_C=69^2*1000/10000=',num2str(Zb_C),' Ω'])
disp(['Base impedance for circuit C : ',num2str(Zb_C),' Ω'])
Zload_pu=300/Zb_C;
disp([' Zload_pu=300/Zb_C=',num2str(Zload_pu),' Ω'])
disp(['Per unit impedance of load in circuit C :',num2str(Zload_pu),' per unit'])
Zb_B=138^2*1000/10000;
disp([' Zb_B=138^2*1000/10000=',num2str(Zb_B),' Ω'])
disp(['Base impedance for circuit B : ',num2str(Zb_B),' Ω'])
Zload_B=300*(1/a2)^2;
disp([' Zload_B=300*(1/(turn ratio C))^2=',num2str(Zload_B),' Ω'])
disp(['Impedance of load referred to circuit B : ',num2str(Zload_B),' Ω'])
Zload_B_pu=Zload_B/Zb_B;
disp([' Zload_B_pu=Zload_B/Zb_B=',num2str(Zload_B_pu),' Ω'])
disp(['Per unit impedance of load referred to circuit B : ',num2str(Zload_B_pu),' pu'])
Zb_A=13.8^2*1000/10000;
disp([' Zb_A=13.8^2*1000/10000=',num2str(Zb_A),' Ω'])
disp(['Base impedance for circuit A : ',num2str(Zb_A),' Ω'])
Zload_A=300*(1/a2)^2*a1^2;
disp([' Zload_A=300*(1/(turn ratio C))^2*(turn ratio A)^2=',num2str(Zload_A),' Ω'])
disp(['Impedance of load referred to circuit A : ',num2str(Zload_A),' Ω'])
Zload_A_pu=Zload_A/Zb_A;
disp([' Zload_A_pu=Zload_A/Zb_A=',num2str(Zload_A_pu),' Ω'])
disp(['Per unit impedance of load referred to circuit A : ',num2str(Zload_A_pu),' pu'])
```

利用標么值計算的優點已在前面說明，所以在選擇單相系統不同部分的基準值時，應遵守前面例子所提的各項原則，並以標么型式來計算。也就是，仟伏安基準在系統的所有部分均應相同，而根據變壓器的匝數比，系統某部分基準電壓的選擇決定出基準電壓，並將此電壓指定為系統其他

部分的基準仟伏。此原理允許我們將整個系統的標么阻抗組合成一個阻抗圖。

3.5 三相變壓器

連接三個相同的單相變壓器（或自耦變壓器）以便於某一電壓額定的三個繞組作成 Δ 連接，及其他電壓額定的三繞組作為 Y 連接，進而形成三相變壓器。此種變壓器稱為 Y-Δ 連接或 Δ-Y 連接。其他可能的連接為 Y-Y 及 Δ-Δ。如果三個單相變壓器中的每一個都具有三個繞組（第一、第二及第三），則兩組可以連接成 Y，一組連接成 Δ，或兩組可以連接成 Δ，一組連接成 Y。與其使用三個單相變壓器，一種更常用的型式為三相變壓器，其中所有三相均在同一個鐵心結構上。

三相變壓器的理論與單相變壓器的三相組合是一樣的。三相單元的優點是製成鐵心的鐵量較少，以及占據的空間比三個單相單元更少，會更為經濟。而三個單相單元的優點是，當變壓器故障時，只需要更換三相組合中的一個單元，而不需要損失整個三相組合。如果在一個由三個個別單元組合成的 Δ-Δ 組合發生故障時，單相變壓器中的一個可被移除，剩餘的兩個將以降低仟伏安的方式，持續如同三相變壓器一樣運轉，這種運轉方式稱為開三角 (open delta)。

針對單相變壓器，我們可以持續在每一個繞組的一端設置一個黑點，或標示高壓繞組的黑點端為 H_1，低壓繞組為 X_1。另一端分別標記 H_2 及 X_2。

圖 3.13 顯示三個單相變壓器連接成一個 Y-Y 的三相變壓器。在這本書中，我們將使用大寫字母 A、B 及 C 來區分高壓繞組的三相，而以小寫字母 a、b 及 c 來表示低壓繞組的三相。三相變壓器的高壓端會標記成 H_1、H_2 及 H_3，而低壓端則標記成 X_1、X_2 及 X_3。在 Y-Y 或 Δ-Δ 變壓器中，標記是自 H_1、H_2 及 H_3 端對中性點電壓，分別與自 X_1、X_2 及 X_3 端對中性點電壓同相位。當然，Δ 繞組並沒有中性點，但是系統與 Δ 繞組連接的部分會與大地連接。因此，大地在平衡的情況下可視為有效的中性點，所以 Δ 存在端點對中性點電壓。

為了遵守美國標準，Y-Δ 及 Δ-Y 變壓器以此種方式標記，因此從 H_1、H_2 及 H_3 至中性點的電壓，分別超前從 X_1、X_2 及 X_3 至中性點的電壓

圖 3.13 Y-Y 變壓器的接線圖

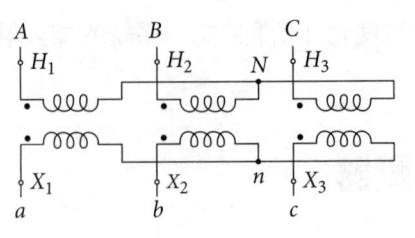

(a) Y-Y 變壓器接線

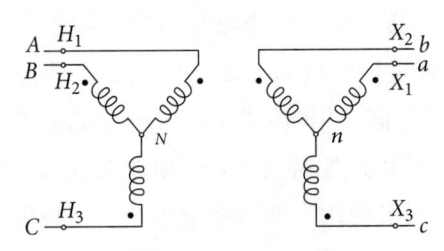

(b) 變壓器接線的另一種型式

30°。在下一節中會更充分地考慮相位移的問題。

圖 3.13(b) 與圖 3.13(a) 提供相同的資訊。一次及二次繞組在圖 3.13(b) 中被畫成並聯方向，此兩繞組為同一個單相變壓器，或是在三相變壓器相同的腳位上。例如，從 A 到 N 的繞組與從 a 到 n 的繞組所交鏈的磁通相同，因此 V_{AN} 與 V_{an} 同相位。圖 3.13(b) 只是接線圖，並非相量圖。

圖 3.14 為三相變壓器繞組連接的圖示法，顯示的電壓為 66/6.6 kV，Y-Y 連接的變壓器供電給 0.6 Ω 的電阻器或阻抗。圖 3.14 顯示一個平衡系統，不論是否有連接中性點。每一相可以被視為個別的。因此，可以利用線對中性點電壓的比值平方，將低壓側的阻抗轉換至高壓側，這與線對線電壓的比值平方相同。所以

$$0.6 \left(\frac{38.1}{3.81}\right)^2 = 0.6 \left(\frac{66}{6.6}\right)^2 = 60 \ \Omega$$

在相同的 66 kV 一次側，如果使用一台 Y-Δ 變壓器，可獲得跨接在

圖 3.14 額定為 66/6.6 kV 的 Y-Y 變壓器

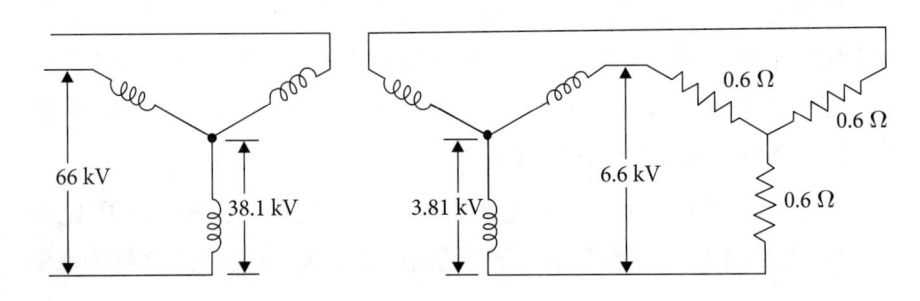

電阻的電壓為 6.6 kV，則 Δ 繞組的額定為 6.6 kV，而不是 3.81 kV。就低壓端的電壓大小而言，Y-Δ 變壓器可以用一台 Y-Y 變壓器組來取代，此變壓器具有有效的相對中性點匝比，其值為 38.1:6.6/$\sqrt{3}$ 或 $N_1:N_2/\sqrt{3}$，如表 3.1 所示，以致於從一次側可看到每相相同的 60 Ω 電阻。所以，基準電壓

表 3.1 每相阻抗的歐姆值從三相變壓器的一側轉換至另一側 [†]

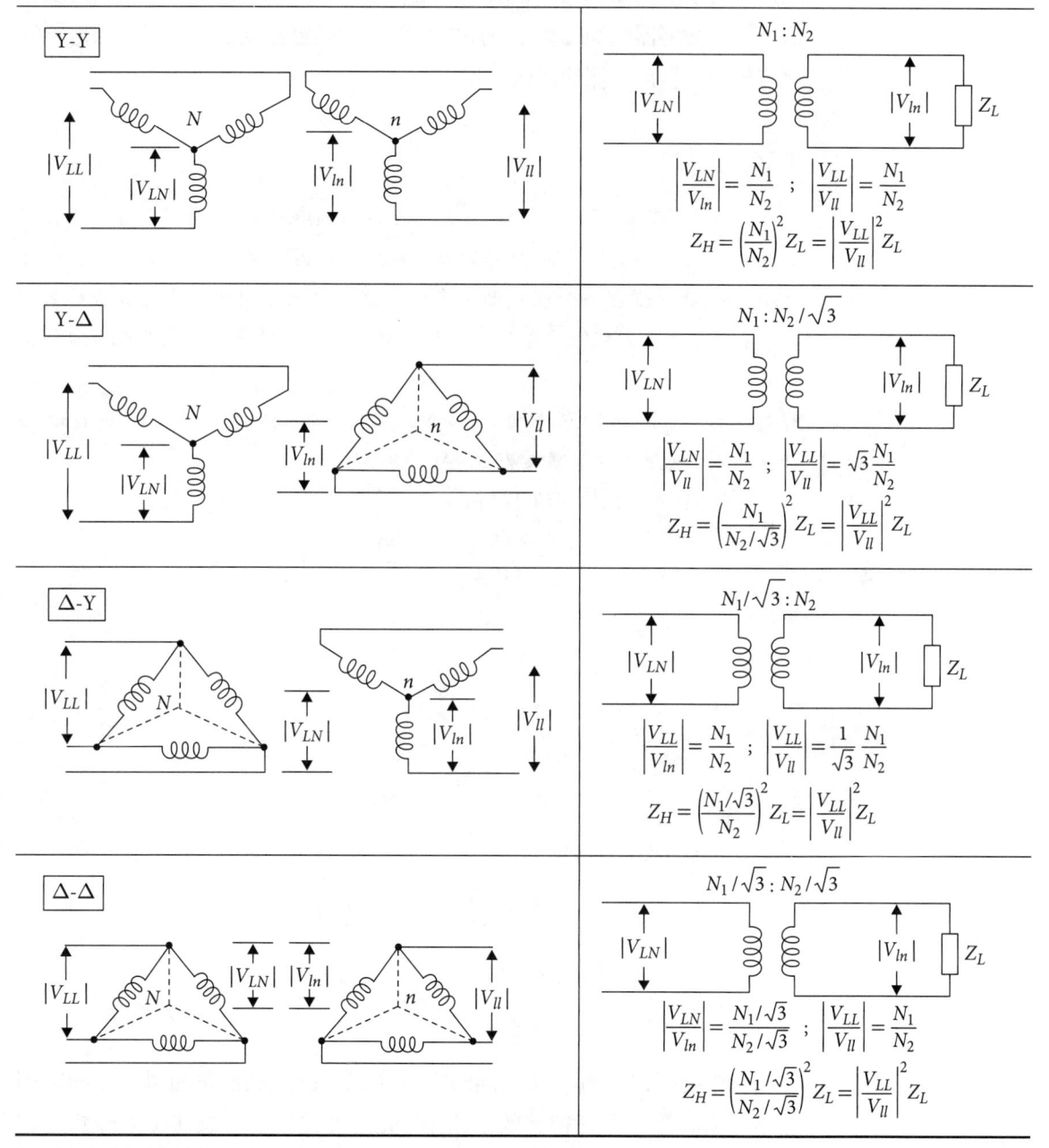

接法	電路圖	等效單相及公式
Y-Y		$N_1:N_2$ $\left\|\dfrac{V_{LN}}{V_{ln}}\right\| = \dfrac{N_1}{N_2}$; $\left\|\dfrac{V_{LL}}{V_{ll}}\right\| = \dfrac{N_1}{N_2}$ $Z_H = \left(\dfrac{N_1}{N_2}\right)^2 Z_L = \left\|\dfrac{V_{LL}}{V_{ll}}\right\|^2 Z_L$
Y-Δ		$N_1:N_2/\sqrt{3}$ $\left\|\dfrac{V_{LN}}{V_{ll}}\right\| = \dfrac{N_1}{N_2}$; $\left\|\dfrac{V_{LL}}{V_{ll}}\right\| = \sqrt{3}\dfrac{N_1}{N_2}$ $Z_H = \left(\dfrac{N_1}{N_2/\sqrt{3}}\right)^2 Z_L = \left\|\dfrac{V_{LL}}{V_{ll}}\right\|^2 Z_L$
Δ-Y		$N_1/\sqrt{3}:N_2$ $\left\|\dfrac{V_{LL}}{V_{ln}}\right\| = \dfrac{N_1}{N_2}$; $\left\|\dfrac{V_{LL}}{V_{ll}}\right\| = \dfrac{1}{\sqrt{3}}\dfrac{N_1}{N_2}$ $Z_H = \left(\dfrac{N_1/\sqrt{3}}{N_2}\right)^2 Z_L = \left\|\dfrac{V_{LL}}{V_{ll}}\right\|^2 Z_L$
Δ-Δ		$N_1/\sqrt{3}:N_2/\sqrt{3}$ $\left\|\dfrac{V_{LN}}{V_{ln}}\right\| = \dfrac{N_1/\sqrt{3}}{N_2/\sqrt{3}}$; $\left\|\dfrac{V_{LL}}{V_{ll}}\right\| = \dfrac{N_1}{N_2}$ $Z_H = \left(\dfrac{N_1/\sqrt{3}}{N_2/\sqrt{3}}\right)^2 Z_L = \left\|\dfrac{V_{LL}}{V_{ll}}\right\|^2 Z_L$

[†] 二次側負載由平衡 Y 接的阻抗 Z_L 所組成。

選擇的標準包含線對線電壓比值的平方,並非 Y-Δ 變壓器的個別繞組的匝數比的平方。

這個討論引導出一個結論,那就是將阻抗的歐姆值從三相變壓器一側的電壓階層,轉換至其他側的電壓階層,而此乘數因子為線對線電壓的比值平方,不論變壓器的連接是 Y-Y 或 Y-Δ。表 3.1 針對不同型式的變壓器連接的有效匝比關係做一結論。因此,標么計算如果涉及三相電路的變壓器,需要變壓器兩側的基準電壓的比值,與變壓器兩側額定線對線電壓的比值相同,且每一側的仟伏安相同。

例題 3.8

三台變壓器,每一台額定為 25 MVA,38.1/3.81 kV,接成 Y-Δ,且具有三個 0.6 Ω,Y 接電阻器的平衡負載。針對變壓器的高壓側選擇基準值為 75 MVA,66 kV,並指定低壓側的基準值。試求以低壓側基準決定負載標么電阻。求解參考至高壓側的負載電阻 R_L,並以所選擇的基準來表示此電阻的標么值。

解: 因為 $\sqrt{3} \times 38.1$ kV 等於 66 kV,三相變壓器額定為 75 MVA,66Y/3.81Δ kV。所以,低壓側的基準為 75 MVA,3.81 kV。

從 (2.54) 式,低壓側的基準阻抗為

$$\frac{(基準\,kV_{LL})^2}{基準\,MVA_{3\phi}} = \frac{(3.81)^2}{75} = 0.1935\;\Omega$$

於低壓側

$$R_L = \frac{0.6}{0.1935} = 3.10\;標么$$

高壓側的基準阻抗為

$$\frac{(66)^2}{75} = 58.1\;\Omega$$

參考至高壓側的電阻為

$$0.6 \left(\frac{66}{3.81}\right)^2 = 180\;\Omega$$

$$R_L = \frac{180}{58.1} = 3.10\;標么$$

三相變壓器的電阻 R 及漏磁電抗 X 以短路試驗測量而得,如同單相變壓器所討論。在三相等效電路中,R 及 X 接於每一條連接至理想三相

變壓器的線路上。不論在變壓器的低壓側或高壓側，R 及 X 的標么值均相同，不具有理想變壓器的標么阻抗 $R + jX$ 可代表變壓器的每相等效電路，前提是如果相位移在計算上並不重要，且電路中的所有量均為經適當選擇的基準所計算出的標么型式。

附錄表 A.1 列出變壓器阻抗的典型數值，其本質上等於漏磁電抗，這是因為電阻通常小於 0.01 標么。

例題 3.9

一台三相變壓器，額定為 400 MVA，220Y/22Δ kV。於變壓器的低壓側量測 Y 等效短路阻抗為 0.121 Ω，且因為低電阻，此值可視為等於漏磁電抗。試求變壓器的標么電抗及系統中用來表示變壓器的數值，其基準於變壓器的高壓側，為 100 MVA，230 kV。

解： 以變壓器本身的基準計算，變壓器的電抗為

$$\frac{0.121}{(22)^2/400} = 0.10 \text{ 標么}$$

在所選擇的基準時，電抗變成

$$0.1 \left(\frac{220}{230}\right)^2 \frac{100}{400} = 0.0229 \text{ 標么}$$

適當地指定變壓器所連接電路的不同部分之基準值時，系統此部分所決定的阻抗標么值會與其他部分所求得的阻抗標么相同。因此，只需要計算以電路自屬部分之基準的阻抗標么。使用標么值最大的好處是，不需要計算從變壓器的一側參考至其他側的阻抗。下列幾項應該要牢記在心：

1. 在系統的某一部分選擇基準仟伏及基準仟伏安。三相系統的基準值為線對線仟伏，及三相仟伏安或百萬伏安。
2. 針對系統的其他部分，也就是變壓器的其他側，每一部分的基準仟伏是根據變壓器的線對線電壓比值來決定。而系統中所有部分的基準仟伏安將會相同。將系統每一部分的基準仟伏，標記於單線圖上是有幫助的。
3. 對三相變壓器有用的阻抗資訊，通常是依據每一個部分的額定值所決定之基準而算出的標么值或百分比。
4. 就三個單相變壓器連接而成的三相變壓器，其三相額定是從每一個個

別變壓器的單相額定來決定。三相變壓器的阻抗百分比,與個別變壓器的阻抗百分比相同。

5. 除了元件在系統座落的部分所決定的已知基準,當位置改變時,標么阻抗必須如 (2.56) 式改變成適當的基準。

用標么值進行電力系統的計算可大幅簡化工作。標么值方法的優點簡要地歸類如下:

1. 製造商通常會以一套設備的銘牌額定為基準,指定此設備的百分比或標么阻抗。
2. 雖然不同額定的機械有不同的歐姆值,但型式相同而額定有顯著不同的機械,其阻抗標么通常會在極小的範圍內。因此,當不確定阻抗值時,一般可能從表列平均值選擇一個標么阻抗,且此選擇的正確性是可被接受的。愈有使用標么值的經驗,就愈能熟悉地針對不同型式的設備給予適當的標么阻抗值。
3. 當阻抗歐姆值在等效電路中被清楚標示時,每一個阻抗必須乘上連接參考電路變壓器的兩側額定電壓之比值平方,以參考至相同的電路,一旦以適當的基準表示,此標么阻抗與變壓器的任何一側抗阻其值都相同。
4. 雖然變壓器的連接決定變壓器兩側電壓基準之間的關係,但是變壓器在三相電路中的連結不會影響等效電路的標么阻抗。

3.6 三線圈變壓器

二繞組變壓器之一次及二次繞組的仟伏安額定均相同,但是三繞組變壓器的三個繞組則可能具有不同的仟伏安額定。三繞組變壓器的每一個繞組的阻抗,是以各繞組額定為基準所表示的百分比或標么值,或經由試驗所決定的阻抗。在任何情況下的所有標么阻抗表示,必須以相同的仟伏安為基準。

一台單相三繞組變壓器,概略如圖 3.15(a) 所示,其中三個繞組分別被指定為一次 (primary)、二次 (secondary) 及三次 (tertiary) 繞組。三個阻抗可以採用標準短路試驗來測量,如下所示:

Z_{ps} 於二次側短路及三次側開路下,一次側所量測的漏磁阻抗。

Z_{pt} 於三次側短路及二次側開路下,一次側所量測的漏磁阻抗。

Z_{st} 　於三次側短路及一次側開路下，二次側所量測的漏磁阻抗。

如果三個以歐姆表示的阻抗都參考到其中一個繞組的電壓，每個參考到該繞組的個別繞組之阻抗則與以下測量阻抗相關：

$$Z_{ps} = Z_p + Z_s$$
$$Z_{pt} = Z_p + Z_t \qquad (3.33)$$
$$Z_{st} = Z_s + Z_t$$

如果 Z_{ps}、Z_{pt} 及 Z_{st} 為參考至一次側電路的測量阻抗，則 Z_p、Z_s 及 Z_t 分別為參考至一次電路的一次、二次及三次繞組的阻抗。同時解 (3.33) 式，可得

$$Z_p = \frac{1}{2}(Z_{ps} + Z_{pt} - Z_{st})$$
$$Z_s = \frac{1}{2}(Z_{ps} + Z_{st} - Z_{pt}) \qquad (3.34)$$
$$Z_t = \frac{1}{2}(Z_{pt} + Z_{st} - Z_{ps})$$

圖 3.15(b) 顯示，三個繞組的阻抗連接至代表單相三繞組變壓器的等效電路，並忽略磁化電流。共同點為虛擬點，且與系統的中性點無關。點 p、s 及 t 連接至阻抗圖中分別代表與變壓器一次、二次及三次繞組連接的系統部分。如同二繞組變壓器，針對所有三個電路轉換成標么阻抗需要相同的仟伏安基準，而且三個電路之電壓基準的比值必須與變壓器三個電路的線對線電壓額定比值相同。

在電力系統中並不常看到使用三繞組變壓器。除了二次繞組供電給負載外，第三繞組可提供不同的電壓階層給變電站的輔助負載，且可以限制線對中性點發生短路故障時的故障電流，或是連接至如電抗器般可切換的裝置。當三種這樣的變壓器針對三相運轉連接時，一次繞組與二次繞組通常接成 Y，而三次繞組則接成 Δ，以提供一個路徑給激磁電流中的第三次諧波。

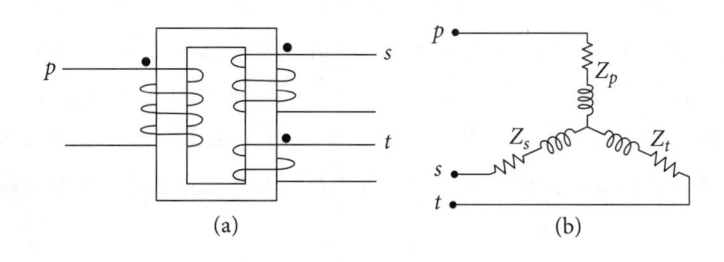

圖 3.15　一台三繞組變壓器的 (a) 概要圖，(b) 等效電路。點 p、s 及 t 將變壓器電路連結至與變壓器一次、二次及三次繞組相連接的系統部分的等效電路

例題 3.10

三繞組變壓器的三相額定為：

一次　　Y 連接，66 kV，15 MVA

二次　　Y 連接，13.2 kV，10 MVA

三次　　Δ 連接，2.3 kV，5 MVA

忽略電阻，漏磁阻為

$Z_{ps} = 7\%$ 於 15 MVA, 66 kV 基準

$Z_{pt} = 9\%$ 於 15 MVA, 66 kV 基準

$Z_{st} = 8\%$ 於 10 MVA, 13.2 kV 基準

試求每一相等效電路的標么阻抗，以一次側 15 MVA，66 kV 為基準。

解：一次電路的基準為 15 MVA，66 kV，針對一次電路，其等效電路的標么阻抗之適當基準為 15 MVA，66 kV。二次電路為 15 MVA，13.2 kV 及三次電路為 15 MVA，2.3 kV。

由於 Z_{ps} 與 Z_{pt} 為一次電路所測量的值，它們已經針對等效電路以適當基準來表示。就 Z_{st}，電壓基準不需要變化，而 Z_{st} 基準百萬伏安需要改變成

$$Z_{st} = 8\% \times \frac{15}{10} = 12\%$$

在指定基準的標么值為

$$Z_p = \frac{1}{2}(j0.07 + j0.09 - j0.12) = j0.02 \text{ 標么}$$

$$Z_s = \frac{1}{2}(j0.07 + j0.12 - j0.09) = j0.05 \text{ 標么}$$

$$Z_t = \frac{1}{2}(j0.09 + j0.12 - j0.07) = j0.07 \text{ 標么}$$

例題 3.11

一個定電壓電源（無限匯流排）提供電力給純電阻 5 MW，23 kV 三相負載及一台 7.5 MVA，13.2 kV 同步電動機，其次暫態電抗為 $X'' = 20\%$。電源連接至三線圈變壓器的一次側，如例題 3.10 所述。同步電動機與電阻負載連接至變壓器的二次及三次側。試繪製系統阻抗圖，並標示以一次側 66 kV，15 MVA 為基準的標么阻抗值。除了電阻負載外，忽略激磁電流及所有電阻。

解：定電壓電源可以表示成沒有內部阻抗的發電機。

以三次側 5 MVA，2.3 kV 的基準所表示的負載電阻為 1.0 標么，轉換成 15 MVA，2.3 kV 為基準，負載電阻為

$$R = 1.0 \times \frac{15}{5} = 3.0 \text{ 標么}$$

以 15 MVA，13.2 kV 為基準的馬達電抗為

$$X'' = 0.20 \frac{15}{7.5} = 0.40 \text{ 標么}$$

圖 3.16 為阻抗圖。然而，我們必須記得在一次側 Y 連接及三次側 Δ 連接之間存在相位移。

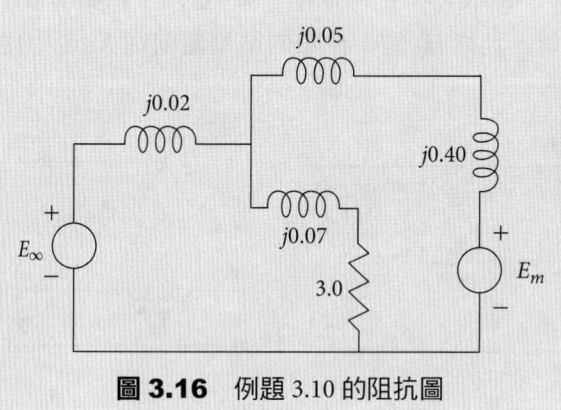

圖 3.16 例題 3.10 的阻抗圖

3.7 三相變壓器：相位移及等效電路

如 3.5 節所提，Y-Δ 變壓器會產生相位移。本節針對相位移做更深入的探討，而相序的重要性會更為凸顯。稍後在研究故障分析時，我們必須處理正相序或 ABC 相序量及負相序或 ACB 相序量，因此需要討論正相序及負相序的相位移。正相序電壓及電流以下標 1 來標記，而負相序的電壓及電流以下標 2 來標記。為了避免過多的下標，我們有時候針對端子 A 到 N 的電壓降，以 $V_A^{(1)}$ 來替代 $V_{AN}^{(1)}$，且同樣地分辨其他對中性點的電壓及電流。線對中性點電壓的正相序組為 $V_B^{(1)}$ 落後 $V_A^{(1)}$ 120°，而 $V_C^{(1)}$ 落後 $V_A^{(1)}$ 240°；在線對中性點電壓的負相序組中，$V_B^{(2)}$ 超前 $V_A^{(2)}$ 120°，而 $V_C^{(2)}$ 超前 $V_A^{(2)}$ 240°。稍後在討論不平衡電流及電壓（第 8、9 及 10 章）時，電壓對中性點及對地之間的差別必須小心區分，因為兩者在不平衡的狀況下會不同。

圖 3.17(a) 為 Y-Δ 變壓器的概略接線圖，其中 Y 為高壓側。我們再次採用大寫字母來標示高壓側，且畫成並聯繞組代表相同磁通交鏈。

圖 3.17(a) 中，繞組 AN 為 Y 接側的一相，它與 Δ 接側上的相繞組 ab 為磁性上的交鏈。繞組上黑點的位置顯示 V_{AN} 總是與 V_{ab} 同相，而不論相序為何。如果 A 相連接至 H_1 端，則習慣上 B 相與 C 相會分別連接至 H_2 與 H_3。

美國標準對於指定 Y-Δ 變壓器上的 H_1 端與 X_1 端的要求是，不論 Y 或 Δ 繞組是否位於高壓側，從 H_1 到中性點的正相序電壓降均超前從 X_1 端至中性點的正相序電壓降 30°。同樣地，從 H_2 到中性點的電壓超前從 X_2 至中性點電壓 30°，且從 H_3 到中性點的電壓超前從 X_3 至中性點電壓 30°。

圖 3.17 Y-Δ 三相變壓器的接線圖及電壓相量圖，其中 Y 側為高壓側

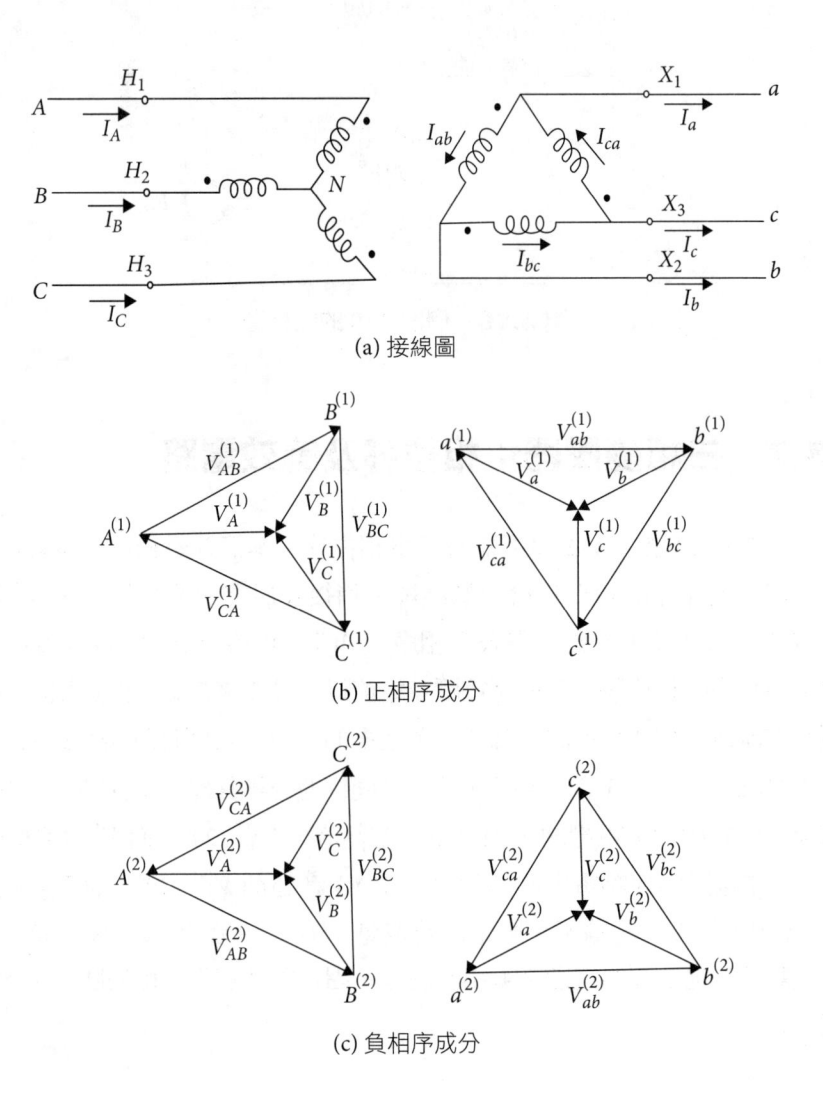

(a) 接線圖

(b) 正相序成分

(c) 負相序成分

電壓正相序與負相序成分的相量圖分別顯示在圖 3.17(b) 及圖 3.17(c)。

圖 3.17(b) 為端點 A、B 及 C 外加正相序電壓時的電壓相量關係。電壓 $V_A^{(1)}$（也就是 $V_{AN}^{(1)}$）與 $V_{ab}^{(1)}$ 因為黑點標示二者為同相，一旦畫出 $V_A^{(1)}$ 與 $V_{ab}^{(1)}$ 同相，則其他電壓的相量圖可因此畫出。例如，高壓側 $V_B^{(1)}$ 落後 $V_A^{(1)}$ 120°。此二電壓與 $V_C^{(1)}$ 在箭頭的尖端相遇，因此可繪出線對線電壓。於低壓相量圖可畫出 $V_{bc}^{(1)}$ 及 $V_{ca}^{(1)}$ 分別與 $V_B^{(1)}$ 及 $V_C^{(1)}$ 同相，且接著可畫出低壓側的線對線電壓。可看出 $V_A^{(1)}$ 超前 $V_a^{(1)}$ 30°；端子 a 必須標示為 X_1 以滿足美國標準。端子 b 及 c 分別標記為 X_2 及 X_3。

圖 3.17(c) 顯示負相序電壓加於端子 A、B 及 C 時的電壓相量關係。從接線圖上的黑點，可以了解到 $V_A^{(2)}$（不需要與 $V_A^{(1)}$ 同相）與 $V_{ab}^{(2)}$ 同相。在繪製 $V_A^{(2)}$ 與 $V_{ab}^{(2)}$ 同相之後，可以類似正相序圖一樣完成負相序圖，但要記住的是 $V_B^{(2)}$ 超前 $V_A^{(2)}$ 120°。圖 3.17(c) 的完整圖顯示 $V_A^{(2)}$ 落後 $V_a^{(2)}$ 30°。如果 N_1 與 N_2 分別代表任一相高壓繞組與低壓繞組的匝數，則圖 3.17(a) 顯示，當變壓器動作時，$V_A^{(1)} = (N_1/N_2)V_{ab}^{(1)}$ 且 $V_A^{(2)} = (N_1/N_2)V_{ab}^{(2)}$。依據圖 3.17(b) 及 (c) 的幾何圖，可得

$$V_A^{(1)} = \frac{N_1}{N_2}\sqrt{3}V_a^{(1)}\angle 30° \qquad V_A^{(2)} = \frac{N_1}{N_2}\sqrt{3}V_a^{(2)}\angle -30° \qquad (3.35)$$

同樣地，Y-Δ 變壓器中的電流在電壓方向上位移 30°，這是因為與電壓相關的電流相角是由負載阻抗來決定。Y 繞組的額定線對線電壓與 Δ 繞組的額定線對線電壓的比值等於 $\sqrt{3}N_1/N_2$，因此在選擇變壓器兩側的線對線電壓基準有相同的比值，可得下列標么值

$$\begin{aligned} V_A^{(1)} &= V_a^{(1)} \times 1\angle 30° & I_A^{(1)} &= I_a^{(1)} \times 1\angle 30° \\ V_A^{(2)} &= V_a^{(2)} \times 1\angle -30° & I_A^{(2)} &= I_a^{(2)} \times 1\angle -30° \end{aligned} \qquad (3.36)$$

變壓器阻抗與磁化電流自相位移被分開處理，並且可以用理想變壓器來表示。這解釋了為何根據 (3.36) 式，電壓及電流的標么大小在變壓器兩側完全相同（例如，$|V_a^{(1)}| = |V_A^{(1)}|$）。

通常，在 Y-Δ 變壓器的高壓繞組為 Y 接。此種升壓變壓器的絕緣成本會下降，因為這種連接將電壓自變壓器低壓側轉換至高壓側為 $\sqrt{3}(N_1/N_2)$，其中 N_1 與 N_2 與 (3.35) 式一樣。

如果高壓側繞組為 Δ 連接，則線電壓的變壓比會下降而非增加。圖 3.18 為 Y-Δ 變壓器的概略圖，其中 Δ 側為高壓側。讀者可自行證明電壓

圖 3.18 Y-Δ 連接三相變壓器的接線圖，其中 Δ 側為高壓側

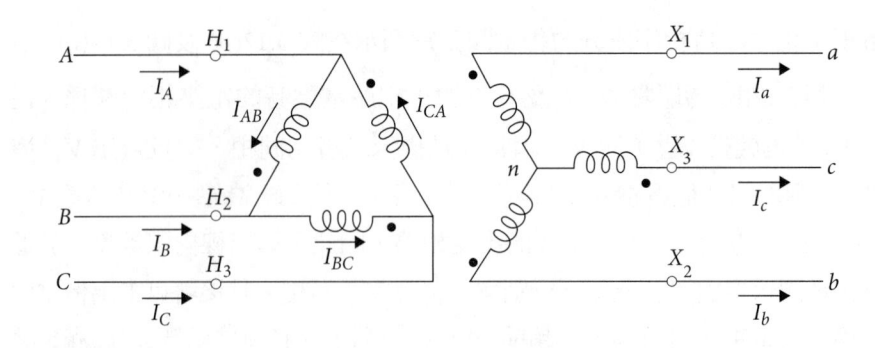

相量與圖 3.17(b) 及 3.17(c) 完全相同，且 (3.35) 式及 (3.36) 式仍然有效。如果將線路圖上所有電流的方向予以反向，這些方程式仍然成立。

在正常運轉情況下，僅有正相序成分，而當 Y-Δ 或 Δ-Y 變壓器為升壓時，電壓會超前 30°。如同先前所討論，我們可以將電壓的相位移利用理想變壓器的複數匝數比 $1:e^{j\pi/6}$ 來表示。由於在 (3.36) 式中 $V_A^{(1)}/I_A^{(1)} = V_a^{(1)}/I_a^{(1)}$，因此當阻抗標么值從理想變壓器的一側轉移到另一側時，其值均相同。有效功率及無效功率潮流也不會受相位移的影響，因為就功率值而言，電流相位移確實補償了電壓相位移。從下列 (3.36) 式，針對 Y-Δ（或 Δ-Y）變壓器的每一側列出標么複數功率，可以很簡單地了解到：

$$V_A^{(1)} I_A^{(1)\star} = V_a^{(1)} \angle 30° \times I_a^{(1)\star} \angle -30° = V_a^{(1)} I_a^{(1)\star} \tag{3.37}$$

因此，如果只需要 P 與 Q 的量，則在阻抗圖中的理想變壓器不需要包括 Y-Δ 及 Δ-Y 變壓器的相位移。唯一不能忽略理想變壓器的情形是，在一個系統的任何閉迴路部分中，所有變壓器電壓比的乘積在此迴路並不是 1。在 3.8 節的調整變壓器並聯範例中，我們會遇到類似情形。在大多數其他狀況下，我們可以從標么阻抗圖中移除理想變壓器，然後計算出的電流及電壓會與實際電流及電壓成比例。必要時，從 Y-Δ 及 Δ-Y 變壓器在單線圖上的位置及應用 (3.36) 式的規則，我們可獲得實際電流及電壓的相角；即

當從 Y-Δ 或 Δ-Y 變壓器的低壓側升壓至高壓側時，正相序電壓及電流會超前 30°，而負相序的電壓及電流會延遲 30°。

從 (3.37) 式有一項重要發現，那就是

$$\frac{I_A^{(1)}}{I_a^{(1)}} = \left(\frac{V_A^{(1)\star}}{V_a^{(1)\star}}\right)^{-1} \tag{3.38}$$

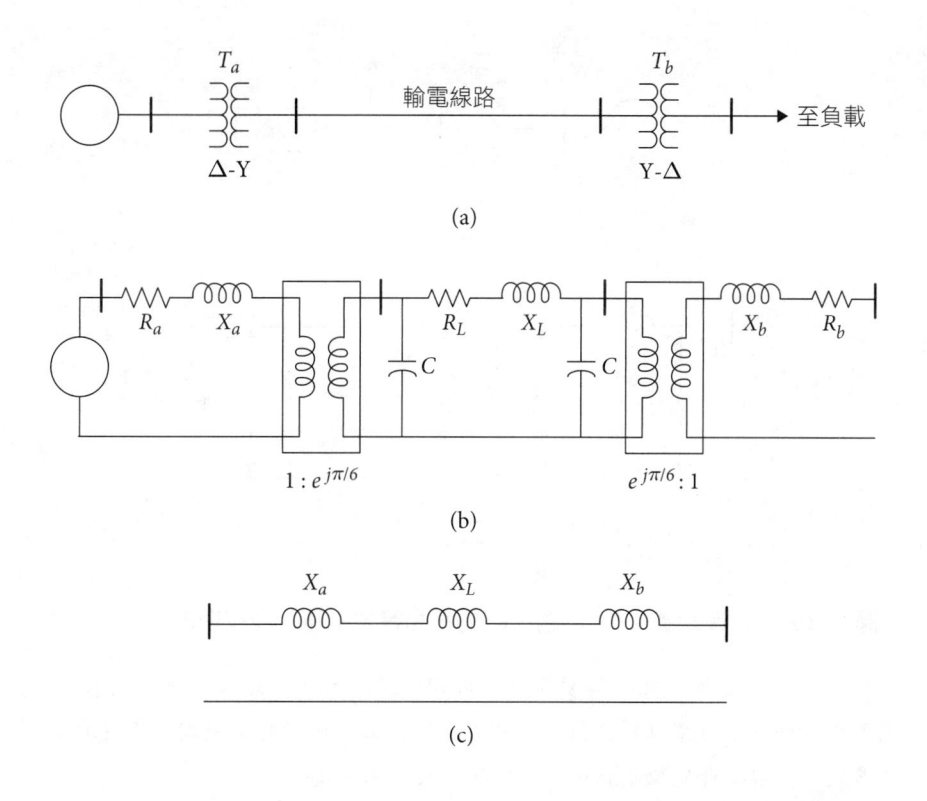

圖 3.19 (a) 單線圖；(b) 每相等效電路，其中參數以標么值表示；(c) 包含電阻、電容的每相等效電路，其中忽略理想變壓器。輸電線路的等效電路將於第 5 章中推導

上式顯示，任何具有相位移之變壓器的電流比會是電壓比共軛複數 (complex conjugate) 的倒數。通常，在電路圖中只會顯示電壓比，但是電流比為電壓比共軛複數的倒數向來是普遍認知。圖 3.19(a) 中的單線圖顯示，Y-Δ 變壓器自發電機將電壓提升至高壓輸電線路，且將電壓降低至較低電壓階層的配電線路。在圖 3.19(b) 的等效電路中，變壓器電阻與漏磁電抗以標么值表示，並忽略激磁電流。

方框中為具相位移的理想變壓器，與第 5 章討論的輸電線路等效電路連接在一起。圖 3.19(c) 則進一步的簡化，其中忽略了電阻、並聯電容及理想變壓器。我們藉由單線圖來說明 Y-Δ 變壓器所造成的相位移。必須記住的是，在較高電壓的輸電線路中，正相序電壓及電流會在較低電壓的發電機及配電電路中造成相對應的量位移 30°。

例題 3.12

圖 3.20 顯示一台額定為 300 MVA，23 kV 的發電機，經由一台漏磁電抗為 11%，330 MVA，23Δ/230Y kV 升壓變壓器，供電至 230 kV，240 MVA，落後功因為 0.9 的系統負載。

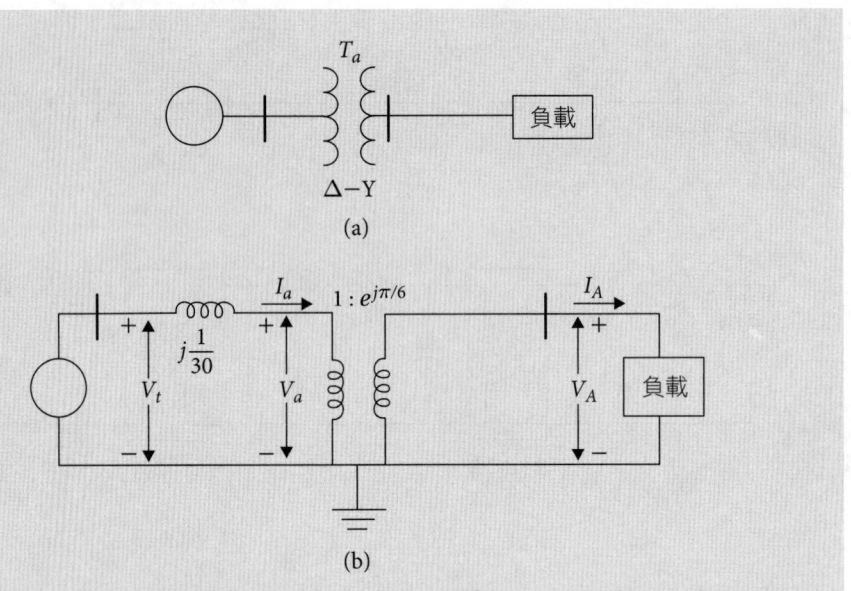

圖 3.20 (a) 單線圖；(b) 例題 3.12 的每相等效電路，所有參數均為標么值

忽略磁化電流，並選擇負載端 100 MVA 及 230 kV 為基準值。試求以 V_A 為參考，供應至負載以標么值表示的 I_A、I_B 及 I_C。針對發電機電路指定適當的基準值，求解從發電機送出的 I_a、I_b 及 I_c 及其端電壓。

解：提供至負載的電流為

$$\frac{240,000}{\sqrt{3} \times 230} = 602.45 \text{ A}$$

負載端的基準電流為

$$\frac{100,000}{\sqrt{3} \times 230} = 251.02 \text{ A}$$

負載電流的功因角為

$$\theta = \cos^{-1} 0.9 = 25.84° \text{ 落後}$$

因此，以圖 3.20(b) 中的 $V_A = 1.0\angle 0°$ 為參考，則流至負載的線電流為

$$I_A = \frac{602.45}{251.02} \angle -25.84° = 2.40\angle -25.84° \text{ 標么}$$

$$I_B = 2.40\angle(-25.84° - 120°) = 2.40\angle -145.84° \text{ 標么}$$

$$I_C = 2.40\angle(-25.84° + 120°) = 2.40\angle 94.16° \text{ 標么}$$

低壓側電流落後 30°，以標么值表示為

$$I_a = 2.40\angle -55.84° \quad I_b = 2.40\angle -175.84° \quad I_c = 2.40\angle 64.16°$$

以選擇的基準值修正變壓器的電抗為

$$0.11 \times \frac{100}{330} = \frac{1}{30} \text{ 標么}$$

從圖 3.20(b) 可求得發電機的端電壓為

$$V_t = V_A\angle-30° + jXI_a$$

$$= 1.0\angle-30° + \frac{j}{30} \times 2.40\angle-55.84°$$

$$= 0.9322 - j0.4551 = 1.0374\angle-26.02° \text{ 標么}$$

發電機的電壓基準為 23 kV，代表發電機的端電壓為 23 × 1.0374 = 23.86 kV。由發電機提供的有效功率為

$$\text{Re}\{V_t I_a^*\} = 1.0374 \times 2.4 \cos(-26.02° + 55.84°) = 2.160 \text{ 標么}$$

相當於負載吸收了 216 MW，這是因為沒有 I^2R 的損失。你可能會發現，省略變壓器的相位移，或是將圖 3.20(b) 的高壓側電抗為 j/30 標么重新計算 V_t，$|V_t|$ 的值也一樣。

例題 3.12 的 MATLAB 程式 (ex3_12.m)

```
% Matlab M-file for Example 3.12: ex3_12.m
% Clean previous value
clc
clear all
I=240*10^3/(sqrt(3)*230);
disp(['The current supplied to the load : ',num2str(I),' A'])
Ib=100*10^3/(sqrt(3)*230);
disp(['The base current at the load is ',num2str(Ib),' A'])
disp('The phasor angle of the load current is 25.84 lag')
VA=1;
IA=I/Ib*(cosd(-25.84)+j*sind(-25.84));
IB=I/Ib*(cosd(-25.84-120)+j*sind(-25.84-120));
IC=I/Ib*(cosd(-25.84+120)+j*sind(-25.84+120));
disp('Low voltage side current lag by 30, so in per unit:')
Ia=IA*(cosd(-30)+j*sind(-30));
Ia_mag=abs(Ia);
Ia_ang=angle(Ia)*180/pi;    % Rad => Degree
Ib=IB*(cosd(-30)+j*sind(-30));
Ib_mag=abs(Ib);
Ib_ang=angle(Ib)*180/pi;    % Rad => Degree
Ic=IC*(cosd(-30)+j*sind(-30));
Ic_mag=abs(Ic);
Ic_ang=angle(Ic)*180/pi;    % Rad => Degree
disp([' Ia=',num2str(Ia_mag),'∠',num2str(Ia_ang),' A']);
disp([' Ib=',num2str(Ib_mag),'∠',num2str(Ib_ang),' A']);
disp([' Ic=',num2str(Ic_mag),'∠',num2str(Ic_ang),' A']);
X=0.11*100/330;
disp(['The transformer reactance modified for chosen base is ',num2str(X),' per unit'])
```

```
%the terminal voltage of the generator
Vt=VA*(cosd(-30)+j*sind(-30))+j*X*Ia;
Vt_mag=abs(Vt);
Vt_ang=angle(Vt)*180/pi;    % Rad => Degree
disp(['The terminal voltage of the generator is ',num2str
(Vt_mag),'∠',num2str(Vt_ang),' V'])
P=real(Vt*conj(Ia));
disp(['The real power supplied by the generator is:',num2str(P),'
per unit'])
```

3.8 分接頭及調整變壓器

變壓器為電力系統重要的設備，有些變壓器可將電壓大小做些微的調整，範圍通常在 ±10%，而有些變壓器可調整線電壓的相角。一些變壓器則可同時調整大小及相角。

幾乎所有的變壓器在繞組上會提供分接頭，以便變壓器未加壓時，可利用變換分接頭的方式來調整變壓器的比值。在加壓時，可改變分接頭的變壓器稱為負載分接頭切換 (load-tap-changing, LTC) 變壓器，或有載分接頭切換 (tap-changing-under-load, TCUL) 變壓器。分接頭可自動切換，利用預先設定的電壓階層保持電壓，並由繼電器控制馬達動作，進而操作分接頭的變換。特別的電路允許切換過程中電流不被中斷。

只為小幅調整電壓而設計，無法大幅度改變電壓階的變壓器稱為調整變壓器 (regulating transformer)。圖 3.21 顯示一種控制電壓大小的調整變壓器，而圖 3.22 顯示針對相角控制的調整變壓器。圖 3.23 的相量圖協助說明相角的位移。

三個繞組中的每個繞組，其分接頭均在相同的鐵心上，如此相繞組的電壓互相差 90°，電壓為自中性點至分接頭繞組中心連接點。例如，假設中性點電壓 V_{an} 增加了 ΔV_{an}，此增量與 V_{bc} 同相或差 180°。圖 3.23 顯示三個線電壓如何在相角上位移，且在大小上有微小的變動。我們將藉由兩個這種變壓器並聯時，其中一具變壓器的電壓比等於變壓器兩側的基準電壓的比值，而另一具則非如此，來探討分接頭切換及調整變壓器的好處。

如果有兩個匯流排由一具變壓器連接，且若變壓器線對線電壓的比值與兩個匯流排基準電壓的比值相同，則各相等效電路（忽略磁化電流）

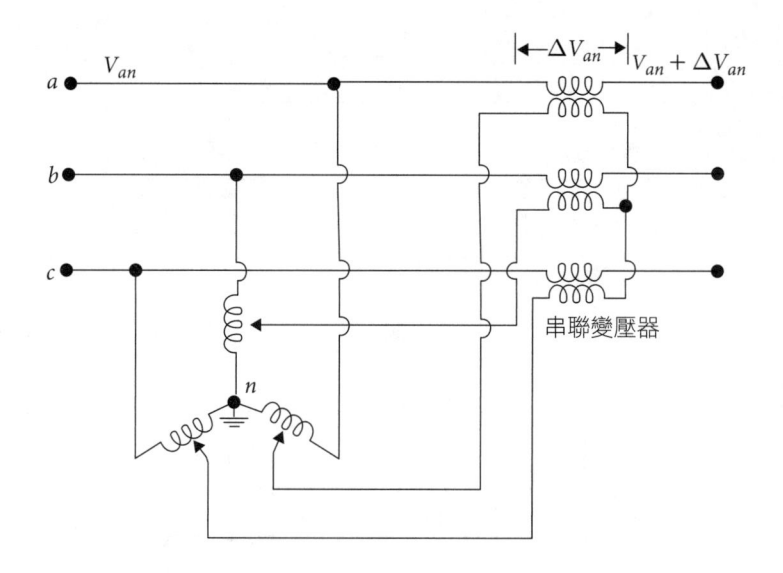

圖 3.21 針對控制電壓大小的調整變壓器

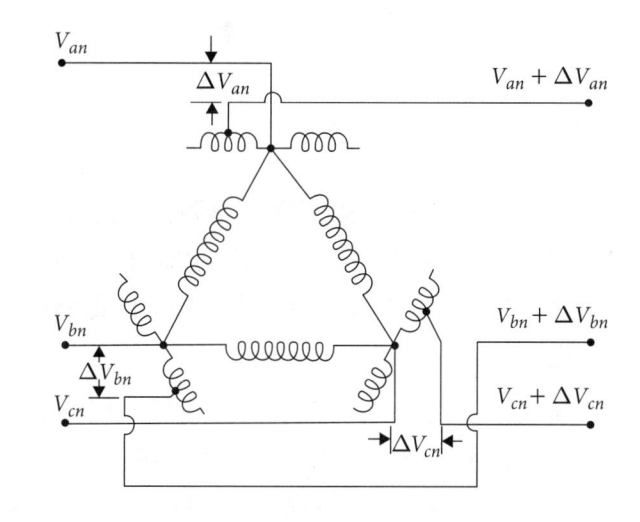

串聯變壓器

圖 3.22 針對控制相角的調整變壓器，圖中彼此並聯的繞組為在同一鐵心上

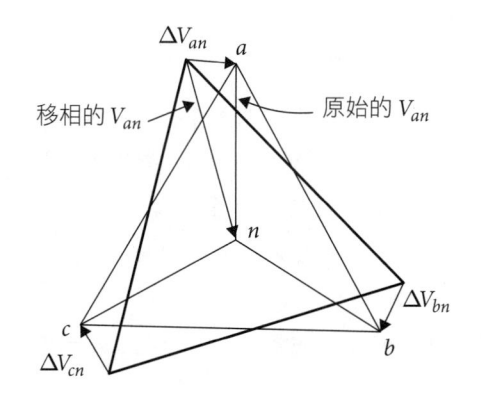

圖 3.23 針對圖 3.22 顯示的調整變壓器的相量圖

移相的 V_{an} ， 原始的 V_{an}

圖 3.24 具有不同匝比的並聯變壓器：(a) 單線圖；(b) 以標么值表示的每一相電抗圖，匝比 $1/t$ 等於 n/n'

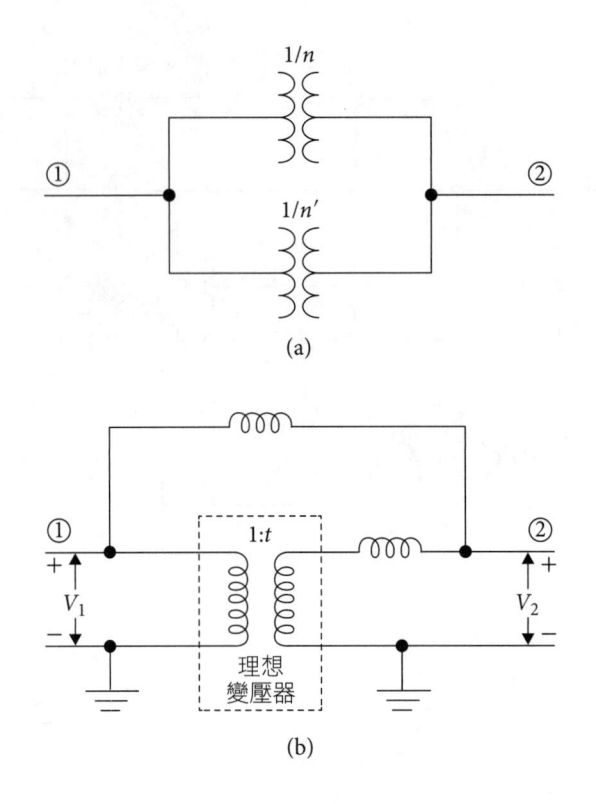

(a)

(b)

為連接兩匯流排以選擇之基準所決定的變壓器阻抗標么值。圖 3.24(a) 為兩變壓器並聯的單線圖。讓我們假設，一台變壓器的電壓比為 $1/n$，而這也是變壓器兩側的基準電壓的比值，另一台變壓器的電壓比為 $1/n'$。圖 3.24(b) 為其等效電路。

在標么電抗圖上，我們需要比值為 $1/t$ 的理想（無阻抗存在）變壓器，來處理第二個變壓器的非標稱匝比，這是因為基準電壓由第一個變壓器的匝比決定。圖 3.24(b) 或許可以解釋單一線路上兩條輸電線路與一具調整變壓器並聯。

例題 3.13

兩個變壓器並聯連接，供電給一個至中性點每相 $0.8 + j0.6$ 標么的阻抗，此阻抗電壓為 $V_2 = 1.0\angle 0°$ 標么。變壓器 T_a 的電壓比等於變壓器兩側的基準電壓比值，此變壓器在適當基準值的阻抗標么為 $j0.1$。第二個變壓器 T_b 在相同的基準時，阻抗為 $j0.1$ 標么，但其升壓方向朝向負載，為 T_a 的 1.05 倍（二次繞組位於 1.05 的分接頭）。

圖 3.25 為等效電路，其中變壓器 T_b 以其阻抗及一電壓 ΔV 來表示。試求

經由每一個變壓器傳送至負載的複數功率。

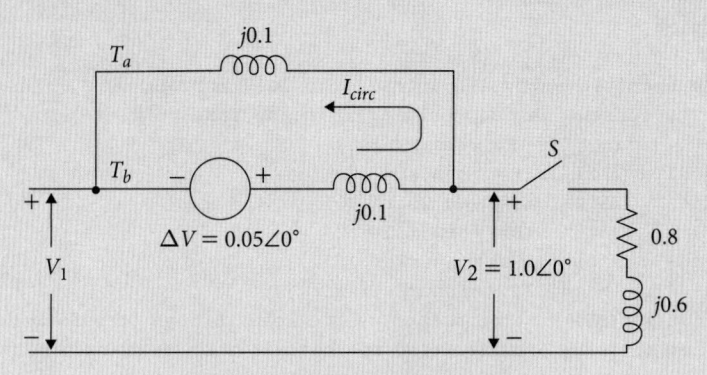

圖 3.25 例題 3.13 的等效電路

解： 負載電流為

$$\frac{1.0}{0.8 + j0.6} = 0.8 - j0.6 \text{ 標么}$$

如果在變壓器 T_b 等效電路的分支電壓 ΔV 等於 $t-1$ 標么，當開關 S 閉合時，圖 3.25 為此問題的等效電路，如此可以找出本問題的近似解。換句話說，如果 T_a 提供比 T_b 還高 5% 的電壓比，t 等於 1.05 且 ΔV 等於 0.05 標么。考慮當開關 S 開啟時，因 ΔV 造成電流增加，且標示為 I_{circ} 的電流環繞於迴路中。當 S 閉合時，只有非常小部分的電流會流經負載阻抗（因為負載阻抗比變壓器阻抗大很多），則我們可應用重疊定律於 ΔV 及電源電壓。ΔV 單獨動作時，可得

$$I_{circ} = \frac{0.05}{j0.2} = -j0.25 \text{ 標么}$$

當 ΔV 短路，在每一個分路的電流為負載電流的一半，或 $0.4 - j0.3$。再加上循環電流

$$I_{T_a} = 0.4 - j0.3 - (-j0.25) = 0.4 - j0.05 \text{ 標么}$$

$$I_{T_b} = 0.4 - j0.3 + (-j0.25) = 0.4 - j0.55 \text{ 標么}$$

因此

$$S_{T_a} = 0.4 + j0.05 \text{ 標么}$$

$$S_{T_b} = 0.4 + j0.55 \text{ 標么}$$

例題 3.13 的 MATLAB 程式 (ex3_13.m)

```
% Matlab M-file for Example 3.13: ex3_13.m
% Clean previous value
clc
clear all
% initial value
V=1;   Z=0.8+j*0.6;
```

```
delta_V=0.05;
Xt=j*0.1;   Xt2=j*0.1;
% solution
IL=V/Z;   Icir=delta_V/(Xt+Xt2);
% the current in each path is half the load current
disp('The current in each path is half the load current')
ITa=IL/2-Icir;   ITv=IL/2-Icir;
disp([' ITa=IL/2-Icir=',num2str(ITa)])
disp([' ITv=IL/2-Icir=',num2str(ITv)])
STa=1*conj(ITa);   STb=1*conj(ITv);
disp([' STa=1*conj(ITa)=',num2str(STa)])
disp([' STb=1*conj(ITv)=',num2str(STb)])
disp([num2str(STa) ' transmitted to the load through transformer A.'])
disp([num2str(STb) ' transmitted to the load through transformer B.'])
```

此例子說明，具有較高分接頭設定的變壓器提供負載大部分的無效功率。變壓器間的有效功率會均分。由於兩個變壓器具有相同阻抗，如果也具有相同的匝比，則這兩台變壓器會平均分攤有效及無效功率。在那種情形下，每一個變壓器可以用兩匯流排之間相同的標么電抗 $j0.1$ 來表示，且流經相同電流。當兩變壓器並聯時，我們可以藉由調整電壓大小的比值來改變變壓器之間的無效功率分布。當兩台仟伏安相等的並聯變壓器由於各自抗阻不同而未分攤相同的仟伏安時，藉由分接頭切換調整電壓大小比值，可使得仟伏安更接近相等。

例題 3.14

重做例題 3.13，但是 T_b 包含兩種變壓器，一種是與 T_a 有相同匝比，而另一種調整變壓器，其具有 3°($t = e^{j\pi/60} = 1.0\angle 3°$) 的相位移。$T_b$ 兩種成分的阻抗以 T_a 的基準為 $j0.1$ 標么。

解： 如例題 3.13，藉由插入一個 ΔV 的電壓源與變壓器 T_b 的阻抗相串聯，如此可獲得此問題的近似解。適當的標么電壓為

$$t - 1 = 1.0\angle 3° - 1.0\angle 0° = (2\sin 1.5°)\angle 91.5° = 0.0524\angle 91.5°$$

$$I_{circ} = \frac{0.0524\angle 91.5°}{0.2\angle 90°} = 0.262 + j0.0069 \text{ 標么}$$

$$I_{T_a} = 0.4 - j0.3 - (0.262 + j0.007) = 0.138 - j0.307 \text{ 標么}$$

$$I_{T_b} = 0.4 - j0.3 + (0.262 + j0.007) = 0.662 - j0.293 \text{ 標么}$$

所以

$$S_{T_a} = 0.138 + j0.307 \text{ 標么}$$

$$S_{T_b} = 0.662 + j0.293 \text{ 標么}$$

此例題顯示相位移變壓器對於控制有效功率潮流的量是有用的，但對於無效功率潮流則作用較小。例題 3.13 及例題 3.14 說明兩條輸電線路與兩線路其中之一的調整變壓器並聯。

3.9 同步電機的描述

同步電機的兩個主要部分均為鐵磁構造。固定的部分基本上為一中空的圓柱，稱為定子 (stator) 或電樞 (armature)，定子上有縱槽，電樞繞組線圈置於槽內。若為發電機，則這些繞組載有供應至電氣負載的電流；若為電動機，則載有源自於交流電源的電流。轉子 (rotor) 裝於軸上，於中空定子內旋轉。轉子上的繞組稱為磁場繞組 (field winding)，由直流電流供電。磁場繞組電流所產生的高磁動勢，與電樞繞組電流所產生的磁動勢，合併成跨於定子與轉子間的氣隙合成磁通，使得電樞繞組線圈產生電壓，並供應定子與轉子間的電磁轉矩。圖 3.26 顯示兩極圓柱轉子以鋼索吊入 800 MW 高效率、低排放、極超高臨界發電機組的定子內。

直流電流由勵磁機 (exciter) 提供至磁場繞組。勵磁機可能是一台安裝在相同轉軸上的發電機，或是一台分離的直流電源，經由滑環上的碳刷軸承連接至磁場繞組。較大交流發電機的勵磁機通常是由交流電源與固態電驛整流器組合而成。

如果同步機為發電機，則轉軸是由原動機 (prime mover) 驅動，通常為汽輪機 (steam turbine) 或水輪機 (hydraulic turbine)。當發電機傳送電力

圖 3.26 照片顯示兩極圓柱轉子以鋼索吊入 25 kV，1050 MVA 超超臨界燃煤發電機組的定子內（承蒙台灣電力公司提供）

時,所產生的電磁轉矩會反抗原動機轉矩,兩者之間的差來自鐵心及摩擦耗損。就電動機而言,所產生的電磁轉矩(除了鐵心及摩擦損)被傳送到轉軸轉矩以驅動機械性負載。

圖 3.27 顯示一台非常基本的三相發電機。f 線圈代表磁場繞組,產生 N 及 S 二極。磁場極的軸稱為直軸 (direct axis) 或簡稱為 d 軸 (d-axis),而極間空間的中心線稱為正交軸 (quadrature axis) 或簡稱為 q 軸 (q-axis)。d 軸的正方向超前 q 軸的正方向 90°,如圖所示。

圖 3.27 中的發電機稱為非凸極 (nonsalient pole) 或圓轉子電機 (round-rotor machine),這是因為具有一個像圖 3.26 圓柱形的轉子。於實際之同步機中,繞組有許多匝 (turn) 分布於轉子圓周的槽內。當同步機的轉軸被原動機帶動時,強大磁場與定子線圈互鏈而在電樞繞組產生感應電壓。

圖 3.27 顯示定子的截面。線圈幾乎是長方形,其對邊分別置於間隔 180° 之 a 槽與 a' 槽中。類似的線圈位於 b 與 b' 槽及 c 與 c' 槽,而在 a、b、c 槽中的線圈相距 120°。槽內的導體表示僅有一匝的線圈,但此種線圈可能有許多匝,且通常與相鄰槽中相同的線圈串聯形成一組繞組,其端點指定為 a 與 a'。繞組的端點指定為 b-b' 及 c-c' 環繞著電樞,除了它們的對稱位置分別為 120° 及 240° 的角度之外,均與 a-a' 繞組相同。

圖 3.28 顯示一具有四極的凸極機 (sailent-pole machine)。電樞線圈的

圖 3.27 基本三相交流發電機,呈現兩極圓柱形轉子及定子的截面圖

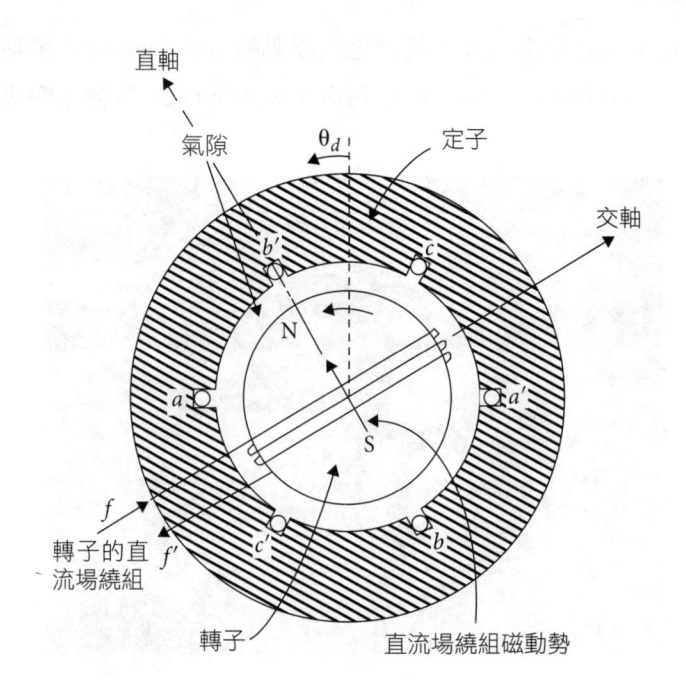

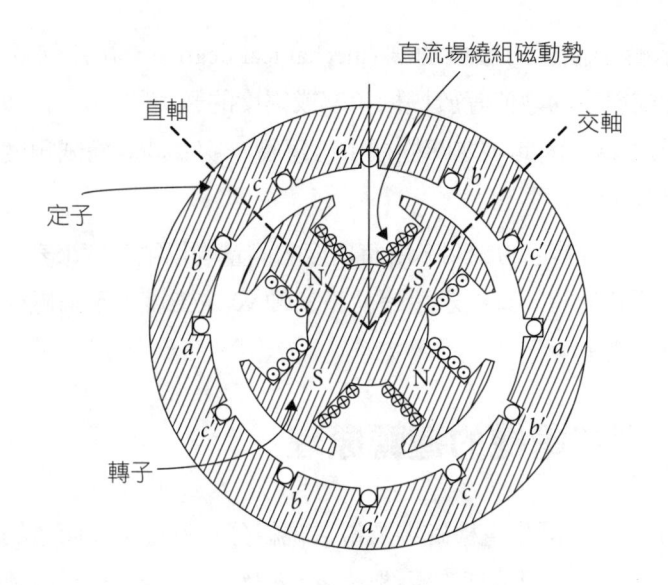

圖 3.28 基本定子與凸極轉子的截面

相對邊相隔 90°。因此每相有兩個線圈。線圈邊 a、b 及 c 為相鄰線圈，相隔 60° 角。每相的兩個線圈可能以串聯或並聯方式連接。

凸極機通常具有阻尼繞組 (damper winding)，雖然圖 3.28 並未顯示出來，此繞組由短路銅棒經過極面所構成，類似感應電動機之「鼠籠」繞組的一部分。阻尼繞組的目的是在同步速率時，降低轉子的機械振盪，而同步速率是由電機的極數及電機連接至系統的頻率來決定。

在二極機中，二極轉子旋轉一圈即產生一週期的電壓。於四極機中，每當轉子旋轉一圈，會在每一線圈內產生兩週期的電壓。由於轉子每轉一圈所產生的週期數等於磁極的對數，產生電壓之頻率為：

$$f = \frac{P}{2}\frac{N}{60} = \frac{P}{2}f_m \text{ Hz} \tag{3.39}$$

其中 f = 電的頻率，單位為赫茲 (Hz)

P = 極數

N = 轉子的速度，單位為每分鐘幾轉 (rpm)

$f_m = N/60$，機械頻率，單位為每秒幾轉 (rps)

(3.39) 式說明了一具二極，60 Hz 的電機運轉在 3600 rpm，而四極機則運轉於 1800 rpm。通常，燃煤蒸汽渦輪發電機為二極機，而水力發電機組具有許多對磁極，為轉速較慢的電機。

由於每當一對磁極通過一線圈時便會產生一週期之電壓（360° 的電壓波形），我們必須區分用來表示電壓及電流的電工度 (electrical degree)

及用來表示轉子位置的機械角度 (mechanical degree)。在任何其他電機中，電工度或徑度的數值等於機械角度或徑度的數值的 $P/2$ 倍，如 (3.39) 式的兩側乘以 2π。因此，在四極機中，每轉一次為 360 機械角度，會產生兩週期或 720 電工度。

本書中除非有其他的說明，所有角度的測量均以電工度來表示，且當旋轉方向為反時針時，直軸永遠超前正交軸 90 電工度，不論磁極數目或轉子結構的型式。

3.10 同步電機的運轉原理

3.9 節所描述的同步電機磁場及電樞繞組分布於槽中，而槽的四周為氣隙。圖 3.29 顯示三組這樣的線圈——a、b 及 c，代表三組電樞繞組，其位於圓形轉子電機的定子上，及一組集中線圈 f，其代表轉子上的分布場繞組。

三組固定的電樞線圈在任何方面均相同，且線圈兩端中的一個連接至共同點 o。而其他三個端點標示為 a、b 及 c。線圈 a 的軸選在 $\theta_d = 0°$，而 b 線圈的軸繞著氣隙反時鐘旋轉，在 $\theta_d = 120°$，而 c 線圈在 $\theta_d = 240°$。圓

圖 3.29 理想三相發電機，具有相等的電樞線圈 a、b 及 c，及磁場線圈 f。在反時鐘旋轉方向上，直軸超前正交軸 90°

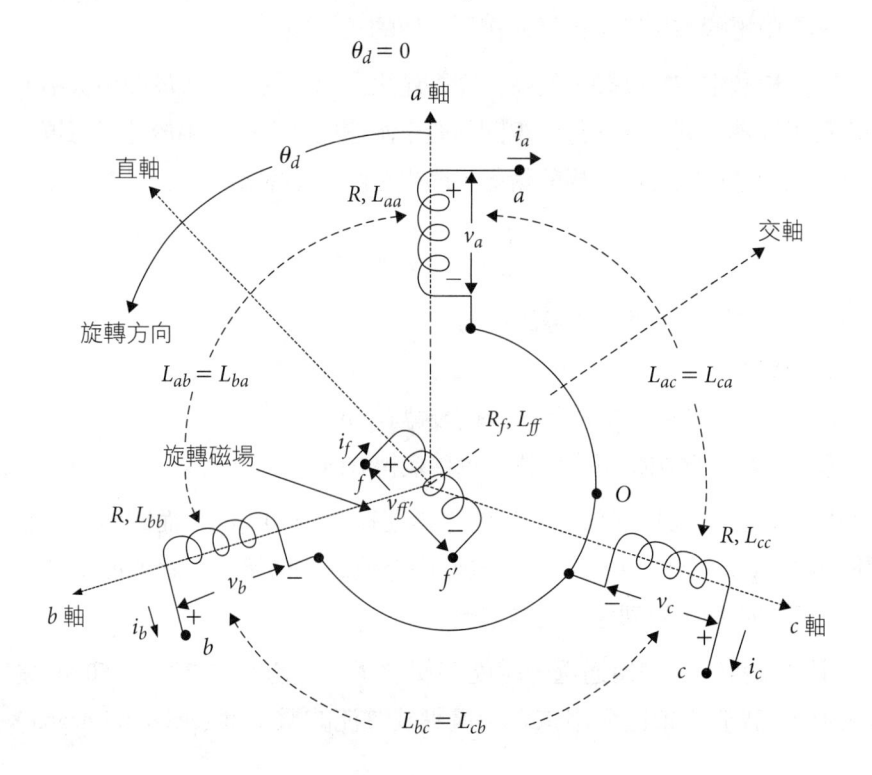

形轉子電機具有下列情形：

- 每一個集中線圈 a、b 及 c 都有自感 L_s，此電感等於分佈電樞繞組的自感 L_{aa}、L_{bb} 及 L_{cc}，相關線圈可表示成

$$L_s = L_{aa} = L_{bb} = L_{cc} \tag{3.40}$$

- 在每一對相鄰的集中線圈之間具有互感 L_{ab}、L_{bc} 及 L_{ca}，其值為負，標示為 $-M_s$，所以

$$-M_s = L_{ab} = L_{bc} = L_{ca} \tag{3.41}$$

- 在磁場線圈 f 及每一個定子線圈之間的互感，隨著轉子的位置 θ_d 而變化，如同一個最大值為 M_f 的餘弦函數，所以

$$\begin{aligned} L_{af} &= M_f \cos\theta_d \\ L_{bf} &= M_f \cos(\theta_d - 120°) \\ L_{cf} &= M_f \cos(\theta_d - 240°) \end{aligned} \tag{3.42}$$

磁場線圈具有一個固定的自感 L_{ff}。這是因為在圓形轉子電機上（甚至在凸極電機也是如此），磁場繞組在 d 軸上產生磁通，類似定子的磁路，其通過轉子的所有位置（忽略電樞槽的很小作用）。

每一個線圈 a、b、c 及 f 的磁通鏈，是由該線圈本身的電流與其他三個線圈中的電流所形成。因此，磁通鏈方程式為四個線圈的函數，如下所示：

電樞：

$$\begin{aligned} \lambda_a &= L_{aa}i_a + L_{ab}i_b + L_{ac}i_c + L_{af}i_f = L_s i_a - M_s(i_b + i_c) + L_{af}i_f \\ \lambda_b &= L_{ba}i_a + L_{bb}i_b + L_{bc}i_c + L_{bf}i_f = L_s i_b - M_s(i_a + i_c) + L_{bf}i_f \\ \lambda_c &= L_{ca}i_a + L_{cb}i_b + L_{cc}i_c + L_{cf}i_f = L_s i_c - M_s(i_a + i_b) + L_{cf}i_f \end{aligned} \tag{3.43}$$

磁場：

$$\lambda_f = L_{af}i_a + L_{bf}i_b + L_{cf}i_c + L_{ff}i_f \tag{3.44}$$

如果 i_a、i_b 及 i_c 為一組平衡的三相電流，則

$$i_a + i_b + i_c = 0 \tag{3.45}$$

在 (3.43) 式中，設定 $i_a = -(i_b + i_c)$，$i_b = -(i_a + i_c)$ 且 $i_c = -(i_a + i_b)$，則

$$\lambda_a = (L_s + M_s)i_a + L_{af}i_f$$
$$\lambda_b = (L_s + M_s)i_b + L_{bf}i_f \quad (3.46)$$
$$\lambda_c = (L_s + M_s)i_c + L_{cf}i_f$$

我們感興趣的是穩態情形,因此可以假設電流 i_f 為一定值 I_f 的直流,且磁場旋轉的角速度 ω 為一定值,所以針對二極機

$$\frac{d\theta_d}{dt} = \omega \quad \text{及} \quad \theta_d = \omega t + \theta_{d0} \quad (3.47)$$

磁場繞組的初始位置為可在 $t = 0$ 時任意選擇的角度 θ_{d0}。(3.42) 式是以 θ_d 表示的 L_{af}、L_{bf} 及 L_{cf}。以 ($\omega t + \theta_{d0}$) 取代 θ_d,並沿用 (3.46) 式的結果 $i_f = I_f$,可得

$$\lambda_a = (L_s + M_s)i_a + M_f I_f \cos(\omega t + \theta_{d0})$$
$$\lambda_b = (L_s + M_s)i_b + M_f I_f \cos(\omega t + \theta_{d0} - 120°) \quad (3.48)$$
$$\lambda_c = (L_s + M_s)i_c + M_f I_f \cos(\omega t + \theta_{d0} - 240°)$$

這些方程式的第一條顯示 λ_a 有兩個磁通鏈成分——一個來自磁場電流 I_f,另一個來自樞電流 i_a,而此電流在發電機作用時是往外流出。如果線圈 a 的電阻為 R,則圖 3.29 中跨接於線圈端點 a 至端點 o 的壓降 v_a 為

$$v_a = -Ri_a - \frac{d\lambda_a}{dt} = -Ri_a - (L_s + M_s)\frac{di_a}{dt} + \omega M_f I_f \sin(\omega t + \theta_{d0}) \quad (3.49)$$

其中的負號如 3.1 節所討論,因為電機被視為發電機。(3.49) 式的最後一項代表內部 EMF,我們稱為 $e_{a'}$。EMF 可以寫成

$$e_{a'} = \sqrt{2}|E_i|\sin(\omega t + \theta_{d0}) \quad (3.50)$$

式中 $|E_i|$ 的 RMS 大小與場電流成比例,定義為

$$|E_i| = \frac{\omega M_f I_f}{\sqrt{2}} \quad (3.51)$$

當 i_a 為零時,場電流的作用使得 $e_{a'}$ 呈現跨接在 a 相的端點,並且被賦予不同的名稱,如無載電壓 (no-load voltage)、開路電壓 (open-circuit voltage)、同步內部電壓 (synchronous internal voltage),或 a 相的生成 EMF (generated EMF of phase a)。角度 θ_{d0} 表示場繞組相對於 $t = 0$ 時 a 相的位置,因此 $\delta \triangleq \theta_{d0} - 90°$ 表示 q 軸的位置,於圖 3.29 中落後 d 軸 90°。為了以後方便,我們現在先設定 $\theta_{d0} = \delta + 90°$,則可得

$$\theta_d = (\omega t + \theta_{d0}) = (\omega t + \delta + 90°) \quad (3.52)$$

其中 θ_d、ω 及 Δ 為角度測量的單位。將 (3.52) 式代入 (3.50) 式中,並注意

$\sin(\alpha + 90°) = \cos\alpha$，則可獲得 a 相的開路電壓

$$e_{a'} = \sqrt{2}|E_i|\cos(\omega t + \delta) \tag{3.53}$$

(3.49) 式的端電壓 v_a 為

$$v_a = -Ri_a - (L_s + M_s)\frac{di_a}{dt} + \underbrace{\sqrt{2}|E_i|\cos(\omega t + \delta)}_{e'_a} \tag{3.54}$$

此方程式相對應圖 3.30 的 a 相電路，其中無載電壓 $e_{a'}$ 為電源且跨接於所有三相的外部負載為平衡。

(3.48) 式的磁通鏈 λ_b 及 λ_c 可以用 λ_a 相同的方式獲得。由於電樞繞組均相同，類似 (3.53) 式及 (3.54) 式的結果，會出現在無載電壓 $e_{b'}$ 及 $e_{c'}$，兩者分別落後 $e_{a'}$ 120° 及 240°，如圖 3.30。由於 $e_{a'}$、$e_{b'}$ 及 $e_{c'}$ 構成一組平衡三相 EMF，因而導致平衡三相線電流，如

$$\begin{aligned} i_a &= \sqrt{2}|I_a|\cos(\omega t + \delta - \theta_a) \\ i_b &= \sqrt{2}|I_a|\cos(\omega t + \delta - \theta_a - 120°) \\ i_c &= \sqrt{2}|I_a|\cos(\omega t + \delta - \theta_a - 240°) \end{aligned} \tag{3.55}$$

其中 $|I_a|$ 為 RMS 值且 θ_a 為電流 i_a 對應於 $e_{a'}$ 的落後角度。當 EMF 與電流表示成相量時，圖 3.30 會變得非常像圖 2.12 所顯示的等效電路。

當處理凸極機的分析時，需應用到二軸 (d-q) 模型 [1]，因為氣隙在極間沿著直軸比沿著正交軸還要窄小。

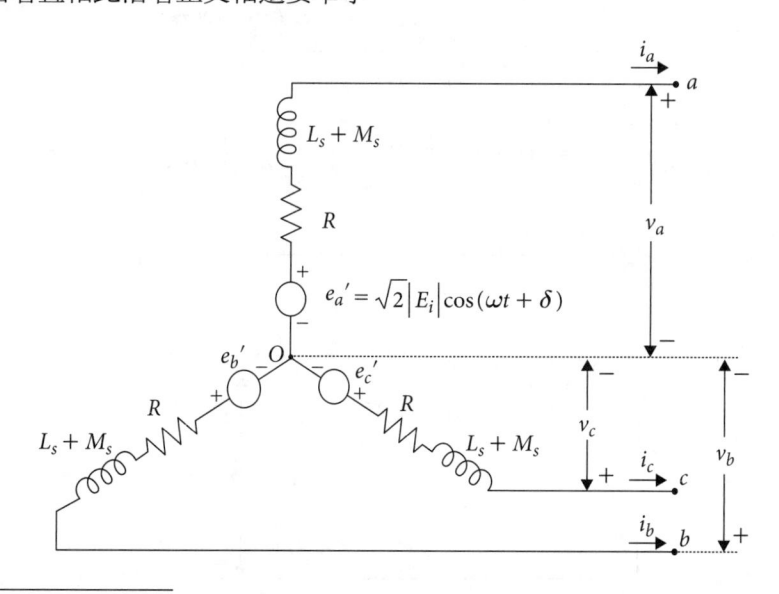

圖 3.30 理想三相發電機的電樞等效電路，並顯示穩態時平衡的無載電壓 $e_{a'}$、$e_{b'}$ 及 $e_{c'}$

---

[1] 針對二軸模型的討論，請參閱 A. E. Fitzgerald et al., *Electric Machinery*, 6th ed., McGraw-Hill, Inc., New York, 2003。

3.11 同步機的等效電路

圖 3.29 中的耦合電路模型表示理想 Y 接圓轉子同步機。讓我們假設電機在同步轉速 ω 旋轉,且場電流 I_f 為穩態直流。在這些情況下,圖 3.30 的平衡三相電路顯示電機在穩態下運轉。無載電壓為 EMF $e_{a'}$、$e_{b'}$ 及 $e_{c'}$。針對此電機選擇 a 相為參考相,可得圖 3.31(a) 每相的等效電路,且為穩態的正弦電流及電壓,其分別超前相對應的 b 相及 c 相電流與電壓 120° 及 240°。

回想 (3.55) 式中的電流 i_a 相角的選定是以 a 相的無載電壓 $e_{a'}$ 為基準。實際上,在有載時,$e_{a'}$ 無法量測,所以最好是先選擇端電壓 v_a 為參考,然後再以其為基準測量電流 i_a 的相角。因此,可以定義

$$v_a = \sqrt{2}|V_a|\cos\omega t \quad e_{a'} = \sqrt{2}|E_i|\cos(\omega t + \delta) \quad i_a = \sqrt{2}|I_a|\cos(\omega t - \theta) \tag{3.56}$$

注意 $e_{a'}$ 相對應於 (3.53) 式,且 i_a 與 (3.55) 式不同,只因為相角 $\theta = \theta_a - \delta$ 現在是 i_a 相對於端電壓 v_a 的落後角度。(3.56) 式的相量等效為

$$V_a = |V_a|\angle 0° \quad E_{a'} = |E_i|\angle\delta \quad I_a = |I_a|\angle -\theta \tag{3.57}$$

而這些都標記在圖 3.31(b) 的等效電路上,其相量方程式為

圖 3.31 以 a 相為參考的同步機等效電路,電壓及電流以 (a) 餘弦及 (b) 相量來表示

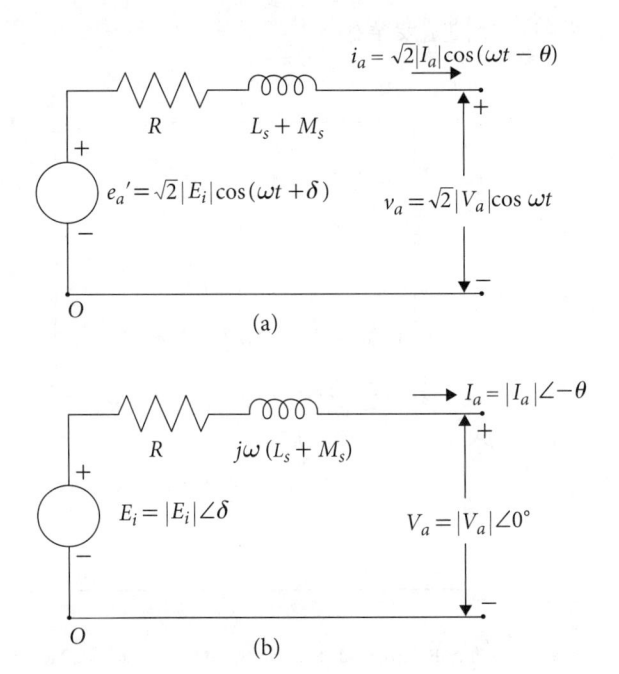

$$V_a = \underbrace{E_i}_{\text{無載電壓}} - \underbrace{RI_a}_{\text{源自於電樞電阻}} - \underbrace{j\omega L_s I_a}_{\text{源自於電樞自電抗}} - \underbrace{j\omega M_s I_a}_{\text{源自於電樞互電抗}} \qquad (3.58)$$

當電流 I_a 超前 V_a，角度 θ 在數值上為負號，而當 I_a 落後 V_a 時，角度 θ 在數值上為正號。由於適用對稱條件，相對應於 (3.58) 式的方程式可以列出 b 相及 c 相。(3.58) 式的組合量 $\omega(L_s + M_s)$ 為電抗單位，一般稱為電機的同步電抗 (synchronous reactance) X_d。電機的同步阻抗 (synchronous impedance) Z_d 定義為

$$Z_d = R + jX_d = R + j\omega(L_s + M_s) \qquad (3.59)$$

(3.58) 式可以寫成更為精簡的型式

$$V_a = E_i - I_a Z_d = E_i - I_a R - jI_a X_d \qquad (3.60)$$

根據圖 3.32(a) 的發電機等效電路。同步馬達的等效電路與發電機一樣，除了 I_a 的方向相反，如圖 3.32(b) 所示，其方程式為

$$V_a = E_i + I_a Z_d = E_i + I_a R + jI_a X_d \qquad (3.61)$$

(3.60) 式與 (3.61) 式的相量圖顯示於圖 3.33，此為落後功因角 θ 的例

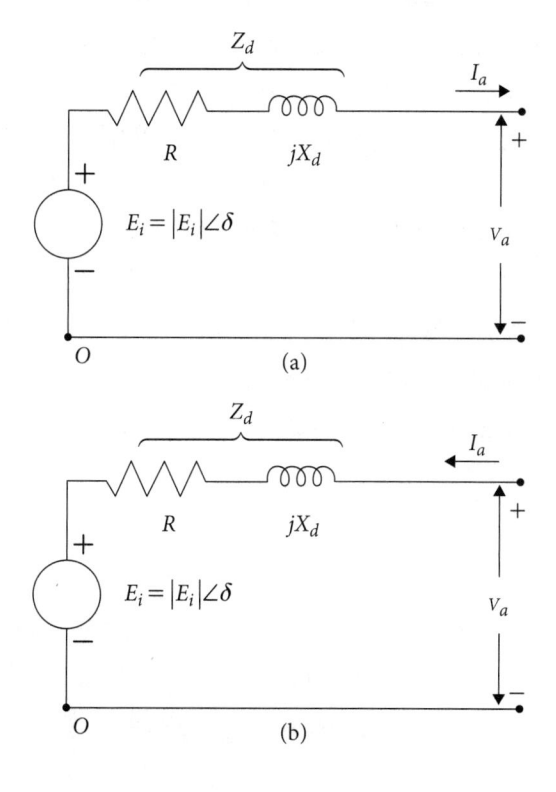

圖 3.32 具常數同步阻抗 $Z_d = R + jX_d$ 的 (a) 同步發電機與 (b) 同步馬達之等效電路

圖 3.33 (a) 過激發電機傳送落後電流 I_a 的相量圖；(b) 欠激馬達汲取落後電流 I_a 的相量圖

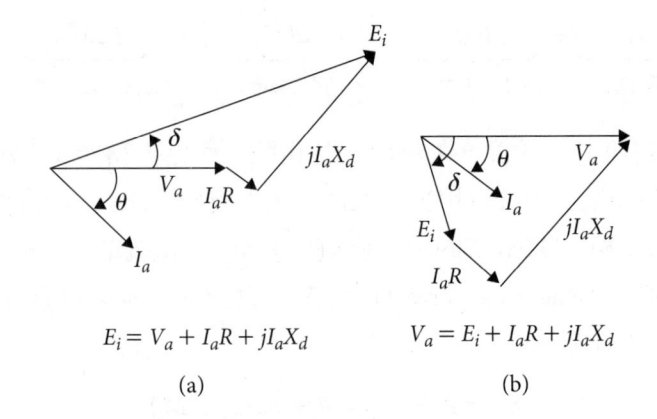

$$E_i = V_a + I_aR + jI_aX_d$$
(a)

$$V_a = E_i + I_aR + jI_aX_d$$
(b)

子，且根據端電壓測量而得。在圖 3.33(a) 中，注意到發電機 E_i 總是超前 V_a，而在圖 3.33(b) 中，馬達 E_t 總是落後 V_a。

除了獨立的發電機供電給自己的負載之外，大部分的同步機均連接至較大的互聯電力系統，而端電壓 V_a（後續為了強調會稱之為 V_t）不會因負載而改變。在此情形下，其連接點被稱為無限匯流排 (infinite bus)，意思是其端電壓保持固定，且頻率不會發生變化，不管運轉中同步機如何變化。

同步機參數及像是電壓及電流等運轉量，正常均以標么值，或使用相對於電機銘牌資料為基準的常態化數值。此類參數是由製造商提供。而類似設計的電機具有常態化參數，不論其尺寸大小，參數值會在一個非常小的範圍內。當特定電機的資料無法得知時（參考附錄表 A.2），常態化參數非常有用。在三相電機的電樞中，仟伏安基準通常會呼應電機的三相額定，而仟伏特為單位的基準電壓則呼應以仟伏特為單位的額定線對線電壓。因此，圖 3.32 的每一相等效電路，其 kVA 基準等於一相的仟伏安額定，而電壓基準等於電機的線對中性點額定。所以，基準電樞阻抗的計算通常會使用 (2.54) 式。雖然發生電壓 E_i 是由場電流所控制，惟其每相電樞電壓可以利用電樞基準予以常態化。因此，(3.60) 式及 (3.61) 式可以直接應用在以電樞基準的標么值。

例題 3.15

一台 60 Hz 三相同步發電機，忽略電樞電阻，其電感參數如下

$$L_{aa} = L_s = 2.7656 \text{ mH} \quad M_f = 31.6950 \text{ mH}$$
$$L_{ab} = M_s = 1.3828 \text{ mH} \quad L_{ff} = 433.6569 \text{ mH}$$

第 3 章 變壓器及同步機

電機額定為 635 MVA，0.9 落後功因，3600 rpm，24 kV。當運轉在額定負載情形下，a 相的線對中性點端電壓及線電流為

$$v_a = 19596 \cos \omega t \text{ V} \quad i_a = 21603 \cos(\omega t - 25.8419°) \text{ A}$$

同步發電機在額定負載下穩態運轉。選擇電樞基準等於電機的額定，試求解同步電抗值，及以相量表示的 V_a、I_a 及 E_i 標么值。如果基準場電流等於在開路情形下產生額定端電壓的 I_f，試求在指定情形下的 I_f 值。

解：就電樞而言，

$$\text{基準 kVA} = 635{,}000 \text{ kVA}$$

$$\text{基準 kV}_{LL} = 24 \text{ kV}$$

$$\text{基準電流} = \frac{635{,}000}{\sqrt{3} \times 24} = 15275.726 \text{ A}$$

$$\text{基準阻抗} = \frac{24^2}{635} = 0.9071 \text{ Ω}$$

利用所給的電樞電感參數 L_s 與 M_s，可計算出

$$X_d = \omega(L_s + M_s) = 120\pi(2.7656 + 1.3828) \times 10^{-3} = 1.5639 \text{ Ω}$$

標么值為

$$X_d = \frac{1.5369}{0.9071} = 1.7241$$

在額定電壓等於所指定的基準時，發電機供電至負載，如果使用端電壓 V_a 為參考相量，可得

$$V_a = 1.0\angle 0° \text{ 標么}$$

負載電流的 RMS 大小為 $|I_a| = 635{,}000/(\sqrt{3} \times 24)$ A，這也是基準電樞電流。因此，$|I_a| = 1.0$ 標么，負載的功因角為落後 $\theta = \cos^{-1} 0.9 = 25.8419°$，落後電流 I_a 的相量型式為

$$I_a = |I_a|\angle -\theta = 1.0\angle -25.8419° \text{ 標么}$$

同步內部電壓 E_i 在 $R = 0$ 時，可以利用 (3.60) 式計算

$$\begin{aligned} E_i &= V_a + jX_d I_a \\ &= 1.0\angle 0° + j1.7241 \times 1.0\angle -25.8419° \\ &= 1.7515 + j1.5517 = 2.340\angle 41.5384° \text{ 標么} \end{aligned}$$

在開路情形下，場電流必須維持電機的額定端電壓，在 $i_a = 0$ 時，可以從

(3.51) 式及 (3.54) 式獲得

$$I_f = \frac{\sqrt{2}|E_i|}{\omega M_f} = \frac{19596 \times 10^3}{120\pi \times 31.695} = 1640 \text{ A}$$

因此，由於 $|E_i|$ 直接正比於 I_f，則在指定的運轉條件下，激磁電流為 $2.34 \times 1640 = 3838$ A。

例題 3.15 的 MATLAB 程式 (ex3_15.m)

```
% Matlab M-file for Example 3.15: ex3_15.m
% Clean previous value
clc
clear all
%Initial value
f=60;  w=2*pi*f;
Ls=2.7656*10^(-3); Ms=1.3828*10^(-3); Mf=31.6950*10^(-3);
Sb=635*10^6;
disp(['Base kVa = ',num2str(Sb/1000),' kVA'])
VLLb=24*10^3;
disp(['Base line voltage = ',num2str(VLLb/1000),' kV'])
Ib=Sb/(sqrt(3)*VLLb);
disp(['Base current = ',num2str(Ib),' A'])
Zb=VLLb^2/Sb; Xd=w*(Ls+Ms);
disp(['Base impedance =   ',num2str(Zb),' Ω'])
Xd_pu=Xd/Zb;
disp(['In per unit : Xd = ',num2str(Xd_pu),' Ω'])
%For per unit, calculate the lagging Ia
Va=1; Ia_mag=1; Ia_ang=25.8419;
Ia=Ia_mag*(cosd(-Ia_ang)+j*sind(-Ia_ang));
Ei=Va+j*Xd_pu*Ia;
Ei_mag=abs(Ei);
Ei_ang=angle(Ei)*180/pi;   % Rad => Degree
disp(['In per unit : Ei = Va + jXd*Ia = ',num2str(Ei_mag),'∠',-num2str(Ei_ang),' V'])
%Field current
If=19596/(w*Mf);
```

當一個交流電壓突然跨接在一組串聯 *RL* 電路時，經過的電流可分成兩個成分：會依據電路的時間常數 *L/R* 而衰減的直流成分，及一個振幅固定之穩態正弦變化的成分。當跨接同步機端點突然發生短路時，一種類似但更為複雜的現象會發生。電機內所產生的相電流會有直流成分，繪製成時間函數時，會造成電流偏差或不對稱 (asymmetrical)。在第 8 章中，我

們會討論這些短路電流的對稱部分如何用在斷路器的額定。現在讓我們來思考短路如何影響電機的電抗。

要分析先前卸載發電機端點三相短路的影響，可以利用故障發生時其中一相的電流示波圖。由於三相電機產生的電壓彼此的相間有 120 電工角位移，短路會發生在每相電壓波形的不同點。有鑒於此，單向的或直流暫態電流成分在每一相會不同 [2]。如果電流的直流成分從每相電流中消除，圖 3.34 顯示每一相電流的交流成分大小與時間的圖形，其變化近似於

$$i(t) = |E_i|\frac{1}{X_d} + |E_i|\left(\frac{1}{X'_d} - \frac{1}{X_d}\right)e^{-t/T'_d} + |E_i|\left(\frac{1}{X''_d} - \frac{1}{X'_d}\right)e^{-t/T''_d} \quad (3.62)$$

其中 $e_i = \sqrt{2}\,|E_i|\cos\omega t$ 是電機的同步內部電壓或無載電壓。

(3.62) 式清楚地顯示，不含直流成分的電樞相電流具有三種成分，其中兩個依據次暫態與暫態週期有不同的衰減率。忽略比較小的電樞電阻，圖 3.34 中的距離 o-a 為承受的短路電流最大值，RMS 值 $|I|$ 為

$$|I| = \frac{o\text{-}a}{\sqrt{2}} = \frac{|E_i|}{X_d} \quad (3.63)$$

如果電流波形的包絡向後延伸至零點，且最先幾個週期的減少率非常快速而予以忽略，其截距距離為 o-b。代表此截距電流的 RMS 值，為已知的暫態電流 (transient current) $|I'|$，定義為

$$|I'| = \frac{o\text{-}b}{\sqrt{2}} = \frac{|E_i|}{X'_d} \quad (3.64)$$

圖 3.34 中距離 o-c 所決定的電流 RMS 值稱為次暫態電流 (subtransient

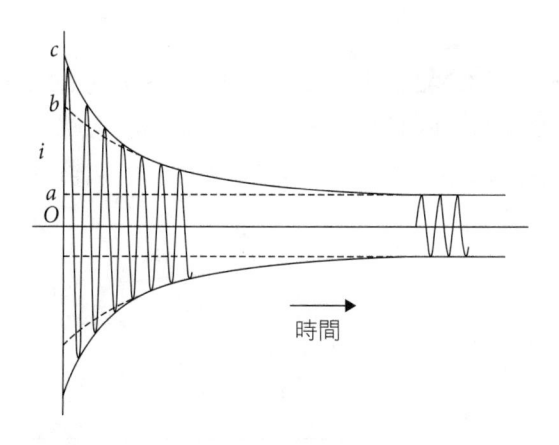

圖 3.34 一台同步發電機於無載運轉時發生短路，其電流為時間的函數。在重新繪製示波器圖形時，電流的單向成分已予以消除

---

[2] 針對直流成分的更進一步討論請參閱 S. J. Chapman, *Electric Machinery Fundamentals*, 4th ed., McGraw-Hill, Inc., New York, 2005 及本書的第 8 章。

圖 3.35 內部電壓為 E_i 的同步發電機等效電路，及；(a) 次暫態電抗為 X_d''；(b) 暫態電抗為 X_d'；(c) 同步電抗為 X_d，如 8.2 節所討論電壓 E_i 隨負載改變

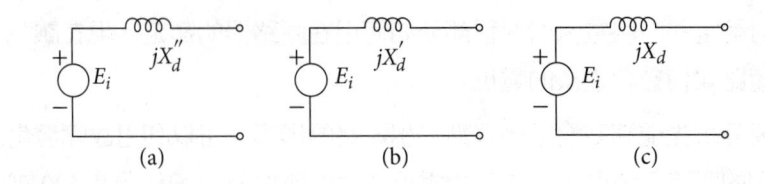

current) $|I''|$

$$|I''| = \frac{o\text{-}c}{\sqrt{2}} = \frac{|E_i|}{X_d''} \tag{3.65}$$

暫態電流經常被稱為初始對稱 RMS 電流 (initial symmetrical RMS current)，此一稱呼更能傳達忽略直流成分的概念，並在故障發生後立即取電流交流成分的 RMS 值。當有像圖 3.34 一樣的振盪紀錄可用時，(3.64) 式與 (3.65) 式可用來計算電機的參數 X_d' 及 X_d''。換句話說，(3.64) 式與 (3.65) 式也可用來作為在電抗已知情況下，計算發電機故障電流的方法。當故障發生時，如果發電機無負載，則發電機可以無載對中性點電壓與適當的電抗相串聯來表示。為了計算次暫態情形的電流，我們利用電抗 X_d'' 與無載電壓 E_i 串聯來表示，如圖 3.35(a) 所示。針對暫態情形，我們利用串聯電抗 X_d'，如圖 3.35(b) 所示。

在穩態時，如圖 3.35(c) 使用 X_d。次暫態電流 $|I''|$ 比穩態電流 $|I|$ 大很多，因為 X_d'' 比 X_d 小很多。圖 3.35 中每一個電路的內部電壓 E_i 均相同，因為發電機被假設於初始狀態下為無負載。第 8 章會討論當發生短路時，等效電路如何被電機負載所影響。

例題 3.16

兩台發電機並接至 Y-Δ 三相變壓器的低壓側，如圖 3.36(a) 所示。發電機 1 的額定為 50,000 kVA，13.8 kV，發電機 2 的額定為 25,000 kVA，13.8 kV。每一台發電機的次暫態電抗以其自身基準時為 25%。變壓器的額定 75,000 kVA，

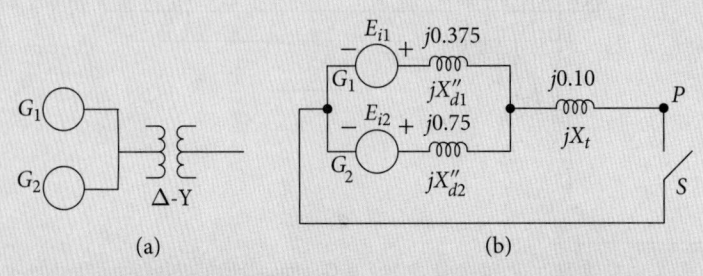

圖 3.36 例題 3.16 的 (a) 單線圖；(b) 電抗圖

13.8Δ/69Y kV，其電抗為 10%。在故障發生前，變壓器高壓側的電壓為 66 kV。變壓器為無載，且兩台發電機之間沒有循環電流。試求當變壓器高壓側發生三相短路時，每一台發電機的次暫態電流。

解： 在高壓側電路中選擇 69 kV，75,000 kVA 為基準值，則低壓側電壓基準值為 13.8 kV。

發電機 1

$$X''_{d1} = 0.25 \frac{75,000}{50,000} = 0.375 \text{ 標么}$$

$$E_{i1} = \frac{66}{69} = 0.957 \text{ 標么}$$

發電機 2

$$X''_{d2} = 0.25 \frac{75,000}{25,000} = 0.750 \text{ 標么}$$

$$E_{i2} = \frac{66}{69} = 0.957 \text{ 標么}$$

變壓器

$$X_t = 0.10 \text{ 標么}$$

圖 3.36(b) 為故障前的電抗圖。利用開關 S 閉合來模擬在 P 點的三相故障。兩台發電機的內部電壓可視為並聯，因為它們的大小及相位相等，且彼此之間沒有循環電流。等效並聯次暫態電抗為

$$X''_d = \frac{X''_{d1} X''_{d2}}{X''_{d1} + X''_{d2}} = \frac{0.375 \times 0.75}{0.375 + 0.75} = 0.25 \text{ 標么}$$

因此，以 $E_i \triangleq E_{i1} = E_{i2}$ 為參考的相量，短路時的次暫態電流為

$$I'' = \frac{E_i}{jX''_d + jX_t} = \frac{0.957}{j0.25 + j0.10} = -j2.734 \text{ 標么}$$

在變壓器 Δ 側的電壓 V_t 為

$$V_t = I'' \times jX_t = (-j2.734)(j0.10) = 0.2734 \text{ 標么}$$

在發電機 1 及 2

$$I''_1 = \frac{E_{i1} - V_t}{jX''_{d1}} = \frac{0.957 - 0.2734}{j0.375} = -j1.823 \text{ 標么}$$

$$I''_2 = \frac{E_{i2} - V_t}{jX''_{d2}} = \frac{0.957 - 0.2734}{j0.75} = -j0.911 \text{ 標么}$$

例題 3.16 的 MATALB 程式 (ex3_16.m)

```
% M-file for Example 3.16: ex3_16.m
% Clean previous value
clc
clear all
%Generator 1
Xd1=0.25*(75000/50000);   Ei1=66/69;
%Generator 2
Xd2=0.25*(75000/25000);   Ei2=66/69;
%Transformer
Xt=0.1;   Xd=Xd1*Xd2/(Xd1+Xd2);
disp(['Equivalent parallel subtransient reactance is
',num2str(Xd),' Ω'])
Ei=Ei1;
I=Ei/(j*Xd+j*Xt);
I_mag=abs(I);   I_ang=angle(I)*180/pi;   % Rad => Degree
disp(['Subtransient current ',num2str(I_mag),'∠',num2str(I_ang),' A'])
Vt=I*j*Xt;
disp(['The voltage Vt on the delta side of the transformer is
',num2str(Vt),' V'])
disp('Subtransient current in generators 1 and 2')
I1=(Ei1-Vt)/(j*Xd1);
I1_mag=abs(I1);   I1_ang=angle(I1)*180/pi;   % Rad => Degree
disp(['  I1=(Ei1-Vt)/(j*Xd1)=',num2str(I1_mag),'∠',num2str
(I1_ang),' A'])
I2=(Ei2-Vt)/(j*Xd2);
I2_mag=abs(I2);   I2_ang=angle(I2)*180/pi;   % Rad => Degree
disp(['  I2=(Ei2-Vt)/(j*Xd2)=',num2str(I2_mag),'∠',num2str
(I2_ang),' A'])
disp(['Subtransient current I1= ',num2str(I1_mag),'∠',num2str
(I1_ang),' A'])
disp(['Subtransient current I2= ',num2str(I2_mag),'∠',num2str
(I2_ang),' A'])
```

3.12 有效及無效功率控制

當一台同步機連接到無限匯流排時,它的速度及端電壓便固定且不會改變。然而,有兩個控制變數,分別是轉軸上的機械轉矩及磁場電流。因為同步機以固定轉速運轉,唯一改變有效功率的方法便是控制加諸於轉軸上的轉矩,而轉矩控制就發電機而言便是原動機,就電動機來說就是機械

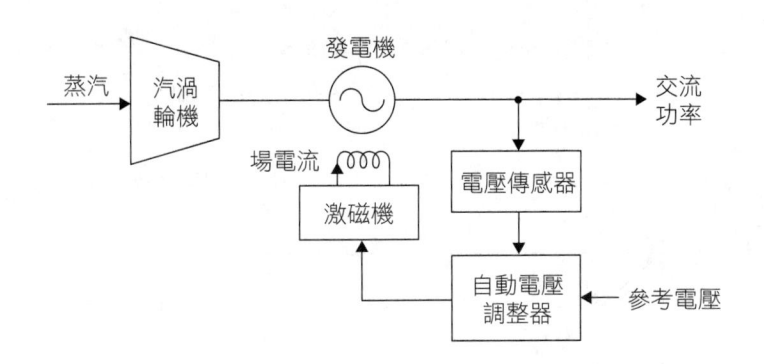

圖 3.37 針對端電壓控制的同步發電機激磁系統

負載。磁場電流 I_f 的變化又稱為激磁系統控制 (excitation system control)，會施加於發電機或電動機，以提供或吸收不同的無效功率。圖 3.37 描述發電機端電壓控制的激磁系統，其中電壓調整器自動地增加（或減少）激磁及磁場電流，進而產生較高（或較低）的內部 EMF 及端電壓，使得端電壓等於參考電壓。下面將以相量圖做進一步說明。

為了方便起見，我們在考慮圓轉子發電機的無效功率控制時會忽略電阻。假設發電為傳送功率，使得端電壓 V_t 與電機的產生電壓 E_i 之間存在著某一角度 Δ，參考圖 3.38(a)。則發電機傳送至系統的標么複功率為

$$S = P + jQ = V_t I_a^* = |V_t||I_a|(\cos\theta + j\sin\theta) \tag{3.66}$$

方程式中的實部及虛部分別為

$$P = |V_t||I_a|\cos\theta \quad Q = |V_t||I_a|\sin\theta \tag{3.67}$$

注意，由於角度 θ 在數值上為正數，因此落後功因 Q 為正值。如果我們決定要從發電機至定電壓系統維持某功率 P 的傳送，從 (3.67) 式可以清楚地發現 $|I_a|\cos\theta$ 必須保持定值。當我們在這些條件下改變直流磁場電流時，產生電壓會呈比例變化，但總是會將 $|I_a|\cos\theta$ 保持固定，如圖 3.38(a) 所示。正常激磁 (normal excitation) 被定義在下列情形，當

$$|E_i|\cos\delta = |V_t| \tag{3.68}$$

而根據 $|E_i|\cos\delta > |V_t|$ 或 $|E_i|\cos\delta < |V_t|$，同步機會被稱為過激 (overexcited) 或欠激 (underexcited)。就圖 3.38(a) 的情形，發電機為過激且提供無效功率 Q 至系統。因此，就系統的觀點，同步機像是一個電容器。圖 3.38(b) 為欠激發電機，提供相同的有效功率及超前的電流至系統，或是它可以被視為從系統汲取落後的電流。由於欠激發電機自系統汲取無效功率，因而像是一個電感器。

圖 3.38 定功率相量圖 (a) 過激發電機，傳送無效功率至系統的軌跡；(b) 欠激發電機，從電壓 E_i 變化的系統接收無效功率的軌跡。兩張圖均為發電機傳送有效功率

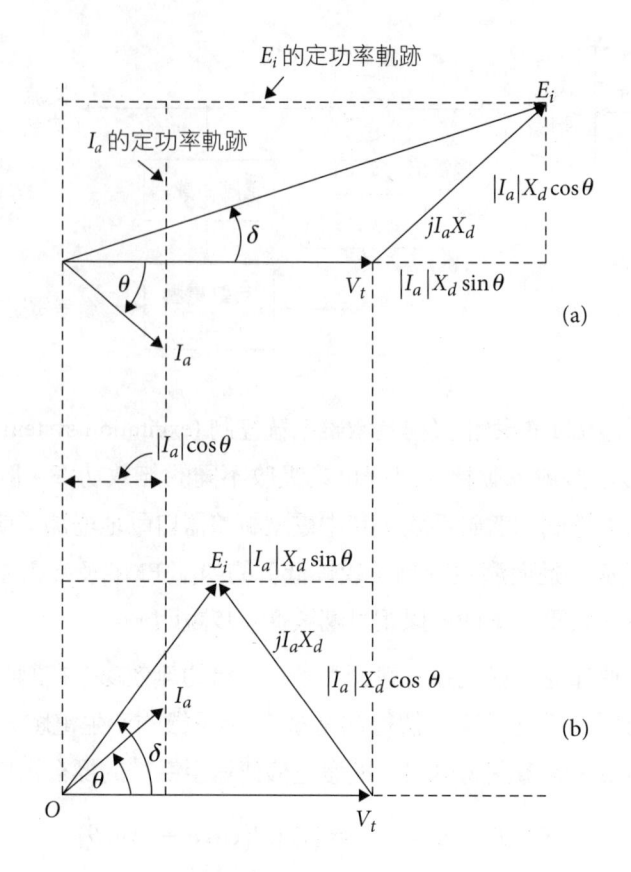

圖 3.39 顯示過激與欠激的同步馬達，在相同的端電壓下汲取相同的有效功率。

過激馬達汲取超前的電流，從網路的觀點來看，像是一個電容性電路，其提供無效功率。欠激馬達汲取落後的電流，吸收無效功率，從網路的觀點來看，像是一個電感性電路。簡單的說，圖 3.38 及圖 3.39 顯示過激的發電機及馬達提供無效功率至系統，而欠激的發電機及馬達自系統吸收無效功率。

現在我們將注意力轉至有效功率 P，是經由開啟或關閉蒸汽（或水）

圖 3.39 相量圖 (a) 過激磁；(b) 欠激磁的同步馬達汲取電流 I_a，及在固定端電壓提供固定功率

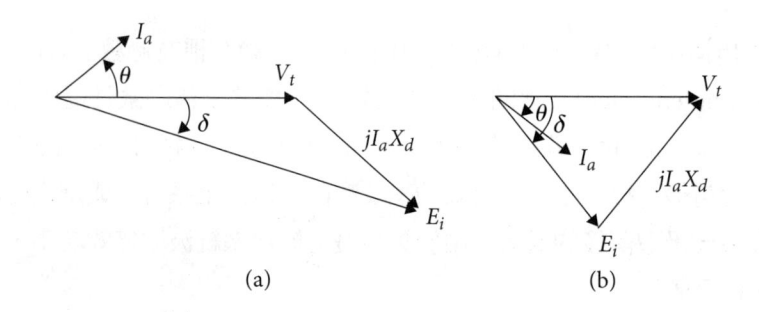

進入汽輪機的閥所控制。如果輸入至發電機的功率增加，則轉子的速度會開始增加，而如果磁場電流 I_f 保持固定，$|E_i|$ 也會保持固定，則 E_i 與 V_t 之間的角度 δ 會增加。增加 δ 會造成較大的 $|I_a|\cos\theta$；將圖 3.38(a) 及圖 3.38(b) 中的相量 E_i 反時鐘旋轉即可看出。因此，具有較大 δ 的發電機會傳送更多的功率到網路；於原動機上施加一個較高的反轉矩；因此，從原動機的輸入會再次建立一速度，而此速度相對應於無限匯流排的頻率。同理也可應用至馬達。

P 依賴功率角 δ 也可以從下列看出，如果

$$V_t = |V_t|\angle 0° \quad 及 \quad E_i = |E_i|\angle\delta$$

其中 V_t 與 E_i 表示對中性點的電壓，單位為伏特或標么，則

$$I_a = \frac{|E_i|\angle\delta - |V_t|}{jX_d} \quad 及 \quad I_a^* = \frac{|E_i|\angle-\delta - |V_t|}{-jX_d} \tag{3.69}$$

因此，在發電機端點傳送至系統的複數功率為

$$S = P + jQ = V_t I_a^* = \frac{|V_t||E_i|\angle-\delta - |V_t|^2}{-jX_d}$$
$$= \frac{|V_t||E_i|(\cos\delta - j\sin\delta) - |V_t|^2}{-jX_d} \tag{3.70}$$

(3.70) 式的實部及虛部為

$$P = \frac{|V_t||E_i|}{X_d}\sin\delta \qquad Q = \frac{|V_t|}{X_d}(|E_i|\cos\delta - |V_t|) \tag{3.71}$$

當 (3.71) 式中的 V_t 與 E_i 以伏特表示來取代標么值時，必須小心 V_t 與 E_i 為線對中性點電壓，且 P 與 Q 為每一相的量。然而，V_t 與 E_i 以線對線電壓的值取代，則會產生三相的 P 與 Q 之值。(3.71) 式的標么 P 與 Q 乘以基準百萬伏安或每相基準百萬伏安，端賴於需要總三相功率或每相功率。

(3.71) 式清楚地顯示，如果 $|E_i|$ 與 $|V_t|$ 固定時，P 由於功率角 δ 決定。然而，如果 P 與 V_t 固定，而 $|E_i|$ 由直流場激磁增加，(3.71) 式顯示 δ 必定會增加。當 (3.71) 式中的 P 固定，同時增加 $|E_i|$ 與減少 δ，則如果 Q 已經是正數的話，表示 Q 會增加，或是如果在場激磁增加之前 Q 已經是負數，則其大小會減小，並且或許會變正數。這些發電機的運轉特性在 3.13 節會以圖形證明。

例題 3.17

例題 3.15 的發電機其同步電抗為 $X_d = 1.7241$ 標么，並連接至一個非常大的系統。端電壓為 $1.0 \angle 0°$ 標么，且發電機提供至系統的電流為 0.8 標么，0.9 落後功因。所有的標么值均以發電機的基準求得。忽略電阻，試求同步發電機內部電壓 E_i 的大小及角度，及傳送至無限匯流排的 P 與 Q。如果發電機的輸出有效功率保持固定，但發電機的激磁為 (a) 增加 20% 或 (b) 減少 20%，試求 E_i 與匯流排端電壓之間的角度 δ，及發電機傳送至匯流排的 Q。

解： 功因角為落後 $\theta = \cos^{-1} 0.9 = 25.8419°$，由 (3.60) 式可得知同步機的內部電壓為

$$E_i = |E_i|\angle\delta = V_t + jX_dI_a$$
$$= 1.0\angle 0° + j1.7241 \times 0.8\angle -25.8419°$$
$$= 1.6012 + j1.2414 = 2.0261\angle 37.7862° \text{ 標么}$$

從 (3.71) 式可求得發電機輸出的 P 與 Q，

$$P = \frac{|V_t||E_i|}{X_d}\sin\delta = \frac{1.0 \times 2.0261}{1.7241}\sin 37.7862° = 0.7200 \text{ 標么}$$

$$Q = \frac{|V_t|}{X_d}(|E_i|\cos\delta - |V_t|) = \frac{1.0}{1.7241}(1.6012 - 1.0) = 0.3487 \text{ 標么}$$

(a) 當 P 與 V_t 固定，增加 20% 的激磁，則

$$\frac{|V_t||E_i|}{X_d}\sin\delta = \frac{1.0 \times 1.2 \times 2.0261}{1.7241}\sin\delta = 0.72$$

$$\delta = \sin^{-1}\left(\frac{0.72 \times 1.7241}{1.20 \times 2.0261}\right) = 30.7016°$$

從發電機提供新的 Q 值為

$$Q = \frac{1.0}{1.7241}[1.20 \times 2.0261 \cos(30.7016°) - 1.0] = 0.6325 \text{ 標么}$$

(b) 減少 20% 的激磁，可得

$$\frac{|V_t||E_i|}{X_d}\sin\delta = \frac{1.0 \times 0.80 \times 2.0261}{1.7241}\sin\delta = 0.72$$

$$\delta = \sin^{-1}\left(\frac{0.72 \times 1.7241}{0.80 \times 2.0261}\right) = 49.9827°$$

從發電機提供新的 Q 值為

$$Q = \frac{1.0}{1.7241}[0.80 \times 2.0261 \cos(49.9827°) - 1.0] = 0.0245 \text{ 標么}$$

因此，可以看出激磁如何控制發電機的無效功率輸出。

例題 3.17 的 MATLAB 的程式 (ex3_17.m)

```
% M-file for Example 3.17: ex3_17.m
% Clean previous value
clc
clear all
% Initial value
Xd=1.7241;   Vt=1;   Ia=0.8;     % Per unit
ang=25.8419;                     % Lagging
Ei=Vt+j*Xd*Ia*(cosd(-ang)+j*sind(-ang));
Ei_mag=abs(Ei);   Ei_ang=angle(Ei)*180/pi;
disp(['  Ei = Vt + jXd*Ia   ',num2str(Ei_mag),'∠',num2str(Ei_ang),'
per unit'])
% P and Q output of the generator
P=abs(Vt)*abs(Ei)*sind(Ei_ang)/Xd;
disp(['  P = |Vt||Ei| * sin(ang) / Xd =',num2str(P),' per unit'])
Q=abs(Vt)*(abs(Ei)*cosd(Ei_ang)-abs(Vt))/Xd;
disp(['  Q = |Vt| * ( |Ei|* cos(ang) - |Vt| )/ Xd =',num2str(Q),'
per unit'])
disp('Now,increasing excitation by 20% with P and Vt constant :')
ang1=asin(P*Xd/(1.2*abs(Vt)*abs(Ei)))*180/pi;
Q= abs(Vt)*(1.2*abs(Ei)*cosd(ang1)-abs(Vt))/Xd;
disp(['  theta=|Vt|*1.2*|Ei|* sin(ang) / Xd = ',num2str(ang1)])
disp(['  Q = ',num2str(Q),'per unit'])
disp('Now, decreasing excitation by 20%:')
ang2=asin(P*Xd/(0.8*abs(Vt)*abs(Ei)))*180/pi;
Q= abs(Vt)*(0.8*abs(Ei)*cosd(ang2)-abs(Vt))/Xd;
disp(['  theta=|Vt|*0.8*|Ei|* sin(ang) / Xd = ',num2str(ang2)])
disp(['  Q = ',num2str(Q),'per unit'])
```

3.13 同步機的運轉限制

連接至無限匯流排之圓轉子發電機的所有正常運轉狀況，可以由一張單線圖看出，通常稱為負載能力圖 (loading capability diagram) 或電機運轉圖 (operation chart of the machine)。此圖對於發電廠的運轉人員來說極為重要，因為運轉人員負責提供適當的負載及發電機的運轉。

此圖係架構在發電機有固定的端電壓 V_t 及忽略電樞電阻的假設下，整個架構始於以 V_t 為參考相量的電機相量圖，如圖 3.38(a) 所示。圖 3.38(a) 的鏡像經旋轉產生圖 3.40 的相量圖，其中顯示通過運轉點 m 的五個軌跡。這些軌跡相對應於五種可能的運轉模式，在每一種模式中，發電機組的一項參數會保持固定。

固定激磁　固定激磁的圓圈，以點 n 為中心，其半徑長度 n-m 等於內部電壓大小 $|E_i|$，依據 (3.51) 式保持場繞組中的直流電流為定值，以維持內部電壓大小固定。

固定 $|I_a|$　定電樞電流的圓圈，以點 o 為中心，其半徑長度 o-m 正比於固定值 $|I_a|$。因為 $|V_t|$ 為定值，軌跡上的運轉點相對於從發電機輸出 ($|V_t||I_a|$) 的百萬伏安。

固定功率　電機的有效功率輸出為 $P = |V_t||I_a|\cos\theta$，以標么值表示。因為 $|V_t|$ 固定，距離垂直軸 n-o 固定距離 $X_d|I_a|\cos\theta$ 的垂直線 m-p，其代表固定功率的運轉點軌跡。不論輸出的功因，發電機的百萬瓦輸出通常為正值。

固定無效功率　當角度 θ 針對落後功因定義為正值時，電機的無效功率輸出為 $Q = |V_t||I_a|\sin\theta$，以標么值表示。當 $|V_t|$ 固定時，距離水平軸固定距離 $X_d|I_a||\sin\theta|$ 的水平線 q-m 代表固定無效功率的運轉點。針對運轉在功因為 1 的情形，發電機的輸出 Q 為零，相對應於在水平軸 o-p 上的運轉點。針對落後（超前）功因時的輸出 Q 為正（負），且運轉點位於線 o-p 以上（以下）的半平面。

固定功因　半徑長度 o-m 相對於電樞電流 I_a 與端電壓 V_t 之間的固定功因角度 θ。圖 3.40 中，角度 θ 為落後功因的負載。當 $\theta = 0°$ 時，功因為 1，且運轉點實際上是位於水平軸 o-p 上。而水平軸以下的半平面為超前功因。

當軸作為計量發電機的負載 P 及 Q 的標示時，圖 3.40 最為有用。因此，將 (3.66) 式重新排列

$$P = \frac{|E_i||V_t|}{X_d}\sin\delta \qquad Q + \frac{|V_t|^2}{X_d} = \frac{|E_i||V_t|}{X_d}\cos\delta \qquad (3.72)$$

因為 $\sin^2\delta + \cos^2\delta = 1$，將 (3.72) 式兩邊平方並相加

$$(P)^2 + \left(Q + \frac{|V_t|^2}{X_d}\right)^2 = \left(\frac{|E_i||V_t|}{X_d}\right)^2 \qquad (3.73)$$

其中圓心為 ($x = a$，$y = b$)，方程式為 $(x-a)^2 + (y-b)^2 = r^2$，半徑為 r。因此 P 及 Q 的軌跡為半徑 $|E_i||V_t|/X_d$，圓心為 $(0, -|V_t|^2/X_d)$。此圓可由圖 3.40 中的每一相量長度乘以 $|V_t|/X_d$ 獲得，或是由再次計量此圖來確認圖 3.41，其水平軸標示為 P，及垂直軸為 Q，原點為 o。

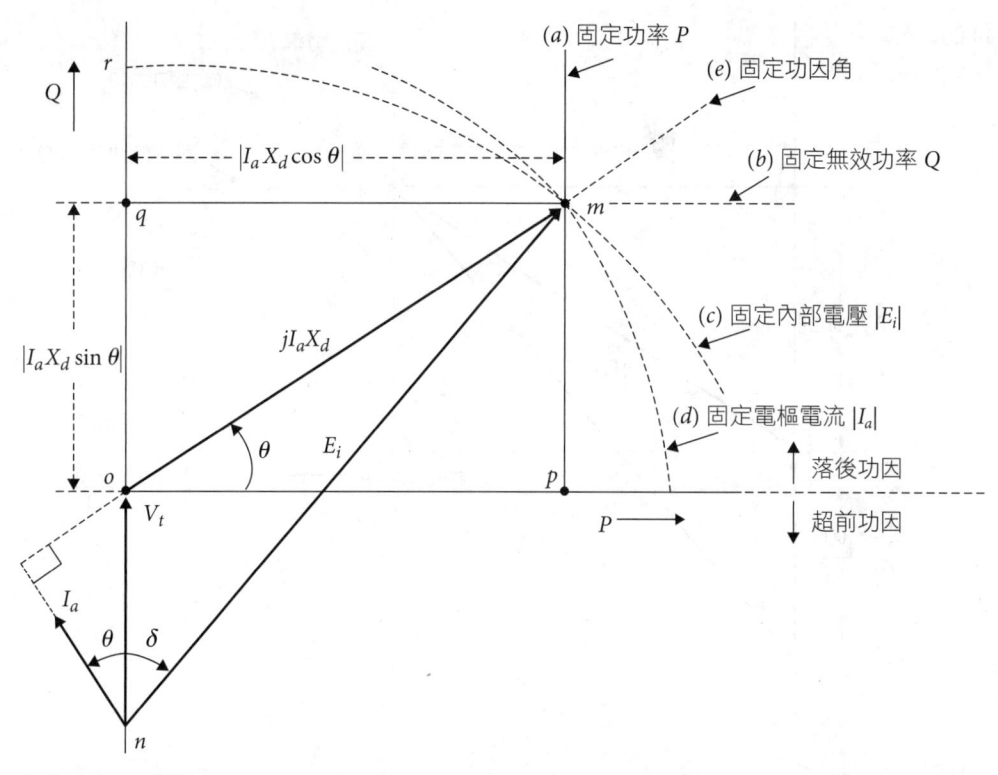

圖 3.40 從圖 3.38(a) 的鏡像所獲得的相量圖,顯示經由點 m 的五個軌跡,分別相對於:(a) 固定功率 P;(b) 固定無效功率 Q;(c) 固定內部電壓 $|E_i|$;(d) 固定電樞電流 $|I_a|$;(e) 固定功因角 θ

在圖 3.41 的垂直軸,長度 o-n 等於無效功率 $|V_t|^2/X_d$,其中 V_t 為端電壓。通常,負載圖是架構在 $|V_t| = 1.0$ 標么的情形下,長度 o-n 所代表的無效功率等於 $1/X_d$ 標么。所以,長度 o-n 為設定 P 及 Q 軸上有效功率與無效功率的關鍵。

將電樞及場繞組的最大允許熱(I^2R 損失),與原動機的功率限制及電樞鐵心的熱都納入考量,可以使同步發電機的負載圖更實際。利用圓柱轉子汽輪發電機機組,額定為 635 MVA,24 kV,落後功因 0.9,X_d = 172.41%,來說明圖 3.42 的負載能力之建構程序。

程序如下:

- 在同步機的額定電壓基準上,取 $|V_t| = 1.0$ 標么。
- 使用傳統的伏安計量,於垂直軸上標記點 n,所以在同步機的額定基準上,長度 o-n 等於 $1/X_d$ 標么,例子中 X_d = 1.7241 標么,而圖 3.42 中的長度 o-n 相當於垂直 Q 軸上的 $1/X_d$ = 0.58 標么。很明顯地,相同的計

圖 3.41 將圖 3.40 的所有距離乘上 $|V_t/X_d|$ 所獲得的相量圖

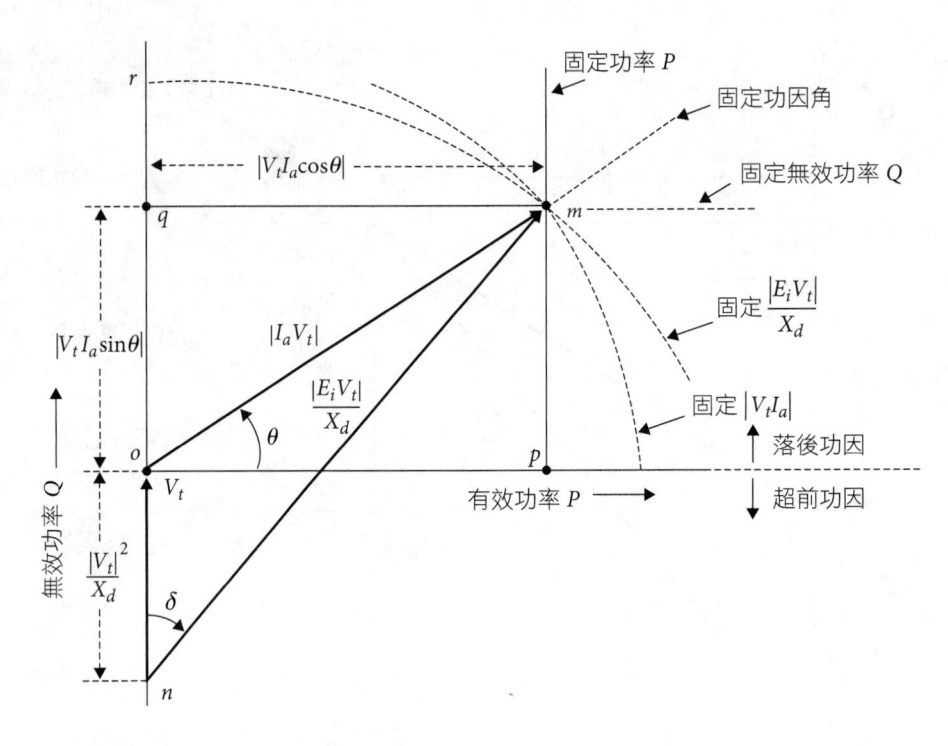

圖 3.42 額定為 635 MVA，24kV，0.9 落後功因，$X_d = 172.4\%$ 的圓柱轉子汽輪發電機的負載能力曲線，汽輪機最大輸出為 635 MW。點 k 與例題 3.18 有關

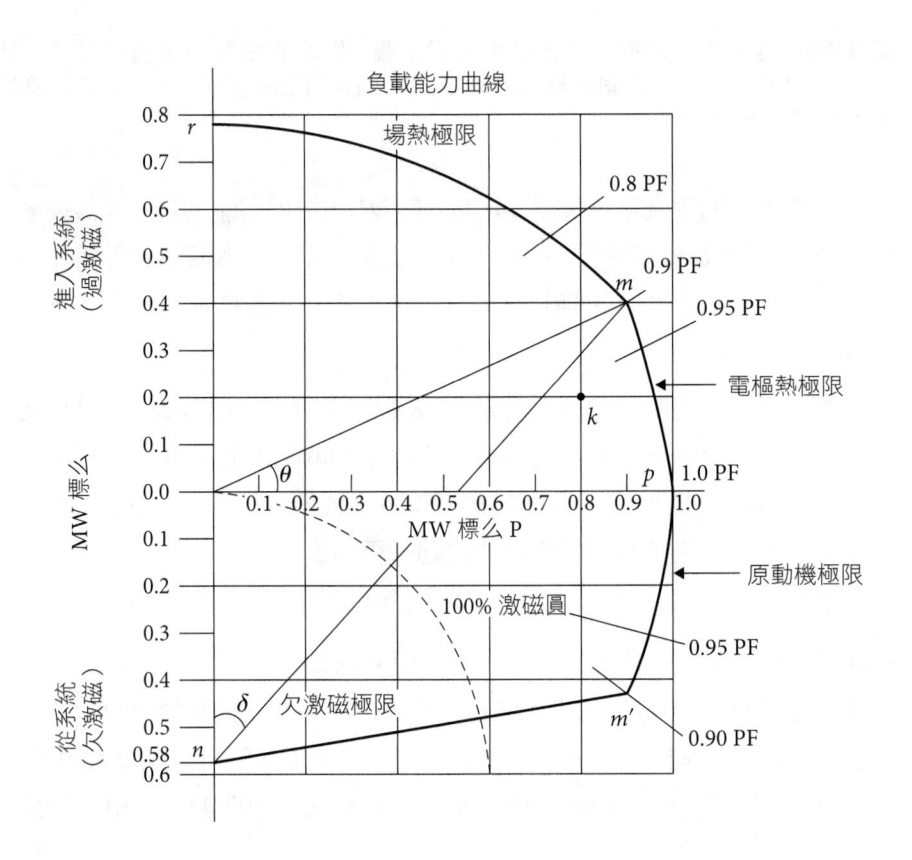

量可應用在水平軸上以標么表示的有效功率 P。

- 沿著 P 軸，標示出相對於原動機最大功率輸出的距離。就現在的目的來說，以同步機的額定百萬伏安為基準，渦輪機的百萬瓦限制在圖 3.42 中被假設為 1.00 標么。畫出 P = 1.00 標么的垂直線。

- 在額定功因角為 θ 時，標示出距離原點的徑線上長度為 o-m = 1.0 標么，在此例中等於 $\cos^{-1} 0.90$。以 o 為中心，長度 o-m 為半徑，畫出相對應於電樞電流限制的百萬伏安標么圓形區域。

- 利用 n 為中心，且半徑為 n-m，建構出最大允許激磁的區域 m-r。此圓形區域相對應於最大磁場電流限制。半徑長度為 o-n 的固定激磁圓通常定義為 100% 或 1.0 標么激磁，所以圖 3.42 顯示發生在 2.340 標么激磁下的磁場電流限制，也就是，在 Q 軸上（長度 r-n）/（長度 o-n）。

- 當無效功率乏從系統輸入到同步機時，欠激限制也可應用在激磁的低階層中。它是由製造商的設計來決定，如下列所探討。

圖 3.42 中的點 m 相對於在額定落後功因時發電機的百萬伏安額定。同步機的設計人員必須安排足夠場電流以支撐在額定點 m 發電機的過激 (overexcited) 運轉。場電流的準位被限制在沿著 m-r 圓形區域的最大值，而發電機傳送 Q 到系統的能力會因此下降。實際上，同步機飽和時會降低同步電抗 X_d 的值，因此大多數製造商的曲線會遠離此理論上的磁場熱限制。

在欠激 (underexcited) 區域中，m 的鏡像是運轉點 m'。有兩種原因會使電廠運轉人員避免運轉在能力曲線的欠激區域。第一個原因與系統的穩態穩定有關，而第二個原因與同步機本身的過熱有關。

理論上，當圖 3.40 與圖 3.41 中的 E_i 與 V_t 之間的角度 δ 達到 90° 時，才會發生所謂的穩態穩定限制 (steady-state stability limit)。而實際上，當加入系統動態時，會將情況複雜化，也因此電廠運轉人員會盡可能避免發電機在欠激下運轉。

當同步機進入欠激區域運轉時，電樞鐵心部分的渦流損因系統誘發而開始增加，而電樞的末端區域所伴隨 I^2R 的熱也會增加。為了限制這種熱，同步機製造商會針對自己的設計指定容量曲線，並建議運轉限制。圖 3.42 的線段 m' − n 可作為說明參考。

為了獲得圖 3.42 中任何運轉點的百萬瓦及百萬乏的值，從圖中所讀出的 P 及 Q 的標么值都乘上同步機的百萬伏安，此例中為 635 MVA。同

樣地，圖 3.42 的距離 n-m 為在運轉點 m，大小為 $|E_iV_t|/X_d$ 的標么百萬伏安值。因此，我們可以以額定電壓基準（此例為 24 kV），計算 $|E_i|$ 的標么值，藉由長度 n-m（以標么伏安表示）乘以標么比 $X_d/|V_t|$，或是乘以 X_d，因為圖 3.42 中 $|V_t|$ = 1.0 標么。需要乘上同步機的電壓額定，單位為仟伏，以將其轉換成仟伏。

如果實際的端電壓 $|V_t|$ 並非 1.0 標么，則指定為圖 3.42 距離 o-n 的標么值 $1/X_d$ 就必須改為以標么值表示的 $|V_t|^2/X_d$，如圖 3.41 所示。這一變化改變了圖 3.42 的大小 $|V_t|^2$ 倍，所以從圖中所讀取的標么 P 及 Q 必須先乘以 $|V_t|^2$ 的標么，再乘以百萬伏安基準（此例為 635 MVA），以便能針對實際運轉情況求得正確的百萬瓦及百萬乏。例如，如果實際的端電壓為 1.05 標么，則圖 3.42 的 Q 軸上的點 n，相對應於實際值 $0.58 \times (1.05)^2$ = 0.63945 標么或是 406 MVAR，在 P 軸上該點為 0.9 標么，其實際值為 $0.9 \times (1.05)^2$ = 0.99225 標么或是 630 MW。

當端電壓並不完全等於額定電壓時，為了計算相對於運轉點 m 的修正激磁電壓，首先直接將圖 3.42 求得的長度 n-m 乘上標么值的 $|V_t|^2$，來修正該數值，然後再乘上先前所討論過的標么比 $X_d/|V_t|$，轉換成 $|E_i|$。最後的結果是直接將圖 3.42 求得的長度 n-m 乘以 $X_d \times |V_t|$ 乘積的實際標么值，產生修正的 $|E_i|$ 標么值。然而，如果所要的實際單位為仟伏，則乘以同步機的額定仟伏基準。要注意到功因角 θ 及內部角 δ 在修正前、後均相同，這是因為圖 3.40 與圖 3.41 的幾何關係並未改變。然而，讀者要注意的是，形成圖形上運轉區域邊界的運轉限制為實際的限制。所以，一旦計量有所改變時，運轉區域的邊界可能會受影響。

下面的例子說明了前述程序。

例題 3.18

一台三相發電機，額定為 635 MVA，0.9 落後功因，24 kV，3600 rpm，其運轉圖如 3.42 所示。發電機在 22.8 kV 下，傳送 458.47 MW 及 114.62 MVAR 的功率至一個無限匯流排。依據下列情況計算激磁電壓 E_i，(a) 圖 3.32(a) 的等效圖；(b) 圖 3.42 的負載圖。以同步機的額定為基準，其同步電抗為 X_d = 1.7241 標么，且忽略電阻。

解：下列的計算中，所有的標么值均以同步機的百萬伏安及仟伏為基準。

(a) 選擇端電壓為參考相量，可得

$$V_t = \frac{22.8}{24.0}\angle 0° = 0.95\angle 0° \text{ 標么}$$

$$P + jQ = \frac{458.47 + j114.62}{635} = 0.722 + j0.1805 \text{ 標么}$$

$$I_a = \frac{0.722 - j0.1805}{0.95\angle 0°} = 0.76 - j0.19 \text{ 標么}$$

$$E_i = V_t + jX_d I_a = 0.95\angle 0° + j1.7241(0.76 - j0.19)$$

$$= 1.2776 + j1.3103 = 1.830\angle 45.7239° \text{ 標么}$$

$$= 43.920\angle 45.7239° \text{ kV}$$

(b) 相對於實際運轉條件的點 k，可以標定在圖 3.42 上，如下：

$$P_k + jQ_k = \frac{P + jQ}{0.95^2} = \frac{0.722 + j0.1805}{0.95^2} = 0.8 + j0.2 \text{ 標么}$$

在圖 3.42 的圖上計算或測量，可得 n-k 的距離為 $\sqrt{0.8^2 + 0.78^2} = 1.1173$ 標么。$|E_i|$ 的實際值計算如下

$$|E_i| = \left(1.1173 \times 0.95^2\right)\frac{1.7241}{0.95} = 1.830 \text{ 標么}$$

此數值與上面所得相同。角度 $\delta = 45°$ 可以很簡單地量測到。

在本章最後，我們來介紹同步發電機的端電壓與無效功率的關係。發電機的端電壓由所提供的無效功率決定。一般來說，當發電機獨立運轉時，發電機的端電壓隨著無效功率負載而改變，可以用圖 3.43(a) 的電壓下降特性來表示，其中 $V_{t,nl}$、$V_{t,fl}$、Q_{fl} 分別代表無載端電壓或內部 EMF，滿載端電壓及滿載無效功率。當電容性負載提升端電壓時，發電機負載所

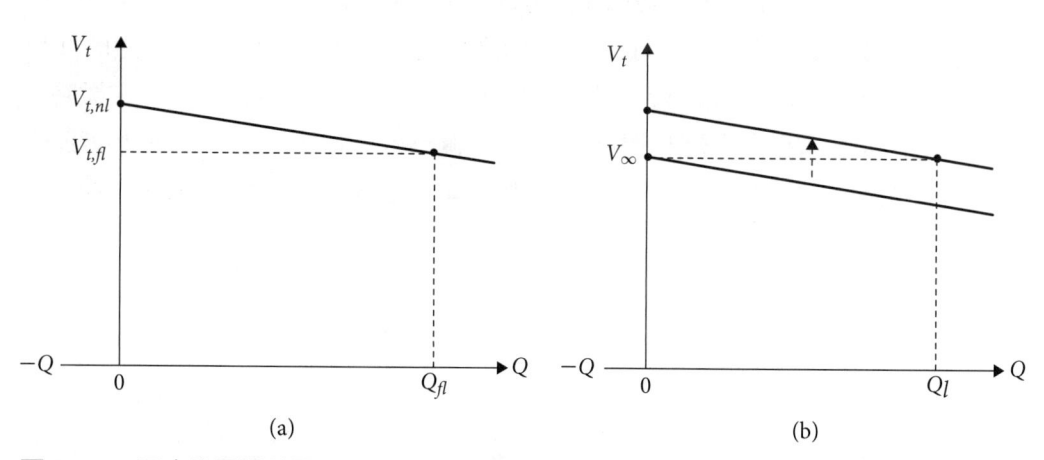

圖 3.43 同步發電機端電壓與無效功率（電壓下降）特性：(a) 獨立運轉模式；(b) 電網連接模式

吸收的無效功率增加，而端電壓降低。增加發電機的內部 EMF 可以補償端電壓的下降。圖 3.43(b) 顯示電壓下降特性的電網連接模式。因為電網的電壓 V_∞ 總是維持固定，圖 3.37 中的電壓自動調整器會依據無效功率 Q 的需求，調整發電機內部的 EMF，以保持端電壓在 V_∞。

3.14 總結

本章針對變壓器簡化等效電路進行介紹，此簡化電路非常重要。標么值計算在本章中幾乎持續使用，且後續仍會使用。我們看到了變壓器在等效電路中，可藉由使用標么值計算而被忽略。要記得一件重要的事，就是 $\sqrt{3}$ 並未出現在複雜的標么值計算中，因為基準線對線電壓及基準線對中性點電壓的指定和 $\sqrt{3}$ 有關。基準值適當選擇的概念在電路的不同部分藉由變壓器連結，而針對部分電路在指定基準的標么值參數計算，其參數乃是建立單線圖上等效電路的基本。

當考慮故障如何影響同步機的電抗時，可以在故障發生時用示波器記錄於無載發電機端的三相短路之其中一相電流。於故障期間與電樞相電流有關的電抗包括次暫態、暫態及穩態電抗。如第 8 章所討論到的，次暫態電抗在計算位於或接近同步發電機短路故障所造成的電流極為重要。而暫態電抗則用在穩定度研究上，如第 13 章中所述。

本章針對同步發電機所推導出的簡化等效電路，在本書的其他章節仍會使用到。我們已經看到同步電機的穩態性能，端賴於同步電抗 X_d 的概念，此為電機的穩態等效電路基礎。在穩態運轉中，我們已觀察到當與同步機連結的激磁增加時，同步發電機傳送至系統的無效功率會增加。相反地，當它的激磁減少時，同步發電機會提供較少的無效功率。當欠激時，同步發電機自系統中汲取無效功率。圓形轉子發電機的所有正常穩態運轉情況，連接至較大系統，如無限匯流排，由電機的負載能力圖來顯現。

問題複習

3.1 節

3.1　一具實際的變壓器其意思是說它的導磁係數為有限。(對或錯)

3.2　如果變壓器的一次側與二次側之匝數比為 N_1/N_2，則一次側電流與二次側電流的比值為 N_1/N_2。(對或錯)

3.3　請指出理想變壓器的特性。

3.4　如果變壓器的匝數比為 N_1/N_2，二次側的阻抗 Z_2 參考至一次側時為 _____。

3.2 節

3.5　變壓器的短路試驗及開路試驗的目的為何？

3.6　由變壓器的開路試驗可以獲得變壓器的何種參數？

3.7　請定義變壓器的電壓調整。

3.8　一具非理想變壓器，其效率可高達 100%。(對或錯)

3.3 節

3.9　一具 100 MVA 的單相變壓器，其匝數比為 $N_1/N_2 = 2$，如果變壓器連接成一具自耦變壓器，則其額定 MVA 為何？

3.10　單相自耦變壓器與單相雙繞組變壓器比較，其優點與缺點為何？

3.4 節

3.11　連接至變壓器二次側的負載，與自一次側所看到的標么值相同。(對或錯)

3.12　針對單相系統在做標么值計算時，經由變壓器連接的電路之電壓基準，必須與變壓器繞組的匝比相同。(對或錯)

3.13　當含括磁化電流時，變壓器可以由阻抗標么值完整地表示。(對或錯)

3.5 節

3.14　針對 Y-Δ 或 Δ-Y 變壓器，在正相序時，美國標準要求高壓側的電壓落後低壓側的電壓 30°。(對或錯)

3.15　針對三相變壓器，其三相單元具有較少鐵成分的鐵心，以及比三個單相單元更為經濟、空間更小的優點。(對或錯)

3.16　針對 Y-Δ 或 Δ-Y 變壓器在負相序時，高壓側的電流落後低壓側的電流 (A) 15° (B) 20° (C) 25° (D) 30°。

3.17　如果由三個各別變壓器組成的 Δ-Δ 變壓器發生故障時，其中一具單相變壓器可以移除，而剩餘的兩個變壓器在降仟伏安的情況下，仍然可以三相變壓器的型式運作。像這種轉作稱之為開三角 (open delta)。(對或錯)

3.18　在三相電路的標么值計算中，需要兩側的基準電壓的比值與兩側額定 _____ 相同。

3.6 節

3.19 一具三繞組變壓器的所有三個繞組必須有相同的仟伏安額定。（對或錯）

3.20 請列出兩種三繞組變壓器之第三繞組的應用。

3.21 三繞組變壓器針對三相應用的典型連接為何？

3.7 節

3.22 參考圖 3.17(a)，美國標準在針對 Y-Δ 變壓器的端點 H_1 及 X_1，要求從 H_1 到中性點的正相序壓降超前從 X_1 到中性點的正相序壓降 30°；不論高壓側為 Y 或 Δ 繞組。（對或錯）

3.23 當 Δ-Y 或 Y-Δ 變壓器從低壓側升壓至高壓側時，負相序的電壓及電流會延遲 30°。（對或錯）

3.8 節

3.24 調整變壓器為一種專為電壓做小調整的變壓器，而非針對電壓階層做大調整。（對或錯）

3.25 大部分的變壓器在繞組上提供分接頭，當變壓器未激磁時，藉由改變分接頭來調整變壓器的比值。而當變壓器激磁時，分接頭不能改變。（對或錯）

3.26 當兩具仟伏安相等的變壓器並聯時，並未平均分攤仟伏安，是因為它們的阻抗不同，經由分接頭改變調整電壓大小的比值，可以使仟伏安分配得更接近相等。（對或錯）

3.27 相位移變壓器在控制無效功率潮流是有幫助的，但對於有效功率潮流作用較小。（對或錯）

3.9 節

3.28 同步機轉子上的繞組，稱為場繞組，繞組通入直流電流。（對或錯）

3.29 如果同步機為一台發電機，其轉軸由原動機驅動，原動機通常為汽輪機或水輪機。（對或錯）

3.30 當描述一台同步機時，電工頻率與機械頻率之間的差異為何？

3.31 一台同步發電機，同步頻率、極數及轉子的轉速之間的關係為何？

3.10 節

3.32 針對一台同步發電機，可以藉由調整場電流來改變內部的 EMF。（對或錯）

3.33 針對一台同步發電機，內部的 EMF 大小與場電流成正比。（對或錯）

3.11 節

3.34 試繪相量圖表示一台過激發電機傳送落後的電流。

3.35 當一台無載發電機的端點發生三相短路故障時，電樞相電流中所存在的三種主要成分為何？假設忽略直流成分。

3.36 當一台無載發電機的端點發生三相短路故障時，試比較存在於電樞相電流中的穩態、暫態及次暫態成分的大小。

3.12 節

3.37 一台過激發電機吸收無效功率。(對或錯)

3.38 參考圖 3.38 及圖 3.39，下列何者為同步機的正常激磁？
a. $|E_i|\cos\delta = |V_t|$ **b.** $|E_i|\cos\delta > |V_t|$ **c.** $|E_i|\cos\delta < |V_t|$

3.39 參考圖 3.38，發電機可以提供的最大有效功率為何？

3.13 節

3.40 參考圖 3.40，如何維持定功率及定無效功率運轉？

3.41 藉由每一台發電機的激磁系統，可以將跨接在輸電網路的電壓全部保持在可接受的範圍。(對或錯)

問題

3.1 一台單相變壓器，其額定為 7.2 kVA，1.2 kV/120 V，一次側繞組匝數為 800 匝。試求 (a) 匝數比及二次側繞組的匝數；(b) 當變壓器在額定電壓及額定 kVA 時，兩繞組所搭載的電流。由此驗證 (3.6) 式。

3.2 問題 3.1 的變壓器，在額定電壓及 0.8 落後功因下傳送 6 kVA 功率，(a) 試求跨接在二次側兩端的阻抗 Z_2；(b) 參考至一次側的阻抗值（即 Z_2'）為何？(c) 利用 (b) 所得的 Z_2' 值，試求一次側電流即由電源提供的 kVA 大小。

3.3 參考圖 3.2，考慮變壓器鐵心中間腳的磁通密度為時間 t 的函數，為 $B(t) = B_m \sin(2\pi f t)$，其中 B_m 為正弦磁通密度的峰值，而 f 為運轉頻率，單位為 Hz。如果磁通密度在中間腳的截面積 A m^2 為均勻分布，試求：

a. 以 B_m、f、A 及 t 所表示的瞬時磁通 $\phi(t)$。

b. 根據 (3.1) 式其瞬時感應電壓 $e(t)$。

c. 因此，證明一次側感應電壓的 RMS 大小為 $|E_1| = \sqrt{2}\pi f N_1 B_m A$。

d. 如果 $A = 100$ cm^2，$f = 60$ Hz，$B_m = 1.5$ T 及 $N_1 = 1000$ 匝，計算 $|E_1|$。

3.4 圖 3.4 所顯示的一對互耦線圈，考慮 $L_{11} = 1.9$ H，$L_{12} = L_{21} = 0.9$ H，$L_{22} = 0.5$ H，且 $r_1 = r_2 = 0$ Ω。系統運轉在 60 Hz 下，

a. 列出系統 (3.23) 式的阻抗型式。

b. 列出系統 (3.25) 式的導納型式。

c. 當二次側為

i. 開路且感應電壓 $V_2 = 100\angle 0°$ V

ii. 短路且電流為 $I_2 = 2\angle 90°$ A

試求一次側電壓 V_1 及一次側電流 I_1。

3.5 圖 3.4 所顯示的一對互耦線圈，試推導圖 3.5 的等效 T 網路。利用問題 3.4 中所給的參數值，並假設匝比 a 等於 2。試求繞組的漏磁電抗值及耦合線圈的磁化電納。

3.6 一台單相變壓器，額定為 1.2 kV/120 V，7.2 kVA，其參數如下：$r_1 = 0.8$ Ω，$x_1 = 1.2$ Ω，$r_2 = 0.01$ Ω 及 $x_2 = 0.01$ Ω。試求

a. 如圖 3.8 所示，參考至一次側的組合繞組電阻和漏磁電抗。

b. 參考至二次側的組合參數值。

c. 當變壓器在 120 V 及落後功因 0.8 時，傳送 7.2 kVA 功率至負載時，則變壓器的電壓調整率。

3.7 一台單相變壓器，其額定為 440/220 V，5.0 kVA。當低壓側短路且高壓側加入 35 V 電壓時，繞組內有額定電流流動且輸入功率為 100 W。如果兩繞組的功率損失及電抗與電阻的比相同，試求高壓側與低壓側的電阻及電抗。

3.8 一台單相變壓器，其額定為 1.2 kV/120 V，7.2 kVA，產生下列的試驗結果：

開路試驗：（一次側開路）

　　電壓 V_2 = 120 V；電流 I_2 = 1.2 A；功率 W_2 = 40 W

短路試驗：（二次側短路）

　　電壓 V_1 = 20 V；電流 I_1 = 6.0 A；功率 W_1 = 40 W

試求：

a. 如圖 3.7，參考至一次側的參數 $R_1 = r_1 + a^2 r_2$，$X_1 = x_1 + a^2 x_2$，G_c 及 B_m。

b. 以上參數值參考至二次側。

c. 當變壓器在 120 V，0.9 功因時，傳送 6 kVA 功率，變壓器的效率。

3.9 一台單相變壓器，其額定為 1.2 kV/120 V，7.2 kVA，一次側參數為 $R_1 = r_1 + a^2 r_2 = 1.0$ Ω，$X_1 = x_1 + a^2 x_2 = 4.0$ Ω。假設在額定電壓及任何負載電流時，其鐵心損失為 40 W。

a. 當變壓器在 V_2 = 120 V，傳送 7.2 kVA 功率，且功因為 (i) 落後 0.8 及 (ii) 超前 0.8，試求變壓器的效率及調整率。

b. 一已知負載電壓及功因，在 kVA 負載階層時，變壓器的效率達到其最大值，並使得 I^2R 繞組損失等於鐵心損失。利用此結果，試求上述變壓器在額定電壓及 0.8 功因時，其最大效率，及此 kVA 負載階層發生在何種情形下。

3.10 一台單相變壓器，其額定為 30 kVA，1200/120 V，連接成一自耦變壓器，並從 1200 V 匯流排升壓提供 1320 V。

a. 畫出此變壓器連接圖，並將極性標示在繞組上，且針對每一繞組的電流方向選擇為正，所以電流會是同相。

b. 在圖面上標示繞組的額定電流、輸入與輸出。

c. 試求變壓器改接成自耦變壓器的額定仟伏安。

d. 如果變壓器連接至 1200/120 V，並運轉在額定負載，功因為 1 時，其效率為 97%，當繞組電流為額定值及運轉在額定電壓提供功因為 1 的負載，試求作為自耦變壓器的效率。

3.11 如果變壓器從 1200 V 匯流排提供 1080 V 電壓，試解問題 3.10。

3.12 類似於圖 3.11 所示的單相系統，此系統有兩台變壓器 *A-B* 和 *B-C* 藉由線路 *B* 連接，並在接收端 *C* 供電給一負載。元件的額定及參數為：

變壓器 *A-B*：500 V/1.5 kV，9.6 kVA，漏磁電抗為 5%

變壓器 *B-C*：1.2 V/120 V，7.2 kVA，漏磁電抗為 4%

線路 *B*：串聯阻抗為 (0.5+j3.0) Ω

負載 *C*：120V，6 kVA，功因為 0.8 落後。

a. 試求負載的阻抗歐姆值，及兩台變壓器分別參考至它們的一次側與二次側的實際歐姆阻抗。

b. 針對電路 *B* 選擇 1.2 kV 作為電壓基準，及 10 kVA 為系統 kVA 基準，將所有的系統阻抗以標么值表示。

c. 相當於已知負載條件的送電端電壓為何？

3.13 一組平衡 Δ 連接的 8000 kW 電阻性負載,連接至變壓器的低壓側,Y-Δ 變壓器的 Δ 連接側額定為 10,000 kVA,138/13.8 kV。當從變壓器高壓側線對中性點測量時,試求每相的負載電阻,以歐姆為單位。忽略變壓器阻抗,並假設變壓器一次側施加額定電壓。

3.14 如果相同的電阻連接成 Y,試求解問題 3.13。

3.15 三個變壓器,每一個變壓器二次側額定為 5 kVA,220 V,接成 Δ-Δ 且供電至 220 V 的平衡 15 kW 純電阻性負載。將負載降至 10 kW,仍為純電阻性且平衡。某人建議提供三分之二的負載,可移除一台變壓器,而系統可以為開 Δ 運轉。因為兩個線電壓並未改變(因此第三個也是),仍有平衡的三相電壓持續提供至負載。

更進一步研究上述建議,

a. 當 a 與 c 之間的變壓器移除時,負載為 10 kW,試求每一條線電流(大小及相角)。(假設 V_{ab} = 220∠0°,相序為 abc)

b. 試求剩下的變壓器,每一台所提供的仟伏安。

c. 在這些變壓器以開三角運轉時,負載必須有哪些限制?

d. 當負載為純電阻時,解釋每一台變壓器的仟伏安值,包括 Q 成分。

3.16 一台變壓器額定為 220 MVA,345Y/20.5Δ kV,連接一平衡負載至輸電線路,負載額定為 180 MVA,22.5 kV,0.8 落後功因。試求:

a. 當三個單相變壓器經適當連接,會相當於上述的三相變壓器,則三個單相變壓器的每一個額定為何?

b. 如果輸電線路的基準為 100 MVA,345 kV,在阻抗圖中的負載標么複阻抗為何?

3.17 一台三相變壓器,額定為 5 MVA,115/13.2 kV,每相串聯阻抗為 (0.07 + j0.075) 標么。變壓器連接至短程配電線路,此線路可用每相 (0.02 + j0.10) 標么的串聯阻抗來表示,以 10 MVA,13.2 kV 基準。此線路供電給一個平衡的三相負載,其額定為 4 MVA,13.2 kV,0.85 落後功因。

a. 試繪製系統的等效電路,並以標么值標示所有的阻抗。選擇負載 10 MVA,13.2 kV 為基準。

b. 當變壓器一次側電壓固定保持在 115 kV,線路的受電端負載切離時,試求在負載側的電壓調整率。

3.18 三個相同的單相變壓器,每一台額定為 1.2 kV/120 V,7.2 kVA,且漏磁電抗為 0.05 標么,三個變壓器連接成一台三相變壓器。一個每相 5 Ω 的平衡 Y 接負載,跨接在三相變壓器的二次側。當三相變壓器連接成 (a) Y-Y;(b) Y-Δ;(c) Δ-Y;(d) Δ-Δ 時,試求從一次側看到的 Y 等效每相阻抗(分別以歐姆及標么為單位)。可利用表 3.1。

3.19 圖 3.20(a) 顯示一台三相發電機,經由一台三相變壓器供電給負載,變壓器額定為 12 kVΔ/600 V Y,600kVA。變壓器的每相漏磁電抗為 10%。發電機端的線電壓及線電流分別為 11.9 kV 與 20 A。從發電機所看到的功因為 0.8 落後,且相序為 ABC。

a. 試求負載端的線電流及線電壓,及負載的每相阻抗(等效 Y)。

b. 以變壓器一次側線對中性點電壓 V_A 為參考,畫出所有電壓及電流完整的每相相量圖。並顯示一次側與二次側之間正確的相關係。

c. 計算由發電機提供及負載消耗的有效功率及無效功率。

3.20 當相序為 ACB 時,求解問題 3.19。

3.21 兩匯流排 ⓐ 與 ⓑ 經並聯阻抗 X_1 = 0.1 及 X_2 = 0.2 標么相互聯接。匯流排 ⓑ 為一負載匯流排,提供一電流 I = 1.0∠−30° 標么。匯流排的標么電壓 V_b 為 1.0∠0°。試求經每一個並聯分支進入匯流排 ⓑ 的 P 及 Q,(a) 如電路所描述,(b) 如果一台調整變壓器經高電抗線路連接至匯流排 ⓑ,並將送向負載的電壓大小提升 3% (a = 1.03),(c) 如果調整變壓器將相位提前 2° ($a = e^{j\pi/90}$)。針對 (b) 與 (c),利用循環電流方法,並針對問題的每一個部分,假設 V_a 為可調,以致於 V_b 保持固定。圖 3.44 顯示系統的匯流排 ⓐ 與 ⓑ,以及調整變壓器的單線圖。忽略變壓器的阻抗。

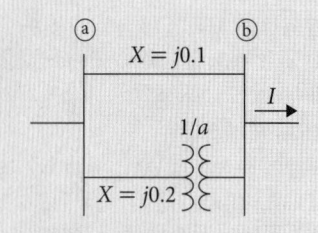

圖 3.44 問題 3.21 的電路

3.22 在電力系統中，兩匯流排 ⓐ 與 ⓑ 之間有兩個並聯電抗 $X_1 = 0.08$ 及 $X_2 = 0.12$ 標么。如果 $V_a = 1.05\angle 10°$ 及 $V_b = 1.0\angle 0°$ 標么，則調整變壓器在匯流排 ⓑ 與 X_2 串聯，以致於沒有無效功率從分支流進匯流排 ⓑ，其電抗為 X_1，試問調整變壓器的匝比為何？利用循環電流方法，並忽略調整變壓器的電抗。負載的 P 與 Q 及 V_b 保持固定。

3.23 兩台變壓器，每一台變壓器額定 115 Y/13.2 Δ，且並聯運轉供電給 35 MVA，13.2 kV 及 0.8 落後功因的負載。變壓器 1 的額定為 20 MVA，電抗為 $X = 0.09$ 標么，變壓器 2 的額定為 15 MVA，電抗為 $X = 0.07$ 標么。試求經由每一個變壓器的標么電流大小，每一個變壓器輸出的百萬伏安，及總負載的百萬伏安，為避免變壓器過載，必須要限制負載功率。如果變壓器 1 的分接頭設定在 111 kV，使得變壓器低壓側電壓較變壓器 2（仍保持在 115 kV 分接頭）提升 3.6%，試求就原始的 35 MVA 總負載，每一個變壓器的輸出百萬伏安，以及不使變壓器過載的總負載最大百萬伏安。使用低壓側 35 MVA，13.2 kV 為基準。循環電流法可滿足此問題。

3.24 試求兩台發電機安裝在同一轉軸上，可驅動的最高轉速，以使一台發電機的頻率為 60 Hz，而另一台發電機的頻率為 25 Hz。每一台發電機的極數是多少？

3.25 如果例題 3.15 的 60 Hz 三相同步發電機運轉在額定負載條件下，且 a 相的線對中性點電壓及線電流為已知，試求同步內部電壓及場電流 I_f 的大小。並請證明場繞組的磁通鏈為

$$\lambda_f = L_{ff}I_f - \frac{3M_f}{\sqrt{2}}|I_a|\sin\theta_a$$

其中 θ_a 為測量所得的 i_a 落後同步內部電壓的角度。然後計算 λ_f。接下來，當在額定電壓下相同的負載及功因為 1 時，重新計算 λ_f。

3.26 問題 3.25 中所描述的三相同步發電機，運轉在 3600 rpm 並供電給功因為 1 的負載。如果發電機的端電壓為 22 kV 且場電流為 2500 A，試求線電流及負載所消耗的總功率。

3.27 一台三相圓轉子同步發電機，忽略電樞電阻且同步電抗 X_d 為 1.65 標么。發電機直接連接到電壓為 $1.0\angle 0°$ 標么的無限匯流排上。當發電機傳送 (a) $1.0\angle 30°$ 標么；(b) $1.0\angle 0°$ 標么；(c) $1.0\angle -30°$ 標么的電流到無限匯流排時，試求發電機的內部電壓。請繪製相量圖說明在上述三種情況下，發電機的運轉情形。

3.28 一台三相圓轉子同步發電機，其額定為 10 kV，50 MVA，且電樞電阻 R 為 0.1 標么，及同步電抗 X_d 為 1.65 標么。發電機運轉在 10 kV 的無限匯流排，並在 0.9 超前功因時傳送 2000 A 的電流。

  a. 試求發電機的內部電壓 E_i 及功率角 δ。繪製相量圖說明其運轉情形。

  b. 在相同的激磁階層下，發電機的開路電壓為何？

  c. 在相同的激磁階層下，發電機的穩態短路電流為何。忽略所有的飽和效應。

3.29 一台三相圓轉子同步發電機，其額定為 16 kV，200 MVA，忽略損失，且同步電抗為 1.65 標么。發電機運轉在電壓為 15 kV 的無限匯流排上。而發電機的內部 EMF E_i 及功率角 δ 分別為 24 kV（線對線）及 27.4°。

  a. 試求傳送至系統的線電流及三相有效及無效功率。

  b. 如果輸入的機械功率及發電機的場電流改變，以致於發電機在 **a** 部分的功因下，線電流減少

25%，試求新的內部 EMF E_i 及功率角 δ。

    c. 當傳送 **b** 部分的減少電流時，機械輸入功率及激磁會更進一步調整，使發電機在其端點上運轉在功因為 1 的情況，試求新的 E_i 及 δ 的值。

3.30 問題 3.29 的三相同步發電機，運轉在電壓為 15 kV 的無限匯流排上，在 0.8 落後功因下傳送 100 MVA 的功率。

    a. 試求發電機的內部電壓 E_i、功率角 δ 及線電流。

    b. 如果發電機的場電流減少 10%，而輸入至發電機的機械功率保持固定，試求新的 δ 值及傳送至系統的無效功率。

    c. 在不改變激磁的情況下，調整原動機的功率，使發電機傳送至系統的無效功率為零。試求新的功因角 δ 及傳送至系統的有效功率。

    d. 如果激磁維持在 **b** 與 **c** 的情況下，發電機可以傳送的最大無效功率為何？

    e. 試繪製在 **a**、**b** 與 **c** 的情況下，發電機的運轉相量圖。

3.31 從 (3.60) 式開始，修正 (3.71) 式使其顯示為

$$P = \frac{|V_t|}{R^2 + X_d^2}\{|E_i|(R\cos\delta + X_d\sin\delta) - |V_t|R\}$$

$$Q = \frac{|V_t|}{R^2 + X_d^2}\{X_d(|E_i|\cos\delta - |V_t|) - R|E_i|\sin\delta\}$$

當同步發電機的電樞電阻 R 不為零時。

3.32 例題 3.18 所描述的三相同步發電機運轉在 25.2 kV 的無限匯流排上。已知內部電壓大小為 $|E_i|$ = 49.5 kV 及功因角 δ = 38.5°。利用圖 3.42 的負載能力圖，以圖解方式求發電機傳送至系統的有效及無效功率。利用 (3.71) 式驗證你的答案。

3.33 圖 3.45 顯示無載電力系統的單線圖，兩部分輸電線路的電抗顯示於圖上。發電機及變壓器的額定如下：

發電機 1：	20 MVA，13.8 kV，$X_d'' = 0.20$ 標么
發電機 2：	30 MVA，18 kV，$X_d'' = 0.20$ 標么
發電機 3：	30 MVA，20 kV，$X_d'' = 0.20$ 標么
變壓器 T_1：	25 MVA，220 Y/13.8Δ kV，X = 10%
變壓器 T_2：	單相變壓器，每一個額定為 10MVA，127/18 kV，X = 10%
變壓器 T_3：	35 MVA，220 Y/22 Y kV，X = 10%

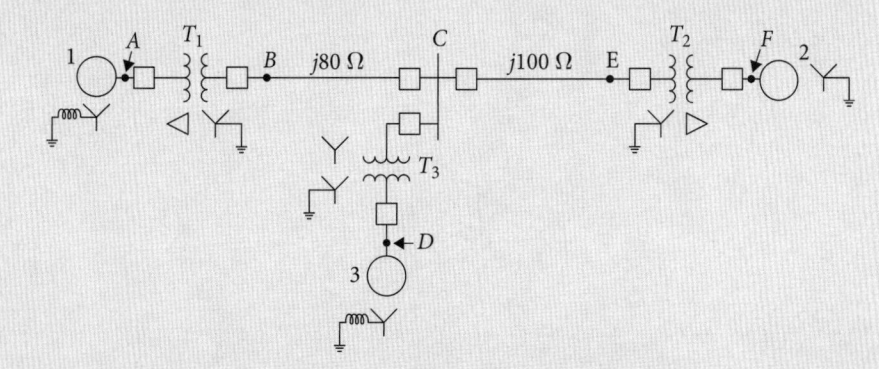

圖 3.45 問題 3.33 的單線圖

a. 繪製阻抗圖，將所有的電抗以標么值標示在圖上，並以相對於單線圖的各點以字母標示。選擇在發電機 1 的電路中，以 50 MVA，13.8 kV 為基準。

b. 假設系統為無載且遍布系統的電壓為 1.0 標么，以 **a** 部分所選擇的為基準。如果三相短路發生在匯流排 C 到大地，試求短路電流的相量值（以安培表示），如果每一部發電機以它的次暫態電抗來表示。

c. 在 **b** 部分的情況下，試求由每一部發電機所提供的百萬伏安。

3.34 圖 3.46 的發電機、馬達及變壓器額定為

發電機 1： 20 MVA，18 kV，$X_d'' = 20\%$
發電機 2： 20 MVA，18 kV，$X_d'' = 20\%$
同步馬達 3： 30 MVA，13.8 kV，$X_d'' = 20\%$
三相 Y-Y 變壓器：20 MVA，138 Y/20 Y kV，$X = 10\%$
三相 Y-Δ 變壓器：15 MVA，138 Y/13.8 Δ kV，$X = 10\%$

a. 試繪製電力系統的阻抗圖。以標么值標示阻抗。忽略電阻且以 40 Ω 線路的 50 MVA，138 kV 為基準。

b. 假設系統為無載且遍布系統的電壓為 1.0 標么，以 **a** 部分所選擇的為基準。如果三相短路發生在匯流排 C 到大地，試求短路電流的相量值（以安培表示），如果每一部發電機以它的次暫態電抗來表示。

c. 在 **b** 部分的情況下，試求由每一部同步機所提供的百萬伏安。

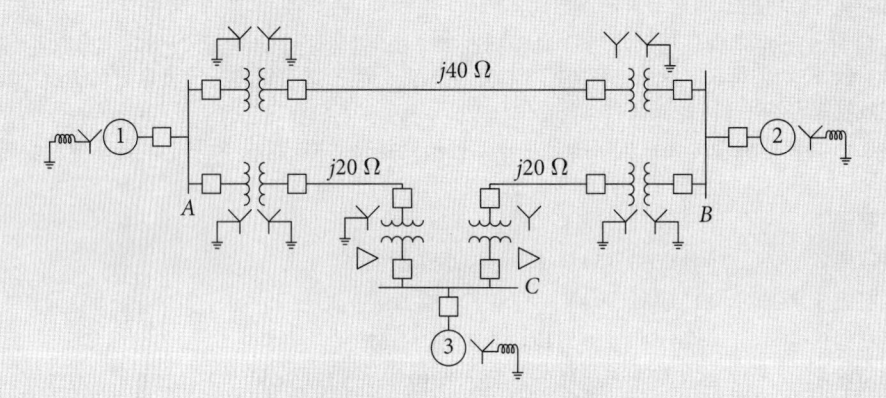

圖 3.46 問題 3.34 的單線圖

Chapter 4
輸電線路參數

　　有四個會影響電力輸電線路自身功能的參數：電阻 (resistance)、電感 (inductance)、電容 (capacitance) 及電導 (conductance)。本章中我們會先討論前三個參數，而第四個參數——電導，存在於導體之間或導體與大地之間，它說明了架空線路絕緣體及經由電纜絕緣的漏電流。因為架空線路絕緣體的洩漏電流很小，可以忽略不計，而架空線路導體之間的電導通常也都忽略不計。另一個忽略電導的理由是，因為它極為容易變化，並沒有好的方法可以處理它。絕緣體的洩漏為電導的主要來源，隨著大氣的狀況及絕緣物堆積灰塵的程度而有很大的變化。而電暈 (corona) 係由於導體周圍空氣中所存在的電壓梯度超過限制而離子化發光放電；它造成線路間的洩漏，且隨著大氣狀況有極大變化。幸運的是，電導對於並聯導納的影響可以忽略不計。

　　電路的某些特性可以由電場、磁場及伴隨的電流來解釋，圖 4.1 顯示一個單相線路及相關的磁場與電場。磁通線形成一個封閉迴路與電路互

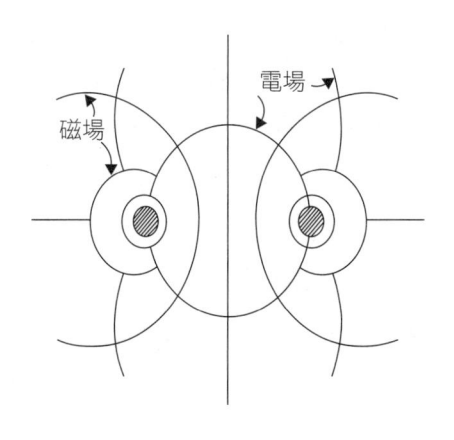

圖 4.1　二線線路的磁場及電場

鏈，而電通線由導體的正電荷出發，至另一個導體的負電荷終止。

導體中的電流變化時會造成電路磁通鏈數量的改變，而電路磁通鏈的改變會於電路中感應出電壓，此電壓與磁通的變化率成正比。電路的電感與電流變化率造成磁通變化所產生的電壓有關。存在於導體之間的電容定義為導體間每單位電位差於導體上所形成的電荷。

電阻及電感沿著線路均勻分布形成阻抗，存在於單相線路的導體之間或三相線路中導體至中性線之間的電導及電容形成並聯導納。雖然電阻、電感及電容為均勻分布，惟線路的等效電路是由集總參數所構成。

輸電線路的電容是導體間的電位差所造成之結果，而此電位差使得兩導體間呈充電狀態，如同電容器兩平行板間若有電位差存在時，將會對電容器充電。導體間的電容為每單位電位差的電荷。並聯導體間的電容為一定值，且依導體的尺寸及空間而定。針對長度小於 80 公里（50 英里）的電力線，其電容的效應極輕且經常被忽略不計；而針對較高電壓且較長線路時，電容乃漸形重要。

輸電線路的交流電壓使任一位置的導體充電，其隨著該位置導體間的瞬時電壓增加或降低而增加或降低。電荷的流動為電流，因交流電壓產生線路的充、放電之交替作用所引起的電流稱為線路充電電流 (charging current)。因為電容是並聯於導體之間，即使線路斷開，其充電電流仍於輸電線上流動。充電電流影響輸電線路的壓降、效率與線路的功因，及線路所屬系統的穩定度。

4.1 導體的電阻

早期的電力傳輸常以銅為導體，現在架空線路中鋁導體已完全取代銅，這是因為鋁導體與銅導體在相同電阻情形下比較時，鋁導體的成本較低、重量較輕。在相同電阻的情況下，鋁導體的直徑比銅導體大，亦為鋁導體的優點之一。當電壓相同時，直徑較大的導線自導體發出的電通量在導體表面會較為分散；也就是直徑較大的導線，其表面的電壓梯度會較低，並且會減少導體周圍空氣的游離傾向。而游離化現象會造成本章一開始所介紹的不良效果，稱之為電暈 (corona)。

以下列出幾種不同型式的鋁導體記號：

AAC　　　全鋁線 (all-aluminum conductor)

AAAC	全鋁合金線 (all-aluminum-alloy conductor)
ACSR	鋼芯鋁絞線 (aluminum conductor, steel-reinforced)
ACAR	合金芯鋁絞線 (aluminum conductor, alloy-reinforced)

鋁合金導線比一般導體級的鋁線具有較高的抗張強度。ACSR 是由若干股鋼線絞合成芯，芯外再絞以若干層鋁線製成。而 ACAR 則以高強度的合金線為芯，外面再絞以若干層導電級鋁線。

每一層絞合導線的各個導線層都以相反方向採螺旋狀盤繞方式以防鬆脫，並使內、外層圓心一致。絞合的目的是要獲得較大截面積的彈性。而絞線的股數端賴絞線的層數及各股的直徑是否相同而定。當電纜各個環狀層皆以相同直徑的導線填滿時，同心絞合電纜的總股數可能會是 7、19、37、61、91 或更多。

圖 4.2 顯示典型鋼芯鋁線電纜的截面積。

如圖所示，此電纜由 7 股的鋼線絞合成芯，外面再環繞 2 層鋁線，總共 24 股。此種導體的標準表示法為 24 A1/7 St，或簡化為 24/7。如果用鋼線及鋁線做不同的組合，將可獲得不同的抗張強度、電流容量及尺寸的導體。一種稱為擴張型的 ACSR 導體，用紙將內層鋼股及外層鋁股區隔開。紙的功用可使具有相同導電係數及抗張強度的電纜獲得較大的直徑（因此有較小的電量），擴張型的 ACSR 用於某些超高壓線路。

附錄表 3 顯示 ACSR 的一些電氣特性，為了便於參考，表中所使用的編碼名稱都是鋁業界慣用語。

輸電線路導體的電阻，是造成輸電線路功率損失最重要的因素。電阻一詞如果沒有特別指定，一般都是指有效電阻 (effective resistance)。而一導體的有效電阻為：

$$R = \frac{導體之功率損失}{|I|^2} \quad \Omega \tag{4.1}$$

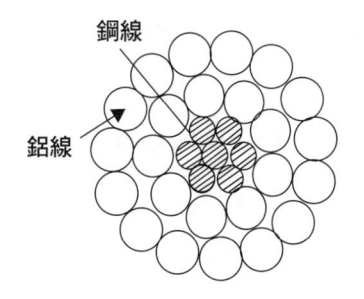

圖 4.2 ACSR 的截面積，7 股鋼線及 24 股鋁線

式中功率的單位為瓦特，I 為導體電流的均方根值，以安培為單位。而有效電阻只有當電流在導體各截面積內做均勻分布時才會等於直流電阻。在複習一些直流電阻的基本概念後，我們會簡略討論電流作不均勻分布的情形。

直流電阻可以用下列式子表示

$$R_0 = \frac{\rho l}{A} \quad \Omega \tag{4.2}$$

式中 ρ = 導體的電阻率
　　l = 長度
　　A = 截面積

上式可用於任何單位。在 SI 單位中，l 為公尺，A 為平方公尺，ρ 為歐姆—公尺 (ohm-meter)[1]。在美國電力界，l 為英尺，A 為圓密爾，ρ 為每英尺單位歐姆—圓密爾 (ohm-circular mils per foot)，有時候稱為歐姆每單位圓密爾—英尺。

1 圓密爾為直徑 1 密爾的圓之面積，而密爾等於 10^{-3} 英寸。以圓密爾表示的實心圓柱導體，其截面積等於此導體直徑之密爾數的平方再乘以 $\pi/4$。因為美國製造商及某些國家採用圓密爾來表示截面積，我們乃沿用此單位。

導電係數的國際標準是採用軟銅的導電係數，商業用硬抽銅的導電係數是標準軟銅的 97.3%，而鋁的導電係數是標準軟銅的 61%。在 20°C 時。硬抽銅的導電係數為 1.77×10^{-8} 歐姆·公尺（10.66 歐姆·圓密爾 / 英尺），而鋁在 20°C 之電阻係數為 2.83×10^{-8} 歐姆·公尺（17.00 歐姆·圓密爾 / 英尺）。

絞合導體的直流電阻值較 (4.2) 式的計算所得還要大一些，這是因為經過絞繞後的導體其長度會增加。所以在 1 英里長的導體中除了中心那一股線之外，電流在其餘股導線上實際流過的線路長度大於 1 英里。由於導線絞繞後電阻會增加，針對一條 3 股的絞線，其電阻約增加 1%，對於同心絞線則約增加 2%。

在正常範圍使用時，金屬導體的電阻變化與溫度成線性關係。如果

---

[1] SI 為國際單位制 (International System of Units) 的正式名稱。

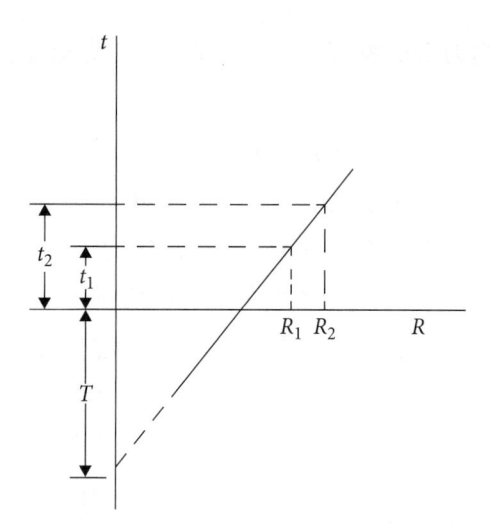

圖 **4.3** 金屬導體的電阻為溫度的函數

溫度畫在垂直軸，而電阻在水平軸上，則如圖 4.3 所示。如果將此直線延長，則可以得到電阻隨溫度變化的關係。延伸線在電阻值為零時與溫度軸的相交點為材料常數。

從圖 4.3 中的幾何關係，可得

$$\frac{R_2}{R_1} = \frac{T + t_2}{T + t_1} \tag{4.3}$$

式中 R_1 與 R_2 為導體分別在溫度 t_1 與 t_2 時的電阻，溫度單位為攝氏，T 是由圖形所決定的常數。在攝氏溫度下的常數 T 值如下所示：

$$T = \begin{cases} 234.5 & \text{用於導電係數為 100\% 的軟銅} \\ 241 & \text{用於導電係數為 97.3\% 的硬抽銅} \\ 228 & \text{用於導電係數為 61\% 的硬抽鋁} \end{cases}$$

只有在直流情況下，電流才能均勻分布在導體截面積內。當交流電流增加時，非均勻分布會更為明顯。而頻率增加會造成不均勻的電流密度，此種現象稱之為集膚效應 (skin effect)。在一個圓形導體中，電流密度通常自內部向表面逐漸增加。然而，對於一個直徑足夠大的導體，電流密度振盪或許會與中心輻射距離有關。

在討論電感時會看到，一些磁通線存在於導體內部。導體表面並未與內部磁通相交鏈，導體表面的磁通鏈較導體內部的磁通鏈來得少。交流磁通在導體內部所產生的感應電壓會比導體表面產生的感應電壓來得高。依據冷次定律 (Lenz's law)，感應電壓與產生此電壓的電流變化相反，而內部較高的感應電壓會造成接近導體表面的電流密度較高，因而造成較高的有

效電阻。即使在電力系統頻率下，集膚效應對於較大的導體而言仍是一項重要因子。

對於各種不同型式導體的直流電阻，可以由 (4.2) 式簡易地求得，並且可以估計因絞繞所增加的電阻大小，因溫度影響所做的修正也可以從 (4.3) 式求出。圓形導體與實心材料製成的管狀導體，由集膚效應而增加的電阻也可以算出，這些簡單導體的 R/R_0 曲線可以查得[2]。然而，此資訊是不需要的，因為製造商會提供所製作的導體之電氣特性。附錄表 A.3 呈現一些可用資料。

例題 4.1

全鋁導線的電氣特性包括在 20°C 時直流電阻 0.05118 Ω/km（或每 1000 英尺 0.01558 歐姆），及 50°C 的交流電阻為 0.05942 Ω/km（或 0.0956 Ω/mi），該導體共有 61 股，其截面積為 563.965 mm^2（或 1,113,000 cmil）。證明其直流電阻及交流電阻與直流電阻的比值。

解：從 (4.2) 式，在 20°C 時該導體電阻增加 2%，鋁在 20°C 時電阻係數為 2.83×10^{-8} Ω·m（或 17.00 Ω·cmil/ft）

$$R_0 = \frac{2.83 \times 10^{-8} \times 1000}{563.965 \times 10^{-6}} \times 1.02 = 0.05118 \, \Omega \text{ 每 km}$$

從 (4.3) 式可得溫度為 50°C 時

$$R_0 = 0.05118 \frac{228 + 50}{228 + 20} = 0.05737 \, \Omega \text{ 每 km}$$

則，

$$\frac{R}{R_0} = \frac{0.05942}{0.05737} = 1.0357$$

集膚效應造成電阻增加約 3.6%，同樣的結果也可以從使用每 1000 英尺歐姆、Ω/mi 及 cmil 的單位計算求得。

例題 4.1 的 MATLAB 程式 (ex4_1.m)

```
% M-file for Example 4.1: ex4_1.m
% Clean previous value
clc
clear all
% Initial values
size=(1113*10^3)*(5.067*10^(-4)); % m^2
```

---

[2] 請參閱 Aluminum Association, *Aluminum Electrical Conductor Handbook*, 2nd ed., Washington, DC, 1982。

```
t1=20;              % Temperature (Celsius degrees)
t2=50;              % Temperature (Celsius degrees)
R0=(2.83*10^-8*1000*1.02)/563.965*10^-6;
R2=0.0594;          % ohm/km
% Solution
% At t=20 (Celsius degrees) from Eq. (4.2) with an increase of 2%
for concentrically stranded conductors
disp('Calculate density of Alumium at 20 °C ')
disp([' Alumium at 20 °C is ',num2str(R0),' Ω per 1000 m '])
% At t=50 (Celsius degrees) from Eq. (4.3)
disp('Calculate density of Alumium at 50 °C by the density of Alu-
mium at 20 °C')
R0_2=R0*(228+t2)/(228+t1);    % ohm per 1000 m
disp('   R_50C=R_20C*(228+50)/(228+20);')
disp([' Alumium at 50 °C is ',num2str(R0_2),'  Ω per 1000 m '])
% Skin effect causes a 3.7% increase in resistance
ratio=R2/R0_2;
disp([' Skin effect causes a ',num2str(ratio-1),' increase in
resistance '])
```

4.2 輸電線路的串聯阻抗

輸電線路的電感可以由每安培的磁通鏈計算獲得，如果導磁係數 (μ) 為常數，由正弦電流產生與電流同相的正弦變化磁通。所產生的磁通鏈可以表示成相量 λ，且

$$L = \frac{\lambda}{I} \tag{4.4}$$

如果 i 為電流瞬時值，在 (4.4) 式中以相量 I 取代，則 λ 為 i 所產生的瞬時磁通鏈之值，磁通鏈的單位為韋伯—匝，Wbt。

圖 4.1 只顯示導體外部的磁通線。然而，如同我們討論集膚效應時所提及的，一些磁場存在於導體的內部。而導體內部磁通線的變化，在電路上也會產生感應電壓，因此產生電感。由內部磁通所產生的電感值可以由磁通鏈與電流的比值求得，而要考慮到內部磁通的每一條線只和總電流的一部分交鏈的事實。

為了要獲得輸電線路的電感精確數值，必須考慮每一導體的內部磁通及外部磁通。讓我們考慮一條長的圓柱型導體，其截面如圖 4.4 所示。

假設導體內的電流迴路離此甚遠，且對於所示的導體磁場沒有明顯的

圖 4.4 圓柱型導體的截面

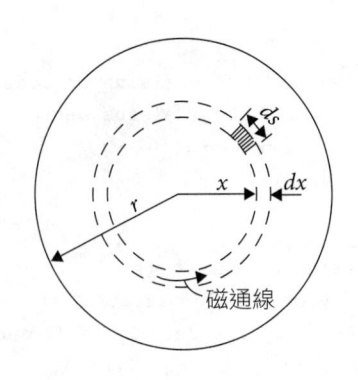

磁通線

影響，則磁通線與導體為同一中心。

　　由安培定律，環繞任一封閉路徑以安培—匝表示的磁動勢等於此封閉路徑內所包圍的淨電流。磁動勢等於磁場強度正切此繞封閉路徑成分的線積分，寫成 (4.5) 式：

$$\text{mmf} = \oint H \cdot ds = I \quad \text{At} \tag{4.5}$$

式中 H = 磁場強度，安匝 / 公尺 (At/m)

　　　s = 沿著路徑的距離，公尺

　　　I = 圍繞的電流，安培

注意到，H 與 I 以相量顯示，此乃代表正弦交流量，因為此處所採用為交流電流及直流電流。為了簡化，電流 I 被視為直流，而 H 為一實數。在 H 與 ds 之間再次使用小圓點，此代表 H 的值為磁場強度對於 ds 的正切成分。

　　令距離導體中心 x 公尺處的磁場強度為 H_x，因為磁場為對稱的，因此距離導體中心等距之處的所有點之 H_x 均為定值。如果 (4.5) 式的積分是沿著距離導體中心為 x 公尺的圓上進行，則 H_x 在此圓上的各點均為定值，並且都與該圓正切。(4.5) 式變成

$$\oint H_x ds = I_x \tag{4.6}$$

及

$$2\pi x H_x = I_x \tag{4.7}$$

式中 I_x 為封閉環路中的電流。然後，假設電流密度為均勻分布，

$$I_x = \frac{\pi x^2}{\pi r^2} I \tag{4.8}$$

上式中 I 為導體上的總電流，將 (4.8) 式代入 (4.7) 式中，並求解 H_x，可得

$$H_x = \frac{x}{2\pi r^2} I \quad \text{At/m} \tag{4.9}$$

距離導體中心 x 公尺的磁通密度為

$$B_x = \mu H_x = \frac{\mu x I}{2\pi r^2} \quad \text{Wb/m}^2 \tag{4.10}$$

式中 μ 為導體的導磁係數 [3]。

取管狀分布的厚度為 dx，則磁通 $d\phi$ 等於 B_x 乘以垂直於磁通線成分的截面積，此面積為 dx 與軸向長度的乘積。每公尺長度的磁通為

$$d\phi = \frac{\mu x I}{2\pi r^2} dx \quad \text{Wb/m} \tag{4.11}$$

每公尺長度的磁通鏈 $d\lambda$ 為管狀成分的磁通所造成，其等於每公尺長度的磁通與互鏈部分的電流相乘積，因此

$$d\lambda = \frac{\pi x^2}{\pi r^2} d\phi = \frac{\mu I x^3}{2\pi r^4} dx \quad \text{Wbt/m} \tag{4.12}$$

為求解導體內部總磁通鏈 λ_{int}，將自導體中心至導體最外邊緣作積分，可得

$$\lambda_{\text{int}} = \int_0^r \frac{\mu I x^3}{2\pi r^4} dx = \frac{\mu I}{8\pi} \quad \text{Wbt/m} \tag{4.13}$$

如果相對導磁係數為 1，則 $\mu = 4\pi \times 10^{-7}$ H/m，且

$$\lambda_{\text{int}} = \frac{I}{2} \times 10^{-7} \quad \text{Wbt/m} \tag{4.14}$$

$$L_{\text{int}} = \frac{1}{2} \times 10^{-7} \quad \text{H/m} \tag{4.15}$$

我們已經計算出僅由圓導體內部磁通所產生的每公尺長度電感（每公尺亨利，H/m）；為了方便起見，今後我們將每公尺長度的電感簡稱為電感，但是必須注意要使用正確的單位。

接下來，我們來推導隔離導體的磁通鏈。此磁通鏈為僅由位於導體中心 D_1 及 D_2 兩點間的外部磁通。圖 4.5 中的 P_1 及 P_2 為此兩點。

導體的電流為 I 安培，因為磁通路徑為圍繞導體的同心圓，所有介於 P_1 與 P_2 之間的磁通落在分別通過 P_1 與 P_2 兩點之同心圓柱表面（以實心

---

[3] 在 SI 單位中，自由空間的導磁係數為 $\mu_0 = 4\pi \times 10^{-7}$ H/m，而相對導磁係數為 $\mu_r = \mu/\mu_0$。

圖 4.5 導體與外部兩點 P_1 及 P_2

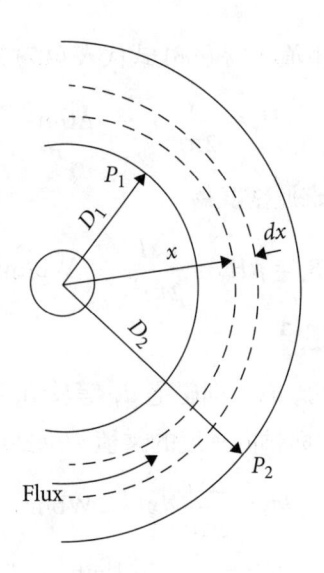

圓線來表示）。而距離導體中心 x 公尺處的管狀元件，其磁場強度為 H_x。圍繞元件的磁動勢為

$$2\pi x H_x = I \tag{4.16}$$

解出 H_x，並乘以 μ，則可獲得此元件中的磁通密度 B_x。所以

$$B_x = \frac{\mu I}{2\pi x} \quad \text{Wb/m}^2 \tag{4.17}$$

在厚度為 dx 的管狀成分上之磁通 $d\phi$ 為

$$d\phi = \frac{\mu I}{2\pi x} dx \quad \text{Wb/m} \tag{4.18}$$

每公尺磁通鏈 $d\lambda$ 在數值上會等於磁通 $d\phi$，因為導體外部的磁通與導體內的所有電流只交鏈一次。所以，P_1 與 P_2 之間的磁通鏈為

$$\lambda_{12} = \int_{D_1}^{D_2} \frac{\mu I}{2\pi x} dx = \frac{\mu I}{2\pi} \ln \frac{D_2}{D_1} \quad \text{Wbt/m} \tag{4.19}$$

或者，針對相對導磁係數為 1

$$\lambda_{12} = 2 \times 10^{-7} I \ln \frac{D_2}{D_1} \quad \text{Wbt/m} \tag{4.20}$$

所以只由介於 P_1 與 P_2 兩點間的磁通所產生的電感為

$$L_{12} = 2 \times 10^{-7} \ln \frac{D_2}{D_1} \quad \text{H/m} \tag{4.21}$$

單相二線的電感　我們現在可以求解由實心圓導體組成的簡單二線之電感。圖 4.6 顯示一條線路有二個半經分別為 r_1 與 r_2 的導體，其中一導體為另一導體的回路。首先只考慮由導體 1 的電流所產生的磁通鏈。距離導體 1 中心等於或大於 $D+r_2$ 之處所建立的磁通線並未與電路互鏈。在距離小於 $D-r_2$ 之處，與磁通線交鏈的總電流的一部分為 1.0。因此，當 D 比 r_1 及 r_2 大很多時，則可假設以 D 來取 $D-r_2$ 或 $D+r_2$。事實上，當 D 很小時，這種假設下的計算可以被證明是正確的。

我們將 (4.15) 式求解出的內部磁通產生的電感加上由 (4.21) 式求解之外部磁通產生的電感，並將 r_1 取代 D_1 且將 D 取代 D_2，可得

$$L_1 = \left(\frac{1}{2} + 2\ln\frac{D}{r_1}\right) \times 10^{-7} \qquad \text{H/m} \tag{4.22}$$

此項為只有導體 1 的電流在電路上所產生的電感。

由 (4.22) 式提出因子並注意到 $\ln e^{1/4} = 1/4$，電感可以更為精簡的型式來表示，所以

$$L_1 = 2 \times 10^{-7} \left(\ln e^{1/4} + \ln\frac{D}{r_1}\right) \tag{4.23}$$

合併項次可得

$$L_1 = 2 \times 10^{-7} \ln\frac{D}{r_1 e^{-1/4}} \tag{4.24}$$

如果以 r_1' 取代 $r_1 e^{-1/4}$，則

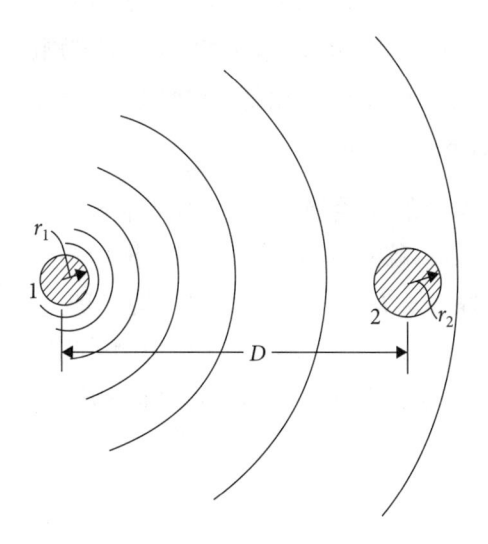

圖 4.6　不同導體的半徑與僅由其中之一導體電流所產生的磁場

$$L_1 = 2 \times 10^{-7} \ln \frac{D}{r'_1} \qquad \text{H/m} \qquad (4.25)$$

上式中 r'_1 為一個假想導體的半徑，並假設沒有內部磁通，但是其產生之電感與半徑為 r_1 的實際導體相同。$e^{-1/4}$ 等於 0.7788。(4.25) 式忽略內部磁通，但是使用一個可調整的導體半徑來補償。為了計算內部磁通，乘以因子 0.7788 來調整半徑，此僅適用於實心圓導體，稍後我們會考慮其他導體。

因為導體 2 的電流流向與導體 1 的電流方向相反（或是二者反向 180°），由導體 2 的電流所產生的磁通鏈與導體 1 的電流經電路所產生的磁通鏈具有相同的方向。由二個導體所產生的合成磁通，為此二導體所產生的磁動勢之和。然而，當導磁係數為定值時，此二導體所產生之磁通鏈（如同電感一樣）可視為個別磁通鏈相加。

與 (4.25) 式比較，由導體 2 所產生的電感為

$$L_2 = 2 \times 10^{-7} \ln \frac{D}{r'_2} \qquad \text{H/m} \qquad (4.26)$$

針對完整電路

$$L = L_1 + L_2 = 4 \times 10^{-7} \ln \frac{D}{\sqrt{r'_1 r'_2}} \qquad \text{H/m} \qquad (4.27)$$

如果 $r'_1 = r'_2 = r'$，總電感簡化成

$$L = 4 \times 10^{-7} \ln \frac{D}{r'} \qquad \text{H/m} \qquad (4.28)$$

電感值有時稱之為每公尺環路 (inductance per loop meter) 或每英里環路 (per loop mile) 的電感，此係為了區分僅由單一導體電流對電路所產生的電感成分。如 (4.25) 式所示，單相線路的總電感之一半稱之為每一個導體的電感 (inductance per conductor)。

一群導體中單一導體的磁通鏈 由一群電流和為零之導體中的一個導體所產生的問題會比二線線路更為常見。圖 4.7 顯示一導體群，導體 1，2，3，...，n 的電流分別為 I_1，I_2，I_3，...，I_n。點 P 與這些導體的距離標示為 D_{1P}，D_{2P}，D_{3P}，...，D_{nP}。求解 λ_{1P1}，由導體 1 的電流 I_1 所產生的磁通鏈包括內部磁通鏈，但不包括 P 點以外的磁通。藉由 (4.14) 式及 (4.20) 式可得

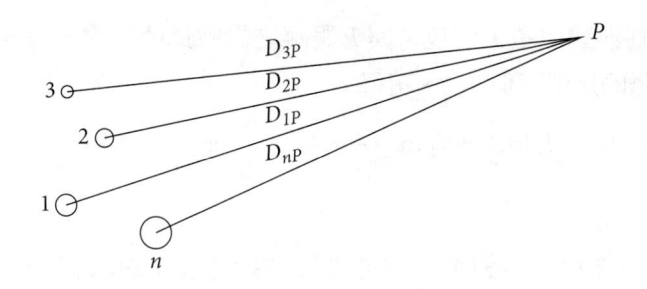

圖 4.7 電流和為零的 n 個導體群截面圖，點 P 遠離導體群

$$\lambda_{1P1} = \left(\frac{I_1}{2} + 2I_1 \ln \frac{D_{1P}}{r_1}\right) \times 10^{-7} \tag{4.29}$$

$$\lambda_{1P1} = 2 \times 10^{-7} I_1 \ln \frac{D_{1P}}{r_1'} \quad \text{Wbt/m} \tag{4.30}$$

電流 I_2 在導體 1 上所產生的磁通鏈 λ_{1P2}，但不包含 P 點以外的磁通鏈，會等於 I_2 在 P 點與導體 1 之間產生的磁通鏈（也就是，導體 2 在有限距離 D_{2P} 與 D_{12} 所產生的磁通鏈），所以

$$\lambda_{1P2} = 2 \times 10^{-7} I_2 \ln \frac{D_{2P}}{D_{12}} \tag{4.31}$$

由導體群之所有導體對導體 1 所產生的磁通鏈 λ_{1P}，但不包括 P 點以外的磁通

$$\lambda_{1P} = 2 \times 10^{-7} \left(I_1 \ln \frac{D_{1P}}{r_1'} + I_2 \ln \frac{D_{2P}}{D_{12}} + I_3 \ln \frac{D_{3P}}{D_{13}} + \ldots + I_n \ln \frac{D_{nP}}{D_{1n}}\right) \tag{4.32}$$

將上式中的對數展開並重新整理，可得

$$\begin{aligned}\lambda_{1P} = 2 \times 10^{-7} \Big(&I_1 \ln \frac{1}{r_1'} + I_2 \ln \frac{1}{D_{12}} + I_3 \ln \frac{1}{D_{13}} + \ldots + I_n \ln \frac{1}{D_{1n}} \\ &+ I_1 \ln D_{1P} + I_2 \ln D_{2P} + I_3 \ln D_{3P} + \ldots + I_n \ln D_{nP}\Big)\end{aligned} \tag{4.33}$$

因為導體群中的所有電流和為零

$$I_1 + I_2 + I_3 + \ldots + I_n = 0$$

求解 I_n，可得

$$I_n = -(I_1 + I_2 + I_3 + \ldots + I_{n-1}) \tag{4.34}$$

將 (4.34) 式代入 (4.33) 式包含 I_n 的第二項，再合併一些對數項，可得

$$\begin{aligned}\lambda_{1P} = 2 \times 10^{-7} \Big(&I_1 \ln \frac{1}{r_1'} + I_2 \ln \frac{1}{D_{12}} + I_3 \ln \frac{1}{D_{13}} + \ldots + I_n \ln \frac{1}{D_{1n}} \\ &+ I_1 \ln \frac{D_{1P}}{D_{nP}} + I_2 \ln \frac{D_{2P}}{D_{nP}} + I_3 \ln \frac{D_{3P}}{D_{nP}} + \ldots + I_{n-1} \ln \frac{D_{(n-1)P}}{D_{nP}}\Big)\end{aligned} \tag{4.35}$$

將 P 點移往無窮處遠，則包含與 P 距離之對數比的項次會變成無限小，因為此距離的比值近似於 1，可得

$$\lambda_1 = 2 \times 10^{-7} \left(I_1 \ln \frac{1}{r'_1} + I_2 \ln \frac{1}{D_{12}} + I_3 \ln \frac{1}{D_{13}} + \ldots + I_n \ln \frac{1}{D_{1n}} \right) \quad \text{Wbt/m} \tag{4.36}$$

藉由令 P 點移動至無窮遠，上述推導包括導體 1 的所有磁通鏈。因此 (4.36) 式表示一導體群中之導體 1 的全部磁通鏈，且全部電流的和為零。如果電流為交流，則必須表示成瞬時電流獲得瞬時磁通鏈，或利用複數之 RMS 值去求解磁通鏈的 RMS 值。

複合導體線路之電感　絞合導體屬於複合 (composite) 導體的一種分類，而所謂的複合導體包括兩個或更多個元素或股數平行並列。我們的探討僅限於所有的線股均相同，且分擔相同的電流。特殊導體的內部電感值通常可以從不同的製造商取得，並可以從手冊中找到。而所推導的方法可適用於非均質導體及線股間電流不相同的複雜問題。此方法能應用在求解平行線路的電感，因為兩條平行導體可以視為單一複合導體之線股。

圖 4.8 顯示由兩個導體所組成的單相線路。為了更一般化，構成線路一側的每一個導體的位置均為任意安排，且導體數目並非定值。唯一的限制為各平行線股均為圓柱形，且分擔的電流均相等。複合導體 X 由 n 條相同且載有 I/n 電流的平行線股所組成，複合導體 Y 為導體 X 電流的回流，由 m 條相同且載有 –I/m 電流之平行線股所組成。各元件之間的距離以帶有適當下標的字母 D 來表示。將 (4.36) 式應用到導體 X 的 a 線股上，則可獲得線股 a 的磁通鏈

$$\begin{aligned}\lambda_a &= 2 \times 10^{-7} \frac{I}{n} \left(n \frac{1}{r'_a} + \ln \frac{1}{D_{ab}} + \ln \frac{1}{D_{ac}} + \ldots + \ln \frac{1}{D_{an}} \right) \\ &\quad - 2 \times 10^{-7} \frac{I}{m} \left(\ln \frac{1}{D_{aa'}} + \ln \frac{1}{D_{ab'}} + \ln \frac{1}{D_{ac'}} + \ldots + \ln \frac{1}{D_{am}} \right)\end{aligned} \tag{4.37}$$

圖 4.8　兩複合導體所組成的單相線路

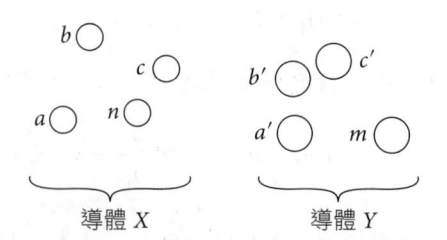

由此可得

$$\lambda_a = 2 \times 10^{-7} I \ln \frac{\sqrt[m]{D_{aa'}D_{ab'}D_{ac'}\ldots D_{am}}}{\sqrt[n]{r'_a D_{ab}D_{ac}\ldots D_{an}}} \quad \text{Wbt/m} \quad (4.38)$$

將 (4.38) 式除以電流 I/n，可求得線股 a 的電感

$$L_a = \frac{\lambda_a}{I/n} = 2n \times 10^{-7} \ln \frac{\sqrt[m]{D_{aa'}D_{ab'}D_{ac'}\ldots D_{am}}}{\sqrt[n]{r'_a D_{ab}D_{ac}\ldots D_{an}}} \quad \text{H/m} \quad (4.39)$$

同樣地，線股 b 的電感為

$$L_b = \frac{\lambda_b}{I/n} = 2n \times 10^{-7} \ln \frac{\sqrt[m]{D_{ba'}D_{bb'}D_{bc'}\ldots D_{bm}}}{\sqrt[n]{D_{ba}r'_b D_{bc}\ldots D_{bn}}} \quad \text{H/m} \quad (4.40)$$

則導體 X 所有線股的平均電感為

$$L_{av} = \frac{L_a + L_b + L_c + \ldots + L_n}{n} \quad (4.41)$$

導體 X 是由 n 條線股電氣並聯而成。如果所有的線股具有相同的電感，則導體的電感會是一根線股電感的 $1/n$ 倍。此處所有線股的電感不同，但是因為所有線股均並聯，因此線股的電感為平均電感的 $1/n$ 倍。如此，導體 X 的電感為

$$L_X = \frac{L_{av}}{n} = \frac{L_a + L_b + L_c + \ldots + L_n}{n^2} \quad (4.42)$$

將對數表示代入 (4.42) 式中的每一根線股之電感並將其組合，可得

$$L_X = 2 \times 10^{-7} \times \ln \frac{\sqrt[mn]{(D_{aa'}D_{ab'}D_{ac'}\ldots D_{am})(D_{ba'}D_{bb'}D_{bc'}\ldots D_{bm})\ldots(D_{na'}D_{nb'}D_{nc'}\ldots D_{nm})}}{\sqrt[n^2]{(D_{aa}D_{ab}D_{ac}\ldots D_{an})(D_{ba}D_{bb}D_{bc}\ldots D_{bn})\ldots(D_{na}D_{nb}D_{nc}\ldots D_{nn})}} \quad \text{H/m}$$

$$(4.43)$$

式中 r'_a、r'_b 及 r'_n 分別由 D_{aa}、D_{bb} 及 D_{nn} 予以取代，如此讓表示式顯得更為對稱。

注意到 (4.43) 式中對數的分子部分為 mn 項的第 mn 次方根，此項為導體 X 中的所有 n 條線股至導體 Y 中的所有 m 條線股之間的距離乘積。因為導體 X 中的每一條線股對導體 Y 的線股有 m 個距離，而導體 X 有 n 條線股。針對 n 線股中每一條線股的 m 個距離的乘積形成 mn 項。mn 個距離的乘積之第 mn 次方根稱之為導體 X 與導體 Y 之間的幾何平均距離 (geometric mean distance)，簡寫成 D_m 或 GMD，也稱為兩導體之間的互幾何平均距離。

換句話說，(4.43) 式中對數項的分母為 n^2 項的 n^2 根。導體 X 有 n 條線股，且對每一條線股都各有 n 項包含 r'，此為該線股與其本身及其他線股間的距離乘積。上面已針對 n^2 項作一說明。有時會將 r'_a 稱為線股 a 與其本身的距離，特別將其訂為 D_{aa}。分母中的根號項可以說是導體中每一條線股與它本身及其他線股距離的乘積。這些項的 n^2 根稱為導體 X 的自幾何平均距離 (self GMD)，個別線股的 r' 稱為該線股的自幾何平均距離。自幾何平均距離也稱為幾何平均半徑 (geometric mean radius) 或寫成 GMR。而正確的數學表示為自幾何平均距離，但是一般實際使用上仍以 GMR 較多。為了確認這種慣例，我們使用 GMR，並以 D_s 來表示。

以 D_m 及 D_s 來表示的話，(4.43) 式變成

$$L_X = 2 \times 10^{-7} \ln \frac{D_m}{D_s} \quad \text{H/m} \tag{4.44}$$

讀者應將 (4.44) 式與 (4.25) 式加以比較。

導體 Y 的電感可用相同的方式求出，且線路的電感為

$$L = L_X + L_Y$$

例題 4.2

一單相輸電線路的其中一個電路，是由三條半徑為 0.25 公分的實心導線組成。而其回路由兩條半徑為 0.5 公分的導線組成。導體的配置如圖 4.9 所示。試求由線路每一邊的電流所產生的電感，及全線路的電感，以每公尺亨利（及每英里毫亨利）表示。

解： 求 X 與 Y 兩側間的 GMD：

$$D_m = \sqrt[6]{D_{ad}D_{ae}D_{bd}D_{be}D_{cd}D_{ce}}$$

$$D_{ad} = D_{be} = 9\text{m}$$

$$D_{ae} = D_{bd} = D_{ce} = \sqrt{6^2 + 9^2} = \sqrt{117}$$

$$D_{cd} = \sqrt{9^2 + 12^2} = 15 \text{ m}$$

$$D_m = \sqrt[6]{9^2 \times 15 \times 117^{3/2}} = 10.743 \text{ m}$$

再來求解 X 側的 GMR

$$D_s = \sqrt[9]{D_{aa}D_{ab}D_{ac}D_{ba}D_{bb}D_{bc}D_{ca}D_{cb}D_{cc}}$$
$$= \sqrt[9]{(0.25 \times 0.7788 \times 10^{-2})^3 \times 6^4 \times 12^2} = 0.481 \text{ m}$$

圖 4.9 例題 4.2 的導體配置

針對 Y 側

$$D_s = \sqrt[4]{(0.5 \times 0.7788 \times 10^{-2})^2 \times 6^2} = 0.153 \text{ m}$$

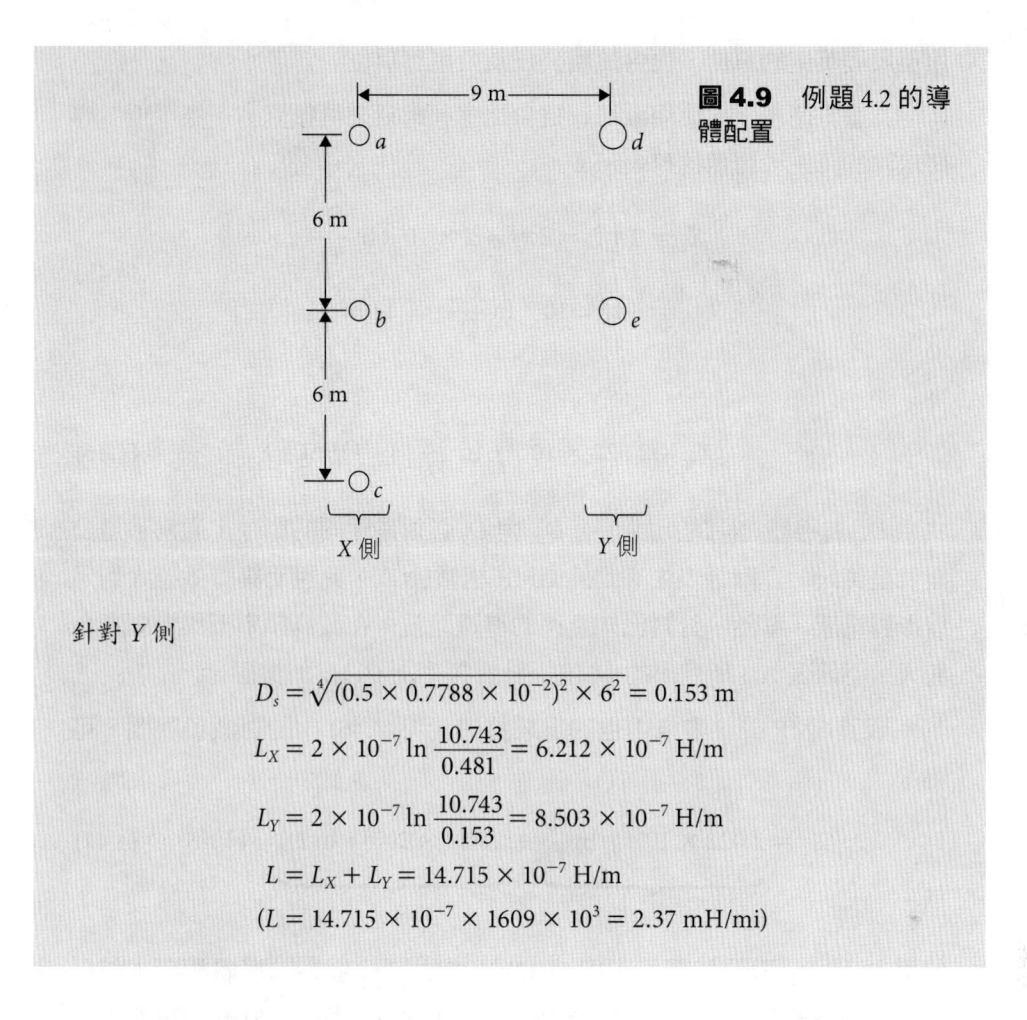

$$L_X = 2 \times 10^{-7} \ln \frac{10.743}{0.481} = 6.212 \times 10^{-7} \text{ H/m}$$

$$L_Y = 2 \times 10^{-7} \ln \frac{10.743}{0.153} = 8.503 \times 10^{-7} \text{ H/m}$$

$$L = L_X + L_Y = 14.715 \times 10^{-7} \text{ H/m}$$

$$(L = 14.715 \times 10^{-7} \times 1609 \times 10^3 = 2.37 \text{ mH/mi})$$

例題 4.2 中於線路一側的導體互相並聯，並彼此分開 6 公尺，而線路兩側間的距離為 9 公尺，此時互幾何平均距離就很重要。就絞合導體而言，每側由單一導體所組成的線路，其兩邊之間的距離通常會很大。所以互幾何平均距離可以被視為等於兩側導體中心至中心的距離，誤差可忽略不計。

在計算 ACSR 的電感時，若鋁絞線為偶數層，將鋼芯效應予以忽略，可獲得高度精確的結果。當鋁絞線為奇數層時，鋼芯的效應會更加明顯，若只是計算鋁絞線的電感，其精確度仍然良好。

附錄表使用 標準導體的 GMR 值可查附錄表得知，而附錄表另外可提供感抗及並聯容抗及電阻資訊。因為美國及某些國家的工業界仍使用英寸、英尺及英里等單位，所以會有這些附錄表。因此，本書中的例題會採

用英尺與英里的單位，也會使用公尺及公里等單位。

為了方便起見，使用歐姆感抗會比亨利電感來得頻繁。一條單相二導體線路的單一導體電抗可表示成

$$X_L = 2\pi f L = 2\pi f \times 2 \times 10^{-7} \ln \frac{D_m}{D_s}$$
$$= 4\pi f \times 10^{-7} \ln \frac{D_m}{D_s} \quad \Omega/m \quad (4.45)$$

或

$$X_L = 2.022 \times 10^{-3} f \ln \frac{D_m}{D_s} \quad \Omega/mi \quad (4.46)$$

式中 D_m 為導體之間的距離。而 D_m 與 D_s 必須是相同的單位，通常不是公尺就是英尺。在附錄表中查到的 GMR 相當於 D_s，此說明集膚效應大到足以影響電感。當然，針對已知直徑的導體而言，在較高頻率下集膚效應會較大。附錄表 A.3 所列出的 D_s 值係針對頻率為 60 Hz 的情形。

除了 GMR 外，表格中也列出感抗值。將 (4.46) 中的對數項展開，可得

$$X_L = \underbrace{2.022 \times 10^{-3} f \ln \frac{1}{D_s}}_{X_a} + \underbrace{2.022 \times 10^{-3} f \ln D_m}_{X_d} \quad \Omega/mi \quad (4.47)$$

如果 D_s 與 D_m 單位為英尺，則 (4.47) 式中的第一項為二導體相距 1 英尺距離之線路的其中一導體之電感抗，比較 (4.47) 式與 (4.46) 式便可看出。因此，(4.47) 式中的第一項稱之為 1 英尺空間的電感抗 X_a，此項隨導體的 GMR 與頻率而定。(4.47) 式中的第二項稱為感抗間隔因數 (inductive reactance spacing factor) X_d，此項與導體的型式無關，僅和頻率及間隔有關。附錄表 A.3 包含 1 英尺間隔的感抗值，且附錄表 A.4 列出感抗間隔因數值。

例題 4.3

試求在 60 Hz 頻率下運轉之單相線路之每英里感抗。導體為附錄表 A.3 中的 Partridge，且導體中心之間隔為 20 英尺。

解： 附錄表 A.3 列出此導體 $D_s = 0.0217$ ft，從 (4.46) 式可得單一導體感抗為

$$X_L = 2.022 \times 10^{-3} \times 60 \times \ln \frac{20}{0.0217}$$
$$= 0.828 \; \Omega/\text{mi}$$
$$(X_L = 0.828/1.609 = 0.5146 \; \Omega/\text{km})$$

上面的計算只有在 D_s 大小已知時才可使用。然而，附錄表 A.3 列出在 1 英尺間隔下的感抗 $X_a = 0.465 \; \Omega/\text{mi}$，而自附錄表 A.4 可知感抗間隔因數 $X_d = 0.3635 \; \Omega/\text{mi}$，因此單一導體的感抗為

$$0.465 + 0.3635 = 0.8285 \; \Omega/\text{mi}$$
$$= 0.5148 \; \Omega/\text{km}$$

因為組成線路兩側的導體均相等，則線路的感抗為

$$2X_L = 2 \times 0.8285 = 1.657 \; \Omega/\text{mi}$$
$$= 1.0296 \; \Omega/\text{km}$$

具空間間隔的三相線路電感 截至目前為止，我們的所有討論均只局限於單相線路；然而，所推導的方程式可以很簡單地套用到三相線路電感的計算。圖 4.10 顯示具等腰三角形間隔的三相導體。

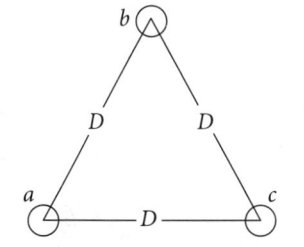

如果假設沒有中性線，或假設為平衡三相電流 $I_a + I_b + I_c = 0$，導體 a 的磁通鏈可由 (4.36) 式求解：

$$\lambda_a = 2 \times 10^{-7} \left(I_a \ln \frac{1}{D_s} + I_b \ln \frac{1}{D} + I_c \ln \frac{1}{D} \right) \quad \text{Wbt/m} \quad (4.48)$$

因為 $I_a = -(I_b + I_c)$，則 (4.48) 式改寫成

$$\lambda_a = 2 \times 10^{-7} \left(I_a \ln \frac{1}{D_s} - I_a \ln \frac{1}{D} \right) = 2 \times 10^{-7} I_a \ln \frac{D}{D_s} \quad \text{Wbt/m} \quad (4.49)$$

且

$$L_a = 2 \times 10^{-7} \ln \frac{D}{D_s} \quad \text{H/m} \quad (4.50)$$

圖 4.10 具相等間隔的三相線路導體截面圖

除了以 D_s 取代 r' 之外，(4.50) 式與單相線路的 (4.25) 式具有相同型式。因為間隔對稱，所以導體 b 與 c 和導體 a 具有相同的電感。因為每一相都只有一個導體，所以 (4.50) 式為三相線路的每一相電感表示式。

4.3 輸電線路的換位

當三相線路導體間隔不同時，求解電感的問題會變得更困難，且每相的磁通鏈及電感均不相同，而每相電感不同時將導致不平衡電路。沿著線路在規則的區間內互換導體位置，以致於每一個導體在相等距離下，分別占據其他導體原先的位置，如此三相線路再次回復到平衡狀態。像這種互換導體位置稱為換位 (transposition)，圖 4.11 顯示一個完整換位週期。

相導體被指定為 a、b 及 c，其占據的位置編號分別為 1、2、3。經過整個換位週期，每一個導體會具有相同的平均電感。

現代電力線路不常在規律的區間換位，而導體會在開關場互換位置，這是為了平衡相導體的電感，使彼此更為接近。很幸運地，在大部分的電感計算中，因為線路未換位而產生的不對稱極小，且可忽略不計。如果非對稱可忽略不計，則未經換位線路的電感可視為與經換位的相同線路之其中一相電感的平均值一樣。下列的推導為針對換位線路。

為了求解換位線路其中一根導體的平均電感，需先求出該導體在換位週期所占用的每一段位置的磁通鏈，再求得平均磁通鏈。將 (4.36) 式應用於圖 4.11 中的導體 a，以決定出當導體 b 在位置 2 且 c 在位置 3 時，導體 a 在位置 1 的磁通鏈相量表示。如此可得

$$\lambda_{a1} = 2 \times 10^{-7} \left(I_a \ln \frac{1}{D_s} + I_b \ln \frac{1}{D_{12}} + I_c \ln \frac{1}{D_{31}} \right) \quad \text{Wbt/m} \quad (4.51)$$

當導體 a 在位置 2，b 在 3 且 c 在 1 時，

$$\lambda_{a2} = 2 \times 10^{-7} \left(I_a \ln \frac{1}{D_s} + I_b \ln \frac{1}{D_{23}} + I_c \ln \frac{1}{D_{12}} \right) \quad \text{Wbt/m} \quad (4.52)$$

而導體 a 在位置 3，b 在 1 且 c 在 2 時，

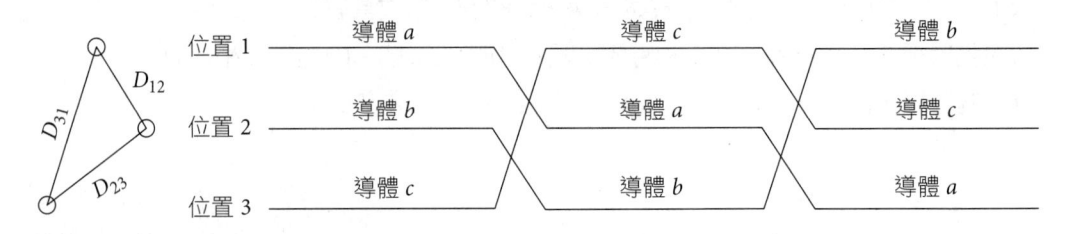

圖 4.11 換位週期

$$\lambda_{a3} = 2 \times 10^{-7} \left(I_a \ln \frac{1}{D_s} + I_b \ln \frac{1}{D_{31}} + I_c \ln \frac{1}{D_{23}} \right) \quad \text{Wbt/m} \quad (4.53)$$

則導體 a 的磁通鏈平均值為

$$\lambda_a = \frac{\lambda_{a1} + \lambda_{a2} + \lambda_{a3}}{3}$$

$$= \frac{2 \times 10^{-7}}{3} \left(3I_a \ln \frac{1}{D_s} + I_b \ln \frac{1}{D_{12}D_{23}D_{31}} + I_c \ln \frac{1}{D_{12}D_{23}D_{31}} \right) \quad \text{Wbt/m}$$

$$(4.54)$$

因有 $I_a = -(I_b + I_c)$ 的限制，所以

$$\lambda_a = \frac{2 \times 10^{-7}}{3} \left(3I_a \ln \frac{1}{D_s} - I_a \ln \frac{1}{D_{12}D_{23}D_{31}} \right)$$

$$= 2 \times 10^{-7} I_a \ln \frac{\sqrt[3]{D_{12}D_{23}D_{31}}}{D_s} \quad \text{Wbt/m} \quad (4.55)$$

則每一相的平均電感為

$$L_a = 2 \times 10^{-7} \ln \frac{D_{eq}}{D_s} \quad \text{H/m} \quad (4.56)$$

其中

$$D_{eq} = \sqrt[3]{D_{12}D_{23}D_{31}} \quad (4.57)$$

且導體的 GMR 為 D_s，D_{eq} 為非對稱線路的三段距離之幾何平均值，比較 (4.56) 式與 (4.50) 式可看出，D_{eq} 為等間隔之等效。我們應注意求解導體電感的所有方程式之間的相似性，如果電感的單位為每公尺亨利，則因子 2×10^{-7} 會出現在所有的方程式中，而對數項的分母總是為導體的 GMR。分子為兩線線路之線間距離、單相線路複合導體的兩側間之互 GMD、等邊間隔線路導體間距離，或是非對稱線路的等效等邊間隔。

例題 4.4

一個三相線路的單一電路，運轉於 60 Hz 的頻率，如圖 4.12 所示。此導體為附錄表 A.3 中的 ACSR Drake，試求每相每英里的電感抗。

解： 從附錄表 A.3 可得

$$D_s = 0.0373 \text{ ft} \quad D_{eq} = \sqrt[3]{20 \times 20 \times 38} = 24.8 \text{ ft}$$

$$L = 2 \times 10^{-7} \ln \frac{24.8}{0.0373} = 13.00 \times 10^{-7} \text{ H/m}$$

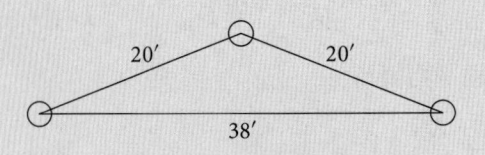

圖 4.12 例題 4.4 的導體排列

$$X_L = 2\pi \times 60 \times 1609 \times 13.00 \times 10^{-7} = 0.788 \; \Omega/\text{mi 每相}$$
$$= 0.490 \; \Omega/\text{km 每相}$$

也可以使用 (4.46) 式,或從附錄表 A.3 及 A.4 求得

$$X_d = 0.3896$$
$$X_L = 0.399 + 0.3896 = 0.7886 \; \Omega/\text{mi 每相}$$
$$(X_L = 0.7886/1.609 = 0.4900 \; \Omega/\text{km 每相})$$

成束導體的電感計算 在超高壓線路,也就是電壓高於 230 kV,如果電路每相只有一個導體,電暈與其所造成的功率損失及對於通訊的干擾極大。若線路的每一相採用兩條或更多的導體,而導體間的距離與相間距離相比十分接近,則超高壓範圍內的導體其電壓梯度會大幅下降。像這種線路由成束導體所組成,而成束導體由兩條、三條或四條導體組成,圖 4.13 顯示此種排列。成束導體中的電流並不會相等,除非成束導體有經過換位,但是導體間電流的差別就實際上來說並不重要,而 GMD 的方法可精確算出電感值。

成束導體另一項同樣重要的優點是可以降低電抗,增加成束導體中的導體數量可降低電暈效果及降低電抗。當然,GMR 的計算與標準導體完全一樣。例如,兩個成束導體中的一根導體,可被視為兩條絞線導體中的一條絞線,如果令 D_s^b 代表成束導體的 GMR,且 D_s 代表組成該成束導體之個別導體的 GMR,參照圖 4.13 可得:

針對兩條絞線成束導體

$$D_s^b = \sqrt[4]{(D_s \times d)^2} = \sqrt{D_s \times d} \tag{4.58}$$

圖 4.13 成束導體排列方式

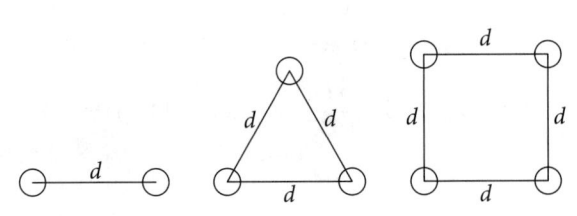

針對三條絞線成束導體

$$D_s^b = \sqrt[9]{(D_s \times d \times d)^3} = \sqrt[3]{D_s \times d^2} \tag{4.59}$$

針對四條絞線成束導體

$$D_s^b = \sqrt[16]{(D_s \times d \times d \times \sqrt{2}d)^4} = 1.09\sqrt[4]{D_s \times d^3} \tag{4.60}$$

利用 (4.56) 式來計算電感時，以成束導體的 D_s^b 取代單一導體的 D_s。要計算 D_{eq}，自成束導體其中一束的中心至另一束的中心距離便足以精確地表示 D_{ab}、D_{bc} 及 D_{ca}。計算成束導體中一束導體與其他束導體之間的實際 GMD，幾乎與計算導體中心至另一導體中心的距離相同。

例題 4.5

圖 4.14 顯示成束導體線路中的每一個導體均為 ACSR，從附錄表 A.3 可查得 1,272,000-cmil。

若 $d = 45$ cm，試求每相每公里（及每英里）歐姆感抗。如果線路長 160 公里，且以 100 MVA 及 345 kV 為基準，求線路每單位的串聯電抗。

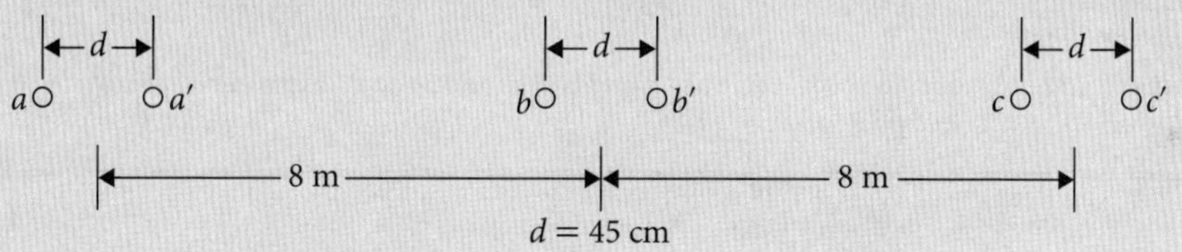

圖 4.14 成束導體線路的導體空間

解： 從附錄表 A.3 可得 $D_s = 0.0466$ ft，將英尺乘以 0.3048 轉換成公尺，

$$D_s^b = \sqrt{0.0466 \times 0.3048 \times 0.45} = 0.080 \text{ m}$$
$$D_{eq} = \sqrt[3]{8 \times 8 \times 16} = 10.08 \text{ m}$$
$$X_L = 2\pi \times 60 \times 2 \times 10^{-7} \times 10^3 \ln\frac{10.08}{0.08}$$
$$= 0.365 \text{ }\Omega/\text{km 每相}$$
$$= 0.365 \times 1.609 = 0.587 \text{ }\Omega/\text{mi 每相}$$

$$\text{基準 } Z = \frac{(345)^2}{100} = 1190 \text{ }\Omega$$
$$X = \frac{0.365 \times 160}{1190} = 0.049 \text{ 標么}$$

例題 4.5 的 MATLAB 程式 (ex4_5.m)

```
% M-file for Example 4.5: ex4_5.m
% Clean previous value
clc
clear all
% Initial value
Ds=0.0466;      % ft (from Table A.3)
d=0.45;         % m
Dab=8;  Dbc=Dab;    % m (from Fig. 4.9)
Dac=16;                     % m (from Fig. 4.9)
V=345;                      % kV
S=100;                      % MVA
l=160;                      % km
f=60;                       % Hz
% Solution
Dsb=sqrt(Ds*0.3048*d);          % Multiply feet by 0.3048 to convert
to meter
Deq=nthroot(Dab*Dbc*Dac, 3);
XL=2*pi*f*2*10^(-7)*10^3*log(Deq/Dsb);      % ohm/km per phase
XL_2=XL*1.609;          % ohm/mi per phase
Base_Z=(V^2)/S;         % ohm
X=(XL*l)/Base_Z;        % pu
disp([' X = (X_pu*length_of_line)/Base_Z = ',num2str(X),' Ω/km per
phase'])
disp(['Each conductor of the bundled-conductor line is ',num-
2str(X),' Ω/km per phase'])
```

4.4 輸電線路的並聯導納

針對電場的高斯定律 (Gauss's law) 是我們分析電容的基本法則。此定律闡述在一個封閉表面內的總電荷等於自該表面發射出的總電通量。換句話說，在封閉表面內的電荷等於電通強度之正常成分的面積分。電通線自正電荷出發且終止於負電荷。將 D_f 指定為垂直於表面的電荷密度，並等於 kE，此處的 k 為環繞於表面之物質的介電常數，而 E 為電場強度[4]。

如果一條長直圓柱導體置放於均勻介質中，例如空氣，並與其他電荷

---

[4] 在 SI 單位，自由空間的介電係數 k_0 為 8.85×10^{-12} F/m（每公尺法拉）。相對介電係數 k_r 為物質實際的介電係數 k 與自由空間的介電係數之比值。因此，$k_r = k/k_0$。乾燥空氣的介電係數為 1.00054，而在計算架空線路時被假設為 1。

隔離，將使電荷均勻分布在導體四周，且電通為輻射狀。所有與導體等距離的點，其電位均相同，且具有相同的電通強度。圖 4.15 顯示一個隔離導體。

距離導體 x 公尺的電場強度可藉由一個想像導體為中心的圓柱表面，其半徑為 x 公尺來計算求得。因為此表面各個部分均與導體等距離，圓柱表面為等電位面，且表面上的電場強度等於每公尺長度離開導體的電通除以 1 公尺長軸的表面積。電場強度為

$$D_f = \frac{q}{2\pi x} \quad \text{C/m}^2 \tag{4.61}$$

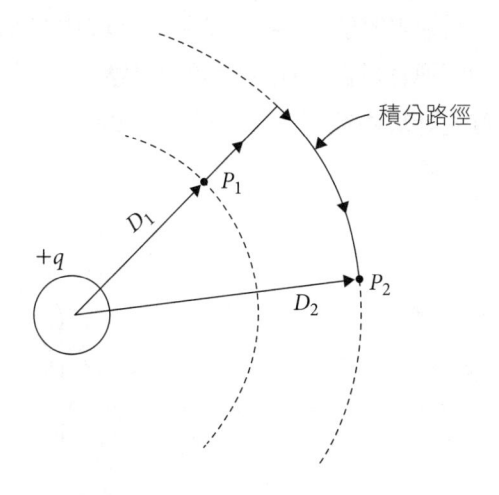

圖 4.15 正電荷的電通線均勻分布在隔離的圓柱形導體的表面上

式中 q 為導體上的電荷，單位為每公尺庫倫，而 x 為計算電場強度的點與導體的距離，單位為公尺。此電場強度或負的電位梯度，等於電場強度除以介質的介電係數。因此，電場密度為

$$E = \frac{q}{2\pi x k} \quad \text{V/m} \tag{4.62}$$

E 及 q 可以是瞬時、相量或直流。

一電荷於兩點間的電位差　兩點間以伏特為單位的電位差，等於在兩點間移動一個庫倫的電荷所作之每庫倫焦耳的功。電場強度為測量電場中電荷所受的力。每公尺伏特的電場強度等於所考慮的點上 1 庫倫電荷所受之每庫倫牛頓的力。兩點之間，作用於 1 庫倫正電荷之牛頓力的線積分，為將此電荷自低電位的點移動至高電位的點所作的功，且在數值上等於兩點間的電位差。

考慮一條攜帶 q C/m 正電荷的長直導線，如圖 4.16 所示。

圖 4.16 在具有均勻分布之圓柱形導體外部的兩點間之積分路徑

點 P_1 及 P_2 分別與導線中心距離 D_1 與 D_2 公尺，此導線之表面為等電位，當計算導線外電通量時，導線上的電荷為均勻分布並相當於電荷集中於導線中心。由於導線上的正電荷對於電場中的正電荷會產生一個推斥力，且因為此例中 D_2 大於 D_1，所以將正電荷自 P_2 移至 P_1 必須做功，且 P_1 的電位高於 P_2。電位的差值等於移動 1 庫倫電荷所作的功。換句話說，如果自 P_1 移動 1 庫倫的電荷至 P_2 需做功，此牛頓—公尺 (N-m) 的功或能量等於自 P_1 至 P_2 的電壓降。此電位差與路徑無關。計算兩點間電壓降最簡單的方法為計算經過 P_1 與 P_2 兩點之兩等位面之間的電壓，此電壓藉由兩等位面之間徑向路徑的電場強度積分求得。因此，P_1 及 P_2 間的瞬時電壓降為

$$v_{12} = \int_{D_1}^{D_2} E\,dx = \int_{D_1}^{D_2} \frac{q}{2\pi k x}\,dx = \frac{q}{2\pi k}\ln\frac{D_2}{D_1} \qquad \text{V} \qquad (4.63)$$

式中 q 為導線上每公尺長度庫倫的瞬時電荷。注意由 (4.63) 式所得之兩點間的電壓降可能為正數或負數。此電壓降之正負端賴於形成電位差的電荷為正或負，以及此電壓降是從接近導體的點至離導體較遠的點或是從較遠的點至較近的點。q 的符號不是正就是負，而對數項的正負值則視 D_2 是否大於 D_1 而定。

兩導線線路之電容 兩導線線路的導體間電容定義為導體間每單位電位差在導體上所產生的電荷。以方程式表示，線路上每單位長度電容為

$$C = \frac{q}{v} \qquad \text{F/m} \qquad (4.64)$$

式中 q 為線路上每公尺庫倫之電荷，v 為導體間的電位差，單位為伏特。為了方便起見，我們之後會將每單位長度的電容稱為電容，並標示正確的單位因次。兩導體間的電容能以 (4.63) 式中的 q 取代 (4.64) 式中的 v 來求解。圖 4.17 所示的兩導線線路之兩導體間的電壓 v_{ab}，可以由線路的導體間電位差求解，首先計算由電荷 q_a 在導體 a 上的電壓降，再計算由電荷 q_b 在導體 b 上的電壓降。

圖 4.17 一條並聯導線線路的截面

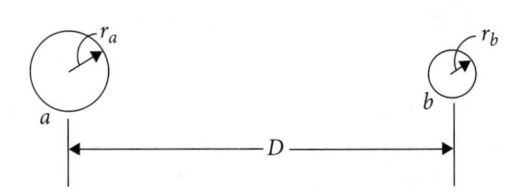

第 4 章 輸電線路參數

由重疊定理,兩導體上的電荷自導體 a 到導體 b 的電壓降等於由每一個電荷獨自所造成的電壓降之和。

圖 4.17 中導體 a 的電荷 q_a 造成導體 b 附近的等位面,如圖 4.18 所示。

將 (4.63) 式沿著替代路徑,而不針對圖 4.18 的直接路徑積分,是為了避開畸變的等位面。在求解由 q_a 所產生的電壓 v_{ab} 時,依照上述經由非畸變路徑的區域,我們了解到 (4.63) 式中的距離 D_1 為導體 a 的半徑 r_a,又 D_2 為導體 a 中心與導體 b 中心的距離。同樣地,在求解由 q_b 所產生的電壓 v_{ab} 時,可以發現距離 D_2 及 D_1 分別為 r_b 及 D。轉換成相量表示(q_a 與 q_b 變成相量),可得

$$V_{ab} = \underbrace{\frac{q_a}{2\pi k} \ln \frac{D}{r_a}}_{\text{由 } q_a \text{ 所形成}} + \underbrace{\frac{q_b}{2\pi k} \ln \frac{r_b}{D}}_{\text{由 } q_b \text{ 所形成}} \quad \text{V} \tag{4.65}$$

針對兩導線線路,因為 $q_a = -q_b$,所以

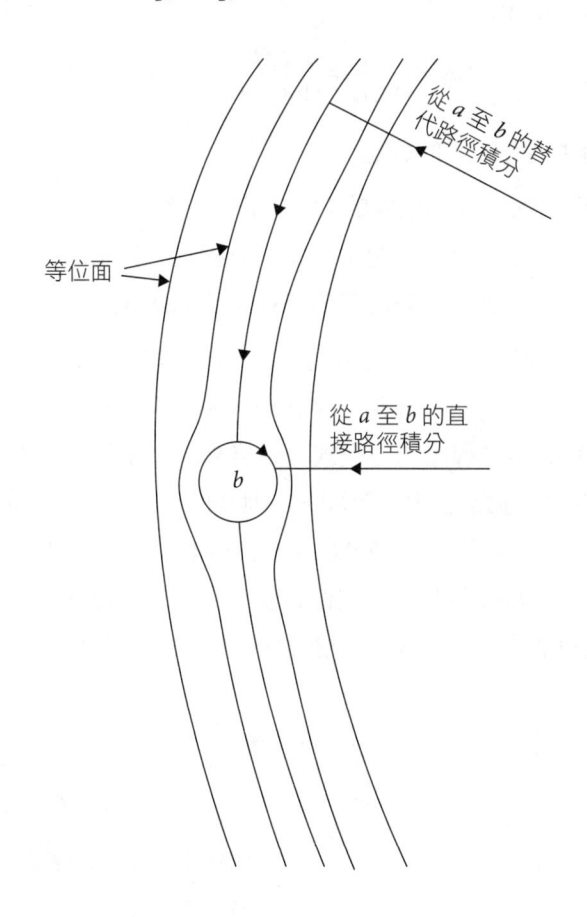

圖 4.18 由導體 a(未顯示出來)的電荷所產生的部分電場的等位面。導體 b 所產生的等位面變得失真。箭頭指出積分路徑,此路徑為導體 b 與導體 a 之間的等位面,為電荷 q_a 所產生

$$V_{ab} = \frac{q_a}{2\pi k}\left(\ln\frac{D}{r_a} - \ln\frac{r_b}{D}\right) \quad \text{V} \tag{4.66}$$

或是把對數項組合,可得

$$V_{ab} = \frac{q_a}{2\pi k}\ln\frac{D^2}{r_a r_b} \quad \text{V} \tag{4.67}$$

導體間的電容為

$$C_{ab} = \frac{q_a}{V_{ab}} = \frac{2\pi k}{\ln(D^2/r_a r_b)} \quad \text{F/m} \tag{4.68}$$

如果 $r_a = r_b = r$,則

$$C_{ab} = \frac{\pi k}{\ln(D/r)} \quad \text{F/m} \tag{4.69}$$

(4.69) 式為求解兩導線線路導體間之電容。如果此線路電壓由具有接地中心抽頭變壓器提供,則每一個導體與大地間的電位差為兩導體間電位差的一半,並稱之為對地電容 (capacitance to ground) 或對中性點電容 (capacitance to neutral)。

$$C_n = C_{an} = C_{bn} = \frac{q_a}{V_{ab}/2} = \frac{2\pi k}{\ln(D/r)} \quad \text{F/m} \quad \text{對中性點} \tag{4.70}$$

圖 4.19 說明對中性點電容的概念

(4.70) 式相對應於求解電感的 (4.25) 式,必須注意到求解電容與電感的方程式間唯一的不同是:針對電容器的方程式,所謂的半徑是導體實際的外徑,並非電感公式中導體的幾何平均半徑 (GMR)。

(4.63) 式是基於導體表面的電荷為均勻分布的假設,並從而推導出 (4.65) 式至 (4.70) 式。當其他電荷存在時,導體表面的電荷分布並不均勻,且從 (4.63) 式所推導出的方程式,嚴格來說並不正確。然而,電荷的非均勻分布在架空線路可以完全忽略,因為即使是在 D/r 比值為 50 如此近的間隔,(4.70) 式的誤差只有 0.01%。由於 (4.70) 式是針對實心圓導體所推導的方程式,當導體為絞合電纜時便會產生該方程式分母對數項的引數該使用何種數值的問題。因為一個完全導體的電通量是垂直於表面,絞

圖 4.19 線對線電容與線對中性點電容的概念

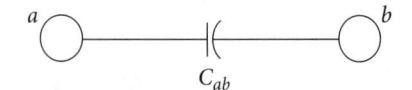

(a) 線對線電容的表示 C_{ab}

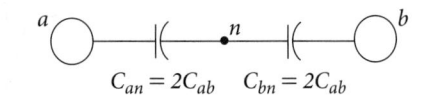

(b) 線對中性點電容的表示 $C_{an} = 2C_{ab}$ $C_{bn} = 2C_{ab}$

合導體的表面電場與圓柱導體的表面電場並不同。因此，計算絞合導體的電容時，以導體外徑取代 (4.70) 式的 r，會造成些許的誤差，這是鄰近絞合導體的電場與實心導體附近電場之間的差值所造成。然而，此誤差極小，因為只有相當接近導體表面的電場會受到影響。絞合導體的外徑係用於電容的計算。

求解出對中性點的電容之後，針對相對介電係數 $k_r = 1$ 的導體與中性點之間的容抗，可以藉由 (4.70) 式的電容 C 表示式獲得

$$X_C = \frac{1}{2\pi fC} = \frac{2.862}{f} \times 10^9 \ln \frac{D}{r} \quad \Omega \cdot \text{m} \ \text{對中性點} \quad (4.71)$$

因為 (4.71) 式中的 C 為每公尺法拉，則 X_C 的適當單位必須是歐姆—公尺。也應注意到，(4.71) 式所表示的是 1 公尺線路線對中性點的電抗。因為容抗為沿著線路並聯，以歐姆—公尺為單位的 X_C 需除以以公尺為單位的線路長度，如此才能獲得整條線路對中性點以歐姆為單位的容抗。

當 (4.71) 式除以 1609 時，可將容抗單位轉成歐姆—英里，可得

$$X_C = \frac{1.779}{f} \times 10^6 \ln \frac{D}{r} \quad \Omega \cdot \text{mi} \ \text{對中性點} \quad (4.72)$$

附錄表 A.3 列出 ACSR 較常使用之尺寸的外部直徑。如果 (4.72) 式中的 D 與 r 單位為英尺，當方程式展開如下時，則第一項為在 1 英尺間隔的容抗 X_a'，而第二項為容抗的間隔因數 X_d'：

$$X_C = \frac{1.779}{f} \times 10^6 \ln \frac{1}{r} + \frac{1.779}{f} \times 10^6 \ln D \quad \Omega \cdot \text{mi} \ \text{對中性點}$$
$$= X_a' + X_d' \quad (4.73)$$

附錄表 A.3 也包括一般尺寸的 ACSR 的 X_a' 值，且針對其他型式及尺寸的導體也有類似的表格可供使用。附錄表 A.5 列出 X_d' 的數值，當然，此與同步電機的暫態電抗有相同的符號。

例題 4.6

試求運轉於 60 Hz 的單相線路每一英里的容納，在附錄表 A.3 的導體為 *Partridge*，且與中心之間的間隔為 20 英尺。

解：針對此導體，附錄表 A.3 列出外徑為 0.642 英寸，所以

$$r = \frac{0.642}{2 \times 12} = 0.0268 \text{ ft}$$

從 (4.72) 式可得

$$X_C = \frac{1.779}{60} \times 10^6 \ln \frac{20}{0.0268} = 0.1961 \times 10^6 \; \Omega \cdot \text{mi 對中性點}$$

$$(= 0.1961 \times 10^6 \times 1.609 = 0.3156 \times 10^6 \; \Omega \cdot \text{km 對中性點})$$

$$B_C = \frac{1}{X_C} = 5.10 \times 10^{-6} \; \text{S/mi 對中性點}$$

$$(= 5.10 \times 10^{-6}/1.609 = 3.1686 \times 10^{-6} \; \text{S/km 對中性點})$$

從附錄表 A.3 與 A.5 可查得 1 英尺間隔的容抗及容抗間隔因數為

$$X'_a = 0.1074 \; \text{M}\Omega \cdot \text{mi}$$
$$(= 0.1074 \times 1.609 = 0.1728 \; \text{M}\Omega \cdot \text{km})$$
$$X'_d = 0.06831 \times \log 20 = 0.0889 \; \text{M}\Omega \cdot \text{mi}$$
$$(= 0.0889 \times 1.609 = 0.1431 \; \text{M}\Omega \cdot \text{km})$$
$$X'_C = X'_a + X'_d = 0.1074 + 0.0889 = 0.1963 \; \text{M}\Omega \cdot \text{mi 每一導體}$$
$$(= 0.1728 + 0.1431 = 0.3159 \; \text{M}\Omega \cdot \text{km 每一導體})$$

線對線的容抗及導納為

$$X_C = 2 \times 0.1963 \times 10^6 = 0.3926 \times 10^6 \; \Omega \cdot \text{mi}$$
$$(= 0.3926 \times 1.609 \times 10^6 = 0.6318 \times 10^6 \; \Omega \cdot \text{km})$$
$$B_c = \frac{1}{X_C} = 2.55 \times 10^{-6} \; \text{S/mi}$$
$$(= 2.55 \times 10^{-6}/1.609 = 1.5845 \times 10^{-6} \; \text{S/km})$$

相等間隔的三相線路電容　圖 4.20 顯示具有相等間隔半徑為 r 的三個相等導體所組成之三相線路。

　　如果導體上的電荷分布假設為均勻，(4.65) 式表示由每一個導體上的電荷在導體間所造成的電壓。因此，由只有導體 a 及 b 上的電荷所產生的三相線路電壓 V_{ab} 為

$$V_{ab} = \frac{1}{2\pi k} \underbrace{\left(q_a \ln \frac{D}{r} + q_b \ln \frac{r}{D} \right)}_{\text{由 } q_a \text{ 及 } q_b \text{ 所形成}} \quad \text{V} \tag{4.74}$$

因為導體表面的電荷均勻分布，相當於電荷集中在導體中心，(4.63) 式使我們能涵蓋 q_c 的效應。因此，僅由電荷 q_c 所產生的電壓為

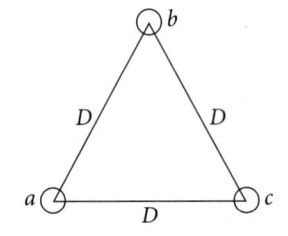

圖 4.20 具有相等間隔的三相線路之截面

$$V_{ab} = \frac{q_c}{2\pi k} \ln \frac{D}{D} \quad \text{V}$$

當 q_c 與導體 a 與 b 的距離相等時，上式的結果為零。然而，我們所關心的是所有三個導體上的電荷，因此可寫成

$$V_{ab} = \frac{1}{2\pi k}\left(q_a \ln \frac{D}{r} + q_b \ln \frac{r}{D} + q_c \ln \frac{D}{D}\right) \quad \text{V} \tag{4.75}$$

$$V_{ac} = \frac{1}{2\pi k}\left(q_a \ln \frac{D}{r} + q_b \ln \frac{D}{D} + q_c \ln \frac{r}{D}\right) \quad \text{V} \tag{4.76}$$

將 (4.75) 式與 (4.76) 式相加可得

$$V_{ab} + V_{ac} = \frac{1}{2\pi k}\left[2q_a \ln \frac{D}{r} + (q_b + q_c) \ln \frac{r}{D}\right] \quad \text{V} \tag{4.77}$$

在推導上述方程式時，我們假設離大地相當遠，因此大地的效應可忽略不計。因為所推導的電壓係假設為正弦且以相量來表示，而電荷為正弦且以相量來表示。如果在鄰近區域內沒有其他的電荷存在，則三個導體的電荷總和為零，所以可以用 $-q_a$ 來取代 (4.77) 式中的 $q_b + q_c$，可得

$$V_{ab} + V_{ac} = \frac{3q_a}{2\pi k} \ln \frac{D}{r} \quad \text{V} \tag{4.78}$$

圖 4.21 為電壓的相量圖。

從此圖可獲得下列三相電路線電壓 V_{ab} 與 V_{ac} 之間的關係，以及從線路 a 到中性點電壓 V_{an} 之間的關係：

$$V_{ab} = \sqrt{3}V_{an}\angle 30° = \sqrt{3}V_{an}(0.866 + j0.5) \tag{4.79}$$

$$V_{ac} = -V_{ca} = \sqrt{3}V_{an}\angle -30° = \sqrt{3}V_{an}(0.866 - j0.5) \tag{4.80}$$

將 (4.79) 式與 (4.80) 式相加可得

$$V_{ab} + V_{ac} = 3V_{an} \tag{4.81}$$

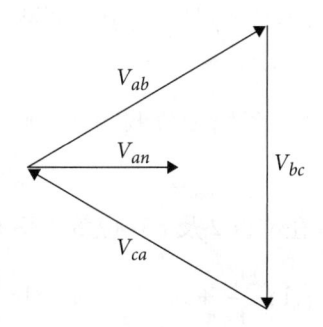

圖 4.21 三相線路的平衡電壓相量圖

以 $3V_{an}$ 取代 (4.78) 式中的 $V_{ab} + V_{ac}$，可得

$$V_{an} = \frac{q_a}{2\pi k} \ln \frac{D}{r} \quad \text{V} \tag{4.82}$$

因為對中性點電容等於導體上的電荷與該導體和中性點間電壓的比值，

$$C_n = \frac{q_a}{V_{an}} = \frac{2\pi k}{\ln(D/r)} \quad \text{F/m 對中性點} \tag{4.83}$$

比較 (4.70) 式與 (4.83) 式，可知兩方程式是一樣的，兩者分別為針對單相對地電容及等間隔三相線路對地電容。同樣地，回頭看看每一導體的電感方程式，單相及等間隔三相線路都一樣。

充電電流 (charging current) 與線路電容的電流有關。針對單相 (single-phase) 電路，充電電流為線電壓與線對線電納的乘積，以相量表示為

$$I_{chg} = j\omega C_{ab} V_{ab} \tag{4.84}$$

針對三相線路，充電電流為相電壓與對地電容電納的乘積。依據前述方法可求解每相的充電電流，三相平衡電路的充電電流計算與具中性線回路的單相一致。a 相的充電電流相量表示為

$$I_{chg} = j\omega C_n V_{an} \quad \text{A/km（或 A/mi）} \tag{4.85}$$

因為電壓的 RMS 隨著線路而變化，因此充電電流並非每一個地方均相同。通常用來求解充電電流的電壓，為此線路在設計時所採用的一般電壓，例如 220 或 500 kV，在發電廠或負載端可能並非實際電壓。

具對稱間隔的三相線路電容 當三相線路導體並非等間隔時，電容計算的問題會變得更為複雜。在一般未換位的線路，每相對地電容並不相同。經換位的線路，針對完整換位週期，每一相對中性點平均電容與其他相對中性點的平均電容相同。因為在換位週期內，每一相導體與其他相導體依序占據相同位置。就一般線路構造來說，線路因未換位而產生的不對稱性通常很小。所以在計算電容時，對於未換位的線路可視為已換位線路來計算。

如圖 4.22 所示的線路，針對換位週期的三個不同部分，可獲得三個電壓方程式。

當 a 相在位置 1，b 在位置 2 及 c 在位置 3 時，

$$V_{ab} = \frac{1}{2\pi k} \left(q_a \ln \frac{D_{12}}{r} + q_b \ln \frac{r}{D_{12}} + q_c \ln \frac{D_{23}}{D_{31}} \right) \quad \text{V} \tag{4.86}$$

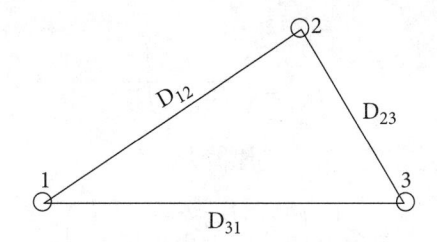

圖 4.22 具非對稱間隔之三相線路截面

當 a 相在位置 2，b 在位置 3 及 c 在位置 1 時，

$$V_{ab} = \frac{1}{2\pi k}\left(q_a \ln \frac{D_{23}}{r} + q_b \ln \frac{r}{D_{23}} + q_c \ln \frac{D_{31}}{D_{12}}\right) \quad \text{V} \qquad (4.87)$$

以及 a 相在位置 3，b 在位置 1 及 c 在位置 2 時，

$$V_{ab} = \frac{1}{2\pi k}\left(q_a \ln \frac{D_{31}}{r} + q_b \ln \frac{r}{D_{31}} + q_c \ln \frac{D_{12}}{D_{23}}\right) \quad \text{V} \qquad (4.88)$$

(4.86) 式至 (4.88) 式與針對換位線路中導體的磁通鏈方程式 (4.51) 式至 (4.53) 式相似。然而，在磁通鏈方程式中，我們注意到任一相電流在換位週期的每一個部分均相同。在 (4.86) 式至 (4.88) 式中，如果不管沿著線路的電壓降，在換位週期某個部分的一相對中性點電壓，會等於該相在換位週期其他部分時的對中性點電壓。因此，任何兩個導體間的電壓在換位週期的所有部分均相同。所以，當導體相對於其他導體的位置改變時，導體上的電荷必然不同。處理 (4.86) 式至 (4.88) 式與處理 (4.51) 式至 (4.53) 式一樣，並不嚴格。

要嚴格求解電容時，除非相鄰兩導體間的距離相等且彼此平行，否則會因牽涉甚廣而不切實際。對於一般間隔與導體來說，藉由假設導體每單位長度的電荷與其在換位週期內任一位置均相同，如此便可獲得精確的結果。若電荷採用上述假設，則在一對導體間的電壓將會因換位週期的位置變化而不同。那麼，兩導體間的電壓平均值就可以求得，且能依據平均電壓計算出電容。將 (4.86) 式至 (4.88) 式相加除以 3 可得到平均電壓。假設導體上的電荷相同，而不論在換位週期的位置，導體 a 與 b 之間的平均電壓為

$$\begin{aligned}V_{ab} &= \frac{1}{6\pi k}\left(q_a \ln \frac{D_{12}D_{23}D_{31}}{r^3} + q_b \ln \frac{r^3}{D_{12}D_{23}D_{31}} + q_c \ln \frac{D_{12}D_{23}D_{31}}{D_{12}D_{23}D_{31}}\right) \\ &= \frac{1}{2\pi k}\left(q_a \ln \frac{D_{eq}}{r} + q_b \ln \frac{r}{D_{eq}}\right)\end{aligned} \qquad (4.89)$$

其中

$$D_{eq} = \sqrt[3]{D_{12}D_{23}D_{31}} \qquad (4.90)$$

同樣地，從導體 a 至導體 c 的平均壓降為

$$V_{ac} = \frac{1}{2\pi k}\left(q_a \ln \frac{D_{eq}}{r} + q_c \ln \frac{r}{D_{eq}}\right) \quad \text{V} \qquad (4.91)$$

應用 (4.81) 式求解對中性點電壓，可得

$$3V_{an} = V_{ab} + V_{ac} = \frac{1}{2\pi k}\left(2q_a \ln \frac{D_{eq}}{r} + q_b \ln \frac{r}{D_{eq}} + q_c \ln \frac{r}{D_{eq}}\right) \quad \text{V} \qquad (4.92)$$

因為 $q_a + q_b + q_c = 0$，則

$$3V_{an} = \frac{3}{2\pi k} q_a \ln \frac{D_{eq}}{r} \quad \text{V} \qquad (4.93)$$

且

$$C_n = \frac{q_a}{V_{an}} = \frac{2\pi k}{\ln(D_{eq}/r)} \qquad \text{F/m 對中性點} \qquad (4.94)$$

(4.94) 式為換位的三相線路對中性點的電容，相當於 (4.56) 式在類似線路求解每相電感。在求解對中性點的容抗 C_n 時，可以將電抗分解成在 1 英尺間隔對中性點容抗 X'_a 與在 (4.73) 式所定義的容抗間隔因數 X'_d。

例題 4.7

針對例題 4.4 中所描述的 1 英里線路，試求電容與容抗。如果線路長度為 175 英里，且一般的操作電壓為 220 kV，試求整條線路長度對中性點的容抗，每一英里充電電流，及總充電百萬伏安。

解：

$$r = \frac{1.108}{2 \times 12} = 0.0462 \text{ ft}$$

$$D_{eq} = 24.8 \text{ ft}$$

$$C_n = \frac{2\pi \times 8.85 \times 10^{-12}}{\ln(24.8/0.0462)} = 8.8466 \times 10^{-12} \text{ F/m}$$

$$X_C = \frac{10^{12}}{2\pi \times 60 \times 8.8466 \times 1609} = 0.1864 \times 10^6 \;\Omega \cdot \text{mi}$$

$$(= 0.1864 \times 1.609 \times 10^6 = 0.3000 \times 10^6 \;\Omega \cdot \text{km})$$

或從附錄表可得

$$X'_a = 0.0912 \times 10^6 \quad X'_d = 0.06831 \times \log 24.8 = 0.0953 \times 10^6$$
$$X_C = (0.0912 + 0.0953) \times 10^6 = 0.1865 \times 10^6 \, \Omega \cdot \text{mi 對中性點}$$
$$(= 0.1865 \times 1.609 \times 10^6 = 0.3000 \, \Omega \cdot \text{km 對中性點})$$

針對長度為 175 英里（或 281.6 公里）

$$\text{容抗} = \frac{0.1865 \times 10^6}{175} = 1066 \, \Omega \text{ 對中性點}$$

$$|I_{chg}| = \frac{220{,}000}{\sqrt{3}} \frac{1}{X_C} = \frac{220{,}000 \times 10^{-6}}{\sqrt{3} \times 0.1865} = 0.681 \text{ A/mi}$$

$$(= 0.681/1.609 = 0.423 \text{ A/km})$$

或針對線路 $0.681 \times 175 = 0.423 \times 281.6 = 119$ A。無效功率 $Q = \sqrt{3} \times 220 \times 119 \times 10^{-3} = 45.3$ MVAR。由分布電容所吸收的無效功率為負值，這與第 2 章所討論的相符。換句話說，由線路的分布電容產生正的無效功率。

例題 4.7 的 MATLAB 程式 (ex4_7.m)

```
% M-file for Example 4.7: ex4_7.m
% Clean previous value
clc
clear all
% Initial value
V=220000;
l=175;                  % mi
% Solution
r=1.108/(2*12);
Deq=24.8;               % From Example 4.4
Cn=2*pi*8.85*(10^(-12))/log(Deq/r);
Xc=1/(2*pi*60*Cn*1609);
% From table
X_a=0.0912*10^6;
X_d=0.0953*10^6;
Xc_2=(X_a+X_d);
Capacitive_reactance=Xc_2/l;
Ichg=V/(sqrt(3)*Xc_2);   Ichg_1=Ichg/1.609;
disp([' Ichg=V/(sqrt(3)*Xc_2)=',num2str(abs(Ichg)),' A/mi'])
disp(['                      =',num2str(abs(Ichg_1)),' A/km'])
```

4.5 三相輸電線路大地對電容的效應

因為大地會改變線路的電場，所以大地會影響輸電線路的電容。如果假設大地為一良好導體，並以一種無限延伸的水平面形式存在，我們可以了解到大地上方的充電導體電場，與不存在大地等位面的導體電場不同。充電導體的電場會受到大地等位面的影響。當然，大地為一平坦等位面的假設會受到岩層的不規律性及大地表面的樣式所限制。然而，此一假設可以讓我們了解大地對於電容計算的影響。

考慮一個由具有經大地回路的單相架空導體所組成的電路，於導體充電時，電荷自大地儲存於導體上，而在導體與大地間形成一個電位差。大地的電荷大小與導體上的相同，差別在於符號相反。從導體上的電荷到大地的電荷所形成的電通垂直於大地的等位面，因為我們假設等位面為一個完整導體。讓我們想像一個如同架空導體相同尺寸及形狀的虛擬導體，此導體直接位於原導體下方，與原導體的距離是導體與大地平面距離的 2 倍。虛擬導體位於大地表面之上，距離等於大地上方架空導體的距離。如果將大地移除，並假設與架空導體上的電荷相等但相反的電荷在虛擬導體上，在原始導體與虛擬導體之間的中間平面為一個等位面，且占據如同大地等位面的相同位置。介於架空導體與此等位面之間的電通量與現存的導體和大地之間的電通量相同。因此，為了計算電容，能以大地表面下的虛擬充電導體來取代大地，其與大地表面的距離與大地上方架空導體和大地的距離相等。像這樣一個擁有與原導體電荷大小相同但反相的導體稱之為映像導體 (image conductor)。

這種由架空導體的映像取代大地的計算電容方法，可推廣至多個架空導體。如果針對每一個架空導體定位出一個映像導體，則原始導體與它們的映像導體間的電通量，會垂直於取代大地的平面，且該平面為一等位面，此平面之上的電通量會與代替映像導體的大地相同。

參考圖 4.23，此圖為三相線路中將映像導體的方法應用於電容計算上。我們假設此線路經過換位，並且在換位週期的第一個部分，導體 a、b 與 c 分別攜帶電荷 q_a、q_b 與 q_c，並分別占據位置 1、2 與 3。圖中顯示大地平面，而在它之下的導體帶有映像電荷 $-q_a$、$-q_b$ 與 $-q_c$。換位週期的三個部分的方程式，可以寫成自導體 a 至導體 b 的電壓降，而此電壓降由三個充電導體及其映像導體來決定。

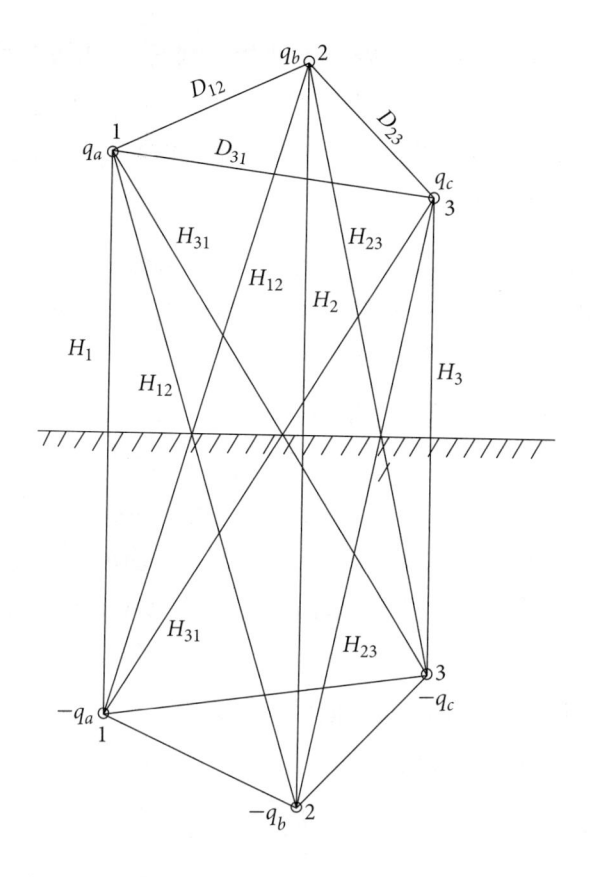

圖 4.23 三相線路及其映像導體

由 (4.63) 式，當導體 a 在 1 的位置，b 在 2 及 c 在 3，可得

$$V_{ab} = \frac{1}{2\pi k}\left[q_a\left(\ln\frac{D_{12}}{r} - \ln\frac{H_{12}}{H_1}\right) + q_b\left(\ln\frac{r}{D_{12}} - \ln\frac{H_2}{H_{12}}\right) + q_c\left(\ln\frac{D_{23}}{D_{31}} - \ln\frac{H_{23}}{H_{31}}\right)\right] \tag{4.95}$$

在換位週期的其他部分可列出 V_{ab} 類似的方程式。若接受在整個換位週期中，每一個導體的每單位長度定電荷的近似正確假設，則可獲得相量 V_{ab} 的平均值。在類似的情況下，可獲得相量 V_{ac} 的平均值方程式，將 V_{ab} 與 V_{ac} 的平均值相加可得 $3V_{an}$。若已知電荷的總和為零，則可得

$$C_n = \frac{2\pi k}{\ln\left(\dfrac{D_{eq}}{r}\right) - \ln\left(\dfrac{\sqrt[3]{H_{12}H_{23}H_{31}}}{\sqrt[3]{H_1H_2H_3}}\right)} \quad \text{F/m 至中性點} \tag{4.96}$$

比較 (4.94) 式與 (4.96) 式可發現，大地的效應會增加線路的電容。為了說明大地的效應，(4.94) 式的分母必須減去下列項目

$$\ln\left(\frac{\sqrt[3]{H_{12}H_{23}H_{31}}}{\sqrt[3]{H_1H_2H_3}}\right)$$

如果導體距離大地的高度遠大於導體間的距離時，上述修正項分子中的對角線距離與分母中的垂直線距離幾乎相等，且該項非常的小。在一般情形下，針對三相線路，大地的效應可忽略不計；惟當三相電流和不為零，利用對稱部分計算時除外。

成束導體的電容計算　圖 4.24 顯示一個成束導體線路，如同推導 (4.86) 式一樣，可列出自導體 a 至導體 b 的電壓方程式。唯一不同的是，現在必須考慮在六個個別導體上的電荷。

任何一個成束的導體都是並聯，我們可以假設每一束的電荷平均分配在各導體上，因為每一束的間隔通常是成束導體間隔的 15 倍以上。而且，由於 D_{12} 比 d 還要大很多，因此可以用 D_{12} 取代 $D_{12} - d$ 及 $D_{12} + d$；以類似的方式來取代成束間隔距離，在求解 V_{ab} 時便不需採用更精確的表示。利用此一近似方式，即使計算結果為 5 位或 6 位數，其差值並不明顯。

如果 a 相的電荷為 q_a，每一個導體的電荷為 $q_a/2$，針對 b 相及 c 相的電荷也以類似方式來假設。所以，

$$V_{ab} = \frac{1}{2\pi k}\left[\frac{q_a}{2}\left(\underbrace{\ln \frac{D_{12}}{r}}_{a} + \underbrace{\ln \frac{D_{12}}{d}}_{a'}\right) + \frac{q_b}{2}\left(\underbrace{\ln \frac{r}{D_{12}}}_{b} + \underbrace{\ln \frac{d}{D_{12}}}_{b'}\right) + \frac{q_c}{2}\left(\underbrace{\ln \frac{D_{23}}{D_{31}}}_{c} + \underbrace{\ln \frac{D_{23}}{D_{31}}}_{c'}\right)\right] \tag{4.97}$$

每一個對數項的字母，代表該導體的電荷。將上述各項組合

$$V_{ab} = \frac{1}{2\pi k}\left(q_a \ln \frac{D_{12}}{\sqrt{rd}} + q_b \ln \frac{\sqrt{rd}}{D_{12}} + q_c \ln \frac{D_{23}}{D_{31}}\right) \tag{4.98}$$

(4.98) 式與 (4.86) 式是相同的，除了以 $\sqrt{rd}$ 取代 r。如果考慮的線路已經過換位，則

圖 4.24　一個成束導體三相線路的截面

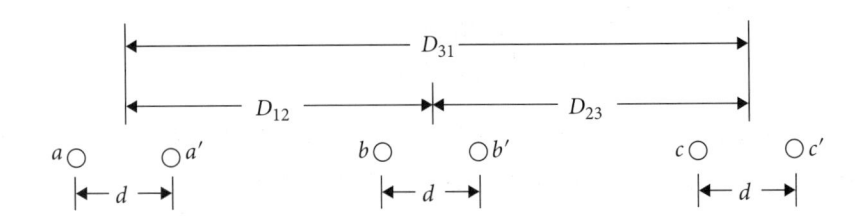

$$C_n = \frac{2\pi k}{\ln\left(\dfrac{D_{eq}}{\sqrt{rd}}\right)} \quad \text{F/m 對中性點} \tag{4.99}$$

於兩導體線束，$\sqrt{rd}$ 與 D_s^b 一樣，除了 r 取代 D_s 之外。此一結果引導出非常重要的結論：修正後的幾何平均距離 (GMD) 方法，可應用在每一線束有兩個導體之三相線路成束導體的電容計算。而其修正的基礎在於使用外徑來取代單一導體的 GMR。

依此邏輯可知修正過的 GMD 法可應用在其他成束的結構。如果以 D_{sC}^b 用在修正的 GMR 中計算電容，並以此與電感計算的 D_s^b 作區分，可得

$$C_n = \frac{2\pi k}{\ln\left(\dfrac{D_{eq}}{D_{sC}^b}\right)} \quad \text{F/m 對中性點} \tag{4.100}$$

因此，針對二絞線的線束

$$D_{sC}^b = \sqrt[4]{(r \times d)^2} = \sqrt{rd} \tag{4.101}$$

三絞線的線束

$$D_{sC}^b = \sqrt[9]{(r \times d \times d)^3} = \sqrt[3]{rd^2} \tag{4.102}$$

四絞線的線束

$$D_{sC}^b = \sqrt[16]{(r \times d \times d \times d \times \sqrt{2})^4} = 1.09\sqrt[4]{rd^3} \tag{4.103}$$

例題 4.8

求解例題 4.5 所描述的線路，其每相以歐姆—公里（及歐姆—英里）表示對中性點的容抗。

解： 從附錄表 A.3 查得直徑及相關計算如下

$$r = \frac{1.382 \times 0.3048}{2 \times 12} = 0.01755 \text{ m}$$

$$D_{sC}^b = \sqrt{0.01755 \times 0.45} = 0.0889 \text{ m}$$

$$D_{eq} = \sqrt[3]{8 \times 8 \times 16} = 10.08 \text{ m}$$

$$C_m = \frac{2\pi \times 8.85 \times 10^{-12}}{\ln\left(\dfrac{10.08}{0.0889}\right)} = 11.75 \times 10^{-12} \text{ F/m}$$

$$X_C = \frac{10^{12} \times 10^{-3}}{2\pi \times 60 \times 11.754} = 0.2257 \times 10^6 \; \Omega \cdot km \text{ 每相至中性點}$$

$$\left(X_C = \frac{0.2257 \times 10^6}{1.609} = 0.1403 \times 10^6 \; \Omega \cdot mi \text{ 每相至中性點} \right)$$

三相線路之並聯電路 　如果兩組結構及運轉均相同的三相電路相當接近地並聯在一起，此兩組線路間有耦合存在，則 GMD 法可用在此二電路的等效電路上計算感抗及容抗。

圖 4.25 顯示一個在相同鐵塔上典型的並聯三相線路，雖然此線路可能未經換位，若假設其經過換位，則可獲得感抗及容抗的實際值。

導體 a 及 a' 並聯組成 a 相，b 相及 c 相也類似。假設 a 及 a' 占據 b 及 b' 的位置，然後是 c 及 c' 的位置，類似這些導體在換位週期中旋轉。

為了計算 D_{eq}，GMD 法需用到 D_{ab}^p、D_{bc}^p 及 D_{ca}^p，此處的下標表示並聯線路，而 D_{ab}^p 為導體間 a 相與 b 相的 GMD。

針對電感計算，(4.56) 式中的 D_s 以 D_s^p 來取代，此為二導體先占據 a 及 a' 的位置，再來是 b 及 b' 的位置，最後為 c 及 c' 的位置。因為電感及電容之間在計算上的相似性，我們可以假設針對電容使用 D_{sC}^p，相同地針對電感則使用 D_s^p，除了在個別導體時以 r 來取代 D_s。

跟隨例題 4.9 的每一步驟，可能是了解整個程序最佳的方法。

圖 4.25 三相線路之並聯電路典型排列

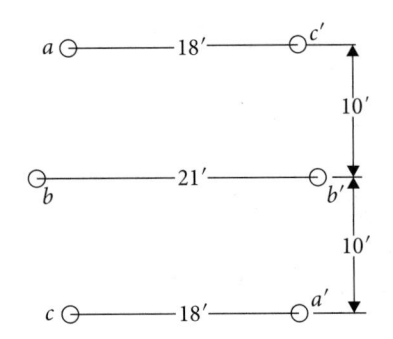

例題 4.9

一個三相雙電路線路由附錄表 A.3 中 300,000-cmil 26/7 Ostrich 導體所組成，排列方式如圖 4.25 所示。試求 60-Hz 的感抗及容抗，並分別以每相每英里（及每公里）歐姆與每相每英里（及每公里）西門子 (siemens) 來表示。

解： 從附錄表 A.3 查得 Ostrich 導體

$$D_s = 0.0229 \text{ ft}$$

a 到 b 的距離：原始位置 $= \sqrt{10^2 + 1.5^2} = 10.1$ ft

a 到 b' 的距離：原始位置 $= \sqrt{10^2 + 19.5^2} = 21.9$ ft

相間的 GMD 為

$$D_{ab}^p = D_{bc}^p = \sqrt[4]{(10.1 \times 21.9)^2} = 14.87 \text{ ft}$$

$$D_{ca}^p = \sqrt[4]{(20 \times 18)^2} = 18.97 \text{ ft}$$

$$D_{eq} = \sqrt[3]{14.87 \times 14.87 \times 18.97} = 16.1 \text{ ft}$$

針對電感計算，並聯電路線路的 GMR，在第一次求得三個位置的 GMR 值之後可求得。a 到 a' 的實際距離為 $\sqrt{20^2 + 18^2} = 26.9$。則每相的 GMR 為

在位置 $a - a'$：$\sqrt{26.9 \times 0.0229} = 0.785$ ft

在位置 $b - b'$：$\sqrt{21 \times 0.0229} = 0.693$ ft

在位置 $c - c'$：$\sqrt{26.9 \times 0.0229} = 0.785$ ft

因此，

$$D_s^p = \sqrt[3]{0.785 \times 0.693 \times 0.785} = 0.753 \text{ ft}$$

$$L = 2 \times 10^{-7} \ln \frac{16.1}{0.753} = 6.13 \times 10^{-7} \text{ H/m 每相}$$

$$X_L = 2\pi \times 60 \times 1609 \times 6.13 \times 10^{-7} = 0.372 \text{ Ω/mi 每相}$$

$$(= 0.372/1.609 = 0.231 \text{ Ω/km 每相})$$

針對電容計算，D_{sC}^p 與 D_s^p 相同，除了 Ostrich 導體的外徑用來取代它的 GMR。Ostrich 外面的直徑為 0.680 英寸：

$$r = \frac{0.680}{2 \times 12} = 0.0283 \text{ ft}$$

$$D_{sC}^p = \left(\sqrt{26.9 \times 0.0283}\sqrt{21 \times 0.0283}\sqrt{26.9 \times 0.0283}\right)^{1/3}$$

$$= \sqrt{0.0283}\,(26.9 \times 21 \times 26.9)^{1/6} = 0.837 \text{ ft}$$

$$C_n = \frac{2\pi \times 8.85 \times 10^{-12}}{\ln \dfrac{16.1}{0.837}} = 18.807 \times 10^{-12} \text{ F/m}$$

$$B_c = 2\pi \times 60 \times 18.807 \times 1609 \times 10^{-12}$$
$$= 11.41 \times 10^{-6} \text{ S/mi 每相對中性點}$$
$$(= 11.41 \times 10^{-6}/1.609 = 7.09 \times 10^{-6} \text{ S/km 每相對中性點})$$

例題 4.9 的 MATLAB 程式 (ex4_9.m)

```
% M-file for Example 4.9: ex4_9.m
clc
clear all
% Initial value
f=60;
% Solution
Ds = 0.0229;
Distance_atob = sqrt((10^2)+1.5^2);
% Distance from a to b prime
Distance_atobp = sqrt((10^2)+19.5^2);
% GMDs between phases
Dab = nthroot((Distance_atob * Distance_atobp)^2, 4);
Dbc = Dab;
Dac = nthroot((20*18)^2, 4);
Deq = nthroot(Dac*Dab*Dbc,3);
Distance_atoap = sqrt((20^2)+18^2);
a_ap = sqrt(Distance_atoap*Ds);
b_bp = sqrt(21*Ds);
c_cp = sqrt(Distance_atoap*Ds);
Ds_2 = nthroot(a_ap*b_bp*c_cp,3);
L = 2*(10^(-7))*log(Deq/Ds_2); % H/m
Xl = 2*pi*f*1609*L;                    % ohm/mi
r = 0.68/(2*12);
DsC = (sqrt(Distance_atoap*r)*sqrt(21*r)*sqrt(Distance_
atoap*r))^(1/3);
Cn = 2*pi*8.85*(10^(-12))/log(Deq/DsC); % F/m
Bc = 2*pi*60*Cn*1609;                          % S/mi
disp([' Xl = 2*pi*60*L*1609= ',num2str(Xl),' ohm/mi per phase to
neutral'])
disp(['               = ',num2str(Xl/1.609),' ohm/km per phase
to neutral'])
disp([' Bc = 2*pi*60*Cn*1609= ',num2str(Bc),' S/mi per phase to
neutral'])
disp(['                   = ',num2str(Bc/1.609),' S/km per phase
to neutral'])
```

4.6 總結

在我們的討論中，已強調電感與電容之間的相似性。雖然不同種類線路，針對電感與電容計算通常有計算機程式可用。然而，除了並聯電路線路之外，像是附錄表 A.3、A.4 及 A.5 查表所得的數值，也使得計算相當簡單。附錄表 A.3 亦列出電阻值。

針對三相線路之單電路每相電感的重要方程式如下：

$$L = 2 \times 10^{-7} \ln \frac{D_{eq}}{D_s} \quad \text{H/m 每相} \tag{4.104}$$

在 60 Hz 頻率下，以每公里歐姆為單位的感抗，可由每公尺亨利的電感乘以 $2\pi \times 60 \times 1000$ 求得：

$$X_L = 0.0754 \ln \frac{D_{eq}}{D_s} \quad \Omega/\text{km 每相} \tag{4.105}$$

或是

$$X_L = 0.1213 \ln \frac{D_{eq}}{D_s} \quad \Omega/\text{mi 每相} \tag{4.106}$$

D_{eq} 與 D_s 必須是相同的單位，通常為英尺。如果線路每相只有一個導體，則 D_s 可以直接從附錄表獲得。成束導體的 D_s^b，如 4.3 節所定義，取代 D_s。針對單一導體及成束導體線路

$$D_{eq} = \sqrt[3]{D_{ab} D_{bc} D_{ca}} \tag{4.107}$$

成束導體線路的 D_{ab}、D_{bc} 及 D_{ca} 為 a、b 及 c 相成束導體中心距離。

針對每一相一個導體的線路，從附錄表便可決定 X_L，其值等於附錄表 A.3 中的 X_a 與附錄表 A.5 中相當於 $d = D_{eq}$ 所得的 X_d 相加。

針對三相線路單一電路對中性點電容的重要方程式是

$$C_n = \frac{2\pi k}{\ln \dfrac{D_{eq}}{D_{sC}}} \quad \text{F/m 對中性點} \tag{4.108}$$

對於由每相一個導體所組成的線路，D_{sC} 為導體的外徑 r。就架空線路，k 為 8.854×10^{-12}，因為空氣的 k_r 為 1。以歐姆—公尺為單位的容抗為 $1/2\pi fC$，其中 C 為每公尺法拉。所以在 60 Hz 時

$$X_C = 4.77 \times 10^4 \times \ln \frac{D_{eq}}{D_{sC}} \quad \Omega \cdot \text{km 對中性點} \tag{4.109}$$

或除以 1.609 km/mi，可得

$$X_C = 2.964 \times 10^4 \times \ln \frac{D_{ed}}{D_{sC}} \qquad \Omega \cdot \text{mi 對中性點} \qquad (4.110)$$

以每公里西門子及每英里西門子為單位的容納，分別為 (4.109) 式與 (4.110) 式的倒數。

D_{eq} 與 D_{sC} 必須是相同的單位，通常為英尺。成束導體的 D_{sC}^b 取代 D_{sC}。針對單一導體及成束導體線路

$$D_{eq} = \sqrt[3]{D_{ab}D_{bc}D_{ca}} \qquad (4.111)$$

成束導體線路的 D_{ab}、D_{bc} 及 D_{ca} 為 a、b 及 c 相成束導體中心距離。

針對每一相一個導體的線路，藉由附錄表 A.3 查得 X'_a 與附錄表 A.5 中相當於 D_{eq} 所得的 X'_d 相加可求得 X_C。

電感、電容及並聯電路線路的電抗可由例題 4.9 的程序求得。

問題複習

4.1 節

4.1 何謂導體的集膚效應？
4.2 環繞於導體四周的離子化產生之不良效果稱為電暈。(對或錯)
4.3 金屬導體的電阻超過正常運轉範圍時，會隨溫度呈現非線性變化。(對或錯)
4.4 電路的 ____ 與電流變化率造成磁通變化所產生的電壓有關。
   a. 電阻　　　b. 電感　　　c. 電容　　　d. 電導
4.5 金屬導體的直流電阻與導體的 ____ 成反比。
   a. 電阻率　　b. 長度　　　c. 截面積
4.6 什麼是電力輸電線路的四個參數，且其功能為電力系統的一部分？
4.7 列出三個符號以分辨鋁導體的不同型式。
4.8 流經導體電流的頻率增加會造成導體的電阻減少。(對或錯)
4.9 一個圓密爾 (1 cmil) 等於多少平方公釐？
4.10 1 歐姆 · 圓密爾 / 英尺轉換成多少歐姆 · 公尺。

4.2 節

4.11 輸電線路的電感是以每安培 ____ 來計算。
4.12 針對由兩個複合導體所組成的單相線路，試定義線路的兩導體間之幾何平均距離 (GMD)。

4.13 接續問題 4.12，何謂幾何平均半徑或 GMR？

4.14 圓導體內部磁通所形成每單位長度的電感值為何？

4.15 參考圖 4.5，如果 $D_2 = 2.7183 D_1$，則導體外部兩點 P_1 及 P_2 間的電感值為何？

4.16 參考圖 4.10，試求導體 b 的電感。

4.3 節

4.17 增加線束中的導體不會減低電暈效應及降低電抗。（對或錯）

4.18 輸電線路的換位目的為何？

4.4 節

4.19 輸電線路的電容是導體間電位差的結果。（對或錯）

4.20 下列敘述何者錯誤？

　　a. 兩線線路的導體間，其電容定義為：導體之間電位差的每單位導體上之電荷。

　　b. 充電電流與線路電容無關。

　　c. 如果線路是由具有接地中間抽頭的變壓器供電，則每一個導體與大地之間的電位差，為兩導體與對地電容或對中性點電容之間電位差的一半。

4.21 兩個電容 $C1$ 與 $C2$ 串聯連接的等效值為何？

4.22 試說明在單相傳輸線路中產生充電電流的原因。

4.23 針對圖 4.20 中的三相線路，證明對中性點電容為 (4.83) 式。

4.5 節

4.24 三相輸電線路大地對電容效應的計算方法，是以大地表面之下的虛擬充電導體來取代大地，而距離等於大地之上架空線路的距離。（對或錯）

4.25 如果一條輸電線路的導體在大地之上，則大地的效應不可忽略。（對或錯）

問題

4.1 由 37 股，每一股直徑為 0.1672 英寸之鋁線所組成的 *Bluebell* 的全鋁導體，在全鋁導體特性表中列出此導體之面積為 1,033,500 cmil（1 cmil = $(\pi/4) \times 10^{-6}$ in^2）。試問這些數值是否一致？及導體面積為多少（mm^2）？

4.2 利用 (4.2) 式及問題 4.1 之資料，計算在 20°C 時 *Bluebell* 導體之直流電阻，試以 Ω/km 單位表示。將計算之答案與附錄表中所列之每 1000 英尺 0.01678 Ω 之值比較，兩者是否相符？試求此導體在 50°C 時之直流電阻，以 Ω/km 表示，將其與附錄表中所列 60Hz 下 50°C 時之交流電阻 0.1024 Ω/mi 相比較，並解釋數值差異的原因。假設電阻值不斷以 2% 上升。

4.3 一全鋁導體由 37 股鋁線所組成，每一股線之直徑皆為 0.333cm。試求在 75°C 時之直流電阻，並以 Ω/km 表示。假設電阻值不斷以 2% 上升。

4.4 磁場中一點的能量密度（也就是，每單位容量的能量）可以表示成 $B^2/2\mu$，其中 B 為磁通密度，而 μ 為導磁係數。利用此結果及 (4.10) 式，試證搭載電流為 I 的實心圓導體，其單位長度所儲存的總磁場能量為 $\mu I^2/16\pi$，忽略集膚效應，並證明 (4.15) 式。

4.5 一條單相 60 Hz 線路的導體，導體為實心圓形鋁線，直徑為 0.412 cm，導體間隔為 3 公尺。試求線路的電感值（以 mH/mile 及 mH/km 表示）。由內部磁通鏈所產生的電感為多少？假設集膚效應忽略不計。

4.6 一單相 60 Hz 架空電力線路，裝設在水平線擔上，導體中心間隔為 2.5 公尺（比如，a 到 b）。另一電話線也架設在水平線擔上，直接位於電力線正下方 1.8 公尺處，電話線兩導體中心間隔為 1.0 公尺（比如，c 到 d）。

  a. 利用 (4.36) 式，證明電路 a-b 與電路 c-d 之間每單位長度的互感為

$$4 \times 10^{-7} \ln \sqrt{\frac{D_{ad}D_{bc}}{D_{ac}D_{bd}}} \quad \text{H/m}$$

  其中 D_{ad} 表示導體 a 和 d 之間的距離，以公尺表示。

  b. 由此，計算電力線路與電話線路之間每公里的互感。

  c. 試求當電力線之電流為 150 安培時，在電話線上感應出之每公里 60 Hz 之電壓。

4.7 如果問題 4.6 之電力線與電話線位在相同水平面上，兩條線路最接近的導體間距離為 18 公尺，利用問題 4.6(a) 的結果計算電力線及電話線間之互感大小。若在電力線上流動的電流為 150 安培，試求電話線上所感應的每公里 60 Hz 的電壓。

4.8 試求一條三股導體之 GMR 值，以每股之半徑 r 表示。

4.9 一些不常見的導體如圖 4.26 所示，試以每股半徑 r 表示各導體之 GMR 值。

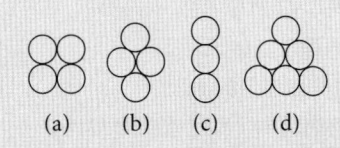

(a)　(b)　(c)　(d)

圖 4.26 問題 4.9 不常見的導體截面

4.10 一單相線路導體間之距離為 3 公尺。每一導體均由六條相對稱線股所組成，此六條線股環繞一中心線股，因此有七條相等的線股。每一線股的直徑為 2.54 mm，試證每一個導體的 D_s 為每線股半徑的 2.177 倍。並求此電路的電感，以 mH/km 表示。

4.11 解例題 4.2，當單相線路的 Y 側等於 X 側，且兩側距離為 9 公尺，如圖 4.9 所示。

4.12 試求間隔 1 公尺的 ACSR *Rail* 的感抗，以每公里歐姆表示。

4.13 附錄表 A.3 所列，間隔為 7 英尺、感抗值為 0.651 Ω/mi 是指哪一種導體？

4.14 一條具有相等間隔的三相線路，其導體為 ACSR *Dove*。如果導體間隔為 3 公尺，試求 60 Hz 情況下之線路每相電抗，以 Ω/km 表示。

4.15 一條三相線路，設計成具有 5 公尺之間隔。線路水平間隔 ($D_{13} = 2D_{12} = 2D_{23}$)。導體經換位，為了要獲得相同電感，試問於原始設計兩相鄰導體間之距離應為多少？

4.16 一條三相 60 Hz 輸電線路，其導體排列成三角形式，其中兩個邊導體間距離為 7.62 公尺，第三邊距離為 12.8 公尺。導體為 ACSR *Osprey*。試求每公里每相的電感及感抗。

4.17 一條三相 60 Hz 線路具有水平間隔，導體之 GMR 為 0.0133 公尺，而相鄰導體間距離為 10 公尺。試以 Ω/km 表示每相之感抗。此導體的名稱為何？

4.18 針對短程輸電線路，如果電阻忽略不計，則此線路每相可傳送之最高功率等於

$$\frac{|V_S| \times |V_R|}{|X|}$$

式中 V_S 及 V_R 分別為在送電端及受電端的線至中性線電壓，X 為線路之感抗。上述關係在第 5 章將會提及。若 V_S 及 V_R 大小保持定值且導體之價格正比於導體的截面積，試由附錄表 A.3 中找出哪一

種導體，在幾何平均間隔下具有每單位成本的最大處理功率 (power handling) 容量。

4.19 一條 23 kV 三相地下配電線路，三導體以 0.5 cm 厚度的實心黑色聚乙烯作為絕緣並平放。導體相鄰地放在堆積灰塵的溝道裏。導體截面積呈圓形且具有 33 股鋁線。導體之直徑為 1.46 cm，製造商提供此類導體之 GMR 為 0.561 cm 並且截面積為 1.267 cm^2。線路若埋於一般土壤中，其熱額定 (thermal rating) 在最大溫度 30°C 時為 350 安培。試求在 50°C 時之直流及交流電阻及感抗，並以 Ω/km 表示。在計算電阻時若欲決定集膚效應是否列入考慮時，可利用下法來判斷：考慮與地下線路導體尺寸大小相近之 ACSR 導體，在 50°C 時其集膚效應之百分比。注意：配電線路之串聯阻抗值由 R 決定，而非 X_L，線路由於導體間隔極為接近，故其電感值極小。

4.20 問題 4.6 之單相電力線路若改為三相線路且仍置於同一水平線擔上，線擔仍裝在原來單相線路的位置。電力線路各導體間隔為 $D_{13} = 2D_{12} = 2D_{23}$，其等效等邊間隔為 3 公尺。電話線路仍維持在問題 4.6 中之同樣位置。若電力線路之電流為 150 安培，試求電話線路每公里所生之感應電壓。試討論感應電壓以及電力線路電流兩者相位之關係。

4.21 一條 60 Hz 三相線路，每相係由一條 ACSR *Bluejay* 導體組成，相鄰導體間的水平距離為 11 公尺。將此線路每相每公里以歐姆表示的電感性電抗，與使用 ACSR 26/7 導體的兩導體束線線路進行比較，線股導體有相同的鋁總截面積，如同單一導體線路。相鄰束與束中心間之距離為 11 公尺。束中導體間之間隔為 40 cm。試比較上兩線路每相之感抗，以 Ω/km 表示。

4.22 一條 60 Hz 三相成束導體線路，每一導體束具有三條 ACSR *Rail* 導體，導體束導體間隔為 45 公分。各束線中心間隔分別為 9、9 及 18 公尺。試計算此線路之感抗（以 Ω/km 表示）。

4.23 一條三相輸電線路，其導體均在同一平面上，且相鄰導體之間距離為 2 m，於某一瞬間，外側一導體上的電荷為 60 μC/km，而在中心與另一外側之導體上電荷為 –30 μC/km。每一導體之半徑為 0.8 m，若忽略大地之效應，試求在指定瞬間具相同電荷的兩導體間之壓降。

4.24 單相線路導體間隔為 1.5 公尺的電容性電抗在 60 Hz 時為 315.6 kΩ-km。針對 25 Hz，導體間距為 0.3 公尺，在指定的容抗表中，至中心線之每英里容抗歐姆值為多少？以平方公釐及圓密爾為單位的導體截面積為何？

4.25 針對 50 Hz 運轉頻率及 3 公尺的間距，試求例題 4.6。

4.26 利用 (4.83) 式，試求以三個彼此距離為 20 英尺等間隔的 *Cardinal* ACSR 導體所組成的三相線路對中性點電容，以及於 60 Hz 線間電壓為 100 kV 之線路充電電流。

4.27 一條三相 60 Hz 輸電線路其導體作等腰三角形排列，其中兩邊為 7.62 公尺，第三邊為 12.8 公尺。導體為 ACSR *Osprey*。試求對中性線每公里微法拉之電容，以及對中性線之容抗，以歐姆—公里表示。若線路全長 240 公里，試求線路對中性線之電容及容抗。

4.28 一條三相 60 Hz 線路，其導體作水平排列。導體外徑為 3.28 公分，導體間距離為 12 公尺。試求對中性線之容抗，以歐姆—公尺表示。如果線路全長為 200 公里，求以歐姆表示的線路容抗。

4.29 **a.** 當考量大地效應時，試推導單相線路對中性點以每公尺法拉為單位的電容方程式。使用相同的術語推導三相線路的電容方程式，其中以映像電荷取代大地效應。

b. 使用所推導的方程式，計算由每條直徑為 0.582 公分的兩條實心圓導體所組成的單相線路對中性點電容，以每公尺法拉來表示。導體於地面上方 3 公尺及 7.6 公尺。將此結果與 (4.70) 式所得的數值比較。

4.30 當考量大地效應時，求解問題 4.28。假設導體水平地置於離地面 20 公尺處。

4.31 由每相一條 ACSR *Bluejay* 導體所組成的 60 Hz 三相線路，導體作水平排列，且相鄰導體間之距離為 11 公尺。試將此線路以歐姆—公里為單位的每相容抗與一條使用 ACSR 26/7 導體的雙導體束線路比較。此導體總截面積與前述導體相同，導體束間之距離為 11 公尺。導體束中導體間之間隔為 40 公分。

4.32 試計算一條以每線束有三條 ACSR *Rail* 導體所組成的 60 Hz 三相線路之容抗，以歐姆—公里表示。導體束中心之間隔為 9、9 及 18 公尺，導體束中導體間隔為 45 公分。

4.33 六條 ACSR *Drake* 導體組成三相雙路 60 Hz 線路，線路排列如圖 4.25 所示。導體垂直距離為 4.3 公尺，較長之水平距離為 9.8 公尺，較短之水平距離為 7.6 公尺，試求：

  a. 每相之電感（以 H/km 表示）及感抗值（以 Ω/km 表示）。

  b. 對中性線之容抗（以 Ω·km 表示）以及在 138 kV 時，每相每導體之充電電流，以 A/km 表示。

Chapter 5

輸電線路模型

　　就輸電線路上與電壓及電流有關的一般方程式而言，要有前一章討論過之輸電線路四個參數為沿著線路均勻分布的認知。稍後我們會推導這幾個方程式，但首先我們要利用對於短程線路及中程線路有良好精確度的集總參數。如果一條架空線路被歸類於短程，其並聯電容很小，在精確度損失極小的情形下，可以完全予以忽略。對於線路總長度，我們所需考慮的只有串聯電阻 R 及串聯電感 L。

　　一條中程長度的輸電線路，可以由集總參數的 R 及 L 來充分表示，如圖 5.1。圖中在等效電路的每一端，其電容為集總線路電容對中性線的一半。

　　先前曾提過，在計算架空輸電線路的電壓及電流時，通常會把並聯電導 G 忽略不計。如果將電容器忽略，則短程輸電線路可用相同的電路來表示。

　　當電容列入考量時，對於運轉於 60 Hz 的明線線路，當長度小於 80 公里（50 英里）時，將此線路稱為短程線路。中程線路的長度約略為 80 公里（50 英里）至 240 公里（150 英里）之間。線路長度超過 240 公里，如果需要較高精確度時，在計算上則需採用分布參數。然而因為某些目的，在線路長度超過 320 公里（200 英里）以上會使用集總參數表示。

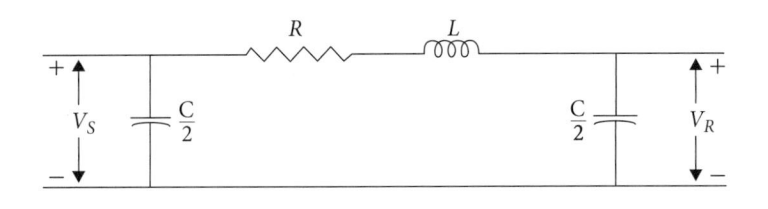

圖 5.1 一條中程長度輸電線路的單相等效。針對短程線路，電容器可予以忽略

一般而言，輸電線路是運轉在平衡的三相負載。即使線路的間隔並不相等且未經換位，然而非對稱的情況輕微，所以相間可視為平衡。

為了區分線路的總串聯阻抗及每單位長度串聯阻抗，我們採用下列的術語表：

z = 每相每單位長度的串聯阻抗
y = 每相對中性點每單位長度的並聯導納
l = 線路長度
$Z = zl$ = 每相總串聯阻抗
$Y = yl$ = 每相對中性點總並聯導納

5.1 短程輸電線路

圖 5.2 顯示短程輸電線路的等效電路，其中 I_S 與 I_R 分別為送電端與受電端的電流，且 V_S 與 V_R 則分別為送電端與受電端線對中性點電壓。

該電路以一個簡單的交流電路來求解，因此

$$I_S = I_R \tag{5.1}$$

$$V_S = V_R + I_R Z \tag{5.2}$$

式中 Z 等於 zl，為線路的總串聯阻抗。

就短程線路而言，負載功因的變化對於線路電壓調整的影響最容易被了解，所以此時將予以考量。輸電線路的電壓調整為：當送電端電壓保持不變，在指定功因下之滿載負載移除後，受電端電壓上升，以滿載電壓的百分比來表示。可以列出相對應於 (3.32) 式的方程式

$$百分比電壓調整 = \frac{|V_{R,NL}| - |V_{R,FL}|}{|V_{R,FL}|} \times 100 \tag{5.3}$$

其中，$|V_{R,NL}|$ 為無載時受電端電壓的大小，$|V_{R,FL}|$ 為滿載時受電端電壓

圖 5.2 短程輸電線路的等效電路，其中 R 及 L 為全線路長度的電阻及電感

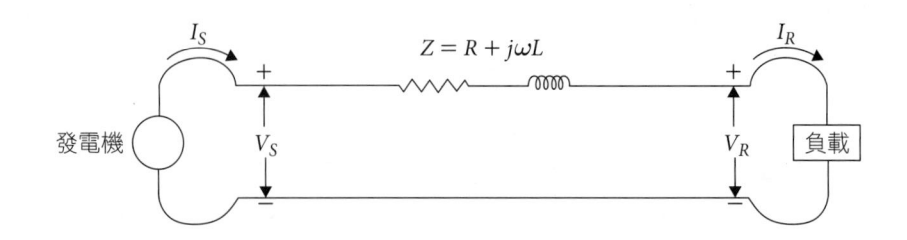

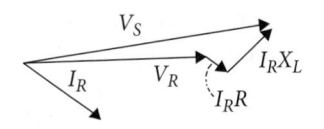

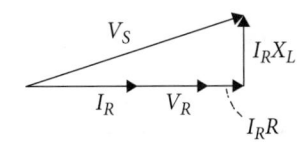

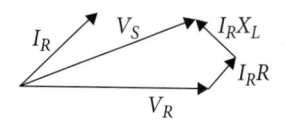

圖 5.3 短程輸電線路的相量圖。所有的圖係針對相同大小的 V_R 及 I_R 所繪製

(a) 負載功因 = 70% 落後　　(b) 負載功因 = 100%　　(c) 負載功因 = 70% 超前

的大小，而 $|V_S|$ 為常數。在短程輸電線路的負載移除之後，如圖 5.2 的電路所示，受電端電壓會等於送電端的電壓。在圖 5.2 中，當負載連接至電路，受電端電壓被指定為 V_R，且 $|V_R| = |V_{R,FL}|$。送電端電壓為 V_S，且 $|V_S| = |V_{R,NL}|$。

圖 5.3 的相量圖是以相同大小的受電端電壓及電流所畫出，並顯示當受電端電流落後時，為維持一已知的受電端電壓，則需要比同相相同的電流與電壓還大的送電端電壓。

而當受電端電流超前電壓時，為維持一已知受電端電壓，則需要較小的送電端電壓。在所有的情形下，線路串聯阻抗的壓降相同；然而，因為不同的功因，在每一種情形下壓降以不同的角度加到受電端電壓。對於落後功因，電壓調整率最大，而對於超前功因，調整率最小或甚至為負值。輸電線路的感抗比電阻還大，而圖 5.3 所說明的調整原理對於任何由電感性電路供電的負載均適用。在所繪製的相量圖中，為了清楚說明，短程線路壓降 $I_R R$ 及 $I_R X_L$ 的大小相對於 V_R 已被誇大。長程線路的功因與調整間的關係和短程線路類似，只不過無法輕易地看出來。

例題 5.1

一部 300 MVA，20 kV 的三相發電機，其次暫態電抗為 20%。此發電機經由 64 公里且兩端均有變壓器的輸電線路供電給數台同步電動機，如圖 5.4 所顯示的單線圖。

所有電動機的額定均為 13.2 kV，且以兩台等效電動機來表示。電動機 M_1 的中性點經由電抗接地，而第二台電動機的中性點 M_2 並未接地（非一般的情形）。電動機 M_1 與 M_2 的額定輸入分別為 200 MVA 與 100 MVA。針對兩台電動機 $X_d'' = 20\%$，三相變壓器 T_1 的額定為 350 MVA，20/230 kV，其漏磁電抗為 10%。變壓器 T_2 由三個單向變壓器所組成，每一個額定為 127/13.2 kV，100 MVA，漏磁電抗為 10%。輸電線路的串聯電抗為 0.5 Ω/km。試以所有電抗均以標么值表示畫出電抗圖。選擇發電機的額定為發電機電路中的基準值。

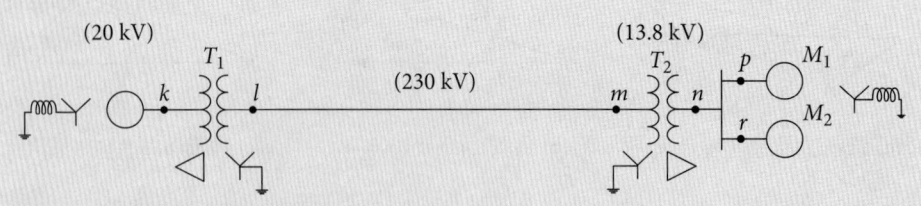

(20 kV) T_1 (230 kV) T_2 (13.8 kV)

圖 5.4 例題 5.1 的單線圖

解：變壓器 T_2 的三相額定為

$$3 \times 100 = 300 \text{ MVA}$$

線對線電壓比為

$$\sqrt{3} \times \frac{127}{13.2} = \frac{220}{13.2} \text{ kV}$$

在 300 MVA、20 kV 為基準下，系統的所有的部分均以 300 MVA 為基準，而基準電壓分別為：

在輸電線路中：230 kV（因為 T_1 的額定為 20/230 kV）

在馬達電路中：$230 \times \frac{13.2}{220} = 13.8$ kV

基準值以括弧方式顯示於圖 5.4 的單線圖中。變壓器的電抗轉換至適當基準：

變壓器 T_1：$X = 0.1 \times \frac{300}{350} = 0.0857$ 標么

變壓器 T_2：$X = 0.1 \times \left(\frac{13.2}{13.8}\right)^2 = 0.0915$ 標么

輸電線路的基準阻抗為

$$\frac{(230)^2}{300} = 176.3 \ \Omega$$

則線路的電抗為

$$\frac{0.5 \times 64}{176.3} = 0.1815 \text{ 標么}$$

$$M_1 \text{ 馬達的電抗 } X_d'' = 0.2 \left(\frac{300}{200}\right)\left(\frac{13.2}{13.8}\right)^2 = 0.2745 \text{ 標么}$$

$$M_2 \text{ 馬達的電抗 } X_d'' = 0.2 \left(\frac{300}{100}\right)\left(\frac{13.2}{13.8}\right)^2 = 0.5490 \text{ 標么}$$

當變壓器的相位移忽略時，電抗圖如圖 5.5 所示。

第 5 章 輸電線路模型

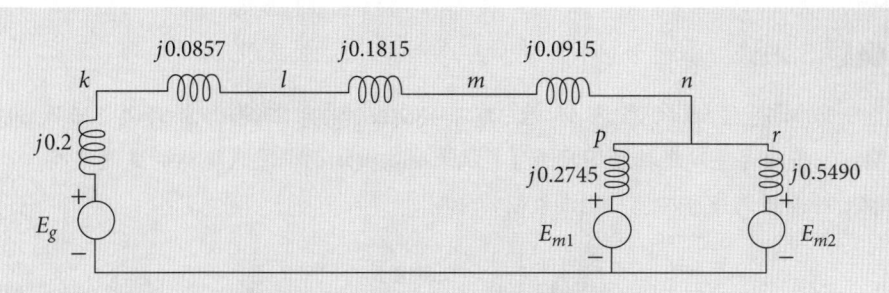

```
           j0.0857        j0.1815        j0.0915
      k  ──⌇⌇⌇──  l  ──⌇⌇⌇──  m  ──⌇⌇⌇──  n
      │                                    │
   j0.2⌇                                   ├────────────┐
      │                              p     │       r    │
      │                            j0.2745⌇         j0.5490⌇
     (+)                              (+)             (+)
     E_g                              E_m1            E_m2
     (−)                              (−)             (−)
```

圖 5.5 例題 5.1 的電抗圖,依據指定基準值求解電抗標么值

例題 5.1 的 MATLAB 程式 (ex5_1.m)

```
% M-file for Example 5.1: ex5_1.m
% Clean previous value
clc
clear
Srating_T2 = 3*100;           % Rating of T2
Vratio_LL = sqrt(3)*127/13.2; % Line to line voltage ratio
Vtran = 230;                  % Transmission line
Vmotor = 230*13.2/220;        % Motor circuit
disp('The reactances of the transformers converted to the proper
base are');
X_T1 = 0.1*Srating_T2/350;
X_T2 = 0.1*(13.2/13.8)^2;
disp(['   X_T1 = 0.1*Srating_T2/350=',num2str(X_T1),' per unit']);
disp(['   X_T2 = 0.1*(13.2/13.8)^2=',num2str(X_T2),' per unit']);
Impedance_line = Vtran^2/Srating_T2;   %Base impedance of
transmission line
Reactance_line = 0.5*64/Impedance_line; %Reactance of the line
disp('The reactances of the motors converted to the proper base are');
Xdpp_M1 = 0.2*300/200*(13.2/Vmotor)^2;
Xdpp_M2 = 0.2*300/100*(13.2/Vmotor)^2;
disp(['   Xdpp_M1 = 0.2*300/200*(13.2/Vmotor)^2',num2str(Xdpp_M1),'
per unit']);
disp(['   Xdpp_M2 = 0.2*300/100*(13.2/Vmotor)^2',num2str(Xdpp_M2),'
per unit']);
disp(['Reactance of the line is ',num2str(Reactance_line),' per unit'])
```

例題 5.2

如果例題 5.1 的馬達 M_1 及 M_2 在 13.2 kV 時,其輸入分別為 120 及 60 MW,而兩台馬達運轉功因均為 1,試求發電機端的電壓及線路的電壓調整。

解: 將兩台馬達合而為一取 180 MW,則

$$\frac{180}{300} = 0.6 \text{ 標么}$$

因此,在馬達端的標么電壓及電流,

$$|V| \times |I| = 0.6 \text{ 標么}$$

以馬達端 a 相電壓為參考,可得

$$V = \frac{13.2}{13.8} = 0.9565 \angle 0° \text{ 標么}$$

$$I = \frac{0.6}{0.9565} = 0.6273 \angle 0° \text{ 標么}$$

圖 5.5 其他位置的標么電壓為

在 m 點: $V = 0.9565 + 0.6273\,(j0.0915)$
$= 0.9565 + j0.0574 = 0.9582 \angle 3.434° \text{ 標么}$

在 l 點: $V = 0.9565 + 0.6273\,(j0.0915 + j0.1815)$
$= 0.9565 + j0.1713 = 0.9717 \angle 10.154° \text{ 標么}$

在 k 點: $V = 0.9565 + 0.6273\,(j0.0915 + j0.1815 + j0.0875)$
$= 0.9565 + j0.2261 = 0.9829 \angle 13.30° \text{ 標么}$

輸電線的電壓調整為

$$\text{百分比電壓調整} = \frac{0.9829 - 0.9582}{0.9582} \times 100 = 2.58\%$$

在發電機端的電壓大小為

$$0.9829 \times 20 = 19.658 \text{ kV}$$

如果要顯示 Y-Δ 變壓器的相位移,則在位置 m 與 l 的 a 相電壓相角應會增加 30°,而線路 a 相電流的相角也會從 0° 增加至 30°。

5.2 中程輸電線路

並聯導納,通常為純電容,涵蓋於中程線路的計算中。如果將線路的總並聯導納分成兩個相同部分,分別置於線路的送電端及受電端,此種電

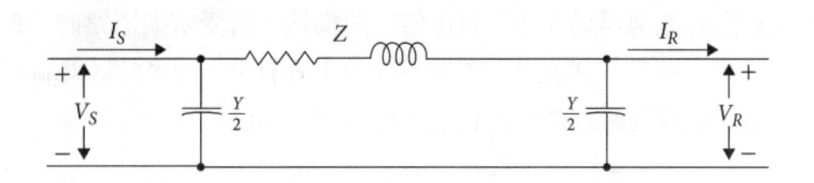

圖 5.6 中程輸電線路的標稱 π 電路

路稱為標稱 (nominal) π。參考圖 5.6 推導相關方程式。

求解 V_S 的表示式，我們注意到受電端的電容電流為 $V_R Y/2$，而串聯線路上的電流為 $I_R + V_R Y/2$，則

$$V_S = \left(V_R \frac{Y}{2} + I_R\right) Z + V_R \tag{5.4}$$

$$V_S = \left(\frac{ZY}{2} + 1\right) V_R + Z I_R \tag{5.5}$$

在推導 I_S 時，注意到送電端的並聯電容電流為 $V_S Y/2$，加上串聯線路的電流可得

$$I_S = V_S \frac{Y}{2} + V_R \frac{Y}{2} + I_R \tag{5.6}$$

以 (5.5) 式取代 V_S，並代入 (5.6) 式可得

$$I_S = V_R Y\left(1 + \frac{ZY}{4}\right) + \left(\frac{ZY}{2} + 1\right) I_R \tag{5.7}$$

將 (5.5) 式及 (5.7) 式以通用型式來表示

$$V_S = AV_R + BI_R \tag{5.8}$$

$$I_S = CV_R + DI_R \tag{5.9}$$

其中

$$\begin{aligned} A = D &= \frac{ZY}{2} + 1 \\ B = Z \quad C &= Y\left(1 + \frac{ZY}{4}\right) \end{aligned} \tag{5.10}$$

這些 ABCD 常數有時稱為輸電線路的一般電路常數 (generalized circuit constant)。一般而言，這些常數均為複數形式。A 和 D 無單位，且如果從線路兩端看到是相同時，這兩個常數是相同的。常數 B 與 C 的單位分別為歐姆及姆歐或西門子。這些常數應用在線性、被動或具有兩對端子的雙向四端點網路，此網路稱為雙埠網路 (two-port network)。

可以很簡單地指定這些參數的物理意義。令 (5.8) 式中的 I_R 等於零，

則可以看出 A 為無載時 V_S/V_R 的比值。同樣地,當受電端短路時,B 為 V_S/I_R 的比值。而常數 A 在計算電壓調整時十分有用。如果當送電端電壓為 V_S,而滿載時受電端電壓為 $V_{R,FL}$,(5.3) 式會變成

$$百分比電壓調整 = \frac{|V_S|/|A| - |V_{R,FL}|}{|V_{R,FL}|} \times 100 \tag{5.11}$$

附錄中的表 A.6 列出各種網路及網路組合的 ABCD 參數。

5.3 長程輸電線路

任何輸電線路的正確解及超過 240 公里(或 150 英里)長的線路在 60Hz 計算中需要較高精確度時,必須考慮到線路參數並非集總方式,且為全線路長度均勻分布。

圖 5.7 顯示三相線路的其中一相與中性線連接,圖中並非採用集總參數,因為我們準備考慮以線路阻抗及導納為均勻分布來求解。在圖 5.7 中,我們考慮距離線路的受電端 x 處,取一微分線段 dx,則 z dx 與 y dx 分別為線段的串聯阻抗及並聯導納。V 及 I 為隨著 x 變化的相量。

線段上的平均線路電流為 $(I + I + dI)/2$,在 dx 距離中電壓的增量可精確地表示為

$$dV = \frac{I + I + dI}{2} z\, dx = Iz\, dx \tag{5.12}$$

其中忽略微分量。同樣地,

$$dI = \frac{V + V + dV}{2} y\, dx = Vy\, dx \tag{5.13}$$

從 (5.12) 式與 (5.13) 式可得

$$\frac{dV}{dx} = Iz \tag{5.14}$$

圖 5.7 顯示一相與中性線回路的輸電線路之概要圖,線路及線段的命名如圖所示

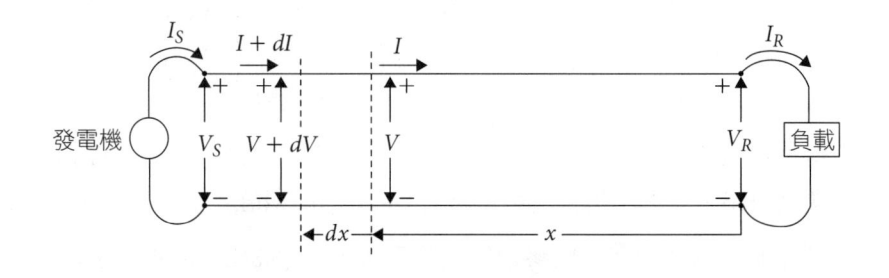

及

$$\frac{dI}{dx} = Vy \tag{5.15}$$

將 (5.14) 式與 (5.15) 式對 x 微分，可得

$$\frac{d^2V}{dx^2} = z\frac{dI}{dx} \tag{5.16}$$

及

$$\frac{d^2I}{dx^2} = y\frac{dV}{dx} \tag{5.17}$$

將 (5.14) 式及 (5.15) 式的 dI/dx 及 dV/dx 的值分別代入 (5.16) 式及 (5.17) 式，則可得

$$\frac{d^2V}{dx^2} = yzV \tag{5.18}$$

及

$$\frac{d^2I}{dx^2} = yzI \tag{5.19}$$

(5.18) 式的變數只有 V 及 x，而 (5.19) 式的變數僅有 I 及 x。那些方程式的解分別針對 V 及 I，表示式針對 x 微分二次時產生之原始表示式與常數 yz 的乘積。例如，V 的解針對 x 微分二次必會產生 yzV，解答建議採用自然指數形式。假設 (5.18) 式的解為

$$V = A_1 e^{(\sqrt{yz})x} + A_2 e^{-(\sqrt{yz})x} \tag{5.20}$$

在 (5.20) 式中取 V 對 x 二次微分，產生

$$\frac{d^2V}{dx^2} = yz[A_1 e^{(\sqrt{yz})x} + A_2 e^{-(\sqrt{yz})x}] \tag{5.21}$$

此為 yz 乘以 V 的假設解。因此，(5.20) 式為 (5.18) 式的解。將 (5.20) 式的值代入 (5.14) 式中，可得

$$I = \frac{1}{\sqrt{z/y}} A_1 e^{(\sqrt{yz})x} - \frac{1}{\sqrt{z/y}} A_2 e^{-(\sqrt{yz})x} \tag{5.22}$$

常數 A_1 及 A_2 可以用線路受電端的條件求解，也就是，當 $x = 0$，$V = V_R$ 且 $I = I_R$。將這些值代入 (5.20) 式及 (5.22) 式，產生

$$V_R = A_1 + A_2 \quad 及 \quad I_R = \frac{1}{\sqrt{z/y}}(A_1 - A_2)$$

將 $Z_c = \sqrt{z/y}$ 代入並求解 A_1

$$A_1 = \frac{V_R + I_R Z_c}{2} \quad 及 \quad A_2 = \frac{V_R - I_R Z_c}{2}$$

將求得的 A_1 及 A_2 值代入 (5.20) 式及 (5.22) 式中，並令 $\gamma = \sqrt{yz}$，可得

$$V = \frac{V_R + I_R Z_c}{2} e^{\gamma x} + \frac{V_R - I_R Z_c}{2} e^{-\gamma x} \tag{5.23}$$

$$I = \frac{V_R/Z_c + I_R}{2} e^{\gamma x} - \frac{V_R/Z_c - I_R}{2} e^{-\gamma x} \tag{5.24}$$

其中 $Z_c = \sqrt{z/y}$ 稱為線路的特性阻抗 (characteristic impedance)，且 $\gamma = \sqrt{yz}$ 稱為傳播常數 (propagation constant)。

(5.23) 式及 (5.24) 式可求得自受電端到指定點的沿線距離為 x 的 V 及 I 的 RMS 值及其相角，而 V_R、I_R 及線路參數為已知。

在 (5.23) 式及 (5.24) 式中，γ 與 Z_C 均為複數量，傳播常數 γ 的實數部分稱為衰減常數 (attenuation constant) α，以每單位長度奈培 (neper) 來測量；γ 的虛數部分稱為相位常數 (pahse constant) β，以每單位長徑度 (radian) 來測量。因此

$$\gamma = \alpha + j\beta \tag{5.25}$$

且 (5.23) 式及 (5.24) 式變成

$$V = \frac{V_R + I_R Z_c}{2} e^{\alpha x} e^{j\beta x} + \frac{V_R - I_R Z_c}{2} e^{-\alpha x} e^{-j\beta x} \tag{5.26}$$

及

$$I = \frac{V_R/Z_c + I_R}{2} e^{\alpha x} e^{j\beta x} - \frac{V_R/Z_c - I_R}{2} e^{-\alpha x} e^{-j\beta x} \tag{5.27}$$

$e^{\alpha x}$ 及 $e^{j\beta x}$ 的特性有助於解釋電壓及電流相量值的變動是沿著線路距離的函數。當 x 變動時，$e^{\alpha x}$ 的大小亦隨之變動，但是 $e^{j\beta x}$（等於 $\cos \beta x + j \sin \beta x$）的大小總是為 1，且造成線路在每單位長度有 β 度的相位移。

(5.26) 式中的第一項，$[(V_R + I_R Z_c)/2] e^{\alpha x} e^{j\beta x}$，當離受電端之距離 x 增加時，則該項大小增加且其相位會推進。相反地，當從送電端沿著線路往受電端前進時，該項大小會隨之減小，且其相位會逐漸遲滯。此為行進波的特性，類似波在水中的行為，任何一點的大小會隨時間變化，而隨著與原點間的距離增加，相角會遲滯且振幅值會減小。雖然瞬時值的變化未顯示，但因 V_R 及 I_R 均為相量，因此不難理解。(5.26) 式之前項稱入射電壓 (incident voltage)。

(5.26) 式的第二項為 $[(V_R - I_R Z_c)/2]\ e^{-\alpha x}\ e^{-j\beta x}$，從受電端往送電端時，其震幅減小且相位遲滯，此稱之為反射電壓 (reflected voltage)。沿著線路任何一點，其電壓為入射波及反射波成分的和。

因為電流方程式與電壓方程式類似，故電流可視為入射電流及反射電流的組合。

如果線路在其特性阻抗 Z_C 終止，則受電端電壓 V_R 等於 $I_R Z_C$，且電壓及電流均無反射波，而 (5.26) 式及 (5.27) 式中的 V_R 可以用 $I_R Z_C$ 來取代。線路終止於它的特性阻抗時稱為平坦線路 (flat line) 或無限長線路 (infinite line)。所謂的無限長線路不會有反射波。通常，電力線路不會終止於它們的特性阻抗，惟通訊線路經常如此，這是為了能消除反射波。單迴路架空線路 Z_C 的典型數值為 400 Ω，而並聯雙迴路則為 200 Ω。Z_C 的相角通常介於 0 及 $-15°$ 之間，成束導體線路具有較低的 Z_C，因為這種線路比每相單一導體的線路有較低的 L 及較高的 C。

在電力系統中，特性阻抗有時又稱為突波阻抗 (surge impedance)。然而，此名稱通常在無損耗線路的特殊情形下才使用。如果線路沒有損耗，則其串聯電阻及並聯電導等於零，且特性阻抗降低至實數值 $\sqrt{L/C}$。當線路的串聯電感 L 為亨利，而並聯電容 C 單位為法拉，則特性阻抗的單位為歐姆。同時，針對長度為 l 的線路，其傳播常數 $\gamma = \sqrt{zy}$ 僅剩虛數部分 $j\beta = j\omega\sqrt{LC}/l$，因為源自於線路損失的衰減常數 α 為零。當碰上高頻或雷擊突波時，線路損失經常會予以忽略不計，那麼突波阻抗就變得重要。線路的突波阻抗負載 (surge-impedance loading, SIL) 為電力經由線路傳送至等於線路突波阻抗的純電阻負載。當負載如此時，則線路提供的電流為

$$|I_L| = \frac{|V_L|}{\sqrt{3} \times \sqrt{L/C}}\quad \text{A}$$

其中 $|V_L|$ 為負載側線對線電壓。因為負載為純電阻，

$$\text{SIL} = \sqrt{3}|V_L|\frac{|V_L|}{\sqrt{3} \times \sqrt{L/C}}\quad \text{W}$$

或 $|V_L|$ 單位為仟伏，

$$\text{SIL} = \frac{|V_L|^2}{\sqrt{L/C}}\quad \text{MW} \qquad (5.28)$$

有時，電力系統工程師會發現以 SIL 的標么來表示電力傳輸很方便。

也就是，電力傳輸至突波阻抗負載的比值。例如，輸電線路允許的負載可以表示成它的 SIL 的函數，且 SIL 提供一線路的攜載能力[1]比較。

波長 (wavelength) λ 為沿著線路的波其兩點間的距離，相角差達 $360°$，或 2π 徑度。如果 β 為每公里之徑度相位移，則以公里為單位的波長為

$$\lambda = \frac{2\pi}{\beta} \tag{5.29}$$

以每秒公里為單位的波之傳播速度，為以公里表示的波長與以赫茲表示的頻率的乘積，或

$$速度 = \lambda f = \frac{2\pi f}{\beta} \tag{5.30}$$

針對長度為 l 的無損耗線路 $\beta = 2\pi f \sqrt{LC}/l$，則 (5.29) 式與 (5.30) 式變成

$$\lambda = \frac{l}{f\sqrt{LC}} \text{ m} \qquad 波速 = \frac{l}{\sqrt{LC}} \text{ m/s}$$

當這些方程式中低損失架空線路的 L 與 C 之值被取代時，可以發現在頻率為 60 Hz 下，其波長接近 4,830 公里（3,000 英里），且在空氣中傳播的速度非常接近光速（近似 3×10^8 公尺／秒，或 186,000 英里／秒）。

如果線路上沒有負載，即 I_R 等於零，由 (5.26) 式與 (5.27) 式可求得受電端電壓的入射波及反射波在震幅上相等且同相位。在此情形下，受電端電流的入射波及反射波在震幅上也相等，但相位卻差 180°。因此，在一條明線受電端（而非在任何一點）的電流，其入射波與反射波互相抵銷，除非線路是完全無損耗，以致於衰減常數 α 為零。

長程輸電線路的雙曲線方程式 在計算電力線路的電壓時，很少求解電壓的入射波及反射波。根據入射波及反射波成分，來討論電壓及電流，有助於進一步了解輸電線路的某些現象。一種更便於計算電力線路電流及電壓的方程式，是透過雙曲線函數。雙曲線函數以指數形式來定義

$$\sinh \theta = \frac{e^\theta - e^{-\theta}}{2} \tag{5.31}$$

$$\cosh \theta = \frac{e^\theta + e^{-\theta}}{2} \tag{5.32}$$

---

[1] 請參閱 R. D. Dunlop, R. Gutman, and P. P. Marchenko, "Analytical Develoment of Loadability Characteristics for EHV and UHV Transmission Lines," *IEEE Tranaactions on Power Apparatus and Systems*, vol. PAS-98, no. 2, 1979, pp. 606-617。

重新整理 (5.23) 式及 (5.24) 式並以雙曲線函數來取代指數項，可獲得一組新的方程式。而新的方程式可求出沿著線路任何地方的電壓及電流，這些方程式是

$$V = V_R \cosh \gamma x + I_R Z_c \sinh \gamma x \tag{5.33}$$

$$I = I_R \cosh \gamma x + \frac{V_R}{Z_c} \sinh \gamma x \tag{5.34}$$

令 $x = l$ 可求出送電端的電壓及電流，可得

$$V_S = V_R \cosh \gamma l + I_R Z_c \sinh \gamma l \tag{5.35}$$

$$I_S = I_R \cosh \gamma l + \frac{V_R}{Z_c} \sinh \gamma l \tag{5.36}$$

檢查這些方程式，可以了解到，針對長程線路的通用電路常數為

$$\begin{aligned} A &= \cosh \gamma l & C &= \frac{\sinh \gamma l}{Z_c} \\ B &= Z_c \sinh \gamma l & D &= \cosh \gamma l \end{aligned} \tag{5.37}$$

以 V_S 及 I_S 來求解 (5.35) 式及 (5.36) 式之 V_R 及 I_R，可得

$$V_R = V_S \cosh \gamma l - I_S Z_c \sinh \gamma l \tag{5.38}$$

$$I_R = I_S \cosh \gamma l - \frac{V_S}{Z_c} \sinh \gamma l \tag{5.39}$$

　　針對平衡的三相線路，上面方程式中的電流是線電流，而電壓為線對中性點的電壓，也就是線電壓除以 $\sqrt{3}$。為了求解這些方程式，必須求出雙曲線函數的值。因為 γl 通常為複數，則雙曲線函數也是複數，並可藉由計算機或電腦的協助來求解。不藉由電腦來求解非經常性的問題，還有數種選擇。下列方程式根據實數變數的三角及雙曲線函數解釋複數變數的雙曲線正弦與餘弦：

$$\cosh(\alpha l + j\beta l) = \cosh \alpha l \cos \beta l + j \sinh \alpha l \sin \beta l \tag{5.40}$$

$$\sinh(\alpha l + j\beta l) = \sinh \alpha l \cos \beta l + j \cosh \alpha l \sin \beta l \tag{5.41}$$

(5.40) 式及 (5.41) 式使得複數變數的雙曲線函數計算變得可行。βl 的正確數學單位為徑度，而藉由計算 γl 的虛數成分可求得 βl 的徑度單位。(5.40) 式及 (5.41) 式可藉由代入雙曲線函數的指數形式及類似三角函數的指數形式來驗證。

另一個求解複數雙曲線函數的方法，則建議利用 (5.31) 式及 (5.32) 式，以 $\alpha + j\beta$ 來取代 θ，可得

$$\cosh(\alpha + j\beta) = \frac{e^{\alpha}e^{j\beta} + e^{-\alpha}e^{-j\beta}}{2} = \frac{1}{2}\left(e^{\alpha}\angle\beta + e^{-\alpha}\angle-\beta\right) \tag{5.42}$$

$$\sinh(\alpha + j\beta) = \frac{e^{\alpha}e^{j\beta} - e^{-\alpha}e^{-j\beta}}{2} = \frac{1}{2}\left(e^{\alpha}\angle\beta - e^{-\alpha}\angle-\beta\right) \tag{5.43}$$

例題 5.3

某單相 60 Hz 的輸電線路，長度為 370 公里（230 英里）。此導體為附錄表 A.3 所列的 Rook，具有水平間隔，導體間相距 7.25 公尺（23.8 英尺）。線路上的負載在 215 kV 為 125 MW，且具 100% 的功因。試求送電端的電壓、電流、功率及線路的電壓調整。同時求解線路的波長及傳播速度。

解：為了使用附錄表 A.3 至 A.5 來計算 z 及 y，一般選擇採用英尺及英里，而非公尺及公里：

$$D_{eq} = \sqrt[3]{23.8 \times 23.8 \times 47.6} \cong 30.0 \text{ ft}$$

並且從附錄表針對 Rook

$$z = 0.1603 + j(0.415 + 0.4127) = 0.8431\angle 79.04° \text{ }\Omega/\text{mi}$$
$$= 0.5240\angle 79.04° \text{ }\Omega/\text{km}$$
$$y = j[1/(0.0950 + 0.1009)] \times 10^{-6} = 5.105 \times 10^{-6}\angle 90° \text{ S/mi}$$
$$= 3.1728 \times 10^{-6}\angle 90° \text{ S/km}$$
$$\gamma l = (\sqrt{yz})l = \left(\sqrt{0.5240 \times 3.1728 \times 10^{-6}}\angle\left(\frac{79.04° + 90°}{2}\right)\right) \times 370$$
$$= 0.4772\angle 84.52° = 0.0456 + j0.4750$$
$$Z_c = \sqrt{\frac{z}{y}} = \left(\sqrt{\frac{0.5240}{3.1728 \times 10^{-6}}}\right)\angle\left(\frac{79.04° - 90°}{2}\right) = 406.4\angle -5.48° \text{ }\Omega$$
$$V_R = \frac{215 \times 10^3}{\sqrt{3}} = 124{,}130\angle 0° \text{ V 對中性點}$$
$$I_R = \frac{125 \times 10^6}{\sqrt{3} \times 125 \times 10^3} = 335.7\angle 0° \text{ A}$$

從 (5.42) 式及 (5.43) 式注意到 0.4750 徑度 = 27.22°。

$$\cosh\gamma l = \frac{1}{2}e^{0.0456}\angle 27.22° + \frac{1}{2}e^{-0.0456}\angle -27.22°$$
$$= 0.4654 + j0.2394 + 0.4248 - j0.2185$$
$$= 0.8902 + j0.0209 = 0.8904\angle 1.34°$$
$$\sinh\gamma l = 0.4654 + j0.2394 - 0.4248 + j0.2185$$
$$= 0.0406 + j0.4579 = 0.4597\angle 84.93°$$

從 (5.35) 式

$$V_S = 124{,}130 \times 0.8904\angle 1.34° + 335.7 \times 406.4\angle -5.48° \times 0.4597\angle 84.93°$$
$$= 110{,}495 + j2{,}585 + 11{,}483 + j61{,}656$$
$$= 137{,}860\angle 27.77° \text{ V}$$

且從 (5.36) 式

$$I_S = 335.7 \times 0.8904\angle 1.34° + \frac{124{,}130}{406.4\angle -5.48°} \times 0.4597\angle 84.93°$$
$$= 298.83 + j6.99 - 1.00 + j140.41$$
$$= 332.31\angle 26.33° \text{ A}$$

在送電端

$$\text{線電壓} = \sqrt{3} \times 137.86 = 238.8 \text{ kV}$$
$$\text{線電流} = 332.3 \text{ A}$$
$$\text{功因} = \cos(27.77° - 26.33°) = 0.9997 \cong 1.0$$
$$\text{功率} = \sqrt{3} \times 238.8 \times 332.3 \times 1.0 = 137{,}444 \text{ kW}$$

從 (5.35) 式，可了解到在無載時 ($I_R = 0$)

$$V_R = \frac{V_S}{\cosh\gamma l}$$

所以，電壓調整為

$$\frac{(137.86/0.8904) - 124.13}{124.13} \times 100 = 24.7\%$$

波長及傳播速度計算如下：

$$\beta = \frac{0.4750}{370} = 0.001284 \text{ rad/km } (\approx 0.002066 \text{ rad/mi})$$
$$\lambda = \frac{2\pi}{\beta} = \frac{2\pi}{0.001284} = 4893 \text{ km/s } (\approx 3041 \text{ mi/s})$$
$$\text{速度} = f\lambda = 60 \times 4893 \approx 293{,}580 \text{ km/s } (\approx 182{,}480 \text{ mi/s})$$

在這個例題中我們特別注意到，針對 V_S 及 I_S 的方程式，電壓值必須表示為伏特，且必須為線對中性點電壓。

例題 5.3 的 MATLAB 程式 (ex5_3.m)

```
% M-file for Example5.3: ex5_3.m
% Clean previous value
clc
clear
Deq = nthroot(23.8*23.8*47.6,3);
z = 0.1603+(0.415i+0.4127i);
mag_z = abs(z)/1.609;        % Magnitude
ang_z = angle(z)*180/pi;     % Rad => Degree
y = i*(1/(0.095+0.1009))*10^(-6);
mag_y = abs(y)/1.609;   ang_y = angle(y)*180/pi;
mag_rl = 370*sqrt(mag_z*mag_y);   ang_rl = (ang_z+ang_y)/2;
mag_Zc = sqrt(mag_z/mag_y);   ang_Zc = (ang_z-ang_y)/2;
% Receiving end voltage and current
VR = 215*10^3/sqrt(3);   IR = 125*10^6/(sqrt(3)*215*10^3);
coshrl = 0.4654+0.2394i+0.4248-0.2185i;
sinhrl = 0.4654+0.2394i-(0.4248-0.2185i);
% Sending end voltage
Vs=VR*0.8904*(cosd(1.34)+i*sind(1.34))+335.7*406.4*(cosd(-5.48)...
+i*sind(-5.48))*0.4597*(cosd(84.93)+i*sind(84.93));
mag_Vs = abs(Vs);   ang_Vs = angle(Vs)*180/pi;
% Sending end current
Is=IR*0.8904*(cosd(1.34)+i*sind(1.34))+124130/
(406.4*(cosd(-5.48)...
+i*sind(-5.48)))*0.4597*(cosd(84.93)+i*sind(84.93));
mag_Is = abs(Is);   ang_Is = angle(Is)*180/pi;
% Line voltage (current)
disp('At the sending end');
VL = sqrt(3)*mag_Vs;
disp(['Line voltage= ',num2str(VL),' kV']);
IL = mag_Is;
disp(['Line current= ',num2str(IL),' A']);
format long
PF = cosd(ang_Vs-ang_Is);
disp(['Power factor= ',num2str(PF)]);
format short
Power = sqrt(3)*VL*IL*PF;
disp(['Power= ',num2str(Power/1000),' kW']);
Vregulation =((mag_Vs/1000)/abs(coshrl)-(VR/1000))/(VR/1000)*100;
disp(['Voltage regulation is ',num2str(Vregulation),' %']);
B = imag(sqrt(y*z)/1.609);   wavelength = 2*pi/B;
Velocity = 60*wavelength;
disp([' Wavelength = 2*pi/B = ',num2str(wavelength)])
disp([' Velocity = 60*wavelength = ',num2str(Velocity)])
disp(['Wavelength= ',num2str(wavelength),' mi']);
disp(['Velocity= ',num2str(Velocity),' mi/s']);
```

例題 5.4

利用標么值求解例題 5.3 中送電端電壓及電流。

解：選擇 125 MVA，215 kV 為基準值，如此可非常簡單地完成標么值，並可計算出阻抗及電流的基準，如下所示：

$$\text{基準阻抗} = \frac{215^2}{125} = 370 \ \Omega$$

$$\text{基準電流} = \frac{125,000}{\sqrt{3} \times 215} = 335.7 \ \text{A}$$

如此，

$$Z_c = \frac{406.4\angle -5.48°}{370} = 1.098\angle -5.48° \ \text{標么}$$

$$V_R = \frac{215}{215} = \frac{215\sqrt{3}}{215\sqrt{3}} = 1.0 \ \text{標么}$$

於 (5.35) 式中，選擇 V_R 作為參考電壓，所以，

$$V_R = 1.0\angle 0° \ \text{標么（如線對中性點電壓）}$$

且因為負載的功因為 1，

$$I_R = \frac{335.7\angle 0°}{335.7} = 1.0\angle 0°$$

如果功因小於 100%，則 I_R 將會大於 1，且相角由功因決定。由 (5.35) 式可得

$$\begin{aligned} V_S &= 1.0 \times 0.8904\angle 1.34° + 1.0 \times 1.098\angle -5.48° \times 0.4597\angle 84.93° \\ &= 0.8902 + j0.0208 + 0.0924 + j0.4962 \\ &= 1.1103\angle 27.75° \ \text{標么} \end{aligned}$$

從 (5.36) 式

$$\begin{aligned} I_S &= 1.0 \times 0.8904\angle 1.34° + \frac{1.0\angle 0°}{1.098\angle -5.48°} \times 0.4597\angle 84.93° \\ &= 0.8902 + j0.0208 - 0.0030 + j0.4187 \\ &= 0.990\angle 26.35° \ \text{標么} \end{aligned}$$

在送電端

$$\text{線電壓} = 1.1103 \times 215 = 238.7 \ \text{kV}$$

$$\text{線電流} = 0.990 \times 335.7 = 332.3 \ \text{A}$$

注意到我們將線對線的電壓基準乘上電壓的標么大小，求出線對線電壓的大

小。也能把線對中性點電壓基準乘以標么電壓,來求得線對中性點電壓大小。將所有的量都表示成標么值時,將不再需要輸入 $\sqrt{3}$ 的計算。

例題 5.4 的 MATLAB 程式 (ex5_4.m)

```
% M-file for Example5.4: ex5_4.m
% Clean previous value
clc
clear
% Base impedance and current
Impedance_base = 215^2/125;   I_base = 125000/(sqrt(3)*215);
% Zc pu value
Zc = 406.4/370*(cosd(-5.48)+i*sind(-5.48));
mag_Zc =abs(Zc);   ang_Zc =angle(Zc)*180/pi;
% Voltage and current reference
Vref = 215/215;   Iref =I_base/I_base;
% Sending end voltage
disp('Calculate sending end voltage')
Vs=Vref*0.8904*(cosd(1.34)+i*sind(1.34))+Iref*1.098*(cosd(-5.48)...
+i*sind(-5.48))*0.4597*(cosd(84.93)+i*sind(84.93));
mag_Vs =abs(Vs);   ang_Vs =angle(Vs)*180/pi;
disp(' Vs=Vref*0.8904*(cosd(1.34)+i*sind(1.34))+Iref*1.098*(cosd(-5.48)...')
disp('     +i*sind(-5.48))*0.4597*(cosd(84.93)+i*sind(84.93))')
% Sending end current
disp('Calculate sending end current')
Is=Vref*0.8904*(cosd(1.34)+i*sind(1.34))+Iref/(1.098*(cosd(-5.48)...
+i*sind(-5.48)))*0.4597*(cosd(84.93)+i*sind(84.93));
mag_Is =abs(Is);   ang_Is =angle(Is)*180/pi;
disp(' Is=Vref*0.8904*(cosd(1.34)+i*sind(1.34))+Iref/(1.098*(cosd(-5.48)...')
disp('     +i*sind(-5.48)))*0.4597*(cosd(84.93)+i*sind(84.93))')
VL = mag_Vs*215;   IL = mag_Is*I_base;
disp(['Line voltage= ',num2str(VL),' kV']);
disp(['Line current= ',num2str(IL),' A']);
```

5.4 長程輸電線路的等效電路

　　標稱 π 電路不能很精確地表示一條輸電線路,這是因為它無法把線路參數予以均勻分布。隨著線路的長度增長,標稱 π 與實際線路間的差

異會變得更大。然而，若只關注線路端點的測量範圍，則透過集總參數網路找出長程輸電線路的等效電路並精確地表示此線路，是有可能的。

假設一個與圖 5.6 類似的 π 形電路，作為一長程輸電線路的等效電路。將等效電路的串聯臂稱為 Z'，將並聯臂稱為 $Y'/2$，以便和標稱 π 電路有所區分。(5.5) 式顯示以電路的串聯臂及並聯臂和受電端的電壓及電流所表示的對稱 π 電路之送電端電壓。以 Z' 與 $Y'/2$ 來取代 (5.5) 式中的 Z 和 $Y/2$，可求得等效電路中以串聯臂及並聯臂和受電端的電壓及電流所表示的送電端電壓：

$$V_S = \left(\frac{Z'Y'}{2} + 1\right)V_R + Z'I_R \tag{5.44}$$

讓我們的電路等效於長程輸電線路，則 (5.44) 式中 V_R 及 I_R 的係數需分別等於 (5.35) 式中 V_R 及 I_R 的係數，在兩方程式中產生

$$Z' = Z_c \sinh \gamma l$$
$$Z' = \sqrt{\frac{z}{y}} \sinh \gamma l = zl \frac{\sinh \gamma l}{(\sqrt{zy})l} \tag{5.45}$$

$$Z' = Z \frac{\sinh \gamma l}{\gamma l} \tag{5.46}$$

其中 Z 等於 zl，此為線路的總串聯阻抗。標稱 π 的串聯阻抗必須乘以 $(\sinh \gamma l)/\gamma l$，以便將標稱 π 轉換成等效 π。當 γl 的值很小時，$\sinh \gamma l$ 相當於 γl，這顯示以標稱 π 來表示中程輸電線路，其精確度是相當足夠的，雖然我們只關注串聯臂。

為了要研究等效 π 電路的並聯臂，我們將 (5.35) 式及 (5.44) 式中 V_R 的係數訂為相等，可得

$$\frac{Z'Y'}{2} + 1 = \cosh \gamma l \tag{5.47}$$

將 $Z_c \sinh \gamma l$ 取代 Z'，可得

$$\frac{Y' Z_c \sinh \gamma l}{2} + 1 = \cosh \gamma l \tag{5.48}$$

$$\frac{Y'}{2} = \frac{1}{Z_c} \frac{\cosh \gamma l - 1}{\sinh \gamma l} \tag{5.49}$$

另一種等效電路並聯導納的表示形式，可以將下列等式代入 (5.49) 式來獲得

$$\tanh\frac{\gamma l}{2} = \frac{\cosh\gamma l - 1}{\sinh\gamma l} \tag{5.50}$$

此等式可以由 (5.31) 式及 (5.32) 式的雙曲線函數以指數型式代入，並利用 $\tanh\theta = \sinh\theta/\cosh\theta$ 來證明。則

$$\frac{Y'}{2} = \frac{1}{Z_c}\tanh\frac{\gamma l}{2} \tag{5.51}$$

$$\frac{Y'}{2} = \frac{Y}{2}\frac{\tanh(\gamma l/2)}{\gamma l/2} \tag{5.52}$$

其中 Y 等於 yl，為線路的總並聯導納。(5.52) 式顯示修正因子用來將標稱 π 的並聯臂導納轉換成等效 π。當 γl 的值很小時，$\tanh(\gamma l/2)$ 相當於 $\gamma l/2$，以標稱 π 來表示中程輸電線路相當的精確。這和先前所了解的，對於中程輸電線路，串聯臂的修正因子可忽略不計是一致的。圖 5.8 顯示等效 π 電路，而輸電線路的等效 T 電路也可求得。

圖 5.8 輸電線路的等效 π 電路

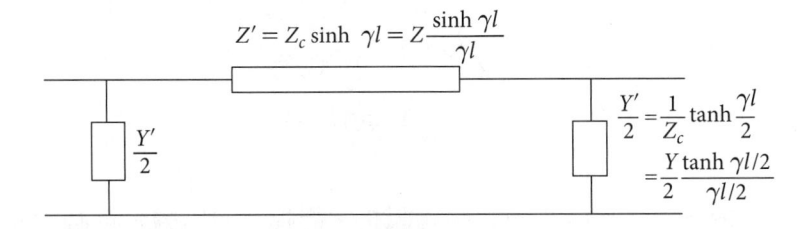

例題 5.5

試求例題 5.3 所描述線路的等效 π 電路，並與標稱 π 電路比較。

解：因為從例題 5.3 已知 $\sinh\gamma l$ 及 $\cosh\gamma l$，利用 (5.45) 式及 (5.49) 式可得

$$Z' = 406.4\angle{-5.48°} \times 0.4597\angle 84.93° = 186.82\angle 79.45°\ \Omega$$

$$\frac{Y'}{2} = \frac{0.8902 + j0.0208 - 1}{186.82\angle 79.45°} = \frac{0.1118\angle 169.27°}{186.82\angle 79.45°}$$

$$= 0.000598\angle 89.82°\ \text{S} \quad \text{在每一個並聯臂}$$

利用例題 5.3 的 z 與 y 值，可求得標稱 π 電路的串聯阻抗

$$Z = 370 \times 0.5240\angle 79.04° = 193.9\angle 79.04°\ \Omega$$

且等效並聯臂

$$\frac{Y}{2} = \frac{3.1728 \times 10^{-6}\angle 90°}{2} \times 370 = 0.000587\angle 90°\ \text{S}$$

此線路的標稱 π 之串聯臂阻抗超過等效 π 的阻抗 3.8%，而標稱 π 的阻抗之並聯臂電導小於等效 π 的電導 2.0%。

例題 5.5 的 MATALB 程式 (ex5_5.m)

```
% Matlab M-file for Example 5.5:ex5_5.m
% Clean previous value
clc
clear
% Z'= Zc*sinhrl
Z = 406.4*(cosd(-5.48)+i*sind(-5.48))*0.4597*
(cosd(84.93)+i*sind(84.93));
% Y'/2 = (coshrl-1)/Z'
y12 = (0.8902+0.0208i-1) / Z;
mag_Vs = abs(y12);   ang_Vs = angle(y12)*180/pi;
% From Example 5.3
Z_2 = 370*0.524*(cosd(79.04)+i*sind(79.04));
mag_Z_2 = abs(Z_2);   ang_Z_2 = angle(Z_2)*180/pi;
y12_2 = i*3.1728*10^(-6)/2*370;   % Y'/2
mag_y12_2 = abs(y12_2);   ang_y12_2 = angle(y12_2)*180/pi;
disp([' Z_2 = 370*0.524*1∠79.04 = ',num2str(mag_Z_2),'∠',-
num2str(ang_Z_2),' Ω'])
disp([' y12_2 = i*5.10510*10^(-6)/2*230 = ',num2str(mag_Z_2),'∠',
num2str(ang_Z_2),' Ω'])
disp(['The nominal-π circuit a series impedance is ',num2str
(mag_Z_2),'∠',num2str(ang_Z_2),' Ω'])
disp(['The nominal-π circuit a equal shunt is ',num2str
(mag_y12_2),'∠',num2str(ang_y12_2),' Ω'])
```

5.5 流經輸電線路的電力潮流

如果電壓、電流及功因已知，沿著一條電力線路上任何一點的電力潮流都是可以求得或計算的，而有趣的是電力方程式可以由 *ABCD* 常數推導。方程式可以應用至雙埠的任何網路或是兩個端點對。重複 (5.8) 式，可求得受電端電流 I_R，

$$V_S = AV_R + BI_R \tag{5.53}$$

$$I_R = \frac{V_S - AV_R}{B} \tag{5.54}$$

令

$$A = |A|\angle\alpha \qquad B = |B|\angle\beta$$
$$V_R = |V_R|\angle 0° \qquad V_S = |V_S|\angle\delta$$

可得

$$I_R = \frac{|V_S|}{|B|}\angle(\delta - \beta) - \frac{|A||V_R|}{|B|}\angle(\alpha - \beta) \tag{5.55}$$

則受電端的複數功率 $V_R I_R^*$ 為

$$P_R + jQ_R = \frac{|V_S||V_R|}{|B|}\angle(\beta - \delta) - \frac{|A||V_R|^2}{|B|}\angle(\beta - \alpha) \tag{5.56}$$

受電端的有效與無效功率為

$$P_R = \frac{|V_S||V_R|}{|B|}\cos(\beta - \delta) - \frac{|A||V_R|^2}{|B|}\cos(\beta - \alpha) \tag{5.57}$$

$$Q_R = \frac{|V_S||V_R|}{|B|}\sin(\beta - \delta) - \frac{|A||V_R|^2}{|B|}\sin(\beta - \alpha) \tag{5.58}$$

注意到 (5.56) 式所示的複數功率 $P_R + jQ_R$，是兩個以極座標型式的相量合成之結果。可以將這些相量繪製於複數平面上，水平與垂直座標為功率單位（瓦及乏）。圖 5.9 顯示兩個複數量及 (5.56) 式所表示的差值。

圖 5.10 顯示相同的相量，惟座標軸的原點有位移。此圖為功率圖，其大小為 $|P_R + jQ_R|$ 或 $|V_R||I_R|$，與水平軸的夾角為 θ_R。

如我們所期望，$|P_R + jQ_R|$ 的實數及虛數成分為

$$P_R = |V_R||I_R|\cos\theta_R \tag{5.59}$$
$$Q_R = |V_R||I_R|\sin\theta_R \tag{5.60}$$

圖 5.9 (5.56) 式的相量繪製於複數平面，其上已標示大小及相角

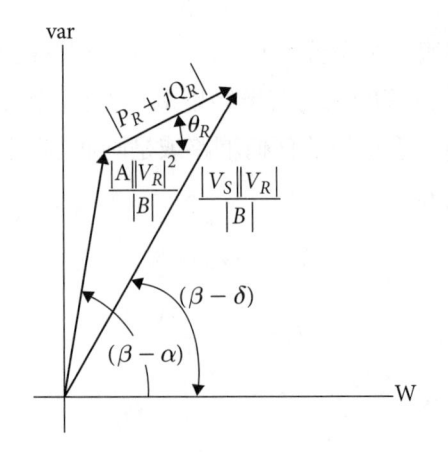

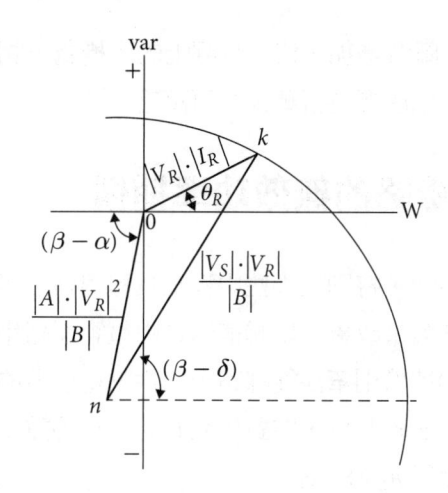

圖 5.10 圖 5.9 座標軸原點位移所得的功率圖

其中 θ_R 如第 2 章所討論的，為 V_R 超前 I_R 的相角。Q 的符號與慣用的符號一致，當電流落後電壓時，指定 Q 的值為正。

現在，針對固定的 $|V_S|$ 與 $|V_R|$ 值，及不同負載情況下，讓我們決定圖 5.10 功率圖的某些點。首先，注意到點 n 的位置與電流 I_R 無關，且當 $|V_R|$ 不變時，該點不會改變。進一步注意到，當 $|V_S|$ 與 $|V_R|$ 的值固定時，從點 n 到點 k 的距離為固定。因此，0 到 k 的距離隨著負載改變而改變，因為點 k 與固定點 n 必須保持在一個固定的距離，因此點 k 被限制在以 n 為中心的圓上移動。P_R 的任何改變勢必造成 Q_R 的改變，以保持 k 在圓上。$|V_S|$ 與 $|V_R|$ 在相同數值時，$|V_R|$ 的值改變且保持固定，而點 n 的位置不會改變，但是一個半徑為 nk 的新圓產生。

檢視圖 5.10 會發現，針對指定大小的送電端及受電端電壓，傳送至線路受電端的功率會被限制。增加功率傳送，其意思是指點 k 會沿著圓移動，直到 $\beta - \delta$ 的角度為零；也就是，更多的功率會被傳送，直到 $\beta = \delta$ 為止。當 δ 變得更大，會減少功率的接收。最大功率為

$$P_{R,\max} = \frac{|V_S||V_R|}{|B|} - \frac{|A||V_R|^2}{|B|}\cos(\beta - \alpha) \tag{5.61}$$

負載必須汲取更大的超前電流，如此才能達成最大功率接收的條件。通常，運轉會被限制在保持 δ 小於 35°，且 $|V_S|/|V_R|$ 等於或大於 0.95。短程線路的熱額定會限制負載。

在 (5.53) 式至 (5.61) 式中的 $|V_S|$ 與 $|V_R|$ 為線對中性點電壓，且圖 5.10 的座標為每相的瓦特及乏。然而，如果 $|V_S|$ 與 $|V_R|$ 為線對線電壓，則圖

5.10 中的每一個距離會增加 3 倍，且圖上的座標為三相總瓦特及乏。如果電壓以仟伏表示，則座標為百萬瓦及百萬乏。

5.6 輸電線路的無效功率補償

輸電線路的性能，特別是那些中程至長程線路，可以藉由串聯或並聯形式的無效功率補償來改善。串聯補償是由電容器組串聯於線路的每相導體所組成。而並聯補償則牽涉從線路至中性點電感器的置放，以降低高壓線路部分或全部的並聯電納，這對於輕載時特別的重要，因輕載時，受電端的電壓可能會變得非常的高。

串聯補償降低線路的串聯阻抗，而串聯阻抗是造成電壓降的主因，並且是決定線路可以傳送最大功率的最重要因素。為了要了解串聯阻抗在最大功率傳輸上的作用，我們來檢查 (5.61) 式，並了解到最大功率傳輸與通用電路常數 B 的導數有關。電路常數 B 在標稱 π 等於 Z，而在等效 π 等於 $Z(\sinh\gamma l)/\gamma l$。因為常數 A、C 及 D 為 Z 的函數，而它們的數值也會變化，只不過這些變化和 B 的變化相比是很小的。

所需電容器組的電抗可以由補償線路的總電感電抗之指定量來決定。此引領出一名詞「補償因子」(compinsation factor)，其可由 X_C/X_L 來定義，此處的 X_C 是每相串聯電容器組的容抗，而 X_L 為線路每相的總電感性電抗。

當標稱 π 電路用來表示線路及電容器組時，電容器組在線路的實際位置並不納入考量。如果只對送電端及受電端的情況感興趣，如此並不會造成任何重大的誤差。然而，當對線路的運轉狀況感興趣時，則電容器組的實際位置必須納入考量。藉由決定電容器組的每一側線路的部分 $ABCD$ 常數，及利用 $ABCD$ 參數來表示電容器組，則上述問題可以很容易地解決。應用附錄表 A.6 所發現的方程式，來決定線路—電容器—線路組合（實際上被稱為串級連接）的等效常數。

串聯補償在電力系統中特別的重要，尤其是大型發電廠座落遠離（幾百公里或英里）負載中心，而大量電力必須長距離傳送。線路壓降較低是串聯補償的額外好處。串聯電容器對於平衡兩條並聯線路的壓降也有作用。

例題 5.6

為了說明當線路使用串聯補償時，A、C 及 D 的改變對於 B 常數的相對改變關係。當線路無補償及 70% 的串聯補償時，試求例題 5.3 中的線路常數。

解： 在例題 5.3 及 5.5 中所求得的等效 π 電路及各量，可用於 (5.37) 式求解。針對無補償線路

$$A = D = \cosh\gamma l = 0.8904\angle 1.34°$$

$$B = Z' = 186.82\angle 79.45°\ \Omega$$

$$C = \frac{\sinh\gamma l}{Z_c} = \frac{0.4597\angle 84.93°}{406.4\angle -5.48°}$$

$$= 0.001131\angle 90.41°\ \text{S}$$

串聯補償只改變等效 π 電路的串聯臂，而新的串聯臂阻抗也是通用常數 B。所以

$$B = 186.82\angle 79.45° - j0.7 \times 370 \times (0.415 + 0.4127)/1.609$$
$$= 34.21 + j50.40 = 60.91\angle 55.84°\ \Omega$$

由 (5.10) 式

$$A = 60.91\angle 55.84° \times 0.000598\angle 89.82° + 1 = 0.970\angle 1.21°$$

$$C = 2 \times 0.000598\angle 89.82° + 60.91\angle 55.84°(0.000598\angle 89.82°)^2$$
$$= 0.001180\angle 90.42°\ \text{S}$$

此例題顯示線路經補償的常數 B 約為線路未經補償的 1/3，對於常數 A 及 C 則無顯著影響。因此，可以傳輸的最大功率增加約 300%。

輸電線路不論是否有串聯補償，都有其期望的負載傳送能力，此時應將注意力轉移至輕載或無載的運轉。而充電電流則是一項需要考量的重要因素，且不容許超過線路的額定滿載電流。

(4.85) 式告訴我們，如果 B_C 為線路的總電容性電納，而 $|V|$ 為對中性點的額定電壓，充電電流通常定義為 $B_C|V|$。如 (4.85) 式下方的註釋，此式計算出的充電電流並非正確值，導因於 $|V|$ 沿著線路的變化。若沿著線路不同的點將電感器從線路連接到中性點，那麼總電感性電納為 B_L，則充電電流變成

$$I_{chg} = (B_C - B_L)|V| = B_C|V|\left(1 - \frac{B_L}{B_C}\right) \tag{5.62}$$

從上式可以了解到，括弧內的項會降低充電電流，並聯補償因數為 B_L/B_C。

並聯補償的另一項好處是降低線路受電端的電壓，在長距離的高電壓線路，受電端電壓在無載時會有變得很高的傾向。先前討論到 (5.11) 式時，注意到 $|V_S|/|A|$ 等於 $|V_{R,NL}|$。我們也曾看到當忽略並聯電容時，A 會等於 1。然而，在中程線路及更長線路時，電容的存在會降低 A。因此，如果無載時加入並聯電感器，則並聯電納的值降低至 $(B_C - B_L)$ 時，會限制線路受電端無載電壓的上升。在長程輸電線路同時採用串聯及並聯補償，可以有效率地傳送大量的電力，並將電壓限制於所需要的範圍內。理想上，串聯及並聯元件應沿著線路各區間設置，當需要時，串聯電容器可予以旁通 (bypassed)，而並聯電感器則可以切離。如同串聯補償一樣，$ABCD$ 常數提供一種明確的並聯補償分析方法。

例題 5.7

當一個並聯電感器於無載情形下連接至線路的受電端，試求例題 5.3 的線路之電壓調整，電抗補償為線路的總並聯導納之 70%。

解： 從例題 5.3 可知線路的並聯導納為

$$y = j5.105 \times 10^{-6} \text{ S/mi}$$
$$= j3.1728 \times 10^{-6} \text{ S/km}$$

對於完整線路

$$B_C = 3.1728 \times 10^{-6} \times 370 = 0.001174 \text{ S}$$

針對 70% 補償

$$B_L = 0.7 \times 0.001174 = 0.000822 \text{ S}$$

從例題 5.6 可知線路的 $ABCD$ 常數，附錄表 A.6 告訴我們獨立的電感器可以用通用常數來表示

$$A = D = 1 \quad B = 0 \quad C = -jB_L = -j0.000822 \text{ S}$$

附錄表 A.6 中針對兩個串聯網路組合的方程式告訴我們線路及電感器為

$$A_{eq} = 0.8904\angle 1.34° + (186.82\angle 79.45°)(0.000822\angle -90°)$$
$$= 1.0412\angle -0.4°$$

無載時連接並聯電抗器的電壓調整會變成

$$\frac{(137.86/1.0411) - 124.13}{124.13} \times 100\% = 6.68\%$$

針對無補償線路的電壓調整，從 24.7% 的數值大量降低至此值。

5.7 直流輸電

　　只有在直流線路所需的終端設備額外成本被線路建設的較低成本抵銷時，直流輸電與交流輸電比較才會變得經濟。整流器在直流線路兩端，將所發出的交流電改變成直流；而換流器則將直流轉換成交流，如此電力可在雙向流動。

　　1954 年是一般認知現代高壓直流 (HVDC) 輸電的起始年，當時直流線路開始設置於 100 kV，從瑞典本土的 Vastervik 到 Gotland 島上的 Visby，距離為 100 公里（62.5 英里），並橫跨波羅的海。而靜態轉換設備在更早期便已運轉在 25 至 60 Hz 的系統間轉換能量，本質上直流輸電線路為零長度的系統。在美國，直流線路運轉在 800 kV，將太平洋西北所產生的電力傳送到加州南部地區。當轉換設備成本隨著線路結構成本下降時，直流線路的最小經濟長度也隨之降低，而此時長度大約為 600 至 800 公里或地下電纜超過 50 公里。

　　直流線路的運轉始於 1977 年，將電力自北達科他州 Center 的燃煤電廠輸送電力至明尼蘇達州的 Duluth 附近，距離為 740 公里（460 英里）。初步研究顯示，直流線路包含終端設施的成本約比交流線路及其輔助設備少 30%。此條線路運轉在 ±250 kV（線對線 500 kV），傳送電力為 500 MW。

　　直流線路通常有一條相對於大地為正電位的導體，而第二條導體則運轉在負電位，這樣的線路稱為雙極 (bipolar)。此線路可運轉在加壓的導體，並以大地作為回路，且直流比交流有更低的電阻。有此種情形，或是以大地為回路導體的線路，稱之為單極 (monopolar)。

　　直流輸電除了於長距離有較低的成本之外，還有其他優點。如電壓調整的問題較少，因為在零頻率下，交流線路壓降的主要貢獻者——串聯電抗 ωL 不再是影響電壓調整的因素。直流輸電的另一個好處是，在雙極線

路一側接地的緊急情況下，仍有單極運轉的可能性。

地下交流輸電被限制在大約 5 公里，這是因為較長距離線路會造成充電電流過量。例如，英國與法國之間的英吉利海峽底下，便選擇以直流電傳送功率。採用直流設備也可避免兩個國家的交流系統在同步上的困難。最近的技術已進步到將 HVDC 輸電電壓提升至 ±800 kV。研究也顯示大容量電力的傳送或離岸風場的電力傳輸已增加 HVDC 輸電。

目前尚無 HVDC 線路網路，是因為直流輸電沒有可用的斷路器，不若高速發展的交流斷路器。因為在每一個週期內有兩次零電流發生，所以當交流斷路器開啟時可以消除電弧。在直流線路中功率的方向及輸電量是由換流器所控制，目前已利用閘流控制整流器 (silicon controlled rectifier, SCR) 來取代柵極控制汞電弧 (grid-controlled mercury-arc)。近來 HVDC 輸電技術發展，是以絕緣柵雙極電晶體 (insulated gate bipolar transistor, IGBT) 為基礎的換流器組合交聯聚乙烯直流電纜系統，以彌補傳統雙極半導體為基礎的換流器技術，如此可獲得較佳的控制性。

HVDC 仍有其他的好處，其所需要的路權比高壓交流 (HVAC) 輸電小。另一個考量為交流線路的峰值電壓為等效直流電壓的 $\sqrt{2}$ 倍。因此，不但交流輸電線路在鐵塔與導體之間需要更多的絕緣，而且離地面有較大的空間。

總結來說，直流輸電比交流輸電有更多的好處。現今直流輸電線路除了長程線路及大容量電力傳輸外，在使用上仍有許多限制。期望在不久的未來，可以看到直流裝置能提供類似交流斷路器一樣的切換操作及保護。就電壓階層的變換而言，直流技術的發展尚未發展出如同交流系統的變壓器。

5.8 總結

(5.35) 式與 (5.36) 式為長程線路方程式，當然，對於其他長度的線路一樣有效。在沒有電腦的情形下，針對短程及中程線路的近似法使分析更為簡單。

之所以採用圓線圖是因為它在線路傳輸最大功率教學上的價值，及其顯示負載功因或額外電容器的影響。

ABCD 常數提供比列出方程式更為簡略直覺的方法，且在網路簡化問題上有其便利性。其功效在討論串聯及並聯的無效功率補償方面更為顯著。

第 5 章　輸電線路模型

本章介紹 HVDC 輸電的優點及其發展。因為轉換技術的進步，電力傳輸採用 HVDC 的例子正在增加，並期望在不久的將來能進一步成長。

問題複習

5.1 節

5.1　輸電線路的電壓調整，於超前功因時其值最大，於落後功因其值最小或甚至為負值。（對或錯）
5.2　短程輸電線路無載時，送電端電壓等於受電端電壓。（對或錯）
5.3　於輸電線路中，因為輸電功率損失，受電端電壓必定小於送電端電壓。（對或錯）

5.2 節

5.4　中程輸電線路可以用 R 與 L，及對中性點電容的一半來表示，而電容集總在等效電路的每一端。（對或錯）
5.5　中程輸電線路可以省略電容來表示，並形成一個標稱 π 電路。（對或錯）
5.6　中程輸電線路之標稱 π 電路的電壓調整為 _____。
5.7　線路的並聯導納 Y 及串聯阻抗 Z，其送電端電壓及送電端電流可以用 $V_S = AV_R + BI_R$ 及 $I_S = CV_R + DI_R$ 的通用型式來表示，針對中程線路，其 ABCD 常數為何？
5.8　ABCD 常數的單位分別為何？

5.3、5.4 及 5.5 節

5.9　在長程輸電線路中，如果從受電端看到的阻抗等於線路的特性阻抗 Z_C，則沒有反射電壓及反射電流。（對或錯）
5.10　長程輸電線路中，其傳播常數為實數。（對或錯）
5.11　如果一條線路為無損失線路，則它的串聯電阻與並聯電導為零，且特性阻抗會降至 $\sqrt{C/L}$。（對或錯）
5.12　一條長輸電線路的突波阻抗負載 (SIL) 為藉由線路傳送至一個純電阻負載的電力，而此負載等於它的突波阻抗。（對或錯）
5.13　一條長輸電線路的等效 π 網路模型，無法從中程輸電線路的標稱 π 表示獲得。（對或錯）
5.14　一條長輸電線路，如果波長為 λ，且 β 為每公里的位移徑度，在基本頻率 f 下，以每秒幾公里為單位的波的傳播速度是 (A) $\dfrac{2\pi f}{\beta}$ (B) $2\pi f\lambda$ (C) $\dfrac{\lambda f}{\beta}$ (D) $\dfrac{\lambda f}{2\pi}$
5.15　藉由線路將電力傳送至與線路突波阻抗相等的純電阻性負載稱之為 _____。
5.16　在 60 Hz 頻率下，當波長約為 4,827 公里（3,000 英里），則波的傳播速度在無損失長輸電線路約為 _____ m/s。
5.17　雙曲線型式的長程輸電線路方程式之 ABCD 常數為：
　　　A = _____　B = _____　C = _____　D = _____
5.18　等效 π 電路無法應用於長程輸電線路的模型。（對或錯）
5.19　輸電線路的功率潮流可以從 ABCD 常數推導。（對或錯）

5.6 及 5.7 節

5.20 利用功率圖求解由輸電線路傳送的最大功率。

5.21 並聯電感器可提供無效功率至電力系統。（對或錯）

5.22 試述串聯補償對於未經補償的輸電線路，能增加其最大傳送功率的原因。

5.23 如果在輕載期間輸電線路的受電端電壓非常高，則需要無效功率補償。你會選擇串聯或並聯補償？為什麼？

5.24 在 HVDC 系統中，單極線路與雙極線路間的差別為何？

5.25 與 HVAC 線路的交流斷路器相比，當直流斷路器開啟 HVDC 線路時，直流斷路器可以很輕易地消除電弧。（對或錯）

5.26 直流輸電與交流輸電比較有哪些優點？

問題

5.1 一條 18 公里，60 Hz 單電路之三相線路，由導體 Partridge 組成。如附錄表 A.3 之導體中心間距以 1.6 公尺等距離分布。此電路於 11 仟伏電壓，提供 2,500 仟瓦給平衡負載，假設線路溫度為 50°C。

    a. 試求線路之每相串聯阻抗。

    b. 當下列功因時，送電端電壓為何？

        i. 80% 落後；

        ii. 1；

        iii. 90% 超前時。

    c. 於上述功因時，試求線路的百分比電壓調整率。

    d. 繪製相量圖，說明線路在上述每一種情形的運轉狀況。

5.2 一條長 161 公里單電路之三相輸電線路，於 0.8 落後功因下傳送 55 MVA 電力給位於 132 kV（線對線）電壓下的負載。線路由 Drake 之導體組成，如附錄表 A.3 中導體呈水平配置，間隔距離為 3.63 公尺，假設線路溫度為 50°C，試求：

    a. 線路的串聯阻抗與並聯導納。

    b. 線路的 *ABCD* 常數。

    c. 送電端電壓、電流、有效功率與無效功率，及功因。

    d. 線路的百分比電壓調整率。

5.3 一 π 形電路，其送電端之並聯分路電阻為 600 Ω，受電端並聯分路電阻為 1 kΩ，串聯支路電阻為 80 Ω，試求線路之 *ABCD* 常數。

5.4 一條三相輸電線的 *ABCD* 常數為：

$$A = D = 0.936 + j0.016 = 0.936\angle 0.98°$$

$$B = 33.5 + j138 = 142\angle 76.4° \ \Omega$$

$$C = (-5.18 + j914) \times 10^{-6} \ S$$

於 220 kV 受電端之負載為 50 MW，功因為 0.9 落後，試求受電端電壓及電壓調整率，假設送電端電壓保持不變。

5.5 一條長 113 公里單電路三相線路，由 Ostrich 導體組成，如附錄表 A.3 中呈水平配置，相鄰導體之間距為 4.6 公尺。此線路傳送 60 MVA 電力至 230 kV，功因為 0.8 落後之負載：

a. 以 230 kV、100 MVA 為基準，試求輸電線路串聯阻抗與並聯導納的標么值。假設線路溫度為 50°C，注意基準導納需為基準阻抗的倒數。

b. 試以標么值與絕對單位兩種表示方式，計算送電端電壓、電流、有效功率與無效功率及功因。

c. 線路之百分比電壓調整率為何？

5.6 一單線三相輸電線，由名為 Parakeet 之導體組成（附錄表 A.3 所示），呈水平配置，導體間距 6.05 公尺。試求在 60 Hz 及溫度為 50°C 時，線路的特徵阻抗及傳播常數。

5.7 利用 (5.23) 式及 (5.24) 式，證明如果一條線路的受電端終止在特徵阻抗 Z_C，則不論線路的長度，由送電端看到的阻抗也是 Z_C。

5.8 一條為 320 公里長的輸電線路，在 60 Hz 時有以下參數：

$$電阻\ r = 0.1305\ \Omega/km\ 每相$$

$$串聯電抗\ x = 0.485\ \Omega/km\ 每相$$

$$並聯電納\ b = 3.368 \times 10^{-6}\ S/km\ 每相$$

a. 試求在 60 Hz 時，輸電線路的衰減常數 α、波長 λ 及傳播速度。

b. 如果電路在受電端為開路，且受電端電壓維持在 100kV 線對線，利用 (5.26) 式及 (5.27) 式求解送電端電壓與電流的入射及反射成分。

c. 試求線路送電端的電壓與電流。

5.9 試求 $\cosh\theta$ 與 $\sinh\theta$ 之值，在 $\theta = 0.5\angle 82°$ 時。

5.10 利用 (5.1) 式、(5.2) 式、(5.10) 式及 (5.37) 式，證明所有三相輸電線路模型的一般電路常數，能滿足此式：

$$AD - BC = 1$$

5.11 在例題 5.3 中所描述的線路，其送電端線電壓、電流及功因分別為 260 kV（線對線）、300 A，及功因 0.9 落後，試求相對應的受電端電壓、電流及功因。

5.12 一條 60 Hz 的三相輸電線路，長度為 280 公里。其總串聯阻抗為 $35 + j140\ \Omega$，並聯導納為 $930 \times 10^{-6}\angle 90°$ S。此線路在 220 kV 傳送 40 MW，落後功因為 90%。試求下列情形之送電端電壓：(a) 短程輸電線近似法，(b) 標稱 π 近似法，(c) 長程輸電線路方程式。

5.13 試求問題 5.12 所描述線路的電壓調整率。假設送電端電壓維持不變。

5.14 一條 60 Hz 三相輸電線路，長度為 400 公里。送電端電壓為 220 kV，線路參數為 $R = 0.1243\ \Omega/km$，$X = 0.4971\ \Omega/km$ 而 $Y = 3.2934\ \mu S/km$。試求線路無載時，送電端電流。

5.15 如果問題 5.14 所描述的線路負載在 220 kV 為 80 MW，功因為 1，計算送電端之電流、電壓及功率。假設送電端電壓維持不變，計算上述負載時，線路的電壓調整率。

5.16 一條三相輸電線路，長度為 483 公里，且負載在 345 kV 為 400 MVA，功因 0.8 落後。線路的 ABCD 常數為：

$$A = D = 0.8180\angle 1.3°$$

$$B = 172.2\angle 84.2°\ \Omega$$

$$C = 0.001933\angle 90.4°\ S$$

a. 試求送電端線至中性點電壓，送電端電流及滿載時百分比壓降。

b. 試求無載時受電端線至中性點電壓，無載時送電端電流及電壓調整率。

5.17 利用等效指數表示取代雙曲線函數，證明 (5.50) 式。

5.18 試求問題 5.12 線路的等效 π 形電路。

5.19 針對短程輸電線路，利用 (5.1) 式及 (5.2) 式簡化 (5.57) 式與 (5.58) 式，當線路 (a) 串聯電抗 X 與電阻 R，及 (b) 串聯電抗 X 但忽略電阻。

5.20 在都市區域內,很難取得輸電電路的路權,而針對現有高壓運轉線路,則採取將輸電線換成較大的線或再增加絕緣度的升級方式。線路的熱及最大功率傳輸成為最重要的考慮因素。一條 138 kV 線路,長度為 50 公里,由 Partridge 導線所組成,導線呈水平配置,相鄰導體間距為 5 公尺。固定 $|V_S|$ 及 $|V_R|$,δ 限制 45°,並忽略線路電阻,試求在下列情形下,輸電能力增加之百分率:

    a. 利用附錄表 A.3 中的 Osprey 來取代 Partridge,以平方釐米為單位時,其面積為鋁的 2 倍。

    b. 如果第二個 Partridge 導體設置成二導體的成束導體,此成束導體距離原先導體 40 公分處,成束導體間中心到中心的距離為 5 公尺。

    c. 如果原線路的電壓提升至 230 kV,導線間距增為 8 公尺。

5.21 針對問題 5.12 的線路,建構出類似圖 5.10 的受電端功率圓線圖。找出相當於問題 5.12 的負載點,如果 $|V_R|$ = 220 kV,針對 $|V_S|$ 不同的值找出圓心。畫出通過負載點之圓,並測量此圓半徑決定 $|V_S|$ 值,並將求到的 $|V_S|$ 值與問題 5.12 計算所得的值比較。

5.22 一台同步電容器與問題 5.12 所描述的負載並聯,以改善受電端整體的功因。調整送電端電壓使受電端電壓保持在 220 kV。利用問題 5.21 所建立之功率圓線圖,決定送電端電壓,及同步機提供之無效功率,當受電端整體功因為 (a)1;(b)0.9 超前。

5.23 一串聯電容器組,其阻抗為 146.6 Ω,將其安裝於問題 5.16 的 480 公里長輸電線之中點。輸電線每 240 公里之 ABCD 常數為:

$$A = D = 0.9534 \angle 0.3°$$

$$B = 90.33 \angle 84.1° \ \Omega$$

$$C = 0.001014 \angle 90.1° \ S$$

    a. 針對線—電容—線的串聯組合,試求等效 ABCD 常數(參考附錄表 A.6)。

    b. 使用這些等效 ABCD 常數求解問題 5.16。

5.24 一條 480 公里長的輸電線線路,其並聯導納為:

$$y_c = j4.269 \times 10^{-6} \ S/km$$

試求一個能夠補償總並聯導納 60% 的並聯電抗器之 ABCD 常數。

5.25 一個 250 MVAR、345 kV 之並聯電抗器,其導納為 $0.0021 \angle -90°$ S,且其於無載時,連接到問題 5.16 的 480 公里受電端,此時輸電線路無載。

    a. 試求與並聯電抗器串聯之線路的 ABCD 常數(參考附錄表 A.6)。

    b. 重做問題 5.16(b),使用問題 5.16(b) 的等效 ABCD 常數及送電端電壓。

Chapter 6 網路計算

典型電力輸電網路橫跨較大的地理區域，且包含許多不同的網路元件。個別元件的電氣特性已在先前章節中介紹，現在所要關注的是，當它們互連形成電網時，那些元件的合成表示。分析較大的系統時，藉由參數的選擇，網路模型會呈現出涵蓋網路元件的網路矩陣 (network matrix) 型式。

有兩種選擇：流經網路元件的電流，會與跨接在導納或是阻抗兩端的電壓降有關。本章首先將導納視為基本模型 (primitive model) 的表示，它用來描述網路元件的電氣特性。基本模型既不需要也不提供元件如何互連形成網路的任何資訊。組成系統的所有元件，其穩態性能由網路方程式節點分析的節點導納矩陣 (nodal admittance matrix) 來顯現。典型電力系統的節點導納矩陣龐大且稀疏，可以用系統性建模塊的方式建立。建模塊的方式有助於深入理解推展演算法，並可說明網路的變化。

接著，本章將將發展導納及節點阻抗矩陣 (nodal impedance matrix)，這部分在之後的章節系統性地說明電力潮流及故障分析時，會變得更為清楚。大規模互聯電力系統的匯流排導納矩陣，典型上非常稀疏，且主要的元件為零。我們會看到 Y_{bus} 如何從初始導納，一個分支一個分支地建構。觀念上非常的簡單，就是求解 Y_{bus} 的反矩陣，如此便可以得到匯流排阻抗矩陣 (bus impedance matrix) Z_{bus}。但是當所分析的系統規模較大時，這種直接求算反矩陣的方式便很少使用。一旦 Z_{bus} 建構完成，且顯然可以使用時，電力系統分析師能掌握更多細節。

匯流排阻抗矩陣可由用簡單演算法，每一次加入一個元件至系統中，直接一個元件一個元件地建構起來。建立 Z_{bus} 的必要工作，比建立 Y_{bus}

的需求還多，而匯流排阻抗所包含的資料內容亦比 Y_{bus} 多很多。例如，我們可以看到 Z_{bus} 的每一組對角線元素，在相對應的匯流排裡以戴維寧 (Thévenin) 阻抗型式反映出整個系統的重要特性。不像 Y_{bus}，一個互聯系統的匯流排阻抗矩陣絕不會是稀疏的。只有當系統藉由開路被分割為數個獨立部分時，Z_{bus} 才會包含零。例如，在第 10 章會看到這種開路發生在系統零相序 (zero-sequence) 網路中。

匯流排導納矩陣廣泛使用於電力潮流分析，這部分我們會在第 7 章中探討。另一方面，匯流排阻抗矩陣非常適合用在電力系統故障分析。因此，Y_{bus} 與 Z_{bus} 在電力系統網路分析上，都扮演非常重要的角色。本章裡我們會探討如何直接建立 Z_{bus}，以及如何發掘一些更深入的觀念，這將有助於了解電力輸電網路的特性。

6.1 節點分析及導納矩陣

在每一相分析時，電力輸電系統的元件會以被動阻抗或等效導納，適當伴隨主動電壓或電流源作為模型及表示。例如，在穩態時發電機可以用圖 6.1(a) 或圖 6.1(b) 來表示。

發電機等效電路具有一個固定的反電勢 E_s，並與阻抗 Z_a 串聯，且端電壓 V 的電壓方程式為

$$E_s = IZ_a + V \tag{6.1}$$

把上式除以 Z_a 可以求得圖 6.1(b) 的電流方程式。

$$I_s = \frac{E_s}{Z_a} = I + VY_a \tag{6.2}$$

其中 $Y_a = 1/Z_a$。因為，反電勢 E_s 與串聯阻抗 Z_a 可以和電流源 I_s 與並聯

圖 6.1 電路說明當 $I_s = E_s/Z_a$ 及 $Y_a = 1/Z_a$ 時的電源等效

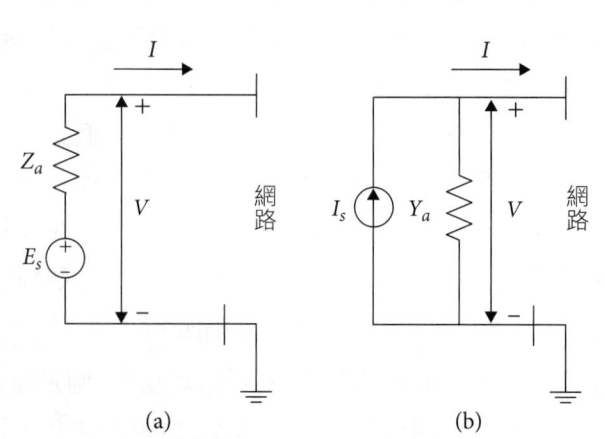

導納 Y_a 互換，所以

$$I_s = \frac{E_s}{Z_a} \quad 及 \quad Y_a = \frac{1}{Z_a} \tag{6.3}$$

如 E_s 與 I_s 的電源可被視為輸電網路的節點應用，而網路的組成元件只有被動分支。本章中，下標 a 與 b 為區分分支量與下標 m、n、p 及 q 或其他編號的節點量。針對網路模型，我們可以用分支阻抗 (branch impedance) Z_a 或分支導納 (branch admittance) Y_a 來表示典型的分支，無論哪一個均比先前更為方便。分支阻抗 Z_a 經常稱為原始阻抗 (primitive impedance)，而 Y_a 稱為原始導納 (primitive admittance)。此方程式將分支特徵化了：

$$V_a = Z_a I_a \quad 或 \quad Y_a V_a = I_a \tag{6.4}$$

其中 Y_a 為 Z_a 的倒數，而 V_a 為跨接在分支兩端的電壓降，為分支電流 I_a 的方向。不管它是如何連接至網路，典型分支有兩個相關的變數 V_a 與 I_a，與 (6.4) 式有關。為了建立表示電力網路的節點導納，我們將專注於分支導納型式，下一節則將聚焦於阻抗型式

假設只有分支導納 Y_a 連接在節點 ⓜ 與 ⓝ 之間，此為較大網路的一部分，且圖 6.2 中出現參考節點。電流在任何節點注入網路，被視為正值，而電流在任何節點離開網路時，被視為負值。圖 6.2 的電流 I_m 為經由 Y_a 注入節點 ⓜ 的總電流之一部分。同樣地，I_n 為經由 Y_a 注入節點 ⓝ 的總電流之一部分。而電壓 V_m 與 V_n 分別為節點 ⓜ 與 ⓝ 相對於網路參考節點所量測的電壓。

由克希荷夫定律 (Kirchhoff's law) 可得，在節點 ⓜ 時 $I_m = I_a$，而在節點 ⓝ 時，$I_n = -I_a$。將這兩個電流方程式以向量型式重新表示，

$$\begin{bmatrix} I_m \\ I_n \end{bmatrix} = \begin{matrix} ⓜ \\ ⓝ \end{matrix} \begin{bmatrix} 1 \\ -1 \end{bmatrix} I_a \tag{6.5}$$

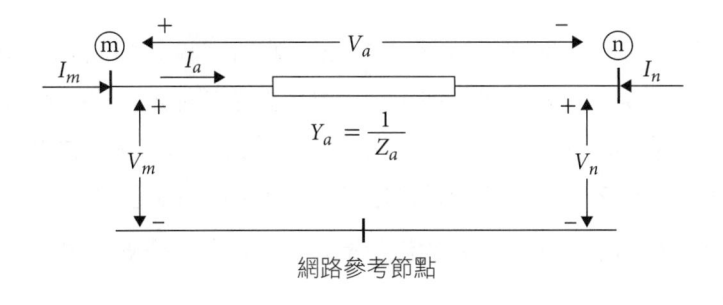

在 (6.5) 式中，標籤或指標 ⓜ 與 ⓝ，與從節點 ⓜ 到節點 ⓝ 的 I_a 方向有

圖 6.2 原始分支電壓降 V_a、分支電流 I_a、注入電流 I_m 與 I_n、節點電壓 V_m 與 V_n，均相對於網路參考節點

關，其元素為 1 及 -1，此分別稱為第 ⓜ 列與第 ⓝ 列。類似的情況下，在 I_a 方向的電壓降，其方程式為 $V_a = V_m - V_n$，或以向量型式表示

$$V_a = \overset{\text{ⓜ ⓝ}}{[1 \; -1]} \begin{bmatrix} V_m \\ V_n \end{bmatrix} \tag{6.6}$$

將 V_a 的表示式以導納方程式 $Y_a V_a = I_a$ 來取代，則

$$Y_a \overset{\text{ⓜ ⓝ}}{[1 \; -1]} \begin{bmatrix} V_m \\ V_n \end{bmatrix} = I_a \tag{6.7}$$

將 (6.7) 式兩邊乘以 (6.5) 式的行向量，可得

$$\begin{matrix} \text{ⓜ} \\ \text{ⓝ} \end{matrix} \begin{bmatrix} 1 \\ -1 \end{bmatrix} Y_a \overset{\text{ⓜ ⓝ}}{[1 \; -1]} \begin{bmatrix} V_m \\ V_n \end{bmatrix} = \begin{bmatrix} I_m \\ I_n \end{bmatrix} \tag{6.8}$$

簡化為

$$\begin{matrix} \text{ⓜ} \\ \text{ⓝ} \end{matrix} \begin{bmatrix} \overset{\text{ⓜ}}{Y_a} & \overset{\text{ⓝ}}{-Y_a} \\ -Y_a & Y_a \end{bmatrix} \begin{bmatrix} V_m \\ V_n \end{bmatrix} = \begin{bmatrix} I_m \\ I_n \end{bmatrix} \tag{6.9}$$

此為針對分支 Y_a 的節點導納方程式 (nodal admittance equation)，且其係數矩陣為節點導納矩陣 (nodal admittance matrix)。注意到非對角線元素等於負的分支導納。(6.9) 式的矩陣為奇異 (singular)，因為節點 ⓜ 及節點 ⓝ 皆未連接至參考節點。在特別情況下，兩節點的其中之一，譬如 ⓝ 為參考節點時，則節點電壓 V_n 為零，因此，(6.9) 式降為 1×1 的矩陣方程式

$$\text{ⓜ}[\overset{\text{ⓜ}}{Y_a}] V_m = I_m \tag{6.10}$$

此一結果相當於從係數矩陣中移除第 ⓝ 列第 ⓝ 行。

(6.9) 式及其推導程序雖然簡單，但在更為一般的情形下相當重要。我們注意到分支電壓 V_a 變成節點電壓 V_m 與 V_n，而分支電流 I_a 同樣地表示成注入電流 I_m 與 I_n。與 (6.9) 式的節點電壓及電流有關的係數矩陣遵循 (6.8) 式

$$\begin{matrix} \text{ⓜ} \\ \text{ⓝ} \end{matrix} \begin{bmatrix} 1 \\ -1 \end{bmatrix} \overset{\text{ⓜ ⓝ}}{[1 \; -1]} = \begin{matrix} \text{ⓜ} \\ \text{ⓝ} \end{matrix} \begin{bmatrix} \overset{\text{ⓜ}}{1} & \overset{\text{ⓝ}}{-1} \\ -1 & 1 \end{bmatrix} \tag{6.11}$$

針對更一般之網路的表示，此 2×2 矩陣為一個重要的建構模塊，我們不久就會看見。列與行的指標，由節點編號確認係數矩陣中的每一個元素。例如，在 (6.11) 式中的第 1 列第 2 行的係數為 -1，可以由圖 6.2 的節點 ⓜ 與 ⓝ 來確認，而其他的元素也可以用類似的方法予以確認。

因此，(6.9) 式與 (6.10) 式的係數矩陣，為具有由分支末端節點所決定

第 **6** 章 網路計算

的列與行標誌之簡單的儲存矩陣。網路的每一個分支有類似的矩陣標誌，是根據分支所連接的網路節點。為了獲得整個網路的全部節點導納，我們藉由加入相等的列與行標誌之元件，簡化地組合個別分支矩陣。這樣的加法，讓從網路的每一個節點流出之分支電流的總和，等於注入節點的總電流，如克希荷夫電流定律 (Kirchhoff's current law) 所需要的。在所有的矩陣中，非對角線元素 Y_{ij} 為節點 ⓘ 與 ⓙ 間所連結之負的導納和，而對角線元素 Y_{ii} 為連接至節點 ⓘ 的導納和。至少有一個網路分支連接至參考節點，其淨結果為系統的 Y_{bus}，如下例中顯示。

例題 6.1

圖 6.3 顯示一個小型電力系統的單線圖，相對應的電抗圖為指定標么的電抗，如圖 6.4 所示。一台具有反電勢等於 1.25∠0° 標么的發電機，經由一變壓器連接至高壓節點 ③，而一台馬達具有內部電壓等於 0.85∠−45° 以類似的方式連接至節點 ④。請針對網路中的每一分支，發展出節點導納矩陣，並寫下系統的節點導納，及列出系統的節點導納方程式。

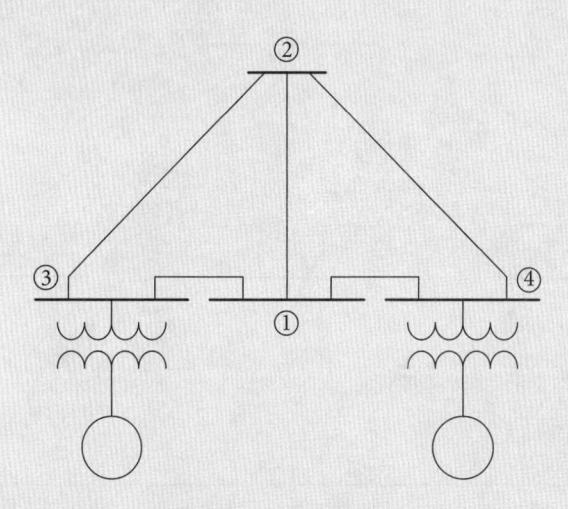

圖 6.3 例題 6.1 為四個匯流排的單線圖。參考節點並未顯示

解： 發電機及馬達的電抗可以和它們個別的升壓變壓器組合。組合電抗及發電機的 emf 透過電源轉換被以等效電流源及導納取代，如圖 6.5 所示。我們把電流源視為在節點 ③ 及 ④ 的外部注入，根據它們的電流及電壓的下標，將其命名為第七個被動分支。例如，介於節點 ① 及 ③ 之間的分支，稱為分支 c。每一個分支的導納為分支阻抗的單純倒數，而圖 6.5 顯示的是所有導納標么值的

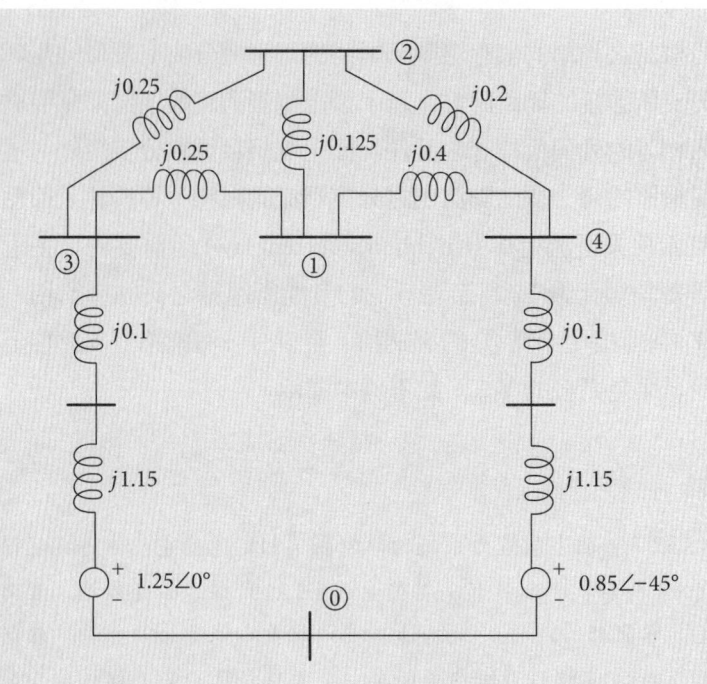

圖 6.4 圖 6.3 的電抗圖，節點 ⓪ 為參考點，電抗及電壓以標么值表示

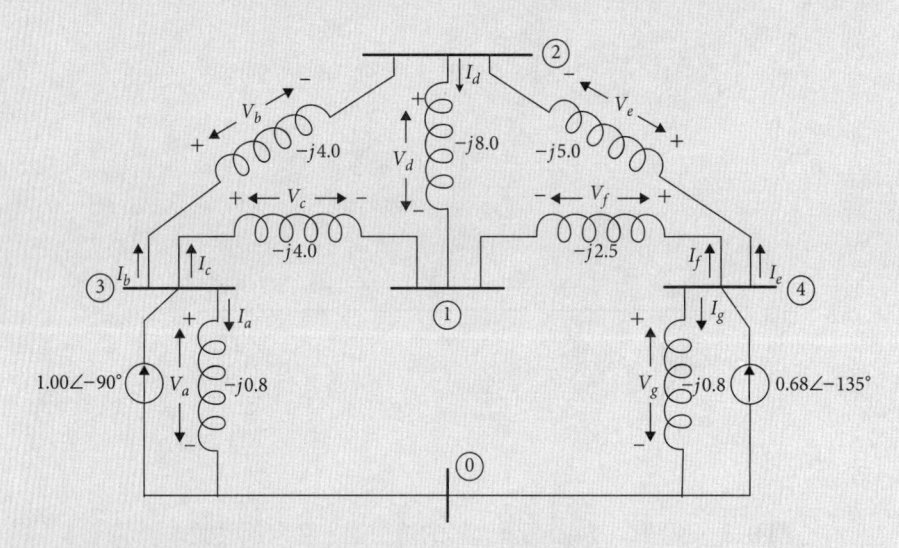

圖 6.5 圖 6.4 的標么導納圖，以電流源取代電壓源。分支名稱 a 到 g 對應於分支電壓及電流的下標

結果。a 與 g 兩個分支連接至參考節點，由 (6.10) 式將其特性化，而將 (6.9) 式應用至其他五個分支的每一個。在那些方程式中，藉著 m 與 n 等於個別分支末端的節點號碼，可得

$$\begin{array}{c}③\\③[\,1\,]Y_a\end{array}\quad \begin{array}{c}③\;②\\③\\②\end{array}\!\!\begin{bmatrix}1 & -1\\-1 & 1\end{bmatrix}\!Y_b\quad \begin{array}{c}③\;①\\③\\①\end{array}\!\!\begin{bmatrix}1 & -1\\-1 & 1\end{bmatrix}\!Y_c\quad \begin{array}{c}④\\④[\,1\,]Y_g\end{array}$$

$$\begin{array}{c}②\;①\\②\\①\end{array}\!\!\begin{bmatrix}1 & -1\\-1 & 1\end{bmatrix}\!Y_d\quad \begin{array}{c}④\;②\\④\\②\end{array}\!\!\begin{bmatrix}1 & -1\\-1 & 1\end{bmatrix}\!Y_e\quad \begin{array}{c}④\;①\\④\\①\end{array}\!\!\begin{bmatrix}1 & -1\\-1 & 1\end{bmatrix}\!Y_f$$

此處所指定的標籤順序並不重要,要根據相同的階層提供行與列。然而,為了與後面的章節有一致性,讓我們以圖 6.5 的分支電流方向來指定節點編號,同時顯示導納的數值。將上述矩陣那些具有相同列與行標籤的元件組合起來,可得

$$\begin{array}{c}①\\②\\③\\④\end{array}\!\!\begin{bmatrix}(Y_c+Y_d+Y_f) & -Y_d & -Y_c & -Y_f\\ -Y_d & (Y_b+Y_d+Y_e) & -Y_b & -Y_e\\ -Y_c & -Y_b & (Y_a+Y_b+Y_c) & 0\\ -Y_f & -Y_e & 0 & (Y_e+Y_f+Y_g)\end{bmatrix}$$

將分支導納的數值代入矩陣,則整個網路節點導納方程式 $\mathbf{Y}_{bus}\mathbf{V}=\mathbf{I}$ 為

$$\begin{bmatrix}-j14.5 & j8.0 & j4.0 & j2.5\\ j8.0 & -j17.0 & j4.0 & j5.0\\ j4.0 & j4.0 & -j8.8 & 0.0\\ j2.5 & j5.0 & 0.0 & -j8.3\end{bmatrix}\begin{bmatrix}V_1\\V_2\\V_3\\V_4\end{bmatrix}=\begin{bmatrix}0\\0\\1.00\angle -90°\\0.68\angle -135°\end{bmatrix}$$

將上述方程式的兩側預先乘以導納矩陣的反矩陣 $\mathbf{Y}_{bus}^{-1}=\mathbf{Z}_{bus}$,利用電腦程式可得

$$\mathbf{Z}_{bus}=\begin{bmatrix}j0.7187 & j0.6688 & j0.6307 & j0.6193\\ j0.6688 & j0.7045 & j0.6242 & j0.6258\\ j0.6307 & j0.6242 & j0.6840 & j0.5660\\ j0.6193 & j0.6258 & j0.5660 & j0.6840\end{bmatrix}$$

節點電壓為 $V_1=0.9750\angle -17.78°$,$V_2=0.9728\angle -18.02°$,$V_3=0.9941\angle -15.89°$,及 $V_4=0.9534\angle -20.18°$。

節點方程式

當兩個或更多的電路元件(R、L 或 C,或一個理想的電壓原或電流源)形成接合面,此接合面連接它們端點上的其他接合面,稱之為節點(node)。在電路節點上應用克希荷夫電流定律所決定的方程式之系統性公式,為解決電力系統問題之優異電腦程式的基礎。

為了檢查某些節點方程式的特性,我們從圖 6.6 的簡單電路開始,以具有圈圈的節點編號來表示。電流源連接在節點 ③ 與 ④,且其他元件均

電力系統分析

圖 6.6 顯示在節點 ③ 及 ④ 的電流源電路圖，所有其他元件均為導納

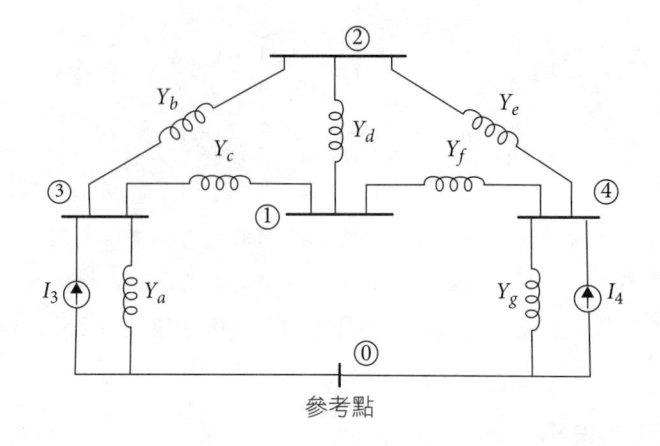

表示成導納。單一下標符號是用來指定相對於參考節點 ⓪ 的每一個節點電壓。將克希荷夫電流定律應用在節點 ①，離開節點的電流會等於進入節點的電流，從電源可知

$$(V_1 - V_3)Y_c + (V_1 - V_2)Y_d + (V_1 - V_4)Y_f = 0 \tag{6.12}$$

就節點 ③

$$V_3 Y_a + (V_3 - V_2)Y_b + (V_3 - V_1)Y_c = I_3 \tag{6.13}$$

將這些方程式重新排列，可得

在節點 ①　　$V_1(Y_c + Y_d + Y_f) - V_2Y_d - V_3Y_c - V_4Y_f = 0 \tag{6.14}$

在節點 ③　　$-V_1Y_c - V_2Y_b + V_3(Y_a + Y_b + Y_c) = I_3 \tag{6.15}$

針對節點 ② 及 ④，可以獲得類似的方程式，且此四條方程式可以同時求解電壓 V_1、V_2、V_3 及 V_4。當這些電壓已知後，所有的分支電流便可求解，而針對參考節點的節點方程式，並無法產生更進一步的資訊。因此，所需的獨立節點方程式之數量小於節點的數量。

我們並沒有列出節點 ② 及 ④ 的方程式，因為我們已經可以看出，如何以標準符號用公式來表示節點方程式。顯而易見的是，在 (6.14) 式與 (6.15) 式中，從連接到節點的電流源流進網路的電流會等於數個乘積的總和。在任何的節點，某一個乘積為節點電壓乘以終止於此節點上的導納總和。如果在其他節點上的電壓為零，此乘積即說明從節點離開的電流。而每一個其他的乘積，等於在其他節點的電壓負值，乘上直接連接在此節點與建構出方程式的節點之間所連接的導納。例如，在 (6.15) 式中，針對節

點③，此乘積為 $-V_2Y_b$，此說明了除了節點②之外，當所有節點電壓為零時，離開節點③的電流。

針對圖 6.6，四個獨立方程式的一般矩陣型式為

$$\begin{array}{c} ① \\ ② \\ ③ \\ ④ \end{array} \begin{bmatrix} Y_{11} & Y_{12} & Y_{13} & Y_{14} \\ Y_{21} & Y_{22} & Y_{23} & Y_{24} \\ Y_{31} & Y_{32} & Y_{33} & Y_{34} \\ Y_{41} & Y_{42} & Y_{43} & Y_{44} \end{bmatrix} \begin{bmatrix} V_1 \\ V_2 \\ V_3 \\ V_4 \end{bmatrix} = \begin{bmatrix} I_1 \\ I_2 \\ I_3 \\ I_4 \end{bmatrix} \quad (6.16)$$

這種型式的對稱方程式使它們更容易被記得，且由此擴展至任何數量的節點都很清楚。Y 下標的階層為效果原因 (effect-cause)，也就是，第一個下標表示電流所在的節點，而第二個下標為造成此電流的相同電壓。Y 矩陣指定為 $\mathbf{Y}_{bus}$，並稱為匯流排的導納矩陣 (bus admittance matrix)。構成 $\mathbf{Y}_{bus}$ 之典型元件的一般規則為

- 對角線元素 Y_{jj} 等於直接連接到節點 j 的導納和。
- 非對角線元素 Y_{ij} 等於連接在節點 i 與 j 之間的淨導納負值。

對角線導納稱為節點的自導納 (self-admittance)，而非對角線導納稱為節點的互導納 (mutual admittance)。某些作者將節點的自導納及互導納稱為節點的驅動點導納 (driving-point) 與轉移導納 (transfer admittance)。從上述的 $\mathbf{Y}_{bus}$ 規則，針對圖 6.6 電路可得

$$\mathbf{Y}_{bus} = \begin{array}{c} ① \\ ② \\ ③ \\ ④ \end{array} \begin{bmatrix} (Y_c + Y_d + Y_f) & -Y_d & -Y_c & -Y_f \\ -Y_d & (Y_b + Y_d + Y_e) & -Y_b & -Y_e \\ -Y_c & -Y_b & (Y_a + Y_b + Y_c) & 0 \\ -Y_f & -Y_e & 0 & (Y_e + Y_f + Y_g) \end{bmatrix} \quad (6.17)$$

其中圓圈圍繞的數字為節點編號，幾乎總是相對應於 $\mathbf{Y}_{bus}$ 的元件 Y_{ij} 的下標。(6.17) 式如同例題 6.1 的 $\mathbf{Y}_{bus}$ 一樣，因為圖 6.5 與 6.6 為相同的網路。

為了了解經由測量所得之 $\mathbf{Y}_{bus}$ 每一個元件的實際意義，讓我們考慮圖 6.6 的網路及 (6.16) 式。從四個獨立節點的②匯流排開始

$$I_2 = Y_{21}V_1 + Y_{22}V_2 + Y_{23}V_3 + Y_{24}V_4 \quad (6.18)$$

如果將匯流排①、③及④短路，則 V_1、V_3 及 V_4 相對於參考節點，其電壓會降至零，而電壓 V_2 應用於匯流排②，所以電流 I_2 流入匯流排

圖 6.7 測量 Y_{22}、Y_{12}、Y_{32} 及 Y_{42} 的電路

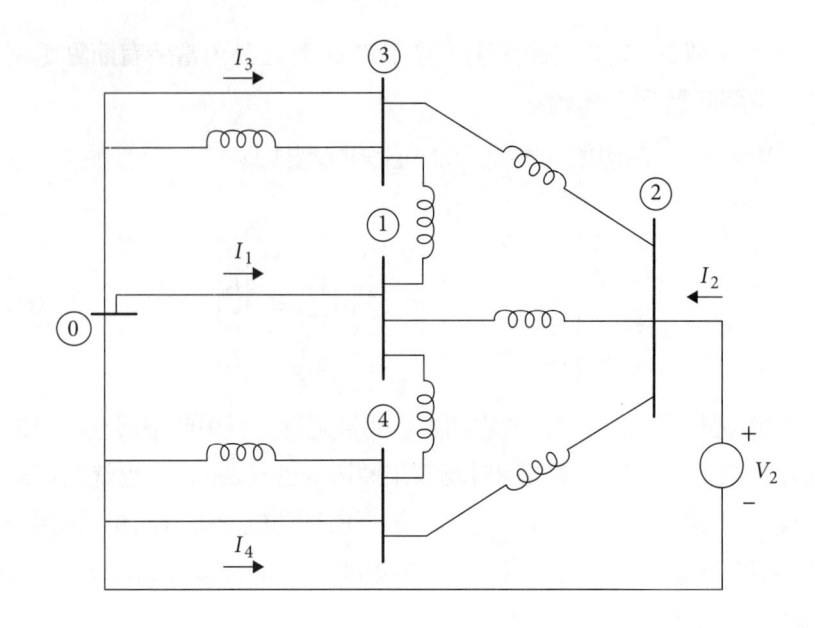

②，因此，在匯流排②的自導納為

$$Y_{22} = \left.\frac{I_2}{V_2}\right|_{V_1=V_3=V_4=0} \tag{6.19}$$

所以，一個特別匯流排的自導納，可以藉由將所有其他匯流排對參考節點短路，並求解注入匯流排的電流與加在此匯流排電壓的比值而測量到。圖 6.7 針對四個匯流排電抗網路說明此方法。其結果顯然等於將所有直接連接到此匯流排的導納相加所得。圖 6.7 也說明 $\mathbf{Y}_{\text{bus}}$ 的非對稱導納。將 (6.16) 式展開可以得到匯流排①的方程式

$$I_1 = Y_{11}V_1 + Y_{12}V_2 + Y_{13}V_3 + Y_{14}V_4 \tag{6.20}$$

從此處可以看到

$$Y_{12} = \left.\frac{I_1}{V_2}\right|_{V_1=V_3=V_4=0} \tag{6.21}$$

因此，互電導項 Y_{12}，是將除了匯流排②之外的所有匯流排對參考節點短路並將一電壓 V_2 加在匯流排②所測量而得，如圖 6.7 所示。所以，Y_{12} 為將節點①短路，離開網路的電流負值與電壓 V_2 的比值。因為 I_1 定義為流入網路的電流，所以會使用節點①離開網路的電流負值。其導納為直接連接在匯流排①及②之間的導納負值。

6.2 以克農消去法消除節點

在分析較大互聯電力系統時,可能只會對於整個系統中某些匯流排的電壓特別感興趣。例如,一家與其他公司電網互聯的電力公司,想於其服務區域內對某些變電站的電壓階層進行研究。藉由系統匯流排所選擇的編號,我們可以應用矩陣代數去減少整個系統的 Y_{bus} 方程式,只包含特別感興趣的那些匯流排電壓。在降階方程式組中的係數矩陣代表一個等效網路的 Y_{bus},只包含那些要保留的匯流排。以數學的觀念消除所有其他匯流排,這些匯流排電壓及注入電流不會顯而易見。在方程式組的大小上進行此種降階,會使計算有效率,並有助於更直接地聚焦在原先感興趣的網路。

對於那些沒有外部負載或發電電源連接的網路匯流排,其注入電流總是為零。在這樣的匯流排,通常不需明確地計算它的電壓,所以可以從我們的表示中予以消除。

考慮以矩陣型式的標準節點方程式

$$\mathbf{I} = \mathbf{Y}_{bus}\mathbf{V} \tag{6.22}$$

其中 $\mathbf{I}$ 和 $\mathbf{V}$ 為行矩陣,而 $\mathbf{Y}_{bus}$ 為對稱方形矩陣。行矩陣必須經由安排,使得要被消除的匯流排相關元件在矩陣較上方的列。方形導納矩陣的元件位於相對應的位置。行矩陣被分割,以致於與要消除的匯流排相關元件和其他元件分開。導納矩陣被分割以致於只有將被消除的匯流排元件被辨別出來,而這些元件與其他元件分開。根據這些規則進行分割,則 (6.22) 式變成

$$\begin{bmatrix} \mathbf{I}_X \\ \mathbf{I}_A \end{bmatrix} = \begin{bmatrix} \mathbf{K} & \mathbf{L} \\ \mathbf{L}^T & \mathbf{M} \end{bmatrix} \begin{bmatrix} \mathbf{V}_X \\ \mathbf{V}_A \end{bmatrix} \tag{6.23}$$

其中 $\mathbf{I}_X$ 為次矩陣,由電流流進要消除的匯流排所組成,而 $\mathbf{V}_X$ 為這些匯流排電壓所組成的次矩陣。當然,在 $\mathbf{I}_X$ 的每一個元件均為零,除此之外匯流排無法被消除。組成 $\mathbf{M}$ 的自導納與互導納只有保留會被識別的匯流排。$\mathbf{K}$ 是由將被消除之匯流排識別的自導納與互導納所組成,其為方形矩陣,它的矩陣階數等於被消除匯流排的數目。$\mathbf{L}$ 與它的轉置 $\mathbf{L}^T$,只由那些要被保留的節點與要消除的節點共同的互導納所組成。

(6.23) 式以乘法型式表示

$$\mathbf{I}_X = \mathbf{K}\mathbf{V}_X + \mathbf{L}\mathbf{V}_A \tag{6.24}$$

及

$$\mathbf{I}_A = \mathbf{L}^T \mathbf{V}_X + \mathbf{M}\mathbf{V}_A \tag{6.25}$$

因為 $\mathbf{I}_X$ 的所有元件為零,從 (6.24) 式兩邊同時減去 $\mathbf{K}\mathbf{V}_X$,並兩側乘以 $\mathbf{K}$ 的反矩陣(標示為 $\mathbf{K}^{-1}$),產生

$$-\mathbf{K}^{-1}\mathbf{L}\mathbf{V}_A = \mathbf{V}_X \tag{6.26}$$

將此 $\mathbf{V}_X$ 的表示式代入 (6.25) 式,可得

$$\mathbf{I}_A = \mathbf{M}\mathbf{V}_A - \mathbf{L}^T\mathbf{K}^{-1}\mathbf{L}\mathbf{V}_A = \mathbf{Y}_{\text{bus}}^e \mathbf{V}_A \tag{6.27}$$

為具有導納矩陣的節點方程式

$$\mathbf{Y}_{\text{bus}}^e = \mathbf{M} - \mathbf{L}^T\mathbf{K}^{-1}\mathbf{L} \tag{6.28}$$

導納矩陣 $\mathbf{Y}_{\text{bus}}^e$ 使我們能建構具有以消除不需要的節點之電網。我們來看看下面的例子。

例題 6.2

針對例題 6.1 所獲得的 $\mathbf{Y}_{\text{bus}}$,藉由剛才所敘述的矩陣代數程序將節點 ① 和 ② 予以消除。試求具有被消除的節點之等效電路,並求解由節點 ③ 及 ④ 傳送進入或輸出網路的複數功率。同時求解節點 ③ 的電壓。

解: 針對消除節點 ① 和 ② 的分割電路之匯流排導納矩陣為

$$\mathbf{Y}_{\text{bus}} = \begin{bmatrix} \mathbf{K} & \mathbf{L} \\ \mathbf{L}^T & \mathbf{M} \end{bmatrix} = \begin{bmatrix} -j14.5 & j8.0 & j4.0 & j2.5 \\ j8.0 & -j17.0 & j4.0 & j5.0 \\ \hline j4.0 & j4.0 & -j8.8 & 0.0 \\ j2.5 & j5.0 & 0.0 & -j8.3 \end{bmatrix}$$

右下位置次矩陣的反矩陣為

$$\mathbf{K}^{-1} = \frac{1}{-182.5}\begin{bmatrix} -j17.0 & -j8.0 \\ -j8.0 & -j14.5 \end{bmatrix} = -\begin{bmatrix} -j0.0931 & -j0.0438 \\ -j0.0438 & -j0.0795 \end{bmatrix}$$

$$\mathbf{Y}_{\text{bus}}^e = \mathbf{M} - \mathbf{L}^T\mathbf{K}^{-1}\mathbf{L}$$

$$= \begin{bmatrix} -j8.8 & 0.0 \\ 0.0 & -j8.3 \end{bmatrix} - \begin{bmatrix} -j4.1644 & -j3.8356 \\ -j3.8356 & -j3.6644 \end{bmatrix}$$

$$= \begin{bmatrix} -j4.6356 & j3.8356 \\ j3.8356 & -j4.6356 \end{bmatrix}$$

檢查矩陣後發現，介於兩個要保留的匯流排 ③ 和 ④ 之間的導納為 $-j3.8356$，它的倒數為這兩個匯流排之間的阻抗。

節點 ③ 和 ④ 之間對參考匯流排的導納為

$$-j4.6356 - (-j3.8356) = -j0.8000 \text{ 標么}$$

圖 6.8(a) 顯示所求得的電路。當電流源轉換成等效的 EMF 電源時，圖 6.8(b) 顯示具標么阻抗電路。則電流為

$$I_{34} = \frac{1.25\angle 0° - 0.85\angle -45°}{j(1.250 + 0.2607 + 1.250)} = 0.2177 - j0.2351$$

$$= 0.3204\angle -47.20° \text{ 標么}$$

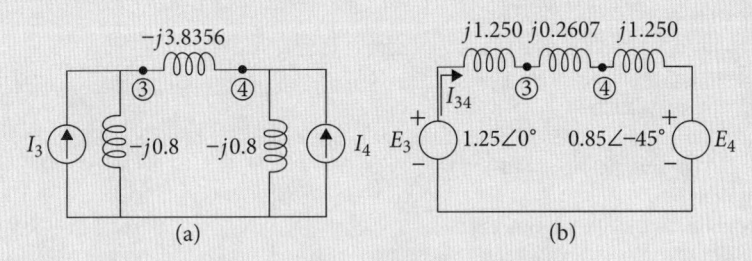

圖 6.8 圖 6.5 的降階等效網路

電源 E_3 輸出的複數功率為

$$S_3 = E_3 I_{34}^* = (1.25\angle 0°) \times (0.3204\angle 47.20°)$$

$$= 0.2721 + j0.2939 \text{ 標么}$$

電源 E_4 輸出的複數功率為

$$S_4 = E_4 I_{34}^* = (0.85\angle -45°) \times (0.3204\angle 47.20°)$$

$$= 0.2721 + j0.0105 \text{ 標么}$$

電路中的無效功率伏安為

$$(0.3204)^2 \times (1.250 + 0.2607 + 1.250) = 0.2834 \text{ 標么}$$

節點 ③ 的電壓為

$$1.25\angle 0° - j1.250(0.2177 - j0.2351) = 0.9561 - j0.2721$$

$$= 0.9941\angle -15.89° \text{ 標么}$$

例題 6.2 的 MATLAB 程式 (ex6_2.m)

```
% M_File for Example 6.2: ex6_2.m
clc
clear all
disp('Get admittance matrix from example 6.1')
Y=[-j*14.5   j*8.0    j*4.0    j*2.5;
    j*8.0   -j*17.0   j*4.0    j*5.0;
    j*4.0    j*4.0   -j*8.8    0.0;
    j*2.5    j*5.0    0.0    -j*8.3]
disp('Get K,L,M from admittance matrix')
K=[-j*14.5   j*8;    j*8     -j*17]
L=[ j*4      j*2.5;  j*4      j*5]
M=[-j*8.8    0;      0       -j*8.3]
V3=1.25;   V3angle=0;
V4=0.85;   V4angle=-45;  % Degree
det_K=det(K);    % inv(K);
K_cal=[K(2,2) -K(1,2); -K(2,1) K(1,1)];
inv_K=K_cal/det_K;
LKL=L.'*inv(K)*L;
disp('Eliminate nodes 1 and 2 by the matrix-algebra procedure')
disp([' Ye_bus = M - LKL '])
Ye_bus=M-LKL
Z3=Ye_bus(2,2)-(-Ye_bus(1,2));
X3=abs(1/Z3);   X4=X3;
X34=abs(1/(-Ye_bus(1,2)));
V4cp=V4*cosd(V4angle)+j*V4*sind(V4angle);
I=(V3-V4cp)/(j*(X3+X4+X34));
I_mag=abs(I);   I_ang=angle(I)*180/pi;
disp('Using new admittance matrix to calculate power and reactive voltamperes')
% Power out of source V3 and Power into source V4
Power_V3=V3*I';
disp([' Power out of source V3 is ',num2str(Power_V3),' per unit'])
Power_V4=V4cp*I';
disp([' Power into source V4 is ',num2str(Power_V4),' per unit'])
Q=abs(I)^2*(X3+X3+X34);   % The reactive voltamperes in the circuit
% The voltage at node 3
V_3=V3-j*X3*I;
V3_mag=abs(V_3);   V3_ang=angle(V_3)*180/pi;
disp([' The voltage at node 3 is ',num2str(V_3),' per unit'])
```

例題中的簡單電路，其節點消除可以由 Y-Δ 轉換及阻抗串、並聯組合完成。矩陣分割的方法較為一般，因此它更適用於電腦的求解。然而，若要消除的節點數較多，則必須求解反矩陣的矩陣 **M** 會較大。

每次在消除一個節點時避免求解反矩陣，且程序非常的簡單。要消

除的節點必須是編號最高的節點，且可能需重新編號。矩陣 **M** 會變成只有單一元件，且該元件的倒數為 **M**$^{-1}$。原先導納矩陣分割成的次矩陣 **K**、**L**、**L**^{T} 及 **M** 為

$$\mathbf{Y}_{\text{bus}} = \begin{bmatrix} Y_{11} & \cdots & Y_{1j} & \cdots & Y_{1N} \\ \vdots & & \vdots & & \vdots \\ Y_{k1} & \cdots & Y_{kj} & \cdots & Y_{kN} \\ \vdots & & \vdots & & \vdots \\ Y_{N1} & \cdots & Y_{Nj} & \cdots & Y_{NN} \end{bmatrix} \begin{matrix} \\ \\ \}\mathbf{L} \\ \\ \end{matrix} \tag{6.29}$$

根據 (6.28) 式，降階成 (N–1) × (N–1) 矩陣為

$$\mathbf{Y}_{\text{bus}} = \begin{bmatrix} Y_{11} & \cdots & Y_{1j} & \cdots \\ \vdots & & \vdots & \\ Y_{k1} & \cdots & Y_{kj} & \cdots \\ \vdots & & \vdots & \end{bmatrix} - \frac{1}{Y_{NN}} \begin{bmatrix} Y_{1N} \\ \vdots \\ Y_{kN} \\ \vdots \end{bmatrix} \begin{bmatrix} Y_{N1} & \cdots & Y_{Nj} & \cdots \end{bmatrix} \tag{6.30}$$

且當矩陣的計算完成後，(N–1) × (N–1) 矩陣的第 k 列及第 j 行元件會成為

$$Y_{kj(\text{new})} = Y_{kj(\text{orig})} - \frac{Y_{kN(\text{orig})} Y_{Nj(\text{orig})}}{Y_{NN(\text{orig})}} \tag{6.31}$$

在原先矩陣 **K** 中的每一個元件 $Y_{kj(\text{new})}$ 必須修正。在比較 (6.29) 式與 (6.31) 式後，我們可以了解如何進行。首先將最後一行乘以 Y_{kN}，且最後一列乘以 Y_{Nj}。將結果 $Y_{kN}Y_{Nj}$ 除以 Y_{NN}，並從元件 $Y_{kj(\text{orig})}$ 減去此結果予以修正。下列例子說明這個簡單的程序。

例題 6.3

藉由先移除節點 4，再移除節點 3 來完成例題 6.2 的節點消除。

解： 如例題 6.2，針對移除一個節點，原始矩陣分割成

$$\mathbf{Y}_{\text{bus}} = \begin{bmatrix} -j14.5 & j8.0 & j4.0 & j2.5 \\ j8.0 & -j17.0 & j4.0 & j5.0 \\ j4.0 & j4.0 & -j8.8 & 0.0 \\ j2.5 & j5.0 & 0.0 & -j8.3 \end{bmatrix}$$

為了修正第 3 列及第 2 行的元件 $j4.0$，$Y_{32(\text{orig})}$，修正後的 Y_{32} 會是

$$Y_{32} = Y_{32(old)} - \frac{Y_{34(orig)} Y_{42(orig)}}{Y_{44(orig)}} = j4.0 - \frac{0.0 \times j5.0}{-j8.3} = j4.0$$

同樣地，第 1 列及第 1 行新元件為

$$Y_{11} = -j14.5 - \frac{j2.5 \times j2.5}{-j8.3} = -j13.7470$$

其他的元件以相同方法修正，可得

$$\mathbf{Y}_{bus} = \begin{bmatrix} -j13.7470 & j9.5060 & j4.0 \\ j9.5060 & -j13.9880 & j4.0 \\ j4.0 & j4.0 & -j8.8 \end{bmatrix}$$

上述矩陣為了移除節點 3，降階產生

$$\mathbf{Y}_{bus} = \begin{bmatrix} -j11.9288 & j11.3242 \\ j11.3242 & -j12.1698 \end{bmatrix}$$

這結果與將兩個節點同時移除的矩陣分割法相同。

例題 6.3 的 MATLAB 程式 (ex6_3.m)

```
% M_File for Example 6.3: ex6_3.m
clc
clear all
% Input values
disp('Get admittance matrix from example 6.1')
Y=[-j*14.5   j*8.0    j*4.0   j*2.5;
    j*8.0   -j*17.0   j*4.0   j*5.0;
    j*4.0    j*4.0   -j*8.8   0.0;
    j*2.5    j*5.0    0.0    -j*8.3]
% Solution
for i=1:1:3
    for k=1:1:3
        Y3(i,k)=Y(i,k)-Y(i,4)*Y(4,k)/Y(4,4);
    end
end
disp('Reducing the above matrix to remove node 4 yields')
Y3
for(i=1:1:2)
    for(k=1:1:2)
        Y2(i,k)=Y3(i,k)-Y3(i,3)*Y3(3,k)/Y3(3,3);
    end
end
disp('Reducing the above matrix to remove node 3 yields')
Y2
```

6.3 匯流排阻抗矩陣

匯流排阻抗矩陣對於故障計算而言相當重要,且非常有用。我們可以經由匯流排導納的類似程序,了解矩陣中不同阻抗的實際重要性。再次使用圖 6.6 的網路,四個匯流排系統的 $\mathbf{Y}_{bus}$ 之反矩陣產生匯流排阻抗矩陣 $\mathbf{Z}_{bus}$,其標準型式為

$$\mathbf{Z}_{bus} = \mathbf{Y}_{bus}^{-1} = \begin{matrix} \text{①} \\ \text{②} \\ \text{③} \\ \text{④} \end{matrix} \begin{bmatrix} Z_{11} & Z_{12} & Z_{13} & Z_{14} \\ Z_{21} & Z_{22} & Z_{23} & Z_{24} \\ Z_{31} & Z_{32} & Z_{33} & Z_{34} \\ Z_{41} & Z_{42} & Z_{43} & Z_{44} \end{bmatrix} \quad (6.32)$$

根據定義

$$\mathbf{Z}_{bus} = \mathbf{Y}_{bus}^{-1} \quad (6.33)$$

因為 $\mathbf{Y}_{bus}$ 沿著主對角線而互相對稱,$\mathbf{Z}_{bus}$ 也必須是對稱的。為了獲得 $\mathbf{Z}_{bus}$,並不需要求出匯流排導納矩陣,在本章的另外一節,我們可以了解如何直接構成 $\mathbf{Z}_{bus}$。$\mathbf{Z}_{bus}$ 的主對角線上之阻抗元素稱為匯流排的驅動點阻抗 (driving-poimt impedance),而非對角線元素稱為匯流排的轉移阻抗 (transfer impedance)。

觀念上,求解 (6.22) 式是藉由方程式的兩邊乘以 $\mathbf{Y}_{bus}^{-1} = \mathbf{Z}_{bus}$ 而產生

$$\mathbf{V} = \mathbf{Z}_{bus} \mathbf{I} \quad (6.34)$$

我們必須記住,當處理 $\mathbf{Z}_{bus}$ 時,$\mathbf{V}$ 與 $\mathbf{I}$ 均為行向量,分別為匯流排電壓及從電流源流進匯流排的電流。針對圖 6.6 的網路,將 (6.34) 式展開可得

$$V_1 = Z_{11}I_1 + Z_{12}I_2 + Z_{13}I_3 + Z_{14}I_4 \quad (6.35)$$

$$V_2 = Z_{21}I_1 + Z_{22}I_2 + Z_{23}I_3 + Z_{24}I_4 \quad (6.36)$$

$$V_3 = Z_{31}I_1 + Z_{32}I_2 + Z_{33}I_3 + Z_{34}I_4 \quad (6.37)$$

$$V_4 = Z_{41}I_1 + Z_{42}I_2 + Z_{43}I_3 + Z_{44}I_4 \quad (6.38)$$

從 (6.36) 式,我們看到驅動點阻抗 Z_{22} 定義為將匯流排 ①、③ 及 ④ 的電流源開路,並且在匯流排 ② 注入電流源 I_2。則

$$Z_{22} = \left. \frac{V_2}{I_2} \right|_{I_1 = I_3 = I_4 = 0} \quad (6.39)$$

圖 6.9 測量 Z_{22}、Z_{12}、Z_{32} 及 Z_{42} 的電路

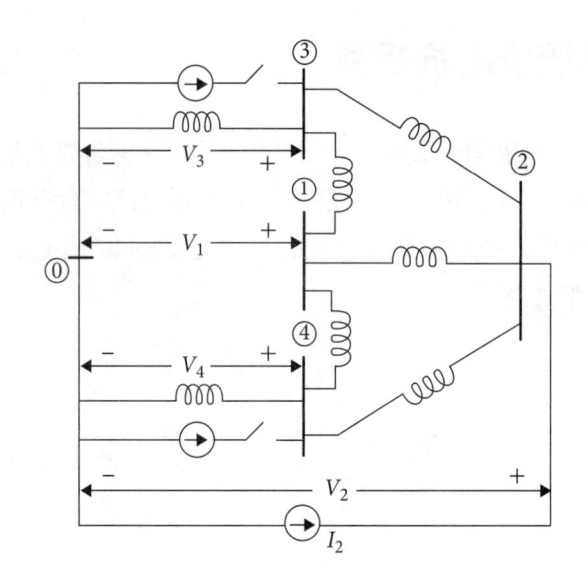

圖 6.9 顯示所描述的電路。因為 Z_{22} 是將連接至其他匯流排的電流源開路而推導出，Y_{22} 則是將其他匯流排短路而推導出，我們不必期望這兩個量之間會有倒數關係。圖 6.9 的電路也使我們能測量某些轉移阻抗，從 (6.35) 式中可以看到電流源 I_1、I_3 及 I_4 開路

$$Z_{12} = \left.\frac{V_1}{I_2}\right|_{I_1=I_3=I_4=0} \tag{6.40}$$

從 (6.37) 式與 (6.38) 式

$$Z_{32} = \left.\frac{V_3}{I_2}\right|_{I_1=I_3=I_4=0} \tag{6.41}$$

$$Z_{42} = \left.\frac{V_4}{I_2}\right|_{I_1=I_3=I_4=0} \tag{6.42}$$

因此，我們可以藉由在匯流排 ② 注入電流，並使匯流排 ② 之外其他所有匯流排的電源開路，求出 V_1、V_3 及 V_4 對 I_2 之比值，來測量轉移阻抗 Z_{12}、Z_{32} 及 Z_{42}。我們注意到互導納是除了一個匯流排之外，將其他匯流排短路而測量到的，而轉移阻抗則是除了一個電源之外，將其他所有的電源開路而測量到的。(6.35) 式告訴我們，如果我們將匯流排 ②、③ 及 ④ 的電流源開路，於匯流排 ① 注入電流，則 I_1 所流過的唯一阻抗是 Z_{11}。在相同情況下，(6.36) 式、(6.37) 式及 (6.38) 式顯示 I_1 在匯流排 ②、③ 及 ④ 所造成的電壓可表示為

$$V_2 = I_1 Z_{21} \quad V_3 = I_1 Z_{31} \quad 及 \quad V_4 = I_1 Z_{41} \tag{6.43}$$

了解前述針對 $\mathbf{Z}_{\text{bus}}$ 討論的含意是非常重要的，因為 $\mathbf{Z}_{\text{bus}}$ 有時會用於

電力潮流研究，且在故障計算時極具價值。

6.4 戴維寧定理與匯流排阻抗矩陣

匯流排阻抗矩陣提供了有關電力系統網路的重要資訊，這些資訊可以成為我們在網路計算上的優勢。在本節中，我們檢視 $\mathbf{Z}_{bus}$ 的元素以及藉由每一個自身匯流排網路所表示的戴維寧阻抗之間的關係。為了建立標記，讓我們藉由 $\mathbf{V}^0 = \mathbf{Z}_{bus}\mathbf{I}^0$，來表示匯流排電壓相對應於匯流排電流 $\mathbf{I}$ 的起始值 $\mathbf{I}^0$。電壓 V_1^0 至 V_N^0 是指利用網路匯流排與參考節點之間的電壓表所測量出的有效開路電壓 (effective open-circuit voltage)。當匯流排電流從原始值變為新值 ($\mathbf{I}^0 + \Delta\mathbf{I}$) 時，新的匯流排電壓可以從重疊方程式求出：

$$\mathbf{V} = \mathbf{Z}_{bus}(\mathbf{I}^0 + \Delta\mathbf{I}) = \underbrace{\mathbf{Z}_{bus}\mathbf{I}^0}_{\mathbf{V}^0} + \underbrace{\mathbf{Z}_{bus}\Delta\mathbf{I}}_{\Delta\mathbf{V}} \qquad (6.44)$$

其中 $\Delta\mathbf{V}$ 表示匯流排電壓從它們的起始值所產生的變化。

圖 6.10(a) 顯示大型系統的架構型式，其中匯流排 ⓚ 會沿著系統參考節點自系統中抽離出來。

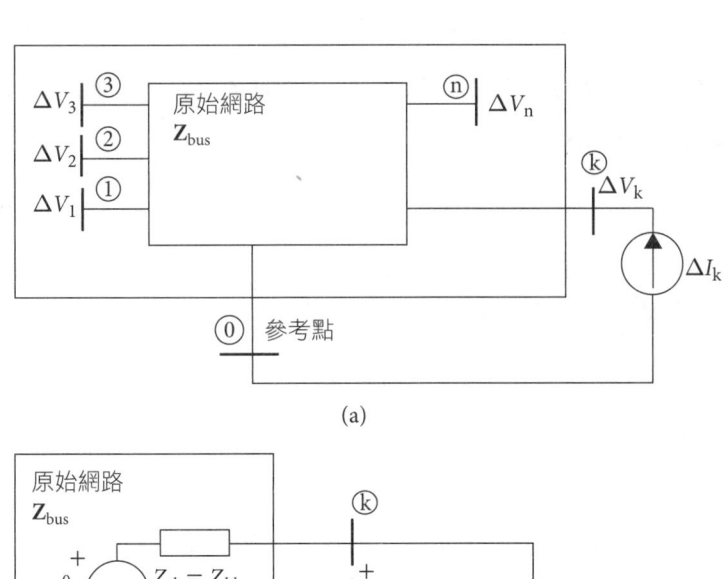

圖 6.10 (a) 將匯流排 ⓚ 及參考節點抽離的原始網路。在匯流排 ⓝ 的電壓 ΔV_n 是由進入網路的電流 ΔI_k 所造成；(b) 在節點 ⓚ 的戴維寧等效電路

一開始，我們考慮電路還未予以加壓，所以匯流排電流 $\mathbf{I}^0$ 與電壓 $\mathbf{V}^0$ 為零。所以，在進入匯流排 ⓚ 後 ΔI_k 安培的電流（或 $\mathbf{Z}_{\text{bus}}$ 為標么值則 ΔI_k 也是標么值）會從連接到參考點的電流源進入系統。產生的電壓在網路的匯流排發生變化，以增量 ΔV_1 至 ΔV_N 來表示

$$\begin{bmatrix} \Delta V_1 \\ \Delta V_2 \\ \vdots \\ \Delta V_k \\ \vdots \\ \Delta V_N \end{bmatrix} = \begin{matrix} ① \\ ② \\ \\ ⓚ \\ \\ Ⓝ \end{matrix} \begin{bmatrix} \overset{①}{Z_{11}} & \overset{②}{Z_{12}} & \cdots & \overset{ⓚ}{Z_{1k}} & \cdots & \overset{Ⓝ}{Z_{1N}} \\ Z_{21} & Z_{22} & \cdots & Z_{2k} & \cdots & Z_{2N} \\ \vdots & \vdots & \ddots & \vdots & \ddots & \vdots \\ Z_{k1} & Z_{k2} & \cdots & Z_{kk} & \cdots & Z_{kN} \\ \vdots & \vdots & \ddots & \vdots & \ddots & \vdots \\ Z_{N1} & Z_{N2} & \cdots & Z_{Nk} & \cdots & Z_{NN} \end{bmatrix} \begin{bmatrix} 0 \\ 0 \\ \vdots \\ \Delta I_k \\ \vdots \\ 0 \end{bmatrix} \quad (6.45)$$

在電流的向量中只有不為零的項次會等於為第 k 列的 ΔI_k。將 (6.45) 式中的列行相乘，產生匯流排電壓的增量

$$\begin{bmatrix} \Delta V_1 \\ \Delta V_2 \\ \vdots \\ \Delta V_k \\ \vdots \\ \Delta V_N \end{bmatrix} = \begin{matrix} ① \\ ② \\ \\ ⓚ \\ \\ Ⓝ \end{matrix} \begin{bmatrix} \overset{ⓚ}{Z_{1k}} \\ Z_{2k} \\ \vdots \\ Z_{kk} \\ \vdots \\ Z_{Nk} \end{bmatrix} \Delta I_k \quad (6.46)$$

其數值等於 $\mathbf{Z}_{\text{bus}}$ 的第 k 行乘以電流 ΔI_k。根據 (6.44) 式，加上這些電壓會改變匯流排的原始電壓，則在匯流排 ⓚ 會產生

$$V_k = V_k^0 + Z_{kk}\Delta I_k \quad (6.47)$$

圖 6.10(b) 所顯示的是相對應於方程式的電路，由此我們可以顯見，在系統的代表匯流排 ⓚ 的戴維寧阻抗可為

$$Z_{\text{th}} = Z_{kk} \quad (6.48)$$

其中 Z_{kk} 為 $\mathbf{Z}_{\text{bus}}$ 在第 k 行與第 k 列的對角線項次。

在類似情況時，我們可以決定網路的任意兩個匯流排 ⓙ 與 ⓚ 之間的戴維寧阻抗。如圖 6.11(a) 所示，其他無電源的網路會被匯流排 ⓙ 所注入的電流 ΔI_j 及匯流排 ⓚ 所注入的電流 ΔI_k 激勵。

從這兩個由 ΔV_1 到 ΔV_N 所注入的電流組合，造成之匯流排電壓變化的情況，可得

$$\begin{bmatrix} \Delta V_1 \\ \vdots \\ \Delta V_j \\ \Delta V_k \\ \vdots \\ \Delta V_N \end{bmatrix} = \begin{matrix} ① \\ \\ ⓙ \\ ⓚ \\ \\ ⓝ \end{matrix} \begin{bmatrix} Z_{11} & \cdots & Z_{1j} & Z_{1k} & \cdots & Z_{1N} \\ \vdots & \ddots & \vdots & \vdots & \ddots & \vdots \\ Z_{j1} & \cdots & Z_{jj} & Z_{jk} & \cdots & Z_{jN} \\ Z_{k1} & \cdots & Z_{kj} & Z_{kk} & \cdots & Z_{kN} \\ \vdots & \ddots & \vdots & \vdots & \ddots & \vdots \\ Z_{N1} & \cdots & Z_{Nj} & Z_{Nk} & \cdots & Z_{NN} \end{bmatrix} \begin{bmatrix} 0 \\ \vdots \\ \Delta I_j \\ \Delta I_k \\ \vdots \\ 0 \end{bmatrix}$$

$$= \begin{bmatrix} Z_{1j}\Delta I_j + Z_{1k}\Delta I_k \\ \vdots \\ Z_{jj}\Delta I_j + Z_{jk}\Delta I_k \\ Z_{kj}\Delta I_j + Z_{kk}\Delta I_k \\ \vdots \\ Z_{Nj}\Delta I_j + Z_{Nk}\Delta I_k \end{bmatrix} \tag{6.49}$$

其中右邊向量在數值上等於 ΔI_j 與 $\mathbf{Z}_{\text{bus}}$ 中第 j 行的乘積，再加上 ΔI_k 與 $\mathbf{Z}_{\text{bus}}$ 第 k 行的乘積。根據 (6.44) 式，將這些電壓變化加上原始匯流排電壓，我們會在匯流排 ⓙ 與 ⓚ 得到

$$V_j = V_j^0 + Z_{jj}\Delta I_j + Z_{jk}\Delta I_k \tag{6.50}$$

$$V_k = V_k^0 + Z_{kj}\Delta I_j + Z_{kk}\Delta I_k \tag{6.51}$$

在 (6.50) 式中加上並減去 $Z_{jk}\Delta I_j$，且同樣地，在 (6.23) 式中加上並減去 $Z_{kj}\Delta I_k$，可得

$$V_j = V_j^0 + (Z_{jj} - Z_{jk})\Delta I_j + Z_{jk}(\Delta I_j + \Delta I_k) \tag{6.52}$$

$$V_k = V_k^0 + Z_{kj}(\Delta I_j + \Delta I_k) + (Z_{kk} - Z_{kj})\Delta I_k \tag{6.53}$$

由於 $\mathbf{Z}_{\text{bus}}$ 為對稱，故 Z_{jk} 等於 Z_{kj}，相對應於這兩個方程式的電路如圖 6.11(b) 所示，它代表介於匯流排 ⓙ 與 ⓚ 之間的系統之戴維寧等效電路。檢視圖 6.11(b) 顯示，從匯流排 ⓚ 到 ⓙ 的開路電壓為 $V_k^0 - V_j^0$，而從圖 6.11(c) 中的匯流排 ⓚ 到 ⓙ 的短路電流 I_{sc} 所碰到的阻抗，顯然是戴維寧阻抗。

$$Z_{\text{th},jk} = Z_{jj} + Z_{kk} - 2Z_{jk} \tag{6.54}$$

此結果可以輕易地藉由將 $I_{sc}=\Delta I_j=-\Delta I_k$ 代入 (6.52) 式及 (6.53) 式，以及設定合成方程式之間的差值 V_j-V_k 為零而獲得確認。就外部連接至匯流

圖 6.11 原始網路 (a) 在匯流排 ⓙ 的電流源 ΔI_j 及在匯流排 ⓚ 的 ΔI_k；(b) 戴維寧等效電路；(c) 短路連接；(d) 介於匯流排 ⓙ 與 ⓚ 之間的阻抗 Z_b

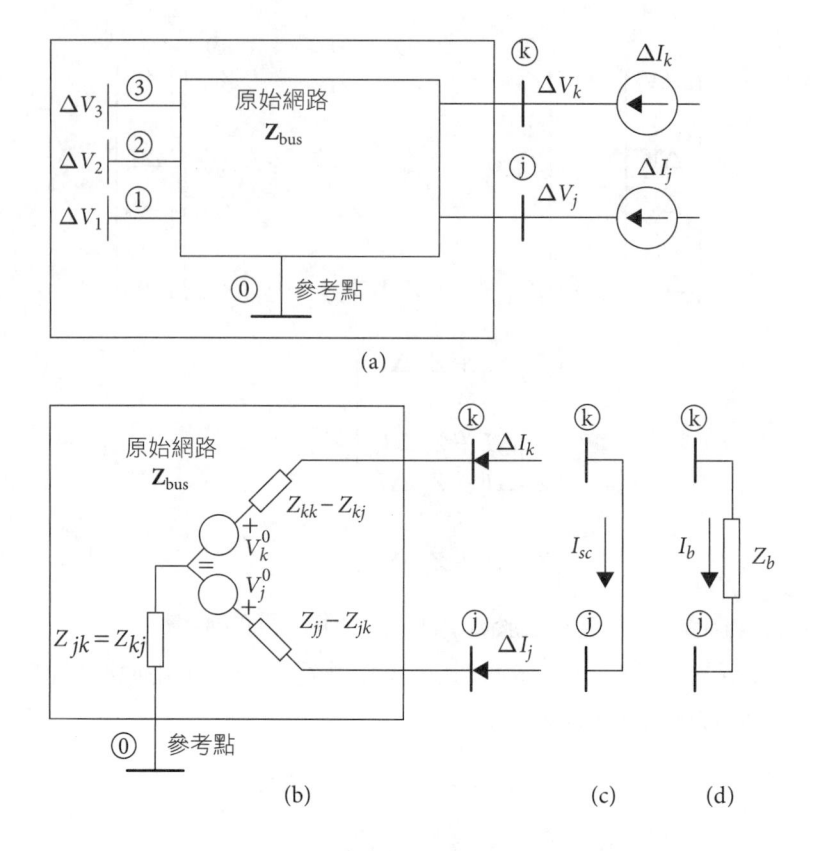

排 ⓙ 與 ⓚ 而言，圖 6.11(b) 表示原始系統的作用。

從匯流排 ⓙ 至參考節點，我們可以追蹤出戴維寧阻抗 $Z_{jj} = (Z_{jj} - Z_{jk}) + Z_{jk}$ 與開路電壓 V_j^0；從匯流排 ⓚ 至參考節點，我們能求出戴維寧阻抗 $Z_{kk} = (Z_{kk} - Z_{jk}) + Z_{kj}$ 與開路電壓 V_k^0。在匯流排 ⓚ 與 ⓙ 之間，(6.54) 式的戴維寧阻抗與開路電壓 $V_k^0 - V_j^0$ 是顯而易見的。最後，當分路阻抗 Z_b 連接於圖 6.11(d) 的匯流排 ⓙ 與 ⓚ 時，則電流 I_b 為：

$$I_b = \frac{V_k^0 - V_j^0}{Z_{\text{th},jk} + Z_b} = \frac{V_k - V_j}{Z_b} \tag{6.55}$$

當一分路阻抗加於網路的兩匯流排之間時，我們使用 6.5 節這個方程式來顯示如何去修正 $\mathbf{Z}_{\text{bus}}$。

例題 6.4

一電容器具有 5.0 標么的電抗，其連接至例題 6.1 的電路參考節點及匯流排 ④ 之間。初始的電動勢 (EMF) 與相對應在匯流排 ③ 與 ④ 外部注入之電流

均與例題相同。試求電容器所吸取之電流。

解： 在匯流排 ④ 之戴維寧等效電路相對於參考點之電動勢為 $V_4^0 =$ 0.9534∠$-20.1803°$ 標么，該電壓為例題 6.1 的匯流排 ④ 於電容器連接之前的電壓。在匯流排 ④ 的戴維寧阻抗 Z_{44} 在例題 6.1 所計算出之值為 $Z_{44} = j0.6840$ 標么，如圖 6.12(a) 所示。因此，該電容器所吸取的電流 I_{cap} 為

$$I_{csp} = \frac{0.9534\angle -20.1803°}{-j5.0 + j0.6840} = 0.2209 \angle 69.8197° \text{ 標么}$$

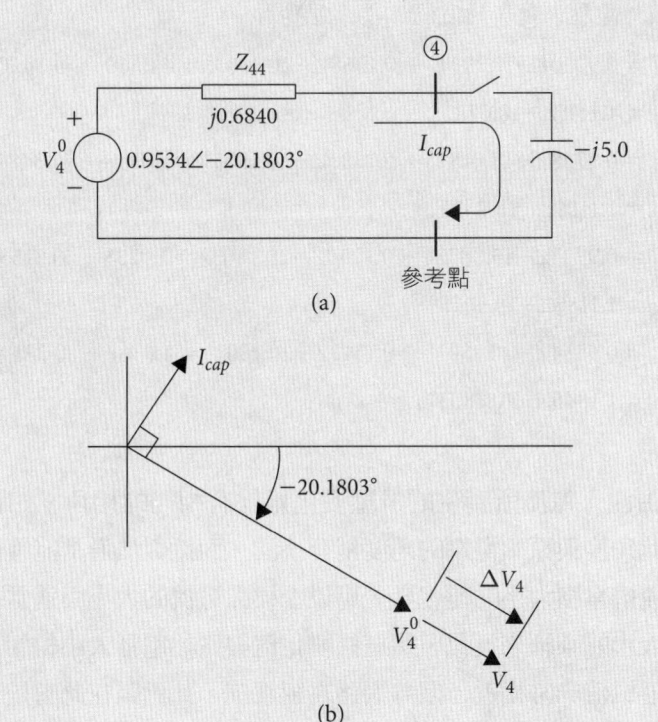

圖 6.12 針對例題 6.4 及 6.5 的電路顯示：(a) 戴維寧等效電路及 (b) 在匯流排 ④ 的向量圖

例題 6.5

如果一個額外 $-0.2209\angle 69.8197°$ 標么的電流注入例題 6.1 中的網路匯流排 ④，試求匯流排 ①、②、③ 與 ④ 的電壓。

解： 由於額外的注入電流所造成的匯流排電壓變化，可以利用例題 6.1 所求得之匯流排阻抗矩陣來計算。所需要的阻抗為 $\mathbf{Z}_{bus}$ 的第 4 行。在匯流排 4 因增加注入電流，而引起電壓變化的標么值為

$$\Delta V_1 = -I_{cap} Z_{14} = -0.2209\angle 69.8197° \times j0.6193 = 0.1368\angle -20.1803°$$

$$\Delta V_2 = -I_{cap} Z_{24} = -0.2209\angle 69.8197° \times j0.6258 = 0.1382\angle -20.1803°$$

$$\Delta V_3 = -I_{cap} Z_{34} = -0.2209\angle 69.8197° \times j0.5660 = 0.1250\angle -20.1803°$$

$$\Delta V_4 = -I_{cap} Z_{44} = -0.2209\angle 69.8197° \times j0.6840 = 0.1511\angle -20.1803°$$

藉由重疊法，合成電壓可從 (6.44) 式中求得，將這些變化量加至例題 6.1 的原始匯流排電壓，則新的匯流排標么電壓為

$$V_1 = 0.9750\angle -17.7834° + 0.1368\angle -20.1803° = 1.0568 - j0.3450$$
$$= 1.1117\angle -18.0785°$$

$$V_2 = 0.9728\angle -18.0182° + 0.1382\angle -20.1803° = 1.0548 - j0.3486$$
$$= 1.1109\angle -18.2872°$$

$$V_3 = 0.9941\angle -15.8872° + 0.1250\angle -20.1803° = 1.0735 - j0.3153$$
$$= 1.1188\angle -16.3658°$$

$$V_4 = 0.9534\angle -20.1803° + 0.1511\angle -20.1803° = 1.0367 - j0.3810$$
$$= 1.1045\angle -20.1803°$$

因為由注入電流所產生的電壓變化量均有相同的相角，如圖 6.12(b) 所示，且此角度與原始電壓的角度稍有不同，而近似法通常能獲得滿意的答案。匯流排電壓大小的變化量，可以由標么電流的大小與適當驅動點或轉移阻抗大小的乘積來近似。將這些變化值與原始電壓大小相加，與新電壓大小的近似值非常相近。因為網路為純感抗，此近似在此處是有效的。然而，電抗值遠大於電阻值時，此近似也提供良好之估計值，一如輸電系統中常見的情況。

最後兩個例子說明了匯流排阻抗矩陣的重要性，並顯示在匯流排上增加一個電容器將如何導致匯流排電壓上升。在匯流排上連接電容器後，如果考量電力系統運轉，電壓與電流源的角度維持不變的假設，並非完全有效。我們將在第 7 章中，利用電腦電力潮流方程式來考慮此系統的運轉。

6.5 現有 Z_{bus} 的修正

在 6.4 節中，我們了解到如何利用戴維寧等效電路及現有 Z_{bus}，去求解網路中在增加一個分支之後的新匯流排電壓，而不需發展新的 Z_{bus}。因

第 6 章 網路計算

為 $\mathbf{Z}_{bus}$ 在電力系統分析上是如此重要的工具,現在讓我們檢視,當新的匯流排或新的輸電線接到既有的匯流排時,現存的 $\mathbf{Z}_{bus}$ 應該如何修正。當然,我們可以建立一個新的 $\mathbf{Y}_{bus}$ 並求其反矩陣;但是,針對小數量的匯流排而言,直接修正 $\mathbf{Z}_{bus}$ 的方法,比求反矩陣更為簡單。同時,當我們知道如何修正 $\mathbf{Z}_{bus}$ 時,我們就能了解如何直接建立新的 $\mathbf{Z}_{bus}$。

我們知道幾種修正的方法,其中一種是把具有阻抗 Z_b 的分路加到已知 $\mathbf{Z}_{bus}$ 的網路上。原始匯流排的阻抗矩陣以 $\mathbf{Z}_{orig}$ 表示,為一個 $N \times N$ 的矩陣。在我們的分析上所使用的標記,現存的匯流排會以數字或字母 h、i、j 及 k 來識別。字母 p 或 q 代表一個新的匯流排加入網路,並將 $\mathbf{Z}_{orig}$ 轉換成一 $(N+1) \times (N+1)$ 的矩陣。在匯流排 ⓚ,原始電壓被標記成 V_k^0,在修正 $\mathbf{Z}_{bus}$ 後的新電壓會是 V_k,且 $\Delta V_k = V_k - V_k^0$ 會標記匯流排電壓的變化量。本節將討論四種情形。

第 1 種案例　從一個新匯流排 ⓟ 到參考節點之間增加 Z_b

增加的新匯流排 ⓟ 經由 Z_b 接至參考節點,因為沒有與原先網路的任何匯流排連接,所以當電流 I_p 注入新匯流排時,並無法改變原先匯流排的電壓。新匯流排電壓 V_p 等於 $I_p Z_b$,則

$$\begin{bmatrix} V_1^0 \\ V_2^0 \\ \vdots \\ V_N^0 \\ \hline V_p \end{bmatrix} = \underbrace{\begin{bmatrix} & & & & & 0 \\ & \mathbf{Z}_{orig} & & & & 0 \\ & & & & & \vdots \\ & & & & & 0 \\ \hline ⓟ & 0 & 0 & \cdots & 0 & Z_b \end{bmatrix}}_{\mathbf{Z}_{bus(new)}} \begin{bmatrix} I_1 \\ I_2 \\ \vdots \\ I_N \\ \hline I_p \end{bmatrix} \quad (6.56)$$

注意到電流的行向量乘以新 $\mathbf{Z}_{bus}$,不會改變原始網路的電壓,並會在新匯流排 ⓟ 上得到正確的電壓。

第 2 種案例　從一個新匯流排 ⓟ 到現有匯流排 ⓚ 之間增加 Z_b

增加的新匯流排 ⓟ 經由 Z_b 連接至現有的匯流排 ⓚ,且匯流排 ⓟ 之注入電流為 I_p。這將會造成電流流入原先網路的匯流排 ⓚ,形成注入匯流排 ⓚ 的電流總和 I_k,加上經由 Z_b 流入網路的電流 I_p,如圖 6.13 所示。

電流 I_p 流入網路匯流排 ⓚ,由電壓 $I_p Z_{kk}$ 所增加原始電壓 V_k^0,如 (6.47) 式,也就是,

圖 6.13 加入的新匯流排 ⓟ 並經由阻抗連接到現存匯流排 ⓚ

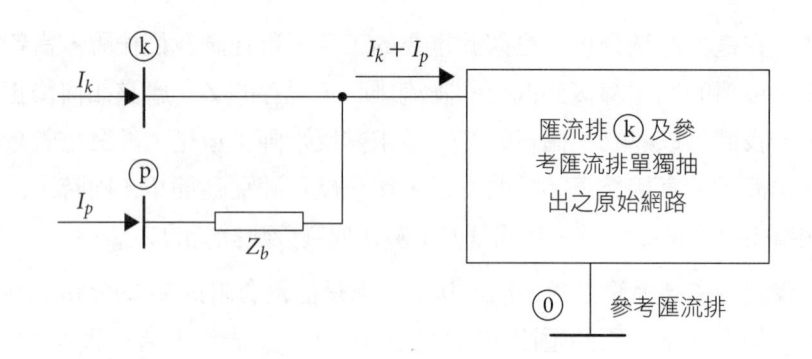

$$V_k = V_k^0 + I_p Z_{kk} \tag{6.57}$$

而 V_p 會較新的 V_k 大約 $I_p Z_b$，所以

$$V_p = V_k^0 + I_p Z_{kk} + I_p Z_b \tag{6.58}$$

將 V_k^0 代入，可得

$$V_p = \underbrace{I_1 Z_{k1} + I_2 Z_{k2} + \cdots + I_N Z_{kN}}_{V_k^0} + I_p(Z_{kk} + Z_b) \tag{6.59}$$

為了求解 V_p，現在我們了解以下的新列必須被加到 $\mathbf{Z}_{\text{orig}}$

$$Z_{k1} \quad Z_{k2} \quad \cdots \quad Z_{kN} \quad (Z_{kk} + Z_b)$$

因為 $\mathbf{Z}_{\text{bus}}$ 必須是以主對角線對稱的方陣，我們需增加一個新行，此為新列的轉置。此新行說明 I_p 導致所有匯流排增加的電壓，如 (6.45) 式所示。此矩陣方程式為

$$\begin{bmatrix} V_1 \\ V_2 \\ \vdots \\ V_N \\ \hline V_p \end{bmatrix} = \underbrace{\left[\begin{array}{cccc|c} & & & & Z_{1k} \\ & \mathbf{Z}_{\text{orig}} & & & Z_{2k} \\ & & & & \vdots \\ & & & & Z_{Nk} \\ \hline Z_{k1} & Z_{k2} & \cdots & Z_{kN} & Z_{kk} + Z_b \end{array}\right]}_{\mathbf{Z}_{\text{bus(new)}}} \begin{bmatrix} I_1 \\ I_2 \\ \vdots \\ I_N \\ \hline I_p \end{bmatrix} \tag{6.60}$$

要注意的是，新列的最前面 N 個元素是 $\mathbf{Z}_{\text{orig}}$ 的第 k 列元素，而新行的最前面 N 個元素為 $\mathbf{Z}_{\text{orig}}$ 的第 k 行元素。

第 3 種案例 從現有的匯流排 ⓚ 至參考節點之間增加 Z_b

為了了解如何從現有的匯流排 ⓚ 與參考節點間連接一個阻抗 Z_b 來改

變 $\mathbf{Z}_{\text{orig}}$，我們新增一個匯流排 ⓟ，並經由 Z_b 與匯流排 ⓚ 連接。然後，我們將匯流排 ⓟ 至參考節點短路，讓 V_p 等於零，產生與 (6.60) 式相同之矩陣方程式，除了 V_p 等於零之外。所以，針對此修正，我們會著手建立與第 2 種案例完全相同的一個新行與新列，然後我們再利用克農消去法 (Kron reduction) 消除 (N+1) 列與 (N+1) 行，因為電壓的行矩陣為零，所以這種方式是行得通的。我們利用 (6.29) 式至 (6.30) 式所推導的方法來獲得新矩陣的每一列元素 $\mathbf{Z}_{hi(\text{new})}$，為

$$Z_{hi(\text{new})} = Z_{hi} - \frac{Z_{h(N+1)} Z_{(N+1)i}}{Z_{kk} + Z_b} \tag{6.61}$$

第 4 種案例 在現有的兩個匯流排 ⓙ 與 ⓚ 之間增加 Z_b

為了在 $\mathbf{Z}_{\text{orig}}$ 中已建立的匯流排 ⓙ 與 ⓚ 之間增加一個分支阻抗 Z_b，我們來檢視圖 6.14，此圖顯示擷取自原始網路的匯流排。

自匯流排 ⓚ 流向匯流排 ⓙ 的電流 I_b，類似於圖 6.11 中所發現的。因此，從 (6.49) 式，由注入電流 I_b 所造成的每一個匯流排 ⓗ 在電壓上的變動量及 $-I_b$ 造成匯流排 ⓚ 在電壓上的變動量為

$$\Delta V_h = (Z_{hj} - Z_{hk}) I_b \tag{6.62}$$

其意義為匯流排電壓的變化量向量 $\Delta \mathbf{V}$，可以藉由 $\mathbf{Z}_{\text{orig}}$ 的第 j 行減去第 k 行，並將結果乘上 I_b 來求得。根據電壓變化量的定義，現在我們可以針對匯流排電壓列出下列方程式：

$$V_1 = V_1^0 + \Delta V_1 \tag{6.63}$$

並利用 (6.62) 式，可得：

$$V_1 = \underbrace{Z_{11}I_1 + \cdots + Z_{1j}I_j + Z_{1k}I_k + \cdots + Z_{1N}I_N}_{V_1^0} + \underbrace{(Z_{1j} - Z_{1k})I_b}_{\Delta V_1} \tag{6.64}$$

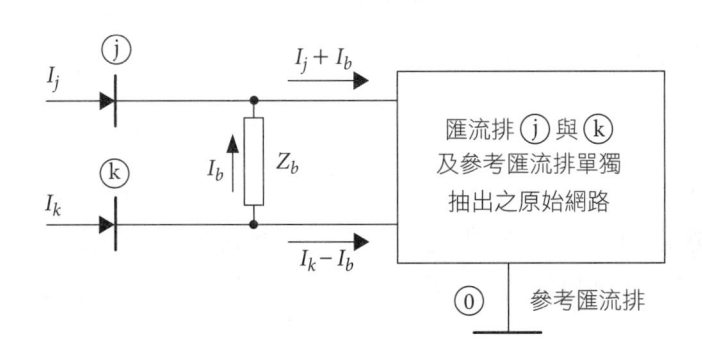

圖 6.14 在現有匯流排 ⓙ 與 ⓚ 之間增加阻抗 Z_b

同樣地，在匯流排 ⓙ 與 ⓚ 的電壓為

$$V_j = \underbrace{Z_{j1}I_1 + \cdots + Z_{jj}I_j + Z_{jk}I_k + \cdots + Z_{jN}I_N}_{V_j^0} + \underbrace{(Z_{jj} - Z_{jk})I_b}_{\Delta V_j} \quad (6.65)$$

$$V_k = \underbrace{Z_{k1}I_1 + \cdots + Z_{kj}I_j + Z_{kk}I_k + \cdots + Z_{kN}I_N}_{V_k^0} + \underbrace{(Z_{kj} - Z_{kk})I_b}_{\Delta V_k} \quad (6.66)$$

因為 I_b 為未知數，我們還需要一個方程式。此方程式可由 (6.55) 式提供，將此式重新安排成下列型式

$$0 = V_j^0 - V_k^0 + (Z_{\text{th},jk} + Z_b)I_b \quad (6.67)$$

從 (6.65) 式中，我們注意到 V_j^0 等於 $\mathbf{Z}_{\text{orig}}$ 的第 j 列與匯流排電流 $\mathbf{I}$ 的行矩陣乘積。同樣地，(6.66) 式中的 V_k^0 等於 $\mathbf{Z}_{\text{orig}}$ 的第 k 列乘以 $\mathbf{I}$。將 V_j^0 及 V_k^0 代入 (6.67) 式，可得

$$0 = [(\text{row } j - \text{row } k) \text{ of } \mathbf{Z}_{\text{orig}}] \begin{bmatrix} I_1 \\ \vdots \\ I_j \\ I_k \\ \vdots \\ I_N \end{bmatrix} + (Z_{\text{th},jk} + Z_b)I_b \quad (6.68)$$

檢視 (6.64) 式到 (6.66) 式及 (6.68) 式的係數，我們可以列出矩陣方程式

$$\begin{bmatrix} V_1 \\ \vdots \\ V_j \\ V_k \\ \vdots \\ V_N \\ \hline 0 \end{bmatrix} = \left[\begin{array}{c|c} \mathbf{Z}_{\text{orig}} & \begin{array}{c} (\text{col. } j - \text{col. } k) \\ \text{of } \mathbf{Z}_{\text{orig}} \end{array} \\ \hline (\text{row } j - \text{row } k) \text{ of } \mathbf{Z}_{\text{orig}} & Z_{bb} \end{array} \right] \begin{bmatrix} I_1 \\ \vdots \\ I_j \\ I_k \\ \vdots \\ I_N \\ \hline I_b \end{bmatrix} \quad (6.69)$$

其中最後一列為 I_b 的係數，可表示成

$$Z_{bb} = Z_{th,jk} + Z_b = Z_{jj} + Z_{kk} - 2Z_{jk} + Z_b \quad (6.70)$$

新行是指 $\mathbf{Z}_{\text{orig}}$ 的第 j 行減去第 k 行，且 Z_{bb} 位於第 $(N+1)$ 列。新列為新行的轉置。利用先前相同的方法，將 (6.69) 式方陣中的第 $(N+1)$ 列與第 $(N+1)$ 行除去，所以我們可以看到，新矩陣中的每一元素 $\mathbf{Z}_{hi(\text{new})}$ 為

$$Z_{hi(\text{new})} = Z_{hi} - \frac{Z_{h(N+1)}Z_{(N+1)i}}{Z_{jj} + Z_{kk} - 2Z_{jk} + Z_b} \qquad (6.71)$$

我們不需考慮兩個由 Z_b 連接之新匯流排的情形，因為我們總是可以將這些新匯流排的其中一個，在加入第二個新匯流排之前，經由阻抗連接至現存匯流排或參考匯流排。

移除一支分路 兩個節點之間的單一分支阻抗 Z_b，可以藉由在相同的端節點之間加入負的 Z_b，而從網路中移除。當然，理由是現存分支 (Z_b) 與增加分支 ($-Z_b$) 的並聯組合相當於有效的開路。表 6.1 總結了第 1 種到第 4 種情形的程序。

表 6.1 現存 Z_b 的修正

案例	加入分支 Z_b	$Z_{\text{bus(new)}}$
1	參考節點至新匯流排 ⓟ	$\begin{bmatrix} \mathbf{Z}_{\text{orig}} & \begin{matrix} 0 \\ \vdots \\ 0 \end{matrix} \\ \hline 0 \cdots 0 & Z_b \end{bmatrix}$
2	現存匯流排 ⓚ 至新匯流排 ⓟ	$\begin{bmatrix} \mathbf{Z}_{\text{orig}} & \text{col. } k \\ \hline \text{row } k & Z_{kk} + Z_b \end{bmatrix}$
3	現存匯流排 ⓚ 至參考節點 (節點 ⓟ 為暫時性的)	• 重複案例 2 • 藉由克農消去法移除列 p 及行 p

表 6.1 現存 Z_b 的修正（續）

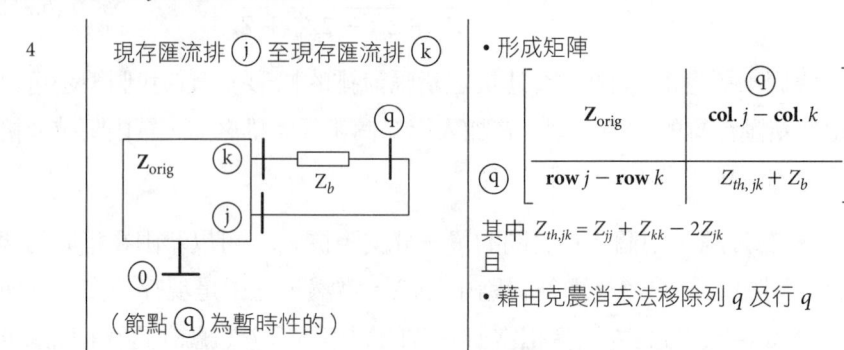

4	現存匯流排 ⓙ 至現存匯流排 ⓚ	・形成矩陣

$$\begin{array}{c|c|c} & \mathbf{Z}_{\text{orig}} & \begin{array}{c} \text{ⓠ} \\ \text{col. } j - \text{col. } k \end{array} \\ \hline \text{ⓠ} & \text{row } j - \text{row } k & Z_{th,jk} + Z_b \end{array}$$

其中 $Z_{th,jk} = Z_{jj} + Z_{kk} - 2Z_{jk}$

且

・藉由克農消去法移除列 q 及行 q

（節點 ⓠ 為暫時性的）

例題 6.6

圖 6.5 電路中，於匯流排 ④ 與參考節點間連接一容抗值為 5.0 標么的電容器，試修正例題 6.1 的匯流排阻抗矩陣。並利用例題 6.1 的新阻抗矩陣及電流源，求解 V_4。將此 V_4 值與例題 6.5 所求得的數值進行比較。

解： 首先求解匯流排導納矩陣 $\mathbf{Y}_{\text{bus}}$ 的反矩陣，可得

$$\mathbf{Z}_{\text{orig}} = \mathbf{Y}_{\text{bus}}^{-1} = \begin{bmatrix} -j14.5 & j8.0 & j4.0 & j2.5 \\ j8.0 & -j17.0 & j4.0 & j5.0 \\ j4.0 & j4.0 & -j8.8 & 0.0 \\ j2.5 & j5.0 & 0.0 & -j8.3 \end{bmatrix}^{-1}$$

$$= j \begin{bmatrix} 0.7187 & 0.6688 & 0.6307 & 0.6193 \\ 0.6688 & 0.7045 & 0.6242 & 0.6258 \\ 0.6307 & 0.6242 & 0.6840 & 0.5660 \\ 0.6193 & 0.6258 & 0.5660 & 0.6840 \end{bmatrix}$$

利用 (6.60) 式，並了解例題 6.1 的 $\mathbf{Z}_{\text{orig}}$ 為 4×4 矩陣，下標 $k=4$，$Z_b=-j5.0$ 標么時，可得

$$\begin{bmatrix} V_1 \\ V_2 \\ V_3 \\ V_4 \\ \hline 0 \end{bmatrix} = \begin{bmatrix} & & & & j0.6193 \\ & & \mathbf{Z}_{\text{orig}} & & j0.6258 \\ & & & & j0.5660 \\ & & & & j0.6840 \\ \hline j0.6193 & j0.6258 & j0.5660 & j0.6840 & -j4.3160 \end{bmatrix} \begin{bmatrix} I_1 \\ I_2 \\ I_3 \\ I_4 \\ \hline I_b \end{bmatrix}$$

藉由重複 $\mathbf{Z}_{\text{orig}}$ 的第 4 行第 4 列可求得第 5 列第 5 行的項次，即

$$Z_{44} + Z_b = j0.6840 - j5.0 = -j4.3160$$

然後，消除第 5 行第 5 列，可從 (6.61) 式求得 $\mathbf{Z}_{\text{bus(new)}}$：

$$Z_{11(\text{new})} = j0.7187 - \frac{j0.6193 \times j0.6193}{-j4.3160} = j0.8076$$

$$Z_{24(\text{new})} = j0.6258 - \frac{j0.6258 \times j0.6258}{-j4.3160} = j0.7250$$

其他元素依此類似方式可求得

$$Z_{\text{bus(new)}} = \begin{bmatrix} j0.8076 & j0.7586 & j0.7119 & j0.7175 \\ j0.7586 & j0.7952 & j0.7063 & j0.7250 \\ j0.7119 & j0.7063 & j0.7582 & j0.6557 \\ j0.7175 & j0.7250 & j0.6557 & j0.7924 \end{bmatrix}$$

電流的行矩陣乘以新 Z_{bus}，可獲得與例題 6.1 相同的新匯流排電壓。因為 I_1 與 I_2 皆為零，而 I_3 與 I_4 不為零，可得

$$V_4 = j0.6557(1.00\angle -90°) + j0.7924(0.68\angle -135°)$$
$$= 1.0367 - j0.3810$$
$$= 1.1045\angle -20.1803°$$

此結果與例題 6.5 相同。

有趣的是，注意到 V_4，可以將 (6.55) 式方程式中的節點 j 設為等於參考節點而直接算出。針對 $k=4$ 與 $Z_{\text{th}}=Z_{44}$，可得

$$V_4 = Z_b \frac{V_4^0}{Z_{\text{th}} + Z_b} = -j5.0 I_{\text{cap}}$$

$$= 1.1045\angle -20.1803° \text{ 標么}$$

其中 I_{cap} 已在例題 6.4 中求得。

例題 6.6 的 MATLAB 程式 (ex6_6.m)

```
% M_File for Example 6.6: ex6_6.m
clc
clear all
% Input values
I=-0.22056;   Iangle=69.2534;
Icp=I*cosd(Iangle)+j*I*sind(Iangle);   %Convert degree to radian
disp('Obtain admittance matrix and Ibus from Example 6.1')
Ibus=[0;0;-j*1;0.68*(cosd(-135)+j*sind(-135))]
Ybus=[-j*14.5  j*8.0    j*4.0   j*2.5;
      j*8.0   -j*17.0   j*4.0   j*5.0;
      j*4.0    j*4.0   -j*8.8   0.0;
      j*2.5    j*5.0    0.0   -j*8.3]
Zb=-j*5.0;
Zbus=inv(Ybus);
Vbus=Zbus*Ibus;
% Solution
```

```
Z44plusZb=Zbus(4,4)+Zb;
for i=1:1:4
    for k=1:1:4
        Znew(i,k)=Zbus(i,k)-Zbus(i,4)*Zbus(4,k)/Z44plusZb;
    end
end
disp('Eliminating the fifth row and column, we obtain for Zbus(new)
from Eq. (6.61)')
Znew
V4=Znew(3,4)*Ibus(3,1)+Znew(4,4)*Ibus(4,1);
V4_mag=abs(V4);  V4_ang=angle(V4)*180/pi; %rad->degree
disp([' V4 = Znew(3,4)*Ibus(3,1)+Znew(4,4)*Ibus(4,1) = ',num-
2str(V4_mag),'∠',num2str(V4_ang),' V'])
disp(['Since both I1 and I2 are zero while I3 and I4 are nonzero,
we obtain ','V4=',num2str(V4_mag),'∠',num2str(V4_ang),' V']);
% other way
V4_other_way=Zb*Vbus(4,1)/(Zbus(4,4)+Zb);
V4_other_way_mag=abs(V4);
V4_other_way_ang=angle(V4)*180/pi;    %rad->degree
```

6.6 直接求解匯流排阻抗矩陣

可以藉由先求出 $\mathbf{Y}_{bus}$，再將其反矩陣而決定出 $\mathbf{Z}_{bus}$，但是這對於我們所看過的大型系統並不方便。幸好我們可以利用一種直接建立的方式來獲得 $\mathbf{Z}_{bus}$ 的公式，這對於電腦是一種直接了當的程序。

在一開始，我們要有分路阻抗的列表，用來顯示與它們連接的匯流排。我們從列出一匯流排經分路阻抗 Z_a 連接至參考匯流排的方程式開始，如

$$[V_1] = ①[Z_a][I_1] \tag{6.72}$$

這可以被視為包含三個矩陣的方程式，其中每一個矩陣均為一列一行。現在我們可以加入一個新的匯流排，並將其連接至第一個匯流排或參考節點。例如，如果第二個匯流排經由 Z_b 連接至參考節點，我們可得如下矩陣方程式

$$\begin{bmatrix} V_1 \\ V_2 \end{bmatrix} = \begin{matrix} ① \\ ② \end{matrix}\begin{bmatrix} Z_a & 0 \\ 0 & Z_b \end{bmatrix}\begin{bmatrix} I_1 \\ I_2 \end{bmatrix} \tag{6.73}$$

根據 6.5 節所描述的程序，並藉由增加其他匯流排及分路，持續修正已逐漸成形的 $\mathbf{Z}_{bus}$ 矩陣。這些程序的組合構成了 $\mathbf{Z}_{bus}$ 的建立方法 (building algorithm)。通常網路中的匯流排必須利用電腦演算法在內部予以重新編號，以符合它們加入並建立 Z_{bus} 的順序。

例題 6.7

試求圖 6.15 中所顯示的網路 Z_{bus}，其中標示為 1 到 6 的阻抗皆以標么值來顯示。保留所有匯流排。

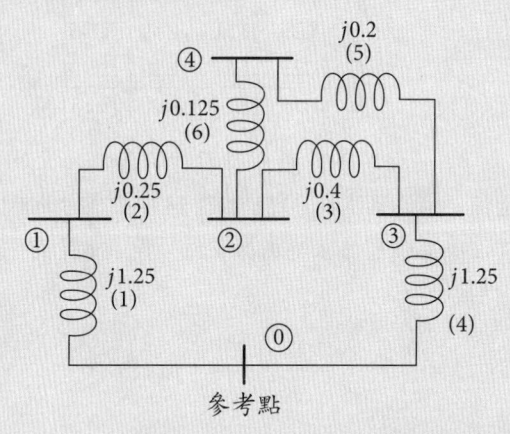

圖 6.15 例題 6.7 及 6.8 的網路。分支阻抗均為標么值且括弧內為分支編號

解： 分支以它們的標示順序加入，且 Z_{bus} 的下標編號表示其求解中間的步驟。我們從建立匯流排①開始，其阻抗連接至參考節點，並列出

$$[V_1] = ① [j1.25][I_1]$$

因此可得到一個 1×1 的匯流排阻抗矩陣

$$Z_{bus,1} = ① [j1.25]$$

建立匯流排②，且經阻抗連接至匯流排①，依據 (6.60) 式可列出

$$\mathbf{Z}_{bus,2} = \begin{matrix} ① \\ ② \end{matrix} \begin{bmatrix} j1.25 & j1.25 \\ j1.25 & j1.50 \end{bmatrix}$$

上面 $j1.50$ 項是 $j1.25$ 與 $j0.25$ 之和。在新列與新行的 $j1.25$ 元素，為欲修正矩陣的第 1 列第 1 行元素的重複。

匯流排③經阻抗連接至匯流排②，可以列出

$$\mathbf{Z}_{bus,3} = \begin{matrix} ① \\ ② \\ ③ \end{matrix} \begin{bmatrix} j1.25 & j1.25 & j1.25 \\ j1.25 & j1.50 & j1.50 \\ j1.25 & j1.50 & j1.90 \end{bmatrix}$$

因為新匯流排 ③ 是連接到匯流排 ②，上面的 $j1.90$ 項是要修正矩陣的 Z_{22} 與從匯流排 ③ 連接至匯流排 ② 的分支阻抗 Z_b 之和。新列與新行的其他元素為要修正矩陣第 2 列第 2 行之重複，因為新匯流排連接至匯流排 ②。

如果我們現在決定從匯流排 ③ 增加阻抗 $Z_b = j1.25$ 至參考節點，我們根據 (6.60) 式經 Z_b 連接新匯流排 ⓟ，可獲得阻抗矩陣為

$$Z_{bus,4} = \begin{array}{c} ① \\ ② \\ ③ \\ ④ \end{array} \begin{bmatrix} j1.25 & j1.25 & j1.25 & j1.25 \\ j1.25 & j1.50 & j1.50 & j1.25 \\ j1.25 & j1.50 & j1.90 & j1.90 \\ j1.25 & j1.50 & j1.90 & j3.15 \end{bmatrix}$$

其中上面的 $j3.15$ 是 $Z_{33} + Z_b$ 的和。新列與新行的其他元素為要修正的矩陣之第 3 列第 3 行的重複，因為匯流排 ③ 經由 Z_b 連接至參考節點。

現在利用克農消去法消除第 p 列與第 p 行。從 (6.61) 式，新矩陣的某些元素為

$$Z_{11(new)} = j1.25 - \frac{j1.25(j1.25)}{j3.15} = j0.75397$$

$$Z_{22(new)} = j1.50 - \frac{j1.50(j1.50)}{j3.15} = j0.78571$$

$$Z_{23(new)} = Z_{32(new)} = j1.50 - \frac{j1.50(j1.90)}{j3.15} = j0.59524$$

當決定出所有元素後，可得

$$Z_{bus,5} = \begin{array}{c} ① \\ ② \\ ③ \end{array} \begin{bmatrix} j0.75397 & j0.65476 & j0.49603 \\ j0.65476 & j0.78571 & j0.59524 \\ j0.49603 & j0.59524 & j0.75397 \end{bmatrix}$$

現在決定從匯流排 ③ 加入阻抗 $Z_b = j0.20$，利用 (6.60) 式來建立匯流排 ④，可得

$$Z_{bus,6} = \begin{array}{c} ① \\ ② \\ ③ \\ ④ \end{array} \begin{bmatrix} j0.75397 & j0.65476 & j0.49603 & j0.49603 \\ j0.65476 & j0.78571 & j0.59524 & j0.59524 \\ j0.49603 & j0.59524 & j0.75397 & j0.75397 \\ j0.49603 & j0.59524 & j0.75397 & j0.95397 \end{bmatrix}$$

新列與新行的非對角線元素是要修正的矩陣第 3 列第 3 行的重複，因為新匯流排 ④ 是連接至匯流排 ③。新對角線元素為先前矩陣的 Z_{33} 與 $Z_b = j0.20$ 之和。

最後我們在匯流排 ② 與 ④ 之間加入阻抗 $Z_b = j0.125$。如果令 (6.69) 式中

的 j 與 k 分別等於 2 與 4，則可求得第 5 列與第 5 行的元素：

$$Z_{15} = Z_{12} - Z_{14} = j0.65476 - j0.49603 = j0.15873$$

$$Z_{25} = Z_{22} - Z_{24} = j0.78571 - j0.59524 = j0.19047$$

$$Z_{35} = Z_{32} - Z_{34} = j0.59524 - j0.75397 = -j0.15873$$

$$Z_{45} = Z_{42} - Z_{44} = j0.59524 - j0.95397 = -j0.35873$$

從 (6.70) 式

$$\begin{aligned} Z_{55} &= Z_{22} + Z_{44} - 2Z_{24} + Z_b \\ &= j[0.78571 + 0.95397 - 2(0.59524)] + j0.125 = j0.67421 \end{aligned}$$

所以，利用先前所求得的 $\mathbf{Z}_{bus,6}$，我們可列出 5×5 的矩陣：

$$\begin{array}{c|c} & ⑨ \\ \hline & \begin{matrix} j0.15873 \\ j0.19047 \\ -j0.15873 \\ -j0.35873 \end{matrix} \\ \mathbf{Z}_{bus,6} & \\ \hline ⑨ \quad j0.15873 \quad j0.19047 \quad -j0.15873 \quad -j0.35873 & j0.67421 \end{array}$$

從 (6.71) 式我們可以利用克農消去法求得：

$$\mathbf{Z}_{bus} = \begin{array}{c} \\ ① \\ ② \\ ③ \\ ④ \end{array} \begin{matrix} ① & ② & ③ & ④ \end{matrix} \\ \begin{bmatrix} j0.71660 & j0.60992 & j0.53340 & j0.58049 \\ j0.60992 & j0.73190 & j0.64008 & j0.69659 \\ j0.53340 & j0.64008 & j0.71660 & j0.66951 \\ j0.58049 & j0.69659 & j0.66951 & j0.76310 \end{bmatrix}$$

上式為要求解的匯流排阻抗矩陣。所有的計算已經取至小數點第 5 位，並四捨五入。

我們會再次參考這些結果，請注意圖 6.15 的電抗圖乃是源自於圖 6.6。同樣地，圖 6.6 中的匯流排在圖 6.15 中已重新編號，這是因為 $\mathbf{Z}_{bus}$ 的建立方法必須從與參考節點連接的匯流排開始。

$\mathbf{Z}_{bus}$ 的建立程序對於電腦來說是很簡單的，首先必須確定修正的類型，包含增加的每一個分支阻抗。然而，為避免阻抗連接在兩個新的匯流排之間，修正時必須依據一定的程序。

值得注意的是，我們可以利用 6.3 節的網路計算式來檢查 $\mathbf{Z}_{bus}$ 的阻抗值。

例題 6.8

當例題 6.7 中匯流排②、③與④的注入電流為零時,利用匯流排①與參考節點之間所測得的阻抗來求解 Z_{11}。

解: 相對應於 (6.39) 式的方程式為

$$Z_{11} = \left.\frac{V_1}{I_1}\right|_{I_2=I_3=I_4=0}$$

我們已知圖 6.15 電路中介於匯流排②與③之間的兩條並聯路徑,所產生之阻抗為

$$\frac{(j0.125+j0.20)(j0.40)}{j(0.125+0.20+0.40)} = j0.17931$$

此阻抗與 $(j0.25 + j1.25)$ 串聯,再與阻抗 $j1.25$ 並聯,則產生:

$$Z_{11} = \frac{j1.25(j0.25+j1.25+j0.17931)}{j(1.25+0.25+1.25+0.17931)} = j0.71660$$

此值與例題 6.7 所求得的值相同。

例題 6.8 的網路降階可能比其他構成 Z_{bus} 的方法要簡單許多,然而並非如此,因為不同的網路降階需求出矩陣中的每一個元素。例如,在例題 6.8 中,求解 Z_{44} 的網路降階比求 Z_{11} 要困難得多。電腦利用節點消去使網路降階,但是針對每一節點都必須重複此程序。

6.7 藉由三角分解從 Y_{bus} 計算 Z_{bus} 元素

在實際研究一個已知的大規模電力系統時,可以用兩個矩陣 **L** 與 **U** 的乘積來表示 Y_{bus},其中矩陣 **L** 與 **U** 稱為 Y_{bus} 的下三角因子 (lower-triangular factor) 及上三角因子 (upper-triangular factor),因為其分別位於主對角線上方及下方的元素均為零。這兩個矩陣有相當便利的特性,其乘積等於 Y_{bus}。因此,可以列出

$$\mathbf{Y}_{bus} = \mathbf{LU} \tag{6.74}$$

從 Y_{bus} 推展出這兩個三角矩陣 **L** 與 **U** 的過程被稱為三角分解 (triangular factorization),因為 Y_{bus} 被分解成 **LU** 的乘積。稱為克勞得方法 (Crout's method) 的程序通常用來執行 Y_{bus} 的三角分解,考慮具有四個匯流排的系統

$$\begin{matrix} & \begin{matrix}①&②&③&④\end{matrix} & & & \\ \begin{matrix}①\\②\\③\\④\end{matrix} & \begin{bmatrix} Y_{11} & Y_{12} & Y_{13} & Y_{14} \\ Y_{21} & Y_{22} & Y_{23} & Y_{24} \\ Y_{31} & Y_{32} & Y_{33} & Y_{34} \\ Y_{41} & Y_{42} & Y_{43} & Y_{44} \end{bmatrix} & = & \begin{bmatrix} l_{11} & 0 & 0 & 0 \\ l_{21} & l_{22} & 0 & 0 \\ l_{31} & l_{32} & l_{33} & 0 \\ l_{41} & l_{42} & l_{43} & l_{44} \end{bmatrix} & \begin{bmatrix} 1 & u_{12} & u_{13} & u_{14} \\ 0 & 1 & u_{23} & u_{24} \\ 0 & 0 & 1 & u_{34} \\ 0 & 0 & 0 & 1 \end{bmatrix} \end{matrix} \quad (6.75)$$

求解 **L** 與 **U** 的元素，並滿足 $Y_{11}=l_{11}$、$Y_{12}=u_{12}l_{11}$、$Y_{13}=u_{13}l_{11}$、$Y_{14}=u_{14}l_{11}$ 等等，是很簡單的。因此，在 **L** 與 **U** 的每一個元素可以表示成

$$\begin{cases} l_{mn} = Y_{mn} - \sum_{p<n} l_{mp}u_{pn}, & m \geq n, \\ u_{mn} = (Y_{mn} - \sum_{p<m} l_{mp}u_{pn})/l_{mm}, & m < n, \end{cases} \quad m, n = 1, 2, 3, 4. \quad (6.76)$$

藉由觀察 (6.76) 式，$\mathbf{Y}_{bus}$ 的三角分解可以極為容易地擴展至一個較大匯流排數量的系統。

如果 $\mathbf{Y}_{bus}$ 的上與下三角因子存在，且當 $\mathbf{Z}_{bus}$ 的全數值型式 (full numerical form) 在應用時並非明確需要時，若有需求，我們可以毫無困難地計算出 $\mathbf{Z}_{bus}$ 之元素。為了了解此程序是如何執行，考慮藉由在第 m 列只有一個非零元素 $1_m=1$，而其他元素均為零的向量，自右邊乘以 $\mathbf{Z}_{bus}$。當 $\mathbf{Z}_{bus}$ 為一 $N \times N$ 矩陣時，可得

$$\underbrace{\begin{matrix} & \begin{matrix}①&②&\cdots&\text{\scriptsize{ⓜ}}&\cdots&\text{\scriptsize{Ⓝ}}\end{matrix} & & & \\ \begin{matrix}①\\②\\\vdots\\\text{\scriptsize{ⓜ}}\\\vdots\\\text{\scriptsize{Ⓝ}}\end{matrix} & \begin{bmatrix} Z_{11} & Z_{12} & \cdots & Z_{1m} & \cdots & Z_{1N} \\ Z_{21} & Z_{22} & \cdots & Z_{2m} & \cdots & Z_{2N} \\ \vdots & \vdots & \ddots & \vdots & \ddots & \vdots \\ Z_{m1} & Z_{m2} & \cdots & Z_{mm} & \cdots & Z_{mN} \\ \vdots & \vdots & \ddots & \vdots & \ddots & \vdots \\ Z_{N1} & Z_{N2} & \cdots & Z_{Nm} & \cdots & Z_{NN} \end{bmatrix} \end{matrix}}_{\mathbf{Z}_{bus}} \begin{bmatrix} 0 \\ 0 \\ \vdots \\ 1_m \\ \vdots \\ 0 \end{bmatrix} = \underbrace{\begin{matrix}①\\②\\\\\text{\scriptsize{ⓜ}}\\\\\text{\scriptsize{Ⓝ}}\end{matrix} \begin{bmatrix} Z_{1m} \\ Z_{2m} \\ \vdots \\ Z_{mm} \\ \vdots \\ Z_{Nm} \end{bmatrix}}_{\mathbf{Z}_{bus}^{(m)}} \quad (6.77)$$

因此，藉由向量自右邊乘以 $\mathbf{Z}_{bus}$ 抽出第 m 行，稱之為向量 $\mathbf{Z}_{bus}^{(m)}$；也就是

$$\mathbf{Z}_{bus}^{(m)} \triangleq \begin{bmatrix} \mathbf{Z}_{bus} \text{ 的} \\ \text{第 } m \text{ 行} \end{bmatrix} = \begin{matrix}①\\②\\\\\text{\scriptsize{ⓜ}}\\\\\text{\scriptsize{Ⓝ}}\end{matrix} \begin{bmatrix} Z_{1m} \\ Z_{2m} \\ \vdots \\ Z_{mm} \\ \vdots \\ Z_{Nm} \end{bmatrix}$$

因為 $\mathbf{Y}_{bus}$ 與 $\mathbf{Z}_{bus}$ 之積等於單位矩陣,可得

$$\mathbf{Y}_{bus}\mathbf{Z}_{bus}\begin{bmatrix} 0 \\ 0 \\ \vdots \\ 1_m \\ \vdots \\ 0 \end{bmatrix} = \mathbf{Y}_{bus}\mathbf{Z}_{bus}^{(m)} = \begin{bmatrix} 0 \\ 0 \\ \vdots \\ 1_m \\ \vdots \\ 0 \end{bmatrix} \tag{6.78}$$

如果 $\mathbf{Y}_{bus}$ 的下三角形矩陣 $\mathbf{L}$ 與上三角形矩陣 $\mathbf{U}$ 存在時,我們可以將 (6.78) 式寫成下列型式

$$\mathbf{LUZ}_{bus}^{(m)} = \begin{bmatrix} 0 \\ 0 \\ \vdots \\ 1_m \\ \vdots \\ 0 \end{bmatrix} \tag{6.79}$$

很明顯地,行向量 $\mathbf{Z}_{bus}^{(m)}$ 中的元素可以從 (6.79) 式獲得。如果只需要 $\mathbf{Z}_{bus}^{(m)}$ 中某一些元素時,則計算量可以依此減少。例如,假設我們希望針對一組四個匯流排系統產生 $\mathbf{Z}_{bus}$ 中的 Z_{33} 與 Z_{43}。針對 $\mathbf{L}$ 與 $\mathbf{U}$ 的元素利用傳統符號,可得

$$\begin{bmatrix} l_{11} & \cdot & \cdot & \cdot \\ l_{21} & l_{22} & \cdot & \cdot \\ l_{31} & l_{32} & l_{33} & \cdot \\ l_{41} & l_{42} & l_{43} & l_{44} \end{bmatrix} \begin{bmatrix} 1 & u_{12} & u_{13} & u_{14} \\ \cdot & 1 & u_{23} & u_{24} \\ \cdot & \cdot & 1 & u_{34} \\ \cdot & \cdot & \cdot & 1 \end{bmatrix} \underbrace{\begin{bmatrix} Z_{13} \\ Z_{23} \\ Z_{33} \\ Z_{43} \end{bmatrix}}_{\mathbf{Z}_{bus}^{(3)}} = \begin{bmatrix} 0 \\ 0 \\ 1 \\ 0 \end{bmatrix} \tag{6.80}$$

針對 $\mathbf{Z}_{bus}^{(m)}$,我們可以用下列兩個步驟來解方程式:

$$\begin{bmatrix} l_{11} & \cdot & \cdot & \cdot \\ l_{21} & l_{22} & \cdot & \cdot \\ l_{31} & l_{32} & l_{33} & \cdot \\ l_{41} & l_{42} & l_{43} & l_{44} \end{bmatrix} \begin{bmatrix} x_1 \\ x_2 \\ x_3 \\ x_4 \end{bmatrix} = \begin{bmatrix} 0 \\ 0 \\ 1 \\ 0 \end{bmatrix} \tag{6.81}$$

其中

$$\begin{bmatrix} 1 & u_{12} & u_{13} & u_{14} \\ \cdot & 1 & u_{23} & u_{24} \\ \cdot & \cdot & 1 & u_{34} \\ \cdot & \cdot & \cdot & 1 \end{bmatrix} \underbrace{\begin{bmatrix} Z_{13} \\ Z_{23} \\ Z_{33} \\ Z_{43} \end{bmatrix}}_{\mathbf{Z}_{bus}^{(3)}} = \begin{bmatrix} x_1 \\ x_2 \\ x_3 \\ x_4 \end{bmatrix} \tag{6.82}$$

藉由前向代換，(6.81) 式立即產生

$$x_1 = 0 \quad x_2 = 0 \quad x_3 = \frac{1}{l_{33}} \quad x_4 = -\frac{l_{43}}{l_{44}l_{33}}$$

而藉由這些 (6.82) 式中間結果的逆向代換，可求得所需的 $\mathbf{Z}_{bus}$ 第 3 行元素

$$Z_{43} = x_4$$

$$Z_{33} = x_3 - u_{34}Z_{43}$$

如果需要 $\mathbf{Z}_{bus}^{(3)}$ 的所有元素，可以繼續此計算

$$Z_{23} = x_2 - u_{23}Z_{33} - u_{24}Z_{43}$$

$$Z_{13} = x_1 - u_{12}Z_{23} - u_{13}Z_{33} - u_{14}Z_{43}$$

產生所需要元素的計算工作，可以藉由審慎地選擇匯流排編號來減輕負擔。

在後面的章節裡，我們會發現需求解像 $(Z_{im}-Z_{in})$ 的項目，其包含 $\mathbf{Z}_{bus}$ 第 ⓜ 與第 ⓝ 行間之差值。$\mathbf{Z}_{bus}$ 的元素未顯著存在時，我們可以藉由求解像下面方程式的系統，來計算所需的差值：

$$\mathbf{LUZ}_{bus}^{(m-n)} = \begin{vmatrix} 0 \\ \vdots \\ 1_m \\ \vdots \\ -1_n \\ \vdots \\ 0 \end{vmatrix} \qquad (6.83)$$

其中 $\mathbf{Z}_{bus}^{(m-n)}=\mathbf{Z}_{bus}^{(m)}-\mathbf{Z}_{bus}^{(n)}$ 是 $\mathbf{Z}_{bus}$ 之第 m 行減去第 n 行而形成的向量，且如上所示的向量，第 m 列中 $1_m=1$ 與第 n 列中 $-1_n=-1$。

藉由 (6.83) 式的三角型式來求解方程式，則大規模系統的計算在不用完全展開 $\mathbf{Z}_{bus}$ 的情況下，可實現其可觀的計算效率。此種計算上之考量，構成本書中許多以 $\mathbf{Z}_{bu}$ 為基礎之正規推導。

例題 6.9

圖 6.6 中所顯示的五個匯流排系統，其標么阻抗如標示。系統已知的對稱匯流排導納矩陣為

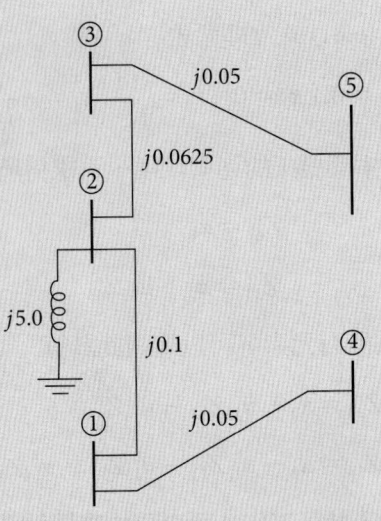

圖 6.16 例題 6.9 的電抗圖，所有數值均為標么阻抗

$$\mathbf{Y}_{bus} = \begin{array}{c} ① \\ ② \\ ③ \\ ④ \\ ⑤ \end{array} \begin{bmatrix} -j30.0 & j10.0 & 0 & j20.0 & 0 \\ j10.0 & -j26.2 & j16.0 & 0 & 0 \\ 0 & j16.0 & -j36.0 & 0 & j20.0 \\ j20.0 & 0 & 0 & -j20.0 & 0 \\ 0 & 0 & j20.0 & 0 & -j20.0 \end{bmatrix}$$

且 $\mathbf{Y}_{bus}$ 的三角因子為

$$\mathbf{L} = \begin{bmatrix} -j30.0 & \cdot & \cdot & \cdot & \cdot \\ j10.0 & -j22.866667 & \cdot & \cdot & \cdot \\ 0 & j16.000000 & -j24.804666 & \cdot & \cdot \\ j20.0 & j6.666667 & j4.664723 & -j3.845793 & \cdot \\ 0 & 0 & j20.000000 & j3.761164 & -j0.195604 \end{bmatrix}$$

$$\mathbf{U} = \begin{bmatrix} 1 & -0.333333 & 0 & -0.666667 & 0 \\ \cdot & 1 & -0.699708 & -0.291545 & 0 \\ \cdot & \cdot & 1 & -0.188058 & -0.806300 \\ \cdot & \cdot & \cdot & 1 & -0.977995 \\ \cdot & \cdot & \cdot & \cdot & 1 \end{bmatrix}$$

採用三角因子計算圖 6.16 的匯流排 ④ 與 ⑤ 之間看入系統的戴維寧阻抗 $Z_{th,45} = (Z_{44} - Z_{45}) - (Z_{54} - Z_{55})$。

解：因為 Y_{bus} 具對稱性，讀者應檢查 U 矩陣的列元素等於 L 矩陣的行元素除以它們相對應的對角線元素。l 表示的元素代表 L 矩陣的數值，系統方程式的前進解為

$$\begin{bmatrix} l_{11} & \cdot & \cdot & \cdot & \cdot \\ l_{21} & l_{22} & \cdot & \cdot & \cdot \\ l_{31} & l_{32} & l_{33} & \cdot & \cdot \\ l_{41} & l_{42} & l_{43} & l_{44} & \cdot \\ l_{51} & l_{52} & l_{53} & l_{54} & l_{55} \end{bmatrix} \begin{bmatrix} x_1 \\ x_2 \\ x_3 \\ x_4 \\ x_5 \end{bmatrix} = \begin{bmatrix} 0 \\ 0 \\ 0 \\ 1 \\ -1 \end{bmatrix}$$

所產生的中間數值為

$$x_1 = x_2 = x_3 = 0$$

$$x_4 = l_{44}^{-1} = (-j3.845793)^{-1} = j0.260024$$

$$x_5 = \frac{-1 - l_{54}x_4}{l_{55}} = \frac{-1 - j3.761164 \times j0.260024}{-j0.195604} = -j0.112500$$

以後退替換處理方程式

$$\begin{bmatrix} 1 & u_{12} & u_{13} & u_{14} & u_{15} \\ \cdot & 1 & u_{23} & u_{24} & u_{25} \\ \cdot & \cdot & 1 & u_{34} & u_{35} \\ \cdot & \cdot & \cdot & 1 & u_{45} \\ \cdot & \cdot & \cdot & \cdot & 1 \end{bmatrix} [\mathbf{Z}_{bus}^{(4-5)}] = \begin{bmatrix} 0 \\ 0 \\ 0 \\ j0.260024 \\ -j0.112500 \end{bmatrix}$$

其中 u 表示的元素代表 U 的數值，我們從最後兩列中發現

$$Z_{54} - Z_{55} = -j0.1125 \text{ per unit}$$

$$Z_{44} - Z_{45} = j0.260024 - u_{45}(Z_{54} - Z_{55}) = j0.260024 - (-0.977995)(-j0.1125)$$

$$= j0.1500 \text{ 標么}$$

因此，所要的戴維寧阻抗計算如下：

$$Z_{th,45} = (Z_{44} - Z_{45}) - (Z_{54} - Z_{55}) = j0.1500 - (-j0.1125) = j0.2625 \text{ 標么}$$

檢視圖 6.18 可驗證此結果。

6.8 功率不變轉換

網路中的複數功率是有數值的實際量，不能因我們改變網路的表示方式而輕易地改變。例如，網路的電流與電壓可以選擇為分路的量或匯流排的量。不論選擇兩者中的任何一個量來計算，我們期望網路分支的功率應

電力系統分析

該相等。維持功率的一種網路變數轉換稱作功率不變轉換 (power invariant transformation)。針對這種包含匯流排阻抗矩陣的一般關係必須被滿足，我們現在先將其建立起來，以便之後的章節使用。

令 **V** 與 **I** 分別描述網路中一組匯流排的電壓與電流。與這些變數相關聯的複數功率為一計量，可表示成

$$S_L = V_1 I_1^* + V_2 I_2^* + \cdots V_N I_N^* \tag{6.84}$$

或者以矩陣型式

$$S_L = [V_1\ V_2\ \cdots\ V_N] \begin{bmatrix} I_1^* \\ I_2^* \\ \vdots \\ I_N^* \end{bmatrix} = \mathbf{V}^T \mathbf{I}^* \tag{6.85}$$

假設我們利用轉換矩陣 **C**，將匯流排電流 **I** 轉換成一組新的匯流排電流 **I**$_{new}$，如

$$\mathbf{I} = \mathbf{C}\mathbf{I}_{new} \tag{6.86}$$

如我們將在下面看到的，這種轉換發生在當網路之參考節點改變及需計算稱作 **Z**$_{bus(new)}$ 的新匯流排阻抗矩陣時。匯流排電壓以現有及新的變數表示成

$$\mathbf{V} = \mathbf{Z}_{bus}\mathbf{I} \quad \text{及} \quad \mathbf{V}_{new} = \mathbf{Z}_{bus(new)}\mathbf{I}_{new} \tag{6.87}$$

我們現在尋求建立條件，以滿足 **V**$_{new}$ 與 **Z**$_{bus(new)}$，以致於當電流依據 (6.86) 式改變時，功率仍維持不變。

將 (6.87) 式中的 **V** 代入 (6.85) 式，可得

$$S_L = (\mathbf{Z}_{bus}\mathbf{I})^T \mathbf{I}^* = \mathbf{I}^T \mathbf{Z}_{bus} \mathbf{I}^* \tag{6.88}$$

其中 **Z**$_{bus}$ 為對稱的。我們把 (6.86) 式的 **I** 代入 (6.88) 式，可得

$$S_L = (\mathbf{C}\mathbf{I}_{new})^T \mathbf{Z}_{bus} (\mathbf{C}\mathbf{I}_{new})^* \tag{6.89}$$

從上式可得

$$S_L = \mathbf{I}_{new}^T \underbrace{\mathbf{C}^T \mathbf{Z}_{bus} \mathbf{C}^*}_{\mathbf{Z}_{bus(new)}} \mathbf{I}_{new}^* = \mathbf{I}_{new}^T \mathbf{Z}_{bus(new)} \mathbf{I}_{new}^* \tag{6.90}$$

比較 (6.88) 式與 (6.90) 式，我們了解到複數功率不因新變數而變化，新匯流排阻抗矩陣依下列關係計算

$$\mathbf{Z}_{bus(new)} = \mathbf{C}^T \mathbf{Z}_{bus} \mathbf{C}^* \qquad (6.91)$$

此為建構新匯流排阻抗矩陣的基本結果。從 (6.87) 式與 (6.90) 式，我們發現

$$S_L = \mathbf{I}_{new}^T \mathbf{Z}_{bus(new)} \mathbf{I}_{new}^* = \mathbf{V}_{new}^T \mathbf{I}_{new}^* \qquad (6.92)$$

根據 (6.85) 式可得

$$S_L = \mathbf{V}^T \mathbf{C}^* \mathbf{I}_{new}^* = (\mathbf{C}^{*T} \mathbf{V})^T \mathbf{I}_{new}^* \qquad (6.93)$$

我們可以從 (6.92) 式與 (6.93) 式做一結論，新電壓變數 $\mathbf{V}_{new}$ 必須和現存電壓變數 $\mathbf{V}$ 有關，其基本關係為

$$\mathbf{V}_{new} = \mathbf{C}^{*T} \mathbf{V} \qquad (6.94)$$

許多的轉換，特別是那些包含網路連接的矩陣，所有 $\mathbf{C}$ 裡的元素皆為實數，且在這種情形下，我們會去掉 $\mathbf{C}^*$ 共軛複數的上標。

(6.84) 式為所有流進及流出網路匯流排的有效功率與無效功率之淨總和。因此，S_L 可表示系統複數功率的損失，且為一個具實數與虛數部分的相量，如 (6.90) 式為

$$S_L = P_L + jQ_L = \mathbf{I}_{new}^T \mathbf{C}^T \mathbf{Z}_{bus} \mathbf{C}^* \mathbf{I}_{new}^* \qquad (6.95)$$

(6.95) 式的轉置共軛複數為

$$S_L^* = P_L - jQ_L = \mathbf{I}_{new}^T \mathbf{C}^T \mathbf{Z}_{bus}^{T*} \mathbf{C}^* \mathbf{I}_{new}^* \qquad (6.96)$$

將 (6.95) 式與 (6.96) 式相加起來，並解 P_L 值，可得

$$P_L = \mathbf{I}_{new}^T \mathbf{C}^T \left[\frac{\mathbf{Z}_{bus} + \mathbf{Z}_{bus}^{T*}}{2} \right] \mathbf{C}^* \mathbf{I}_{new}^* \qquad (6.97)$$

當 $\mathbf{Z}_{bus}$ 為對稱時，且 $\mathbf{Z}_{bus}$ 幾乎都是對稱的，可以寫成

$$\mathbf{Z}_{bus} = \mathbf{R}_{bus} + j\mathbf{X}_{bus} \qquad (6.98)$$

其中 $\mathbf{R}_{bus}$ 與 $\mathbf{X}_{bus}$ 兩個矩陣都是對稱的。我們注意到 $\mathbf{R}_{bus}$ 及 $\mathbf{X}_{bus}$ 在 $\mathbf{Z}_{bus}$ 針對網路建構完成後，經由檢視便可得到。將 (6.98) 式代入 (6.97) 式中，並取消 $\mathbf{Z}_{bus}$ 的電抗部分，可得

$$P_L = \mathbf{I}_{new}^T \mathbf{C}^T \mathbf{R}_{bus} \mathbf{C}^* \mathbf{I}_{new}^* \qquad (6.99)$$

因為 $\mathbf{Z}_{bus}$ 只包含電阻部分，所以上式中 P_L 的數值計算可以簡化。

圖 6.17 改變 Z_{bus} 的參考

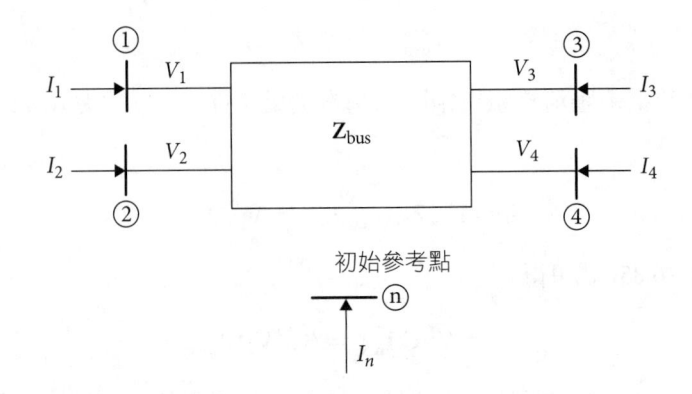

當參考節點針對系統的 Z_{bus} 表示改變時，(6.91) 式與 (6.94) 式的重要應用就會派上用場。當然，我們可以再次利用 6.6 節的建構方法，以新的參考節點開始，來建立全新的 Z_{bus}。然而，這將會是沒有效率的計算，我們現在要展示如何去修正現有的 Z_{bus}，來說明參考節點的改變。為了說明起見，考慮圖 6.17 針對五個節點系統，已經建構完成的 Z_{bus}，此程序是基於節點 ⓝ 為參考點。

標準匯流排方程式寫成

$$\begin{bmatrix} V_1 \\ V_2 \\ V_3 \\ V_4 \end{bmatrix} = \begin{array}{c} ① \\ ② \\ ③ \\ ④ \end{array} \begin{bmatrix} Z_{11} & Z_{12} & Z_{13} & Z_{14} \\ Z_{21} & Z_{22} & Z_{23} & Z_{24} \\ Z_{31} & Z_{32} & Z_{33} & Z_{34} \\ Z_{41} & Z_{42} & Z_{43} & Z_{44} \end{bmatrix} \begin{bmatrix} I_1 \\ I_2 \\ I_3 \\ I_4 \end{bmatrix} \quad (6.100)$$

其中匯流排電壓 V_1、V_2、V_3 與 V_4 是以節點 ⓝ 為參考所測量而得，且注入電流 I_1、I_2、I_3 與 I_4 彼此獨立。針對圖 6.17，利用克希荷夫電流定律可表示成

$$I_n + I_1 + I_2 + I_3 + I_4 = 0 \quad (6.101)$$

例如，如果我們現在把參考節點從節點 ⓝ 改為節點 4，則 I_4 將不再是獨立的，因為它可以用其他四個節點電流來表示。即

$$I_4 = -I_1 - I_2 - I_3 - I_n \quad (6.102)$$

從 (6.102) 式，新的獨立電流向量 $\mathbf{I}_{new}$ 與舊向量 $\mathbf{I}$ 有關，為

$$\underbrace{\begin{bmatrix} I_1 \\ I_2 \\ I_3 \\ I_4 \end{bmatrix}}_{\mathbf{I}} = \underbrace{\begin{bmatrix} 1 & 0 & 0 & 0 \\ 0 & 1 & 0 & 0 \\ 0 & 0 & 1 & 0 \\ -1 & -1 & -1 & -1 \end{bmatrix}}_{\mathbf{C}} \underbrace{\begin{bmatrix} I_1 \\ I_2 \\ I_3 \\ I_n \end{bmatrix}}_{\mathbf{I}_{new}} \quad (6.103)$$

(6.103) 式僅說明 I_1、I_2 與 I_3 保持和先前一樣，但 I_4 被出現在新電流向量 $\mathbf{I}_{\text{new}}$ 的獨立電流 $\mathbf{I}_n$ 所取代。在 (6.103) 式的轉換矩陣 $\mathbf{C}$ 中，所有元素均為實數，取代 (6.91) 式中的 $\mathbf{C}$ 與 $\mathbf{Z}_{\text{bus}}$，可得

$$\mathbf{Z}_{\text{bus(new)}} = \underbrace{\begin{bmatrix} 1 & 0 & 0 & -1 \\ 0 & 1 & 0 & -1 \\ 0 & 0 & 1 & -1 \\ 0 & 0 & 0 & -1 \end{bmatrix}}_{\mathbf{C}^T} \underbrace{\begin{bmatrix} Z_{11} & Z_{12} & Z_{13} & Z_{14} \\ Z_{21} & Z_{22} & Z_{23} & Z_{24} \\ Z_{31} & Z_{32} & Z_{33} & Z_{34} \\ Z_{41} & Z_{42} & Z_{43} & Z_{44} \end{bmatrix}}_{\mathbf{Z}_{\text{bus}}} \underbrace{\begin{bmatrix} 1 & 0 & 0 & 0 \\ 0 & 1 & 0 & 0 \\ 0 & 0 & 1 & 0 \\ -1 & -1 & -1 & -1 \end{bmatrix}}_{\mathbf{C}} \quad (6.104)$$

(6.104) 中的矩陣乘法，以下列兩個簡單步驟完成。首先，我們計算

$$\mathbf{C}^T \mathbf{Z}_{\text{bus}} = \begin{bmatrix} Z_{11} - Z_{41} & Z_{12} - Z_{42} & Z_{13} - Z_{43} & Z_{14} - Z_{44} \\ Z_{21} - Z_{41} & Z_{22} - Z_{42} & Z_{23} - Z_{43} & Z_{24} - Z_{44} \\ Z_{31} - Z_{41} & Z_{32} - Z_{42} & Z_{33} - Z_{43} & Z_{34} - Z_{44} \\ -Z_{41} & -Z_{42} & -Z_{43} & -Z_{44} \end{bmatrix} \quad (6.105)$$

為了方便起見，我們將上式寫成下列型式

$$\mathbf{C}^T \mathbf{Z}_{\text{bus}} = \begin{bmatrix} Z'_{11} & Z'_{12} & Z'_{13} & Z'_{14} \\ Z'_{21} & Z'_{22} & Z'_{23} & Z'_{24} \\ Z'_{31} & Z'_{32} & Z'_{33} & Z'_{34} \\ Z'_{41} & Z'_{42} & Z'_{43} & Z'_{44} \end{bmatrix} \quad (6.106)$$

從 (6.105) 式與 (6.106) 式，可以很明顯地看出，具有原始上標的元素是由 $\mathbf{Z}_{\text{bus}}$ 的其他每一列減去現存的第 4 列而得，並且改變現存第 4 列的符號。第二步驟是在 (6.106) 式的右邊乘以 $\mathbf{C}$，而求得

$$\mathbf{Z}_{\text{bus(new)}} = \mathbf{C}^T \mathbf{Z}_{\text{bus}} \mathbf{C}$$

$$= \begin{array}{c} \\ ① \\ ② \\ ③ \\ ⓝ \end{array} \begin{array}{cccc} ① & ② & ③ & ⓝ \\ \begin{bmatrix} Z'_{11} - Z'_{14} & Z'_{12} - Z'_{14} & Z'_{13} - Z'_{14} & -Z'_{14} \\ Z'_{21} - Z'_{24} & Z'_{22} - Z'_{24} & Z'_{23} - Z'_{24} & -Z'_{24} \\ Z'_{31} - Z'_{34} & Z'_{32} - Z'_{34} & Z'_{33} - Z'_{34} & -Z'_{34} \\ Z'_{41} - Z'_{44} & Z'_{42} - Z'_{44} & Z'_{43} - Z'_{44} & -Z'_{44} \end{bmatrix} \end{array} \quad (6.107)$$

上式的計算非常簡單，只需從 $\mathbf{C}^T \mathbf{Z}_{\text{bus}}$ 中其他的每一行減去 (6.106) 式的第 4 行，並且將第 4 行的符號改變。值得注意的是 $\mathbf{Z}_{\text{bus(new)}}$ 的第一個對角線元素會以原始 $\mathbf{Z}_{\text{bus}}$ 的元素表示，其值為 $(Z'_{11} - Z'_{14}) = (Z_{11} + Z_{44} - 2Z_{14})$，此為節點 ① 與 ④ 之間的戴維寧阻抗，如同 (6.54) 式所表示的。同樣地，

也可以適用 $\mathbf{Z}_{bus(new)}$ 的其他每一個對角線元素。

相對於新參考節點④的匯流排電壓如 (6.94) 式所表示：

$$\mathbf{V}_{new} = \begin{bmatrix} V_{1,new} \\ V_{2,new} \\ V_{3,new} \\ V_{4,new} \end{bmatrix} = \underbrace{\begin{bmatrix} 1 & 0 & 0 & -1 \\ 0 & 1 & 0 & -1 \\ 0 & 0 & 1 & -1 \\ 0 & 0 & 0 & -1 \end{bmatrix}}_{\mathbf{C}^T} \begin{bmatrix} V_1 \\ V_2 \\ V_3 \\ V_4 \end{bmatrix} = \begin{bmatrix} V_1 - V_4 \\ V_2 - V_4 \\ V_3 - V_4 \\ -V_4 \end{bmatrix} \tag{6.108}$$

因此，在一般的情況下，當現有 $\mathbf{Z}_{bus}$ 的匯流排 ⓚ 被選定為新的參考節點時，我們可以用兩個連續步驟決定出新匯流排阻抗矩陣 $\mathbf{Z}_{bus(new)}$。

1. 從 $\mathbf{Z}_{bus}$ 的其他每一列減去現有的第 k 列，並改變第 k 列的符號，其結果為 $\mathbf{C}^T\mathbf{Z}_{bus}$。
2. 將合成矩陣 $\mathbf{C}^T\mathbf{Z}_{bus}$ 的其他每一行減去合成矩陣的第 k 行，並且改變第 k 行之符號。其結果為 $\mathbf{C}^T\mathbf{Z}_{bus}\mathbf{C}=\mathbf{Z}_{bus(new)}$，其中第 k 列第 k 行所代表的節點，為其先前的參考節點。

例如在第 12 章研究經濟調度時，我們將會使用到這些程序。

6.9 總結

本章中推演了電力輸電網路的節點表示法，以及對於匯流排導納矩陣之必要背景的了解，並提供其建構的程序。同時，配合克農消去法，$\mathbf{Y}_{bus}$ 的修正對於網路變化的反應是有所幫助的。

接著本章介紹重要的 $\mathbf{Z}_{bus}$ 建構法，此方法從選擇與參考節點相關聯的分支開始，並將與新節點連接的第二個分支加入到此節點。起始節點與新節點，代表它們的 2×2 的匯流排阻抗矩陣中擁有一列及一行。接著，第三個分支連接到最先選擇之兩個節點的一個或兩個，而此分支加入並擴展逐步形成的網路及代表此網路的 $\mathbf{Z}_{bus}$。以這種方式，匯流排阻抗矩陣每一次建立一列及一行，直到實際網路的所有的分支併入到 $\mathbf{Z}_{bus}$。在任何階段只要有可能，選擇下一個加入有行與列且已經包括在逐步成形之 $\mathbf{Z}_{bus}$ 中的兩個節點之間的分支，會使計算更有效率。$\mathbf{Z}_{bus}$ 的元素有需要時，也可以利用 $\mathbf{Y}_{bus}$ 的三角分解產生，此方法在計算上經常是最為吸引人的方法。

第 6 章 網路計算

　　用來分析電力網路的變數可以採用不同的型式。然而，不管特別選擇的表示法為何，當電流及電壓以選擇的型式表示時，在實際網路的功率必定不會任意變化。當一組電流及電壓轉換至另一組時，功率不變是必要的。

　　在第 7 章及第 10 章中，我們會看到節點導納與匯流排阻抗是負載潮流及短路（故障）分析中不可或缺的，而這兩種分析為電力工業日常所用。

問題複習

6.1 節

6.1　節點導納矩陣典型上是一個對稱矩陣。（對或錯）
6.2　在節點導納矩陣中，每一個非對角線元素代表相對應分支導納的負值。（對或錯）
6.3　如何測量輸電網路中特別匯流排的自導納？

6.2 節

6.4　克農消去法可以用來降低輸電網路中的分支數量。（對或錯）
6.5　電力系統中，沒有電流注入的節點可以利用克農消去法予以消除。（對或錯）

6.3 節

6.6　匯流排阻抗矩陣是導納矩陣的反矩陣。（對或錯）
6.7　匯流排阻抗矩陣不是對稱矩陣。（對或錯）
6.8　針對匯流排阻抗矩陣，如何測量特別匯流排的驅動點阻抗？

6.4 節

6.9　代表系統匯流排的戴維寧阻抗 Z_{th} 與該匯流排的驅動點阻抗相同。（對或錯）
6.10　匯流排阻抗矩陣的每一個對角線元素反應系統戴維寧阻抗型式的重要特性。（對或錯）
6.11　在輸電網路中，如果一個電容器組連接到匯流排，則該匯流排電壓大小通常會下降。（對或錯）

6.5、6.6 及 6.7 節

6.12　匯流排阻抗矩陣只能從導納矩陣的反矩陣獲得。（對或錯）
6.13　介於兩個節點之間之阻抗 Z_b 的單一分支可以藉由在相同端節點之間的阻抗 Z_b 的負值從網路中移除。（對或錯）

電力系統分析

6.14 針對電力網路，匯流排阻抗矩陣可以直接藉由求解該網路的匯流排導納矩陣的三角分解獲得。（對或錯）

6.15 針對一已知的 3×3 匯流排導納矩陣，當執行三角分解時，可求得 $\mathbf{L}$ 與 $\mathbf{U}$ 矩陣中的每一個元素。（對或錯）

6.8 節

6.16 維持功率的輸電網路變數之轉換稱為功率不變。（對或錯）

問題

6.1 利用 6.1 節所描述的建模塊程序，決定圖 6.18 電路的 $\mathbf{Y}_{bus}$。

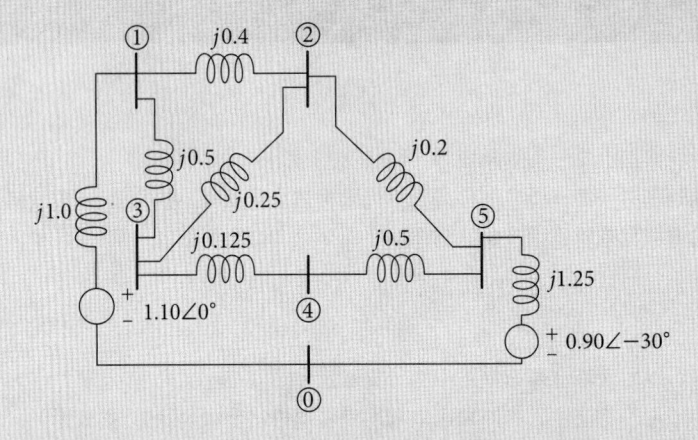

圖 6.18 問題 6.1 的網路，所顯示的電壓及阻抗值為標么值

6.2 利用 $\mathbf{Y}_{bus}$ 的修正程序來修正問題 6.1 中所求得的 $\mathbf{Y}_{bus}$，以反應從圖 6.18 電路中移除①-③ 及 ②-⑤ 兩個分支。

6.3 針對圖 6.18 電路，列出節點方程式。針對匯流排電壓，求解此合成方程式。

6.4 完成 (a) 圖 6.18 電路的 $\mathbf{Y}_{bus}$ 克農消去，以反應節點 ② 的消除；(b) 利用表 2.2 的 Y-Δ 轉換，從圖 6.18 的電路消除節點 2，並且針對消去後的結果求解 $\mathbf{Y}_{bus}$。比較 (a) 和 (b) 的結果。

6.5 圖 6.19 的電路，藉由將電壓源轉換成電流源，在移除節點 ⑤ 之後形成阻抗 $\mathbf{Z}_{bus}$。當 $V = 1.2\angle 0°$ 且負載電流為 $I_{L1}=-j0.1$、$I_{L2}=-j0.1$、$I_{L3}=-j0.2$、$I_{L4}=-j0.2$，且均為標么值，試求在四個節點的每一個相對於參考節點的電壓。

6.6 從問題 6.5 的解，畫出圖 6.19 的匯流排 ④ 之戴維寧等效電路，並利用此等效圖求解連接在匯流排 ④ 與參考節點之間，容抗值為 5.4 標么的電容器所汲取的電流。根據例題 6.5 的程序，計算因電容器造成每一匯流排電壓的變化量。

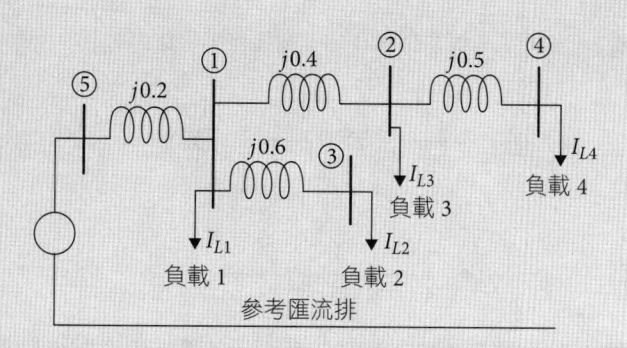

圖 6.19 電路圖顯示理想電壓源提供定電流負載，電路參數均為標么值

6.7 修正問題 6.5 的 Z_{bus}，使其包含連接匯流排 ④ 至參考節點的電容器，其容抗為 5.4 標么，並利用修正的 Z_{bus} 計算新匯流排的電壓。利用問題 6.5 與 6.6 的結果檢查你的答案。

6.8 針對圖 6.15 的電路，藉由一個 $j0.5$ 標么的阻抗，增加一個新節點，並連接到匯流排 ③，試修正例題 6.7 所獲得的 Z_{bus}。

6.9 在圖 6.15 電路的匯流排 ① 與 ④ 之間，加入一個 $j0.2$ 標么的阻抗，試修正例題 6.7 所獲得的 Z_{bus}。

6.10 在圖 6.15 電路的匯流排 ② 與 ③ 之間，移除所連接的阻抗，試修正例題 6.7 所獲得的 Z_{bus}。

6.11 藉由 6.5 節所討論的 Z_{bus} 建立方法，試求圖 6.18 電路的 Z_{bus}。

6.12 針對圖 6.20 的電抗網路，試求：

   a. 以直接的公式求解 Z_{bus}。
   b. 每一匯流排的電壓。
   c. 連接於匯流排 ③ 至中性線的電容器，其容抗為 5.0 標么。試求電容器所汲取的電流。
   d. 當電容器連接到匯流排 ③ 時，試求每一匯流排電壓的變化量。
   e. 在連接電容器後，每一匯流排的電壓。

   假設每一個發生電壓的大小與角度均維持不變。

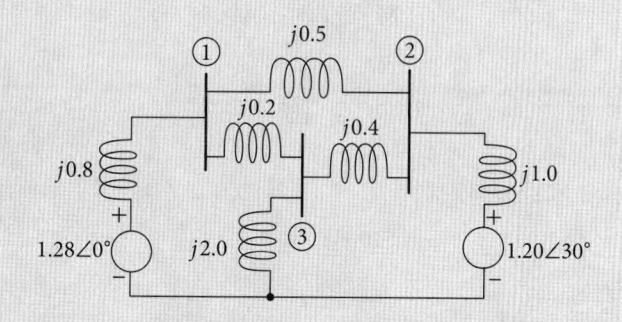

圖 6.20 問題 6.12 的電路，電壓及阻抗均為標么值

6.13 藉由 6.5 節的 $\mathbf{Z}_{bus}$ 建立方法，試求圖 6.21 的三個匯流排電路的 $\mathbf{Z}_{bus}$，並寫一個 MATLAB 程式執行此計算。

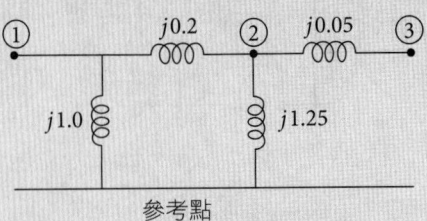

圖 6.21 問題 6.13 的電路，所顯示的電抗值均為標么值

6.14 試求圖 6.22 四個匯流排電路的 $\mathbf{Z}_{bus}$，其中標示的為標么導納。

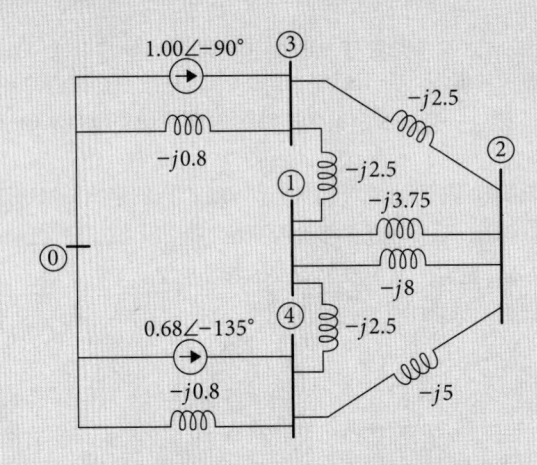

圖 6.22 問題 6.14 的電路

6.15 試求對稱矩陣 $\mathbf{M}$ 的 $\mathbf{L}$ 與 $\mathbf{U}$ 三角因子，並寫一個 MATLAB 程式執行此計算。

$$\mathbf{M} = \begin{bmatrix} 2 & 1 & 3 \\ 1 & 5 & 4 \\ 3 & 4 & 7 \end{bmatrix}$$

6.16 圖 6.21 的三個匯流排電路，所標示的是標么電抗。針對電路的對稱 $\mathbf{Y}_{bus}$，其三角因子為

$$\mathbf{L} = \begin{bmatrix} -j6.0 & \cdot & \cdot \\ j5.0 & -j21.633333 & \cdot \\ 0 & j20.0 & -j1.510038 \end{bmatrix} \quad \mathbf{U} = \begin{bmatrix} 1 & -0.833333 & 0 \\ \cdot & 1 & -0.924499 \\ \cdot & \cdot & 1 \end{bmatrix}$$

利用 $\mathbf{L}$ 與 $\mathbf{U}$ 計算

a. 系統 $\mathbf{Z}_{bus}$ 的元素 Z_{12}、Z_{23} 與 Z_{33}。

b. 介於圖 6.21 匯流排 ① 與 ③ 之間看入的戴維寧阻抗 $Z_{th,13}$。

6.17 利用問題 6.16 的 $\mathbf{Y}_{bus}$ 三角因子，計算從圖 6.21 電路的匯流排 2 與參考節點之間所看入的戴維寧阻抗 Z_{22}。藉由檢視圖 6.21 來檢查你的答案。

6.18 利用 6.7 節的符號標記，證明總無效功率損失的公式為 $Q_L = \mathbf{I}^T \mathbf{X}_{bus} \mathbf{I}^*$。

6.19 利用 (6.88) 式，計算圖 6.19 的系統中總無效功率的損失。

Chapter 7
負載潮流研究

電力潮流或負載潮流研究是在穩態運轉下分析電力系統。電力潮流研究在系統未來的擴展規劃及設計上相當重要，而且是經由現有系統決定滿足電壓需求的最佳運轉。在某些情況下必須執行電力潮流研究，像是電力規劃擴展，包含新變電站設備如變壓器，或涵蓋系統重大負載，以及檢查如果現有線路因維護需要必須停用，而經由其他輸電線路供電時所造成的電力潮流變化。

就電力公用事業的執行來看，在實際或計畫正常運轉的情況下，系統運轉的電力潮流研究稱為基本案例 (base case)。從基本案例所獲得的結果，構成在不正常情況下輸電線路的功率潮流及匯流排電壓變化的比較基準。輸電規劃工程師會發現系統的弱點，譬如低電壓、線路過載或負載狀況太多，並藉由涵蓋改變或增加基本案例系統之設計研究將其移除。

現今，商用電力潮流程式有能力即時處理超過具有成千上萬匯流排及線路的系統。當然，若電腦功能足夠強大，程式也可以進一步擴充。

電力潮流問題公式為一組多樣性的非線性方程式，這些方程式代表在每一個匯流排的有效功率及無效功率的平衡，並為匯流排電壓的函數。當執行電力潮流研究時，數值分析成為求解每一個匯流排及整個系統的有效功率及無效功率平衡方程式的重要技術。從電力潮流研究所獲得之重要資訊，為每一個匯流排電壓的大小及相角，和每一條線路的有效功率、無效功率及系統損失。本章中，我們將檢視一些數值方法，而其解對於電力潮流問題而言是基本的。電力潮流電腦程式的價值，在電力系統設計及運轉上將愈見顯著。

7.1 高斯賽得疊代法

考慮一個單一變數非線性方程式

$$f(x) = 0$$

上式也可以表示成

$$x = h(x)$$

為了求解上面方程式的根，方程式可以由疊代法來求解，其提供指定為 x^0 的初值。高斯賽得疊代法 (Gauss-Seidel iterative method) 的計算簡單，始於猜測解的初值，並根據下式在每一次疊代時更新其解

$$x^{k+1} = h(x^k), \quad k = 0, 1, 2, \ldots \tag{7.1}$$

直到符合下列收斂條件時，疊代才終止

$$|x^{k+1} - x^k| \leq \varepsilon \tag{7.2}$$

其中 ε 為預先定義的容許值。圖 7.1 以圖形說明高斯賽得法收斂的趨勢，其中 x^* 為符合 (7.2) 式時所獲得的解。

針對一組多變數的非線性方程式

$$f_i(x_1, x_2, \cdots, x_N) = 0, \quad i = 1, 2, \ldots, N \tag{7.3}$$

上式可以表示成

$$x_i = h_i(x_1, x_2, \cdots, x_N), \quad i = 1, 2, \ldots, N \tag{7.4}$$

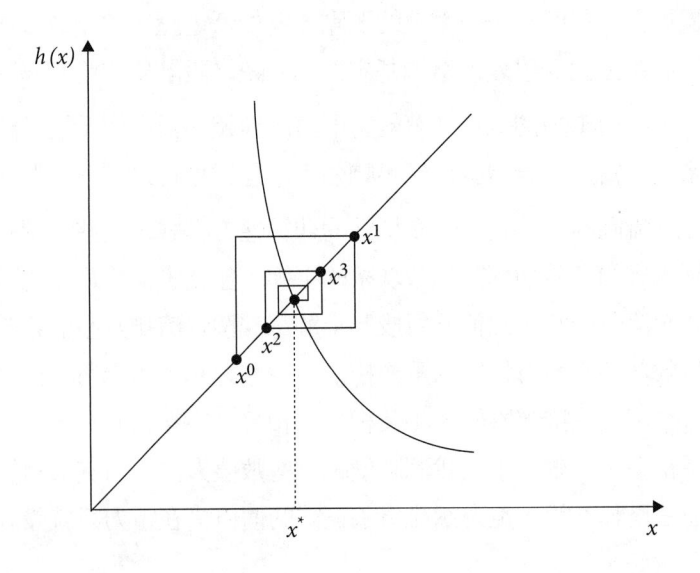

圖 7.1 高斯賽得法的收斂

針對所有的變數提供一組初始值 x_i^0，$i=1, 2, ..., N$，多變數方程式可以將最近的計算解，$(x_1^{k+1}, x_2^{k+1}, \cdots, x_i^{k+1})$，代入方程式中求解，並依照疊代法持續進行。

$$x_{i+1}^{k+1} = h_{i+1}(x_1^{k+1}, x_2^{k+1}, \cdots, x_i^{k+1}, x_{i+1}^k, \cdots, x_N^k), \quad i = 1, 2, ..., N \quad (7.5)$$

疊代持續，直到每一個變數的下列近似誤差，在預先定義的容許值以內。

$$|x_i^{k+1} - x_i^k| \leq \varepsilon_i, \quad i = 1, 2, ..., N \quad (7.6)$$

其中 ε_i 為針對 x_i 預先定義的容許值。

在某一些案例中，高斯賽得法應用一個加速因子，λ，藉由更新解來改善收斂速率，如下：

$$x_i^{k+1} = x_i^k + \lambda[h(x_i^k) - x_i^k] \quad (7.7)$$

針對 λ 所選擇的適當值，經常是因問題而不同，並且是憑經驗決定。針對電力潮流分析，加速因子的範圍通常是 $1 < \lambda \leq 2$。

例題 7.1

應用高斯賽得法求解下列非線性方程式。

$$f(x) = x^3 - 9x^2 + 26x - 24 = 0$$

假設解的初始猜測值為 $x^0=1$，且收斂條件為 $\varepsilon=0.0001$。

解： 首先，將方程式重新排列成

$$x = h(x) = -\frac{x^3}{26} + \frac{9x^2}{26} + \frac{12}{13}$$

疊代公式變成

$$x^{k+1} = -\frac{1}{26}(x^k)^3 + \frac{9}{26}(x^k)^2 + \frac{12}{13}, \quad k = 0, 1, 2, ...$$

針對前面的二次疊代

$$x^1 = h(x^0) = -\frac{(x^0)^3}{26} + \frac{9(x^0)^2}{26} + \frac{12}{13} = -\frac{(1)^3}{26} + \frac{9(1)^2}{26} + \frac{12}{13} = 1.2307692$$

$$x^2 = h(x^1) = -\frac{(x^1)^3}{26} + \frac{9(x^1)^2}{26} + \frac{12}{13}$$

$$= -\frac{(1.2307692)^3}{26} + \frac{9(1.2307692)^2}{26} + \frac{12}{13} = 1.3757221$$

使用相同的程序，經過 71 次的疊代之後，獲得 $x=1.9987351$。表 7.1 列出直到收斂條件符合的疊代解。

表 7.1

k	x	h(x)	絕對誤差
0	1	1.2307692	0.2307692
1	1.2307692	1.3757221	0.1449529
2	1.3757221	1.478069	0.1023469
3	1.478069	1.5551182	0.0770491
.	.	.	.
70	1.9986295	1.9987351	0.0001056
71	1.9987351	1.9988326	0.0000975

例題 7.1 的 MATLAB 程式 (ex7_1.m)

```
% M_File for Example 7.1: ex7_1.m
clc
clear all
% Solution
format long;
%set initial of x0=1,error=0.0001
x=1;
epsilon=0.0001;
i=1;
% Apply Gauss-Seidel method to find a solution
% End the loop until the error is less than 0.0001
while(1)
    % rearrange the equation
    h(i)=(-x^3)/26+(9*x^2)/26+12/13;
    % apply k(i)=abs(x^i-h(i))
    k(i)=abs(h(i)-x);
    if (k(i) <= epsilon)
            break;
    end
    x=h(i);
    i=i+1;
end;
```

例題 7.2

應用高斯賽得法及加速因子 λ 等於 1.3，求解例題 7.1 的問題。

解： 利用 (7.6) 式來求解，針對前兩次疊代，

$$x^1 = x^0 + \lambda[h(x^0) - x^0] = 1 + 1.3(1.230769 - 1) = 1.300000$$
$$x^2 = x^1 + \lambda[h(x^1) - x^1] = 1.3 + 1.3(1.423577 - 1.3) = 1.46065$$

重複相同的程序,經過 57 次的疊代之後,其解收斂至 1.9992。表 7.2 列出不同疊代次數的解。

表 7.2

k	x	h(x)	絕對誤差
0	1	1.230769	0.3
1	1.3	1.423577	0.16065
2	1.46065	1.541738	0.1054146
3	1.566065	1.624314	0.075724
.	.	.	.
56	1.99899	1.999091	0.0001011
57	1.999091	1.999182	0.0000910

例題 7.2 的 MATLAB 程式 (ex7_2.m)

```
% M_File for Example 7.2: ex7_2.m
clear all
clc
format long;
% Set initial of x0=1, error=0.0001, acceleration factor
x=1;
lumbda=1.3;
epsilon=0.0001;
i=1;
% Apply Gauss-Seidel method to find a solution
while(1)
    temp=(-x^3)/26+(9*x^2)/26+12/13;
    h(i)=x+lumbda*(temp-x);
    k(i)=lumbda*(temp-x);
    if (k(i) <= epsilon)
          break;
    end
    x=h(i);
    i=i+1;
end;
```

例題 7.3

利用高斯賽得法求解下列兩個非線性方程式。

$$3x_1 + 2x_2 - \frac{x_1 x_2}{10} = 4$$

$$2x_1 + 4x_2 - \cos x_2 = 5$$

假設初始值為 $x_1^0 = x_2^0 = 0.5$，且收斂條件為 $\varepsilon = 0.0001$。

解： 重新排列方程式

$$x_1 = \frac{4}{3} - \frac{2}{3} x_2 + \frac{x_1 x_2}{30}$$

$$x_2 = \frac{5}{4} - \frac{x_1}{2} + \frac{\cos x_2}{4}$$

第 1 次疊代之後所得到的結果為

$$x_1^1 = \frac{4}{3} - \frac{2}{3}(x_2^0) + \frac{1}{30} x_1^0 x_2^0 = \frac{4}{3} - \frac{2}{3}\left(\frac{1}{2}\right) + \frac{1}{30}\left(\frac{1}{2}\right)\left(\frac{1}{2}\right) = 1.0083333$$

$$x_2^1 = \frac{5}{4} - \frac{x_1^1}{2} + \frac{\cos x_2^0}{4} = \frac{5}{4} - \frac{1}{2}(1.0083333) + \frac{1}{4} \times \cos\left(0.5 \times \frac{180}{\pi}\right) = 0.965229$$

重複相同的程序，在第 6 次疊代之後其解收斂，且 $x_1^* = 0.6592196$ 及 $x_2^* = 1.0457245$。表 7.3 列出不同疊代次數的解。

表 7.3

k	x_1	x_2
0	0.5	0.5
1	1.0083333	0.965229
2	0.7222898	1.0311623
3	0.6707184	1.0430963
4	0.6612566	1.0452586
5	0.6595337	1.0456527
6	0.6592196	1.0457245

例題 7.3 的 MATLAB 程式 (ex7_3.m)

```
% M_File for Example 7.3: ex7_3.m
clear all
clc
% Set initial values
format long;
x1(1)=1;
x2(1)=0.5;
```

```
epsilon=0.0001;
i=1;
%End the loop until the error < 0.0001
while(1)
    %Rearrange the equations
    x1(i+1)=4/3-2*x2(i)/3+x1(i)*x2(i)/30
    x2(i+1)=1.25-x1(i+1)/2+cos(x2(i))/4
    %calculate the absolute error of x1 and x2
    if (abs(x1(i+1)-x1(i)) <= epsilon)
        if (abs(x2(i+1)-x2(i)) <= epsilon)
            break;
        end
    end
    i=i+1;
end;
```

7.2 牛頓拉弗森法

為求解非線性方程式的根，最常用的數值技術之一為牛頓拉弗森法 (Newton-Raphson method)。假設，x^* 為滿足下列非線性方程式的根

$$f(x^*) = 0$$

為了求解 x^*，假設初始猜測解為 x^k。則根據泰勒展開 (Taylor's expansion)，下列的關係式必須保持：

$$f(x^{k+1}) = f(x^k) + f'(x^k)h + \frac{f''(x^k)}{2!}h^2 + \frac{f^{(3)}(x^k)}{3!}h^3 + \cdots \quad (7.8)$$

其中 $h = x^{k+1} - x^k$，$k = 0, 1, 2, \ldots$。(7.8) 式可以藉由一次微分項之後，將序列結尾近似線性：

$$f(x^{k+1}) \cong f(x^k) + f'(x^k)h = f(x^k) + f'(x^k)(x^{k+1} - x^k) \quad (7.9)$$

因為在 x 軸的交點 $f(x^{k+1}) = 0$，可得

$$0 = f(x^k) + f'(x^k)(x^{k+1} - x^k) \quad (7.10)$$

且

$$x^{k+1} = x^k - \frac{f(x^k)}{f'(x^k)} \quad (7.11)$$

牛頓拉弗森法以一個初始猜測值 x^0 開始，然後建立一條源自於點

圖 7.2 牛頓拉弗森法的收斂

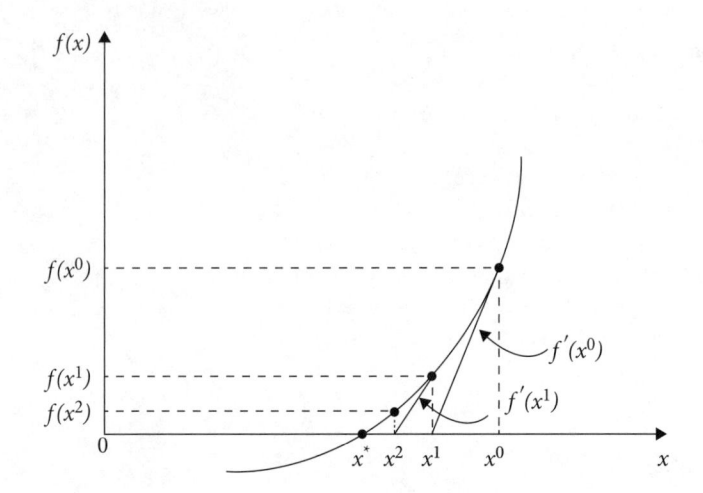

$[x^0, f(x^0)]$ 具有 $f'(x^0)$ 斜率的切線。x 的新的估測值為切線與 x 軸的交點。重複程序，直到符合收斂條件。如果初始猜測值接近根，則以牛頓拉弗森法計算上式會很有效率。圖 7.2 以圖形來說明這方法的收斂傾向。

接著，考慮一組非線性方程式

$$\begin{aligned} h_1(x_1, x_2, \cdots, x_N) &= b_1 \\ h_2(x_1, x_2, \cdots, x_N) &= b_2 \\ &\vdots \\ h_N(x_1, x_2, \cdots, x_N) &= b_N \end{aligned} \tag{7.12}$$

上述方程式可以表示為

$$\begin{aligned} f_1(x_1, x_2, \cdots, x_N) &= h_1(x_1, x_2, \cdots, x_N) - b_1 = 0 \\ f_2(x_1, x_2, \cdots, x_N) &= h_2(x_1, x_2, \cdots, x_N) - b_2 = 0 \\ &\vdots \\ f_N(x_1, x_2, \cdots, x_N) &= h_N(x_1, x_2, \cdots, x_N) - b_N = 0 \end{aligned} \tag{7.13}$$

$$\begin{aligned} f_1^* &= f_1(x_1^*, x_2^*, \cdots, x_N^*) = f_1(x_1^0 + \Delta x_1^0, x_2^0 + \Delta x_2^0, \cdots, x_N^0 + \Delta x_N^0) = 0 \\ f_2^* &= f_2(x_1^*, x_2^*, \cdots, x_N^*) = f_2(x_1^0 + \Delta x_1^0, x_2^0 + \Delta x_2^0, \cdots, x_N^0 + \Delta x_N^0) = 0 \\ &\vdots \\ f_N^* &= f_N(x_1^*, x_2^*, \cdots, x_N^*) = f_N(x_1^0 + \Delta x_1^0, x_2^0 + \Delta x_2^0, \cdots, x_N^0 + \Delta x_N^0) = 0 \end{aligned} \tag{7.14}$$

$$f_1^* = f_1(x_1^0, x_2^0, \cdots, x_N^0) + \Delta x_1^0 \left.\frac{\partial f_1}{\partial x_1}\right|^{(0)} + \Delta x_2^0 \left.\frac{\partial f_1}{\partial x_2}\right|^{(0)} + \cdots + \Delta x_N^0 \left.\frac{\partial f_1}{\partial x_N}\right|^{(0)} = 0$$

$$f_2^* = f_2(x_1^0, x_2^0, \cdots, x_N^0) + \Delta x_1^0 \left.\frac{\partial f_2}{\partial x_1}\right|^{(0)} + \Delta x_2^0 \left.\frac{\partial f_2}{\partial x_2}\right|^{(0)} + \cdots + \Delta x_N^0 \left.\frac{\partial f_2}{\partial x_N}\right|^{(0)} = 0$$

$$\vdots$$

$$f_N^* = f_N(x_1^0, x_2^0, \cdots, x_N^0) + \Delta x_1^0 \left.\frac{\partial f_N}{\partial x_1}\right|^{(0)} + \Delta x_2^0 \left.\frac{\partial f_N}{\partial x_2}\right|^{(0)} + \cdots + \Delta x_N^0 \left.\frac{\partial f_N}{\partial x_N}\right|^{(0)} = 0$$

$$\tag{7.15}$$

$$\begin{vmatrix} \dfrac{\partial f_1}{\partial x_1} & \dfrac{\partial f_1}{\partial x_2} & \cdot & \dfrac{\partial f_1}{\partial x_N} \\ \dfrac{\partial f_2}{\partial x_1} & \dfrac{\partial f_2}{\partial x_2} & \cdot & \dfrac{\partial f_2}{\partial x_N} \\ \cdot & \cdot & \cdot & \cdot \\ \dfrac{\partial f_N}{\partial x_1} & \dfrac{\partial f_N}{\partial x_2} & \cdot & \dfrac{\partial f_N}{\partial x_N} \end{vmatrix}^{(0)} \begin{bmatrix} \Delta x_1^0 \\ \Delta x_2^0 \\ \cdot \\ \Delta x_N^0 \end{bmatrix} = \begin{bmatrix} 0 - f_1(x_1^0, x_2^0, \cdots, x_N^0) \\ 0 - f_2(x_1^0, x_2^0, \cdots, x_N^0) \\ \cdot \\ 0 - f_N(x_1^0, x_2^0, \cdots, x_N^0) \end{bmatrix} = \begin{bmatrix} \Delta f_1^0 \\ \Delta f_2^0 \\ \cdot \\ \Delta f_N^0 \end{bmatrix} \quad (7.16)$$

以矩陣型式，上述方程式可以表示成

$$\mathbf{J}^0 \, \Delta \mathbf{x}^0 = \Delta \mathbf{f}^0 \tag{7.17}$$

其中 $\mathbf{J}^0$ 稱為 Jacobian，則

$$\Delta \mathbf{x}^0 = (\mathbf{J}^0)^{-1} \, \Delta \mathbf{f}^0 \tag{7.18}$$

且

$$\mathbf{x}^1 = \mathbf{x}^0 + \Delta \mathbf{x}^0 \tag{7.19}$$

或

$$\begin{bmatrix} x_1^1 \\ x_2^1 \\ \cdot \\ x_N^1 \end{bmatrix} = \begin{bmatrix} x_1^0 + \Delta x_1^0 \\ x_2^0 + \Delta x_2^0 \\ \cdot \\ x_N^0 + \Delta x_N^0 \end{bmatrix} \tag{7.20}$$

重複這個程序，直到修正量變得很小，而解能滿足所選擇的收斂容許度 $\varepsilon > 0$；也就是，直到 $|\Delta x_i|$，$i = 1, 2, \cdots, N$ 全部都比 ε 小。如果初始猜測不是非常接近其解，則牛頓拉弗森法可能會發散。然而，工程上的判斷，針對實際問題的解，總是可以提供適當的初始猜測，且此方法會收斂得很快。現在以數值例子來說明構成牛頓拉弗森法的基礎概念。

例題 7.4

應用牛頓拉弗森法求解下列方程式，且初始值為 $x^0 = 3$ 及 $\varepsilon = 0.001$。

$$f(x) = x^3 - 5x^2 - 8x + 12 = 0$$

解： 因為 $x^0 = 3$，可得

$$x^1 = x^0 - \frac{f(x^0)}{f'(x^0)} = 3 - \frac{-30}{-11} = 0.2727$$

$$x^2 = x^1 - \frac{f(x^1)}{f'(x^1)} = 0.2727 - \frac{9.4668}{-10.5039} = 1.1740$$

$$x^3 = x^2 - \frac{f(x^2)}{f'(x^2)} = 1.1740 - \frac{-2.6637}{-15.6049} = 1.0032$$

$$x^4 = x^3 - \frac{f(x^3)}{f'(x^3)} = 1.0032 - \frac{-0.0481}{-15.0128} = 1.0000$$

因此，經過 5 次疊代求得解為 $x^* = 1$。表 7.4 列出每一次疊代的結果。

表 7.4

疊代(k)	x^k	絕對誤差
1	0.2727	2.7273
2	1.1740	0.9012
3	1.0032	0.1707
4	1.0000	0.0032
5	1.0000	0.000001

例題 7.4 的 MATLAB 程式 (ex7_4.m)

```
% M_File for Example 7.4: ex7_4.m
% Newton-Raphson algorithm
% clear previous value
clc
clear all
% Set initial values
for i=1:11
X(I,1)=3;
end
error=10^(-5);
%find ''
disp('f(x)=x^3-5x^2-8x+12=')
syms x
f=x^3-5*x^2-8*x+12;
f_diff=diff(f)
%iteration for x
i=2;
%End the loop until the error < 0.0001
while(1)
    %iteration: i-1
    X(i,1)=X(i-1,1)-(X(i-1,1)^3-5*X(i-1,1)^2-8*X(i-1,1)+12)...
        /(3*X(i-1,1)^2-10*X(i-1,1)-8);
    if i>3 & abs(X(i,1)-X(i-1,1))<error
        break;
    end
     i=i+1;
end
```

```
%show the answer
for k=1:i
    if (k-1)>0
    disp('Iterations time=',num2str(k-1)]);
    x=X(k,1)
    error=abs(X(k,1)-X(k-1,1))
    end
end
```

例題 7.5

利用牛頓拉弗森法求解下列三個非線性方程式。

$$x_1^2 + x_2^2 - x_3^2 = -1$$
$$x_1^2 - x_1 x_2 + 4x_3 = 12$$
$$2x_1 + x_1 x_2 + x_3^2 = 17$$

假設初始值為 $x_1^0 = x_2^0 = 1$，$x_3^0 = 2$ 且收斂條件 $\varepsilon = 0.0001$。

解：將方程式重新排列如下：

$$f_1 = x_1^2 + x_2^2 - x_3^2 + 1 = 0$$
$$f_2 = x_1^2 - x_1 x_2 + 4x_3 - 12 = 0$$
$$f_3 = 2x_1 + x_1 x_2 + x_3^2 - 17 = 0$$

根據 (7.16) 式及 (7.17) 式，可得

$$\mathbf{J} = \begin{bmatrix} 2x_1 & 2x_2 & -2x_3 \\ 2x_1 - x_2 & -x_1 & 4 \\ 2 + x_1 & x_1 & 2x_3 \end{bmatrix} \quad 且 \quad \mathbf{\Delta f^0} = \begin{bmatrix} -f_1^0 \\ -f_2^0 \\ -f_3^0 \end{bmatrix} = \begin{bmatrix} -2 \\ 8 \\ 13 \end{bmatrix}$$

針對第 1 次疊代，可得

$$\begin{bmatrix} 2 & 2 & -4 \\ 1 & -1 & 4 \\ 3 & 1 & 4 \end{bmatrix} \begin{bmatrix} \Delta x_1^0 \\ \Delta x_2^0 \\ \Delta x_3^0 \end{bmatrix} = \begin{bmatrix} -2 \\ 8 \\ 13 \end{bmatrix}$$

$$\begin{bmatrix} \Delta x_1^0 \\ \Delta x_2^0 \\ \Delta x_3^0 \end{bmatrix} = \begin{bmatrix} 2 & 2 & -4 \\ 1 & -1 & 4 \\ 3 & 1 & 4 \end{bmatrix}^{-1} \begin{bmatrix} -2 \\ 8 \\ 13 \end{bmatrix} = \begin{bmatrix} 1 \\ 2 \\ 1.25 \end{bmatrix}$$

針對下一次疊代，估測解為

$$\begin{bmatrix} x_1^1 \\ x_2^1 \\ x_3^1 \end{bmatrix} = \begin{bmatrix} x_1^0 + \Delta x_1^0 \\ x_2^0 + \Delta x_2^0 \\ x_3^0 + \Delta x_3^0 \end{bmatrix} = \begin{bmatrix} 2 \\ 3 \\ 3.25 \end{bmatrix}$$

重複相同程序15次之後符合收斂條件。最後解為 $x_1=x_2=2$ 且 $x_3=3$。表 7.5 列出疊代結果。

表 7.5

k	x_1	x_2	x_3
0	1	1	2
1	2	3	3.25
2	2.234568	1.861111	2.871914
3	2.024026	1.973407	2.991379
4	2.000495	1.999443	2.999765
5	2.000000	2.000000	3.000000

例題 7.5 的 MATLAB 程式 (ex7_5.m)

```
% M_File for Example 7.5: ex7_5.m
clc
clear all
% The three nonlinear equations are given by
% x1^2 + x2^2 − x3^2 = −1
% x1^2 − x1x2 + 4x3  = 12
% 2x1 + x1x2 + x3^2 = 17;
% The initial solutions : x1=x2=1  and  x3=2
x = [1; 1; 2];
deltax =[10;10;10];   % Assuming delta x is greater than 0.0001
i=0;                  % Iteration count : i
while(max(abs(deltax))>=0.0001)   % convergence criterion
disp(['The number of iteration : 'num2str(i)])
i=i+1;
% The three nonlinear equations
F = [ x(1)^2+x(2)^2−x(3)^2;
      x(1)^2−x(1)*x(2) + 4*x(3);
      2*x(1)+x(1)*x(2)+ x(3)^2];
% Jacobian matrix
J = [2*x(1) 2*x(2) −2*x(3); 2*x(1) −x(2) −x(1) 4; 2+x(2)x(1) 2*x(3)]
```

```
% Equations mismatch
df =[-1 ;12 ;17] - F ;
deltax =J\df
   x = x+deltax
end
```

7.3 負載潮流問題

假設研究的電力系統為 N 個匯流排的網路，而導納矩陣 $\mathbf{Y}_{bus}$ 一般用來求解負載潮流的問題。研究負載潮流問題首要先準備系統單線圖的線路資料及匯流排資料。輸電線路是以它們的單一相標稱 π 等效電路來表示。我們需要每一條線路的串聯阻抗 Z 及總線路充電導納 Y（通常以系統標稱電壓表示的線路充電百萬乏）之數值，使電腦可以決定 $N \times N$ 階的匯流排導納矩陣，其典型的元件 Y_{ij} 為

$$Y_{ij} = |Y_{ij}|\angle\theta_{ij} = |Y_{ij}|\cos\theta_{ij} + j|Y_{ij}|\sin\theta_{ij} = G_{ij} + jB_{ij} \tag{7.21}$$

其他重要的資訊包括變壓器額定與阻抗、並聯電容額定，及變壓器分接頭設定。在執行負載潮流之前，某些匯流排電壓及功率注入必須為已知值，如下列探討。

系統典型匯流排 ⓘ 的電壓值，如圖 7.3 所示，一已知極座標軸為

$$V_i = |V_i|\angle\delta_i = |V_i|(\cos\delta_i + j\sin\delta_i) \tag{7.22}$$

藉由觀察圖 7.3，可以發現到流進網路匯流排 ⓘ 的淨注入電流為 $I_{gi} - I_{di} = I_i$，其中 I_{gi} 為注入匯流排 ⓘ 的發電機電流，而 I_{di} 為從匯流排 ⓘ 汲取的負載需求電流。因為匯流排 ⓘ 的淨注入電流，等於從匯流排 ⓘ 傳送至其他連接匯流排的淨電流，如圖 7.3(b) 所示。從匯流排 ⓘ 傳送的電流，表示成 $\mathbf{Y}_{bus}$ 的元素 Y_{in}，且以下列總和來決定

$$\begin{aligned}
I_i &= (V_i - V_1)y_{i1} + (V_i - V_2)y_{i2} + .. + (V_i - V_N)y_{iN} \\
&= (-y_{i1})V_1 + (-y_{i2})V_2 + .. + (\sum_{n=1}^{N} y_{in})V_i + .. + (-y_{iN})V_N \\
&= Y_{i1}V_1 + Y_{i2}V_2 + ... + Y_{iN}V_N \\
&= \sum_{n=1}^{N} Y_{in}V_n
\end{aligned} \tag{7.23}$$

圖 7.3 (a) 電流注入匯流排 ⓘ，(b) (a) 的等效注入電流

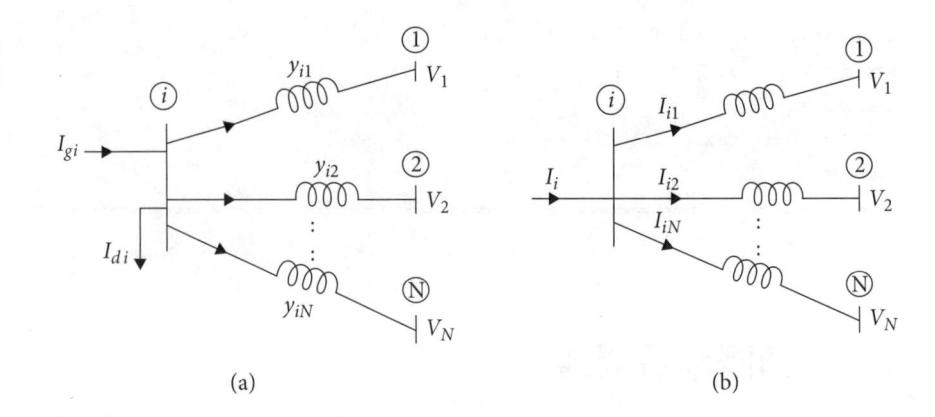

令 P_i 及 Q_i 表示進入網路匯流排 ⓘ 的淨有效功率與無效功率。匯流排 ⓘ 的注入功率之共軛為

$$(P_i + jQ_i)^* = (V_i I_i^*)^* = V_i^* I_i$$

或

$$P_i - jQ_i = V_i^* \sum_{n=1}^{N} Y_{in} V_n \tag{7.24}$$

我們將 (7.21) 式及 (7.22) 式代入，可得

$$P_i - jQ_i = \sum_{n=1}^{N} |Y_{in} V_i V_n| \angle (\theta_{in} + \delta_n - \delta_i) \tag{7.25}$$

因為進入匯流排 ⓘ 的複數功率必須等於離開該匯流排的複數功率，(7.25) 式的右手邊為匯流排 ⓘ 傳送至其他連接匯流排之功率的複數共軛。將 (7.25) 式的右邊展開，且整理成有效功率與無效功率的部分，可得到下列有效功率與無效功率平衡方程式：

$$P_i = \sum_{n=1}^{N} |Y_{in} V_i V_n| \cos(\theta_{in} + \delta_n - \delta_i) \tag{7.26}$$

$$Q_i = -\sum_{n=1}^{N} |Y_{in} V_i V_n| \sin(\theta_{in} + \delta_n - \delta_i) \tag{7.27}$$

(7.26) 式及 (7.27) 式構成電力潮流方程式 (power-flow equations) 的極座標型式；上述方程式提供進入網路之匯流排 ⓘ 的淨有效功率 P_i 及無效功率 Q_i 的計算（或傳送）。令 P_{gi} 表示在匯流排 ⓘ 的產生功率排程，而 P_{di} 表示在該匯流排負載有效功率需求排程，如圖 7.4(a) 所示。則 $P_{i,\,sch} = P_{gi} - P_{di}$ 為注入到網路中匯流排 ⓘ 的淨排程有效功率，如圖 7.4(b) 所述。

$P_{i,\,cal}$ 表示 P_i 的計算值，且導引出排程值 $P_{i,\,sch}$ 減去計算值 $P_{i,cal}$ 之誤差 (mismatch) ΔP_i 的定義，

$$\Delta P_i = P_{i,\,sch} - P_{i,\,cal} = (P_{gi} - P_{di}) - P_{i,\,cal} \tag{7.28}$$

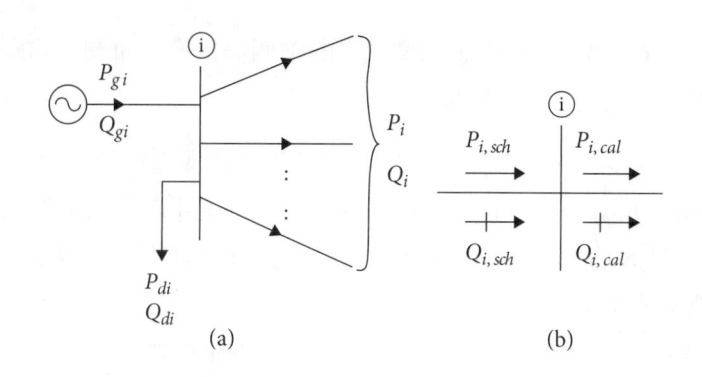

圖 7.4 (a) 在匯流排 ⓘ 之功率潮流研究中的有效功率與無效功率；(b) (a) 的等效功率注入

同樣地，匯流排 ⓘ 的無效功率為

$$\Delta Q_i = Q_{i,sch} - Q_{i,cal} = (Q_{gi} - Q_{di}) - Q_{i,cal} \tag{7.29}$$

如圖 7.4(b) 所示。當 P_i 與 Q_i 的計算值與排程值不一致時，誤差值出現在求解功率潮流的過程中。如果計算值 $P_{i,cal}$ 與 $Q_{i,cal}$ 與排程值 $P_{i,sch}$ 與 $Q_{i,sch}$ 完全匹配時，我們可以說在匯流排 ⓘ 的誤差 ΔP_i 與 ΔQ_i 為零，且功率平衡方程式 (power-balance equation) 為

$$f_{i,P} = P_i - P_{i,sch} = P_i - (P_{gi} - P_{di}) = 0 \tag{7.30}$$

$$f_{i,Q} = Q_i - Q_{i,sch} = Q_i - (Q_{gi} - Q_{di}) = 0 \tag{7.31}$$

如將在 7.5 節所看到的，函數 $f_{i,P}$ 與 $f_{i,Q}$ 針對列出某些涵蓋誤差 ΔP_i 與 ΔQ_i 的方程式是合宜的。如果匯流排 ⓘ 沒有發電或負載，則在 (7.30) 式與 (7.31) 式中，適當的項次會被設定為零。網路中的每一個匯流排都有兩個這樣的方程式，而電力潮流問題，是針對未知的匯流排電壓的數值，來求解 (7.26) 式與 (7.27) 式。未知的匯流排電壓使 (7.30) 式與 (7.31) 式在數值上滿足每一個匯流排。

針對匯流排 ⓘ，如果沒有 $P_{i,sch}$ 的排程值，誤差 $\Delta P_i = P_{i,sch} - P_{i,cal}$ 無法定義，且在求解電力潮流問題的過程，不需滿足相對應的 (7.31) 式。類似地，如果匯流排 ⓘ 沒有指定的 $Q_{i,sch}$，則不需滿足 (7.31) 式。

每一個匯流排具有四個潛在的未知量，分別是 P_i、Q_i、電壓大小 $|V_i|$ 及電壓角度 δ_i，其中 P_i 與 Q_i 是 $|V_i|$ 與 δ_i 的函數。針對每一個節點，最多有兩個像 (7.30) 式與 (7.31) 式的方程式可用，而在開始求解電力潮流問題之前，我們必須考慮可以減少多少未知量，以符合可用方程式的數量。

一般的實際負載潮流研究需分辨網路中三種型式的匯流排。在每一個

匯流排 ⓘ，δ_i、$|V_i|$、P_i 與 Q_i 四種量中的兩個被指定，而剩下的兩個是經由計算所得。指定的量是根據下列討論來選擇：

1. 負載匯流排 [load (PQ) bus]：每一個非發電機匯流排稱為負載匯流排 (load bus)，其中 P_{gi} 與 Q_{gi} 為零，而負載從系統所汲取的有效功率 P_{di} 與無效功率 Q_{di} 可以從歷史紀錄、負載預測或測量得知。實際上經常只有有效功率是已知，無效功率則是基於一個假設性的功因來獲得。一個負載匯流排 ⓘ 經常被稱為 PQ 匯流排，是因為排程值 $P_{i,sch} = -P_{di}$ 及 $Q_{i,sch} = -Q_{di}$ 為已知，且 ΔP_i 與 ΔQ_i 可以定義。相對應的 (7.30) 式與 (7.31) 式，很明顯地涵蓋於負載潮流問題的敘述中，而針對匯流排所要決定的兩個未知量是 δ_i 與 $|V_i|$。

2. 電壓控制匯流排 [voltage-controlled (PV) bus]：系統中任何匯流排的電壓大小保持固定不變稱為電壓控制。在有連接發電機的每一個匯流排，百萬瓦發電量可以經由調整原動機來控制，而電壓大小可以經由調整發電機的激磁來控制。因此，在每一個發電機匯流排 ⓘ，我們可以適當地指定 P_{gi} 與 $|V_i|$。而 P_{di} 也已知時，我們同樣可以根據 (7.28) 式來定義誤差 ΔP_i。

    支撐排程電壓 $|V_i|$ 的發電機無效功率 Q_{gi} 則無法進一步得知，所以誤差 ΔQ_i 沒有定義。因此，在發電機匯流排 ⓘ，電壓的角度是要求解的未知量，且 (7.30) 式對於 P_i 是可用的方程式。在電力潮流問題求解後，Q_i 可以從 (7.27) 式計算出。

    基於上述明確的理由，發電機匯流排通常稱為電壓控制或 PV 匯流排。而某些沒有發電機的匯流排，可能有控制電壓的能力；像這種匯流排也被指定為電壓控制匯流排，此匯流排的有效功率發電量為零。

3. 鬆弛匯流排 [slack (SL) bus]：鬆弛匯流排也稱之為搖擺匯流排 (swing bus)。為求方便，本章中匯流排 1 (bus 1) 總是被指定為鬆弛匯流排。鬆弛匯流排的電壓角度作為所有其他匯流排電壓角度的參考。將鬆弛匯流排電壓指定為特殊的角度並不重要，因為在 (7.26) 式與 (7.27) 式中，電壓角度的差值決定 P_i 與 Q_i 的計算值。通常習慣上將 δ 設定為零 ($\delta_1 = 0°$)。如稍後的解釋，鬆弛匯流排的誤差沒有定義，所以電壓大小 $|V_i|$ 被指定為其他的已知量，且 $\delta_1 = 0°$。在電力潮流問題中，針對鬆弛匯流排，並不需要包括 (7.30) 式或 (7.31) 式。

為了了解在鬆弛匯流排上為何 P_1 與 Q_1 並非排程，考慮 N 個匯流排系統中的每一個匯流排，類似 (7.30) 式，可以藉由將 i 的範圍寫成從 1 到 N。當所得結果的 N 個方程式加在一起時，可得

$$\underbrace{P_L}_{\text{有效功率損失}} = \sum_{i=1}^{N} P_i = \underbrace{\sum_{i=1}^{N} P_{gi}}_{\text{總發電量}} - \underbrace{\sum_{i=1}^{N} P_{di}}_{\text{總負載量}} \tag{7.32}$$

很明顯地，方程式中的 P_L 為網路中輸電線路及變壓器的總損失 I^2R。直到系統中每一個匯流排的電壓大小及角度已知之後，網路中各種輸電線路之個別電流才能計算出。因此，一開始 P_L 為未知，且不可能預先指定 (7.32) 式的總和量。在負載潮流的規劃中，我們選定一個匯流排為鬆弛匯流排，其 P_g 不能預先排定或以其他方式預先指定。

電力潮流問題求解之後，在所有其他匯流排進入系統的總指定 P 與總輸出 P 加上 I^2R 損失之間的差值（鬆弛部分）會指定給鬆弛匯流排。針對此一理由，發電機匯流排必須選擇為鬆弛匯流排。由所有匯流排上的發電機所提供的總百萬乏，與所有負載接收的百萬乏之間的差值為

$$\sum_{i=1}^{N} Q_i = \sum_{i=1}^{N} Q_{gi} - \sum_{i=1}^{N} Q_{di} \tag{7.33}$$

此方程式滿足每一個個別匯流排，此等匯流排於求解負載潮流問題程序中滿足每一個匯流排 ⓘ 的 (7.31) 式。個別的 Q_i 在電力潮流求解之後，可以從 (7.27) 式算出。因此，(7.33) 式左邊的量說明了由線路充電、安裝在匯流排上的並聯電容器及電抗器，以及輸電線路的串聯電抗上稱為 I^2 損失的合成百萬乏。

在電力潮流研究的輸入資料中，非排程的匯流排電壓大小及角度稱為狀態變數 (state variable) 或依賴變數 (dependent variable)，因為他們描述系統狀態的值均由所有匯流排的指定量來決定。因此，電力潮流問題是基於輸入資料明細，藉由求解與狀態變數相同數量的電力潮流方程式，來決定所有狀態變數的數值。

如果在 N 個匯流排的系統中，有 N_g 個電壓控制匯流排（不含鬆弛匯流排），則會有 $(2N-N_g-2)$ 個方程式，來求解 $(2N-N_g-2)$ 個狀態變數，如表 7.6 所示。一旦狀態變數被計算出來後，便能了解系統的完整狀態，而所有其他依賴狀態變數的量都可以決定。這些量例如，鬆弛匯流排的 P_1 及 Q_1，在每一個電壓控制匯流排上的 Q_i，及系統的功率損失 P_L，都是依賴函數的例子。

表 7.6 電力潮流問題公式摘要

匯流排型式	匯流排編號	指定量	可用方程式數目	$\delta_i, |V_i|$ 狀態變數數目
Slack (Swing): $i = 1$	1	$\delta_1, |V_1|$	0	0
Voltage controlled (P-V) ($i = 2, ..., N_g + 1$)	N_g	$P_i, |V_i|$	N_g	N_g
Load (P-Q) ($i = N_g + 2, ..., N$)	$N - N_g - 1$	P_i, Q_i	$2(N - N_g - 1)$	$2(N - N_g - 1)$
Totals	N	$2N$	$2N - N_g - 2$	$2N - N_g - 2$

(7.26) 式及 (7.27) 式的函數 P_i 及 Q_i 為狀態變數 δ_i 與 $|V_i|$ 的非線性函數。因此，電力潮流計算通常採用疊代技術，如先前章節所介紹的高斯賽得及牛頓拉弗森程序。牛頓拉弗森法求解電力潮流方程式的極座標型式，直到所有匯流排上的 ΔP 與 ΔQ 誤差落在指定容忍度中。高斯賽得法以直角座標（複數變數）求解電力潮流方程式，直到前、後次疊代在匯流排電壓上的差值足夠小。此兩種求解方法均基於匯流排導納方程式。

例題 7.6

假設一個 9 個匯流排的小電力系統中每一個匯流排上的 P-Q 負載為已知，且同步發電機連接至匯流排 ①、②、⑤ 及 ⑦。選擇匯流排 ① 為鬆弛匯流排，針對電力潮流研究，確認每一個匯流排的 ΔP 與 ΔQ 誤差及狀態變數。

解：將 9 個匯流排系統歸類如下；

鬆弛匯流排：①

P-V 匯流排：②、⑤ 及 ⑦

P-Q 匯流排：③、④、⑥、⑧ 及 ⑨

相對應於指定的 P 及 Q 之誤差為：

在 P-Q 匯流排：ΔP_3，ΔQ_3；ΔP_4，ΔQ_4；ΔP_6，ΔQ_6；ΔP_8，ΔQ_8；ΔP_9，ΔQ_9；

在 P-V 匯流排：ΔP_2，ΔP_5，ΔP_7；

而狀態變數有：

P-Q 匯流排：δ_3，$|V_3|$；δ_4，$|V_4|$；δ_6，$|V_6|$；δ_8，$|V_8|$；δ_9，$|V_9|$；

P-V 匯流排：δ_2，δ_5，δ_7

因為 $N = 9$ 且 $N_g = 3$，有 $2N - N_g - 2 = 13$ 個方程式，來求解所顯示的 13 個狀態變數。

為了執行電力潮流研究，可將所描述的數值方法於電腦程式中執行。除了提供前面所提及的匯流排資料給電力潮流程式之外，也必須提供包括輸電線路及變壓器資料的數值。在匯流排資料中，需顯示匯流排是否為鬆弛匯流排、電壓控制（或 PV）匯流排，其電壓大小藉由無效功率的產生來保持固定者，或是負載（或 PQ 匯流排）具備固定有效功率及無效功率需求。其數值並非保持固定者，在輸入資料中的數值被解釋成初始狀態。同樣地，有效功率與無效功率產生的限制通常必須被指定。

每一條線路所指定的總線路充電百萬乏，說明了並聯電容，並等於仟伏安額定線路電壓的 $\sqrt{3}$ 倍乘以 I_{chg}，並除以 10^3。也就是

$$(\text{Mvar})_{chg} = \sqrt{3}|V|I_{chg} \times 10^{-3} = \omega C_n |V|^2 \tag{7.34}$$

其中 $|V|$ 為額定線對線電壓，單位為仟伏安，C_n 為針對線路總長度的線對中性點電容，單位法拉。I_{chg} 曾於 4.4 節中定義。程式產生一個線路標稱 π 表示，並從充電百萬乏的已知數值計算電容，且在線路的兩端之間平均分配電容。(7.34) 式清楚指出以標么方式表示的線路充電百萬乏等於在 1.0 標么電壓之下，線路的標么並聯電納。針對長線路，程式可以就沿著線路分布的電容計算等效 π。線路仟伏安的限制通常需要妥善指定。除非有其他指定，程式通常假設 100 MVA 的基準。

7.4 高斯賽得電力潮流法

因為針對不同型式匯流排的指定資料型式不同，要獲得電力系統的電力潮流正規解有其複雜度。雖然足夠的方程式來匹配未知的狀態變數並非難事，但是解的封閉型式並不實際。

電力潮流問題的數值解，依循著疊代程序，藉由事先指定未知的匯流排電壓估計值，並由其他匯流排的估計值及指定的有效功率與無效功率，計算出每一個匯流排電壓的新值。由此可以獲得每一個匯流排上的一組新電壓值，並利用此數值計算出下一次疊代的匯流排電壓。每一次計算出一組新的電壓稱為疊代 (iteration)。疊代程序會一直重覆，直到每一個匯流排的變化量小於指定的最小值。

考慮一個 N 個匯流排電力系統，並將鬆弛匯流排指定為編號 ①。我們將以高斯賽得疊代法為基礎從匯流排 ② 開始，推導出電力潮流方程

式。如果 $P_{2,sch}$ 及 $Q_{2,sch}$ 分別為有效功率與無效功率排程，並在匯流排 ② 進入網路，遵循 (7.4) 式

$$\frac{P_{2,sch} - jQ_{2,sch}}{V_2^*} = Y_{21}V_1 + Y_{22}V_2 + Y_{23}V_3 + \cdots + Y_{2N}V_N \quad (7.35)$$

求解 V_2 可得

$$V_2 = \frac{1}{Y_{22}}\left[\frac{P_{2,sch} - jQ_{2,sch}}{V_2^*} - (Y_{21}V_1 + Y_{23}V_3 + \cdots + Y_{2N}V_N)\right] \quad (7.36)$$

現在，讓我們假設從匯流排 ③ 到 N 都是具有指定有效功率及無效功率的負載匯流排。針對每一個匯流排都可列出一類似 (7.36) 式的表示法。在匯流排 ③，可得

$$V_3 = \frac{1}{Y_{33}}\left[\frac{P_{3,sch} - jQ_{3,sch}}{V_3^*} - (Y_{31}V_1 + Y_{32}V_2 + \cdots + Y_{3N}V_N)\right] \quad (7.37)$$

如果我們將 (7.36) 式與 (7.37) 式的實數及虛數部分以相等方式表示，而匯流排 ④ 到 N 有類似的方程式，因此在 2(N−1) 個狀態變數，δ_2 到 δ_N 及 $|V_2|$ 到 $|V_N|$，會得到 2(N−1) 個方程式。然而，我們直接從所顯示的方程式求得複數電壓。根據匯流排 ②、③ 到 N 的排程有效功率及無效功率，鬆弛匯流排的排程電壓 $V_1 = |V_1|\angle\delta_1$ 及其他匯流排上的初始電壓估計值 $V_2^{(0)}$，$V_3^{(0)}$，$\cdots$，$V_N^{(0)}$，並可藉由持續疊代來求解。

(7.36) 式的解可得到下列的修正電壓 $V_2^{(1)}$ 計算方式

$$V_2^{(1)} = \frac{1}{Y_{22}}\left[\frac{P_{2,sch} - jQ_{2,sch}}{V_2^{(0)*}} - (Y_{21}V_1 + Y_{23}V_3^{(0)} + \cdots + Y_{2N}V_N^{(0)})\right] \quad (7.38)$$

上式中等號右邊的表示式不是固定的指定值就是初始估計值。計算所得的 $V_2^{(1)}$ 與原先預估的 $V_2^{(0)}$ 不會相同。

在數次疊代之後，可以達到良好的精確性，而 V_2 的估計電壓可視為正確值，與其他匯流排的功率無關。然而，針對指定的電力潮流狀況來說，此值不算是 V_2 的解，因為 V_2 的計算值是依賴於其他匯流排的估計值 $V_3^{(0)}$ 及 $V_4^{(0)}$，而實際的電壓值並不知道。

當每一個匯流排的修正電壓都知道後，會將此修正值用來計算下一個匯流排的修正電壓。因此將 $V_2^{(1)}$ 代入 (7.37) 式中，可求得匯流排 ③ 的第一次計算值

$$V_3^{(1)} = \frac{1}{Y_{33}}\left[\frac{P_{3,sch} - jQ_{3,sch}}{V_3^{(0)*}} - (Y_{31}V_1 + Y_{32}V_2^{(1)} + Y_{34}V_4^{(0)} + \cdots + Y_{3N}V_N^{(0)})\right] \quad (7.39)$$

任何匯流排 ⓘ 的計算電壓通式如下，其中 P 與 Q 為排程

$$V_i^{(k)} = \frac{1}{Y_{ii}} \left[\frac{P_{i,sch} - jQ_{i,sch}}{V_i^{(k-1)\star}} - \sum_{j=1}^{i-1} Y_{ij} V_j^{(k)} - \sum_{j=i+1}^{N} Y_{ij} V_j^{(k-1)} \right] \quad (7.40)$$

上標 (k) 表示疊代次數，其中電壓為現在的計算值且 (k−1) 表示前一次疊代數。因此，可以了解到方程式右邊的電壓為相對應匯流排最近的計算值（如果 k 是 1，且那個特定匯流排尚未執行任何疊代，此電壓或可為估計電壓）。

網路中剩下的匯流排持續地重複此疊代程序（除了鬆弛匯流排之外），直到完成第 1 次疊代，此時每個狀態變數的計算值均已求出。然後，這整個程序一再一再地執行，直到每一個匯流排的電壓修正量小於某一個預先設定的精度指標（或是收斂條件）。

如果初始值的大小合理，且相位差不大，則可避免收斂到不正確的解答。通常習慣是將所有負載匯流排上的未知電壓之初始估計值設定為 1.0∠0° 標么。此種初始化稱為「齊頭起始」(flat start)，因為假定的電壓都一樣。

因為 (7.40) 式僅適用在已指定有效功率及無效功率的負載匯流排，對於電壓大小維持固定的電壓控制匯流排則需多一個步驟。在研究這個額外的步驟前，讓我們看一個負載匯流排上的計算例題。

電壓控制匯流排 當匯流排 m 指定的是電壓大小而不是無效功率時，藉由第一次無效功率值的計算來求解每一次疊代電壓的實數與虛數部分。從 (7.24) 式可以得到

$$Q_m = -\text{Im} \left\{ V_m^\star \sum_{j=1}^{N} Y_{mj} V_j \right\} \quad (7.41)$$

上式的相同算式表示為

$$Q_m^{(k)} = -\text{Im} \left\{ (V_m^{(k-1)})^\star \left[\sum_{j=1}^{m-1} Y_{mj} V_j^{(k)} + \sum_{j=m}^{N} Y_{mj} V_j^{(k-1)} \right] \right\} \quad (7.42)$$

其中 Im 意思為「虛數部分」，且上標表示相關的疊代。(7.42) 式所求得的無效功率 $Q_m^{(k)}$ 是匯流排先前最佳電壓值，並將此 $Q_m^{(k)}$ 值代入 (7.40) 式求解 $V_m^{(k)}$ 新的值。新的 $V_m^{(k)}$ 再乘以指定固定大小 $|V_m|$ 與從 (7.40) 式所求的 $V_m^{(k)}$ 大小之比值，如 (7.43) 式所示。此結果為指定大小的複數電壓修正值，然後以匯流排 m 電壓的儲存數值 $V_{m,corr}^{(k)}$ 繼續至下一步驟，此電壓在

往後疊代的計算中已指定大小。

$$V_{m,corr}^{(k)} = |V_m| \frac{V_m^{(k)}}{|V_m^{(k)}|} \tag{7.43}$$

如在 7.3 節所討論的，除了鬆弛匯流排之外，每一個匯流排必須指定電壓大小或是指定無效功率，其中電壓指定是指電壓大小及角度均需指定。有發電機注入的任何匯流排，其電壓大小與發電機所提供的有效功率 P_g 均需指定。從發電機進入網路的無效功率 Q_g，則藉由解電力潮流問題來求解。從實務的觀點來看，發電機輸出的 Q_g 必須在下列不等式所定義的限制之內

$$Q_{min} \leq Q_g \leq Q_{max} \tag{7.44}$$

其中 Q_{min} 為匯流排發電機輸出無效功率限制規範的最小值，而 Q_{max} 為最大值。在電力潮流求解的過程中，如果 Q_g 的計算值超出限制的範圍時，則 Q_g 被設定等於該限制，而匯流排原始指定的電壓大小將被鬆弛，此匯流排會被視為一個 PQ 匯流排，其新電壓從電力潮流程式中計算。在之後的疊代中，程式會致力於維持該匯流排原始的指定電壓，並確保 Q_g 在允許的範圍值之內。這種情形是極有可能的，因為為了支撐發電機激磁的局部反應以滿足指定的端電壓，系統中任何地方都可能發生變化。

例題 7.7

圖 7.5 顯示一個簡單的四個匯流排系統的單線圖。

發電機連接至匯流排 ① 和 ④，而所有四個匯流排的負載均已標示。輸電系統的基準值為 100 MVA，230 kV。表 7.7 的線路資料 (line data) 提供四條以其終端匯流排為區分的線路，於標稱 π 等效上的串聯阻抗標么值及線路充電電納標么值。

同時，表 7.8 的匯流排資料 (bus data) 列出每一個匯流排的 P、Q 及 V 的值。

負載的 Q 值是在假定功因為 0.85 情況下，從相對應的 P 值計算所得。在負載匯流排 ② 與 ③ 的淨排程 $P_{i,sch}$ 的 $Q_{i,sch}$ 的值為負數。電壓大小固定時，所產生的 Q_{gi} 不予指定。針對負載匯流排，其電壓欄位的值為齊頭起始預估值。鬆弛匯流排的電壓大小 $|V_1|$ 及相角 δ_1，而匯流排 ④ 的電壓大小 $|V_4|$ 將保持在所列的值。

利用高斯賽得法求解電力潮流問題。假定疊代計算從匯流排 ② 開始，試求第 1 次疊代的 V_2、V_3 及 V_4 之值。

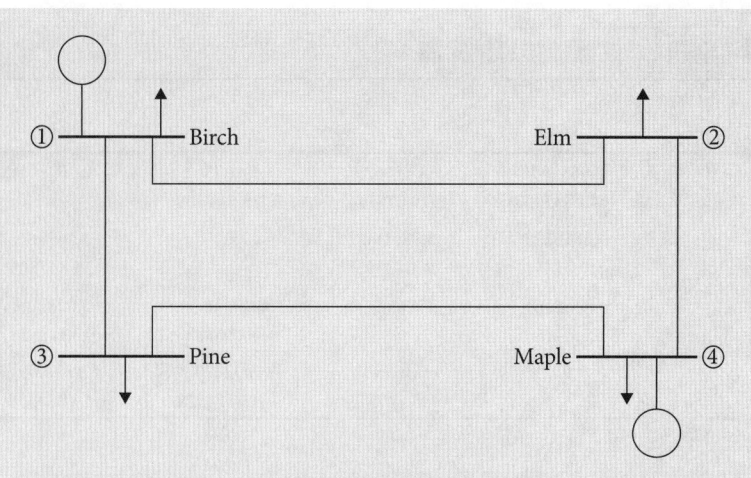

圖 7.5 例題 7.7 的單線圖，圖中顯示匯流排的名稱及編號

表 7.7 例題 7.7 的線路資料[†]

線路，以匯流排至匯流排來編號	串聯阻抗 R（標么）	串聯阻抗 X（標么）	串聯 Y=Z⁻¹ G（標么）	串聯 Y=Z⁻¹ B（標么）	並聯 Y 總充電量乏 MVAR[‡]	並聯 Y Y/2 標么
1-2	0.01008	0.05040	3.815629	−19.078144	10.25	0.05125
1-3	0.00744	0.03720	5.169561	−25.847809	7.75	0.03875
2-4	0.00744	0.03720	5.169561	−25.847809	7.75	0.03875
3-4	0.01272	0.06360	3.023705	−15.118528	12.75	0.06375

[†] 基準值為 100 MVA，230 kV。
[‡] 在 230 kV。

表 7.8 例題 7.7 的匯流排資料

匯流排編號	發電量 P, MW	發電量 Q, MVAR	負載 P, MW	負載 Q, MVAR[†]	V, 標么	註記
1	−	−	50	30.99	1.00∠0°	鬆弛匯流排
2	0	0	170	105.35	1.00∠0°	負載匯流排（指定）
3	0	0	200	123.94	1.00∠0°	負載匯流排（指定）
4	318	−	80	49.58	1.02∠0°	電壓控制

[†] 負載的 Q 值是在假定功因為 0.85 情況下，從相對應的 P 值計算所得。

解：為了接近數位電腦的精確度，我們執行下列的計算至小數點第六位。從表 7.7 所給的線路資料，可以建構出表 7.9 的系統 Y_{bus}。

表 7.9 例題 7.7 的匯流排導納矩陣

匯流排編號	①	②	③	④
①	8.985190 −j44.835953	−3.815629 +j19.078144	−5.169561 +j25.847809	0
②	−3.815629 +j19.078144	8.985190 −j44.835953	0	−5.169561 +j25.847809
③	−5.169561 +j25.847809	0	8.193267 −j40.863838	−3.023705 +j15.118528
④	0	−5.169561 +j25.847809	−3.023705 +j15.118528	8.193267 −j40.863838

† 標么值四捨五入至小數點第六位。

例如，圖 7.5 的匯流排 ②，其相關的非零非對角線元素 Y_{21} 及 Y_{24} 等於其個別線路導納的負值

$$Y_{21} = -3.815629 + j19.078144; \quad Y_{24} = -5.169561 + j25.847809$$

因為 Y_{22} 是連接至匯流排 ② 的所有導納總和，包括線路 ②-① 及 ②-④ 的線路充電並聯電納。可得

$$Y_{22} = (-Y_{21}) + j0.05125 + (-Y_{24}) + j0.03875 = 8.985190 - j44.835953$$

相同的方法，

$$Y_{31} = -5.169561 + j25.847809; \quad Y_{34} = -3.023705 + j15.118528$$

Y_{33} 是連接至匯流排 ③ 的所有導納總和，包括線路 ③-① 及 ③-④ 的線路充電並聯電納，如下

$$Y_{33} = (-Y_{31}) + j0.03875 + (-Y_{34}) + j0.06375 = 8.193267 - j40.863838$$

代入 (7.38) 式及 (7.39) 式產生標么電壓

$$V_2^{(1)} = \frac{1}{Y_{22}} \left[\frac{-1.7 + j1.0535}{1.0 + j0.0} - 1.00(-3.815629 + j19.078144) \right.$$
$$\left. - 1.02(-5.169561 + j25.847809) \right]$$

$$= \frac{1}{Y_{22}} [-1.7 + j1.0535 + 9.088581 - j45.442909]$$

$$= \frac{7.388581 - j44.389409}{8.985190 - j44.835953} = 0.983564 - j0.032316$$

$$V_3^{(1)} = \frac{1}{Y_{33}} \left[\frac{-2.0 + j1.2394}{1.0 + j0.0} - 1.00(-5.169561 + j25.847809) \right.$$
$$\left. - 1.02(-3.023705 + j15.118528) \right]$$

$$= \frac{1}{Y_{33}}[-2.0 + j1.2394 + 8.2537401 - j41.268708]$$

$$= \frac{6.2537401 - j40.029308}{8.193627 - j40.863838} = 0.971216 - j0.041701$$

因為匯流排 ④ 為電壓控制，從 (7.42) 式產生該計算值

$$Q_4^{(1)} = -\text{Im}\left[(V_4^{(0)})^*\left(Y_{41}V_1 + Y_{42}V_2^{(1)} + Y_{43}V_3^{(1)} + Y_{44}V_4^{(0)}\right)\right]$$

$$= -\text{Im}\left\{1.02\begin{bmatrix}0 + (-5.169561 + j25.847809)(0.983564 - j0.032316)\\ + (-3.023705 + j15.118528)(0.971216 - j0.041701)\\ + (8.193267 - j40.863838)(1.02)\end{bmatrix}\right\}$$

$$= 1.307266 \text{ 標么}$$

針對匯流排 ④，以 $Q_{4,sch}$ 取代 (7.40) 式中的 $Q_4^{(1)}$，可得

$$V_4^{(1)} = \frac{1}{Y_{44}}\left[\frac{P_{4,sch} - jQ_4^{(1)}}{(V_4^{(0)})^*} - (Y_{41}V_1 + Y_{42}V_2^{(1)} + Y_{43}V_3^{(1)})\right]$$

$$= \frac{1}{Y_{44}}\left\{\frac{(3.18 - 0.8) - j1.307266}{1.02}\right.$$

$$\left. - \begin{bmatrix}0 + (-5.169561 + j25.847809)(0.983564 - j0.032316)\\ + (-3.023705 + j15.118528)(0.971216 - j0.041701)\end{bmatrix}\right\}$$

$$= \frac{8.888843 - j41.681115}{8.193267 - j40.863838} = 1.022508 + j0.012509$$

$$= 1.022585\angle 0.7009° \text{ 標么}$$

所有右手邊的量均已知。因為 $|V_4|$ 為指定值，$V_4^{(1)}$ 的正確大小如下。

$$V_{4,corr}^{(1)} = |V_4|\frac{V_4^{(1)}}{|V_4^{(1)}|} = 1.02\frac{1.022508 + j0.012509}{1.022585} = 1.019924 + j0.012477$$

$$= 1.02\angle 0.7009°$$

如例題 7.1 及 7.2 所顯示，加速因子 (acceleration factor) 的加入可以加快高斯賽得法的收斂速度。電力潮流問題的解也顯示疊代的次數可能可以大量減少，如果在每一個匯流排上的修正電壓乘上某一個常數，亦即增加修正量，可以將電壓帶往更接近的數值。匯流排上最近的計算電壓與上次最佳電壓之間的差值乘上適當的加速因子，可以獲得較佳的修正量，並將此修正量加到上次的數值。例如，在匯流排 ① 的第 1 次疊代，我們得到以直線公式定義的加速值 $V_{i,acc}^{(1)}$

$$V_{i,acc}^{(1)} = V_i^{(0)} + \alpha(V_i^{(1)} - V_i^{(0)}) \tag{7.45}$$

其中 α 為加速因子。更一般地說，在第 k 次疊代期間，其加速電壓為

$$V_{i,acc}^{(k)} = V_{i,acc}^{(k-1)} + \alpha(V_i^{(k)} - V_{i,acc}^{(k-1)}) \tag{7.46}$$

如果 $\alpha=1$，則 V_1 的高斯賽得計算值會被當作第 k 次值儲存。在電力潮流研究中，α 通常設定在 1 至 2 之間的數值，以改善收斂。

當我們考量電壓控制匯流排 ⓜ，並加入加速因子，則 (7.42) 式的無效功率會根據下式更新

$$Q_m^{(k)} = -\text{Im}\left\{(V_{m,acc}^{(k-1)})^\star\left[\sum_{j=1}^{m-1}Y_{mj}V_{j,acc}^{(k)} + \sum_{j=m}^{N}Y_{mj}V_{j,acc}^{(k-1)}\right]\right\} \tag{7.47}$$

且匯流排 ⓜ 的計算電壓為

$$V_m^{(k)} = \frac{1}{Y_{mm}}\left[\frac{P_{m,sch} - jQ_m^{(k)}}{V_{m,acc}^{(k-1)\star}} - \sum_{j=1}^{m-1}Y_{mj}V_{j,acc}^{(k)} - \sum_{j=m+1}^{N}Y_{mj}V_{j,acc}^{(k-1)}\right] \tag{7.48}$$

則 (7.48) 式會被用來計算複數電壓的修正量，以保持匯流排 ⓜ 的定電壓大小。

例題 7.8

以加速因子 1.6，完成例題 7.7 的高斯賽得程序的第 1 次疊代。

解： 在 (7.46) 式中利用加速因子 1.6，並代入例題 7.7 的結果，可得

$$V_{2,acc}^{(1)} = 1 + 1.6[(0.983564 - j0.032316) - 1]$$

$$= 0.973703 - j0.051706 \text{ 標么}$$

利用 $V_{2,acc}^{(1)}$，以類似的計算方式來求解匯流排 ③ 的第 1 次疊代值

$$V_{3,acc}^{(1)} = 0.953949 - j0.066708 \text{ 標么}$$

因為匯流排 ④ 為電壓控制，我們必須以不同方式來求解，解釋如下。針對修正量的實數部分之加速因子可能與虛數部分不同。對於任何系統，存在加速因子的最佳數值，而選擇較差的加速因子，將使收斂速度變慢，或無法收斂。1.6 的加速因子，對於實數及虛數部分通常都是不錯的選擇，但是在研究上，針對特別的系統可能會要決定出最佳的選擇。為了求解匯流排 ④ 的電壓，(7.47) 式產生計算值為

$$Q_4^{(1)} = -\text{Im}\left[(V_4^{(0)})^\star\left(Y_{41}V_1 + Y_{42}V_{2,acc}^{(1)} + Y_{43}V_{3,acc}^{(1)} + Y_{44}V_4^{(0)}\right)\right]$$

於此，匯流排②和③的電壓計算值為第 1 次疊代的加速值。針對匯流排④ 將 (7.47) 式等效中的 $Q_{4,sch}$ 用 $Q_4^{(1)}$ 代入，則產生

$$V_4^{(1)} = \frac{1}{Y_{44}} \left[\frac{P_{4,sch} - jQ_4^{(1)}}{(V_4^{(0)})^*} - (Y_{41}V_1 + Y_{42}V_{2,acc}^{(1)} + Y_{43}V_{3,acc}^{(1)}) \right]$$

而在右邊的所有量均為已知。因為 $|V_4|$ 為指定值，我們根據 (7.43) 式來修正 $V_4^{(1)}$ 的大小，如下

$$V_{4,corr}^{(1)} = |V_4| \frac{V_4^{(1)}}{|V_4^{(1)}|}$$

以匯流排④的儲存值 $V_{4,corr}^{(1)}$ 繼續下一次的疊代，此電壓在疊代的其餘計算均保持指定大小。

表 7.8 顯示 Y_{41} 等於零，且從 (7.46) 式可得

$$Q_4^{(1)} = -Im\left\{(V_4^{(0)})^*\left[Y_{42}V_{2,acc}^{(1)} + Y_{43}V_{3,acc}^{(1)} + Y_{44}V_4^{(0)}\right]\right\}$$

針對此方程式所顯示的量代入數值，可得

$$Q_4^{(1)} = -Im\left\{\begin{array}{l}1.02\left[(-5.169561 + j25.847809)(0.973703 - j0.051706)\right.\\ + (-3.023705 + j15.118528)(0.953949 - j0.066708)\\ \left. + (8.193267 - j40.863838)(1.02)\right]\end{array}\right\}$$

$$= -Im\{1.02[-5.573064 + j40.059396 + (8.193267 - j40.863838)1.02]\}$$

$$= 1.654153 \text{ 標么}$$

將這個 $Q_4^{(1)}$ 值代入 (7.47) 式中，產生：

$$V_4^{(1)} = \frac{1}{Y_{44}} \left[\frac{P_{4,sch} - jQ_4^{(1)}}{(V_4^{(0)})^*} - (Y_{42}V_{2,acc}^{(1)} + Y_{43}V_{3,acc}^{(1)}) \right]$$

$$= \frac{1}{Y_{44}} \left[\frac{2.38 - j1.654153}{1.02 - j0.0} - (-5.573066 + j40.059398) \right]$$

$$= \frac{7.906399 - j41.681117}{8.193267 - j40.863838} = 1.017874 - j0.010604$$

$$= 1.017929 \angle -0.6° \text{ 標么}$$

因此，$|V_4^{(1)}|$ 等於 1.017929，且我們必須將此大小修正至 1.02

$$V_{4,corr}^{(1)} = \frac{1.02}{1.017929}(1.017874 - j0.010604)$$

$$= 1.019945 - j0.010625$$

$$= 1.02\angle -0.6° \text{ 標么}$$

在這個例題中,發現第 1 次疊代時 $Q_4^{(1)}$ 是 1.654153 標么。如果匯流排 ④ 的無效功率發電量限制在 1.6541513 標么以下,則該極限值就被當成 $Q_4^{(1)}$,且匯流排 ④ 在此狀況下於該次疊代時就被視為負載匯流排。當發電機 Q 的限制被違反時,相同的策略可用在任何的疊代運算中。

高斯賽得程序是求解電力潮流問題的一種方法。然而,今日工業導向的研究一般都採用牛頓拉弗森疊代法,因為它的收斂性可靠,有效率的計算,且儲存的需求上更為經濟。例題 7.7 及例題 7.8 的收斂解與稍後利用牛頓拉弗森法求解的例題結果相符。

7.5 牛頓拉弗森電力潮流法

針對兩個或更多變數的函數,其泰勒級數展開 (Taylor's series expansion) 是牛頓拉弗森法用以求解非線性方程式的基礎。我們藉由只包括兩個方程式及兩個變數的兩個匯流排電力潮流問題作為研究此方法的開端。然後,我們將此分析擴展至更複雜的電力潮流方程式求解上。

例題 7.9

藉由牛頓拉弗森法求解圖 7.6 兩個匯流排系統中匯流排 ② 的電壓。

系統中,所有數值均為標么值。匯流排 ① 為鬆弛匯流排,且具有 $|V_1|\angle\delta_1 = 1\angle 0°$ 的固定電壓。令兩個變數為 $x_1 = \delta_2$ 及 $x_2 = |V_2|$。選擇初始狀態為 $x_1^{(0)} = 0$ rad 及 $x_2^{(0)} = 1.0$ 標么,精確指標 ε 為 10^{-5}。

解: 此問題中,在匯流排 ② 有兩個電力平衡方程式

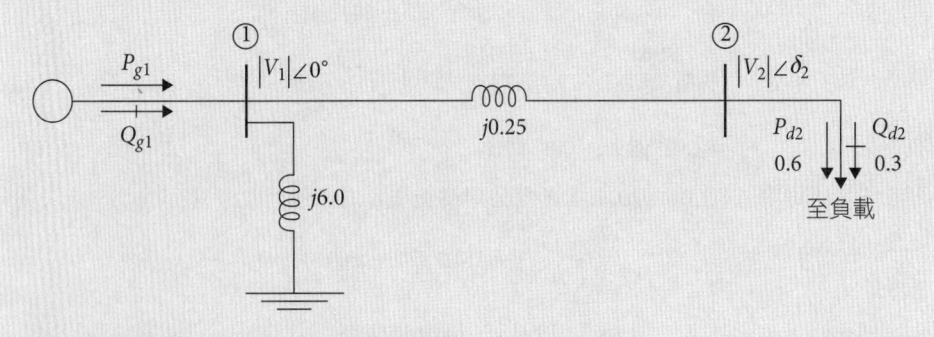

圖 7.6 例題 7.9 的電力潮流方程式系統

$$f_1(\delta_2, |V_2|) = P_2(\delta_2, |V_2|) - (P_{g2} - P_{d2})$$
$$= 4|V_1||V_2|\sin\delta_2 + 0.6 = 0$$
$$f_2(\delta_2, |V_2|) = Q_2(\delta_2, |V_2|) - (Q_{g2} - Q_{d2})$$
$$= 4|V_2|^2 - 4|V_1||V_2|\cos\delta_2 + 0.3 = 0$$

以 x_1 及 x_2 表示，上面兩個電力平衡方程式變成

$$f_1(x_1, x_2) = 4x_2 \sin x_1 + 0.6 = 0$$
$$f_2(x_1, x_2) = 4x_2^2 - 4x_2 \cos x_1 + 0.3 = 0$$

針對 x 偏微分，可產生下列的 Jacobian：

$$J = \begin{bmatrix} \dfrac{\partial f_1}{\partial x_1} & \dfrac{\partial f_1}{\partial x_2} \\ \dfrac{\partial f_2}{\partial x_1} & \dfrac{\partial f_2}{\partial x_2} \end{bmatrix} = \begin{bmatrix} 4x_2 \cos x_1 & 4 \sin x_1 \\ 4x_2 \sin x_1 & 8x_2 - 4\cos x_1 \end{bmatrix}$$

一次疊代：使用 x_1 及 x_2 的初始估測值，計算偏差為

$$\Delta f_1^{(0)} = 0 - f_{1,\,calc} = -0.6 - 4\sin(0) = -0.6$$
$$\Delta f_2^{(0)} = 0 - f_{2,\,calc} = -0.3 - 4 \times (1.0)^2 + 4\cos(0) = -0.3$$

利用 (7.17) 式來產生偏差方程式

$$\begin{bmatrix} 4\cos(0) & 4\sin(0) \\ 4\sin(0) & 8 - 4\cos(0) \end{bmatrix} \begin{bmatrix} \Delta x_1^{(0)} \\ \Delta x_2^{(0)} \end{bmatrix} = \begin{bmatrix} -0.6 \\ -0.3 \end{bmatrix}$$

取這個簡單 2×2 矩陣的反矩陣，可求得初始修正

$$\begin{bmatrix} \Delta x_1^{(0)} \\ \Delta x_2^{(0)} \end{bmatrix} = \begin{bmatrix} 4 & 0 \\ 0 & 4 \end{bmatrix}^{-1} \begin{bmatrix} -0.6 \\ -0.3 \end{bmatrix} = \begin{bmatrix} -0.150 \\ -0.075 \end{bmatrix}$$

下列提供第 1 次疊代 x_1 及 x_2 的數值

$$x_1^{(1)} = x_1^{(0)} + \Delta x_1^{(0)} = 0.0 + (-0.150) = -0.150 \text{ rad}$$
$$x_2^{(1)} = x_2^{(0)} + \Delta x_2^{(0)} = 1.0 + (-0.075) = 0.925 \text{ 標么}$$

修正值超過指定的容許值，所以繼續執行疊代

二次疊代：新的偏差為

$$\begin{bmatrix} \Delta f_1^{(1)} \\ \Delta f_2^{(1)} \end{bmatrix} = \begin{bmatrix} -0.6 - 4(0.925)\sin(-0.15) \\ -0.3 - 4(0.925)^2 + 4(0.925)\cos(-0.15) \end{bmatrix} = \begin{bmatrix} -0.047079 \\ -0.064047 \end{bmatrix}$$

更新 Jacobian，並計算新的修正值

$$\begin{bmatrix} \Delta x_1^{(1)} \\ \Delta x_2^{(1)} \end{bmatrix} = \begin{bmatrix} 3.658453 & -0.597753 \\ -0.552921 & 3.444916 \end{bmatrix}^{-1} \begin{bmatrix} -0.047079 \\ -0.064047 \end{bmatrix} = \begin{bmatrix} -0.016335 \\ -0.021214 \end{bmatrix}$$

這些修正值也超過精度指標，所以利用新的修正值，繼續下一次疊代

$$x_1^{(2)} = -0.150 + (-0.016335) = -0.166335 \text{ rad}$$

$$x_2^{(2)} = 0.925 + (-0.021214) = 0.903786 \text{ 標么}$$

繼續第 3 次疊代，我們發現修正值 $\Delta x_1^{(3)}$ 及 $ex_2^{(3)}$ 的大小都小於規定的容許值 10^{-5}。因此，計算其解為

$$x_1^{(4)} = \delta_2^{(4)} = -0.166876 \text{ rad} \quad 及 \quad x_2^{(4)} = |V_2^{(4)}| = 0.903057 \text{ 標么}$$

此結果的誤差並不大，可以輕易地檢驗出來。

例題 7.9 的 MATLAB 程式 (ex7_9.m)

```
% M_File for Example 7.9: ex7_9.m
clc
clear all
syms x1 x2 u
%show f1(x1,x2,u),f2(x1,x2,u)
disp('f1(x1,x2,u)=4*u*x2*sin(x1)+0.6=0')
disp('f2(x1,x2,u)=4*x2^2-4*u*x2*cos(x1)+0.3=0')
f1=4*u*x2*sin(x1)+0.6;
f2=4*x2*x2-4*u*x2*cos(x1)+0.3;
A=[f1;f2];
B=[x1,x2];
J=jacobian(A,B)
%now, let u=1 x1=0 x2=1
disp('Now, using u=1 x1=0 x2=1')
Jnew=[4*cos(0) 4*sin(0);4*sin(0) 8*1-4*cos(0)]
disp('[delta(x1) delta(x2)]=inv(Jnew)*[-0.6 -0.3]')
%calculate the first iteration of X1 X2
disp('first iteration:')
x1=0.0+(-0.15)
x2=1+(-0.075)
%Using first iteration of X1 X2 to caculate f1 f2
disp('using the first iteration, now, u=1 x1=-0.15 x2=0.925')
f1new=-0.6-4*0.925*sin(-0.15)
f2new=-0.3-4*0.925*0.925+4*0.925*cos(-0.15)
delta_x=inv([3.658453 -0.597753;-0.552921 3.444916])*[f1new;f2new]
disp('[delta(x1) delta(x2)]=inv(Jnew)*[-0.6 -0.3]')
disp('x1new=x1+delta(x1)   x2new=x2+delta(x2)')
X1new=x1+delta_x(1,1)
X2new=x2+delta_x(2,1)
```

在一個 N 個匯流排系統中應用牛頓拉弗森法來求解電力潮流方程式，我們將以極座標型式來表示匯流排電壓及線路導納。考慮圖 7.3 所述的系統，複數共軛電力注入至匯流排 ⓘ，(7.26) 式及 (7.27) 式的有效功率與無效功率方程式，可以分別由 (7.49) 式與 (7.50) 式來表示。

$$P_i = |V_i|^2 G_{ii} + \sum_{\substack{n=1 \\ n \neq i}}^{N} |Y_{in} V_i V_n| \cos(\theta_{in} + \delta_n - \delta_i) \quad (7.49)$$

$$Q_i = -|V_i|^2 B_{ii} - \sum_{\substack{n=1 \\ n \neq i}}^{N} |Y_{in} V_i V_n| \sin(\theta_{in} + \delta_n - \delta_i) \quad (7.50)$$

其中 G_{ii} 與 B_{ii} 為 Y_{ii} 的實數及虛數部分。

現在我們先暫不考慮電壓控制匯流排，將所有匯流排（除了鬆弛匯流排以外）當成負載匯流排，且 P_{di} 及 Q_{di} 的需求均已知。鬆弛匯流排的 δ_1 及 $|V_1|$ 為指定值，而網路中其他每一個匯流排都有兩個狀態變數 δ_i 及 $|V_i|$，需要從電力潮流求解中計算。在每一個非鬆弛匯流排上，δ_i 及 $|V_i|$ 的估測值相當於例題 7.9 中的 $x_1^{(0)}$ 及 $x_2^{(0)}$ 之估測值。再次使用 7.3 節的 (7.28) 式與 (7.29) 式，針對負載匯流排 ⓘ 列出功率誤差，如下所示

$$\Delta P_i = P_{i,\,sch} - P_{i,\,calc} \quad (7.51)$$

$$\Delta Q_i = Q_{i,\,sch} - Q_{i,\,calc} \quad (7.52)$$

其中 $P_{i,\,calc}$ 及 $Q_{i,\,calc}$ 是分別根據 (7.26) 式與 (7.27) 式所計算。針對負載匯流排 ⓘ，$P_{i,\,sch} = P_{gi} - P_{di} = 0 - P_{di} = -P_{di}$ 及 $Q_{i,\,sch} = Q_{gi} - Q_{di} = 0 - Q_{di} = -Q_{di}$。

現在針對 N 個匯流排系統列出誤差方程式。就有效功率 P_i 可得

$$\Delta P_i = \frac{\partial P_i}{\partial \delta_2} \Delta \delta_2 + \frac{\partial P_i}{\partial \delta_3} \Delta \delta_3 + \cdots + \frac{\partial P_i}{\partial \delta_N} \Delta \delta_N$$
$$+ \frac{\partial P_i}{\partial |V_2|} \Delta |V_2| + \frac{\partial P_i}{\partial |V_3|} \Delta |V_3| + \cdots + \frac{\partial P_i}{\partial |V_N|} \Delta |V_N| \quad (7.53)$$

針對無效功率 Q_i 可以列出類似的誤差方程式，

$$\Delta Q_i = \frac{\partial Q_i}{\partial \delta_2} \Delta \delta_2 + \frac{\partial Q_i}{\partial \delta_3} \Delta \delta_3 + \cdots + \frac{\partial Q_i}{\partial \delta_N} \Delta \delta_N$$
$$+ \frac{\partial Q_i}{\partial |V_2|} \Delta |V_2| + \frac{\partial Q_i}{\partial |V_3|} \Delta |V_3| + \cdots + \frac{\partial Q_i}{\partial |V_N|} \Delta |V_N| \quad (7.54)$$

系統的每一個非鬆弛匯流排都有兩個像 ΔP_i 與 ΔQ_i 的方程式。將所有的誤差方程式收集成向量矩陣型式，產生

$$\underbrace{\begin{bmatrix} \dfrac{\partial P_2}{\partial \delta_2} & \cdots & \dfrac{\partial P_2}{\partial \delta_N} & \dfrac{\partial P_2}{\partial |V_2|} & \cdots & \dfrac{\partial P_2}{\partial |V_N|} \\ \vdots & \mathbf{J}_{11} & \vdots & \vdots & \mathbf{J}_{12} & \vdots \\ \dfrac{\partial P_N}{\partial \delta_2} & \cdots & \dfrac{\partial P_N}{\partial \delta_N} & \dfrac{\partial P_N}{\partial |V_2|} & \cdots & \dfrac{\partial P_N}{\partial |V_N|} \\ \hline \dfrac{\partial Q_2}{\partial \delta_2} & \cdots & \dfrac{\partial Q_2}{\partial \delta_N} & \dfrac{\partial Q_2}{\partial |V_2|} & \cdots & \dfrac{\partial Q_2}{\partial |V_N|} \\ \vdots & \mathbf{J}_{21} & \vdots & \vdots & \mathbf{J}_{22} & \vdots \\ \dfrac{\partial Q_N}{\partial \delta_2} & \cdots & \dfrac{\partial Q_N}{\partial \delta_N} & \dfrac{\partial Q_N}{\partial |V_2|} & \cdots & \dfrac{\partial Q_N}{\partial |V_N|} \end{bmatrix}}_{\text{Jacobian}} \underbrace{\begin{bmatrix} \Delta \delta_2 \\ \vdots \\ \Delta \delta_N \\ \Delta |V_2| \\ \vdots \\ \Delta |V_N| \end{bmatrix}}_{\text{修正量}} = \underbrace{\begin{bmatrix} \Delta P_2 \\ \vdots \\ \Delta P_N \\ \Delta Q_2 \\ \vdots \\ \Delta Q_N \end{bmatrix}}_{\text{誤差量}} \quad (7.55)$$

我們不能將鬆弛匯流排的誤差含括進來，因為當 P_1 及 Q_1 未排定時，ΔP_1 及 ΔQ_1 並未定義。我們也將包含 $\Delta \delta_1$ 及 $\Delta |V_1|$ 的所有項目從方程式中省略，因為在鬆弛匯流排中這兩者的修正值都為零。(7.55) 式的分割型式是在強調 Jacobian J 的矩陣內有四種不同的偏導數。(7.55) 式的解可以由下列疊代求得：

- 針對狀態變數，預估 $\delta_i^{(0)}$ 及 $|V_i|^{(0)}$ 的值。
- 用預估值去計算：
  從 (7.49) 式及 (7.50) 式求解 $P_{i,\,calc}^{(0)}$ 及 $Q_{i,\,calc}^{(0)}$，從 (7.51) 式及 (7.52) 式計算誤差 $\Delta P_i^{(0)}$ 及 $\Delta Q_i^{(0)}$，以及 Jacobian J 的偏導函數元素。
- 針對初始修正值 $\Delta \delta_i^{(0)}$ 及 $\Delta |V_i|^{(0)}$ 求解 (7.55) 式。
- 將解出的修正值加到初始估計值以得到

$$\delta_i^{(1)} = \delta_i^{(0)} + \Delta \delta_i^{(0)} \quad (7.56)$$

$$|V_i|^{(1)} = |V_i|^{(0)} + \Delta |V_i|^{(0)} \quad (7.57)$$

- 用 $\delta_i^{(1)}$ 及 $|V_i|^{(1)}$ 的新值當作第 2 次疊代的起始值，並繼續進行疊代。

更一般的型式，針對第 k 次疊代所獲得的變數，其起始值的更新公式為

$$\delta_i^{(k+1)} = \delta_i^{(k)} + \Delta \delta_i^{(k)} \quad (7.58)$$

$$|V_i|^{(k+1)} = |V_i|^{(k)} + \Delta |V_i|^{(k)} \quad (7.59)$$

針對 N 個匯流排系統，子矩陣 $\mathbf{J}_{11}$ 有下列的型式

$$\mathbf{J}_{11} = \begin{vmatrix} \dfrac{\partial P_2}{\partial \delta_2} & \dfrac{\partial P_2}{\partial \delta_3} & \cdot & \dfrac{\partial P_2}{\partial \delta_N} \\ \dfrac{\partial P_3}{\partial \delta_2} & \dfrac{\partial P_3}{\partial \delta_3} & \cdot & \dfrac{\partial P_3}{\partial \delta_N} \\ \cdot & \cdot & & \cdot \\ \dfrac{\partial P_N}{\partial \delta_2} & \dfrac{\partial P_N}{\partial \delta_3} & \cdot & \dfrac{\partial P_N}{\partial \delta_N} \end{vmatrix} \qquad (7.60)$$

此方程式的元素表示，可以藉由對 (7.49) 式內相關項目微分而輕易取得。當變數 n 等於特殊值 j 時，在 (7.49) 式的總和中只有一個餘弦項目含有 δ_j，而針對單一項目對 δ_j 進行偏微分，我們可得到 $\mathbf{J}_{11}$ 的典型非對角線元素

$$\dfrac{\partial P_i}{\partial \delta_j} = -|V_i V_j Y_{ij}|\sin(\theta_{ij} + \delta_j - \delta_i) \quad \text{其中} \quad i \neq j \qquad (7.61)$$

換句話來說，在 (7.49) 式的總和中之每一項目都包括 δ_i，所以 $\mathbf{J}_{11}$ 的典型對角線元素是

$$\dfrac{\partial P_i}{\partial \delta_i} = \sum_{\substack{n=1 \\ n \neq i}}^{N} |V_i V_n Y_{in}|\sin(\theta_{in} + \delta_n - \delta_i) = -\sum_{\substack{n=1 \\ n \neq i}}^{N} \dfrac{\partial P_i}{\partial \delta_n} \qquad (7.62)$$

在類似的情況中，可以針對次矩陣 $\mathbf{J}_{21}$ 的元件推導公式，如下

$$\dfrac{\partial Q_i}{\partial \delta_j} = -|V_i V_j Y_{ij}|\cos(\theta_{ij} + \delta_j - \delta_i) \quad \text{其中} \quad i \neq j \qquad (7.63)$$

$$\dfrac{\partial Q_i}{\partial \delta_i} = \sum_{\substack{n=1 \\ n \neq i}}^{N} |V_i V_n Y_{in}|\cos(\theta_{in} + \delta_n - \delta_i) = -\sum_{\substack{n=1 \\ n \neq i}}^{N} \dfrac{\partial Q_i}{\partial \delta_n} \qquad (7.64)$$

藉由第一次求解偏微分 $\partial P_i/\partial |V_j|$ 的表示，可以輕易地發現次矩陣 $\mathbf{J}_{12}$ 的元件為

$$\dfrac{\partial P_i}{\partial |V_j|} = |V_i Y_{ij}|\cos(\theta_{ij} + \delta_j - \delta_i) \quad \text{其中} \quad i \neq j \qquad (7.65)$$

在類似的情形下，$\mathbf{J}_{12}$ 的對角線元素可以求得，為

$$\dfrac{\partial P_i}{\partial |V_i|} = 2|V_i|G_{ii} + \sum_{\substack{n=1 \\ n \neq i}}^{N} |V_n Y_{in}|\cos(\theta_{in} + \delta_n - \delta_i) \qquad (7.66)$$

其中 G_{ii} 為 Y_{ii} 的實數部分。最後，Jacobian 的 $\mathbf{J}_{22}$ 次矩陣之非對角線及對角線元素被決定為

$$\frac{\partial Q_i}{\partial |V_j|} = -|V_i Y_{ij}|\sin(\theta_{ij} + \delta_j - \delta_i) \quad \text{其中} \quad i \neq j \tag{7.67}$$

$$\frac{\partial Q_i}{\partial |V_i|} = -2|V_i|B_{ii} - \sum_{\substack{n=1 \\ n \neq i}}^{N} |V_n Y_{in}|\sin(\theta_{in} + \delta_n - \delta_i) \tag{7.68}$$

其中 B_{ii} 為 Y_{ii} 的虛數部分。

接下來，我們考慮電壓控制匯流排。電力潮流方程式以極座標型式表示時，電壓控制匯流排可以很輕易地被納入考量。例如，如果 N 個匯流排系統中的第 N 匯流排是電壓控制時，則 $|V_N|$ 有一指定的固定值，且電壓修正值 $\Delta|V_N|$ 必定始終為零。因此，(7.55) 式 Jacobian 的相對應欄位（即，最後一欄）始終乘以零，這是因為 $\Delta|V_N| = 0$，所以可以將它移除。除此之外，因為 Q_N 並未指定，誤差 ΔQ_N 無法定義，所以我們必須省略 (7.55) 式相對應於 Q_N 的最後一列。當然，在電力潮流求解之後，Q_N 則可以計算出來。

以一般的案例來說，除了鬆弛匯流排之外，如果有 N_g 個電壓控制匯流排時，系統 Jacobian 的極座標型式中，針對每一個這種匯流排的列及行可予以省略，因此會有 $(2N-N_g-2)$ 列及 $(2N-N_g-2)$ 行以符合表 7.6。

例題 7.10

例題 7.7 的電力系統，其線路資料及匯流排資料如表 7.7 及表 7.8 所示。藉由牛頓拉弗森法並利用 P 與 Q 方程式的極座標型式來執行系統的電力潮流研究。採用表 7.7 所示的指定值及初始電壓預估值，並 (a) 決定 Jacobian 中的行與列數目；(b) 計算初始誤差 $\Delta P_3^{(0)}$；及 (c) 決定 Jacobian 的（第 2 列，第 3 行）、（第 2 列，第 2 行）、（第 5 列，第 5 行）元素的初始值；(d) 針對第 1 次疊代寫出 (7.55) 式向量矩陣型式的誤差方程式，及列出所有匯流排的更新電壓。

解：(a) 因為在 Jacobian 中並沒有鬆弛匯流排的列與行，如果指定剩下三個匯流排的有效功率及無效功率，則需使用一個 6×6 的矩陣。然而，匯流排 ④ 的電壓大小被指定（保持定值），因此 Jacobian 將是一個 5×5 的矩陣。

(b) 為了可根據預估值及表 7.8 的指定電壓來計算 $P_{3,calc}$，我們需要表 7.9 非對角線元素的極座標型式。

$$Y_{31} = 26.359695\angle 101.30993° \quad Y_{34} = 15.417934\angle 101.30993°$$

以及對角線元素 $Y_{33}=8.193267-j40.863838$。因為 Y_{32} 及 $\delta_3^{(0)}$ 與 $\delta_4^{(0)}$ 的初始值都

是零，從 (7.49) 式我們可得

$$P_{3,calc}^{(0)} = |V_3V_1Y_{31}|\cos\theta_{31} + |V_3|^2|Y_{33}|\cos\theta_{33} + |V_3V_4Y_{34}|\cos\theta_{34}$$
$$= 1.0 \times 1.0 \times (-5.169561) + (1.0)^2 \times 8.193267 + 1.0 \times 1.02 \times (-3.023705)$$
$$= -0.06047 \text{ 標么}$$

在匯流排 ③ 流入網路的預定有效功率為 -2.00 標么，則要求要計算的初始誤差值為

$$\Delta P_{3,calc}^{(0)} = -2.00 - (-0.06047) = -1.93953 \text{ 標么}$$

(c) 從 (7.55) 式，可得 Jacobian 矩陣

$$\mathbf{J} = \begin{vmatrix} \dfrac{\partial P_2}{\partial \delta_2} & \dfrac{\partial P_2}{\partial \delta_3} & \dfrac{\partial P_2}{\partial \delta_4} & \dfrac{\partial P_2}{\partial |V_2|} & \dfrac{\partial P_2}{\partial |V_3|} \\ \dfrac{\partial P_3}{\partial \delta_2} & \dfrac{\partial P_3}{\partial \delta_3} & \dfrac{\partial P_3}{\partial \delta_4} & \dfrac{\partial P_3}{\partial |V_2|} & \dfrac{\partial P_3}{\partial |V_3|} \\ \dfrac{\partial P_4}{\partial \delta_2} & \dfrac{\partial P_4}{\partial \delta_3} & \dfrac{\partial P_4}{\partial \delta_4} & \dfrac{\partial P_4}{\partial |V_2|} & \dfrac{\partial P_4}{\partial |V_3|} \\ \dfrac{\partial Q_2}{\partial \delta_2} & \dfrac{\partial Q_2}{\partial \delta_3} & \dfrac{\partial Q_2}{\partial \delta_4} & \dfrac{\partial Q_2}{\partial |V_2|} & \dfrac{\partial Q_2}{\partial |V_3|} \\ \dfrac{\partial Q_3}{\partial \delta_2} & \dfrac{\partial Q_3}{\partial \delta_3} & \dfrac{\partial Q_3}{\partial \delta_4} & \dfrac{\partial Q_3}{\partial |V_2|} & \dfrac{\partial Q_3}{\partial |V_3|} \end{vmatrix}$$

因此，Jacobian（第 2 列，第 3 行）的元素為

$$\dfrac{\partial P_3}{\partial \delta_4} = -|V_3 V_4 Y_{34}|\sin(\theta_{34} + \delta_4 - \delta_3)$$
$$= -(1.0 \times 1.02 \times 15.417934)\sin(101.30993°)$$
$$= -15.420898 \text{ 標么}$$

且從 (7.62) 式，可得（第 2 列，第 2 行）的元素為

$$\dfrac{\partial P_3}{\partial \delta_3} = -\dfrac{\partial P_3}{\partial \delta_1} - \dfrac{\partial P_3}{\partial \delta_2} - \dfrac{\partial P_3}{\partial \delta_4}$$
$$= -|V_3V_1Y_{31}|\sin(\theta_{31} + \delta_1 - \delta_3) - 0 - (-15.420898)$$
$$= -(1.0 \times 1.0 \times 26.359695)\sin(101.30993°) + 15.420898$$
$$= 41.268707 \text{ 標么}$$

從 (7.68) 式產生（第 5 列，第 5 行）的元素

$$\dfrac{\partial Q_i}{\partial |V_i|} = -2|V_i|B_{ii} - \sum_{\substack{n=1 \\ n \neq i}}^{N} |V_n Y_{in}|\sin(\theta_{in} + \delta_n - \delta_i)$$

$$\dfrac{\partial Q_3}{\partial |V_3|} = -2|V_3|B_{33} - \dfrac{\partial P_3}{\partial \delta_3}$$

$$= -2(1.0)(-40.863838) - 41.268707 = 40.458969 \text{ 標么}$$

(d) 利用初始輸入資料，我們可以用類似方法計算出 Jacobian 的其他元素以及系統中所有匯流排的功率誤差。針對先前例子中的系統，其誤差方程式的初始值以小數點第三位顯示如下：

$$\begin{array}{c}②\\③\\④\\②\\③\end{array}\begin{bmatrix} 45.443 & 0 & -26.365 & 8.882 & 0 \\ 0 & 41.269 & -15.421 & 0 & 8.133 \\ -26.365 & -15.421 & 41.786 & -5.273 & -3.084 \\ -9.089 & 0 & 5.273 & 44.229 & 0 \\ 0 & -8.254 & 3.084 & 0 & 40.456 \end{bmatrix}\begin{bmatrix} \Delta\delta_2 \\ \Delta\delta_3 \\ \Delta\delta_4 \\ \Delta|V_2| \\ \Delta|V_3| \end{bmatrix} = \begin{bmatrix} -1.597 \\ -1.940 \\ 2.213 \\ -0.447 \\ -0.835 \end{bmatrix}$$

根據 (7.58) 式及 (7.59) 式，此系統方程式產生第 1 次疊代的電壓修正值，此修正值更新了狀態變數。下面列出在第 1 次疊代結束時，匯流排的更新電壓組。

匯流排編號 i	①	②	③	④
δ_i(deg.)	0	−0.93094	−1.78790	−1.54383
$\|V_i\|$（標么）	1.00	0.98335	0.97095	1.02

然後，這些電壓更新值被用來再計算第 2 次疊代的 Jacobian 及誤差等等。此疊代程序持續進行，直到 ΔP_i 及 ΔQ_i 的誤差小於預先規定的允許值，或所有的 $\Delta\delta_i$ 及 $\Delta|V_i|$ 小於選定的精確指標。當求解完成時，可用利用 (7.49) 式及 (7.50) 式來計算鬆弛匯流排的有效功率及無效功率，P_1 及 Q_1，以及在電壓控制匯流排 ④ 的無效功率 Q_4。線路潮流量也可從匯流排電壓的差值及已知的線路參數來計算。針對例題 7.10 的系統，其匯流排電壓及線路潮流的求解值分別顯示於圖 7.7 及圖 7.8。

圖 7.7 例題 7.10 系統的牛頓拉弗森電力潮流解答。以 230 kV 及 100 MVA 為基準。線路資料及匯流排資料分別列於表 7.2、7.3

匯流排編號	名稱	電壓（標么）	角度(deg.)	(MW)	發電量(MVAR)	(MW)	負載(MVAR)	匯流排型式	連接匯流排名稱	線路潮流(MW)	(MVAR)
1	Birch	1.000	0	186.81	114.50	50.00	30.99	SL	2 Elm 3 Pine	38.69 98.12	22.30 61.21
2	Elm	0.982	−0.976	0.	0.	170.00	105.35	PQ	1 Birch 4 Maple	−38.46 −131.54	−31.24 −74.11
3	Pine	0.969	−1.872	0.	0.	200.00	123.94	PQ	1 Birch 4 Maple	−97.09 −102.91	−63.57 −60.37
4	Maple	1.020	1.523	318.00	181.43	80.00	49.58	PV	2 Elm 3 Pine	133.25 104.75	74.92 56.93
	總量			504.81	295.93	500.00	309.66				

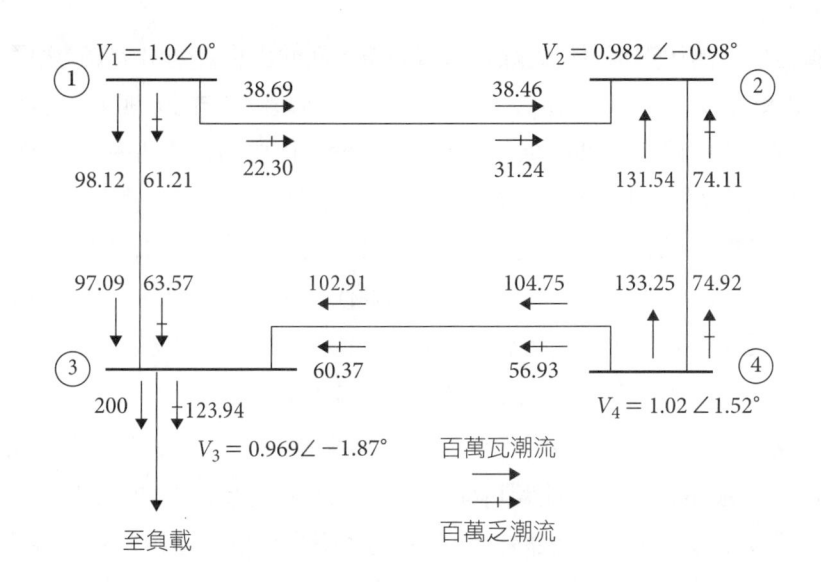

圖 7.8 例題 7.10 系統之匯流排 ③ 的 P 及 Q 潮流。箭頭旁的編號顯示以百萬瓦及百萬乏表示的 P 及 Q 的潮流。匯流排電壓以標么值表示

$V_1 = 1.0 \angle 0°$
$V_2 = 0.982 \angle -0.98°$
$V_3 = 0.969 \angle -1.87°$
$V_4 = 1.02 \angle 1.52°$

百萬瓦潮流
百萬乏潮流
至負載

利用導納的牛頓拉弗森法所需要的疊代次數，實際上與匯流排數目無關。採用匯流排導納的高斯賽得法所需要的時間，幾乎直接隨著匯流排數目而增加。另一方面，計算 Jacobian 元素是相當耗時的，且牛頓拉弗森法每一次疊代所需要的時間相當長。當採用稀疏矩陣的技術後，針對所有系統，除了非常小的系統之外，在相同的精確度下，牛頓拉弗森法的求解優點是計算時間較短。

電腦程式所提供的輸出結果，典型上是由數個表格所組成。通常首要考量的最重要資訊為列出匯流排編號及名稱、匯流排電壓標么大小與相角、每一個匯流排上產生及負載的有效功率及無效功率，及匯流排上電容器或電抗器的無效功率。伴隨著匯流排資訊的是從該匯流排經由輸電線路連接至其他匯流排的有效功率及無效功率潮流。系統的總發電量及總負載以百萬瓦及百萬乏方式列出。圖 7.7 顯示的表單為針對例題 7.10 的四個匯流排系統的描述。

一個系統可能會被區分為數個區域，或是研究可能包括數個電力公司的系統，而將每一個公司指定為一個不同的區域。電腦程式會檢查區域之間的潮流，而從指定的潮流所產生之偏差，會藉由適當改變每一個區域中所選擇之發電機的發電量來克服。在實際系統運轉中，區域之間的電力交換會被監視，並用以決定一已知區域產生的電量是否會導致所需的電力交換。

在可能獲得的其他資訊之中，會以表列的方式顯示所有匯流排的標么電壓大小是在 1.05 以上或是 0.95 以下，或其他可能被指定的限制。我們

可獲得以百萬伏安為單位的線路負載表單。而輸出也會列出系統的總百萬瓦 ($|I|^2R$) 損失及百萬乏 ($|I|^2X$) 需求，及每一個匯流排的 P 與 Q。誤差反映出解答的精確度，以及進入與離開每一個匯流排的有效功率 P（通常也有無效功率 Q）之間的差。圖 7.7 顯示的數值結果，來自於例題 7.10 所描述之系統的牛頓拉弗森研究。表 7.7 與表 7.8 提供此系統的線路資料及匯流排資料。此例題需要三次牛頓拉弗森疊代。採用高斯賽得程序的類似研究需要更多次的疊代，而此為比較兩種疊代方法的一般觀察。電腦輸出的檢查顯示系統 $|I|^2R$ 的損失為 $(504.81 - 500.0) = 4.81$ MW。

圖 7.7 可以用比表格內容更多的資訊來檢查，且所提供的資訊可以顯示在一張單線圖上，此圖可顯示整個系統或是像圖 7.8 的負載匯流排 ③ 的部分系統。在任何線路上的有效功率損失可以由比較線路兩端的有效功率數值來獲得。例如，從圖 7.8 可以發現到從匯流排 ① 進入到線路 ①-③ 的潮流為 98.12 MW，以及從相同線路進入匯流排 ③ 的潮流為 97.09 MW。很明顯地，所有三相線路的 $|I|^2R$ 損失為 1.03 MW。

考量匯流排 ① 與匯流排 ③ 之間線路上的無效功率潮流，有些許的複雜度，這是因為無效功率充電的關係。計算無效功率潮流時，需將線路上分布電容視為集中的，一半在線路末端，而一半在另一端。在表 7.8 的線路資料中，線路 ①-③ 的充電量為 7.75 MVAR，但是程式是以當電壓為 1.0 標么時才認可此一數值。因為根據 (7.34) 式，充電的無效功率量會隨著電壓的平方而改變，在匯流排 ① 與 ③ 的電壓分別為 1.0 標么及 0.969 標么時，那些匯流排上的充電量會等於

在匯流排 ①：$\dfrac{7.75}{2} \times (1.0)^2 = 3.875$ MVAR

在匯流排 ③：$\dfrac{7.75}{2} \times (0.969)^2 = 3.638$ MVAR

再回頭看看，圖 7.8 顯示從匯流排 ① 進入線路到匯流排 ③ 的無效功率為 61.21 MVAR、匯流排 ③ 接收的無效功率為 63.57 MVAR。而所增加的無效功率為線路充電量。線路中的三相有效功率及無效功率潮流顯示在圖 7.9 的單線圖上。

圖 7.9 單線圖顯示例題 7.10 與例題 7.11 的系統中，連接匯流排 ① 與 ③ 線路之有效功率與無效功率潮流

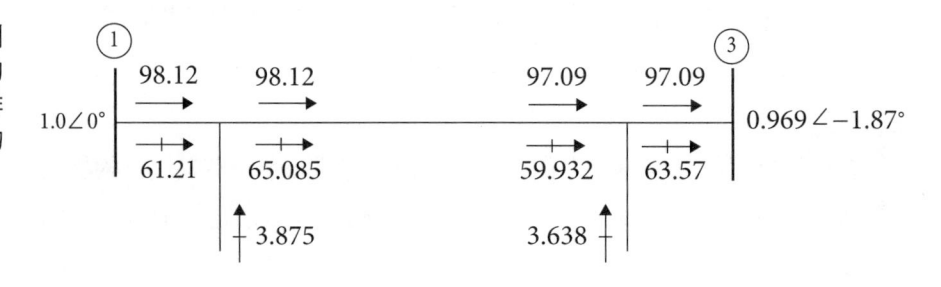

例題 7.11

從圖 7.9 所顯示的線路潮流，計算圖 7.5 的 230 kV 系統中從匯流排 ① 到匯流排 ③ 的線路等效電路之電流。利用計算的電流及表 7.7 中的線路參數，計算 I^2R 損失，並將此數值與從匯流排 ① 到線路及匯流排 ③ 的輸出功率之間的差值進行比較。類似地，試求線路的 I^2X，並與圖 7.9 所發現的資料之數值做比較。

解：圖 7.9 顯示線路 ①-③ 的每一相等效電路，經由 R 與 X 的三相總百萬伏安潮流為

$$S = 98.12 + j65.085 = 117.744 \angle 33.56° \text{ MVA}$$

或 $S = 97.09 + j59.932 = 114.098 \angle 31.69° \text{ MVA}$

且 $|I| = \dfrac{117{,}744}{\sqrt{3} \times 230 \times 1.0} = 295.56 \text{ A}$

或 $|I| = \dfrac{114{,}098}{\sqrt{3} \times 230 \times 0.969} = 295.57 \text{ A}$

線路 ①-③ 的串聯 $R+jX$ 電流 I 的大小也能利用 $|I| = |V_1 - V_3|/|R + jX|$ 計算，基準阻抗為

$$Z_{base} = \dfrac{(230)^2}{100} = 529 \text{ Ω}$$

並利用表 7.7 的 R 與 X 參數，可得

$$I^2R \text{ 損失} = 3 \times (295.56)^2 \times 0.00744 \times 529 \times 10^{-6} = 1.03 \text{ MW}$$

$$\text{線路的 } I^2X = 3 \times (295.56)^2 \times 0.03720 \times 529 \times 10^{-6} = 5.157 \text{ MVAR}$$

這些數值與圖 7.9 中 (98.12−97.09)=1.03 MW 及 (65.0852 − 59.932) = 5.153 MVAR 比較。

例題 7.11 的 MATLAB 程式 (ex7_11.m)

```
% M_File for Example 7.11: ex7_11.m
%clean previous value
clc
clear all
%solution
%calculate value of I
S=complex(98.12,65.085)
disp('|I|=117744/(3^(1/2)*230*1) ')
ans=117744/(3^(1/2)*230*1)
Zbase=230*230/100
%calculate the loss of real part
```

```
disp('Using the R and X parameters of table 6.6')
disp('I^2*R loss=3*(295.56)^2*0.00744*529*10^-6 in 3MW')
ans=3*(295.56)^2*0.00744*529*10^-6
%calculate the loss of imaginary part
disp('I^2*X loss=3*(295.56)^2*0.03720*529*10^-6 in Mvar')
ans=3*(295.56)^2*0.03720*529*10^-6
```

調節變壓器 如我們在 3.8 節所看到的，調節變壓器可以用來控制電路中的有效功率及無效功率潮流。現在我們針對電力潮流研究，來推導涵蓋這樣變壓器的匯流排導納方程式。圖 7.10 更詳細地說明調節變壓器的表示。以標么表示的導納 Y 為變壓器標么阻抗的倒數，如圖所示該變壓器的變壓比為 1:t。將導納 Y 顯示在理想變壓器最接近節點 j 的一側，此側為分接頭切換 (tap-changing) 側。在使用推導的方程式之前，此一指定是重要的。如果我們考慮一個非標稱匝比 (off-nominal turn ratio) 變壓器，t 可能是實數或虛數，譬如 1.02，係針對電壓大小升高約 2%，或 $e^{j\pi/60}$ 針對每相近似 3° 的偏移。

圖 7.10 顯示進入兩個匯流排的電流 I_i 及 I_j，而參照參考點的電壓為 V_i 及 V_j。

從匯流排 ⓘ 及匯流排 ⓙ 分別進入理想變壓器的功率複數表示為

$$S_i = V_i I_i^* \qquad S_j = tV_i I_j^* \tag{7.69}$$

因為我們假設有一個沒有損失的理想變壓器，從匯流排 ⓘ 進入理想變壓器的功率 S_i，必須等於在匯流排 ⓙ 側流出理想變壓器功率 $-S_j$，所以從 (7.69) 式可得

$$I_i = -t^* I_j \tag{7.70}$$

圖 7.10 針對匝比為 1/t 的變壓器之標么電抗圖

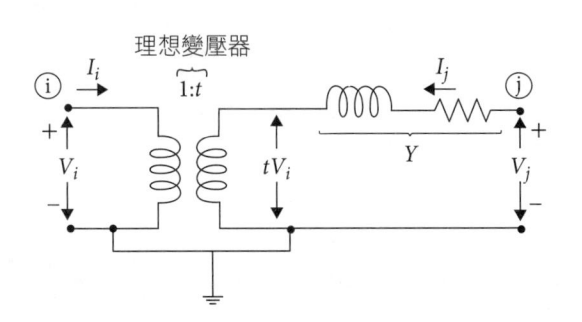

電流 I_j 可以表示成

$$I_j = (V_j - tV_i)Y = -tYV_i + YV_j \tag{7.71}$$

乘以 $-t^*$，並用 $-t^*I_j$ 取代 I_i，產生

$$I_i = tt^*YV_i - t^*YV_j \tag{7.72}$$

令 $tt^* = |t|^2$ 並重排 (7.71) 式及 (7.72) 式，成為 $\mathbf{Y}_{bus}$ 的矩陣型式，可得

$$\begin{bmatrix} Y_{ii} & Y_{ij} \\ Y_{ji} & Y_{jj} \end{bmatrix}\begin{bmatrix} V_i \\ V_j \end{bmatrix} = \begin{bmatrix} |t|^2Y & -t^*Y \\ -tY & Y \end{bmatrix}\begin{bmatrix} V_i \\ V_j \end{bmatrix} = \begin{bmatrix} I_i \\ I_j \end{bmatrix} \tag{7.73}$$

只有 t 為實數時，且因為 $Y_{ij}=Y_{ji}$，相對於這些節點導納值的等效 π 電路可以被求得。否則，因為相位移之故，(7.73) 式的係數矩陣及整個系統的 $\mathbf{Y}_{bus}$ 都不會是對稱的。如果變壓器只變化大小，相位移不變，其電路如圖 7.11 所示。如果 Y 有實數成分，則此電路無法成立，因為在此種電路中，需要一個負值的電阻。

某些教科書會將導納 Y 置於變壓器分接頭的另一側，且變壓比經常表示成 1:a，如圖 7.12(a) 所示。類似於上述的推導顯示，針對圖 7.12(a) 的匯流排導納方程式可以用下列型式來表示

$$\begin{bmatrix} Y_{ii} & Y_{ij} \\ Y_{ji} & Y_{jj} \end{bmatrix}\begin{bmatrix} V_i \\ V_j \end{bmatrix} = \begin{bmatrix} Y & -Y/a \\ -Y/a^* & Y/|a|^2 \end{bmatrix}\begin{bmatrix} V_i \\ V_j \end{bmatrix} = \begin{bmatrix} I_i \\ I_j \end{bmatrix} \tag{7.74}$$

上式可以藉由將 (7.73) 式中的匯流排編號 i 與 j 互換，並設定 $t=1/a$ 來證明。當 a 為實數，其等效電路如圖 7.12(b) 所示。(7.73) 式或 (7.74) 式可以用來把變壓器分接頭模型加入整個系統的 $\mathbf{Y}_{bus}$ 標示為 i 與 j 之行與列之內。如果使用 (7.73) 式的表示，可得到較簡單的方程式。然而，重要的是在計算 $\mathbf{Y}_{bus}$ 及 $\mathbf{Z}_{bus}$ 時，可以說明電壓大小、相位移及變壓器非標稱匝比。

如果系統中一特定輸電線搭載之無效功率太小或太大，可在此輸電線的一端設置調節變壓器，使線路傳送較大或較小的無效功率，如 3.8 節的

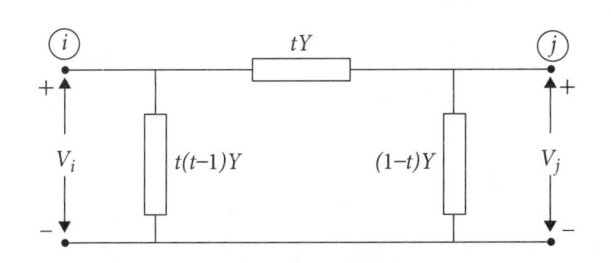

圖 7.11 當 (7.73) 式中的 t 為實數之節點導納電路

電力系統分析

圖 7.12 調節變壓器的每相表示,其中顯示:(a) 與分接頭相反側的標么導納 Y;(b) 當 a 為實數之標么等效電路

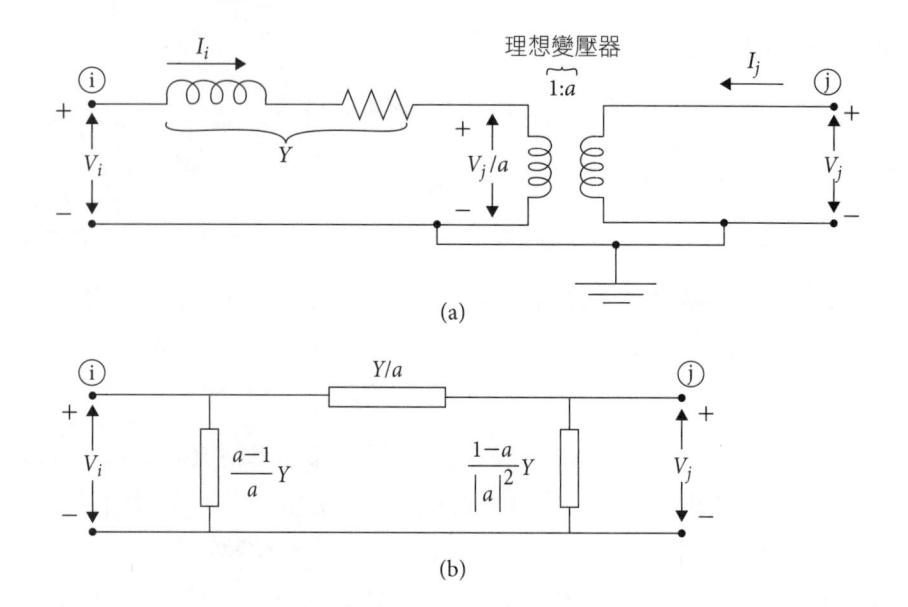

說明。由於負載的變動,在變壓器一次造成任何可觀的電壓降時,為了維持負載側的適當電壓,改變具有可調分接頭變壓器的分接頭設定,可以使其令人滿意。我們可以在電力潮流程式中,藉由自動分接頭變換特性,來研究匯流排電壓大小的調整。例如,例題 7.10 的四個匯流排系統中,假設我們希望藉由在負載與匯流排之間插入調整電壓大小的變壓器,以提高匯流排 ③ 的負載電壓。在 t 為實數時,將 (7.73) 式中的 i 設定為 3,並將匯流排 ① 指定為數字 5,則該負載可獲得電力。為了在電力潮流方程式中考量調整器,網路的 $\mathbf{Y}_{bus}$ 將針對匯流排 ⑤ 擴增一列一行,且 (7.73) 式矩陣中的匯流排 ③ 和 ⑤ 的元素會被加到前述匯流排導納矩陣中,可得

$$\mathbf{Y}_{bus(new)} = \begin{array}{c} \\ ① \\ ② \\ ③ \\ ④ \\ ⑤ \end{array} \begin{array}{cccccc} ① & ② & ③ & ④ & ⑤ \\ \begin{bmatrix} Y_{11} & Y_{12} & Y_{13} & 0 & 0 \\ Y_{21} & Y_{22} & 0 & Y_{24} & 0 \\ Y_{31} & 0 & Y_{33}+t^2Y & Y_{34} & -tY \\ 0 & Y_{42} & Y_{43} & Y_{44} & 0 \\ 0 & 0 & -tY & 0 & Y \end{bmatrix} \end{array} \quad (7.75)$$

Y_{ij} 元素對應於在加入調節器之前已存在於網路中的參數。狀態變數的相量隨著匯流排 ⑤ 在電力潮流模型中的角色而變化。如下所述,有兩種選擇:

- 在電力潮流開始求解之前,可將分接頭 t 視為一個具有預設值的獨立參數。則匯流排 ⑤ 可被視為具有角度 δ_5 及電壓大小 $|V_5|$ 的負載匯流排,

與其他五個狀態變數一起求解。在這種情況下，狀態變數相量為

$$\mathbf{X} = [\delta_2, \delta_3, \delta_4, \delta_5, |V_2|, |V_3|, |V_5|]^T$$

- 匯流排⑤的電壓大小可預先設定。則分接頭 t 取代 $|V_5|$ 成為狀態變數，與在電壓控制匯流排⑤的 δ_5 一起求解。在這種情況下，$x = [\delta_2, \delta_3, \delta_4, \delta_5, |V_2|, |V_3|, t]^T$，且 Jacobian 因此也改變。

在某些研究中，變數分接頭 t 被視為一個獨立控制變數。我們鼓勵讀者針對上述兩種選擇，將 Jacobian 矩陣及誤差方程式列出（參考問題 7.11 及問題 7.12）。

因為在分接頭之間有一個明確的步距 (step)，當調整器用來增加某一匯流排的電壓時，會發生離散 (discrete) 控制動作。在圖 7.8 系統的匯流排③，其負載調整電壓的結果顯示在圖 7.13 的單線圖中。假設有載分接頭切換 (load-tap changing, LTC) 變壓器的標么電抗為 0.02。當負載電壓藉由設定 LTC 的匝比 t 等於 1.0375 而提高時，匯流排③的電壓與圖 7.8 比較起來稍有下降。其結果使得跨越線路①-③及④-③的電壓降稍微提高。由於調節器的無效功率需求，使得從匯流排①與④提供至這些線路的 Q 增加，但是有效功率潮流相對不受影響。線路上增加的無效功率會提高損失，且藉由匯流排③上的充電電容降低 Q 的貢獻。

為決定相位移變壓器的影響，令 t 為複數與 (7.73) 式大小為 1。

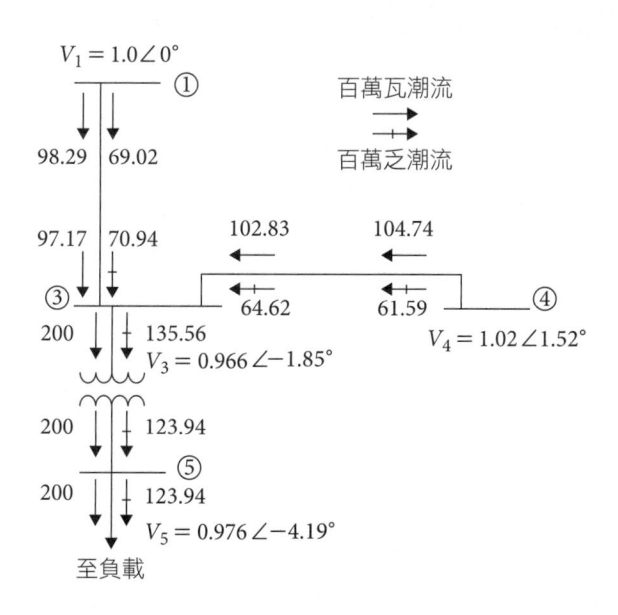

圖 7.13 當匯流排及負載之間加入一調整變壓器，圖 7.8 的系統在匯流排③之 P 及 Q 潮流

例題 7.12

兩變壓器並聯連接供電給對中性點每相 0.8+j0.6 標么的阻抗，其電壓為 $V_2 = 1.0\angle 0°$ 標么。變壓器 T_a，其電壓比等於在變壓器兩側的基準電壓之比值。此變壓器在適當的基準下，其阻抗為 $j0.1$ 標么。第二個變壓器 T_b 在相同的基準下，也有一個 $j0.1$ 標么的阻抗，但是朝向負載有一個 1.05 倍 T_a 的升壓（二次側線圈置於 1.05 的分接頭）。

圖 7.14 顯示變壓器 T_a 與 T_b 的等效電路。針對兩個並聯變壓器的每一個，利用 (7.73) 式的 $\mathbf{Y}_{\text{bus}}$ 模型來求解經由每一個變壓器傳送至負載的複數功率。

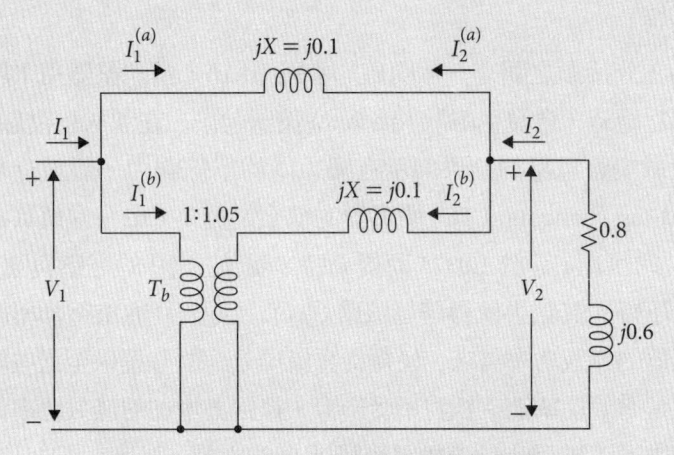

圖 7.14 例題 7.12 的電路，單位為標么

解：每個變壓器的導納 Y 已知為 $1/j0.1 = -j10$ 標么。因此，圖 7.14 中的變壓器 T_a 之電流可以從匯流排導納方程式求出

$$\begin{bmatrix} I_1^{(a)} \\ I_2^{(a)} \end{bmatrix} = \begin{matrix} ① \\ ② \end{matrix} \begin{bmatrix} Y & -Y \\ -Y & Y \end{bmatrix} \begin{bmatrix} V_1 \\ V_2 \end{bmatrix} = \begin{matrix} ① \\ ② \end{matrix} \begin{bmatrix} -j10 & j10 \\ j10 & -j10 \end{bmatrix} \begin{bmatrix} V_1 \\ V_2 \end{bmatrix}$$

而 $t=1.05$ 的變壓器 T_b 的電流，如圖 7.14 所示，可由 (7.73) 式求得，其數值型式為

$$\begin{bmatrix} I_1^{(b)} \\ I_2^{(b)} \end{bmatrix} = \begin{matrix} ① \\ ② \end{matrix} \begin{bmatrix} t^2 Y & -tY \\ -ty & Y \end{bmatrix} \begin{bmatrix} V_1 \\ V_2 \end{bmatrix} = \begin{matrix} ① \\ ② \end{matrix} \begin{bmatrix} -j11.025 & j10.500 \\ j10.500 & -j10.000 \end{bmatrix} \begin{bmatrix} V_1 \\ V_2 \end{bmatrix}$$

圖 7.14 中，電流 $I_1 = (I_1^{(a)} + I_1^{(b)})$ 與 $I_2 = (I_2^{(a)} + I_2^{(b)})$，表示此兩矩陣可直接相加（如同平行的導納），可得

$$\begin{bmatrix} I_1 \\ I_2 \end{bmatrix} = \begin{matrix} ① \\ ② \end{matrix} \begin{bmatrix} -j21.025 & j20.500 \\ j20.500 & -j20.000 \end{bmatrix} \begin{bmatrix} V_1 \\ V_2 \end{bmatrix}$$

因為 V_2 為參考電壓 $1.0\angle 0°$，且計算所得的 I_2 為 $-0.8+j0.6$。因此，從上述方程式的第 2 列我們可得

$$I_2 = -0.8 + j0.6 = j20.5V_1 - j20(1.0)$$

可求得匯流排①的標么電壓為

$$V_1 = \frac{-0.8 + j20.6}{j20.5} = 1.0049 + j0.0390 \text{ 標么}$$

因為 V_1 及 V_2 兩者皆已知，我們可以針對變壓器 T_a 而回到導納方程式，可得

$$I_2^{(a)} = j10V_1 - j10V_2 = j10(1.0049 + j0.0390 - 1.0)$$
$$= -0.390 + j0.049 \text{ 標么}$$

從變壓器 T_b 的導納矩陣，可得

$$I_2^{(b)} = j10.5V_1 - j10V_2 = j10.5(1.0049 + j0.0390) - j10$$
$$= -0.41 + j0.551 \text{ 標么}$$

因此，變壓器輸出的複數功率為

$$S_{Ta} = -V_2 I_2^{(a)\star} = 0.39 + j0.049 \text{ 標么}$$
$$S_{Tb} = -V_2 I_2^{(b)\star} = 0.41 + j0.551 \text{ 標么}$$

例題 7.12 的 MATLAB 程式 (ex7_12.m)

```
% M_File for Example 7.12: ex7_12.m
clc
clear all
%previous Y
Y1=[-10i 10i;10i -10i]
%adding transformer Tb with t=1.05
Y2=[-11.025i 10.500i;10.500i -10.000i]
disp('I1=I1a+I1b  ,  I2=I2a+I2b')
%adding two matrix
Y=Y1+Y2
V2=1;
I2=complex(-0.8,0.6);
disp('-0.8+0.6j=(20.5j)*V1-20j*1')
%calculate for V1
V1=(-0.8+20.6i)/(20.5i)
%findig current (in per unit)
I2a=10i*V1-10i*V2
I2b=10.5i*V1-10i*V2
%show the output power   S = VI* in per unit
STa=-V2*(I2a)'
STb=-V2*(I2b)'
```

例題 7.13

除 T_b 之外，利用 (7.73) 式模型的精確 $\mathbf{Y}_{\text{bus}}$，重做例題 7.12，包括兩個變壓器有相同的匝數比及調整變壓器的相位移為 3°($t = e^{j\pi/60} = 1.0\angle 3°$)。以例題 3.14 的 T_a 基準值，T_b 的阻抗為 $j0.1$ 標么並比較結果。

解：為了求解相位移的問題，針對 $t = e^{j\pi/60} = 1.0\angle 3°$ 的相位移變壓器 T_b 的匯流排導納方程式，首先從 (7.73) 式可得

$$\begin{bmatrix} I_1^{(b)} \\ I_2^{(b)} \end{bmatrix} = \begin{bmatrix} -j10|1.0\angle 3°|^2 & 10\angle 87° \\ 10\angle 93° & -j10 \end{bmatrix} \begin{bmatrix} V_1 \\ V_2 \end{bmatrix}$$

此式可以直接與例題 7.12 的變壓器 T_a 的導納方程式相加，可得

$$\begin{bmatrix} I_1 \\ I_2 \end{bmatrix} = \begin{bmatrix} -j20.0 & 0.5234 + j19.9863 \\ -0.5234 + j19.9863 & -j20.0 \end{bmatrix} \begin{bmatrix} V_1 \\ V_2 \end{bmatrix}$$

根據例題 7.12 的程序，可得

$$-0.8 + j0.6 = (-0.5234 + j19.9863)V_1 - j20(1.0)$$

可產生匯流排 ① 的電壓

$$V_1 = \frac{-0.8 + j20.6}{-0.5234 + j19.9863} = 1.031 + j0.013 \text{ 標么}$$

然後可決定出電流

$$I_2^{(a)} = j10(V_1 - V_2) = -0.13 + j0.31 \text{ 標么}$$
$$I_2^{(b)} = I_2 - I_2^{(a)} = -0.8 + j0.6 - (-0.13 + j0.31)$$
$$= -0.67 + j0.29 \text{ 標么}$$

輸出的複數功率為

$$S_{Ta} = -V_2 I_2^{(a)\star} = 0.13 + j0.31 \text{ 標么}$$
$$S_{Tb} = -V_2 I_2^{(b)\star} = 0.67 + j0.29 \text{ 標么}$$

實際上，要將輸電網路的跨接電壓保持在操作限制之內，則該匯流排電壓只能藉由圖 3.37 所示的發電機電壓控制來進行現場控制，或透過本節所敘述的分接頭切換變壓器，或其他無效功率電源，例如某些電容器組及電感器。要保持所有電力系統的電壓在可接受的情形，是一件具有挑戰性的工作。

7.6 快速解耦電力潮流法

牛頓拉弗森程序最精確的使用,是每次疊代都必須計算 Jacobian。然而,實際上 Jacobian 經常是經過幾次疊代後才重新計算出,可以加速整個求解的程序。當然,決定最後解的依據是匯流排可接受的電力誤差及電壓容許值。

當求解大型電力輸電系統時,另一種可供改善計算效率且減少電腦儲存需求的策略是快速解耦合電力潮流法 (fast decoupled power-flow method),它利用近似牛頓拉弗森的程序。

考量圖 7.15 兩個匯流排電力網路,從送電匯流排所提供的複數功率為

$$V_S I^* = P_S + jQ_S$$
$$= (|V_S|\angle\delta_S)\left(\frac{|V_S|\angle\delta_S - |V_R|\angle\delta_R}{R+jX}\right)^* = \frac{|V_S|^2 - |V_S||V_R|\angle\delta_S - \delta_R}{R-jX} \quad (7.76)$$

針對 X>>R 的輸電網路,(7.76) 式的有效功率及無效功率可以分別由 (7.77) 式及 (7.78) 式來近似,忽略輸電線路電阻之後

$$P_S \cong \frac{|V_S||V_R|\sin(\delta_S - \delta_R)}{X} \quad (7.77)$$

$$Q_S \cong \frac{|V_S|^2 - |V_S||V_R|\cos(\delta_S - \delta_R)}{X} = |V_S|\frac{|V_S| - |V_R|\cos(\delta_S - \delta_R)}{X} \quad (7.78)$$

而且,在輸電系統中 $|V_S| \cong 1$,$|V_R| \cong 1$ 且 $\delta_S - \delta_R$ 典型上小於 $10°$。因此,$\sin(\delta_S - \delta_R) \approx \delta_S - \delta_R$ 且 $\cos(\delta_S - \delta_R) \approx 1$。(7.77) 式及 (7.78) 式可以分別進一步簡化為 (7.79) 式與 (7.80) 式。

$$P_S \cong \frac{\delta_S - \delta_R}{X} \quad (7.79)$$

$$Q_S \cong \frac{|V_S| - |V_R|}{X} \quad (7.80)$$

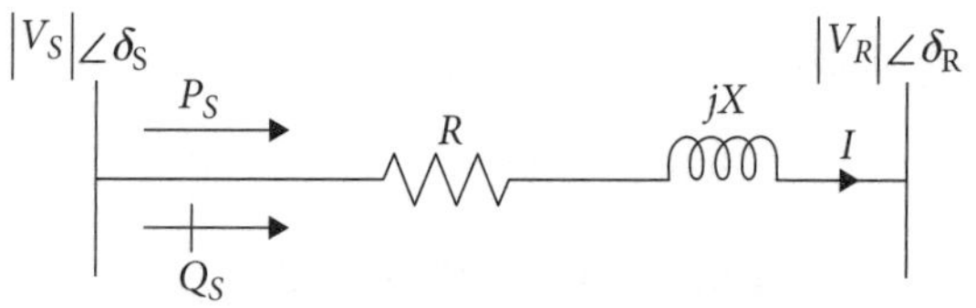

圖 7.15 兩匯流排系統

基於 (7.79) 式與 (7.80) 式，可發現兩個觀點。首先，匯流排電壓相角 δ 改變時，主要影響輸電線路有效功率 P 的潮流，剩下無效功率 Q 的潮流相對來說不會改變。此觀點說明了本質上 $\partial Q_i/\partial \delta_j$ 可以被視為近似於零。第二，匯流排電壓大小 $|V|$ 改變時，主要影響輸電線路無效功率 Q 的潮流，剩下有效功率 P 的潮流相對來說不會改變。此觀點隱含 $\partial P_i/\partial |V_j|$ 也可以被視為近似於零。

將這兩個近似納入 (7.55) 式 Jacobian 的矩陣中，可使得子矩陣 J_{12} 及 J_{21} 的元素為零。針對 N 個匯流排系統，(7.81) 式中留下兩個分開的方程式系統，且分別以 (7.82) 式及 (7.83) 式來表示。

$$\begin{bmatrix} J_{11} & 0 \\ 0 & J_{22} \end{bmatrix} \begin{bmatrix} \Delta \boldsymbol{\delta} \\ \Delta |\mathbf{V}| \end{bmatrix} = \begin{bmatrix} \Delta \mathbf{P} \\ \Delta \mathbf{Q} \end{bmatrix} \tag{7.81}$$

$$\begin{bmatrix} \dfrac{\partial P_2}{\partial \delta_2} & \cdots & \dfrac{\partial P_2}{\partial \delta_N} \\ \vdots & J_{11} & \vdots \\ \dfrac{\partial P_N}{\partial \delta_2} & \vdots & \dfrac{\partial P_N}{\partial \delta_N} \end{bmatrix} \begin{bmatrix} \Delta \delta_2 \\ \vdots \\ \Delta \delta_N \end{bmatrix} = \begin{bmatrix} \Delta P_2 \\ \vdots \\ \Delta P_N \end{bmatrix} \tag{7.82}$$

$$\begin{bmatrix} \dfrac{\partial Q_2}{\partial |V_2|} & \cdots & \dfrac{\partial Q_2}{\partial |V_N|} \\ \vdots & J_{22} & \vdots \\ \dfrac{\partial Q_N}{\partial |V_2|} & \cdots & \dfrac{\partial Q_N}{\partial |V_N|} \end{bmatrix} \begin{bmatrix} \Delta |V_2| \\ \vdots \\ \Delta |V_N| \end{bmatrix} = \begin{bmatrix} \Delta Q_2 \\ \vdots \\ \Delta Q_N \end{bmatrix} \tag{7.83}$$

這些方程式被解耦 (decoupled) 成電壓相角修正值 $\Delta \delta$ 只需利用有效功率誤差 ΔP 來計算，而電壓大小修正值只需利用誤差 ΔQ 來計算。然而，係數矩陣 J_{11} 及 J_{22} 仍是相依的，這是因為 J_{11} 的元素取決於 (7.83) 式所求解的電壓大小，而 J_{22} 的元素則取決於 (7.82) 式所求解的相角。接下來，我們將介紹上述兩組方程式更進一步的簡化，並藉由下列輸電線路電力潮流的物理現象來證明其合理性。

- 系統中典型匯流排之間的相角差 $(\delta_i - \delta_j)$ 通常很小，以致於

$$\cos(\delta_i - \delta_j) = 1; \qquad \sin(\delta_i - \delta_j) \approx (\delta_i - \delta_j) \tag{7.84}$$

- 線路電納 B_{ij} 比線路電導 G_{ij} 大上好幾倍，因此

$$G_{ij} \sin(\delta_i - \delta_j) \ll B_{ij} \cos(\delta_i - \delta_j) \tag{7.85}$$

- 在正常操作下，注入系統任何匯流排 ⓘ 的無效功率 Q_i，遠小於連接於

該匯流排的所有線路均與參考點短路時所流過的無效功率，也就是

$$Q_i \ll |V_i|^2 B_{ii} \tag{7.86}$$

這些近似值可用來簡化 Jacobian 的元素。利用 (7.61) 式至 (7.67) 式，可以將 J_{11} 及 J_{22} 的非對角線元素表示成

$$\frac{\partial P_i}{\partial \delta_j} = |V_j|\frac{\partial Q_i}{\partial |V_j|} = -|V_i V_j Y_{ij}|\sin(\theta_{ij} + \delta_j - \delta_i) \tag{7.87}$$

在 (7.87) 式中利用等式 $\sin(\alpha+\beta)=\sin\alpha\cos\beta+\cos\alpha\sin\beta$，可得

$$\frac{\partial P_i}{\partial \delta_j} = |V_j|\frac{\partial Q_i}{\partial |V_j|} = -|V_i V_j|\{B_{ij}\cos(\delta_j - \delta_i) + G_{ij}\sin(\delta_j - \delta_i)\} \tag{7.88}$$

其中 $B_{ij} = |Y_{ij}|\sin\theta_{ij}$ 且 $G_{ij} = |Y_{ij}|\cos\theta_{ij}$。上面所列出的近似值可產生非對角線元素

$$\frac{\partial P_i}{\partial \delta_j} = |V_j|\frac{\partial Q_i}{\partial |V_j|} \cong -|V_i V_j|B_{ij} \tag{7.89}$$

J_{11} 及 J_{22} 的對角線元素如 (7.62) 式及 (7.68) 式所示的表示式。基於 (7.50) 式及 (7.62) 式，並將不等式 $Q_i \ll |V_i|^2 B_{ii}$ 應用至這些式子，可產生

$$\frac{\partial P_i}{\partial \delta_i} \cong |V_i|\frac{\partial Q_i}{\partial |V_i|} \cong -|V_i|^2 B_{ii} \tag{7.90}$$

將 (7.89) 式及 (7.90) 式的近似值代入係數矩陣 J_{11} 及 J_{22} 中，得到

$$\begin{bmatrix} -|V_2 V_2|B_{22} & \cdots & -|V_2 V_N|B_{2N} \\ \cdot & \cdots & \cdot \\ -|V_2 V_N|B_{N2} & \cdots & -|V_N V_N|B_{NN} \end{bmatrix} \begin{bmatrix} \Delta\delta_2 \\ \cdot \\ \Delta\delta_N \end{bmatrix} = \begin{bmatrix} \Delta P_2 \\ \cdot \\ \Delta P_N \end{bmatrix} \tag{7.91}$$

及

$$\begin{bmatrix} -|V_2|B_{22} & \cdots & -|V_2|B_{2N} \\ \cdot & \cdots & \cdot \\ -|V_N|B_{N2} & \cdots & -|V_N|B_{NN} \end{bmatrix} \begin{bmatrix} \Delta|V_2| \\ \cdot \\ \Delta|V_N| \end{bmatrix} = \begin{bmatrix} \Delta Q_2 \\ \cdot \\ \Delta Q_N \end{bmatrix} \tag{7.92}$$

為了顯示如何將電壓自 (7.92) 式的係數矩陣中移除，讓我們將第 1 列乘以修正向量，然後將所得到方程式除以 $|V_2|$，可得

$$-B_{22}\Delta|V_2| - B_{23}\Delta|V_3| - \cdots - B_{2N}\Delta|V_N| = \frac{\Delta Q_2}{|V_2|} \tag{7.93}$$

此方程式中的係數為常數，並等於 $\mathbf{Y}_{\text{bus}}$ 中相對應於匯流排 ② 的列數之電納負值。(7.92) 式的每一列可以利用類似於 $\Delta Q_i/|V_i|$ 的量表示匯流排 ⓘ 之無效功率誤差的方式來處理。(7.92) 式的係數矩陣中，所有元素都變成常數，其值為已知 $\mathbf{Y}_{\text{bus}}$ 的電納。我們也可以藉由 (7.91) 式的第 1 列乘上相角修正向量來修正該方程式，並重新安排其結果，可得

$$-|V_2|B_{22}\Delta\delta_2 - |V_3|B_{23}\Delta\delta_3 - \cdots - |V_N|B_{2N}\Delta\delta_N = \frac{\Delta P_2}{|V_2|} \quad (7.94)$$

藉由將上式左邊的 $|V_2|$ 至 $|V_N|$ 設定為 1.0 標么，使得此方程式的係數變成像 (7.93) 式的係數一樣。注意到 $\Delta P_2/|V_2|$ 代表 (7.93) 式中的有效功率誤差。將 (7.94) 式的每一列以相同的方式處理，則此 N 個匯流排網路可產生兩個解耦合方程式。

$$\begin{bmatrix} -B_{22} & \cdots & -B_{2N} \\ \vdots & \overline{\mathbf{B}} & \vdots \\ -B_{N2} & \cdots & -B_{NN} \end{bmatrix}\begin{bmatrix} \Delta\delta_2 \\ \vdots \\ \Delta\delta_N \end{bmatrix} = \begin{bmatrix} \dfrac{\Delta P_2}{|V_2|} \\ \vdots \\ \dfrac{\Delta P_N}{|V_N|} \end{bmatrix} \quad (7.95)$$

及

$$\begin{bmatrix} -B_{22} & \cdots & -B_{2N} \\ \vdots & \overline{\mathbf{B}} & \vdots \\ -B_{N2} & \cdots & -B_{NN} \end{bmatrix}\begin{bmatrix} \Delta|V_2| \\ \vdots \\ \Delta|V_N| \end{bmatrix} = \begin{bmatrix} \dfrac{\Delta Q_2}{|V_2|} \\ \vdots \\ \dfrac{\Delta Q_N}{|V_N|} \end{bmatrix} \quad (7.96)$$

$\overline{\mathbf{B}}$ 矩陣通常為對稱且很少非零元素，而這些元素為常數，且這些實數等於 $\mathbf{Y}_{bus}$ 電納的負值。因此，$\overline{\mathbf{B}}$ 矩陣很容易形成，而且在求解開始便已計算出來，不需重複計算，使得疊代相當快速。在電壓控制匯流排，Q 未予以指定且 $\Delta|V|$ 為零，因此 (7.96) 式中對應這些匯流排的列與行都予以忽略。

典型的求解策略為：

1. 計算初始誤差 $\Delta P/|V|$，
2. 解 (7.95) 式，求 $\Delta\delta$，
3. 更新相角 δ，利用這些相角來計算誤差 $\Delta Q/|V|$，
4. 解 (7.91) 式，求 $\Delta|V|$ 並且更新電壓大小 $|V|$，及
5. 回到 (7.95) 式重複疊代，直到所有誤差在指定的容許範圍內。

利用此牛頓拉弗森程序解耦合，在指定的精確程度內，可以發現較快的電力潮流解法。

例題 7.14

利用牛頓拉弗森的解耦型式，求解例題 7.10 電力潮流問題的第 1 次疊代解答。

解：$\bar{B}$ 矩陣可直接從表 7.9 中讀取，而對應於初始電壓估計值的誤差已在例題 7.10 中算出，所以 (7.95) 式變成

$$\begin{bmatrix} 44.835953 & 0 & -25.847809 \\ 0 & 40.863838 & -15.118528 \\ -25.847809 & -15.118528 & 40.863838 \end{bmatrix} \begin{bmatrix} \Delta\delta_2 \\ \Delta\delta_3 \\ \Delta\delta_4 \end{bmatrix} = \begin{bmatrix} -1.59661 \\ -1.93953 \\ 2.21286 \end{bmatrix}$$

解此方程式可以得到以徑度為單位的相角修正值

$$\Delta\delta_2 = -0.01934; \quad \Delta\delta_3 = -0.03702; \quad \Delta\delta_4 = 0.02822$$

將這些結果加到表 7.8 的齊頭起始預估值中，可得到 δ_2、δ_3 及 δ_4 的更新值，然後可以利用這些值與 Y_{bus} 的元素來計算無效功率誤差

$$\frac{\Delta Q_2}{|V_2|} = \frac{1}{|V_2|}\{Q_{2,sch} - Q_{2,calc}\}$$

$$= \frac{1}{|V_2|}\left\{ \begin{array}{l} Q_{2,sch} - [-|V_2|^2 B_{22} - |Y_{12}V_1V_2|\sin(\theta_{12}+\delta_1-\delta_2) \\ \qquad\qquad -|Y_{24}V_2V_4|\sin(\theta_{24}+\delta_4-\delta_2)] \end{array} \right\}$$

$$= \frac{1}{|1.0|}\left\{ \begin{array}{l} -1.0535 + 1.0^2(-44.835953) + 19.455965 \\ \sin(101.30993 \times \pi/180 + 0 + 0.01934) + 26.359695 \\ \times 1.02 \sin(101.30993 \times \pi/180 + 0.02822 + 0.01934) \end{array} \right\}$$

$$= -0.8044 \text{ 標么}$$

$$\frac{\Delta Q_3}{|V_3|} = \frac{1}{|V_3|}\{Q_{3,sch} - Q_{3,calc}\}$$

$$= \frac{1}{|V_3|}\left\{ \begin{array}{l} Q_{3,sch} - [-|V_3|^2 B_{33} - |Y_{13}V_1V_3|\sin(\theta_{13}+\delta_1-\delta_3) \\ \qquad\qquad -|Y_{34}V_3V_4|\sin(\theta_{34}+\delta_4-\delta_3)] \end{array} \right\}$$

$$= \frac{1}{|1.0|}\left\{ \begin{array}{l} -1.2394 + 1.0^2(-40.863838) + 26.359695 \\ \sin(101.30993 \times \pi/180 + 0 + 0.03702) + 15.417934 \\ \times 1.02 \sin(101.30993 \times \pi/180 + 0.02822 + 0.03702) \end{array} \right\}$$

$$= -1.2775 \text{ 標么}$$

關於電壓控制匯流排 ④，並不需執行無效功率誤差計算。因此，在此例題中 (7.92) 式變成

$$\begin{bmatrix} 44.835953 & 0 \\ 0 & 40.863838 \end{bmatrix} \begin{bmatrix} \Delta|V_2| \\ \Delta|V_3| \end{bmatrix} = \begin{bmatrix} -0.8044 \\ -1.2775 \end{bmatrix}$$

> 其解為 $\Delta|V_2| = -0.01793$ 及 $\Delta|V_3| = -0.03125$。在匯流排②與③的新電壓大小為 $|V_2| = 0.98207$ 及 $|V_3| = 0.96875$，此完成第 1 次疊代。使用新的電壓值，計算 (7.95) 式第 2 次疊代的更新誤差。經由數次重複此程序的疊代，可產生如圖 7.7 所表列的相同解答。

通常，在工業應用程式中，(7.95) 式及 (7.96) 式需做某一程度的修改。針對 (7.96) 式中 $\overline{\mathbf{B}}$ 的修正一般如下：

- 藉由設定 $t = 1.0\angle 0°$，可忽略移相器對 $\overline{\mathbf{B}}$ 產生的相角移位影響。當如前所述將電壓控制匯流排相關的列與行省略時，所產生的矩陣稱為 $\mathbf{B}''$。

(7.95) 式中的係數矩陣一般修正如下：

- 從 $\overline{\mathbf{B}}$ 忽略那些主要影響無效功率潮流的元素，例如並聯電容及電抗器等，並將非標稱變壓器的分接頭 t 設為 1。同時，忽略輸電線路的等效 π 電路中從 (7.95) 式獲得的 $\overline{\mathbf{B}}$ 所形成的 $\mathbf{Y}_{bus}$ 之串聯電阻。

直流電路潮流模型　當 (7.95) 式中的 $\overline{\mathbf{B}}$ 以 $\mathbf{B}$ 取代時，此模型變成了一個無損失網路。除此之外，如果所有匯流排電壓均假設維持在 1.0 標么的標稱值常數時，此模型的結果稱為直流電力潮流模型 (dc power-flow model)。在這些額外的假設之下，則不再需要 (7.96) 式（因為每個匯流排 ⓘ 的 $\Delta|V_i| = 0$），且針對直流電力潮流，(7.95) 式變成

$$\begin{bmatrix} -B_{22} & \cdots & -B_{2N} \\ \vdots & \mathbf{B'} & \vdots \\ -B_{N2} & \cdots & -B_{NN} \end{bmatrix} \begin{bmatrix} \Delta\delta_2 \\ \vdots \\ \Delta\delta_N \end{bmatrix} = \begin{bmatrix} \Delta P_2 \\ \vdots \\ \Delta P_N \end{bmatrix} \quad (7.97)$$

由此可以了解到 $\mathbf{B'}$ 的元素是在假設所有線路為無損失時，計算所得。直流電力潮流分析 (DC power-flow analysis) 可以用來快速獲得系統的近似解，包括意外事故情形下不正常的發電排程或負載量，並檢查此解是否可被接受。系統設計人員與直流電力潮流程式之間的相互影響持續不斷，直到系統表現滿足現場及區域規劃或操作條件。下列的例子顯示直流電力潮流模型對於輸電網路的每一分支上的有效功率潮流計算評估之應用。

例題 7.15

針對圖 7.16 的電力系統，匯流排 ① 為鬆弛匯流排，其電壓相角為 0。試利用直流電力潮流法求解 (a) 每一個匯流排電壓的相角，(b) 鬆弛匯流排所產生的有效功率，及 (c) 輸電網路每一個分支的有效功率潮流。（注意：線路導納為標么值）

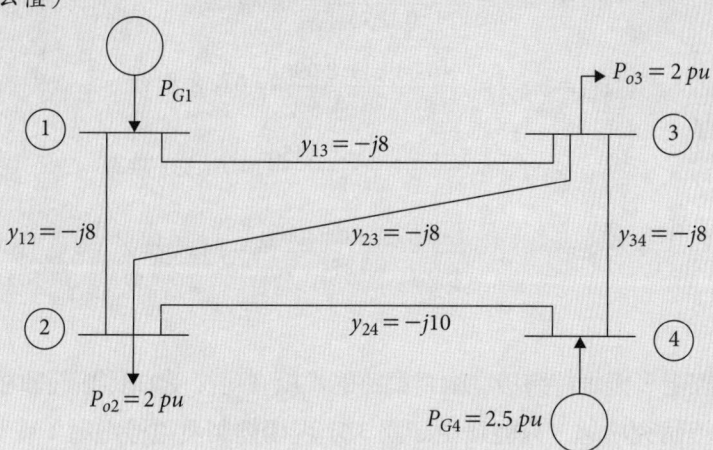

圖 7.16 四個匯流排網路的直流電力潮流分析

解：(a) 因為匯流排 ① 為鬆弛匯流排，可得

$$\mathbf{Y_{bus}} = \begin{bmatrix} -j16 & j8 & j8 & 0 \\ j8 & -j26 & j8 & j10 \\ j8 & j8 & -j24 & j8 \\ 0 & j10 & j8 & -j18 \end{bmatrix}$$

及

$$\mathbf{B} = -\begin{bmatrix} -26 & 8 & 10 \\ 8 & -24 & 8 \\ 10 & 8 & -18 \end{bmatrix}$$

(b) 因為 $\mathbf{P} = \mathbf{B}\delta$，可得

$$\begin{bmatrix} 26 & -8 & -10 \\ -8 & 24 & -8 \\ -10 & -8 & 18 \end{bmatrix} \begin{bmatrix} \delta_2 \\ \delta_3 \\ \delta_4 \end{bmatrix} = \begin{bmatrix} -2 \\ -2 \\ 2.5 \end{bmatrix}$$

$$\begin{bmatrix} \delta_2 \\ \delta_3 \\ \delta_4 \end{bmatrix} = \begin{bmatrix} -0.0895 \\ -0.0980 \\ 0.0456 \end{bmatrix} \text{徑度 或 } \begin{bmatrix} \delta_2 \\ \delta_3 \\ \delta_4 \end{bmatrix} = \begin{bmatrix} -5.13° \\ -5.61° \\ 2.61° \end{bmatrix}$$

(c) 匯流排①所產生的有效功率及每一個分支的有效功率潮流如下：

$$P_{G1} = 2 + 2 - 2.5 = 1.5 \text{ 標么}$$

$$P_{12} = -P_{21} = \frac{0-(-0.0895)}{0.125} = 0.716 \text{ 標么}$$

$$P_{13} = -P_{31} = \frac{0-(-0.098)}{0.125} = 0.784 \text{ 標么}$$

$$P_{23} = -P_{32} = \frac{-0.0895 + 0.098}{0.125} = 0.068 \text{ 標么}$$

$$P_{24} = -P_{42} = \frac{-0.0895 - 0.0456}{0.1} = -1.351 \text{ 標么}$$

$$P_{34} = -P_{43} = \frac{-0.098 - 0.0456}{0.125} = -1.149 \text{ 標么}$$

實際上，要維持跨接在輸電網路的電壓在可接受的限制範圍內，就如電力潮流研究所述，只能藉由如圖 3.37 現場控制發電機電壓；或利用 3.8 節所描述的變壓器分接頭切換；或是其他無效功率電源，例如在某些地方設置電容器組及電抗器。

7.7 總結

本章已介紹了電力潮流方法來求解指定運轉情形下，電力網路每一個匯流排的電壓大小及相角的一般使用。針對求解電力潮流問題，運用數值例題說明高斯賽得及牛頓拉弗森疊代程序。也說明了解耦電力潮流法快速獲得輸電網路匯流排電壓的解。

以電腦輔助的電力潮流程式可用來規劃及設計未來的系統擴增。發電機匯流排的電壓控制，也藉由電壓控制匯流排電壓的指定值來研究。

除了討論電力潮流研究如何進行之外，也進一步說明對於有效功率及無效功率潮流的一些控制方法。檢驗兩個變壓器並聯時，電壓大小比不同或一個變壓器提供相位移的結果。此外，也推導出變壓器及等效電路的節點導納方程式，並以此介紹無效功率控制。

經由有效功率 P 與匯流排相角 δ 之間的關聯，介紹解決電力潮流問題的快速及近似方法，並藉由直流電力潮流模型評估在不正常運轉情形下的電力系統。

第 7 章 負載潮流研究

問題複習

7.1 節

7.1 高斯賽得法可以應用一個加速因子，來改善非線性方程式求解的收斂速率。（對或錯）

7.2 高斯賽得法具有線性收斂的特性。（對或錯）

7.2 節

7.3 牛頓拉弗森法是以泰勒級數為基礎的線性近似。（對或錯）

7.4 如果初始猜測值接近解答時，牛頓拉弗森法在計算上具有高效率。（對或錯）

7.3 節

7.5 在開始求解電力潮流問題之前，應該要準備線路資料及匯流排資料。（對或錯）

7.6 由鬆弛匯流排所提供的無效功率及有效功率平衡了系統中整個電力潮流。（對或錯）

7.7 介於匯流排 ⓜ 與 ⓝ 之間的長程輸電線路，從匯流排 ⓜ 到匯流排 ⓝ 的無效功率潮流必須等於該潮流從匯流排 ⓝ 到匯流排 ⓜ 的負值。（對或錯）

7.8 下列敘述何者正確？
   a. 負載匯流排稱為 P-Q 匯流排。
   b. 最大的負載匯流排被指定為鬆弛匯流排。
   c. 較大的負載匯流排被指定為 P-V 匯流排。

7.9 假設電力潮流問題的系統中有 7 個匯流排，利用高斯賽得法求解。除了鬆弛匯流排之外，還指定了 2 個發電機匯流排。試問此問題中你需要用公式表示幾個與電壓有關的方程式？

7.10 執行電力潮流研究的目的為何？

7.4 節

7.11 為了求解電力潮流問題，如果提供一個好的初始解，則高斯賽得法在求解的收斂上優於牛頓拉弗森法。（對或錯）

7.12 當利用高斯賽得法求解電力潮流問題時，針對 PV 匯流排可忽略無效功率限制。（對或錯）

7.13 如果在高斯賽得疊代期間，PV 匯流排的無效功率超出發電機的限制時，則在計算時 PV 匯流排會轉成 PQ 匯流排。（對或錯）

7.14 列出以高斯賽得法求解電力潮流問題的程序之主要步驟。

7.5 節

7.15 牛頓拉弗森電力潮流法在疊代期間不需要更新 Jacobian。（對或錯）

7.16 假設以牛頓拉弗森法求解一個電力潮流問題，其系統中有 9 個匯流排。除了鬆弛匯流排之外，還指定了 3 個發電機匯流排。試問此問題中你需要用公式表示幾個與電壓及匯流排導納有關的電力平衡方程式？

7.17 如果在電力潮流問題中存在一個相位移變壓器，請問如何修正導納矩陣？

電力系統分析

7.18 在電力潮流求解收斂之後，一個電壓控制匯流排的電壓大小可以與指定值不同。（對或錯）

7.19 列出以牛頓拉弗森法求解電力潮流問題的程序之主要步驟。

7.6 節

7.20 快速解耦電力潮流法可以應用到不同電壓階層的電力系統。（對或錯）

7.21 快速解耦電力潮流法的收斂表現較牛頓拉弗森法來得好，這是因為它的疊代次數較少。（對或錯）

7.22 快速解耦電力潮流法非常適合電力系統，因為輸電線路的電阻可以被忽略。（對或錯）

7.23 在快速解耦電力潮流法中，Jacobian 是一個常數矩陣。（對或錯）

7.24 直流電力潮流分析可以用來快速獲得包括意外故障情況下不正常發電排程或負載量時的近似解，並且檢查這樣的解是否能被接受。（對或錯）

問題

7.1 針對圖 7.17 的兩個匯流排系統，$P_{T2}+jQ_{T2}=1.1+j0.4$，所有的數值均為標么值。執行兩次的高斯賽得電力潮流疊代，求解匯流排 ② 的電壓大小及相角。假設匯流排 ① 為鬆弛匯流排，且匯流排 ② 的初始電壓為 $1.0\angle 0°$。

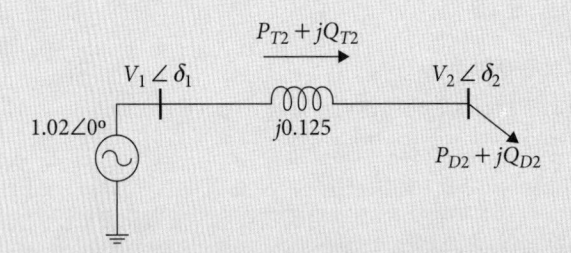

圖 7.17 問題 7.1 的兩個匯流排系統

7.2 針對下列兩個三匯流排系統，在圖 7.18 中 (a) 一部發電機及 (b) 兩部發電機，執行兩次高斯賽得疊代，求解匯流排 ② 及匯流排 ③ 的電壓。假設匯流排 ① 為鬆弛匯流排。並假設負載匯流排的初始電壓為 $1.0\angle 0°$。

7.3 在例題 7.8 中，假設匯流排 ④ 的發電機最大產生無效功率被限制在 125 百萬乏。利用高斯賽得法一次疊代，重新計算匯流排 ④ 的電壓值。

7.4 針對圖 7.5 的系統，利用例題 7.7 及例題 7.8 第 1 次疊代所獲得的匯流排電壓，完成高斯賽得的第 2 次疊代程序。假設加速因子為 1.6。

7.5 將圖 7.19 視為圖 7.5 系統的匯流排 ③ 及匯流排 ④ 之間的輸電線路之等效 π 表示。利用圖 7.7 所提供的電力潮流解答，試求解並在圖 7.19 上表示下列數值 (a) 在線路 ③-④，自匯流排 ③ 及 ④ 流出的 P 及 Q (b) 線路 ③-④ 的等效 π 之充電百萬乏，及 (c) 線路 ③-④ 的等效 π 之串聯部分兩端上的 P 及 Q。

7.6 從圖 7.7 所提供的電力潮流解答之線路潮流資訊，試求出四條輸電線路中每一條的 I^2R 損失，並證明這些線路損失的總和等於總系統損失 4.81 百萬瓦。

7.7 假設一額定值 18 百萬乏的並聯電容器組被連接在例題 7.10 系統中的匯流排 ③ 及參考節點之間。為了說明此電容器，修正表 7.9 所提供的 Y_{bus}，並預估從電容器注入系統的實際百萬乏無效功率。

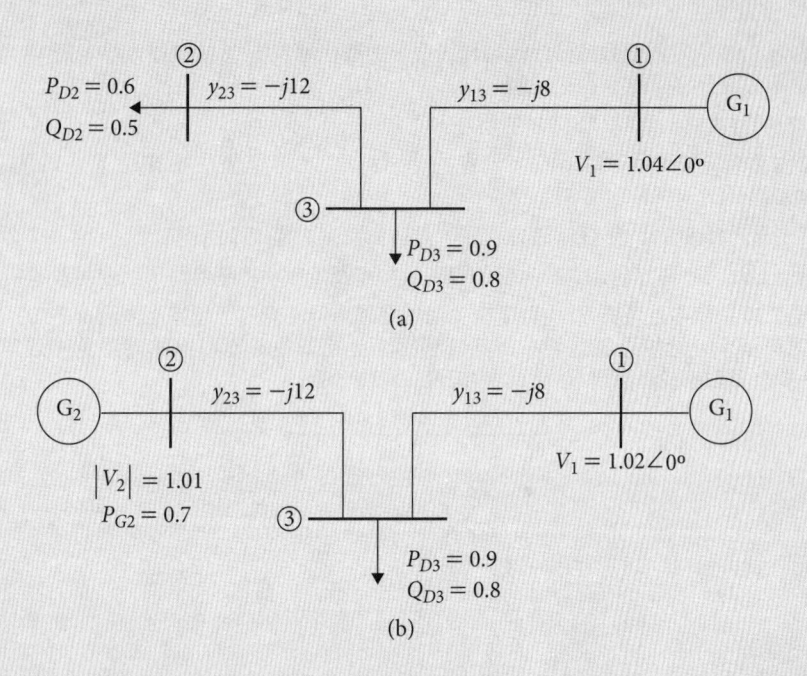

圖 7.18 針對問題 7.2 的兩個三匯流排系統：(a) 一部發電機，(b) 二部發電機

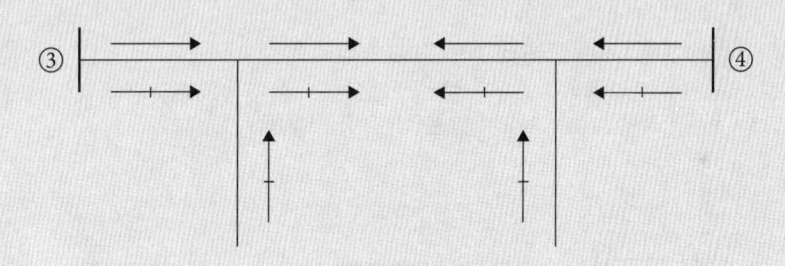

圖 7.19 問題 7.5 的潮流圖

7.8 假設在圖 7.10 中，分接頭位於節點 i 的一側，所以變壓器的比為 $t:1$。試求類似 (7.73) 式的 $\mathbf{Y}_{bus}$ 元素，並畫出類似圖 7.11 的等效 π 表示。

7.9 利用牛頓拉弗森電力潮流法重做問題 7.1，執行二次疊代。

7.10 利用牛頓拉弗森電力潮流法，針對兩個三匯流排系統重做問題 7.2，執行一次疊代。

7.11 例題 7.10 的四個匯流排系統中，假設一具電抗為 0.2 標么的電壓大小調節變壓器被插入負載及匯流排 ③ 之間，如圖 7.13 所示。可變分接頭位於變壓器的負載側。如果在新負載匯流排 ⑤ 的電壓大小已預先指定，且因此並非狀態變數，變壓器的可變分接頭 t 應視為一個狀態變數。應用牛頓拉弗森法求解電力潮流方程式。

　a. 針對此問題，以符號型式寫出類似 (7.55) 式的誤差方程式。

　b. 寫出對應於變數 t 的 Jacobian 行元素方程式（也就是對 t 偏微分），並以表 7.8 所顯示的初始電壓預估值來估測這些元素，並假設匯流排 ⑤ 的電壓大小指定為 0.97，δ_5 的初始預估值為 0。

　c. 寫出匯流排 ⑤ 的 P 及 Q 的誤差方程式，並針對第 1 次疊代來估測它們。假設變數 t 的初始預估值是 1.0。

7.12 如果問題 7.11 的變壓器分接頭設定為預設值,並取代匯流排 ⑤ 的電壓大小,則 V_5 應被視為一個狀態變數。假設分接頭設定 t 被指定為 1.05。

    a. 以符號型式寫出類似 (7.55) 式的誤差方程式。

    b. 寫出對 $|V_5|$ 偏微分的 Jacobian 元素方程式,並以初始預估值來估測。V_5 的初始預估值為 $1.0\angle 0°$。

    c. 寫出匯流排 ⑤ 的 P 及 Q 誤差方程式,並針對第 1 次疊代來估測它們。

7.13 針對 $t = 1.0\angle -3°$ 重做例題 7.13,當改變有效功率及無效功率潮流時,比較兩者的結果。

7.14 在例題 7.10 系統中匯流排 ④ 的發電機,藉由發電機升壓變壓器連接至匯流排 ④ 的發電機來表示,如圖 7.20 所示。此變壓器的電抗是 0.02 標么;分接頭位於變壓器的高壓側,且非標稱匝數比為 1.05,試計算對應於匯流排 ④ 及 ⑤ 的 Jacobian 列元素。

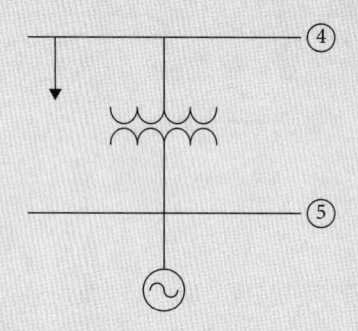

圖 7.20 問題 7.14 的發電機升壓變壓器

7.15 針對問題 7.14 的系統,利用解耦電力潮流法求解矩陣 **B′** 及 **B″**。

7.16 圖 7.21 展示出五個匯流排電力系統。線路、匯流排、變壓器及電容器資料分別在表 7.10、7.11、7.12、7.13。利用高斯賽得法求解第 1 次疊代的匯流排電壓。

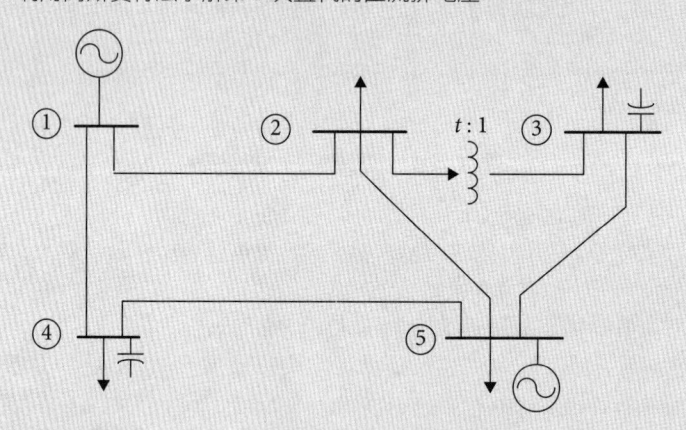

圖 7.21 針對問題 7.16 至 7.20 的系統,其線路及匯流排資料列於表 7.10 至 7.13 中

表 7.10 針對圖 7.21 的系統線路資料

線路 匯流排至 匯流排	標么串聯阻抗 R	標么串聯阻抗 X	標么串聯導納 G	標么串聯導納 B	充電量 MVAR
① ②	0.0108	0.0649	2.5	−15	6.6
① ④	0.0235	0.0941	2.5	−10	4.0
② ⑤	0.0118	0.0471	5.0	−20	7.0
③ ⑤	0.0147	0.0588	4.0	−16	8.0
④ ⑤	0.0118	0.0529	4.0	−18	6.0

表 7.11 針對圖 7.21 的系統匯流排資料

匯流排	發電量 P(MW)	發電量 Q(MVAR)	負載 P(MW)	負載 Q(MVAR)	V 標么	註記
①					1.01∠0°	鬆弛匯流排
②			60	35	1.0∠0°	
③			70	42	1.0∠0°	
④			80	50	1.0∠0°	
⑤	190		65	36	1.0∠0°	PV 匯流排

表 7.12 針對圖 7.21 的系統變壓器資料

變壓器以匯流排至匯流排表示	標么電抗	分接頭設定
② − ③	0.04	0.975

表 7.13 針對圖 7.21 的系統電容器資料

匯流排	額定百萬乏 MVAR
③	18
④	15

7.17 應用牛頓拉弗森法求解圖 7.21 系統之電力潮流，試求 (a) 系統的 Y_{bus}；(b) 以表 7.10 的初始電壓預估值評估第 1 次疊代匯流排 ⑤ 的誤差方程式；(c) 列出類似 (7.55) 式的誤差方程式。

7.18 針對圖 7.21 的系統，試求用在解耦電力潮流法的 B' 及 B'' 矩陣。同時，求解匯流排 ④ 於第 1 次疊代的 P 及 Q 誤差方程式，並求解在第 1 次疊代終止時，匯流排 ④ 的電壓大小。

7.19 假設圖 7.21 中的變壓器介於匯流排 ② 及 ③ 之間，為一個移相器，而 t 為一個複數變數且等於 1.0∠−2°。(a) 試求系統的 Y_{bus}；(b) 當與問題 7.17 的電力潮流解答比較時，從匯流排 ⑤ 到匯流排 ③ 的線路有效功率潮流會增加或降低？無效功率潮流如何？以定性解釋為何如此。

電力系統分析

7.20 應用解耦電力潮流法至問題 7.19 的系統中，試求矩陣 **B′** 及 **B″**。

7.21 利用解耦負載潮流法執行二次疊代，重做問題 7.2。

7.22 應用牛頓拉弗森法，如果維持一 PV 匯流排的指定電壓所需的無效功率量超過其無效功率發電容量的最大限制，則該匯流排的無效功率被設定為該限制，且匯流排的型式變成負載匯流排。假設例題 7.10 的系統中，匯流排 ④ 的最大無效功率發電量被限制在 150 百萬乏。利用 7.5 節例題 7.10 所提供的第 1 次疊代結果，決定在第 2 次疊代開始時，匯流排 ④ 的型態是否應轉變成負載匯流排。如果是，計算匯流排 ④ 的無效功率誤差，此誤差用於第二次疊代誤差方程式中。

7.23 針對圖 7.22 所示的輸電網路，所有數值均為標么值。系統基準為 100 MVA。試求 (a) 匯流排 ② 及匯流排 ③ 的電壓相角；(b) 每一條輸電線路的百萬瓦電力潮流。假設匯流排 ① 為搖擺匯流排，其參考電壓相角為 0。

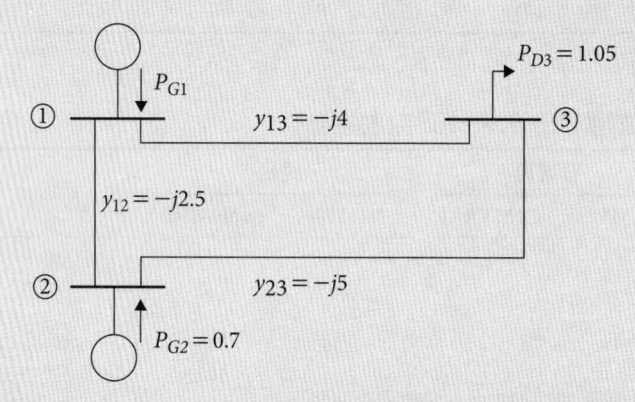

圖中標示：
① P_{G1}；$y_{13} = -j4$；③ $P_{D3} = 1.05$
$y_{12} = -j2.5$
② $y_{23} = -j5$；$P_{G2} = 0.7$

圖 7.22 問題 7.23 直流電力潮流研究的三匯流排輸電網路

Chapter 8

對稱故障

　　電路中的故障是指干擾電流的正常流動所形成的任何故障。在 115 kV 或更高的輸電線路上，大多數的故障為雷擊所造成，其結果為絕緣發生閃絡。介於導體與接地的支撐鐵塔間之高電壓會造成電離作用，將雷擊所感應的電荷導向大地。一旦通往大地的電離路徑建立，電力潮流會因為大地低阻抗而從導體流向大地，並經由大地流向變壓器或發電機的接地中性線，繼而形成完整的電路。

　　不含接地的線對線故障相當少見。開啟的斷路器會將線路的故障部分與系統的其他部分隔離，以斷開離子化路徑上的電流潮流，並允許去離子作用發生。大約 20 個週期的間隔之後允許去離子，此時斷路器通常會在不再產生電弧的情形下重新投入。輸電線路運轉上的經驗顯示，在大多數故障發生後，超高速復閉斷路器能成功地再次投入。

　　那些再次投入不成功的案例中，很多是由永久性故障所造成的，如此不論開啟與再次投入之間的間隔情況為何，皆不可能再次投入。永久性故障可能是由線路掉落地面、冰雪覆蓋造成絕緣礙子串斷裂、鐵塔遭受永久性損壞及突波吸收器 (surge arrester) 失效等等所造成。經驗也顯示 70% 至 80% 的輸電線故障屬於單線接地故障 (single line-to-ground fault)，由單一輸電線至鐵塔及地面發生的閃絡所引起。所有故障大約有 5% 為三相。此乃本章所要討論的主題，稱為對稱三相故障 (symmetrical three-phase fault)。輸電線故障的其他類型為線間故障，不包括接地及雙線接地故障 (double line-to-ground fault)。所有上述故障，除了三相類型外，會造成相間的不平衡，所以稱之為非對稱故障 (unsymmetrical fault)，這些將在第

10 章中討論。

故障發生之後，於電力系統各部分流動的電流，與斷路器被要求打開任何一側故障線路前流動了幾個週期的電流不同。如果沒有經由斷路器操作，將故障自系統隔離，則所有這些電流值會與穩態狀況 (steady-state) 下流動的電流有很大的不同。決定選用適當斷路器的兩個因素為，故障發生瞬間所流動的電流，以及斷路器必須啟斷的電流。故障分析 (fault analysis) 時，會針對系統中不同位置所發生的不同型態故障之電流數值加以計算。從故障計算所獲得的資料，也可以用來決定控制斷路器的繼電器設定。

8.1 RL 串聯電路中的暫態

電力系統斷路器的選擇，不單是由正常運轉情況下斷路器所承受的電流而定，也需考量其瞬間所承受的最大電流及其所在線路的電壓下需啟斷之電流。

為了處理當系統短路時，初始電流的計算問題，考慮當一個交流電壓作用於包含定值電阻及電感的電路所發生的情形。假設所施加的電壓為 $V_{max} \sin(\omega t + \alpha)$，其中電壓施加時的 t 為零。而 α 角決定當電路閉合時電壓的大小。當施用一電壓是藉由關閉一開關時，如果瞬時電壓為零，且電壓藉由開關閉合時施加於電路上，並在正方向上增加，則 α 為零。如果電壓在其正的最大瞬時值時，α 等於 $\pi/2$。則微分方程式為

$$V_{max} \sin(\omega t + \alpha) = Ri + L\frac{di}{dt} \tag{8.1}$$

此方程式的解為

$$i = \frac{V_{max}}{|Z|}\left[\sin(\omega t + \alpha - \theta)] - e^{-Rt/L}\sin(\alpha - \theta)\right] \tag{8.2}$$

其中 $|Z| = \sqrt{R^2 + (\omega L)^2}$ 且 $\theta = \tan^{-1}(\omega L/R)$。

(8.2) 式的第一項隨時間呈正弦變化。第二項為非週期性且以時間常數 L/R 做指數衰減。此非週期性的項目稱為電流的直流成分 (dc component)。我們將正弦項視為 RL 電路在已知電壓作用下之電流穩態值。當 $t=0$ 時，如果這穩態項的值不等於零，則解答中會出現直流成分，這是為了符合開關閉合時瞬間零電流的自然現象。注意到，如果電

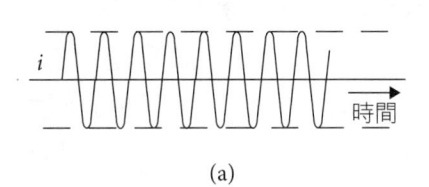

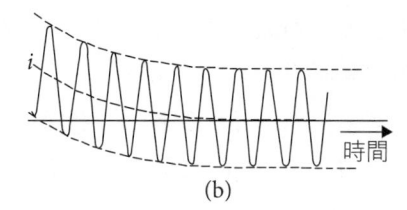

圖 8.1 RL 電路中電流為時間的函數：(a) $\alpha-\theta=0$；(b) $\alpha-\theta=-\pi/2$，其中 $\theta=\tan^{-1}(\omega L/R)$。當 $t=0$ 時，電壓 $V_{\max}\sin(\omega t+\alpha)$ 施加於電路中

路在電壓波形的某一點時閉合，例如 $\alpha-\theta=0$ 或 $\alpha-\theta=\pi$，則直流項不存在。圖 8.1(a) 顯示當 $\alpha-\theta=0$ 時，根據 (8.2) 式，電流隨時間變化。

如果電壓波形在 $\alpha-\theta=\pm\pi/2$ 時，開關閉合，則直流成分會有最大的初始值，此值等於正弦成分的最大值。圖 8.1(b) 顯示當 $\alpha-\theta=-\pi/2$ 時電流對時間的圖形。直流成分可能從 0 至 $V_{\max}/|Z|$ 的任何值，端賴於電路閉合時電壓的瞬時值及電路的功因。在電壓作用的瞬間，直流與穩態成分始終有相同的大小，但符號相反，這是為了表示電流值為零且存在。

在第 3 章中，我們探討了由旋轉磁場所構成的同步發電機之運轉原理，而發電機在具有電阻與電抗的電樞繞組中產生電壓。當發電機短路時的電流，類似一個交流電壓突然施加於電阻與電抗的串聯電路時的電流。然而，其間存在重要的差異，因為阻尼繞組 (damper winding) 及電樞的電流會影響旋轉磁場，如 3.11 節所討論。

如果從每一相電樞中的短路電流，將直流成分消除，則每一相電流對時間的圖形顯示在圖 3.34 中。圖 3.34 與圖 8.1(a) 顯示將一個電壓應用至一般 RL 電路與將一個短路應用至同步機之間的差異。這些圖中沒有任何的直流成分，然而電流包絡線相差甚大。在同步發電機中，短路瞬間跨越空隙的磁通量並不同於數週期後的磁通量。磁通量的變化是由磁場、電樞以及阻尼繞組或圓形轉子之鐵心部分的組合作用所決定。在一個故障發生之後，次暫態 (subtransient)、暫態 (transient) 及穩態 (steady-state) 期間分別以次暫態電抗 X_d''，暫態電抗 X_d'，及穩態電抗 X_d 為特徵。這些電抗依序增大數值 ($X_d'' < X_d' < X_d$)，而其相對應的短路電流成分卻遞減 ($|I''| > |I'| > |I|$)。去除了直流成分後，初始對稱均方根電流 (initial symmetrical RMS current)，為故障發生後的立即故障電流之交流成分的均方根值。

在進行分析工作時，發電機之內部電壓 (internal voltage) 及次暫態、暫態和穩態電流可以用相量來表示。故障發生之後在電樞繞組所感應的電壓與達到穩態後所存在的電壓不同。為了說明次暫態，暫態及穩態狀況時感應電壓的不同，我們使用不同的電抗（X_d''、X_d' 及 X_d）與內部電壓串聯

來計算電流。當故障發生時,如果發電機沒有負載,此發電機可用對中性點的無載電壓與適當電抗相串聯來表示,如圖 3.35 所示。如果需要較高的精確度時,則必須將電阻列入考慮。如果發電機的外部,介於端子與短路之間具有阻抗,則此外部阻抗必須含括在電路中。在下一節中,我們將檢查有負載發電機的暫態。

雖然發電機的電抗並非常數,而是由磁路飽和的程度而定,但它們的值,通常在某些極限值之內,而且針對不同型式的發電機來說,是可預測的。在故障計算及穩定度研究時,附錄表 A.2 提供了發電機電抗的典型值。通常,發電機及馬達的次暫態電抗是用來決定短路發生時的初始電流值。針對斷路器啟斷容量的決定,除了那些瞬間開啟者之外,次暫態電抗用於發電機,而暫態電抗用於同步馬達。在決定故障是否會導致電機與系統其餘部分失去同步的穩定度研究中,如果此故障在某段時間後被移去,則使用暫態電抗。

8.2 在故障情況下有載發電機的內部電壓

讓我們看看當故障發生時,有載發電機的情況。圖 8.2(a) 為一台具有平衡三相負載的發電機之等效電路。發電機的內部電壓及電抗以下標 g 作為區別,這是因為所考慮的某些電路也有馬達的緣故。而所顯示外部阻抗介於發電機端點與故障發生點 P 之間。

故障發生前流經 P 點的電流為 I_L,故障點的電壓為 V_f,而發電機的端電壓為 V_t。同步發電機的穩態等效電路是以它的無載電壓 E_g 串聯它的同步電抗 X_{dg} 來表示。如果 P 點發生三相故障時,會發現在等效電路中從 P 到中性點短路,無法滿足計算次暫態電流的條件。如果我們計算的是次暫態電流 X''_{dg},則發電機的電抗必須是 I'',如果我們計算的是暫態電流

圖 8.2 供電至一平衡三相負載之發電機的等效電路。利用關閉開關 S 模擬在 P 點發生三相故障之應用:(a) 一般包含負載的穩態發電機等效電路;(b) 計算 I'' 的電路

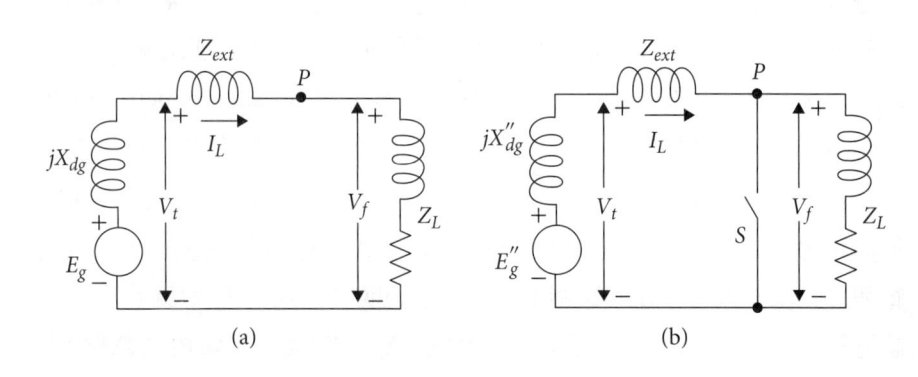

X'_{dg}，則發電機的電抗必須是 I'。

圖 8.2(b) 所顯示的電路給了我們所要的結果。當開關 S 打開時，電壓 X'_{dg} 與 E'_g 串聯以提供穩態電流 I_L。當開關 S 閉合時，經由 X''_{dg} 及 Z_{ext} 提供電流至短路點。如果我們能決定 E''_g，經由 X''_{dg} 的電流會是 I''。當開關 S 打開時，可以看到

$$E''_g = V_t + jX''_{dg}I_L = V_f + (Z_{ext} + jX''_{dg})I_L \tag{8.3}$$

此方程式定義了 E''_g，稱之為次暫態內部電壓 (subtransient internal voltage)。同樣地，當計算暫態電流 I' 時，此電流必須經由暫態電抗 X'_{dg} 供給，此驅動電壓為暫態內部電壓 E'_g (transient internal voltage)，即

$$E'_g = V_t + jX'_{dg}I_L = V_f + (Z_{ext} + jX'_{dg})I_L \tag{8.4}$$

因此，負載電流 I_L 的數值決定了電壓 E''_g 及 E'_g 的數值，只有當 I_L 為零時，此兩電壓才會等於無載電壓 E_g，所以 E_g 等於 V_t。

值得注意的是：只要發電機內故障前的電流為 I_L 的相對應數值，則 E''_g 的特別數值與 X''_{dg} 串聯即可表示故障發生前及故障發生後瞬間的發電機。換句話說，E_g 與同步電抗 X_{dg} 串聯，不論負載電流為何值，均為穩態狀況下發電機的等效電路。E_g 值的大小是由發電機的磁場電流來決定，所以針對圖 8.2(a) 電路中不同的 I_L 值，$|E_g|$ 仍會保持相同值，但是 E''_g 則需要一個新值。

同步馬達具有與發電機相同型式的電抗。當一台馬達短路時，它不再從電力線接收電能，但是它的磁場繼續激磁，且轉子的慣性 (intertia) 和所連接的負載的慣性，使它繼續旋轉一短暫時間。同步馬達的內部電壓使其提供電流至系統，讓它像發電機一樣。比較發電機相對應的公式，同步馬達的次暫態內部電壓 E''_m 及暫態內部電壓 E'_m 表示成

$$E''_m = V_t - jX''_{dm}I_L \tag{8.5}$$

$$E'_m = V_t - jX'_{dm}I_L \tag{8.6}$$

其中 V_t 現在是馬達的端電壓。於有載請況下，涵蓋發電機及馬達的系統中，其故障電流可利用下列兩種方式之一求解：(1) 藉由計算出電機的次暫態 (或暫態) 內部電壓或 (2) 利用戴維寧定理 (Thèvenin's thorem)。以一個簡單例子來說明這兩種方法。

假設一台同步發電機經由一條外部阻抗為 Z_{ext} 的線路與一台同步馬達

連接。當於馬達端發生對稱三相故障時，馬達會自發電機汲取負載電流 I_L。圖 8.3 顯示故障發生前後瞬間此系統的等效電路及電流流向。

如圖 8.3(a) 顯示，藉由電機的次暫態電抗來取代電機的同步 (synchronous) 電抗，並代入 V_f 的數值，可計算出故障發生前瞬間的電機次暫態內部電壓

$$E_g'' = V_f + (Z_{ext} + jX_{dg}'')I_L \tag{8.7}$$

$$E_m'' = V_f - jX_{dm}''I_L \tag{8.8}$$

如圖 8.3(b) 所示，當系統發生故障時，從發電機流出的次暫態電流 I_g'' 及從馬達流出的次暫態電流 I_m''，可以由下列關係式求得

$$I_g'' = \frac{E_g''}{Z_{ext} + jX_{dg}''} = \frac{V_f}{Z_{ext} + jX_{dg}''} + I_L \tag{8.9}$$

$$I_m'' = \frac{E_m''}{jX_{dm}''} = \frac{V_f}{jX_{dm}''} - I_L \tag{8.10}$$

將此兩電流加起來，可以求得總對稱故障電流 I_f''，如圖 8.3(b) 所示，即

$$I_f'' = I_g'' + I_m'' = \underbrace{\frac{V_f}{Z_{ext} + jX_{dg}''}}_{I_{gf}''} + \underbrace{\frac{V_f}{jX_{dm}''}}_{I_{mf}''} \tag{8.11}$$

其中 I_{gf}'' 及 I_{mf}'' 分別為發電機及馬達貢獻給故障電流 I_f'' 的量。要注意的是，此故障電流並未包括故障前的（負載）電流。

另一種使用戴維寧定理的方法是根據下列觀察，(8.11) 式只需知道 V_f、故障點故障發生前電壓，及網路參數與代表電機的次暫態電抗。因此，藉由施加電壓 V_f 至無載次暫態網路 (dead subtransient network) 系統

圖 8.3 藉由線路阻抗 Z_{ext} 連接同步馬達及同步發電機的端點發生故障前後瞬間之等效電路及電流流向。圖中數值係針對例題 8.1 及方程式中的 I_L

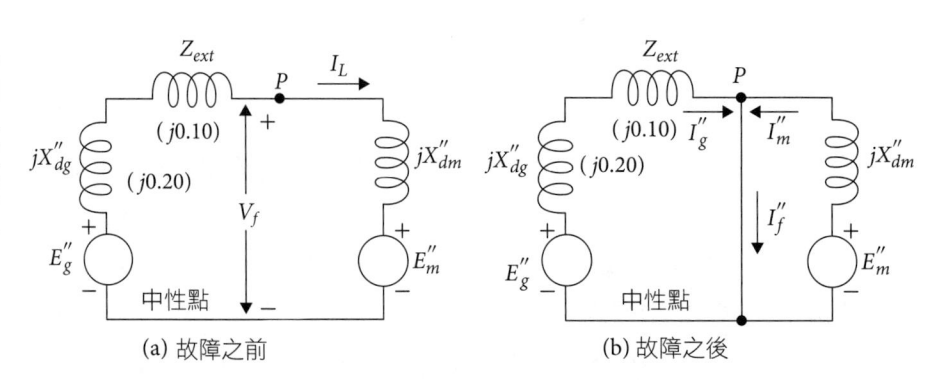

(a) 故障之前

(b) 故障之後

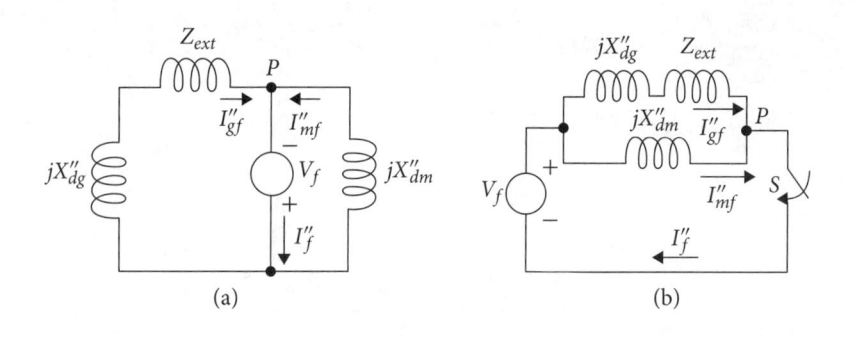

圖 8.4 電路說明由於 P 點發生三相故障的額外電流流向：(a) 施加 V_f 於無載網路來模擬此故障，及 (b) 從 P 點看進電路的戴維寧等效

的故障點 P，如圖 8.4(a) 所示，可求得 I_f'' 及整個系統內因故障而產生的額外電流。如果我們重新繪製此網路，如圖 8.4(b) 所示，則很明顯地，次暫態故障電流的對稱值可以經由故障點的次暫態網路之戴維寧等效電路求得。

戴維寧等效電路為單一發電機及故障發生點單一阻抗端點。等效發電機的內部電壓等於 V_f，此電壓為故障發生前故障點所在的電壓。此阻抗是將所有產生的電壓短路後，自故障發生點看回電路所量測的。因為要求解初始的對稱故障電流，所以使用次暫態電抗。圖 8.4(b) 中，戴維寧阻抗 Z_{th} 為

$$Z_{th} = \frac{jX_{dm}''(Z_{ext} + jX_{dg}'')}{Z_{ext} + j(X_{dg}'' + X_{dm}'')} \tag{8.12}$$

以閉合開關 S 來模擬 P 點發生的三相短路，則故障發生時的次暫態電流為

$$I_f'' = \frac{V_f}{Z_{th}} = \frac{V_f[Z_{ext} + j(X_{dg}'' + X_{dm}'')]}{jX_{dm}''(Z_{ext} + jX_{dg}'')} \tag{8.13}$$

因此，在有載情況下，涵蓋發電機及馬達的系統發生三相對稱故障時，可以藉由使用次暫態內部電壓或戴維寧定理來分析，如下列例子說明。

例題 8.1

同步發電機及馬達的額定為 30,000 kVA 及 13.2 kV，兩者皆有 20% 的次暫態電抗。以電機額定為基準，連接兩電機的線路電抗為 10%。當馬達端發生對稱三相故障時，在超前功因為 0.8 及 12.8 kV 端電壓情況下，馬達汲取 20,000 kW。藉由電機的內部電壓，試求發電機、馬達及故障點的次暫態電流。

解： 系統故障前的等效電路相當於圖 8.3(a)。選擇 30,000 kVA、13.2 kV 為基準，且利用故障點電壓 V_f 為參考相量，可得

$$V_f = \frac{12.8}{13.2} = 0.970\angle 0° \text{ 標么}$$

$$\text{基準電流} = \frac{30{,}000}{\sqrt{3} \times 13.2} = 1312 \text{ A}$$

$$I_L = \frac{20{,}000\angle\cos^{-1}(0.8)}{0.8 \times \sqrt{3} \times 12.8} = 1128\angle 36.9° \text{ A}$$

$$= \frac{1128\angle 36.9°}{1312} = 0.86\angle 36.9° \text{ 標么}$$

$$= 0.86(0.8 + j0.6) = 0.69 + j0.52 \text{ 標么}$$

針對發電機

$$V_t = 0.970 + j0.1(0.69 + j0.52) = 0.918 + j0.069 \text{ 標么}$$

$$E_g'' = 0.918 + j0.069 + j0.2(0.69 + j0.52) = 0.814 + j0.207 \text{ 標么}$$

$$I_g'' = \frac{0.814 + j0.207}{j0.3} = 0.69 - j2.71 \text{ 標么}$$

$$= 1312(0.69 - j2.71) = 905.28 - j3555.52 \text{ A}$$

針對馬達

$$V_t = V_f = 0.970\angle 0° \text{ 標么}$$

$$E_m'' = 0.970 + j0 - j0.2(0.69 + j0.52) = 0.970 - j0.138 + 0.104 \text{ 標么}$$

$$= 1.074 - j0.138 \text{ 標么}$$

$$I_m'' = \frac{1.074 - j0.138}{j0.2} = -0.69 - j5.37 \text{ 標么}$$

$$= 1312(-0.69 - j5.37) = -905.28 - j7045.44 \text{ A}$$

於故障點

$$I_f'' = I_g'' + I_m'' = 0.69 - j2.71 - 0.69 - j5.37 = -j8.08 \text{ 標么}$$
$$= -j8.08 \times 1312 = -j10{,}600.96 \text{ A}$$

圖 8.3(b) 顯示 I_g''、I_m'' 及 I_f'' 的路徑。

例題 8.1 的 MATLAB 程式 (ex8_1.m)

```
clc
clear all
disp('Choosing a base of 30,000kVA,13.2kv')
Vf=12.8/13.2; % Caculate pu of Vf
% Caculate Ibase
Ibase=30000/(sqrt(3)*13.2);
disp(['Base current = 30,000/[(3)^1/2*13.2) = ',num2str(Ibase),' A'])
i=complex(16000,12000);
IL=i/(0.8*sqrt(3)*12.8); IL_unit=IL/Ibase;
disp('Caculate the fault current of generator')
jXdg=0.2i; Zext=0.1i;
```

```
Vt=Vf+IL_unit*Zext;
Vt_mag=abs(Vt); Vt_ang=angle(Vt)*180/pi;
disp(['Vt=Vf+IL_unit*Zext = ',num2str(Vt_mag),'∠',num2str(Vt_ang),' per unit']);
Eg=Vt+jXdg*IL_unit;
Eg_mag=abs(Eg); Eg_ang=angle(Eg)*180/pi;
disp(['Eg=Vt+jXdg*IL_unit = ',num2str(Eg_mag),'∠',num2str(Eg_ang),' per unit']);
Ig_unit=Eg/(jXdg+Zext); Ig=Ig_unit*Ibase;
Ig_mag=abs(Ig); Ig_ang=angle(Ig)*180/pi;
disp(['Ig=Eg/(jXdg+Zext)*Ibase',num2str(Ig_mag),'∠',num2str(Ig_ang),' A']);
disp('Caculate the fault current of motor')
jXdm=0.2i;
Em=Vf-IL_unit*jXdm;
Em_mag=abs(Em); Em_ang=angle(Em)*180/pi;
disp([' Em=Vf-IL_unit*jXdm = ',num2str(Em_mag),'∠',num2str(Em_ang),' per unit']);
Im_unit=Em/jXdm; Im=Im_unit*Ibase;
Im_mag=abs(Im); Im_ang=angle(Im)*180/pi;
disp(['Im=Em/jXdm*Ibase = ',num2str(Im_mag),'∠',num2str(Im_ang),' A']);
disp('Caculate the total fault current')
If=Ig+Im;
If_mag=abs(If); If_ang=angle(If)*180/pi;
disp(['If=Ig+Im = ',num2str(If_mag),'∠',num2str(If_ang),' A']);
```

例題 8.2

利用戴維寧定理求解例題 8.1。

解：對應圖 8.4 的戴維寧等效電路

$$Z_{th} = \frac{j0.3 \times j0.2}{j0.3 + j0.2} = j0.12 \text{ 標么}$$

$$V_f = 0.970\angle 0° \text{ 標么}$$

在故障時

$$I_f'' = \frac{V_f}{Z_{th}} = \frac{0.97 + j0}{j0.12} = -j8.08 \text{ 標么}$$

電機的並聯電路分擔這個故障電流，而分配的電流和它們的阻抗成反比。藉由簡單的電流分配，我們可求得故障電流

來自於發電機： $I_{gf}'' = -j8.08 \times \dfrac{j0.2}{j0.5} = -j3.23$ 標么

來自於馬達： $I_{mf}'' = -j8.08 \times \dfrac{j0.3}{j0.5} = -j4.85$ 標么

忽略負載電流

來自於發電機的故障電流 $= 3.23 \times 1312 = 4237.76$ A

來自於馬達的故障電流 $= 4.85 \times 1312 = 6363.20$ A

故障電流 $= 8.08 \times 1312 = 10{,}600.96$ A

不論是否考量負載電流，故障電流均相同，但是線路上的電流則不相同。當考量負載電流 I_L 時，從例題 8.1 可以發現

$$I''_g = I''_{gf} + I_L = -j3.23 + 0.69 + j0.52 = 0.69 - j2.71 \text{ 標么}$$

$$I''_m = I''_{mf} - I_L = -j4.85 - 0.69 - j0.52 = -0.69 - j5.37 \text{ 標么}$$

發現到 I_L 的方向與 I''_g 相同，但是與 I''_m 相反。I''_f、I''_g 及 I''_m 的標么值與例題 8.1 相同，所以電流的數值也會相同。

來自於發電機的故障電流 $= |905 - j3550| = 3663.54$ A

來自於馬達的故障電流 $= |-905 - j7050| = 7107.84$ A

發電機與馬達電流大小的總和不等於故障電流，是因為當考量負載電流時，來自於發電機與馬達的電流並非同相位。

例題 8.2 的 MATLAB 程式 (ex8_2.m)

```
clc
clear all
Ibase=1312;
Zth=0.3i*0.2i/(0.3i+0.2i); % Caculate Zth and Vf to find fault
current
disp('During the fault:')
Vf=complex(0.97,0); If=Vf/Zth;
disp(['If=Vf/Zth = ',num2str(If),' A'])
disp('Using current division to obtain fault currents:')
Igf_unit=If*(0.2i/(0.2i+0.3i));
Igf_unit_mag=abs(Igf_unit); Igf_unit_ang=angle(Igf_unit)*180/pi;
disp(['Igf_unit=If*(0.2i/(0.2i+0.3i)) = ',num2str(Igf_unit_
mag),'∠',num2str(Igf_unit_ang),' per unit']);
Imf_unit=If*(0.3i/(0.2i+0.3i));
Imf_unit_mag=abs(Imf_unit); Imf_unit_ang=angle(Imf_unit)*180/pi;
disp(['Igf_unit=If*(0.2i/(0.2i+0.3i)) = ',num2str(Imf_unit_
mag),'∠',num2str(Imf_unit_ang),' per unit']);
disp('Neglect load current:')
Igf=abs(Igf_unit*Ibase);
Igf_mag=abs(Igf); Igf_ang=angle(Igf)*180/pi;
disp(['Igf=abs(Igf_unit*Ibase) = ',num2str(Igf_mag),'∠',num-
2str(Igf_ang),' per unit']);
Imf=abs(Imf_unit*Ibase);
Imf_mag=abs(Imf); Imf_ang=angle(Imf)*180/pi;
```

```
disp(['Imf=abs(Imf_unit*Ibase) = ',num2str(Imf_mag),'∠',num-
2str(Imf_ang),' per unit']);
If=abs((Igf_unit+Imf_unit)*Ibase);
If_mag=abs(If); If_ang=angle(If)*180/pi;
disp([' If=abs((Igf_unit+Imf_unit)*Ibase) = ',num2str(If_
mag),'∠',num2str(If_ang),' per unit']);
disp('When load current is considered:')
disp('Ig=Igf+IL , Im=Imf-IL , (IL=0.69+0.52i) in per unit')
IL=0.69+0.52i;
Ig=abs(Igf_unit+IL)*1312; Im=abs(Imf_unit-IL)*1312;
disp(['Ig=|Igf_unit+IL|*Ibase = ',num2str(Ig),' A'])
disp(['Im=|Imf_unit+IL|*Ibase = ',num2str(Im),' A'])
```

通常，在故障發生時求解每一條線路的電流都會將負載電流予以忽略。在戴維寧方法中，忽略負載電流意謂每條線路於故障發生前的電流，將不會被加到該線路流向故障點的電流成分中。如果假設所有電機的次暫態內部電壓等於故障發生前故障點的電壓 V_f，則例題 8.1 的方法可以忽略負載電流，這種例子為故障發生前沒有任何電流在網路中流動。在故障研究中，通常也會省略電阻、充電電容及非標稱分接頭切換變壓器，這是因為它們對故障電流大小的影響並非很大。因為網路模型變成電感性電抗的互連，且故障系統中的所有電流皆同相，因此故障電流的計算可以簡化，如例題 8.2 所述。

8.3 利用匯流排阻抗矩陣 Z_{bus} 計算故障

先前故障計算的討論限定在簡單的電路，現在我們要將先前的研究擴展至一般網路。從我們已熟悉的特定網路開始，繼續推展通用的公式。

參考圖 6.4，與產生電壓串聯的電抗如果由同步值變成次暫態值，且產生電壓變成次暫態內部電壓，我們可以得到圖 8.5 所顯示的網路。

此網路可以視為一個平衡三相系統的單相等效電路。例如，如果我們選擇匯流排 ② 來研究故障，在故障前我們可以依循 8.2 節的符號，並指定 V_f 為匯流排 ② 的實際電壓。

在匯流排 ② 的三相故障可以用圖 8.6 的網路來模擬，其中電壓源 V_f 串聯 $-V_f$ 構成短路分路。

電壓源 V_f 獨自在此分支中動作，此與匯流排 ② 故障前已存在的電壓

圖 8.5 從圖 6.4 所得的電抗圖，圖中以次暫態值取代同步電抗及電機的同步內部電壓。電抗值以標么標示

圖 8.6 圖 8.5 的電路，在匯流排 ② 發生三相故障，並以 V_f 及 $-V_f$ 串聯來模擬

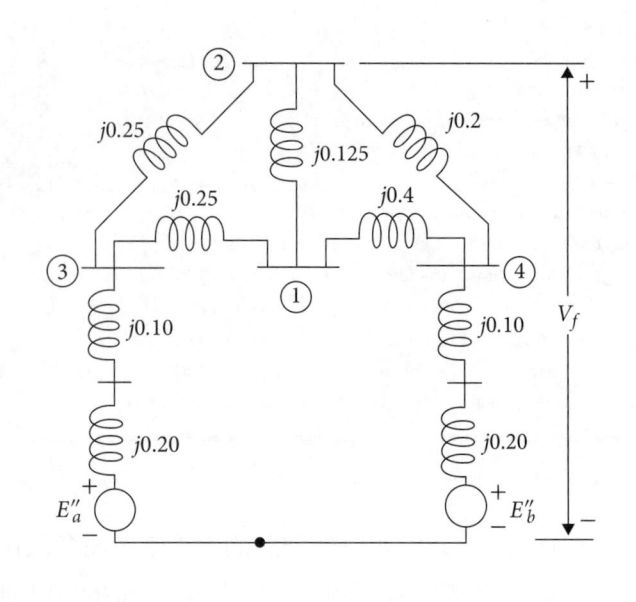

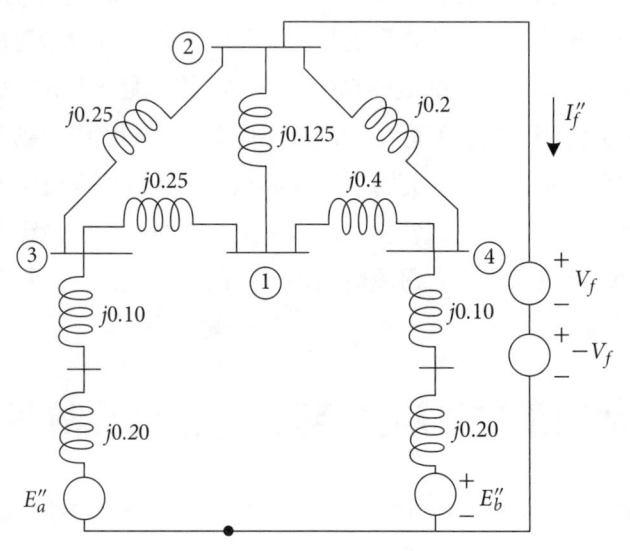

相符，因此不會造成電流在此分支中流動。由於 V_f 與 $-V_f$ 串聯，此分支變成短路，且分支電流如圖所示為 I_f''。因此，很明顯地，I_f'' 是由額外的電源 $-V_f$ 所造成。電流 I_f'' 從參考節點流經整個系統，在流出匯流排 ② 之前經電源 $-V_f$。如此它會造成系統中因故障而產生之匯流排電壓的改變。如果 E_a''、E_b'' 及 V_f 均短路，則 $-V_f$ 獨自動作，且流進匯流排 ② 的 $-I_f''$ 成為唯一由外部電源流進網路的電流。因為 $-V_f$ 是唯一的電壓源，因此網路具有 $\mathbf{Z}_{\text{bus}}$ 矩陣型式的節點阻抗方程式

$$\begin{bmatrix} \Delta V_1 \\ \Delta V_2 \\ \Delta V_3 \\ \Delta V_4 \end{bmatrix} = \begin{bmatrix} \Delta V_1 \\ -V_f \\ \Delta V_3 \\ \Delta V_4 \end{bmatrix} = \begin{array}{c} ① \\ ② \\ ③ \\ ④ \end{array} \begin{bmatrix} \overset{①}{Z_{11}} & \overset{②}{Z_{12}} & \overset{③}{Z_{13}} & \overset{④}{Z_{14}} \\ Z_{21} & Z_{22} & Z_{23} & Z_{24} \\ Z_{31} & Z_{32} & Z_{33} & Z_{34} \\ Z_{41} & Z_{42} & Z_{43} & Z_{44} \end{bmatrix} \begin{bmatrix} 0 \\ -I_f'' \\ 0 \\ 0 \end{bmatrix} \quad (8.14)$$

字首 Δ 用來表示由於故障而注入匯流排 ② 的電流 $-I_f''$ 所引起之匯流排電壓變化。

$\mathbf{Z}_{\text{bus}}$ 建構方法可以用來針對圖 8.6 的網路，評估匯流排阻抗矩陣。針對同步電機，矩陣的元件數值會使用次暫態電抗。由於 $-I_f''$ 而產生匯流排電壓的改變，可以表示如下

$$\begin{bmatrix} \Delta V_1 \\ \Delta V_2 \\ \Delta V_3 \\ \Delta V_4 \end{bmatrix} = \begin{bmatrix} \Delta V_1 \\ -V_f \\ \Delta V_3 \\ \Delta V_4 \end{bmatrix} = -I_f'' \begin{bmatrix} \mathbf{Z}_{\text{bus}} \text{ 的} \\ \text{第 2 行} \end{bmatrix} = \begin{bmatrix} -Z_{12}I_f'' \\ -Z_{22}I_f'' \\ -Z_{32}I_f'' \\ -Z_{42}I_f'' \end{bmatrix} \quad (8.15)$$

此方程式的第 2 列顯示

$$I_f'' = \frac{V_f}{Z_{22}} \quad (8.16)$$

我們了解到 Z_{22} 為 $\mathbf{Z}_{\text{bus}}$ 的對角線元素，它代表網路在匯流排 ② 的戴維寧阻抗。將 I_f'' 的表示式代入 (8.15) 式，可得

$$\begin{bmatrix} \Delta V_1 \\ \Delta V_2 \\ \Delta V_3 \\ \Delta V_4 \end{bmatrix} = \begin{bmatrix} -\dfrac{Z_{12}}{Z_{22}} V_f \\ -V_f \\ -\dfrac{Z_{32}}{Z_{22}} V_f \\ -\dfrac{Z_{42}}{Z_{22}} V_f \end{bmatrix} \quad (8.17)$$

當圖 8.6 網路中發電機電壓 $-V_f$ 短路時，則電源 E_a''、E_b'' 及 V_f 再次插入網路中，網路中每個地方的電流及電壓會與故障發生前一樣。利用重疊定理，將這些故障前的電壓加到 (8.17) 式的變化量中，可得到故障後所存在的總電壓。

故障網路通常（並非總是）假設在故障發生前沒有負載。如先前所談論的，在沒有負載情況下，故障前沒有電流流動且沒有電壓差跨接在分路阻抗；整個網路的所有匯流排電壓會與故障點發生故障前的電壓 V_f 相

同。這個故障前沒有電流的假設，簡化非常多的工作，且藉由重疊定理應用，我們可得到匯流排電壓

$$\begin{bmatrix} V_1 \\ V_2 \\ V_3 \\ V_4 \end{bmatrix} = \begin{bmatrix} V_f \\ V_f \\ V_f \\ V_f \end{bmatrix} + \begin{bmatrix} \Delta V_1 \\ \Delta V_2 \\ \Delta V_3 \\ \Delta V_4 \end{bmatrix} = \begin{bmatrix} V_f - Z_{12} I_f'' \\ V_f - V_f \\ V_f - Z_{32} I_f'' \\ V_f - Z_{42} I_f'' \end{bmatrix} = V_f \begin{bmatrix} 1 - \dfrac{Z_{12}}{Z_{22}} \\ 0 \\ 1 - \dfrac{Z_{32}}{Z_{22}} \\ 1 - \dfrac{Z_{42}}{Z_{22}} \end{bmatrix} \qquad (8.18)$$

因此，網路中所有匯流排的電壓，可以利用故障匯流排在故障前的電壓 V_f 及 $\mathbf{Z}_{\text{bus}}$ 中相對應於故障匯流排的行元素計算出來。如果 $\mathbf{Z}_{\text{bus}}$ 是針對電機電抗的次暫態數值所組成，則匯流排電壓的計算值，會在網路的分支上產生次暫態電流。

當較大型網路的匯流排 ⓚ 發生三相故障時，可以獲得更通用的方程式

$$I_f'' = \frac{V_f}{Z_{kk}} \qquad (8.19)$$

且忽略故障前的負載電流，則可以針對故障期間列出任何匯流排 ⓙ 的電壓

$$V_j = V_f - Z_{jk} I_f'' = V_f - \frac{Z_{jk}}{Z_{kk}} V_f \qquad (8.20)$$

其中 Z_{jk} 及 Z_{kk} 是系統 $\mathbf{Z}_{\text{bus}}$ 第 k 行的元素。如果匯流排 ⓙ 故障前的電壓與故障匯流排 ⓚ 故障前的電壓不同，則只要將 (8.20) 式左側的 V_f 以匯流排 ⓙ 實際故障前的電壓取代即可。知道故障期間各匯流排電壓之後，我們可以計算出從匯流排 ⓘ 至匯流排 ⓙ，經由連接兩匯流排線路上的阻抗 Z_b 之次暫態電流 I_{ij}'' 為

$$I_{ij}'' = \frac{V_i - V_j}{Z_b} = -I_f'' \left(\frac{Z_{ik} - Z_{jk}}{Z_b} \right) = -\frac{V_f}{Z_b} \left(\frac{Z_{ik} - Z_{jk}}{Z_{kk}} \right) \qquad (8.21)$$

此方程式顯示 I_{ij}'' 為故障電流 I_f'' 的一小部分，於故障網路中出現在匯流排 ⓘ 至匯流排 ⓙ 的線路潮流。如果匯流排 ⓙ 由線路的串聯阻抗 Z_b 直接與故障匯流排 ⓚ 連接，則由匯流排 ⓙ 貢獻至故障匯流排 ⓚ 的電流為 V_j/Z_b，其中 V_j 由 (8.20) 式提供。

第 8 章 對稱故障

本節的討論只有 $\mathbf{Z}_{\text{bus}}$ 中之 k 行,表示成 $\mathbf{Z}_{\text{bus}}^{(k)}$,為評估在匯流排 ⓚ 發生對稱三相故障對系統之衝擊時所必須的。如果必要時,$\mathbf{Z}_{\text{bus}}^{(k)}$ 的元素可以如 8.5 節說明之 $\mathbf{Y}_{\text{bus}}$ 的三角因子 (triangular factor) 產生。

例題 8.3

圖 8.5 的網路中,匯流排 ② 發生三相故障,試求故障時的初始對稱 RMS 電流 (也就是次暫態電流);故障期間匯流排 ①、③ 及 ④ 的電壓;從匯流排 ③ 至匯流排 ① 的線路電流;以及從線路 ③-②、①-② 及 ④-② 所提供的故障電流。假設匯流排 ② 故障前的電壓 V_f 等於 $1.0 \angle 0°$ 標么,並忽略所有故障前電流。

解: 將導納矩陣的反矩陣或 $\mathbf{Z}_{\text{bus}}$ 建構法應用至圖 8.5,可得

$$\mathbf{Z}_{\text{bus}} = \begin{array}{c} \\ ① \\ ② \\ ③ \\ ④ \end{array} \begin{bmatrix} \overset{①}{j0.2436} & \overset{②}{j0.1938} & \overset{③}{j0.1544} & \overset{④}{j0.1456} \\ j0.1938 & j0.2295 & j0.1494 & j0.1506 \\ j0.1544 & j0.1494 & j0.1954 & j0.1046 \\ j0.1456 & j0.1506 & j0.1046 & j0.1954 \end{bmatrix}$$

因為忽略負載電流,每一個匯流排故障前電壓為 $1.0 \angle 0°$ 標么,與匯流排 ② 的電壓 V_f 相同。當故障發生時

$$I_f'' = \frac{1.0}{Z_{22}} = \frac{1.0}{j0.2295} = -j4.3573 \text{ 標么}$$

且從 (8.18) 式可得故障期間的電壓為

$$\begin{bmatrix} V_1 \\ V_2 \\ V_3 \\ V_4 \end{bmatrix} = \begin{bmatrix} 1 - \dfrac{j0.1938}{j0.2295} \\ 0 \\ 1 - \dfrac{j0.1494}{j0.2295} \\ 1 - \dfrac{j0.1506}{j0.2295} \end{bmatrix} = \begin{bmatrix} 0.1556 \\ 0 \\ 0.3490 \\ 0.3438 \end{bmatrix} \text{ 標么}$$

在線路 ③-① 流動的電流為

$$I_{31} = \frac{V_3 - V_1}{Z_b} = \frac{0.3490 - 0.1556}{j0.25} = -j0.7736 \text{ 標么}$$

由鄰近非故障匯流排提供至匯流排 ② 的故障電流為

從匯流排 ①:$\dfrac{V_1}{Z_{b1}} = \dfrac{0.1556}{j0.125} = -j1.2448$ 標么

從匯流排 ③:$\dfrac{V_3}{Z_{b3}} = \dfrac{0.3490}{j0.25} = -j1.3960$ 標么

從匯流排 ④：$\dfrac{V_4}{Z_{b4}} = \dfrac{0.3438}{j0.20} = -j1.7190$ 標么

除了四捨五入的誤差之外，所提供的電流總和等於 I_f''。

8.4 利用 Z_{bus} 等效電路計算故障

我們無法設計一個直接將匯流排阻抗矩陣的所有個別元素合併且實際上可實現的網路。然而，圖 8.4 顯示我們可以利用矩陣元素，建構網路中連接的任何兩匯流排之間的戴維寧等效電路。戴維寧等效電路對於 8.3 節推導出之故障方程式的說明非常有幫助。

於圖 8.7(a) 的戴維寧等效電路中，匯流排 ⓚ 被假設為故障匯流排，而匯流排 ⓙ 為無故障。

圖中所顯示的阻抗直接相對應於網路 Z_{bus} 的元素，且如果忽略負載電流時，所有匯流排故障前電壓與故障匯流排的電壓 V_f 相同。標記為 x 的兩點具有相同的電位，所以可以將其連接在一起，來產生如圖 8.7(b) 所示單一電壓源 V_f 的等效電路。如果匯流排 ⓚ 及參考點之間的開關 S 開啟時，則網路中沒有短路且任何分支也沒有電流流動。當開關 S 閉合時，表示匯流排 ⓚ 發生故障，電路中的電流流向匯流排 ⓚ。此電流為 $I_f'' = V_f/Z_{kk}$，符合 (8.19) 式，且此電流感應出一個從參考點至匯流排 ⓙ 方向的電壓降 $(Z_{jk}/Z_{kk})V_f$。因此，從匯流排 ⓙ 至參考點之電壓改變為 $-(Z_{jk}/Z_{kk})V_f$，所以故障期間匯流排 ⓙ 的電壓為 $V_f - (Z_{jk}/Z_{kk})V_f$，與 (8.20) 式一致。

因此，將圖 8.7(b) 的簡單等效電路之阻抗代入適當的數值，則可以計

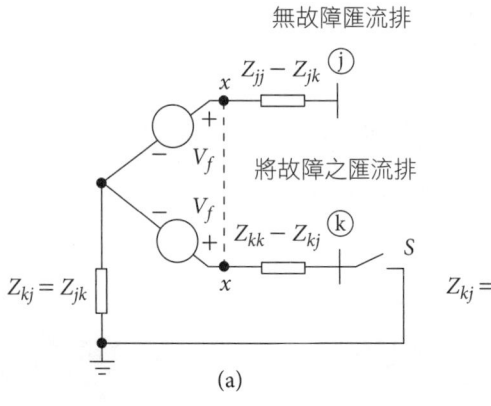

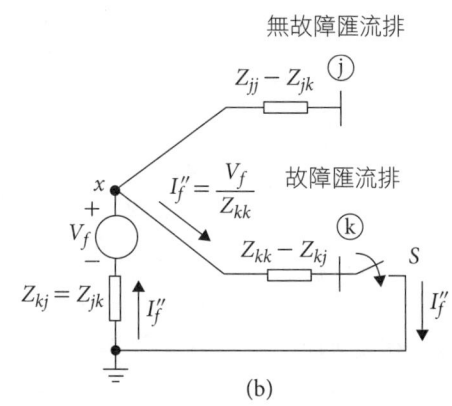

圖 8.7 介於系統匯流排 ⓙ 與 ⓚ 之間的戴維寧等效，故障前沒有負載電流存在：(a) 故障前（S 開啟）及 (b) 故障期間（S 閉合）

算出故障前後系統匯流排的電壓。當電路中開關 S 開啟時，匯流排 ⓚ 及代表性的匯流排 ⓙ 的電壓都等於 V_f。如果故障前沒有電流，則 E_a''、E_b'' 等於 V_f，那麼圖 8.6 中會出現相同的電壓。

如果圖 8.7(b) 中 S 閉合，則此電路反應了當故障發生在匯流排 ⓚ 時，代表性的匯流排 ⓙ 相對於參考點的電壓。因此，當一個大型網路的匯流排 ⓚ 發生三相短路故障時，可以藉由將適當的阻抗值插入像圖 8.7 的基本電路中，便可計算出故障點的電流及任一個非故障匯流排的電壓。以下的例題說明此程序。

針對系統任何匯流排或輸電線路上發生三相故障時，根據已知匯流排阻抗矩陣，則其他無故障匯流排之等效電路均可逐漸產生。我們將說明一項特別的應用是如何實現的。

例題 8.4

五個匯流排網路，於匯流排 ① 及 ③ 分別有額定為 270 MVA 及 225 MVA 的發電機。以發電機的額定為基準時，每一台發電機的次暫態電抗加上將其連接至匯流排的變壓器電抗為 0.3 標么。變壓器的匝比使每一發電機電路的電壓基準等於發電機的額定電壓。於 100 MVA 的系統基準下，線路的標么阻抗顯示於圖 8.8 中。

忽略所有電阻。利用包含發電機及變壓器電抗的網路匯流排阻抗矩陣，求解在匯流排 ④ 發生三相故障的次暫態電流，及經由每一條線路流向故障點的電流。故障前的電流均忽略不計，且故障發生前所有電壓均假設為 1.0 標么。

解：將基準轉換成 100 MVA，發電機及變壓器組的電抗為

$$\text{在匯流排 ① 的發電機：} \quad X = 0.30 \times \frac{100}{270} = 0.1111 \text{ 標么}$$

$$\text{在匯流排 ③ 的發電機：} \quad X = 0.30 \times \frac{100}{225} = 0.1333 \text{ 標么}$$

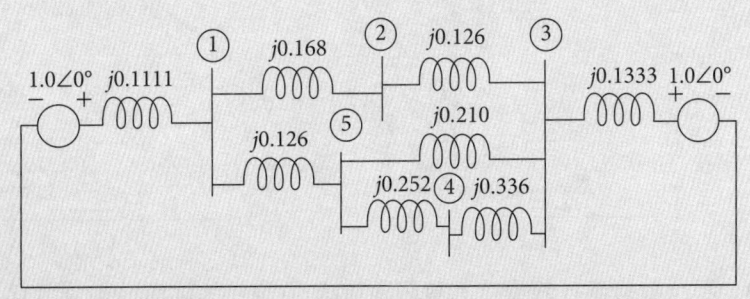

圖 8.8 例題 8.4 的阻抗圖。發電機電抗係包含本身次暫態電抗及變壓器電抗。所有標么值是以 100MVA 為基準

這些數值與線路阻抗均標示於圖 8.8 中，從此圖依據 Z_{bus} 建構方法可決定出匯流排阻抗矩陣

$$\mathbf{Z}_{bus} = \begin{array}{c} \\ ① \\ ② \\ ③ \\ ④ \\ ⑤ \end{array} \begin{array}{c} \begin{array}{ccccc} ① & ② & ③ & ④ & ⑤ \end{array} \\ \begin{bmatrix} j0.0793 & j0.0558 & j0.0382 & j0.0511 & j0.0608 \\ j0.0558 & j0.1338 & j0.0664 & j0.0630 & j0.0605 \\ j0.0382 & j0.0664 & j0.0875 & j0.0720 & j0.0603 \\ j0.0511 & j0.0630 & j0.0720 & j0.2321 & j0.1002 \\ j0.0608 & j0.0605 & j0.0603 & j0.1002 & j0.1301 \end{bmatrix} \end{array}$$

因為要計算從匯流排 ③ 及 ⑤ 流進故障點的電流，需知道在故障期間的 V_3 及 V_5。觀察像圖 8.9 的等效電路有助於發現所要的電流及電壓。

匯流排 ④ 發生三相故障的次暫態電流可以從圖 8.9(a) 計算出。單純地將開關 S 閉合可得

$$I_f'' = \frac{V_f}{Z_{44}} = \frac{1.0}{j0.2321} = -j4.308 \text{ 標么}$$

從圖 8.9(a)，於故障期間匯流排 ③ 的電壓為

$$V_3 = V_f - I_f'' Z_{34} = 1.0 - (-j4.308)(j0.0720) = 0.6898 \text{ 標么}$$

從圖 8.9(b)，於故障期間匯流排 ⑤ 的電壓為

$$V_5 = V_f - I_f'' Z_{54} = 1.0 - (-j4.308)(j0.1002) = 0.5683 \text{ 標么}$$

經由線路阻抗 Z_b 流進故障匯流排 ④ 的電流為

從匯流排 ③： $\dfrac{V_3}{Z_{b3}} = \dfrac{0.6898}{j0.336} = -j2.053$ 標么

從匯流排 ⑤： $\dfrac{V_5}{Z_{b5}} = \dfrac{0.5683}{j0.252} = -j2.255$ 標么

因此，匯流排 ④ 的總故障電流 $= -j4.308$ 標么。

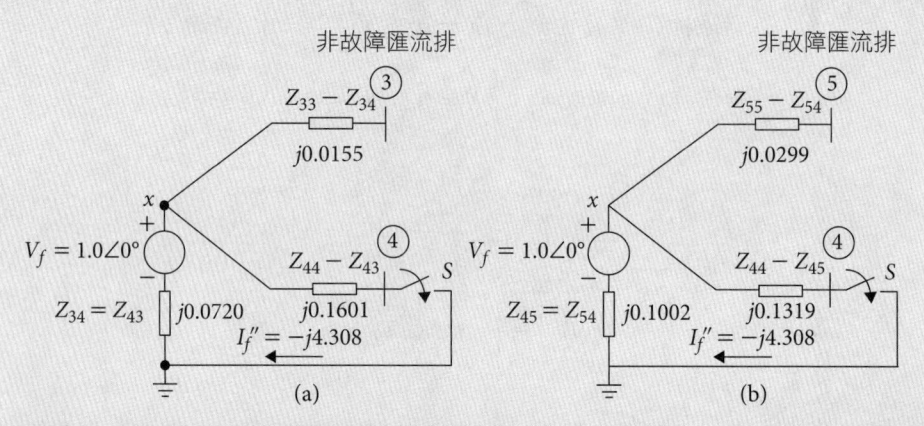

圖 8.9 利用戴維寧等效電路計算因匯流排 ④ 發生故障時，(a) 匯流排 ③ 及 (b) 匯流排 ⑤ 的電壓

輸電線路因較容易受暴風雨及故障擾動，因此會比變電站匯流排更常發生三相故障。為了分析線路故障，線路上的故障點可以指定一個新的匯流排編號，且需針對正常結構的網路之 $\mathbf{Z}_{\text{bus}}$ 做修正，以納入新的匯流排。有時候，當線路故障被清除時，線路兩端的斷路器並未同時開啟。如果僅有一個斷路器開啟，而故障並未完全清除，則短路電流會持續存在。所謂的線路端故障 (line-end fault) 代表的是，三相故障發生點非常接近線路的其中一個匯流排端，而第一斷路器的線路側開啟。接近故障點的線路斷路器稱為近端斷路器 (near-end breaker)，而遠離故障點的另一個稱為遠端斷路器 (remote-end breaker)。

圖 8.10 的單線圖顯示具四個匯流排的網路，且線路上的線路端故障點 P 連接至匯流排 ① 及 ②。

線路的串聯阻抗 Z_b。匯流排 ② 的近端斷路器開啟，而遠端斷路器閉合，P 點仍持續故障，現在我們將其稱為匯流排 ⓚ。為了研究這種故障，需修正現存針對系統正常結構的匯流排阻抗矩陣 $\mathbf{Z}_{\text{orig}}$，以反應近端斷路器的動作。以兩個步驟來完成這個需求：

1. 於匯流排 ① 及匯流排 ⓚ 之間加入一個線路串聯阻抗 Z_b，來建立新的匯流排 ⓚ。
2. 於匯流排 ① 及匯流排 ② 之間，以 6.6 節所說明的方式加入線路阻抗 $-Z_b$，來移除這兩個匯流排之間的線路。

第一步驟依據表 8.1 中的案例 2 程序，並產生與 $\mathbf{Z}_{\text{orig}}$ 的元素 Z_{ij} 相關的五列五行對稱矩陣

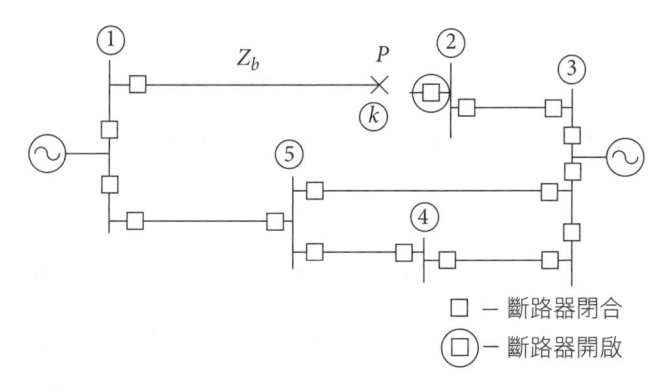

圖 8.10 圖 8.8 的系統，於匯流排 ① 及 ② 之間串聯阻抗 Z_b 線路上之 P 點發生線路端故障

$$\mathbf{Z} = \begin{array}{c} \text{①} \\ \text{②} \\ \text{③} \\ \text{④} \\ \text{⑥} \\ \text{⑨} \end{array} \begin{bmatrix} \begin{array}{cccc} \text{①} & \text{②} & \text{③} & \text{④} \\ & & & \\ & \mathbf{Z}_{\text{orig}} & & \\ & & & \\ \hline Z_{11} & Z_{12} & Z_{13} & Z_{14} \\ (Z_{11}-Z_{21}) & (Z_{12}-Z_{22}) & (Z_{13}-Z_{23}) & (Z_{14}-Z_{24}) \end{array} & \begin{array}{|cc} \text{⑥} & \text{⑨} \\ Z_{11} & Z_{11}-Z_{12} \\ Z_{21} & Z_{21}-Z_{22} \\ Z_{31} & Z_{31}-Z_{32} \\ Z_{41} & Z_{41}-Z_{42} \\ \hline Z_{11}+Z_b & Z_{11}-Z_{12} \\ (Z_{11}-Z_{21}) & (Z_{th,12}-Z_b) \end{array} \end{bmatrix}$$
(8.22)

其中，當 $\mathbf{Z}_{\text{orig}}$ 為對稱時，$Z_{\text{th},12}=Z_{11}+Z_{22}-2Z_{12}$。第二步驟則藉由所形成的第 ⑨ 列與第 ⑨ 行及表 8.1 案例 4 所說明的克農消去法，將矩陣 Z 降階來獲得包含匯流排 ⑥ 在內的 5×5 矩陣 $\mathbf{Z}_{\text{bus, new}}$。

然而，因為 $Z_{kk,\text{new}}$ 是計算匯流排 ⑥ (圖 8.10 的 P 點) 故障電流唯一需要的元素，我們可以藉由觀察 (8.22) 式來節省工作，克農降階型式可得

$$Z_{kk,\text{new}} = Z_{11} + Z_b - \frac{(Z_{11}-Z_{21})^2}{Z_{th,12}-Z_b} \tag{8.23}$$

再次，注意到 $Z_{12}=Z_{21}$ 及 $Z_{\text{th},12}=Z_{11}+Z_{22}-2Z_{12}$。藉由忽略故障前電流及指定故障點 P 的故障前電壓為 $V_f=1.0\angle 0°$，可得離開匯流排 ⑥ 的線路端故障電流 I_f'' 為

$$I_f'' = \frac{1.0}{Z_{kk,\text{new}}} = \frac{1.0}{Z_{11}+Z_b-(Z_{11}-Z_{21})^2/(Z_{th,12}-Z_b)} \tag{8.24}$$

因此，計算 I_f'' 所採用到的元素為 Z_{12}、$Z_{12}=Z_{21}$ 及 Z_{22}。

值得觀察的是，相同的線路端故障電流方程式可以直接從圖 8.11(a) 找到；圖 8.11(a) 顯示故障前網路介於匯流排 ① 及 ② 之間的戴維寧等效電路。

圖中顯示所連接的阻抗 Z_b 及 $-Z_b$，是根據稍早說明的步驟 1 及 2。電路分析直接顯示從開啟開關 S 的端點看回電路的阻抗為

$$Z_{kk,\text{new}} = Z_b + \frac{(Z_{11}-Z_{12})(Z_{22}-Z_{21}-Z_b)}{Z_{11}-Z_{12}+Z_{22}-Z_{21}-Z_b} + Z_{12} \tag{8.25}$$

因為 $Z_{12}=Z_{21}$ 且 $Z_{\text{th},12}=Z_{11}+Z_{22}-2Z_{12}$，(8.25) 式可以簡化成

$$Z_{kk,\text{new}} = Z_b + \frac{(Z_{11}-Z_{12})[(Z_{th,12}-Z_b)-(Z_{11}-Z_{12})]}{Z_{th,12}-Z_b} + Z_{12}$$

$$= Z_{11} + Z_b - \frac{(Z_{11}-Z_{21})^2}{Z_{th,12}-Z_b} \tag{8.26}$$

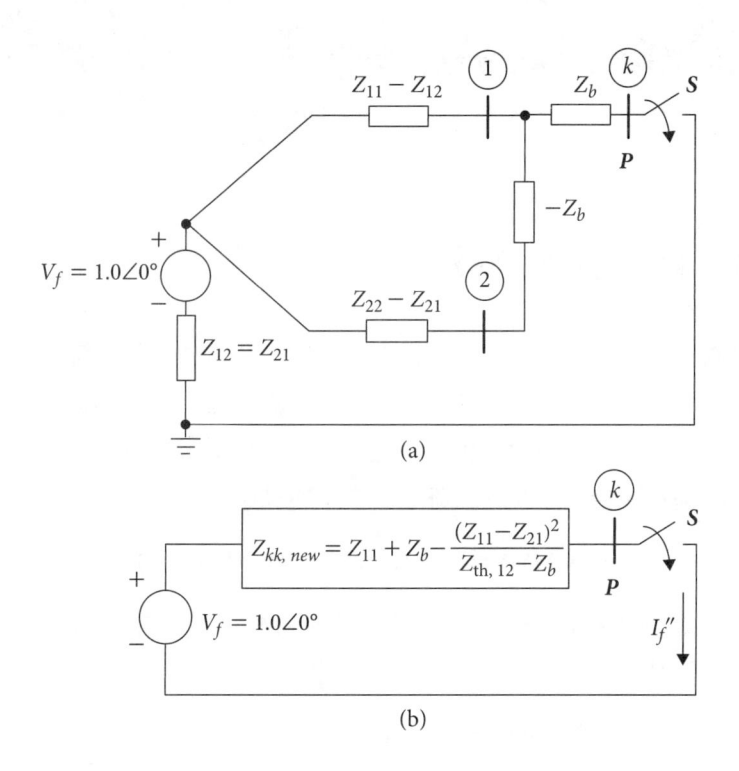

圖 8.11 利用戴維寧等效電路模擬圖 8.10 的線路端故障：(a) 故障發生前線路①-②開啟，及 (b) 故障期間 (S 閉合)

(a)

(b)

因此，藉由圖 8.11(b) 所示將開關 S 閉合，並利用基本電路分析，可以計算出線路端故障電流 I_f'' 與 (8.24) 式一致。當然，利用戴維寧等效電路法必定會產生相同結果。針對較大系統的相同外部連接時，以 (8.22) 式的矩陣操作會等同戴維寧等效。

基於匯流排阻抗矩陣，等效電路在其他方面的利用是可能的。

例題 8.5

圖 8.8 的五個匯流排系統中，在線路①-②，匯流排②斷路器的線路側發生線路端短路故障。忽略故障前電流，並假設故障點電壓為額定系統電壓，計算當只有匯流排②的近端斷路器開啟時，流向故障點的次暫態電流。

解： 圖 8.8 顯示線路①-②的阻抗為 $Z_b = j0.168$ 標么，且所需要的 $\mathbf{Z}_{bus}$ 元素顯示在例題 8.4 中。看進匯流排①及②之間完整系統的戴維寧等效電路，相對應於圖 8.11(a)。並聯阻抗的數值計算如下：

$$Z_{11} - Z_{12} = j0.0793 - j0.0558 = j0.0235$$
$$Z_{22} - Z_{21} - Z_b = j0.1338 - j0.0558 - j0.168 = -j0.09$$

故障點 P 與參考點之間看進故障系統的新戴維寧阻抗可以從 (8.25) 式獲得

$$Z_{kk,\,new} = j0.168 + \frac{(j0.0235)(-j0.09)}{(j0.0235 - j0.09)} + j0.0558 = j0.2556 \text{ 標么}$$

因此，流進線路端故障的次暫態電流為

$$I_f'' = \frac{1}{j0.2556} = -j3.912 \text{ 標么}$$

8.5 斷路器的選擇

針對在某處的工廠或連接至電力系統的工業電力分配系統，電力公司提供相關的資料給客戶，而為了指定適當的斷路器，客戶必須計算出其故障電流。通常電力公司會提供客戶在所期望之標稱電壓下的短路百萬伏安數，而不是在連接點系統的戴維寧阻抗；也就是，

$$\text{短路 MVA} = \sqrt{3} \times (\text{標稱 kV}) \times |I_{sc}| \times 10^{-3} \quad (8.27)$$

其中 $|I_{sc}|$ 為在連接點三相故障短路電流的 RMS 大小，單位為安培。基準百萬伏安與基準仟伏及基準安培 $|I_{\text{base}}|$ 有關

$$\text{基準 MVA} = \sqrt{3} \times (\text{基準 kV}) \times |I_{\text{base}}| \times 10^{-3} \quad (8.28)$$

如果基準仟伏等於標稱電壓的仟伏值，將 (8.27) 式除以 (8.28) 式，並將前者轉換為標么值，可得

$$\text{短路標么 MVA} = \text{標么 } |I_{SC}| \quad (8.29)$$

在標稱電壓下，從連接點看回系統的戴維寧等效電路，為 1.0∠0° 標么的 EMF 與標么阻抗 Z_{th} 串聯。因此，在短路情況下，

$$|Z_{\text{th}}| = \frac{1.0}{|I_{SC}|} \text{ 標么} = \frac{1.0}{\text{短路 MVA}} \text{ 標么} \quad (8.30)$$

通常會省略電阻及並聯電容，在此情況下 $Z_{\text{th}} = X_{\text{th}}$。因此，藉由指定在客戶匯流排的短路百萬伏安，電力公司能有效地描述出標稱電壓下的短路電流，及在連接點系統之戴維寧阻抗的倒數。

斷路器額定值及其應用已有相當多的研究，在此我們將對此主題做一些介紹。這個介紹並不打算研究斷路器的應用，而是要強調了解故障計算的重要性。針對指定斷路器的額外指導資料，讀者應參考本節頁底所列之 ANSI 出版書籍。

從電流的觀點來看，選擇斷路器需考量的兩個因素是：

- 斷路器必須流過（承受）的最大瞬間電流。

- 當斷路器接點部分去啟斷電路時的總電流。

到目前為止，我們將大部分注意力投注在稱為初始對稱電流 (initial symmetrical current) 的次暫態電流，此電流不包含直流成分。若將直流成分涵蓋進來，可產生故障發生後瞬間電流的 RMS 值，此電流比次暫態電流還高。針對超過 5 kV 的油路斷路器而言，次暫態電流的 1.6 倍即為所考量電流的 RMS 值，此數值是在故障發生後最初半個週期內，斷路器必須承受的破壞力。此電流稱為瞬時電流 (momentary current)，而多年來斷路器均以瞬時電流以及其他標準 [1] 作為其額定。

斷路器的啟斷額定 (interrupting rating) 是以仟伏安或百萬伏安來指定。啟斷仟伏安等於 $\sqrt{3} \times$（斷路器所連接的匯流排仟伏特）×（當接點分開時斷路器必須能夠啟斷的電流）。當然，啟斷電流要比瞬時電流還要低，且需視斷路器的速度而定，例如 8、5、3 或 2 週期，此為自故障發生到電弧消失的時間量測。不同速度的斷路器是以它們額定啟斷時間 (rated interrupting time) 來分類。一台斷路器的額定啟斷時間是指跳脫電路激磁瞬間與啟斷操作使電弧消失之間的時間，如圖 8.12 所示。

此期間之前是跳拖延遲時間 (tripping delay time)，通常假設電驛的始動時間為半週期。

斷路器必須啟斷的電流通常是不對稱的，因為該電流含有一些衰變的直流成分。交流高電壓油斷路器優先額定值的清單，會從零軸對稱之非對稱電流成分的角度，指定斷路器的啟斷電流額定。此電流正確名稱為所需對稱啟斷能力 (required symmetrical interrupting capability)，或簡稱為額定對稱短路電流 (rated symmetrical short-circuit current)。通常會省略「對稱」這個形容詞。斷路器的選擇也可用總電流（包括直流成分）[2] 為基準。我們將把討論限制於扼要的斷路器選擇的對稱基準上。

斷路器以標稱電壓的等級來區分，例如 69 kV。其他指定的要素有額定連續電流、額定最高電壓、電壓範圍係數 K，及在額定最高電壓的額定短路電流。斷路器的額定最高電壓 (rated maximum voltage) 為該斷路器設

---

[1] 請參閱 G. N. Lester, "High Volage Circuit Breaker Standards in the USA: Past, Present, and Future," *IEEE Transactions on Power Apparatus and Systems*, vol. 93, 1974, pp. 590-600。

[2] 請參閱 *Preferred Ratings and Related Required Capabilities for AC High-Voltage Circuit Breakers Rated on a Symmetrical Current Basis*, ANSI/IEEE C37.06-2000，以及 *Guide for Calculation of Fault Currents for Application of AC High-Voltage Circuit Breakers Rated on a Total Current Basis*, ANSI/IEEE C37.5-1979, American National Standards Institute, New York。

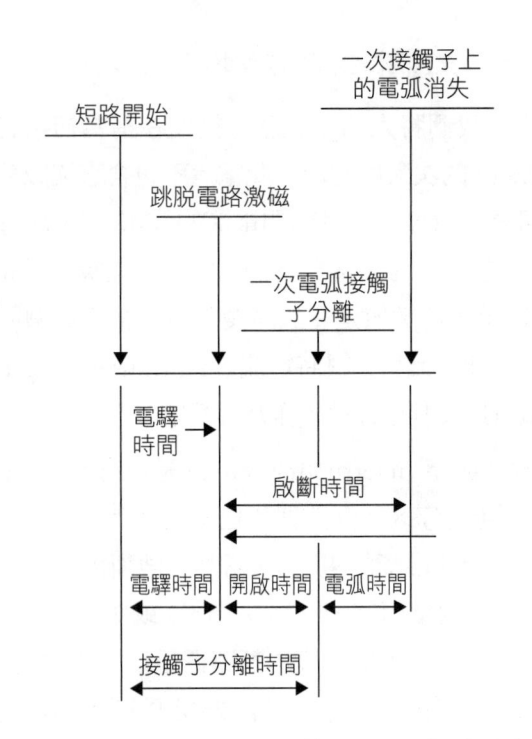

```
                    一次接觸子上
                    的電弧消失
         短路開始    │
            │       │
            │       │
            │ 跳脫電路激磁
            │    │    │
            │    │    │
            │    │  一次電弧接觸
            │    │  子分離
            │    │    │
            │    ↓    │
            ↓         ↓
         ┌──┐
         │電驛│→
         │時間│
         └──┘
              ←─── 啟斷時間 ───→
              ←──────────────→
          ←電驛→←開啟→←電弧時間→
           時間   時間
          ←──── 接觸子分離時間 ────→
```

圖 8.12 IEEE 標準 C37.010-1999 (R2005)「針對對稱電流基準交流高壓斷路器額定之應用指導」中對於啟斷時間的定義

計之最高 RMS 電壓。額定電壓範圍係數 (rated voltage range factor) K 是一比率（額定最高電壓／操作電壓範圍下限）。K 經由常數乘積（額定短路電流 × 操作電壓）決定出電壓的範圍。斷路器在應用時，重要的是不要超過斷路器的短路容量。斷路器需要有最大對稱啟斷容量等於 $K \times$ 額定短路電流。在額定最高電壓與額定最高電壓 $1/K$ 倍之間，將對稱啟斷容量定義為 [額定短路電流 ×(額定最高電壓／操作電壓)] 的乘積。

例題 8.6

一台 69 kV 的斷路器，其電壓範圍係數 K 為 1.21，且在 72.5 kV 時的連續電流額定為 1200 A，最大額定電壓時具有 19,000 A 的額定短路電流。試求此斷路器的最大對稱啟斷容量，並解釋在低操作電壓時的重要性。

解： 最大對稱啟斷容量為

$$K \times 額定短路電流 = 1.21 \times 19{,}000 = 22{,}990 \text{ A}$$

對稱啟斷電流的數值不能超過此值。由 K 的定義可得知

$$\text{操作電壓下限} = \frac{\text{額定最大電壓}}{K} = \frac{72.5}{1.21} \cong 60 \text{ kV}$$

因此,在 72.5-60 kV 的操作電壓範圍內,對稱啟斷電流可能超過 19,000 A 的額定短路電流,但它被限制在 22,990 A。例如,在 66 kV 時啟斷電流為

$$\frac{72.5}{66} \times 19,000 = 20,871 \text{ A}$$

115 kV 及以上等級的斷路器具有 1.0 的 K 值。

一種簡化計算對稱短路電流的程序,稱之為 E/X 法[3],利用此方法時所有的電阻、靜態負載及故障前電流均忽略不計。在 E/X 方法中,發電機採用次暫態電抗,而同步電動機的電抗建議值為馬達 X_d'' 的 1.5 倍,近似於電動機暫態電抗 X_d' 的數值。50 馬力以下的感應電動機忽略不計,較大的感應電動機則視其容量大小,將 X_d'' 乘上不同的因子。如果系統中沒有馬達,則對稱短路電流等於次暫態電流。

當使用 E/X 方法時,故障點的電壓 V_f 除以阻抗所求得的短路電流必須加以檢查。針對匯流排 ⓚ 所指定的斷路器,因短路電流以 (8.19) 式表示,則該阻抗為匯流排阻抗矩陣與適當電機電抗的 Z_{kk}。如果此阻抗的 X/R 比為 15 或更小時,且它的啟斷電流額定等於或大於計算電流,則可使用正確電壓及仟伏安的斷路器。如果 X/R 的比值為未知數,則計算電流不應超過現存匯流排電壓下斷路器允許電流之 80%。如果 X/R 比值超過 15 時,針對電流大小的衰減,ANSI 應用指南指定一種正確方法,說明交流與直流的時間常數。此修正的方法也考慮了斷路器的速度。

例題 8.7

一台 25,000 kVA、13.8 kV 的發電機,其 X_d'' =15%,經一變壓器連接到一個匯流排,並供電給四個相同的電動機,如下圖所示。

以 5000 kVA、6.9 kV 為基準時,每一電動機的次暫態電抗 X_d'' 為 20%。變壓器的三相額定為 25,000 kVA、13.8 kV/6.9 kV,且具有 10% 的漏磁電抗。當 P 點發生三相故障發生時,電動機的匯流排電壓為 6.9 kV。針對此特定故障,試求:(a) 故障點的次暫態電流,(b) 斷路器 A 的次暫態電流,及 (c) 在故障點

---

[3] 請參閱 *Application Guide for AC High-Voltage Circuit Breakers Rated on a Symmetrical Current Basis*, IEEE Standard C37.010-1999 (R2005), IEEE, New York。

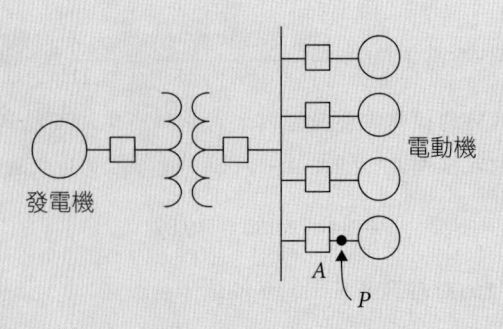

圖 8.13 例題 8.7 的單線圖

及斷路器 A 處的對稱短路啟斷電流（如斷路器應用之定義）。

解：(a) 發電機電路的基準值為 25,000 kVA、13.8 kV，電動機的基準值是 25,000 kVA、6.9 kV。每一台電動機的次暫態電抗為

$$X_d'' = 0.20 \frac{25,000}{5000} = 1.0 \text{ 標么}$$

圖 8.14 為標示次暫態電抗值的電路圖。針對 P 點的故障

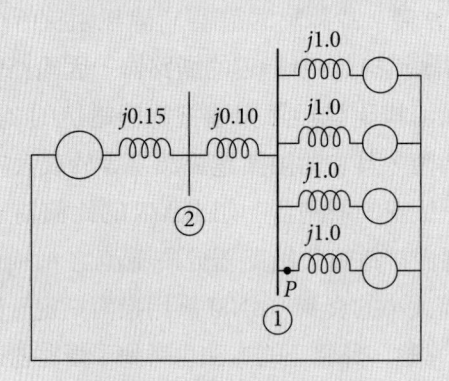

圖 8.14 例題 8.7 的電抗圖

$$V_f = 1.0\angle 0° \text{ 標么} \qquad Z_{th} = j0.125 \text{ 標么}$$

$$I_f'' = \frac{1.0\angle 0°}{j0.125} = -j8.0 \text{ 標么}$$

在 6.9 kV 電路的基準電流為

$$|I_{base}| = \frac{25,000}{\sqrt{3} \times 6.9} = 2090 \text{ A}$$

所以

$$|I_f''| = 8 \times 2090 = 16{,}720 \text{ A}$$

(b) 發電機及四個電動機中的三個經由斷路器 A 提供故障電流。發電機提供的電流為

$$-j8.0 \times \frac{0.25}{0.50} = -j4.0 \text{ 標么}$$

每台電動機提供剩餘故障電流的 25%，或是每台提供斷路器 A $-j1.0$ 標么電流

$$I'' = -j4.0 + 3(-j1.0) = -j7.0 \text{ 標么}$$

或 $\quad 7 \times 2090 = 14{,}630 \text{ A}$

(c) 為了要計算由斷路器 A 所啟斷的電流，將圖 8.14 的電動機電路中以 $j1.5$ 的暫態電抗取替 $j1.0$ 的次暫態電抗，因此，

$$Z_{th} = j\frac{0.375 \times 0.25}{0.375 + 0.25} = j0.15 \text{ 標么}$$

發電機所提供的電流為

$$\frac{1.0}{j0.15} \times \frac{0.375}{0.625} = -j4.0 \text{ 標么}$$

每一電動機所提供的電流為

$$\frac{1}{4} \times \frac{1.0}{j0.15} \times \frac{0.25}{0.625} = -j0.67 \text{ 標么}$$

斷路器需啟斷的對稱短路電流為

$$(4.0 + 3 \times 0.67) \times 2090 = 12{,}560 \text{ A}$$

假設所有連接至匯流排的斷路器，都以流進匯流排故障點的基準電流為額定值。在此情形下，連接到 6.9 kV 匯流排的斷路器，其短路電流啟斷額定值至少需為

$$4 + 4 \times 0.667 = 6.67 \text{ 標么}$$

或 $\quad 6.67 \times 2090 = 13{,}940 \text{ A}$

一台 14.4 kV 的斷路器具有 15.5 kV 的額定最大電壓且 K 為 2.67。在 15.5 kV 時，其額定短路啟斷電流為 8900 A。在 15.5/2.67＝5.8 kV 的電壓下，對稱短路啟斷電流額定為 2.67×8900＝23,760 A。此電流為可被啟斷電流的最大值，即使該斷路器可能用在較低電壓的電路中。在 6.9 kV 時的短路啟斷電流額定為

$$\frac{15.5}{6.9} \times 8900 = 20{,}000 \text{ A}$$

13,940 A 的所需容量低於 20,000 A 的 80%，就短路電流而言，斷路器符合此要求。

短路電流可以利用匯流排阻抗矩陣求得。針對此目的，圖 8.14 將匯流排①及②加以區分。匯流排①位於變壓器的低壓側，而匯流排②位

於高壓側。針對 1.5 標么的馬達電抗

$$Y_{11} = -j10 + \frac{1}{j1.5/4} = -j12.67$$

$$Y_{12} = j10 \quad Y_{22} = -j10 - j6.67 = -j16.67$$

節點導納矩陣及其反矩陣為

$$\mathbf{Y}_{bus} = \begin{matrix} ① \\ ② \end{matrix} \begin{bmatrix} -j12.67 & j10.00 \\ j10.00 & -j16.67 \end{bmatrix} \quad \mathbf{Z}_{bus} = \begin{matrix} ① \\ ② \end{matrix} \begin{bmatrix} j0.150 & j0.090 \\ j0.090 & j0.114 \end{bmatrix}$$

圖 8.15 為相對應於 $\mathbf{Z}_{bus}$ 及 V_f=1.0 標么的網路。當 S_1 閉合，S_2 開啟時，表示匯流排 ① 發生故障。

在匯流排 ① 的三相故障對稱短路啟斷電流為

$$I_{SC} = \frac{1.0}{j0.15} = -j6.67 \text{ 標么}$$

這結果符合我們先前的計算。匯流排阻抗矩陣也提供我們匯流排 ① 發生故障時在匯流排 ② 的電壓。

$$V_2 = 1.0 - I_{SC} Z_{21} = 1.0 - (-j6.67)(j0.09) = 0.4$$

且因為在匯流排 ① 與 ② 之間的導納值為 $-j10$，則從變壓器流進故障點的電流為

$$(0.4 - 0.0)(-j10) = -j4.0 \text{ 標么}$$

這也符合我們先前的計算。

我們也可以立即知道在匯流排 ② 發生三相故障瞬間的短路電流，此情況參考圖 8.15，S_1 打開及 S_2 閉合，其為

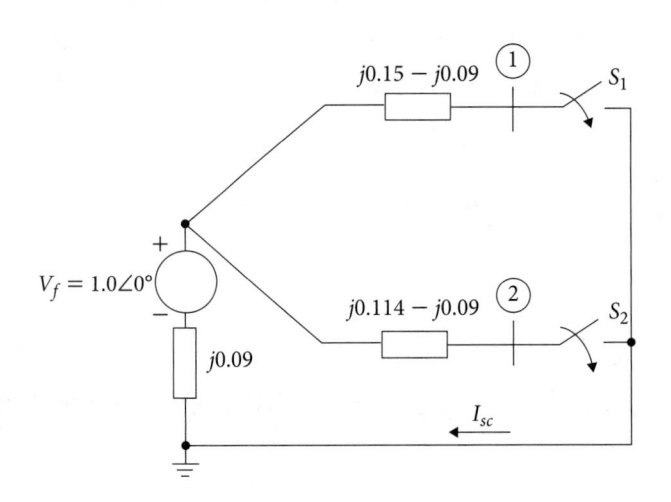

圖 8.15 圖 8.14 的 $\mathbf{Z}_{bus}$ 匯流排等效電路

$$I_{SC} = \frac{1.0}{j0.114} = -j8.77 \text{ 標么}$$

這個簡單的例子說明了匯流排阻抗矩陣的數值，對於故障對數個匯流排影響的研究。針對 $\mathbf{Z}_{bus}$ 可以直接利用 6.6 節的 $\mathbf{Z}_{bus}$ 建構法或 6.7 節說明的 $\mathbf{Y}_{bus}$ 三角因子計算產生，因此反矩陣並非必須的。

例題 8.8

在圖 8.16(a) 網路的匯流排①及②上的發電機，其同步電抗為 $X_{d1} = X_{d2} = j1.70$ 標么（如標示），且次暫態電抗 $X''_{d1} = X''_{d2} = j0.25$ 標么。當無載時（所有匯流排電壓等於 $1.0\angle 0°$ 標么），在匯流排③發生三相短路故障，試求 (a) 故障時，(b) 線路①-③的初始對稱（次暫態）電流，及 (c) 匯流排②的電壓。請以 $\mathbf{Y}_{bus}$ 的三角因子計算。

解： 針對此故障，圖 8.16(b) 顯示此網路的次暫態電抗圖。
而對應的 $\mathbf{Y}_{bus}$ 其三角因子為

$$Y_{bus} = \underbrace{\begin{bmatrix} -j10 & . & . \\ j1 & -j7.9 & . \\ j5 & j3.5 & -j3.94937 \end{bmatrix}}_{L} \underbrace{\begin{bmatrix} 1 & -0.1 & -0.5 \\ . & 1 & -0.44304 \\ . & . & 1 \end{bmatrix}}_{U}$$

因為故障發生在匯流排③，(8.19) 式到 (8.21) 式顯示包括次暫態 $\mathbf{Z}_{bus}$ 的第 3 行 $\mathbf{Z}_{bus}^{(3)}$ 的計算，可得下列式子：

$$\begin{bmatrix} -j10 & . & . \\ j1 & -j7.9 & . \\ j5 & j3.5 & -j3.94937 \end{bmatrix} \begin{bmatrix} x_1 \\ x_2 \\ x_3 \end{bmatrix} = \begin{bmatrix} 0 \\ 0 \\ 1 \end{bmatrix}$$

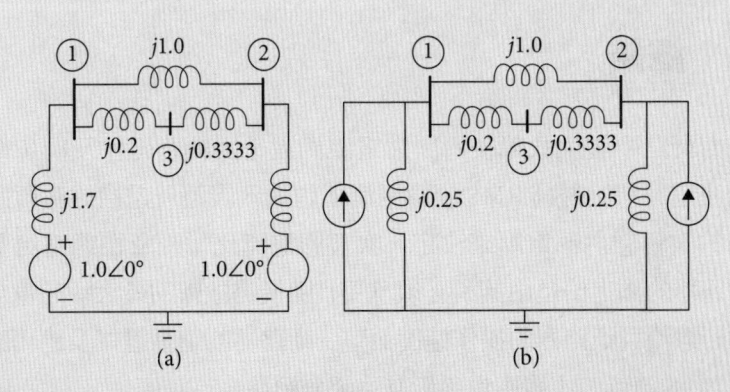

圖 8.16 例題 8.8 的電抗圖，其中發電機以：(a) X_d 與電壓源串聯；(b) X''_d 與等效電流源並聯

求解後可得

$$x_1 = x_2 = 0; \quad x_3 = \frac{1}{-j3.94937} = j0.25320 \text{ 標么}$$

$\mathbf{Z}_{\text{bus}}^{(3)}$ 的元素為

$$\begin{bmatrix} 1 & -0.1 & -0.5 \\ . & 1 & -0.44304 \\ . & . & 1 \end{bmatrix} \begin{bmatrix} Z_{13} \\ Z_{23} \\ Z_{33} \end{bmatrix} = \begin{bmatrix} 0 \\ 0 \\ j0.25320 \end{bmatrix}$$

可得

$$Z_{33} = j0.25320 \text{ 標么}$$
$$Z_{23} = j0.11218 \text{ 標么}$$
$$Z_{13} = j0.13782 \text{ 標么}$$

(a) 根據 (8.19) 式，故障點的次暫態電流為

$$I_f'' = \frac{V_f}{Z_{33}} = \frac{1}{j0.25320} = -j3.94937 \text{ 標么}$$

(b) 從 (8.21) 式，可以列出線路 ①-③ 的電流為

$$I_{13}'' = -\frac{V_f}{Z_b}\left(\frac{Z_{13} - Z_{33}}{Z_{33}}\right)$$

$$= -\frac{1}{j0.2}\left(\frac{j0.13782 - j0.25320}{j0.25320}\right) = -j2.27844 \text{ 標么}$$

(c) 於故障期間，匯流排 ② 的電壓可以由 (8.20) 式求得，如下

$$V_2 = V_f\left(1 - \frac{Z_{23}}{Z_{33}}\right) = 1.0 \left(\frac{j0.11218}{j0.25320}\right)$$

$$= 0.55695 \text{ 標么}$$

8.6 總結

電力網路中發生故障後瞬間之電流潮流是由網路元件及同步電機的阻抗所決定。初始對稱 RMS 故障電流則是由代表每一電機的次暫態電抗與串聯的次暫態內部電壓來決定。次暫態電流比暫態及穩態電流要來得大。斷路器的額定值是由其所必須承受且隨後需啟斷的最大瞬時電流來決定。啟斷電流視斷路器的操作速度而定。斷路器的適當選擇及應用應遵照 ANSI 標準的建議，本章中也參考其中部分標準。

工業上故障研究通常採用的簡化假設是：

- 代表輸電線及變壓器的等效電路中，所有自系統匯流排至參考節點（中性點）的並聯分路都可以省略。
- 負載阻抗比網路元件的阻抗大許多，所以在系統模型中負載阻抗可以忽略。
- 系統所有匯流排都有 1.0∠0° 標么額定／標稱電壓，所以網路在故障前沒有電流流動。
- 同步機可以用 1.0∠0° 標么電壓串聯次暫態或暫態電抗來表示，需視斷路器的速度及是否計算瞬時或啟斷故障電流而定。(應參考 ANSI 標準)。
- 每一台同步電機的電壓源串聯阻抗之等效電路可以轉換成等效電流源並聯阻抗的模型。則此電機模式的並聯阻抗代表唯一連接至參考點的並聯分路。

計算故障電流最常利用匯流排阻抗矩陣。$\mathbf{Z}_{bus}$ 的元素可以利用 $\mathbf{Z}_{bus}$ 的建構法則或從 $\mathbf{Y}_{bus}$ 三角因子明確地求得。如本章中針對線路末段故障的說明，以 $\mathbf{Z}_{bus}$ 元素為基礎的等效電路可簡化故障電流計算。

問題複習

8.1 節

8.1 下列有關同步發電機的次暫態電抗 X_d''、暫態電抗 X_d' 及穩態電抗 X_d 的比較，何者正確？
   a. $X_d < X_d' < X_d''$
   b. $X_d'' < X_d' < X_d$
   c. $X_d' < X_d < X_d''$

8.2 電力系統輸電線路大約 70% 至 80% 的故障為單相對地故障。(對或錯)

8.2 節

8.3 電阻、充電電容及非標稱分接頭切換變壓器在故障研究時通常會被忽略，這是因為它們並未強烈影響故障電流。(對或錯)

8.4 戴維寧定理可以應用在特定匯流排發生三相對稱故障的分析。(對或錯)

8.3 節

8.5 當一個較大網路的匯流排 ⓚ 發生三相接地故障時，故障電流為 $I_f'' = V_f / Z_{kk}$，其中 Z_{kk} 為在匯流排 ⓚ 的網路戴維寧阻抗，V_f 為匯流排 ⓚ 故障前的電壓。假設故障阻抗為零。(對或錯)

8.6 當故障期間計算網路中特定匯流排的電壓時，無法應用重疊定理。（對或錯）

8.7 計算故障電流時，Z_{bus} 比 Y_{bus} 更常使用。（對或錯）

8.4 節

8.8 所謂的線路端故障，表示非常接近線路的其中一個終端匯流排發生三相故障的特別狀況，此時會開啟第一個斷路器（接近故障點）的線路側。（對或錯）

8.9 輸電線路比變電站匯流排更常發生三相故障。（對或錯）

8.5 節

8.10 大部分的時間，初始對稱電流並不包含直流成分。（對或錯）

8.11 短路標么 MVA 等於 $\sqrt{3}$ ×（標么電壓）×（＿＿＿）× 10^{-3}。

8.12 利用斷路器來隔離線路故障的部分，並保持系統的穩定。（對或錯）

8.13 一具 115 kV 的斷路器，具有 1.0 的電壓範圍 (K)，及 1000 A 的連續電流額定在 72.5 kV 的最大額定電壓下具有 17,000 A 的額定短路電流。其最大對稱啟斷容量為：

　　a. 1.0 × 1,000
　　b. 72.5 × 1,000
　　c. 1.0 × 17,000
　　d. 72.5 × 17,000

8.14 請具體指出選擇斷路器的標準。

8.15 何謂斷路器的啟斷容量及啟斷電流？

問題

8.1 RMS 值為 100 V 的 60 Hz 交流電壓經由一閉合開關作用到一串聯 RL 電路。電阻為 15 Ω，而電抗為 0.12 H。

　　a. 如果開關閉合時的瞬時電壓值為 50 V，試求當時電流的直流成分。
　　b. 於開關閉合時能產生最大直流成分的瞬時電壓值為何？
　　c. 於開關閉合時會造成電流沒有任何直流成分的瞬時電壓值為何？
　　d. 如果在瞬時電壓為零時關上開關，試求 0.5、1.5 及 5.5 週期後的瞬時電流？

8.2 具額定值為 100 MVA、18 kV 的發電機，其電抗為 $X_d'' = 19\%$，$X_d' = 26\%$，$X_d = 130\%$，經由一個 5 週期斷路器連接到一變壓器。當斷路器與變壓器之間發生三相短路時，該發電機運轉在額定電壓及無載情況下。試求 (a) 斷路器的持續短路電流；(b) 斷路器的初始對稱 RMS 電流；(c) 斷路器短路電流的最大可能直流成分。

8.3 一具額定值為 100 MVA、240Y/18ΔkV、X=10% 的三相變壓器連接至問題 8.2 所述的發電機。如果在額定電壓及無載情況下，在變壓器的高壓側上發生三相短路，試求 (a) 變壓器高壓側繞阻的初值對稱 RMS 電流；(b) 低壓側線路上的初始對稱 RMS 電流。

8.4 一台 60 Hz 額定為 500 MVA、20 kV 及 $X_d'' = 0.20$ 標么的發電機。在 20 kV 情況下，供電給 400 MW 純電阻性負載。此負載直接跨接於發電機的兩端。如果所有三相負載均同時短路，在 500 MVA、20 kV 基準下，試求發電機的標么初始對稱電流。

第 8 章 對稱故障

8.5 一台發電機經由變壓器連接到一同步馬達。將基準值降至相同時，發電機及電動機的標么次暫態電抗分別為 0.15 及 0.35，而變壓器的漏磁電抗為 0.10 標么。當發電機的端電壓為 0.9 標么，且發電機的輸出電流在 0.8 超前功率下為 1.0 標么時，在電動機的端點發生三相故障。試求在故障點、發電機及電動機的次暫態電流標么值。以發電機的端電壓為參考相量，並尋求下列解：(a) 計算發電機及電動機在次暫態電抗之後的電壓值；(b) 利用戴維寧定理。

8.6 在 480 V、2000 kVA 的基準下，兩台次暫態電抗分別為 0.80 及 0.25 標么的同步電動機被連接到一匯流排。電動機經由電抗為 0.023 Ω 的線路連接至電力系統的匯流排。針對 480 V 的標稱電壓，電力系統匯流排的短路百萬伏安為 9.6 MVA。當電動機的電壓為 440 V，忽略負載電流，試求電動機匯流排發生三相故障時的初始對稱 RMS 電流。

8.7 四個匯流排網路的標么匯流排阻抗矩陣為

$$\mathbf{Z}_{bus} = \begin{bmatrix} j0.15 & j0.08 & j0.04 & j0.07 \\ j0.08 & j0.15 & j0.06 & j0.09 \\ j0.04 & j0.06 & j0.13 & j0.05 \\ j0.07 & j0.09 & j0.05 & j0.12 \end{bmatrix}$$

發電機連接到匯流排 ① 及 ②，它們的次暫態電抗含括在 $\mathbf{Z}_{bus}$ 中。如果忽略故障前電流，試求當匯流排 ④ 發生三相故障時，故障點之次暫態電流標么值。假設故障發生前故障點之電壓標么值為 $1.0 \angle 0°$。並同時求解從發電機 2 流出的標么電流，發電機次暫態電抗為 0.2 標么。

8.8 針對圖 8.17 所示網路，當匯流排 ② 發生三相故障時，試求從發電機 1 所流出及線路 ①-② 上面的次暫態電流標么值，以及匯流排 ① 與 ③ 的電壓。假設故障前沒有電流流動，且匯流排 ② 的故障前電壓為 $1.0 \angle 0°$ 標么。利用匯流排阻抗矩陣來計算。寫出 MATLAB 程式來驗證結果。

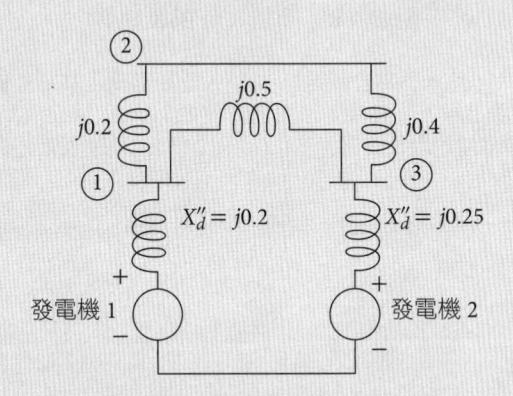

圖 8.17 問題 8.8 及 8.9 的網路

8.9 針對圖 8.17 所示網路，試求 $\mathbf{Y}_{bus}$ 及其三角因子。利用三角因子所產生的 $\mathbf{Z}_{bus}$ 元素來求解問題 8.8。寫出 MATLAB 程式來驗證結果。

8.10 圖 8.5 的網路中，匯流排 ① 於無載時發生三相故障（所有匯流排電壓等於 $1.0 \angle 0°$ 標么），試求故障點之次暫態電流；匯流排 ②、③ 及 ④ 的電壓；及連接到匯流排 ④ 的發電機流出的電流。利用例題 8.3 中依據 $\mathbf{Z}_{bus}$ 所建構的等效電路，並用類似圖 8.7 之方法來說明你的計算。

8.11 圖 8.8 的網路，其匯流排阻抗矩陣如例題 8.4 所示。如果網路中之匯流排 ② 於無載時發生短路故障（所有匯流排電壓等於 $1.0 \angle 0°$ 標么），試求故障點之次暫態電流；匯流排 ① 及 ③ 的電壓，以及從連接到匯流排 ① 的發電機所流出之電流。利用依據 $\mathbf{Z}_{bus}$ 所建構的等效電路，並以類似圖 8.7 之方法來說明你的計算。

8.12 針對圖 8.8 網路的 $\mathbf{Z}_{bus}$ 如例題 8.4 所示。如果網路的線路 ③-⑤ 在匯流排 ③ 斷路器的線路側發生線端短路故障，當只有匯流排 ③ 的近端斷路器打開時，試求故障點之次暫態電流值。利用圖 8.11 的近似等效電路。

8.13 圖 7.5 顯示單一電力網路的單線圖，其線路資料如表 7.7 所示。連接到匯流排 ① 及 ④ 的每一台發電機，其次暫態電抗均為 0.25 標么。利用 8.6 節所敘述一般故障分析的假設，試求網路的 (a) $\mathbf{Y}_{bus}$；(b) $\mathbf{Z}_{bus}$；(c) 當匯流排 ③ 發生三相故障時，次暫態標么電流，以及 (d) 從線路 ①-③ 及線路 ④-③ 所提供的故障電流。

8.14 一台 625 kV 的發電機，其 $X_d'' = 0.20$ 標么，經由斷路器連接到匯流排，如圖 8.18 所示。三台額定為 250 馬力、2.4 kV，功因為 1.0，效率為 90%，且 $X_d'' = 0.20$ 標么的同步電動機經由斷路器接到相同的匯流排上。電動機在滿載、單位功因及額定電壓下運轉，且負載平均分配至馬達。

    a. 以 625 kVA、2.4 kV 為基準，畫出標示有阻抗標么值的阻抗圖。
    b. 於 P 點發生三相故障時，試求斷路器 A 及 B 必須啟斷的對稱短路電流，以安培為單位。省略故障前電流以簡化計算。
    c. Q 點發生三相故障時，重做 b 部分。
    d. R 點發生三相故障時，重做 b 部分。

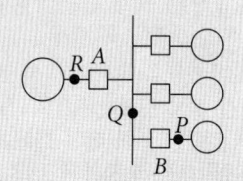

圖 8.18 問題 8.14 的單線圖

8.15 一標稱額定為 34.5 kV，且連續電流額定為 1500 A 之斷路器，其電壓範圍係數 K 為 1.65。額定最高電壓為 38 kV，且在該電壓下，其額定短路電流為 22 kA。試求 (a) 電壓在多少以下，操作電壓降低時額定短路電流不會增加，以及該電流值；(b) 在 34.5 kV 時的額定短路電流。

Chapter 9
對稱成分與相序網路

處理不平衡多相電路最有用的工具之一為 C. L. Fortescue[1] 所提出的對稱成分法 (method of symmetrical components)。Fortescue 證明了 n 個關聯相量的不平衡系統,可分解成稱為原始相量的對稱成分之 n 個平衡相量的系統。每一組成分的 n 個相量都具有相同的長度,且該組的相鄰相量間之角度也相同。此方法可應用到任何不平衡的多相系統,惟我們的討論會局限於三相系統。

三相系統在正常情況下是平衡的,不平衡的故障情況通常會造成每一相都存在不平衡的電流和電壓。如果電流與電壓和定值阻抗有關,則此系統可說是線性的,且可應用重疊定理。線性系統對於不平衡電流的電壓響應,可以藉由個別元件對電流對稱成分的個別響應來決定。我們感興趣的系統元件有電機、變壓器、輸電線路以及連接成 Δ 或 Y 結構的負載。

本章中我們討論對稱成分,且證明每一個系統元件的響應通常視其連接方式及所考慮的電流成分而定。會推導出稱之為相序電路 (sequence circuit) 的等效電路以反映元件對每一個電流成分的個別響應。針對三相系統的每一元件都有三個等效電路。根據元件的互連方式將個別的等效電路組織成網路,可以得到相序網路 (sequence network) 的概念。針對故障情況來求解相序網路可得對稱電流及電壓成分,組合這些成分可以反應出整個系統原先之不平衡故障電流的影響。

---

[1] C. L. Fortescue, "Method of Symmetrical Coordinates Applied to the Solution of Polyphase Networks," *Transactions of AIEE*, vol. 37, 1918, pp. 1027-1140.

對稱成分分析是一種強而有力的工具，它幾乎可以使不對稱故障的計算如同三相故障計算一樣的簡單。不對稱故障會在第 10 章中討論。

9.1 對稱成分的基本原則

根據 Fortescue 的理論，三相系統中的三個不平衡相量可分解成三個平衡的相量系統。這組平衡的成分包括：

1. 三個大小相等，同相彼此位移 120°，且與原相量具相同相序的相量所組成之正相序成分 (positive-sequence component)。
2. 三個大小相等，同相彼此位移 120°，且與原相量相序相反的相量所組成的負相序成分 (negative-sequence component)。
3. 三個大小相等，且彼此間為零相位移的相量所組成的零相序成分 (zero-sequence component)。

當以對稱成分求解問題時，習慣上會指定系統的三個相序為 a、b 及 c，在這種方式下系統的電壓及電流的相序為 abc。

如果原相量為電壓時，可能被指定為 V_a、V_b 及 V_c。這三組對稱成分以額外的上標來指定，正相序成分指定為 1，負相序成分指定為 2，而零相序成分指定為 0。上標的選用是為了不與本章稍後作為順序指標的匯流排編號混亂。V_a、V_b 及 V_c 的正相序成分分別為 $V_a^{(1)}$、$V_b^{(1)}$ 及 $V_c^{(1)}$。同樣地，負相序成分為 $V_a^{(2)}$、$V_b^{(2)}$ 及 $V_c^{(2)}$，而零相序成分為 $V_a^{(0)}$、$V_b^{(0)}$ 及 $V_c^{(0)}$。

圖 9.1 顯示了三組對稱成分。代表電流的相量指定為 I，並以電壓所用的上標來表示。

因為每一個原先不平衡相量是其成分的總和，因此原相量可以用它們

圖 9.1 三個不平衡相量的對稱成分所組成之三組平衡相量

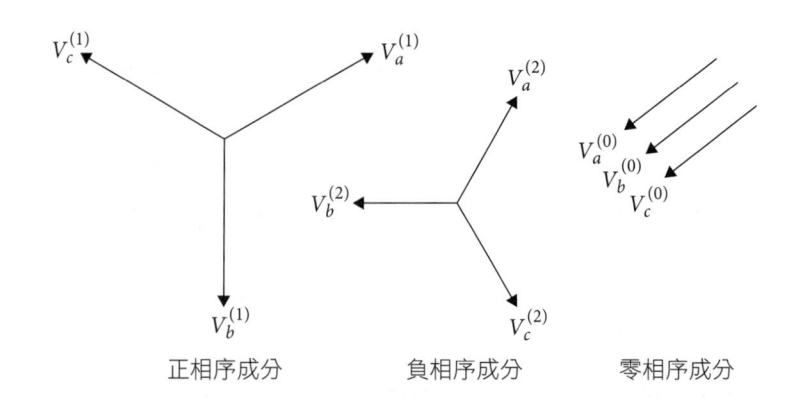

正相序成分　　負相序成分　　零相序成分

的成分來表示

$$V_a = V_a^{(0)} + V_a^{(1)} + V_a^{(2)} \tag{9.1}$$

$$V_b = V_b^{(0)} + V_b^{(1)} + V_b^{(2)} \tag{9.2}$$

$$V_c = V_c^{(0)} + V_c^{(1)} + V_c^{(2)} \tag{9.3}$$

圖 9.2 顯示從圖 9.1 的三組對稱成分合成一組三個不平衡相量。

在其他對稱系統上，當應用對稱成分法針對非對稱故障做研究時，藉由對稱成分法分析電力系統的許多優點會逐漸顯現。無需多說，此方法乃是由求解故障點電流的對稱成分所組成。然後，在系統不同點的電流及電壓的數值可以由匯流排阻抗矩陣來求得。此方法不僅簡便，且增強系統性能的精確預測。

在圖 9.2 中可以觀察到，從三組對稱相量合成三個不對稱相量。此合成是依據 (9.1) 式到 (9.3) 式。現在，讓我們來檢視這些相同的方程式，決定如何將三個不對稱相量解析成它們的對稱成分。

首先，我們注意可以用 V_a 的成分與第 2 章介紹過的運算子 $\alpha = 1\angle 120°$ 的乘積表示 V_b 與 V_c 的每一個成分，以減少未知量的數目。參考圖 9.1 驗證下列關係式：

$$\begin{aligned} V_b^{(0)} &= V_a^{(0)} & V_c^{(0)} &= V_a^{(0)} \\ V_b^{(1)} &= \alpha^2 V_a^{(1)} & V_c^{(1)} &= \alpha V_a^{(1)} \\ V_b^{(2)} &= \alpha V_a^{(2)} & V_c^{(2)} &= \alpha^2 V_a^{(2)} \end{aligned} \tag{9.4}$$

重複 (9.1) 式，並將 (9.4) 式代入 (9.2) 式及 (9.3) 式中可得

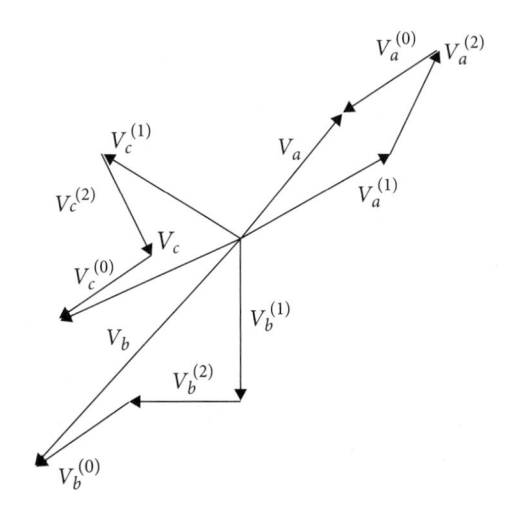

圖 9.2 顯示於圖 9.1 的成分之圖形相加所獲得的三個不平衡相量

$$V_a = V_a^{(0)} + V_a^{(1)} + V_a^{(2)} \tag{9.5}$$

$$V_b = V_a^{(0)} + \alpha^2 V_a^{(1)} + \alpha V_a^{(2)} \tag{9.6}$$

$$V_c = V_a^{(0)} + \alpha V_a^{(1)} + \alpha^2 V_a^{(2)} \tag{9.7}$$

或以矩陣型式

$$\begin{bmatrix} V_a \\ V_b \\ V_c \end{bmatrix} = \begin{bmatrix} 1 & 1 & 1 \\ 1 & \alpha^2 & \alpha \\ 1 & \alpha & \alpha^2 \end{bmatrix} \begin{bmatrix} V_a^{(0)} \\ V_a^{(1)} \\ V_a^{(2)} \end{bmatrix} = \mathbf{A} \begin{bmatrix} V_a^{(0)} \\ V_a^{(1)} \\ V_a^{(2)} \end{bmatrix} \tag{9.8}$$

在此，為方便起見，令

$$\mathbf{A} = \begin{bmatrix} 1 & 1 & 1 \\ 1 & \alpha^2 & \alpha \\ 1 & \alpha & \alpha^2 \end{bmatrix} \tag{9.9}$$

然後，可輕易地驗證

$$\mathbf{A}^{-1} = \frac{1}{3} \begin{bmatrix} 1 & 1 & 1 \\ 1 & \alpha & \alpha^2 \\ 1 & \alpha^2 & \alpha \end{bmatrix} \tag{9.10}$$

於 (9.8) 式的兩側預先乘以 $\mathbf{A}^{-1}$，可得

$$\begin{bmatrix} V_a^{(0)} \\ V_a^{(1)} \\ V_a^{(2)} \end{bmatrix} = \frac{1}{3} \begin{bmatrix} 1 & 1 & 1 \\ 1 & \alpha & \alpha^2 \\ 1 & \alpha^2 & \alpha \end{bmatrix} \begin{bmatrix} V_a \\ V_b \\ V_c \end{bmatrix} = \mathbf{A}^{-1} \begin{bmatrix} V_a \\ V_b \\ V_c \end{bmatrix} \tag{9.11}$$

此式告訴我們如何將三個不對稱相量分解成它們的對稱成分。將個別方程式寫成它們的展開式，這些關係式相當重要：

$$V_a^{(0)} = \frac{1}{3}(V_a + V_b + V_c) \tag{9.12}$$

$$V_a^{(1)} = \frac{1}{3}(V_a + \alpha V_b + \alpha^2 V_c) \tag{9.13}$$

$$V_a^{(2)} = \frac{1}{3}(V_a + \alpha^2 V_b + \alpha V_c) \tag{9.14}$$

如果有需要，$V_b^{(0)}$、$V_b^{(1)}$、$V_b^{(2)}$、$V_c^{(0)}$、$V_c^{(1)}$ 及 $V_c^{(2)}$ 等成分可由 (9.4) 式求出。類似的結果可以應用到線電壓，只需將上式中的 V_a、V_b 及 V_c 分別以 V_{ab}、V_{bc} 及 V_{ca} 取代即可。

　　如果不平衡相量的總和為零，則 (9.12) 式顯示沒有零相序成分。因為在三相系統中線電壓相量的總和始終是零，所以不論不平衡的程度如何，線電壓絕對不會有零相序成分。三個線對中性點電壓相量的總和不必然為零，則對中性線的電壓可含有零相序成分。

可針對任一組相關相量列出前述方程式，而且可能以電流取代電壓來列出。它們可用解析法或圖解法求解。由於前述某些方程式為基本關係式，針對電流可歸納為：

$$I_a = I_a^{(0)} + I_a^{(1)} + I_a^{(2)}$$
$$I_b = I_a^{(0)} + \alpha^2 I_a^{(1)} + \alpha I_a^{(2)} \qquad (9.15)$$
$$I_c = I_a^{(0)} + \alpha I_a^{(1)} + \alpha^2 I_a^{(2)}$$

$$I_a^{(0)} = \frac{1}{3}(I_a + I_b + I_c)$$
$$I_a^{(1)} = \frac{1}{3}(I_a + \alpha I_b + \alpha^2 I_c) \qquad (9.16)$$
$$I_a^{(2)} = \frac{1}{3}(I_a + \alpha^2 I_b + \alpha I_c)$$

最後，這些結果可以延伸至 Δ 電路的相電流 [如圖 9.4(a)]，只需將 I_a、I_b 及 I_c 分別以 I_{ab}、I_{bc} 及 I_{ca} 取代即可。

例題 9.1

三相線路中的某導線開路，經由線路 a 流向 Δ 連接負載的電流為 10 A。以線路 a 的電流為參考值且假設線路 c 為開路，試求線電流的對稱成分。

解： 圖 9.3 顯示該電路圖。

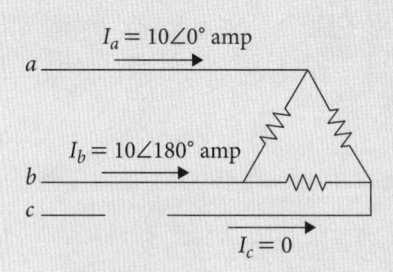

圖 9.3 例題 9.1 的電路

線電流為

$$I_a = 10\angle 0° \text{ A} \quad I_b = 10\angle 180° \text{ A} \quad I_c = 0 \text{ A}$$

從 (9.16) 式可得

$$I_a^{(0)} = \frac{1}{3}(10\angle 0° + 10\angle 180° + 0) = 0$$

$$I_a^{(1)} = \frac{1}{3}(10\angle 0° + 10\angle(180° + 120°) + 0)$$
$$= 5 - j2.89 = 5.78\angle -30° \text{ A}$$

$$I_a^{(2)} = \frac{1}{3}(10\angle 0° + 10\angle(180° + 240°) + 0)$$
$$= 5 + j2.89 = 5.78\angle 30° \text{ A}$$

從 (9.4) 式可得

$$I_b^{(0)} = 0 \qquad I_c^{(0)} = 0$$
$$I_b^{(1)} = 5.78\angle -150° \text{ A} \qquad I_c^{(1)} = 5.78\angle 90° \text{ A}$$
$$I_b^{(2)} = 5.78\angle 150° \text{ A} \qquad I_c^{(2)} = 5.78\angle -90° \text{ A}$$

針對任何三線系統，$I_a^{(0)} = I_b^{(0)} = I_c^{(0)}$ 的結果均成立。

在例題 9.1 中，雖然線路 c 為開路且無任何淨電流，但是我們注意到，$I_c^{(1)}$ 及 $I_c^{(2)}$ 這兩個成分都是非零值。因此，如同預期的，線路 c 的成分總和為零。當然，線路 a 中的成分總和為 $10\angle 0°$ A，而線路 b 中的成分總和為 $10\angle 180°$ A。

9.2 對稱星形 (Y) 及三角 (Δ) 電路

在三相系統中，電路元件不是以 Y 就是以 Δ 結構連接在線路 a、b 及 c 之間。Y 及 Δ 電流及電壓的對稱成分間之關係可參考圖 9.4，此圖顯示以 Y 及 Δ 連接的對稱阻抗。

針對 Δ 的參考相位假設為分支 a-b。參考相位可隨意選擇，且不會影響結果。針對電流可得

$$I_a = I_{ab} - I_{ca}$$
$$I_b = I_{bc} - I_{ab} \tag{9.17}$$
$$I_c = I_{ca} - I_{bc}$$

圖 **9.4** 對稱阻抗：(a) Δ 接及 (b) Y 接

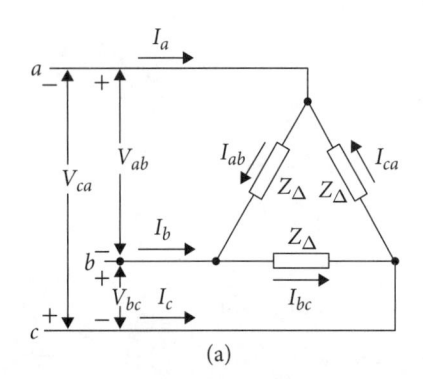

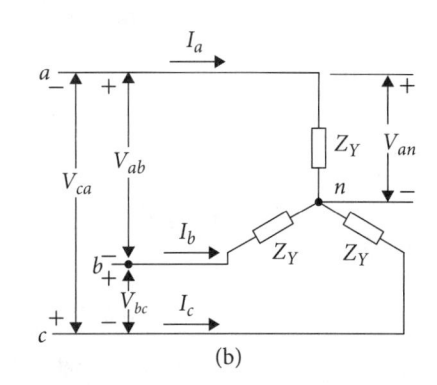

將三個方程式加在一起,並引用零相序電流的定義,可得 $I_a^{(0)} = (I_a + I_b + I_c)/3 = 0$,意謂線電流進入 Δ 連接電路沒有零相序電流。針對 I_a 取代方程式中的電流成分,可得

$$I_a^{(1)} + I_a^{(2)} = (I_{ab}^{(0)} + I_{ab}^{(1)} + I_{ab}^{(2)}) - (I_{ca}^{(0)} + I_{ca}^{(1)} + I_{ca}^{(2)}) \tag{9.18}$$

$$= \underbrace{(I_{ab}^{(0)} - I_{ca}^{(0)})}_{0} + (I_{ab}^{(1)} - I_{ca}^{(1)}) + (I_{ab}^{(2)} - I_{ca}^{(2)})$$

顯然地,如果在 Δ 電路中存在非零值的循環電流 $I_{ab}^{(0)}$,則無法單獨從線電流求解。注意到,$I_{ca}^{(1)} = \alpha I_{ab}^{(1)}$ 且 $I_{ca}^{(2)} = \alpha^2 I_{ab}^{(2)}$,可以將 (9.8) 式寫成下式:

$$I_a^{(1)} + I_a^{(2)} = (1 - \alpha)I_{ab}^{(1)} + (1 - \alpha^2)I_{ab}^{(1)} \tag{9.19}$$

針對 b 相,有一組類似的方程式 $I_b^{(1)} + I_b^{(2)} = (1 - \alpha)I_b^{(1)} + (1 - \alpha^2)I_{bc}^{(2)}$,且以 $I_a^{(1)}$、$I_a^{(2)}$、$I_{ab}^{(1)}$ 及 $I_{ab}^{(2)}$ 來表示 $I_b^{(1)}$、$I_b^{(2)}$、$I_{bc}^{(1)}$ 及 $I_{bc}^{(2)}$,如此獲得一組合成方程式,此組方程式可以和 (9.19) 式同時求解,並產生下列重要結果

$$I_a^{(1)} = \sqrt{3}\angle -30° \times I_{ab}^{(1)} \qquad I_a^{(2)} = \sqrt{3}\angle 30° \times I_{ab}^{(2)} \tag{9.20}$$

這些結果相當於 (9.19) 式中相同順序之電流。整組正相序及負相序電流成分顯示於圖 9.5(a) 的相量圖中。

類似的情形下,Y 接系統的線電壓可利用相電壓來表示

$$V_{ab} = V_{an} - V_{bn}$$
$$V_{bc} = V_{bn} - V_{cn} \tag{9.21}$$
$$V_{ca} = V_{cn} - V_{an}$$

將三個方程式加在一起可得 $V_{ab}^{(0)} = (V_{ab} + V_{bc} + V_{ca})/3 = 0$,其意義為線電

正相序成分　　　　負相序成分　　　　　正相序成分　　　　負相序成分
　　　　(a)　　　　　　　　　　　　　　　　　　(b)

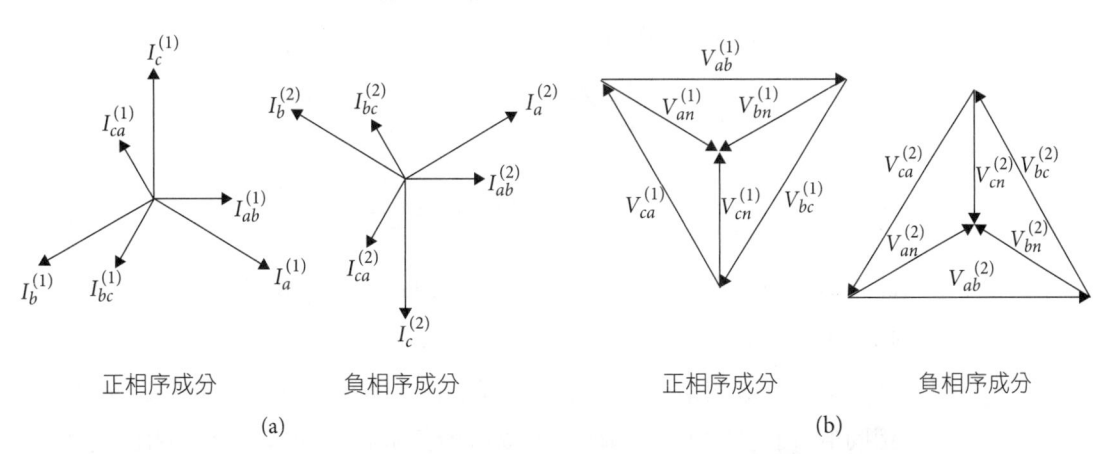

圖 9.5 正相序和負相序成分:(a) 線電流與相電流;(b) 三相系統的線電壓及相電壓

壓沒有零相序成分。以方程式中的電壓成分來取代 V_{ab} 可得

$$V_{ab}^{(1)} + V_{ab}^{(2)} = (V_{an}^{(0)} + V_{an}^{(1)} + V_{an}^{(2)}) - (V_{bn}^{(0)} + V_{bn}^{(1)} + V_{bn}^{(2)})$$
$$= \underbrace{(V_{an}^{(0)} - V_{bn}^{(0)})}_{0} + (V_{an}^{(1)} - V_{bn}^{(1)}) - (V_{an}^{(2)} - V_{bn}^{(2)}) \quad (9.22)$$

因此非零值的零相序電壓 $V_{an}^{(0)}$ 無法僅由線電壓求得。以解釋 (9.19) 式的方法將正相序及負相序予以分離，可得重要的電壓關係式

$$V_{ab}^{(1)} = (1 - \alpha^2)V_{an}^{(1)} = \sqrt{3}\angle 30° \times V_{an}^{(1)}$$
$$V_{ab}^{(2)} = (1 - \alpha)V_{an}^{(2)} = \sqrt{3}\angle -30° \times V_{an}^{(2)} \quad (9.23)$$

整組正相序及負相序電壓成分顯示於圖 9.5(b) 的相量圖。在 (9.23) 式中，如果相電壓以基準相電壓為參考的標么值，且線電壓以基準線電壓為參考的標么值，則 (9.23) 式必須忽略 $\sqrt{3}$ 的因子。然而，如果兩個電壓以相同的基準為參考，則方程式如所示為正確的。同樣地，當線電流與 Δ 電流以各自的基準值為參考之標么值表示時，則 (9.20) 式中的 $\sqrt{3}$ 不復存在，這是因為這兩個基準互相之間有 $\sqrt{3}$:1 的比例關係。當電流以同樣的基準表示時，則此方程式如所列的為正確的。

回頭看圖 9.4，我們注意到當 Δ 電路內部沒有電源或互耦合時 $V_{ab}/I_{ab} = Z_\Delta$。當正相序及負相序成分同時存在時，可得

$$\frac{V_{ab}^{(1)}}{I_{ab}^{(1)}} = Z_\Delta = \frac{V_{ab}^{(2)}}{I_{ab}^{(2)}} \quad (9.24)$$

將 (9.20) 式及 (9.23) 式代入，可得

$$\frac{\sqrt{3}V_{an}^{(1)}\angle 30°}{\frac{I_a^{(1)}}{\sqrt{3}}\angle 30°} = Z_\Delta = \frac{\sqrt{3}V_{an}^{(2)}\angle -30°}{\frac{I_a^{(2)}}{\sqrt{3}}\angle -30°}$$

所以

$$\frac{V_{an}^{(1)}}{I_a^{(1)}} = \frac{Z_\Delta}{3} = \frac{V_{an}^{(2)}}{I_a^{(2)}} \quad (9.25)$$

此式顯示不論正相序或負相序電流，Δ 接阻抗 Z_Δ 會等於圖 9.6(a) 的每一相或 Y 接阻抗 $Z_Y = Z_\Delta/3$。

當然，這個結果可以從表 2.2 的 Δ–Y 轉換預測。當阻抗 Z_Δ 及 Z_Y 在相同的仟伏安及伏特基準下，以歐姆值或標么值表示時，關係式 $Z_Y = Z_\Delta/3$ 是正確的。

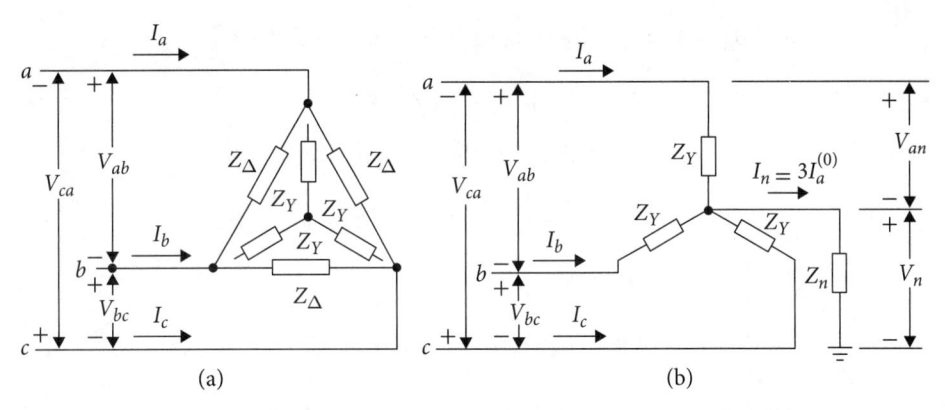

圖 9.6 (a) 對稱 Δ 接阻抗與 Y 接等效關係為 $Z_Y = Z_\Delta/3$；(b) 具中性線接地的 Y 接阻抗

例題 9.2

三個相同的 Y 接電阻器形成一個三相額定為 2300 V 及 500 kVA 的負載組合。如果此負載組合的外加電壓為

$$|V_{ab}| = 1840\text{ V} \quad |V_{bc}| = 2760\text{ V} \quad |V_{ca}| = 2300\text{ V}$$

試求負載端的線電壓及電流標么值。假設負載的中性點未連接至系統的中性點，並選用 2300 V、500 kVA 的基準。

解： 負載組合的額定值與指定的基準值一致，所以電阻值為 1.0 標么。同樣基準下，已知線電壓的標么值為

$$|V_{ab}| = 0.8 \quad |V_{bc}| = 1.2 \quad |V_{ca}| = 1.0$$

參考圖 9.7，並假設 V_{ca} 的角度為 180°。

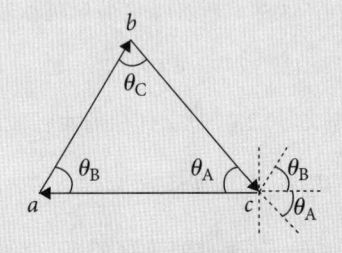

圖 9.7 利用餘弦定理求解線電壓的角度

利用餘弦定理求解圖 9.7 其他線電壓的角度，可得

$$|V_{ca}|^2 = |V_{ab}|^2 + |V_{bc}|^2 - 2|V_{ab}| \times |V_{bc}|\cos\theta_C$$

將已知標么線電壓代入上式，求得 $\theta_C = 55.77°$。

同樣地，$\theta_A = 41.41°$ 及 $\theta_B = 82.82°$。因此可求得標么值

$$V_{ab} = |V_{ab}|\angle\theta_B = 0.8\angle 82.82°$$

$$V_{bc} = |V_{bc}|\angle -\theta_A = 1.2\angle -41.41°$$

$$V_{ca} = |V_{ca}|\angle 180° = 1.0\angle 180°$$

$$V_{ab}^{(1)} = \frac{1}{3}(V_{ab} + \alpha V_{bc} + \alpha^2 V_{ca})$$

$$= \frac{1}{3}(0.8\angle 82.82° + 1.2\angle(120° - 41.41°) + 1.0\angle(240° + 180°))$$

$$= \frac{1}{3}(0.1 + j0.79373 + 0.23739 + j1.17628 + 0.5 + j0.86603)$$

$$= 0.27913 + j0.94553 = 0.98568\angle 73.55° \text{ 標么（線對線電壓基準）}$$

$$V_{ab}^{(2)} = \frac{1}{3}(V_{ab} + \alpha^2 V_{bc} + \alpha V_{ca})$$

$$= \frac{1}{3}(0.8\angle 82.82° + 1.2\angle(240° - 41.41°) + 1.0\angle(120° + 180°))$$

$$= \frac{1}{3}(0.1 + j0.79373 - 1.13739 - j0.38255 + 05 - j0.86603)$$

$$= -0.17913 - j0.15162$$

$$= 0.23468\angle 220.25° \quad \text{標么（線對線電壓基準）}$$

沒有連接中性點意謂零相序電流不存在。因此，負載端的相電壓只包括正相序及負相序成分。將 (9.23) 式中的 $\sqrt{3}$ 因子去除即可求得相電壓，因為線電壓是以線對線的基準電壓來表示，而相電壓標么值是以基準電壓對中性點為參考值。所以

$$V_{an}^{(1)} = 0.98568\angle(73.55° - 30°)$$

$$= 0.98568\angle 43.55° \text{ 標么（線對中性點電壓基準）}$$

$$V_{an}^{(2)} = 0.23468\angle(220.25° + 30°)$$

$$= 0.23468\angle 250.25° \text{ 標么（線對中性點電壓基準）}$$

因為每一個電阻器都有 $1.0\angle 0°$ 標么阻抗

$$I_a^{(1)} = \frac{V_{an}^{(1)}}{1.0\angle 0°} = 0.98568\angle 43.55° \text{ 標么}$$

$$I_a^{(2)} = \frac{V_{an}^{(2)}}{1.0\angle 0°} = 0.23468\angle 250.25° \text{ 標么}$$

將電流的正方向選定為電源朝向負載。

例題 9.2 的 MATLAB 程式 (ex9_2.m)

```
% M-file for Example 9.2: ex9_2.m
clc
clear all
Vab_abs=1840; Vbc_abs=2760; Vca_abs=2300; %V
Vbase=2300; Sbase=500; %kVA
%Calculate voltage in pu
Vab_abs_pu=Vab_abs/Vbase; Vbc_abs_pu=Vbc_abs/Vbase;
Vca_abs_pu=Vca_abs/Vbase;
SHOW1=sprintf('abs(Voltage) in per unit , Vbase=2300V ,so |Vab|=%d
,|Vbc|=%d ,|Vca|=%d',Vab_abs_pu,Vbc_abs_pu,Vca_abs_pu);
disp(SHOW1);
%Assuming an angle of 180 (deg.) for Vc and apply the law of cosine
DEG_A=acosd((Vbc_abs_pu^2-Vab_abs_pu^2-Vca_abs_pu^2)/
(-2*Vab_abs_pu*Vca_abs_pu));
DEG_B=-acosd((Vab_abs_pu^2-Vbc_abs_pu^2-Vca_abs_pu^2)/
(-2*Vbc_abs_pu*Vca_abs_pu));
DEG_C=180;
%Line voltage
Vab=Vab_abs_pu*exp(DEG_A*(pi/180)*i);
Vbc=Vbc_abs_pu*exp(DEG_B*(pi/180)*i);
Vca=Vca_abs_pu*exp(DEG_C*(pi/180)*i);
a=1*exp(120*(pi/180)*i);
%Find symmetrical components
disp('Symmetrical components of voltage:')
Vab0=round((1/3)*(Vab+Vbc+Vca)); % pu
Vab0_mag=abs(Vab0);     Vab0_ang=angle(Vab0)*180/pi;
disp([' Vab0 = round((1/3)*(Vab+Vbc+Vca)) = ',num2str(Vab0_mag),
'∠',num2str(Vab0_ang),' per unit']);
Vab1=(1/3)*(Vab+a*Vbc+a^2*Vca); % pu
Vab1_mag=abs(Vab1);     Vab1_ang=angle(Vab1)*180/pi;
disp([' Vab1 = (1/3)*(Vab+a*Vbc+a^2*Vca) = ',num2str(Vab1_mag),'∠',
num2str(Vab1_ang),' per unit']);
Vab2=(1/3)*(Vab+a^2*Vbc+a*Vca); % pu
Vab2_mag=abs(Vab2);     Vab2_ang=angle(Vab2)*180/pi;
disp([' Vab2 = (1/3)*(Vab+a^2*Vbc+a*Vca) = ',num2str(Vab2_mag),'∠',
num2str(Vab2_ang),' per unit']);
disp('Phasor parts:')
Van0=Vab0; %pu
Van0_mag=abs(Van0);     Van0_ang=angle(Van0)*180/pi;
disp([' Van0 = Vab0 = ',num2str(Van0_mag),'∠',num2str(Van0_
ang),'per unit']);
Van1=Vab1*exp(-30*(pi/180)*i); % pu
Van1_mag=abs(Van1);     Van1_ang=angle(Van1)*180/pi;
disp([' Van1 = Vab1*exp(-30*(pi/180)*i) = ',num2str(Van1_mag),'∠',
num2str(Van1_ang),' per unit']);
Van2=Vab2*exp(30*(pi/180)*i); % pu
Van2_mag=abs(Van2);     Van2_ang=angle(Van2)*180/pi;
```

```
disp([' Van2 = Vab2*exp(30*(pi/180)*i) = ',num2str(Van2_mag),'∠',
num2str(Van2_ang),' per unit']);
disp('Since each resistor has an impedance of 1.0 per unit:')
Ia0=Van0/1;   Ia1=Van1/1;   Ia2=Van2/1; % pu
disp([' Ia0 = Van0/1 = ',num2str(Van0_mag),'∠',num2str(Van0_ang),
'per unit']);
disp([' Ia1 = Van1/1 = ',num2str(Van1_mag),'∠',num2str(Van1_ang),
'per unit']);
disp([' Ia2 = Van2/1 = ',num2str(Van2_mag),'∠',num2str(Van2_ang),
'per unit']);
```

9.3 以對稱成分表示電功率

如果已知電流與電壓的對稱成分，則三相電路所消耗的功率可直接由這些成分計算得知。這是一個有關對稱成分矩陣處理的好例子。

經由 a、b 及 c 三條線路流入三相電路的總複數功率為

$$S_{3\phi} = P + jQ = V_a I_a^* + V_b I_b^* + V_c I_c^* \tag{9.26}$$

其中 V_a、V_b 及 V_c 為端點對參考點之電壓，而 I_a、I_b 及 I_c 為三條線路流入電路的電流。中性點連接可能存在，也可能不存在。如果接地之中性點有阻抗存在，則電壓 V_a、V_b 及 V_c 必須解釋為線對地電壓，而非線對中性點的電壓。以矩陣符號表示

$$S_{3\phi} = [V_a V_b V_c] \begin{bmatrix} I_a \\ I_b \\ I_c \end{bmatrix}^* = \begin{bmatrix} V_a \\ V_b \\ V_c \end{bmatrix}^T \begin{bmatrix} I_a \\ I_b \\ I_c \end{bmatrix}^* \tag{9.27}$$

其中共軛矩陣的元素是原矩陣相對元素的共軛。

為了介紹電壓及電流的對稱成分，我們利用 (9.8) 式可得

$$S_{3\phi} = [\mathbf{A}\mathbf{V}_{012}]^T [\mathbf{A}\mathbf{I}_{012}]^* \tag{9.28}$$

其中

$$\mathbf{V}_{012} = \begin{bmatrix} V_a^{(0)} \\ V_a^{(1)} \\ V_a^{(2)} \end{bmatrix} \quad 及 \quad \mathbf{I}_{012} = \begin{bmatrix} I_a^{(0)} \\ I_a^{(1)} \\ I_a^{(2)} \end{bmatrix} \tag{9.29}$$

矩陣代數的逆轉法說明兩個矩陣乘積的轉置等於反順序矩陣的轉置乘積。根據這個規則，

$$[\mathbf{AV}_{012}]^T = \mathbf{V}_{012}^T\mathbf{A}^T \tag{9.30}$$

所以
$$S_{3\phi} = \mathbf{V}_{012}^T\mathbf{A}^T[\mathbf{AI}_{012}]^* = \mathbf{V}_{012}^T\mathbf{A}^T\mathbf{A}^*\mathbf{I}_{012}^* \tag{9.31}$$

注意 $\mathbf{A}^T = \mathbf{A}$，且 α 與 α² 為共軛，可得

$$S_{3\phi} = [V_a^{(0)}\ V_a^{(1)}\ V_a^{(2)}]\begin{bmatrix}1 & 1 & 1\\ 1 & \alpha^2 & \alpha\\ 1 & \alpha & \alpha^2\end{bmatrix}\begin{bmatrix}1 & 1 & 1\\ 1 & \alpha & \alpha^2\\ 1 & \alpha^2 & \alpha\end{bmatrix}\begin{bmatrix}I_a^{(0)}\\ I_a^{(1)}\\ I_a^{(2)}\end{bmatrix}^* \tag{9.32}$$

或者由於

$$\mathbf{A}^T\mathbf{A}^* = \begin{bmatrix}1 & 1 & 1\\ 1 & \alpha^2 & \alpha\\ 1 & \alpha & \alpha^2\end{bmatrix}\begin{bmatrix}1 & 1 & 1\\ 1 & \alpha & \alpha^2\\ 1 & \alpha^2 & \alpha\end{bmatrix} = 3\begin{bmatrix}1 & 0 & 0\\ 0 & 1 & 0\\ 0 & 0 & 1\end{bmatrix}$$

$$S_{3\phi} = 3[V_a^{(0)}\ V_a^{(1)}\ V_a^{(2)}]\begin{bmatrix}I_a^{(0)}\\ I_a^{(1)}\\ I_a^{(2)}\end{bmatrix}^* \tag{9.33}$$

所以，複功率為

$$S_{3\phi} = V_aI_a^* + V_bI_b^* + V_cI_c^* = 3V_a^{(0)}I_a^{(0)*} + 3V_a^{(1)}I_a^{(1)*} + 3V_a^{(2)}I_a^{(2)*} \tag{9.34}$$

上式表示如何從不平衡三相電路的電壓對參考點（以伏特為單位）及線電流（以安培為單位）的對稱成分計算複功率（以伏安為單位）。要注意的是，a-b-c 相序的電壓及電流經由對稱成分轉換後是功率不變的，轉換後的複數功率是對稱成分之相序電壓（以伏特為單位）乘以相對應的相序電流（以安培為單位）之共軛複數的每一個乘積乘上 3，如 (9.34) 式所示，這將在 9.6 節中討論。然而，當複數功率 $S_{3\phi}$ 以三相伏安基準的標么值表示時，則乘數 3 會消失。

例題 9.3

利用對稱成分，計算例題 9.2 的負載所吸收之功率，並檢視答案。

解：以三相 500 kVA 基準的標么值，(9.34) 式變成

$$S_{3\phi} = V_a^{(0)}I_a^{(0)*} + V_a^{(1)}I_a^{(1)*} + V_a^{(2)}I_a^{(2)*}$$

將例題 9.2 的電壓及電流成分代入，可得

$$S_{3\phi} = 0 + 0.9857\angle 43.6° \times 0.9857\angle -43.6° + 0.2346\angle 250.3° \times 0.2346\angle -250.3°$$
$$= (0.9857)^2 + (0.2346)^2 = 1.02664\ \text{標么}$$
$$= 513.32\ \text{KW}$$

Y 接負載組合的每一相之電阻標么值為 1.0 標么，因此

$$R_Y = \frac{(2300)^2}{500,000} = 10.58 \, \Omega$$

而其等效 Δ 接電阻器為

$$R_\Delta = 3R_Y = 31.74 \, \Omega$$

由已知的線電壓我們可直接計算出

$$S_{3\phi} = \frac{|V_{ab}|^2}{R_\Delta} + \frac{|V_{bc}|^2}{R_\Delta} + \frac{|V_{ca}|^2}{R_\Delta}$$

$$= \frac{(1840)^2 + (2760)^2 + (2300)^2}{31.74} = 513.33 \, KW$$

例題 9.3 的 MATLAB 程式 (ex9_3.m)

```
% M-file for Example 9.3: ex9_3.m
% Clean previous value
clc
clear all
%Initial value from Example 9.2
Vab_abs=1840; Vbc_abs=2760; Vca_abs=2300;
Van0=0; % pu
Van1=0.9857*exp(43.6*(pi/180)*i);
Van2=0.2346*exp(250.3*(pi/180)*i);
Ia0=Van0/1; Ia1=Van1/1; Ia2=Van2/1; % pu
Vbase=2300; % V
Sbase=500*1000; % VA
disp('Using S=VI*')
S_pu=Van0*(Ia0)'+Van1*(Ia1)'+Van2*(Ia2)'; % pu
S=S_pu*Sbase; % W
disp([' S=Va0*(Ia0*)+Va1*(Ia1*)+Va2*(Ia2*) = ',num2str(S)])
disp('Using S=V^2/R to check the answer')
Ry=Vbase^2/Sbase; % ohm
Rdelta=3*Ry; % ohm
S=[(Vab_abs)^2+(Vbc_abs)^2+(Vca_abs)^2]/Rdelta; % W
disp([' S = [(Vab_abs)^2+(Vbc_abs)^2+(Vca_abs)^2]/Rdelta = ',num2str(S)])
```

9.4 Y 及 Δ 阻抗之相序電路

如果阻抗 Z_n 插入先前圖 9.6(b) 所示的 Y 接阻抗之中性點與接地之間，則線電流的總和等於經由中性點回流路徑上的電流 I_n，也就是說

$$I_n = I_a + I_b + I_c \tag{9.35}$$

將不平衡線電流以它們的對稱成分來表示，可得

$$\begin{aligned} I_n &= (I_a^{(0)} + I_a^{(1)} + I_a^{(2)}) + (I_b^{(0)} + I_b^{(1)} + I_b^{(2)}) + (I_c^{(0)} + I_c^{(1)} + I_c^{(2)}) \\ &= (I_a^{(0)} + I_b^{(0)} + I_c^{(0)}) + \underbrace{(I_a^{(1)} + I_b^{(1)} + I_c^{(1)})}_{0} + \underbrace{(I_a^{(2)} + I_b^{(2)} + I_c^{(2)})}_{0} \\ &= 3I_a^{(0)} \end{aligned} \tag{9.36}$$

因為正相序及負相序電流在中性點處的個別加總為零，因此不論 Z_n 值是多少，從中性線至接地的連接上不存在任何正相序及負相序電流。除此之外，在 n 點處的零相序電流組合起來會等於 $3I_a^{(0)}$，這使得中性線與接地間有 $3I_a^{(0)}Z_n$ 的電壓降產生。因此，在不平衡情況下。去區分對中性點電壓及對接地點電壓是很重要的。讓我們指定 a 相對中性點及對地的電壓分別為 V_{an} 及 V_a。因此，a 相對地的電壓已知為 $V_a = V_{an} + V_n$，其中 $V_n = 3I_a^{(0)}Z_n$。參考圖 9.6(b)，我們可以列出 a、b 及 c 每一條線路對地的電壓降

$$\begin{bmatrix} V_a \\ V_b \\ V_c \end{bmatrix} = \begin{bmatrix} V_{an} \\ V_{bn} \\ V_{cn} \end{bmatrix} + \begin{bmatrix} V_n \\ V_n \\ V_n \end{bmatrix} = Z_Y \begin{bmatrix} I_a \\ I_b \\ I_c \end{bmatrix} + 3I_a^{(0)} Z_n \begin{bmatrix} 1 \\ 1 \\ 1 \end{bmatrix} \tag{9.37}$$

此方程式中的 a-b-c 電壓及電流可以用它們的對稱成分來取代，表示如下：

$$\mathbf{A} \begin{bmatrix} V_a^{(0)} \\ V_a^{(1)} \\ V_a^{(2)} \end{bmatrix} = Z_Y \mathbf{A} \begin{bmatrix} I_a^{(0)} \\ I_a^{(1)} \\ I_a^{(2)} \end{bmatrix} + 3I_a^{(0)} Z_n \begin{bmatrix} 1 \\ 1 \\ 1 \end{bmatrix} \tag{9.38}$$

兩邊分別乘上反矩陣 $\mathbf{A}^{-1}$，可得

$$\begin{bmatrix} V_a^{(0)} \\ V_a^{(1)} \\ V_a^{(2)} \end{bmatrix} = Z_Y \begin{bmatrix} I_a^{(0)} \\ I_a^{(1)} \\ I_a^{(2)} \end{bmatrix} + 3I_a^{(0)} Z_n \mathbf{A}^{-1} \begin{bmatrix} 1 \\ 1 \\ 1 \end{bmatrix}$$

以後乘方式，將 $[1\ 1\ 1]^T$ 乘上 $\mathbf{A}^{-1}$，如此將 $\mathbf{A}^{-1}$ 的每一列元素相加起來，可得

$$\begin{bmatrix} V_a^{(0)} \\ V_a^{(1)} \\ V_a^{(2)} \end{bmatrix} = Z_Y \begin{bmatrix} I_a^{(0)} \\ I_a^{(1)} \\ I_a^{(2)} \end{bmatrix} + 3I_a^{(0)} Z_n \begin{bmatrix} 1 \\ 0 \\ 0 \end{bmatrix} \tag{9.39}$$

以展開型式，(9.39) 式變成三個個別或解耦的方程式

$$V_a^{(0)} = (Z_Y + 3Z_n)I_a^{(0)} = Z_0 I_a^{(0)} \tag{9.40}$$

$$V_a^{(1)} = Z_Y I_a^{(1)} = Z_1 I_a^{(1)} \tag{9.41}$$

$$V_a^{(2)} = Z_Y I_a^{(2)} = Z_2 I_a^{(2)} \tag{9.42}$$

習慣上使用上式的符號 Z_0、Z_1 及 Z_2。

(9.40) 式至 (9.42) 式可用一種較不正規的方式輕易地推導出，但此處所採用的矩陣法，對後面各節中的其他重要關係式之推導較為有用。(9.24) 式及 (9.25) 式與 (9.40) 式到 (9.42) 式結合顯示，在每一相中對稱阻抗與 Y 或 Δ 接電路中的某一相序電流僅能產生相同相序的電壓降。這個最重要結果使我們畫出如圖 9.8 所示的三個單相相序電路。

同時考慮這三個電路時，可獲得與圖 9.6(b) 之實際電路相同的資訊，並且因為 (9.40) 式到 (9.42) 式均為解耦，所以它們是互相獨立的。圖 9.8(a) 的電路稱為零相序電路 (zero-sequence circuit)，因為它使零相序電壓 $V_a^{(0)}$ 與零相序電流 $I_a^{(0)}$ 相關聯，因此可用來定義零相序電路阻抗

$$\frac{V_a^{(0)}}{I_a^{(0)}} = Z_0 = Z_Y + 3Z_n \tag{9.43}$$

同樣地，圖 9.8(b) 稱為正相序電路 (positive-sequence circuit)，且 Z_1 稱為對正相序電流阻抗，而圖 9.8(c) 為負相序電路 (negative-sequence circuit)，且 Z_2 稱為對負相序電流阻抗。阻抗對不同相序電流的名稱通常可縮短成較簡短的名稱，零相序阻抗 Z_0、正相序阻抗 Z_1 及負相序阻抗 Z_2。此處，Z_1 及 Z_2 分別為正相序及負相序阻抗，兩者會等於一般的每相阻抗 Z_Y，一般穩態對稱電路均為如此。當只有該相序存在該相序電流時，三個相序電路中的每一種，代表實際三相電路的每一相。當這三個相序電流同時存在時，需要所有三個相序電路才能完全表示出原先的電路。

不論中性點或接地之間是否有連接某一有限數值的阻抗 Z_n，都可以

圖 **9.8**　圖 9.6(b) 的零相序、正相序及負相序電路

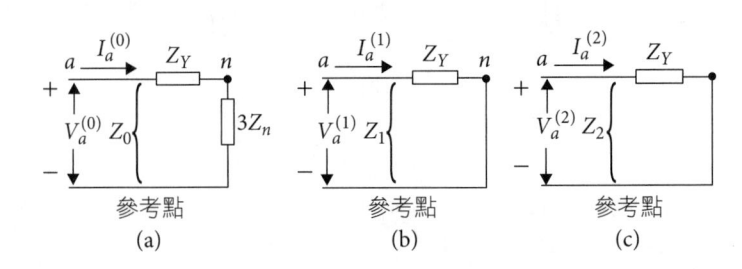

將正相序及負相序電路中的電壓視為相對於中性點或對地所量測的電壓。因此，在正相序電路中，$V_a^{(1)}$ 與 $V_{an}^{(1)}$ 沒有任何差異，而類似的敘述可應用於負相序電路中的 $V_a^{(2)}$ 及 $V_{an}^{(2)}$。然而，零相序電路的中性點與參考點間可能存有電位差。圖 9.8(a) 的電路中，流經阻抗 $3Z_n$ 的電流 $I_a^{(0)}$ 在從中性點至接地所產生的電位降，與圖 9.6(b) 的實際電路中流經阻抗 Z_n 的電流 $3I_a^{(0)}$ 所產生之電位降相同。

如果 Y 接電路的中性點經由零阻抗接地，設定 $Z_n=0$，則零相序電路的中性點與參考點以一個零阻抗連接在一起。如果中性點與接地之間未相連，則不會有任何零相序電流，於是 $Z_n = \infty$，這表示圖 9.9(a) 的零相序電路中，中性點與參考點之間為開路。

明顯地，Δ 接電路無法提供經由中性點的通路，且流進 Δ 接負載或其等效之 Y 電路的線電流不包含任何零相序成分。考慮圖 9.4 的對稱 Δ 接電路

$$V_{ab} = Z_\Delta I_{ab} \quad V_{bc} = Z_\Delta I_{bc} \quad V_{ca} = Z_\Delta I_{ca} \tag{9.44}$$

將前面三個方程式相加，可得

$$V_{ab} + V_{bc} + V_{ca} = 3V_{ab}^{(0)} = 3Z_\Delta I_{ab}^{(0)} \tag{9.45}$$

而因為線對線電壓的總和經常為零，因此可得

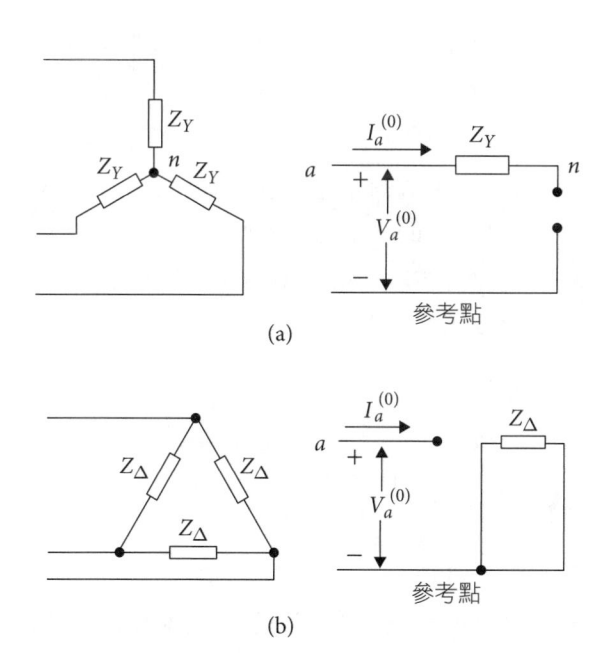

圖 **9.9** (a) 未接地 Y 接及 (b) Δ 接電路與它們的零相序電路

$$V_{ab}^{(0)} = 0; \quad I_{ab}^{(0)} = 0 \tag{9.46}$$

因此，只具有阻抗而沒有電源或互耦的 Δ 接電路中，不會有任何循環電流。有時候，在變壓器及發電機的 Δ 接電路中會由感應或零相序電壓產生單相循環電流。圖 9.9(b) 顯示 Δ 接電路及它的零相序電路。然而必須注意的是，即使在 Δ 的相位中有零相序電壓產生，而在其端子之間卻不存在任何零相序電壓，因為每一相中的電壓升會匹配每相中零相序阻抗的壓降。

例題 9.4

三個同為 $j21\,\Omega$ 的阻抗連接成 Δ。試求此組合的相序阻抗及電路。

解：線對線電壓與 Δ 電流有關：

$$\begin{bmatrix} V_{ab} \\ V_{bc} \\ V_{ca} \end{bmatrix} = \begin{bmatrix} j21 & 0 & 0 \\ 0 & j21 & 0 \\ 0 & 0 & j21 \end{bmatrix} \begin{bmatrix} I_{ab} \\ I_{bc} \\ I_{ca} \end{bmatrix}$$

轉換成電壓及電流的對稱成分，可得

$$\mathbf{A} \begin{bmatrix} V_{ab}^{(0)} \\ V_{ab}^{(1)} \\ V_{ab}^{(2)} \end{bmatrix} = \begin{bmatrix} j21 & 0 & 0 \\ 0 & j21 & 0 \\ 0 & 0 & j21 \end{bmatrix} \mathbf{A} \begin{bmatrix} I_{ab}^{(0)} \\ I_{ab}^{(1)} \\ I_{ab}^{(2)} \end{bmatrix}$$

在兩側預乘 $\mathbf{A}^{-1}$，可得

$$\begin{bmatrix} V_{ab}^{(0)} \\ V_{ab}^{(1)} \\ V_{ab}^{(2)} \end{bmatrix} = j21 \mathbf{A}^{-1} \mathbf{A} \begin{bmatrix} I_{ab}^{(0)} \\ I_{ab}^{(1)} \\ I_{ab}^{(2)} \end{bmatrix} = \begin{bmatrix} j21 & 0 & 0 \\ 0 & j21 & 0 \\ 0 & 0 & j21 \end{bmatrix} \begin{bmatrix} I_{ab}^{(0)} \\ I_{ab}^{(1)} \\ I_{ab}^{(2)} \end{bmatrix}$$

如圖 9.10(a) 所示，正相序及負相序電路每一相阻抗 $Z_1 = Z_2 = j7\,\Omega$，且因為 $V_{ab}^{(0)} = 0$，零相序電流 $I_{ab}^{(0)} = 0$，所以零相序電路為一開路電路。只有在原始 Δ 電路有內部電源時，零相序網路中的 $j21\,\Omega$ 電阻才具重要性。

此例題的矩陣處理在後續各節中非常有用。

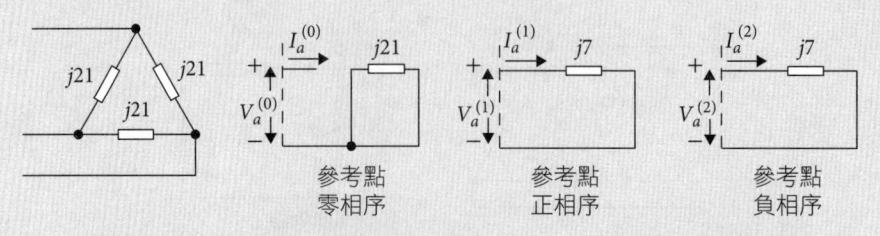

圖 9.10 例題 9.4 Δ 接阻抗的零相序、正相序及負相序電路

9.5 對稱輸電線的相序電路

我們主要關切的是本質上為對稱的平衡系統,它只有在不對稱故障發生時才會變成不平衡。在實際的輸電線系統中,如此完全的對稱乃是理想多於實際,但是因為背離對稱的效應很小,如果輸電線路沿著其長度換位,我們經常會特別假設相間為完全的平衡。例如,考慮圖 9.11,其顯示具有中性導體的三相輸電線路的一部分。

針對每一個相導體,其自阻抗 Z_{aa} 都相同,且中性線導體具有自阻抗 Z_{nn}。當相導線中的電流 I_a、I_b 及 I_c 不平衡時,中性線導體如同一條返回路徑。即使在故障造成不平衡的情況下,某些電流的數值可能為負值,所有電流仍假設為正方向。因為互耦合,任何一相中所流動的電流會導致其他相鄰的相位及中性導線中產生感應電壓。所有三相導體之間的耦合被視為對稱,且互耦阻抗 Z_{ab} 被假設介於每一對導體之間。相同地,中性線導體與每一個相位之間的互耦阻抗被視為 Z_{an}。

例如,其他兩相及中性線導體中的電流在 a 相上所感應的電壓,以及中性線導體中所感應的類似電壓被視為圖 9.12 所示環路中的電源。

沿著環路電路應用克希荷夫電壓定律可得

$$V_{an} = Z_{aa}I_a + Z_{ab}I_b + Z_{ab}I_c + Z_{an}I_n + V_{a'n'} \\ - (Z_{nn}I_n + Z_{an}I_c + Z_{an}I_b + Z_{an}I_a) \quad (9.47)$$

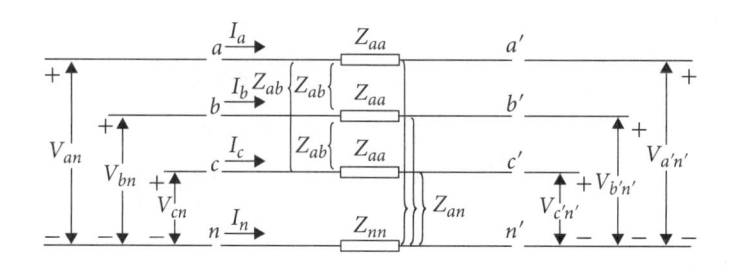

圖 9.11 在具有中性線導體的對稱三相線段中的不平衡電流潮流

圖 9.12 沿著線路 a 與中性線導體所形成的環路列出克希荷夫電壓方程式

由此可求得跨接在此線段的電壓降為

$$V_{an} - V_{a'n'} = (Z_{aa} - Z_{an})I_a + (Z_{ab} - Z_{an})(I_b + I_c) + (Z_{an} - Z_{nn})I_n \qquad (9.48)$$

針對 b 及 c 相可以列出下列類似的方程式：

$$V_{bn} - V_{b'n'} = (Z_{aa} - Z_{an})I_b + (Z_{ab} - Z_{an})(I_a + I_c) + (Z_{an} - Z_{nn})I_n$$
$$V_{cn} - V_{c'n'} = (Z_{aa} - Z_{an})I_c + (Z_{ab} - Z_{an})(I_a + I_b) + (Z_{an} - Z_{nn})I_n \qquad (9.49)$$

當線電流 I_a、I_b 及 I_c 一起回流時，如同圖 9.11 的中性線導體中的 I_n，可得

$$I_n = -(I_a + I_b + I_c) \qquad (9.50)$$

將 I_n 代回 (9.48) 式及 (9.49) 式，可以得到下列方程式

$$V_{an} - V_{a'n'} = (Z_{aa} + Z_{nn} - 2Z_{an})I_a + (Z_{ab} + Z_{nn} - 2Z_{an})I_b$$
$$+ (Z_{ab} + Z_{nn} - 2Z_{an})I_c$$

$$V_{bn} - V_{b'n'} = (Z_{ab} + Z_{nn} - 2Z_{an})I_a + (Z_{aa} + Z_{nn} - 2Z_{an})I_b \qquad (9.51)$$
$$+ (Z_{ab} + Z_{nn} - 2Z_{an})I_c$$

$$V_{cn} - V_{c'n'} = (Z_{ab} + Z_{nn} - 2Z_{an})I_a + (Z_{ab} + Z_{nn} - 2Z_{an})I_b$$
$$+ (Z_{aa} + Z_{nn} - 2Z_{an})I_c$$

這些方程式的係數顯示每相導體的自阻抗及互阻抗會因中性線導體的存在而變成下列有效值：

$$Z_s = Z_{aa} + Z_{nn} - 2Z_{an}$$
$$Z_m = Z_{ab} + Z_{nn} - 2Z_{an} \qquad (9.52)$$

利用這些定義，我們可以把 (9.51) 式重新寫成簡單的矩陣型式

$$\begin{bmatrix} V_{aa'} \\ V_{bb'} \\ V_{cc'} \end{bmatrix} = \begin{bmatrix} V_{an} - V_{a'n'} \\ V_{bn} - V_{b'n'} \\ V_{cn} - V_{c'n'} \end{bmatrix} = \begin{bmatrix} Z_s & Z_m & Z_m \\ Z_m & Z_s & Z_m \\ Z_m & Z_m & Z_s \end{bmatrix} \begin{bmatrix} I_a \\ I_b \\ I_c \end{bmatrix} \qquad (9.53)$$

其中跨接於相導線的電位降可以表示成

$$V_{aa'} = V_{an} - V_{a'n'} \quad V_{bb'} = V_{bn} - V_{b'n'} \quad V_{cc'} = V_{cn} - V_{c'n'} \qquad (9.54)$$

因為 (9.53) 式並未明確地包括中性線導體，Z_s 及 Z_m 在沒有任何自電感或互電感及回路下，可被視為單獨相導線的參數。

a-b-c 電壓降及線段電流可以依據 (9.8) 式寫成它們的對稱成分，以致

於 a 相為參考相時，可得

$$\mathbf{A}\begin{bmatrix} V_{aa'}^{(0)} \\ V_{aa'}^{(1)} \\ V_{aa'}^{(2)} \end{bmatrix} = \left\{ \begin{bmatrix} Z_s - Z_m & \cdot & \cdot \\ \cdot & Z_s - Z_m & \cdot \\ \cdot & \cdot & Z_s - Z_m \end{bmatrix} + \begin{bmatrix} Z_m & Z_m & Z_m \\ Z_m & Z_m & Z_m \\ Z_m & Z_m & Z_m \end{bmatrix} \right\} \mathbf{A} \begin{bmatrix} I_a^{(0)} \\ I_a^{(1)} \\ I_a^{(2)} \end{bmatrix}$$
(9.55)

這個方程式的特殊型式使計算更為簡單，如例題 9.4 所述，將兩側乘上 $\mathbf{A}^{-1}$，可得

$$\begin{bmatrix} V_{aa'}^{(0)} \\ V_{aa'}^{(1)} \\ V_{aa'}^{(2)} \end{bmatrix} = \mathbf{A}^{-1} \left\{ (Z_s - Z_m) \begin{bmatrix} 1 & \cdot & \cdot \\ \cdot & 1 & \cdot \\ \cdot & \cdot & 1 \end{bmatrix} + Z_m \begin{bmatrix} 1 & 1 & 1 \\ 1 & 1 & 1 \\ 1 & 1 & 1 \end{bmatrix} \right\} \mathbf{A} \begin{bmatrix} I_a^{(0)} \\ I_a^{(1)} \\ I_a^{(2)} \end{bmatrix} \quad (9.56)$$

此處的矩陣乘法與例題 9.4 一樣，可得

$$\begin{bmatrix} V_{aa'}^{(0)} \\ V_{aa'}^{(1)} \\ V_{aa'}^{(2)} \end{bmatrix} = \begin{bmatrix} Z_s + 2Z_m & \cdot & \cdot \\ \cdot & Z_s - Z_m & \cdot \\ \cdot & \cdot & Z_s - Z_m \end{bmatrix} \begin{bmatrix} I_a^{(0)} \\ I_a^{(1)} \\ I_a^{(2)} \end{bmatrix} \quad (9.57)$$

現在讓我們以 (9.52) 式的 Z_s 與 Z_m 來定義零相序、正相序及負相序阻抗，

$$\begin{aligned} Z_0 &= Z_s + 2Z_m = Z_{aa} + 2Z_{ab} + 3Z_{nn} - 6Z_{an} \\ Z_1 &= Z_s - Z_m = Z_{aa} - Z_{ab} \\ Z_2 &= Z_s - Z_m = Z_{aa} - Z_{ab} \end{aligned} \quad (9.58)$$

從 (9.57) 式及 (9.58) 式，線段兩端間電壓降的相序成分可以寫成下列三個簡單的方程式：

$$\begin{aligned} V_{aa'}^{(0)} &= V_{an}^{(0)} - V_{a'n'}^{(0)} = Z_0 I_a^{(0)} \\ V_{aa'}^{(1)} &= V_{an}^{(1)} - V_{a'n'}^{(1)} = Z_1 I_a^{(1)} \\ V_{aa'}^{(2)} &= V_{an}^{(2)} - V_{a'n'}^{(2)} = Z_2 I_a^{(2)} \end{aligned} \quad (9.59)$$

因為之前的圖 9.11 假設電路為對稱，再一次從另一個電路可看到零相序、正相序及負相序的方程式互相解耦合，而可以將相對應的零相序、正相序及負相序電路之間畫成沒有任何互耦，如圖 9.13 所示。

儘管圖 9.11 中的線路模型簡單明瞭，上述推導已說明相序阻抗的重

圖 9.13 圖 9.11 的對稱線段之相序電路

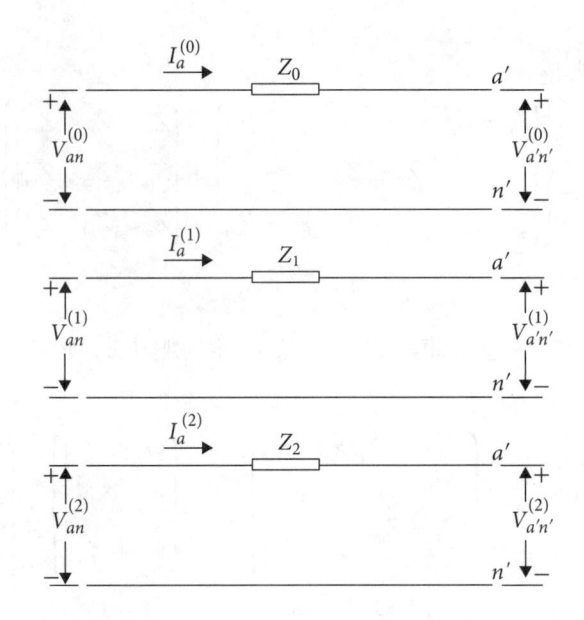

要特色，此相序阻抗應用在更詳盡且實際的線路模型。例如，我們注意到正相序與負相序阻抗相等，而它們並不包括中性線導體阻抗 Z_{nn} 及 Z_{an}，這兩個阻抗僅出現在零相序阻抗 Z_0 的計算中，如 (9.58) 式所示。

換句話說，輸電線路的零相序阻抗值包含回路導體的阻抗參數，但是它們卻不影響正相序阻抗及負相序阻抗。

大部分的架空輸電線至少都有兩條稱為地線 (ground wire) 的架空導體，它們沿著輸電線長度在均勻間隔處接地。接地線結合大地回路構成一個具有像 Z_{nn} 及 Z_{an} 阻抗參數的有效中性線導線，阻抗參數視大地的電阻係數而定。專業的文獻指出，就如同我們在此已陳述過的，回路的參數是包括在該輸電線的零相序阻抗中。

將圖 9.11 的中性線導體視為針對不平衡電流的零相序成分之有效回路，且將其參數包括在零相序阻抗中，我們可將地面視為一理想導體。圖 9.13 的電壓可解釋成關於完全導電地面之量測值，可以寫成：

$$V_{aa'}^{(0)} = V_a^{(0)} - V_{a'}^{(0)} = Z_0 I_a^{(0)}$$
$$V_{aa'}^{(1)} = V_a^{(1)} - V_{a'}^{(1)} = Z_1 I_a^{(1)} \qquad (9.60)$$
$$V_{aa'}^{(2)} = V_a^{(2)} - V_{a'}^{(2)} = Z_2 I_a^{(2)}$$

其中電壓 V_a 及 V_a' 之相序成分是以理想接地 (ideal ground) 為參考。

第 9 章 對稱成分與相序網路

在推導換位輸電線路的電感及電容之方程式時，假設為平衡的三相電流且不指定相位次序，所得到的參數適用於正相序及負相序阻抗。只有當零相序電流在輸電線路中流通時，每相中的電流均相等。電流經由地面、架空地線或兩者流回。

因為每相導體中的零相序電流均相等（除了大小相等之外，與其他相電流的相位移為 120°），所以由零相序電流所產生的磁場與正相序或負相序電流所造成之磁場大不相同。磁場的不同造成架空輸電線路的零相序電感性電抗為正相序電抗的 2 到 3.5 倍。針對雙回路線路及沒有接地線的線路，這個比值會傾向於較高的指定範圍。

例題 9.5

圖 9.11 中，線路左邊與右邊之端電壓已知為：

$V_{an} = 182.0 + j70.0$ KV $\qquad V_{a'n'} = 154.0 + j28.0$ KV

$V_{bn} = 72.24 - j32.62$ KV $\qquad V_{b'n'} = 44.24 - j74.62$ KV

$V_{cn} = -170.24 + j88.62$ KV $\qquad V_{c'n'} = -198.24 + j46.62$ KV

以歐姆為單位的線路阻抗為

$$Z_{aa} = j60 \qquad Z_{ab} = j20 \qquad Z_{nn} = j80 \qquad Z_{an} = j30$$

利用對稱成分求解線電流 I_a、I_b 及 I_c。不使用對稱成分法重新作一次。

解：經計算後相序阻抗值為

$$Z_0 = Z_{aa} + 2Z_{ab} + 3Z_{nn} - 6Z_{an} = j60 + j40 + j240 - j180 = j160 \ \Omega$$

$$Z_1 = Z_2 = Z_{aa} - Z_{ab} = j60 - j20 = j40 \ \Omega$$

線路壓降的相序成分為

$$\begin{bmatrix} V_{aa'}^{(0)} \\ V_{aa'}^{(1)} \\ V_{aa'}^{(2)} \end{bmatrix} = \mathbf{A}^{-1} \begin{bmatrix} V_{an} - V_{a'n'} \\ V_{bn} - V_{b'n'} \\ V_{cn} - V_{c'n'} \end{bmatrix} = \mathbf{A}^{-1} \begin{bmatrix} (182.0 - 154.0) + j(70.0 - 28.0) \\ (72.24 - 44.24) - j(32.62 - 74.62) \\ -(170.24 - 198.24) + j(88.62 - 46.62) \end{bmatrix}$$

$$= \mathbf{A}^{-1} \begin{bmatrix} 28.0 + j42.0 \\ 28.0 + j42.0 \\ 28.0 + j42.0 \end{bmatrix} = \begin{bmatrix} 28.0 + j42.0 \\ 0 \\ 0 \end{bmatrix} \text{kV}$$

代入 (9.59) 式，可得

$$V_{aa'}^{(0)} = 28{,}000 + j42{,}000 = j160 I_a^{(0)}$$

$$V_{aa'}^{(1)} = 0 = j40 I_a^{(1)}$$

$$V_{aa'}^{(2)} = 0 = j40 I_a^{(2)}$$

由此可求出 a 相中電流的對稱成分

$$I_a^{(0)} = 262.5 - j175 \text{ A} \qquad I_a^{(1)} = I_a^{(2)} = 0$$

因此線路電流為

$$I_a = I_b = I_c = 262.5 - j175 \text{ A}$$

(9.52) 式的自電感及互電感值為

$$Z_s = Z_{aa} + Z_{nn} - 2Z_{an} = j60 + j80 - j60 = j80 \text{ }\Omega$$

$$Z_m = Z_{ab} + Z_{nn} - 2Z_{an} = j20 + j80 - j60 = j40 \text{ }\Omega$$

且不使用對稱成分的線路電流可從 (9.53) 式計算出,如下:

$$\begin{bmatrix} V_{aa'} \\ V_{bb'} \\ V_{cc'} \end{bmatrix} = \begin{bmatrix} 28 + j42 \\ 28 + j42 \\ 28 + j42 \end{bmatrix} \times 10^3 = \begin{bmatrix} j80 & j40 & j40 \\ j40 & j80 & j40 \\ j40 & j40 & j80 \end{bmatrix} \begin{bmatrix} I_a \\ I_b \\ I_c \end{bmatrix}$$

$$\begin{bmatrix} I_a \\ I_b \\ I_c \end{bmatrix} = \begin{bmatrix} j80 & j40 & j40 \\ j40 & j80 & j40 \\ j40 & j40 & j80 \end{bmatrix}^{-1} \begin{bmatrix} 28 + j42 \\ 28 + j42 \\ 28 + j42 \end{bmatrix} \times 10^3 = \begin{bmatrix} 262.5 - j175 \\ 262.5 - j175 \\ 262.5 - j175 \end{bmatrix} \text{A}$$

9.6 同步電機之相序電路

圖 9.14 顯示一台同步發電機經由一電抗 (reactor) 接地。

當發電機的端子發生故障(未在圖中顯示出來)時,電流 I_a、I_b 及 I_c 於線路上流動。如果故障含括接地,流進發電機中性點的電流指定為 I_n,且不論線路電流是如何不平衡,都可分解成它們的對稱成分。

圖 **9.14** 一台經由電抗接地的發電機電路圖,電動勢 E_{an}、E_{bn} 及 E_{cn} 的相位為正相序

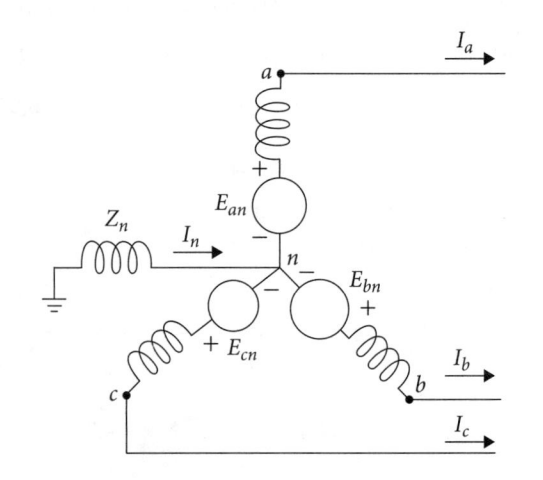

在 3.10 節中，針對理想同步電機所推導的方程式是基於平衡瞬時電樞電流的假設。在 (3.45) 式中，假設 $i_a + i_b + i_c = 0$，然後在 (3.43) 式中，令 $i_a = -(i_b + i_c)$，可以讓 (3.49) 式對 a 相端電壓有如下型式

$$v_{an} = -Ri_a - (L_s + M_s)\frac{di_a}{dt} + e_{an} \tag{9.61}$$

此方程式的穩態對應方程式已知如 (3.58) 式

$$V_{an} = -RI_a - j\omega(L_s + M_s)I_a + E_{an} \tag{9.62}$$

其中 E_{an} 為電機的同步內部電壓。在 (9.61) 式及 (9.62) 式中的電壓下標與第 3 章稍有不同，這是要強調電壓是相對於中性點。如果未採用 $i_a = -(i_b + i_c)$，會發現

$$v_{an} = -Ri_a - L_s\frac{di_a}{dt} + M_s\frac{d}{dt}(i_b + i_c) + e_{an} \tag{9.63}$$

假設在標稱系統頻率 ω 下，穩態正弦電流及電壓持續存在於電樞中，可以將 (9.63) 式寫成相量型式

$$V_{an} = -RI_a - j\omega L_s I_a + j\omega M_s(I_b + I_c) + E_{an} \tag{9.64}$$

其中 E_{an} 再次被指定為 e_{an} 的相量等效。此理想電機的電樞相位 b 及 c 有類似的方程式

$$\begin{aligned} V_{bn} &= -RI_b - j\omega L_s I_b + j\omega M_s(I_a + I_c) + E_{bn} \\ V_{cn} &= -RI_c - j\omega L_s I_c + j\omega M_s(I_a + I_b) + E_{cn} \end{aligned} \tag{9.65}$$

可將 (9.64) 式與 (9.65) 式排列成如下的向量矩陣型式

$$\begin{bmatrix} V_{an} \\ V_{bn} \\ V_{cn} \end{bmatrix} = -[R + j\omega(L_s + M_s)]\begin{bmatrix} I_a \\ I_b \\ I_c \end{bmatrix} + j\omega M_s \begin{bmatrix} 1 & 1 & 1 \\ 1 & 1 & 1 \\ 1 & 1 & 1 \end{bmatrix}\begin{bmatrix} I_a \\ I_b \\ I_c \end{bmatrix} + \begin{bmatrix} E_{an} \\ E_{bn} \\ E_{cn} \end{bmatrix} \tag{9.66}$$

依照前兩節所說明的程序，現在可以將電機的 a-b-c 用電樞 a 相的對稱成分表示。

$$\begin{bmatrix} V_{an}^{(0)} \\ V_{an}^{(1)} \\ V_{an}^{(2)} \end{bmatrix} = -[R + j\omega(L_s + M_s)]\begin{bmatrix} I_a^{(0)} \\ I_a^{(1)} \\ I_a^{(2)} \end{bmatrix}$$
$$+ j\omega M_s \mathbf{A}^{-1} \begin{bmatrix} 1 & 1 & 1 \\ 1 & 1 & 1 \\ 1 & 1 & 1 \end{bmatrix} \mathbf{A} \begin{bmatrix} I_a^{(0)} \\ I_a^{(1)} \\ I_a^{(2)} \end{bmatrix} + \mathbf{A}^{-1}\begin{bmatrix} E_{an} \\ \alpha^2 E_{an} \\ \alpha E_{an} \end{bmatrix} \tag{9.67}$$

因為同步發電機是設計來提供平衡三相電壓，我們已證明在 (9.67) 式中所產生的電壓 E_{an}、E_{bn} 及 E_{cn} 的相位為正相序組，其中運算子 $\alpha = 1\angle 120°$ 及 $\alpha^2 = 1\angle 240°$。(9.67) 式之矩陣乘法類似於 (9.56) 式，所以可得

$$\begin{bmatrix} V_{an}^{(0)} \\ V_{an}^{(1)} \\ V_{an}^{(2)} \end{bmatrix} = -[R + j\omega(L_s + M_s)] \begin{bmatrix} I_a^{(0)} \\ I_a^{(1)} \\ I_a^{(2)} \end{bmatrix} + j\omega M_s \begin{bmatrix} 3 & 0 & 0 \\ 0 & 0 & 0 \\ 0 & 0 & 0 \end{bmatrix} \begin{bmatrix} I_a^{(0)} \\ I_a^{(1)} \\ I_a^{(2)} \end{bmatrix} + \begin{bmatrix} 0 \\ E_{an} \\ 0 \end{bmatrix} \quad (9.68)$$

將零相序、正相序及負相序方程式解耦，可得

$$\begin{aligned} V_{an}^{(0)} &= -RI_a^{(0)} - j\omega(L_s - 2M_s)I_a^{(0)} \\ V_{an}^{(1)} &= -RI_a^{(1)} - j\omega(L_s + M_s)I_a^{(1)} + E_{an} \\ V_{an}^{(2)} &= -RI_a^{(2)} - j\omega(L_s + M_s)I_a^{(2)} \end{aligned} \quad (9.69)$$

將 (9.69) 式表示成下列型式時，可簡單繪製相對應的相序電路

$$\begin{aligned} V_{an}^{(0)} &= -I_a^{(0)}[R + j\omega(L_s - 2M_s)] = -I_a^{(0)}Z_{g0} \\ V_{an}^{(1)} &= E_{an} - I_a^{(1)}[R + j\omega(L_s + M_s)] = E_{an} - I_a^{(1)}Z_1 \\ V_{an}^{(2)} &= -I_a^{(2)}[R + j\omega(L_s + M_s)] = -I_a^{(2)}Z_2 \end{aligned} \quad (9.70)$$

其中 Z_{g0}、Z_1 及 Z_2 分別為發電機的零相序、正相序及負相序阻抗。圖 9.15 所示的相序電路是平衡三相電機之單相等效電路，被視為不平衡電流的對稱成分流過之等效電路。電流的相序成分只流經它們自己的相序阻抗，正如圖中的阻抗以適當的下標來顯示。這是因為該電機對 a、b 及 c 相而言是對稱的。正相序電路由一 EMF 與發電機之正相序阻抗串聯所組成。負相序及零相序電路不含 EMF，但分別包括發電機對負相序及零相序電流的阻抗。

　　正相序及負相序電路的參考節點為發電機的中性線。就所關心的正相序及負相序成分而言，如果中性線與接地之間以一有限值或零阻抗連接時，發電機之中性點為接地電位，因為此連接將不會有任何正相序或負相序的電流流動。再次，我們了解到在正相序電路中 $V_a^{(1)}$ 與 $V_{an}^{(1)}$ 之間或負相序電路中 $V_a^{(2)}$ 與 $V_{an}^{(2)}$ 之間在本質上不會有差異。這可解釋為何圖 9.15 的正相序及負相序電壓 $V_a^{(1)}$ 與 $V_a^{(2)}$ 在表示時沒有下標 n。

　　流經中性線與接地之間阻抗 Z_n 的電流為 $3I_a^{(0)}$。參考圖 9.15(e)，可了解從 a 點到接地的零相序電壓降為 $-3I_a^{(0)}Z_n - I_a^{(0)}Z_{g0}$，其中 Z_{g0} 為發電機每相的零相序阻抗。假設單相電路的零相序電路只流通一相位的零相序電

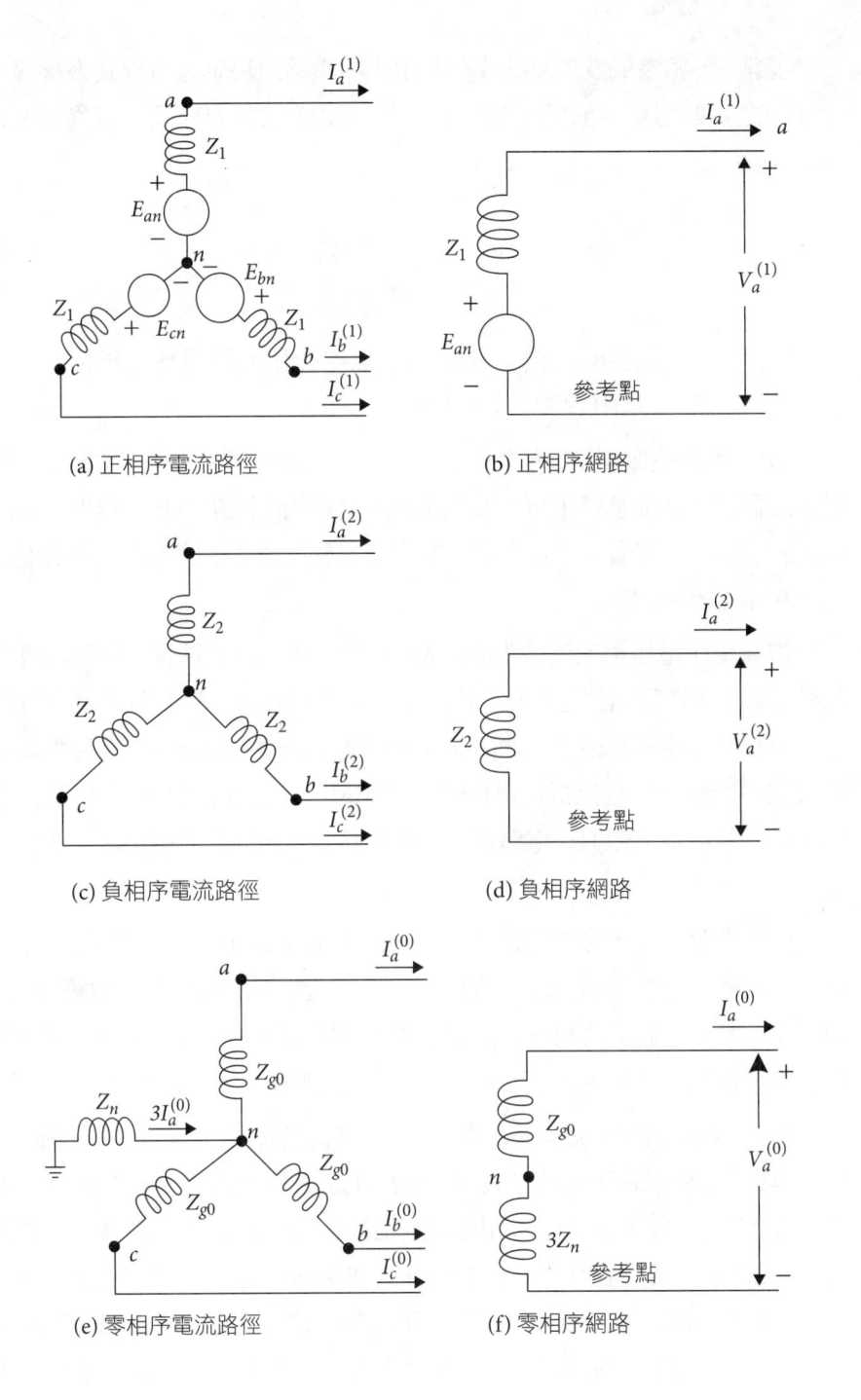

圖 9.15 發電機中每一相序的電流路徑及其相對應的相序網路

(a) 正相序電流路徑

(b) 正相序網路

(c) 負相序電流路徑

(d) 負相序網路

(e) 零相序電流路徑

(f) 零相序網路

流,其阻抗必為 $3Z_n + Z_{g0}$,如圖 9.15(f) 所示。

$I_a^{(0)}$ 所流經的所有零相序阻抗為

$$Z_0 = 3Z_n + Z_{g0} \qquad (9.71)$$

通常，a 相電流及電壓的成分是由相序電路所決定之方程式來求解。從 a 相之 a 點到參考節點（或接地）的電壓降成分方程式，可從圖 9.15 列出

$$V_a^{(0)} = -I_a^{(0)} Z_0$$
$$V_a^{(1)} = E_{an} - I_a^{(1)} Z_1 \quad (9.72)$$
$$V_a^{(2)} = -I_a^{(2)} Z_2$$

其中 E_{an} 為對中性線的正相序電壓，Z_1 及 Z_2 分別為發電機的正相序及負相序阻抗，而 Z_0 是由 (9.71) 式定義。

截至目前所推導出的方程式是基於只有電流基本成分存在的簡單電機模式之假設，在此基準下可以發現正相序及負相序阻抗相等，惟與零相序阻抗差別很大。事實上，旋轉電機的阻抗對於三個相序的電流，一般而言每一相序均不相同。

由負相序電樞電流所產生的 MMF，其旋轉方向與具有直流磁場繞組的轉子轉向相反。不像由正相序電流所產生的磁通，其相對於轉子為靜止，而由負相序電流所產生的磁通則是快速掃過轉子的表面。在磁場及阻尼繞組中所感應的電流抵抗電樞的旋轉 MMF，並且因此減少了貫穿轉子的磁通。這種情況類似在電機端子發生短路時，磁通量所引起之立即性變化。

磁通路徑與計算次暫態電抗 (subtransient reactance) 所遭遇的一樣。所以，在圓柱型轉子電機中，次暫態電抗與負相序電抗相等。附錄表 A.2 所顯示的數值可確認此說法。正相序與負相序電路中的電抗經常被視為與次暫態或暫態電抗相等，這要看所研究的是次暫態或暫態情況而定。

當只有零相序電流流經三相電機的電樞繞組時，某一相的電流及 MMF 與其他相同時達到其最大值。所以環繞著電樞四周分布的繞組，由某一相產生之最大 MMF 的點與其他相最大 MMF 產生點位移 120 電工度。如果由每一相電流所產生的 MMF，在空間中有完美的正弦分布，則環繞電樞的 MMF 會形成在每一點總和都為零的三個正弦曲線圖。如此不會有任何磁通橫跨氣隙，且任何相繞組的唯一電抗是由漏磁電抗及端匝所引起。

在實際電機中，繞組的分布不會產生完美正弦 MMF。由 MMF 的總和所產生之磁通量非常少，使得零相序電抗為電機中最小電抗，只比理想情形的零值稍高，而理想情形為零相序電流不會造成任何氣隙磁通。

(9.72) 式可應用在任何具有不平衡電流的發電機，其為推導不同故障型式的電流成分方程式的起點。如我們所了解，這些方程式應用於系統任何匯流排的戴維寧等效電路，和在穩態狀況下有載發電機的情形一樣。當計算次暫態或暫態情況時，如果以 E_{an} 取代 E' 或 E''，則此方程式適用於有載發電機。

例題 9.6

一台無阻尼凸極式發電機，其額定為 20 MVA，13.8 kV 且具有 0.25 標么的直軸次暫態電抗。負相序及零相序電抗分別為 0.35 標么及 0.10 標么。發電機的中性線直接接地。發電機在額定電壓 $E_{an} = 1.0\angle 0°$ 下無載運轉，發電機端子發生單線接地故障時，其對地標么電壓為

$$V_a = 0 \quad V_b = 1.013\angle -102.25° \quad V_c = 1.013\angle 102.25°$$

試求發電機的次暫態電流及因故障於次暫態狀況下線對線電壓。

解： 圖 9.16 顯示在電機 a 相上的線對地故障。以直角座標表示之 V_b 及 V_c 為

$$V_b = -0.215 - j0.990 \text{ 標么}$$
$$V_c = -0.215 + j0.990 \text{ 標么}$$

在故障點的電壓對稱性成分為

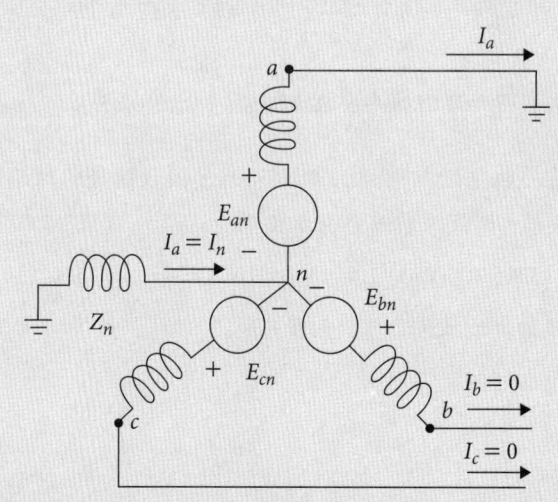

$$\begin{bmatrix} V_a^{(0)} \\ V_a^{(1)} \\ V_a^{(2)} \end{bmatrix} = \frac{1}{3}\begin{bmatrix} 1 & 1 & 1 \\ 1 & \alpha & \alpha^2 \\ 1 & \alpha^2 & \alpha \end{bmatrix}\begin{bmatrix} 0 \\ -0.215 - j0.990 \\ -0.215 + j0.990 \end{bmatrix} = \begin{bmatrix} -0.143 + j0 \\ 0.643 + j0 \\ -0.500 + j0 \end{bmatrix} \text{ 標么}$$

圖 9.16 中性線經由電抗接地的無載發電機在 a 相端點上發生單線接地故障之電路圖

在 $Z_n=0$ 時，從 (9.72) 式及圖 9.15 可計算出

$$I_a^{(0)} = -\frac{V_a^{(0)}}{Z_{g0}} = -\frac{(-0.143+j0)}{j0.10} = -j1.43 \text{ 標么}$$

$$I_a^{(1)} = \frac{E_{an}-V_a^{(1)}}{Z_1} = -\frac{(1.0+j0)-(0.643+j0)}{j0.25} = -j1.43 \text{ 標么}$$

$$I_a^{(2)} = -\frac{V_a^{(2)}}{Z_2} = -\frac{(-0.500+j0)}{j0.35} = -j1.43 \text{ 標么}$$

因此，流進接地點的故障電流為

$$I_a = I_a^{(0)} + I_a^{(1)} + I_a^{(2)} = 3I_a^{(0)} = -j4.29 \text{ 標么}$$

電流基準值為 $20{,}000/(\sqrt{3} \times 13.8) = 837$ A，所以在 a 線路的次暫態電流為

$$I_a = -j4.29 \times 837 = -j3{,}590 \text{ A}$$

故障時的線對線電壓為

$$V_{ab} = V_a - V_b = 0.215 + j0.990 = 1.01\angle 77.7° \text{ 標么}$$

$$V_{bc} = V_b - V_c = 0 - j1.980 = 1.980\angle 270° \text{ 標么}$$

$$V_{ca} = V_c - V_a = -0.215 + j0.990 = 1.01\angle 102.3° \text{ 標么}$$

因為將產生的對中性線電壓 E_{an} 訂為 1.0 標么，因此將上述線對線電壓表示成以電壓對中性點基準為參考的標么值。以伏特來表示，故障前線路電壓為

$$V_{ab} = 1.01 \times \frac{13.8}{\sqrt{3}} \angle 77.7° = 8.05\angle 77.7° \text{ kV}$$

$$V_{bc} = 1.980 \times \frac{13.8}{\sqrt{3}} \angle 270° = 15.78\angle 270° \text{ kV}$$

$$V_{ca} = 1.01 \times \frac{13.8}{\sqrt{3}} \angle 102.3° = 8.05\angle 102.3° \text{ kV}$$

故障前，線路電壓為平衡且等於 13.8 kV。為了與故障後的線路電壓相比較，以 $V_{an}=E_{an}$ 為參考，則故障前電壓表示成：

$$V_{ab} = 13.8\angle 30° \text{ kV} \quad V_{bc} = 13.8\angle 270° \text{ kV} \quad V_{ca} = 13.8\angle 150° \text{ kV}$$

圖 9.17 顯示故障前與故障後電壓的相量圖。

(a) 故障前　　　　(b) 故障後

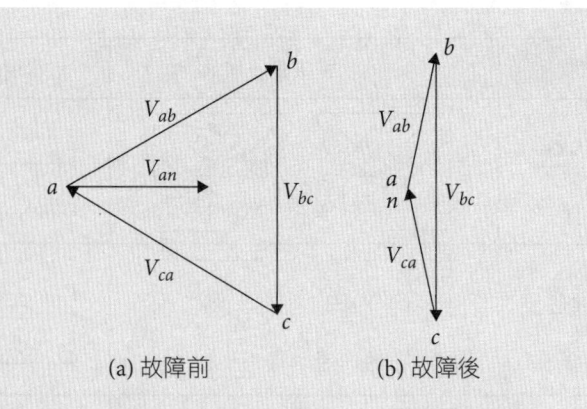

圖 9.17　例題 9.6 故障前後的線路電壓之相量圖

上述例子顯示在單線對地故障的情況下 $I_a^{(0)}=I_a^{(1)}=I_a^{(2)}$。這種一般性的結果，將在 10.2 節中推導。

9.7　Y-Δ 變壓器的相序電路

三相變壓器的相序等效電路視一次側及二次側繞組的連接方式而定。Δ 及 Y 繞組的不同組合決定了零相序電路的結構及正相序和負相序電路中之相位移。希望讀者複習第 3 章部分的相關說明，特別是 3.5 節與 3.7 節。

我們還記得，如果忽略相對較小的磁化電流，除非二次繞組有電流流通，否則一次繞組不會有電流流動。我們也知道同樣忽略磁化電流時，一次側電流取決於二次側電流及繞組的匝數比。這些原則指引我們分析各種不同的案例。接著將討論雙繞組變壓器的五種可能連接方式，圖 9.18 總結這些連接方式及其零相序電路。

圖中連接圖的箭號顯示零相序電流可能之流動路徑。沒有箭號表示變壓器接線無零相序電流流動。零相序等效電路約略如圖所示，因為每一電路都省略電阻及磁化電流路徑。字母 P 及 Q 可識別出連接圖及等效電路上的對應點。針對每一種連接的說明如下。

狀況 1　Y-Y 組合，二側中性線接地

圖 9.19(a) 顯示一台 Y-Y 組合的中性線，高壓側經由阻抗 Z_N 接地，低壓側經由阻抗 Z_n 接地。

圖 9.18 三相變壓器組的零相序等效電路、接線圖及單線圖之符號。阻抗 Z_0 代表漏磁阻抗 Z 且中性線阻抗採用 $3Z_N$ 及 $3Z_n$

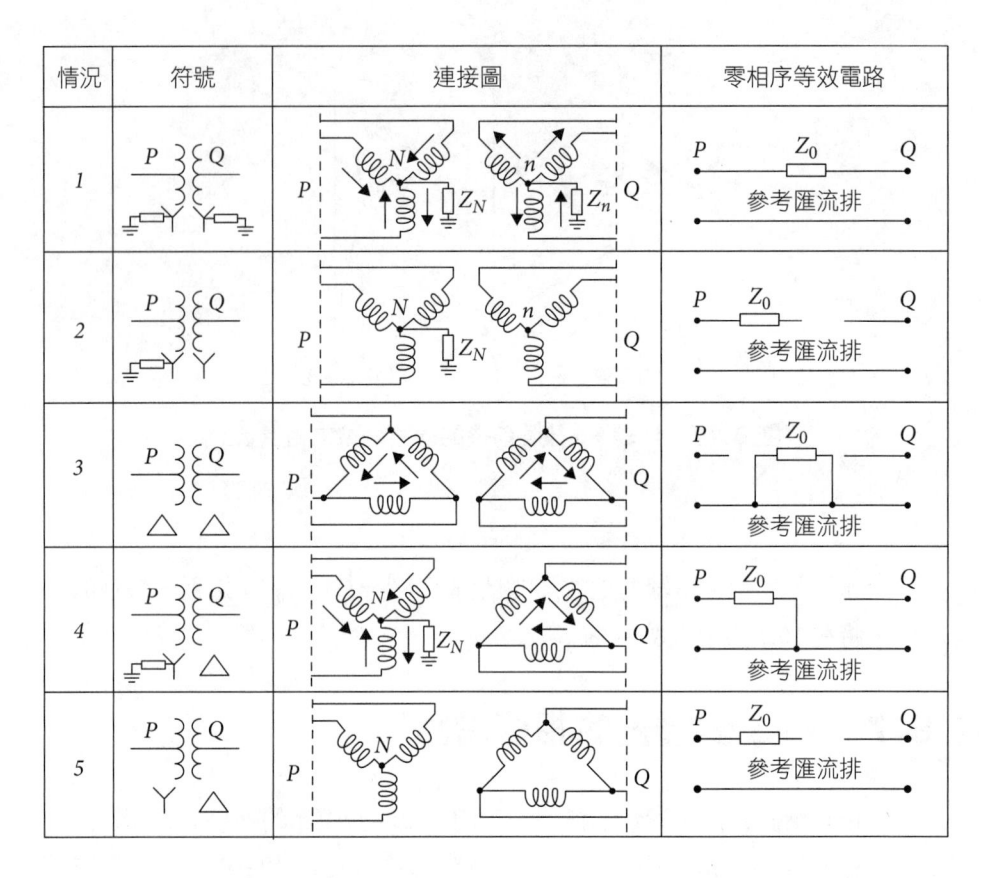

情況	符號	連接圖	零相序等效電路
1	P Q (Y-Y grounded)	P—N—n—Q with Z_N, Z_n	P—Z_0—Q, 參考匯流排
2	P Q (Y-Y, one grounded)	P—N—n—Q with Z_N	P—Z_0—Q (open), 參考匯流排
3	P Q (Δ-Δ)	P—Δ—Δ—Q	P—Z_0—Q (open both), 參考匯流排
4	P Q (Y-Δ grounded)	P—N—Δ—Q with Z_N	P—Z_0—Q (open Q side), 參考匯流排
5	P Q (Y-Δ ungrounded)	P—N—Δ—Q	P—Z_0—Q (open), 參考匯流排

圖 9.19 (a) 兩側中線經由阻抗接地的 Y-Y 接變壓器組及 (b) 一對磁交鏈的繞組

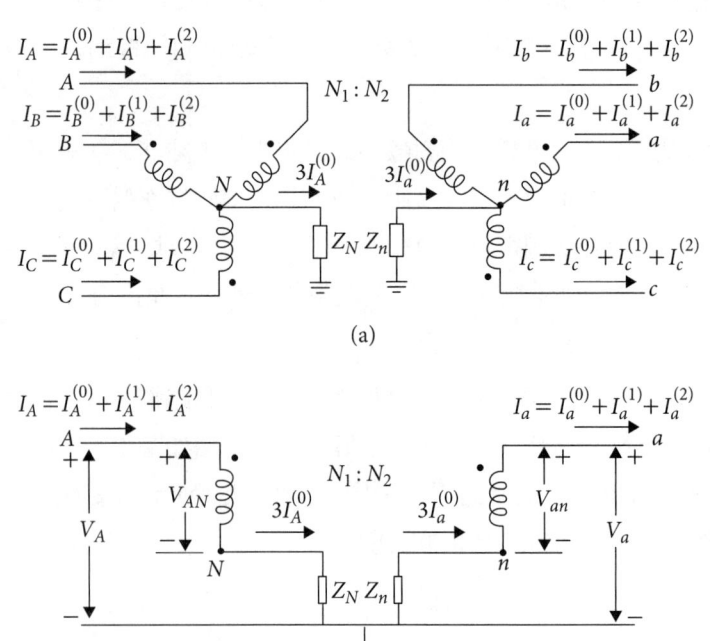

圖上的箭號表示選定之電流方向。首先將變壓器視為理想，當有必要含括分路磁化電流時，才將串聯漏磁阻抗加進去。我們仍舊以單一下標來指定相對於對地的電壓，如 V_A、V_N 及 V_a。而相對於中性線的電壓有兩個下標，例如 V_{AN} 及 V_{an}。大寫字母指定給高壓側，而小寫字母則指定給低壓側。和先前一樣，畫成平行方向的繞阻磁交鏈在相同的鐵心上。圖 9.19(b) 顯示兩個取自於圖 9.19(a) 的這種繞組。在高壓側對地量測的電壓表示成

$$V_A = V_{AN} + V_N \tag{9.73}$$

每一電壓以對稱成分來取代可得

$$V_A^{(0)} + V_A^{(1)} + V_A^{(2)} = (V_{AN}^{(0)} + V_{AN}^{(1)} + V_{AN}^{(2)}) + 3Z_N I_A^{(0)} \tag{9.74}$$

而相同的相序其大小相等確認了對地的正相序及負相序電壓等於對中性線的正相序及負相序電壓的事實。中性線與接地間的零相序電壓差等於 $(3Z_N)I_a^{(0)}$。

同樣地，在低壓側可得

$$V_a^{(0)} + V_a^{(1)} + V_a^{(2)} = (V_{an}^{(0)} + V_{an}^{(1)} + V_{an}^{(2)}) - 3Z_n I_a^{(0)} \tag{9.75}$$

因為 $I_a^{(0)}$ 的方向是流出變壓器並流進低壓側的線路，所以方程式中有一個負號。在變壓器任一側的電壓及電流以匝數比 N_1/N_2 相關聯，所以

$$V_a^{(0)} + V_a^{(1)} + V_a^{(2)} = \left(\frac{N_2}{N_1}V_{AN}^{(0)} + \frac{N_2}{N_1}V_{AN}^{(1)} + \frac{N_2}{N_1}V_{AN}^{(2)}\right) - 3Z_n\frac{N_1}{N_2}I_A^{(0)} \tag{9.76}$$

兩邊各乘以 N_1/N_2，可得

$$\frac{N_1}{N_2}(V_a^{(0)} + V_a^{(1)} + V_a^{(2)}) = (V_{AN}^{(0)} + V_{AN}^{(1)} + V_{AN}^{(2)}) - 3Z_n\left(\frac{N_1}{N_2}\right)^2 I_A^{(0)} \tag{9.77}$$

且以 (9.74) 式取代 $(V_{AN}^{(0)} + V_{AN}^{(1)} + V_{AN}^{(2)})$，可得

$$\frac{N_1}{N_2}(V_a^{(0)} + V_a^{(1)} + V_a^{(2)}) = (V_A^{(0)} + V_A^{(1)} + V_A^{(2)}) - 3Z_N I_A^{(0)} - 3Z_n\left(\frac{N_1}{N_2}\right)^2 I_A^{(0)} \tag{9.78}$$

使相同相序的電壓相等，可列出

$$\frac{N_1}{N_2}V_a^{(1)} = V_A^{(1)} \qquad \frac{N_1}{N_2}V_a^{(2)} = V_A^{(2)} \tag{9.79}$$

$$\frac{N_1}{N_2}V_a^{(0)} = V_A^{(0)} - \left[3Z_N + 3Z_n\left(\frac{N_1}{N_2}\right)^2\right]I_A^{(0)} \tag{9.80}$$

(9.79) 式的正相序和負相序的關係與第 3 章的完全相同，並且當正相序

圖 9.20 圖 9.19 Y-Y 接變壓器的零相序電路。阻抗 Z 是在變壓器高壓側所量測的漏磁電抗

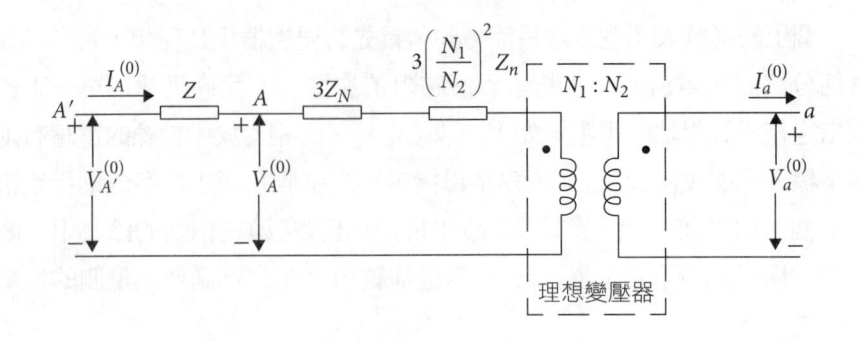

及負相序的電壓和電流都存在時，可採用變壓器慣用的單相等效電路。(9.80) 式所表示的變壓器零相序等效電路顯示於圖 9.20。在圖 9.20 中我們已把變壓器的漏磁阻抗 Z 串聯在高壓側，因此以高壓側為參考針對零相序電流的總阻抗為 $Z + 3Z_N + 3(N_1/N_2)^2 Z_n$。

如果需要的話，顯然也可以將分路磁化阻抗加到圖 9.20 的電路中。

當變壓器兩側的電壓標么值根據選定之額定電壓仟伏線對線基準表示時，圖 9.20 的匝數比變成 1，且 N_1/N_2 消失，而我們得到圖 9.18 狀況 1 所示的零相序電路，其中

$$Z_0 = Z + 3Z_N + 3Z_n \text{ 標么} \tag{9.81}$$

再一次，我們注意到實際電路中，從中性線到接地所連接的阻抗在零相序電路中被乘以 3。Y-Y 組合的兩側中性線都直接或經由阻抗接地，針對兩側繞組的零相序電流存在一經由變壓器的路徑。在變壓器兩側繞組之外提供零相序電流可流動的完整電路，如此它可以在變壓器兩側繞組中流動。在零相序電路中，變壓器的零相序阻抗連接兩側的點，其方式如同正相序及負相序網路。

狀況 2 Y-Y 組合，單側中性點接地

如果 Y-Y 組合的任一側中性點未接地，零相序電流無法在任一繞組中流通。這可以從圖 9.20 中將 Z_N 或 Z_n 設為 ∞ 看出。經由一繞組的路徑不存在而阻絕由另一繞組來的電流，且藉由變壓器連接的系統之兩部分間的零相序電流形成一開路，如圖 9.18 所示。

狀況 3 Δ-Δ 組合

圖 9.21 的 Δ-Δ 變壓器之每一側線間電壓相量和等於零，所以 $V_{AB}^{(0)} = V_{ab}^{(0)} = 0$。針對該圖的耦合線圈採用傳統點標記，可得

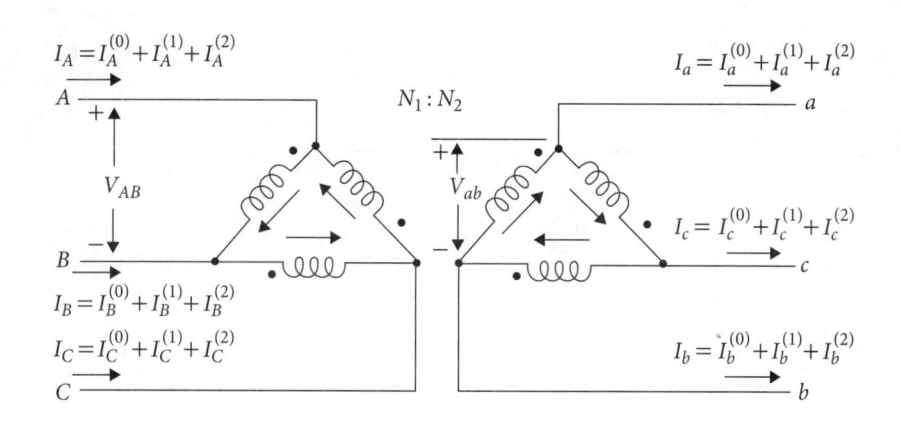

圖 **9.21** 三相 Δ-Δ 接變壓器的接線圖

$$V_{AB} = \frac{N_1}{N_2} V_{ab}$$
$$V_{AB}^{(1)} + V_{AB}^{(2)} = \frac{N_1}{N_2}(V_{ab}^{(1)} + V_{ab}^{(2)}) \tag{9.82}$$

根據 (9.23) 式可以將線間電壓寫成線對中性線電壓

$$\sqrt{3}V_{AN}^{(1)}\angle 30° + \sqrt{3}V_{AN}^{(2)}\angle -30° = \frac{N_1}{N_2}(\sqrt{3}V_{an}^{(1)}\angle 30° + \sqrt{3}V_{an}^{(2)}\angle -30°) \tag{9.83}$$

所以
$$V_{AN}^{(1)} = \frac{N_1}{N_2}V_{an}^{(1)} \qquad V_{AN}^{(2)} = \frac{N_1}{N_2}V_{an}^{(2)} \tag{9.84}$$

因此，Δ-Δ 變壓器的正相序及負相序等效電路，如同 Y-Y 連接一樣，完全相對於第 3 章的慣用每相等效電路。

因為 Δ 電路未提供零相序電流回流路徑，雖然零相序電流有時候會在 Δ 繞組間循環流動，但零相序電流不會流入 Δ-Δ 組合之任何一側。因此，在圖 9.21 中 $I_A^{(0)} = I_a^{(0)} = 0$，而我們可得到如圖 9.18 所示的零相序等效電路。

狀況 4 Y-Δ 組合，Y 接地

如果 Y-Δ 組合的中性點接地，因為相對的感應電流可在 Δ 中循環，則零相序電流會有一條經由 Y 的路徑接地。在 Δ 中循環的零相序電流磁性上地可平衡 Y 中的零相序電流，但是無法在連接至 Δ 的線路中流動。因此，圖 9.22 中 $I_a^{(0)} = 0$。

Y 側上的 A 相電壓可以寫成如 (9.74) 式一樣，由此我們可得

$$V_A^{(0)} + V_A^{(1)} + V_A^{(2)} = \frac{N_1}{N_2}V_{ab}^{(0)} + \frac{N_1}{N_2}V_{ab}^{(1)} + \frac{N_1}{N_2}V_{ab}^{(2)} + 3Z_N I_A^{(0)} \tag{9.85}$$

圖 9.22 中性點經由阻抗 Z_N 接地的三相 Y-Δ 變壓器組之接線圖

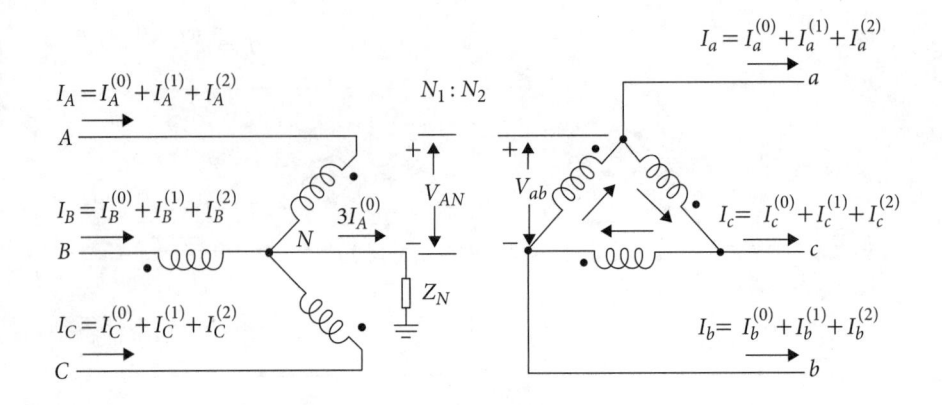

如 (9.19) 式的解釋，使相對應的相序成分相等，可得

$$V_A^{(0)} - 3Z_N I_A^{(0)} = \frac{N_1}{N_2} V_{ab}^{(0)} = 0 \tag{9.86}$$

$$V_A^{(1)} = \frac{N_1}{N_2} V_{ab}^{(1)} = \frac{N_1}{N_2} \sqrt{3} \angle 30° \times V_a^{(1)}$$

$$V_A^{(2)} = \frac{N_1}{N_2} V_{ab}^{(2)} = \frac{N_1}{N_2} \sqrt{3} \angle -30° \times V_a^{(2)} \tag{9.87}$$

(9.86) 式使我們可以畫出如圖 9.23(a) 所示的零相序電路，其中當漏磁阻抗 Z 以變壓器高壓側為參考，則 $Z_0 = Z + 3Z_N$。針對零相序電流，此等效

圖 9.23 (a) 具接地阻抗 Z_N 的 Y-Δ 變壓器組之零相序電路及對應的 (b) 正相序，及 (c) 負相序電路

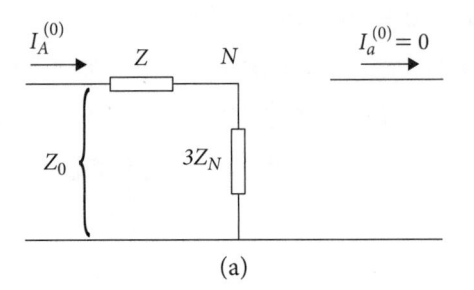

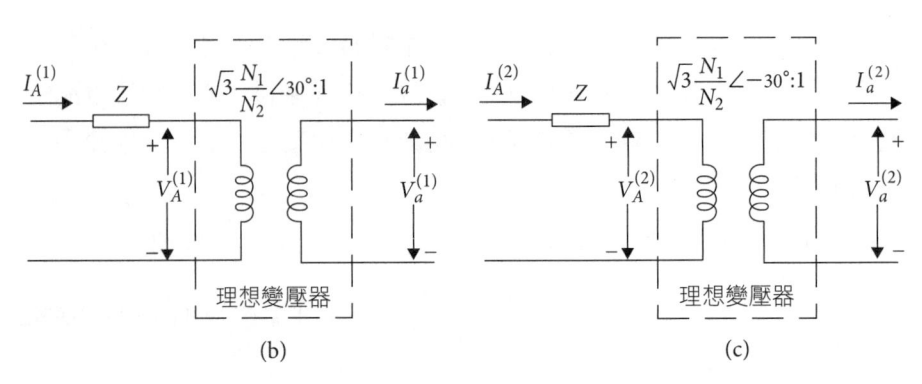

388

電路提供一條從 Y 側線路經由等效電阻及變壓器漏磁阻抗到參考點的路徑。在 Δ 側上線路與參考點間必定為開路。如圖所示，當中性點到接地的連接中包含阻抗 Z_N，則零相序等效電路必定有阻抗 $3Z_N$ 與變壓器的等效電阻及漏磁阻抗相串聯，以連接 Y 側的線路接地。

狀況 5 Y-Δ 組合，Y 不接地

Y 不接地是一種特殊的狀況，其中中性點與接地之間的阻抗 Z_N 為無限大。在狀況 4 的零相序等效電路中阻抗 $3Z_N$ 變得無限大，且零相序電流無法在變壓器繞組中流通。

Y-Δ 變壓器組的正相序及負相序等效電路如圖 9.23(b) 及圖 9.23(c) 所示，是依據 (9.87) 式而得。回想 3.7 節，(9.87) 式中的乘數 $\sqrt{3}N_1/N_2$ 是 Y-Δ 變壓器的兩個額定線間（也是線對中性線）電壓的比率。因此，若以標么值計算，(9.87) 式會變成和 (3.36) 式完全一樣，且再次可得到下列規則

$$V_A^{(1)} = V_a^{(1)} \times 1\angle 30° \qquad I_A^{(1)} = I_a^{(1)} \times 1\angle 30°$$
$$V_A^{(2)} = V_a^{(2)} \times 1\angle -30° \qquad I_A^{(2)} = I_a^{(2)} \times 1\angle -30° \qquad (9.88)$$

也就是，

當 Δ-Y 或 Y-Δ 變壓器從低壓側升壓至高壓側時，會將正相序電壓（及電流）推前 30°，而負相序電壓（及電流）會落後 30°。

下面的例題為 (9.88) 式的數值應用。

例題 9.7

例題 9.2 的電阻性 Y 接負載組合由 Y-Δ 變壓器的低壓 Y 側供電。負載電壓與該例題中的數值一樣。試求變壓器高壓側的線電壓及電流的標么值。

解： 在例題 9.2 中，發現流向電阻性負載的正相序及負相序電流為

$$I_a^{(1)} = 0.98587\angle 43.55° \text{ 標么}$$
$$I_a^{(2)} = 0.23468\angle 250.25° \text{ 標么}$$

而在變壓器低壓 Y 側上相對應的電壓為

$$V_{an}^{(1)} = 0.98587\angle 43.55° \text{ 標么（以相電壓為基準）}$$
$$V_{an}^{(2)} = 0.23468\angle 250.25° \text{ 標么（以相電壓為基準）}$$

將低電壓側正相序電壓的相角前移 30°，且將負相序電壓後移 30°，可獲得高壓側電壓，

$$V_A^{(1)} = 0.98587\angle(43.55° + 30°) = 0.98587\angle 73.55° = 0.27912 + j0.94553$$

$$V_A^{(2)} = 0.23468\angle(250.25° - 30°) = 0.23468\angle 220.25° = -0.17913 - j0.15162$$

$$V_A = V_A^{(1)} + V_A^{(2)} = 0.09999 + j0.79391 = 0.8\angle 82.82° \text{ 標么}$$

$$V_B^{(1)} = \alpha^2 V_A^{(1)} = 0.98587\angle -46.45° = 0.67925 - j0.71453$$

$$V_B^{(2)} = \alpha V_A^{(2)} = 0.23468\angle -19.76° = 0.22086 - j0.07934$$

$$V_B = V_B^{(1)} + V_B^{(2)} = 0.90011 - j0.79382 = 1.2\angle -41.41° \text{ 標么}$$

$$V_C^{(1)} = \alpha V_A^{(1)} = 0.98587\angle 193.55° = -0.95841 - j0.23103$$

$$V_C^{(2)} = \alpha^2 V_A^{(2)} = 0.23468\angle 100.25° = -0.04174 + j0.23094$$

$$V_C = V_C^{(1)} + V_C^{(2)} = -1.0 + j0 = 1.0\angle 180° \text{ 標么}$$

注意，變壓器高壓 Δ 側的相電壓標么值等於例題 9.2 中所求得的低壓 Y 側之線電壓標么值。線間電壓是

$$V_{AB} = V_A - V_B = 0.09999 + j0.79391 - 0.90011 + j0.79382$$

$$= -0.80012 + j1.58773$$

$$= 1.7780\angle 116.75° \text{ 標么（以相電壓為基準）}$$

$$= \frac{1.7780}{\sqrt{3}}\angle 116.75° = 1.0274\angle 116.75° \text{ 標么（以線電壓為基準）}$$

$$V_{BC} = V_B - V_C = 0.90011 - j079382 + 1.0 = 1.90011 - j0.79382$$

$$= 2.0593\angle -22.67° \text{ 標么（以相電壓為基準）}$$

$$= \frac{2.0593}{\sqrt{3}}\angle -22.67° = 1.1889\angle -22.67° \text{ 標么（以線電壓為基準）}$$

$$V_{CA} = V_C - V_A = -1.0 - 0.09999 - j0.79391 = -1.09999 - j0.79391$$

$$= 1.35657\angle 215.82° \text{ 標么（以相電壓為基準）}$$

$$= \frac{1.35657}{\sqrt{3}}\angle 215.82° = 0.7832\angle 215.82° \text{ 標么（以線電壓為基準）}$$

因為每相中的負載阻抗為 $1.0\angle 0°$ 標么的電阻，在此問題中發現 $I_a^{(1)}$ 及 $V_a^{(1)}$ 具有相同的標么值。同樣地，$I_a^{(2)}$ 與 $V_a^{(2)}$ 具有相同的標么值。因此，以標么值表示時 I_A 必定等於 V_A。所以

$$I_A = 0.8\angle 82.82° \text{ 標么}$$

$$I_B = 1.2\angle -41.41° \text{ 標么}$$

$$I_C = 1.0\angle 180° \text{ 標么}$$

這個例題強調一項事實：從 Δ-Y 或 Y-Δ 變壓器的一側到另一側，在某一側的電流及電壓的正相序成分與同一側之負相序成分結合，形成另一側的實際電壓之前，需各別進行相移。

談論到相位移，美國國家標準協會 (American National Standards Institute, ANSI) 對 Y-Δ 及 Δ-Y 變壓器的接線要求，是在高壓側對中性點的正相序電壓 $V_{H,N}$ 領先低壓側對中性點的正相序電壓 $V_{X,n}$ 30°。圖 9.22 顯示的接線圖與圖 9.24(a) 的連接圖都符合 ANSI 的要求。

因為各相至變壓器端子 H_1, H_2, H_3–X_1, X_2, X_3 的連接分別如圖所示標示為 A, B, C–a, b, c，我們發現正相序電壓到中性點的 $V_{AN}^{(1)}$ 超前正相序電壓到中性點的 $V_{an}^{(1)}$ 30°。

然而，如我們所做的，藉由字母 a、b 及 c 分別標示附加於變壓器端子 X_1、X_2 及 X_3 的線路並非絕對必要，因為這種標示並未有任何標準可採用。事實上，在計算時，線路的指定可選擇如圖 9.24(b) 所示，將字母 b、c 及 a 分別與 X_1、X_2 及 X_3 相關聯。如果比較喜歡圖 9.24(b) 的架構，只需將圖 9.22 的接線圖及相量圖中的 a 用 b 取代、c 用 b 取代，而 c 用 a 取代即可，如此即可顯示 $V_{an}^{(1)}$ 領先 $V_{AN}^{(1)}$ 90°，且 $V_{an}^{(2)}$ 落後 $V_{AN}^{(1)}$ 90°。類似的說明也可以簡單地應用到相對應的電流。

我們會持續依循圖 9.24(a) 的標示架構，而 (9.88) 式會變成完全符合 ANSI 的要求。當求解含括非對稱故障的問題時，有必要可採用 (9.88) 式，分別求出正相序及負相序成分，並將相位移納入考量。撰寫電腦程式可將相位移的影響含括在內。

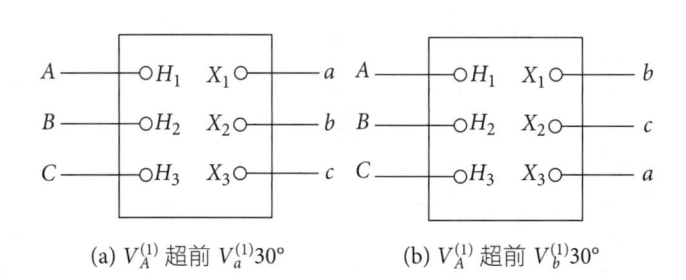

圖 9.24 連接至三相 Y-Δ 變壓器線路的符號

(a) $V_A^{(1)}$ 超前 $V_a^{(1)}$ 30°   (b) $V_A^{(1)}$ 超前 $V_b^{(1)}$ 30°

三相電路中的變壓器可能是由三個獨立的單相變壓器單元組成,或是一個三相變壓器。雖然三相單元的零相序串聯阻抗可能與正相序及負相序的數值有輕微的差異,但不論變壓器型式為何,習慣上會假設所有相序的串聯阻抗是相等的。

附錄表 A.1 列出變壓器的電抗。針對 1000 kVA 或更大的變壓器,電抗與阻抗幾乎是相等的。為了簡化計算,我們把說明激磁電流的分路導納予以省略。

9.8 非對稱串聯阻抗

在前一節中我們特別關切正常平衡的系統。現在讓我們來看看當串聯阻抗不相等時,三相電路的方程式。我們將會得到一個以對稱成分進行分析的重要結論。

圖 9.25 顯示一個系統的不對稱部分,而該系統具有三個不相等串聯阻抗 Z_a、Z_b 及 Z_c。

如果假設三個阻抗之間沒有互電感(沒有耦合),則跨接於系統此部分的電壓降可以用矩陣方程式來顯示

$$\begin{bmatrix} V_{aa'} \\ V_{bb'} \\ V_{cc'} \end{bmatrix} = \begin{bmatrix} Z_a & 0 & 0 \\ 0 & Z_b & 0 \\ 0 & 0 & Z_c \end{bmatrix} \begin{bmatrix} I_a \\ I_b \\ I_c \end{bmatrix} \tag{9.89}$$

就電壓及電流的對稱成分來說

$$\mathbf{A} \begin{bmatrix} V_{aa'}^{(0)} \\ V_{aa'}^{(1)} \\ V_{aa'}^{(2)} \end{bmatrix} = \begin{bmatrix} Z_a & 0 & 0 \\ 0 & Z_b & 0 \\ 0 & 0 & Z_c \end{bmatrix} \mathbf{A} \begin{bmatrix} I_a^{(0)} \\ I_a^{(1)} \\ I_a^{(2)} \end{bmatrix} \tag{9.90}$$

其中 $\mathbf{A}$ 是由 (9.9) 式所定義的矩陣。將方程式兩邊預乘 $\mathbf{A}^{-1}$,從所產生的

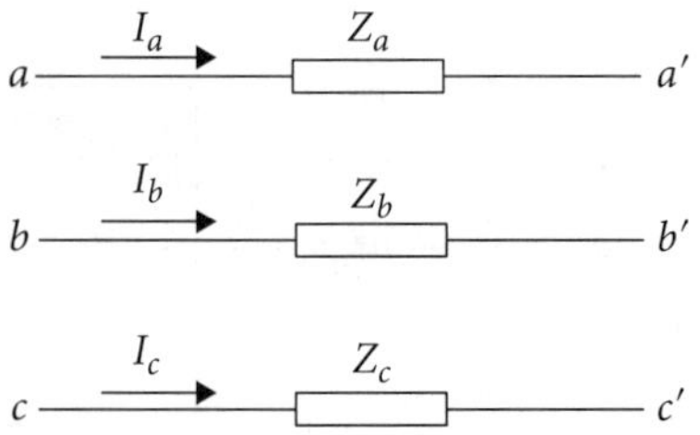

圖 9.25 顯示三個不相等串聯阻抗的三相系統之一部分

矩陣方程式可得

$$V_{aa'}^{(0)} = \frac{1}{3}I_a^{(0)}(Z_a + Z_b + Z_c) + \frac{1}{3}I_a^{(1)}(Z_a + \alpha^2 Z_b + \alpha Z_c)$$
$$+ \frac{1}{3}I_a^{(2)}(Z_a + \alpha Z_b + \alpha^2 Z_c)$$

$$V_{aa'}^{(1)} = \frac{1}{3}I_a^{(0)}(Z_a + \alpha Z_b + \alpha^2 Z_c) + \frac{1}{3}I_a^{(1)}(Z_a + Z_b + Z_c)$$
$$+ \frac{1}{3}I_a^{(2)}(Z_a + \alpha^2 Z_b + \alpha Z_c) \quad (9.91)$$

$$V_{aa'}^{(2)} = \frac{1}{3}I_a^{(0)}(Z_a + \alpha^2 Z_b + \alpha Z_c) + \frac{1}{3}I_a^{(1)}(Z_a + \alpha Z_b + \alpha^2 Z_c)$$
$$+ \frac{1}{3}I_a^{(2)}(Z_a + Z_b + Z_c)$$

如果阻抗相等（也就是，如果 $Z_a=Z_b=Z_c$），(9.91) 式化簡成

$$V_{aa'}^{(0)} = I_a^{(0)}Z_a \quad V_{aa'}^{(1)} = I_a^{(1)}Z_a \quad V_{aa'}^{(2)} = I_a^{(2)}Z_a \quad (9.92)$$

然而，如果阻抗不相等，則 (9.91) 式顯示任一相序的電壓降將視所有三個相序的電流而定。因此，我們得出一個結論，不平衡電流的對稱成分流進一平衡負載或平衡串聯阻抗只會產生相同相序的電壓降。如果圖 9.25 的三個阻抗之間存在有非對稱耦合（例如不相等的互電感），則 (9.89) 式及 (9.90) 式的方形矩陣會含有非對角線元素，且 (9.91) 式會有額外的項次。

雖然三相輸電線任一導線中的電流會在它相中感應電壓，但計算電抗的方法不對耦合作任何考量。在完整換位基準下計算自電感，會涵蓋互電感的影響。換位的假設會產生相等的串聯阻抗。因此，任一相序成分電流只會在輸電線路中產生相同相序的電壓降；也就是，正相序電流只會產生正相序電壓降。同樣地，負相序電流只產生負相序電壓降，且零相序電流只產生零相序電壓降。因為 a'、b' 及 c' 三點可連接成一中性線，所以 (9.91) 式可應用在不平衡 Y 負載。我們會針對特殊狀況來研究這些方程式的變化，例如單相負載，其中 $Z_b=Z_c=0$，但我們仍會將所討論的局限在系統於故障發生前是平衡的。

9.9 相序網路

在本章的前幾節中，我們針對負載阻抗、變壓器、輸電線路及同步電

將系統各別部分所決定的零相序等效電路結合以形成完整的零相序網路。因為在系統任何位置的所有相位，其零相序電流在大小及相位上都相等，所以在所關注的零相序電流範圍內均將三相系統以單相來操作。因此，只有經由提供完整電路的回路存在時，零相序電流才會流通。

零相序電壓的參考點為系統中指定任何特殊電壓位置的接地電位。因為零相序電流可在接地點流通，所以接地不需都在相同電位上，且零相序網路的參考點並不表示具有相同電位的接地。

我們討論過接地阻抗與接地線已含括在輸電線路之零相序阻抗中的事實，且零相序網路的回路是零阻抗的導體，這也是系統的參考點。這是因為含括在零相序阻抗中的接地阻抗，其針對零相序網路的參考點所量測的電壓，等於等效理想接地的修正電壓。圖 9.27 及圖 9.28 顯示兩個小型電力系統的單線圖及它們的相對應零相序網路，此網路由忽略電阻及分路導納予以簡化。

對稱系統中的不對稱故障分析，關鍵在求解其不平衡電流的對稱成分。因此，用對稱成分的方法來計算故障的影響時，基本上要決定出相序阻抗，並將其結合形成相序網路。而搭載對稱成分電流 $I_a^{(0)}$、$I_a^{(1)}$ 及 $I_a^{(2)}$ 的相序網路，透過互聯來表示各種不平衡故障，將於第 10 章說明之。

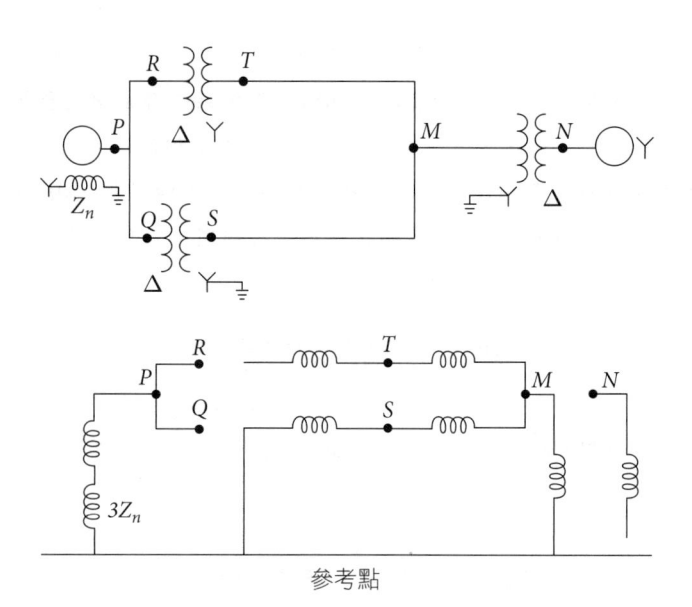

圖 9.27 一個小型電力系統的單線圖及其對應的零相序網路

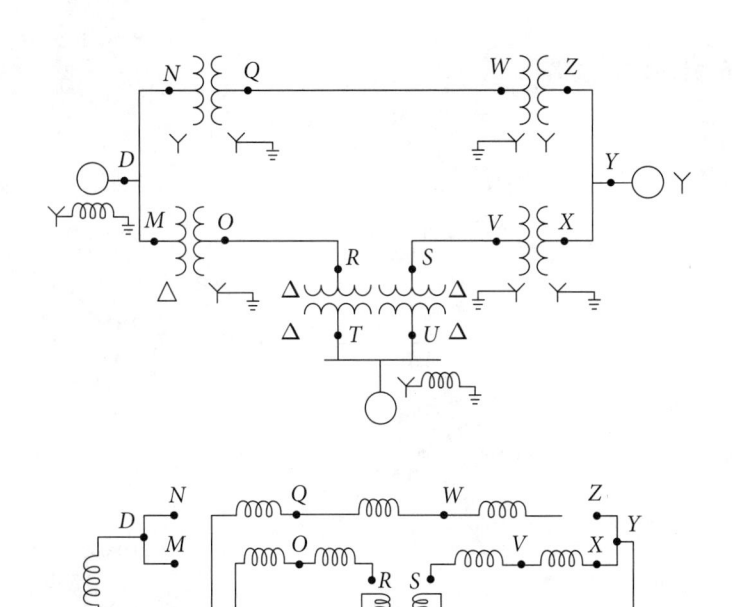

圖 9.28 一個小型電力系統的單線圖及其對應的零相序網路

例題 9.9

試繪出例題 5.1 所描述系統的零相序網路。假設發電機及電動機的零相序電抗為 0.05 標么。每一台發電機及大型電動機的中性線都有 0.4 Ω 的限流電抗器。輸電線路的零相序電抗為 1.5 Ω/km。

解：變壓器的零相序漏磁電抗等於正相序電抗。所以，如同例題 5.1 中，變壓器 $X_0 = 0.0857$ 標么及 0.0915 標么。發電機及電動機之零相序電抗為

發電機：$X_0 = 0.05$ 標么

電動機 1：$X_0 = 0.05 \left(\dfrac{300}{200}\right)\left(\dfrac{13.2}{13.8}\right)^2 = 0.0686$ 標么

電動機 2：$X_0 = 0.05 \left(\dfrac{300}{100}\right)\left(\dfrac{13.2}{13.8}\right)^2 = 0.1372$ 標么

在發電機電路中

$$\text{Bases } Z = \frac{(20)^2}{300} = 1.333 \text{ Ω}$$

而在電動機電路中

$$\text{Base } Z = \frac{(13.8)^2}{300} = 0.635 \text{ Ω}$$

針對發電機的阻抗網路

$$3Z_n = 3\left(\frac{0.4}{1.333}\right) = 0.900 \text{ 標么}$$

對電動機而言

$$3Z_n = 3\left(\frac{0.4}{0.635}\right) = 1.890 \text{ 標么}$$

就輸電線路

$$Z_0 = \frac{1.5 \times 64}{176.3} = 0.5445 \text{ 標么}$$

零相序網路如圖 9.29 所示。

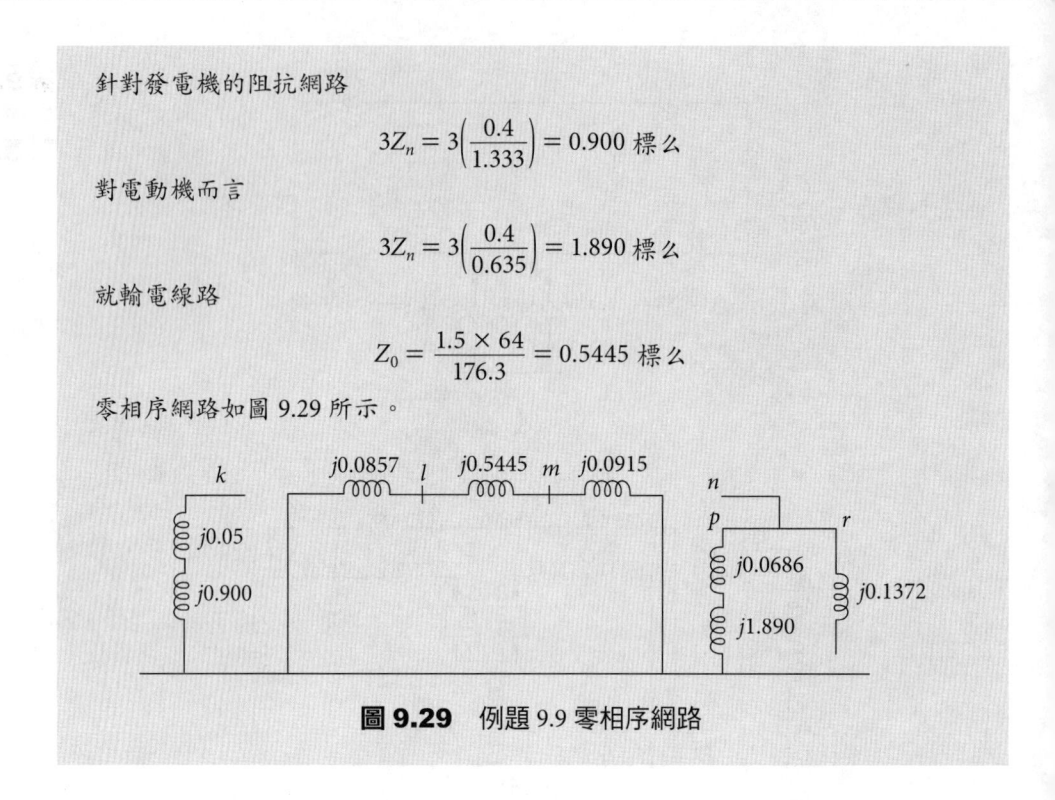

圖 9.29 例題 9.9 零相序網路

9.10 總結

不平衡電壓及電流可分解成它們的對稱成分。藉由處理每一組個別成分並將結果加總。

在平衡網路中各相位間有嚴謹的對稱耦合，某一相序電流僅能感應出相同相序的電壓降。電路元件對不同相序電流的阻抗並不一定要相等。

針對電力潮流研究、故障計算及穩定性研究，正相序網路的知識是必備的。如果故障計算或穩定性研究包括其他對稱系統上的非對稱故障，也需要負相序及零相序網路。合成零相序網路要特別小心，因為零相序網路與其他網路的差異很大。

第 9 章 對稱成分與相序網路

問題複習

9.1 節

9.1 故障分析採用對稱成分的優點為何？

9.2 如果不平衡三相電流或電壓相量的總和為零時，會存在零相序成分。(對或錯)

9.3 三相線電壓相量的總和不必然為零。(對或錯)

9.4 三個相量的零相序成分在 ＿＿＿ 上相等。
   a. 大小
   b. 相位
   c. 以上都是
   d. 以上皆非

9.5 三個相量的正相序成分在相位上彼此位移 ＿＿＿ 度。

9.2 節

9.6 下列哪一種情況會有零相序電流存在？
   a. Δ 接電路
   b. Y 接電路
   c. 三相四線的平衡電力系統
   d. 三相三線的電力系統

9.7 針對 Δ-Y 轉換，請指出保持 $Z_Y = Z_\Delta/3$ 關係的條件。

9.8 Δ 接電路中的線電流沒有零相序成分。

9.9 在 Y 接系統中，線電壓 $V_{ab}^{(0)} = (V_{ab} + V_{bc} + V_{ca})/3 = $ ＿＿＿＿。

9.3 節

9.10 流進三相電路的總複數功率潮流等於流進三個相序電路的總複數功率潮流。(對或錯)

9.11 如果已知三相電流及電壓的對稱成分，則三相電路中的消耗功率可以直接從對稱成分計算獲得。(對或錯)

9.12 就三相電路來說，下列哪一個方程式是錯誤的？
   a. $S_{3\phi} = 3V_a^{(0)}I_a^{(0)*} + 3V_a^{(1)}I_a^{(1)*} + 3V_a^{(2)}I_a^{(2)*}$
   b. $S_{3\phi} = V_aI_a^* + V_bI_b^* + V_cI_c^*$
   c. $S_{3\phi} = V_a^{(0)}I_a^{(0)*} + V_a^{(1)}I_a^{(1)*} + V_a^{(2)}I_a^{(2)*}$
   d. $S_{3\phi} = P_{3\phi} + jQ_{3\phi}$

9.4 節

9.13 如果 Y 連接阻抗的中性點與接地之間插入阻抗 Z_n，在零相序電路中 Z_n 會被乘以 3。(對或錯)

9.14 三個相同的阻抗 Z_Y 連接成 Y，且從中性點連接至大地的阻抗為 Z_n，在零相序電路中的阻抗 Z_0 為何？

a. Z_Y
   b. $Z_Y + 3Z_n$
   c. Z_n
   d. $3Z_n$

9.5 節

9.15 因為輸電線路的互耦，電流在任一相位導體中流動時，會在其他鄰近相位的每一條線路及中性線導體中感應電壓。(對或錯)

9.16 輸電線路的零相序阻抗小於正相序阻抗。(對或錯)

9.6 節

9.17 三相 Y 接發電機，其內部電壓源 (例如，E_{an}) 不會出現在正相序、負相序及零相序電路中。(對或錯)

9.18 關於 Y 接同步發電機，下列敘述何者錯誤？
   a. 如果 Y 接同步發電機經由阻抗 Z_n 接地，則在零相序電路中阻抗 Z_n 必須乘以 3。
   b. 負相序電路不包含 EMF。
   c. 零相序電路不包含 EMF。
   d. 正相序電路不包含 EMF。

9.7 節

9.19 Y 接電路中不會有零相序電流流動。(對或錯)

9.20 下列敘述何者錯誤？
   a. 零相序電流會在 Y-Δ 變壓器中流動。
   b. 當 Δ-Y 或 Y-Δ 變壓器從低壓側升壓至高壓側時，在高壓側的正相序電壓 (及電流) 超前 30°，而負相序電壓 (及電流) 落後 30°。
   c. Y-Y 接變壓器的正相序及負相序電路相等。

9.21 當 Δ-Y 或 Y-Δ 變壓器從低壓側升壓至高壓側時，在低壓側的正相序電壓及電流落後 30°，而負相序電壓及電流超前 30°。(對或錯)

9.22 試繪出下列 Δ-Δ 變壓器的零相序等效電路。

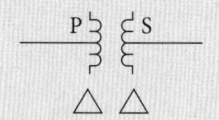

9.8 及 9.9 節

9.23 對稱成分法並不適用於不平衡故障分析。(對或錯)

9.24 在一個平衡三相系統中，電流在三相導體中流動只包含正相序成分。(對或錯)

9.25 試繪出圖 9.27 電力系統的正相序網路。

9.26 中性點直接接地的意思是中性線以零阻抗連接至接地。(對或錯)

問題

9.1 已知 $V_{an}^{(1)} = 50\angle 0°$、$V_{an}^{(2)} = 20\angle 90°$ 及 $V_{an}^{(0)} = 10\angle 180°$ V，試求至中性點電壓 V_{an}、V_{bn} 及 V_{cn}，並以圖形顯示相電壓的對稱成分總和。

9.2 當發電機的端點 a 開路且其他兩個端點彼此連接，並將接點以短路方式接地，a 相中電流對稱成分的代表性數值為 $I_a^{(1)} = 600\angle -90°$、$I_a^{(2)} = 250\angle 90°$ 及 $I_a^{(0)} = 350\angle 90°$ 安培，試求流入接地的電流及發電機每相之電流。

9.3 試求三相電流 $I_a = 10\angle 0°$、$I_b = 10\angle 230°$ 及 $I_c = 10\angle 130°$ A 安培的對稱成分。撰寫 MATLAB 程式來驗證解答。

9.4 線上流向 Δ 接平衡負載的電流為 $I_a = 100\angle 0°$、$I_b = 141.4\angle 225°$ 及 $I_c = 100\angle 90°$，試求已知線路電流的對稱成分，並繪出正相序及負相序線電流及相電流的相量圖。I_{ab} 的安培值為何？撰寫 MATLAB 程式來驗證解答。

9.5 由三個 10 Ω 電阻所組成的 Y 接平衡負載，其端電壓為 $V_{ab} = 100\angle 0°$、$V_{bc} = 80.8\angle -121.44°$ 及 $V_{ca} = 90\angle 130°$ 伏特。假設負載中性點沒有任何連接，從已知線電壓的對稱成分試求線電流。

9.6 從電流及電壓的對稱成分求解問題 9.5 中三個 10 Ω 電阻所消耗的功率。並檢查所求得的解。

9.7 如果 Y 接負載的中性點以阻抗接地，試證明 (9.26) 式的電壓 V_a、V_b 及 V_c 必須解釋為對接地點的電壓。

9.8 由 Δ 接阻抗 Z_Δ 並聯直接接地的 Y 接阻抗 Z_Y 所組成的平衡三相負載。

   a. 試以電源電壓 V_a、V_b 及 V_c 表示從電源至負載之線路上所流動的電流 I_a、I_b 及 I_c。
   b. 將 (a) 部分的表示轉換為等效的對稱成分，並以 $V_a^{(0)}$、$V_a^{(1)}$ 及 $V_a^{(2)}$ 表示 $I_a^{(0)}$、$I_a^{(1)}$ 及 $I_a^{(2)}$。
   c. 畫出組合負載的相序電路。

9.9 問題 9.8 的 Y 接阻抗並聯 Δ 接阻抗 Z_Δ，現在經由阻抗 Z_g 接地。

   a. 試以電源電壓 V_a、V_b 及 V_c 及中性點電壓 V_n 表示從電源至負載之線路上所流動的電流 I_a、I_b 及 I_c。
   b. 以 $I_a^{(0)}$、$I_a^{(1)}$ 及 $I_a^{(2)}$ 及 Z_g 表示 V_n，並以 $V_a^{(0)}$、$V_a^{(1)}$ 及 $V_a^{(2)}$ 表示這些電流的方程式。
   c. 畫出組合負載的相序電路。

9.10 假設例題 9.5 所描述的線路送電端線對中性點電壓可保持在 200 kV 的常數不變，且一單相 420 Ω 電感性負載連接在受電端 a 相與中性點之間。

   a. 利用 (9.51) 式以負載電流 I_L 及線路的相序阻抗 Z_0、Z_1 及 Z_2 表示受電端相序電壓 $V_{a'n}^{(0)}$、$V_{a'n}^{(1)}$ 及 $V_{a'n}^{(2)}$。
   b. 由此，求解出線電流 I_L 的安培數。
   c. 試求受電端 b 相及 c 相對中性點的開路電壓。
   d. 不用對稱成分的方法來驗證 (c) 部分的答案。

9.11 如果受電端的 a 相與 b 相之間以相同的 420 Ω 感應負載相連，試求問題 9.10。(c) 部分只需求解 c 相的開路電壓。

9.12 一台具有相序電抗 X_0=0.09 標么，X_1=0.22 標么及 X_2=0.36 標么的 Y 接同步發電機。該電機的中性點經由 0.09 標么電抗接地。當電機在額定端電壓無載時發生不平衡故障，而流出電機的故障電流為 $I_a = 0$、$I_b = 3.75\angle 150°$ 及 $I_c = 3.75\angle 30°$，以上均為 a 相線對中性點電壓為參考的標么值。試求

   a. 電機每相對地之端電壓。
   b. 電機中性點對地之電壓。
   c. 源自於 (a) 部分結果的故障性質（型式）。

9.13 如果故障電流的標么值為 $I_a = 0$、$I_b = -2.986\angle 0°$ 及 $I_c = 2.986\angle 0°$，求解問題 9.12。撰寫 MATLAB 程式來驗證解答。

9.14 假設問題 9.4 指定的電流為連接額定值為 10 MVA，13.2Δ/66Y kV 的 Δ-Y 變壓器之 Y 側線路流向負載。藉由在變壓器額定基準上將電流對稱成分轉換成標么值，以及根據 (9.88) 式來移相這些成分，以求得在 Δ 側流入線路中的電流。直接將 Y 側電流乘以繞組的匝數比來計算 Δ 繞組每相中的電流安培數來檢查所得結果。由 Δ 側相電流計算出線電流來完成整個檢查。

9.15 圖 9.30 顯示三個單相變壓器連接形成一個 Y-Δ 變壓器。高壓繞組為 Y 接，極性如圖所示。磁耦合繞組以平行方向繪製。試問低壓繞組上正確的極性位置標示。識別低壓側上數字標記的端子 (a) 以字母 a、b、c 標記，其中 $I_A^{(1)}$ 領先 $I_a^{(1)}$ 30°；(b) 以字母 a'、b' 及 c' 標記，使得 $I_a^{(1)}$ 與 $I_A^{(1)}$ 相差 90°。

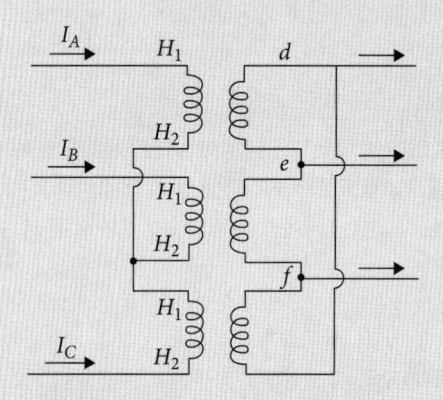

圖 9.30 問題 9.15 的電路圖

9.16 線電壓為 100 V 的平衡三相電壓施加於由三個電阻組成的 Y 接負載。負載的中性點不接地。a 相的電阻為 10 Ω，b 相的為 20 Ω，而 c 相的為 30 Ω。以電壓至三相線路的中性點為參考，試求 a 相中的電流及電壓 V_{an}。

9.17 針對問題 3.33 的電力系統，繪製出負相序及零相序阻抗網路。以電路中的發電機 1 為基準，其基準為 50 MVA、13.8 kV，以標么值標記所有的電抗值。利用字母標記網路相對應的單線圖。發電機 1 及 3 的中性點經由電流限制電抗器接地，在與所連接之電機的基準上，電抗器具有 5% 電抗。每一台發電機以其額定為基準，分別具有 20% 與 5% 的負相序與零相序電抗。輸電線路的零相序電抗，從 B 到 C 為 210 Ω，從 C 到 E 為 250 Ω。

9.18 針對問題 3.34 的電力系統，繪製出負相序及零相序阻抗網路。以 40 Ω 輸電線路中 50 MVA、138 kV 為基準，並以標么值標記所有電抗。每一台同步電機的負相序電抗等於它本身的次暫態電抗。每一台電機以其額定為基準時，零相序電抗為 8%。電機的中性點經由電流限制電抗器接地，在與所連接之電機的基準上，電抗器具有 5% 電抗。假設輸電線路的零相序電抗為正相序電抗的 300%。

9.19 試求從問題 9.17 所描述系統的匯流排 C 看到的零相序戴維寧電抗，假設變壓器 T_3 具有 (a) 如圖 3.46 所示，一側不接地，另一側直接接地，及 (b) 兩側中性點均直接接地。

Chapter 10 非對稱故障

　　大部分在電力系統中所發生的故障均為非對稱故障,這些故障可能是由非對稱短路、經由阻抗或導體開路的非對稱故障所構成。非對稱故障有單線接地故障、線間故障或兩線接地故障。線間或線對地故障電流的路徑可能有也可能沒有阻抗。由於一條或兩條導體斷開所造成的非對稱故障,不是因為一條或兩條導體斷開,就是熔絲及其他裝置動作可能無法同時開啟三相。

　　由於任何非對稱故障都會在系統中造成不平衡電流,對稱成分法在求解故障發生後系統各部分電流與電壓的分析相當有用。首先,我們討論無載發電機引線端之故障,將戴維寧定理應用於電力系統故障上。該定律允許我們在求解故障電流時,利用單一發電機與串聯阻抗來取代整個系統。我們也會說明如何將匯流排阻抗矩陣應用於非對稱故障的分析。

10.1　電力系統的非對稱故障

　　在推導一般電力網路的電流與電壓之對稱成分方程式時,我們將故障點從原始平衡系統 a、b 及 c 相流出的電流分別標示為 I_{fa}、I_{fb} 及 I_{fc}。參考圖 10.1 可以看到這些電流,圖中顯示網路故障發生點的部分三相系統之 a、b 及 c 三條線路。圖中所顯示的除了假想的殘段於故障點連接至每一條線路外,從每一條線路流進故障點的電流會以箭頭標示。例如,殘段 b 與 c 直接連接,表示經由零阻抗發生線對線故障。殘段 a 的電流為零,且 I_{fb} 則等於 $-I_{fc}$。

圖 10.1 三相系統的三個導體。搭載電流 I_{fa}、I_{fb} 及 I_{fc} 的殘段可以相互連接來表示不同形式的故障

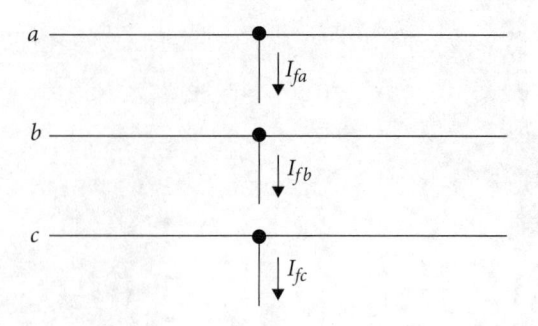

在故障期間，系統中任何匯流排 ⓙ 的線對地電壓將指定為 V_{ja}、V_{jb} 及 V_{jc}，且我們將持續分別使用上標 1、2 及 0 來代表正相序、負相序與零相序成分。因此，例如 $V_{ja}^{(1)}$、$V_{ja}^{(2)}$、及 $V_{ja}^{(0)}$ 分別表示故障期間匯流排 ⓙ 上的線對地電壓 V_{ja} 的正相序、負相序與零相序成分。故障發生前故障點的 a 相線對中性點電壓將以 V_f 表示，因為系統是平衡的，所以此電壓為正相序電壓。先前在 8.3 節中計算對稱三相故障時的電力系統電流時，已介紹過故障前電壓 V_f。圖 10.2 顯示具有兩台同步電機的電力系統單線圖。

這種系統足以普遍應用至任何平衡系統的方程式推導，而不論系統的複雜性。圖 10.2 也顯示系統的相序網路，所標示的 P 點為假設的故障發生點，在這個特殊例子中，此故障點在單線圖及相序網路均稱為匯流排 ⓚ。當研究次暫態故障情況時，電機是以它們的次暫態內部電壓串聯次暫態電抗來表示。

在 8.3 節中我們利用正相序阻抗所組成的匯流排阻抗矩陣，來求解對稱三相故障發生時的電流與電壓。當了解負相序與零相序網路也可以利用匯流排阻抗矩陣表示時，此方法可擴大應用於非對稱故障上。針對正相序網路的匯流排阻抗矩陣將以下列型式表示：

$$\mathbf{Z}_{\text{bus}}^{(1)} = \begin{array}{c} \\ ① \\ ② \\ \\ ⓚ \\ \\ Ⓝ \end{array} \begin{array}{c} \begin{array}{cccccc} ① & ② & & ⓚ & & Ⓝ \end{array} \\ \left| \begin{array}{cccccc} Z_{11}^{(1)} & Z_{12}^{(1)} & \cdots & Z_{1k}^{(1)} & \cdots & Z_{1N}^{(1)} \\ Z_{21}^{(1)} & Z_{22}^{(1)} & \cdots & Z_{2k}^{(1)} & \cdots & Z_{2N}^{(1)} \\ \vdots & \vdots & \ddots & \vdots & \ddots & \vdots \\ Z_{k1}^{(1)} & Z_{k2}^{(1)} & \cdots & Z_{kk}^{(1)} & \cdots & Z_{kN}^{(1)} \\ \vdots & \vdots & \ddots & \vdots & \ddots & \vdots \\ Z_{N1}^{(1)} & Z_{N2}^{(1)} & \cdots & Z_{Nk}^{(1)} & \cdots & Z_{NN}^{(1)} \end{array} \right| \end{array} \quad (10.1)$$

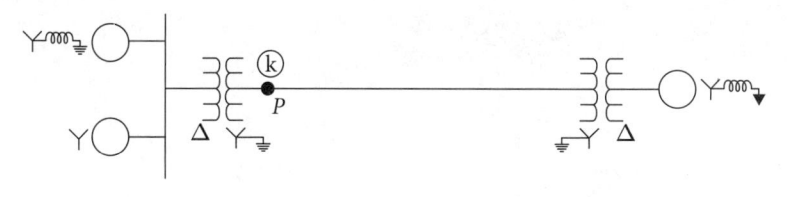

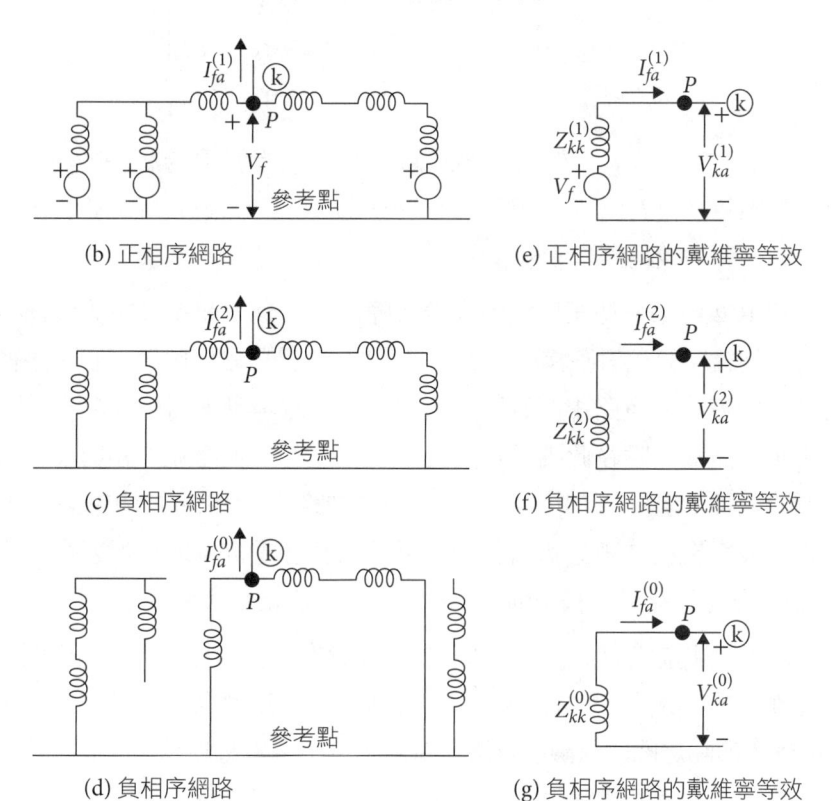

圖 10.2 三相系統的單線圖、系統的三個相序網路，及針對稱為匯流排 ⓚ 的故障點 P 之每一個網路戴維寧等效

(a) 平衡三相系統的單線圖

(b) 正相序網路

(e) 正相序網路的戴維寧等效

(c) 負相序網路

(f) 負相序網路的戴維寧等效

(d) 負相序網路

(g) 負相序網路的戴維寧等效

同樣地，針對負相序與零相序網路的匯流排阻抗矩陣會表示成

$$\mathbf{Z}^{(2)}_{\text{bus}} = \begin{array}{c} \\ ① \\ ② \\ \\ ⓚ \\ \\ Ⓝ \end{array} \begin{array}{c} ① ② \cdots ⓚ \cdots Ⓝ \\ \begin{bmatrix} Z^{(2)}_{11} & Z^{(2)}_{12} & \cdots & Z^{(2)}_{1k} & \cdots & Z^{(2)}_{1N} \\ Z^{(2)}_{21} & Z^{(2)}_{22} & \cdots & Z^{(2)}_{2k} & \cdots & Z^{(2)}_{2N} \\ \vdots & \vdots & \ddots & \vdots & \ddots & \vdots \\ Z^{(2)}_{k1} & Z^{(2)}_{k2} & \cdots & Z^{(2)}_{kk} & \cdots & Z^{(2)}_{kN} \\ \vdots & \vdots & \ddots & \vdots & \ddots & \vdots \\ Z^{(2)}_{N1} & Z^{(2)}_{N2} & \cdots & Z^{(2)}_{Nk} & \cdots & Z^{(2)}_{NN} \end{bmatrix} \end{array} \quad (10.2)$$

$$\mathbf{Z}_{\text{bus}}^{(0)} = \begin{array}{c} ① \\ ② \\ \\ ⓚ \\ \\ Ⓝ \end{array} \begin{array}{c} ① \quad\quad ② \quad\quad\;\; ⓚ \quad\quad\;\; Ⓝ \end{array} \left| \begin{array}{ccccc} Z_{11}^{(0)} & Z_{12}^{(0)} & \cdots & Z_{1k}^{(0)} & \cdots & Z_{1N}^{(0)} \\ Z_{21}^{(0)} & Z_{22}^{(0)} & \cdots & Z_{2k}^{(0)} & \cdots & Z_{2N}^{(0)} \\ \vdots & \vdots & \ddots & \vdots & \ddots & \vdots \\ Z_{k1}^{(0)} & Z_{k2}^{(0)} & \cdots & Z_{kk}^{(0)} & \cdots & Z_{kN}^{(0)} \\ \vdots & \vdots & \ddots & \vdots & \ddots & \vdots \\ Z_{N1}^{(0)} & Z_{N2}^{(0)} & \cdots & Z_{Nk}^{(0)} & \cdots & Z_{NN}^{(0)} \end{array} \right|$$

因此，$Z_{ij}^{(1)}$、$Zij_{ij}^{(2)}$ 及 $Z_{ij}^{(0)}$ 分別為正相序、負相序及零相序網路的匯流排阻抗矩陣之代表元素。這麼一來，每一個網路可以利用任何匯流排與參考節點之間的戴維寧等效來取代。

圖 10.2 中每一個相序網路介於故障點 P 與參考節點之間的戴維寧等效電路均繪製於相對應網路圖的旁邊。如 8.3 節所顯示的，在正相序網路及其戴維寧等效電路中的電壓源為 V_f，它是故障點 P 對中性點在故障前的電壓，而故障點在此圖中為匯流排 ⓚ。正相序網路在 P 點與參考節點之間的戴維寧阻抗為 $Z_{kk}^{(1)}$，且其值取決於網路中所使用的電抗值。第 8 章曾提到發電機的次暫態電抗與同步馬達次暫態電抗（或是暫態電抗）的 1.5 倍，都是用來計算被啟斷的對稱電流所使用之數值。

故障發生前沒有負相序及零相序電流存在，且負相序與零相序網路的所有匯流排在故障前的電壓均為零。因此，負相序與零相序網路在故障點 P 與參考節點之間的故障前電壓值為零，且不會有電動勢存在於它們的戴維寧等效中。個別網路中在匯流排 ⓚ 的點 P 與參考節點之間的負相序與零相序阻抗，會以戴維寧阻抗 $Z_{kk}^{(2)}$ 及 $Z_{kk}^{(0)}$ 分別表示 $\mathbf{Z}_{\text{bus}}^{(2)}$ 及 $\mathbf{Z}_{\text{bus}}^{(0)}$ 之對角線元素。因 I_{fa} 是從系統流入故障點的電流，其對稱成分 $I_{fa}^{(1)}$、$I_{fa}^{(2)}$ 及 $I_{fa}^{(0)}$ 分別自相序網路與在 P 點的等效電路流出，如圖 10.2 中所示。因此，由於故障的關係，電流 $-I_{fa}^{(1)}$、$-I_{fa}^{(2)}$ 及 $-I_{fa}^{(0)}$ 代表注入正相序、負相序與零相序網路的故障匯流排 ⓚ 的電流。這些電流的注入會改變正相序、負相序與零相序網路的匯流排電壓，電壓變化可以從 8.3 節所敘述的匯流排阻抗矩陣計算出來。例如，由於 $-I_{fa}^{(1)}$ 注入至匯流排 ⓚ 的關係，N 匯流排系統的正相序網路內之電壓變化可以表示成下列關係

$$\begin{bmatrix} \Delta V_{1a}^{(1)} \\ \Delta V_{2a}^{(1)} \\ \vdots \\ \Delta V_{ka}^{(1)} \\ \vdots \\ \Delta V_{Na}^{(1)} \end{bmatrix} = \begin{matrix} \text{①} \\ \text{②} \\ \\ \text{⑥} \\ \\ \text{Ⓝ} \end{matrix} \begin{bmatrix} Z_{11}^{(1)} & Z_{12}^{(1)} & \cdots & Z_{1k}^{(1)} & \cdots & Z_{1N}^{(1)} \\ Z_{21}^{(1)} & Z_{22}^{(1)} & \cdots & Z_{2k}^{(1)} & \cdots & Z_{2N}^{(1)} \\ \vdots & \vdots & \ddots & \vdots & \ddots & \vdots \\ Z_{k1}^{(1)} & Z_{k2}^{(1)} & \cdots & Z_{kk}^{(1)} & \cdots & Z_{kN}^{(1)} \\ \vdots & \vdots & \ddots & \vdots & \ddots & \vdots \\ Z_{N1}^{(1)} & Z_{N2}^{(1)} & \cdots & Z_{Nk}^{(1)} & \cdots & Z_{NN}^{(1)} \end{bmatrix} \begin{bmatrix} 0 \\ 0 \\ \vdots \\ -I_{fa}^{(1)} \\ \vdots \\ 0 \end{bmatrix} = \begin{bmatrix} -Z_{1k}^{(1)} I_{fa}^{(1)} \\ -Z_{2k}^{(1)} I_{fa}^{(1)} \\ \vdots \\ -Z_{kk}^{(1)} I_{fa}^{(1)} \\ \vdots \\ -Z_{Nk}^{(1)} I_{fa}^{(1)} \end{bmatrix}$$

(10.3)

此方程式和針對對稱故障的 (8.15) 式十分類似。注意到，只有 $\mathbf{Z}_{bus}^{(1)}$ 的第 k 行納入計算。工業實際應用上，習慣把所有的故障前電流均視為零，並指定電壓 V_f 為故障發生前所有系統中之正相序電壓。將故障前電壓加上 (10.3) 式的變化，可獲得故障期間每個匯流排 a 相的總正相序電壓，

$$\begin{bmatrix} V_{1a}^{(1)} \\ V_{2a}^{(1)} \\ \vdots \\ V_{ka}^{(1)} \\ \vdots \\ V_{Na}^{(1)} \end{bmatrix} = \begin{bmatrix} V_f \\ V_f \\ \vdots \\ V_f \\ \vdots \\ V_f \end{bmatrix} + \begin{bmatrix} \Delta V_{1a}^{(1)} \\ \Delta V_{2a}^{(1)} \\ \vdots \\ \Delta V_{ka}^{(1)} \\ \vdots \\ \Delta V_{Na}^{(1)} \end{bmatrix} = \begin{bmatrix} V_f - Z_{1k}^{(1)} I_{fa}^{(1)} \\ V_f - Z_{2k}^{(1)} I_{fa}^{(1)} \\ \vdots \\ V_f - Z_{kk}^{(1)} I_{fa}^{(1)} \\ \vdots \\ V_f - Z_{Nk}^{(1)} I_{fa}^{(1)} \end{bmatrix}$$

(10.4)

此方程式類似對稱故障的 (8.18) 式，唯一不同的是 a 相的正相序成分加入上、下標標記。

由於 N 匯流排系統的匯流排 ⓚ 發生故障，針對負相序與零相序電壓變化的方程式類似於分別將 (10.3) 式的上標 1 改為 2 及 1 改為 0。因為負相序與零相序網路故障前電壓為零，所以在故障期間整個負相序與零相序電壓的變化，可以表示成

$$\begin{bmatrix} V_{1a}^{(2)} \\ V_{2a}^{(2)} \\ \vdots \\ V_{ka}^{(2)} \\ \vdots \\ V_{Na}^{(2)} \end{bmatrix} = \begin{bmatrix} -Z_{1k}^{(2)} I_{fa}^{(2)} \\ -Z_{2k}^{(2)} I_{fa}^{(2)} \\ \vdots \\ -Z_{kk}^{(2)} I_{fa}^{(2)} \\ \vdots \\ -Z_{Nk}^{(2)} I_{fa}^{(2)} \end{bmatrix} \qquad \begin{bmatrix} V_{1a}^{(0)} \\ V_{2a}^{(0)} \\ \vdots \\ V_{ka}^{(0)} \\ \vdots \\ V_{Na}^{(0)} \end{bmatrix} = \begin{bmatrix} -Z_{1k}^{(0)} I_{fa}^{(0)} \\ -Z_{2k}^{(0)} I_{fa}^{(0)} \\ \vdots \\ -Z_{kk}^{(0)} I_{fa}^{(0)} \\ \vdots \\ -Z_{Nk}^{(0)} I_{fa}^{(0)} \end{bmatrix}$$

(10.5)

當故障發生在匯流排 ⓚ 時，注意到只有 $\mathbf{Z}_{bus}^{(2)}$ 與 $\mathbf{Z}_{bus}^{(0)}$ 的第 k 行項目會納入負相序與零相序電壓的計算。因此，只要知道在匯流排 ⓚ 的故障電流之對稱成分 $I_{fa}^{(1)}$、$I_{fa}^{(0)}$ 及 $I_{fa}^{(2)}$，我們就可以從 (10.4) 式與 (10.5) 式的第 j 列求解在系統任一匯流排 ⓙ 的相序電壓。也就是說，在匯流排 ⓚ 發生故障期間，任何匯流排 ⓙ 的電壓為

$$V_{ja}^{(0)} = -Z_{jk}^{(0)} I_{fa}^{(0)}$$
$$V_{ja}^{(1)} = V_f - Z_{jk}^{(1)} I_{fa}^{(1)} \quad (10.6)$$
$$V_{ja}^{(2)} = -Z_{jk}^{(2)} I_{fa}^{(2)}$$

如果匯流排 ⓙ 的故障前電壓不是 V_f，則我們藉由該匯流排故障前（正相序）電壓值來代替 (10.6) 式的 V_f。因為 V_f 被定義為故障匯流排 ⓚ 實際故障前的電壓，針對該匯流排可以得到

$$V_{ka}^{(0)} = -Z_{kk}^{(0)} I_{fa}^{(0)}$$
$$V_{ka}^{(1)} = V_f - Z_{kk}^{(1)} I_{fa}^{(1)} \quad (10.7)$$
$$V_{ka}^{(2)} = -Z_{kk}^{(2)} I_{fa}^{(2)}$$

而這些端電壓方程式是針對圖 10.2 所顯示的相序網路之戴維寧等效。

電流 $I_{fa}^{(0)}$、$I_{fa}^{(1)}$ 及 $I_{fa}^{(2)}$ 被假設是附屬於系統故障點的殘段上之對稱成分電流，這是很重要的。這些電流的數值是由所研究之故障類型來決定，且一旦計算出來後，可將其視為反向注入到相對應的相序網路內。如果系統中有 Δ-Y 變壓器時，某些從 (10.6) 式所計算的相序電壓，可能必須在和其他成分合併形成故障系統的新電壓之前將相角位移。當故障點電壓 V_f 習慣上被選為參考時，包含 (10.7) 式在內並無相位移。

在具有 Δ-Y 變壓器的系統中，零相序網路內所遇到的開路，在 $\mathbf{Z}_{bus}$ 建立演算法的計算應用中必須審慎考慮。例如，我們想想看圖 10.3(a) 連接匯流排 ⓜ 與 ⓝ 之間的直接接地 Δ-Y 變壓器。圖 10.3(b) 與圖 10.3(c) 分別顯示正相序與零相序電路，且負相序電路與正相序電路相同。

圖中利用圖示的方式直接了當地將這些相序電路含括在匯流排阻抗矩陣 $\mathbf{Z}_{bus}^{(0)}$、$\mathbf{Z}_{bus}^{(1)}$ 與 $\mathbf{Z}_{bus}^{(2)}$ 之內。後續各節中當 Δ-Y 變壓器存在時，會如此執行。假設我們希望在電腦演算法中，將變壓器從所連接的匯流排 ⓝ 移開，然而，此方法無助於繪圖表示。在一般的情形下，我們可輕易地藉由對矩陣 $\mathbf{Z}_{bus}^{(1)}$ 與 $\mathbf{Z}_{bus}^{(2)}$ 建立演算法的方式，在正相序及負相序網路中恢復對

第 10 章 非對稱故障

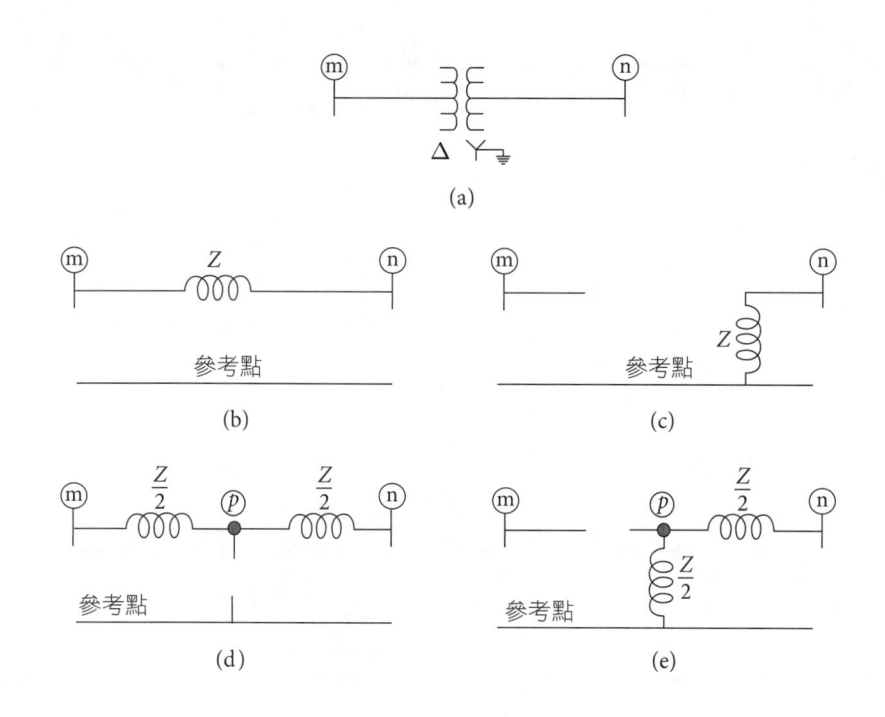

圖 10.3 (a) 具漏磁電抗 Z 的 Δ-Y 接地變壓器；(b) 正相序電路；(c) 零相序電路；(d) 具內部節點的正相序電路；(e) 具內部節點的零相序電路

匯流排 ⓝ 的連接；也就是說，在正相序與負相序網路中，於匯流排 ⓜ 與 ⓝ 之間加入一個負的漏磁阻抗 Z。

然而，類似的策略不能應用到零相序矩陣 $Z_{bus}^{(0)}$，如果它已直接根據圖 10.3(c) 所顯示的圖形表示構成。在匯流排 ⓜ 與 ⓝ 之間加入 $-Z$ 的量，這無法從匯流排 ⓝ 移除零相序連接。針對所有相序網路，為了允許相同的程序，有一個方法可以涵蓋內部節點 ⓟ，如圖 10.3(d) 與 10.3(e)[1] 所示。注意到，介於匯流排 ⓟ 與其他節點之間的漏磁阻抗現在被分為兩個部分。圖 10.3(d) 與 10.3(e) 的每一個相序電路中，介於匯流排 ⓝ 與匯流排 ⓟ 之間所連接的 $-Z/2$，將變壓器與匯流排 ⓝ 之間的連接打開。

此外，在電腦演算法內，可以藉由任何大阻抗的分支（譬如，10^6 標么）來代表開啟的電路。而變壓器的內部節點對於 Z_{bus} 建立演算法的實際電腦應用乃有其作用。有關進一步處理開路與短路（連絡匯流排）分支，可以參考引用本頁下方的註腳 1。

在後續章節中所討論的故障，可能含括線間及一條或兩條線路對地的阻抗 Z_f。當 $Z_f=0$ 的時候，形成直接短路，稱之為螺栓的故障 (bolted

---

[1] 請參閱 H. E. Brown, *Solution of Large Networks by Matrix Methods*, 2nd ed., John Wiley & Sons, Inc., New York, 1985。

圖 10.4 各種經由阻抗而造成故障的假想斷枝連接圖

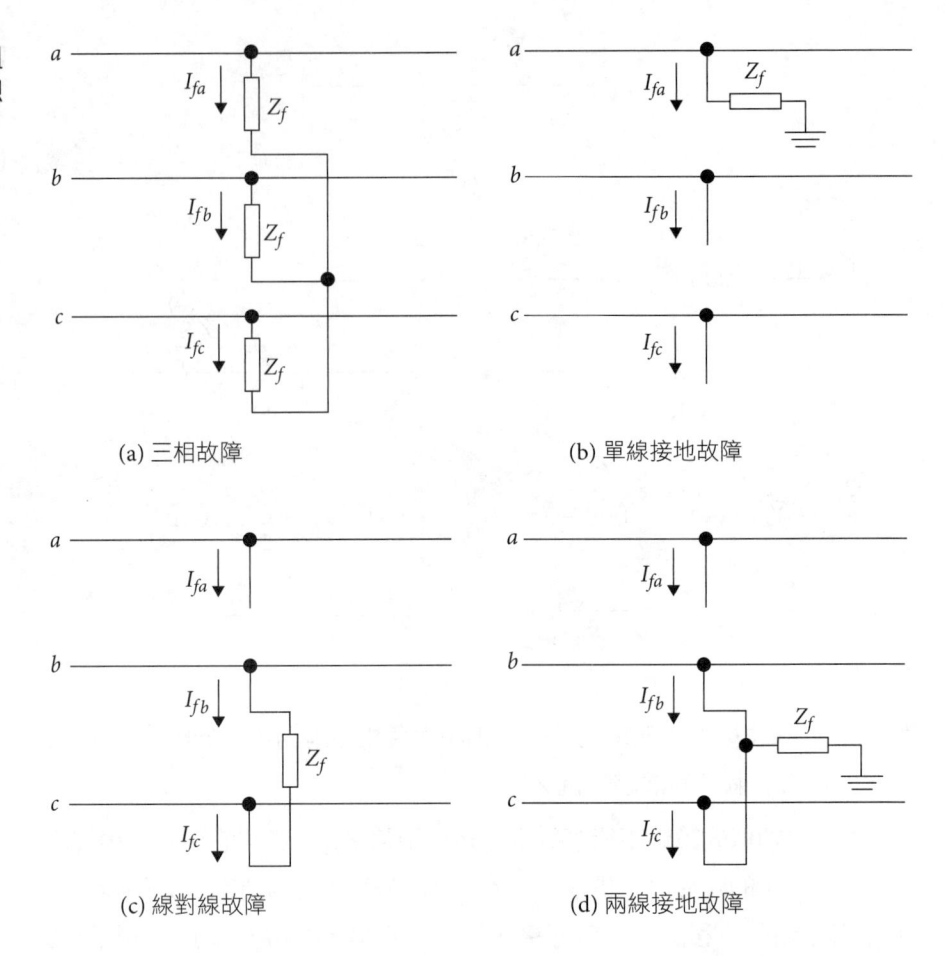

(a) 三相故障

(b) 單線接地故障

(c) 線對線故障

(d) 兩線接地故障

fault)。這種直接短路會造成最高的故障電流，因此在決定預期的故障效應時，會使用最保守的數值，而故障阻抗很少會是零。大部分的故障都是絕緣子閃絡的結果，其中線路與大地之間的阻抗取決於電弧的電阻、鐵塔本體的電阻，以及若沒有使用接地線時塔基的電阻。塔基電阻是形成線路與大地間電阻的主要部分，此電阻大小取決於土壤的狀況。要了解此情況並非難事，例如，乾燥土地的電阻為潮濕土地的 10 至 100 倍。圖 10.4 顯示經由阻抗 Z_f 而造成故障的假想斷枝連接圖。

一個平衡系統在發生每一條線路與共同點之間具有相同阻抗的三相故障之後，該系統仍保持對稱。此時只有正相序的電流流通。如圖 10.4(a) 所示，由於每一相的故障阻抗 Z_f 均相同，我們可以單純地將阻抗 Z_f 加入到故障匯流排 ⓚ 常用（正相序）的戴維寧等效電路，並從下列方程式計算故障電流

第 **10** 章　非對稱故障

$$I_{fa}^{(1)} = \frac{V_f}{Z_{kk}^{(1)} + Z_f} \tag{10.8}$$

　　針對圖 10.4 中顯示的其他故障，對稱成分電流 $I_{fa}^{(0)}$、$I_{fa}^{(1)}$ 及 $I_{fa}^{(2)}$ 的方程式正規推導，將在下列各節中說明。在每一種故障情況中，故障點 P 被指定為匯流排 ⓚ。

例題 10.1

兩台同步電機經三相變壓器連接至如圖 10.5 所示的輸電線路。
同步電機與變壓器的額定與電抗為

電機 1 與 2：100MVA，20kV；　　$X_d'' = X_1 = X_2 = 20\%$
　　　　　　　　　　　　　　　　$X_0 = 4\%, X_n = 5\%$
變壓器 T_1 與 T_2：100MVA，　　20Δ/345Y kV　$X = 8\%$

在輸電線電路中選擇 100 MVA，345 kV 為基準，線路電抗值為 $X_1 = X_2 = 15\%$ 且 $X_0 = 50\%$。畫出每一個三相序網路，並利用 Z_{bus} 建構演算法求出零相序匯流排阻抗矩陣。

解： 已知相對應基準值的標么阻抗，可以直接建構出相序網路。圖 10.6(a) 顯示正相序網路，而當 EMF 短路時，與負相序網路相同；圖 10.6(b) 顯示零相序網路，且每一部電機的中性點與電抗 $3X_n=0.15$ 標么連接。

圖 10.5　例題 10.1 的系統單線圖

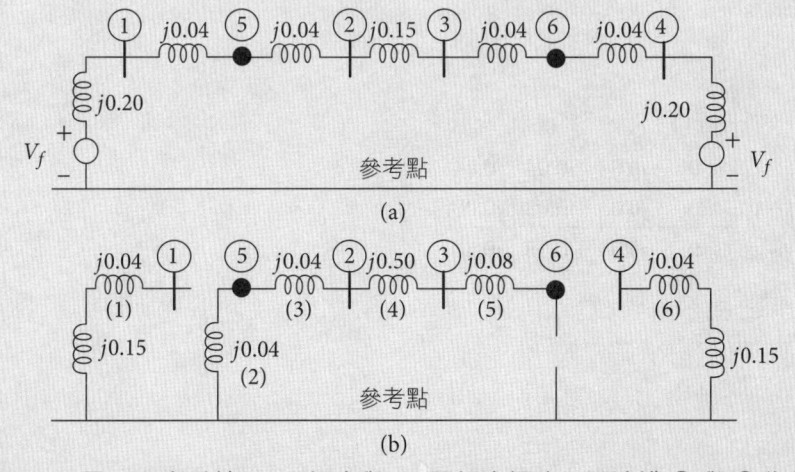

圖 10.6　圖 10.5 之系統 (a) 正相序與 (b) 零相序網路。匯流排 ⑤ 與 ⑥ 為變壓器中性點

411

注意每台變壓器指定一個內部節點。匯流排⑤針對變壓器 T_1，匯流排⑥針對變壓器 T_2。這些匯流排在系統分析時不扮演主動的角色。在本例中應用 Z_{bus} 建構演算法特別簡單。為了運用此法，我們將零相序分支標記為 (1) 至 (6)，如圖所示。

步驟 1

將分支 1 加到參考節點

$$\begin{array}{c} \quad ① \\ ① \begin{bmatrix} j0.19 \end{bmatrix} \end{array}$$

步驟 2

將分支 2 加到參考節點

$$\begin{array}{c} \quad\quad ① \quad\quad ⑤ \\ \begin{matrix} ① \\ ⑤ \end{matrix} \begin{bmatrix} j0.19 & 0 \\ 0 & j0.04 \end{bmatrix} \end{array}$$

步驟 3

將分支 3 加到匯流排⑤與②之間

$$\begin{array}{c} \quad\quad ① \quad\quad ⑤ \quad\quad ② \\ \begin{matrix} ① \\ ⑤ \\ ② \end{matrix} \begin{bmatrix} j0.19 & 0 & 0 \\ 0 & j0.04 & j0.04 \\ 0 & j0.04 & j0.08 \end{bmatrix} \end{array}$$

步驟 4

將分支 4 加到匯流排②與③之間

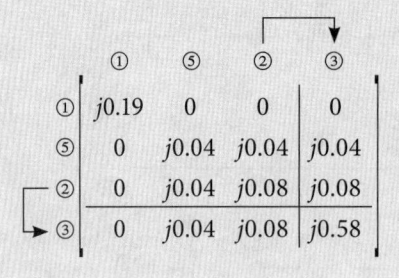

$$\begin{array}{c} \quad\quad ① \quad\quad ⑤ \quad\quad ② \quad\quad ③ \\ \begin{matrix} ① \\ ⑤ \\ ② \\ ③ \end{matrix} \begin{bmatrix} j0.19 & 0 & 0 & 0 \\ 0 & j0.04 & j0.04 & j0.04 \\ 0 & j0.04 & j0.08 & j0.08 \\ 0 & j0.04 & j0.08 & j0.58 \end{bmatrix} \end{array}$$

步驟 5

將分支 5 加到匯流排 ③ 與 ⑥ 之間

$$\begin{array}{c} \\ ① \\ ⑤ \\ ② \\ ③ \\ ⑥ \end{array} \begin{bmatrix} ① & ⑤ & ② & ③ & ⑥ \\ j0.19 & 0 & 0 & 0 & 0 \\ 0 & j0.04 & j0.04 & j0.04 & j0.04 \\ 0 & j0.04 & j0.08 & j0.08 & j0.08 \\ 0 & j0.04 & j0.08 & j0.58 & j0.58 \\ 0 & j0.04 & j0.08 & j0.58 & j0.66 \end{bmatrix}$$

步驟 6

將分支 6 從匯流排 ④ 加到參考點上

$$\begin{array}{c} \\ ① \\ ⑤ \\ ② \\ ③ \\ ⑥ \\ ④ \end{array} \begin{bmatrix} ① & ⑤ & ② & ③ & ⑥ & ④ \\ j0.19 & 0 & 0 & 0 & 0 & 0 \\ 0 & j0.04 & j0.04 & j0.04 & j0.04 & 0 \\ 0 & j0.04 & j0.08 & j0.08 & j0.08 & 0 \\ 0 & j0.04 & j0.08 & j0.58 & j0.58 & 0 \\ 0 & j0.04 & j0.08 & j0.58 & j0.66 & 0 \\ 0 & 0 & 0 & 0 & 0 & j0.19 \end{bmatrix}$$

匯流排 ⑤ 和 ⑥ 為變壓器虛構的內部節點，它有助於在電腦軟體上應用 $\mathbf{Z}_{bus}$ 建構演算法。我們尚未說明代表開路的極高阻抗分支之計算。讓我們把匯流排 ⑤ 和 ⑥ 的那幾行與列從矩陣中移除，以獲得有效運算的矩陣

$$\mathbf{Z}_{bus}^{(0)} = \begin{array}{c} ① \\ ② \\ ③ \\ ④ \end{array} \begin{bmatrix} ① & ② & ③ & ④ \\ j0.19 & 0 & 0 & 0 \\ 0 & j0.08 & j0.08 & 0 \\ 0 & j0.08 & j0.58 & 0 \\ 0 & 0 & 0 & j0.19 \end{bmatrix}$$

在 $\mathbf{Z}_{bus}^{(0)}$ 中的零表示零相序電流注入至圖 10.6(b) 的匯流排 ① 或匯流排 ④，因為 Δ-Y 變壓器所導致的開路，使得這些電流無法在其他匯流排上形成電壓。同時也注意到 j0.08 的標么電抗與匯流排 ⑥ 與 ④ 之間的開路串聯，因為它無法流通電流所以不會影響 $\mathbf{Z}_{bus}^{(0)}$。

以類似的方式將 $\mathbf{Z}_{bus}$ 建構演算法運用到正相序及負相序網路，可以得到

$$\mathbf{Z}_{bus}^{(1)} = \mathbf{Z}_{bus}^{(2)} = \begin{array}{c} \textcircled{1} \\ \textcircled{2} \\ \textcircled{3} \\ \textcircled{4} \end{array} \begin{bmatrix} j0.1437 & j0.1211 & j0.0789 & j0.0563 \\ j0.1211 & j0.1696 & j0.1104 & j0.0789 \\ j0.0789 & j0.1104 & j0.1696 & j0.1211 \\ j0.0563 & j0.0789 & j0.1211 & j0.1437 \end{bmatrix}$$

我們會將上述矩陣運用在之後的例題中。

10.2 單線接地故障

單線接地故障是最常見的故障型式，其肇因於閃電或導體接觸到接地結構。經由阻抗 Z_f 的單線接地故障，三條線路上的假想斷枝相連接，如圖 10.7 所示，其中 a 相為發生故障的線路。

針對此類型故障的關係式推導僅應用在當 a 相上發生故障時，不過這應該不會造成任何困擾，因為相量是任意標示且任何相量都可以被指定為 a 相。下列方程式表示在故障匯流排 ⓚ 的情況下：

$$I_{fb} = 0 \quad I_{fc} = 0 \quad V_{ka} = Z_f I_{fa} \tag{10.9}$$

當 $I_{fb} = I_{fc} = 0$ 時，斷枝電流的對稱成分可表示成

$$\begin{bmatrix} I_{fa}^{(0)} \\ I_{fa}^{(1)} \\ I_{fa}^{(2)} \end{bmatrix} = \frac{1}{3} \begin{bmatrix} 1 & 1 & 1 \\ 1 & \alpha & \alpha^2 \\ 1 & \alpha^2 & \alpha \end{bmatrix} \begin{bmatrix} I_{fa} \\ 0 \\ 0 \end{bmatrix}$$

圖 10.7 單相接地故障的假想斷枝連接圖。故障點稱為匯流排 ⓚ

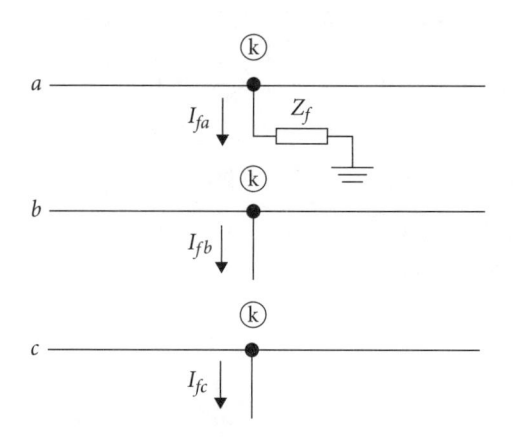

完成上述乘積可得

$$I_{fa}^{(0)} = I_{fa}^{(1)} = I_{fa}^{(2)} = \frac{I_{fa}}{3} \tag{10.10}$$

以 $I_{fa}^{(0)}$ 取代 $I_{fa}^{(2)}$ 與 $I_{fa}^{(1)}$，可得 $I_{fa} = 3I_{fa}^{(0)}$，且從 (10.7) 式可得

$$\begin{aligned} V_{ka}^{(0)} &= -Z_{kk}^{(0)} I_{fa}^{(0)} \\ V_{ka}^{(1)} &= V_f - Z_{kk}^{(1)} I_{fa}^{(0)} \\ V_{ka}^{(2)} &= -Z_{kk}^{(2)} I_{fa}^{(0)} \end{aligned} \tag{10.11}$$

將上列這些方程式相加，並注意 $V_{ka} = 3Z_f I_{fa}^{(0)}$，可得

$$V_{ka} = V_{ka}^{(0)} + V_{ka}^{(1)} + V_{ka}^{(2)} = V_f - (Z_{kk}^{(0)} + Z_{kk}^{(1)} + Z_{kk}^{(2)}) I_{fa}^{(0)} = 3Z_f I_{fa}^{(0)}$$

求解出 $I_{fa}^{(0)}$，並與 (10.10) 式的結果合併，可得

$$I_{fa}^{(0)} = I_{fa}^{(1)} = I_{fa}^{(2)} = \frac{V_f}{Z_{kk}^{(1)} + Z_{kk}^{(2)} + Z_{kk}^{(0)} + 3Z_f} \tag{10.12}$$

(10.12) 式是特別針對經由阻抗 Z_f 的單線接地故障之故障電流方程式，這些方程式與對稱成分關係一起使用，可求出故障點 P 的所有電壓與電流。如果將系統中三個相序網路的戴維寧等效電路串聯，如圖 10.8 所示，則會看到所獲得的電流與電壓符合上述方程式：針對故障匯流排

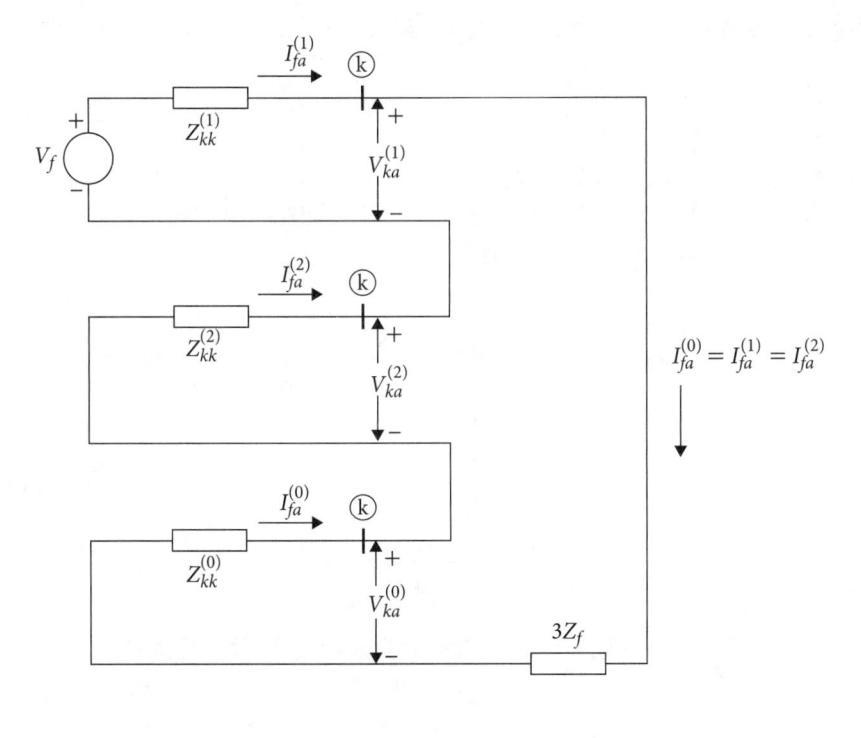

圖 10.8 模擬系統中匯流排ⓚ的 a 相發生單線接地故障之相序網路的戴維寧等效連接

電力系統分析

ⓚ 看進三個相序網路的戴維寧阻抗，會與故障阻抗 $3Z_f$ 及故障前電壓 V_f 形成串聯。

當等效電路如此連接時，跨接在每一個相序網路的電壓為在故障匯流排 ⓚ 之電壓 V_{ka} 的相對應對稱成分，而注入於每一個相序網路的匯流排 ⓚ 之電流，為故障時相對應相序電流的負值。相序網路的戴維寧等效之串聯連接，如圖 10.8 所示，讓人便於記住單線接地故障求解方程式，針對故障點所有必須的方程式可以從相序網路連接決定。一旦電流 $I_{fa}^{(0)}$、$I_{fa}^{(1)}$ 及 $I_{fa}^{(2)}$ 為已知，系統中所有其他匯流排的電壓成分可以根據 (10.6) 式的相序網路之匯流排阻抗矩陣來求解。

例題 10.2

兩台同步電機經三相變壓器連接至如圖 10.9(a) 所示的輸電線路。
同步電機與變壓器的額定與電抗為

電機 1 與 2： 　　　　　100MVA，20kV； 　　　　　$X_d'' = X_1 = X_2 = 20\%$
　　　　　　　　　　　　　　　　　　　　　　　　　$X_0 = 4\%, X_n = 5\%$

變壓器 T_1 與 T_2： 　　100MVA，20Y/345Y kV 　　$X = 8\%$

兩台變壓器的兩側均直接接地。在輸電線電路中選擇 100 MVA，345 kV 為基準，線路電抗值為 $X_1 = X_2 = 15\%$ 且 $X_0 = 50\%$。當單線螺栓 ($Z_f=0$) 接地故障發生在匯流排③的 a 相時，系統在標稱電壓下操作，故障前沒有電流通過。

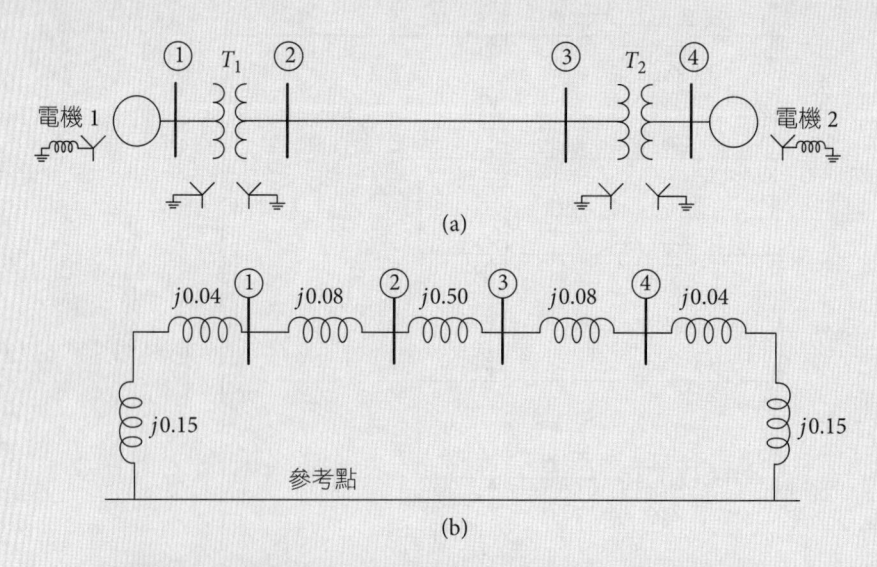

圖 10.9　例題 10.2 系統的 (a) 單線圖及 (b) 零相序網路

針對每一個相序網路利用匯流排阻抗矩陣,求解出故障點對地的次暫態電流、在電機 2 的端點上線對地之電壓,以及從發電機 2 的 c 相流出之次暫態電流。

解: 此系統除了變壓器現在是 Y-Y 連接之外,與例題 10.1 的系統是相同的。因此,我們可以繼續使用如例題 10.1 所提供,在圖 10.6(a) 中的 $\mathbf{Z}_{bus}^{(1)}$ 與 $\mathbf{Z}_{bus}^{(2)}$。然而,因為變壓器的兩側均直接接地,因此如圖 10.9(b) 所示的零相序網路完全相連,並得出匯流排阻抗矩陣

$$\mathbf{Z}_{bus}^{(0)} = \begin{matrix} ① \\ ② \\ ③ \\ ④ \end{matrix} \begin{bmatrix} j0.1553 & j0.1407 & j0.0493 & j0.0347 \\ j0.1407 & j0.1999 & j0.0701 & j0.0493 \\ j0.0493 & j0.0701 & j0.1999 & j0.1407 \\ j0.0347 & j0.0493 & j0.1407 & j0.1553 \end{bmatrix}$$

因為單線接地故障發生在匯流排 3,我們必須如圖 10.10 所示,將相序網路的戴維寧等效電路予以串聯。

從此圖可計算出從系統流出並流入故障點的電流 I_{fA} 之對稱成分

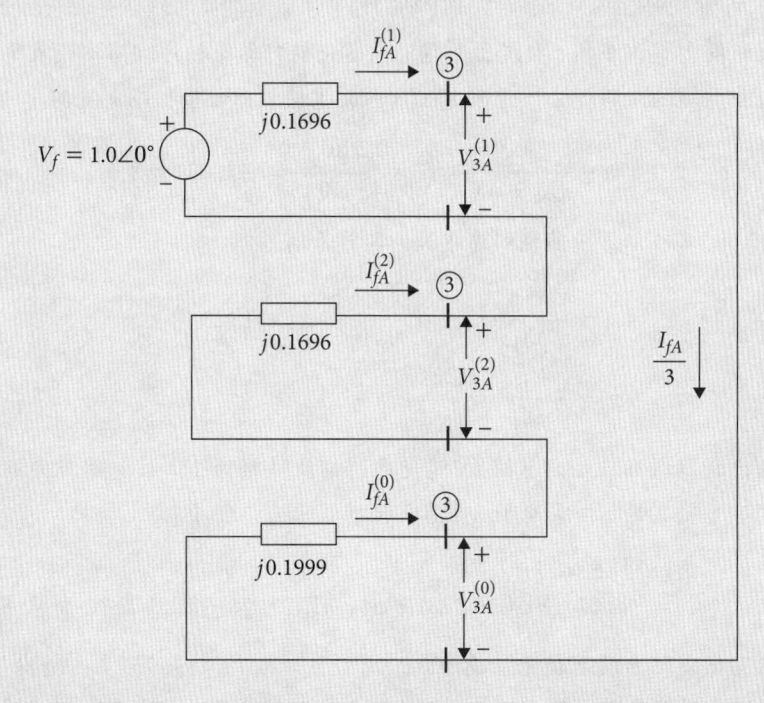

$$I_{fA}^{(0)} = I_{fA}^{(1)} = I_{fA}^{(2)} = \frac{V_f}{Z_{33}^{(1)} + Z_{33}^{(2)} + Z_{33}^{(0)}}$$

$$= \frac{1.0\angle 0°}{j(0.1696 + 0.1696 + 0.1999)} = -j1.8549 \text{ 標么}$$

圖 10.10 例題 10.2 單線接地故障的相序網路之戴維寧等效串聯接線

故障時的總電流為

$$I_{fA} = 3I_{fA}^{(0)} = -j5.5648 \text{ 標么}$$

由於高壓輸電線路的基準電流為 $100{,}000/(\sqrt{3} \times 345) = 167.35$ A，所以

$$I_{fA} = -j5.5648 \times 167.35 = 931\angle 270° \text{ A}$$

電機 2 的端點，匯流排 ④ 的 a 相相序電壓可以從 (10.6) 以 $k=3$ 及 $j=4$ 計算出

$$V_{4a}^{(0)} = -Z_{43}^{(0)}I_{fA}^{(0)} = -(j0.1407)(-j1.8549) = -0.2610 \text{ 標么}$$
$$V_{4a}^{(1)} = V_f - Z_{43}^{(1)}I_{fA}^{(1)} = 1 - (j0.1211)(-j1.8549) = 0.7754 \text{ 標么}$$
$$V_{4a}^{(2)} = -Z_{43}^{(2)}I_{fA}^{(2)} = -(j0.1211)(-j1.8549) = -0.2246 \text{ 標么}$$

注意到下標 A 和 a 分別表示 Y-Y 接變壓器的高壓側及低電側電路中之電壓與電流。因 Y-Y 接，所以沒有相位移。從上面的對稱成分，我們計算出匯流排 ④ 的 a-b-c 線對地電壓如下：

$$\begin{bmatrix} V_{4a} \\ V_{4b} \\ V_{4c} \end{bmatrix} = \begin{bmatrix} 1 & 1 & 1 \\ 1 & \alpha^2 & \alpha \\ 1 & \alpha & \alpha^2 \end{bmatrix} \begin{bmatrix} -0.2610 \\ 0.7754 \\ -0.2246 \end{bmatrix} = \begin{bmatrix} 0.2898 + j0.0 \\ -0.5364 - j0.8660 \\ -0.5364 + j0.8660 \end{bmatrix} = \begin{bmatrix} 0.2898\angle 0° \\ 1.0187\angle -121.8° \\ 1.0187\angle 121.8° \end{bmatrix}$$

為了表示電機 2 的線對地電壓，將其乘以 $20/\sqrt{3}$，得出

$$V_{4a} = 3.346\angle 0° \text{ kV} \qquad V_{4b} = 11.763\angle -121.8° \text{ kV} \qquad V_{4c} = 11.763\angle 121.8° \text{ kV}$$

為求解由電機 2 的 c 相流出之電流，首先要計算出相序網路中代表電機分支之 a 相電流的對稱成分。見圖 10.9(b)，從電機流出之零相序電流為

$$I_a^{(0)} = -\frac{V_{4a}^{(0)}}{j(X_0 + 3X_n)} = \frac{0.2610}{j0.04 + j0.15} = -j1.374 \text{ 標么}$$

從圖 10.6(a)，可以看出其他相序電流，其計算為

$$I_a^{(1)} = \frac{V_f - V_{4a}^{(1)}}{jX_1} = \frac{1.0 - 0.7754}{j0.20} = -j1.123 \text{ 標么}$$

$$I_a^{(2)} = -\frac{V_{4a}^{(2)}}{jX_2} = \frac{0.2246}{j0.20} = -j1.123 \text{ 標么}$$

注意到電機電流並無下標 f，這是專門為故障點的（斷枝）電流與電壓所保留的。電機 2 的 c 相電流可以很容易地計算出來

$$I_c = I_a^{(0)} + \alpha I_a^{(1)} + \alpha^2 I_a^{(2)}$$
$$= -j1.374 + \alpha(-j1.123) + \alpha^2(-j1.123) = -j0.251 \text{ 標么}$$

在電機電路中的基準電流為 $100{,}000/(\sqrt{3} \times 20) = 2886.751$ A，所以 $|I_c| = 724.575$ A。系統中其他的電壓與電流也可以類似的方法計算出來。

例題 10.2 的 MATLAB 程式 (ex10_2.m)

```
clc
clear all
%Initial value
Vf=complex(1,0);
Z33_1=complex(0,0.1696);
Z33_2=complex(0,0.1696);
Z33_0=complex(0,0.1999);
Zbus0=[0.1553i 0.1407i 0.0493i 0.0347i;
       0.1407i 0.1999i 0.0701i 0.0493i;
       0.0493i 0.0701i 0.1999i 0.1407i;
       0.0347i 0.0493i 0.1407i 0.1553i]
Z43_0=complex(0,0.1407);
Z43_1=complex(0,0.1211);
Z43_2=complex(0,0.1211);
a=complex(-0.5,0.866);
% Caculate falt current
Ifa0=Vf/(Z33_1+Z33_2+Z33_0)
Ifa1=Ifa0;
Ifa2=Ifa0;
% Caculata total fault current
Ifa_unit=3*Ifa0
Ibase=100000/(sqrt(3)*345)
Ifa=Ifa_unit*Ibase
% Caculate fault voltage
V4a_0=-Z43_0*Ifa0
V4a_1=Vf-Z43_1*Ifa1
V4a_2=-Z43_2*Ifa2
% Fault voltage in each phase
Vabc=[1 1 1;1 a^2 a;1 a a^2]*[V4a_0;V4a_1;V4a_2]
Vbase=20/sqrt(3)
V4a=Vabc(1,1)*Vbase
V4b=Vabc(2,1)*Vbase
V4c=Vabc(3,1)*Vbase
% Caculate fault current of phase a
X1=0.2i; %X"=X1=X2
X0=0.04i;
Xn=0.05i;
Ia0=-V4a_0/(X0+3*Xn)
Ia1=(Vf-V4a_1)/X1
Ia2=-V4a_2/X1
Ic=Ia0+a*Ia1+a^2*Ia2
```

10.3 線間故障

為了表示經由阻抗 Z_f 的線間故障 (line-to-line fault)，在故障點的三條線路上連接假想的斷枝，如圖 10.11 所示。

匯流排 ⓚ 仍然為故障點 P，且保留故障點的一般特性，而線間故障是發生在 b 相與 c 相。故障點必須滿足下列關係式

$$I_{fa} = 0 \quad I_{fb} = -I_{fc} \quad V_{kb} - V_{kc} = I_{fb} Z_f \tag{10.13}$$

由於 $I_{fb} = -I_{fc}$ 且 $I_{fa} = 0$，所以電流的對稱成分為

$$\begin{bmatrix} I_{fa}^{(0)} \\ I_{fa}^{(1)} \\ I_{fa}^{(2)} \end{bmatrix} = \frac{1}{3} \begin{bmatrix} 1 & 1 & 1 \\ 1 & \alpha & \alpha^2 \\ 1 & \alpha^2 & \alpha \end{bmatrix} \begin{bmatrix} 0 \\ I_{fb} \\ -I_{fb} \end{bmatrix}$$

且此方程式相乘結果顯示

$$I_{fa}^{(0)} = 0 \tag{10.14}$$

$$I_{fa}^{(1)} = -I_{fa}^{(2)} \tag{10.15}$$

因為沒有零相序電源且 $I_{fa}^{(0)} = 0$，所以整個零相序網路的電壓必為零，電流不因故障的關係注入該網路。因此，線間故障的計算不包含零相序網路，而零相序網路與故障前相同，是一個無電流網路。

為了滿足 $I_{fa}^{(1)} = -I_{fa}^{(2)}$ 之要求，讓我們將正相序與負相序網路的戴維寧等效予以並聯，如圖 10.12 所示。

圖 10.11 假想斷枝的線間故障連接圖。故障點被稱為匯流排 ⓚ

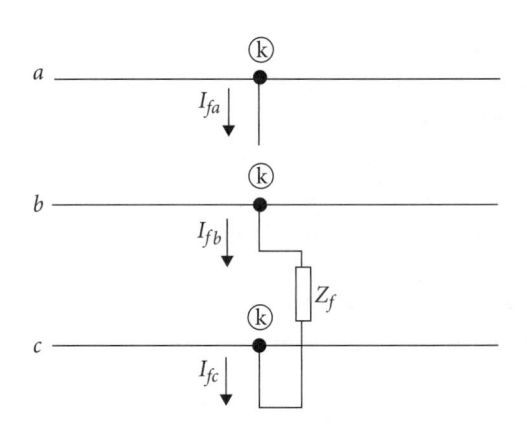

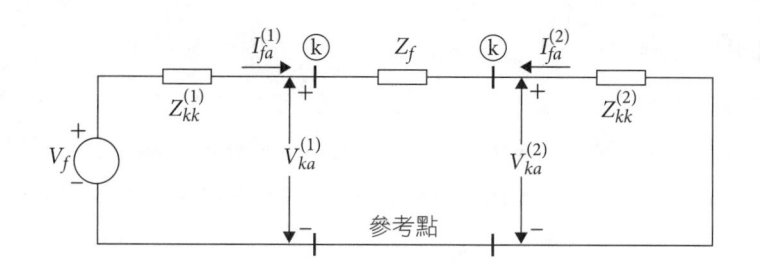

圖 10.12 在系統匯流排 ⓚ 上的 b 相與 c 相之間的線間故障，其正相序及負相序網路之戴維寧等效連接

同時為了顯示此網路的連接也滿足電壓方程式 $V_{kb} - V_{kc} = I_{fb}Z_f$，現將該方程式的兩邊分別展開如下：

$$V_{kb} - V_{kc} = (V_{kb}^{(1)} + V_{kb}^{(2)}) - (V_{kc}^{(1)} + V_{kc}^{(2)}) = (V_{kb}^{(1)} - V_{kc}^{(1)}) + (V_{kb}^{(2)} - V_{kc}^{(2)})$$
$$= (\alpha^2 - \alpha)V_{kb}^{(1)} + (\alpha - \alpha^2)V_{ka}^{(2)} = (\alpha^2 - \alpha)(V_{ka}^{(1)} - V_{ka}^{(2)})$$
$$I_{fb}Z_f = (I_{fb}^{(1)} + I_{fb}^{(2)})Z_f = (\alpha^2 I_{fa}^{(1)} + \alpha I_{fa}^{(2)})Z_f$$

兩項相等，並令 $I_{fa}^{(2)} = -I_{fa}^{(1)}$，如圖 10.12，可得

$$(\alpha^2 - \alpha)(V_{ka}^{(1)} - V_{ka}^{(2)}) = (\alpha^2 - \alpha)I_{fa}^{(1)}Z_f$$

或

$$V_{ka}^{(1)} - V_{ka}^{(2)} = I_{fa}^{(1)}Z_f \tag{10.16}$$

此方程式正好是圖 10.12 中阻抗 Z_f 的壓降方程式。

因此，將正相序與負相序網路經由阻抗 Z_f 並聯連接，如圖 10.12，則 (10.13) 式的所有故障狀況都能符合。零相序網路不具活動性，且不納入線間故障計算。故障時正相序電流的方程式可直接從圖 10.12 求出，所以

$$I_{fa}^{(1)} = -I_{fa}^{(2)} = \frac{V_f}{Z_{kk}^{(1)} + Z_{kk}^{(2)} + Z_f} \tag{10.17}$$

針對金屬性線間故障，我們設定 $Z_f = 0$。

(10.17) 式是經由阻抗 Z_f 的線間故障電流方程式。一旦 $I_{fa}^{(1)}$ 與 $I_{fa}^{(2)}$ 為已知，可將其分別視為注入正相序與負相序網路的電流 $-I_{fa}^{(1)}$ 與 $-I_{fa}^{(2)}$，且如先前的說明，系統因故障在各匯流排相序電壓所產生的變化，可以從匯流排阻抗矩陣獲得。當 Δ-Y 變壓器存在時，正相序與負相序電流與電壓的相位移必須於計算中納入考慮。例題 10.3 即反映如上所述。

例題 10.3

例題 10.1 的系統,當匯流排③發生金屬性線間故障時,該系統運轉在標稱電壓下,且沒有故障前電流。針對次暫態狀況利用相序網路的匯流排阻抗矩陣求解出故障時的電流、故障匯流排上線至線電壓,以及電機 2 端點上線至線電壓。

解:$Z_{bus}^{(1)}$ 與 $Z_{bus}^{(2)}$ 已在例題 10.1 中求解。雖然 $Z_{bus}^{(0)}$ 也已提供,因為故障發生在線與線之間,所以本例題求解時不考慮零相序網路。

為了模擬此故障,將例題 10.1 的正相序及負相序網路在匯流排③的戴維寧等效電路予以並聯,如圖 10.13 所示。

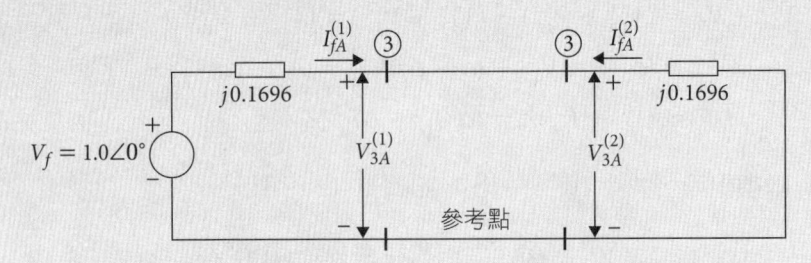

圖 10.13 針對例題 10.3 的線間故障戴維寧等效電路連接圖

從此圖可以計算出下列的相序電流:

$$I_{fA}^{(1)} = -I_{fA}^{(2)} = \frac{V_f}{Z_{33}^{(1)} + Z_{33}^{(2)}} = \frac{1+j0}{j0.1696 + j0.1696} = -j2.9481 \text{ 標么}$$

因為故障是發生在高壓輸電線路的電路中,所以上圖使用大寫 A 來表示。因為 $I_{fa}^{(0)} = 0$,故障時的電流成分計算如下:

$$I_{fA} = I_{fA}^{(1)} + I_{fA}^{(2)} = -j2.9481 + j2.9481 = 0$$
$$I_{fB} = \alpha^2 I_{fA}^{(1)} + \alpha I_{fA}^{(2)} = -j2.9481(-0.5 - j0.866) + j2.9481(-0.5 + j0.866)$$
$$= -5.1061 + j0 \text{ 標么}$$
$$I_{fC} = -I_{fB} = 5.1061 + j0 \text{ 標么}$$

如同例題 10.2 中,輸電線路的基準電流為 167.35A,所以

$$I_{fA} = 0$$
$$I_{fB} = -5.1061 \times 167.35 = 855\angle 180° \text{ A}$$
$$I_{fC} = 5.1061 \times 167.35 = 855\angle 0° \text{ A}$$

在匯流排③的 A 相對地電壓之對稱成分為

$$V_{3A}^{(0)} = 0$$
$$V_{3A}^{(1)} = V_{3A}^{(2)} = 1 - Z_{33}^{(1)} I_{fA}^{(1)} = 1 - (j0.1696)(-j2.9481) = 0.5 + j0 \text{ 標么}$$

故障匯流排 ③ 的線對地電壓為

$$V_{3A} = V_{3A}^{(0)} + V_{3A}^{(1)} + V_{3A}^{(2)} = 0 + 0.5 + 0.5 = 1.0\angle 0° \text{ 標么}$$
$$V_{3B} = V_{3A}^{(0)} + \alpha^2 V_{3A}^{(1)} + \alpha V_{3A}^{(2)} = 0 + 0.5\alpha^2 + 0.5\alpha = 0.5\angle 180° \text{ 標么}$$
$$V_{3C} = V_{3B} = 0.5\angle 180° \text{ 標么}$$

故障匯流排 ③ 的線對線電壓為

$$V_{3,AB} = V_{3A} - V_{3B} = (1.0 + j0) - (-0.50 + j0) = 1.5\angle 0° \text{ 標么}$$
$$V_{3,BC} = V_{3B} - V_{3C} = (-0.50 + j0) - (-0.50 + j0) = 0$$
$$V_{3,CA} = V_{3C} - V_{3A} = (-0.50 + j0) - (1.0 + j0) = 1.5\angle 180° \text{ 標么}$$

以伏特表示時，這些線對線電壓為

$$V_{3,AB} = 1.5\angle 0° \times \frac{345}{\sqrt{3}} = 299\angle 0° \text{ kV}$$
$$V_{3,BC} = 0$$
$$V_{3,CA} = 1.5\angle 180° \times \frac{345}{\sqrt{3}} = 299\angle 180° \text{ kV}$$

目前，由於 Δ-Y 變壓器連接至電機 2，讓我們避免相位移的問題，且利用例題 10.1 的匯流排阻抗矩陣及 (10.6) 式中 $k=3$ 與 $j=4$，繼續計算匯流排 ④ 的 A 相相序電壓

$$V_{4A}^{(0)} = -Z_{43}^{(0)} I_{fA}^{(0)} = 0$$
$$V_{4A}^{(1)} = V_f - Z_{43}^{(1)} I_{fA}^{(1)} = 1 - (j0.1211)(-j2.9481) = 0.643 \text{ 標么}$$
$$V_{4A}^{(2)} = -Z_{43}^{(2)} I_{fA}^{(2)} = -(j0.1211)(j2.9481) = 0.357 \text{ 標么}$$

為了說明從高壓輸電線路至電機 2 的低壓端相位移下降情形，必須延遲正相序電壓及提前負相序電壓 30°。以小寫 a 表示電機 2 的端點，其電壓為

$$V_{4a}^{(0)} = 0$$
$$V_{4a}^{(1)} = V_{4A}^{(1)} \angle -30° = 0.643 \angle -30° = 0.5569 - j0.3215 \text{ 標么}$$
$$V_{4a}^{(2)} = V_{4A}^{(2)} \angle 30° = 0.357 \angle 30° = 0.3092 + j0.1785 \text{ 標么}$$
$$V_{4a} = V_{4a}^{(0)} + V_{4a}^{(1)} + V_{4a}^{(2)} = 0 + (0.5569 - j0.3215) + (0.3092 + j0.1785)$$
$$= 0.8661 - j0.1430 = 0.8778\angle -9.4° \text{ 標么}$$

計算電機 2 端點的 b 相電壓

$$V_{4b}^{(0)} = V_{4a}^{(0)} = 0$$
$$V_{4b}^{(1)} = \alpha^2 V_{4a}^{(1)} = (1\angle 240°)(0.643\angle -30°) = -0.5569 - j0.3215 \text{ 標么}$$
$$V_{4b}^{(2)} = \alpha V_{4a}^{(2)} = (1\angle 120°)(0.357\angle 30°) = -0.3092 + j0.1785 \text{ 標么}$$
$$V_{4b} = V_{4b}^{(0)} + V_{4b}^{(1)} + V_{4b}^{(2)} = 0 + (-0.5569 - j0.3215) + (-0.3092 + j0.1785)$$
$$= -0.8661 - j0.143 = 0.8778\angle -170.6° \text{ 標么}$$

及電機 2 的 c 相電壓為

$$V_{4c}^{(0)} = V_{4a}^{(0)} = 0$$

$$V_{4c}^{(1)} = \alpha V_{4a}^{(1)} = (1\angle 120°)(0.643\angle -30°) = 0.643\angle 90° \text{ 標么}$$

$$V_{4c}^{(2)} = \alpha^2 V_{4a}^{(2)} = (1\angle 240°)(0.357\angle 30°) = 0.357\angle -90° \text{ 標么}$$

$$V_{4c} = V_{4c}^{(0)} + V_{4c}^{(1)} + V_{4c}^{(2)} = 0 + (j0.643) + (-j0.357) = 0 + j0.286 \text{ 標么}$$

在電機 2 端點的線對線電壓為

$$V_{4,ab} = V_{4a} - V_{4b} = (0.8661 - j0.143) - (-0.8661 - j0.143)$$
$$= 1.7322 + j0 \text{ 標么}$$

$$V_{4,bc} = V_{4b} - V_{4c} = (-0.8661 - j0.143) - (0 + j0.286)$$
$$= -0.8661 - j0.429 = 0.9665\angle -153.65° \text{ 標么}$$

$$V_{4,ca} = V_{4c} - V_{4a} = (0 + j0.286) - (0.8661 - j0.143)$$
$$= -0.8661 + j0.429 = 0.9665\angle 153.65° \text{ 標么}$$

以伏特單位，電機 2 端點的線對線電壓為

$$V_{4,ab} = 1.7322\angle 0° \times \frac{20}{\sqrt{3}} = 20\angle 0° \text{ kV}$$

$$V_{4,bc} = 0.9665\angle -153.65° \times \frac{20}{\sqrt{3}} = 11.2\angle -153.65° \text{ kV}$$

$$V_{4,ca} = 0.9665\angle 153.65° \times \frac{20}{\sqrt{3}} = 11.2\angle 153.65° \text{ kV}$$

因此，從故障電流 $I_{fA}^{(0)}$、$I_{fA}^{(1)}$ 及 $I_{fA}^{(2)}$ 與相序網路的匯流排阻抗矩陣，可以求解出線間故障時，整個系統的不平衡匯流排電壓與分支電流。

10.4 雙線接地故障

針對雙線接地故障，假想的斷枝連接如圖 10.14。

再一次，故障發生在 b 相與 c 相，且現存於故障匯流排 ⓚ 的關係式為

$$I_{fa} = 0 \quad V_{kb} = V_{kc} = (I_{fb} + I_{fc})Z_f \tag{10.18}$$

因為 I_{fa} 為零，所以零相序電流為 $I_{fa}^{(0)} = (I_{fb} + I_{fc})/3$，且 (10.18) 式的電壓變成

$$V_{kb} = V_{kc} = 3Z_f I_{fa}^{(0)} \tag{10.19}$$

在對稱成分轉換中以 V_{kb} 取代 V_{kc}，可得

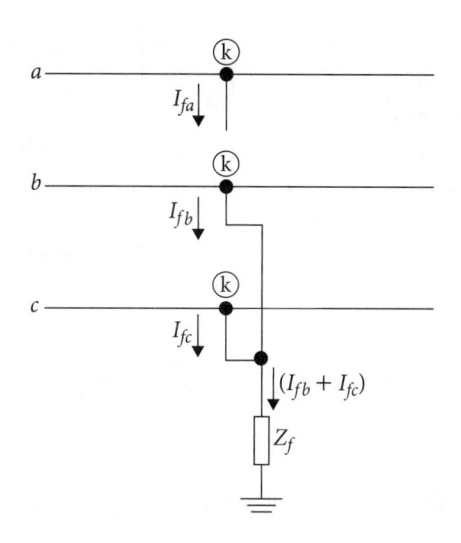

圖 10.14 雙線接地故障的假想斷枝連接圖。故障點稱為匯流排 ⓚ

$$\begin{bmatrix} V_{ka}^{(0)} \\ V_{ka}^{(1)} \\ V_{ka}^{(2)} \end{bmatrix} = \frac{1}{3} \begin{bmatrix} 1 & 1 & 1 \\ 1 & \alpha & \alpha^2 \\ 1 & \alpha^2 & \alpha \end{bmatrix} \begin{bmatrix} V_{ka} \\ V_{kb} \\ V_{kc} \end{bmatrix} \qquad (10.20)$$

此方程式中的第 2 列與第 3 列顯示

$$V_{ka}^{(1)} = V_{ka}^{(2)} \qquad (10.21)$$

而第 1 列及 (10.19) 式顯示

$$3V_{ka}^{(0)} = V_{ka} + 2V_{kb} = (V_{ka}^{(0)} + V_{ka}^{(1)} + V_{ka}^{(2)}) + 2(3Z_f I_{fa}^{(0)})$$

將零相序項集中在一邊，令 $V_{ka}^{(2)} = V_{ka}^{(1)}$，並求解 $V_{ka}^{(1)}$，可得

$$V_{ka}^{(1)} = V_{ka}^{(0)} - 3Z_f I_{fa}^{(0)} \qquad (10.22)$$

將 (10.21) 式與 (10.22) 式結合，並且再一次注意到 $I_{fa}=0$，可獲得下列結果

$$V_{ka}^{(1)} = V_{ka}^{(2)} = V_{ka}^{(0)} - 3Z_f I_{fa}^{(0)}$$
$$I_{fa}^{(0)} + I_{fa}^{(1)} + I_{fa}^{(2)} = 0 \qquad (10.23)$$

如圖 10.15 所示，當所有三個相序網路以並聯方式連接時，可滿足雙線接地故障的特性方程式。

網路連接圖顯示正相序電流 $I_{fa}^{(1)}$ 可以藉由跨接在由 $Z_{kk}^{(1)}$ 串聯 $Z_{kk}^{(2)}$ 與 $(Z_{kk}^{(0)} + 3Z_f)$ 並聯組合之總阻抗的故障前電壓 V_f 來求得。也就是

圖 10.15 針對系統匯流排 ⓚ 的 b 相與 c 相發生雙線接地故障時，相序網路的戴維寧等效連接圖

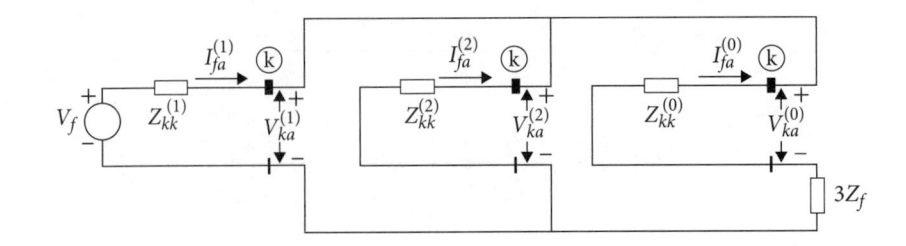

$$I_{fa}^{(1)} = \frac{V_f}{Z_{kk}^{(1)} + \left[\dfrac{Z_{kk}^{(2)}(Z_{kk}^{(0)} + 3Z_f)}{Z_{kk}^{(2)} + Z_{kk}^{(0)} + 3Z_f}\right]} \tag{10.24}$$

從系統中流出並流入故障點的負相序與零相序電流，可以從圖 10.15 藉由簡單的電流分流法得出，所以

$$I_{fa}^{(2)} = -I_{fa}^{(1)} \left[\frac{Z_{kk}^{(0)} + 3Z_f}{Z_{kk}^{(2)} + Z_{kk}^{(0)} + 3Z_f}\right] \tag{10.25}$$

$$I_{fa}^{(0)} = -I_{fa}^{(1)} \left[\frac{Z_{kk}^{(2)}}{Z_{kk}^{(2)} + Z_{kk}^{(0)} + 3Z_f}\right] \tag{10.26}$$

在上列方程式中，金屬性故障時 Z_f 被設定為零。當 $Z_f = \infty$ 時，零相序電路成為開路；沒有零相序電流流動，則方程式會回歸到前一節所討論之線間故障的方程式。

再一次，我們觀察到相序電流 $I_{fa}^{(1)}$、$I_{fa}^{(2)}$ 及 $I_{fa}^{(0)}$，一旦納入計算，則可被視為在故障匯流排 ⓚ 以負向方式注入相序網路，且系統中所有匯流排電壓的變化會如前一節所推導的，從匯流排阻抗矩陣計算出來。

例題 10.4

在圖 10.5 的系統中，當電機 2 的端子發生雙線對地故障且 $Z_f = 0$ 時，試求在故障點於次暫態狀況下的次暫態電流與線電壓。假設當故障發生時，系統於無載且額定電壓下運轉。利用匯流排阻抗矩陣，並忽略電阻值。

解：匯流排阻抗矩陣 $\mathbf{Z}_{bus}^{(1)}$、$\mathbf{Z}_{bus}^{(2)}$ 及 $\mathbf{Z}_{bus}^{(0)}$ 與例題 10.1 相同，所以在故障匯流排 ④ 的戴維寧阻抗標么值等於對角線元素 $Z_{44}^{(0)} = j0.19$ 及 $Z_{44}^{(1)} = Z_{44}^{(2)} = j0.1437$。為了模擬在匯流排 ④ 發生的雙線接地故障，我們將所有三個相序網路之的戴維寧等效予以並聯連接，如圖 10.16 所示。

第 10 章 非對稱故障

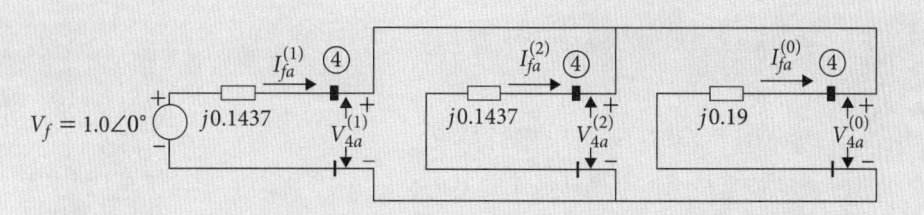

圖 10.16 針對例題 10.4 雙線接地故障的相序網路之戴維寧等效連接

由此可得

$$I_{fa}^{(1)} = \frac{V_f}{Z_{44}^{(1)} + \left[\dfrac{Z_{44}^{(2)} Z_{44}^{(0)}}{Z_{44}^{(2)} + Z_{44}^{(0)}}\right]} = \frac{1+j0}{j0.1437 + \left[\dfrac{(j0.1437)(j0.19)}{(j0.1437)+(j0.19)}\right]}$$

$$= -j4.4342 \text{ 標么}$$

因此，故障點的相序電壓為

$$V_{4a}^{(1)} = V_{4a}^{(2)} = V_{4a}^{(0)} = V_f - I_{fa}^{(1)} Z_{44}^{(1)} = 1 - (-j4.4342)(j0.1437) = 0.3628 \text{ 標么}$$

在故障匯流排注入到負相序及零相序網路的電流以分流法計算如下：

$$I_{fa}^{(2)} = -I_{fa}^{(1)}\left[\frac{Z_{44}^{(0)}}{Z_{44}^{(2)} + Z_{44}^{(0)}}\right] = j4.4342\left[\frac{j0.19}{j(0.1437+0.19)}\right] = j2.5247 \text{ 標么}$$

$$I_{fa}^{(0)} = -I_{fa}^{(1)}\left[\frac{Z_{44}^{(2)}}{Z_{44}^{(2)} + Z_{44}^{(0)}}\right] = j4.4342\left[\frac{j0.1437}{j(0.1437+0.19)}\right] = j1.9095 \text{ 標么}$$

在故障點流出系統的電流為

$$I_{fa} = I_{fa}^{(0)} + I_{fa}^{(1)} + I_{fa}^{(2)} = j1.9095 - j4.4342 + j2.5247 = 0$$

$$I_{fb} = I_{fa}^{(0)} + \alpha^2 I_{fa}^{(1)} + \alpha I_{fa}^{(2)}$$
$$= j1.9095 + (1\angle 240°)(4.4342\angle -90°) + (1\angle 120°)(2.5247\angle 90°)$$
$$= -6.0266 + j2.8642 = 6.6726\angle 154.58° \text{ 標么}$$

$$I_{fc} = I_{fa}^{(0)} + \alpha I_{fa}^{(1)} + \alpha^2 I_{fa}^{(2)}$$
$$= j1.9095 + (1\angle 120°)(4.4342\angle -90°) + (1\angle 240°)(2.5247\angle 90°)$$
$$= 6.0266 + j2.8642 = 6.6726\angle 25.4° \text{ 標么}$$

而流入地面的電流 I_f 為

$$I_f = I_{fb} + I_{fc} = 3I_{fa}^{(0)} = j5.7285 \text{ 標么}$$

計算在故障匯流排的電壓 a-b-c，可得

$$V_{4a} = V_{4a}^{(0)} + V_{4a}^{(1)} + V_{4a}^{(2)} = 3V_{4a}^{(1)} = 3(0.3628) = 1.0884 \text{ 標么}$$

$$V_{4b} = V_{4c} = 0$$

427

$$V_{4,ab} = V_{4a} - V_{4b} = 1.0884 \text{ 標么}$$
$$V_{4,bc} = V_{4b} - V_{4c} = 0$$
$$V_{4,ca} = V_{4c} - V_{4a} = -1.0884 \text{ 標么}$$

電機 2 的電路中，基準電流等於 $100 \times 10^3/(\sqrt{3} \times 20) = 2887$ A，所以可求得

$$I_{fa} = 0$$
$$I_{fb} = 2887 \times 6.6726 \angle 154.6° = 19{,}262 \angle 154.6° \text{ A}$$
$$I_{fc} = 2887 \times 6.6726 \angle 25.4° = 19{,}262 \angle 25.4° \text{ A}$$
$$I_f = 2887 \times 5.7285 \angle 90° = 16{,}538 \angle 90° \text{ A}$$

電機 2 的基準線對中性線電壓為 $20/\sqrt{3}$ kV，所以

$$V_{4,ab} = 1.0884 \times \frac{20}{\sqrt{3}} = 12.568 \angle 0° \text{ kV}$$
$$V_{4,bc} = 0$$
$$V_{4,ca} = -1.0884 \times \frac{20}{\sqrt{3}} = 12.568 \angle 180° \text{ kV}$$

例題 10.4 的 MATLAB 程式 (ex10_4.m)

```
%Clean previous value
clc
clear all
%Initial value
Vf=complex(1,0);
Z44_0=complex(0,0.19);
Z44_1=complex(0,0.1437);
Z44_2=complex(0,0.1437);
a=cosd(120)+sind(120)*i
%Caculate fault current
Ifa1=Vf/(Z44_1+(Z44_2*Z44_0/(Z44_2+Z44_0)))
Ifa0=-Ifa1*(Z44_2/(Z44_2+Z44_0))
Ifa2=-Ifa1*(Z44_0/(Z44_2+Z44_0))
%Fault current in phase
Ifa_unit=Ifa0+Ifa1+Ifa2
Ifb_unit=Ifa0+a^2*Ifa1+a*Ifa2
Ifc_unit=Ifa0+a*Ifa1+a^2*Ifa2
%Caculate total fault current
If_unit=Ifb_unit+Ifc_unit
Ibase=100000/(sqrt(3)*20);
disp('***************Fault current in A***************')
Ifa=0
Ifb=Ifb_unit*Ibase
Ifc=Ifc_unit*Ibase
If=If_unit*Ibase
%Caculate fault voltage
```

```
V4a_1=Vf-Ifa1*Z44_1
V4a_2=V4a_1
V4a_0=V4a_1
V4a=V4a_0+V4a_1+V4a_2
V4b=0 %Bolted ground
V4c=0
V4ab_unit=V4a-V4b
V4bc_unit=V4b-V4c
V4ca_unit=V4c-V4a
disp('**************Fault voltage in kV**************')
Vbase=20/sqrt(3);
V4ab=V4ab_unit*Vbase
V4bc=V4bc_unit*Vbase
V4ca=V4ca_unit*Vbase
```

例題 10.3 與 10.4 顯示，故障點電壓 V_f 被選為故障計算的參考電壓時，在系統發生故障的部分，其相序電流及電壓計算並不會將 Δ-Y 變壓器所造成的相位移納入考慮。然而，系統中從故障點由 Δ-Y 變壓器所分開的那些部分，在利用匯流排阻抗矩陣計算相序電流與電壓時，必須在合併形成實際電壓前執行相位移。這是因為相序網路的匯流排阻抗矩陣在形成時不考慮相位移，而且匯流排阻抗矩陣是與包含故障點網路部分有關的么標阻抗所組成。

例題 10.5

試求解例題 10.4 系統中位於輸電線路端遠離雙線接地故障的匯流排②，其對地次暫態電壓。

解： 例題 10.4 的解答已給了故障電流成分的數值，且 $Z_{bus}^{(1)}$、$Z_{bus}^{(2)}$ 及 $Z_{bus}^{(0)}$ 的元素已提供於例題 10.1 的解答中。目前忽略 Δ-Y 變壓器所產生的相位移，並將適當數值代入 (10.6) 式中，可求出因匯流排④發生故障時匯流排②的電壓

$$V_{2a}^{(0)} = -I_{fa}^{(0)}Z_{24}^{(0)} = -(j1.9095)(0) = 0$$
$$V_{2a}^{(1)} = V_f - I_{fa}^{(1)}Z_{24}^{(1)} = 1 - (-j4.4342)(j0.0789) = 0.6501 \text{ 標么}$$
$$V_{2a}^{(2)} = -I_{fa}^{(2)}Z_{24}^{(2)} = -(j2.5247)(j0.0789) = 0.1992 \text{ 標么}$$

從故障匯流排④說明升壓至輸電線路的相位移，可得

$$V_{2A}^{(0)} = 0$$
$$V_{2A}^{(1)} = V_{2a}^{(1)}\angle 30° = 0.6501\angle 30° = 0.5630 + j0.3251 \text{ 標么}$$
$$V_{2A}^{(2)} = V_{2a}^{(2)}\angle -30° = 0.1992\angle -30° = 0.1725 - j0.0996 \text{ 標么}$$

可計算出所要的電壓為：

$$V_{2A} = V_{2A}^{(0)} + V_{2A}^{(1)} + V_{2A}^{(2)} = (0.5630 + j0.3251) + (0.1725 - j0.0996)$$
$$= 0.7355 + j0.2255 = 0.7693 \angle 17.0° \text{ 標么}$$

$$V_{2B} = V_{2A}^{(0)} + \alpha^2 V_{2A}^{(1)} + \alpha V_{2A}^{(2)} = (1\angle 240°)(0.6501\angle 30°)$$
$$+ (1\angle 120°)(0.1992\angle -30°)$$
$$= -j0.4509 = 0.4509\angle -90° \text{ 標么}$$

$$V_{2C} = V_{2A}^{(0)} + \alpha V_{2A}^{(1)} + \alpha^2 V_{2A}^{(2)} = (1\angle 120°)(0.6501\angle 30°)$$
$$+ (1\angle 240°)(0.1992\angle -30°)$$
$$= -0.7356 + j0.2255 = 0.7693\angle 163° \text{ 標么}$$

這些標么值可乘以線至中性點基準電壓 $345/\sqrt{3}$ kV 轉換成伏特。

10.5 示範問題

　　以相序網路的匯流排阻抗矩陣為基礎的大型電腦程式通常用來分析電力輸電系統的故障。三相及單線接地故障通常為故障研究的主要型式。由於斷路器的應用是根據必須被啟斷的對稱短路電流，因此針對這兩種故障來計算電流。程式的輸出包括總故障電流及從每條輸電線路所貢獻的電流。輸出結果也列出每一條與故障匯流排連接的開路線路，同一時間所有其他線路均運轉中。

　　此程式利用針對負載潮流程式提供之線路資料中的線路阻抗，及包括每一台電機構成正相序及負相序的適當電抗。就阻抗而言，負相序網路與正相序網路一樣。因此，針對在匯流排 ⓚ 所發生的單線接地故障，$I_{fa}^{(1)}$ 的單位為標么，並以 1.0 除以 $(2Z_{kk}^{(1)} + Z_{kk}^{(0)} + 3Z_f)$ 的總和計算而得。如果有需要，程式的輸出會包括匯流排電壓和那些連接到故障匯流排之外的線路電流，因為這資訊可以輕易從匯流排阻抗矩陣中獲得。

　　下列的例子顯示發生在 (1) 工業電力系統，及 (2) 小型的電力公用系統的單線接地故障的分析。這兩個系統在某種程度上與所遇到的正常大型系統比起來要小得多。在故障情況下，為了強調電路的概念，下列計算並不以矩陣方式呈現。下列說明應該可以讓讀者更加熟悉相序網路及如何使用相序網路來分析故障。此處所說明的原理和那些在工業大型電腦程式所採用的原理相同。在本章最後的問題中，同一個例子會以匯流排阻抗矩陣求解一次。

例題 10.6

一群相同的同步電動機經由變壓器連接至距離發電廠很遠的 4.16 kV 匯流排現場。當提供單位功因及額定電壓滿載情況下,同步電動機的額定電壓為 600 V 且運轉效率為 89.5%。此同步電動機群的總輸出額定為 4476 kW(6000 馬力)。每一台電動機以本身的輸入仟伏安額定為基準時,其標么電抗為 $X_d'' = X_1 = 0.20$、$X_2 = 0.20$ 及 $X_0 = 0.04$,且電動機經由 0.02 的標么電抗接地。電動機經由三個單相變壓器所組成的變壓器組連接至 4.16 kV 匯流排,每一個單相變壓器的額定為 2400/600 V,2500 kVA。600 V 繞組接成 Δ 並連接至電動機,而 2400 V 的繞組接成 Y。每一台變壓器的漏磁電抗為 10%。

供電至 4.16 kV 匯流排的電力系統以一台戴維寧等效發電機表示,其額定為 7500 kVA,4.16 kV,電抗為 $X_d'' = X_2 = 0.10$ 標么,$X_0 = 0.05$ 標么,且中性點至接地的電抗 X_n 為 0.05 標么。

當變壓器組的低壓側發生單線接地故障時,每一台相同的電動機平均分擔 3730 kW(5000 馬力)的總負載且運轉於額定電壓,其功因為 0.85 落後,而效率為 88%。將此電動機群視為單一等效電動機。試繪出相序網路並標示各阻抗值。忽略故障前電流情況下,試求出系統每一部分的次暫態線路電流。

解:系統之單線圖如圖 10.17 所示。

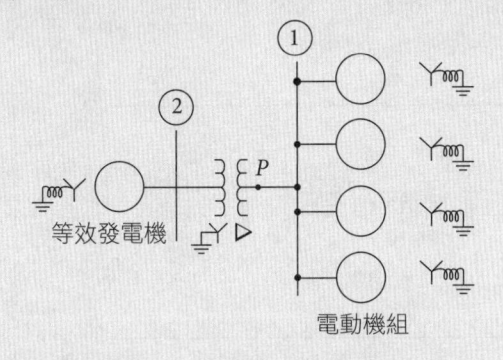

圖 10.17 例題 10.6 的系統單線圖

將 600 V 與 4.16 kV 匯流排分別標示為 ① 與 ②。在系統匯流排選擇等效發電機的額定值為基準:7500 kVA,4.16 kV。因為

$$\sqrt{3} \times 2400 = 4160 \text{ V} \qquad 3 \times 2500 = 7500 \text{ kVA}$$

變壓器的三相額定為 7500 kVA,4160Y/600Δ V。所以,電動機電路的基準為 7500 kVA,600 V。

單一等效電動機的輸入額定為

$$\frac{6000 \times 0.746}{0.895} = 5000 \text{ kVA}$$

等效電動機的百分比電抗與個別電動機以其自身額定為基準的電抗之合成額定基準相同。在選定的基準上，等效電動機的標么電抗為

$$X_d'' = X_1 = X_2 = 0.2\frac{7500}{5000} = 0.3 \quad X_0 = 0.04\frac{7500}{5000} = 0.06$$

在零相序網路中，等效電動機中性點與接地間的電抗為

$$3X_n = 3 \times 0.02\frac{7500}{5000} = 0.09 \text{ 標么}$$

且等效發電機從中性點至接地間的電抗為

$$3X_n = 3 \times 0.05 = 0.15 \text{ 標么}$$

圖 10.18 顯示相序網路的串接圖。

因為電動機運轉於額定電壓，此電壓等於電動機電路的基準電壓，故在故障匯流排①的 a 相故障前電壓為

$$V_f = 1.0 \text{ 標么}$$

電動機電路的基準電流為

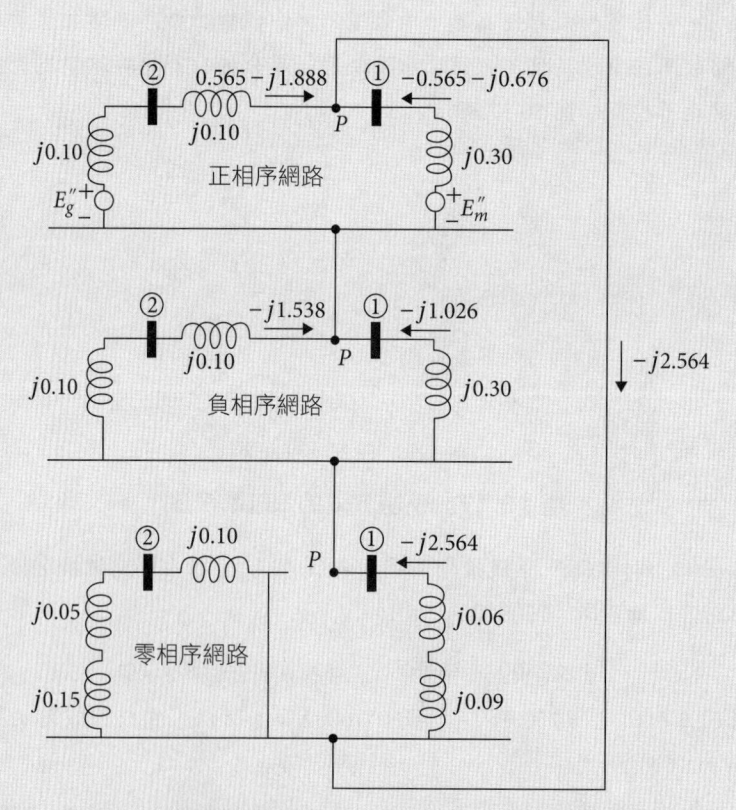

圖 10.18 例題 10.6 的相序網路連接。圖中標註 P 點發生單線接地故障時的次暫態電流，其中包含故障前電流

$$\frac{7,500,000}{\sqrt{3} \times 600} = 7217 \text{ A}$$

而電動機的實際電流為

$$\frac{746 \times 5000}{0.88 \times \sqrt{3} \times 600 \times 0.85} = 4798 \text{ A}$$

於故障發生前，電動機自 a 線路汲取的電流為

$$\frac{4798}{7217} \angle -\cos^{-1} 0.85 = 0.665 \angle -31.8° = 0.565 - j0.350 \text{ 標么}$$

如果不計故障前電流，圖 10.18 中的 E_g'' 與 E_m'' 都等於 $1.0 \angle 0°$。匯流排 ① 在每一個相序網路的戴維寧阻抗計算如下：

$$Z_{11}^{(1)} = Z_{11}^{(2)} = \frac{(j0.1 + j0.1)(j0.3)}{j(0.1 + 0.1 + 0.3)} = j0.12 \text{ 標么} \qquad Z_{11}^{(0)} = j0.15 \text{ 標么}$$

相序網路的串接故障電流為

$$I_{fa}^{(1)} = \frac{V_f}{Z_{11}^{(1)} + Z_{11}^{(2)} + Z_{11}^{(0)}} = \frac{1.0}{j0.12 + j0.12 + j0.15} = \frac{1.0}{j0.39} = -j2.564$$

$$I_{fa}^{(2)} = I_{fa}^{(0)} = I_{fa}^{(1)} = -j2.564 \text{ 標么}$$

故障電流為 $3I_{fa}^{(0)} = 3(-j2.564) = -j7.692$ 標么。在正相序網路中，從變壓器流向 P 點的 $I_{fa}^{(1)}$ 成分依分流可得

$$\frac{-j2.564 \times j0.30}{j0.50} = -j1.538 \text{ 標么}$$

從電動機流向 P 點的 $I_{fa}^{(1)}$ 成分為

$$\frac{-j2.564 \times j0.20}{j0.50} = -j1.026 \text{ 標么}$$

同樣地，源自於變壓器的 $I_{fA}^{(2)}$ 成分為 $-j1.538$ 標么，而電動機的 $I_{fA}^{(2)}$ 成分為 $-j1.026$。所有的 $I_{fa}^{(0)}$ 均由電動機流向 P 點。

故障時的線路電流下標未標示 f，分別為：

從變壓器至 P 點的電流標么值：

$$\begin{bmatrix} I_a \\ I_b \\ I_c \end{bmatrix} = \begin{bmatrix} 1 & 1 & 1 \\ 1 & \alpha^2 & \alpha \\ 1 & \alpha & \alpha^2 \end{bmatrix} \begin{bmatrix} 0 \\ -j1.538 \\ -j1.538 \end{bmatrix} = \begin{bmatrix} -j3.076 \\ -j1.538 \\ -j1.538 \end{bmatrix}$$

從電動機至 P 點的電流標么值：

$$\begin{bmatrix} I_a \\ I_b \\ I_c \end{bmatrix} = \begin{bmatrix} 1 & 1 & 1 \\ 1 & \alpha^2 & \alpha \\ 1 & \alpha & \alpha^2 \end{bmatrix} \begin{bmatrix} -j2.564 \\ -j1.026 \\ -j1.026 \end{bmatrix} = \begin{bmatrix} -j4.616 \\ j1.538 \\ j1.538 \end{bmatrix}$$

對於線路標示方式與圖 9.24(a) 相同，這樣 $I_A^{(1)}$ 與 $I_A^{(2)}$ 表示在變壓器高壓側的線路電流，而 $I_a^{(1)}$ 與 $I_a^{(2)}$ 表示低壓側線路電流，兩者關係如下：

$$I_A^{(1)} = I_a^{(1)} \angle 30° \quad I_A^{(2)} = I_a^{(2)} \angle -30°$$

因此，

$$I_A^{(1)} = (-j1.538)\angle 30° = 1.538 \angle -60° = 0.769 - j1.332$$
$$I_A^{(2)} = (-j1.538)\angle -30° = 1.538 \angle -120° = -0.769 - j1.332$$

從圖 10.18，我們發現在零相序網路內 $I_A^{(0)} = 0$。因為在變壓器高壓側並無零相序電流，可得

$$I_A = I_A^{(1)} + I_A^{(2)} = (0.769 - j1.332) + (-0.769 - j1.332) = -j2.664 \text{ 標么}$$
$$I_B^{(1)} = \alpha^2 I_A^{(1)} = (1\angle 240°)(1.538\angle -60°) = -1.538 + j0$$
$$I_B^{(2)} = \alpha I_A^{(2)} = (1\angle 120°)(1.538\angle -120°) = 1.538 + j0$$
$$I_B = I_B^{(1)} + I_B^{(2)} = 0$$
$$I_C^{(1)} = \alpha I_A^{(1)} = (1\angle 120°)(1.538\angle -60°) = 0.769 + j1.332$$
$$I_C^{(2)} = \alpha^2 I_A^{(2)} = (1\angle 240°)(1.538\angle -120°) = -0.769 + j1.332$$
$$I_C = I_C^{(1)} + I_C^{(2)} = j2.664 \text{ 標么}$$

如果全系統的電壓藉由電路分析求解，則系統每一點的電壓成分可以從相序網路的電流與電抗計算出來。首先變壓器高壓側的電壓成分在不考慮相位移情況下可以求得。然後，必須決定相位移的效應。

要求出變壓器兩側的基準電流，可將上述的標么電流轉換成安培即可。電動機電路的基準電流先前已求解過，且為 7217 A。高壓電路的基準電流為

$$\frac{7,500,000}{\sqrt{3} \times 4160} = 1041 \text{ A}$$

故障時之電流為

$$7.692 \times 7217 = 55,500 \text{ A}$$

介於變壓器與故障點間的線路電流為

在線路 a 上：$3.076 \times 7217 = 22,200$ A
在線路 b 上：$1.538 \times 7217 = 11,100$ A
在線路 c 上：$1.538 \times 7217 = 11,100$ A

介於電動機與故障點間的線路電流為

在線路 a 上：$4.616 \times 7271 = 33,300$ A
在線路 b 上：$1.538 \times 7217 = 11,100$ A
在線路 c 上：$1.538 \times 7217 = 11,100$ A

介於 4.16kV 匯流排與變壓器之間的線路電流為

在線路 a 上：$2.664 \times 1041 = 2773$ A

在線路 b 上：　　　　　0

在線路 c 上：$2.664 \times 1041 = 2773$ A

上述例子中所計算的電流為電動機在無載時發生單線接地故障所流動的電流。這些電流只有在電動機不汲取任何電流時才正確。此問題的陳述明確說明故障發生時的負載狀況。為了說明有負載的情況，會加入電動機經由 a 線路於故障發生前自變壓器流向 P 點的部分 $I_{fa}^{(1)}$ 電流，並減去與電動機流向 P 點的部分 $I_{fa}^{(1)}$ 相同電流。在 a 相中，自變壓器流向故障點的新正相序電流變成

$$0.565 - j0.350 - j1.538 = 0.565 - j1.888$$

而 a 相中，自電動機流向故障點的新正相序電流變成

$$-0.565 + j0.350 - j1.026 = -0.565 - j0.676$$

這些電流標示於圖 10.18 中。其餘計算依此例題步驟，利用新的數值加以計算。

圖 10.19 所示為當無負載情況下發生故障時，此系統各部分的次暫態電流標么值。

另一方面，圖 10.20 顯示當考慮指定負載，針對系統發生故障時的數值。

在較大之系統中，故障電流相較於負載電流大很多，忽略負載電流的影響會小於圖 10.19 與圖 10.20 所顯示的。然而，在較大系統中，由負載

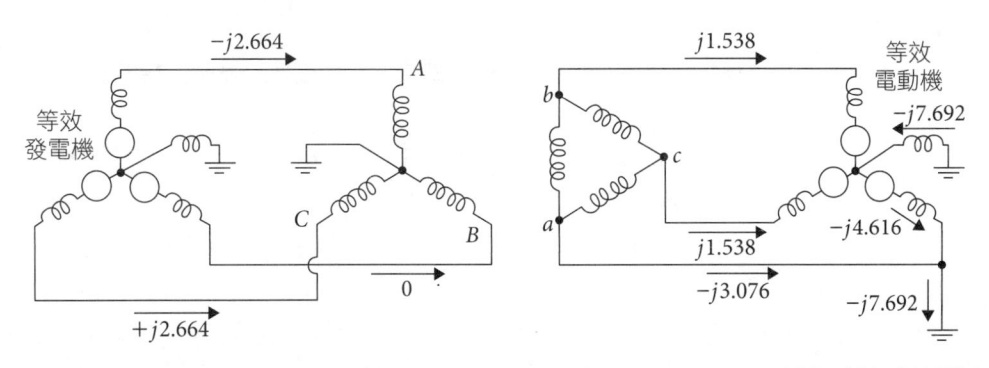

圖 10.19 例題 10.6 的系統中各部分的次暫態線路電流標么值，此系統忽略故障前電流

電力系統分析

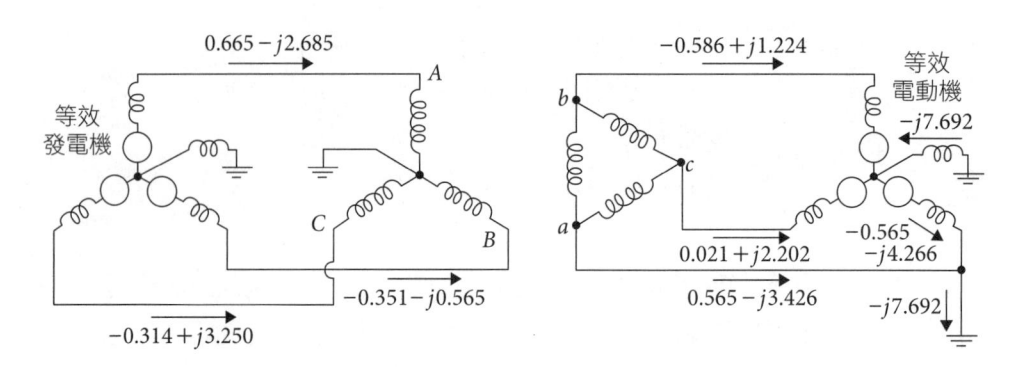

圖 10.20 例題 10.6 的系統中各部分的次暫態線路電流標么值，此系統考慮故障前電流

潮流研究所求出的故障前電流可以加到無負載狀態時所計算的故障電流內。

例題 10.7

圖 10.21 為一小型電力系統的單線圖。

請分析在點 P 發生之金屬單線接地故障。發電機與變壓器的額定與阻抗為

發電機：100 MVA，20 kV； $X''=X_2=20\%$，$X_0=4\%$，$X_n=5\%$

變壓器 T_1 與 T_2：100 MVA，20Δ/345Y kV； $X=10\%$

選擇輸電線電路中 100 MVA，345 kV 為基準，則線路電抗為

從 T_1 到 P：$X_1=X_2=20\%$，$X_0=50\%$

從 T_2 到 P：$X_1=X_2=10\%$，$X_0=30\%$

圖 10.21 例題 10.7 的系統單線圖，單線接地故障發生在 P 點

為了模擬此故障狀況，系統的相序網路以串聯方式連接，並標示標么電抗，如圖 10.22 所示。

試證明圖中所顯示的電流值，並繪製出完整的三相電路圖，並將電流以標么值標示。假設變壓器標上字母，以便於應用 (9.88) 式。

解： 由於開關 S 打開，因此故障前電流為零，且位於 P 點的 A 相開路電壓可視為參考電壓 $1.0+j0.0$ 標么。從故障點看進相序網路的阻抗為

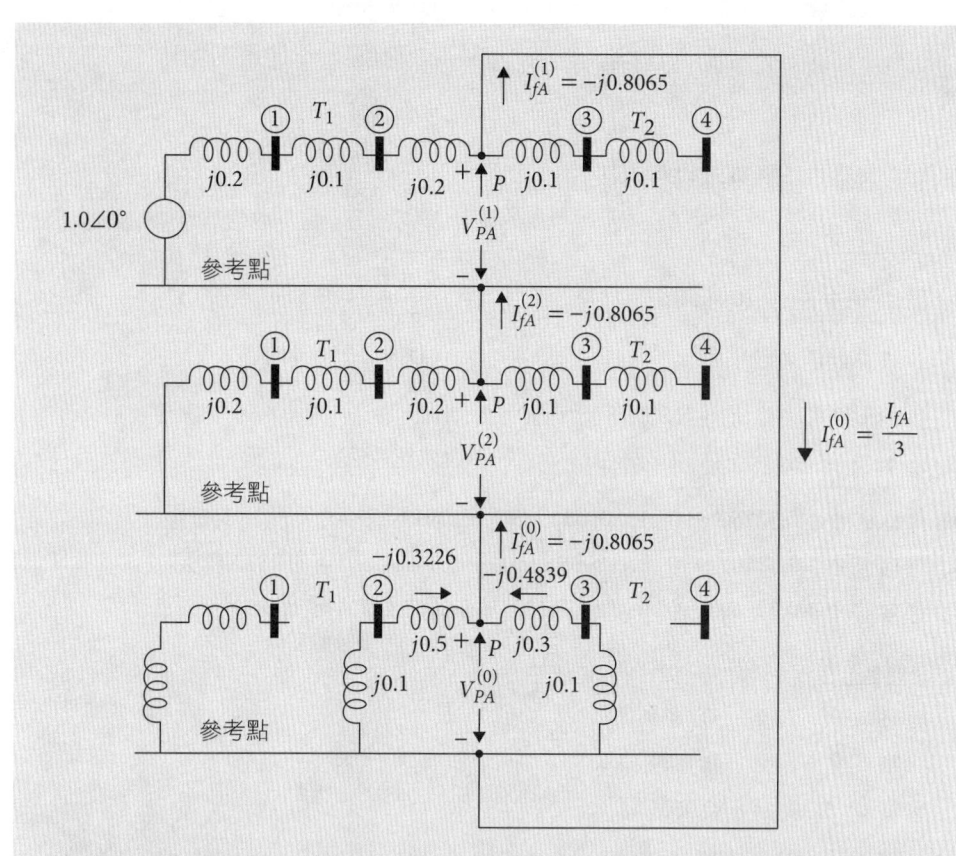

圖 10.22 圖 10.21 的系統相序網路連接，圖中模擬 P 點發生單線接地故障

$$Z_{pp}^{(0)} = \frac{(j0.6)(j0.4)}{j0.6 + j0.4} = j0.24 \text{ 標么}$$

$$Z_{pp}^{(1)} = Z_{pp}^{(2)} = j0.5 \text{ 標么}$$

位於 P 點 A 相斷枝上的相序電流為

$$I_{fA}^{(0)} = I_{fA}^{(1)} = I_{fA}^{(2)} = \frac{1.0 + j0.0}{j0.5 + j0.5 + j0.24} = -j0.8065 \text{ 標么}$$

故障發生時的總電流為

$$I_{fA} = 3I_{fA}^{(0)} = -j2.4195 \text{ 標么}$$

在 P 點 B 相的斷枝上可得

$$I_{fB}^{(1)} = \alpha^2 I_{fA}^{(1)} = 0.8065\angle(-90° + 240°) = 0.8065\angle 150°$$

$$I_{fB}^{(2)} = \alpha I_{fA}^{(1)} = 0.8065\angle(-90° + 120°) = 0.8065\angle 30°$$

$$I_{fB}^{(0)} = I_{fA}^{(0)} = 0.8065\angle -90°$$

$$I_{fB} = I_{fB}^{(0)} + I_{fB}^{(1)} + I_{fB}^{(2)} = 0$$

同樣地，在 P 與 C 相的斷枝上可得

$$I_{fC} = I_{fC}^{(0)} + I_{fC}^{(1)} + I_{fC}^{(2)} = 0$$

在零相序網路內的電流為：

從 T_1 至 P

$$I_A^{(0)} = \frac{j0.4}{j0.6 + j0.4}(0.8065\angle -90°)$$
$$= 0.3226 \angle -90° \text{ 標么}$$

從 T_2 至 P

$$I_A^{(0)} = \frac{j0.6}{j0.6 + j0.4}(0.8065\angle -90°)$$
$$= 0.4839 \angle -90° \text{ 標么}$$

在輸電線路上，電流為

從 T_1 至 P

線路 A 中：$0.3226\angle -90° + 0.8065\angle -90° + 0.8065\angle -90° = -j1.9356$ 標么

線路 B 中：$0.3226\angle -90° + 0.8065\angle 150° + 0.8065\angle 30° = j0.4839$ 標么

線路 C 中：$0.3226\angle -90° + 0.8065\angle 30° + 0.8065\angle 150° = j0.4839$ 標么

從 T_2 至 P

線路 A 中：$I_A = -j0.4839$ 標么

線路 B 中：$I_B = -j0.4839$ 標么

線路 C 中：$I_C = -j0.4839$ 標么

可以觀察到從 T_1 往線路 A、B 與 C 內流通電流的正相序、負相序與零相序成分，但只有零相序成分從 T_2 往這些線上流通。

在發電機內的電流為

$$I_a = I_a^{(0)} + I_a^{(1)} + I_a^{(2)} = 0 + 0.8065\angle(-90° - 30°) + 0.8065\angle(-90° + 30°) = -j1.3969$$

$$I_b = I_a^{(0)} + \alpha^2 I_a^{(1)} + \alpha I_a^{(2)} = 0 + 0.8065\angle(-120° + 240°) + 0.8065\angle(-60° + 120°)$$
$$= j1.3969$$

$$I_c = I_a^{(0)} + \alpha I_a^{(1)} + \alpha^2 I_a^{(2)} = 0 + 0.8065\angle(-120° + 120°) + 0.8065\angle(-60° + 240°) = 0$$

圖 10.23 的三相電路圖顯示所有的標么電流。

從這些圖中，我們注意到：

- 線路標上字母與標記極性，以致於可應用 (9.88) 式。
- 斷枝連接至故障點的每一條線路。
- 針對單線接地故障，斷枝電流 $I_B = I_C = 0$，但斷枝內之電流值 $I_B^{(0)}$、$I_B^{(1)}$、$I_B^{(2)}$、$I_C^{(0)}$、$I_C^{(1)}$ 及 $I_C^{(2)}$ 不為零。
- 故障電流從斷枝 A 流出，然後部分至 T_1，部分至 T_2。
- 在發電機內，只有正相序與負相序電流流動。
- 在 T_2 的 Y 繞組內，只有零相序電流流動。

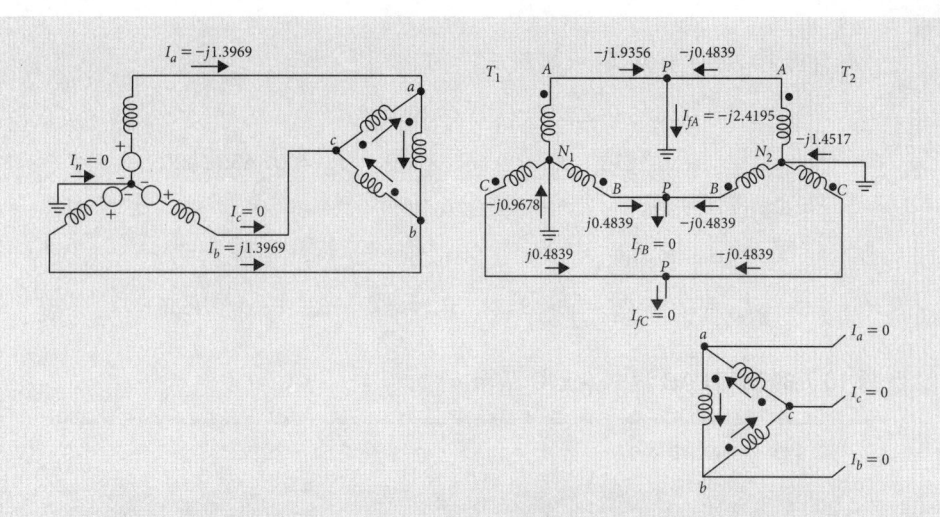

圖 10.23 圖 10.21 的系統中於 P 點發生單線接地故障時的電流潮流

- 在 T_1 的 Δ 繞組內，每一相繞組只包含正相序及負相序電流成分。這些成分顯示於圖 10.24 中。

$I_a = 1.3969\angle -90°$
$I_{ca}^{(0)} = 0$
$I_{ca}^{(1)} = 0.4656\angle 30°$
$I_{ca}^{(2)} = 0.4656\angle 150°$
$I_{ca} = 0.4656\angle 90°$

$I_c = 0$
$I_{bc}^{(0)} = 0$
$I_{bc}^{(1)} = 0.4656\angle 150°$
$I_{bc}^{(2)} = 0.4656\angle 30°$
$I_{bc} = 0.4656\angle 90°$

$I_b = 1.3969\angle 90°$

$I_{ab}^{(0)} = 0$
$I_{ab}^{(1)} = 0.4656\angle -90°$
$I_{ab}^{(2)} = 0.4656\angle -90°$
$I_{ab} = 0.9312\angle -90°$

$I_A = 1.9356\angle -90°$
$I_A^{(0)} = 0.3226\angle -90°$
$I_A^{(1)} = 0.8065\angle -90°$
$I_A^{(2)} = 0.8065\angle -90°$

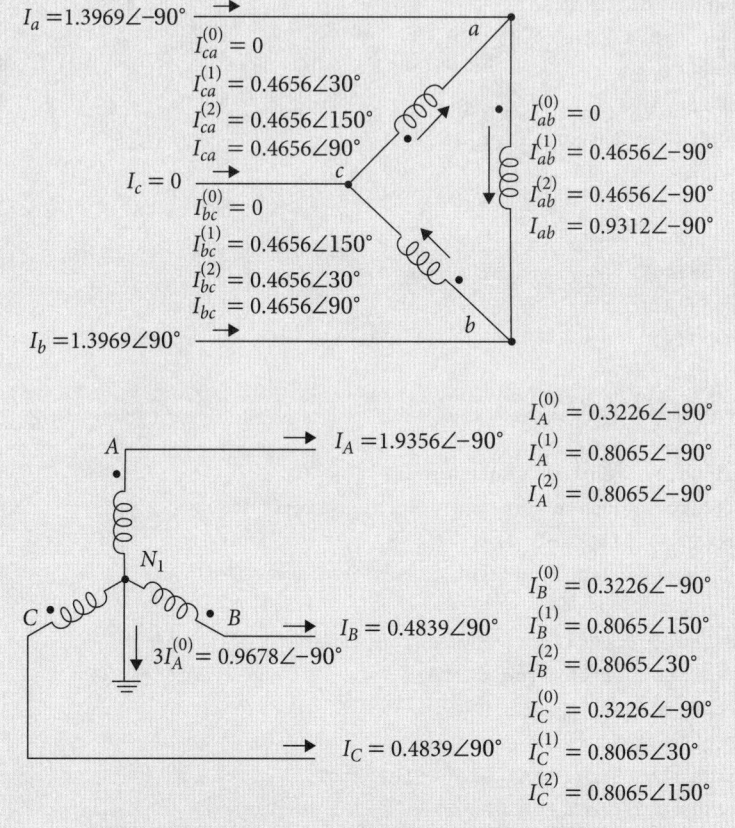

$3I_A^{(0)} = 0.9678\angle -90°$
$I_B = 0.4839\angle 90°$
$I_B^{(0)} = 0.3226\angle -90°$
$I_B^{(1)} = 0.8065\angle 150°$
$I_B^{(2)} = 0.8065\angle 30°$

$I_C = 0.4839\angle 90°$
$I_C^{(0)} = 0.3226\angle -90°$
$I_C^{(1)} = 0.8065\angle 30°$
$I_C^{(2)} = 0.8065\angle 150°$

圖 10.24 圖 10.23 的變壓器內之電流對稱成分

針對圖 10.24 參考 (9.20) 式與圖 9.5，可得

$$I_a^{(1)} = 0.8065\angle-120° = (\sqrt{3}\angle-30°)I_{ab}^{(1)}$$

$$I_{ab}^{(1)} = -j0.4656, \quad I_{bc}^{(1)} = 0.4656\angle150°, \quad I_{ca}^{(1)} = 0.4656\angle30°$$

$$I_a^{(2)} = 0.8065\angle-60° = (\sqrt{3}\angle30°)I_{ab}^{(2)}$$

$$I_{ab}^{(2)} = -j0.4656, \quad I_{bc}^{(2)} = 0.4656\angle30°, \quad I_{ca}^{(2)} = 0.4656\angle150°$$

此外，$\quad I_{ab} = I_{ab}^{(1)} + I_{ab}^{(2)} = -j0.9312, \quad I_{bc} = j0.4656, \quad I_{ca} = j0.4656$

例題 10.7 的 MATLAB 程式 (ex10_7.m)

```
%Clean previous value
clc
clear all
%Initial value
Vf=complex(1,0);
Zpp_0=complex(0,0.24);
Zpp_1=complex(0,0.5);
a=cosd(120)+sind(120)*i
%Caulate fault current
Zpp_0=0.6*0.4/(0.6+0.4)*i
Zpp_1=0.5i
Zpp_2=Zpp_1
IfA1=Vf/(Zpp_0+Zpp_1+Zpp_2)
IfA0=IfA1
IfA2=IfA1
IfA=3*IfA0
%Find point P' current of phase B
IfB1=a^2*IfA1
IfB2=a*IfA2
IfB0=IfA0
IfB=IfB0+IfB1+IfB2
IfC=0
%Caculate current in sequence 0
disp('Zero sequence current,Toward P from T1:')
IA0_PtoT1=0.4/(0.4+0.6)*IfA0
disp('Zero sequence current,Toward P from T2:')
Ia0_PtoT2=0.6/(0.4+0.6)*IfA0
%Find the current in transmission line
disp('Transmission line current:')
IA1_PtoT1=IfA1
IA2_PtoT1=IfA2
IA_PtoT1=IA0_PtoT1+IA1_PtoT1+IA2_PtoT1
IB_PtoT1=IA0_PtoT1+IA1_PtoT1*a^2+IA2_PtoT1*a
IC_PtoT1=IA0_PtoT1+IA1_PtoT1*a+IA2_PtoT1*a^2
```

```
IA_PtoT2=Ia0_PtoT2
IB_PtoT2=Ia0_PtoT2
IC_PtoT2=Ia0_PtoT2
%Current of generator
disp('Generator current:')
Ia_012=[0; IfA1*(cosd(-30)+sind(-30)*i);
IfA2*(cosd(30)+sind(30)*i)];
Ia=Ia_012(1,1)+Ia_012(2,1)+Ia_012(3,1)
Ib=Ia_012(1,1)+Ia_012(2,1)*a^2+Ia_012(3,1)*a
Ic=Ia_012(1,1)+Ia_012(2,1)*a+Ia_012(3,1)*a^2
```

10.6 導體斷開故障

當平衡三相電路中的一相斷開時，不平衡狀況便產生，且會有非對稱電流流動。當三相中的兩相斷開，而第三相保持投入時，會發生一種類似不平衡的型式。這些不平衡狀況之肇因，有如當一條輸電線路的一相或二相導體因意外或暴風雪而完全斷開。在其他電路上，由於電流過載，保險絲或其他開關裝置可能在一個或兩個導體中動作，而在其他導體中開啟失敗。這種導體斷開故障，可以利用我們現在要說明的相序網路之匯流排阻抗矩陣來分析。

圖 10.25 敘述三相電路的一部分，其中在個別相的線路電流為 I_a、I_b 及 I_c，而正方向如其所示從匯流排 ⓜ 到匯流排 ⓝ。

圖 10.25(a) 中 a 相在 p 點與 p' 點之間斷開，而圖 10.25(b) 中的 b 相與 c 相在介於相同的兩個點之間斷開。如果所有三相在 p 點與 p' 點之間第一次斷開，將造成相同的導體斷開故障，而短路發生在那些相位中，如圖 10.25 中的閉合所表示。後續推展均遵循此推論。

三相斷開與完全移除線路 ⓜ-ⓝ 是相同的，然後再從匯流排 ⓜ 及 ⓝ 到 p 點與 p' 加入適當的阻抗。如果線路 ⓜ-ⓝ 的相序阻抗為 Z_0、Z_1 及 Z_2，我們可以在整個系統的三個相序網路之相對應戴維寧等效中的匯流排 ⓜ 與 ⓝ 之間加入負阻抗 $-Z_0$、$-Z_1$ 及 $-Z_2$ 來模擬三相開路。

以圖 10.26(a) 作為例子，其中顯示 $-Z_1$ 連接到正相序戴維寧等效的匯流排 ⓜ 與 ⓝ 之間。所顯示的阻抗為整個系統內正相序匯流排阻抗矩陣 $\mathbf{Z}_{bus}^{(1)}$ 之元素 $Z_{mm}^{(1)}$、$Z_{nn}^{(1)}$ 及 $Z_{mn}^{(1)}=Z_{nm}^{(1)}$，而 $Z_{th,mn}=Z_{mm}^{(1)}+Z_{nn}^{(1)}-2Z_{mn}^{(1)}$ 為匯流排

圖 10.25 所選擇的三相系統在匯流排 ⓜ 到 ⓝ 之間發生導體斷開故障：介於 p 點與 p' 之間 (a) 導體 a 斷開、(b) 導體 b 及 c 斷開

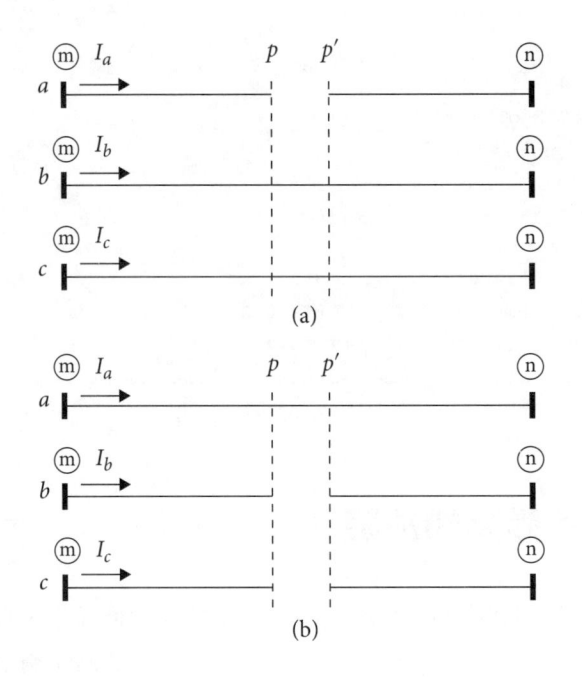

ⓜ 與 ⓝ 之間相對應的戴維寧阻抗。

電壓 V_m 與 V_n 為 a 相在匯流排 ⓜ 與 ⓝ 於導體發生斷開故障前的正常電壓（正相序電壓）。如圖所示，所加入的正相序阻抗 kZ_1 與 $(1-k)Z_1$，其中 $0 \leq k \leq 1$ 分別代表在線路 ⓜ-ⓝ 從匯流排 ⓜ 至點 p 及匯流排 ⓝ 至點 p' 斷開部分的長度。為了使用方便的標記法，令電壓 $V_a^{(1)}$ 表示各相導體中從 p 至 p' 之壓降 $V_{pp',a}$、$V_{pp',b}$ 及 $V_{pp',c}$ 的 a 相正相序成分。我們立即就可以看到 $V_a^{(1)}$ 及相對應負相序與零相序成分 $V_a^{(2)}$ 與 $V_a^{(0)}$，會依照所考慮發生斷開故障的導體而有不同的電壓值。

藉由電源轉換，可以用圖 10.26(b) 所示的電流 $V_a^{(1)}/Z_1$ 與阻抗 Z_1 並聯來代替圖 10.26(a) 所示的電壓降 $V_a^{(1)}$ 與阻抗 $[kZ_1 + (1-k)Z_1]$ 串聯。後圖中 $-Z_1$ 與 Z_1 的並聯組合可被取消，如圖 10.26(c) 所示。

上述針對正相序網路所考慮的情況也可以直接應用在負相序與零相序網路，惟需切記後兩種網路不包括它們自己任何的內部電源。在繪製圖 10.27 的負相序與零相序等效電路時，要了解電流 $V_a^{(2)}/Z_2$ 與 $V_a^{(0)}/Z_0$ 與圖 10.26(c) 的電流 $V_a^{(1)}/Z$ 很像，這要歸因於在系統內的導體斷開故障。

如果沒有開路導體，電壓 $V_a^{(1)}$、$V_a^{(2)}$ 及 $V_a^{(0)}$ 均為零且電流源消失。從此圖可以明顯地看出，每一個相序電流 $V_a^{(0)}/Z_0$、$V_a^{(1)}/Z_1$ 及 $V_a^{(2)}/Z_2$ 可被視為依序注入整個系統相對應相序網路的匯流排 ⓜ 與 ⓝ。因此，我們可以

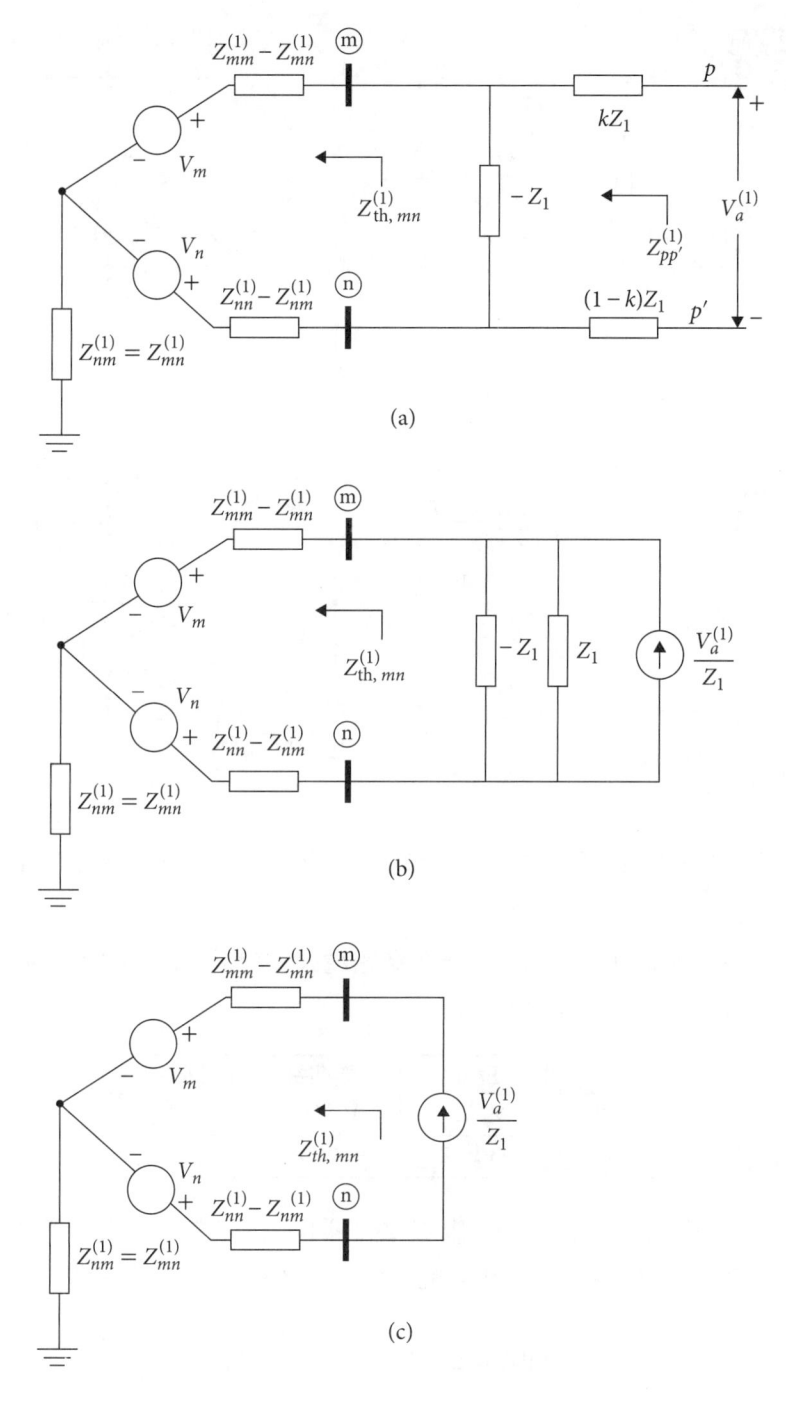

圖 10.26 模擬點 p 至 p' 之間的線路 ⓜ-ⓝ 從發生斷開故障；(a) 連接至系統正相序戴維寧等效；(b) 電源轉換；(c) 合成的等效電路

利用系統中一般結構的匯流排阻抗矩陣 $\mathbf{Z}_{\text{bus}}^{(0)}$、$\mathbf{Z}_{\text{bus}}^{(1)}$ 及 $\mathbf{Z}_{\text{bus}}^{(2)}$ 來求解因導體開路故障所造成的電壓改變。然而首先我們必須找出針對圖 10.25 所示的每一種故障型式，跨接在故障點 p 與 p' 的電壓降之對稱成分 $V_a^{(0)}$、$V_a^{(1)}$ 及

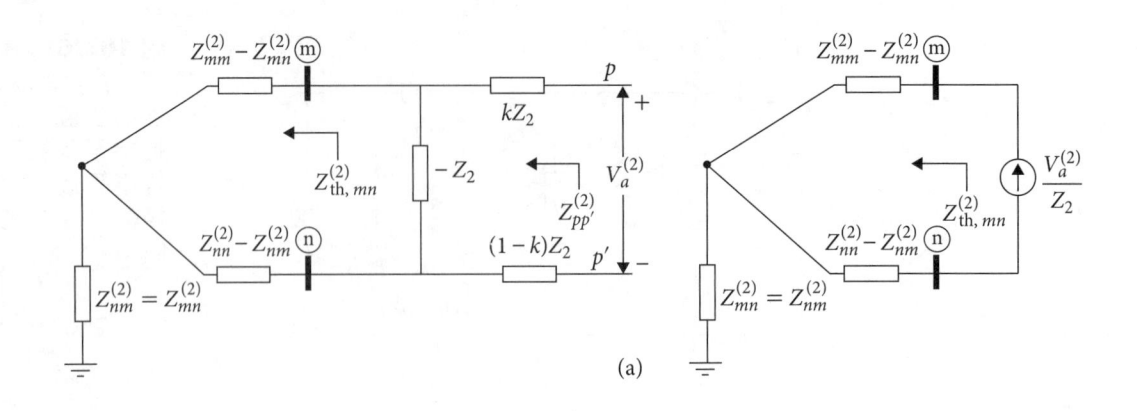

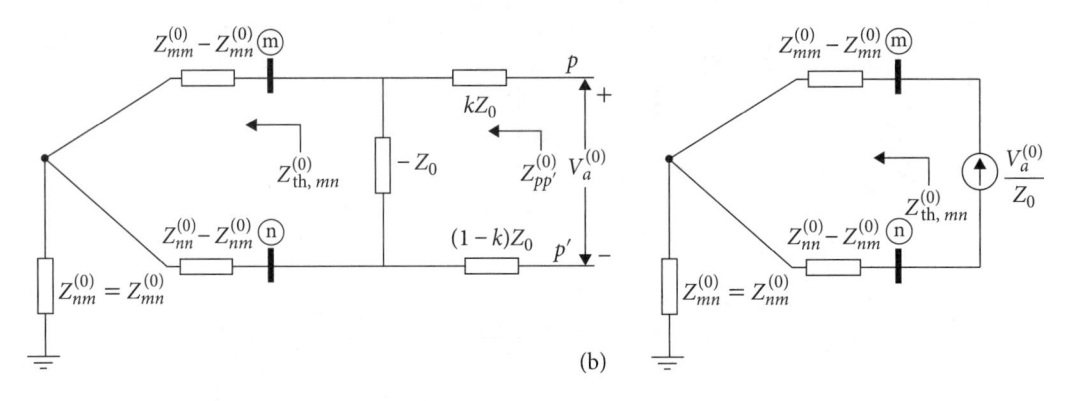

圖 10.27 模擬線路 ⓜ-ⓝ 在點 p 與 p' 之間的開路：(a) 負相序與 (b) 零相序等效電路

$V_a^{(2)}$。這些電壓降可被視為引起下列各組注入一般系統結構的相序網路之電流，如圖 10.26 及圖 10.27 所示。

	正相序	負相序	零相序
在匯流排 ⓜ	$V_a^{(1)}/Z_1$	$V_a^{(2)}/Z_2$	$V_a^{(0)}/Z_0$
在匯流排 ⓝ	$-V_a^{(1)}/Z_1$	$-V_a^{(2)}/Z_2$	$-V_a^{(0)}/Z_0$

將匯流排阻抗矩陣 $\mathbf{Z}_{bus}^{(0)}$、$\mathbf{Z}_{bus}^{(1)}$ 及 $\mathbf{Z}_{bus}^{(2)}$ 乘以只包含這些注入電流之電流向量，可得出下列每個匯流排 ⓘ 的 a 相電壓之對稱成分的變化：

$$\text{零相序：} \Delta V_i^{(0)} = \frac{Z_{im}^{(0)} - Z_{in}^{(0)}}{Z_0} V_a^{(0)}$$

$$\text{正相序：} \Delta V_i^{(1)} = \frac{Z_{im}^{(1)} - Z_{in}^{(1)}}{Z_1} V_a^{(1)} \qquad (10.27)$$

$$\text{負相序：} \Delta V_i^{(2)} = \frac{Z_{im}^{(2)} - Z_{in}^{(2)}}{Z_2} V_a^{(2)}$$

在針對每一種導體開路故障推導 $V_a^{(0)}$、$V_a^{(1)}$ 及 $V_a^{(2)}$ 的方程式之前,先讓我們針對相序網路的戴維寧等效阻抗推導出表示式,如同從故障點 p 與 p' 所看到的。從圖 10.26(a) 介於點 p 至 p' 之間的正相序網路,可看出阻抗 $Z_{pp'}^{(1)}$

$$Z_{pp'}^{(1)} = kZ_1 + \frac{Z_{\text{th},mn}^{(1)}(-Z_1)}{Z_{\text{th},mn}^{(1)} - Z_1} + (1-k)Z_1 = \frac{-Z_1^2}{Z_{\text{th},mn}^{(1)} - Z_1} \quad (10.28)$$

藉由分壓法可求得 p 至 p' 的開路電壓:

$$\text{從 } p \text{ 至 } p' \text{ 的開路電壓} = \frac{-Z_1}{Z_{\text{th},mn}^{(1)} - Z_1}(V_m - V_n) = \frac{Z_{pp'}^{(1)}}{Z_1}(V_m - V_n) \quad (10.29)$$

在任何導體開路以前,在線路 ⓜ-ⓝ 的 a 相電流 I_{mn} 為正相序,且

$$I_{mn} = \frac{V_m - V_n}{Z_1} \quad (10.30)$$

將此表示式代入 (10.29) 式的 I_{mn},可得

$$\text{從 } p \text{ 至 } p' \text{ 的開路電壓} = I_{mn}Z_{pp'}^{(1)} \quad (10.31)$$

圖 10.28(a) 顯示在點 p 與 p' 之間產生的正相序等效電路。

類似於 (10.28) 式,可得

$$Z_{pp'}^{(2)} = \frac{-Z_2^2}{Z_{\text{th},mn}^{(2)} - Z_2} \quad \text{及} \quad Z_{pp'}^{(0)} = \frac{-Z_0^2}{Z_{\text{th},mn}^{(0)} - Z_0} \quad (10.32)$$

圖 10.28(b) 與圖 10.28(c) 分別為介於點 p 與 p' 之間的負相序及零相序阻抗。現在可繼續推導相序電壓降 $V_a^{(0)}$、$V_a^{(1)}$ 及 $V_a^{(2)}$ 的表示式。

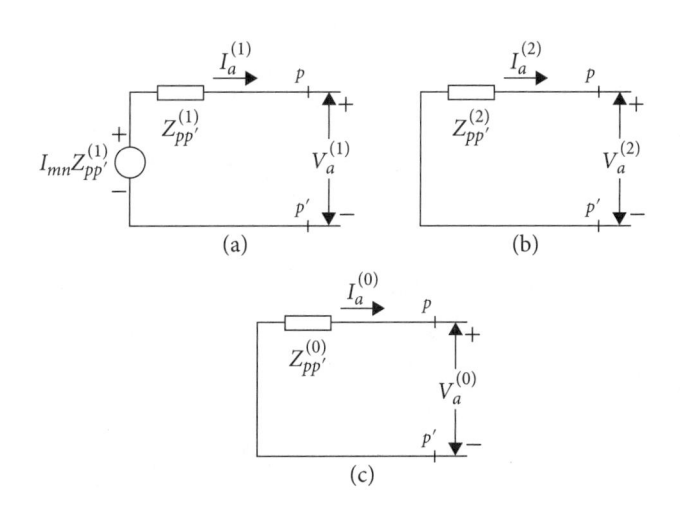

圖 10.28 系統介於 p 與 p' 之間的:(a) 正相序;(b) 負相序及 (c) 零相序等效電路

一條開路導體

讓我們考慮如圖 10.25(a) 的一條開路導體。由於開路發生在 a 相，電流 $I_a=0$，且

$$I_a^{(0)} + I_a^{(1)} + I_a^{(2)} = 0 \tag{10.33}$$

其中 $I_a^{(0)}$、$I_a^{(1)}$ 及 $I_a^{(2)}$ 是從 p 到 p' 的線路電流 I_a、I_b 及 I_c 之對稱成分。因為 b 相與 c 相是閉合的，可得電壓降

$$V_{pp',b} = 0 \qquad V_{pp',c} = 0 \tag{10.34}$$

將跨接故障點的串聯電壓降分解為對稱成分，可得

$$\begin{bmatrix} V_a^{(0)} \\ V_a^{(1)} \\ V_a^{(2)} \end{bmatrix} = \frac{1}{3} \begin{bmatrix} 1 & 1 & 1 \\ 1 & \alpha & \alpha^2 \\ 1 & \alpha^2 & \alpha \end{bmatrix} \begin{bmatrix} V_{pp',a} \\ 0 \\ 0 \end{bmatrix} = \frac{1}{3} \begin{bmatrix} V_{pp',a} \\ V_{pp',a} \\ V_{pp',a} \end{bmatrix} \tag{10.35}$$

也就是

$$V_a^{(0)} = V_a^{(1)} = V_a^{(2)} = \frac{V_{pp',a}}{3} \tag{10.36}$$

此方程式說明了當 a 相中的導體開路時，導致每一個相序網路中從 p 到 p' 出現相同的電壓降。可以藉由在點 p 到 p' 將相序網路的戴維寧等效並聯連接，如圖 10.29 所示，來滿足此需求及 (10.33) 式的要件。

從此圖可獲得正相序電流 $I_a^{(1)}$ 的表示為

$$\begin{aligned} I_a^{(1)} &= I_{mn} \frac{Z_{pp'}^{(1)}}{Z_{pp'}^{(1)} + \dfrac{Z_{pp'}^{(2)} Z_{pp'}^{(0)}}{Z_{pp'}^{(2)} + Z_{pp'}^{(0)}}} \\ &= I_{mn} \frac{Z_{pp'}^{(1)}(Z_{pp'}^{(2)} + Z_{pp'}^{(0)})}{Z_{pp'}^{(0)} Z_{pp'}^{(1)} + Z_{pp'}^{(1)} Z_{pp'}^{(2)} + Z_{pp'}^{(2)} Z_{pp'}^{(0)}} \end{aligned} \tag{10.37}$$

圖 10.29 模擬點 p 與 p' 之間的 a 相開路系統之相序網路連接

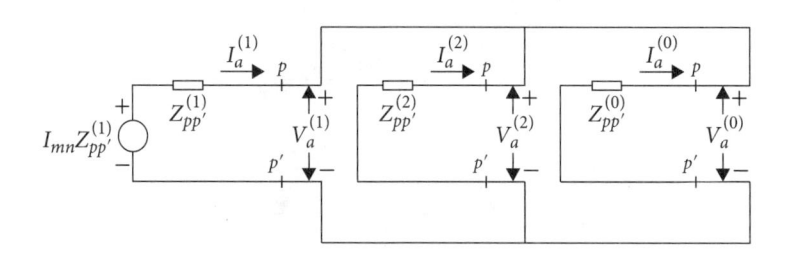

從圖 10.29 可求得相序電壓降 $V_a^{(0)}$、$V_a^{(1)}$ 及 $V_a^{(2)}$ 為

$$V_a^{(0)} = V_a^{(2)} = V_a^{(1)} = I_a^{(1)} \frac{Z_{pp'}^{(2)} Z_{pp'}^{(0)}}{Z_{pp'}^{(2)} + Z_{pp'}^{(0)}}$$

$$= I_{mn} \frac{Z_{pp'}^{(0)} Z_{pp'}^{(1)} Z_{pp'}^{(2)}}{Z_{pp'}^{(0)} Z_{pp'}^{(1)} + Z_{pp'}^{(1)} Z_{pp'}^{(2)} + Z_{pp'}^{(2)} Z_{pp'}^{(0)}} \quad (10.38)$$

此方程式右手邊的表示式是由相序網路的阻抗參數與線路 ⓜ-ⓝ 的 a 相故障前電流而來的。因此，注入相對應相序網路的電流 $V_a^{(0)}/Z_0$、$V_a^{(1)}/Z_1$ 及 $V_a^{(2)}/Z_2$ 可由 (10.38) 式求得。

兩條開路導線

當兩條導線開路時，如圖 10.25(b) 所示，會發生 (10.33) 式及 (10.34) 式 2 倍的故障情形，也就是

$$V_{pp',a} = V_a^{(0)} + V_a^{(1)} + V_a^{(2)} = 0 \quad (10.39)$$

$$I_b = 0 \quad I_c = 0 \quad (10.40)$$

將線路電流分解成對稱成分，可得

$$I_a^{(0)} = I_a^{(1)} = I_a^{(2)} = \frac{I_a}{3} \quad (10.41)$$

(10.39) 式與 (10.41) 式均滿足介於點 p 與 p' 之間，負相序與零相序網路的戴維寧等效之串聯連接，如圖 10.30 所示。

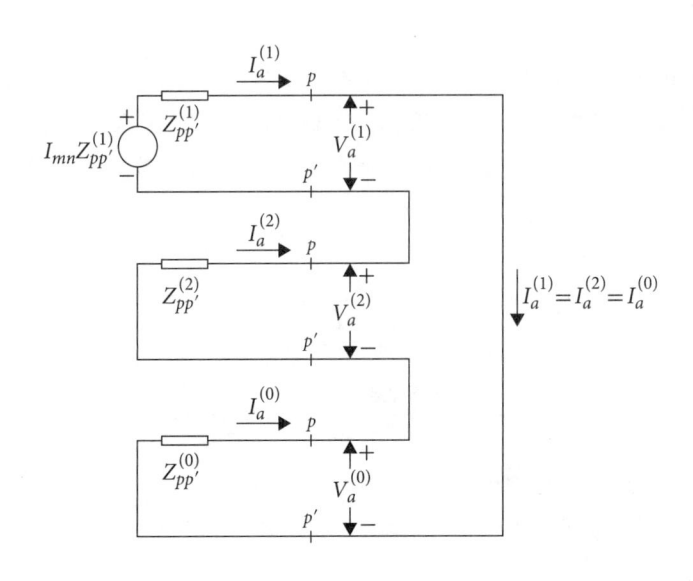

圖 10.30 模擬點 p 與 p' 之間的 b 相及 c 相開路時，系統相序網路連接

現在相序電流可表示為

$$I_a^{(0)} = I_a^{(1)} = I_a^{(2)} = I_{mn} \frac{Z_{pp'}^{(1)}}{Z_{pp'}^{(0)} + Z_{pp'}^{(1)} + Z_{pp'}^{(2)}} \quad (10.42)$$

其中 I_{mn} 仍然是在 b 相與 c 相發生開路前，線路 ⓜ-ⓝ 的 a 相故障前電流。相序電壓降為

$$\begin{aligned}
V_a^{(1)} &= I_a^{(1)}(Z_{pp'}^{(2)} + Z_{pp'}^{(0)}) = I_{mn} \frac{Z_{pp'}^{(1)}(Z_{pp'}^{(2)} + Z_{pp'}^{(0)})}{Z_{pp'}^{(1)} + Z_{pp'}^{(2)} + Z_{pp'}^{(0)}} \\
V_a^{(2)} &= -I_a^{(2)} Z_{pp'}^{(2)} \qquad\qquad = I_{mn} \frac{-Z_{pp'}^{(1)} Z_{pp'}^{(2)}}{Z_{pp'}^{(1)} + Z_{pp'}^{(2)} + Z_{pp'}^{(0)}} \\
V_a^{(0)} &= -I_a^{(0)} Z_{pp'}^{(0)} \qquad\qquad = I_{mn} \frac{-Z_{pp'}^{(1)} Z_{pp'}^{(0)}}{Z_{pp'}^{(1)} + Z_{pp'}^{(2)} + Z_{pp'}^{(0)}}
\end{aligned} \quad (10.43)$$

每個方程式右邊的表示式是在故障發生前即已知。因此，(10.38) 式可用來估計當發生導體開路時，介於故障點 p 與 p' 之間的電壓降對稱成分，而當兩導體開路故障時，(10.43) 式能以類似的方式使用。

在正相序網路上導體開路的淨效應，是增加跨接在發生導體開路故障的線路之轉移阻抗。針對一個導體開路，阻抗的增加等於點 p 與 p' 之間負相序與零相序網路的並聯組合；針對兩個導體開路，阻抗的增加等於點 p 與 p' 之間負相序與零相序網路的串聯組合。

例題 10.8

在圖 10.5 的系統中，將電機 2 視為一台電動機，其驅動負載等效為 50 MVA，0.8 落後因數，且匯流排 ③ 的標稱系統電壓為 345 kV。試求當輸電線路歷經下列情形時，匯流排 ③ 的電壓變化：(a) 一個導體開路故障；(b) 沿著匯流排 ②-③ 之間發生兩導體開路故障。選擇輸電線路的 100 MVA，345 kV 為基準值。

解： 例題 10.1 中所列之所有標么參數均適用於此例。選擇匯流排 ③ 的電壓為 $1.0+j0.0$ 標么，可計算出線路 ②-③ 的故障前電流如下：

$$I_{23} = \frac{P - jQ}{V_3^*} = \frac{0.5(0.8 - j0.6)}{1.0 + j0.0} = 0.4 - j0.3 \text{ 標么}$$

圖 10.6 的相序網路顯示線路 ②-③ 具有下列參數

$$Z_1 = Z_2 = j0.15 \text{ 標么} \qquad Z_0 = j0.5 \text{ 標么}$$

匯流排阻抗矩陣 $\mathbf{Z}_{\text{bus}}^{(0)}$ 與 $\mathbf{Z}_{\text{bus}}^{(1)} = \mathbf{Z}_{\text{bus}}^{(2)}$ 亦可見於例題 10.1。指定線路上的開路點為 p 與 p'，我們可從 (10.28) 式與 (10.23) 式算出

$$Z_{pp'}^{(1)} = Z_{pp'}^{(2)} = \frac{-Z_1^2}{Z_{22}^{(1)} + Z_{33}^{(1)} - 2Z_{23}^{(1)} - Z_1}$$

$$= \frac{-(j0.15)^2}{j0.1696 + j0.1696 - 2(j0.1104) - j0.15} = j0.7120 \text{ 標么}$$

$$Z_{pp'}^{(0)} = \frac{-Z_0^2}{Z_{22}^{(0)} + Z_{33}^{(0)} - 2Z_{23}^{(0)} - Z_0}$$

$$= \frac{-(j0.50)^2}{j0.08 + j0.58 - 2(j0.08) - j0.50} = \infty$$

因此，如果線路從匯流排 ② 至匯流排 ③ 為開路，則從開路的 p 及 p' 之間看進零相序網路的阻抗為無限大。圖 10.6(b) 可證明此事實，這是因為匯流排 ② 與匯流排 ③ 之間開路，造成匯流排 ③ 與參考匯流排隔離。

一條開路導體

於此例中 (10.38) 式變成

$$V_a^{(0)} = V_a^{(2)} = V_a^{(1)} = I_{23} \frac{Z_{pp'}^{(1)} Z_{pp'}^{(2)}}{Z_{pp'}^{(1)} + Z_{pp'}^{(2)}}$$

$$= (0.4 - j0.3) \frac{(j0.7120)(j0.7120)}{j0.7120 + j0.7120}$$

$$= 0.1068 + j0.1424 \text{ 標么}$$

而從 (10.27) 式可計算出匯流排 ③ 電壓的對稱成分：

$$\Delta V_3^{(1)} = \Delta V_3^{(2)} = \frac{Z_{32}^{(1)} - Z_{33}^{(1)}}{Z_1} V_a^{(1)} = \left(\frac{j0.1104 - j0.1696}{j0.15} \right)(0.1068 + j0.1424)$$

$$= -0.0422 - j0.0562 \text{ 標么}$$

$$\Delta V_3^{(0)} = \frac{Z_{32}^{(0)} - Z_{33}^{(0)}}{Z_0} V_a^{(0)} = \left(\frac{j0.08 - j0.58}{j0.50} \right)(0.1068 + j0.1424)$$

$$= -0.1068 - j0.1424 \text{ 標么}$$

$$\Delta V_3 = \Delta V_3^{(0)} + \Delta V_3^{(1)} + \Delta V_3^{(2)} = -0.1068 - j0.1424 - 2(0.0422 + j0.0562)$$

$$= -0.1912 - j0.2548 \text{ 標么}$$

因為匯流排 ③ 的故障前電壓等於 $1.0 + j0.0$，則匯流排 ③ 的新電壓為

$$V_{3, \text{new}} = V_3 + \Delta V_3 = (1.0 + j0.0) + (-0.1912 - j0.2548)$$

$$= 0.8088 - j0.2548 = 0.848 \angle -17.5° \text{ 標么}$$

兩條開路導體

將零相序網路的無限大阻抗串聯插入正相序網路的點 p 及 p' 之間，將造成後

者開路。系統中電力轉換無法發生——事實證明在此種情況因為零相序網路無法提供電流的回路，所以電力無法在輸電線路只有一相導體時轉換。

例題 10.8 的 MATLAB 程式 (ex10_8.m)

```
%Clean previous value
clc
clear all
%Initial value
Z1=0.15i;
Z2=Z1;
Z0=0.5i;
Z22_1=0.1696i;
Z33_1=0.1696i;
Z23_1=0.1104i;
Z22_0=0.08i;
Z33_0=0.58i
Z23_0=0.08i;
PF=0.8;
disp('Choose a base of 100MVA, 345kV in the transmission line')
S=50/100
V3=1+0i
I23=0.5*(cosd(acosd(PF))-sind(acosd(PF))*i)/V3
%Design the open-circuit point of the line as p and q
Zpq_1=-(Z1^2)/(Z22_1+Z33_1-2*Z23_1-Z1)
Zpq_2=Zpq_1
Zpq_0=-(Z0^2)/(Z22_0+Z33_0-2*Z23_0-Z0)
disp('One open conductor')
Va_0=I23*Zpq_1*Zpq_2/(Zpq_1+Zpq_2)
Va_1=Va_0
Va_2=Va_0
dV3_1=(Z23_1-Z33_1)/Z1*Va_1
dV3_2=dV3_1
dV3_0=(Z23_0-Z33_0)/Z0*Va_0
disp('The change in voltage at bus 3')
dV3=dV3_1+dV3_2+dV3_0
V3_new=V3+dV3
```

10.7 總結

　　如圖 10.2 所示，如果正相序網路的電動勢被短路所取代，則介於故障匯流排 ⓚ 與參考匯流排之間的阻抗，為電力系統針對故障所推導方程式中的正相序阻抗 $Z_{kk}^{(1)}$，且為匯流排 ⓚ 與參考節點之間電路的戴維寧等

效之串聯阻抗。因此，我們可以將 $Z_{kk}^{(1)}$ 視為沒有電動勢存在時的單一阻抗，或是整個正相序網路中於匯流排 ⓚ 與參考點之間的阻抗。

如果電壓 V_f 與此修正過的正相序網路串聯，電路圖如圖 10.2(e) 所示，此為原始正相序網路的戴維寧等效。圖 10.2 所示的電路為其原始網路中匯流排 ⓚ 與參考節點之間唯一與任何外部連接的等效電路。我們可以輕易地發現，在沒有外部連接的情況時，等效電路的分支上沒有電流流通；若網路中兩個電動勢的相位或大小存有差異時，則原始正相序網路的分支中會有電流流通。在圖 10.26(b) 中，沒有外部連接的情形下，分支中所流動的電流即為故障前負載電流。

當其他相序網路與圖 10.2(b) 的正相序網路互相連接，或其等效如圖 10.2(e) 所示時，從網路或其等效流出的電流為 $I_{fa}^{(1)}$，而匯流排 ⓚ 與參考節點之間的電壓為 $V_{ka}^{(1)}$。像這樣的外部連接，在圖 10.2(b) 的原始正相序網路之任何分支上的電流，是故障期間該分支 a 相上的正相序電流。此電流的故障前成分也包括在內。然而，圖 10.2(e) 的戴維寧等效中之任何分支電流，只是實際正相序電流的一部分；此電流之由來，係根據其阻抗分攤由 $Z_{kk}^{(1)}$ 所表示之分支間故障的 $I_{fa}^{(1)}$，且不包括故障前的電流成分。

在前面的章節中，我們了解電力系統相序網路的戴維寧等效電路可以互相連接，所以求解所得的網路會產生故障點的電流與電壓之對稱成分。

如圖 10.31 所示，相序網路的連接用來模擬各種型式的短路故障，包括對稱三相線故障。

以長方形包圍一條粗線所表示的相序網路是用來代表網路之參考節點，而標示為匯流排 ⓚ 的點表示網路中發生故障之處。正相序網路包含代表電機內部電壓的電動勢。

與故障前的電壓或是發生短路故障的類型無關，造成系統匯流排正相序電壓改變的唯一電流，是從系統故障匯流排 ⓚ 的 a 相流出之電流 I_{fa} 的對稱成分 $I_{fa}^{(1)}$。這些正相序電壓的變化可由將正相序匯流排阻抗矩陣 $\mathbf{Z}_{\text{bus}}^{(1)}$ 的第 k 行乘以注入電流 $-I_{fa}^{(1)}$ 計算出來。同樣地，由於系統短路故障的電壓變化之負相序與零相序成分，分別由匯流排 ⓚ 流出的故障電流之對稱成分 $I_{fa}^{(2)}$ 與 $I_{fa}^{(0)}$ 所造成。這些相序電壓的變化也可以由 $\mathbf{Z}_{\text{bus}}^{(2)}$ 與 $\mathbf{Z}_{\text{bus}}^{(0)}$ 的第 ⓚ 行乘以各別的注入電流 $-I_{fa}^{(2)}$ 與 $-I_{fa}^{(0)}$ 而算出。

因此，實質意義上當短路故障發生在匯流排 ⓚ 時，針對計算系統各匯流排電壓變化量的對稱成分只有一種程序——也就是說，要找出 $I_{fa}^{(0)}$、

$I_{fa}^{(1)}$ 及 $I_{fa}^{(2)}$，並將相對應匯流排阻抗矩陣的 ⓚ 行乘以這些電流的負值。針對一般短路故障型式而言，計算時唯一的差別在於模擬匯流排 ⓚ 故障的方法，及形成 $I_{fa}^{(0)}$、$I_{fa}^{(1)}$ 與 $I_{fa}^{(2)}$ 方程式的方法。相序網路的戴維寧等效連接提供了一個現成推導 $I_{fa}^{(0)}$、$I_{fa}^{(1)}$ 與 $I_{fa}^{(2)}$ 方程式的方法，如圖 10.31 所示，表 10.1 顯示這些方程式。

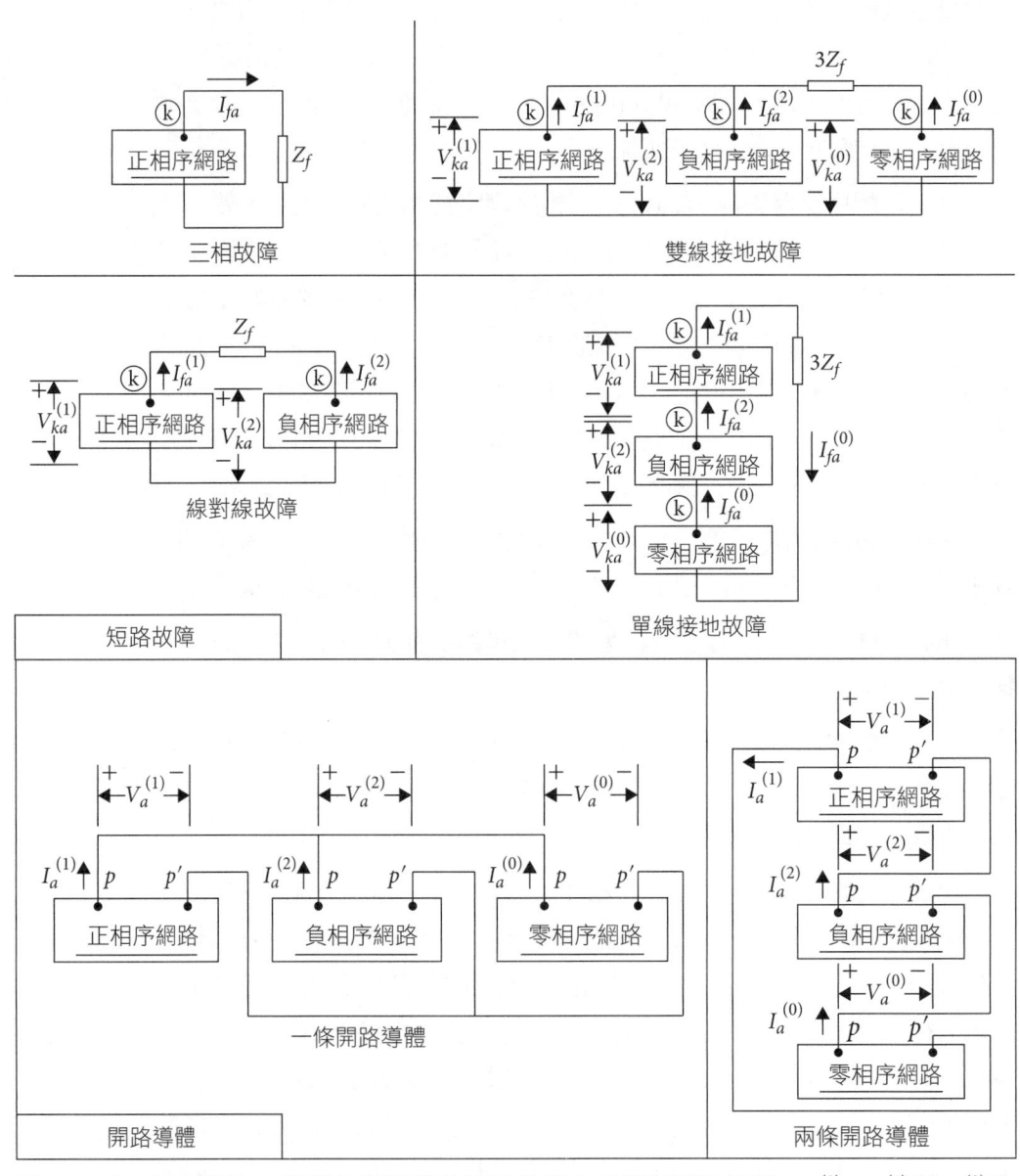

圖 10.31 經由阻抗 Z_f 模擬各種型態的短路故障之相序網路連接圖。$V_{ka}^{(0)}$、$V_{ka}^{(1)}$ 及 $V_{ka}^{(2)}$ 為故障匯流排 ⓚ 對應於參考節點之 a 相電壓之對稱成分。$V_a^{(0)}$、$V_a^{(1)}$ 及 $V_a^{(2)}$ 為跨接於開路點 p 與 p' 的 a 相電壓降之對稱成分

表 10.1 各種不同故障形式之故障點相序電壓與電流方程式摘要表

		短路故障			開路故障	
		單線對地故障	線對線故障	雙線對地故障	一條導體開路	兩條導體開路
相序電流		$I_{fa}^{(1)} = \dfrac{V_f}{Z_{kk}^{(1)} + Z_{kk}^{(2)} + Z_{kk}^{(0)} + 3Z_f}$	$I_{fa}^{(1)} = \dfrac{V_f}{Z_{kk}^{(1)} + Z_{kk}^{(2)} + Z_f}$	$I_{fa}^{(1)} = \dfrac{V_f}{Z_{kk}^{(1)} + Z_{kk}^{(2)} \parallel (Z_{kk}^{(0)} + 3Z_f)}$	$I_a^{(1)} = \dfrac{I_{mn} Z_{pp'}^{(1)}}{Z_{pp'}^{(1)} + Z_{pp'}^{(2)} \parallel Z_{pp'}^{(0)}}$	$I_a^{(1)} = \dfrac{I_{mn} Z_{pp'}^{(1)}}{Z_{pp'}^{(1)} + Z_{pp'}^{(2)} + Z_{pp'}^{(0)}}$
		$I_{fa}^{(2)} = I_{fa}^{(1)}$	$I_{fa}^{(2)} = -I_{fa}^{(1)}$	$I_{fa}^{(2)} = -I_{fa}^{(1)} \dfrac{(Z_{kk}^{(0)} + 3Z_f)}{Z_{kk}^{(2)} + Z_{kk}^{(0)} + 3Z_f}$	$I_a^{(2)} = -I_a^{(1)} \dfrac{Z_{pp'}^{(0)}}{Z_{pp'}^{(2)} + Z_{pp'}^{(0)}}$	$I_a^{(2)} = I_a^{(1)}$
		$I_{fa}^{(0)} = I_{fa}^{(1)}$	$I_{fa}^{(0)} = 0$	$I_{fa}^{(0)} = -I_{fa}^{(1)} \dfrac{Z_{kk}^{(2)}}{Z_{kk}^{(2)} + Z_{kk}^{(0)} + 3Z_f}$	$I_a^{(0)} = -I_a^{(1)} \dfrac{Z_{pp'}^{(2)}}{Z_{pp'}^{(2)} + Z_{pp'}^{(0)}}$	$I_a^{(0)} = I_a^{(1)}$
相序電壓		$V_{ka}^{(1)} = I_{fa}^{(1)}(Z_{kk}^{(2)} + Z_{kk}^{(0)} + 3Z_f)$	$V_{ka}^{(1)} = I_{fa}^{(1)}(Z_{kk}^{(2)} + Z_f)$	$V_{ka}^{(1)} = V_{ka}^{(0)} - 3I_{fa}^{(0)} Z_f$	$V_a^{(1)} = I_a^{(1)} \dfrac{Z_{pp'}^{(2)} Z_{pp'}^{(0)}}{Z_{pp'}^{(2)} + Z_{pp'}^{(0)}}$	$V_a^{(1)} = I_a^{(1)}(Z_{pp'}^{(2)} + Z_{pp'}^{(0)})$
		$V_{ka}^{(2)} = -I_{fa}^{(1)} Z_{kk}^{(2)}$	$V_{ka}^{(2)} = I_{fa}^{(1)} Z_{kk}^{(2)}$	$V_{ka}^{(2)} = -I_{fa}^{(2)} Z_{kk}^{(2)}$	$V_a^{(2)} = -I_a^{(2)} Z_{pp'}^{(2)}$	$V_a^{(2)} = -I_a^{(2)} Z_{pp'}^{(2)}$
		$V_{ka}^{(0)} = -I_{fa}^{(1)} Z_{kk}^{(0)}$	$V_{ka}^{(0)} = 0$	$V_{ka}^{(0)} = -I_{fa}^{(0)} Z_{kk}^{(0)}$	$V_a^{(0)} = -I_a^{(0)} Z_{pp'}^{(0)}$	$V_a^{(0)} = -I_a^{(0)} Z_{pp'}^{(0)}$

註意：「∥」表示阻抗的並聯

請注意：
$V_{fa}^{(0)}$、$V_{fa}^{(1)}$ 及 $V_{fa}^{(2)}$ 為故障匯流排 $\text{\textcircled{k}}$ 對應於參考節點的 a 相電壓之對稱成分。
$V_a^{(0)}$、$V_a^{(1)}$ 及 $V_a^{(2)}$ 為跨接於開路點 p 與 p' 的 a 相電壓降之對稱成分。

因導體開路而引起的故障,包含兩個注入最靠近導體開路匯流排的每個相序網路之電流。除此之外,計算系統內相序電壓變化的程序和計算短路故障相同。針對故障處的相序電壓及電流之方程式摘要於表 10.1。

讀者需注意那些藉由 Δ-Y 變壓器從故障匯流排所分開的那些部分系統,需調整電流及電壓對稱成分的相角。

問題複習

10.1 節

10.1 電力系統上大部分的故障為非對稱故障。(對或錯)
10.2 對稱成分法通常用在電力系統的非對稱故障分析。(對或錯)
10.3 下列哪一個選項不是非對稱故障?
  a. 單線接地故障   **b.** 雙線接地故障   **c.** 三相故障
10.4 每一個相序網路中,故障點與參考節點之間的戴維寧等效電路通常是針對非對稱故障分析而建立。(對或錯)
10.5 當對稱故障發生時,零相序電流會存在於電力系統中。(對或錯)
10.6 如果線間及一線或雙線接地故障包含零阻抗(或故障阻抗為零),稱之為金屬故障。(對或錯)

10.2 節

10.7 下列哪一種故障型式具有相同的正相序、負相序及零相序故障電流?
  a. 單線接地故障   **b.** 雙線接地故障   **c.** 三相故障
10.8 單相接地故障是電力系統中最常看到的故障型式。(對或錯)
10.9 電力系統上經由故障阻抗 Z_f 的單相接地故障,經由零相序故障電流所看到的故障阻抗會是 Z_f 的多少倍?
  a. 1 倍   **b.** 2 倍   **c.** 3 倍   **d.** 4 倍

10.3 節

10.10 針對線對線故障,故障電流中的零相序成分為零。(對或錯)
10.11 當線對線故障發生時,電力系統中不存在零相序電流成分。(對或錯)
10.12 電力系統中的匯流排 ⓚ 發生線對線故障時,正相序與負相序故障電流具有相同的大小。(對或錯)

10.4 節

10.13 針對雙線接地故障,故障匯流排的正相序、負相序及零相序電壓均相同。(對或錯)
10.14 針對雙線接地故障,故障電流的零相序成分為零。(對或錯)

10.15 如果雙線接地故障發生在故障匯流排 ⓚ 的 b 相及 c 相，且故障阻抗為 Z_f，針對 a 相的故障電流，下列哪一個表示式是正確的？

a. $I_{fa}^{(1)} = \dfrac{V_f}{Z_{kk}^{(1)} + \dfrac{Z_{kk}^{(2)} + Z_{kk}^{(0)} + 3Z_f}{Z_{kk}^{(2)}(Z_{kk}^{(0)} + 3Z_f)}}$

b. $I_{fa}^{(0)} = -I_{fa}^{(1)}\left[\dfrac{Z_{kk}^{(2)}}{Z_{kk}^{(2)} + Z_{kk}^{(0)} + 3Z_f}\right]$

c. $I_{fa}^{(2)} = -I_{fa}^{(1)}\left[\dfrac{Z_{kk}^{(2)}}{Z_{kk}^{(2)} + Z_{kk}^{(0)} + 3Z_f}\right]$

d. 以上皆非。

10.5 節

10.16 相序網路的零相序、正相序及負相序匯流排阻抗矩陣一般用來執行電力系統上的故障分析。（對或錯）

10.17 如果電力系統包含 Δ-Y 或 Y-Δ 變壓器時，我們不需考慮相序網路中電流及電壓的相角變化。（對或錯）

10.6 節

10.18 如果開路故障發生在 a 相導體的兩點之間，則這兩點之間的正相序、負相序及零相序電壓均相同。（對或錯）

10.19 繪製相序網路的連接圖，來模擬在 b 相及 c 相的兩個點之間導體開路情形。

問題

10.1 一台 60Hz 發電機，額定為 500 MVA、22 kV。此發電機為 Y 接且中性點直接接地，於無載情況下運轉於額定電壓，並與系統其他部分隔離。其電抗為 $X_d'' = X_1 = X_2 = 0.15$ 及 $X_0 = 0.05$ 標么。試求單線接地故障之次暫態線電流與對稱三相故障之次暫態線電流之比值。撰寫 MATLAB 程式驗證所求解答。

10.2 試求問題 10.1 的發電機上發生線對線故障之次暫態線電流與對稱三相故障時之次暫態線電流之比值。

10.3 試求問題 10.1 的發電機，為限制單線接地故障的次暫態線電流等於三相故障時的電流，於中性點連接處需插入多少歐姆的電感性電抗。

10.4 問題 10.3 所求得的電感性電抗插入問題 10.1 的發電機中性點，試求下列故障時的次暫態線電流與三相故障的次暫態線電流之比值。(a) 單線接地故障，(b) 線至線故障，(c) 兩線接地故障。

10.5 習題 10.1 的發電機中性點連接多少歐姆電阻，方可限制單線接地故障之次暫態電流為三相故障的電流？

10.6 一台額定為 100 MVA、20 kV 的發電機，具有 $X_d'' = X_1 = X_2 = 20\%$ 且 $X_0 = 5\%$。發電機中性點經由 0.32 歐姆的電抗器接地。當發電機端點發生單線對地故障時，此發電機在沒有任何負載情況下運轉在額定電壓，且未與系統連接。試求故障相的次暫態電流。

10.7 一台 100 MVA，18 kV 的渦輪發電機，其 $X_d'' = X_1 = X_2 = 20\%$ 且 $X_0=5\%$，連接至電力系統。此發電機的中性點有 0.162 歐姆的限流電抗器。當 b 端與 c 端點發生兩線接地故障時，在發電機連接至系統之前，其電壓調整至 16 kV。試求大地及線路 b 的初始對稱均方根值 (RMS)。

10.8 一台額定為 100 MVA、20 kV 的發電機，其電抗為 $X_d'' = X_1 = X_2 = 20\%$ 及 $X_0 = 5\%$。此發電機連接至額定為 100 MVA，20Δ/230Y kV 的 Δ-Y 變壓器，其電抗為 10%。變壓器中性點為直接接地。當變壓器高壓側開路時，發生單線對地故障。試求發電機每一相的初始對稱 RMS 電流。

10.9 一台發電機經由 Y-Δ 變壓器供電給一台電動機。發電機連接至變壓器的 Y 側。故障發生在電動機端點與變壓器之間。電動機流向故障點的次暫態電流之對稱成分為

$$I_a^{(1)} = -0.8 - j2.6 \text{ 標么}$$
$$I_a^{(2)} = -j2.0 \text{ 標么}$$
$$I_a^{(0)} = -j3.0 \text{ 標么}$$

自變壓器流向故障點

$$I_a^{(1)} = 0.8 - j0.4 \text{ 標么}$$
$$I_a^{(2)} = -j1.0 \text{ 標么}$$
$$I_a^{(0)} = 0 \text{ 標么}$$

假設電動機與發電機皆為 $X_d'' = X_1 = X_2$。描述此故障型式。並求 (a) 線路 a 的故障前電流，如果存在的話；(b) 次暫態故障電流標么值；(c) 發電機每相的次暫態電流標么值。

10.10 利用圖 10.18，針對例題 10.6 的網路計算匯流排阻抗矩陣 $\mathbf{Z}_{bus}^{(1)}$、$\mathbf{Z}_{bus}^{(2)}$ 及 $\mathbf{Z}_{bus}^{(0)}$。

10.11 在例題 10.6 的網路中，先後求解匯流排 ① 及匯流排 ② 發生單線接地故障時的次暫態電流值。利用問題 10.10 的匯流排阻抗矩陣。並且求出當匯流排 ① 發生故障時，匯流排 ② 對中性點的電壓。

10.12 如果例題 10.6 的系統，在變壓器的低壓側發生線對線故障，不考慮故障前的電流，試計算系統所有部分的次暫態電流。利用問題 10.10 的 $\mathbf{Z}_{bus}^{(1)}$、$\mathbf{Z}_{bus}^{(2)}$ 及 $\mathbf{Z}_{bus}^{(0)}$。

10.13 針對雙線接地故障，重做問題 10.12。

10.14 每一電機連接至兩個高壓匯流排，如圖 10.32 所示的單線圖。其額定為 100 MVA，20 kV，電抗為 $X_d'' = X_1 = X_2 = 20\%$ 及 $X_0 = 4\%$。

每一台三相變壓器的額定為 100 MVA，345Y/20Δ kV，漏磁電抗為 8%。以 100 MVA，345 kV 為基準時，輸電線路的電抗為 $X_1 = X_2 = 15\%$，$X_0 = 50\%$。針對每一個相序網路求解 2×2 的匯流排阻抗矩陣。如果網路中故障前沒有電流流通，針對匯流排 ① 的線路 B 與 C 發生雙線接地故障時，試求流入大地的次暫態電流。針對故障發生在匯流排 ② 時，重新計算上述問題。當故障發生在匯流排 ② 時，如果線路如此命名，則 $V_A^{(1)}$ 領先 $V_a^{(1)} 30°$，試求電機 2 的 b 相電流。如果相位如此命名，則 $I_A^{(1)}$ 超前 $I_a^{(1)} 30°$，則哪一個字母（a、b 或 c）可以區別電機 2 針對上述所求搭載電流的 b 相？

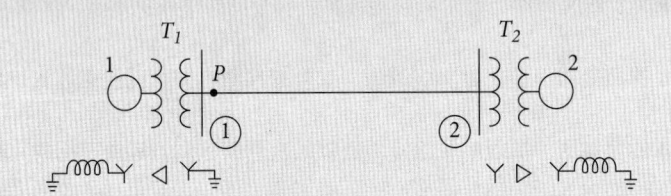

圖 10.32 問題 10.14 的單線圖

10.15 兩發電機 G_1 與 G_2 分別經由變壓器 T_1 與 T_2 連接至高壓匯流排，並供電給輸電線路。線路於遠端的 F 點發生故障而開路。故障前 F 點的電壓為 515 kV。視在功率額定及阻抗為

G_1 1000 MVA，20 kV，$X_s = 100\%$ $X_d'' = X_1 = X_2 = 10\%$ $X_0 = 5\%$
G_2 800 MVA，22 kV，$X_s = 120\%$ $X_d'' = X_1 = X_2 = 15\%$ $X_0 = 8\%$
T_1 1000 MVA，500Y/20Δ kV，$X = 17.5\%$
T_2 800 MVA，500Y/22Δ kV，$X = 16.0\%$
線路 $X_1 = 15\%$，$X_0 = 40\%$，以 1500 MVA，500 kV 為基準

G_1 的中性點經 0.04 歐姆的電抗接地，G_2 的中性點不接地。所有變壓器的中性點皆直接接地。系統運轉在以輸電線路 1000 MVA，500 kV 的基準上。忽略故障前電流，試求下列的次暫態電流：(a) 在 F 點發三相故障，G_1 之 C 相電流；(b) 在線路 B 與 C 上發生線對線故障，則 F 點的 B 相電流；

(c) 在線路 A 發生單線接地故障，則 F 點的 A 相電流；(d) 在線路 A 發生單線接地故障，G_2 之 C 相電流。假設在 T_1 內 $V_A^{(1)}$ 超前 $V_a^{(1)}$ $30°$。

10.16 圖 8.17 所示的網路中，Y–Y 連接的變壓器，其中性點均直接接地，且位於每一條輸電線路的末端，但並非在匯流排 ③ 的終端。Y–Δ 變壓器將線路連接至匯流排 ③，而 Y 側的中性點直接接地，Δ 側則連接至匯流排 ③。匯流排之間的所有電抗顯示在圖 8.17 中，其中包括變壓器的電抗。針對這些線路，包括變壓器在內的零相序數值為圖 8.17 的 2 倍。

兩台發電機均為 Y 接，發電機的零相序電抗連接至匯流排 ① 及 ③，且分別為 0.04 及 0.08 標么。在匯流排 ① 的發電機中性點經由 0.02 標么的電抗接地；在匯流排 ③ 的發電機中性點直接接地。

試求已知網路的匯流排阻抗矩陣 $\mathbf{Z}_{bus}^{(1)}$、$\mathbf{Z}_{bus}^{(2)}$ 及 $\mathbf{Z}_{bus}^{(0)}$，及計算下列故障時的標么次暫態電流：(a) 在匯流排 ② 發生單線接地故障，及 (b) 線路 ①-② 的故障相。假設故障前沒有電流流動，且所有匯流排的故障前電壓為 $1.0\angle 0°$ 標么。利用 MATLAB 程式驗證求解。

10.17 圖 7.5 的網路，其線路資料指定在表 7.7 中。兩台發電機分別連接至匯流排 ① 及 ④，且 $X_d'' = X_1 = X_2 = 0.25$ 標么。利用 8.6 節的一般簡單假設，試求相序矩陣 $\mathbf{Z}_{bus}^{(1)} = \mathbf{Z}_{bus}^{(2)}$，且利用這些矩陣來計算

  a. 網路匯流排 ② 發生線對線故障時的次暫態標么電流。
  b. 從線路 ①-② 及 ③-④ 所提供的故障電流。假設線路 ①-② 及 ③-④ 直接連接至匯流排 ②（並不經由變壓器），且所有正相序及負相序電抗均相等。

10.18 圖 10.9(a) 的系統中，將電機 2 視為一台電動機，並帶動一個等效於 80 MVA，0.85 落後功因的負載，且匯流排 ③ 的標稱系統電壓為 345 kV。當輸電線路經歷下列情況，試求匯流排 ③ 的電壓變化 (a) 一條導體發生斷開故障時，及 (b) 沿著匯流排 ② 及 ③ 之間發生兩條導體斷開故障。在輸電線路上選擇 100 MVA，345 kV 為基準。參考例題 10.1 及例題 10.2 的 $\mathbf{Z}_{bus}^{(0)}$、$\mathbf{Z}_{bus}^{(1)}$ 及 $\mathbf{Z}_{bus}^{(2)}$。

Chapter 11 電力系統保護

在第 8 至 10 章中,我們探討過電力系統上所發生的平衡及不平衡故障,並了解如何計算短路存在期間的電流及電壓。現在,我們準備來研究將故障部分隔絕的系統保護。

系統的短路故障較少見,惟發生之後所要採取的最重要步驟,是將短路故障儘快自電力系統排除。現代電力系統排除短路故障都採自動方式,不需人力執行。這些排除故障的設備就統稱為保護系統。本章著重在輸電線路及變壓器的保護,以導引出部分重要的系統保護原理,同時也論及發電機、電動機和匯流排的保護。然而,更深入的保護系統,則超出本章取材的範圍。

嚴格說來,系統有任何不正常反應即代表故障。通常故障含短路和開路,而我們只對短路故障做討論。因為開路故障比短路故障還少發生,且經常會經由後續事件演變成短路故障。雖然有時開路故障所產生的高壓會傷害人體,但是就故障後果的嚴重性來說,短路故障還是大於開路故障。

如果短路持續存在電力系統中一段時間,將有下列許多或全部的現象產生:

1. 電力系統的穩定度界限降低(在第 13 章中會討論)。
2. 短路時的大電流、不平衡電流或低壓會損壞鄰近區域的設備。
3. 短路故障電流會使有絕緣油的設備發生爆炸、引起火災,傷及人體或其他設備。
4. 會使不同的保護系統發生連續性的保護動作,導致整個系統崩潰斷電。

上述各結果的嚴重性,會依電力系統的特性及運轉情況而定。

11.1 保護系統之特性

保護系統要能迅速地排除故障部分,其次系統必須能夠正確動作。若要明瞭次系統的工作,則在發生故障到電力系統排除故障這段期間最容易探討得知。雖然系統偶爾會發生複雜、斷續的故障,導致一些保護系統作不正常的動作,惟此處我們只就輸電線路的三相短路故障以及使系統做出適當保護動作進行討論。

考慮圖 11.1 系統,匯流排 ① 與 ② 為輸電線路的兩端。輸電線路的兩端有兩組相同的保護系統,分別以點線包圍起來。這些設備組成輸電線路 ①-② 的保護系統。

此保護系統可以細分為三個次系統:

1. 斷路器(CB 或 B)。
2. 轉換器(T)。
3. 電驛(R)。

在第 8 章時已概略提過斷路器。電驛作用是偵測故障而動作斷路器跳脫電路,使斷路器開啟其接點。典型的轉換器為比流器及比壓器,其提供輸入信號給電驛。每一次系統在下文會再有深入探討。

通常我們會用兩位數字來作斷路器和電驛的標示。因此,圖 11.1 中的線路 ①-②,在線路端的匯流排 ① 之斷路器為 B12,匯流排 ② 處的斷路器為 B21,電驛則分別標示為 R12 及 R21。斷路器 B23 和其相關的是電驛 R23。然而,有時候針對簡單的系統,為了方便會用字母來表示,例如,B12 與 B21 會用 A 與 B 表示,而不需標示數字。

各別斷路器可分相操作,或是由電驛來控制一個三相斷路器,斷路器會由任一個電驛動作而開啟三相。

圖 11.1 兩條輸電線路及線路 ①-② 的保護元件單線圖

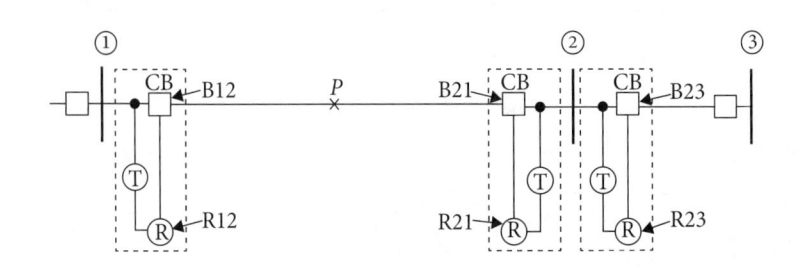

當圖 11.1 的 P 點發生故障時，假設供給匯流排 ① 及 ② 的電源充足，則電流將自輸電線路的兩端向故障點增加。當假設並非如此時，則保護系統將變得較為簡單。稍後會討論輻射狀系統保護。當線路電流增加時電壓也隨之降低。

要了解的是，輸電線路上的電流與電壓為仟安培及仟伏特等級，這種高位階的訊號不適合保護系統，因為保護裝置的絕緣能力有限的關係。電力線上的信號都由轉換器轉換成低位階（十幾安培或伏特），稍後將會對轉換器做更大篇幅的討論。

故障時電流會增加且電壓會降低，利用這現象可偵測到輸電線是否發生故障。電驛是保護系統的邏輯元件，其動作信號由轉換器供給。轉換器的低位準信號是輸電線路上實際電流及電壓的忠實再現。電驛 R12 及 R21 處理完信號後再加以判斷輸電線路上是否有故障發生。故障發生後在極短暫的時間需做出決定，通常在幾十毫秒內，判定的時間視電驛的設計而定。

電驛 R12 及 R21 判定已發生故障，並跳脫相關的斷路器 B12 及 B21。在第 8 章曾簡單介紹過斷路器排除故障。當斷路器的跳脫電路被電驛激磁後，斷路器接點和輸電線相串接，接點很快地跳開後即將故障電流切斷。當通過斷路器的電流經過零點時，斷路器接點之間的空隙變成電介質，如此可避免故障電流再次流經斷路器。將故障部分切離系統而消除故障。自故障發生到故障排除所需的時間小於 100 毫秒，這要視所採用的保護系統而定。

電驛的某些特性是動作性能品質重要的量測因數。電驛必須具有快速性與可靠性方能在發生故障後確保系統能正常動作。速度顯然是第一個特性，電驛必須迅速和其他元件聯繫以進行決策。可靠性即是電驛對故障之動作應和設計時一致，避免在其他條件下發生動作。

而選擇性則是電驛於故障時能選擇使系統縮小其必須隔離的部分，可利用圖 11.1 來說明。圖中當 P 點發生故障時，電驛 R23 會偵測到大電流與低電壓等信號。此時 R23 應能進行判斷且不動作，因 P 點故障位於電驛的保護範圍之外。通常可靠性和動作速度互為矛盾，故在設計保護系統時，必須合理地協調此兩項特性。

11.2 保護區

上面所提到保護系統負責區域的概念，已經在各種保護系統中正式被使用在劃定的保護區 (zone of protection)。保護區觀念使我們可訂定各種保護系統的可靠性需求。圖 11.2 可用來說明保護區域的概念。

圖中之單線圖代表電力系統的一部分，此部分由一台發電機、兩台變壓器、兩條輸電線路及三個匯流排組成。在此電力系統中，封閉的虛線標示五個保護區，每個區域包含一個或數個電力系統元件，除此之外還包括一個或兩個斷路器。每一斷路器都同時被兩相鄰的保護區所涵蓋。例如，保護區 1 包含發電機及其相關變壓器，還有發電機與變壓器之間的連接引線。保護區 3 只有輸電線路。注意，保護區 1 及 5，各包含兩電力系統的元件。

每一個保護區的界限定義為電力系統的一部分，當區域內有故障時，在其區域內的保護系統負責立即動作，將保護區內的所有設備和系統其他部分隔離。因為故障情況下的隔離是由斷路器來執行，所以在保護區內之設備和電力系統其他部分之間的連接點，都必須清除。換句話說，斷路器可以幫助定義保護區的界限。

另一個保護區域的重要的觀念是，鄰近的保護區經常是重疊的。重疊是必須的，否則兩鄰近區域間的小部分系統有可能無法涵蓋而失去保護。藉由與鄰近區域重疊，電力系統的所有部分均受到保護。如果故障發生在重疊區內，則電力系統有很大的範圍將被隔離而斷電。為了降地這種可能性，重疊區應盡可能的減少範圍。

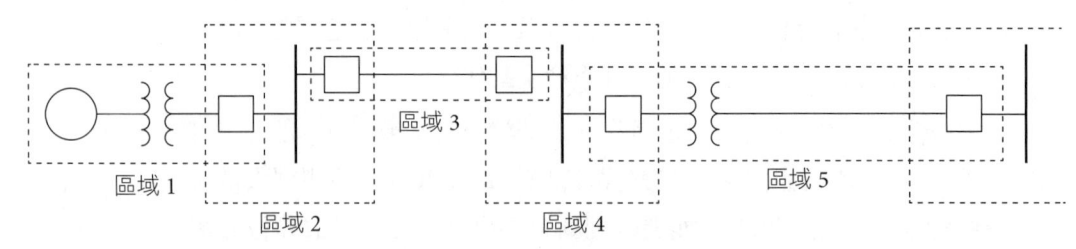

圖 11.2 保護區以虛線表示，每區含有電力系統的組成元件

例題 11.1

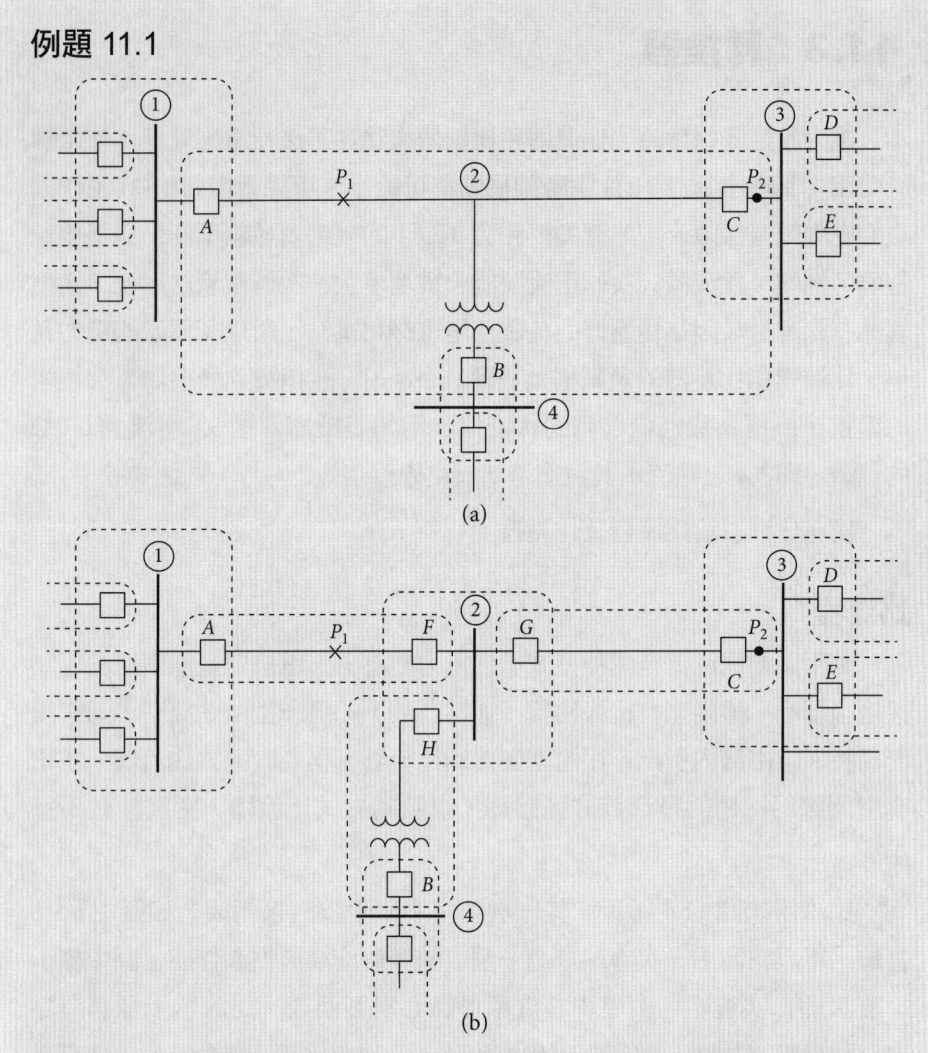

圖 11.3 例題 11.1 之單線圖。(a) 原保護區；(b) 增加斷路器於匯流排 ② 之修正保護區

(a) 如圖 11.3(a) 的電力系統，電源離匯流排 ①、③ 和 ④ 很遠，則系統應如何區分保護區？當故障發生在 P_1 及 P_2 點，哪個斷路器應開啟？(b) 如圖 11.3(b) 三個斷路器加在端點 ② 時，保護區應如何修正？在這些情況下，故障發生在 P_1 及 P_2 時，哪個斷路器會動作？

解：(a) 利用保護區定義的原則，圖 11.3(a) 的系統以虛線區分成圖中的數個區域。故障點在 P_1 時 A、B、C 斷路器會開啟。故障點在 P_2 時 A、B、C、D 和 E 斷路器會開啟。

(b) 如圖 11.3(b) 所示，斷路器 F、G、H 加在匯流排 ②，其保護區如圖中虛線所示。故障在 P_1 點時，A 和 F 斷路器會開啟，而故障在 P_2 點時 G、C、D 和 E 斷路器會開啟。由此可知，兩點故障時，停電範圍較小，可是需增加三個斷路器和相關之保護設備。

11.3 轉換器

電力設備受保護時，比流器和比壓器會將其電流及電壓變低，使電驛能使用，其理由有二：(1) 電驛架構體積可縮小、可降低價格；(2) 工作人員的安全較有保障。上述轉換器和第 3 章中的變壓器並無不同，只是比較特殊。例如，比流器二次側電流要能忠實地產生一次側電流之形波，比壓器亦有此考量。因為變壓器的負載都是電驛和電錶，所以其傳遞的電力甚小。比流器和比壓器的負載稱為負擔 (burden)，意指接到變壓器二次繞組的阻抗，或稱為輸送給負載的伏安值。例如變壓器傳送 5A 電流到 0.1 Ω 的負載，即 5A 之電流，其負擔是 2.5 伏安。

現在分別討論比流器及比壓器。

比流器

實用上的比流器有兩種型式。像電力變壓器、電抗器及油斷路器等為接地金屬槽，槽內充有絕緣物質（通常為油）的這一型叫閉筒型，通常用套筒將導線由筒內引出。用這型套筒的比流器，稱為套筒式比流器。在超高壓開關場採用的是活筒式斷路器，以及獨立式比流器，閉筒型較不適用。

比流器如圖 11.4 所示。其一次側常用單匝線圈來組成，如圖中 a、b 直線。單匝線圈由一次導線穿過一個或較多個旋環形鐵心作成。圖中標示 a' 及 b' 即二次繞組，由導線在旋環形鐵心繞製而成。比流器上標有黑點之意和變壓器相同。當忽略磁化電流時，一次電流流入端點 a，由標有黑點之二次繞組端點 a' 流出的電流和一次側電流同相位。

比流器的電流比誤差值可用計算來求得，但某些型式則需用試驗來測得。當二次側負擔電流太大時，誤差會很大，若選擇適用的範圍，則誤差能維持在可接受之範圍內。因為我們所要討論的是保護的方法，故不討論比流器之誤差，惟討論電驛時應特別注意誤差。

比流器二次電流已標準化為額定 5 安培，歐洲標準是 1 安培。就短時間而言，比流器二次電流過載，線圈尚不會損壞。比流器二次電流在系統發生故障時，常會高達常值的 10 倍或 20 倍。

圖 11.4 代表比流器和電力系統線路連接圖

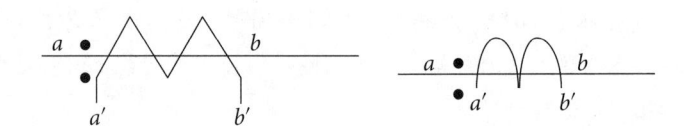

表 11.1 比流器之標準比例

電流比		
10:5	200:5	2000:5
15:5	300:5	3000:5
25:5	400:5	4000:5
40:5	600:5	5000:5
50:5	800:5	6000:5
75:5	1200:5	8000:5
100:5	1500:5	12000:5

根據 IEEE C57.13-2008 標準，比流器所制定的標準變流比可參考表 11.1。

在該標準中，與一次側串—並聯雙比率及分接頭在二次側的雙比率也都有列出，以供參考。

比壓器

電驛用比壓器有兩種型態。在某些低壓應用（系統電壓大約 12 kV 或以下），比壓器一次側是系統電壓，二次側為 67 V（代表系統線至中性點電壓），以及 $67 \times \sqrt{3} = 116$ V（代表系統線電壓），為工業用之標準。這型的比壓器和多繞組變壓器極為類似，電壓愈高則費用愈高。在高壓、超高壓及特高壓時採用的電容分壓電路，如圖 11.5 所示。

若 A 是系統電壓時，調整 C_1 及 C_2 可以在 C_2 上獲得數仟伏特的電壓。所謂的電容耦合比壓器 (coupling-capacitor voltage transformer, CVT)，是由兩耦合的電容中間接線到降壓變壓器而得到所要的電驛電壓，如圖 11.5 所示。

圖 11.5 所示線路 A 點為無限匯流排。由 C_2 看入系統之載維寧等效電抗是 $1/\omega(C_1+C_2)$，當 L 值調到感抗 ωL 和容抗相等時，則為串聯諧振。此時 CVT 的電壓輸出和線路電壓同相位，故 CVT 不會造成相位誤差。CVT

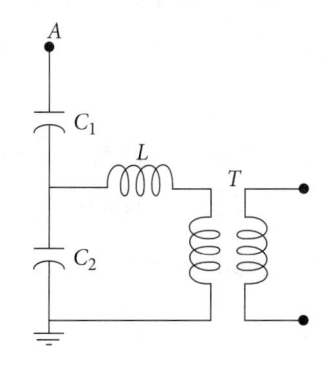

圖 11.5 電容耦合比壓器 (CVT) 與其調諧電感 L 之電路圖

在自身的支撐絕緣架構中為一獨立裝置。在電力系統組件中的電壓導體可用套管引出,例如電力變壓器中或是某些型式的斷路器,並利用套管中的空間將 C_1 和 C_2 置入而成套管式 CVT,只要增加少許成本即可。通常套管式 CVT 其負擔較自立式 CVT 為小。

比壓器的一、二次電壓比及相位的誤差可以忽略,所以其精確度較比流器高;再者,於故障情況下,CVT 因暫態響應會造成誤差,此狀況不在討論範圍。

11.4 電驛之邏輯設計

電驛的作用在分辨故障是發生於保護區內,或在其他區域系統內。區內故障時,電驛應動作;而針對區外故障時,確保不會誤動作。所以為了能安全動作及維持可靠性,電驛在設計時應能有邏輯分辨的能力,使之能對外界的輸入信號作正確判斷並輸出。我們加以說明幾種電驛的邏輯功能。電力系統上所用的電驛可分成五類:

1. 計值電驛 (magnitude relay)
2. 方向性電驛 (directional relay)
3. 距離或阻抗電驛 (distance or impedance relay)
4. 差動電驛 (differential relay)
5. 副線電驛 (pilot relays)

各類的邏輯功能由其輸入、輸出來決定而不論及硬體結構。每型電驛可由輸入對輸出的狀態來說明。當電驛的輸出送到斷路器的跳脫線圈時,其狀態為:接點閉合稱為跳脫 (trip),或接點開啟稱為閉鎖(block 或 block to trip)。

1. 計值電驛　這類中最常使用的是電流計值或過電流電驛,當輸入電流量超過原設定之電流值時即產生跳脫動作。如果在保護區內 $|I_p|$ 為比流器二次電流,$|I_f|$ 為故障電流且大於 $|I_p|$,則下列所述為一可靠及安全的電驛所具備之條件:

$$|I_f| > |I_p| \text{ 跳脫} \tag{11.1}$$
$$|I_f| > |I_p| \text{ 閉鎖}$$

上式不等式為過電流電驛的邏輯功能,圖 11.6 所示為相量圖表示

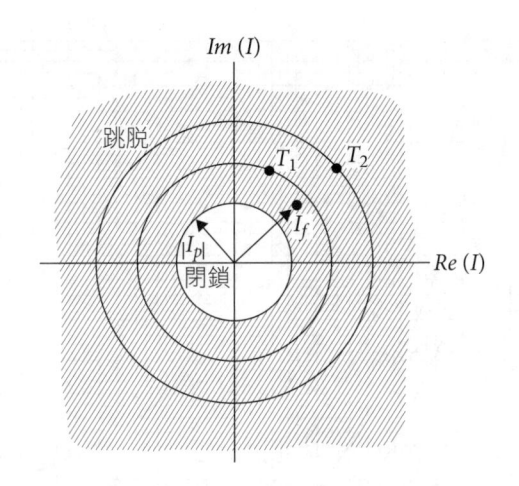

圖 11.6 過電流電驛的動作區和閉鎖區之複數平面代表圖。電驛動作線圈的電流相量表示動作或閉鎖時間。其中 T_2 時間較 T_1 早

法。$|I_p|$ 稱為電驛的動作值。

故障電流 I_f 可以用複數平面上的任意參考相量來代表，知其相位角在 0 至 360° 之間。用原點作圓心、動作電流 $|I_p|$ 作半徑作圓，如圖 11.6 所示，將複數平面分成兩區，即跳脫和閉鎖區。若故障電流相量在圓外則會使電驛跳脫如圖中斜線部分。這種相量圖對於明瞭電驛的特性相當有價值。

然則這種型式的過電流電驛還未能符合系統保護的需求，必須再考慮於 $|I_f|$ 超過 $|I_p|$ 後電驛必須動作的時間，故 (11.1) 式需修正為：

$$T = \phi(|I_f| - |I_p|) \quad 假設 \quad |I_f| > |I_p| \tag{11.2}$$

T 是電驛動作時間，ϕ 為故障電流的函數。由圖 11.6 的 T_1 和 T_2 可知函數的關係，故障電流 $|I_f|$ 於圖中的大小可表示此時電驛動作的時間。圖 11.7 為時間與過電流電驛的特性曲線。由調整輸入引線的分接頭可設定電驛的動作電流 $|I_p|$。例如圖 11.7 的曲線是 IFC-53 型電驛之特性，可作調整的分接頭是 1.0、1.2、1.5、2.0、3.0、4.0、5.0、6.0、7.0、8.0、10.0、12.0 安培。

通常 ϕ 函數和動作電流是漸進遞減的關係，$|I_f| > |I_p|$。其中曲線的橫軸是動作電流的倍數，而縱軸是動作時間。動作電流倍數即通過電驛的電流和設定電流的比。反時性曲線可上移或下移時間刻度作調整。圖 11.7 中動作的最短時間是設定時間刻度於 ½ 處，如果是調整在 10 的位置，則其動作時間將最慢。雖然時間刻度調整是分段式，但用插值法可求曲線中間之數值。

圖 11.7 IFC-53 型過電流電驛特性曲線（摘錄自通用電氣公司）

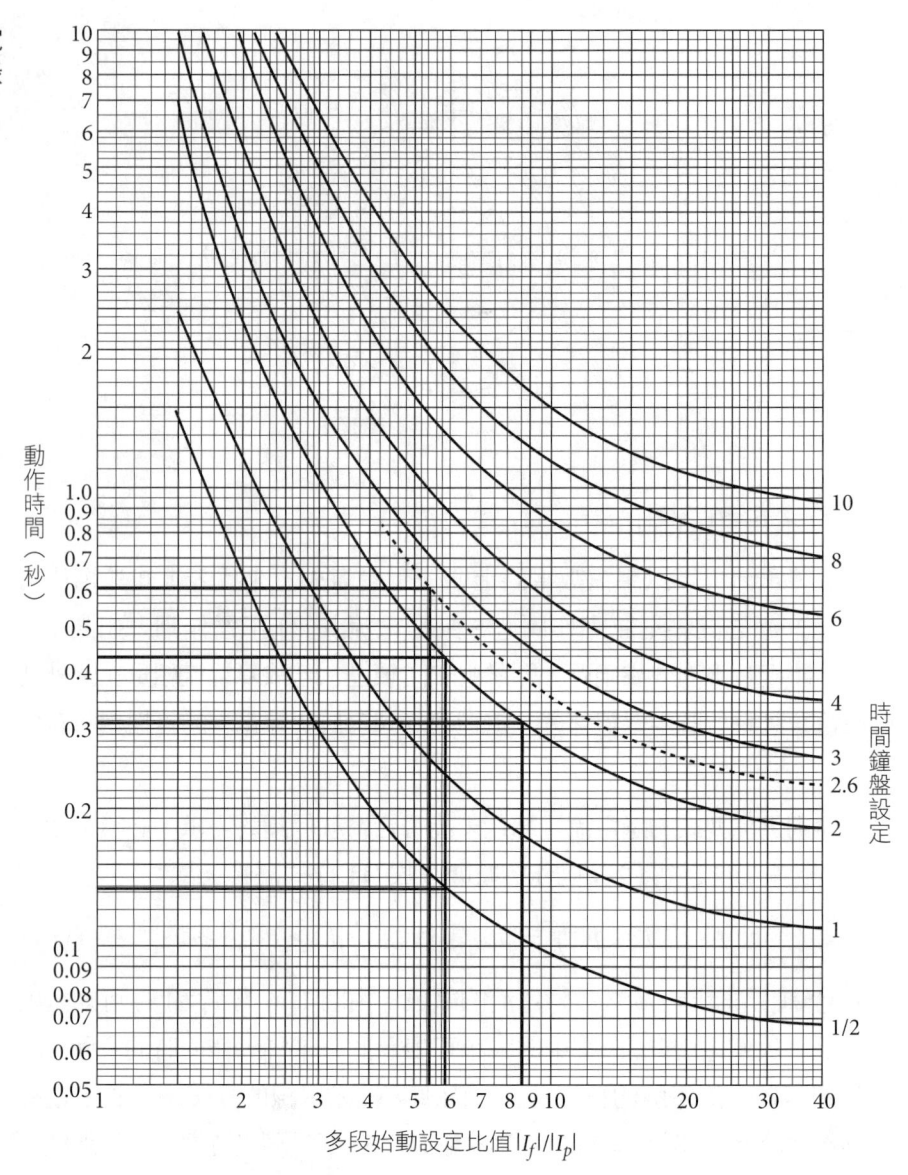

縱軸：動作時間（秒）
橫軸：多段始動設定比值 $|I_f|/|I_p|$
右側：時間鐘盤設定

2. 方向性電驛 有些時候整個系統的保護區都沿電驛的單一方向設置。例如圖 11.8(a) 的 R21 電驛所示，當其左邊線路有故障時即需動作，其餘情形就閉鎖。R21 左側的故障電流由匯流排 ② 流向匯流排 ①，所以電流相位滯後匯流排 ② 的電壓約 90° 相位。換句話說，匯流排 ② 右側的故障電流由匯流排 ② 流向 ①，而電流的相位將會超前匯流排 ② 的電壓約 90°。

電驛的動作可由圖 11.8(b) 的相量圖來說明，若故障電流落於斜線區內則電驛跳脫，落於其餘地區則電驛閉鎖。這種稱為方向性電驛，根據電流與電壓的相對方向來動作。

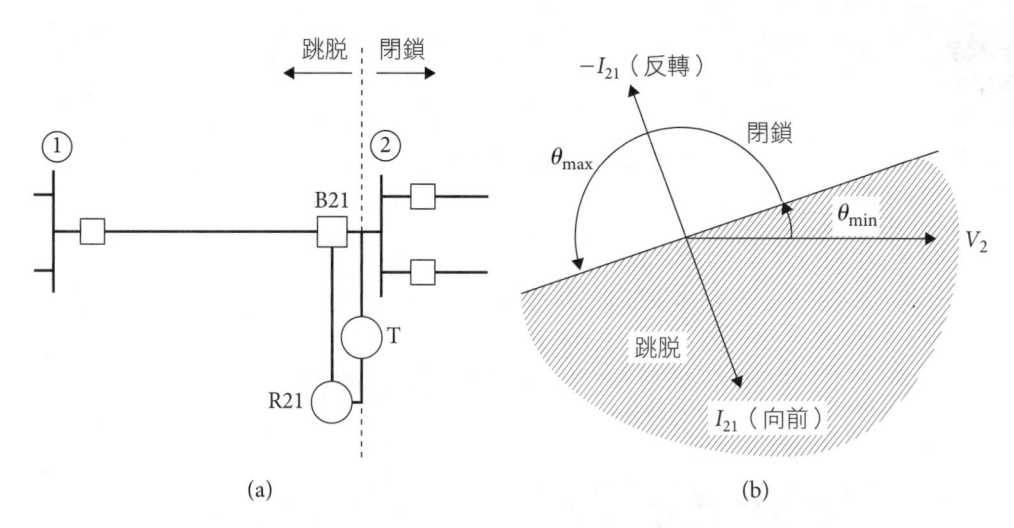

圖 11.8 方向性電驛的動作原理：(a) 以單線圖顯示位置；(b) 複數平面上的電驛動作特性

提供參考相量的量叫極化量，上述的方向性電驛利用極化電壓，有時也用電流信號作極化信號。藉由定義一個沿著故障電流相量更狹窄的區域可使電驛更有選擇性。一般來說，方向性電驛的動作原理如下：

$$\theta_{\min} > \theta_{op} > \theta_{\max} \quad 跳脫$$
$$\theta_{\min} < \theta_{op} < \theta_{\max} \quad 閉鎖 \tag{11.3}$$

θ_{op} 為自參考極化相量至動作量的相位角，$\theta_{\min}$ 及 $\theta_{\max}$ 為特性邊界角。

3. 距離或阻抗電驛 有時像圖 11.9(a) 中的 R12 電驛必須在匯流排 ① 線路的某一段有故障時動作。此現象可用線路的位置距離或故障點到匯流排間的阻抗來表示。故此電驛的保護區是由匯流排 ① 線路阻抗小於設定阻抗 $|Z_r|$ 之區域。它的情形可由 R12 位置處的電壓與電流的比值代表。設比值是

$$Z = \frac{V_1}{I_{12}} \tag{11.4}$$

其特性可說明為：

$$|Z| < |Z_r| \quad 跳脫$$
$$|Z| > |Z_r| \quad 閉鎖 \tag{11.5}$$

又稱此電驛為阻抗電驛或距離電驛。$|Z_r|$ 固定時，其軌跡在複數平面上有如圖 11.9(b) 中的圓。又 (11.4) 式中阻抗 Z 是位置 ① 處電壓與電流之比

圖 11.9 阻抗電驛特性 (a) R12 的保護區；(b) 無方向性電驛的複數平面阻抗圖；(c) 姆歐電驛。(b) 及 (c) 之阻抗均顯示故障發生在 R12 左邊

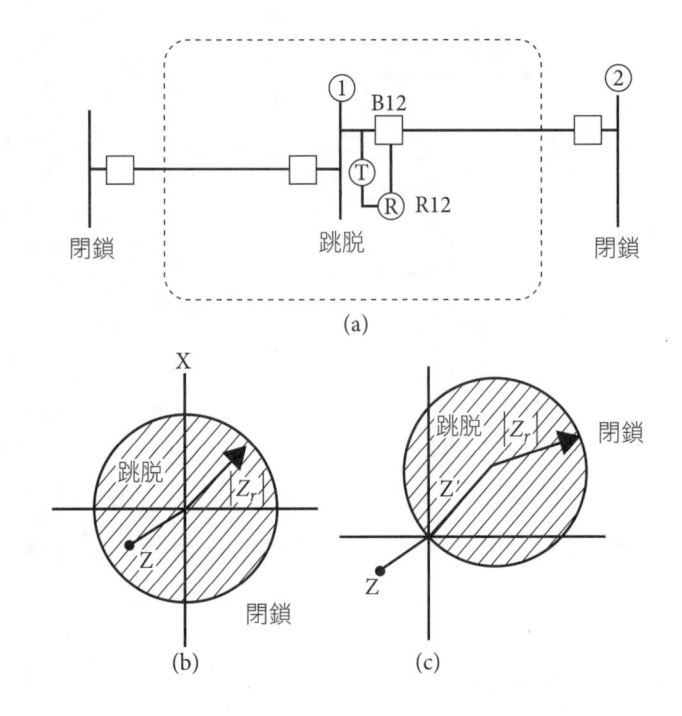

值，系統中此值常為一複數相位角且由功因決定其角度。正常時負載電流遠小於故障電流，所以 Z 將會很大，故此時複數平面上的 Z 軌跡會跑到 $|Z_r|$ 軌跡以外，斷路器就不會跳脫。

當有故障時，其 Z 值為電驛到故障處的阻抗值，其相角是 θ 或 $\pi + \theta$，將依圖 11.9(a) 匯流排 ① 的左邊或右邊故障而判定。

阻抗電驛經過稍微修正將頗為有用，圖 11.9(b) 中的圓心在原點，若將之偏移 Z' 則可成為圖 11.9(c) 所示的偏移阻抗電驛，其特性為

$$|Z - Z'| < |Z_r| \quad 跳脫$$
$$|Z - Z'| > |Z_r| \quad 閉鎖 \tag{11.6}$$

當 $|Z'|$ 等於 $|Z_r|$ 時，則電驛特性會經過原點，如圖 11.9(c) 所示，稱為姆歐特性。圖 11.9(b) 的阻抗特性是無方向性，因為故障發生在電驛的任一邊均會使電驛跳脫。而圖 11.9(c) 的姆歐特性使電驛具方向性的，不論離匯流排 ① 左邊多靠近，Z 都在第三象限，因此電驛始終閉鎖。在很多情形下極為需要此特性。

4. 差動電驛 如果電驛的保護區很小時則能用電流的連續原理來作保護結構。發電機一相繞組的保護區如圖 11.10 所示。在保護區邊界上各裝兩匝數比相同的比流器。則在正常或保護區外有故障時

$$I_1 - I_2 = 0$$

然而故障發生在保護區內時

$$I_1 - I_2 = I_f$$

I_f 是比流器二次側的故障電流，I_f 值因為有誤差，故並不正確，要計算誤差可用一小電流 $|I_p|$ 使

$$|I_1 - I_2| < |I_p|$$

當系統正常或保護區外有故障；且

$$|I_1 - I_2| > |I_p|$$

當保護區內故障時，其動作原理如下：

$$|I_1 - I_2| > |I_p| \quad 跳脫$$
$$|I_1 - I_2| < |I_p| \quad 閉鎖 \tag{11.7}$$

接一有上述功能的過電流電驛如圖 11.10 所示，位置 3 為動作線圈，則其中電流為 I_1-I_2，故此電驛按差動電驛動作原理操作斷路器來保護發電機的繞組安全。11.3 節中說明比流器的誤差隨 I_1 及 I_2 上升而加大，由此 I_p 依 I_2 和 I_1 的平均值來決定修正電驛動作原理如下：

$$|I_1 - I_2| > k|(I_1+I_2)|/2 \quad 跳脫$$
$$|I_1 - I_2| < k|(I_1+I_2)|/2 \quad 閉鎖 \tag{11.8}$$

此種稱為百分率差動電驛。$(I_1+I_2)|/2$ 稱為抑制電流，(I_1-I_2) 則稱跳脫電流。當流過線圈 1 和 2 的電流與流過線圈 3 電流的作用相反時，就有

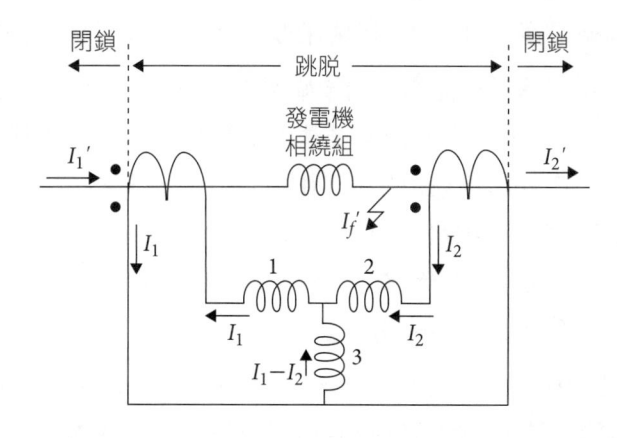

圖 11.10 發電機繞組的差動保護接線圖

(11.8) 式所述的百分率差動性質。而各線圈的相對效用由百分率差動電驛的常數 k 來決定。實際上，通常線圈皆繞在一鐵心上，而使線圈 1 及 2 的磁動勢和線圈 3 的磁動勢恰巧相反，在電子式中則可透過訊號放大獲得此性能。此電驛可保護匯流排及電動機。

5. 副線電驛　前述之差動電驛的保護區應靠近電驛，方能使電驛收到信號，所以僅在變壓器、發電機和匯流排中使用，如用電驛來保護電線，因線路長達數百英里，故將各端點的信號送到電驛處是不實用的，而副線電驛則可達成此目的。直接連線通信並不實用，但信號傳送的設備已被設計出來可供利用。其副線可用電話線路或高頻傳信及微波通道。我們將於 11.6 節應用作說明。

11.5　一次後衛保護

前面已談過，保護系統含很多次系統，當每個次系統和元件都正確動作時才能排除故障。考慮儘快排除故障及縮小斷電區的保護系統稱做一次保護系統。但一次保護系統的元件和次系統可能未能正確動作，故需增設一後衛保護系統來協助一次保護系統排除無法清除的故障，如圖 11.11 所示。

當 P 點故障時，則一次保護系統應使 F 及 G 跳脫，可複製一套一次保護系統來作為後衛保護系統。如此一來，當一次保護失效時也能確保故障可被排除，此種設備於重要線路上使用時雖會加重成本，卻是值得的。

然而，一次及複製的系統會共用元件，例如這些斷路器的電池同時動作跳脫線圈、比流器及比壓器等。若有一元件失效則兩系統必受影響，因此必須提供後衛保護規則，使得後衛保護不能有同樣故障失效的系統。

遠端的一次保護系統能和遠端後衛保護相連繫。例如，假設圖 11.11 的匯流排①，其一次保護系統無法清除 P 點故障時，可安排在匯流排②、③、④ 的一次保護系統分別使斷路器 A、D 及 H 跳脫。在②、③、④ 的保護系統除了保護線路 ②-①、③-① 和 ④-① 之外，還可作為匯流排 ① 的線路 ①-⑤ 一次保護系統的後衛保護。但遠端後衛保護系統的動作會造成比一次保護系統還大範圍的停電。

在上述例子中，除了線路 ①-⑤ 外，②-①、③-① 和 ④-① 也受影響而斷電。且匯流排 ②、③ 及 ④ 的負載情形也受波及，匯流排 ① 則斷電。

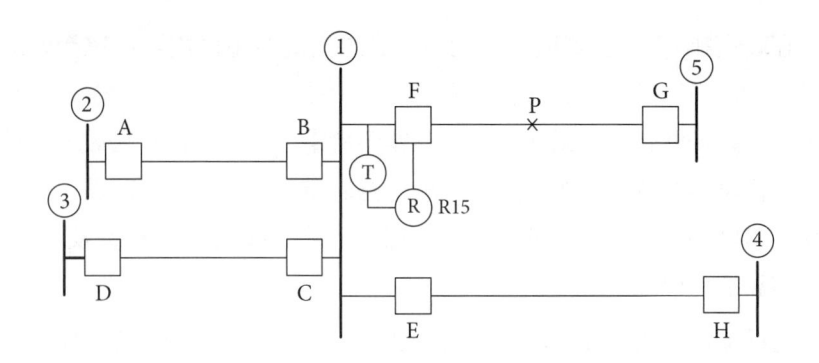

圖 11.11 設有後衛保護的系統單線圖

其次，後衛保護應較一次保護較慢動作，以免造成不必要的斷電情形。故後衛系統的動作時間應超出一次系統的最遲限度後才動作，此延遲的時間叫時間延遲協調 (coordination time delay)，以此協調一次保護及後衛保護系統的動作時間。

回頭再來看看圖 11.11，注意到匯流排 ① 與線路 ①-⑤ 的一次保護系統失效時，可設計一遠端後衛系統來跳脫匯流排 ① 處的斷路器 B、C 和 E。此類系統稱為局部後衛保護系統，其功能是在斷路器排除故障失效時作後衛保護之用（如斷路器 F），因此又稱為斷路器失效保護。再者，此類失效保護和一次保護系統常共用一些次系統及元件，它們有可能同時失效。因此有人認為遠端後衛保護是極佳的保護系統。

11.6 輸電線之保護

電力系統中的輸電線因負責連接電廠和負載網路，故輸電線的保護極為重要。當線路穿梭在廣遠的鄉野時，其故障也特別多。低壓系統中最簡易的保護即是熔絲系統，它的功能頻似於電驛和斷路器組合。

我們不考慮熔絲及復閉器的保護（也是在配電電路中所使用的），而是將注意力集中在中壓及高壓輸電線路。中壓輸電線路所使用的保護系統，相較於提供主要輸電設備的高壓輸電線路所使用的稍加簡單些。因為高壓輸電線故障時對系統供電的影響遠比配電線或二次輸電線來得嚴重，故需有更詳密、更深層的重疊及更多費用來進行大電力輸電線的保護工作。

二次輸電線的保護

在發電—負載系統是輻射狀時，保護系統較為簡單，如圖 11.12(a) 所示。

在匯流排①的發電機（可能是代表從更高電壓供電點供電至匯流排①的一個或多個變壓器饋線）供電給匯流排①、②、③及④上面的負載，此類系統即為輻射系統，輸電線路由發電機作輻射拉至負載。由於只在每段線路的左側有電源，所以每段線路的電源處只裝一斷路器。因此，斷路器 B12 於①-②輸電線故障時需打開，此時匯流排②、③及④的負載將被波及而停電。

這種輸電線可用先前所討論過的過電流電驛來作系統保護。線上的故障電流由故障點決定，且故障點離發電機愈遠，其間的阻抗愈大，所以故障電流將反比於其間之距離。圖 11.12(b) 所示即為故障電流 I_f 和距離的函數關係。此外，故障電流值隨故障種類和發電量而變動，例如兩並聯變壓器接於匯流排①處，而其故障電流在其中一變壓器不供電時將會減少。圖 11.12(b) 之特性曲線乃根據最大故障電流準位（依最大發電量及三相故障而定），和最小故障電流準位（依最小發電量及線對線或線對地故障而定，不論是否經由阻抗接地均加以考量）來畫出。

先前討論的過電流電驛可以作為輸電線的一次保護及相鄰線路的遠端後衛系統。匯流排①、②及③各裝一電驛作一次保護，並作為各電驛處下游線路的遠端後衛保護。因此，在匯流排①的電驛為①-②線路的一次保護，且是②-③線路之後衛保護。在匯流排③的電驛只作③-④的一次保護而已，因為沒有其他線路在③-④的右邊。匯流排①的電驛要調整到有足夠的時間延遲（為其協調時間延遲）後才動作，方能作②-③線路的後衛保護，且在②-③線上有故障時，匯流排②的電驛才會優先動

圖 11.12 輻射系統之保護：(a) 系統單線圖；(b) 以定性曲線顯示線路上各故障位置的故障電流 $|I_f|$

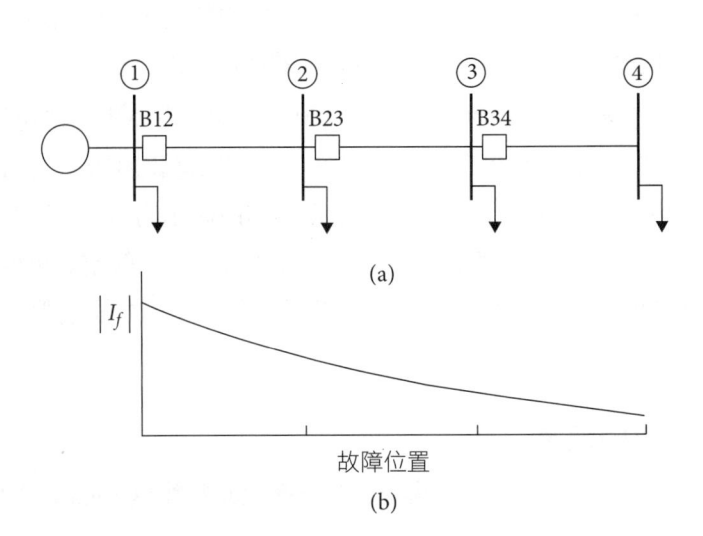

作。匯流排 ③ 以後的線路後衛保護如果由匯流排 ① 的電驛來負責，將很不實用，且以下面的例子來說明這些概念。

例題 11.2

圖 11.13 顯示一個 13.8 kV 輻射系統的某部分，系統於某情況下只用一台變壓器運轉，其變壓器高壓側接一無限匯流排，其保護系統用來保護線間和三相故障。線路電抗以歐姆為單位如圖 11.13 所示，變壓器電抗歐姆值為換算到 13.8 kV 側之值，不計電阻求匯流排 ⑤ 故障時的最大和最小故障電流。

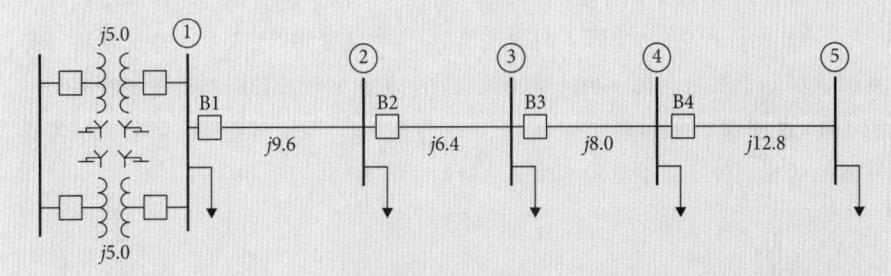

圖 11.13 例題 11.2 和 11.3 輻射系統之單線圖及變壓器的電抗值歐姆值

解： 當由兩變壓器供電且三相故障時的故障電流為最大。此時在匯流排 ⑤

$$I_f = \frac{13{,}800/\sqrt{3}}{j(2.5 + 9.6 + 6.4 + 8.0 + 12.8)} = -j202.75 \text{ A}$$

當由一變壓器供電且線間故障時電流為最小。針對三相故障且只有一台變壓器時

$$I_f = \frac{13{,}800/\sqrt{3}}{j(5.0 + 9.6 + 6.4 + 8.0 + 12.8)} = -j190.60 \text{ A}$$

然而，線對線故障之故障電流為三相故障電流的 $\sqrt{3}/2$ 倍，此可由問題 10.2 證得，故匯流排 ⑤ 處的最小故障電流為

$$I_f = \frac{\sqrt{3}}{2}(-j190.6) = -j165.1 \text{ A}$$

同理可算得其他的故障電流值，如表 11.2 所示。

表 11.2 例題 11.3 最大及最小故障電流

故障匯流排	1	2	3	4	5
最大故障電流，安培	3187.2	658.5	430.7	300.7	202.7
最小故障電流，安培	1380.0	472.6	328.6	237.9	165.1

如例題 11.3 將討論的，針對任何電驛 X 及過電流電驛的後衛保護原理，提供下游電驛 Y 作其後衛保護，則 X 需動作於

a. 由電驛 Y 看到 ⅓ 最小電流時，以及
b. 由電驛 Y 看到最大電流且在 Y 動作後 0.3 秒時。

例題 11.3

依據例題 11.2 的系統選用變流比、電驛分接頭和時間刻度調整等設定，在所有位置採用 11.4 節所述的 IFC-53 電驛。以 R1、R2、R3 及 R4 表示在匯流排 ①、②、③ 和 ④ 的電驛，例如匯流排 ① 的電驛用 R1 表示。每一斷路器有三個電驛，當三相中任一相的電驛跳脫時，其相關之三相斷路器將會打開。

解：R4 之標置：當電流大於 165.1 安培時應動作，為了可靠性要求，令其選擇為輸電線電流是最小故障電流的 ⅓ 時動作，則

$$I'_P = \frac{165.1}{3} = 55 \text{ A}$$

變流比是 50/5（表 11.1）時，電驛電流為

$$I_P = 55 \times \frac{5}{50} = 5.5 \text{ A}$$

故適當的分接頭標置為 5.0 安培。

此電驛在輻射系統終端可不必和其他電驛作協調，愈快動作愈好，故選擇時間刻度在 ½。

R3 的標置：R3 需提供 R4 之後衛保護，故在 R4 最小故障電流 165.1 安培時應開始動作，所以 R3 用變流比為 50/5 和分接頭為 5 安培標置。

當受後衛保護的電驛動作後 0.3 秒，其後衛保護電驛（R3）方可動作，0.3 秒即協調時間。且在 R4 的最大故障電流時，R3 要作 0.3 秒的時間延遲後方能動作。

面對匯流排 ⑤ 時在 R4 之外故障的故障電流，即 R4 所見到之最大電流，如表 11.2 中的 300.7A；也就是，

$$\frac{13{,}800/\sqrt{3}}{j(2.5 + 9.6 + 6.4 + 8.0)} = -j300.7 \text{ A}$$

電驛 R3 和 R4 電流為

$$300.7 \times \frac{5}{50} = 30.1 \text{ A}$$

因分接頭是 5A，R3 和 R4 中的電流與分接頭標置比為 30.1/5=6.0，R4 時間刻度設定為 1/2。由圖 11.7 知 R4 的動作時間是 0.135 秒，所以 R4 失效時，R3 動

作始於

$$0.135 + 0.3 = 0.435 \text{ s}$$

再由圖 11.7 查得 R3 的時間刻度應為 2.0。

若 R3 由 R4 見到的最小電流來設定，則時間標置會小於 2.0，也不作 0.3 秒之時延。

R2 的標置：R2 於表 11.2 列出的最小電流 237.9 安培時應開始動作，才能作 R3 的後衛保護；也就是

$$\frac{13,800/\sqrt{3}}{j(5 + 9.6 + 6.4 + 8.0)} \times \frac{\sqrt{3}}{2} = -j237.9 \text{ A}$$

用變流比為 100/5，為求可靠，需在 R2 電流的 1/3 時動作，則

$$\frac{1}{3} \times 237.9 \times \frac{5}{100} = 3.9 \text{ A}$$

所以 R2 的分接頭可用 4.0 安培。

匯流排 ③ 的最大故障電流是 430.7 安培，則 R3 的電流和動作標置電流比是

$$430.7 \times \frac{5}{50} \times \frac{1}{5} = 8.6$$

R3 時間刻度設定 2.0，且由圖 11.7 中知 R3 動作時間為 0.31 秒，為和 R3 協調，R2 應動作於

$$0.31 + 0.3 = 0.61 \text{ s}$$

因 R2 為 R3 的後衛保護，所以對於 430.7 安培之故障電流，其電流和動作標置電流是

$$430.7 \times \frac{5}{100} \times \frac{1}{4} = 5.4$$

故時間刻度 R2 應設定在 2.6。

R1 標置設定：R1 作為 R2 後衛保護的最小故障電流為 328.6 安培。選擇比流器的比值為 100/5，則

$$\frac{1}{3} \times 328.6 \times \frac{5}{100} = 5.5$$

指定分接頭設定為 5 安培。

求解 R1 的時間標誌設定時，在匯流排 ② 的最大電流為 658.5 安培。針對此電流，R2 電驛的始動設定值為

$$658.5 \times \frac{5}{100} \times \frac{1}{4} = 8.23$$

因為 R2 的時間標置設定為 2.6，從圖 11.7 可發現電驛會在 0.42 秒動作。

就適當的協調來說，R2 電驛必須在下列時間內動作

$$0.42 + 0.3 = 0.72 \text{ s}$$

R1 作為 R2 的後衛保護時也會偵測到 658.5 安培的故障電流，則電驛始動設電流比值為

$$658.5 \times \frac{5}{100} \times \frac{1}{5} = 6.6$$

從圖 11.7 可查到時間標置設定為 3.9。

針對所有電驛的最終比流器比值，始動值及時間標置設定，均顯示在表 11.3 中。

表 11.3 例題 11.3 的電驛設定

	R1	R2	R3	R4
CT 比，始動設定，時間標置設定	100:5 5 3.9	100:5 4 2.6	50:5 5 2.0	50:5 5 1/2

注意，當重載之下故障時，若④-⑤線中的電流近於動作值，則 R3 有可能先於 R4 動作。因 R3 和 R4 所見電流相等，且當比流器或電驛誤差大時會使 R3 作跳脫的判斷，但 R4 的電流卻稍小於動作值。若 R3 的分接頭大於 R4，則此現象即可避免。

圖 11.13 為輻射系統，並以時間過電流電驛作保護。若為環路系統，如圖 11.14(a) 的多源系統及圖 11.14(b) 的系統皆屬之，當線上故障時，其故障電流將由兩端流向故障點，故每線路端點都要裝斷路器才能排除故障。而電驛方向為順向時，如圖 11.14 之箭頭所示，則其系統保護將和輻射系統相似。其中電驛和斷路器 A、C、E 及 F、D、B 間應作適當協調。加一方向性電驛於每一過電流電驛，使具有方向性，相當於兩者作「及」的運算邏輯，當兩電驛皆收到信號時，有關的斷路器方能動作跳脫。

高壓輸電線保護

大電力網路中並無輻射和單環路系統，而很多電廠和二次輸電系統之饋電點相連成網路，無法辨別出環路系統。故其中的方向性電驛及過電流電驛即無法作保護協調，且故障電流變化很大，其值依運轉情形而定。

上述系統即可用阻抗電驛來作保護，因為此類電驛的阻抗和故障點距

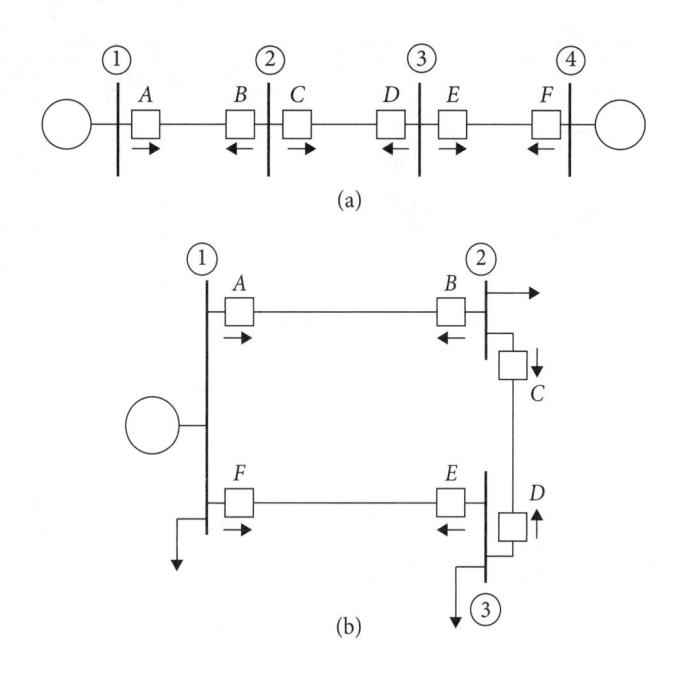

圖 11.14 環路系統之單線圖。箭頭表示故障時電驛反應的電流方向。環路四周的協調使所有箭頭均指向相同的方向

離成正比,有時稱作距離電驛。它並不依據電流大小,而是依據阻抗大小來動作。圖 11.15(a) 中就 P_1 點故障來說,電驛 R12 在匯流排①至②的方向是順向,且和匯流排①與 P_1 點的正相序響應。同樣 R21 之順向是匯流排②到①之方向。

由線間電壓差($V_a - V_b$)和線電流差($I_a - I_b$)來作反應的阻抗電驛稱相間電驛。這類電驛可測故障點的正相序阻抗,對所有的線間故障來說,兩相接地和三相故障用三個相間電驛即可測得,只是對單相接地故障則會失效。加三個電驛並利用線對中性線的電壓 V_a、V_b、V_c、I_a、I_b、I_c 線電流和零相序電流 I_o,則可測得故障點(含接地)和電驛間的正相序阻抗值。

有時可加方向性元件使距離電驛有方向性,如歐姆電驛即是一種。這種電驛會依順向(看入保護區)距離作響應,對反向的所有故障均閉鎖。

圖 11.15(a) 中①-②線路用方向性距離電路來作保護,R12 和 R21 保護實線所示之線路。P_2、P_3 和 P_4 的故障對 R12 來說,距匯流排①的長度一樣,但 P_3 和 P_4 故障則不在 R12 保護區內。所以此電驛若對 P_2 作反應,則對 P_3 及 P_4 亦必生反應,導致動作不正確,故需修正成如圖 11.15(a) 虛線所示。圖中 1 區範圍較小,只為線路的 80%,故稱為「不及」區域,其內若故障,匯流排①之電驛就會動作。2 區保護範圍延伸到遠

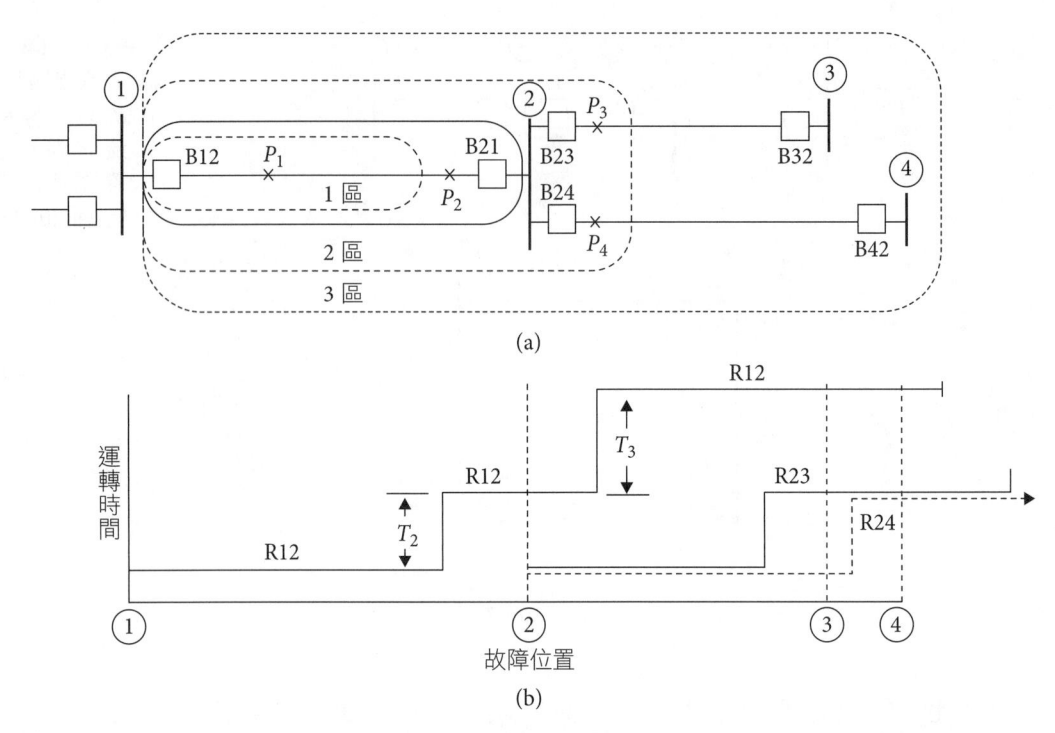

圖 11.15 測距（阻抗）電驛的協調。實線代表的保護區在 (a) 由虛線表示的保護區 1 及 2 來代替，3 區提供附近系統作後衛保護。R12、R23 及 R24 的時延和動作時間顯示於 (b) 內

方輸電線，稱作「過及」範圍，R12 於時延後可響應區內故障，和 R23 及 R24 協調後即可作保護功能。

R21 的標置和 1 區與 2 區相同，R12 和 R21 將在 1 區發生故障時迅速動作，1 區中 P_2 故障時，會儘快使斷路器 B21 跳脫，可是此故障在 R21 的 1 區內，R12 需等 2 區時延之後才會動作，並使 B12 斷路器跳脫以便排除故障。如此匯流排 ① 端對 P_2 故障延時清除，但匯流排 ② 處卻立即作排除工作。

當 R23 的 1 區內 P_3 發生故障時，R23 和 B23 斷路器將會迅速排除故障。當 R23 失效時，則 2 區 R12 於時延後將會動作，使 B12 斷路器跳脫而將故障切離。故 2 區的排除時間比 1 區 R23 的最慢時間還要延後一些，如此 R12 對 P_3 故障就不會太早動作。R42 的 2 區內 P_3 發生故障時，R42 和 B42 斷路器的保護裝置將和 2 區相似。

圖 11.15(b) 表示電驛 R12、R23 及 R24 對故障的個別反應時間，圖中橫座標表故障位置，縱座標表示動作時間，1 區動作時間在 1 週波以內，2 區動作時間則在 15 到 30 週波之間。

第 11 章 電力系統保護

圖中 3 區為距離電驛提供作為鄰近線路的後衛保護區，此區保護範圍較該區內匯流排拉出的最長線路還要深長，並需和受保護之後衛系統的一次保護系統作協調。即 3 區之 R12 要和 2 區內的 R23 及 R24 作協調。

圖 11.15(b) 指出電驛用時間和距離來作協調的原則，即保護距離內的故障會動作較快，反之後衛保護將較慢動作，故 R12 的 2 區範圍較 R23 及 R24 的 1 區小，R12 的 3 區範圍同樣小於 R23 和 R24 的 2 區範圍。所以一些故障除了距離協調外，若是由後衛進行排除，將會延長清除故障的時間。3 區的協調時間一般在 1 秒以內，圖 11.15(b) 即為 R12 的保護區和動作時間之表示圖。

圖 11.16(a) 表示一輸電線的阻抗軌跡和 R-X 複平面上的方向距離電驛特性曲線。

電驛所見為線上任意點和電驛間的正相序阻抗。圖中曲線可在阻抗軌跡上作一垂直線而分成跳脫、閉鎖兩區。匯流排 ① 到 ② 和 ④ 線上的阻抗如圓圈數字所示。

保護區以原點作圓心，以 R12 見到 ① 的阻抗為半徑，所以任一圓和阻抗軌跡的交點即是電驛和保護區末端間的阻抗。發生故障時的阻抗甚小於正常時之阻抗，當阻抗落在保護圓內，即使電驛動作，如在 1 區圓內最早動作，在 2 區及 3 區則較慢動作。

圖 11.16(b) 為歐姆電驛的特性曲線，保護區圓心落在阻抗軌跡上，區圓的半徑為方向距離電驛圓半徑的一半，此乃因圓和阻抗軌跡的交點即為電驛所見之阻抗。

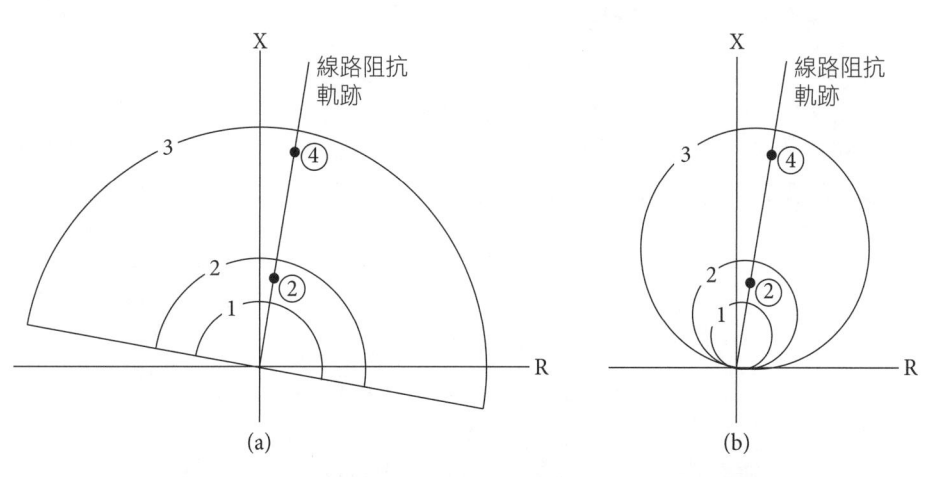

圖 11.16 例題 11.4 中的特性圖 (a) 方向性阻抗電驛；(b) 姆歐電驛

一般情形下,方向性過電流電驛可作接地故障的保護,而距離電驛可保護三相及線間故障。有時 3 區和 2 區的保護電驛時延設定會較難協調,尤其是超高壓系統時,此時距離電驛可不再作遠端後衛保護之用。

例題 11.4

討論圖 11.15(a) 中的 138 kV 輸電系統,線路 ①-②,②-③,②-④ 各長 64、64、96 公里(或是 40、40、60 英里)。線上正相序阻抗每公里是 $0.05+j0.5$ 歐姆,①-② 可供最大緊急負載是 50 MVA。試針對 R12 區域設計三級階梯式距離電驛系統,並以比流器和比壓器二次側數值之比值阻抗作為設定,且 R-X 平面上的保護區必須通過保護區圓。

解: 三線的正相序阻抗是

線 ①-②　　$3.2 + j\,32.0\ \Omega$

線 ②-③　　$3.2 + j\,32.0\ \Omega$

線 ②-④　　$4.8 + j\,48.0\ \Omega$

距離電驛和電壓對電流比值有關,所以每相都裝一比流器和比壓器。最大負載電流為

$$\frac{50 \times 10^6}{\sqrt{3} \times 138 \times 10^3} = 209.2\ \text{A}$$

於此電流時,若變流比為 200/5,則其二次電流將為 5 安培。

線對中性點電壓為

$$\frac{138 \times 10^3}{\sqrt{3}} = 79.67 \times 10^3\ \text{V}$$

關於比壓器二次電壓,在 11.3 節中曾提過工業上的標準是 67 伏對中性點時之電壓,故比壓器的變壓比為

$$\frac{79.67 \times 10^3}{67} = 1189.1/1$$

每相比壓器二次電壓在正常系統電壓時為 67 伏,以 V_p 表示比壓器的一次電壓,I_p 表示 CT 的一次電流,故電驛阻抗

$$\frac{V_p/1189.1}{I_p/40} = Z_{line} \times 0.0336$$

所以,R_{12} 電驛見到的三條線路阻抗值近似為

線 ①-②　　$0.11 + j\,1.1\ \Omega$　二次

線 ②-③　　$0.11 + j\,1.1\ \Omega$　二次

線 ②-④　　$0.16 + j\,1.6\ \Omega$　二次

當滯後功因為 0.8，負載電流是 209.2 安培，其阻抗即

$$Z_{load} = \frac{67}{209.2(5/200)}(0.8 + j0.6)$$

$$= 10.2 + j7.7 \ \Omega \ \text{二次}$$

R12 的 1 區標置在線 ①-② 上，定為「不及」範圍，故為

$$0.8 \times (0.11 + j1.1) = 0.088 + j0.88 \ \Omega，\text{二次}$$

2 區範圍應達線 ①-② 的 ② 端點，當允許誤差時，受保護的線長之 1.2 倍即為 2 區的標置。所以 R12 的 2 區標置為

$$1.2 \times (0.11 + j1.1) = 0.13 + j1.32 \ \Omega，\text{二次}$$

3 區標置需較匯流排 ② 的最長線路還長，故標置設定

$$(0.11 + j1.1) + 1.2 \times (0.16 + j1.6) = 0.302 + j3.02 \ \Omega，\text{二次}$$

圖 11.16(a) 及 (b) 中點 ② 和 ④ 為對應匯流排 ① 至 ② 及 ④ 的阻抗值，其電驛所見到的 Z_{load}，比由匯流排 ① 至 ④ 的阻抗大超過 3 倍，且在 3 區的保護區圓之外，故任意變動負載均不會跳脫。若最大負載和 3 區的標置很近時，必須由 R-X 平面的 3 區之歐姆電驛來代替，如圖 11.16 所示。

以控制電驛來保護線路

前已說過可用測距電驛的 1 區（約線長的 80% 範圍）和 2 區來作線路（如圖 11.17 中的 ①-②）之保護，其跳脫時間約 1 週波以內，故又稱直接或高速跳脫保護。例如圖 11.17 之 P_2 故障將由 R12 電驛的 2 區時延來排除。此時若匯流排 ② 裝有同樣的電驛，則斷路器會視 P_2 故障為 1 區保護而快速跳脫。所以線路中間 60% 之故障皆被快速清除，而 20% 內的故障，1 區將作快速跳脫，2 區會於時延後排除故障。

在現代電力系統中，經常發生的遠方延時清除故障是不被接受的，這是因為現代互聯網路的複雜特性及更嚴格的穩定度極限。所以需利用 11.4 節所提過的引示電驛（副線電驛）來做高速保護。其中 R_{12} 和 R_{21} 方向性電驛測到的線路故障是：故障電流皆為順向，再由副線送到遠方電驛，以

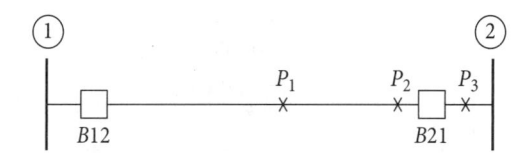

圖 11.17 以控制電驛來保護線路

告知確有故障在其保護的線上發生。

如圖 11.15 中的線 ①-②，若 P_2 和 P_3 有故障，則 R12 測得 P_2 為內部故障，但測得 P_3 為反方向之外部故障，對 P_3 故障不做跳脫動作，而兩端對 P_2 為故障將做快速跳脫。此類系統稱作方向性引示保護，由故障電流的相位角經副線傳送此信號來作動稱為相位比較架構，上述方式都已有人使用，惟我們不作討論。

11.7 電力變壓器之保護

變壓器的保護一如輸電線，依結構、體積、電壓和應用而不同，小型（2 MVA）變壓器用熔絲保護即可，大於 10 MVA 時則用諧波抑制差動電驛作保護。

先討論圖 11.18 所示的單相變壓器以差動方式來保護之情形。

當忽略激磁電流，且變壓器一次及二次繞組的電流為 I'_1 及 I'_2 時得知

$$\frac{I'_1}{I'_2} = \frac{N_2}{N_1} \tag{11.9}$$

其中 N_1 和 N_2 為變壓器的一次及二次繞組的匝數，CT 一、二次電流為 I_1 及 I_2，變壓器一次和二次側之比流器的變流比分別是 n_1 和 n_2 時，則

$$I_1 = \frac{I'_1}{n_1} \quad I_2 = \frac{I'_2}{n_2} \tag{11.10}$$

為了不在正常情形下跳脫，(11.9) 式應滿足，故 (I_1-I_2) 應為零，即 I_1 等於 I_2，由 (11.9) 式及 (11.10) 式得知

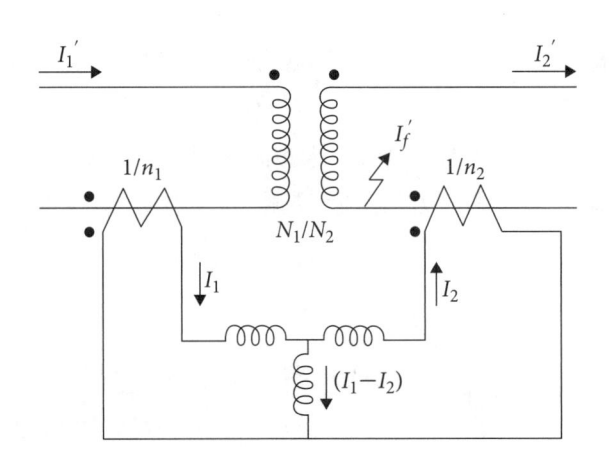

圖 11.18 變壓器差動保護的接線圖

$$\frac{n_1}{n_2} = \frac{N_2}{N_1} \tag{11.11}$$

若 I_f' 為變壓器二次側的內部故障之電流,則

$$I_1 - I_2 = \frac{I_f'}{n_2} \tag{11.12}$$

若一次側有故障,則 (11.12) 式右側為 I_f'/n_1。如果 $|I_p|$ 為電驛標置的始動最小電流,內部故障將會令差動電驛做跳脫動作,而對於外部故障將不會有反應。

在 3.8 節討論過,電力變壓器具有分接頭設定,允許調整二次電壓於某範圍之內,即匝數比 N_1/N_2 的 ±10% 以內。若分接頭不是正規匝數比時,即使在正常運轉下,電驛也會測得差動電流而動作,故此時應用百分率差動驛。

在 9.2 節中曾指出 Y-Δ 三相變壓器在常態下的一、二次電流和相角都不相等,所以比流器接線應使二次線電流同相位,而電流比調到相等。正確方式是在變壓器 Y 側的比流器接成 Δ,而在 Δ 側的比流器接成 Y,如此一來變壓器 Y-Δ 之相位移即由比流器接線補償回來,理由如下列所述。

例題 11.5

額定 50 MVA,短時間緊急額定為 60 MVA 的三相 345 k/34.5 kV 變壓器,一次為 Y 接線,二次為 Δ 接線,試決定比流器之變流比及接線,且求變壓器和比流器內的電流大小。

解: 在最大負載下,變壓器 345 kV 側及 34.5 kV 側的電流為

$$\frac{60 \times 10^6}{\sqrt{3} \times 345 \times 10^3} = 100.4 \text{ A} \quad \text{及} \quad \frac{60 \times 10^6}{\sqrt{3} \times 34.5 \times 10^3} = 1004.1 \text{ A}$$

34.5 kV 側用變流比 1000/5。因為 CT 作 Y 接線,所以流到差動電驛的電流為

$$1004 \times \frac{5}{1000} \cong 5.02 \text{ A}$$

因此 345 kV 側之 Δ 接線 CT 的線電流也應為 5.0 安培,故此 CT 的二次繞組中的電流是

$$\frac{5.02}{\sqrt{3}} \cong 2.898 \text{ A}$$

在 CT 二次繞組的電流所要求的變流比為

$$\frac{100.4}{2.898} \cong 34.64 \text{ A}$$

在 345 kV 側的比流器,取接近的標準變流比 200/5,則 CT 的二次電流為

$$100.4 \times \frac{5}{200} = 2.51 \text{ A}$$

由 Δ 接線流入差動電驛之線電流是

$$2.51 \times \sqrt{3} = 4.347 \text{ A}$$

此電流顯然和 34.5 kV 側的 5.0 安培無法平衡。

上述不平衡情形可用補助比流器作大範圍變化的匝數來解決,且其一、二次為低壓小電流電路,價格便宜,所以選用一匝數比為

$$\frac{5.02}{4.347} = 1.155$$

的補助 CT,而使電驛內部常態時電流能平衡,在 0.8 滯後功因時變壓器內之電流及各式 CT 顯示於圖 11.19 中。

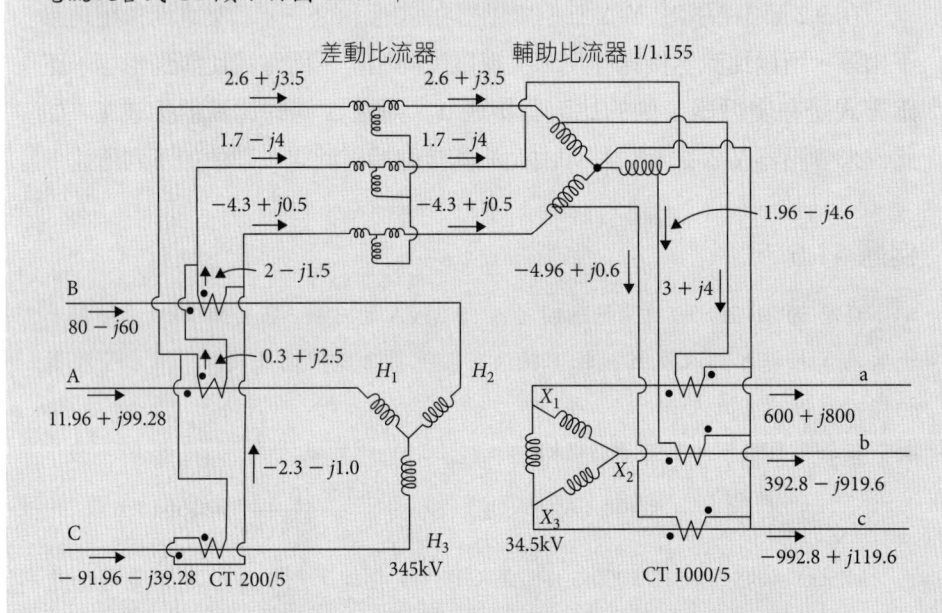

圖 11.19 例題 11.5 中的電力及電驛電路接線圖,電流為安培

通常補助 CT 的負擔都加到主 CT 上,包括其誤差。當電驛有分接頭標置時也可作匝數比可調的補助 CT 來使用,其能解決一般不匹配的平衡情形。

注意,前面所提的都是忽略變壓器的激磁電流,然而在提高電壓時,激磁電流卻不能忽視。例如磁化突入電流,此大電流在一次繞組內流動因

而會生出差動電流,此時應不能使電驛動作而跳脫變壓器,以免發生誤動作。此情況可基於故障電流為基本頻率正弦波和湧入電流具諧波之事實,藉由 $(I_1+I_2)/2$ 之電流被基頻抵消,並以電驛的抑制信號抵銷差動電流的諧波成分,達到修正的目的,以防止湧入電流所引起的誤跳脫。

11.8 保護電驛的進展

在 11.4 節中,我們說明某些型式電驛的邏輯設計。所討論的許多電驛建構於機電裝置中,機電結構電驛自早期便已運作良好,為傳統保護系統設計工作的重要部分。這些電驛堅固、價廉,且適應於電力變電站的嚴酷環境中。它們的反應時間相對於現代電力系統的需求稍微慢了點,且在可用特性、負擔能力及分接頭設定上較缺乏彈性。

1960 年代早期採用固態電路靜態電驛,這些電驛利用類比電路連接邏輯閘,形成所需要的電驛特性。固態電驛有能力提供類似於機電結構電驛的特性,事實上,一些較新的特性型式係採用固態電路。大約在 1980 年代,數位電驛進入市場。許多數位電驛採用微處理器提供電驛的功能,並處理數位量測訊號。在 1980 年代中期,數字型電驛開始發展,且於 1990 年代變得十分普遍。利用數字型的微處理器使數位電驛有更大的處理容量,其在資料傳輸、遙控及監視上的通訊能力更好。

除了保持可靠的保護特性,現代智慧型保護電驛應用可以整合儀表計器、故障位置、故障記錄、數位通訊介面,以及其他功能。它們與資訊及通訊技術的整併,可存取遠距離的資料,進而完成有效且可靠的故障分析。除此之外,靈活的遙控電驛分接頭及邏輯功能設定也能夠完成。

現今,一項重大的電驛技術是有關電力系統動態程序監測、分析,及即時控制的廣域監測系統 (wide area measurements, WAMS)。該系統是在高壓變電站之間廣泛安裝同步相位測量單元(PMU,也稱為同步相位儀)。研究 WAMS 可以追溯至 1990 年代早期,並探討發展於 1990 年代中期的 PMU。PMU 類似數字型式的電驛,它們最初是針對廣泛的場所(例如變電站的饋線),用來精確量測電壓及電流的取樣值,以及輸電網路的現場頻率與頻率的變動率。從網路中不同 PMU 所獲得的量測值,經由全球定位系統 (GPS) 所提供的絕對時間參考同步。這些量測單元安裝在輸電網路間,以提供簡易的方法來分析不同位置的量測值,執行電力系統動態

分析、穩態分析和事故分析的即時監測,並針對電力系統的安全維護與可靠的運轉提供決策。在保護電驛中建構智慧型電網並整合同步相位儀是採用 PMU 的主要驅動力。

11.9 總結

本章中我們將注意力集中在現代高壓電力網路保護電驛系統的討論上,惟未針對配電系統經常使用的熔絲和復閉開關應用進行研究。在許多方面,這些裝置的協調與 11.4 節及 11.6 節所討論的時間過電流電驛很類似。在設備保護方面,我們在 11.7 節討論了變壓器的保護。發電機的保護只在與差動電驛有關時提及,而差動電驛也可用在匯流排的保護。針對各種設備和線路的保護系統,是值得深入研究的特殊課題,而有關保護電驛的進展,則於 11.8 節概要討論。

問題複習

11.1 節

11.1 保護電驛為偵測故障並導致斷路器跳脫的設備。(對或錯)
11.2 保護系統的三個次系統包括斷路器,轉換器及 _____。
11.3 比流器及比壓器並非提供輸入訊號至保護電驛的轉換器。(對或錯)

11.2 節

11.4 保護區間的概念為何?
11.5 請定義保護區間的邊界。

11.3 節

11.6 使用比流器的目的為何?
11.7 比壓器的精確度遠小於比流器,且比壓器的比值及相角誤差一般不予理會。(對或錯)
11.8 在電力系統的保護中,使用電容耦合比壓器的目的為何?

11.4 節

11.9 請詳細說明三種保護電驛的邏輯設計基礎。

11.10 下列敘述何者不正確？
   a. 差動電驛無法用來保護匯流排、發電機或電動機。
   b. 方向性電驛運轉時係依照電流相對應電壓的方向。
   c. 過電流電驛的一種設定稱為始動值 (pickup value)。

11.5 節

11.11 何謂後衛保護？

11.12 後衛保護系統必須給予一次保護系統足夠的時間，使其正常動作。(對或錯)

11.6 節

11.13 副線電驛可以用來保護輸電線路。(對或錯)

11.14 阻抗電驛提供連接於網路中之輸電線路的保護方法。阻抗電驛會針對電驛所在處與故障點之間的阻抗做出反應。(對或錯)

11.7 節

11.15 電力變壓器的保護型式取決於變壓器的尺寸、電壓額定，以及應用的性質。(對或錯)

11.16 針對小型變壓器（小於 2 MVA），適用熔絲保護，而變壓器容量大於 10 MVA 時，可採用具有諧波限制的差動電驛。(對或錯)

11.17 試繪製變壓器差動保護的連接圖。

11.8 節

11.18 相量測量單元的目的為何？

11.19 針對電力系統動態程序監測、分析及即時控制的廣域監測系統 (WAMS) 而言，在高壓變電站之間的 PMU 為主要的元件。(對或錯)

問題

11.1 圖 11.3(b) 顯示一系統的單線圖及保護區域，如果斷路器跳脫為：(a) G 及 C；(b) F、G 及 H；(c) F、G、H 及 B；(d) D、C、及 E，則故障發生在何處？

11.2 例題 11.3 中，如果針對 R_4 所看到的最小故障電流決定設定，試求 R_3 的時間刻度設定。為何是從 R_4 所看到的最大故障電流作為設定，而不依最小故障電流來作決定？

11.3 例題 11.3 中，假設一線間故障發生在線路 ②-③ 的中點。則針對此故障，哪一種電驛會動作？動作時間為何？假設此電驛無法清除此故障，則哪一種電驛會動作清除此故障？需花費多少時間？

11.4 圖 11.20 顯示一個 11 kV 輻射系統。線路 ①-② 的正相序及零相序阻抗分別為 0.8 Ω 及 2.5 Ω。線路 ②-③ 的阻抗為線路 ①-② 的 3 倍，兩只變壓器的正相序及零相序電抗分別為 $j2.0$ Ω 及 $j3.5$ Ω。於緊急狀況下，系統可以在一台變壓器故障時運轉。IFC-53 電驛作為系統單線接地故障保護設計，試決定比流器比值、始動值及時間刻度設定。假設高壓匯流排為一無限匯流排，低壓無載時提供 11 kV 電壓。

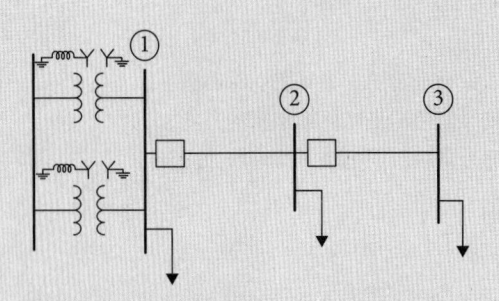

圖 11.20 問題 11.4 的單線圖

11.5 圖 11.21 顯示 765 kV 網路的一部分。輸電線路的正相序及零相序阻抗分別為 0.006215+j0.372902 及 0.06215+j 0.118707 Ω/km。假設發電機的正相序及負相序阻抗為 j10.0 歐姆，且零相序阻抗為 j20.0 歐姆。

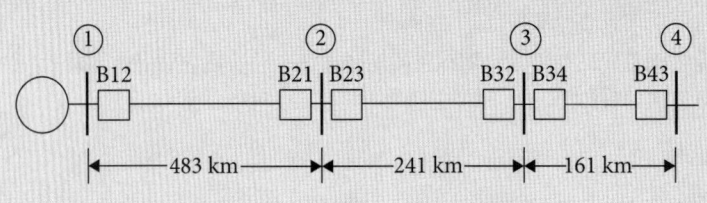

圖 11.21 問題 11.5 的單線圖

a. 針對系統單線接地故障保護，電驛 R_{12}、R_{23}、R_{34} 採用反時性方向性過電流電驛 IFC-53，試求 R_{12} 接地電驛的始動故障電流設定。

b. 針對匯流排 ① 的相位距離電驛，選擇比流器和比壓器的比值。假設電驛電流線圈可以連續搭載 10 安培的電流，且緊急線路負載限制為 3000 MVA。使用標準比流器比值。

c. 針對相故障保護，試求在匯流排 ① 上的方向性阻抗電驛的三個區間，並顯示於 R-X（二次側）圖上。

d. 同時在 R-X 圖上顯示緊急負載的等效阻抗位置。在緊急負載情況下，線路運轉有何問題？如果有，你會提出什麼樣的方法？

11.6 圖 11.19 的 Δ 繞組端點發生三相故障，此故障在差動電驛的保護區內。假設從 345 kV 側看入的變壓器正相序阻抗為 $j250$ Ω，且提供 345 kV 的電力系統之短路容量為無限大。試求圖 11.19 顯示的所有引線中所流動的電流。忽略故障前電流，並假設系統低壓部分沒有故障電流產生。

Chapter 12
經濟調度與自動發電控制

　　就一個電力系統能否從投資資本上賺回利潤而言，商業運轉是很重要的。有鑑於一些管制團體所固定的費率以及節約燃料的重要性，電力公司被迫朝著達到最大運轉效率的方向進行。所謂最大運轉效率是將送至消費者的瓩小時生產成本及電力公司輸電成本最小化，以面對不斷上漲的燃料、人工、庫存及維修成本。

　　最重要的經濟運轉涵蓋電力生產與電力輸送，涉及電力生產的最低成本，稱之為經濟調度 (economic dispatch)。對於任何指定負載情況，經濟調度決定了每一個發電廠的電力輸出（和在該電廠內的每個發電單位），使供應該系統負載所需的全部燃料成本降至最低。因此，經濟調度乃專注於協調系統上所有發電廠的發電成本。

　　本章強調經濟調度的典型方法，我們首先研究發電廠中各發電機組間最經濟的輸出分配。而所推導的方法也適用在不考慮輸電損失下，某既定負載電廠的經濟調度。接下來，我們將輸電損失以各電廠的輸出函數來表示。然後，我們就可決定系統中每一個電廠的輸出排程，以達到將電力傳送至負載的最低成本。

　　因為電力系統的總負載每天都在改變，所以發電廠輸出的協調控制就必須確保發電量與負載的平衡，如此系統的頻率就會盡可能地維持在標稱運轉值，通常為 50 或 60 Hz。因此，自動發電控制 (automatic generation control, AGC) 是從穩態的觀點所發展出來的，本章中將會予以說明。

12.1 電廠內各機組間負載的分配

早期的經濟調度是在輕載時僅由最有效率的電廠供電，當負載增加時，電力由該電廠提供，直到其效率達到最高為止。接下來，當負載進一步增加，次有效率的電廠開始供電至系統。直到第二間電廠的效率達到最大值之前，第三間電廠不會被要求發電。然而，要注意的是，若忽略了輸電損失，該方法並無法將成本減至最低。

為了決定各類發電機組間之負載的經濟分配（汽輪機、發電機及蒸汽供電），各機組之可變運轉成本必須表示成電力輸出之函數。燃料成本在消耗煤、天然氣或石油的化石燃料電廠是主要因素，而核燃料成本也能表示成輸出的函數。我們的討論是基於燃料成本及所認知的其他成本之經濟議題，這些成本都是電力輸出的函數，且都能含概在燃料成本的表示式內。

一個典型二階函數的輸入—輸出曲線，是針對燃料機組的每小時仟卡 (kcal/h) 或每小時英制熱單位 (Btu) 的燃料輸入，對機組的百萬瓦電力輸出 (MW) 所繪製，如圖 12.1(a) 所示。

要注意的是，圖 12.1(a) 的曲線通常是建構在維護不同 MW 發電量輸

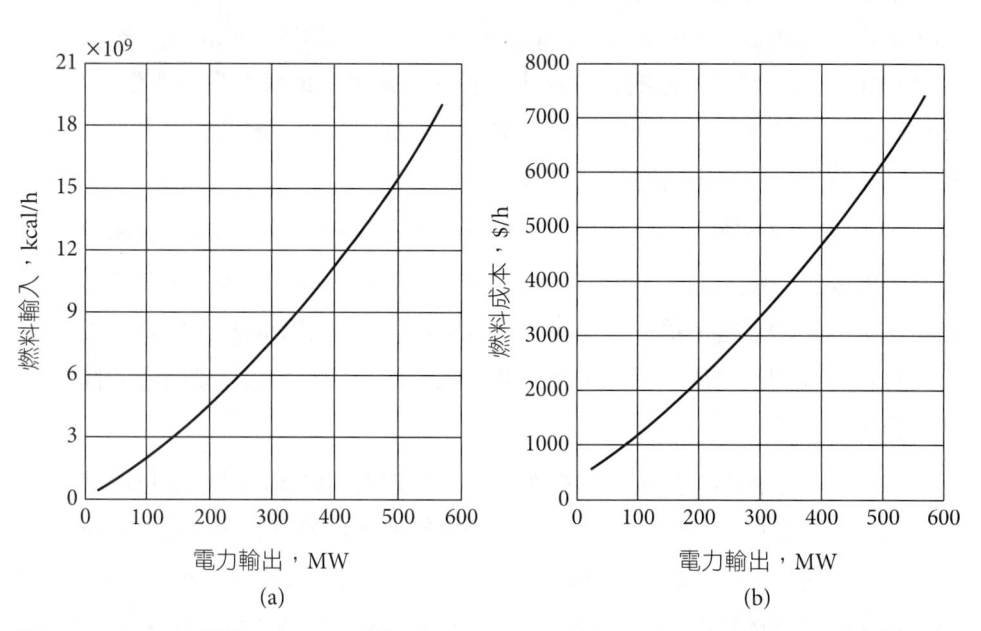

圖 12.1 (a) 發電機組以燃料輸入對電力輸出的輸入—輸出（熱耗率）曲線圖；(b) 燃料成本曲線

出階層所量測的燃料輸入需求。若有必要，燃料輸入也可以表示成發電量輸出的三階（立體）函數。如果在輸出—輸入曲線上畫一條通過原點到任何一點的線，該斜率表示每小時仟卡（或每小時百萬 Btu）除以百萬瓦，或是以仟卡（或 Btu）的燃料輸入對瓩瓦時 (Kilowatthour, kWh) 的能源輸出之比值。這個比值稱為熱耗率 (heat rate)，其倒數就是燃料效率 (fuel efficiency)。因此，較低的熱耗率意味著較高的燃料效率。

最大的燃料效率發生在從原點到曲線上的一點之斜率為最小時，也就是，該點為切該曲線之線。例如，在美國使用不同燃料的電廠，其典型熱耗率大約從 32,000 至 44,000 kcal/kWh（或 8000 至 11,000 Btu/kWh），然而將熱與電廠結合時可以獲得最小值。因為 1 kWh 近似 859.85 kcal（或 3412 Btu），對於具有 2520 kcal/kWh（或 10,000 Btu/kWh）熱耗率的電廠，其燃料效率為 34.12%。相對於圖 12.1(a) 的輸入—輸出曲線的燃料成本曲線如圖 12.1(b) 所示，其中曲線的縱座標藉由每百萬瓦小時價格（或 $/MWh）的燃料成本乘上燃料輸入，轉換為每小時價格。

正如我們將看到的，兩部機組之間的負載分配準則是當增加某一機組之負載時，另一機組是否減少相同負載，而使總成本增加或減少。然而，我們關心的是遞增燃料成本 (incremental fuel cost)，這是由兩部機組之燃料成本曲線的斜率所決定的。如圖 12.1(b) 所示，燃料成本曲線的縱座標為每小時的價格，如果令

f_i = 機組 i 的輸入，每小時價格 ($/h)

P_{gi} = 機組 i 的輸出，百萬瓦 (MW)

該機組每百萬瓦小時的遞增燃料成本為 df_i/dP_{gi}，而在相同機組中平均燃料成本是 f_i/P_{gi}。因此，如果機組 i 的燃料成本曲線是二次式，可寫成

$$f_i = a_i P_{gi}^2 + b_i P_{gi} + c_i \quad \text{\$/h} \tag{12.1}$$

而該機組的遞增燃料成本表示為 λ_i，定義為

$$\lambda_i = \frac{df_i}{dP_{gi}} = 2a_i P_{gi} + b_i \quad \text{\$/MWh} \tag{12.2}$$

其中 a_i、b_i 和 c_i 是常數。在任何特定輸出的遞增燃料成本，是輸出增加 1 MW 每小時增加的價格成本。燃料遞增成本對電力輸出的典型圖如圖 12.2 所示，此圖形是針對不同輸出由量測圖 12.1(a) 的輸入—輸出曲線的斜率，並藉著應用固定燃料成本 $/kcal（或 $/Mbtu）所獲得的。

圖 12.2 針對輸入—輸出曲線如圖 12.1 所示的機組,其遞增燃料成本對電力的輸出

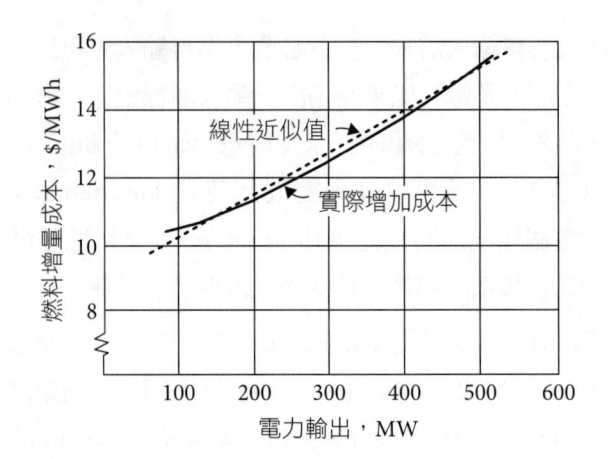

圖 12.2 顯示在一個極大範圍的電力輸出下,遞增燃料成本與電力輸出的關係是十分線性的。在分析的工作上,此曲線通常是以一條或兩條近似直線來表示,圖中的虛線是該曲線一個很好的表示,如果虛線的方程式為

$$\lambda_i = \frac{df_i}{dP_{gi}} = 0.0126 P_{gi} + 8.9$$

因此當電力輸出為 300 MW 時,由線性近似可知該遞增成本為 $12.68/MWh。這個 λ_i 值近似於當增加 P_{gi} 輸出 1 MW 時,每小時所增加的額外成本,且當 P_{gi} 減少 1 MW 輸出時,每小時所節省之成本。在 300 MW 的實際遞增成本是 $12.50/MWh,但是此電力輸出接近遞增成本的實際值與線性近似之間的最大偏差點。如果精確度要更高時,可以畫出代表此曲線最高及最低範圍的兩條直線。

我們現在已經了解在系統的一個或多個電廠內各機組之間負載分配的經濟調度原理。例如,假設某特定電廠的總輸出由兩部機組所供給,而這兩部機組間的負載劃分,是一部機組的遞增成本高於另一機組。現在,假設有部分負載由較高遞增成本的機組轉移至較低遞增成本機組,則降低較高遞增成本機組的負載比、增加相同負載在較低遞增成本機組時,其結果可降低許多成本。負載由高成本機組轉移至低成本機組可持續減少總燃料成本,直到兩部機組的遞增燃料成本相等為止。同樣的推論可擴充至具有兩部機組以上的發電廠。因此,針對電廠內各機組之間的負載經濟分配,其準則為所有機組必須運轉在相同的遞增燃料成本(或相同的邊際成本)。這就是所謂的相等 λ(或是相等遞增燃料成本)準則。

第 12 章 經濟調度與自動發電控制

在運轉的一定範圍下，當電廠中每一部機組的遞增燃料成本相對於電力輸出為接近線性時，代表遞增燃料成本的方程式為電力輸出的線性函數，如此可簡化運算。針對電廠中每一部指定負載機組的經濟調度排程，可以從下列幾點著手：

1. 假設電廠的各種總輸出值，
2. 計算該電廠相對應的遞增燃料成本 λ，及
3. 將 λ 的值取代各機組的遞增燃料成本方程式中的 λ_i，以計算各機組的輸出。

λ 對電廠負載的曲線建立此 λ 值，此數值為針對已知的總電廠輸出情況下，各機組的運轉輸出。當電廠的 λ 等於每部機組的 λ_i 時，考慮圖 12.3，針對一個電廠的 N 部機組運轉在經濟負載分配情況下，符合負載需求 P_D。

將電廠中所有發電機組的總燃料成本最小化為

$$F = \sum_{i=1}^{N} f_i(P_{gi}) = \sum_{i=1}^{N} (a_i P_{gi}^2 + b_i P_{gi} + c_i) \tag{12.3}$$

因為電廠提供負載需求，所以

$$\sum_{i=1}^{N} P_{gi} = P_D \quad \text{or} \quad P_D - \sum_{i=1}^{N} P_{gi} = 0 \tag{12.4}$$

(12.3) 式及 (12.4) 式被視為最佳化問題的限制條件，其中 (12.3) 式為最小化的目標函數，而 (12.4) 式為必須滿足的等式限制。現在藉由拉格朗日乘數法 (method of Lagrange multipliers) 來介紹像這樣的最佳化限制條件的求解程序，並以此找出電廠的經濟調度排程。首先將 (12.4) 式與 (12.3) 式結合變成一個無限制的目標函數

$$L = \sum_{i=1}^{N} f_i(P_{gi}) + \lambda (P_D - \sum_{i=1}^{N} P_{gi}) \tag{12.5}$$

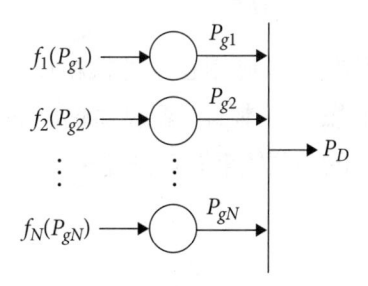

圖 12.3 包含提供負載需求 P_D 的 N 部發電機組之電廠

(12.5) 式稱為拉格朗日，且引入變數 λ 為拉格朗日運算子。為了求解拉格朗日的最小值，將藉由求解下列的偏導函數來獲得經濟調度的解：

$$\frac{\partial L}{\partial P_{gi}} = \frac{df_i(P_{gi})}{dP_{gi}} - \lambda = 2a_i P_{gi} + b_i - \lambda = 0, \quad i = 1, 2, ..., N \quad (12.6)$$

$$\frac{\partial L}{\partial \lambda} = 0 = P_D - \sum_{i=1}^{N} P_{gi} \quad (12.7)$$

根據 (12.6) 式，可以發現引入變數 λ 的確為最佳遞增燃料成本（或邊際成本），且滿足

$$\lambda = 2a_i P_{gi} + b_i, \ i = 1, 2, ..., N \quad (12.8)$$

因此，

$$P_{gi} = \frac{\lambda - b_i}{2a_i}, \quad i = 1, 2, ..., N \quad (12.9)$$

將 (12.9) 式代入 (12.7) 式中，可得

$$\sum_{i=1}^{N} P_{gi} = \sum_{i=1}^{N} \frac{\lambda - b_i}{2a_i} = P_D \quad (12.10)$$

而電廠的最佳遞增成本變成

$$\lambda = \left(\sum_{i=1}^{N} \frac{1}{2a_i}\right)^{-1} \sum_{i=1}^{N} P_{gi} + \left(\sum_{i=1}^{N} \frac{1}{2a_i}\right)^{-1} \left(\sum_{i=1}^{N} \frac{b_i}{2a_i}\right) \quad (12.11)$$

或

$$\lambda = a_T P_{gT} + b_T \quad (12.12)$$

當總電廠輸出時，

$$a_T = \left(\sum_{i=1}^{N} \frac{1}{2a_i}\right)^{-1}$$

$$b_T = a_T \left(\sum_{i=1}^{N} \frac{b_i}{2a_i}\right)$$

$$P_{gT} = \sum_{i=1}^{N} P_{gi}$$

(12.12) 式為 λ 的解析解，應用在兩部機組以上的電廠之經濟調度，因為 (12.8) 式中的遞增燃料成本為機組發電輸出的線性函數。而 N 部機組的個別輸出可以從 λ 的共同值來計算得到。

例題 12.1

由兩部機組所組成的電廠，每仟瓦小時遞增燃料成本為

$$\lambda_1 = \frac{df_1}{dP_{g1}} = 0.0080\, P_{g1} + 8.0 \qquad \lambda_2 = \frac{df_2}{dP_{g2}} = 0.0096\, P_{g2} + 6.4$$

假設兩個機組均長期運轉，總負載變化從 250 到 1250 MW，而每部機組最低和最高的負載分別為 100 和 625 MW。試求電廠的遞增燃料成本，及針對不同總負載的最小成本下，機組之間的負載配置。

解：輕載時，1 號機組將有較高的遞增燃料成本，且 df_1/dP_{g1} 為 \$8.8/MWh 時，運轉在它的下限 100 MW。當機組 2 的輸出也是 100 MW 時，df_2/dP_{g2} 是 \$7.36/MWh。因此，當電廠的輸出增加時，額外的負載應該來自 2 號機組，直到 df_2/dP_{g2} 等於 \$8.8/MWh 為止。到達該點時，電廠的遞增燃料成本 λ 是單獨由 2 號機組來決定。當電廠的負載為 250 MW 時，2 號機組將供應 150 MW，而 df_2/dP_{g2} 等於 \$7.84/MWh。當 df_2/dP_{g2} 等於 \$8.8/MWh 時，

$$0.0096 P_{g2} + 6.4 = 8.8$$

$$P_{g2} = \frac{2.4}{0.0096} = 250 \text{ MW}$$

而總電廠輸出 P_{gT} 為 350 MW。從這一點，各機組在經濟負載分配下的輸出需求，可以藉由假設不同的 P_{gT} 數值，從 (12.12) 式計算出相對應的電廠 λ 值，並將 λ 值代入 (12.9) 式計算每部機組之輸出。計算結果顯示於表 12.1 中。

表 12.1 例題 12.1 針對不同的總輸出值 P_{gT}，電廠 λ 與每部機的輸出

電廠		機組 1	機組 2
P_{gT} MW	λ \$/MWh	P_{g1} MW	P_{g2} MW
250	7.84	100†	150
350	8.80	100†	250
500	9.45	182	318
700	10.33	291	409
900	11.20	400	500
1100	12.07	509	591
1175	12.40	550	625†
1250	13.00	625	625†

*表示該單位在它最低限度（或最高限度）的極限，以及電廠的 λ 等於該單元非在一個極限上增加的燃料成本。

當 P_{gT} 的範圍從 350 到 1175 MW 時，該電廠的 λ 由 (12.12) 式來決定。在 $\lambda = 12.4$ 時，2 號機組運轉在它的上限，因此額外的負載必須來自 1 號機組，即

由 1 號機組決定該電廠的 λ。圖 12.4 顯示電廠的 λ 與電廠輸出圖形。

如果我們希望知道電廠輸出為 500 MW 時，機組間負載的分配情形，我們可以繪製每個各別機組的輸出對電廠的輸出圖形，如圖 12.5 所示，電廠每部機組的輸出都可在圖上讀出。

在很多機組的情況下，就任何總電廠輸出而言，每一部機組的正確輸出，可以藉由要求所有機組的遞增燃料成本均相同計算 (12.12) 式而得。針對例子中的兩部機組，已知總輸出為 500 MW，

$$P_{gT} = P_{g1} + P_{g2} = 500 \text{ MW}$$

$$a_T = \left(\frac{1}{2a_1} + \frac{1}{2a_2}\right)^{-1} = \left(\frac{1}{0.008} + \frac{1}{0.0096}\right)^{-1} = 4.363636 \times 10^{-3}$$

$$b_T = a_T\left(\frac{b_1}{2a_1} + \frac{b_2}{2a_2}\right) = a_T\left(\frac{8.0}{0.008} + \frac{6.4}{0.0096}\right) = 7.272727$$

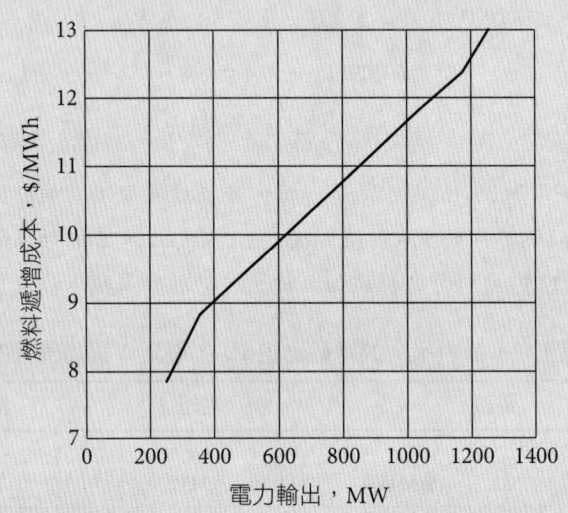

圖 12.4 例題 12.1 各機組間的經濟分配，於總電廠負載下的遞增燃料成本與電廠輸出之特性曲線

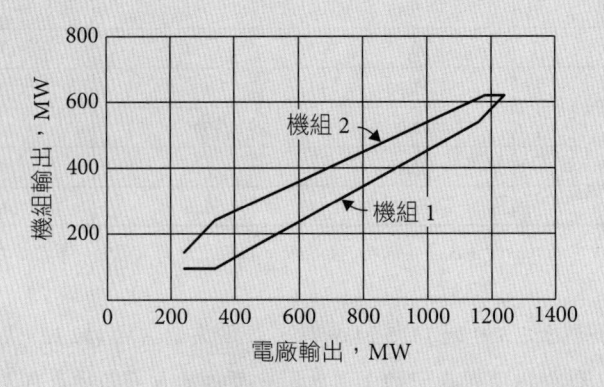

圖 12.5 例題 12.1 的電廠經濟運轉，每部機組的輸出對電廠輸出

然而每部機組

$$\lambda = a_T P_{gT} + b_T = 9.454545 \text{ \$/MWh}$$

得到

$$P_{g1} = \frac{\lambda - b_1}{2a_1} = \frac{9.454545 - 8.0}{0.008} = 181.8182 \text{ MW}$$

$$P_{g2} = \frac{\lambda - b_2}{2a_2} = \frac{9.454545 - 6.4}{0.0096} = 318.1818 \text{ MW}$$

然而，達到如此精確的程度並不需要，因為在決定正確的成本上仍有一些不確定性存在，況且本例中也是使用近似方程式來表示遞增成本。

例題 12.2

以例題 12.1 所描述之電廠的兩部機組為例，試求當電廠總負載為 900 MW 時，依經濟分配所能節省的每小時燃料成本，並與相同負載情況下，兩部機組分配相同負載時比較。

解：表 12.1 顯示 1 號機組應提供 400 MW，而 2 號機組應提供 500 MW。如果每部機組供應 450 MW，則 1 號機組增加的成本為

$$\int_{400}^{450} (0.008 P_{g1} + 8) dP_{g1} = (0.004 P_{g1}^2 + 8 P_{g1} + c_1) \Big|_{400}^{450} = \$570 \text{ 每小時}$$

當在兩個上下限間評估時，可將常數 c_1 取消。同樣地，針對 2 號機組

$$\int_{500}^{450} (0.0096 P_{g2} + 6.4) dP_{g2} = (0.0048 P_{g2}^2 + 6.4 P_{g2} + c_2) \Big|_{500}^{450} = -\$548 \text{ 每小時}$$

其中負號代表降低成本，一如我們所預期，輸出減少。成本的淨增加為 \$570 − \$548 = \$22 每小時。這個節省的費用似乎很小，但是每小時節省的金額經持續操作一年，每年可降低燃料成本 \$192,720。

接下來，例題 12.3 說明在同一電廠內的四部發電機組的經濟分配問題。

例題 12.3

一間火力發電廠由四部線上發電機組所組成，其燃料成本如下：

$$f_1(P_{g1}) = 0.012 P_{g1}^2 + 2.6 P_{g1} + 25 \text{ \$/h}$$

$$f_2(P_{g2}) = 0.003 P_{g2}^2 + 2.3 P_{g2} + 12 \text{ \$/h}$$

$$f_3(P_{g3}) = 0.002P_{g3}^2 + 2.4P_{g3} + 10 \text{ \$/h}$$

$$f_4(P_{g4}) = 0.001P_{g4}^2 + 2.1P_{g3} + 50 \text{ \$/h}$$

如果電廠供電的總負載需求為 500 MW，試求經濟調度排程。假設忽略機組的發電輸出限制。

解：四部機組的經濟調度排程，可在彼此遞增燃料成本相同的情況下獲得；所以

$$\frac{df_1}{dP_{g1}} = 0.024P_{g1} + 2.6 = \lambda \qquad \frac{df_2}{dP_{g2}} = 0.006P_{g2} + 2.3 = \lambda$$

$$\frac{df_3}{dP_{g3}} = 0.004P_{g3} + 2.4 = \lambda \qquad \frac{df_4}{dP_{g4}} = 0.002P_{g3} + 2.1 = \lambda$$

由 (12.11) 式及 (12.9) 式可得

$$\lambda = \left(\frac{1}{0.024} + \frac{1}{0.006} + \frac{1}{0.004} + \frac{1}{0.002}\right)^{-1} \times 500$$
$$+ \left(\frac{1}{0.024} + \frac{1}{0.006} + \frac{1}{0.004} + \frac{1}{0.002}\right)^{-1} \left(\frac{2.6}{0.024} + \frac{2.3}{0.006} + \frac{2.4}{0.004} + \frac{2.1}{0.002}\right)$$

$$= 2.7565 \text{ \$/MWh}$$

$$P_{g1} = \frac{\lambda - b_1}{2a_1} = \frac{2.7565 - 2.6}{0.024} = 6.521 \text{ MW}$$

$$P_{g2} = \frac{\lambda - b_2}{2a_2} = \frac{2.7565 - 2.3}{0.006} = 76.083 \text{ MW}$$

$$P_{g3} = \frac{\lambda - b_3}{2a_3} = \frac{2.7565 - 2.4}{0.004} = 89.125 \text{ MW}$$

$$P_{g4} = \frac{\lambda - b_4}{2a_4} = \frac{2.7565 - 2.1}{0.002} = 328.25 \text{ MW}$$

由 (12.3) 式，經濟調度排程的總燃料成本為

$$F = \sum_{i=1}^{4} f_i(P_{gi}) = 42.4643 + 204.3568 + 239.7865 + 847.2660 = 1333.8736 \text{ \$/h}$$

12.2 考慮機組發電限制的電廠內機組間負載分配

在例題 12.3 中，若指定每一部機組的最大及最小發電輸出，則某些機組將無法運轉在相同的遞增燃料成本，而其他機組在輕載及重載時仍能維持在指定的發電限制之內。假設 P_{g1} 及 P_{g4} 分別違反指定的限制，則我們捨棄所有四部機組的計算輸出，並將 P_{g1} 的運轉值設定為違反機組 1 的

發電限制,且將 P_{g4} 的運轉值設定為違反機組 4 的發電限制。回到 (12.12) 式,再次計算其他兩部機組的係數 a_T 及 b_T,並使 P_{gT} 的有效經濟調度值等於總電廠負載減去 P_{g1} 及 P_{g4} 的限制值。而當電廠的實際輸出增加或減少時,只要機組 1 和機組 4 保持在其輸出限制,則所計算出的 λ 決定機組 2 與 3 的經濟調度。

現在來考慮在經濟調度問題中,機組的最大及最小發電輸出限制。而某些機組的遞增燃料成本尚未達到前,針對指定的負載,其輸出必須保持在限制之內。對於此種情形,當任何機組的發電輸出小於它的最小限制 $P_{gi,min}$ 或大於它的最大限制 $P_{gi,max}$ 時,必須滿足下列條件:

$$\text{若 } P_{gi} < P_{gi,min}, \quad P_{gi} = P_{gi,min} \text{ 且 } \frac{df_i}{dP_{gi}} > \lambda^*$$

$$\text{若 } P_{gi} > P_{gi,max}, \quad P_{gi} = P_{gi,max} \text{ 且 } \frac{df_i}{dP_{gi}} < \lambda^* \quad (12.13)$$

$$\text{若 } P_{gi,min} < P_{gi} < P_{gi,max}, \quad \frac{df_i}{dP_{gi}} = \lambda^*$$

此處的 λ^* 與維持機組運轉在其發電限制的遞增燃料成本相同,並且符合已知負載需求減去那些違反的發電限制值。

圖 12.6 說明火力電廠的四部機組中,機組 1 違反最小發電限制,而機組 4 違反最大發電限制的情形。注意到,針對已知的負載需求,經濟調度排程變為 $P_{g1} = P_{g1,min}$、$P_{g2} = P_{g2}^*$、$P_{g3} = P_{g3}^*$ 及 $P_{g4} = P_{g4,max}$。機組 1 的發電輸出被限制在它的最小輸出,這是因為此機組在所有機組中有最大的遞增燃料成本 $\lambda_{1,min}$,而機組 4 的發電輸出被限制在它的最大輸出,這是因為此機組有最小的遞增燃料成本 $\lambda_{1,max}$。從負載需求減去機組 1 及 4 的限制值後,機組 2 和 3 在維持負載情況下,在 λ^* 的遞增燃料成本時達到最佳經濟排程。

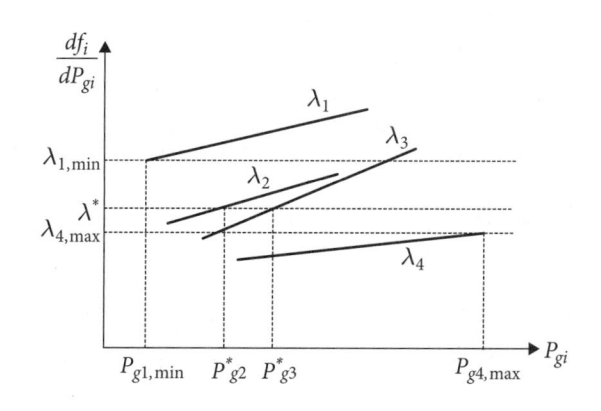

圖 12.6 符合負載需求的一個四部機組之火力電廠,其中兩部機組違反發電限制

例題 12.4

重做例題 12.3，將下列每一部機組的最小及最大發電輸出限制列入經濟調度問題的考量中，

$$30 \text{ MW} \leq P_{g1} \leq 160 \text{ MW}$$

$$40 \text{ MW} \leq P_{g2} \leq 130 \text{ MW}$$

$$60 \text{ MW} \leq P_{g3} \leq 190 \text{ MW}$$

$$80 \text{ MW} \leq P_{g4} \leq 250 \text{ MW}$$

解：因為機組 1 及 4 的發電輸出不在它們的最小及最大發電限制之內，機組 1 必須固定在其 30 MW 最小發電輸出，而機組 4 必須固定在其 250 MW 最大發電輸出，則機組 2 及 3 的發電輸出總和為

$$P_{g2} + P_{g3} = P_D - (P_{g1,min} + P_{g4,max}) = 500 - (30 + 250) = 220 \text{ MW}$$

機組 2 和 3 的遞增燃料成本實現經濟調度排程時，為

$$\lambda^* = \frac{df_2}{dP_{g2}} = \frac{df_3}{dP_{g3}}$$

$$= \left(\frac{1}{0.006} + \frac{1}{0.004}\right)^{-1} \times 220 + \left(\frac{1}{0.006} + \frac{1}{0.004}\right)^{-1} \left(\frac{2.3}{0.006} + \frac{2.4}{0.004}\right)$$

$$= 2.888 \text{ \$/MWh}$$

且

$$P_{g2} = \frac{\lambda^* - b_2}{2a_2} = \frac{2.888 - 2.3}{0.006} = 98 \text{ MW}$$

$$P_{g3} = \frac{\lambda^* - b_3}{2a_3} = \frac{2.888 - 2.4}{0.004} = 122 \text{ MW}$$

同時，機組 1 和 4 的遞增燃料成本相當於它們的發電限制。則

$$\lambda_{1,min} = \frac{df_1(P_{g1,min})}{dP_{g1}} = 0.024 \times 30 + 2.6 = 3.32 \text{ \$/MWh}$$

$$\lambda_{4,max} = \frac{df_4(P_{g4,max})}{dP_{g4}} = 0.002 \times 250 + 2.1 = 2.6 \text{ \$/MWh}$$

注意到，$\lambda_{1,min} > \lambda^* > \lambda_{4,max}$，經濟調度排程的總燃料成本為

$$F = \sum_{i=1}^{4} f_i(P_{gi}) = 113.8 + 266.212 + 332.568 + 637.5 = 1350.08 \text{ \$/h}$$

因為機組發電限制，此結果比例題 12.3 稍微大些。

實際上，有時候會用三次方函數來表示燃料成本與機組發電輸出間的關係。如此機組的遞增燃料成本會變成機組發電輸出的二階（二次）函

數。以三次方的燃料成本函數求解經濟排程問題時,則要使用另外一種求解方法——蘭姆達 (λ) 疊代法。此方法的主要步驟概述如下:

步驟 1:將疊代計數初始化 $i=0$,並指定一個初始 λ 值 $\lambda^{(i)} = \lambda^{(0)}$,一個收斂容許值 ε。

步驟 2:以現有 λ 值為基礎,計算所有機組的發電輸出。

步驟 3:檢查是否符合收斂條件

$$\left| P_D - \sum_{i=1}^{N} P_{gi} \right| \leq \varepsilon$$

如果成立,則停止疊代並輸出結果。如果不成立,繼續下一次疊代。

步驟 4:針對第 i 次疊代決定出 λ 值的增量 $\Delta\lambda^{(i)}$,並根據 $\lambda^{(i+1)} = \lambda^{(i)} + \Delta\lambda^{(i)}$ 更新第 $(i+1)$ 次的 λ 值。

步驟 5:回第 3 步驟。

λ 值的增量決定經常是利用 7.2 節所說明的牛頓拉弗森法。根據 (12.4) 式及 (12.10) 式,令 $f(\lambda)$ 為

$$f(\lambda) = \sum_{i=1}^{N} P_{gi}(\lambda) = P_D \tag{12.14}$$

此外,(12.15) 式可以經由 (12.14) 式計算出來:

$$f(\lambda^{(k)}) + \left. \frac{df(\lambda)}{d\lambda} \right|_{\lambda = \lambda^{(k)}} \Delta\lambda^{(k)} = P_D \tag{12.15}$$

類似 (7.11) 式,針對第 k 次的 λ 疊代可計算如下:

$$\Delta\lambda^{(k)} = \frac{P_D - f(\lambda^{(k)})}{\left. \dfrac{df(\lambda)}{d\lambda} \right|_{\lambda = \lambda^{(k)}}} \tag{12.16}$$

例如,(12.3) 式的燃料成本函數及利用 (12.9) 式,可得

$$\left. \frac{df(\lambda)}{d\lambda} \right|_{\lambda = \lambda^{(k)}} = \sum_{i=1}^{N} \left. \frac{dP_{gi}(\lambda)}{d\lambda} \right|_{\lambda = \lambda^{(k)}} = \sum_{i=1}^{N} \left(\frac{1}{2a_i} \right) \tag{12.17}$$

則,

$$\Delta\lambda^{(k)} = \frac{\Delta P(\lambda^{(k)})}{\sum_{i=1}^{N} \left(\dfrac{1}{2a_i} \right)} \tag{12.18}$$

其中 $\Delta P(\lambda^{(k)}) = P_D - f(\lambda^{(k)})$。

另一種在每一次疊代求解新 λ 值的方法,是利用二分法。將該方法

的主要步驟概述如下：

步驟 1：給定一個收斂容許值 ε，指定 λ 值的範圍介於 λ_{min} 與 λ_{max} 之間，並將疊代計數 i 初始化。

步驟 2：令 $\lambda^{(i)} = (\lambda_{min} + \lambda_{max})/2$。

步驟 3：計算 $P_D - f(\lambda^{(i)})$。

步驟 4：如果 $|P_D - f(\lambda^{(i)})| \leq \varepsilon$，停止疊代並輸出結果。

否則，如果 $f(\lambda^{(i)}) < P_D$，令 $\lambda_{min} = \lambda^{(i)}$；如果 $f(\lambda^{(i)}) > P_D$，令 $\lambda_{max} = \lambda^{(i)}$。

則，$\lambda = \lambda_{min} + (\lambda_{max} - \lambda_{min})/2$。

步驟 5：令 $\lambda^{(i)} = \lambda$，回第 3 步驟。

在下面的例子中，我們將採用二分法來求解三部機組最佳發電排程的經濟調度問題。

例題 12.5

某些電力公司採用三次函數來表示發電機組的燃料成本曲線。假設火力發電廠包含三部發電機組，其燃料成本函數及發電限制如下。電廠提供 1000 MW 的負載需求。試求此三部機組的經濟調度排程及總燃料成本，針對 λ 的疊代採用二分法。假設電力平衡的收斂容許值 $\varepsilon = 10^{-6}$ MW。

$$f_1(P_{g1}) = 6 \times 10^{-7} P_{g1}^3 + 7.5 \times 10^{-4} P_{g1}^2 + 6.95 P_{g1} + 1250 \quad \text{\$/h}$$

$$f_2(P_{g2}) = 10.1 \times 10^{-7} P_{g2}^3 + 1.1 \times 10^{-4} P_{g2}^2 + 5.89 P_{g2} + 1300 \quad \text{\$/h}$$

$$f_3(P_{g3}) = 1.2 \times 10^{-7} P_{g3}^3 + 9 \times 10^{-4} P_{g3}^2 + 6.75 P_{g3} + 720 \quad \text{\$/h}$$

$$P_D = P_{g1} + P_{g2} + P_{g3} = 1000 \text{ MW}$$

$$100 \leq P_1 \leq 1100 \text{ MW}, \quad 275 \leq P_2 \leq 800 \text{ MW}, \quad 200 \leq P_3 \leq 900 \text{ MW}$$

解：根據 (12.6) 式所給的條件，則可以用下列的偏微分來表示機組的遞增燃料成本曲線。

$$\begin{cases} \dfrac{df_1(P_{g1})}{dP_{g1}} = 18 \times 10^{-7} P_{g1}^2 + 15 \times 10^{-4} P_{g1} + 6.95 = \lambda \\[2mm] \dfrac{df_2(P_{g2})}{dP_{g2}} = 30.3 \times 10^{-7} P_{g2}^2 + 2.2 \times 10^{-4} P_{g2} + 5.89 = \lambda \\[2mm] \dfrac{df_1(P_{g3})}{dP_{g3}} = 3.6 \times 10^{-7} P_{g3}^2 + 18 \times 10^{-4} P_{g3} + 6.75 = \lambda \end{cases}$$

上面的方程式可以表示成

$$\begin{cases} \underbrace{18 \times 10^{-7}}_{a_{g1}} P_{g1}^2 + \underbrace{15 \times 10^{-4}}_{b_{g1}} P_{g1} + \underbrace{(6.95 - \lambda)}_{c_{g1}} = 0 \\ \underbrace{30.3 \times 10^{-7}}_{a_{g2}} P_{g2}^2 + \underbrace{2.2 \times 10^{-4}}_{b_{g2}} P_{g2} + \underbrace{(5.89 - \lambda)}_{c_{g2}} = 0 \\ \underbrace{3.6 \times 10^{-7}}_{a_{g3}} P_{g3}^2 + \underbrace{18 \times 10^{-4}}_{b_{g3}} P_{g3} + \underbrace{(6.75 - \lambda)}_{c_{g3}} = 0 \end{cases}$$

其中我們使用 a_{gi}、b_{gi} 及 c_{gi}，$i=1, 2, 3$，來表示三個二階聯立方程式的係數。發電機組的遞增燃料成本曲線如圖 12.7 所示，圖中也標示出每一部機組的最小及最大 λ 值。

注意到每一條遞增燃料成本曲線是單調遞增三次函數。為了求解上面三個方程式，我們針對 λ 疊代採用二分法來求解經濟調度排程。

步驟 1：

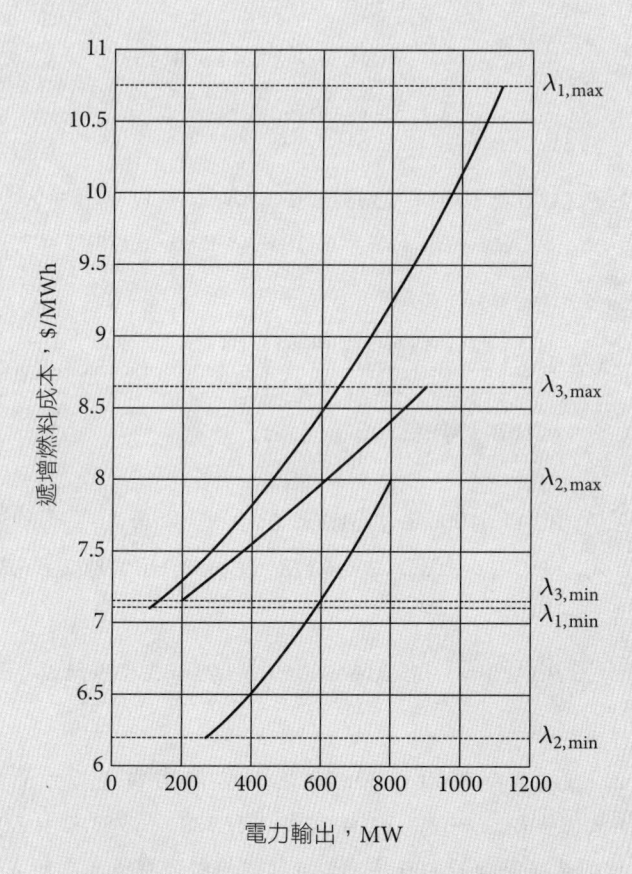

圖 12.7 例題 12.6 三部機組的遞增燃料曲線

根據每一部機組的發電限制，每一部機組的最小及最大 λ 值為

$$\lambda_{1,min} = \frac{df_1(P_{g1})}{dP_{g1}}\bigg|_{P_{g1}=100} = 18 \times 10^{-7} \times 100^2 + 15 \times 10^{-4} \times 100 + 6.95 = 7.118$$

$$\lambda_{1,max} = \frac{df_1(P_{g1})}{dP_{g1}}\bigg|_{P_{g1}=1100} = 18 \times 10^{-7} \times 1100^2 + 15 \times 10^{-4} \times 1100 + 6.95 = 10.778$$

同樣地，$\lambda_{2,min}=6.178$，$\lambda_{2,max}=7.992$，$\lambda_{3,min}=7.124$ 及 $\lambda_{3,max}=8.662$。

針對系統的 λ 值，可獲得下列範圍並以此執行二分法的 λ 疊代。

$$[\lambda_{min}\ \lambda_{max}] = [\lambda_{2,min}\ \lambda_{1,max}] = [6.178\ 10.778]$$

其中 $\lambda_{min}=\lambda_{2,min}$ 及 $\lambda_{max}=\lambda_{1,max}$。

步驟 2：
首先設定初始的 λ 值，$\lambda^{(0)} = (\lambda_{min} + \lambda_{max})/2 = 8.478$，並計算

$$\sum_{i=1}^{3} P_{gi}(\lambda^{(0)}) = \sum_{i=1}^{3}\left(\frac{-b_{gi} + \sqrt{b_{gi}^2 - 4a_{gi}c_{gi}}}{2a_{gi}}\right)$$
$$= 594.54 + 891.44 + 824.18$$
$$= 2310.16\ \text{MW}$$

步驟 3：
因為 $P_D - \sum_{i=1}^{N} P_{gi}(\lambda^{(0)}) = 1000 - 2308.03 < 0$，λ 值需由 $\lambda_{max} = \lambda^{(0)} = 8.478$ 更新，且 $\lambda^{(1)} = \lambda_{min} + (\lambda_{max} - \lambda_{min})/2 = 6.178 + (8.478 - 6.178)/2 = 7.328$。

重新計算

$$\sum_{i=1}^{3} P_{gi}(\lambda^{(1)}) = \sum_{i=1}^{3}\left(\frac{-b_{gi} + \sqrt{b_{gi}^2 - 4a_{gi}c_{gi}}}{2a_{gi}}\right) = 202.74 + 655.63 + 302.83$$
$$= 1161.2\ \text{MW}$$

步驟 4：
因為 $P_D - \sum_{i=1}^{N} P_{gi}(\lambda^{(1)}) = 1000 - 1161.2 < 0$，λ 值需由 $\lambda_{max} = \lambda^{(1)} = 7.328$ 更新，且 $\lambda^{(2)} = \lambda_{min} + (\lambda_{max} - \lambda_{min})/2 = 6.178 + (7.328 - 6.178)/2 = 6.753$。

重新計算

$$\sum_{i=1}^{3} P_{gi}(\lambda^{(2)}) = -163.23 + 500.19 + 1.73 = 338.69\ \text{MW}$$

步驟 5：
因為 $P_D - \sum_{i=1}^{N} P_{gi}(\lambda^{(2)}) = 1000 - 338.69 > 0$，λ 值需由 $\lambda_{min} = \lambda^{(2)} = 6.753$ 更新，且 $\lambda^{(3)} = \lambda_{min} + (\lambda_{max} - \lambda_{min})/2 = 6.753 + (7.328 - 6.753)/2 = 7.041$。

下一步驟則是循著類似的程序重新計算總機組發電量及更新 λ 值。表 12.2

表 12.2 以二分法求解 λ 疊代的結果

疊代次數	λ	P_{g1}(MW)	P_{g2}(MW)	P_{g3}(MW)	總發電量 (MW)
1	8.4781	594.5388	891.4411	824.1814	2310.1614
2	7.3281	202.7410	655.6322	302.8252	1161.1984
3	6.7531	−163.2294	500.1903	1.7299	338.6908
4	7.0406	56.5649	582.8071	156.5468	795.9188
5	7.1844	134.5202	620.2298	230.6656	985.4157
⋮	⋮	⋮	⋮	⋮	⋮
28	7.1959	140.3149	623.1468	236.5383	1000.0000
29	7.1959	140.3149	623.1468	236.5383	1000.0000
30	7.1959	140.3149	623.1468	236.5383	1000.0000

列出以二分法求解 λ 疊代的結果。要注意的是負的發電量可能在達到收斂前發生。

本例中採用 $\varepsilon = |P_D - \sum_{i=1}^{3} P_{gi}| \leq 10^{-6}$ 的收斂條件，但是這樣的精確度實際上是沒必要的。兩系統的 λ 最後收斂解及三部機組的經濟負載為

$$\lambda = 7.1959 \text{ \$/MWh}$$

$$P_{g1} = 140.31 \text{ MW} \quad P_{g2} = 623.15 \text{ MW} \quad P_{g3} = 236.54 \text{ MW}$$

且經濟調度排程的總燃料成為 9867.63 \$/h。

由負載經濟分配達到節約，驗證了每部機組自動負載控制的方法。本章稍後會考慮發電程序的自動控制，而在下一節中，讓我們來研究電廠之間負載經濟分配的輸電損失問題。

12.3 電廠間負載的分配

在決定電廠間負載的經濟分配時，我們必須考慮到在傳輸線上的損失，如圖 12.8 所示。輸電損失通常為所有發電機組注入網路之輸出的二次函數，在稍後章節中會進行推導。就電廠間已知的負載分配而言，雖然某一電廠的遞增燃料成本可能低於另一個電廠，但低成本的電廠可能距離負載中心較遠。較低遞增成本的電廠，其輸電損失可能會很大，經濟結構可能迫使較低遞增成本的電廠有較小的負載，而增加較高遞增成本電廠的負載。因此，在一已知系統負載於最大經濟需求下，需將輸電損失列入每

圖 12.8 具有 N 台發電機組的電力系統之負載需求 P_D 及輸電損失 P_L

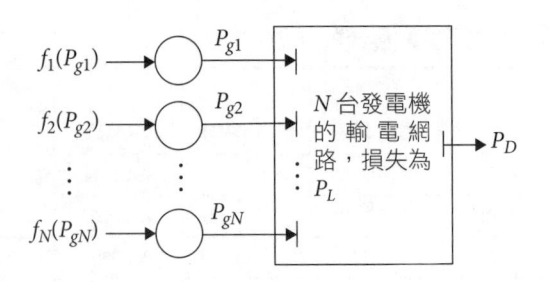

一個電廠輸出的排程。考慮一個具有 N 台發電機組的系統，如圖 12.8 所示。

針對整個系統，設定所有燃料的成本函數

$$f = f_1 + f_2 + \cdots + f_N = \sum_{i=1}^{N} f_i \qquad (12.19)$$

其中 f 為個別機組之燃料成本 $f_1, f_2, \cdots, f_N$ 的總和。所有機組輸入至網路的總佰萬瓦電力總和為

$$P_{g1} + P_{g2} + \cdots + P_{gN} = \sum_{i=1}^{N} P_{gi} \qquad (12.20)$$

其中 $P_{g1}, P_{g2}, \cdots, P_{gN}$ 是機組注入網路的個別輸出。系統的總燃料成本 f 是所有電廠輸出的函數。f 極小值限制方程式一如 (12.20) 式的電力平衡方程式，為了方便表示，重寫為：

$$P_L + P_D - \sum_{i=1}^{N} P_{gi} = 0 \qquad (12.21)$$

其中 P_D 為系統總負載需求，而 P_L 為該系統的輸電損失且為發電機輸出的二次函數。我們的目標是針對固定的系統負載需求 P_D，以 (12.21) 式電力平衡限制為條件，獲得極小化 f。我們現在再次藉由拉格朗日乘數法說明解決這種極小化問題的程序。

由拉格朗日表示的擴大成本函數 F，乃是結合總燃料成本及 (12.21) 式的等式限制而形成下列方程式：

$$F = (f_1 + f_2 + \cdots + f_N) + \lambda \left(P_L + P_D - \sum_{i=1}^{N} P_{gi} \right) \qquad (12.22)$$

拉格朗日乘數 λ 是當傳輸線路損失被列入考慮因素時，該系統有效的遞增燃料成本。當 f_i 單位為元／小時，而 P 是百萬瓦，F 和 λ 就分別以元／小時和元／百萬瓦時來表示。以 (12.21) 式為限制條件的極小化 f 之原始問題，藉由 (12.22) 式轉換為無限制條件問題，此問題的需求是針對 λ 及發電機輸出，將 F 極小化。因此，針對最低的成本，我們需要 F 對每個

P_{gi} 都等於零的偏微分，產生

$$\frac{\partial F}{\partial P_{gi}} = \frac{\partial}{\partial P_{gi}} \left[(f_1 + f_2 + \cdots + f_N) + \lambda \left(P_L + P_D - \sum_{i=1}^{N} P_{gi} \right) \right] = 0 \quad (12.23)$$

因為 P_D 是固定的，且任何一部機組的燃料成本只在該機組的電力輸出變化時才會改變，可由 (12.23) 式產生

$$\frac{\partial F}{\partial P_{gi}} = \frac{\partial f_i}{\partial P_{gi}} + \lambda \left(\frac{\partial P_L}{\partial P_{gi}} - 1 \right) = 0, \quad i = 1, 2, \ldots, N \quad (12.24)$$

上式針對每一部機組輸出 $P_{g1}, P_{g2}, \ldots, P_{gN}$。因為 f_i 只與 P_{gi} 有關，f_i 的偏微分可以被全微分所取代，可得

$$\lambda = \left(\frac{1}{1 - \dfrac{\partial P_L}{\partial P_{gi}}} \right) \frac{\partial f_i}{\partial P_{gi}} \quad i = 1, 2, \ldots, N \quad (12.25)$$

為針對每一個 i 值。此方程式常寫成這種型式

$$\lambda = L_i \frac{\partial f_i}{\partial P_{gi}} = L_i \frac{df_i}{dP_{gi}}, \quad i = 1, 2, \ldots, N \quad (12.26)$$

其中 L_i 被稱為機組 i 的懲罰因數 (penalty factor)，並被寫為

$$L_i = \frac{1}{1 - \dfrac{\partial P_L}{\partial P_{gi}}} \quad i = 1, 2, \ldots, N \quad (12.27)$$

(12.26) 式的結果意味著當系統中所有機組的遞增燃料成本和自己的懲罰因數之乘積都相等時，即可達到最低燃料成本之要求。$L_i(df_i/dP_{gi})$ 乘積均等於 λ 時，稱之為系統的 λ，表示當增加 1 MW 的總傳送負載時，近似的元／小時成本。懲罰因數 L_i 取決於單獨 P_{gi} 改變時，輸電系統損失的靈敏度量測 $\partial P_L/\partial P_{gi}$。在特殊電廠內連接至相同匯流排的發電機組，均同樣有機會進入輸電系統，所以系統損失的改變，那些機組的任何一個輸出必定會有些許的改變。其意思為，座落在相同電廠的機組，具有相同的懲罰因數。因此，針對在相同實際電廠內連接至共同匯流排的機組，我們已推展相同的數學標準。

(12.26) 式將輸電損失的協調納入系統中不同地點的電廠機組經濟負載問題來考量。因此，需決定出不同電廠的懲罰因數，且將系統的總輸電損失表示成電廠負載的函數。這個式子會在下面的討論中說明。

當忽略系統損失時,輸電網路相當於是單一節點,而所有的發電機及負載均連接至此。因此每一個電廠的懲罰因數變成 1,而系統的 λ 與 (12.6) 式的型式相同。當考慮輸電損失為所有發電機輸出的二次函數時,經濟調度的策略必須為反覆求解由 (12.24) 式所表示的非線性聯立方程式,可以寫成如下型式

$$\frac{df_i}{dP_{gi}} - \lambda + \lambda \frac{\partial P_L}{\partial P_{gi}} = 0 \qquad i = 1, 2, \ldots, N \qquad (12.28)$$

我們將系統的每一部發電機組視為具有 (12.1) 式的二階燃料成本特性,且如同 (12.2) 式的線性遞增燃料成本。則 (12.28) 式的偏微分稱為遞增損失 (incremental loss),遞增損失為當所有在不同電廠的其他機組之輸出均保持固定時,系統損失 (system loss) 對於機組 i 的輸出之增量變化的靈敏度量測。例如,在兩個電廠的兩部機組系統中,輸電損失表示為

$$P_L = \sum_{i=1}^{N} \sum_{j=1}^{N} P_{gi} B_{ij} P_{gj} + \sum_{i=1}^{N} B_{i0} P_{gi} + B_{00} \qquad (12.29)$$

其中 $N=2$ 且 B 的項目稱為損失係數或 B 係數,且與系統的 $\mathbf{Z}_{\text{bus}}$ 實數成分有關。系統損失函數詳細的推導將會在 12.4 節說明。

機組 1 的遞增損失在 (12.29) 式的損失表示式中以 $N=2$ 求得,如下

$$\begin{aligned}\frac{\partial P_L}{\partial P_{g1}} &= \frac{\partial}{\partial P_{g1}} (B_{11} P_{g1}^2 + 2B_{12} P_{g1} P_{g2} + B_{22} P_{g2}^2 + B_{10} P_{g1} + B_{20} P_{g2} + B_{00}) \\ &= 2B_{11} P_{g1} + 2B_{12} P_{g2} + B_{10} \end{aligned} \qquad (12.30)$$

在 (12.28) 式中,令 i 等於 1,並取代 (12.2) 式的 df_1/dP_{g1} 及 (12.30) 式的 $\partial P_L/\partial P_{g1}$,可得

$$(2a_1 P_{g1} + b_1) - \lambda + \lambda(2B_{11} P_{g1} + 2B_{12} P_{g2} + B_{10}) = 0 \qquad (12.31)$$

將 P_{g1} 的係數集中並將方程式除以 λ,可得

$$\left(\frac{2a_1}{\lambda} + 2B_{11}\right) P_{g1} + 2B_{12} P_{g2} = (1 - B_{10}) - \frac{b_1}{\lambda} \qquad (12.32)$$

以相同的程序處理 $\partial P_L/\partial P_{g2}$,可以得到機組 2 的類似方程式

$$2B_{21} P_{g1} + \left(\frac{2a_2}{\lambda} + 2B_{22}\right) P_{g2} = (1 - B_{20}) - \frac{b_2}{\lambda} \qquad (12.33)$$

將 (12.32) 式與 (12.33) 式重新整理成向量矩陣型式

$$\begin{bmatrix} \left(\dfrac{2a_1}{\lambda} + 2B_{11}\right) & 2B_{12} \\ 2B_{21} & \left(\dfrac{2a_2}{\lambda} + 2B_{22}\right) \end{bmatrix} \begin{bmatrix} P_{g1} \\ P_{g2} \end{bmatrix} = \begin{bmatrix} (1 - B_{10}) - \dfrac{b_1}{\lambda} \\ (1 - B_{20}) - \dfrac{b_2}{\lambda} \end{bmatrix} \quad (12.34)$$

此為機組 1 及 2 的方程式。當系統具有如 (12.29) 式的 N 台發電機組時，則針對機組 i 的 P_L 對 P_{gi} 偏微分之一般聯立方程式如下：

$$\left(\dfrac{2a_i}{\lambda} + 2B_{ii}\right)P_{gi} + \sum_{\substack{j=1 \\ j \neq i}}^{N} 2B_{ij}P_{gj} = (1 - B_{i0}) - \dfrac{b_i}{\lambda} \quad (12.35)$$

且

$$P_{gi} = \dfrac{\lambda(1 - B_{i0} - \sum_{\substack{j=1 \\ j \neq i}}^{N} 2B_{ij}P_{gj}) - b_i}{2(a_i + \lambda B_{ii})} \quad (12.36)$$

令 i 的範圍從 1 到 N，針對 N 部機組可獲得一組線性方程式系統，如採用 (12.34) 式的型式，也就是

$$\begin{bmatrix} \left(\dfrac{2a_1}{\lambda} + 2B_{11}\right) & 2B_{12} & \cdots & 2B_{1N} \\ 2B_{21} & \left(\dfrac{2a_2}{\lambda} + 2B_{22}\right) & \cdots & 2B_{2N} \\ \vdots & \vdots & \ddots & \vdots \\ 2B_{N1} & 2B_{N2} & \cdots & \left(\dfrac{2a_N}{\lambda} + 2B_{NN}\right) \end{bmatrix} \begin{bmatrix} P_{g1} \\ P_{g2} \\ \vdots \\ P_{gN} \end{bmatrix} = \begin{bmatrix} (1 - B_{10}) - \dfrac{b_1}{\lambda} \\ (1 - B_{20}) - \dfrac{b_2}{\lambda} \\ \vdots \\ (1 - B_{N0}) - \dfrac{b_N}{\lambda} \end{bmatrix}$$

$$(12.37)$$

以 (12.29) 式取代 (12.21) 式的 P_L，可得

$$\left(\sum_{i=1}^{N}\sum_{j=1}^{N} P_{gi}B_{ij}P_{gj} + \sum_{i=1}^{N} B_{i0}P_{gi} + B_{00}\right) + P_D - \sum_{i=1}^{N} P_{gi} = 0 \quad (12.38)$$

此為系統的電力平衡需求，全部以 B 係數、電廠負載及總負載來表示。(12.37) 式表示由 N 個求解電力輸出值之方程式所組成的經濟調度策略，其同時也滿足 (12.38) 式的功率損失及負載需求。

針對未知的 $P_{g1}, P_{g2}, \cdots, P_{gN}$ 及 λ，有許多求解 (12.37) 式及 (12.38) 式的方式。當 (12.37) 式的 λ 初始值選定後，所得到的方程式組變成線性的。則 $P_{g1}, P_{g2}, \cdots, P_{gN}$ 的值可以由許多求解技術獲得，例如係數矩陣的反

矩陣，都涵蓋在下列的疊代程序中：

步驟 1

指定系統的負載位階 $P_D = \sum_{j=1}^{J} P_{dj}$，其中 J 為負載匯流排的數量，而在匯流排 ⓙ 的負載需求為 P_{dj}。

步驟 2

針對第 1 次疊代，選擇系統 λ 的初始值。其中一種初始選擇方法是假設損失為 0，並且從 (12.12) 式計算 λ 的初始值。

步驟 3

將 λ 值代入 (12.37) 式，利用某些有效的方法求解 P_{gi} 值的線性聯立方程式。

步驟 4

利用步驟 3 所求得的 P_{gi} 值，計算 (12.29) 式的輸電損失 P_L。

步驟 5

比較 $\left(\sum_{i=1}^{N} P_{gi} - P_L\right)$ 與 P_D 的大小，檢查 (12.38) 式的電力平衡方程式。如果電力平衡未在指定的容許值 ε 之內，利用下式更新系統的 λ

$$\lambda^{(m+1)} = \lambda^{(m)} + \Delta\lambda^{(m)} \tag{12.39}$$

針對遞增量 $\Delta\lambda^m$ 的可能公式為

$$\Delta\lambda^{(m)} = \frac{\lambda^{(m)} - \lambda^{(m-1)}}{\sum_{i=1}^{N} P_{gi}^{(m)} - \sum_{i=1}^{N} P_{gi}^{(m-1)}} \left[P_D + P_L^{(m)} - \sum_{i=1}^{N} P_{gi}^{(m)}\right] \tag{12.40}$$

(12.39) 式與 (12.40) 式中的上標 $(m+1)$ 表示下一次疊代開始，而上標 (m) 表示剛完成的疊代，而 $(m-1)$ 表示先前的疊代。其他求解 λ 增量的方法包括 12.2 節介紹過的二分法及牛頓法。

步驟 6

回到步驟 3，並繼續步驟 3、4 及 5 的計算，直到最後收斂達成為止。

從上述針對指定系統負載量的程序之最後結果，可決定系統 λ 及每一部機組的經濟調度輸出。有趣的是，在全部求解的每一次疊代中，步驟 3 提供了一種經濟調度的答案，此解在某一負載時是正確的，儘管此負載可能不是系統所指定的負載階層。

例題 12.6

在四個匯流排系統中，兩部發電機組連接至匯流排①與②，且遞增燃料成本如例題 12.1 所示。在指定的 500 MW 負載時，以 100 MVA 為基準的系統 B 係數如下

$$\begin{bmatrix} B_{11} & B_{12} & B_{10}/2 \\ B_{21} & B_{22} & B_{20}/2 \\ B_{10}/2 & B_{20}/2 & B_{00} \end{bmatrix} = \begin{bmatrix} 8.412231 & -0.028725 & 0.380697 \\ -0.028725 & 5.981305 & 0.197142 \\ 0.380697 & 0.197142 & 0.092345 \end{bmatrix} \times 10^{-3}$$

符合 500 MW 總客戶負載情況下，試求每一部機組的經濟負載。而系統的 λ 為何？又系統的輸電損失為何？並求每一部機組的懲罰因數及每一個發電匯流排的遞增燃料成本。

解： 兩個不同電廠的發電機組，其遞增燃料成本 $/MWh 如下

$$\frac{df_1}{dP_{g1}} = 0.0080\, P_{g1} + 8.0 = 2a_1 P_{g1} + b_1$$

$$\frac{df_2}{dP_{g2}} = 0.0096\, P_{g2} + 6.4 = 2a_2 P_{g2} + b_2$$

其中 P_{g1} 及 P_{g2} 以 MW 表示。

開始求解前，必須針對第 1 次疊代估計 λ 的初始值。例題 12.1 在 500 MW 系統負載的結果，可以用來當作初始值。假設步驟 5 用來檢查電力平衡的指定容許為 $\varepsilon = 10^{-6}$。

步驟 1
以 100 MVA 為基準時，已知 $P_D = 5.00$ 標么。

步驟 2
從例題 12.1，選擇 $\lambda^{(1)} = 9.454545$。

步驟 3
基於 $\lambda^{(1)}$ 的估測值，可從下列的方程式中計算輸出 P_{g1} 及 P_{g2}

$$\begin{bmatrix} \dfrac{0.8}{\lambda^{(1)}} + 2 \times 8.412231 \times 10^{-3} & -2 \times 0.028725 \times 10^{-3} \\ -2 \times 0.028725 \times 10^{-3} & \dfrac{0.96}{\lambda^{(1)}} + 2 \times 5.981305 \times 10^{-3} \end{bmatrix} \begin{bmatrix} P_{g1} \\ P_{g2} \end{bmatrix}$$

$$= \begin{bmatrix} (1 - 0.761394 \times 10^{-3}) - \dfrac{8.0}{\lambda^{(1)}} \\ (1 - 0.394284 \times 10^{-3}) - \dfrac{6.4}{\lambda^{(1)}} \end{bmatrix}$$

注意，(12.37) 式的標么 $2a_1$ 及 $2a_2$ 的大小用在這個計算中，因為所有其他的量均為標么值。由於本例題單純，針對 P_{g1} 及 P_{g2} 的方程式可以直接求解，並產生第 1 次疊代的結果

$$P_{g1}^{(1)} = 1.512869 \text{ 標么} \qquad P_{g2}^{(1)} = 2.845237 \text{ 標么}$$

步驟 4

從步驟 3 的結果及已知的 B 係數數值，可計算系統電力損失如下：

$$\begin{aligned}P_L &= B_{11}P_{g1}^2 + 2B_{12}P_{g1}P_{g2} + B_{22}P_{g2}^2 + B_{10}P_{g1} + B_{20}P_{g2} + B_{00}\\&= B_{11}(1.512869)^2 + 2B_{12}(1.512869)(2.84523)\\&\quad + B_{22}(2.84523)^2 + B_{10}(1.512869) + B_{20}(2.84523) + B_{00}\\&= 0.0693733 \text{ 標么}\end{aligned}$$

步驟 5

針對 $P_D=5.00$ 標么，檢查電力平衡，可得

$$P_D + P_L^{(1)} - (P_{g1}^{(1)} + P_{g2}^{(1)}) = 5.0693733 - 4.358106 = 0.711266$$

此值超過 $\varepsilon = 10^{-6}$，因此必須提供一個新的 λ 值。從 (12.39) 式可以計算出 λ 的遞增變化，如下：

$$\Delta\lambda^{(1)} = (\lambda^{(1)} - \lambda^{(0)}) \left[\frac{P_D + P_L^{(1)} - (P_{g1}^{(1)} + P_{g2}^{(1)})}{\left(\sum_{i=1}^{2} P_{gi}^{(1)}\right) - \left(\sum_{i=1}^{2} P_{gi}^{(0)}\right)} \right]$$

因為這是第 1 次疊代，$\lambda^{(0)}$ 及 $\sum_{i=1}^{2} P_{gi}^{(0)}$ 兩個均為零，可得

$$\Delta\lambda^{(1)} = (9.454545 - 0) \left[\frac{0.711266}{4.358106 - 0} \right] = 1.543033$$

則更新的 λ 變成

$$\lambda^{(2)} = \lambda^{(1)} + \Delta\lambda^{(1)} = 9.454545 + 1.543033 = 10.997579$$

步驟 6

現在回到步驟 3，利用 $\lambda^{(2)}$ 於第 2 次疊代，並重複上述計算。

針對兩部發電機組的系統 λ 及經濟負載，可求得最終收斂解為

$$\lambda = 9.839862 \text{ \$/MWh}$$

$$P_{g1} = 190.2204 \text{ MW} \qquad P_{g2} = 319.1015 \text{ MW}$$

為了便於說明，本例題採用收斂的條件為 $\varepsilon = 10^{-6}$，惟實際運用上無需精確至此。

從最後一次疊代的步驟四所求得的 P_{g1} 及 P_{g2} 計算出的線路損失為

9.3219 MW，而兩個電廠針對負載及損失所產生的總發電量為 509.3219 MW。兩個電廠的遞增損失為

$$\frac{\partial P_L}{\partial P_{g1}} = 2(B_{11}P_{g1} + B_{12}P_{g2} + B_{10}/2)$$

$$= 2(8.383183 \times 190.2203 - 0.049448 \times 319.101533 + 0.375082) \times 10^{-3}$$

$$= 0.032455$$

$$\frac{\partial P_L}{\partial P_{g2}} = 2(B_{22}P_{g2} + B_{21}P_{g1} + B_{20}/2)$$

$$= 2(5.963568 \times 319.101533 - 0.049448 \times 190.2203 + 0.194971) \times 10^{-3}$$

$$= 0.038622$$

且懲罰因數為

$$L_1 = \frac{1}{1 - 0.032455} = 1.033544 \quad \text{及} \quad L_2 = \frac{1}{1 - 0.038622} = 1.040173$$

經計算兩電廠匯流排遞增燃料成本為

$$\frac{df_1}{dP_{g1}} = 2a_1P_{g1} + b_1 = 2 \times 0.008 \times 190.2204 + 8.0 = 11.043526 \quad \$/\text{MWh}$$

$$\frac{df_2}{dP_{g2}} = 2a_2P_{g2} + b_2 = 2 \times 0.0096 \times 319.1015 + 6.4 = 12.526749 \quad \$/\text{MWh}$$

表 12.3 總結最後的經濟調度排程的疊代結果。

表 12.3 基於 (12.40) 式針對 λ 疊代所得的結果

疊代次數	λ ($/MWh)	P_{g1} (MW)	P_{g2} (MW)	總發電量 (MW)
1	9.454545	151.2869	284.5237	435.8106
2	10.997579	304.1388	421.2542	725.3930
3	9.895750	195.8243	324.0924	519.9168
4	9.840954	190.3299	319.1991	509.5290
5	9.839900	190.2241	319.1049	509.3290
6	9.839864	190.2205	319.1016	509.3222
7	9.839863	190.2204	319.1015	509.3219

為了比較，表 12.4 及表 12.5 也列出由二分法及牛頓法所得的結果。可以看到利用這三種方法針對 λ 疊代的結果彼此非常符合。可以更進一步針對這三種方法研究求解收斂及疊代次數的不同。

表 12.4 基於二分法針對 λ 疊代所得的結果

疊代次數	λ ($/MWh)	P_{g1} (MW)	P_{g2} (MW)	總發電量 (MW)
1	25.000000	1395.8674	1480.2959	2876.1632
2	15.500000	445.4748	550.0579	995.5327
⋮	⋮	⋮	⋮	⋮
27	9.839862	190.2204	319.1015	509.3219
28	9.839862	190.2204	319.1015	509.3219
29	9.839862	190.2204	319.1015	509.3219

表 12.5 基於牛頓法針對 λ 疊代所得的結果

疊代次數	λ ($/MWh)	P_{g1} (MW)	P_{g2} (MW)	總發電量 (MW)
1	9.454545	151.2869	284.5237	435.8106
2	9.520010	157.9385	290.4192	448.3576
⋮	⋮	⋮	⋮	⋮
67	9.839862	190.2203	319.1015	509.3218
68	9.839862	190.2203	319.1015	509.3218
69	9.839862	190.2203	319.1015	509.3218

下面顯示執行計算的 MATLAB 程式 (ex12_6.m)。

例題 12.6 的 MATLAB 程式 (ex12_6.m)

```
% Matlab M-file for Example 12.6: ex12_6.m
clc
clear all
%Initial value
format long
a1=0.8;
a2=0.96;
b1=8;
b2=6.4;
B=[8.412231 −0.028725 0.380697; % B is obtained from B_matrix in Ex13.6
 −0.028725 5.981305 0.197142;
 0.380697 0.197142 0.092345]*10^(−3);
lambda=9.454545;
PD=5;
B10=2*B(3,1);
B20=2*B(3,2);
B00=B(3,3);
```

```
disp('Given PD=5.00 per unit on a 100-MVA base')
disp('Choose lambda=9.454545 in first iteration')
%Suppose M*Pg=N
M=[a1/lambda+2*B(1,1) 2*B(1,2);
 2*B(2,1) a2/lambda+2*B(2,2)]
N=[1-B10-b1/lambda;1-B20-b2/lambda]
Pg=inv(M)*N
PL=B(1,1)*Pg(1,1)^2+2*B(1,2)*Pg(1,1)*Pg(2,1)+B(2,2)
*Pg(2,1)^2+B10*Pg(1,1)+B20*Pg(2,1)+B00
check=PD+PL-(Pg(1,1)+Pg(2,1));
delta_lambda=lambda*(PD+PL-(Pg(1,1)+Pg(2,1)))/(Pg(1,1)+Pg(2,1))
k=0;
while abs(check) > (10^(-6))
 disp(['*****Enter iteration' num2str(k)])
 Pg_pre=[Pg(1,1);Pg(2,1)]; %The value of Pg1,Pg2 in previous
iteration
 lambda_pre=lambda; %The value of lambda in previous iteration
 lambda=lambda+delta_lambda
 M=[a1/lambda+2*B(1,1) 2*B(1,2);2*B(2,1) a2/lambda+2*B(2,2)];
 N=[1-B10-b1/lambda;1-B20-b2/lambda];
 Pg=inv(M)*N
PL=B(1,1)*Pg(1,1)^2+2*B(1,2)*Pg(1,1)*Pg(2,1)+B(2,2)
*Pg(2,1)^2+B10*Pg(1,1)+B20*Pg(2,1)+B00;
 check=PD+PL-(Pg(1,1)+Pg(2,1));
 delta_lambda=(lambda-lambda_pre)*(PD+PL-(Pg(1,1)+Pg(2,1)))/
(Pg(1,1)+Pg(2,1)
              -Pg_pre(1,1)-Pg_pre(2,1))
 k=k+1;
end
disp('--------------Stop iteration--------------')
% Calculate the incremental fuel cost ($/MWh)
cost1=a1*Pg(1,1)+b1
cost2=a2*Pg(2,1)+b2
% Calculate the penalty factor
L1=1/(1-2*(B(1,1)*Pg(1,1)+B(1,2)*Pg(2,1)+B10/2))
L2=1/(1-2*(B(2,2)*Pg(2,1)+B(2,1)*Pg(2,1)+B20/2))
```

在此例題中，電廠 2 在其匯流排有較低的遞增燃料成本，且分擔 500 MW 負載較大的部分。讀者可以檢查 $L_1(df_1/dP_{g1}) = L_2(df_2/dP_2) = 9.8425$ \$/MWh 來確認供給系統負載的有效遞增成本（經常稱為功率傳送的遞增成本）。

注意到先前上述程序中，每一次疊代的步驟 3，針對機組的經濟負載提供了有效的答案。對於特殊的負載大小，步驟 3 所得的答案是正確的，

且疊代中符合電力平衡。例如，在例題 12.6 第 1 次疊代的步驟 3，系統 λ 為 9.454545 \$/MWh，且所計算的發電機輸出為 $P_{g1}^{(1)} = 151.2869$ MW 及 $P_{g2}^{(1)} = 284.5237$ MW。在同一疊代的步驟 4，$P_L^{(1)}$ 的相對應值為 6.9373。因此，系統負載為

$$(P_{g1}^{(1)} + P_{g2}^{(1)}) - P_L^{(1)} = (435.8106 - 6.9373) = 428.8733 \quad \text{MW}$$

上述滿足系統的電力平衡。我們將此所觀察到的，用在下面例子中。

例題 12.7

當系統負載從 500 MW 降至 429 MW 時，試計算例題 12.6 兩個電廠所降低的製造成本。

解： 在例題 12.6 中，針對 500 MW 的系統負載大小，所求得的兩電廠經濟負載為 P_{g1}=190.2 MW 及 P_{g2}=319.1 MW。

在同一例子的第 1 次疊代，當負載大小為 436 MW 時，也發現到電廠輸出為 P_{g1}=151.3 MW 及 P_{g2}=284.5 MW，確保機組的經濟調度。對於計算兩電廠間所降低的製造成本，這個結果的精確度是足夠的，如下所示：

$$\Delta f_1 = \int_{190.2}^{151.3}(0.0080 P_{g1} + 8.0)dP_{g1}$$
$$= (0.0040 P_{g1}^2 + 8.0 P_{g1} + c_1)\Big|_{190.2}^{151.3} = -364.34 \ \text{\$/h}$$

$$\Delta f_2 = \int_{319.1}^{284.5}(0.0096 P_{g2} + 6.4)dP_{g2}$$
$$= (0.0048 P_{g2}^2 + 6.4 P_{g2} + c_2)\Big|_{319.1}^{284.5} = -321.69 \ \text{\$/h}$$

因此，所降低的總系統燃料成本為 686.03 \$/h。

系統輸電損失協同線上機組經濟調度的求解程序已推導完成，圖 12.6 中，如果將 (12.41) 式每一部發電機組的最大及最小輸出限制納入經濟調度問題中，則 (12.41) 式可以由下列 (12.42) 式及 (12.43) 式兩個不等限制來表示。

$$P_{gi,min} \leq P_{gi} \leq P_{gi,max}, \quad i = 1, 2, ..., N \tag{12.41}$$

$$P_{gi,min} - P_{gi} \leq 0, \tag{12.42}$$

$$P_{gi} - P_{gi,max} \leq 0. \tag{12.43}$$

則針對 N 部發電機組的經濟調度問題之拉格朗日變成

$$L = \sum_{i=1}^{N} f_i(P_{gi}) + \lambda(P_D + P_L - \sum_{i=1}^{N} P_{gi}) + \sum_{i=1}^{N} \mu_{i,min}(P_{gi,min} - P_{gi})$$
$$+ \sum_{i=1}^{N} \mu_{i,max}(P_{gi} - P_{gi,max}) \qquad (12.44)$$

其中 $\mu_{i,min}$ 與 $\mu_{i,max}$ 分別為第 i 部機組最小及最大發電限制的拉格朗日乘數。假設 (12.3) 式中針對每一部機組為二階成本函數，基於庫恩—塔克 (Kuhn-Tucker) 定理的最佳化必要條件為

$$\frac{\partial L}{\partial P_{gi}} = 2a_i P_{gi} + b_i - \lambda = 0, \quad i = 1, 2, ..., N \qquad (12.45)$$

$$\frac{\partial L}{\partial \lambda} = P_D + P_L - \sum_{i=1}^{N} P_{gi} = 0 \qquad (12.46)$$

$$\frac{\partial L}{\partial \mu_{i,min}} = P_{gi,min} - P_{gi} \leq 0, \quad i = 1, 2, ..., N \qquad (12.47)$$

$$\mu_{i,min}(P_{gi,min} - P_{gi}) = 0 \quad 且 \quad \mu_{i,min} > 0, \quad i = 1, 2, ..., N \qquad (12.48)$$

$$\frac{\partial L}{\partial \mu_{i,max}} = P_{gi} - P_{gi,max} \leq 0, \quad i = 1, 2, ..., N \qquad (12.49)$$

$$\mu_{i,max}(P_{gi} - P_{gi,max}) = 0 \quad 且 \quad \mu_{i,max} > 0, \quad i = 1, 2, ..., N \qquad (12.50)$$

此方法可針對許多發電機組求解上述經濟調度問題，然而當考慮輸電損失及發電限制時，需要更複雜的數學規劃技巧，惟不在此討論。求解這樣的問題包含發電限制的簡易方法如 12.2 節所描述的程序。以下概述考慮輸電損失及機組發電限制的主要求解步驟。

步驟 1：輸入收斂容許 ε、最大疊代次數 I_{MX} 及針對 λ 遞增的每一步增量 β。初始疊代計數，$m=1$。

步驟 2：忽略輸電損失及機組發電限制，以 (12.11) 式及 (12.29) 式求解 λ 及 P_{gi}，$i = 1, 2, \cdots, N$。

步驟 3：基於 (12.36) 式，令 $\lambda^{(m)} = \lambda$ 並計算 P_{gi}，$i = 1, 2, \cdots, N_g$，而 N_g 部機組並未違反發電限制。

步驟 4：藉由 (12.29) 式，計算輸電損失。

步驟 5：檢查 $|P_D + P_L^{(m)} - \sum_{i=1}^{N} P_{gi}^{(m)}| \leq \varepsilon$。如果成立，繼續步驟 8；如果不成立，檢查疊代次數是否超過 I_{MX}，如果超過，繼續步驟 8。

步驟 6：根據 $\lambda^{(m+1)} = \lambda^{(m)} + \Delta\lambda^{(m)}$，更新 λ，其中 $\Delta\lambda^{(m)}$ 可以表示成

$$\Delta\lambda_i^{(m)} = \beta(P_D + P_L^{(m)} - \sum_{i=1}^{N} P_{gi}^{(m)}). \qquad (12.51)$$

步驟 7：令 $\lambda = \lambda^{(m+1)}$，回步驟 3。

步驟 8：檢查是否有任何 P_{gi}，$i = 1, 2, \cdots, N_g$ 違反其發電限制。如果有，將發電機輸出固定在它所違反的限制。如果沒有，繼續步驟 10。

步驟 9：令疊代計數為 $m = m+1$，且回步驟 3。

步驟 10：計算總燃料成本，輸電損失及輸出結果。

12.4 輸電損失方程式

為了要推導出電廠電力輸出的輸電損失方程式，我們考慮一個由兩個發電廠與兩個負載，以及由匯流排阻抗矩陣所表示的輸電網路所組成之簡單系統。以兩個階段著手推導，在第一階段中，為了僅根據發電機的電流來表達該系統的損失，我們將 6.8 節所描述的功率不變轉換應用在該系統的 $\mathbf{Z}_{bus}$ 中。在第二階段，我們將發電機的電流轉換到該電廠的電力輸出上，引導出 N 個發電機系統所需的損失方程式之型式。

利用圖 12.9(a) 的四個匯流排系統為例開始規劃，其中節點 ① 和 ② 為發電機匯流排，節點 ③ 和 ④ 為負載匯流排，而節點 ⓝ 為系統的中性點。

此例中的發電和負載均在相同的匯流排上，如圖 12.9(c) 所示，在本節的結尾會加以說明。在圖 12.9(a) 的負載匯流排有電流 I_3 和 I_4 注入，並合成系統負載 I_D

$$I_3 + I_4 = I_D \qquad (12.52)$$

假設每個負載是總負載的一個常數分數，令

$$I_3 = d_3 I_D \quad \text{及} \quad I_4 = d_4 I_D \qquad (12.53)$$

由此可得

$$d_3 + d_4 = 1 \qquad (12.54)$$

加入更多項時，(12.52) 式到 (12.54) 式可以被通用化成超過兩個負載匯流排以上的系統。

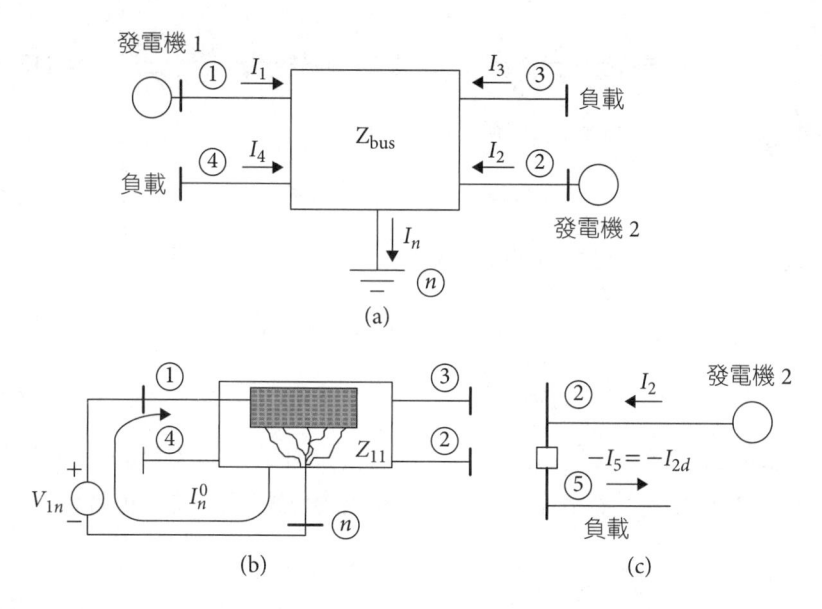

圖 12.9 (a) 四個匯流排系統的例子；(b)(12.58) 式的無載電流 I_n^0 的說明；(c) 發電機匯流排 ② 負載電流 $-I_{2d}$ 的處理

我們現在選擇圖 12.9(a) 的節點 ⓝ 作為節點方程式的參考

$$\begin{bmatrix} V_{1n} \\ V_{2n} \\ V_{3n} \\ V_{4n} \end{bmatrix} = \begin{matrix} ① \\ ② \\ ③ \\ ④ \end{matrix} \begin{bmatrix} Z_{11} & Z_{12} & Z_{13} & Z_{14} \\ Z_{21} & Z_{22} & Z_{23} & Z_{24} \\ Z_{31} & Z_{32} & Z_{33} & Z_{34} \\ Z_{41} & Z_{42} & Z_{43} & Z_{44} \end{bmatrix} \begin{bmatrix} I_1 \\ I_2 \\ I_3 \\ I_4 \end{bmatrix} \quad (12.55)$$

雙下標標記法強調匯流排電壓是相對於參考節點 ⓝ 所測量，將 (12.55) 式的第 1 列展開，可得

$$V_{1n} = Z_{11}I_1 + Z_{12}I_2 + Z_{13}I_3 + Z_{14}I_4 \quad (12.56)$$

將 $I_3 = d_3 I_D$ 和 $I_4 = d_4 I_D$ 代入此方程式中，求解所得方程式，可得 I_D

$$I_D = \frac{-Z_{11}}{d_3 Z_{13} + d_4 Z_{14}} I_1 + \frac{-Z_{12}}{d_3 Z_{13} + d_4 Z_{14}} I_2 + \frac{-Z_{11}}{d_3 Z_{13} + d_4 Z_{14}} I_n^0 \quad (12.57)$$

上式中電流 I_n^0，稱為無載電流 (no-load current)，簡化為

$$I_n^0 = -\frac{V_{1n}}{Z_{11}} \quad (12.58)$$

我們將很快可以看到 I_n^0 的實際意義，每當 V_{1n} 為常數時，I_n^0 為注入系統節點 ⓝ 的固定電流，表示為

$$t_1 = \frac{Z_{11}}{d_3 Z_{13} + d_4 Z_{14}} \qquad 及 \qquad t_2 = \frac{Z_{12}}{d_3 Z_{13} + d_4 Z_{14}} \tag{12.59}$$

我們可以簡化 (12.57) 式的係數，於是變成

$$I_D = -t_1 I_1 - t_2 I_2 - t_1 I_n^0 \tag{12.60}$$

以 (12.60) 式取代 (12.53) 式的 I_D，可得

$$I_3 = -d_3 t_1 I_1 - d_3 t_2 I_2 - d_3 t_1 I_n^0 \tag{12.61}$$

$$I_4 = -d_4 t_1 I_1 - d_4 t_2 I_2 - d_4 t_1 I_n^0 \tag{12.62}$$

我們可以把 (12.61) 式和 (12.62) 式定義為 (6.86) 式中將「舊的」電流 I_1、I_2、I_3 和 I_4 轉換為「新的」電流 I_1、I_2 和 I_n^0 之轉換矩陣 **C**；也就是，

$$\begin{bmatrix} I_1 \\ I_2 \\ I_3 \\ I_4 \end{bmatrix} = \begin{matrix} ① \\ ② \\ ③ \\ ④ \end{matrix} \begin{bmatrix} 1 & . & . \\ . & 1 & . \\ -d_3 t_1 & -d_3 t_2 & -d_3 t_1 \\ -d_4 t_1 & -d_4 t_2 & -d_4 t_1 \end{bmatrix} \begin{bmatrix} I_1 \\ I_2 \\ I_n^0 \end{bmatrix} = \mathbf{C} \begin{bmatrix} I_1 \\ I_2 \\ I_n^0 \end{bmatrix} \tag{12.63}$$

由 (12.63) 式的結果，以 (6.99) 式的型式來表示網路的有效功率損失，可寫成

$$P_L = [I_1 \ I_2 \ I_n^0] \mathbf{C}^T \mathbf{R}_{bus} \mathbf{C}^\star \begin{bmatrix} I_1 \\ I_2 \\ I_n^0 \end{bmatrix}^\star \tag{12.64}$$

其中 $\mathbf{R}_{bus}$ 是 (12.55) 式中 $\mathbf{Z}_{bus}$ 的對稱實數部分。因為轉換矩陣 C 的功率不變 (powerinvariant) 特性，所以 (12.64) 式可完全代表以發電機電流 I_1 和 I_2 及無載電流 I_n^0 表示的系統有效功率損失。在系統的電力潮流研究中將匯流排 ① 設定為鬆弛匯流排 (slack bus)，則電流 $I_n^0 = -V_{1n}/Z_{11}$ 變成為一個固定的複數，而 I_1 和 I_2 成為 (12.64) 式的損失表示式中唯一的兩個變數。

圖 12.9(b) 有助於解釋 I_n^0 為何被稱為無載電流。如果所有的負載和發電機都從該系統移除，而將電壓 V_{1n} 施加於匯流排 ① 上，則只有電流 I_n^0 會流經連接至節點 ⓝ 的分路。這個電流通常很小，並且相對固定，因為其由戴維寧阻抗 Z_{11} 所決定，此阻抗包含線路充電及變壓器磁化電流路徑的高阻抗，但與負載無關。

在每個發電機匯流排上，假設無效功率 Q_{gi} 在一段時間內為有效功率 P_{gi} 的一個常數分數 s_i。這相當於假設每個發電機在同一時段內都運轉在

固定的功因,所以寫成

$$P_{g1} + jQ_{g1} = (1 + js_1)P_{g1}; \quad P_{g2} + jQ_{g2} = (1 + js_2)P_{g2} \quad (12.65)$$

其中 $s_1 = Q_{g1}/P_{g1}$ 和 $s_2 = Q_{g2}/P_{g2}$ 均為實數。從發電機輸出的電流為

$$I_1 = \frac{(1 - js_1)}{V_1^*}P_{g1} = \alpha_1 P_{g1} \qquad I_2 = \frac{(1 - js_2)}{V_2^*}P_{g2} = \alpha_2 P_{g2} \quad (12.66)$$

其中 α_1 和 α_2 有明顯的定義。從 (12.66) 式,電流 I_1、I_2 和 I_n^0 可以用矩陣的型式表示成

$$\begin{bmatrix} I_1 \\ I_2 \\ I_n^0 \end{bmatrix} = \begin{bmatrix} \alpha_1 & \cdot & \cdot \\ \cdot & \alpha_2 & \cdot \\ \cdot & \cdot & I_n^0 \end{bmatrix} \begin{bmatrix} P_{g1} \\ P_{g2} \\ 1 \end{bmatrix} \quad (12.67)$$

把這個方程式代入 (12.64) 式中,可得

$$P_L = \begin{bmatrix} P_{g1} \\ P_{g2} \\ 1 \end{bmatrix}^T \underbrace{\begin{bmatrix} \alpha_1 & \cdot & \cdot \\ \cdot & \alpha_2 & \cdot \\ \cdot & \cdot & I_n^0 \end{bmatrix} \mathbf{C}^T \mathbf{R}_{\text{bus}} \mathbf{C}^* \begin{bmatrix} \alpha_1 & \cdot & \cdot \\ \cdot & \alpha_2 & \cdot \\ \cdot & \cdot & I_n^0 \end{bmatrix}^*}_{\mathbf{T}_\alpha} \begin{bmatrix} P_{g1} \\ P_{g2} \\ 1 \end{bmatrix}^* \quad (12.68)$$

矩陣乘積的轉置 (transpose) 等於其轉置矩陣的逆序乘積 (reverse-order product)。例如,如果有三個矩陣 $\mathbf{A}$、$\mathbf{B}$ 和 $\mathbf{D}$,則 $(\mathbf{ABD})^T = \mathbf{D}^T\mathbf{B}^T\mathbf{A}^T$,而兩邊同取共軛複數時,$[(\mathbf{ABD})^T]^* = (\mathbf{D}^T)^*(\mathbf{B}^T)^*(\mathbf{A}^T)^*$。因此,我們可以證明 (12.68) 式的矩陣 $\mathbf{T}_\alpha$ 具有相當於它自己轉置的共軛複數之便利特性。擁有這種特性的矩陣稱為赫密特矩陣 (hermitian matrix)[1]。赫密特矩陣的每一個非對角線元素 m_{ij} 等於相對元素 m_{ji} 的共軛複數,而且所有對角線元素均為實數。因此,將 $\mathbf{T}_\alpha$ 加到 $\mathbf{T}_\alpha^*$ 可抵消非對角線元素的虛數部分,如此可得到 2 倍 $\mathbf{T}_\alpha$ 的對稱實數部分,將它表示為

$$\begin{bmatrix} B_{11} & B_{12} & B_{10}/2 \\ B_{21} & B_{22} & B_{20}/2 \\ B_{10}/2 & B_{20}/2 & B_{00} \end{bmatrix} = \frac{\mathbf{T}_\alpha + \mathbf{T}_\alpha^*}{2} \quad (12.69)$$

為了遵照工業界的習慣,此處我們使用符號 $B_{10/2}$、$B_{20/2}$ 和 B_{00}。將 (12.68) 式加到它的共軛複數中並應用 (12.69) 式,可得到

---

[1] 一個赫密特矩陣的例子為 $\begin{bmatrix} 1 & 1+j \\ 1-j & 1 \end{bmatrix}$。

$$P_L = [P_{g1} \quad P_{g2} \mid 1] \begin{bmatrix} B_{11} & B_{12} & B_{10}/2 \\ B_{21} & B_{22} & B_{20}/2 \\ \hline B_{10}/2 & B_{20}/2 & B_{00} \end{bmatrix} \begin{bmatrix} P_{g1} \\ P_{g2} \\ \hline 1 \end{bmatrix} \quad (12.70)$$

其中 B_{12} 等於 B_{21}。藉由行 — 列乘法展開 (12.70) 式，可得

$$P_L = B_{11}P_{g1}^2 + 2B_{12}P_{g1}P_{g2} + B_{22}P_{g2}^2 + B_{10}P_{g1} + B_{20}P_{g2} + B_{00}$$

$$= \sum_{i=1}^{2}\sum_{j=1}^{2} P_{gi}B_{ij}P_{gj} + \sum_{i=1}^{2} B_{i0}P_{gi} + B_{00} \quad (12.71)$$

重新排列成等式

$$P_L = [P_{g1} \quad P_{g2}] \begin{bmatrix} B_{11} & B_{12} \\ B_{21} & B_{22} \end{bmatrix} \begin{bmatrix} P_{g1} \\ P_{g2} \end{bmatrix} + [P_{g1} \quad P_{g2}] \begin{bmatrix} B_{10} \\ B_{20} \end{bmatrix} + B_{00} \quad (12.72)$$

或者更通用的向量矩陣公式為

$$P_L = \mathbf{P}_G^T \mathbf{B} \mathbf{P}_G + \mathbf{P}_G^T \mathbf{B_0} + B_{00} \quad (12.73)$$

當系統有 N 個電源而不像我們的例子只有 2 個電源時，(12.73) 式的向量和矩陣有 N 列以及／或者是 N 行，而且 (12.71) 式的總和範圍從 1 到 N，可產生輸電損失方程式的通式。

$$P_L = \sum_{i=1}^{N}\sum_{j=1}^{N} P_{gi}B_{ij}P_{gj} + \sum_{i=1}^{N} B_{i0}P_{gi} + B_{00} \quad (12.74)$$

損失或 B 係數形成 $N \times N$ 方陣，此矩陣通常為對稱的，一如所知簡稱為 **B** 矩陣。當三相功率 P_{g1} 到 P_{gN} 以百萬瓦表示時，損失係數的單位就是百萬瓦的倒數，這種情況下 P_L 的單位也是百萬瓦。B_{00} 的單位與 P_L 相同，B_{i0} 為無因次 (dimensionless)。當然，標么係數是用在正規的計算。

對於所推導的系統，只有在用來推導的特定負載及其運轉情況下，B 係數才可產生精確的損失。只有在負載和電廠的匯流排電壓保持固定，以及電廠功因維持不變的情況下，當 P_{g1} 和 P_{g2} 變化時，(12.72) 式的 B 係數方能維持不變。幸運的是，當係數在平均運轉情況被計算出來，且電廠間或總負載並未有極大的變化，針對損失係數使用常數數值，可產生合理的準確結果。實際上，針對各種負載狀況使用不同型式的損失係數，將使大型系統負載顯得相當經濟。

例題 12.8

圖 12.9 的四個匯流排系統，其線路與匯流排資料顯示於表 12.6，而基本電力潮流解如表 12.7 所示。試計算該系統的 B 係數，並證明利用損失公式計算出來的輸電損失與電力潮流結果。

表 12.6 例題 $12.8^\dagger$ 的線路及匯流排資料

匯流排至匯流排	線路資料 並聯 Z R	X	並聯 Y B	匯流排資料 發電量 匯流排	P	$\|V\|\underline{/\delta^\circ}$	負載 P	Q
線路 ①-④	.00744	.0372	.0775	①		1.0 $\underline{/0^\circ}$	.	.
線路 ①-③	.01008	.0504	.1025	②	3.18	1.0	.	.
線路 ②-③	.00744	.0372	.0775	③	.	.	2.20	1.3634
線路 ②-④	.01272	.0636	.1275	④	.	.	2.80	1.7352

$\dagger$ 所有的數值是以 230 kV，100 MVA 為基準的標么值。

表 12.7 例題 $12.8^\dagger$ 的電力潮流解

	基本情況			
	發電量		電壓	
匯流排	P	Q	大小（標么）	角度（度）
①	1.913152	1.872240	1.0	0.0
②	3.18	1.325439	1.0	2.43995
③	.	.	0.96051	−1.07932
④	.	.	0.94304	−2.62658
總計	5.093152	3.197679		

$\dagger$ 所有的數值是以 230 kV，100 MVA 為基準的標么值。

解： 每一個輸電線路是以其等效 $-\pi$ 電路來表示，線路兩端至中性點各有一半的線路充電電納。選擇中性點 ⓝ 為參考，從表 12.6 建構出匯流排阻抗矩陣 $\mathbf{Z}_{\text{bus}} = \mathbf{R}_{\text{bus}} + j\mathbf{X}_{\text{bus}}$，其中

$$\mathbf{R}_{\text{bus}} = \begin{array}{c} \\ ① \\ ② \\ ③ \\ ④ \end{array} \begin{bmatrix} ① & ② & ③ & ④ \\ +2.911963 & -1.786620 & -0.795044 & -0.072159 \\ -1.786620 & +2.932995 & -0.072159 & -1.300878 \\ -0.795044 & -0.072159 & +2.991196 & -1.786620 \\ -0.072159 & -1.300878 & -1.786620 & +2.932995 \end{bmatrix} \times 10^{-3}$$

$$\mathbf{X}_{bus} = \begin{array}{c} \text{①} \\ \text{②} \\ \text{③} \\ \text{④} \end{array} \begin{array}{cccc} \text{①} & \text{②} & \text{③} & \text{④} \\ \begin{bmatrix} -2.582884 & -2.606321 & -2.601379 & -2.597783 \\ -2.606321 & -2.582784 & -2.597783 & -2.603899 \\ -2.601379 & -2.597783 & -2.582884 & -2.606321 \\ -2.597783 & -2.603889 & -2.606321 & -2.582784 \end{bmatrix} \end{array}$$

從表 12.7 的電力潮流結果,計算負載電流

$$I_3 = \frac{P_3 - jQ_3}{V_3^*} = \frac{-2.2 + j1.36340}{0.96051\angle 1.07932°} = 2.694641\angle 147.1331°$$

$$I_4 = \frac{P_4 - jQ_4}{V_4^*} = \frac{-2.8 + j1.73520}{0.94304\angle 2.62658°} = 3.493036\angle 145.5863°$$

且發現

$$d_3 = \frac{I_3}{I_3 + I_4} = 0.435473 + j0.006644$$

$$d_4 = \frac{I_4}{I_3 + I_4} = 0.564527 - j0.006628$$

(12.59) 式中的 t_1 和 t_2 的值是從 d_3、d_4 以及 $\mathbf{Z}_{bus}$ 的第 1 列元素計算所得,如下:

$$t_1 = \frac{Z_{11}}{d_3 Z_{13} + d_4 Z_{14}} = 0.993664 + j0.001259$$

$$t_2 = \frac{Z_{12}}{d_3 Z_{13} + d_4 Z_{14}} = 1.002681 - j0.000547$$

基於以上的結果,我們計算 (12.63) 式的 $-d_i t_j$ 來獲得電流變換矩陣 $\mathbf{C}$

$$\mathbf{C} = \begin{array}{c} \text{①} \\ \text{②} \\ \text{③} \\ \text{④} \end{array} \begin{array}{ccc} \text{①} & \text{②} & \text{n} \\ \begin{bmatrix} 1 & \cdot & \cdot \\ \cdot & 1 & \cdot \\ -0.432705 - j0.007143 & -0.436644 - j0.006416 & -0.432705 - j0.007143 \\ -0.560958 + j0.005884 & -0.566037 + j0.006964 & -0.560958 + j0.005884 \end{bmatrix} \end{array}$$

則可得

$$\mathbf{C}^T \mathbf{R}_{bus} \mathbf{C}^* = \begin{array}{c} \text{①} \\ \text{②} \\ \text{n} \end{array} \begin{array}{ccc} \text{①} & \text{②} & \text{n} \\ \begin{bmatrix} 4.297002 + j0 & -0.016007 - j0.010610 & 1.000562 - j0.005255 \\ -0.016007 + j0.010610 & 5.080886 + j0 & 1.38261 + j0.006011 \\ 1.000562 + j0.005255 & 1.38261 - j0.006011 & 0.616065 + j0 \end{bmatrix} \times 10^{-3}$$

經計算無載電流的標么值為

$$I_n^0 = \frac{-V_1}{Z_{11}} = \frac{-1.0 + j0.0}{0.002912 - j2.582884} = -0.000436 - j0.387164$$

利用基本情況的電力潮流結果,從 (12.66) 式計算得

$$\alpha_1 = \frac{1-js_1}{V_1^*} = \frac{1-j\left(\frac{1.872240}{1.913152}\right)}{1.0\angle 0°} = 1.0 - j0.978615$$

$$\alpha_2 = \frac{1-js_2}{V_2^*} = \frac{1-j\left(\frac{1.325439}{3.180000}\right)}{1.0\angle -2.43995°} = 1.016838 - j0.373854$$

(12.68) 式的赫密特矩陣 $\mathbf{T}_\alpha$ 可由下列算出：

$$\mathbf{T}_\alpha = \begin{bmatrix} \alpha_1 & \cdot & \cdot \\ \cdot & \alpha_2 & \cdot \\ \cdot & \cdot & I_n^0 \end{bmatrix} \mathbf{C}^T \mathbf{R}_{bus} \mathbf{C}^* \begin{bmatrix} \alpha_1 & \cdot & \cdot \\ \cdot & \alpha_2 & \cdot \\ \cdot & \cdot & I_n^0 \end{bmatrix}^*$$

$$\mathbf{T}_\alpha = \begin{bmatrix} 8.412231 + j0.0 & -0.028729 - j0.004726 & 0.380697 + j0.385820 \\ -0.028725 + j0.004726 & 5.981305 + j0.0 & 0.197142 + j0.545405 \\ 0.380697 - j0.385820 & 0.197142 - j0.545405 & 0.092345 + j0.0 \end{bmatrix} \times 10^{-3}$$

將 $\mathbf{T}_\alpha$ 各別元素的實數部分拆開，可得到想要的標么值損失係數 $\mathbf{B}$ 矩陣

$$\begin{bmatrix} B_{11} & B_{12} & B_{10}/2 \\ B_{21} & B_{22} & B_{20}/2 \\ B_{10}/2 & B_{20}/2 & B_{00} \end{bmatrix} = \begin{bmatrix} 8.412231 & -0.028725 & 0.380697 \\ -0.028725 & 5.981305 & 0.197142 \\ 0.380697 & 0.197142 & 0.092345 \end{bmatrix} \times 10^{-3}$$

從此可以計算出電力損失為

$$P_L = \begin{bmatrix} 1.913152 & 3.18 & 1 \end{bmatrix} \begin{bmatrix} B_{11} & B_{12} & B_{10}/2 \\ B_{21} & B_{22} & B_{20}/2 \\ B_{10}/2 & B_{20}/2 & B_{00} \end{bmatrix} \begin{bmatrix} 1.913152 \\ 3.18 \\ 1 \end{bmatrix}$$

$$= 0.093728 \text{ 標么}$$

與表 12.7 的電力潮流結果相符。下列顯示此例的 MATLAB 程式 (ex12_8.m)。

例題 12.8 的 MATLAB 程式 (ex12_8.m)

```
% Matlab M-file for Example 12.8: ex 12-8.m
% Clean previous value
clc
clear all
%Initial value
format long
V1=1;
P1=1.913152;
Q1=1.872240;
V2=exp(2.43995*(pi/180)*i);
P2=3.18;
Q2=1.325439;
P3=-2.2;
```

```
Q3=-1.3634;
V3=0.96051*exp(-1.07932*(pi/180)*i);
P4=-2.8;
Q4=-1.7352;
V4=0.94304*exp(-2.62658*(pi/180)*i);
Rbus=10^-3*[2.911963 -1.786620 -0.795044 -0.072159;
    -1.786620 2.932995 -0.072159 -1.300878;
    -0.795044 -0.072159 2.9911963 -1.786620;
    -0.072159 -1.300878 -1.786620 2.932995]
Xbus=[-2.582884 -2.606321 -2.601379 -2.597783;
    -2.606321 -2.582784 -2.597783 -2.603899;
    -2.601379 -2.597783 -2.582884 -2.606321;
    -2.597783 -2.603899 -2.606321 -2.582784]
I3=(P3-Q3*i)/conj(V3)
I4=(P4-Q4*i)/conj(V4)
d3=I3/(I3+I4)
d4=I4/(I3+I4)
%solution
disp('Using Zbus=Xbus+Rbus and d3,d4 to calculate t1,t2')
Zbus=Rbus+Xbus*i
%Calculate B-coefficients
t1=Zbus(1,1)/(d3*Zbus(1,3)+d4*Zbus(1,4))
t2=Zbus(1,2)/(d3*Zbus(1,3)+d4*Zbus(1,4))
In0=-V1/Zbus(1,1)
C=[1 0 0; 0 1 0; -d3*t1 -d3*t2 -d3*t1; -d4*t1 -d4*t2 -d4*t1]
CtRbusC=(C.')*Rbus*conj(C)
alfa1=(1-i*(Q1/P1))/conj(V1)
alfa2=(1-i*(Q2/P2))/conj(V2)
Ta=[alfa1 0 0; 0 alfa2 0; 0 0 In0]*CtRbusC*conj([alfa1 0 0; 0 alfa2 0; 0 0 In0])
B_matrix=real(Ta)
disp('The power loss')
PL=[P1 P2 1]*B_matrix*[P1;P2;1]
```

例題 12.8 中，兩種計算損失的方法所計算的結果完全一致，這是可預期的，因為損失計算的電力潮流條件可決定損失係數。針對其他兩種運轉情況，利用例題 12.8 的損失係數所造成的誤差量，可以藉由檢查表 12.8 所示的兩組收斂的電力潮流解結果看出。其相當於例題 12.8 的基準負載之 90% 和 80% 負載，且由經濟調度指定的 P_{g2} 如例題 12.6 中所述。

實際上，損失係數是利用實際電力系統所需要的資料，於週期基準重複計算及更新。

表 12.8 比較由例題 12.8 的 B 係數及本例系統針對不同運轉情況的電力潮流解所計算的輸電損失

負載情形		P_{g1} 搖擺匯流排	P_{g2} 經濟調度	P_L	
	P_{d3}	P_{d4}			電力潮流	B 係數
基準：	2.2	2.8	1.913152	3.18	0.093728	0.093152
90%	1.98	2.52	1.628151	2.947650	0.075801	0.076024
80%	1.76	2.24	1.354751	2.705671	0.060422	0.060842

截至目前為止，我們還沒考慮到擁有局部負載的發電機匯流排。假設圖 12.9(a) 的匯流排 ② 除了網路注入電流 I_2 外，還具有一個負載成分 $-I_{2d}$。因為所有的電流均視為注入，我們可以將 $-I_{2d}$ 的負載電流視為在虛擬匯流排上，譬如匯流排 ⑤，流進網路，如圖 12.9(c) 所示。$\mathbf{R}_{bus}$ 因為匯流排 ⑤ 被擴充增加一行一列，其中非主對角線元素與原來第 2 列及第 2 行元素相同，且 $Z_{55}=Z_{22}$。我們現在繼續推導與之前完全一致的變換矩陣 $\mathbf{C}$，不加思索地將匯流排 ⑤ 當成一個有注入電流 $I_5 = I_{2d} = d_5 I_D$ 的負載匯流排，其中 $I_D = I_3 + I_4 + I_5$。

12.5 自動發電控制

幾乎所有的電力公司與鄰近的電力公用設施都有聯絡線 (tie line) 互連，如圖 12.10 所示。

聯絡線允許在緊急時共享發電資源，並且在正常運轉情況下經濟地產生電力。為了妥善控制，整個互連系統被細分成若干個控制區域 (control area)，它通常與一個或多個電力公司的邊界一致。經由控制區域聯絡線的電力淨交換，是區域發電量和區域負載量（加上損失）之間的代數差。針對此種聯絡線潮流，與鄰近區域的發電排程會預先規劃，控制區域只要依照排程維持既定的交換電力；因此，控制區域的首要責任顯然是

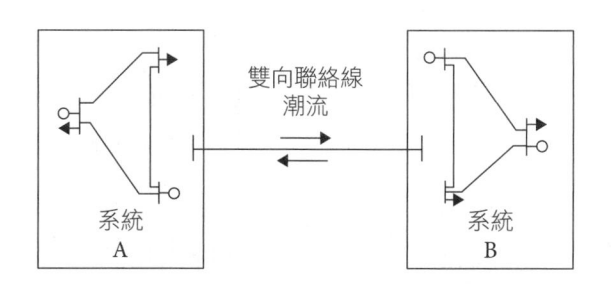

圖 12.10 具聯絡線的兩區域互連系統

自行吸收負載的變化。因為每個區域共享互連運轉的利益，它們也必須分擔維持系統頻率的責任。

因為系統負載全天候的任意變化，使頻率也跟著變化，以致於未能精確預測實際電力需求。經由全天候的負載循環，實際發電量和負載需求（加上損失）之間的不平衡，造成線上發電機組旋轉質量的動能（系統慣性的一部分）不是增加便是從機組移除，因而造成整個互連系統的頻率變化。每個控制區域都有一個中央設施，稱為能源控制中心 (energy control center)，它監測與鄰近區域聯絡線上的頻率及實際的功率潮流。

需要的和實際的系統頻率之間的誤差，與來自於排程淨交換的誤差合併，形成一個合成的度量，稱之為區域控制誤差 (area control error) 或簡稱為 ACE。為了消除區域控制誤差，能源控制中心送出指令訊號給它區內的發電廠發電機組，控制發電機輸出以便恢復淨交換電力至排程數值，並且協助恢復系統頻率至其所需的數值。而發電機組也因此參與了系統頻率的調整。在個別控制區域內的監視、遠距離遙控測試、處理及控制功能，是藉由能源控制中心以電腦為基礎的自動發電控制（AGC）系統來協調。調節控制區域內不同發電廠之間發電機的電力輸出及維持所需的淨交換與系統頻率，稱之為負載頻率控制 (load frequency control)，為 AGC 的關鍵功能。

為了了解前面所提的電廠控制作用，首先考慮火力發電機組的調速閥—汽輪機—發電機組合的頻率及端電壓控制，如圖 12.11 所示。

如圖 12.11 所示，大部分的汽輪電機（以及水輪機）均配備汽（水）輪速度調節閥 (turbine speed governor)。速度調節閥的功能是連續監測汽輪發電機速度，並控制節流閥以調整進入汽輪機的蒸汽流量（或就水輪機為閘閥位置），以響應「系統速度」或頻率。有鑑於速度與頻率比率量描述，我們會交替使用這兩個名詞。為了允許發電機組並聯運轉，每一部機組的速度對電力輸出均有一條下降的調節特性，其意義為速度下降應伴隨

圖 12.11 蒸汽渦輪發電機頻率控制概要圖

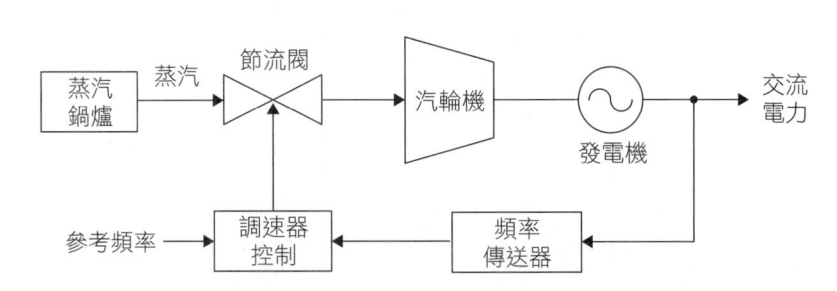

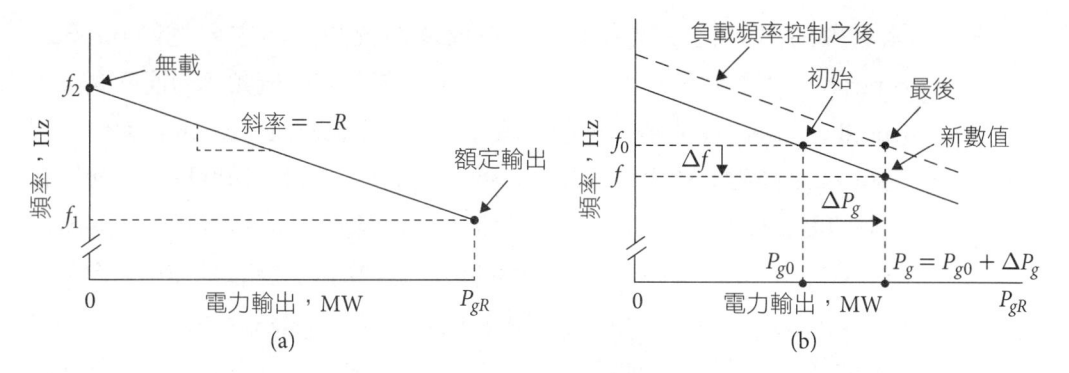

圖 12.12 (a) 發電機組的速度調節特性；(b) 負載增加 及負載頻率（增加量）控制前／後

著負載增加，如圖 12.12(a) 的直線。

發電機組的標么下降或速度調整 R_u 定義為當機組輸出由 1.0 標么額定功率逐漸降至 0 時，在穩態速度的變化大小，以額定速度之標么值表示。因此，當頻率軸及功率輸出軸分別以其額定值的標么來計量時，標么調整簡單的說就是速度對電力輸出特性的斜率大小。

從圖 12.12(a) 可知所遵循的標么調整為

$$R_u = \frac{(f_2 - f_1)/f_R}{P_{gR}/S_R} \text{ 標么} \tag{12.75}$$

其中 f_2 ＝無載頻率（以 Hz 為單位）
f_1 ＝在額定 MW 輸出 P_{gR} 時的頻率（以 Hz 為單位）
f_R ＝機組的額定頻率（以 Hz 為單位）
S_R ＝ MW 基準

將 (12.75) 式兩邊各乘上 f_R/S_R，可得

$$R = R_u \frac{f_R}{S_R} = \frac{f_2 - f_1}{P_{gR}} \text{ Hz/MW} \tag{12.76}$$

其中 R 為速度下降特性的斜率大小（以 Hz/MW 為單位）。假設當負載增加到 $P_g = P_{g0} + \Delta P_g$，如圖 12.12(b) 所示，則機組在頻率為 f_0 時提供 P_{g0} 的輸出電力。當機組的速度下降時，調速閥允許更多的蒸氣從鍋爐（或水從閘閥）通過汽輪機以阻止速度下降。從圖中也能看到，輸入和輸出功率之間的平衡發生在新的頻率 $f = (f_0 + \Delta f)$。根據 (12.76) 式所給的速度輸出特性之斜率，其頻率變化（以 Hz 為單位）為

$$\Delta f = -R\Delta P_g = -\left(R_u \frac{f_R}{S_R}\right)\Delta P_g \text{ Hz} \tag{12.77}$$

發電機輸出變化的頻率響應,被視為系統頻率的主要控制 (primary control),此響應不會回復到正常值。除非恢復該系統頻率的速度調整器 (speed changer) 負載頻率控制,或二次控制 (secondary control) 動作,否則圖 12.12 隔離的機組將繼續在降低之頻率 f 上運轉。速度控制的機構有一個速度調整器馬達可以平行移動調整特性至圖 12.12(b) 虛線所示的新位置。實際上,速度調整器藉由改變速度設定增補了調速器的作用,允許更多原動機的能量通過,以增加發電機組的動能,因此機組可以運轉在想要的頻率 f_0,同時提供新的輸出 P_g。

當 K 部發電機組於系統上並聯運轉時,其速度下降特性決定穩態時的機組間如何分擔負載之變化。考慮 K 部機組在負載改變 ΔP_{MW} 時,以指定的頻率同步運轉。因為機組是藉由輸電網路互聯,它們必須在共同頻率的相對應速度下運轉。因此,在初始調速器作用之後的穩態平衡中,所有機組的頻率都將依相同的頻率增量 Δf Hz 而改變。機組相對的輸出改變如 (12.77) 式所示,如下:

$$\text{機組 } 1: \Delta P_{g1} = -\frac{S_{R1}}{R_{1u}}\frac{\Delta f}{f_R} \quad \text{MW} \tag{12.78}$$

$$\vdots$$

$$\text{機組 } i: \Delta P_{gi} = -\frac{S_{Ri}}{R_{iu}}\frac{\Delta f}{f_R} \quad \text{MW} \tag{12.79}$$

$$\vdots$$

$$\text{機組 } K: \Delta P_{gK} = -\frac{S_{RK}}{R_{Ku}}\frac{\Delta f}{f_R} \quad \text{MW} \tag{12.80}$$

將這些方程式加起來可得到輸出的總改變

$$\Delta P = \sum_{i=1}^{K} \Delta P_{gi} = -\left(\frac{S_{R1}}{R_{1u}} + \cdots + \frac{S_{Ri}}{R_{iu}} + \cdots + \frac{S_{RK}}{R_{Ku}}\right)\frac{\Delta f}{f_R} \tag{12.81}$$

系統頻率的變化為

$$\frac{\Delta f}{f_R} = -\frac{\Delta P}{\left(\dfrac{S_{R1}}{R_{1u}} + \cdots + \dfrac{S_{Ri}}{R_{iu}} + \cdots + \dfrac{S_{RK}}{R_{Ku}}\right)} \quad \text{標么} \tag{12.82}$$

將 (12.82) 式代入 (12.79) 式,則機組 i 的額外輸出 ΔP_{gt} 增量變為:

$$\Delta P_{gi} = -\frac{S_{Ri}/R_{iu}}{\left(\dfrac{S_{R1}}{R_{1u}} + \cdots + \dfrac{S_{Ri}}{R_{iu}} + \cdots + \dfrac{S_{RK}}{R_{Ku}}\right)}\Delta P \quad \text{MW} \tag{12.83}$$

與其他機組的額外輸出結合以滿足系統的負載變化 ΔP。這些機組將在新的系統頻率下持續同步運轉，除非負載頻率控制由負載發生變化的區域之能源控制中心 AGC 運作。會有訊號傳送至特殊區域的電廠，以提升或降低某些或所有的速度變換器。透過調速器設定點的協調控制，可能將系統的所有機組帶回到所要的頻率 f_0，並在發電機組的能力範圍內，完成任何想要的負載分配。

因此，在互連系統的機組上之調速閥會傾向於維持發電—負載的平衡，而非一個特定的速度，而在個別控制區域內 AGC 系統的補充控制功能為：

- 造成該區域吸收它自己的負載變化
- 與鄰居提供預先的淨交換
- 確任每一區域電廠所要的經濟調度輸出
- 允許該區域執行它的分擔以維持所要的系統頻率

ACE 持續在能源控制中心裡記錄，以證明個別區域如何完成這些工作。

圖 12.13 的方塊圖顯示在電腦控制的一個特殊區域之電腦資訊的流動。

圖上以圓圈所包圍的數字可作為位置識別，以簡化我們對控制運轉的討論。圖上以較大圓圈圍繞著符號 × 或 Σ 表示輸入訊號的乘積或代數和的點。

位置 1 表示與其他控制區域的聯絡線上有關負載潮流的資訊程序。當淨電力由該區域輸出時，實際淨交換 P_a 為正數，而排程淨交換為 P_s。在位置 2 為排程淨交換，是從實際淨交換扣除 [2]。我們將會討論到實際與排程淨交換流出系統的情形，因此兩者均為正數。

圖上的位置 3 表示從實際頻率 f_a 減去預定頻率 f_s 所獲得的頻率偏差 Δf。而圖上的位置 4 表示頻率偏差設定 B_f，此因數用來將頻率偏差轉換成功率偏差，為負號且單位為 MW/0.1 Hz。因此，B_f 乘以 $10\Delta f$ 可得到 MW 的數值，此稱之為頻率偏差 (frequency bias)($10B_f\Delta f$)。頻率偏差設定是由標示最大發電限制、所有發電機的速度下降特性及標稱系統頻率所決定。令頻率偏差設定為

---

[2] 從實際值中扣除標準值或參考值以得到誤差，是電力系統工程師們許可的傳統方法，它是一般控制理論書本中所定義之控制誤差的負數。

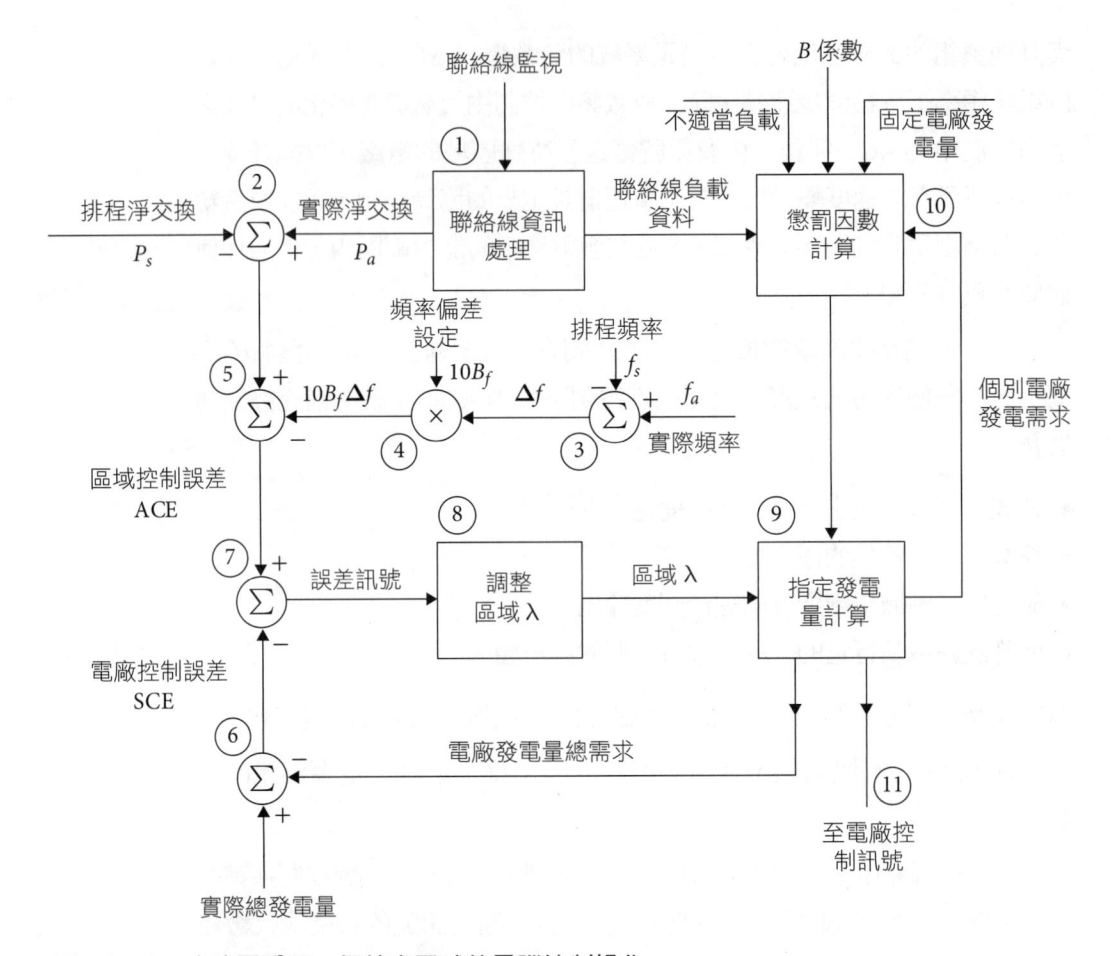

圖 12.13 方塊圖說明一個特定區域的電腦控制操作

$$B_f = -\frac{\Delta P}{10\Delta f} \tag{12.84}$$

其中 ΔP 及 Δf 表示在 (12.82) 式中。根據 (12.82) 式可得

$$B_f = \frac{\sum_{i=1}^{K}\left(\frac{S_{Ri}}{R_{iu}}\right)}{10f_R} \tag{12.85}$$

當實際頻率小於預定頻率時,頻率偏差為正數,且從位置 5 的 $(P_a - P_s)$ 減去頻率偏差可得 ACE,此數值可能為正或負。以方程式表示,可得

$$ACE = (P_a - P_s) - 10B_f(f_a - f_s) \text{ MW} \tag{12.86}$$

負的 ACE 表示該區域所產生的電力不足此區域所要送出的數量。此為淨電力輸出不足。沒有頻率偏差時,所顯示的不足電力會較少,這是因為

當實際頻率少於預定頻率時，將不會有正的補償 ($10B_f\Delta f$) 加至 P_s（從 P_a 減去）且 ACE 較小。此時該區域會產生足夠的發電量以供應其本身的負載及預先安排的交換電力，惟不能提供額外的輸出來協助提升鄰近互連區域的頻率。

電廠控制誤差 (station control error, SCE) 是所有區域發電廠的實際發電量減去所需要的發電量，如圖中位置 6 所顯示。當發電量需求大於現存的發電量時，SCE 為負數。

整個控制操作上的關鍵就是 ACE 和 SCE 的對照。它們的差異是一個誤差信號，如圖上位置 7 所顯示的。如果 ACE 和 SCE 都是負數且相等的話，該區域不足的輸出等於發電量需求超過實際發電量，且沒有誤差信號產生。然而，所超出的發電量需求會形成一個訊號，如位置 11 所示，並送至電廠增加發電量，且減少 SCE 的大小。從該區域所增加的輸出電力，同時會降低 ACE 的大小。

如果 ACE 的負值小於 SCE 的負值，將會有一個誤差訊號去增加該區的 λ，如此該增加量將提高電廠的發電量需求（位置 9）。每個電廠會依經濟調度的原則，接收訊號以增加輸出。

此討論特別只考慮當 ACE 等於 SCE，或其負值小於 SCE 負值的情況下，該區域輸出的預定淨交換（正的預定淨交換）比實際的淨交換還大。讀者可藉由參考圖 12.13，應該能將此討論推廣到其他可能的狀況上。

圖上位置 10 顯示每間發電廠的懲罰因數計算。在此，輸入的 B 係數用來計算 $\partial P_L/\partial P_{gi}$ 以及懲罰因數。這些懲罰因數被傳送到經濟調度及電廠總發電量需求的區段（位置 9），以建立個別電廠的輸出。

另一個重點（未顯示在圖 12.13 中）是在電力的預定淨交換上的補償，此補償依時間誤差的比例改變，這是以秒為單位的標么頻率誤差的積分。這個補償是朝著將積分差縮減至零的方向，並因此維持準確的計時。

例題 12.9

兩個火力發電機組在 60 Hz 下並聯運轉，供電給 700 MW 的總負載。額定輸出為 600 MW 且速度下降特性為 4% 的 1 號機組提供 400 MW；而具有 500 MW 額定輸出和 5% 的速度下降特性的 2 號機組，提供剩下的 300 MW 的負載。如果總負載增加到 800 MW，試求各機組的新負載，以及在任何補償控制

作用發生之前的共同頻率變化。然後，再決定頻率偏差設定。不考慮損失。

解： 每部機組的速度調整特性運轉初始點 a，如圖 12.14 所示。針對 100 MW 的負載增加，從 (12.82) 式可得到標么頻率誤差

$$\frac{\Delta f}{f_R} = \frac{-100}{\frac{600}{0.04} + \frac{500}{0.05}} = -0.004 \text{ 標么}$$

因為 f_R 等於 60 Hz，頻率的變化為 0.24 Hz，因此新的操作頻率是 59.76 Hz。由 (12.83) 式可求得每部機組所分配的負載變化：

$$\Delta P_{g1} = \frac{600/0.04}{\frac{600}{0.04} + \frac{500}{0.05}} 100 = 60 \text{ MW}$$

$$\Delta P_{g2} = \frac{500/0.05}{\frac{600}{0.04} + \frac{500}{0.05}} 100 = 40 \text{ MW}$$

所以在圖 12.14 所顯示的新運轉點 b，1 號機組提供 460 MW，而 2 號機組提供 340 MW。如果補償控制單獨應用在 1 號機組，則全部 100 MW 的負載增加量可由該機組藉由將特性移動到圖 12.14 的點 c 之最後 60 Hz 位置予以吸收。於是，2 號機組自動地回復到其原始的操作點，在 60 Hz 提供 300 MW。

根據 (12.85) 式計算頻率偏差設定

$$B_f = \frac{\frac{600}{0.04} + \frac{500}{0.05}}{10 \times 60} = 41.6667 \text{ MW/0.1 Hz}$$

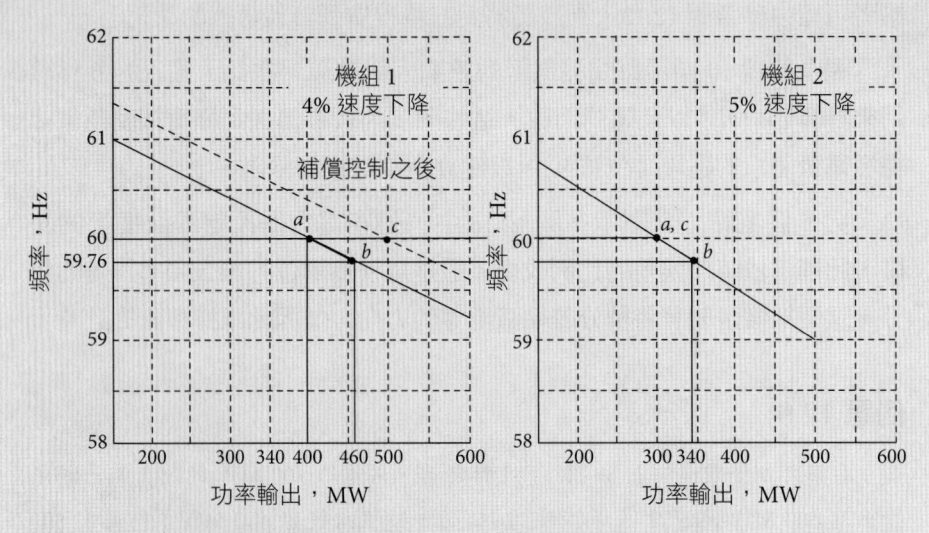

圖 12.14 兩部具有不同速度下降特性的隔離機組間的負載分配。a 點顯示最初 700 MW 的負載分配；b 點顯示在 59.76 Hz 時，800 MW 的負載分配，而 c 點顯示 1 號機組在補償控制之後，機組的最終操作點

在一個控制區內,大量的發電機和調速閥結合,以產生一個聚集的速度 — 電力特性以形成完整的區域。針對相對小的負載變化,此區域的特性經常被視為線性,且此區域中普遍的線上發電量等於單一機組。在這個基礎上,下列的例子說明了針對三區域系統的 AGC 穩態之運轉狀況,其中損失忽略不計。

例題 12.10

三個自主 AGC 系統的三個控制區域,組成了圖 12.15(a) 的互連 60 Hz 系統。集體的速度下降特性和區域的線上發電容量為

區域 A:$R_{Au} = 0.0200$ 標么 $S_{RA} = 16,000$ MW

區域 B:$R_{Bu} = 0.0125$ 標么 $S_{RB} = 12,000$ MW

區域 C:$R_{Cu} = 0.0100$ 標么 $S_{RC} = 6,400$ MW

每個區域都有一個相當於其額定線上容量80%的負載。為了經濟的理由,區域 C 從區域 B 輸入它的負載需求的 500 MW,及此交換的 100 MW 經過區域 A 的聯絡線,區域 A 具有它自己的零預定交換。試求當在區域 B 中滿載 400 MW 的發電機故障時,系統頻率的偏差及每個區域的發電量變化。區域頻率偏差設定為

$$B_{fA} = -1200 \text{ MW}/0.1 \text{ Hz}$$
$$B_{fB} = -1500 \text{ MW}/0.1 \text{ Hz}$$
$$B_{fC} = -950 \text{ MW}/0.1 \text{ Hz}$$

在 AGC 作用開始之前決定每個區域的 ACE。

解:當負載增加時,400 MW 機組的損失會被其他線上發電機感測到,所以此系統頻率減少到一個由 (12.82) 式所決定的值:

$$\frac{\Delta f}{f_R} = \frac{-400}{\frac{16000}{0.0200} + \frac{12000}{0.0125} + \frac{6400}{0.0100}} = \frac{-10^{-3}}{6} \text{ 標么}$$

因此,在初始調速閥開始動作之後,頻率降低 0.01 Hz,且仍在線上的發電機根據 (12.79) 式增加它們的輸出;亦即,

$$\Delta P_{gA} = \frac{16000}{0.0200} \times \frac{10^{-3}}{6} = 133 \text{ MW}$$

$$\Delta P_{gB} = \frac{12000}{0.0125} \times \frac{10^{-3}}{6} = 160 \text{ MW}$$

$$\Delta P_{gC} = \frac{6400}{0.0100} \times \frac{10^{-3}}{6} = 107 \text{ MW}$$

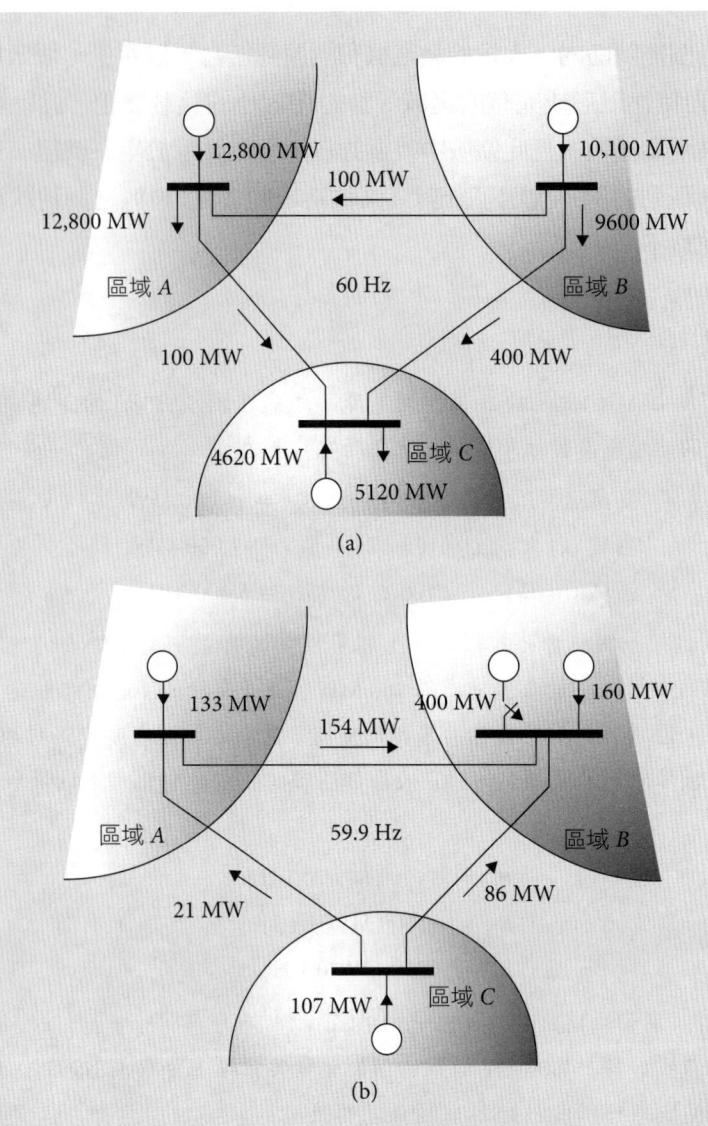

圖 12.15 (a) 例題 12.9 及例題 12.10 的三區域系統於正常 60 Hz 運轉；(b) 在 AGC 動作之前，B 區 400 MW 機組的損失所造成的發電增量以及聯絡線潮流

假設這些增量變化被分配給區域間的聯絡線，如圖 12.15(b) 所示。經檢查後，每個區域的區域控制誤差可以表示如下：

$$(ACE)_A = (133 - 0) - 10\,(-1200)(-0.01) \quad = 13 \text{ MW}$$
$$(ACE)_B = (260 - 500) - 10\,(-1500)(-0.01) \quad = -390 \text{ MW}$$
$$(ACE)_C = [-393 - (-500)] - 10(-950)(-0.01) = 12 \text{ MW}$$

理想上，區域 A 和 C 中的 ACE 為零。支配 ACE 是發生在 400 MW 停電的區

域 B 中。區域 B 的 AGC 系統將命令在其控制之下的線上發電廠，增加發電量以補償 400 MW 的損失，以及恢復系統 60 Hz 的頻率。於是區域 A 和 C 回復到原來狀況。

針對頻率誤差持續存在，以標么為單位的頻率誤差等於以秒為單位的時間誤差。因此，如果 $(-10^{-3}/6)$ 的標么頻率誤差持續 10 分鐘，則系統時間（由計時器獲得）會比獨立的標準時間還慢 0.1 秒。

12.6 總結

經濟調度問題的典型解是由拉格朗日乘數所提供的。此解法說明系統的所有機組當每個機組的遞增燃料成本 df_i/dP_{gi} 乘以它的懲罰因數 L_i 均相等時，可得到最小燃料成本。每一個 $L_i(df_i/dP_{gi})$ 的乘積都等於系統 λ，這大約是增加 1 MW 的總傳送負載時每小時的成本；亦即

$$\lambda = L_1 \frac{df_1}{dP_{g1}} = L_2 \frac{df_2}{dP_{g2}} = L_3 \frac{df_3}{dP_{g3}} \tag{12.87}$$

電廠 i 的懲罰因數定義為

$$L_i = \frac{1}{1 - \partial P_L/\partial P_{gi}} \tag{12.88}$$

其中 P_L 是總有效功率輸電損失。遞增損失 $\partial P_L/\partial P_{gi}$ 是在當其他所有電廠的輸出都保持不變時，電廠 i 的系統損失靈敏度對輸出的遞增變化的測量。

輸電損失 P_L 可以用 B 係數和電力輸出 P_{gi} 來表示

$$P_L = \sum_{i=1}^{N} \sum_{j=1}^{N} P_{gi} B_{ij} P_{gj} + \sum_{i=1}^{N} B_{i0} P_{gi} + B_{00} \tag{12.89}$$

B 係數，其單位必須與 P_{gi} 相同，可以藉由系統 $\mathbf{Z}_{bus}$ 的實數部分 ($\mathbf{R}_{bus}$) 為基礎的功率不變轉換之收斂電力潮流解來決定。12.4 節提供一個典型解答經濟調度問題的演算法。

自動發電控制的基本原理在 12.5 節中說明過，其中區域控制誤差 (ACE) 和時間誤差的定義均有介紹。

問題複習

12.1 節

12.1 經濟調度的目的為何？

12.2 針對一電廠內機組之間的負載經濟分配，其標準為所有的機組必須運轉在相同的遞增燃料成本。（對或錯）

12.3 為了將總燃料成本最小化，即使超出發電限制，所有被調度的火力發電機組均需運轉在相同的遞增燃料成本。（對或錯）

12.4 電力系統運轉上的經濟情況可能包括處理電力製造的最小成本及電力傳送至負載的最小損失傳送。（對或錯）

12.5 火力發電機之遞增燃料成本的單位是

    a. MW   **b.** \$/hr   **c.** \$/MWh   **d.** \$

12.6 1 kWh = _____ kcal。

12.2 節

12.7 當我們以電力平衡為限制條件，將固定的系統負載之燃料成本最小化時，我們可以利用拉格朗日乘數法。（對或錯）

12.8 在經濟調度問題中，系統 λ 的意義為何？

12.9 當經濟調度問題中考慮輸電損失時，請定義懲罰因數並解釋其意義。

12.10 當經濟調度問題中考慮輸電損失時，請說明達成最佳化經濟調度排程的條件。

12.3 節

12.11 針對指定的火力發電機組，遞增損失對遞增燃料成本之間的關係為何？

12.4 節

12.12 當不考慮系統損失時，每一個電廠的懲罰因數會因而變成 1。（對或錯）

12.13 電力系統中，B 係數是用來估算輸電損失的。（對或錯）

12.14 實際上，較大的電力系統針對不同的負載情況只使用一組損失係數，就負擔上來說較為經濟。（對或錯）

12.5 節

12.15 自動發電控制的目的為何？

12.16 電力系統中頻率的變動，大多數是發電量與負載之間的不平衡所造成。（對或錯）

12.17 在互聯區域中，何謂 ACE（區域控制誤差）？

12.18 參考圖 12.12(a)，以 f_1、f_2、f_R（機組的額定頻率）、S_R（MW 為基準）及 P_{gR} 表示的標么調整 R_u = _____。

12.19 如圖 12.10 所示，如果互聯系統中，系統 A 之控制區域內的頻率自標稱 60 Hz 有 0.001 Hz 的增益，在控制區域中利用頻率為參考的時鐘在 10 小時的時間中會跑快幾秒？

問題

12.1 針對一台發電機組，kcal/h 的燃料輸入表示成 MW 輸出 P_g 的函數 $0.032 P_g^2 + 5.8 P_g + 120$，試求：
   a. 基於每百萬卡 \$0.5 的燃料成本，以 MW 輸出 P_g 的函數所表示的遞增燃料成本 \$/MWh 方程式。
   b. 當 $P_g = 200$ MW 時，每 MWh 的燃料平均成本。
   c. 將機組輸出自 200 MW 增加至 201 MW 時，每小時近似的額外燃料成本。同時，精確地求解額外的成本，並與近似值相比較。

12.2 一電廠四部機組以 \$/MWh 為單位的遞增燃料成本為

$$\lambda_1 = \frac{df_1}{dP_{g1}} = 0.012 P_{g1} + 9.0 \qquad \lambda_2 = \frac{df_2}{dP_{g2}} = 0.0096 P_{g2} + 6.0$$

$$\lambda_3 = \frac{df_3}{dP_{g3}} = 0.008 P_{g3} + 8.0 \qquad \lambda_4 = \frac{df_4}{dP_{g4}} = 0.0068 P_{g4} + 10.0$$

假設四部機組運轉的發電輸出符合 80 MW 的總電廠負載，試求電廠的遞增燃料成本及針對經濟調度每部機組所要的輸出量。

12.3 假設在問題 12.2 中所描述的四部機組中的每一部機組，其最大負載分別是 200、400、250 和 300 MW，而每部機組的最小負載分別為 50、100、80 和 110 MW。以這些最大和最小的輸出為限制，針對經濟調度，試求電廠的遞增燃料成本 λ 和每部機組所需要的輸出。

12.4 當機組 4 的最小負載為 50 MW 而不是 110 MW 時，求解問題 12.3。

12.5 針對一間電廠的兩部機組，其遞增燃料成本為

$$\lambda_1 = \frac{df_1}{dP_{g1}} = 0.012 P_{g1} + 8.0 \qquad \lambda_2 = \frac{df_2}{dP_{g2}} = 0.008 P_{g2} + 9.6$$

其中 f 是以元／每小時 (\$/h) 為單位，而 P_g 是以百萬瓦 (MW) 為單位。如果兩部機組均持續運轉，且每部機組的最大和最小負載分別是 550 MW 和 100 MW。當總負載變動範圍從 200 至 1100 MW 時，就經濟調度而言，畫出以 \$/MW 為單位的電廠 λ 對以 MW 為單位的電廠輸出之圖形。

12.6 當總電廠輸出為 600 MW 時，試求問題 12.5 的機組之間，針對經濟調度與兩部機組平均分擔相同輸出比較所節省的費用，以 \$/h 為單位。

12.7 由兩部發電機組所組成的電廠，兩部機組的燃料成本函數為：

$$C_1 = 0.4 P_{g1}^2 + 160 P_{g1} + 200 \text{ \$/hr}$$

$$C_2 = 0.45 P_{g2}^2 + 120 P_{g2} + 140 \text{ \$/hr}$$

其中 P_{g1} 與 P_{g2} 分別為兩部機組的輸出發電量，單位為 MW。假設忽略輸電損失及機組發電限制。
   a. 如果兩部發電機組供給 162.5 MW 的總負載，試求此電廠的經濟排程。利用 MATLAB 程式驗證解答。
   b. 如果兩部發電機組相等地分擔 162.5 MW 的總負載，與 (a) 部分相比較，電廠每天的額外燃料成本為何？

12.8 試求下列兩部發電機組供給 800 MW 的總負載之經濟調度。假設忽略機組輸出發電限制。

$$f(P_1) = 0.0023 P_1^2 + 1.5 P_1 + 130 \text{ \$/hr} \qquad 100 \text{ MW} \le P_1 \le 375 \text{ MW}$$

$$f(P_2) = 0.0019 P_2^2 + 1.35 P_2 + 220 \text{ \$/hr} \qquad 300 \text{ MW} \le P_2 \le 550 \text{ MW}$$

12.9 考慮機組的輸出發電限制，重做問題 12.8。利用 MATLAB 程式驗證解答。

12.10 問題 12.7 中，輸電網路損失為

$$P_L = B_{11} P_1^2 + 2 B_{12} P_1 P_2 + B_{22} P_2^2 + B_{10} P_1 + B_{20} P_2 + B_{00} \text{ MW}$$

其中

$$\begin{bmatrix} B_{11} & B_{12} & B_{10}/2 \\ B_{21} & B_{22} & B_{20}/2 \\ B_{10}/2 & B_{20}/2 & B_{00} \end{bmatrix} = \begin{bmatrix} 8.383183 & -0.049448 & 0.375082 \\ -0.049448 & 5.963568 & 0.194971 \\ 0.375082 & 0.194971 & 0.090121 \end{bmatrix} \times 10^{-3}$$

試求經濟調度排程。假設忽略機組 MW 發電限制。並利用 MATLAB 程式驗證解答。

12.11 有兩間互聯的電力公司，公司 A 與公司 B。公司 A 擁有三部火力發電機組，燃料成本函數如下：

$$f_1 = 0.04P_{g1}^2 + 1.4P_{g1} + 15 \text{ \$/h}$$
$$f_2 = 0.05P_{g2}^2 + 1.6P_{g2} + 25 \text{ \$/h}$$
$$f_3 = 0.02P_{g3}^2 + 1.8P_{g3} + 20 \text{ \$/h}$$

其中 P_{g1}、P_{g2} 及 P_{g3} 分別為三部機組的輸出發電量。

  a. 如果公司 A 的負載需求為 350 MW，且不會從公司 B 購買電力。試求三部機組的經濟調度排程及相關的最佳化遞增燃料成本。總發電成本為何？

  b. 如果公司 B 的遞增燃料成本為 8.2 \$/MWh，試問在最低燃料成本情況下，公司 A 需向公司 B 購買多少電力？總發電成本及購電成本為何？

12.12 一個電力系統由三間發電廠供電，其全部都是以經濟調度運作。在發電廠 1 的匯流排上，遞增成本為 \$10.0/MWh，發電廠 2 為 \$9.0/MWh，電廠 3 為 \$11.0/MWh。哪一間電廠有最高的懲罰因數？哪間有最低的懲罰因數？如果每小時增加 1 MW 的總傳送負載成本為 \$12.0，試求電廠 1 的懲罰因數。

12.13 電力系統有兩個發電廠，相對應於 (12.37) 式的 B 係數是以 100 MVA 為基準時之標么值

$$\begin{bmatrix} 5.0 & -0.03 & 0.15 \\ -0.03 & 8.0 & 0.20 \\ 0.15 & 0.20 & 0.06 \end{bmatrix} \times 10^{-3}$$

兩個電廠的發電機組之遞增燃料成本 \$/MWh 為

$$\lambda_1 = \frac{df_1}{dP_{g1}} = 0.012P_{g1} + 6.6 \quad \text{and} \quad \lambda_2 = \frac{df_2}{dP_{g2}} = 0.0096P_{g2} + 6.0$$

如果現在電廠 1 供應 200 MW，而電廠 2 供應 300 MW 的話，試求每個電廠的懲罰因數。目前的調度是最經濟的嗎？如果不是，哪一個電廠輸出應該增加，而哪一個應該被減少呢？請加以解釋。並利用 MATLAB 程式驗證解答。

12.14 如果前兩次疊代的負載需求為 1200 MW，請重做例題 12.5。並利用 MATLAB 程式驗證解答。

12.15 在例題 12.6 中，使用 \$10.0/MWh 作為系統 λ 的起始值，在第 1 次疊代期間執行必要的計算以求得一個更新的 λ。利用 MATLAB 完成全部的疊代並驗證解答。

12.16 假設一個四個匯流排系統的匯流排 ② 是一個發電機匯流排，同時也是一個負載匯流排。如圖 12.9(c) 定義匯流排 ② 的發電電流及負載電流，針對此例以 (12.63) 式所示的型式求解轉換矩陣 C。

12.17 圖 12.9 所描繪的四個匯流排系統，其匯流排及線路資料列於表 12.6 中。假設匯流排資料稍做修正，使得匯流排 ② 的 P 發電為 4.68 標么，而 P 負載和 Q 負載分別是 1.5 和 0.9296 標么。利用表 12.7 的結果，找出這個被修正匯流排資料相對應的電力潮流解答。利用問題 12.16 的解，同時求解出此修正問題的 B 係數，其中匯流排 ② 有負載也有發電。

12.18 三部發電機組並聯運轉在 60 Hz 下，且額定為 300 MW、500 MW 及 600 MW，其速度下降特性分別為 5%、4% 和 3%。由於負載的改變，在任何負載頻率控制動作發生之前，就以往的經驗，系統頻率會增加 0.3 Hz。試求系統中負載變化的量，以及各機組吸收負載變化的發電量變化量。同時也求解系統的頻率偏差設定 B_f。

12.19 圖 12.10 中，如果從系統 B 購電 400 MW，假設系統 B 控制區域的頻率偏差設定為 −50 MW/0.1 Hz。進入到系統 A 的實際潮流為 410 MW，且系統頻率為 60.01 Hz。假設沒有時間修正或聯絡線計量錯誤，則在系統 B 中的區域控制誤差為何？

12.20 問題 12.18 中由三個發電機組所組成的 60 Hz 系統，經由一條聯絡線連接到鄰近的系統。假設鄰近系統中的一部發電機被迫停機，而觀察到聯絡線的潮流從預定的 400 MW 增加到 631 MW。試求三部機組的每一部發電增加量，並找出此系統的 ACE，其頻率偏差設定為 −58 MW/0.1 Hz。

12.21 假設問題 12.20 的電力系統之 AGC 要花 5 分鐘來指揮三部機組增加其發電量，並將系統頻率回復至 60 Hz。在這 5 分鐘的期間，所遭受之時間誤差的秒數為何？假設初始的頻率偏差在整個回復期間均保持相同。

Chapter 13
電力系統穩定度

　　就現今日常生活的需求來說，電力系統是最重要的公共建設之一。構成電力系統的元件有發電機、變壓器、負載及相關控制機構；而這些元件的物理特性，使電力系統成為高非線性系統。維持穩定運轉是完善地設計與規劃此類系統的最大目標。假設系統原先運轉在穩定的情況下，所謂穩定度即是在系統遭受到大或小的擾動之後，再次獲得平衡運轉狀態的能力。

　　小的擾動可以是負載需求持續緩慢的變動，或是像自動電壓調整器一樣的控制設備動作所造成。而較大的擾動通常和大量的負載移除、線路故障或是發電機跳機有關。電力系統通常能夠承受小的擾動，並運轉在令人滿意的情況。電力系統在遭受巨大擾動之後，其響應可能包含更多組成要素，而初始系統狀態對於再次獲得穩定運轉的影響高於擾動。就小的擾動而言，其時間影響範圍從 10 至 20 秒不等，而較大的擾動通常為 3 至 5 秒。有關的系統及系統間互連的持續增長，在電力系統的不同部分之間維持同步就變得更具挑戰性。

13.1　穩定度問題

　　穩定度研究乃是估測擾動於電力系統之電機機械動態行為上的衝擊，分成兩種型式：暫態 (transient) 及穩態 (steady-state)。暫態穩定度（或稱為較大擾動轉子角度穩定度[1]）的研究經常是專職於電力公司中確保系統

---

[1] 進一步的討論請參閱 IEEE/CIGRE Joint Task Force on Stability Terms and Definitions, "Definition and Classification of Power System Stability," *IEEE Transactions on Power Systems*, Vol. 19, No. 2, May 2004, pp. 1387–1401。

適當動態性能能力之規劃部門所執行的工作。因為現今電力系統極為龐大，具有數百個電機的沉重互連系統經由特高壓及超高壓網路媒介而互相作用，因此用來研究的系統模型是相當廣泛的。這些電機擁有相關的激磁系統及渦輪調速控制系統，為了反應系統適當的動態性能，其中某些並非全部被模型化。如果要求解整個系統的非線性微分及代數方程式，若不是使用直接的方法，便是採用一步步的疊代程序。本章中，我們強調暫態穩定度的考量，並介紹用於暫態穩定度研究的基本疊代程序。然而在介紹之前，讓我們先討論某些在穩定度分析中所遇到的專有名詞。

如果所有描述系統運轉情況之量測（或計算）的物理量可以就分析的目的而被視為常數，則電力系統是處於穩態運轉狀態 (steady-state operating condition)。當運轉在穩態情況時，如果系統中的一個或更多參數，或者一個或更多運轉量突然發生變化或一序列變化，我們說系統於穩態運轉狀況下遭受擾動 (disturbance)。擾動依據其來源，可能有大有小。較大的擾動是指描述電力系統之非線性方程式無法就分析目的而有效線性化。例如輸電系統故障、負載突然變化、發電機組跳機及線路切換，都是較大的擾動。如果電力系統運轉在穩態情況下並經歷一個變化，而此變化能以其動態及代數方程式之線性化進行適當分析，就屬於小擾動。在一部較大發電機組的激磁系統中的自動電壓調節器之增益變化，就是小擾動的例子。電力系統在一個特別的穩態運轉狀況下，如果在遭遇一小擾動後，能回復至原本的同一穩態運轉狀況，則稱之為穩態穩定 (steady-state stable)。然而，如果遇到一個較大的擾動時，即使有顯著變化卻仍達到可接受的穩態運轉狀況，我們稱此系統為暫態穩定 (transiently stable)。

穩態穩定度研究通常較暫態穩定度研究的範圍來得小，且經常在一個無限匯流排中包含單一發電機運轉，或是一些發電機僅承受一個或較多的小擾動。因此，穩態穩定度研究是在參數小幅增量變動下，或是在一個穩態平衡點的運轉狀況下檢驗系統的穩定度。系統的非線性微分與代數方程式可以由一組線性方程式來取代，並藉由線性分析方法求解，而決定系統是否為穩態穩定。

由於暫態穩定度研究包含較大的擾動，因此無法達到系統方程式的線性化。有時候，暫態穩定度是在第一次搖擺時研究，而非以多次搖擺為主。第一次搖擺暫態穩定度研究採用一種可接受的簡單發電機模型，此模型是由暫態內部電壓 E_i' 及串聯的暫態電抗 X_d' 所組成。在此類研究中，無

法表示發電機組的激磁及汽輪機調速控制系統。通常研究的時間週期緊跟著系統故障或其他較大擾動後的第一秒。如果系統中的發電機能在第一秒內保持原先的同步，則系統被視為暫態穩定。而多次搖擺穩定研究需要較長的研究週期，因此需考慮發電機組控制系統之效應，畢竟它們在較長的週期內會影響機組的動態性能。此時需要較精密的電機模型，以適當反應系統的特性。

因此，激磁及汽輪機調速控制系統可能可以或可能不可以在穩態中表示，而暫態穩定度研究端視其目標而定。在所有的穩定度研究中，其目標是要決定發電機的轉子受擾動後是否回到定速度運轉，即轉子的速度至少暫時性離開了同步速度。因此，為了幫助計算，在所有穩定度研究中做了三種基本假設：

1. 在定子線圈及電力系統中只考慮同步頻率電流及電壓。因此，不考慮直流補償電流及諧波成分。
2. 在不平衡故障的表示中採用對稱成分。
3. 所產生的電壓不受發電機速度變化的影響。

這些假設允許輸電網路採用相量代數，且在負載潮流計算中使用 60 Hz 的參數求解。同時，在故障點處可以將負相序及零相序網路併入正相序網路中。我們將看到，一般會採用三相平衡故障。然而，在某些特別的研究中，斷路器清除動作或許會不可避免地考慮不平衡狀況[2]。

13.2 轉子動力學及搖擺方程式

決定同步電機轉子運動的方程式乃是依據動力學的基本原理，此方程式說明加速轉矩為轉子的轉動慣量與轉子角加速度的乘積。在 MKS (Meter-Kilogram-Second) 單位系統中，針對同步發電機此方程式可以寫成下列型式

$$J\frac{d^2\theta_m}{dt^2} = T_a = T_m - T_e \text{ N-m} \tag{13.1}$$

其中變數分別如下：

---

[2] 進一步的討論請參閱 P. M. Anderson and A. A. Fouad, *Power System Control and Stability*, Wiley-IEEE Press, 2002。

電力系統分析

J　　轉子質量的總轉動慣量，單位為 kg−m²

θ_m　轉子相對於固定軸的角位移，單位為機械徑度 (rad)

t　　時間，單位為秒 (s)

T_m　由原動機所提供的機械轉矩或軸轉矩，由於轉動損失其減速轉矩較小，單位為牛頓—公尺 (N-m)

T_e　淨電轉矩或淨電磁轉矩，單位為牛頓—公尺

T_a　淨加速轉矩，單位為牛頓—公尺

　　針對同步發電機，其機械轉矩 T_m 與電轉矩 T_e 被視為正數。意思是 T_m 為合成軸轉矩，有將轉子朝轉動的正 θ_m 方向加速的傾向，如圖 13.1(a)。

　　發電機在穩態運轉下，T_m 與 T_e 相等，且加速轉矩 T_a 為零。在這種情況下，轉子質量未加速也未減速，且合成的定轉速為同步速度 (synchronous speed)。包括發電機轉子與原動機的轉動質量與電力系統中其他電機在同步速度下運轉，稱之為同步 (in synchronism)。原動機可能是水輪機或是汽輪機，原動機以不同複雜程度的模型來表示對 T_m 的影響。本書中，T_m 在任何的運轉情況下均視為常數。針對發電機來說，即使來自於原動機的輸入是由調速機所控制，這種假設仍是合理的。

　　直到速度上的變化被感測到之後，調速機才會動作，所以在此時間週期中不考慮調速機的作用。而在我們的穩定度研究中，令人感興趣的是轉子動力學。電轉矩 T_e 相對應於電機中的淨氣隙功率，並因此說明發電機的總輸出功率加上電樞繞組中的 $|I|^2R$ 損失。就同步電動機來說，負載潮流的方向與發電機的方向相反。因此，針對電動機，(13.1) 式中的 T_m 與 T_e，其符號需相反，如圖 13.1(b) 所示。T_e 則相對應於由電力系統所供給的氣隙功率來驅動轉子，而 T_m 代表傾向轉子減速的負載及轉動損失的反轉矩。

　　因為 θ_m 的量測是相對於定子上的固定參考軸，所以它是轉子角度的

圖 13.1 (a) 發電機及 (b) 電動機的電機轉子示意，比較旋轉方向與機械轉矩及電機轉矩

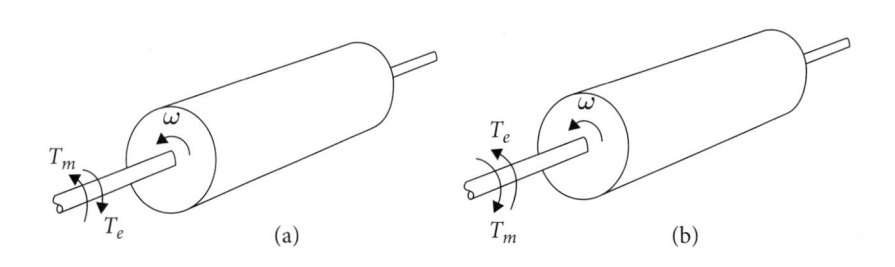

絕對量測。因此，即使在定同步速度下，它也會隨著時間持續增加。我們所感興趣的是與同步速度有關的轉子速度，在同步速度下，測量相對於參考軸轉動的轉子角位置乃更為方便。因此，定義

$$\theta_m = \omega_{sm}t + \delta_m \tag{13.2}$$

其中 ω_{sm} 為電機的同步速度，以每秒機械徑度為單位，且 δ_m 為轉子自同步旋轉參考軸的角位移，以機械徑度為單位。(13.2) 式對時間微分為

$$\frac{d\theta_m}{dt} = \omega_{sm} + \frac{d\delta_m}{dt} \tag{13.3}$$

且

$$\frac{d^2\theta_m}{dt^2} = \frac{d^2\delta_m}{dt^2} \tag{13.4}$$

(13.3) 式顯示只有在 $d\delta_m/dt$ 為零時，轉子角速度 $d\theta_m/dt$ 為常數，且等於同步速度。因此 $d\delta_m/dt$ 表示轉子速度與同步速度的偏差，且測量單位為每秒機械徑度。(13.4) 式代表以每秒平方的機械徑度所測量的轉子加速度。

將 (13.4) 式代入 (13.1) 式中，可得

$$J\frac{d^2\delta_m}{dt^2} = T_a = T_m - T_e \text{ N-m} \tag{13.5}$$

為了方便於表示，令

$$\omega_m = \frac{d\theta_m}{dt} \tag{13.6}$$

此針對轉子的角速度。從基本動力學可知功率等於轉矩乘以角速度，且將 (13.5) 式乘以 ω_m，可得

$$J\omega_m \frac{d^2\delta_m}{dt^2} = P_a = P_m - P_e \text{ W} \tag{13.7}$$

其中 P_m = 輸入至機械的轉軸功率減去旋轉損失
P_e = 跨越氣隙的電功率
P_a = 加速度功率，用以說明 P_m 與 P_e 間的任何不平衡

通常，我們會將旋轉損失及電樞損失 $|I|^2R$ 忽略不計，並將 P_m 視為原動機所提供的功率，將 P_e 視為電力輸出。

係數 $J\omega_m$ 為轉子的角動能，在同步速度時以 M 標示，且稱為電機的慣性常數 (inertia constant)。表示 M 的單位顯然必須相對於 J 與 ω_m 的單位。仔細檢查 (13.7) 式的每一項，其顯示 M 是以每機械徑度焦耳—秒來

表示，可得

$$M\frac{d^2\delta_m}{dt^2} = P_a = P_m - P_e \text{ W} \tag{13.8}$$

雖然在此方程式中使用 M，但嚴格說來，此係數並非常數，這是因為在所有運轉情況下，ω_m 不等於同步速度。然而，實際上，當機械穩定運轉時時，ω_m 與同步速度並無顯著差別，且因為計算功率會比轉矩計算更為方便，所以較喜歡採用 (13.8) 式。就穩定度研究所提供的電機資料來看，另一個經常遇到且與慣性相關的常數，稱之為 H 常數，定義為

$$H = \frac{\text{在同步速率時所儲存之百萬焦耳動能}}{\text{電機之百萬伏安額定}}$$

且

$$H = \frac{\frac{1}{2}J\omega_{sm}^2}{S_{\text{mach}}} = \frac{\frac{1}{2}M\omega_{sm}}{S_{\text{mach}}} \text{ MJ/MVA} \tag{13.9}$$

其中 S_{mach} 為電機的三相額定，以百萬伏安 (MVA) 為單位。求解 (13.9) 式中的 M，可得

$$M = \frac{2H}{\omega_{sm}} S_{\text{mach}} \text{ MJ/mech rad} \tag{13.10}$$

將 M 代入 (13.8) 式中，可得

$$\frac{2H}{\omega_{sm}}\frac{d^2\delta_m}{dt^2} = \frac{P_a}{S_{\text{mach}}} = \frac{P_m - P_e}{S_{\text{mach}}} \tag{13.11}$$

此方程式導引出一個非常簡單的結果。

注意到，(13.11) 式分子中的 δ_m 是以機械徑度為單位，而分母中的 ω_{sm} 是以每秒機械徑度來表示。因此，可將方程式寫成

$$\frac{2H}{\omega_s}\frac{d^2\delta}{dt^2} = P_a = P_m - P_e \text{ 標么} \tag{13.12}$$

δ 與 ω_s 具有相同的單位，可以是機械度或電機度或是徑度。因為每百萬伏安百萬焦耳是以時間秒為單位，所以 H 與 t 具有相同的單位，且 P_a、P_m 及 P_e 必須為標么值並與 H 有相同的基準。當下標 m 與 ω、ω_s 及 δ 併用時，表示為機械單位；否則，表示為電的單位。因此，ω_s 是以電的單位所表示的同步速度。針對一個具有電氣頻率為 f 赫茲的系統，(13.12) 式變成

$$\frac{H}{\pi f}\frac{d^2\delta}{dt^2} = P_a = P_m - P_e \text{ 標么} \tag{13.13}$$

當 δ 為電徑度時，則變成

$$\frac{H}{180f}\frac{d^2\delta}{dt^2} = P_a = P_m - P_e \text{ 標么} \quad (13.14)$$

當 δ 為電度時採用。

(13.12) 式稱為電機的搖擺方程式 (swing funcion)，此為穩態研究中支配同步電機旋轉動力學的基本方程式。我們注意到此為一個二階微分方程，此方程式可以寫成兩個一階的微分方程式

$$\frac{2H}{\omega_s}\frac{d\omega}{dt} = P_m - P_e \text{ 標么} \quad (13.15)$$

$$\frac{d\delta}{dt} = \omega - \omega_s \quad (13.16)$$

其中 ω、ω_s 及 δ 意味著電徑度或電度。

本章會使用不同等效型式的搖擺方程式，以決定電力系統中電機的穩定度。當解出搖擺方程式後，們會得到以時間函數所表示的 δ。解答的圖形稱為電機的搖擺曲線 (swing curve)，檢視系統所有電機的搖擺方程式，會顯示電機在一個擾動之後是否回到同步。

13.3 進一步研討擺動方程式

(13.11) 式所採用之百萬伏安 (MVA) 基準，是在定義 H 時所提到的電機額定 S_{mach}。在針對具有許多同步電機的電力系統之穩定度研究時，只能於系統的所有部分選定一個 MVA 作為共同基準。因為針對每一電機的擺動方程式之右側，皆需以此共同基準的標么值表示，每一個擺動方程式左側的 H，顯然也必須與此系統的基準一致。這可以藉由將每一部電機以自身額定容量為基準的 H，轉換為以系統基準 S_{system} 所決定的值來完成。將 (13.11) 式的兩側各乘以 (S_{mach}/S_{system}) 的比值，可導出下列的轉換公式

$$H_{system} = H_{mach}\frac{S_{mach}}{S_{system}} \quad (13.17)$$

此處各項的下標，表示所採用的相對應基準。在工業研究上，系統基準經常選用 100 MVA。

(13.10) 式的慣性常數 M 在實際應用上很少採用，而包含 H 的擺動方程式之型式則較常遇到。這是因為 M 值隨電機之大小及型式變化很大，而假設 H 的數值範圍很小，如表 13.1 中所式。

表 13.1 同步電機的典型慣性常數 [†]

電機型式	慣性常數，H [‡] MJ/MVA
渦輪發電機	
冷凝式，1800 r/min	9-6
3600 r/min	7-4
非冷凝式	4-3
水輪發電機	
慢速，<200 r/min	2-3
快速，>200 r/min	2-4
同步調相機 [§]	
大	1.25
小	1.00
具負載的同步電動機針對重型飛輪的變化從 1 至 5 甚至更高	2.0

[†] 經 ABB Power T&D 公司允許轉載自 *Electrical Transmission and Distribution Reference Book*.
[‡] 就所列範圍，對於較小 MVA 額定之電機應採用第一個數值。
[§] 氫冷式，減少 25%。

例題 13.1

一部同步發電機額定為 1333 MVA，1800 r/min，轉動慣量為 245,260 kg-m^2。試推導出計算 H 的公式，並針對系統基準為 100 MVA 時，計算 H 的數值。

解： 於同步轉速以 MJ 為單位的旋轉動能

$$KE = \frac{1}{2} J\omega_{sm}^2 = \frac{1}{2} \times 245{,}260 \times \left(\frac{2\pi \times 1800}{60}\right)^2$$
$$= 4357.11 \text{ MJ}$$

因此，H 常數變成

$$H = \frac{KE}{S_{\text{mach}}} = \frac{4357.11}{1333} = 3.27 \text{ MJ/MVA}$$

將 H 轉換成以 100 MVA 系統基準，可得

$$H = 3.27 \times \frac{1333}{100} = 43.56 \text{ MJ/MVA}$$

例題 13.1 的 MATLAB 程式 (ex13_1.m)

```
% M-file of Example 13.1: ex13_1.m
clc
clear all
% Initial values
Jm=2.4526*10^5; % kg*m^2
```

```
ns=1800; % synchronous speed in rotation/min
Smach=1333; % in MVA
Sb=100; % in MVA
% Solution
% H = KE/Smach
% KE=( Jm*ws^2)/2 ws in rad/s
KE=(Jm*(2*pi*ns/60)^2/2)/10^6 % in MJ
H=KE/Smach % in MJ/MVA
% Converting H to a 100-MVA system base
Hs=H*Smach/Sb
```

針對具有許多電機分布在廣大地理區域的大型系統穩定度研究，很希望將求解的擺動方程式數目減至最少。如果系統上的輸電線路發生故障或遭受其他干擾而影響到電廠內的電機，則各電機的轉子一起擺動，將可達成上述期望。在這種情況下，可以將電廠內的電機合併成一等效電機，就好像將這些轉子以機械方式耦合，如此只需針對這些電機列出一個擺動方程式。

考慮一個具有兩部發電機的電廠，發電機連接到相同的匯流排上，就電的觀點來說，網路干擾甚遠。在共同系統基準下，其搖擺方程式為

$$\frac{2H_1}{\omega_s}\frac{d^2\delta_1}{dt^2} = P_{m1} - P_{e1} \quad \text{標么} \tag{13.18}$$

$$\frac{2H_2}{\omega_s}\frac{d^2\delta_2}{dt^2} = P_{m2} - P_{e2} \quad \text{標么} \tag{13.19}$$

將兩式相加，且因轉子一起擺動，以 δ 代替 δ_1 與 δ_2，可得

$$\frac{2H}{\omega_s}\frac{d^2\delta}{dt^2} = P_m - P_e \quad \text{標么} \tag{13.20}$$

其中 $H=(H_1+H_2)$、$P_m=(P_{m1}+P_{m2})$ 及 $P_e=(P_{e1}+P_{e2})$。此單一方程式以 (13.12) 式的型式，可以求解出代表電廠的動力學。

例題 13.2

兩部 60 Hz 的發電機組在相同的電廠內並聯運轉，其額定值如下：

機組 1：500 MVA，功因 0.85，20 kV，3600 r/min

$$H_1 = 4.8 \text{ 百萬焦耳／百萬伏安}$$

機組 2：1333 MVA，功因 0.9，22 kV，1800 r/min

$$H_2 = 3.27 \text{ 百萬焦耳} / \text{百萬伏安}$$

試以 100 MVA 為基準,計算等效 H 常數。

解: 兩部發電機的旋轉總動能為

$$KE = (4.8 \times 500) + (3.27 \times 1333) = 6759 \text{ MJ}$$

因此,在 100 MVA 的基準下,等效電機的 H 常數為

$$H = 67.59 \text{ MJ/MVA}$$

如兩電機一起擺動,以致於它們轉子的角度在任何時刻均為一致,則此數值可用在單一擺動方程式。

一起搖擺的電機稱為連貫電機 (coherent machine)。注意,當 ω_s 與 δ 是以電機角度或徑度表示時,連貫電機的搖擺方程式可合併在一起,即使如例題中兩電機的額定轉速不相同。此事實經常被用在包含許多電機之系統的穩定度研究中,以減少所要求解的搖擺方程式數目。

針對系統中任何一對非連貫電機,可以列出類似於 (13.18) 式及 (13.19) 式的搖擺方程式。將每一個方程式除以其左邊係數,然後將所得方程式相減,可得

$$\frac{d^2\delta_1}{dt^2} - \frac{d^2\delta_2}{dt^2} = \frac{\omega_s}{2}\left(\frac{P_{m1} - P_{e1}}{H_1} - \frac{P_{m2} - P_{e2}}{H_2}\right) \tag{13.21}$$

將上式之兩側乘以 $H_1H_2/(H_1+H_2)$,加以整理可得

$$\frac{2}{\omega_s}\left(\frac{H_1H_2}{H_1 + H_2}\right)\frac{d^2(\delta_1 - \delta_2)}{dt^2} = \frac{P_{m1}H_2 - P_{m2}H_1}{H_1 + H_2} - \frac{P_{e1}H_2 - P_{e2}H_1}{H_1 + H_2} \tag{13.22}$$

此式可以寫成更簡單的基本搖擺方程式 (13.12) 之型式,如下式

$$\frac{2}{\omega_s}H_{12}\frac{d^2\delta_{12}}{dt^2} = P_{m12} - P_{e12} \tag{13.23}$$

此處相對角度 δ_{12} 等於 $\delta_1 - \delta_2$,而等效慣量與加權輸入及輸出功率定義為

$$H_{12} = \frac{H_1H_2}{H_1 + H_2} \tag{13.24}$$

$$P_{m12} = \frac{P_{m1}H_2 - P_{m2}H_1}{H_1 + H_2} \tag{13.25}$$

$$P_{e12} = \frac{P_{e1}H_2 - P_{e2}H_1}{H_1 + H_2} \tag{13.26}$$

這些方程式值得注意的是,應用在關於一個兩電機系統,而其中一台是發

電機（電機 1 號），另一台為同步電動機（電機 2 號），以一個純電抗網路連接。而不論發電機的輸出如何變化，均被電動機吸收，可寫成

$$P_{m1} = -P_{m2} = P_m$$
$$P_{e1} = -P_{e2} = P_e$$
(13.27)

在這些情況下，$P_{m12}=P_m$、$P_{e12}=P_e$ 且 (13.22) 式簡化為

$$\frac{2H_{12}}{\omega_s}\frac{d^2\delta_{12}}{dt^2} = P_m - P_e$$

針對單一電機，此式也是 (13.12) 式的型式。

　　(13.22) 式說明在系統內某一電機的穩定度為一相對的特性，此一特性與它相對於系統其他電機的動態行為有關。某一電機轉子角度的選定，譬如說 δ_1，是與其他電機的轉子角度（以 δ_2 表示）比較所得。為了系統穩定，所有電機之間的角度差必須在最後一個開關動作後降低，此動作像是開啟斷路器清除故障。雖然我們可以選擇畫出某一電機的轉子與同步旋轉參考軸之間的角度，而它是重要電機之間的相對角度。

　　上述的討論強調系統穩定度特性的相對性質，並證明穩定度研究的基本性質可以由考慮兩電機系統的問題來獲得。此類問題有兩種形式：一種是一部有限轉動慣量的電機相對於無限匯流排的搖擺，而另一種是兩部有限轉動慣量的電機彼此間相互的擺動。就穩定度的目的來看，一個無限匯流排可以被視為一個匯流排，而此匯流排上具有定值內部電壓與零阻抗及無限慣量的電機。一台發電機連接至大電力系統的連接點，可以被視為此類匯流排。在所有情況下，搖擺方程式假設為 (13.12) 式的型式，然在求解前需將方程式中的每一項描述清楚。P_e 方程式對此部分的說明是重要的，接下來將繼續說明一般兩部電機系統的 P_e 特性。

13.4　功率—角度方程式

　　在發電機的搖擺方程式中，會將來自於原動機的輸入機械功率 P_m 視為常數。如前面所提到的，這個假設是合理的，因為控制調速機使汽輪機做動之前，電力網路的狀況可能會有變化。因為 (13.12) 式中之 P_m 為定值，則輸出電功率 P_e 將決定轉子是否加速、減速或保持同步速度。當 P_e 等於 P_m 時，發電機運轉在穩態的同步速度；當 P_e 發生變化時，轉子即偏離同步轉速。P_e 的變化是由輸電及配電網路上的狀況及發電機供電系統

電力系統分析

上的負載所決定。

來自於負載劇烈的變動、網路故障或斷路器操作所造成的電力網路擾動，可能會導致發電機輸出 P_e 迅速變動，此情況使電機暫態存在。我們的基本假設是忽略電機轉速的變化對於所產生電壓的影響，而使 P_e 的變動情況可由適用在電力網路的電力潮流方程式，以及由選定來表示電機之電氣特性的模型所決定。針對暫態穩定度研究，每一台同步電機可以由其暫態內部電壓 E_i' 與暫態電抗 X_d' 串聯來表示，如圖 13.2(a) 所示，其中 V_t 為端電壓。

此表示法相對應穩態時以同步電抗 X_d 與同步內部或無載電壓 E_i 串聯。在大多數情況均將電樞電阻予以忽略，由此可應用圖 13.2(b) 的相量圖。因為每一電機皆需考慮它所位於之部分的相關系統，因此電機相角需以共同系統參考來量測。

參考圖 13.3，我們可以發現如何概要式地表示發電機經由輸電系統將電力供應至匯流排 ① 的接收端系統。

圖中的長方形表示線性被動元件的輸電系統，諸如變壓器、輸電線路及電容器，並包含發電機的暫態電抗。因此，電壓 E_1' 代表在匯流排 ① 的發電機之暫態內部電壓。在接收端的電壓 E_2' 可被視為一個無限匯流排或同步馬達的暫態內部電壓，而此同步馬達的暫態電抗包含於此方塊網路內。稍後，我們將考慮由兩部發電機供給電力至網路內的定阻抗負載情形。網路中的匯流排導納矩陣，除參考節點之外，變成二節點

圖 13.2 針對暫態穩定度研究之同步電機向量圖

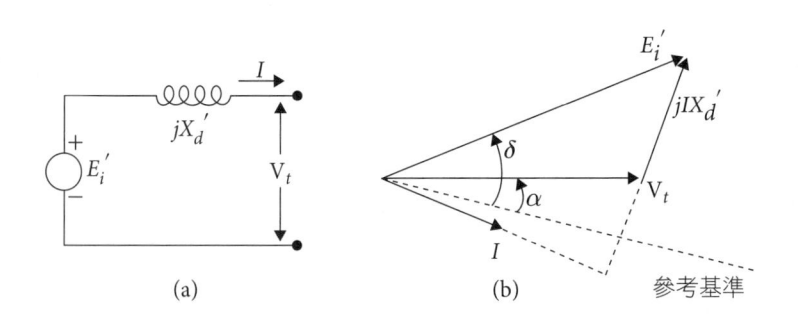

圖 13.3 穩定度研究之概要圖。暫態電抗與 E_1' 及 E_2' 包含於輸電網路中

$$\mathbf{Y}_{\text{bus}} = \begin{array}{c} \text{①} \\ \text{②} \end{array} \begin{bmatrix} \overset{①}{Y_{11}} & \overset{②}{Y_{12}} \\ Y_{21} & Y_{22} \end{bmatrix} \tag{13.28}$$

從 (7.4) 式可得

$$P_k + jQ_k = V_k \sum_{n=1}^{N} (Y_{kn}V_n)^\star \tag{13.29}$$

令 k 及 N 分別等於 1 與 2，並以 E' 代替 V，可得

$$P_1 + jQ_1 = E'_1(Y_{11}E'_1)^\star + E'_1(Y_{12}E'_2)^\star \tag{13.30}$$

如果定義

$$E'_1 = |E'_1|\angle\delta_1 \qquad E'_2 = |E'_2|\angle\delta_2$$
$$Y_{11} = G_{11} + jB_{11} \qquad Y_{12} = |Y_{12}|\angle\theta_{12}$$

由 (13.30) 式產生

$$P_1 = |E'_1|^2 G_{11} + |E'_1||E'_2||Y_{12}|\cos(\delta_1 - \delta_2 - \theta_{12}) \tag{13.31}$$

$$Q_1 = -|E'_1|^2 B_{11} + |E'_1||E'_2||Y_{12}|\sin(\delta_1 - \delta_2 - \theta_{12}) \tag{13.32}$$

類似的方程式可用在匯流排 ②，將前兩個方程式中的下標 1 改為 2，以及 2 改為 1。

如果令

$$\delta = \delta_1 - \delta_2$$

並定義一個新的角度 γ，使

$$\gamma = \theta_{12} - \frac{\pi}{2}$$

從 (13.31) 式及 (13.32) 式可得出

$$P_1 = |E'_1|^2 G_{11} + |E'_1||E'_2||Y_{12}|\sin(\delta - \gamma) \tag{13.33}$$

$$Q_1 = -|E'_1|^2 B_{11} - |E'_1||E'_2||Y_{12}|\cos(\delta - \gamma) \tag{13.34}$$

(13.33) 式可以更簡化寫成

$$P_e = P_c + P_{\max}\sin(\delta - \gamma) \tag{13.35}$$

其中

$$P_c = |E'_1|^2 G_{11} \qquad P_{\max} = |E'_1||E'_2||Y_{12}| \tag{13.36}$$

因為 P_1 表示發電機的輸出電力（忽略電樞損失），以 (13.35) 式

中的 P_e 來取代 P_1,此方程式常被稱為功率─角度方程式 (power-angle equation),而將其繪製成 δ 的函數,則稱為功率─角度曲線 (power-angle curve)。針對一已知網路,參數 P_c、P_{max} 及 γ 皆為常數,且 $|E_1'|$ 與 $|E_2'|$ 為定電壓大小。當網路被視為沒有電阻時,則 $\mathbf{Y}_{bus}$ 的所有元素均為電納,則 G_{11} 與 γ 兩者皆為零。因此用於純電抗網路的功率─角度方程式可簡化成所熟悉的方程式

$$P_e = P_{max}\sin\delta \tag{13.37}$$

其中 $P_{max} = |E_1'||E_2'|/X$,而 X 是 E_1' 與 E_2' 間的轉移電抗。

例題 13.3

圖 13.4 的單線圖顯示一部發電機經由並聯的輸電線路連接至大都會系統,此系統可視為無限匯流排。此電機傳送 1.0 標么的功率,且端電壓及無限匯流排電壓皆為 1.0 標么。圖上所標示的數字表示在一個共同系統基準上的電抗標么值。發電機的暫態電抗為 0.20 標么,試求在已知的系統運轉狀況下之功率─角度方程式。

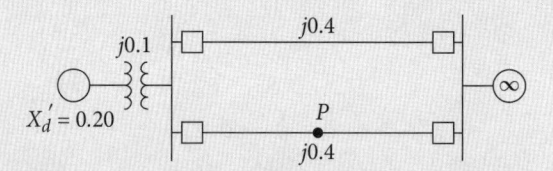

圖 13.4 例題 13.3 與例題 13.4 的單線圖,圖中 P 點位於線路的中心

解:系統的電抗圖如圖 13.5(a) 所示。端電壓與無限匯流排之間的串聯電抗為

$$X = 0.10 + \frac{0.4}{2} = 0.3 \text{ 標么}$$

因此可求出發電機 1.0 標么的輸出功率

$$\frac{|V_t||V|}{X}\sin\alpha = \frac{(1.0)(1.0)}{0.3}\sin\alpha = 1.0$$

其中 V 是無限匯流排的電壓,而 α 為相對應於無限匯流排的端電壓角度,解 α 可得

$$\alpha = \sin^{-1} 0.3 = 17.458°$$

因此端電壓為

$$V_t = 1.0\angle 17.458° = 0.954 + j0.300 \text{ 標么}$$

從發電機輸出電流可由計算求得

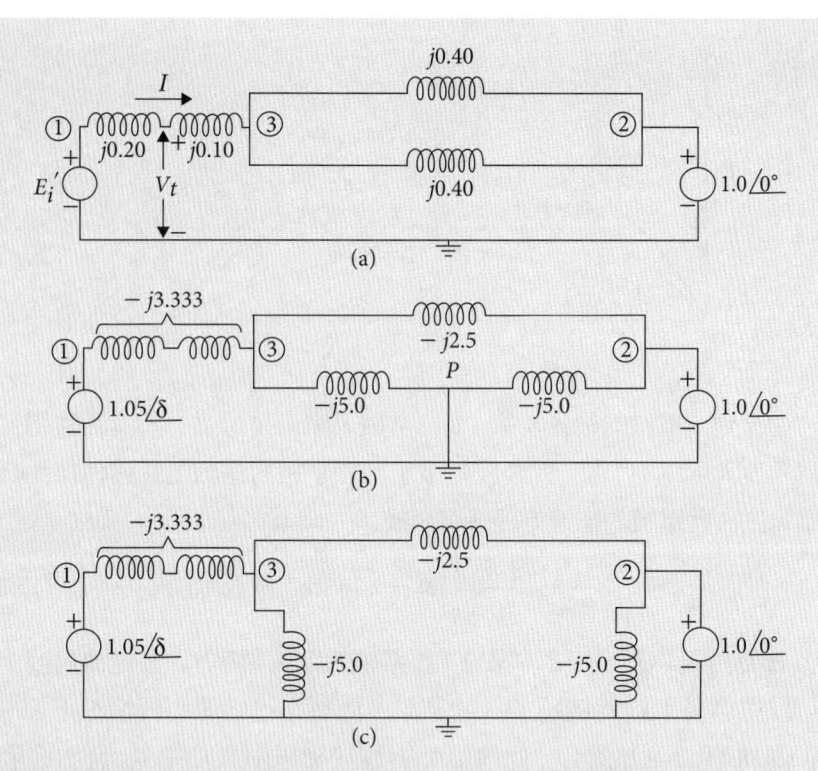

圖 13.5 電抗圖：(a) 例題 13.3 故障前的網路，阻抗以標么值表示；(b) 例題 13.4 的故障網路，將相同的阻抗轉換成導納，並以標么值標示；(c) 為 (b) 的故障網路，而 P 點並未顯示

$$I = \frac{1.0\angle 17.458° - 1\angle 0°}{j0.1 + j0.4/2}$$

$$= 1.0 + j0.1535 = 1.012\angle 8.729° \text{ 標么}$$

可得暫態內部電壓為

$$E_1' = (0.954 + j0.30) + j0.2(1.0 + j0.1535)$$
$$= 0.923 + j0.5 = 1.050\angle 28.44° \text{ 標么}$$

與暫態內部電壓 E_i' 及無限匯流排電壓 V 有關的功率—角度方程式，可由總串聯電抗決定

$$X = 0.2 + 0.1 + \frac{0.4}{2} = 0.5 \text{ 標么}$$

因此，所求的方程式為

$$P_e = \frac{(1.050)(1.0)}{0.5}\sin\delta = 2.10\sin\delta \text{ 標么}$$

其中 δ 為發電機轉子相對於無限匯流排的角度。

前例的功率—角度方程式繪製於圖 13.6 中。

圖 13.6 例題 13.3 至例題 13.5 中所求得的功率—角度曲線圖

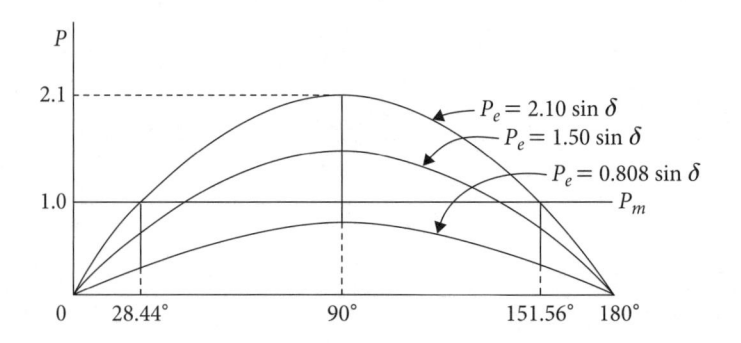

注意到，電機的輸入功率 P_m 為常數，與正弦功率—角度曲線相交於運轉角度 $\delta_0=28.44°$ 處。此角度是發電機轉子相對應於已知運轉條件時的初始角度，此電機的搖擺方程式可寫成

$$\frac{H}{180f}\frac{d^2\delta}{dt^2} = 1.0 - 2.10\sin\delta \text{ 標么} \tag{13.38}$$

其中 H 為百萬焦耳／百萬伏安，f 為系統的電氣頻率，δ 為電機角度。我們可以很容易地核對例題 13.3 的結果，因為在已知的運轉情況下，$P_e = 2.10\sin 28.44° = 1.0$ 標么，此值恰好對應於機械輸入功率 P_m 且加速度為零。

在下面的例子中，我們將決定針對同一系統在其中一條輸電線路的中點 P 發生三相故障時的功率—角度方程式。因為故障，所以會有正的加速度。

例題 13.4

例題 13.3 的系統運轉於圖 13.4 的 P 點發生三相故障的情況下。試求系統發生故障且相對應於搖擺方程式的功率—角度方程式。設 $H = 5$ 百萬焦耳／百萬伏安。

解： 電抗圖與系統故障點 P 如圖 13.5(b) 所示。圖上所顯示的數值為標么導納。重畫的電抗圖很清楚地顯示故障所造成的短路效應，如圖 13.5(c)。如例題 13.3 的計算，基於電機內定磁通鏈的假設，發電機的暫態內部電壓保持在 $E'_i = 1.05\angle 28.44°$。連接電壓源的淨轉移導納仍需求解。匯流排編號如圖所示，並藉由檢視圖 13.5(c) 可形成如下的 $\mathbf{Y}_{\text{bus}}$：

$$\mathbf{Y}_{\text{bus},5} = \begin{array}{c} ① \\ ② \\ ③ \end{array}\begin{bmatrix} -j3.333 & 0.00 & j3.333 \\ 0.000 & -j7.50 & j2.500 \\ j3.333 & j2.50 & -j10.833 \end{bmatrix}$$

匯流排③沒有連接外部電源，並可藉由 6.2 節的節點消除程序產生降階的匯流排導納矩陣

$$\begin{matrix} & ① & ② \\ ① \\ ② \end{matrix} \begin{bmatrix} Y_{11} & Y_{12} \\ Y_{21} & Y_{22} \end{bmatrix} = \begin{matrix} ① \\ ② \end{matrix} \begin{bmatrix} -j2.308 & j0.769 \\ j0.769 & -j6.923 \end{bmatrix}$$

轉移導納的大小為 0.769，因此

$$P_{\max} = |E'_1||E'_2||Y_{12}| = (1.05)(1.0)(0.769) = 0.808 \text{ 標么}$$

因此，系統上發生故障時的功率—角度方程式為

$$P_e = 0.808 \sin \delta \text{ 標么}$$

而相對應的搖擺方程式為

$$\frac{5}{180f}\frac{d^2\delta}{dt^2} = 1.0 - 0.808 \sin\delta \text{ 標么} \tag{13.39}$$

當故障發生時，由於轉子慣量的因素，轉子無法立即改變位置。因此，轉子角度 δ 與例題 13.3 中一樣，仍維持初始值 $28.44°$，而輸出電功率為 $P_e = 0.808 \sin 28.44° = 0.385$。所以初始加速功率為

$$P_a = 1.0 - 0.385 = 0.615 \text{ 標么}$$

而初始的加速度為正數，其值為

$$\frac{d^2\delta}{dt^2} = \frac{180f}{5}(0.615) = 22.14 f \text{ elec deg/s}^2$$

其中 f 為系統頻率。

當發生故障時，線路上偵測故障的電驛系統會藉由同時開啟線路端斷路器來清除故障。當此情形發生時，因為網路發生變化，則系統需採用另一個功率—角度方程式。

例題 13.5

在例題 13.4 系統上的故障，利用同時開啟受影響線路每一端上的斷路器，以清除故障。試求故障清除後的功率—角度方程式及搖擺方程式。

解： 檢視圖 13.5(a) 可知，在移除故障線路後，跨接於系統的淨轉移導納為

$$\frac{1}{j(0.2 + 0.1 + 0.4)} = -j1.429 \text{ 標么}$$

以致於在匯流排導納矩陣中

$$Y_{12} = j1.429$$

因此，故障排除後的功率—角度方程式為

$$P_e = (1.05)(1.0)(1.429)\sin\delta = 1.500\sin\delta$$

及相對應的搖擺方程式為

$$\frac{5}{180f}\frac{d^2\delta}{dt^2} = 1.0 - 1.500\sin\delta$$

在故障清除瞬間的轉子角加速度大小，需視該時間轉子的角度位置而定。例題13.3 至例題 13.5 的功率—角度曲線圖的比較，如圖 13.6 中所示。

13.5 同步功率係數

在例題 13.3 中求出圖 13.6 的正弦 P_e 曲線上的運轉點為 $\delta_0 = 28.44°$，其中輸入機械功率 P_m 等於輸出電功率 P_e。在同一圖中，也可看出當 $\delta_0 = 151.56°$ 時，P_e 等於 P_m，此點也可以視為一個對等可接受的運轉點。然而，現在要證明此點並非此例中的運轉點。

當發電機的電功率輸出發生短暫的小變化時，就可接受之運轉點的一般要求來說，是發電機應不至於失去同步性。為了查驗固定的機械輸入功率 P_m 的需求，考慮運轉點參數中的微小增量變化，也就是

$$\delta = \delta_0 + \delta_\Delta \qquad P_e = P_{e0} + P_{e\Delta} \tag{13.40}$$

其中下標 0 表示穩態運轉點數值，而下標 Δ 視為其增量變化值。將 (13.40) 式代入 (13.37) 式，可得到一般二部電機系統的功率—角度方程式的型式

$$P_{e0} + P_{e\Delta} = P_{\max}\sin(\delta_0 + \delta_\Delta)$$
$$= P_{\max}(\sin\delta_0\cos\delta_\Delta + \cos\delta_0\sin\delta_\Delta)$$

因為 δ_Δ 是從 δ_0 的微小增量的變化，所以

$$\sin\delta_\Delta \cong \delta_\Delta \quad 且 \quad \cos\delta_\Delta \cong 1 \tag{13.41}$$

當假設嚴格等值時，則先前的方程式變為

$$P_{e0} + P_{e\Delta} = P_{\max}\sin\delta_0 + (P_{\max}\cos\delta_0)\delta_\Delta \tag{13.42}$$

在初始運轉點 δ_0 時

$$P_m = P_{e0} = P_{\max}\sin\delta_0 \tag{13.43}$$

從 (13.42) 式可得

$$P_m - (P_{e0} + P_{e\Delta}) = -(P_{max}\cos\delta_0)\delta_\Delta \qquad (13.44)$$

將 (13.40) 式的增量變數代入基本的搖擺方程式 (13.12) 式中,可得

$$\frac{2H}{\omega_s}\frac{d^2(\delta_0 + \delta_\Delta)}{dt^2} = P_m - (P_{e0} + P_{e\Delta}) \qquad (13.45)$$

以 (13.44) 式取代此方程式的右側並移項,可得

$$\frac{2H}{\omega_s}\frac{d^2(\delta_0 + \delta_\Delta)}{dt^2} + (P_{max}\cos\delta_0)\delta_\Delta = 0 \qquad (13.46)$$

因為 δ_0 為定值。注意 $P_{max}\cos\delta_0$ 是功率—角度曲線在 δ_0 處的斜率,將此斜率標記為 S_p 並定義如下

$$S_p = \frac{dP_e}{d\delta}\bigg|_{\delta=\delta_0} = P_{max}\cos\delta_0 \qquad (13.47)$$

其中 S_p 稱為同步功率係數 (synchronizing power coefficient)。當 S_p 應用在 (13.46) 式時,則搖擺方程式決定增量轉子角度變動,可重寫為下列型式

$$\frac{d^2\delta_\Delta}{dt^2} + \frac{\omega_2 S_p}{2H}\delta_\Delta = 0 \qquad (13.48)$$

此方程式為線性二階微分方程式,其解取決於 S_p 的代數符號。當 S_p 為正時,則 $\delta_\Delta(t)$ 之解對應於簡諧運動的解,這種運動由無阻尼搖擺鐘擺的振盪來表示[3]。當 S_p 為負時,則 $\delta_\Delta(t)$ 之解以指數型式增加而無限制。因此,在圖 13.6 中 $\delta_0=28.44°$ 的運轉點是一個穩定的平衡點,就意義上來說,在受到微小干擾後,轉子—角度搖擺受到限制。以實際狀況而言,在經過短暫的電擾動後,阻尼會將轉子角度回復到 δ_0。換句話說,$\delta=151.56°$ 是一個不穩定的平衡點,因為此處的 S_p 為負值。所以,此點不是一個有效的運轉點。

發電機轉子相對於無限匯流排搖擺時的位置變化,可以由以下比喻看出。考慮一個鐘擺從固定框架上的支點擺動,如圖 13.7(a) 所示。

a 點與 c 點分別為此鐘擺擺動至平衡點 b 左右兩側的最大位置。由於阻尼作用,鐘擺最終仍將靜止於平衡點 b 的位置。現在想像有一個圓盤,它以鐘擺的支點順時針旋轉,如圖 13.7(b) 所示,然後在圓盤的轉動上加上鐘擺的運動。當鐘擺自 a 點擺向 c 點時,此兩點合成之角度速度較圓盤

---

[3] 簡諧運動的方程式為 $d^2x/dt^2 + \omega_n^2 x = 0$,其一般解為 $A\cos\omega_n t + B\sin\omega_n t$,常數 A 及 B 由初始條件決定。將其解繪製成圖,會是一個角頻率 ω_n 之無阻尼正弦波。

圖 13.7 以鐘擺與圓盤轉動來說明電機轉子對無限母線之擺動

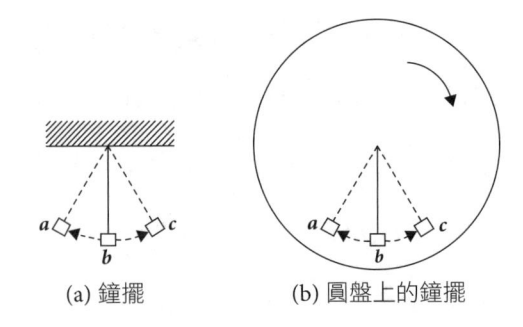

(a) 鐘擺　　(b) 圓盤上的鐘擺

的角速度慢。當鐘擺自 c 點擺回至 a 點時，其合成的角速度較圓盤的角速度快。在 a 點與 c 點位置時，鐘擺單獨的速度為零，而合成之角速度等於圓盤的角速度。如果圓盤的角速度相對於轉子的同步轉速，而鐘擺的單獨運動代表轉子相對於無限匯流排的搖擺，則疊加在圓盤上的鐘擺運動就代表轉子實際的角運動。

從上面的討論，可得出結論：同步功率係數 S_p 為正時，(13.48) 式的解代表正弦振盪。而無阻尼振盪的角頻率為

$$\omega_n = \sqrt{\frac{\omega_s S_p}{2H}} \text{ elec rad/s} \tag{13.49}$$

其相對應的振盪頻率為

$$f_n = \frac{1}{2\pi}\sqrt{\frac{\omega_s S_p}{2H}} \text{ Hz} \tag{13.50}$$

例題 13.6

例題 13.3 的發電機在系統遭受輕微短暫的擾動時，在 $\delta_0 = 28.44°$ 下運轉。如果擾動在原動機有所反應前便消失，試求發電機轉子的振盪週期及頻率。以 $H = 5$ MJ/MVA 來計算。

解：應用 (13.48) 式的擺動方程式，且在運轉點的同步功率係數為

$$S_p = 2.10 \cos 28.44° = 1.8466$$

因此，振盪的角頻率為

$$\omega_n = \sqrt{\frac{\omega_s S_p}{2H}} = \sqrt{\frac{377 \times 1.8466}{2 \times 5}} = 8.343 \text{ 電氣度/秒}$$

其相對應的振盪頻率為

$$f_n = \frac{8.343}{2\pi} = 1.33 \text{ Hz}$$

振盪週期為

$$T = \frac{1}{f_n} = 0.753 \text{ s}$$

從實際的觀點來看，上面的例題相當重要，因為它指出一個具有許多互聯電機的大型系統中，附加於標稱 60 Hz 頻率上之各頻率大小的等級。當系統上的負載於一整天內任意變化，各電機間會引起包含 1 Hz 等級頻率的振盪現象，但是這些振盪會被原動機、系統負載以及電機本身所產生的各種不同的阻尼效應快速地消除。值得一提的是，如果在例題中的輸電系統有電阻存在時，則轉子的搖擺仍然是簡諧且無阻尼的情形。問題 13.8 檢驗電阻對同步功率係數及振盪頻率上的影響，在稍後的章節裡將會再討論同步係數的概念。下一節中，我們會討論由大型擾動所引起的暫態狀況下求解穩定度的方法。

13.6 穩定度的等面積法則

在 13.4 節中我們推導出了擺動方程式，其本質是非線性的，無法明確地求出此類方程式的正式解答。即使是單一電機相對於無限匯流排搖擺的情形，也很難求得精確的答案，所以通常會採用數位計算機。為了以不求解搖擺方程式來討論兩電機系統的穩定度，現在來討論一種可能的直接方法。

圖 13.8 顯示的系統與前面例題所考慮的相同，惟增加一條輸電線路。

起初斷路器 A 被視為閉合狀態，而在短輸電線路相反端的斷路器 B 則為開啟。因此，例題 13.3 的初始運轉狀況可說是沒有改變。如果在接近匯流排 P 點處發生三相故障，則在短暫時間內會被斷路器 A 清除。所以，除了在故障期間外，系統並未改變。由故障所造成的短路會對匯流排產生影響，且來自於發電機的輸出功率會為零，直到故障清除為止。故障發生前、發生中及發生後的情況，可從分析圖 13.9 的功率—角度曲線來了解。

發電機初始運轉在同步轉速且轉子角度為 δ_0，此時輸入機械功率 P_m 等於輸出電功率 P_e，如圖 13.9(a) 的 a 點所示。當 $t=0$ 時發生故障，則輸

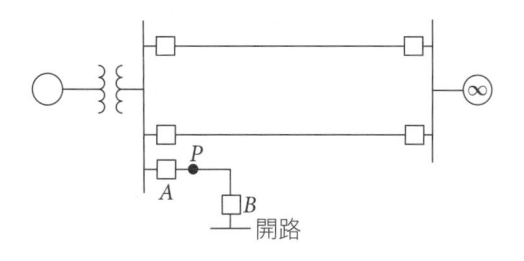

圖 13.8 圖 13.4 的系統增加一短輸電線路後的單線圖

圖 13.9 針對圖 13.8 中所顯示的發電機功率—角度曲線。其中 A_1 與 A_2 的面積相等，而 A_3 與 A_4 的面積相等

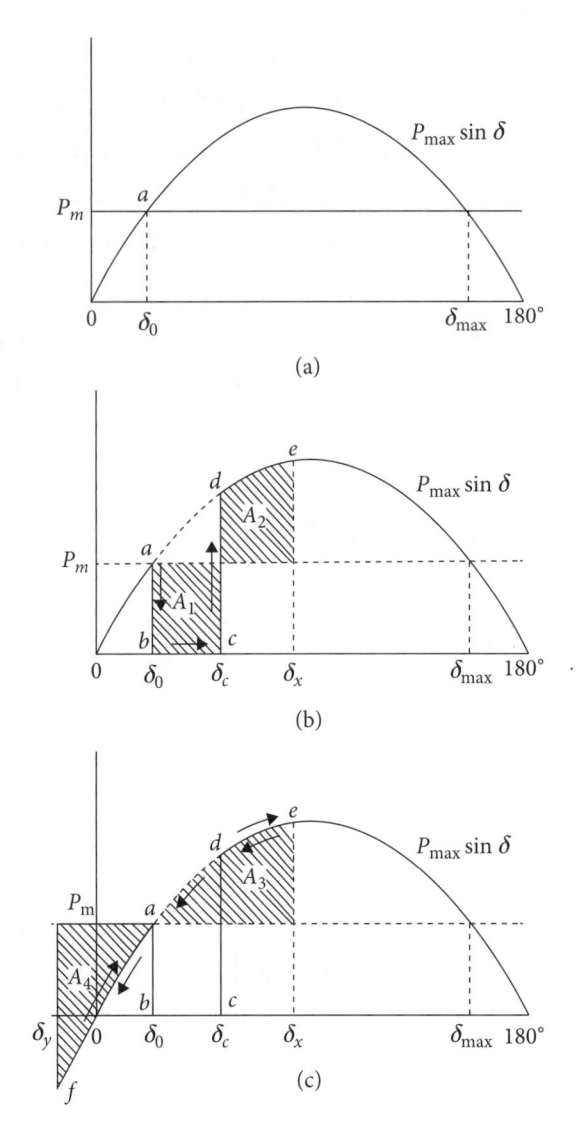

出電功率會突然降為零，而輸入機械功率並未變化，如圖 13.9(b) 所示。此時功率之間的差值就必須由轉子質量中所儲存之動能的變化率來負責。這只能藉由定加速功率 P_m 所造成的速度增加來達成。如果將清除故障的時間標記為 t_c，則在時間 t 小於 t_c 時，加速度為定值，如下

$$\frac{d^2\delta}{dt^2} = \frac{\omega_s}{2H}P_m \tag{13.51}$$

在故障期間，轉子的速度增加且高於同步轉速，這可以藉由將此方程式積分求得

$$\frac{d\delta}{dt} = \int_0^t \frac{\omega_s}{2H}P_m dt = \frac{\omega_s}{2H}P_m t \tag{13.52}$$

對時間進一步積分可產生轉子角度

$$\delta = \frac{\omega_s P_m}{4H} t^2 + \delta_0 \qquad (13.53)$$

(13.52) 式及 (13.53) 式顯示轉子速度相對於同步轉速隨時間線性增加，而轉子角度從 δ_0 前進至故障清除時的 δ_c；也就是，在圖 13.9(b) 中，δ 自 b 點移至 c 點。在故障清除的瞬間，轉子速度的增量及發電機與無限匯流排之間的分割角度分別為

$$\left.\frac{d\delta}{dt}\right|_{t=t_c} = \frac{\omega_s P_m}{2H} t_c \qquad (13.54)$$

及

$$\left.\delta(t)\right|_{t=t_c} = \frac{\omega_s P_m}{4H} t_c^2 + \delta_0 \qquad (13.55)$$

當故障在角度 δ_c 被清除時，電功率輸出即突然增加到相對應於功率—角度曲線上的 d 點。在 d 點處，電功率輸出超過機械功率輸入，因此加速功率變為負值。結果，當圖 13.9(c) 中 P_e 自 d 點移至 e 點時，轉子減速。在 e 點處，雖然轉子角度已前進至 δ_x，但轉子速度再次回到同步轉速。角度 δ_x 取決於 A_1 面積必須等於 A_2 面積，稍後將進一步解釋。

在 e 點的加速功率仍為負值（減速），所以轉子無法保持在同步，但一定持續減速。此時的相對轉速為負值，且轉子角度從在 e 點的 δ_x 值沿著圖 13.9(c) 的功率—角度曲線移回 a 點，此時轉子轉速小於同步轉速。從 a 到 f，機械功率超過電功率，使轉子又加速，直到達到 f 點的同步轉速。f 點之位置落在 A_3 面積等於 A_4 面積之處。在沒有任何阻尼的情況下，轉子會持續在 f-a-e、e-a-f 間振盪，而同步速度發生在 e 點及 f 點。

我們將很快證明圖 13.9(b) 中的陰影面積 A_1 與 A_2 必須相等，且同樣地，圖 13.9(c) 中的 A_3 與 A_4 面積必須相等。在一部電機對無限匯流排搖擺的系統中，我們可採用稱為等面積法則 (equal-area criterion) 的面積相等原理，針對系統在暫態情況下，以不求解搖擺方程式的方法來決定其穩定度。雖然此法則不適用於多電機系統，但有助於了解有哪些因素將影響到系統的暫態穩定度。

針對 13.3 節所考量的一部電機與一個無限匯流排所推導的等面積法則顯示，此方法也用在一般的兩電機系統。電機連接至匯流排的搖擺方程式為

$$\frac{2H}{\omega_s} \frac{d^2\delta}{dt^2} = P_m - P_e \qquad (13.56)$$

轉子的角速度相對於同步轉速的定義為

$$\omega_r = \frac{d\delta}{dt} = \omega - \omega_s \tag{13.57}$$

將 (13.57) 式對 t 微分並代入 (13.56) 式中，可得

$$\frac{2H}{\omega_s}\frac{d\omega_r}{dt} = P_m - P_e \tag{13.58}$$

當轉子速度等於同步時，顯然 ω 等於 ω_s 且 ω_r 為零。將 (13.58) 式的等號兩側乘以 $\omega_r = d\delta/dt$，可得

$$\frac{H}{\omega_s}2\omega_r\frac{d\omega_r}{dt} = (P_m - P_e)\frac{d\delta}{dt} \tag{13.59}$$

此方程式的左側可重寫成

$$\frac{H}{\omega_s}\frac{d(\omega_r^2)}{dt} = (P_m - P_e)\frac{d\delta}{dt} \tag{13.60}$$

乘以 dt 並積分，可得

$$\frac{H}{\omega_s}(\omega_{r2}^2 - \omega_{r1}^2) = \int_{\delta_1}^{\delta_2}(P_m - P_e)d\delta \tag{13.61}$$

下標有 ω_r 的項目為相對表示 δ 的極限。也就是，轉子角速度 ω_{r1} 相對於在角度 δ_1 之值，而 ω_{r2} 則相對於在 δ_2 之值。因 ω_r 是表示轉子轉速與同步轉速間的偏差，由此可看出假如轉子在 δ_1 與 δ_2 時為同步轉速，則相應地，$\omega_{r2}=\omega_{r1}=0$。在此條件下，(13.61) 式變成

$$\int_{\delta_1}^{\delta_2}(P_m - P_e)d\delta = 0 \tag{13.62}$$

此方程式在功率—角度圖上應用到任兩點 δ_1 與 δ_2 時，只要轉子速度在此兩點為同步轉速即可。在圖 13.9(b) 中，此兩點即是 a 點與 e 點，且分別相對應 δ_0 與 δ_x。若將 (13.62) 式分兩段積分，則可寫成

$$\int_{\delta_0}^{\delta_c}(P_m - P_e)d\delta + \int_{\delta_c}^{\delta_x}(P_m - P_e)d\delta = 0 \tag{13.63}$$

或

$$\int_{\delta_0}^{\delta_c}(P_m - P_e)d\delta = \int_{\delta_c}^{\delta_x}(P_e - P_m)d\delta \tag{13.64}$$

左側的積分適用於故障期間，而右側的積分則對應至故障清除後瞬間至最大搖擺點 δ_x 的期間。圖 13.9(b) 中，故障期間 P_e 之值為零。圖中斜線面積 A_1 代表 (13.64) 式左側積分之值，而斜線面積 A_2 代表右側積分之值。所以，A_1 與 A_2 兩個面積相等。

因為轉子轉速在圖 13.9(c) 中的 δ_x 與 δ_y 處也都是同步轉速，以上述相同的理由可證明 A_3 等於 A_4。當轉子加速時，面積 A_1 與 A_4 直接與轉子動能的增加成比例。而面積 A_2 與 A_3 直接與轉子的動能減少成比例。這可以藉由觀察 (13.61) 式的兩側看出。因此，等面積法則說明，故障發生後轉子所增加的動能，必須在故障清除後移除，俾使轉子恢復同步轉速。

斜線面積 A_1 取決於故障清除所花費的時間。如果排除的時間延遲，則 δ_c 會增加；同樣地，面積 A_1 增加，依等面積法則，A_2 亦需增加，以使轉子在最大搖擺的較大角度 δ_x 回復同步轉速。假如延遲時間拉長，則會造成轉子角度搖擺超出圖 13.9 中的 δ_{max}，則此時在功率—角度曲線上，該點的轉子轉速再度受到正向加速功率時，會超過同步轉速。在受到正的加速功率影響下，則 δ 將無限制地增加，而導致不穩定之結果。因此，為了滿足穩定度等面積法則的需求，針對故障清除有一臨界角的限制。此角度稱為臨界清除角度 (critical clearing angle) δ_{cr}，如圖 13.10 所示。

相對應的時間稱為臨界清除時間 (critical clearing time) t_{cr}。因此，臨界清除時間是自故障開始直到故障隔離而使電力系統能暫態穩定為止的最大耗費時間。

在圖 13.10 的特殊情況，臨界清除角度與臨界清除時間兩者可計算如下。長方形面積 A_1 為

$$A_1 = \int_{\delta_0}^{\delta_{cr}} P_m \, d\delta = P_m(\delta_{cr} - \delta_0) \tag{13.65}$$

而面積 A_2 為

$$A_2 = \int_{\delta_{cr}}^{\delta_{max}} (P_{max} \sin\delta - P_m) \, d\delta$$
$$= P_{max}(\cos\delta_{cr} - \cos\delta_{max}) - P_m(\delta_{max} - \delta_{cr}) \tag{13.66}$$

令 A_1 與 A_2 的表示式相等並移項，可得

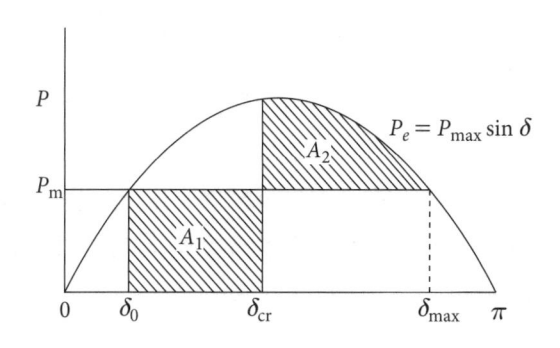

圖 13.10 顯示臨界清除角 δ_{cr} 的功率—角度曲線。圖中 A_1 與 A_2 面積相等

電力系統分析

$$\cos\delta_{cr} = (P_m/P_{max})(\delta_{max} - \delta_0) + \cos\delta_{max} \tag{13.67}$$

從正弦功率—角度曲線圖可知

$$\delta_{max} = \pi - \delta_0 \quad \text{電氣度} \tag{13.68}$$

且
$$P_m = P_{max}\sin\delta_0 \tag{13.69}$$

將 δ_{max} 與 P_m 代入 (13.67) 式中並將其化簡，可解出臨界清除角度 δ_{cr}

$$\delta_{cr} = \cos^{-1}[(\pi - 2\delta_0)\sin\delta_0 - \cos\delta_0] \tag{13.70}$$

將上式 δ_{cr} 的數值代入 (13.55) 式之左側，可得

$$\delta_{cr} = \frac{\omega_s P_m}{4H}t_{cr}^2 + \delta_0 \tag{13.71}$$

由此可求得臨界清除時間

$$t_{cr} = \sqrt{\frac{4H(\delta_{cr} - \delta_0)}{\omega_s P_m}} \tag{13.72}$$

例題 13.7

當圖 13.8 所示的系統於短輸電線路上的 P 點發生三相故障時，試求其臨界清除角度與臨界清除時間。其初始條件與例題 13.3 相同，而 $H=5$ 百萬焦耳／百萬伏安。

解： 由例題 13.3 得知功率—角度方程式及轉子的初始角度為

$$P_e = P_{max}\sin\delta = 2.10\sin\delta$$
$$\delta_0 = 28.44° = 0.496 \text{ 電氣度}$$

機械輸入功率 P_m 為 1.0 標么，且由 (13.70) 式可得

$$\delta_{cr} = \cos^{-1}[(\pi - 2\times 0.496)\sin 0.496 - \cos 0.496]$$
$$= 81.697° = 1.426 \text{ 電氣度}$$

將此數值及其他已知值代入 (13.72) 式中，可得

$$t_{cr} = \sqrt{\frac{4\times 5(1.426 - 0.496)}{377\times 1}} = 0.222 \text{ s}$$

此數值相當於頻率基準為 60 Hz 上的 13.3 週期之臨界清除時間。

此例題可作為建立臨界清除時間的觀念，為設計適當的電驛保護以清除故障的要素。普遍來看，如果不能透過數位計算機以模擬方式求解搖擺方程式，便難以明確地求解臨界清除時間。

13.7 等面積法則的進一步應用

等面積法則對於分析兩電機系統或是由無限匯流排供給單一電機系統之穩定度非常有效。然而，要決定較大系統的穩定度，計算機是唯一實用的方法。因為等面積法則對於暫態穩定度的了解相當有幫助，所以在討論應用計算機方法來決定搖擺曲線之前，將持續對等面積準則做簡要的討論。

當一台發電機經由並聯輸電線路提供電力至無限匯流排時，開啟一條線路可能會使發電機失去同步，即使在穩態情況下，負載可以經由剩餘的線路供電。如果在兩並聯線路連接的匯流排上發生三相短路時，則沒有電力可以經由任何一條線路傳送。例題 13.7 是基本的情況。然而，如果故障是發生在一條線路的一端，則可將此線路兩端的斷路器開啟，將故障從系統隔離，並允許電力經由其他並聯線路流動。當三相故障發生在雙電路線路上的某一點時，除了發生在並聯的匯流排或在線路的末端之外，在並聯匯流排與故障點之間會有一些阻抗存在。因此，當故障仍存在於系統上時，會有一部分電力被傳送。例題 13.4 中的功率—角度方程式便說明此一事實。

當故障期間仍有功率傳輸時，應用圖 13.11 所示的等面積法則，其與圖 13.6 的功率—角度圖形類似。

在故障發生前，傳輸的功率為 $P_{max} \sin \delta$；在故障期間，可以傳輸的功率為 $r_1 P_{max} \sin \delta$，而當故障在 $\delta = \delta_{cr}$ 瞬間因開關動作而被清除後，可以傳輸的功率為 $r_2 P_{max} \sin \delta$。檢視圖 13.11 可發現在此情況下，δ_{cr} 為臨界清除角度。利用前一節求取 A_1 及 A_2 面積的程序步驟，可得

$$\cos \delta_{cr} = \frac{(P_m/P_{max})(\delta_{max} - \delta_0) + r_2 \cos \delta_{max} - r_1 \cos \delta_0}{r_2 - r_1} \tag{13.73}$$

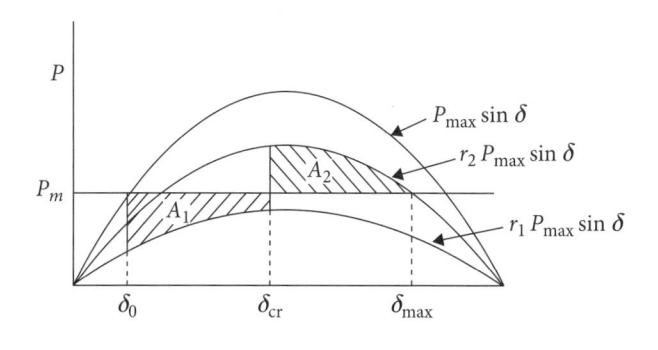

圖 13.11 當故障期間仍有功率傳輸時，應用於故障清除的等面積法則，其中 A_1 及 A_2 的面積相等

在此情況下不可能解出臨界清除時間 t_{cr} 的精確形式。針對圖 13.8 所示的特殊系統與其故障位置來說，將 $r_1=0$ 與 $r_2=1$ 的數值代入 (13.73) 式，則可化簡成 (13.67) 式。

如果短路故障並未涉及全部三相系統時，則允許某些功率可經由未受影響的線路傳輸。這種故障可藉由正相序阻抗圖中故障點與參考節點間連接一個阻抗（而非短路）來表示。以較大的阻抗並聯於正相序網路來表示故障時，在故障期間可傳輸的電力就愈大。於故障期間針對任何已知的清除角，傳輸電力的大小將影響 A_1 面積。因此，r_1 值愈小，會對系統造成較大的擾動，即故障期間可傳輸的電力較小。所以，A_1 面積會較大。在各種不同的故障中，依其嚴重性大小，從小至大（也就是減少 $r_1 P_{max}$）的排列順序如下：

1. 單線接地故障
2. 線間故障
3. 雙線接地故障
4. 三相故障

其中以單線接地故障較常發生，而三相故障則最少發生。就完整可靠性來說，系統應該針對最惡劣的位置發生三相故障的暫態穩定度來設計，實際上這也是一般實用的設計。

例題 13.8

當初始系統結構與故障前的運轉狀況如例題 13.3 所描述，試求例題 13.4 及例題 13.5 系統發生三相故障時的臨界清除角度。

解： 由前面例題中所得到的功率—角度方程式為

$$\text{故障前：} \quad P_{max} \sin\delta = 2.100 \sin\delta$$
$$\text{故障期間：} \quad r_1 P_{max} \sin\delta = 0.808 \sin\delta$$
$$\text{故障後：} \quad r_2 P_{max} \sin\delta = 1.500 \sin\delta$$

因此，

$$r_1 = \frac{0.808}{2.100} = 0.385 \quad r_2 = \frac{1.500}{2.100} = 0.714$$

從例題 13.3 可得

$$\delta_0 = 28.44° = 0.496 \text{ rad}$$

且從圖 13.11 計算得

$$\delta_{\max} = 180° - \sin^{-1}\left[\frac{1.000}{1.500}\right] = 138.190° = 2.412 \text{ rad}$$

因此，將上列數值代入 (13.73) 式中，可得

$$\cos\delta_{cr} = \frac{\left(\dfrac{1.0}{2.10}\right)(2.412 - 0.496) + 0.714\cos(138.19°) - 0.385\cos(28.44°)}{0.714 - 0.385}$$

$$= 0.1266$$

因此，可得 $\delta_{cr} = 82.726°$

為了求解臨界清除時間，我們必須獲得 δ 對 t 的搖擺曲線。在 13.9 節中，我們將討論一種類似搖擺曲線的計算方法。

13.8 多電機穩定度研究：傳統表示法

等面積法則無法直接應用在具有三個或更多發電機的系統中。雖然在兩部發電機的問題中所觀察到的物理現象，基本上與多部發電機的情形相同，但是在暫態穩定度研究中，隨著所考量發電機的數目增加，將使數值計算更為複雜。當一個多電機系統運轉於電機暫態情況下，經由連接電機之輸電系統的媒介會引起各電機之間的相互振盪。如果將任一電機看作可單獨動作的唯一振盪源，則它傳送至互聯系統的電機振盪，可藉由它的慣性與同步功率決定。此種振盪的典型頻率為 1 至 2 Hz 的數量級，並且附加在標稱頻率為 60 Hz 的系統頻率上。當許多電機轉子同時處於暫態振盪時，搖擺曲線將會反映出許多這種振盪組合。因此，輸電系統的標稱頻率並不會受到過度的擾動，且基於 60 Hz 之網路參數的假設依然適用。為了簡化系統模型的複雜性，及減輕由此延伸的計算負擔，在暫態穩定度研究中一般會有下列的額外假設：

1. 在整個搖擺曲線計算的期間內，每一部電機的機械輸入功率均保持定值。
2. 阻尼功率忽略不計。
3. 每一部電機可以由固定的暫態電抗與固定的暫態內部電壓串聯表示。
4. 每一部電機的機械轉子角度與暫態內部電壓的電氣相角 δ 一致。
5. 所有負載可以被視為對地的並聯阻抗，其數值大小係依照暫態前瞬間系統中的主要情況而定。

基於這些假設的系統穩定度模型稱為傳統的穩定度模型 (classical stability model)，而採用這個模型所做的研究稱為傳統的穩定度研究 (classical stability study)。我們所採用的這些假設，以及 13.1 節所闡述的基本假設，都是針對所有的穩定度研究。當然，詳細的計算機程式與更複雜的電機及負載模型，可用來修正 1 到 5 假設中的一個或多個。然而，本章內用來研究系統擾動的傳統模型均源自於三相故障。

正如我們所看到的，在任何暫態穩定度研究中，必須了解故障發生前的系統狀況，及故障期間與故障清除後的網路結構。因此，在多電機的情況中，需要兩個預備的步驟：

1. 系統在故障前的穩態情況，可以利用電力潮流程式來計算。
2. 先決定故障前的網路表示，然後將其修正以說明故障及故障後的狀況。

從第一個預備步驟中，可知道每一個發電機端與負載匯流排的有效功率、無效功率及電壓，以及參考搖擺匯流排所量測到的所有角度。每一部發電機的暫態內部電壓值可以利用下式計算

$$E = V_t + jX'_d I \tag{13.74}$$

其中 V_t 是相對應的端電壓，而 I 為輸出電流。每一個在其匯流排上的負載依下列方程式被轉換成對地的定值導納

$$Y_L = \frac{P_L - jQ_L}{|V_L|^2} \tag{13.75}$$

其中 $P_L + jQ_L$ 表示負載，$|V_L|$ 為對應的匯流排電壓大小。現在將作為故障前負載潮流計算用的匯流排導納矩陣擴大，包括每一台發電機的暫態電抗及每一個負載的並聯導納，如圖 13.12 所示。

圖 13.12 一個電力系統的擴增網路

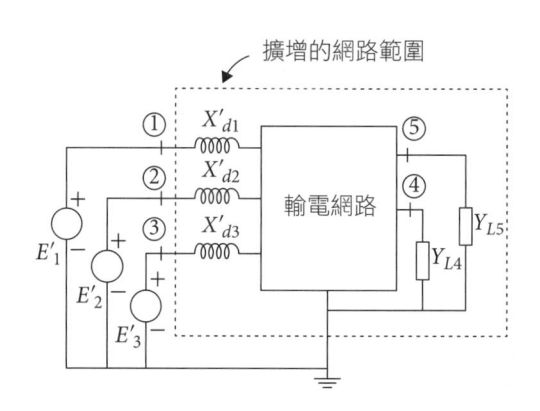

注意到除了發電機的內部匯流排之外，在所有匯流排的注入電流均為零。在第二個預備步驟中，匯流排導納矩陣被修正到相對應故障及故障清除後的情況。因為只有發電機的內部匯流排有注入電流，因此其他匯流排可以用克農消去法予以消除。修正後矩陣的規模相當於發電機的數目。在故障期間及故障清除後，從每一台發電機流入網路的功率潮流，可以由相對應的功率—角度方程式計算獲得。例如在圖 13.12 中，由 1 號電機輸出的功率為

$$P_{e1} = |E'_1|^2 G_{11} + |E'_1||E'_2||Y_{12}|\cos(\delta_{12} - \theta_{12}) + |E'_1||E'_3||Y_{13}|\cos(\delta_{13} - \theta_{13}) \tag{13.76}$$

其中 $\delta_{12} = \delta_1 - \delta_2$。針對 P_{e2} 與 P_{e3} 可以利用 3×3 的匯流排導納矩陣中，適用於故障或故障後情況的 Y_{ij} 元素，來列出類似的方程式。以 P_{ei} 表示的部分搖擺方程式型式

$$\frac{2H_i}{\omega_s}\frac{d^2\delta_i}{dt^2} = P_{mi} - P_{ei} \quad i = 1,2,3 \tag{13.77}$$

上式表示每一個轉子在故障期間及故障後一段期間的轉動。其解取決於故障的位置及故障持續時間，與當故障線路被移除後的 $\mathbf{Y}_{bus}$。針對傳統穩定度研究的計算機程式所採用之基本程序，將於下例說明。

例題 13.9

一個 60 Hz，230 kV 輸電系統，如圖 13.13 所示，包含兩個有限慣量的發電機及一條無限匯流排。變壓器及線路資料如表 13.2 所列。

一個三相故障發生在接近匯流排 ④ 的線路 ④-⑤ 上。利用表 13.3 所列的

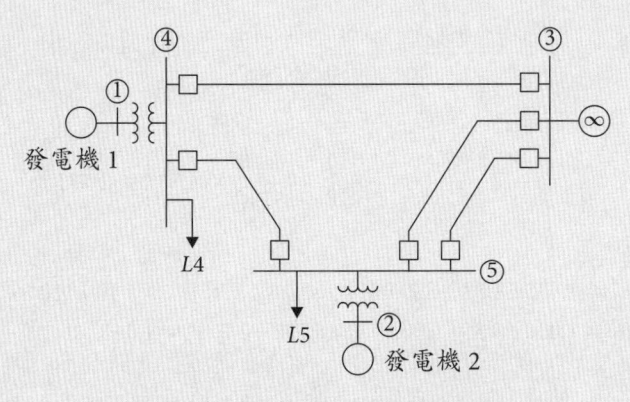

圖 13.13 例題 13.9 的單線圖

表 13.2 例題 13.9 的線路及變壓器資料[†]

匯流排至匯流排	串聯阻抗 R	串聯阻抗 X	並聯導納 B
變壓器 ①-④	—	0.022	
變壓器 ②-⑤	—	0.040	
線路 ③-④	0.007	0.040	0.082
線路 ③-⑤ (1)	0.008	0.047	0.098
線路 ③-⑤ (2)	0.008	0.047	0.098
線路 ④-⑤	0.018	0.110	0.226

[†] 所有數值為標么值，並以 230 kV，100 MVA 為基準

表 13.3 匯流排資料及故障前負載潮流數值[†]

匯流排	電壓	發電機 P	發電機 Q	負載 P	負載 Q
①	1.030∠8.88°	3.500	0.712		
②	1.020∠6.38°	1.850	0.298		
③	1.000∠0°	—	—		
④	1.018∠4.68°	—	—	1.00	0.44
⑤	1.011∠2.27°	—	—	0.50	0.16

[†] 所有數值為標么值，並以 230 kV，100 MVA 為基準

故障前電力潮流解，求解在故障期間每一台發電機的搖擺方程式。

以 100 MVA 為基準時，發電機之電抗及 H 值如下：

發電機 1： 400 MVA, 20 kV, $X_d' = 0.067$ 標么，$H = 11.2$ 百萬焦耳／百萬伏安

發電機 2： 250 MVA, 18 kV, $X_d' = 0.10$ 標么，$H = 8.0$ 百萬焦耳／百萬伏安

解： 為了將搖擺方程式公式化，需先求出暫態內部電壓。由表 13.3 的資料，可求得在匯流排①處注入網路的電流為

$$I_1 = \frac{(P_1 + jQ_1)^*}{V_1^*} = \frac{3.50 - j0.712}{1.030\angle -8.88°} = 3.468\angle -2.619°$$

同樣地，匯流排②處流入網路的電流為

$$I_2 = \frac{(P_2 + jQ_2)^*}{V_2^*} = \frac{1.850 - j0.298}{1.020\angle -6.38°} = 1.837\angle -2.771°$$

從 (13.74) 式計算得

$$E_1' = 1.030\angle 8.88° + j0.067 \times 3.468\angle -2.619° = 1.100\angle 20.82°$$
$$E_2' = 1.020\angle 6.38° + j0.10 \times 1.837\angle -2.771° = 1.065\angle 16.19°$$

在無限匯流排

$$E_3' = E_3 = 1.000\angle 0.0°$$

所以 $\qquad \delta_{13} = \delta_1 \quad \delta_{23} = \delta_2$

利用 (13.75) 式將匯流排 ④ 與 ⑤ 的 $P-Q$ 負載轉換成等效並聯導納，可得

$$Y_{L4} = \frac{1.00 - j0.44}{(1.018)^2} = 0.9649 - j0.4246 \text{ 標么}$$

$$Y_{L5} = \frac{0.50 - j0.16}{(1.011)^2} = 0.4892 - j0.1565 \text{ 標么}$$

現在將故障前的匯流排導納矩陣修改成包括負載導納及發電機的暫態電抗。於匯流排 ① 與 ② 的發電機暫態電抗後面指定虛擬的內部節點。所以，故障前的匯流排導納矩陣，例如：

$$Y_{11} = \frac{1}{j0.067 + j0.022} = -j11.236 \text{ 標么}$$

$$Y_{34} = -\frac{1}{0.007 + j0.040} = -4.2450 + j24.2571 \text{ 標么}$$

連結至匯流排 ③、④ 及 ⑤ 的導納總和，必須包括輸電線路的並聯電容，所以，在匯流排 ④ 可得

$$Y_{44} = -j11.236 + \frac{j0.082}{2} + \frac{j0.226}{2} + 4.2450 - j24.2571$$
$$+ \frac{1}{0.018 + j0.110} + 0.9649 - j0.4246$$
$$= 6.6587 - j44.6175 \text{ 標么}$$

新的故障前導納矩陣列於表 13.4 中。

表 13.4 例題 13.9 的故障前匯流排導納矩陣元素 †

匯流排	①	②	③	④	⑤
①	$-j11.2360$	0.0	0.0	$j11.2360$	0.0
②	0.0	$-j7.1429$	0.0	0.0	$j7.1429$
③	0.0	0.0	11.2841 $-j65.4731$	-4.2450 $+j24.2571$	-7.0392 $+j41.3550$
④	$j11.2360$	0.0	-4.2450 $+j24.2571$	6.6587 $-j44.6175$	-1.4488 $+j8.8538$
⑤	0.0	$j7.1429$	-7.0392 $+j41.3550$	-1.4488 $+j8.8538$	8.9772 $-j57.2972$

† 導納為標么值。

匯流排 ④ 必須與參考點短路來表示故障。因為節點 ④ 併入參考點，所以表 13.4 的第 4 列與第 4 行的元素因此消失。接下來，代表匯流排 ⑤ 的列與行可

以利用克農消去法予以消除，所得的匯流排導納矩陣顯示於表 13.5 之上半部。

故障系統的 $\mathbf{Y}_{\text{bus}}$ 在故障期間，是與其他匯流排解耦，而匯流排②直接與匯流排③連接。這反應了實際現象，也就是在匯流排④短路後，從 1 號發電機注入至系統的功率為零，使得 2 號發電機以放射狀方式將功率傳送至匯流排③。在故障狀況下，以表 13.5 的數值為基準的功率—角度方程式為

$$P_{e1} = 0$$
$$P_{e2} = |E'_2|^2 G_{22} + |E'_2||E_3||Y_{23}|\cos(\delta_{23} - \theta_{23})$$
$$= (1.065)^2 (0.1362) + (1.065)(1.0)(5.1665)\cos(\delta_2 - 90.755°)$$
$$= 0.1545 + 5.5023\sin(\delta_2 - 0.755°) \text{ 標么}$$

因此，當系統發生故障時，所要求解的搖擺方程式（P_{m1} 及 P_{m2} 的值可從表 13.3 中獲得）為

$$\frac{d^2\delta_1}{dt^2} = \frac{180f}{H_1}(P_{m1} - P_{e1}) = \frac{180f}{H_1}P_{a1}$$
$$= \frac{180f}{11.2}(3.5) \text{ elec deg/s}^2$$

$$\frac{d^2\delta_2}{dt^2} = \frac{180f}{H_2}(P_{m2} - P_{e2}) = \frac{180f}{H_2}P_{a2}$$
$$= \frac{180f}{8.0}\left\{\overset{P_m}{\overline{1.85}} - \left[\overset{P_c}{\overline{0.1545}} + \overset{P_{\max}}{\overline{5.5023}} \sin\left(\delta_2 - \overset{\gamma}{\overline{0.755°}}\right)\right]\right\}$$
$$= \frac{180f}{8.0}\left[\underset{P_m - P_c}{\underline{1.6955}} - \underset{P_{\max}}{\underline{5.5023}} \sin\left(\delta_2 - \underset{\gamma}{\underline{0.755°}}\right)\right] \text{ elec deg/s}^2$$

表 13.5 例題 13.9 故障時及故障後的匯流排導納矩陣元素[†]

匯流排	①	②	③
故障時的網路			
①	0.0000 − j11.2360 (11.2360 ∠−90°)	0.0 + j0.0	0.0 + j0.0
②	0.0 + j0.0	0.1362 − j6.2737 (6.2752 ∠−88.7563°)	−0.0681 + j5.1661 (5.1665 ∠90.7552°)
③	0.0 + j0.0	−0.681 + j5.1661 (5.1665 ∠90.7552°)	5.7986 − j35.6299 (36.0987 ∠−80.7564°)
故障後的網路			
①	0.5005 − j7.7897 (7.8058 ∠−86.3237°)	0.0 + j0.0	−0.2216 + j7.6291 (7.6323 ∠91.6638°)
②	0.0 + j0.0	0.1591 − j6.1168 (6.1189 ∠−88.5101°)	−0.0901 + j6.0975 (6.0982 ∠90.8466°)
③	−0.2216 + j7.6291 (7.6323 ∠91.6638°)	−0.0901 + j6.0975 (6.0982 ∠90.8466°)	1.3927 − j13.8728 (13.9426 ∠−84.2672°)

[†] 導納為標么值

例題 13.10

例題 13.9 中的三相故障，由故障線路的兩端同時開啟斷路器予以清除，試求故障清除後的搖擺方程式。

解：因為是透過移除線路 ④-⑤ 來清除故障，則表 13.4 的故障前 $\mathbf{Y}_{bus}$ 需加以修正。這可以藉由以零取代 Y_{45} 與 Y_{54}，並將表 13.4 中的 Y_{44} 與 Y_{55} 減去線路 ④-⑤ 的串聯導納及一半線路的電容容納來完成。修正後的匯流排導納矩陣可應用至故障後的網路，如表 13.5 的下半部分所列。矩陣中第 1 列與第 2 列的零元素，反映出當線路 ④-⑤ 移除時，1、2 號發電機並未互聯的事實。因此每一發電機皆直接與母線連接，所以每一台發電機是以輻射方式連接至無限匯流排。我們可以針對故障後的情況，列出各發電機的功率—角度方程式如下：

$$P_{e1} = |E'_1|^2 G_{11} + |E'_1||E_3||Y_{13}|\cos(\delta_{13} - \theta_{13})$$
$$= (1.100)^2 (0.5005) + (1.100)(1.0)(7.6323) \cos(\delta_1 - 91.664°)$$
$$= 0.6056 + 8.3955 \sin(\delta_1 - 1.664°) \text{ 標么}$$

及

$$P_{e2} = |E'_2|^2 G_{22} + |E'_2||E_3||Y_{23}|\cos(\delta_{23} - \theta_{23})$$
$$= (1.065)^2 (0.1591) + (1.065)(1.0)(6.0982) \cos(\delta_2 - 90.847°)$$
$$= 0.1804 + 6.4934 \sin(\delta_2 - 0.847°) \text{ 標么}$$

適合故障排除後的搖擺方程式為

$$\frac{d^2\delta_1}{dt^2} = \frac{180f}{11.2}\{3.5 - [0.6056 + 8.3955 \sin(\delta_1 - 1.664°)]\}$$
$$= \frac{180f}{11.2}[2.8944 - 8.3955 \sin(\delta_1 - 1.664°)] \text{ elec deg/s}^2$$

及

$$\frac{d^2\delta}{dt^2} = \frac{180f}{8.0}\{1.85 - [0.1804 + 6.4934 \sin(\delta_2 - 0.847°)]\}$$
$$= \frac{180f}{8.0}[1.6696 - 6.4934 \sin(\delta_2 - 0.847°)] \text{ elec deg/s}^2$$

例題 13.9 及例題 13.10 中所得的功率—角度方程式均為 (13.35) 式的型式，且相對應的搖擺方程式可假設有下列的型式

$$\frac{d^2\delta}{dt^2} = \frac{180f}{H}[P_m - P_c - P_{\max}\sin(\delta - \gamma)] \qquad (13.78)$$

其中右側括弧內的項次代表轉子的加速功率。因此，可以將 (13.78) 式寫成

$$\frac{d^2\delta}{dt^2} = \frac{180f}{H} P_a \quad \text{elec deg/s}^2 \tag{13.79}$$

其中
$$P_a = P_m - P_c - P_{\max}\sin(\delta - \gamma) \tag{13.80}$$

在下一節中，我們將討論針對指定的清除時間如何求解 (13.79) 式的方程式，以獲得時間為函數的 δ。

13.9 搖擺曲線之逐步解答

針對大型系統，我們利用數位計算機來決定我們想知道的所有電機之 δ 對 t 的關係；並且可以從某電機之 δ 與 t 的關係曲線，獲得該電機的搖擺曲線。角度 δ 是以時間的函數計算而得，而其量測是經過一段足夠的時間後，才決定 δ 是否無限制地增加，或是在到達某一最大值並開始下降。雖然後者之結果通常顯示為穩定狀態，但在實際的系統中需考慮許多變數，且需要一段足夠長的時間畫出 δ 對 t 的關係曲線，以確認 δ 沒有回到一個低的數值前不會再次增加。

針對不同的故障清除時間所決定之搖擺曲線，可發現故障清除前所能容許的時間長短。在故障發生之後，斷路器及其相關保護電驛的標準啟斷時間一般為 1、2、3、5 或 8 個週波，因此可以指定斷路器的啟斷速度。針對故障所做的計算，應從電機允許的最小傳送功率之位置及最嚴重的故障形式著手，以證明保護系統不至喪失穩定度。

對於獨立變數的微小增量，有許多不同的方法可以用來逐步計算二階微分方程的數值解。只有當使用計算機來計算時，比較細膩的方法才有可能實現。用於徒手計算的逐步法必須要比某些針對數位計算建議的方法更為簡單才可行。以徒手計算的方法中，在一短暫期間內轉子角度位置的變化，是依照下列的假設來計算：

1. 於某一時段的起始所計算的加速功率 P_a 為常數，此時段為自前一個時段的中點到所考慮的時段之中點。
2. 在任何時段，從該時段的中點所計算之角速度的值為常數。

當然，上述的兩項假設都不精確，因為 δ 是持續性的變化，而 P_a 與 ω 均為 δ 的函數。當時間區段縮短時，所計算的搖擺曲線更精確。圖 13.14(a) 有助於觀察這些假設，我們可以看到在 $n-1$、$n-2$ 及 n 時段的末

端以圓圈圈起的各點所計算之加速功率，而這些時段是 $n-1$、n 及 $n+1$ 時段的起始。

圖 13.14(a) 的步階曲線，是從各時段之中點間之 P_a 為常數的假設所產生的。同樣地，ω_r 為角速度 ω 超過同步角速度 ω_s 的值，如圖 13.14(b) 所示為步階曲線，在整個時段內為常數，其值為在該時段中點計算而得。在縱軸座標上 $n-\frac{3}{2}$ 與 $n-\frac{1}{2}$ 間，定值的加速功率使角速度發生變化。角速度的變化量，是加速度與時間時段的乘積，所以

$$\omega_{r,n-(1/2)} - \omega_{r,n-(3/2)} = \frac{d^2\delta}{dt^2}\Delta t = \frac{180f}{H}P_{a,n-1}\Delta t \tag{13.81}$$

在任何時段的 δ 變化量是此時段的 ω_r 與此時段的時間之乘積。因此，在

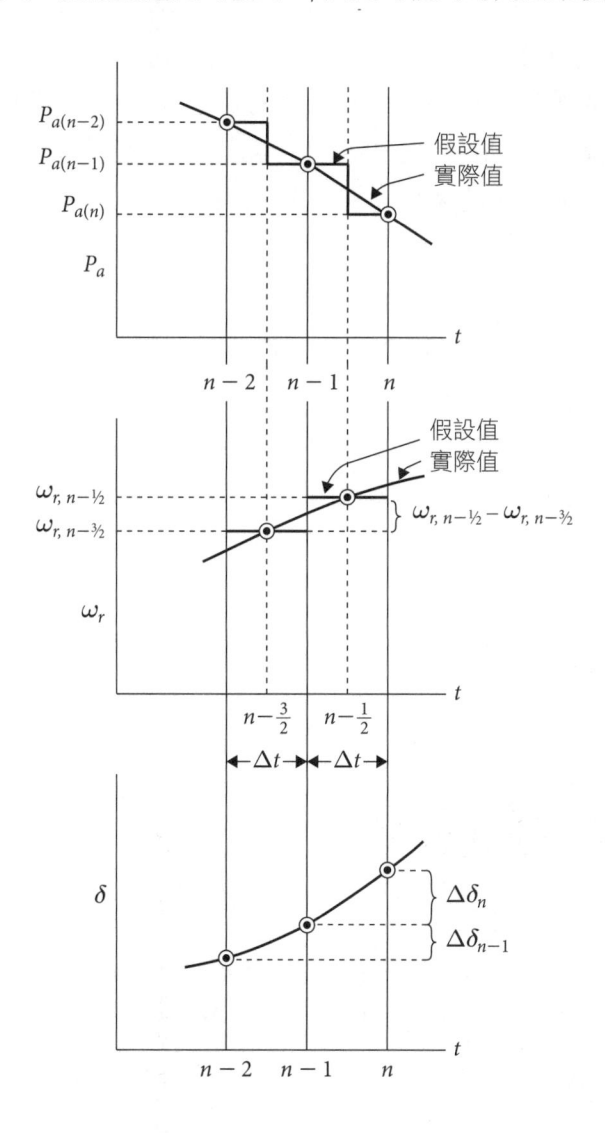

圖 13.14 P_a、ω_r 及 δ 的實際值與假設值均為時間的函數

電力系統分析

$n-1$ 時段中 δ 的變化為

$$\Delta\delta_{n-1} = \delta_{n-1} - \delta_{n-2} = \Delta t \times \omega_{r,n-(3/2)} \tag{13.82}$$

而在第 n 個時段內

$$\Delta\delta_n = \delta_n - \delta_{n-1} = \Delta t \times \omega_{r,n-(1/2)} \tag{13.83}$$

將 (13.83) 式減去 (13.82) 式,並以 (13.81) 式代入相減後的結果,可將所有的 ω_r 值消去,則得到

$$\Delta\delta_n = \delta_{n-1} + kP_{a,n-1} \tag{13.84}$$

其中

$$k = \frac{180f}{H}(\Delta t)^2 \tag{13.85}$$

(13.84) 式對於搖擺方程式的逐步解答是很重要的,因為它顯示如何基於該時段的加速功率,來計算時段內的 δ 變化及前一時段的 δ 變化。每一個新時段開始時便計算加速功率,此求解持續進行至獲得繪製搖擺曲線所需的足夠點為止。當 Δt 很小時,可得到較精確的解。通常 $\Delta t=0.05$ 秒便已足夠了。

故障發生會造成加速功率 P_a 的不連續性,加速功率在故障發生前其值為零,而在故障發生後瞬間成為一非零的數值。當 $t=0$ 時,不連續性發生在該時段的起始。參考圖 13.14,顯示我們的計算方法是假設在每一時段的起始,其計算所得的加速功率為常數,而此時段為前一時段的中間至所考慮時段的中間。當故障發生,在一個時段的起始將有兩個 P_a 值,而我們必須取兩者的平均值作為定值加速功率。上述程序將以下面的例子來說明。

例題 13.11

準備一個表格,針對例題 13.9 及例題 13.10 的 60 Hz 系統發生故障時,以逐步的方式繪製 2 號電機的搖擺曲線圖。故障發生後 0.225 秒時,故障線路的兩端斷路器同時開啟,將故障清除。

解:在不失一般性的原則下,我們考慮對 2 號電機進行詳細計算,至於計算並繪製 1 號電機的搖擺曲線則留給學生練習。因此,在以下的所有符號中,將表示電機編號的下標 2 移除。所有的計算均以 100 MVA 為基準的標么值。針對時間區段 $\Delta t=0.05$ 秒時,應用至 2 號電機的參數 k 為

$$k = \frac{180f}{H}(\Delta t)^2 = \frac{180 \times 60}{8.0} \times (0.05)^2 = 3.375 \text{ elec deg}$$

當故障發生在 $t=0$ 時，2 號電機的轉子角度並不會立即發生變化。因此，由例題 13.9 可知

$$\delta_0 = 16.19°$$

在故障期間

$$P_e = 0.1545 + 5.5023 \sin(\delta - 0.755°) \text{ 標么}$$

因此，在例題 13.9 中已經看到

$$P_a = P_m - P_e = 1.6955 - 5.5023 \sin(\delta - 0.755°) \text{ 標么}$$

在第一時段的起始，每一部發電機的加速功率皆呈現不連續性。在故障發生前 $P_a=0$，而故障發生後瞬間，發生

$$P_a = 1.6955 - 5.5023 \sin(16.19° - 0.755°) = 0.231 \text{ 標么}$$

在 $t=0$ 時，P_a 之平均值為 $\frac{1}{2} \times 0.2310 = 0.1155$ 標么。然後求得

$$kP_a = 3.375 \times 0.1155 = 0.3898°$$

利用數字下標區別時間區間，可求出 2 號電機在時間前進經過第一個時間區間從 0 到 Δt 時，其轉子角度的變化量

$$\Delta\delta_1 = 0 + 0.3898 = 0.3898°$$

因此在第一個時間區間終了時，可得

$$\delta_1 = \delta_0 + \Delta\delta_1 = 16.19° + 0.3898° = 16.5798°$$

且

$$\delta_1 - \gamma = 16.5798° - 0.755° = 15.8248°$$

在 $t=\Delta t=0.05$ 秒時，可得

$$kP_{a,1} = 3.375 \left[(P_m - P_c) - P_{\max} \sin(\delta_1 - \gamma) \right]$$
$$= 3.375 \left[1.6955 - 5.5023 \sin(15.8248°) \right] = 0.6583°$$

經過第二個時間區間，轉子角度增加

$$\Delta\delta_2 = \Delta\delta_1 + kP_{a,1} = 0.3898° + 0.6583° = 1.0481°$$

在第二個時間區間終了時

$$\delta_2 = \delta_1 + \Delta\delta_2 = 16.5798° + 1.0481° = 17.6279°$$

後續的計算步驟如表 13.6 所示。注意，在例題 13.10 中所求得的故障後方程式，對於此表是必要的。

在表 13.6 中，$P_{\max} \sin(\delta - \gamma)$、$P_a$ 以及 δ_n 的數值是在時間為 t 時計算所得，如表中第 1 行所示；然而，$\Delta\delta_n$ 為轉子角度在標示時間開始時的變化量。例如，$t=0.10$ 秒的該列中，角度 17.6279° 是計算所得的第一個數值，此數值是前一個時間區間（0.05 到 0.10 秒）內之轉子角度變化加上 $t=0.05$ 秒時的轉子

表 13.6 例題 13.11 就 0.225 秒故障清除時，2 號電機搖擺曲線之計算

$k = (180f/H)(\Delta t)^2 = 3.375$ 電機角度，故障排除前 $P_m - P_c = 1.6955$ 標么，$P_{max} = 5.5023$ 標么，及 $\gamma = 0.755°$。故障排除後，這些數值分別變成為 1.6696、6.4934 及 0.847。

t, s	$(\delta_n - \gamma)$, elec deg	$P_{max}\sin(\delta_n - \gamma)$, 標么	P_a, 標么	$kP_{a,n-1}$, elec deg	$\Delta\delta_n$, elec deg	δ_n, elec deg
0 −	—	—	0.00	—	—	16.19
0 +	15.435	1.4644	0.2310	—	—	16.19
0 av	—	—	0.1155	0.3898	—	16.19
					0.3898	
0.05	15.8248	1.5005	0.1950	0.6583	—	16.5798
					1.0481	
0.10	16.8729	1.5970	0.0985	0.3323	—	17.6279
					1.3804	
0.15	18.2533	1.7234	−0.0279	−0.0942	—	19.0083
					1.2862	
0.20	19.5395	1.8403	−0.1448	−0.4886	—	20.2945
					0.7976	
0.25	20.2451	2.2470	−0.5774	−1.9487	—	21.0921
					−1.1511	
0.30	19.0940	2.1241	−0.4545	−1.534	—	19.9410
					−2.6852	
0.35	16.4088	1.8343	−0.1647	−0.5559	—	17.2558
					−3.2410	
0.40	13.1678	1.4792	0.1904	0.6425	—	14.0148
					−2.5985	
0.45	10.5693	1.1911	0.4785	1.6151	—	11.4163
					−0.9833	
0.50	9.5860	1.0813	0.5883	1.9854	—	10.4330
					1.0020	
0.55	10.5880	1.1931	0.4765	1.6081	—	11.4350
					2.6101	
0.60	13.1981	1.4826	0.1870	0.6312	—	14.0451
					3.2414	
0.65	16.4395	1.8376	−0.1680	−0.5672	—	17.2865
					2.6742	
0.70	19.1137	2.1262	−0.4566	−1.5411	—	19.9607
					1.1331	
0.75	20.2468	2.2471	−0.5775	−1.9492	—	21.0938
					−0.8161	
0.80	19.4307	2.1601	−0.4905	−1.6556	—	20.2777
					−2.4716	
0.85	—	—	—	—	—	17.8061

角度而得。其次，$P_{max}\sin(\delta - \gamma)$ 是針對 $\delta = 17.6279°$ 時所計算。則可再計算出 $P_a = (P_m - P_c) - P_{max}\sin(\delta - \gamma)$ 及 kP_a。此 kP_a 值為 0.3323°，將此數值加到前一時段的角度變化 1.0481° 上，即可得出 $t = 0.10$ 秒為起始的時間區間內之轉

子角度變化 1.3804°。再將此值加到 17.6279° 得出 $t = 0.15$ 秒時的 $\delta = 19.0083°$，注意在 0.25 秒時，$P_m - P_c$ 的數值發生變化，這是因為在 0.225 秒時故障被排除。而 γ 角度也從 0.755° 變化到 0.847°。

當一故障在任何時間清除時，加速功率 P_a 會發生不連續現象。如表 13.6，當故障在 0.225 秒清除時，因為我們的程序是假設在某時段的中間為不連續，所以不需要特別的方法。在該時段（緊接著故障清除後）的起始，所假設的 P_a 定值是用來求解故障清除後的時段起始之際的 δ 值。

當故障清除是發生在某時段的初始時，例如在 3 個週期（0.05 秒），從發電機輸出功率的兩個表示式，可獲得兩個加速功率的數值。一個數值應用在故障期間，而另一個應用在故障清除之後。就以例題 13.11 的系統來說，如果這個不連續點發生於 $t = 0.05$ 秒時，此二數值的平均值被假設為從 0.025 至 0.075 秒之間的定值 P_a。此程序就如同 $t = 0$ 時的程序一樣，如表 13.6 中所表示。

依據表 13.6 中的相同程序，可以決定出在 0.225 秒故障清除時，1 號電機 δ 對 t 的關係，以及在 0.05 秒故障清除時，兩部電機的 δ 對 t 之關係。在下一節中，我們會看到當故障在 0.05 秒及 0.225 秒清除時，由數位計算機所列印出來的兩電機 δ 對 t 之相關數據。圖 13.5 中，針對兩電機所繪製的搖擺曲線顯示故障於 0.225 秒清除時，1 號電機呈現不穩定的狀態，而 2 號電機的轉子角度變化十分小，即使故障發生後 13.5 週期仍未將故障清除時也都很小。

因此，我們會對於利用 13.5 節的線性化程序來計算轉子振盪頻率的近似

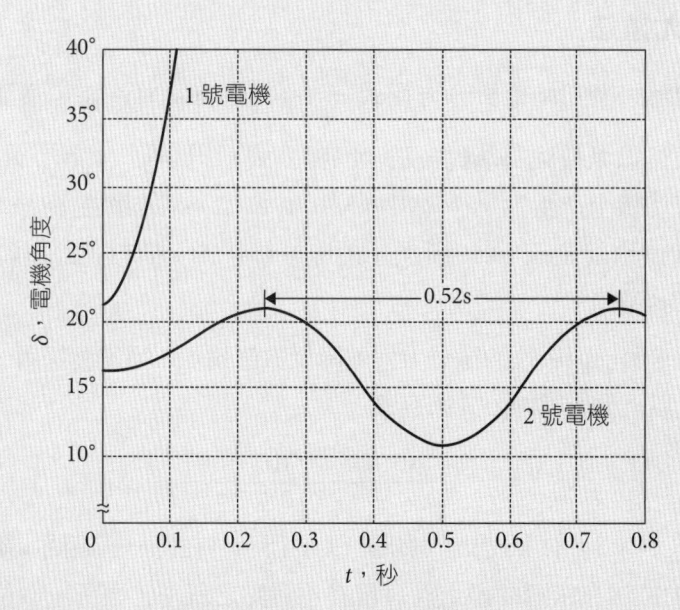

圖 13.15 例題 13.9 至例題 13.11 中，故障清除時間為 0.225 時，1 號與 2 號電機的搖擺曲線

值感到興趣。從故障後的功率—角度方程式，計算 2 號電機的同步功率係數為

$$S_p = \frac{dP_e}{d\delta} = \frac{d}{d\delta}[0.1804 + 6.4934 \sin(\delta - 0.847°)]$$
$$= 6.4934 \cos(\delta - 0.847°)$$

從表 13.6 注意到 2 號電機的角度 δ 是介於 10.43° 到 21.09° 之間。利用任一個角度所求得的 S_p 值，其差距都很小。若採用平均值 15.76°，可得

$$S_p = 6.274 \text{ 標么功率／電機徑度}$$

並依 (13.50) 式可得振盪頻率為

$$f_n = \frac{1}{2\pi}\sqrt{\frac{377 \times 6.274}{2 \times 8}} = 1.935 \text{ Hz}$$

從上式可計算出振盪週期為

$$T = \frac{1}{f_n} = \frac{1}{1.935} = 0.517 \text{ (秒)}$$

從圖 13.15 及表 13.6 可以確定 2 號電機的週期 T 之數值。當故障在小於 0.225 秒的時間內排除時，可預期會有更精確的結果，這是因為轉子的搖擺會相對更小。

在下面的討論中，將會介紹兩種求解搖擺方程式更普通的方法，分別是以尤拉 (Euler's) 法及四階朗吉—庫塔 (Runge-Kutta) 法為基礎的改良法。

改良式尤拉法

當求解一階初始值微分方程式 $\frac{dy}{dt} = f(t, y)$，$y(t_0) = y_0$ 時，最簡單的數值方法便是以尤拉法為基礎，結合回歸公式 $y^{(i+1)} = y^{(i)} + f(t^{(i)}, y^{(i)})\Delta t$，在連續的正切線上產生點 $y^{(i)}$，其中 $i = 0, 1, 2, ...$，來求解在 $t^{(i)} = t^{(0)} + i\Delta t$ 上的曲線（也就是圖 13.16 所顯示的 $t_i = t_0 + i\Delta t$），其中 Δt 為時間區間（或是時間步階）。

為了求解前面所提的微分方程並降低數值誤差，通常會採用改良式尤拉法，且以下列的回歸公式來定義

$$y^{(i+1)} = y^{(i)} + \frac{f(t^{(i)}, y^{(i)}) + f(t^{(i+1)}, y^{(i+1)*})}{2} \Delta t \tag{13.86}$$

其中 $y^{(i+1)*} = y^{(i)} + f(t^{(i)}, y^{(i)})\Delta t$。如圖 13.16 所示，在每一個時間步階的斜率 m_a 是由尤拉法在求解曲線上計算現在位置點之斜率，與下一個位置點之斜率的平均值來獲得。要注意的是，在圖 13.16 中，$t_i = t^{(i)}$，$y_i = y^{(i)}$，$i =$

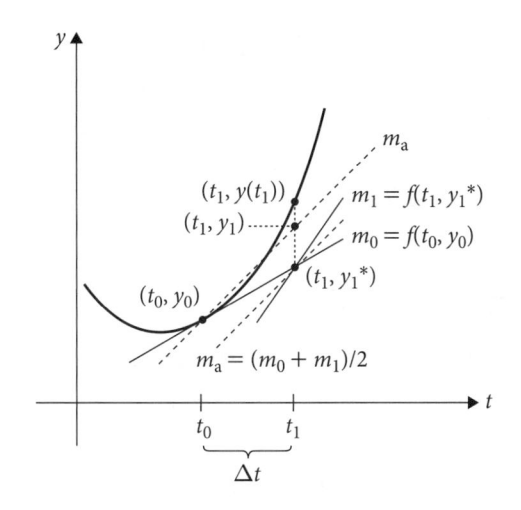

圖 13.16 尤拉法及改良式尤拉法的圖形說明

0, 1，$y_i^* = y^{(i)*}$，且 $y(t_1)$ 為針對在 t_1 時 y 的一般表示式的實際解。

當把改良式尤拉法應用在 (13.79) 式與 (13.80) 式的搖擺方程式時，我們可以把二階微分方程式表示成下列二個一階微分方程式，類似於 (13.15) 式與 (13.16) 式：

$$\frac{d\delta}{dt} = \omega - \omega_s \tag{13.87}$$

$$\begin{aligned}\frac{d\omega}{dt} &= \frac{180f}{H}(P_m - P_e) \\ &= \frac{180f}{H}[P_m - P_c - P_{\max}\sin(\delta - \gamma)]\end{aligned} \tag{13.88}$$

則針對上面兩個方程式在第 $(i+1)$ 的時間步階的 δ 與 ω 之更新解如下：

$$\delta^{(i+1)} = \delta^{(i)} + \frac{\left(\left.\frac{d\delta}{dt}\right|_{\omega^{(i)}} + \left.\frac{d\delta}{dt}\right|_{\omega^{(i+1)*}}\right)}{2}\Delta t \tag{13.89}$$

$$\omega^{(i+1)} = \omega^{(i)} + \frac{\left(\left.\frac{d\omega}{dt}\right|_{\delta^{(i)}} + \left.\frac{d\omega}{dt}\right|_{\delta^{(i+1)*}}\right)}{2}\Delta t \tag{13.90}$$

其中

$$\delta^{(i+1)*} = \delta^{(i)} + \left.\frac{d\delta}{dt}\right|_{\omega^{(i)}}\Delta t \tag{13.91}$$

$$\omega^{(i+1)*} = \omega^{(i)} + \left.\frac{d\omega}{dt}\right|_{\delta^{(i)}}\Delta t \tag{13.92}$$

且

$$\left.\frac{d\delta}{dt}\right|_{\omega^{(i+1)\star}} = \omega^{(i+1)\star} - \omega_s \tag{13.93}$$

$$\left.\frac{d\omega}{dt}\right|_{\delta^p_{(i+1)}} = \frac{180f}{H}[P_m - P_c - P_{\max}\sin(\delta - \gamma)]_{\delta^{(i+1)\star}} \tag{13.94}$$

四階朗吉─庫塔法

接下來,下面要說明四階朗吉─庫塔法求解搖擺方程式。假設具有變數 y 與 z 的兩個一階微分方程式,如 (13.95) 式及 (13.96) 式所示

$$\frac{dy}{dt} = f(y, z, t) \tag{13.95}$$

$$\frac{dz}{dt} = g(y, z, t) \tag{13.96}$$

兩個變數的初始條件為 y^0 及 z^0,且預先選擇時間步階為 Δt,在第 i 個時間步階時的 y 與 z 之變化,$i\Delta t$,$i=0, 1, 2, 3,\ldots$,由下列決定

$$\Delta y^{(i)} = y^{(i+1)} - y^{(i)} = \frac{1}{6}(k_0 + 2k_1 + 2k_2 + k_3) \tag{13.97}$$

$$\Delta z^{(i)} = z^{(i+1)} - z^{(i)} = \frac{1}{6}(l_0 + 2l_1 + 2l_2 + l_3) \tag{13.98}$$

其中 k_j 及 l_j,$j = 0, 1, 2, 3$,為與斜率有關的常數,並且依據 (13.99) 式至 (13.106) 式來計算

$$k_0 = f(y^{(i)}, z^{(i)}, t^{(i)})\Delta t \tag{13.99}$$

$$k_1 = f\left(y^{(i)} + \frac{1}{2}k_0, z^{(i)} + \frac{1}{2}l_0, t^{(i)} + \frac{1}{2}\Delta t\right)\Delta t \tag{13.100}$$

$$k_2 = f\left(y^{(i)} + \frac{1}{2}k_1, z^{(i)} + \frac{1}{2}l_1, t^{(i)} + \frac{1}{2}\Delta t\right)\Delta t \tag{13.101}$$

$$k_3 = f(y^{(i)} + k_2, z^{(i)} + l_2, t^{(i)} + \Delta t)\Delta t \tag{13.102}$$

$$l_0 = g(y^{(i)}, z^{(i)}, t^{(i)})\Delta t \tag{13.103}$$

$$l_1 = g\left(y^{(i)} + \frac{1}{2}k_0, z^{(i)} + \frac{1}{2}l_0, t^{(i)} + \frac{1}{2}\Delta t\right)\Delta t \tag{13.104}$$

$$l_2 = g\left(y^{(i)} + \frac{1}{2}k_1, z^{(i)} + \frac{1}{2}l_1, t^{(i)} + \frac{1}{2}\Delta t\right)\Delta t \tag{13.105}$$

$$l_3 = g(y^{(i)} + k_2, z^{(i)} + l_2, t^{(i)} + \Delta t)\Delta t \tag{13.106}$$

針對每一個時間步階的增量,兩個變數的數值由 (13.107) 式及 (13.108) 式來更新

$$y^{(i+1)} = y^{(i)} + \Delta y^{(i)} \tag{13.107}$$

$$z^{(i+1)} = z^{(i)} + \Delta z^{(i)} \tag{13.108}$$

當應用朗吉—庫塔法來求解 (13.79) 式與 (13.80) 式的搖擺方程式時,我們可以將這個二階微分方程式表示成 (13.87) 式與 (13.88) 式的兩個一階微分方程式,類似於 (13.15) 式與 (13.16) 式。

為了利用朗吉—庫塔法來求解例題 13.9 所描述的電機 1 與電機 2 的搖擺方程式之解,針對每一台電機,我們會有 (13.87) 式與 (13.88) 式的兩個一階微分方程式,初始條件一如在相同例題中所求得的 $\delta_1^0 = 20.82°$,$\delta_2^0 = 16.19°$,及 $\omega_1^0 = \omega_2^0 = 0$。圖 13.17 顯示當故障在 0.05 秒被清除時,兩部電機的搖擺曲線解。

其結果顯示兩台電機均穩定。此結果類似於圖 13.15 在 0.225 秒清除故障所獲得的情形。然而,在 0.20 秒故障清除時,同樣也顯示該系統是穩定的。等面積法則確認這個實際的臨界清除時間介於 0.20 與 0.225 秒之間(參考問題 13.16)。在問題 13.18 中,會要求讀者針對例題 13.11,以改良式尤拉法求解,並將結果與朗吉—庫塔法所得到的做比較。

可以藉由執行 MATLAB 程式所撰寫的 ex13_11b.m 檔案,來獲得圖 13.17。

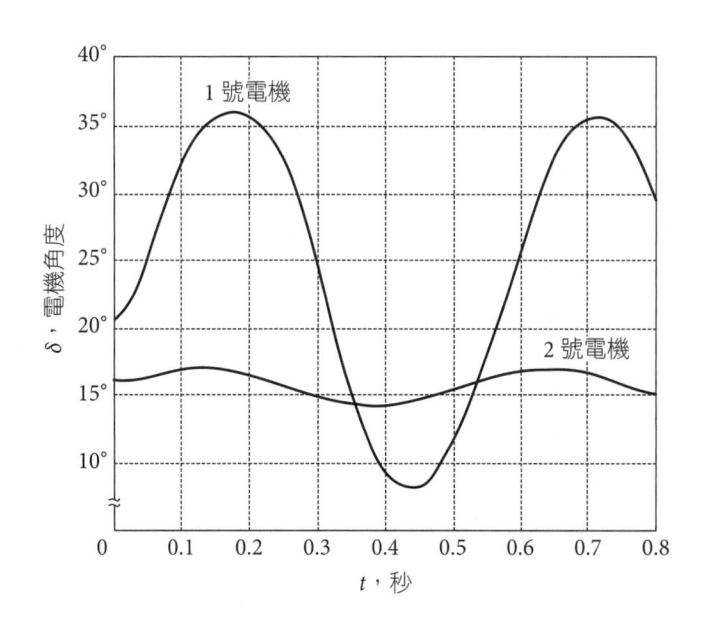

圖 13.17 例題 13.9 至例題 13.11 的 1 號電機及 2 號電機,當故障在 0.05 秒被清除時,利用四階朗吉—庫塔法所計算的搖擺曲線

於前述例題中，所考量的故障位置讓我們有可能分別計算每一部電機的搖擺曲線。當選擇其他的故障位置時，因為兩部發電機並未解耦，所以會產生電機間的振盪，則搖擺曲線的計算量會更為龐大。在此情況下，徒手計算是很耗時間的，應該要避免，應該善用多用途的計算機程式。

13.10 以計算機程式做暫態穩定度之研究

當前針對暫態穩定度研究的計算機程式，乃是基於兩項基本需求而發展：(1) 包含許多部電機的龐大互連系統研究之需求；(2) 以更詳細的模型來表示電機及其相關的控制系統之需求。傳統的電機表示法適用於許多研究。然而，針對現代渦輪發電機及依電機與控制系統設計的許多先進技術所決定之動態特性，可能需要更詳盡的模型。

傳統的穩定度研究中，是採用最簡單又可能的同步電機模型。針對系統擾動下的次暫態與暫態期間之直軸及正交軸磁通條件，提供了更複雜的電機模型。只有在直軸中能提供場繞組的變化磁通鏈之模型，才能夠表示所有現代電機所配備的長期工作之自動電壓調整器與激磁系統的行為。自動地控制輸入至發電機組之機械功率的汽輪機控制系統，也具有影響轉子動力學的動態響應特性。如果這些控制機構能被表示出來，則發電機組的模型就必須進一步的擴大。

更複雜的發電機模型將使每一部電機所需的微分與代數方程式大為增加。在大型系統的研究中，許多發電機經由大規模的輸電系統供電給散布於廣大區域的負載中心，而這些輸電系統的功能必須藉由數量龐大的代數方程式來表示。因此，根據系統擾動的發生，每一個時間區間必須同時求解兩組方程式。一組是由網路及其負載之穩態行為的代數方程式，以及與同步發電機的 V 和 E' 有關的代數方程式所組成。另一組是由描述電機的動態電機性能及其相關的控制系統之微分方程式所組成。

在第 7 章所提到的牛頓拉弗森負載潮流程序是求解網路方程式最常使用的求解技巧。針對微分方程式的數值積分求解，可在所熟知的數種逐步程序中選擇一種。而四階的朗吉—庫塔法在制式的暫態穩定度程式中經常被採用。其他可供選用的方法，如已知的尤拉法、改良式尤拉法、梯形法 (trapezoidal method) 及預測校正法 (predictor-corrector method) 等類似 13.9 節所詳述的逐步計算法。這些方法中的每一種在與其相關的數值穩定度、

表 13.7 例題 13.9 至例題 13.11 的 1 號與 2 號電機，在故障分別於 0.225 秒與 0.05 秒清除時，由計算機模擬輸出的搖擺曲線

	於 0.225 秒故障清除			於 0.05 秒故障清除	
時間	1 號電機角度	2 號電機角度	時間	1 號電機角度	2 號電機角度
0.00	20.8	16.2	0.00	20.8	16.2
0.05	25.1	16.6	0.05	25.1	16.6
0.10	37.7	17.6	0.10	32.9	17.2
0.15	58.7	19.0	0.15	37.3	17.2
0.20	88.1	20.3	0.20	36.8	16.7
0.25	123.1	20.9	0.25	31.7	15.9
0.30	151.1	19.9	0.30	23.4	15.0
0.35	175.5	17.4	0.35	14.6	14.4
0.40	205.1	14.3	0.40	8.6	14.3
0.45	249.9	11.8	0.45	6.5	14.7
0.50	319.3	10.7	0.50	10.1	15.6
0.55	407.0	11.4	0.55	17.7	16.4
0.60	489.9	13.7	0.60	26.6	17.1
0.65	566.0	16.8	0.65	34.0	17.2
0.70	656.4	19.4	0.70	37.6	16.8
0.75	767.7	20.8	0.75	36.2	16.0

時間步階大小、每一次積分步驟的計算耗費，及所得解答的精確度方面，都各有其優缺點。

表 13.7 顯示例題 13.11 的 1 號與 2 號電機，針對故障分別於 0.225 秒與 0.05 秒清除時，由計算機模擬輸出的搖擺曲線。這些結果是利用制式的穩定度程式結合牛頓拉弗森電力潮流程式與四階朗吉—庫塔程序所獲得的。有趣的是，當故障在 0.225 秒被清除時，比較表 13.6 的手算數值與表 13.7 中的 2 號電機之數值，發現這兩者非常相似。

針對負載定導納值的假設，允許將這些導納併入匯流排導納矩陣 Y_{bus} 之內，因此可避免在利用朗吉—庫塔計算更精確的解答時，所需要的電力潮流計算。朗吉—庫塔法為四階的計算，針對每一個時間步階需重複四次的電力潮流計算。

多電機暫態穩定度求解程序的主要步驟摘要如下：

步驟 1　給予所研究系統的線路資料及匯流排資料。

步驟 2　針對故障前的系統，執行電力潮流分析。

步驟 3　根據 (13.74) 式及 (13.75) 式，建立包括每一部發電機的暫態電抗及負載導納的故障前網路導納矩陣。

步驟 4　利用步驟 2 所獲得的發電機匯流排電壓，並藉由 (13.74) 式計算出每一部發電機的內部電壓。

步驟 5　針對步驟 3 所獲得的網路導納，執行 6.2 節所描述的克農消去法，以消除發電機內部匯流排之外的所有匯流排。

步驟 6　利用 (13.37) 式及發電機初始傳送的電力，計算出轉子角度 $\delta^{(0)}$ 的初始值。初始的轉子速度為同轉速，$\omega^{(0)} = \omega_s$。

步驟 7　指定模擬時間步階 Δt 及模擬時間長度 t_{mx}，並令 $t=0$。

步驟 8　指定故障情況，包括 (1) 匯流排短路，或 (2) 線路短路，或 (3) 線路的跳脫。針對第 (1) 種情形，令故障匯流排電壓為零；針對第 (2) 或第 (3) 種情形，更新網路導納矩陣。

步驟 9　由 (13.35) 式及 (13.36) 式計算每一部發電機的輸出電力。

步驟 10　針對代表搖擺方程式的 (13.87) 式與 (13.88) 式，應用 (13.89) 式至 (13.94) 式或改良式尤拉法，或基於四階朗吉—庫塔法的 (13.95) 式至 (13.108) 式，分別獲得轉子角度的增加量及目前時間步階 $t=t+\Delta t$ 的速度。

步驟 11　根據步驟 10 所獲得的資料，更新每一部發電機的內部電壓。

步驟 12　檢查是否 $t \geq t_{mx}$。如果是，則停止，否則回到步驟 8。

13.11　影響暫態穩定度的因素

可以用來指示發電機組相對穩定度的兩個因素為：(1) 故障期間及故障後電機搖擺的角度；(2) 臨界清除時間。本章中可以很明顯地看出 H 常數及發電機組的暫態電抗 X_d' 對於這兩個因數有直接的影響。

(13.84) 式及 (13.85) 式顯示在任何時間區間內，H 常數愈小，搖擺角度愈大。另一方面，(13.36) 式顯示當電機的暫態電抗增加時，其 P_{max} 會減少。這是因為暫態電抗形成整個串聯電抗的一部分，而串聯電抗又是系統的轉移導納之倒數。檢視圖 13.11 可看出當 P_{max} 減少時，三功率曲線均往下降。因此，針對一已知的轉軸功率 P_m 而言，初始轉子角度 δ_0 增加，則 δ_{max} 將減少，且對於較小的 P_{max} 而言，δ_0 及 δ_{cr} 之間的差距會較小。最

後之淨結果為一個減小的 P_{max}，使得電機在達到臨界清除角度以前，從原來位置經由一小角度搖擺。因此，降低 H 常數及增加電機的暫態電抗 X'_d，會縮短臨界清除時間，並降低在暫態情況下維持穩定度的機率。

當電力系統的大小持續增加時，可能相對需要較大額定的發電機組。這些大型機組具有先進的冷卻系統，允許較高的額定容量而不需過分增加轉子的大小。因此，造成 H 常數持續減小，並對於發電機組的穩定度具有潛在的危害。同時，這種提升額定的過程，會造成較高的暫態及同步電抗的趨勢，使得設計一個可靠且穩定系統的工作更具挑戰性。

幸運的是，穩定度控制技術及輸電系統設計，也已經逐步增加整個系統的穩定度。控制結構包括：

- 激磁系統
- 渦輪機閥門控制
- 斷路器的單極運轉
- 較快的故障清除時間

系統設計的策略目的在於降低系統電抗，包括：

- 最小變壓器電抗
- 線路的串聯電容器補償
- 額外的輸電線路

當故障發生時，系統所有匯流排的電壓均將降低。在發電機的端點，當偵測到電壓減少時，自動電壓調整器於激磁系統內將動作以恢復發電機的端電壓。激磁系統的一般效應是在故障發生之後，降低初始轉子搖擺角度。這可以經由在電壓調整器順向路徑上的放大器作用，以提升發電機場繞組的電壓來達成。此時增加的氣隙磁通在轉子上施加一個抑制扭力，使其運動逐漸減緩。現代的激磁系統採用閘流體控制，對匯流排電壓的降低能快速反應，並且對於發電機升壓變壓器的高壓側匯流排發生三相故障時，將有 0.5 至 1.5 週期的故障清除時間增益。

當發電機組附近發生嚴重的系統故障時，現代電動液壓渦輪調速系統具備關閉渦輪閥門的能力，以降低機組加速。一旦偵測出機械輸入與電力輸出有任何差異時，控制動作會引發閥門關閉以減少功率輸入。如此可獲得 1 至 2 週期的臨界清除時間增益。

於故障期間減少系統的電抗，將造成 $r_1 P_{max}$ 增加並減少圖 13.11 的加速面積。如此一來，維持穩定度的可能性因此增加。因為單相故障比三相故障更常發生，電驛架構允許單獨的或選擇性的動作斷路器之極數，如此可用來清除故障相位，並保持未故障的相位能繼續運轉。針對斷路器 (stuck-breaker) 的每一極可提供分開的電驛系統、跳脫線圈及操作機構，如此可減輕三相故障後斷路器無法開啟的意外事故。重要斷路器的獨立極運作時，可能將臨界清除時間延長 2 至 5 週期，時間長短將視故障情況下是 1 極或 2 極無法開啟而定。這樣的臨界清除時間增益具有相當的重要性，尤其針對系統穩定度的後備清除時間有問題時。

提高 P_{max} 的另一方法是降低輸電線路的電抗。藉串聯電容器補償線路電抗，對於穩定度的增加是一種經常使用的經濟方法。而增加兩點間的並聯線路數量是降低電抗常用之方法。當使用並聯輸電線路取代單一線路時，除非故障係發生在線路連接的匯流排，否則在其中一條線路發生三相故障期間，仍將有一些電力經由剩下的線路傳送。如果有兩條線路並聯，當一條線路上發生其他形式的故障時，故障期間此系統傳送之功率會比僅有單一線路的系統所傳送的功率還多。兩條以上的並聯線路，於故障期間可傳送之功率更大。發電機的輸入功率減去傳送至系統的功率，便可以得到加速功率。因此，在故障期間，傳送至系統的功率愈多，愈可降低電機轉子的加速度，並提高穩定度。

13.12 總結

本章闡述了電力系統穩定度分析的基本原理。從旋轉運動的基本原理開始，直到發展出控制每一部發電機組之電機動態行為的搖擺方程式。因為從發電機組的電力輸出是轉子角的非線性函數，因此搖擺方程式也顯現出非線性的特性。因為是非線性的，所以搖擺方程式的解通常需採用反覆疊代的逐步方法。兩部有限電機（或是一部電機運轉在無限匯流排上）的特殊情況中，可以採用穩定度動態特性的搖擺方程式。因為從發電機組輸出的電力是轉子角度的非線性函數之等面積法則，來計算臨界清除角。然而，在求解臨界清除時間（從故障發生到故障隔離，系統呈現暫態穩定的最大經過時間）之際，一般會需要搖擺方程式的數值解。

關於多電機案例的傳統穩定度研究及其基本假設均已說明，且求解系統搖擺方程式的簡單逐步程序也透過數值加以闡述。由此也提供了一個準

第13章 電力系統穩定度

則，以進一步研究具工業標準、採用強力數值技巧的商用級計算機程式。

電力系統的暫態穩定度受許多其他因數的影響，這些因數與系統網路的設計、保護系統以及和每一部發電機組相關的控制機構都有關聯。

問題複習

13.1 節

13.1 如果針對分析的目的，所有描述電力系統運轉狀況的量測或計算之物理量可以被視為常數時，則系統是處於穩態運轉中。(對或錯)

13.2 如果暫態穩定度研究包含較大的擾動時，將系統方程式線性化是被允許的。(對或錯)

13.3 針對所有穩定度研究的基本假設所闡述之內容為何？

13.4 第一次搖擺暫態穩定度研究採用一個合理簡單的發電機模型，此模型由暫態內部電壓與暫態電抗所組成。像這樣的研究中，發電機組的激磁系統及渦輪控制系統均未呈現。(對或錯)

13.5 穩定度研究的目標是決定電機的轉子受擾動後是否會回到定速度運轉。(對或錯)

13.2 節

13.6 搖擺方程式為一個線性二階的微分方程式。(對或錯)

13.7 針對一部同步發電機，慣量轉矩 J (單位為 kg-m^2) 與 H 常數 (單位為百萬焦耳／百萬伏安) 之間的關係為何？

13.3 節

13.8 一部同步發電機，其額定為 1000 MVA，3600 r/mim，且慣量轉矩為 240,000 kg-m^2。試計算電機的 H 常數。

13.9 一個具有連接至相同匯流排之兩部發電機的電廠，以電氣方式遠離網路擾動，而兩部發電機的轉子以機械方使耦合。如果 H_1 與 H_2 分別為兩部電機的 H 常數，則電廠的等效 H 常數為何？

13.4 節

13.10 在暫態穩定度的研究中，同步發電機以它的次暫態內部電壓與次暫態電抗來表示。(對或錯)

13.11 何謂電力─角度曲線？

13.5 節

13.12 在電力─角度方程式中，如果角度被限制在很小的增量變化下，則維持正弦振盪的角度變化之線性二階微分方程式解的條件為何？

13.6 節

13.13 試針對一部同步電機連接至無限匯流排的系統，推導其等面積法則。

13.14 等面積法則應用在暫態穩定度的情況中，來分析一個無限匯流排。下列敘述何者錯誤？
    a. 如果故障清除時間小於臨界清除時間，則系統是穩定的。
    b. 如果故障清除時間大於臨界清除時間，則系統是穩定的。
    c. 如果加速區域等於減速區域，則系統是穩定的。

13.15 根據圖 13.10，試推導臨界清除角。

13.7 節

13.16 當一部發電機經由兩條並聯輸電線路供給電力給一個無限匯流排時，在穩定情況下將一條線路斷開，即便是負載可以經由剩下的線路供電，仍會使發電機失去同步。(對或錯)

13.17 為了完整的可靠度，系統應該針對在最差的位置發生單相故障的穩定度來設計。

13.8 節

13.18 針對所有穩定度的研究，除了 13.1 節中所描述的基本假設之外，在建構傳統穩定度模型的暫態穩定度研究中，一般還做了哪些額外的假設？

13.19 在多電機暫態穩定度的研究中，所需要的兩個預備步驟為何？

13.9 節

13.20 故障清除時，在針對不同的清除時間決定出搖擺曲線之前，我們無法求出所允許的時間長度。(對或錯)

13.21 針對多電機暫態穩定度問題，其解析解可以輕易獲得。(對或錯)

13.22 改良式尤拉法與朗吉—庫塔法為數值方法，可以用來求解多電機暫態穩定度問題。(對或錯)

13.11 節

13.23 降低 H 常數及增加電機的暫態電抗 X_d' 可能會縮短臨界清除時間並降低在暫態情況下維持穩定度的機率。(對或錯)

13.24 顯示發電機組相關穩定度的兩個因素為何？

13.25 利用串聯電容器針對輸電線路電抗進行補償，是一種增加穩定度的經濟方法。

問題

13.1 一部 60 Hz，四極的發電機，其額定為 500 MVA，22 kV，且具有 H=7.5 MJ/MVA 的慣性常數。試求：(a) 在同步速率時，儲存於轉子之動能，及 (b) 當輸入減去旋轉損失後為 740,000 馬力 (注意，1 馬力 =746 瓦)，如果電功率輸出為 400 MW，則角加速度為何？

13.2 如果問題 13.1 所描述的發電機加速度計算，在 15 週期之內為一常數，試求在該期間內以電氣角度表示的 δ 之變化，以及在 15 週期結束時的速度，以每分鐘轉速 (rpm) 來表示。假設此發電機與一大型系統同步，並且在 15 週波開始前並無任何加速轉矩。

13.3 問題 13.1 的發電機，當一故障降低電功率輸出 40% 時，並且以 0.8 落後功因傳送額定之 MVA。試求在故障發生時的加速轉矩，以牛頓—公尺表示。忽略各種損失，並且假設轉軸的輸入功率為常數。

13.4 試求問題 13.1 的發電機慣量常數 J。

13.5 一部具有 $H=6$ MJ/MVA 的發電機經由電抗網路與一部具有 $H=4$ MJ/MVA 的同步電動機連接。當故障發生時，發電機正傳送 1.0 標么的電力至電動機，而故障會減少電力傳送。當電力傳送減少至 0.6 標么時，試決定發電機相對於電動機的角加速度。

13.6 一電力系統與例題 13.3 所示的系統相同，除了每一條並聯輸電線路的阻抗為 $j0.5$，以及當電機的端電壓與無限匯流排的電壓均為 1.0 標么時，其傳送功率為 0.8 標么。試決定在指定的運轉情況期間，系統的功率—角度方程式。

13.7 如果問題 13.6 之電力系統的其中一條輸電線路，在距離線路送電端 30% 線路長度之處發生三相故障，試求 (a) 故障期間的功率—角度方程式，及 (b) 搖擺方程式。假設發生故障時，系統運轉在問題 13.6 所指定的情況下，令 $H=5.0$ MJ/MVA，與例題 13.4 相同。

13.8 輸電網路中的串聯電阻使 (13.80) 式中的 P_c 及 γ 為正數。針對一已知的輸出電功率，試證明電阻對同步係數 S_p、轉子振盪頻率及這些振盪的阻尼效應。

13.9 一部具有 $H=6.0$ MJ/MVA 的發電機，經由一純電抗網路傳送 1.0 標么的功率到一個無限匯流排，當故障發生時，會將發電機的輸出功率降為零。可以被傳送的最大功率為 2.5 標么。當故障清除後，系統再次恢復到原來的網路狀態。試求臨界清除角及臨界清除時間。

13.10 一部 60 Hz 的發電機經由一電抗網路供應 60% 的 P_{max} 至一無限匯流排。故障發生時，使發電機內部電壓與無限匯流排之間的網路電抗增加 400%。當故障排除後，可以被傳送的最大功率變成原來最大功率的 80%。針對所描述的情況，試求臨界清除角。

13.11 如果問題 13.10 的發電機具有 $H=6$ MJ/MVA 的慣性常數以及 P_m（等於 $0.6 P_{max}$）為 1.0 標么之功率，試求在問題 13.10 狀況下的臨界清除時間。利用 $\Delta t=0.05$ 秒，撰寫一個 MATLAB 程式，繪出必要的搖擺曲線。

13.12 針對問題 13.6 及問題 13.7 所描述的系統及其故障情形，如果該故障在故障發生後 4.5 週期時，同時開啟故障線路兩端之斷路器來排除故障，試求功率—角度方程式。然後，利用 MATLAB 程式繪出發電機的搖擺曲線，直到 $t=0.25$ 秒為止。

13.13 擴展表 13.6 以求出 $t=1.00$ 秒時的 δ 值。

13.14 如果故障於 0.05 秒時排除，利用 13.9 節所敘述的方法，撰寫一個 MATLAB 程式來計算例題 13.9 至例題 13.11 中電機 2 的搖擺曲線。並比較由制式程式所得的數值結果與表 13.7 中所列之數值。

13.15 如果例題 13.9 的系統，在匯流排 ⑤ 的線路 ④-⑤ 上發生三相故障，在故障發生後 4.5 週期時，同時開啟線路兩端的斷路器以清除故障。試準備一個如同表 13.6 的表格，畫出電機 2 的搖擺曲線，直到 $t=0.3$ 秒為止。

13.16 將等面積法則應用在例題 13.9 及例題 13.10 中所求得的電機 1 搖擺曲線，(a) 試推導出臨界清除角的方程式，(b) 利用試誤法 (trial and error) 解方程式並求出 δ_{cr} 的數值，及 (c) 利用 (13.72) 式求出臨界清除時間。

13.17 以表 13.4 所示的導納矩陣為基礎，繪製出圖 13.13 的故障前網路模型。

13.18 以改良式尤拉法，針對清除時間為 0.225 秒及 0.05 秒，撰寫一個 MATLAB 程式重做例題 13.11。並將所得的解答與朗吉—庫塔法的結果作比較。

附錄

表 A.1 變壓器電抗的典型範圍 †

25,000 kVA 及以上的電力變壓器

標稱系統電壓，kV	迫風冷卻，%	迫油冷卻，%
34.5	5–8	9–14
69	6–10	10–16
115	6–11	10–20
138	6–13	10–22
161	6–14	11–25
230	7–16	12–27
345	8–17	13–28
500	10–20	16–34
700	11–21	19–35

† 百分比是以額定仟伏安為基準所計算。典型的變壓器現在大多設計成如表中所顯示的最小電抗值。配電變壓器具有相當低的電抗。變壓器的電阻通常低於 1%。

表 A.2 三相同步電機的典型電抗 †

數值單位為標么值。針對每一個電抗，其數值範圍列在典型值的下方 ‡

	渦輪－發電機				凸極發電機	
	2 極		4 極			
	普通冷卻	導體冷卻	普通冷卻	導體冷卻	有阻尼	無阻尼
X_d	1.76 1.7–1.82	1.95 1.72–2.17	1.38 1.21–1.55	1.87 1.6–2.13	1 0.6–1.5	1 0.6–1.5
X_q	1.66 1.63–1.69	1.93 1.71–2.14	1.35 1.17–1.52	1.82 1.56–2.07	0.6 0.4–0.8	0.6 0.4–0.8
X_d'	0.21 0.18–0.23	0.33 0.264–0.387	0.26 0.25–0.27	0.41 0.35–0.467	0.32 0.25–0.5	0.32 0.25–0.5
X_d''	0.13 0.11–0.14	0.28 0.23–0.323	0.19 0.184–0.197	0.29 0.269–0.32	0.2 0.13–0.32	0.30 0.2–0.5
X_2	$=X_d''$	$=X_d''$	$=X_d''$	$=X_d''$	0.2 0.13–0.32	0.40 0.30–0.45
X_0 §						

† 資料由 ABB Power T & D 公司提供。
‡ 較老舊電機的電抗一般會接近最小值。
§ X_0 隨電樞繞組節距的變化極大，因此無法列出平均值。其變化從 X_d'' 的 0.1 至 0.7。

表 A.3 裸鋼心鋁線（ACSR）的電氣特性 [†]

名稱	鋁面積 圓密爾	股數 鋁/鋼	鋁層數	外徑 英寸	直流，20°C Ω/千英尺	電阻 交流，60 Hz 20°C時 Ω/英里	電阻 交流，60 Hz 50°C時 Ω/英里	GMR D_s, 英尺	感抗，X_a Ω/英里	容抗，X_a' MΩ·英里
Waxwing	266,800	18/1	2	0.609	0.0646	0.3488	0.3831	0.0198	0.476	0.1090
Partridge	266,800	26/7	2	0.642	0.0640	0.3452	0.3792	0.0217	0.465	0.1074
Ostrich	300,000	26/7	2	0.680	0.0569	0.3070	0.3372	0.0229	0.458	0.1057
Merlin	336,400	18/1	2	0.684	0.0512	0.2767	0.3037	0.0222	0.462	0.1055
Linnet	336,400	26/7	2	0.721	0.0507	0.2737	0.3006	0.0243	0.451	0.1040
Oriole	336,400	30/7	2	0.741	0.0504	0.2719	0.2987	0.0255	0.445	0.1032
Chickadee	397,500	18/1	2	0.743	0.0433	0.2342	0.2572	0.0241	0.452	0.1031
Ibis	397,500	26/7	2	0.783	0.0430	0.2323	0.2551	0.0264	0.441	0.1015
Pelican	477,000	18/1	2	0.814	0.0361	0.1957	0.2148	0.0264	0.441	0.1004
Flicker	477,000	24/7	2	0.846	0.0359	0.1943	0.2134	0.0284	0.432	0.0992
Hawk	477,000	26/7	2	0.858	0.0357	0.1931	0.2120	0.0289	0.430	0.0988
Hen	477,000	30/7	2	0.883	0.0355	0.1919	0.2107	0.0304	0.424	0.0980
Osprey	556,500	18/1	2	0.879	0.0309	0.1679	0.1843	0.0284	0.432	0.0981
Parakeet	556,500	24/7	2	0.914	0.0308	0.1669	0.1832	0.0306	0.423	0.0969
Dove	556,500	26/7	2	0.927	0.0307	0.1663	0.1826	0.0314	0.420	0.0965
Rook	636,000	24/7	2	0.977	0.0269	0.1461	0.1603	0.0327	0.415	0.0950
Grosbeak	636,000	26/7	2	0.990	0.0268	0.1454	0.1596	0.0335	0.412	0.0946
Drake	795,000	26/7	2	1.108	0.0215	0.1172	0.1284	0.0373	0.399	0.0912
Tern	795,000	45/7	3	1.063	0.0217	0.1188	0.1302	0.0352	0.406	0.0925
Rail	954,000	45/7	3	1.165	0.0181	0.0997	0.1092	0.0386	0.395	0.0897
Cardinal	954,000	54/7	3	1.196	0.0180	0.0988	0.1082	0.0402	0.390	0.0890
Ortolan	1,033,500	45/7	3	1.213	0.0167	0.0924	0.1011	0.0402	0.390	0.0885
Bluejay	1,113,000	45/7	3	1.259	0.0155	0.0861	0.0941	0.0415	0.386	0.0874
Finch	1,113,000	54/19	3	1.293	0.0155	0.0856	0.0937	0.0436	0.380	0.0866
Bittern	1,272,000	45/7	3	1.345	0.0136	0.0762	0.0832	0.0444	0.378	0.0855
Pheasant	1,272,000	54/19	3	1.382	0.0135	0.0751	0.0821	0.0466	0.372	0.0847
Bobolink	1,431,000	45/7	3	1.427	0.0121	0.0684	0.0746	0.0470	0.371	0.0837
Plover	1,431,000	54/19	3	1.465	0.0120	0.0673	0.0735	0.0494	0.365	0.0829
Lapwing	1,590,000	45/7	3	1.502	0.0109	0.0623	0.0678	0.0498	0.364	0.0822
Falcon	1,590,000	54/19	3	1.545	0.0108	0.0612	0.0667	0.0523	0.358	0.0814
Bluebird	2,156,000	84/19	4	1.762	0.0080	0.0476	0.0515	0.0586	0.344	0.0776

[†] 大部分都使用多層尺寸。

[‡] 資料由 Aluminum Association 提供，摘錄自 *Aluminum Electrical Conductor Handbook*, 2nd ed., Washington D.C., 1982。

表 A.4 在 60 Hz 時電感性電抗間隔因數 †（每一導體 Ω／英里）

間隔

英尺	0	1	2	3	4	5	6	7	8	9	10	11
0	......	−0.3015	−0.2174	−0.1682	−0.1333	−0.1062	−0.0841	−0.0654	−0.0492	−0.0349	−0.0221	−0.0106
1	0	0.0097	0.0187	0.0271	0.0349	0.0423	0.0492	0.0558	0.0620	0.0679	0.0735	0.0789
2	0.0841	0.0891	0.0938	0.0984	0.1028	0.1071	0.1112	0.1152	0.1190	0.1227	0.1264	0.1299
3	0.1333	0.1366	0.1399	0.1430	0.1461	0.1491	0.1520	0.1549	0.1577	0.1604	0.1631	0.1657
4	0.1682	0.1707	0.1732	0.1756	0.1779	0.1802	0.1825	0.1847	0.1869	0.1891	0.1912	0.1933
5	0.1953	0.1973	0.1993	0.2012	0.2031	0.2050	0.2069	0.2087	0.2105	0.2123	0.2140	0.2157
6	0.2174	0.2191	0.2207	0.2224	0.2240	0.2256	0.2271	0.2287	0.2302	0.2317	0.2332	0.2347
7	0.2361	0.2376	0.2390	0.2404	0.2418	0.2431	0.2445	0.2458	0.2472	0.2485	0.2498	0.2511
8	0.2523											
9	0.2666											
10	0.2794											
11	0.2910											
12	0.3015											
13	0.3112											
14	0.3202											
15	0.3286											
16	0.3364											
17	0.3438											
18	0.3507											
19	0.3573											
20	0.3635											
21	0.3694											
22	0.3751											
23	0.3805											
24	0.3856											
25	0.3906											
26	0.3953											
27	0.3999											
28	0.4043											
29	0.4086											
30	0.4127											
31	0.4167											
32	0.4205											
33	0.4243											
34	0.4279											
35	0.4314											
36	0.4348											
37	0.4382											
38	0.4414											
39	0.4445											
40	0.4476											
41	0.4506											
42	0.4535											
43	0.4564											
44	0.4592											
45	0.4619											
46	0.4646											
47	0.4672											
48	0.4697											
49	0.4722											

在 60 Hz 時，每導體每英里之歐姆值
$$X_d = 0.2794 \log d$$
$d =$ 間隔（英尺）
針對三相線路
$d = D_{eq}$

† 本表獲得 ABB Power T & D Company 允許，摘錄自 *Electrical Transmission and Distribution Reference Book*。

表 A.5 在 60 Hz 時電容性電抗間隔因數 X_d（每一導體 MΩ·英里）

英尺	間隔 英寸												
	0	1	2	3	4	5	6	7	8	9	10	11
0	......	−0.0737	−0.0532	−0.0411	−0.0326	−0.0260	−0.0206	−0.0160	−0.0120	−0.0085	−0.0054	−0.0026
1	0	0.0024	0.0046	0.0066	0.0085	0.0103	0.0120	0.0136	0.0152	0.0166	0.0180	0.0193
2	0.0206	0.0218	0.0229	0.0241	0.0251	0.0262	0.0272	0.0282	0.0291	0.0300	0.0309	0.0318
3	0.0326	0.0334	0.0342	0.0350	0.0357	0.0365	0.0372	0.0379	0.0385	0.0392	0.0399	0.0405
4	0.0411	0.0417	0.0423	0.0429	0.0435	0.0441	0.0446	0.0452	0.0457	0.0462	0.0467	0.0473
5	0.0478	0.0482	0.0487	0.0492	0.0497	0.0501	0.0506	0.0510	0.0515	0.0519	0.0523	0.0527
6	0.0532	0.0536	0.0540	0.0544	0.0548	0.0552	0.0555	0.0559	0.0563	0.0567	0.0570	0.0574
7	0.0577	0.0581	0.0584	0.0588	0.0591	0.0594	0.0598	0.0601	0.0604	0.0608	0.0611	0.0614
8	0.0617											
9	0.0652											
10	0.0683											
11	0.0711											
12	0.0737											
13	0.0761											
14	0.0783											
15	0.0803											
16	0.0823											
17	0.0841											
18	0.0858											
19	0.0874											
20	0.0889											
21	0.0903											
22	0.0917											
23	0.0930											
24	0.0943											
25	0.0955											
26	0.0967											
27	0.0978											
28	0.0989											
29	0.0999											
30	0.1009											
31	0.1019											
32	0.1028											
33	0.1037											
34	0.1046											
35	0.1055											
36	0.1063											
37	0.1071											
38	0.1079											
39	0.1087											
40	0.1094											
41	0.1102											
42	0.1109											
43	0.1116											
44	0.1123											
45	0.1129											
46	0.1136											
47	0.1142											
48	0.1149											
49	0.1155											

在 60 赫玆時，每導體 MΩ·英里
$$X_d' = 0.06831 \log d$$
$d =$ 間隔（英尺）
針對三相線路
$$d = D_{eq}$$

本表獲得 ABB Power T & D Company 允許，摘錄自 *Electrical Transmission and Distribution Reference Book*。

表 A.6 各種網路的 ABCD 常數

網路	ABCD 常數
串聯阻抗	$A = 1$ $B = Z$ $C = 0$ $D = 1$
並聯導納	$A = 1$ $B = 0$ $C = Y$ $D = 1$
非對稱 T	$A = 1 + YZ_1$ $B = Z_1 + Z_2 + YZ_1Z_2$ $C = Y$ $D = 1 + YZ_2$
非對稱 π	$A = 1 + Y_2Z$ $B = Z$ $C = Y_1 + Y_2 + ZY_1Y_2$ $D = 1 + Y_1Z$
串聯網路	$A = A_1A_2 + B_1C_2$ $B = A_1B_2 + B_1D_2$ $C = A_2C_1 + C_2D_1$ $D = B_2C_1 + D_1D_2$
並聯網路	$A = (A_1B_2 + A_2B_1)/(B_1 + B_2)$ $B = B_1B_2/(B_1 + B_2)$ $C = C_1 + C_2 + (A_1 - A_2)(D_2 - D_1)/(B_1 + B_2)$ $D = (B_2D_1 + B_1D_2)/(B_1 + B_2)$

名詞索引

a 相的生成 EMF (generated EMF of phase a) 98

MKS (Meter-Kilogram-Second) 547

一畫

一次繞組 (primary winding) 58

一般電路常數 (generalized circuit constant) 183

二畫

二次控制 (secondary control) 532

二次繞組 (secondary winding) 58

入射電壓 (incident voltage) 186

三畫

三角分解 (triangular factorization) 244

三角因子 (triangular factor) 333

三相總功率 (total three-phase power) 41

下三角因子 (lower-triangular factor) 244

上三角因子 (upper-triangular factor) 244

四畫

互導納 (mutual admittance) 217

內部電壓 (internal voltage) 321

分支阻抗 (branch impedance) 211

分支導納 (branch admittance) 211

分接頭切換 (tap-changing) 298

分散式能源 (distributed energy resource, DER) 15

反射電壓 (reflected voltage) 187

尤拉 (Euler's) 586

尤拉等式 (Euler's identity) 20

方向性電驛 (directional relay) 466

欠激 (underexcited) 109, 117

水輪機 (hydraulic turbine) 93

牛頓拉弗森法 (Newton-Raphson method) 265

五畫

主要控制 (primary control) 532

充電電流 (charging current) 130, 160

凸極機 (sailent-pole machine) 94

加速因子 (acceleration factor) 283

功因（power factor，功率因數）23

功率 (power) 21, 41

功率三角形 (power triangle) 25

功率不變 (powerinvariant) 522

功率不變轉換 (power invariant transformation) 250

功率平衡方程式 (power-balance equation) 273

功率─角度方程式 (power-angle equation) 558

功率—角度曲線 (power-angle curve) 558
匝 (turn) 94
右手定則 (right-hand rule) 57
平均功率 (average power) 23
平坦線路 (flat line) 187
正交軸 (quadrature axis) 94
正相序成分 (positive-sequence component) 354
正相序電路 (positive-sequence circuit) 368
正相序網路 (positive-sequence network) 394
正常激磁 (normal excitation) 109
瓦特表 (wattmeter) 28

六畫

全數值型式 (full numerical form) 245
全鋁合金線 (all-aluminum-alloy conductor) 131
全鋁線 (all-aluminum conductor) 130
同步 (synchronous) 324
同步內部電壓 (synchronous internal voltage) 98
同步功率係數 (synchronizing power coefficient) 563
同步阻抗 (synchronous impedance) 101
同步速度 (synchronous speed) 548
同步電抗 (synchronous reactance) 101
合金芯鋁絞線 (aluminum conductor, alloy-reinforced) 131
地線 (ground wire) 374

安培定律 (Ampère's circuital law) 57
有效功率 (real power) 23
有效值 (effective value) 20
有效開路電壓 (effective open-circuit voltage) 227
有效電阻 (effective resistance) 131
次暫態 (subtransient) 321
次暫態內部電壓 (subtransient internal voltage) 323
次暫態電抗 (subtransient reactance) 380
次暫態電流 (subtransient current) 105
自動發電控制 (automatic generation control, AGC) 491
自幾何平均距離 (self GMD) 144
自導納 (self-admittance) 217

七畫

克希荷夫定律 (Kirchhoff's law) 211
克希荷夫電流定律 (Kirchhoff's current law) 213
克希荷夫電壓定律 (kirchhoff's voltage law) 37
克勞得方法 (Crout's method) 244
克農消去法 (Kron reduction) 235
冷次定律 (Lenz's law) 133
均方根值 (RMS) 20
均方根電流 (initial symmetrical RMS current) 321
快速解耦合電力潮流法 (fast decoupled power-flow method) 305

步距 (step) 301

每一個導體的電感 (inductance per conductor) 140

每相正相序圖 (per-phase positive-sequence diagram) 50

每相等效 (per-phase equivalent) 37

汽輪機 (steam turbine) 93

八畫

依賴變數 (dependent variable) 275

奇異 (singular) 212

奈培 (neper) 186

定子 (stator) 93

所需對稱啟斷能力 (required symmetrical interrupting capability) 341

拉格朗日乘數法 (method of Lagrange multipliers) 495

波長 (wavelength) 188

狀態變數 (state variable) 275

直流成分 (dc component) 320

直流電力潮流分析 (DC power-flow analysis) 310

直流電力潮流模型 (dc power-flow model) 310

初始對稱 RMS 電流 (initial symmetrical RMS current) 106

初始對稱電流 (initial symmetrical current) 341

近端斷路器 (near-end breaker) 337

阻尼繞組 (damper winding) 95, 321

非凸極 (nonsalient pole) 94

非對稱故障 (unsymmetrical fault) 319

非標稱匝比 (off-nominal turn ratio) 298

九畫

保護區 (zone of protection) 462

建立方法 (building algorithm) 240

故障分析 (fault analysis) 320

映像導體 (image conductor) 164

柵極控制汞電弧 (grid-controlled mercury-arc) 204

洩漏電感 (leakage inductance) 62

相位常數 (pahse constant) 186

相序電路 (sequence circuit) 353

相序網路 (sequence network) 353, 394

相電流 (phase current) 40

相電壓 (phase voltage) 40

突波吸收器 (surge arrester) 319

突波阻抗 (surge impedance) 187

突波阻抗負載 (surge-impedance loading, SIL) 187

美國國家標準協會 (American National Standards Institute, ANSI) 48, 391

計值電驛 (magnitude relay) 466

負相序成分 (negative-sequence component) 354

負相序電路 (negative-sequence circuit) 368

負相序網路 (negative-sequence network) 395

負載分接頭切換 (load-tap-changing, LTC) 88
負載能力圖 (loading capability diagram) 113
負載匯流排 [load (PQ) bus] 274
負載頻率控制 (load frequency control) 530
面積法則 (equal-area criterion) 567

十畫

原始阻抗 (primitive impedance) 211
原始導納 (primitive admittance) 211
原動機 (prime mover) 93
差動電驛 (differential relay) 466
效果原因 (effect-cause) 217
旁通 (bypassed) 202
時間延遲協調 (coordination time delay) 473
泰勒展開 (Taylor's expansion) 265
泰勒級數展開 (Taylor's series expansion) 286
特性阻抗 (characteristic impedance) 186
特高壓 (ultra high voltage, UHV) 7
能源控制中心 (energy control center) 530
衰減常數 (attenuation constant) 186
逆序乘積 (reverse-order product) 523
馬克斯威爾方程式 (Maxwell's equations) 2
高斯定律 (Gauss's law) 152
高斯賽得疊代法 (Gauss-Seidel iterative method) 260
高壓直流 (high voltage direct current, HVDC) 8, 203

十一畫

副線電驛 (pilot relays) 466
區域性輸電組織 (regional transmission organization, RTO) 14
區域控制誤差 (area control error) 530
參考值 (reference value) 42
基準 (base) 42
控制區域 (control area) 529
啟斷額定 (interrupting rating) 341
梯形法 (trapezoidal method) 590
理想接地 (ideal ground) 374
理想變壓器 (ideal transformer) 56
現代通訊及資訊技術 (information and communication technology, ICT) 15
連貫電機 (coherent machine) 554
速度調節閥 (turbine speed governor) 530
速度調整器 (speed changer) 532
閉鎖（block 或 block to trip）466

十二畫

單一相阻抗圖 (per-phase impedance diagram) 49
單相 (single-phase) 37
單相或單線圖 (single-line or one-line diagram) 47
單極 (monopolar) 203
單線接地故障 (single line-to-ground fault) 319

幾何平均半徑 (geometric mean radius) 144
幾何平均距離 (geometric mean distance, GMD) 143
換位 (transposition) 148
智慧電子裝置 (intelligent electronic device, IED) 17
智慧電網 (smart grid) 15
殼式 (shell) 56
渦流損 (eddy-current loss) 63
無因次 (dimensionless) 524
無限長線路 (infinite line) 187
無限匯流排 (infinite bus) 102
無效功率 (reactive power) 23
無效伏安 (reactive voltampere) 23
無載電壓 (no-load voltage) 98
短路試驗 (short-circuit test) 66
絕緣柵雙極電晶體 (insulated gate bipolar transistor, IGBT) 204
視在電抗 (apparent reactance) 62
超前 (lead) 21
超前功因 (leading power factor) 23
超高壓 (extra-high voltages, EHV) 7
距離或阻抗電驛 (distance or impedance relay) 466
開路電壓 (open-circuit voltage) 98
集膚效應 (skin effect) 133

十三畫

傳播常數 (propagation constant) 186
匯流排阻抗矩陣 (bus impedance matrix) 209
匯流排資料 (bus data) 280
圓轉子電機 (round-rotor machine) 94
感抗間隔因數 (inductive reactance spacing factor) 146
搖擺方程式 (swing funcion) 551
搖擺曲線 (swing curve) 551
搖擺匯流排 (swing bus) 274
節點 (node) 215
節點阻抗矩陣 (nodal impedance matrix) 209
節點導納方程式 (nodal admittance equation) 212
節點導納矩陣 (nodal admittance matrix) 209, 212
經濟調度 (economic dispatch) 491
落後 (lag) 21
落後功因 (lagging power factor) 23
補償因子 (compinsation factor) 200
資料擷取與監督控制／能源管理系統 (SCADA/EMS) 12
跳拖延遲時間 (tripping delay time) 341
跳脫 (trip) 466
載分接頭切換 (load-tap changing, LTC) 301
運算子 (operator) 33
過激 (overexcited) 109

閘流控制整流器 (silicon controlled rectifier, SCR) 204

電力潮流方程式 (power-flow equations) 272

電子 (electron) 1

電工度 (electrical degree) 95

電抗 (reactor) 376

電阻 (resistance) 129

電流 (current) 41

電容 (capacitance) 129

電容耦合比壓器 (coupling-capacitor voltage transformer, CVT) 465

電感 (inductance) 129

電暈 (corona) 129, 130

電廠控制誤差 (station control error, SCE) 535

電樞 (armature) 93

電導 (conductance) 129

電機運轉圖 (operation chart of the machine) 113

電機電子工程師協會 (Institute of Electrical and Electronics Engineers, IEEE) 48

電壓 (voltage) 41

電壓控制匯流排 [voltage-controlled (PV) bus] 274

電壓調整率 (voltage regulation) 64

零相序 (zero-sequence) 210

零相序成分 (zero-sequence component) 354

零相序電路 (zero-sequence circuit) 368

預測校正法 (predictor-corrector method) 590

飽和 (saturation) 63

十四畫

對中性點電容 (capacitance to neutral) 156

對地電容 (capacitance to ground) 156

對稱三相故障 (symmetrical three-phase fault) 319

對稱成分法 (method of symmetrical components) 353

慣性 (intertia) 323

慣性常數 (inertia constant) 549

漏磁電抗 (leakage reactance) 62

磁化電流 (magnetizing current) 63

磁化電納 (magnetizing susceptance) 62

磁化電感 (magnetizing inductance) 62

磁動勢 (magnetic motive force, MMF) 57

磁滯損 (hysteresis loss) 63

網路矩陣 (network matrix) 209

赫密特矩陣 (hermitian matrix) 523

遠端終端單元 (remote terminal unit, RTU) 13

遠端斷路器 (remote-end breaker) 337

遞增損失 (incremental loss) 510

遞增燃料成本 (incremental fuel cost) 493

十五畫

廣域監測系統 (wide area measurements, WAMS) 487

暫態 (transient) 321, 545

暫態內部電壓 (transient internal voltage) 323

暫態電流 (transient current) 105

暫態穩定 (transiently stable) 546
標么值 (per-unit value) 42
標稱 (nominal) 183
熱耗率 (heat rate) 493
線間故障 (line-to-line fault) 420
線路資料 (line data) 280
線路端故障 (line-end fault) 337
線電流 (line current) 41
線電壓 (line-to-line voltage) 41
複合 (composite) 142
複數功率 (complex power) 25
調整變壓器 (regulating transformer) 88

十六畫

導納矩陣 (bus admittance matrix) 217
機械角度 (mechanical degree) 96
激磁系統控制 (excitation system control) 109
激磁電流 (exciting current) 63
燃料效率 (fuel efficiency) 493
獨立系統操作員 (independent system operator, ISO) 14
獨立電力供應商 (independent power producer, IPP) 13
輸電系統操作員 (transmission system operator, TSO) 14
鋼芯鋁絞線 (aluminum conductor, steel-reinforced) 131
頻率偏差 (frequency bias) 533

十七畫

勵磁機 (exciter) 93
戴維寧定理 (Thèvenin's thorem) 323
瞬時無效功率 (instantaneous reactive power) 23
瞬時電流 (momentary current) 341
臨界清除角度 (critical clearing angle) 569
臨界清除時間 (critical clearing time) 569
螺栓的故障 (bolted fault) 409

十八畫

擾動 (disturbance) 546
轉子 (rotor) 93
轉移阻抗 (transfer impedance) 225
轉移導納 (transfer admittance) 217
轉置 (transpose) 523
離散 (discrete) 301
雙埠網路 (two-port network) 183
雙極 (bipolar) 203
雙線接地故障 (double line-to-ground fault) 319
額定 (rating) 46
額定啟斷時間 (rated interrupting time) 341
額定最高電壓 (rated maximum voltage) 341
額定電壓範圍係數 (rated voltage range factor) 342
額定對稱短路電流 (rated symmetrical short-circuit current) 341
懲罰因數 (penalty factor) 509

十九畫

穩定度研究 (classical stability study) 574
穩定度模型 (classical stability model) 574
穩態 (steady-state) 321, 545
穩態狀況 (steady-state) 320
穩態運轉狀態 (steady-state operating condition) 546
穩態穩定 (steady-state stable) 546
穩態穩定限制 (steady-state stability limit) 117

二十一畫

驅動點阻抗 (driving-poimt impedance) 225
驅動點導納 (driving-point) 217

二十二畫

疊代 (iteration) 277